U0230247

周维权　著

中国古典园林史

（第三版）

清华大学出版社
北京

图书在版编目(CIP)数据

中国古典园林史／周维权著.—3版.—北京：清华大学出版社，2008.11（2024.8重印）

ISBN 978-7-302-08079-4

Ⅰ.中… Ⅱ.周… Ⅲ.古典园林-建筑史-中国 Ⅳ.TU-098.42

中国版本图书馆CIP数据核字(2004)第008213号

责任编辑：徐晓飞 段传极
装帧设计：宁成春 陈 嘉 陆 芸
责任校对：焦丽丽 刘玉霞
责任印制：杨 艳

出版发行：清华大学出版社
网 址：https://www.tup.com.cn，https://www.wqxuetang.com
地 址：北京清华大学学研大厦A座 **邮 编**：100084
社总机：010-83470000 **邮 购**：010-62786544
投稿与读者服务：010-62776969，c-service@tup.tsinghua.edu.cn
质 量 反 馈：010-62772015，zhiliang@tup.tsinghua.edu.cn
印 装 者：北京同文印刷有限责任公司
经 销：全国新华书店
开 本：165mm×240mm **印 张**：50.5 **字 数**：1000千字
版 次：1990年12月第1版 1999年10月第2版 2008年11月第3版
印 次：2024年8月第27次印刷
定 价：128.00元

产品编号：008553-05

自　序

中国幅员辽阔，江山多娇。面积达960余万平方公里的国土跨越几个不同的气候带。在这个辽阔的地域内山脉蜿蜒，大河奔流，海岸曲折，湖泊罗布，植物繁茂，林相丰富，大自然风景的绮丽多姿，在世界上可谓首屈一指。中国又是一个历史悠久的文明古国，延续五千多年间所创造的辉煌灿烂的古典文化，对人类的文明和进步曾经作出过巨大的贡献。大地山川的钟灵毓秀，历史文化的深厚积淀，孕育出中国古典园林这样一个源远流长、博大精深的园林体系。它展现了中国文化的精英，显示出华夏民族的灵气。它以其丰富多彩的内容和高度的艺术水平而在世界上独树一帜，被学界公认为风景式园林的渊源。

中国古典园林作为古典文化的一个组成部分，在它的漫长发展历程中不仅影响着亚洲汉文化圈内的朝鲜、日本等地，甚至远播欧洲。早在公元6世纪，中国的造园术经由朝鲜半岛传入日本。此后，伴随着日本全面吸收汉文化而陆续出现的园林型式几乎都在不同程度上受到中国的直接影响。可以说，日本古典园林的产生、发展、成熟都一直从中国汲取养分，并与本土园林多次复合、变异而形成具有鲜明民族特色的园林体系。18世纪中叶，正当法国资产阶级成为一个新兴阶级崛起的时候，它的启蒙思想家们从中国借用孔孟的伦理道德观念作为反抗宗教神权统治的思想武器；随着海外贸易的开展，欧洲商人从中国带回大量工艺品，传教士寄回大量描写中华文物之盛的文字报告。这些，都在欧洲人面前呈现一种前所未知的高水平的东方文化，欧洲艺术的某些领域内因此而掀起了一股崇尚中国的热潮。就在这个“中国热”的氛围中，通过传教士的介绍，欧洲人开始知道在遥远的东方存在着一种与当时风行欧陆的规整式园林和英伦三岛的英国式园林都全然不同的中国造园艺术，犹如空谷足音在欧洲引起公众的强烈反响，也引起了欧洲的一些造园家研究中国园林、仿建中国园林的浓厚兴趣。由于他们的倡导和上流社会的推波助澜，在造园的实践活动中又逐渐形成一种新的风格，时兴于当时许多欧洲国家的宫廷、府邸。

中国古典园林对东方曾经产生过强烈的影响，对西方也曾激起一片涟漪。它本身的发展却由于地理环境所造成的自然隔离状态以及封建时代的大一统思想、天朝意识、夷夏之别诸要素所导致的社会封闭机制，而呈现为在绝少外来影响情况下的长期持续不断的“演进”，随着时间的推移而实现其日益精密、细致的自我完善。显然，促成这种自我完善的演进因素主要是内在的，即封建大帝国的经济、政治、文化诸方面的制约所产生的推动力。历来的经济、政治、文化方面的变化、消长，是导致园林演进过程中的转折、兴衰的契机，而此三者制约影响的错综复杂性又决定了园林在各个历史阶段上的差异和不尽相同之处。也就是说，中国古典园林即使在“超稳定”社会的延绵数千年的历史长河中，亦非一成不变，且自有其轨迹可寻。欲全面地了解这个园林体系，必须探索其演进的脉络和发展的规律。

中国古典园林作为一种艺术，也像其他的艺术门类一样有其产生成长，有其繁荣兴盛，也有其衰落。“天道周星，物极必反”，这是世界上任何事物发展的必然现象。我们今天所看到的那些保存完好的众多的园林，大抵都是晚期兴建或者经过晚期改建的。其中不乏优秀作品，代表着成熟的中国园林艺术的精华，同时也必然包含着或多或少的衰落的因子。如果对这一点有足够的认识，那么，我们就不会把目光局限在现存的看得见的实物而陷于以一管欲窥全豹的偏颇。还应该追溯、探求我们祖先曾经创造过的但已长久湮灭了的业绩,从而对中国古典园林建立一个历时性的完整理解。从历史上那些已经消失了的名园胜苑，也许可以得到更为珍贵的启示。

常言道，中国古典园林充满诗情画意，这就说明它与诗文、绘画艺术的极为密切的关系。园林、文学、绘画这三个艺术门类在中国历史上同步发展、互相影响、彼此渗透的迹象十分明显，因此，欲全面地研究中国艺术的发展史，绝不能忽略园林。中国古典园林既是艺术形态的社会精神财富，又是具有实用功能的社会物质财富，它包涵的内容涉及到文化的所有层次——物态层的文化、制度层的文化、心态层的文化，其牵涉面之广、综合性之强，实为其他艺术门类所无法企及。因此，要全面而完整地了解中国文化的发展情况，也不能忽略园林。

就宏观而言，人类社会的文化发展表现为持续地推陈出新，却毕竟不能抽刀断水。任何人既是当代社会的一员，同时又是某种传统文化的融铸物，我们不能把“传统”与时间上的“过去”等同起来看待。处在当今世界的开放时代、新旧文化急剧撞碰的变革时代，开创中国新时代的新园林必须立足于现实情况，大力汲取外来的先进养分而有意识地促进其向着现代化方向的复合、变异，但在现代化的进程中却也未可回避“传统”的借鉴功能。如果对中国的风景式园林体系的发展规律有一个比较全面、完整的了解，那么在创造新园林的过程中就可以较为自觉地把握传统及其与创新的源流关系，明确哪些应该扬弃否定、哪些能够继承发展，从而避免盲目性和片面性。

上述这些情况，均足以说明对中国古典园林的历史作系统研究和介绍的必要性与现实意义。写历史的目的不仅为了缅怀过去而弘扬以往的光辉业绩，更重要的在于揭示发展规律而烛照未来。所以古人把历史比喻为“鉴”，意思是以前人走过的道路作为后人的借鉴。中国古典园林的演进发展延绵数千年，分布范围纵横百万里，有关的文献资料浩若烟海，各地的大量实物尚需调查，许多重大问题有待深入探索，因此，对于它的历史的介绍只能是阶段性的研究成果，而且需要不止一部的著作，或详尽，或简略，从不同的观点、运用不同的方法达到取长补短、殊途同归的目的。这样做，将会有助于学术上的争鸣和百花齐放的学术园地的耕耘，目前国内的不少研究者正是朝此方向努力奋进。本着这样的精神，笔者虽然深知治史之难，也就不忖肤浅，将本书作为一得之见奉献于公众。

限于笔者的学力和工作条件，书中论述不妥、征引疏漏讹误的地方在所难免，切望能得到园林界、建筑界的同行和专家们的匡正。

周维权

1989年12月2日

目　录

第一章　绪论 ………… 1

第一节　园林发展的四个阶段 ………… 2

第二节　中国古典园林发展的自然背景和人文背景 ………… 10

第三节　中国古典园林的类型 ………… 18

第四节　中国古典园林史的分期 ………… 23

第五节　中国古典园林的特点 ………… 26

第二章　园林的生成期——商、周、秦、汉

（公元前16世纪—公元220年） ………… 37

第一节　总说 ………… 38

第二节　中国古典园林的起源 ………… 40

第三节　商、周 ………… 51

第四节　秦 ………… 63

第五节　西汉的皇家园林 ………… 69

第六节　东汉的皇家园林 ………… 97

第七节　汉代的私家园林 ………… 102

第八节　小结 ………… 111

第三章　园林的转折期——魏、晋、南北朝

（公元220—589年） ………… 113

第一节　总说 ………… 114

第二节　皇家园林 ………… 122

邺城 ………… 122

洛阳 ………… 127

建康 ………… 132

综述 ………… 138

第三节 私家园林 …… 140
城市私园 …… 141
庄园、别墅 …… 146
第四节 寺观园林 …… 157
第五节 其他园林 …… 166
第六节 小结 …… 169

第四章 园林的全盛期——隋、唐
(公元589—960年) …… 171
第一节 总说 …… 172
第二节 长安、洛阳 …… 175
第三节 皇家园林 …… 180
大内御苑 …… 180
行宫御苑、离宫御苑 …… 193
第四节 私家园林 …… 211
城市私园 …… 214
郊野别墅园 …… 221
文人园林的兴起 …… 234
第五节 寺观园林 …… 240
第六节 其他园林 …… 247
第七节 小结 …… 256

第五章 园林的成熟期(一)——宋代
(公元960—1271年) …… 259
第一节 总说 …… 261
第二节 东京、临安 …… 272

第三节　宋代的皇家园林 277
东京 277
临安 290
第四节　宋代的私家园林 296
中原 296
江南 304
文人园林的兴盛 318
第五节　宋代的寺观园林 325
第六节　宋代的其他园林 330
第七节　辽、金园林 340
第八节　小结 349

第六章　园林的成熟期(二)——元、明、清初
(公元1271—1736年) 351
第一节　总说 352
第二节　大都、北京 356
第三节　元、明的皇家园林 360
第四节　清初的皇家园林 374
大内御苑 374
行宫御苑和离宫御苑 376
第五节　江南的私家园林 392
第六节　北京的私家园林 410
第七节　文人园林、造园家、造园理论著作 424
第八节　寺观园林 437
第九节　其他园林 443
第十节　小结 451

第七章　园林的成熟后期——清中叶、清末

(公元1736—1911年) 455

第一节　总说 456
第二节　皇家园林 459
第三节　大内御苑 469
西苑 469
慈宁宫花园 484
建福宫花园 487
宁寿宫花园 489
第四节　行宫御苑 492
静宜园 492
静明园 500
南苑 508
第五节　离宫御苑 513
圆明园 513
避暑山庄 529
清漪园(颐和园) 545
第六节　皇家园林的主要成就 581
第七节　江南的私家园林 587
概说 587
园林实例 607
(小盘谷、个园、瘦西湖、网师园、拙政园、留园、小莲庄)
第八节　北方的私家园林 642
概说 642
园林实例（半亩园、萃锦园、十笏园） 655
第九节　岭南的私家园林 671

概说 …… 671
园林实例（余荫山房、林本源园林） …… 676
第 十 节　私家园林综述 …… 685
第十一节　寺观园林 …… 691
概说 …… 691
园林实例 …… 696
（大觉寺、白云观、普宁寺、法源寺、古常道观、乌尤寺、
清音阁、黄龙洞、太素宫、潭柘寺、国清寺）
第十二节　其他园林 …… 734
公共园林 …… 734
衙署园林 …… 747
书院园林 …… 749
第十三节　少数民族园林 …… 754
概说 …… 754
藏族园林实例（罗布林卡） …… 757
第十四节　小结 …… 764

第八章　结　语 …… 767

参考文献 …… 777
第一版后记 …… 781
第二版后记 …… 783
第三版后记 …… 784
附录一　中国古典园林史年表 …… 787
附录二　本书主要园名索引 …… 788

第一章

绪　论

人为万物之灵，但是，人类也像其他的动物一样必须依赖于生物圈的大自然系统才得以维持自己的生命。生物圈的范围，从地球表面向上延伸到鸟类能够飞翔的天空，向下延伸到阳光能透入的海中以及植物能扎根的土壤深层。我们通常所说的大自然环境，即指这个生物圈内围绕着人群的充满各种有生命和无生命的自然物的空间而言。大自然环境不仅提供人们维持生命活力的各种物质，而且还满足人们在生理方面和心理方面的各种经常性的需要，诸如新鲜的空气、适宜的气候、合理的光照、宁静的气氛、安全的感觉等。同时，通过它们对人的感官的刺激而又升华为美的享受，诸如苍翠的树林、蔚蓝的天空、辽阔的原野、起伏的山峦以及水光山色、鸟语花香等等。所以说，人是不能完全脱离大自然环境的。

城市作为人类文明的产物，也是人们依据自然规律、利用自然物质而创造出来的一种人工环境，或曰“人造自然”。城市的出现必然伴随着人与大自然环境的相对隔离。城市的规模越大，相对隔离的程度也就越高。如果人们长期生活在城市之中，势必要寻求直接接近大自然的机会，或者创造一种间接的补偿方式。前者属于旅行、游山玩水的范畴；后者则必须借助于园林的建置。所以说，园林乃是为了补偿人们与大自然环境相对隔离而人为创设的“第二自然”。它们并不能提供人们维持生命活力的物质，但在一定程度上能够代替大自然环境来满足人们的生理方面和心理方面的各种需求。随着社会的不断发展、文明的不断进步，人们的这些需求势必相应地从单一到多样、从简单到繁复、从低级到高级，这就形成了园林发展的最基本的推动力量。

第一节 园林发展的四个阶段

人类通过劳动作用于自然界，引起自然界的变化，同时也引起人与自然环境之间关系的变化。在人类社会的历史长河中，纵观过去和现在，展望未来，人与自然环境关系的变化大体上呈现为四个不同的阶段。相应地，园林的发展也大致可以分为四个阶段。这四个阶段之间虽然并不存在截然的“断裂”，但毕竟由于每一个阶段上人与自然环境的隔离状况并不完全一样，园林作为这种隔离的补偿而创设的“第二自然”，它们的内容、性质和范围当然也会有所不同。因此，有关于园林的定义、界说，亦应结合不同的阶段来分别阐释，并以它所从属的那个阶段的政治、经济、文化背景作为评价的基点。这样就可避免以今人而求全于古人，或者以古代而拘泥于现代之弊。

第一阶段

人类社会的原始时期，主要以狩猎和采集来获取生活资料，使用的劳动工具十分简单。人对外部自然界的主动作用极其有限，几乎完全被动地依赖于大自然。由于完全不了解它因而满怀恐惧、畏敬的心情，把自然界的事物和现象都当作神灵的化身加以崇拜。人们日出而作、日落而息，生产力十分低下，生计非常艰辛，经常遇到寒冷、饥饿、猛兽侵袭、疾病死亡等种种困难。为了渡过这些困难，人们逐渐成群地生活在一起。聚群而居形成原始的聚落，但并没有隔绝于自然环境。人，作为大自然生态的一部分而纳入它的良性循环之中。换言之，人对于大自然是经常处于感性适应的状态，人与自然环境之间呈现为亲和的关系。在这种情况下，当然没有必要也没有可能产生园林。直到后期进入原始农业的公社，聚落附近出现种植场地，房前屋后有了果木蔬圃。虽说出于生产的目的，但在客观上已多少接近园林的雏形，开始了园林的萌芽状态。

第二阶段

古代亚洲、非洲和中美洲的一些地区首先发展了农业，人类随之而进入以农耕经济为主的文明社会。农业的产生是人类历史上的首次技术革命，农业文化的兴起使得人们能够按照自己的需要而利用和改造自然界，开发土地资源，利用太阳的热能进行农作物的栽培。种植和驯养的技术发达，早先的采集和狩猎已经不再占获取生活资料的主要地位。

这个阶段大体上相当于奴隶社会和封建社会的漫长时期，人们对自然界已经有所了解，能够自觉地加以开发：大量耕作农田，兴修水利灌溉工程，还开采矿山和砍伐森林。这些开发活动创造了农业文明所特有的“田园风光”，同时也带来了对自然环境的一定程度的破坏。但毕竟限于当时低下的生产力和技术条件，破坏尚处在比较局部的状态。从区域性的宏观范围看来，尚未引起严重的自然生态失衡，导致自然生态系统的恶性变异。即使有所变异，也是旷日持久、极其缓慢。例如，我国的关中平原历经周、秦、汉、唐千余年的不断开发，直到唐末宋初才逐渐显露其生态恶性变异的后果，从而促成经济、政治中心东移。总的看来，在这个阶段上，人与自然环境之间已从感性的适应状态转变为理性的适应状态，但仍然保持着亲和的关系。

生产力进一步发展和生产关系的改变，产生了国家组织和阶级分化，出现了大小城市和镇集。居住在城市、镇集里面的统治阶级，为了补偿与大自然环境相对隔离的情况而经营各式园林。生产力的发达以及相应的物质、精神生活水平的提高，促成了造园活动的广泛开展，而植物栽培、建筑技术的进步则为大规模兴建园林提供了必要的条件。在这个阶段内，园林经历了由萌芽、成长而臻于兴旺的漫长过程，在发展中逐渐形成了丰富多彩的时代风格、民族风格、地方风格。而这许多不同风格的园林又都具有四个共同特点：一、绝大多数是直接为统治阶级服务，或者归他们所私有；二、主流是封闭的、内向型的；三、以追求视觉的景观之美和精神的寄托为主要目的，并没有自觉地体现所谓社会、环境效益；四、造园工作由工匠、文人和艺术家来完成。

据此，我们不妨为这一阶段的园林作如下的界说：在一定的地段范围内，利用、改造天然山水地貌，或者人为地开辟山水地貌，结合植物栽培、建筑布置，辅以禽鸟养畜，从而构成一个以追求视觉景观之美为主的赏心悦目、畅情舒怀的游憩、居住的环境。

文字是文明社会的标志，从有关园林的文字的字源上亦可略窥早期园林的一些情况。囿、圃这些中国园林最早雏形的字形由象形的甲骨文和钟鼎文演变而来，字形外围的方框表示范围一定地段的界限、藩篱或墙垣，方框以内则是栽培的植物或畜养的动物。西方的拼音文字如拉丁语系的Garden、Gärten、Jardon等，源出于古希伯来文的Gen和Eden二字的结合，前者意为界墙、藩篱，后者即乐园，也就是《旧约·创世记》中所提到的充满花草树木的理想生活环境的“伊甸园”。

世界上许多古老民族的神话传说中以及主要宗教的经典中几乎都有关于“乐园”的描写，它们是文明人类在其幼年时期对于美好居住环境的憧憬和向往，也从一个侧面反映了先民们对园林的理解。

中国古代广为流传着“瑶池”和“悬圃”的神话，古籍中也有记载。相传瑶池在昆仑山上，为西王母所居。西王母早先的形象和居住条件并不太好，人们为了把她转化成能够赐福于人类的神祇，首先必须美化她的形象、改善她的居住环境。于是，就把一个美妙的园林“瑶池”虚构给她。据《穆天子传》[1]：西王母“所居宫阙，层城千里，玉楼十二。琼华之阙，光碧之堂，九层依室，紫翠丹房。左带瑶池，右环翠水。其山之下，弱水九重，非飙车羽轮不可到也。所谓玉阙暨天，绿台承霄，青琳之宇，朱紫之房，连琳彩帐，明月四朗。戴华胜，佩虎章。左侍仙女，右侍羽童。轩砌之下，植以白环之树，丹刚之林。空青万条，瑶翰千寻。无风而神籁自韵，琅然九奏八会之音也”。悬圃也在昆仑山，相传是黄帝在下界所建的宫城，即《穆天子传》中记述的“黄帝之宫”。里面除有华丽宫阙之外，还广植树木花卉，“春山之泽，水清出泉，温和元风，飞鸟百兽之所饮”。它的位置极其高峻，好像悬挂在半天中。

基督教的《圣经》里所记载的“伊甸园”，即古犹太民族对人间园林的理想化、典型化。《旧约·创世记》叙说了上帝创造人类的始祖亚当和夏娃，并专为他们兴建此园居住。园内流水潺潺，遍植奇花异树，景色十分旖旎。上帝告诫，园中的果子都可随便采食，唯独“知善恶树”上的果子不能食。亚当、夏娃受蛇的引诱食了禁果，上帝遂将他们驱逐出园外并派天使把守道路，永不让后人重新寻见。

佛教的净土宗宣扬众生修成正果之后可往生西天的极乐世界，这个极乐世界也就是古印度人的理想乐园的扩大。净土宗的《阿弥陀经》对此有具体的描绘：“极乐国土，七重栏楯，七重罗网，七重行树，皆是四宝周匝围绕，是故彼国名为极乐。又舍利弗，极乐国土，有七宝池，八功德水充满其中，池底纯以金沙布地，四边阶道金、银、琉璃、玻璃合成。上有楼阁，亦以金、银、琉璃、玻璃、砗磲、赤珠、玛瑙而严饰之。池中莲花大如车轮，青色青光，黄色黄光，赤色赤光，白色白光，微妙香洁。昼夜六时，雨天曼陀罗华。”

[1]《穆天子传》共六卷，晋武帝太康二年（281年）有汲人名不准者盗发魏襄王墓，始得此书。书中记周穆王西巡狩之事，多为神话志怪一类的古代传说。*

* 本书末附有“参考文献”，详载了著者（或校注者）、书名、出版地、出版社、出版时间等内容，在各章引文注释中就不一一详列。

伊斯兰教的《古兰经》中经常提到安拉为信徒们修造的“天园”的旖旎风光。天园的界墙内随处都是果树浓荫，四条小河流注其中：长久不浊的“水河”、滋味不变的“乳河”、味道醇美的“酒河”、清澈见底的“蜜河”。天园的设想显然是游牧的阿拉伯人从荒瘠的沙漠迁徙到肥沃的两河流域之后受到古波斯园林的影响，同时也反映了他们对沙漠绿洲的理想化的憧憬。这水、乳、酒、蜜四条河呈十字交叉、以喷泉为中心的布局，便成了后世伊斯兰园林的基本模式。

从上面列举的有关园林文字的字源以及古老神话传说、宗教经典中有关早期园林情况的描写看来，它所包含的内容、表现的形式大体上与我们为这个阶段的园林所作的界说是吻合的。

一座园林，可以多一些山水的成分，或者偏重于植物栽培、禽鸟饲养，或者建筑的密度较高，但在一般情况下总是土地、水体、植物和建筑此四者的综合。

土地包括平地、坡地、山地、谷地、丘陵、峰、峦、坞、坪等各种地形。水体包括河、湖、池、沼、涧、溪、泉、瀑等静态的和动态的各种水形。土地的各种地形之中，除平地之外均具有山的体量和形貌——山体，山体和水体便构成园林的骨架，也是园林的山水地貌基础。天然的山水需要加工、修饰、调整，人工开辟的山水要讲究造型，要解决许多工程问题。因此，“筑山”和“理水”就逐渐发展成为造园的专门技艺。植物栽培起源于生产的目的如蔬、果、药材等，后来随着园艺科学的发达才有了专门供观赏之用的树木和花卉。建筑包括房屋、桥梁、道路、小品以及各种工程设施，它们不仅在功能上必须满足人们的游赏、居住、交通和供应的需要，同时还以其特殊的形象而成为园林景观的点缀或组成部分。

山、水、植物、建筑乃是构成园林的四个基本要素[1]，筑山、理水、植物配置、建筑营造便相应地成为造园的四项主要工作，或者说，四个主要的手段。这四项工作都牵涉到一系列的土木工事，需要投入一定的人力、物力和资金。所以园林是一种物质财富，属于物质文明的范畴，它的建设必然要受到社会生产力和生产关系的制约。随着生产力的发展、科学技术的进步，园林的内容相应地由简单而复杂，由粗糙而精致。统治阶级把园林据为一己之私有，往往也就以它们作为夸耀各自的财富、显示各自的社会地位的物质手段。山、水、植物、建筑这四个要素经过人们有意识地构配而组合成为有机的整体，创造出丰富多彩的景观，给予人们以美的享受和情操的陶冶。就此意义而言，园林又是一种艺术创作，属于精神文明的范畴。世界上的各个地区、各个民族，历史上的各个时代，由于文化传统和社会条件的差异而形成各自的园林风格，有的则相应于成熟的文化体系而发展为独特的园林体

[1] 一般园林也有动物（如禽鸟鱼虫之类）的饲养，但它对园林景观所起的作用仅属小品的性质，不必单独列为一项基本要素。

系，例如西方的古罗马园林体系、文艺复兴园林体系、古典主义园林体系、英国园林体系、伊斯兰园林体系，东方的中国园林体系、日本园林体系等等。它们都是全人类文化遗产中弥足珍贵的部分，使得这个历史阶段内出现了园林艺术百花争妍、群星灿烂的局面。

这些受到各自母体文化哺育而成长起来的园林体系以及其他众多风格的园林，如果按照山、水、植物、建筑四者的构配方式来加以归纳，则无非两类基本形式：规整式园林和风景式园林。前者讲究规矩格律、对称均齐，具有明确的轴线和几何对位关系，甚至花草树木都加以修剪成型并纳入几何关系之中，着重在显示园林总体的人工图案美，表现一种为人所控制的有秩序的自然、理性的自然。后者的规划则完全自由灵活而不拘一格，着重在显示纯自然的天成之美，表现一种顺乎大自然风景构成规律的缩移和摹拟。前者的代表是法国古典主义园林，中国园林则为后者的典型。这两个截然相反的古典园林体系各有不同的创作主导思想，集中地反映了西方和东方在哲学、美学、思维方式和文化背景上的根本差异。

第三阶段

18 世纪中叶，蒸汽机和纺织机在英国广泛使用促成了产业革命。许多国家随着工业文明的崛起，陆续由农业社会过渡到工业社会。

工业文明兴起，带来了科学技术的飞跃进步和大规模的机器生产方式，为人们开发大自然提供了更有效的手段。人们从大自然那里获得前所未有的丰富的物质财富，但这种无计划的、掠夺性的开发也造成了对自然环境的严重破坏。其结果，植被减少、水土流失、水体和空气污染、气候改变，导致宏观大范围内自然生态的失衡，自然生态系统从早先的良性循环急剧向恶性循环转化。与此同时，资本主义的大工业相对集中，城市人口密集，大城市不断膨胀、居住环境恶化，这种情形到 19 世纪中叶以后在一些发达国家更为显著。

“人定胜天”，人们理解大自然也逐步地在控制大自然，两者的理性适应状态更为深入、广泛。然而，人们对大自然的掠夺性索取过多必然要受到它的惩罚，两者从早先的亲和关系转变为对立、敌斥的关系。有识之士预见到这种情况继续发展下去必然会带来的恶果，相继提出种种改良的学说，其中就包括自然保护的对策和城市园林方面的探索。

F.L.奥姆斯台德(Frederick Law Olmsted,1822—1903)是开创自然保护和现代城市公共园林的先驱者之一。这位自学成才的美国园林学家首先把保护自然的理想付诸实现，他协助联邦政府划定一些原生生物区和特殊地景区永久加以保留作为“国家公园”，禁止任意开发。1857年，他与建筑师C.沃克斯(Calvert Vaux)合作，利用纽约市内大约348公顷的一块空地改造、规划成为市民公共游览、娱乐的用地，这就是世界上最早的城市公园之一——纽约“中央公园”。随后，由他主持又陆续设计建成费城的“斐蒙公园”、布鲁克林的“前景公园”、波士顿的公园林荫路系统“蓝宝石项链”等等。他把自己所从事的工作称为景观规划设计(landscape architecture)，以区别于传统的景观园艺(landscape gardening)。他在创作实践的同时还致力于人才的培养，其子小奥姆斯台德(F.L.Olmsted,Jr.)继承父业，1900年在哈佛大学创办景观规划设计专业，专门培养这方面的从业人员——现代型的职业造园师(landscape architect)。

奥姆斯台德所从事的工作包括两个主要内容：一是针对无计划的、掠夺性的开发自然资源以及自然资源逐渐被蚕食和破坏的情况，要求人们正确地认识它、爱惜它、关怀它。通过对土地利用的合理规划致力于自然资源的保护，对大地风致和自然景观作为人类生存环境的一部分而加强维护与管理。二是针对大城市的污秽、邋遢和恶劣的居住环境，提出补救的办法，即“把乡村带进城市”，建立公共园林、开放性的空间和绿地系统。换言之，城市必须逐步地趋于园林化。

奥姆斯台德的城市园林化的思想逐渐为公众和政府所接受，于是，“公园”作为一种新兴的公共园林在欧美的大城市中普遍建成，并陆续出现街道、广场绿化，以及公共建筑、校园、住宅区的园林绿化等多种型式的公共园林。

稍后于奥姆斯台德的另一位英国学者E.霍华德(Ebenezer Howard，1850—1928)，在他写的《明日之田园城市》一书中提出了著名的“田园城市”的设想：这是一个大约有3万居民的自足的社区，四周环以开阔的乡村“绿色地带”。霍华德认为这种形式的社区既可消除城市向郊外的无限蔓延，又能够像它的名字所表明的那样成为宜人的居住和工作环境。具体的花园城市虽然只有两处——Letchworth和Welwyn——在英国建成，但这种把城市引入乡村的乌托邦式的理想毕竟是未来的“园林中的城市”的起点，它与奥姆斯台德的实践活动共同形成了现代园林的概念。

为了改善城市的环境质量而兴造一系列的公共园林，相应地就需要花费大量的劳动力来进行管理和维护。能否寻求一种更经济有效的方式？19世纪末期兴起的研究人类、生物与自然环境之间的关系的一门科学——生态学为此提供了可能性。造园家开始探索运用生态学来指导大型园林的规划，用不同年龄、不同树种的丛植来进行公园的植物配置，形成一个类似自然群落、能够自我维护的结构。以后，又陆续出现运用生态学的原理设计城市绿化和城市防护林带的尝试，收到了一定的效果。这些初步尝试所取得的成就，又为现代园林的规划设计注入了新鲜血液。

这一阶段的园林比之上一阶段，在内容和性质上均有所发展、变化：一、除了私人所有的园林之外，还出现由政府出资经营、属于政府所有的、向公众开放的公共园林。二、园林的规划设计已经摆脱私有的局限性，从封闭的内向型转变为开放的外向型。三、兴造园林不仅为了获致视觉景观之美和精神的陶冶，同时也着重在发挥其改善城市环境质量的生态作用——环境效益，以及为市民提供公共游憩和交往活动的场地——社会效益。四、由现代型的职业造园师主持园林的规划设计工作。

现代园林之不同于前一阶段的古典园林，大体上也就表现在这四个方面。

第四阶段

第二次世界大战后，世界园林的发展又出现新的趋势。

大约从20世纪60年代开始，在先进的发达国家和地区，经济高速腾飞，进入了后工业时代或曰信息时代。人们的物质生活和精神生活的水平比之前一阶段大为提高，有了足够的闲暇时间和经济条件来参与各种有利于身心健康、能促进身心再生的业余活动。其中，与接触大自然、回归大自然有着直接关系的休闲(recreation)、旅游(tour)活动得到迅猛的发展。同时，人类所面临着的诸如人口爆炸、城市膨胀、粮食短缺、能源枯竭、环境污染、贫富不均、生态失调等严峻问题，也促使人们更深刻地认识到过去对自然资源的掠夺性开发所导致的恶果，认识到开发、利用的程度超过了资源的恢复和再生能力所造成的无法弥补的损失。19世纪末期兴起的生态学到20世纪50年代已经建立了完整的生态系统和生态平衡的理论，而且逐渐向社会科学延伸。生态平衡也牵涉到社会经济问题、人类对自然界的物质资源的要求日益增长，而地球上的自然资源毕竟是有限的。因此，从长远观点考虑，必须有计划地予以开发，并注意它们的恢复、更新和再生，以达到永续利用的目的。维护宏观区域范围内的生态平衡，把过去所造成的恶性循环逐渐改善为良性循环。这就需要把社会经济的发展规律与自然生态规律协调起来，促成了经济学与生态学相结合，建立“可持续发展”的方略[1]。人与大自然的理性适应状态逐渐升华到一个更高的境界，二者之间由前一阶段的敌斥、对立关系又逐渐回归为亲和的关系。

这些情况必然会反映在园林上，从而引起它的内容和性质的变化：一、私人所有的园林、城市公共园林、绿化开放空间以及各种户外娱乐交

[1] “可持续发展”这一概念是20世纪80年代初由联合国提出来的。1980年3月5日，联合国大会向世界各国呼吁：“必须研究自然的、社会的、生态的、经济的以及利用自然资源过程中的基本关系，确保全球的持续发展（可持续发展）。”当时，人们对这项呼吁尚不太理解，因而也未在世界范围内引起足够的重视。直到1987年，挪威首相布伦特兰夫人主持的世界环境与发展委员会（WCED）出版了《我们共同的未来》一书，并提出“可持续发展是满足当代人的需要而又不损害子孙后代满足其自身需要的能力的发展”这个著名的定义之后，才在许多国家的政府和公众中推动了“可持续发展”的研究、宣传和运作实践。1992年7月，在里约热内卢召开的联合国环境与发展大会上通过了《21世纪议程》等重要文件，首次将可持续发展由理论概念推向具体行动。会后，中国政府就全面部署制定可持续发展的国家战略——《中国21世纪议程》。1994年国务院批准了这个《议程》，并以白皮书的形式公开发布，成为世界上第一部国家级最高规格的有关可持续发展方略的文件。

往场地不断扩大，城市的建筑设计由个体而群体，更与园林绿化相结合而转化为环境设计，确立了城市生态系统的概念。“城市在园林中”已经由理想变为广泛的现实，在一些发达国家和地区出现相当数量的“园林城市”。二、园林绿化以改善城市环境质量、创造合理的城市生态系统为根本目的，充分发挥植物配置在产生氧气、防止大气污染和土壤被侵蚀、增强土壤肥力、涵养水源、为鸟类提供栖息场所以及减灾防灾等方面的积极作用，并在此基础上进行园林审美的构思。园林的规划设计广泛利用生态学、环境科学以及各种先进的技术，由城市延展到郊外，与城市外围营造的防护林带、森林公园联系为一个有机的整体系统，甚至更向着广阔的国土范围延展，形成区域性的大地景观规划。同时，举凡农业、工业、矿山、交通、水利等自然开发工程都与园林绿化建设相结合，从而减少乃至消除它们对环境质量的负面影响，达到改善环境的目的。三、在实践工作中，城市的飞速发展改变了建筑和城市的时空观，建筑、城市规划、园林三者的关系已经密不可分，往往是“你中有我、我中有你”。因而园林学的领域大为开拓，成为一门涉及面极广的综合学科。园林艺术作为环境艺术的一个重要组成部分，它的创作不仅需要多学科、多专业的综合协作，公众亦作为创作的主体而参与部分的创作活动。因此，跨学科的综合性和公众的参与性便成了园林艺术创作的主要特点，并从而建立相应的方法学、技术学和价值观的体系。

展望这一阶段的前景，园林的内容将会更充实、范围将会更扩大。它向着宏观的人类所创造的各种人文环境全面延伸，同时又广泛地渗透到人们生活的各个领域。

第二节

中国古典园林发展的自然背景和人文背景

人类进入文明社会以来，任何文化形态从它的产生、成长、兴盛、衰落、直到消亡的全部进程，自始至终都离不开其自然背景和人文背景的制约与影响。可以这样说，自然背景与人文背景之结合，乃是人类文化发展的至广至大的载体；离开前者，无以言后者。园林作为一种文化形态，当然也不例外。

中国古典园林是古代世界的主要的园林体系之一，其所经历的大约三千年持续不断的延绵发展，始终在欧亚大陆东南部、太平洋西岸的中国国土范围内进行着。换句话说，中国国土的锦锈大地山川，构成了中国古典园林历来发展的自然背景。

960余万平方公里的中国国土，约占世界陆地总面积的十五分之一，自北而南跨越六个不同的气候带。它背倚大陆，面向海洋，既是大陆国家，也是海洋国家。漫长的海岸线北起鸭绿江口，南到北仑河口，沿海岸散布着6500余个岛屿，总面积约8万平方公里。国土地势所呈现的宏观总轮廓是西高东低，自西面东逐渐下降，形成巨大的阶梯状斜面。

中国多山，山地约占国土总面积的三分之二。山脉的总体排列和走向大致顺应于国土地势的宏观轮廓而分为五大系列：东西走向、南北走向、北东走向、北西走向、弧形走向，具有世界上山脉的岩石组织成分——岩性特征——的全部类型：火成岩山体、水成岩山体、变质岩山体、杂岩山体。它们隆起于地壳表面的褶皱、断裂，再加上流水、风化、冰川的剥蚀作用，呈现为千姿百态、千奇百怪的山体形象，仿佛鬼斧神工的雕琢塑造。这些山系中的“高山”（海拔3500米以上）分布在青藏高原和西南、西北、东北的部分地区，“中山”（海拔3500～1000米）和“低山”（海拔1000～500米）大多分布在华北、华南、东南地区，“丘陵”（海拔500米以下）主要分布在东部地区。除山地外，国土的其余三分之一为平原、高原和盆地。平原占地最广，比较大的有华北大平原、东北大平原、长江中下游平原、成都平原等。

中国多河、湖。大小河流总计51600余条，其中的外流河大多发源于西部高原地带，随国土地势的倾斜，向东、南分别注入太平洋和印度洋，在入海处形成三角洲。全国的大小湖泊2800余个，面积超过1000平方公里的大湖有12个。绝大多数湖泊为淡水湖，主要集中在长江中下游的平原地区[1]。

中国是世界上植物种属最多的国家，西方学者誉之为“园林之母”。据调查，全国植物共计27150种，隶353科，3184属，其中190属为中国所独有；裸子植物占世界上所有12科中的11科，被子植物占世界总科数的一半，针叶树占世界总科数的三分之一。[2]此外，还有许多珍贵的稀有树种和古老植物孑遗种。全国的植被分布情况，顺应于前述的宏观地势，又受到季风的影响，从东南到西北依次为森林、草原、荒漠三大植被地区。东部和南部的森林区约占国土面积的一半以上，蕴藏着大量的原始林和次生林。森林区内降水量充沛，从北到南随着热量的递增，植被的种属具有明显的纬度地带性即“纬向变化”，依次形成五个林带。其在山地的植被还有另一个明显特征，即随着山岳海拔高度的上升而更替出现不同的植物类型，构成一山植被的不同的纵向分布——“垂直带谱”。

中国的气候普遍为大陆性但也兼具海洋性的特点，变化情况十分复杂，各地干、湿状态的差别极大。湿润区包括华中、华东以及华南、西南的一部分，年降水量都在750毫米以上；半湿润区包括华北平原、东北平原的大部分以及青藏高原的南部，年降水量在400毫米左右。这些地区的气候条件对植物生长、农业耕作极为有利，因而逐渐形成为农业经济繁荣的发达地区，也是自然生态最好、最适宜于开拓人居环境的地区。

以上所述，大抵就是中国古典园林持续发展的宏观自然背景。其中的自然生态最好的发达地区所呈现的平野景观、山岳景观、河湖景观、海岛景观、植物景观、天象景观等等，为兴造风景式园林之利用天然山水地貌或者人为地创设山水地貌，提供了优越的自然条件和极为多样的摹拟对象，无异于园林艺术的取之不尽的创作源泉。

由56个民族组成、以汉族为主体的中华民族大家庭，几千年来就繁衍生息在这片辽阔的土地上，在漫长的古代岁月中凝聚为一个繁荣昌盛的大帝国，屹立于世界的东方。这个大帝国在经济、政治、意识形态方面所取得的光辉成就彪炳史册，又交织为“人文背景”，不仅孕育了古典园林的产生，并且自始至终启导、制约着它的发展。

自公元前3世纪的秦代直到公元19世纪末的清代的封建社会时段，正值中国古典园林发展历史上的最辉煌的时期，同时也是其人文背景的影响比较凸显、典型的时期。

[1] 刘君德、陈水文:《新编中国地理》，上海，上海人民出版社，1986。

[2] 李文华、赵献英:《中国的自然保护区》，北京，商务印书馆，1984。

经济方面：封建社会确立的地主小农经济体制，农业为立国之根本。农民从事农耕生产，是社会物质财富的主要创造者；地主通过土地买卖及其他手段大量占有农田，地主阶级知识分子掌握文化，一部分则成为文人。以此两者为主体的耕、读家族所构建的社区，以一家一户为生产单位的自给自足的分散经营，便成为封建帝国的社会基层结构的主体。中国的传统农业很早就实行精耕细作，积累了丰富的生产实践经验，历来的政府兴修水利、关注耕作技术、刊行农业文献。成熟的小农经济在古代世界居于先进地位，对中国古典园林的影响极为深刻，形成园林的封闭性和一家一户的分散性的经营。而精耕细作所表现的“田园风光”则广泛渗透于园林景观的创造，甚至衍生为造园风格中的主要意象和审美情趣。

政治方面：封建社会的中央集权的政治体制，政权集中于皇帝一身，“溥天之下莫非王土，率土之滨莫非王臣”，这种泱泱大国的集权政治的理念在皇帝经营的园林中表现为弘大的规模以及风景式园林造景所透露出来的特殊、浓郁的“皇家气派”。皇帝通过庞大的官僚机构控制着整个国家并维持其大一统的局面。各级官僚机构的成员一般由地主阶级知识分子中察举、选考而来[1]。“学而优则仕”，文人与官僚合流的“士”居于“士、农、工、商”这样的民间社会等级序列的首位，他们具有很高的社会地位，成为国家政治上的一股主要力量。由于朝廷历来执行“重农抑商”的政策，商人虽有经济实力但社会地位不高，始终不能形成政治力量。“士”作为一个特殊阶层，以其成员的不同身份、不同职业面貌出现在社会上。他们之中的精英分子都密切联系着当代政治、经济、文化、思想的动态，既用自己的知识服务于统治阶级，同时又超越这个范畴，以天下风教是非为己任，即所谓“家事、国事、天下事，事事关心”，表现一种理想主义的信念，扮演社会良心的角色。“士”是社会上雅文化的领军者，把高雅的气质赋予园林，士人们所经营的“文人园林”乃成为民间造园活动的主流，也是涵盖面最广泛的园林风格。它的精品具有典范的性质，往往引为园林艺术创作和评论的准则。但随着市民阶层的勃兴，市井的俗文化逐渐渗入民间造园活动，从而形成园林艺术的雅俗并列、互斥，进而合流融汇的情况，这在园林发展的后期尤为明显。

[1] 汉代由政府考察、举荐人才担任政府官职，谓之“察举”。隋唐以后改为定期开科考试选拔人才，然后授以官职，谓之“科举”。

意识形态方面：儒、道、释三家学说构成中国传统哲学的主流，也是中国传统文化的三个坚实的支柱。

儒家学说以“仁”为根本、以“礼”为核心，倡导“君臣父子”的大义名分、“修齐治平”的政治理念和“入世”的人生观，是封建时代意识形态的正统，它的经典被统治阶级奉为治国安邦的教条。诸如此类的情况在中国古典风景式园林中均有所反映，表现为自然生态美与人文生态美之并重、风景式自由布局中蕴含着的一种井然的秩序感和浓郁的生活气氛。儒家的“君子比德”即美善合一的自然观和“人化自然”的哲理启发人们对大自然山水的尊重，导致古典园林在其生成之际便重视筑山和理水，从而奠定风景式发展方向的基础。而儒家的“中庸之道”与“和为贵”的思想，则更为直接地影响园林艺术创作，在造园诸要素之间始终维持不偏不倚的平衡，使得园林整体呈现一种和谐的状态。

道家学说以自然天道观为主旨，政治上主张无为而治，提倡“绝圣弃智”、“绝仁弃义”。这些，都与儒家形成对立。道家崇尚自然并发展为以自然美为核心的美学思想，即所谓“天地有大美而不言”。这种原始的美学思想与“返璞归真”、“小国寡民”的憧憬相结合，铸就了士人们的宁静致远、淡泊自适、潇洒飘逸的心态特征。道家学说包含着朴素的辩证思想，强调阴与阳、虚与实、有与无的对立、统一关系，对宇宙间的宏观和微观空间的形成作出虚实相辅的辩证诠释。道教渊源于道家而成为中国的传统宗教，其教义的核心是“道”，宣扬神秘的修炼方术以求得长生不死、度世成仙，相应地创立祈祷、礼忏等一系列宗教仪轨。同时在其长期的发展过程中逐渐形成精湛的道教哲学，涌现许多渊博的道教学者。道教哲学祖述道家，在理论上提出“玄”的本体概念，“玄者自然之始祖而万殊之大宗也。”[1]还发挥了极富浪漫色彩的想像力，构建起一个人、神、仙、鬼交织的广大的道教世界。道家、道教对中国文化的影响极其深远、广泛，遍及文学、艺术、科学、技术、道德、伦理、民情风俗等，形成历史上的儒、道互补的局面，乃是中国传统文化发展的一个极重要的推动力量。不言而喻，其于中国古典园林的影响也十分巨大：举凡造园的立意、构思方面的浪漫情调和飘逸风格，园林规划通过筑山理水的辩证布局来体现山嵌水抱的关系；至于皇帝经营的大型园林景观之讲求神仙境界的摹拟，以及种种的仙苑模式等等，则更是显而易见的。

[1]《抱朴子内篇 · 畅玄》，见中国道教协会：《道教大辞典》，北京，华夏出版社，1994。

儒家、道家倡导以根本的“道”来统摄宇宙间万事万物的“器”，影响及于传统的思维方式，形成思维之更注重综合观照和往复推衍。因而各种艺术门类之间可以突破界域、触类旁通，铸就了中国古典园林得以参悟于诗、画艺术，形成“诗情画意”的独特品质。

释即佛家，包括佛教和佛学。

佛教产生于公元前6世纪的北印度，以众生平等的思想反对当时婆罗门教的“种姓制度”，教导信徒们遵照经、律、论三藏，修持戒、定、慧三学，以期生前斩除一切烦恼、死后解脱轮回之苦，宣扬一种重来生的“彼岸世界”、不重现世的“此岸世界”的消极出世的人生观。佛教大约在西汉末年（一说东汉初）传入中国内地，即“汉传佛教”，随着时间的推移而逐渐汉化，产生了具有汉文化特色的十余个宗派。它们对中国传统的哲学、文学艺术、民情风俗、伦理道德等都有影响，为中国传统文化注入新鲜血液。在这诸多宗派之中，禅宗的汉化程度最深，影响也最大。禅宗主张一切众生皆有佛性，在修持方法上非常重视人的“悟性”。南宗禅更倡导“顿悟”之说，众生可不必经累世长年的修炼，只要能够开悟而直指本心，当下即可成佛。这就是说，作为思维方式，完全依靠直觉体验，通过自己的内心观照来把握一切，无需客观的理性，也不必遵循一般认识事物的推理和判断程序。因此，禅宗传教往往不藉助经典性的文字，而是运用“语录”和“公案”来立象设教，即使“呵佛骂祖”亦无不可。这种思维方式普遍得到文人士大夫的青睐，并通过他们的中介而广泛渗入艺术创作实践之中，从而促成了艺术创作之更强调“意”，更追求创作构思的主观性和自由无羁，使得作品能达到情、景与哲理交融化合的境界，从而把完整的“意境”凸显出来。禅宗思维对后期的古典园林也很有影响，在意境的塑造上、在意境与物境关系的处理上尤为明显。

儒、道、释三家是中国传统意识形态的主流，或者说三个主要的构成要素。除此之外，当然还有其他的许多要素，在特定的历史情况下融糅儒、道、释的某些观点，或者受到此三家的浸润而逐渐衍生出来。它们又与此三家共同构筑起百花齐放的意识形态园地，而成为中国古典园林历史发展进程中的意识形态背景。其中，“天人合一”、“寄情山水”、“崇尚隐逸”这三个要素应予以特别关注。

“天人合一”的命题由宋儒提出，但作为哲学思想的原初主旨，早在西周时便已出现了。它包含着三层意义：第一层意义，人是天地生成的，故强调“天道”和“人道”的相通、相类和统一。这种观点萌芽于西周，原本是古人的政治伦理主张的表述，即《易传·乾卦》所谓“夫大人者，与天地合其德，与日月合其明，与四时合其序，与鬼神合其吉凶”。儒家的孟子和道家的庄子再加以发展。孟子将天道与人性合而为一，寓天德于人心，把封建社会制度的纲常伦纪外化为天的法则。庄子认为“天地与我并生，万物与我为一”[1]，人与天原本是合一的，只因人为的主观区分才破坏了统一，因而主张消灭一切差别而达到天地混一的境界。第二层意义，人类道德的最高原则与自然界的普遍规律是一而二、二而一的，“自然”和“人为”也应相通、相类和统一。这种观点导源于上古的原始自然经济，必然会深刻地影响人们的“自然观”，即人应该如何对待大自然这个重要问题的思考。也就是说，人的生活不能悖逆于自然界的普遍规律，人生的理想和社会的运作应该做到人与大自然的谐调，保持两者之间的亲和关系而非对立、互斥的关系，从而衍生出“天人谐和”的思想。第三层意义，以《易经》为标志的早期阴阳理

[1]《庄子·齐物论》。

论与汉代儒家的五行学派相结合，天人合一又演绎为“天人感应”说。认为天象和自然界的变异能够预示社会人事的变异，反之，社会人事变异也可以影响天象和自然界的变异，两者之间存在着互相感应的关系。这种感应关系奠定了中国传统的“风水”理论的哲学基础，也在一定程度上影响园林地貌景观的营造，其在皇帝经营的大型园林中尤为明显。“天人合一”的哲理经过历代哲人的充实和系统化，成为中国传统文化的基本精神之一。它启导中国古典园林向着“风景式”方向健康发展，把园林里面所表现的“天成”与“人为”的关系始终整合如一，力求达到“虽由人作，宛自天开”的境地——天人谐和的境地。

“寄情山水”不仅表现为游山玩水的行动，也是一种思想意识，同时还反映了社会精英——士人的永恒的山水情结。受到“天人合一”哲理潜移默化的士人们，发现了大自然山水风景之美。尔后，美的山水风景经过人们的自觉开发，揭开了早先的自然崇拜、山川祭祀所披覆其上的神秘外衣，以其赏心悦目的本来面貌而成为人们品玩的对象。于是，逐渐在文人士大夫的圈子里滋生热爱大自然山水风景的集体无意识，从而导致游山玩水的行动；这种行动逐渐普遍、活跃，则又成为社会风尚。士人之在朝为官者努力作出一番事业，但亦不忘情于山水之乐；一旦失意致仕则往往浪迹山林有如闲云野鹤，寄托自己宦海浮沉、政治抱负未能实现的情愫。因此，无论在朝者、在野者，得意者、失意者，咸以游览山水风景为赏心乐事，祖国的名山大川无处不留下他们的游踪。唐代大诗人李白自诩“五岳寻山不辞远，一生好入名山游”、“一斗百篇逸兴豪，到处山水皆故宅”。可以这样说，山水之游已经成为文人名流的生活中必不可少的一项活动，所谓“行万里路，读万卷书”。一个没有作过任何名山大川之游的人，社会上也就很难确认其文人名流的地位。名山大川哺育了一代士人的成长，打造了一代士人的性格。祖国各地的优美山水风景，往往借助于他们的游览活动而得以更彰显其风景名胜之美。许多担任地方官职的文人名流，在任期内饱游饫赏当地的山水风景，还经常利用自己的职权对它们的开发建设作出积极的贡献。杭州西湖得以成为闻名中外的风景名胜区，地方官白居易和苏轼等的参与整治乃是功不可没的。“寄情山水”的思想影响及于文学艺术，促成了山水文学、山水画的大发展。山水文学包括诗、词、散文、题刻、匾联等，诗与散文则为其中的主流。中国是诗的王国，而山水诗又占着相当大的比重。有人统计，《全唐诗》中将近半数的诗篇可以归入山水诗的范畴。山水诗主要以描写大地山川的自然景观和人文景观为题材，还涉及旅行、送别、隐逸、宦游、咏怀、吊古、求仙拜佛、访问僧道等，同时也反映作者个人的思想面貌、精神品格、生活情趣和审美理想。山水散文多为“游记”的形式，往往把写景与抒情相结合，逐渐发展成为一种文学体裁。某些文人行万里路，通过对名山大川的实地考察，在所撰写的游记中不仅记述其亲历的山川风物之美，还涉及构成风景的自然物和自然现象的成因，并给予它们以科学的推断和评价，明代文人徐霞客撰写的《徐霞客游记》便是其中的佼佼者。山水画无论工笔或写意，既重客观形象的摹写，又能够注入作者的主观意念和感情，即所谓“外师造化，中得心源”，确立了中国传统山水画的创作准则。技法方面，结合毛笔、绢素等工具而创为泼墨、皴擦，并以书法的笔意入画。许多山水画家总结自己的创作经验，撰写的《画论》不仅是绘画的理论著作，也涉及到自然界山水风景的构景规律的理论探索。山水风景、山水画、山水文学对于古典园林的深刻的潜移默化，自是不言而喻，此四者的相互影响、彼此促进的情况也是显而易见的。在中国历史上，山水风景、山水画、山水文学、山水园林的同步发展，则形成了一种独特的文化现象——“山水文化”。山水文化与士人的生活结下了不解之缘，几乎涵盖了他们所接触到的一切物质环境和精神环境。

“崇尚隐逸”与“寄情山水”有着极密切的关系，大自然山水的生态环境是滋生士人的隐逸思想的重要因素之一，也是士人的隐逸行为的最广大的载体。隐逸之士即“隐士”，又称逸士、高士、处士等。隐士自古有之，他们的抱负不见重于当政者，或者不愿取媚于流俗，为了维护自己的独立之品格和自由之精神，乃避开现实生活，到深山野林里长期隐居起来，过着常人难于忍受的艰辛生活。上古传说中的许由、巢父、伯夷、叔齐就是这样人物的典型者。他们的数量虽然不多，影响却很大。先秦的儒家和道家均给予隐士很高的评价，孔子云：“君子哉蘧伯玉，邦有道则仕，邦无道则可卷而怀之。”[1]“道不行，乘桴浮于海。”[2]把它们树立为道德伦理和为人处世的楷模。从秦汉到清末，在大一统封建王朝的集权政治体制之下，士人们若欲实现自我、建功立业，必须依附皇帝这个唯一的最高统治者，无条件地接受其行为规范和思想控制。士人们固然可以“朝为田舍郎，暮登天子堂”，但宦海浮沉，仕途多险，显达与穷通莫测，升迁与贬谪无常。他们标榜“达则兼济天下，穷则独善其身”，即便独善其身亦不能完全摆脱王权对个人意志的控制，因而最终的归宿便只有退隐一途了。汉以后到唐宋，地主小农经济发达，士人已然拥有自己的田产地业，隐逸者便具备了经济基础，能提供一定水平甚至相当富裕的生活保证，就不必像上古的隐士那样到深山野林中度过极端艰苦的生活。于是，隐士的数量逐渐多起来，隐逸的方式亦与时俱进，出现多样化的趋向：有隐于朝廷的“朝隐”[3]，有隐于市廛的“市隐”，这是少数情况，大多数则为田园之隐，山林之隐。就隐逸的程度而言，有大隐、中隐、半隐之分，甚至把隐逸作为韬光养晦、待价而沽的手段，即所谓“终南捷径”[4]。诸如此类的隐逸行为在一定程度上促进了园林的发展，尤其是郊野别

[1]《论语·卫灵公》。

[2]《论语·公冶长》。

[3] 汉武帝时，东方朔提出所谓“避世金马门”的朝隐之法。金马门是汉宫内侍之门署。他曾以戏谑的口吻歌曰：“陆沉于俗，避世金马门。宫殿中可以避世全身，何必深山之中，蒿庐之下。”（见《史记·滑稽列传》）

[4]“终南捷径”的典故出自《大唐新语·隐逸》中的一段话：“卢藏用始隐于终南山中，中宗朝累居要职。有道士司马承祯者，睿宗迎至京，将还。藏用指终南山谓之曰：‘此中大有佳处，何必在远。’承祯徐答曰：‘以仆所观，乃仕宦捷径耳。’”

墅园的大发展。园林不仅成为隐者的庇托之所，也是他们的精神家园。随着时间的推移，隐逸的行为在文人士大夫的圈子里演绎、转化为具有哲理性的"隐逸思想"。到后期，隐逸行为逐渐淡化，隐逸思想则日益凸显，浸假而渗入士人的性格禀赋，又在他们心中形成挥之不去的隐逸情结。而园林作为第二自然也就代替大自然山水，成为隐逸思想的最主要的载体。历来的许多文人士大夫亲自参与营造园林，从规划布局、叠山理水的理念直到具体的物景和意境的塑造，无不表现出园主人对隐逸的憧憬，这类园林甚至可以称之为"隐士园"了。无论致仕而退隐者，或终生不仕的布衣隐者，一般都有很高的文化素养。虽曰隐却并非完全不关心世事，也并非处于离群索居的孤独状态。他们也有一定的社会活动，但都是志同道合"非其人不友"的，因此而形成许多隐士集团。在这个集团里面，大家"同声相应，同气以求"，结成无形的组织，尤其受到社会上的景仰。汉代的"商山四皓"、西晋的"竹林七贤"、南北朝的"白莲社十八高贤"便是早期的最著名的几个隐士集团[1]。隐士们除了小集团内的活动之外，也经常从异地隐者那里获取信息而对天下大势作出判断，以便伺机为统治者提供咨询，个别的还得到"山中宰相"的美誉[2]。隐士们往往亦儒、亦道、亦释，是"天人合一"的自然观和以自然美为核心的美学观的发扬光大者。他们在名山大川结庐营居，必然成为开发风景名胜的一股先行力量。许多隐士同时也是山水画家、山水诗人，他们的画作、诗作都著上一层空濛、寂寥、清幽、飘逸的隐士情调。这种情调同样见于士人们经营的园林之中，乃是隐逸生活环境的典型表现。诸如此类的情况，又综合地衍生出一种独特的文化现象——隐逸文化，它与山水文化密切关联着，仿佛你中有我、我中有你。

综上所述，一个情况乃是显而易见：在辽阔的国土范围的空间内，在三千余年的漫长时间进程中，对中国古典园林的发展而言，自然背景最良好的地区，也就是其人文背景最优越的地区，而它们大体上都集中在中部、东部、东南部的平原、河湖、低山、丘陵地带。换句话说，历来的文化发达地区、自然生态良好地区、园林荟萃地区此三者，就地域分布而言大致是重合的。

自然背景除非遭遇重大的生态变异，一般都呈现为静态的状况，人文背景则经常处于诸要素此消彼长的动态演进之中。这两种背景为中国古典园林的发展提供了扎根的土壤，土壤的养分培育出中国古典园林的特点和品质基因，从而成长出根深叶茂的枝干并绽放为姹紫嫣红的园林艺术和技术的盛开花朵。这也就是笔者在自序中所说的"大地山川的钟灵毓秀，历史文化的深厚积淀"的具体诠释和引申。

正是在上述的大背景之下，中华民族得以向古代世界推出一项伟大的贡献——创造了一个如此源远流长、博大精深的古典园林体系。

[1] 蒋星煜：《中国隐士与中国文化》，上海，三联书店上海分店，1988。

[2] 五代梁朝的陶弘景隐居茅山，梁武帝每有征讨吉凶大事，无不前往咨询，每月均有书信来往。其受宠信之程度，为朝中权臣显宦所不及；赏赐之多，超过显宦的俸禄。故当时人称之为"山中宰相"。

第三节 中国古典园林的类型

中国古典园林是指世界园林发展的第二阶段上的中国园林体系而言。它由中国的农耕经济、集权政治、封建文化培育成长，比起同一阶段上的其他园林体系，历史最久、持续时间最长、分布范围最广，这是一个博大精深而又源远流长的风景式园林体系。

按照园林基址的选择和开发方式的不同，中国古典园林可以分为人工山水园和天然山水园两大类型。

人工山水园，即在平地上开凿水体、堆筑假山，人为地创设山水地貌，配以花木栽植和建筑营构，把天然山水风景缩移摹拟在一个小范围之内。这类园林均修建在平坦地段上，尤以城镇内的居多。在城镇的建筑环境里面创造摹拟天然野趣的小环境，犹如点点绿洲，故也称之为“城市山林”。它们的规模从小到大，包含的内容亦相应地由简到繁。一般说来，小型的在0.5公顷以下，中型的约为0.5公顷至3公顷，3公顷以上的就算大型人工山水园了。

人工山水园的四个造园要素之中，建筑是由人工经营的自不待言，即便山水地貌亦出于人为，花木全是人工栽植。因此，造园所受的客观制约条件很少，人的创造性得以最大限度地发挥。艺术创造游刃有余，必然导致造园手法和园林内涵的丰富多彩。所以，人工山水园乃是最能代表中国古典园林艺术成就的一个类型。

天然山水园，一般建在城镇近郊或远郊的山野风景地带，包括山水园、山地园和水景园等。规模较小的利用天然山水的局部或片段作为建园基址，规模大的则把完整的天然山水植被环境范围起来作为建园的基址，然后再配以花木栽植和建筑营构。基址的原始地貌因势利导做适当的调整、改造、加工，工作量的多少视具体的地段条件和造园要求而有所不同。兴造天然山水园的关键在于选择基址，如果选址恰当，则能以少量的花费而获得远胜于人工山水园的天然风景之真趣。人工山水园之缩移摹拟天然山水风景毕竟不可能完全予人以身临其境的真实感，正如清初造园家李渔所说的:“幽斋磊石，原非得已，不能致身岩下与木石居，故以一拳代山、一勺代水，所谓无聊之极思也。”[1]故《园冶》论造园相地，以“山林地”为第一。有些大型天然山水园，其总体形象无异于风景名胜区，所不同的是后者经过长时期的自发形成，而前者则在短期内得之于自觉的规划经营。

[1] 李渔：《一家言·居室器玩部》，上海，上海科学技术出版社，1984。

如果按照园林的隶属关系来加以分类，中国古典园林也可以归纳为若干个类型。其中的主要类型有三个：皇家园林、私家园林、寺观园林。

皇家园林属于皇帝个人和皇室所私有，古籍里称之为苑、苑囿、宫苑、御苑、御园等的，都可以归属于这个类型。

秦代开创了以地主小农经济为基础的中央集权的封建大帝国，中央置九卿职事，地方设郡县，政权集中于皇帝。自秦以后直到明清的整个封建社会时期，形成了皇帝一人的独夫统治。“率土之滨，莫非王臣”，他们一切都要听命于皇帝。即使皇亲国戚和贵族，就其对皇帝的政治地位而言，也都是臣民。在这个封建社会中的全体成员，如果以阶级出身、社会地位和权力作为综合的衡量标准，则可以分别归属于六个等级的结构层次：皇帝、贵族、官僚、缙绅、平民、奴婢。其中，皇帝为“君”，另外五个等级的人物均为他的“臣”和“民”。皇帝号称天子，奉天承运，代表上天来统治寰宇。他的地位至高无上，是人间的最高统治者。严密的封建礼法和森严的等级制度构筑成一个统治权力的金字塔，皇帝居于这个金字塔的顶峰。因此，凡属与皇帝有关的起居环境诸如宫殿、坛庙、园林乃至都城等，莫不利用其建筑形象和总体布局以显示皇家气派和皇权的至尊。皇家园林尽管是摹拟山水风景的，也要在不悖于风景式造景原则的情况下尽量显示皇家气派。同时，又不断地向民间的园林汲取造园艺术的养分，从而丰富皇家园林的内容、提高宫廷造园的艺术水平。再者，皇帝能够利用其政治上的特权和经济上的富厚财力，占据大片的地段营造园林供一己享用，无论人工山水园或天然山水园，规模之大远非私家园林所可比拟。秦汉至明清，历史上的每个朝代几乎都有皇家园林的建置，它们不仅是庞大的艺术创作，也是一项耗资甚巨的土木工事。因此，皇家园林数量的多寡、规模的大小，也在一定程度上反映了一个朝代国力的盛衰。

魏晋南北朝以后，随着宫廷园居生活的日益丰富多样，皇家园林按其不同的使用情况又有大内御苑、行宫御苑、离宫御苑之分。大内御苑建置在首都的宫城和皇城之内，紧邻着皇居或距皇居很近，便于皇帝日常临幸游憩。行宫御苑和离宫御苑建置在都城近郊、远郊的风景幽美的地方，或者远离都城的风景地带。前者供皇帝偶一游憩或短期驻跸之用，后者则作为皇帝长期居住、处理朝政的地方，相当于一处与大内相联系着的政治中心。此外，在皇帝出巡外地需要经常驻跸的地方，也视其驻跸时间的长短而建置离宫御苑或行宫御苑。

私家园林属于民间的贵族、官僚、缙绅所私有，古籍里面称之为园、园亭、园墅、池馆、山池、山庄、别业、草堂等的，大抵都可以归入这个类型。

中国古代的封建社会，农民从事农耕生产，为物质财富的主要创造者，读书的地主阶级知识分子掌握文化，一部分则成为文人。缙绅的主要成员是基层的地主及其知识分子，也包括一部分商人和致仕的官僚。他们结成地方势力集团，控制着广大的平民百姓。中央政府的官僚机构必须依靠、利用缙绅的地方势力才能够维持全国大一统政权的正常运作，“绅权”事实上已成为“皇权”的补充和延伸。皇帝通过庞大的各级官僚机构，利用基层的地方势力集团，牢固地统治着疆域辽阔的封建大帝国。商人虽居于民间社会等级序列的末流，由于他们在繁荣城市经济，保证皇室、官僚、地主的奢侈生活供应方面所起的重要作用，往往也成为缙绅。大商人积累了财富相应地提高了社会地位，一部分甚至侧身于士林(譬如后期的捐官制度)。贵族、官僚、文人、地主、富商兴造园林供一己之享用，同时也以此作为夸耀身份和财富的手段，而他们的身份、财富也为造园提供了必要的条件。至于广大的劳动人民——平民和奴婢，迫于生计，衣食尚且艰难，当然谈不到园林的享受了。

民间的私家园林是相对于皇家的宫廷园林而言。封建的礼法制度为了区分尊卑贵贱而对士民的生活和消费方式作出种种限定，违者罪为逾制和僭越，要受到严厉制裁。园林的享受作为一种生活方式，也必然要受到封建礼法的制约。因此，私家园林无论在内容或形式方面都表现出许多不同于皇家园林之处。

建置在城镇里面的私家园林，绝大多数为“宅园”。宅园依附于邸宅作为园主人日常游憩、宴乐、会友、读书的场所，规模不大。一般紧邻邸宅的后部呈前宅后园的格局，或位于邸宅的一侧而成跨院。此外，还有少数单独建置、不依附于邸宅的“游憩园”。建在郊外山林风景地带的私家园林大多数是“别墅园”，供园主人避暑、休养或短期居住之用。别墅园不受城市用地的限制，规模一般比宅园大一些。

寺观园林即佛寺和道观的附属园林，也包括寺观内部庭院和外围地段的园林化环境。

佛教和道教是盛行于中国的两大宗教，佛寺和道观的组织经过长期的发展而形成一整套的管理机制——丛林制度。寺、观拥有土地，也经营工商业，寺观经济——丛林经济——与世俗的地主小农经济并无二致，而世俗的封建政治体制和家族体制也正是丛林制度之所本。因此，寺观的建筑形制逐渐趋同于宫廷、邸宅，乃是不言而喻的事情。再从宗教信仰方面来看，古代的重现实、尊人伦的儒家思想占据着意识形态的主导地位。无论外来的佛教或本土成长的道教，公众的信仰始终未曾出现过像西方那样的狂热、偏执的激情。

皇帝君临天下，皇权是绝对尊严的权威，像古代西方那样威慑一切的神权，在中国相对于皇权而言，始终居于从属的、次要的地位。历来的帝王虽屡有佞佛或崇道的，历史上也曾发生过几次“灭法”的事件，但多半出于政治上和经济上的原因。从来没有哪个朝代明令定出“国教”，总是以儒家为正统，而儒、道、佛互补互渗。在这种情况下，宗教建筑与世俗建筑不必有根本的差异。历史上多有“舍宅为寺”的记载，梵刹紫府的形象无需他求，实际就是世俗住宅的扩大和宫殿的缩小。就佛寺而言，到宋代末期已最终完成寺院建筑世俗化的过程。它们并不表现超人性的宗教狂迷，反之却通过世俗建筑与园林化的相辅相成而更多地追求人间的赏心悦目、恬适宁静。道教历来摹仿佛教，道观的园林亦复如此。从历史文献上记载的以及现存的实例看来，寺、观既建置独立的小园林一如宅园的模式，也很讲究内部庭院的绿化，多有以栽培名贵花木而闻名于世的。郊野的寺、观大多修建在风景优美的地带，周围向来不许伐木采薪。因而古木参天、绿树成荫，再配以小桥流水或少许亭榭的点缀，又形成寺、观外围的园林化环境，这在山岳地带的寺观尤为精彩。正由于庭院绿化和外围的园林化环境，寺观园林益发凸显其不同于皇家和私家园林的类型特征。许多寺观也因此而成为“园林寺观”，历来的文人名士都喜欢借住其中读书养性，帝王以之作为驻跸行宫的情况亦屡见不鲜。

皇家园林、私家园林、寺观园林这三大类型是中国古典园林的主体、造园活动的主流、园林艺术的精华荟萃。除此之外，也还有一些并非主体，亦非主流的园林类型，例如：

衙署园林。衙署也称作衙门，是封建时代各级官吏行使统治权力的场所，包括中央和地方省、州、道、府、县等，建筑规模和布局都有明显的等级差异。衙署的庭院绿化点缀，早在唐代已有记载。另外，在衙署内的眷属住房的后院建置小园林，犹如住宅的宅园。所谓“衙署园林”即指此两部分而言。

祠堂园林。祠堂是祭祀祖先、先贤、哲人的建筑，遍及全国城乡，其中大部分为民间的宗祠。这类建筑很重视绿化和园林化，从而形成祠堂园林。有的经过适当的改造，向公众开放，则又兼有公共园林的性质。

书院园林。封建时代的教育机构，除了官学（中央的太学和地方州府县学）和私塾之外，还有一种“书院”。书院大盛于宋代，一般由民间集资兴办，也有官办的。它的特点：一是学术活动比较自由，延聘著名学者讲学、担任“山长”（校长）；二是校址选择在山水风景优美的地方，同时也很重视建筑群的园林化，因此而形成“书院园林”，为生徒创造一个幽雅清静的学习环境，以利于潜心向学。另外，各地著名的“藏书楼”多有附属园林的建置，其性质、功能与书院园林颇有类似之处。

公共园林。多见于一些经济发达、文化昌盛地区的城镇、村落，为居民提供公共交往、游憩的场所，有的还与商业活动相结合。它们多半是利用河、湖、水系稍加园林化的处理，或者城市街道的绿化，或者因就于名胜、古迹而稍加整治、改造。绝大多数都没有墙垣的范围，呈开放的、外向型的布局，与其他园林类型的建置采用封闭的、内向型的布局不一样。公共园林一般由地方官府出面策划，或为缙绅出资赞助的公益性质的善举，后期的发展较为普遍。

诸如此类的非主流的园林，其数量并不亚于主流园林。但作为园林类型而言，其本身尚未完全成熟，还不具备明显的类型特征。

坛庙为皇家重要的祭祀、礼制建筑，形象上具有浓重的纪念色彩。明清时期，坛庙包括皇帝祭祀天、地、日、月、社稷、先农的坛，祭祀祖先的太庙，以及祭祀对象相当于帝王规格的如文庙（孔庙）、武庙（关帝庙）等。它们规模宏大，占地甚广，主体建筑群的内部庭院和外围均种植大片柏树林，纵横排列规整，郁郁葱葱蔚为壮观。绿化的比重很大，覆盖率极高。但其用意在于以姿态挺拔、色调沉静而规整布列的常绿树林所具有的庄严肃穆的气氛，来烘托坛庙的纪念性意义，并非为了游憩、观赏的目的。

陵园，即皇帝的墓园。中国人敬天法祖，慎终追远，历来崇尚厚葬。生前的身份越尊贵，为死后经营的墓园就越讲究，帝王的陵园更是豪华无比。陵园的规模大、占地广，必须按照“风水”的原则缜密选择基址。园内的建筑营造和树木栽植都经过严格的规划布局，但这种规划布局并非为了游憩、观赏的目的，而在于创造一种特殊的纪念性气氛，体现避凶就吉的天人感应的观念。所以说，陵园与古典园林就其性质和功能而言，毕竟属于不同的范畴，不能把前者归属于后者。

此外，分布在全国各地的众多的风景名胜区，作为区域综合体既有自然景观之美，又兼具人文景观之胜；它的四个构景要素——山、水、植被、建筑——类似于园林的四个造园要素。在过去的漫长历史时期，古典园林与风景名胜区一直是同步发展着，两者互相影响、渗透的关系也十分密切。但后者乃是一个经过有限度地、局部地人工点缀的自然环境，一般不存在明确的界域，山、水、植被均为天然生成，建筑的总体布局除极少数情况之外均由千百年的自发形成而非自觉的规划。所以，传统的风景名胜区就其区域整体而言并不能作为艺术创作来看待。它们虽然具备园林的某些功能和性质，毕竟不能完全等同于园林。

基于上述观点，本书论述的中国古典园林，概以皇家、私家、寺观三大类型作为重点，兼论其他类型，但不涉及风景名胜区、陵园和坛庙。

第四节 中国古典园林史的分期

中国古典园林的历史悠久，大约从公元前11世纪的奴隶社会末期直到19世纪末叶封建社会解体为止，在三千余年漫长的、不间断的发展过程中形成了世界上独树一帜的风景式园林体系——中国园林体系。这个园林体系并不像同一阶段上的西方园林那样，呈现为各个时代的迥然不同的形式、风格的此起彼落、更迭变化，各个地区的迥然不同的形式、风格的互相影响、复合变异。而是在漫长的历史进程中自我完善，外来的影响甚微。因此，它的发展表现为极缓慢的、持续不断的演进过程。

中国古典园林的漫长的演进过程，正好相当于以汉民族为主体的封建大帝国从开始形成而转化为全盛、成熟直到消亡的过程。这个封建大帝国的疆域如此之广，历史如此之长，在当时的世界范围内是独一无二的。之所以出现这样的局面，固然有客观的地理环境和地缘政治的原因，但根本的原因则在于它本身所具备的三个特殊条件：一、经济上以血缘家族的地主小农经济为主体，工商业经济始终处于附庸的地位。二、政治上的君主集权，依靠封建礼制与官僚机构相结合的国家机器，有效地控制着全国的广大地域。三、儒家倡导的以礼乐为中心的封建秩序、尊王攘夷的大一统思想，始终占着意识形态的主导地位。这三个条件起着支柱和互相制约的作用，好像一鼎的三足支撑着帝国的稳定状态。一旦三个支柱之间的制约关系失去平衡，则国家必动乱不安。经过自我调整而趋于再平衡，国家又恢复稳定。如此一治一乱的更迭，维系着这个大帝国的存在和发展，一直持续几千年。

中国古典园林得以持续演进的契机便是这经济、政治、意识形态三者之间的平衡和再平衡，它的逐渐完善的主要动力亦得之于此三者的自我调整而促成的物质文明和精神文明的进步。根据这个情况，我们可以把中国古典园林的全部发展历史分为五个时期。

一、 生成期（公元前16世纪—公元220年）

即园林产生和成长的幼年期，相当于商、周、秦、汉。商、周为奴隶制国家，奴隶主贵族通过分封采邑制度获得其世袭不变的统治地位。贵族的宫苑是中国古典园林的滥觞，也是皇家园林的前身。秦、汉，政体演变为中央集权的郡县制，确立皇权为首的官僚机构的统治，儒学逐渐获得正统地位。以地主小农经济为基础的封建大帝国形成，相应地，皇家的宫廷园林规模宏大、气魄宏伟，成为这个时期造园活动的主流。

二、 转折期（公元220—589年）

相当于魏、晋、南北朝。小农经济受到豪族庄园经济的冲击，北方落后的少数民族南下入侵，帝国处于分裂状态。而在意识形态方面则突破了儒学的正统地位，呈现为诸家争鸣、思想活跃的局面。豪门士族在一定程度上削弱了以皇权为首的官僚机构的统治，民间的私家园林异军突起。佛教和道教的流行，使得寺观园林也开始兴盛起来。形成造园活动从生成期到全盛期的转折，初步确立了园林美学思想，奠定了中国风景式园林大发展的基础。

三、 全盛期（公元589—960年）

相当于隋、唐。帝国复归统一，豪族势力和庄园经济受到抑制，中央集权的官僚机构更为健全、完善，在前一时期中诸家争鸣的基础上形成儒、道、释互补共尊，但儒家仍居正统地位。唐王朝的建立开创了帝国历史上的一个意气风发、勇于开拓、充满活力的全盛时代。从这个时代，我们能够看到中国传统文化曾经有过的何等闳放的风度和旺盛的生命力。园林的发展也相应地进入盛年期。作为一个园林体系，它所具有的风格特征已经基本上形成了。

四、 成熟时期（公元960—1736年）

相当于两宋到清初。

继隋唐盛世之后，中国封建社会发育定型，农村的地主小农经济稳步成长，城市的商业经济空前繁荣，市民文化的兴起为传统的封建文化注入了新鲜血液。封建文化的发展虽已失去汉、唐的闳放风度，但却转化为在日愈缩小的精致境界中实现着从总体到细节的自我完善。相应地，园林的发展亦由盛年期而升华为富于创造进取精神的完全成熟的境地。

五、 成熟后期（公元1736—1911年）

相当于清中叶到清末。

清代的乾隆朝是中国封建社会的最后一个繁盛时代，表面的繁盛掩盖着四伏的危机。道、咸以后，随着西方帝国主义势力入侵，封建社会盛极而衰逐渐趋于解体，封建文化也愈来愈呈现衰颓的迹象。园林的发展，一方面继承前一时期的成熟传统而更趋于精致，表现了中国古典园林的辉煌成就；另一方面则暴露出某些衰颓的倾向，已多少丧失前一时期的积极、创新精神。

清末民初，封建社会完全解体、历史发生急剧变化、西方文化大量涌入，中国园林的发展亦相应地产生了根本性的变化，结束了它的古典时期，开始进入世界园林发展的第三阶段——现代园林的阶段。

第五节

中国古典园林的特点

中国古典园林作为一个成熟的园林体系，若与世界上的其他园林体系相比较，它所具有的个性是鲜明的。而它的各个类型之间，又有着许多相同的共性。这些个性和共性可以概括为四个方面：一、本于自然、高于自然；二、建筑美与自然美的融糅；三、诗画的情趣；四、意境的含蕴。这就是中国古典园林的四个主要的特点，或者说，四个主要的风格特征。

一、本于自然、高于自然

自然风景以山、水为地貌基础，以植被作装点。山、水、植物乃是构成自然风景的基本要素，当然也是风景式园林的构景要素。但中国古典园林绝非一般地利用或者简单地摹仿这些构景要素的原始状态，而是有意识地加以改造、调整、加工、剪裁，从而表现一个精练概括的自然、典型化的自然。惟其如此，像颐和园那样的大型天然山水园才能够把具有典型性格的江南湖山景观在北方的大地上复现出来。这就是中国古典园林的一个最主要的特点——本于自然而又高于自然。这个特点在人工山水园的筑山、理水、植物配置方面表现得尤为突出。

自然界的山岳、河湖，以其丰富的外貌和广博的内涵而成为大地景观的最重要的组成部分，所以中国人历来都用“山水”作为自然风景的代称。相应地，山、水也是古典园林的骨架。在园林的地形整治工作中，筑山、理水便成了两项重要的内容，历来造园都极为重视。

筑山即堆筑假山，包括土山、土石山、石山三种情况。土山垒土板筑而成，坡度不能太陡，山愈高则占地愈大，多见于大型的人工山水园，往往利用挖池的土方堆筑。土山的取材、施工都比较容易，又便于种植花木，收到较好的山林效果，但山体形象比较缺乏写意性和表现力。土石山是土与石相结合，先筑土山，再于其上堆叠石块。比之土山，坡度可陡一些，占地少一些，也有一定的写意性和表现力。如果土多于石则类似土山，石多于土则类似石山。石山全部使用天然石块堆筑而成，这种特殊的堆筑技艺叫做“叠山”，江南地区称之为“掇山”。它既是艺术创作，又是工程技术。石块之间用泥灰填充胶接，辅以铁件加固。岭南地区叠山常用小块的英石和大量泥灰，这种做法叫做“塑山”。匠师们广泛采用各种造型、纹理、色泽的石材，以不同的堆叠风格而形成许多流派。造园几乎离不开石，石的本身也逐渐成了人们鉴赏品玩的对象，并以石而创为盆景艺术、案头清供。南北各地现存的许多优秀的叠山作品——石假山，一般最高不过八九米，无论摹拟真山的全貌或截取真山的一角，都能够以小尺度而创造峰、峦、岭、岫、洞、谷、悬岩、峭壁等形象的写照。从它们的堆叠章法和构图经营上，可以看到天然山岳构成规律的概括、提炼。园林内的石假山都是真山的抽象化、典型化的缩移摹写，能在很小的地段上展现咫尺山林的局面、幻化千岩万壑的气势，表现出天然山体的各类岩性特征。石假山都具有完整的山形，突出山体的岩性特征，一般作为园林或景区的主景。能够“远观取其势”，也能“近看取其质”，甚至可以进入山腹内部观赏洞穴之景，若循蹬道临绝顶，不仅俯瞰全园，还能够收摄园外之“借景”。另有一类石假山，以其较小的体量作为园林空间的障隔，或者厅堂的对景，类似影壁的作用，可称之为“叠石”。如果镶嵌在墙壁上，就成为“壁山”。小型的叠石，点缀在庭院、天井、廊间、屋隙，配植少量花木，以白粉墙为背景，则衬托成为宛约多姿的山石小品。叠石往往包镶在房屋的一角、桥梁的两端，作为房屋的基座、台阶或室外阶梯，构成建筑物与自然环境之间的过渡环节。小型水体一般都有叠石的“驳岸”、“石矶”、“汀步”，摹拟大自然岩石河床和湖岸的景象，等等。诸如此类的例子，不胜枚举。叠石成山的风气，到后期尤为盛行，几乎是“无园不石”。此外，还有选择一整块的天然石材陈设在室外作为观赏对象的，一般安置在人们视线集中的地方，这种做法叫做“置石”。用作置石的单块石材不仅具有优美奇特的造型，而且能够引起人们对大山高峰的联想，即所谓“一拳则太华千寻”，故又称为“峰石”。

中国古典园林之所以能够显示其高于自然的特点，主要即得之于“叠山”（叠石）。这是一种高级的艺术创作与结构技术的结合，而叠山匠师往往也兼作园林规划的主持人。

水体在大自然的景观构成中是一个重要的因素，它既有静止状态的美，又能显示流动状态的美，因而也是一个最活跃的因素。山与水的关系密切，山嵌水抱一向被认为是最佳的成景态势，也反映了阴阳相生的辩证哲理。这些情况都体现在古典园林的创作上，一般说来，有山必有水，“筑山”和“理水”不仅成为造园的专门技艺，两者之间相辅相成的关系也是十分密切的。

中国有着漫长的海岸线，但由于种种历史原因，中国古典文化中的内陆型的成分远比海洋型的成分为多。这种情况反映在园林理水方面，人工开凿的水体摹拟海景的很少，基本上是内陆大自然界的湖泊、池沼、河流、溪涧、渊潭、泉水、瀑布等的艺术概括。园林理水务必做到"虽由人作，宛自天开"[1]，哪怕再小的水面亦必曲折有致，并利用山石点缀岸、矶，有的还故意做出一弯港汊、水口以显示源流脉脉、疏水若为无尽。稍大一些的水面，则必堆筑岛、堤，架设桥梁。在有限的空间内尽量写仿天然水景的全貌，这就是"一勺则江湖万顷"[2]之立意。

一园之内的各种水体，有条件的都要组织成为有源有流的"水系"。常见的是以一个湖泊为中心，把其他的水体贯连起来，或者集大小湖泊、河流、溪涧为一个整体，表现天然水景的全面缩影。瀑布之景除了极个别的可以利用天然地形落差之外，一般需要人工抬水上山，或用机枢转运，定时启用，因此在园林中较为少见。水体组成的"水系"与假山组成的"山系"往往互相融糅、穿插。水面一般濒临假山，或者水道弯曲而折入山坳，或者水道由深涧破山腹而入于水池，或者水道回环萦绕于山麓，手法多样。在创造园林的地貌骨架的同时，表现了山、水的紧密关系，呈现为"山嵌水抱"的态势，这比大自然界的就更具典型性。因此，其所给予人们的那种"山水"和谐之美，当然也就高出于自然界了。

园林植物配置尽管姹紫嫣红、争奇斗艳，但都以树木为主调，因为翳然林木最能让人联想到大自然界丰富繁茂的生态。像西方以花卉为主的花园、大片的草坪，则是比较少的。栽植树木不讲求成行成列，但亦非随意参差。往往以三株五株、虬枝古干而予人以蓊郁之感，运用少量树木的艺术概括而表现天然植被的气象万千。此外，观赏树木和花卉还按其形、色、香而"拟人化"，赋予不同的性格和品德，在园林造景中尽量显示其象征寓意。例如：松、竹、梅以其傲霜雪的习性而被文人誉为"岁寒三友"，松、柏以其长树龄而作为"长寿永固"的象征。竹之"高风亮节"，莲之"出污泥而不染"，梅花之"香自苦寒来"，菊花之"傲霜独放"，兰花之幽谷清香等，均比喻为君子、高士的品格。牡丹以其雍容华贵的形象而被誉为"国色天香"、"花中之王"。桂花、丁香、茉莉，清芳温馨，类同佳人丽姝。海棠、桃、李之属，则以其媚人的姿色而被视为美女妖姬。这些，在历来的诗文题咏中屡见不鲜，也是选择园林植物品种时的参考系。

若以外国园林来比照，英国园林与中国园林同为风景式园林，二者都以大自然作为创作的本源。但前者是理性的、客观的写实，侧重于再现大自然风景的具体实感，审美感情则蕴含于被再现的物象的总体之中；后者为感性的、主观的写意，侧重于表现主体对物象的审美感受和因之而引起的审

[1] 计成撰，陈植注释：《园冶·兴造论》，上海，明文书店，1983。

[2] 文震亨撰，陈植校注：《长物志校注》，南京，江苏科学技术出版社，1984。

美感情。英国园林之创作，原原本本地把大自然的构景要素经过艺术地组合、相应于用地的大小而呈现在人们的眼前。中国园林的创作则是通过对大自然及其构景要素的典型化、抽象化而传达给人们以自然生态的信息，它不受地段的限制，能于小中见大，也可大中见小。

总之，本于自然、高于自然是中国古典园林创作的主旨，目的在于求得一个概括、精练、典型而又不失其自然生态的山水环境。这样的创作又必须合乎自然之理，方能获致天成之趣。否则就不免流于矫揉造作，犹如买椟还珠、徒具抽象的躯壳而失却风景式园林的灵魂了。

二、建筑美与自然美的融糅

法国的规整式园林和英国的风景式园林是西方古典园林的两大主流。前者按古典建筑的原则来规划园林，以建筑轴线的延伸而控制园林全局；后者的建筑物与其他造园三要素之间往往处于相对分离的状态。但是，这两种截然相反的园林形式却有一个共同的特点：把建筑美与自然美对立起来，要么建筑控制一切，要么退避三舍。

中国古典园林则不然，建筑无论多寡，也无论其性质、功能如何，都力求与山、水、花木这三个造园要素有机地组织在一系列风景画面之中。突出彼此谐调、互相补充的积极的一面，限制彼此对立、互相排斥的消极的一面，甚至能够把后者转化为前者，从而在园林总体上使得建筑美与自然美融糅起来，达到一种人工与自然高度谐调的境界——天人谐和的境界。当然，达到这种境界并非易事。就现存的一些实例看来，因建筑的充斥而破坏园林的自然天成之趣的情况也是有的。

中国古典园林之所以能够把消极的方面转化为积极的因素以求得建筑美与自然美的融糅，从根本上来说当然应该追溯其造园的哲学、美学乃至思维方式的主导，也就是上文提到过的意识形态方面的人文背景，但中国传统木框架结构建筑本身所具有的特性也为此提供了优越条件。

木框架结构以四根柱子所范围成的空间为基本单元，谓之一“间”，由若干间（通常为三、五、七、九之奇数）拼联成单幢的个体建筑物，绝大多数为长方形，也有方形或其他几何形的。个体建筑的内墙、外墙可有可无，空间可虚可实，可隔可透，具有很大的灵活性和随宜性。园林里面的建筑物充分利用这种灵活性和随宜性，再结合于建筑的功能要求，创造了千姿百态、生动活泼的外观形象：殿、厅、堂、馆、轩、斋、室、榭、舫、亭、廊、楼、阁、台、塔、桥、门等，并获致与自然环境的山、水、花木密切嵌合的多样性。中国园林建筑，不仅它的形象之丰富在世界范围内算得上首屈一指，而且还把传统建筑的化整为零、由个体组合为建筑群体的可变性发挥到了极致。它一反宫廷、寺庙、衙署、邸宅的严整、对称、均齐的格局，完全自由随宜、因山就水、高低错落，以这种千变万化的面上的铺陈更强化了建筑与自然环境的嵌合关系。同时，还利用建筑内部空间与外部空间的通透、流动的可能性，把建筑物的小空间与自然界的大空间沟通起来。正如《园冶》所谓："轩楹高爽，窗户虚邻，纳千倾之汪洋，收四时之烂熳。"对此，美学家宗白华先生在《中国美学史中重要问题的初步探索》一文中有精辟的论述：

"……这里表现着美感的民族特点。古希腊人对于庙宇四围的自然风景似乎还没有发现。他们多半把建筑本身孤立起来欣赏。古代中国人就不同。他们总要通过建筑物，通过门窗，接触外面的大自然界。'窗含西岭千秋雪，门泊东吴万里船'(杜甫)。诗人从一个小房间通到千秋之雪、万里之船，也就是从一门一窗体会到无限的空间、时间。这样的诗句多得很。像'凿翠开户牖'(杜甫)，'山川俯绣户，日月近雕梁'(杜甫)，'檐飞宛溪水，窗落敬亭云'(李白)，'山翠万重当槛出，水光千里抱城来'(许浑)。都是小中见大，从小空间进到大空间，丰富了美的感受。"

匠师们为了进一步把建筑谐调、融糅于自然环境之中，还发展、创造了许多别致的建筑形象和细节处理。譬如，亭这种最简单的建筑物在园林中随处可见，其形象因地制宜，变化多端，非常丰富，通过某些特殊的形象还体现了以圆法天、以方象地、纳宇宙于芥粒的哲理。所以戴醇士说："群山郁苍，群木荟蔚，空亭翼然，吐纳云气。"苏东坡《涵虚亭》诗云："惟有此亭无一物，坐观万象得天全。"再如，临水之"舫"和陆地上的"船厅"即模仿舟船以突出园林的水乡风貌。江南地区水网密布，舟楫往来为城乡最常见的景观，故江南园林中这种建筑形象也运用最多。廊本来是联系建筑物、划分空间的手段，园林里面的那些楔入水面、飘然凌波的"水廊"，婉转曲折、通花渡壑的"游廊"，蟠蜒山际、随势起伏的"爬山廊"等各式各样的廊子，好像纽带一般把人为的建筑与天成的自然贯穿结合起来。常见山石包镶着房屋的一角，堆叠在平桥的两端，甚至代替台阶、楼梯、柱礅等建筑构件，则是建筑物与自然环境之间的过渡与衔接。随墙的空廊在一定的距离上故意拐一个弯而留出小天井、随宜点缀少许山石花木，顿成绝妙小景。那白粉墙上所开的种种漏窗，阳光透过，图案倍觉玲珑明澈。而在诸般样式的窗洞后面衬以山石数峰、花木几本，犹如小品风景，尤为楚楚动人。

后期的中国古典园林，建筑物较多，建筑密度较大，因而匠师们得以充分发挥建筑在以下两方面的突出作用：其一，"点景"和"观景"，即利用建筑物来点缀此处风景，甚至“画龙点睛”而成为一处景域的构图中心，同时又借助建筑物来观赏他处风景，包括园内之景和园外借景。其二，组织园林空间，即由建筑物配以山石、花木围合组织而成的半建筑空间，它们既不同于庭院之为纯建筑空间，也不同于山石、植物围合的自然空间。许多优秀的园林作品，就是由一系列的自然空间、半建筑空间和建筑空间的整合，仿佛一曲空间的交响乐，能够让人玩味再三。

总之，优秀的园林作品，即使建筑物比较密集也不会让人感觉到囿于建筑之间。虽然处处有建筑，却处处洋溢着大自然的盎然生机。这种谐和情况，在一定程度上反映了中国传统的“天人合一”的哲学思想，体现了道家对待大自然的“生而不有，为而不持”[1]的态度。倘若对比于欧洲曾经风靡一时的规整式园林的对称布局、几何图案和建筑轴线的控制，相形之下则可以看出东西方的这两种园林艺术所表现的全然不同的审美观念。

[1] 老子.《道德经》(上篇).济南.齐鲁书社影印清刊本，1991。

封建时代的中国传统的建筑环境，大至都城、小至住宅的院落单元，人们经常接触到的大部分“一正两厢”的对称均齐的布局在很大程度上乃是封建礼制的产物、儒家伦理观念的物化。而园林作为这样一个严整的建筑环境的对立面，却长期与之并行不悖地发展着，体现了“道法自然”的哲理。这就从一个侧面说明了儒、道两种思想在我国文化领域内的交融，也足见中国园林艺术在一定程度上通过曲折隐晦的方式反映出人们企望摆脱封建礼教的束缚、憧憬返璞归真的意愿。

三、诗画的情趣

文学是时间的艺术，绘画是空间的艺术。园林的景物既需“静观”，也要“动观”，即在游动、行进中领略观赏，故园林是时空综合的艺术。中国古典园林的创作，能充分地把握这一特性，运用各个艺术门类之间的触类旁通，融铸时间艺术的诗和空间艺术的画于园林艺术。使得园林从总体到局部都包含着浓郁的诗、画情趣，这就是通常所谓的“诗情画意”。

诗情，不仅是把前人诗文的某些境界、场景在园林中以具体的形象复现出来，或者运用景名、匾额、楹联等文学手段对园景作直接的点题，而且还在于借鉴文学艺术的章法、手法使得规划设计颇多类似文学艺术的结构。正如钱泳所说：“造园如作诗文，必使曲折有法，前后呼应；最忌堆砌，最忌错杂，方称佳构。”[2]园内的动观游览路线绝非平铺直叙的简单道路，而是运用各种构景要素于迂回曲折中形成渐进的空间序列，也就是空间的划分和组合。划分，不流于支离破碎；组合，务求其开合起承、变化有序、层次清晰。在大型园林中，这个序列的安排一般必有前奏、起始、主题、高潮、转

[2] 钱泳.《履园丛话》.北京.中华书局，1979。

折、结尾，形成内容丰富多彩、整体和谐统一的连续的流动空间，表现了诗一般的严谨、精练的章法。在这个序列之中往往还穿插一些对比的手法、悬念的手法、欲抑先扬或欲扬先抑的手法，合乎情理之中而又出人意料之外，则更加强了犹如诗歌的韵律感。

因此，人们游览中国古典园林所得到的感受，往往仿佛朗读诗文一样的酣畅淋漓，这也是园林所包含着的“诗情”。而优秀的园林作品，则无异于凝固的音乐、无声的诗歌。

凡属风景式园林都或多或少地具有“画意”，都在一定程度上体现绘画的原则。英国园林追求一种所谓“如画的景致”(picturesque scene)，日本园林中的“枯山水平庭”的创作，也渊源于水墨山水画的构思。但绘画艺术对于造园的影响之广、渗透之深，两者关系之密切，则莫过于中国古典园林。

中国的山水画不同于西方的风景画，前者重写意，后者重写形。西方的画家临景写生；中国的画家遍游名山大川，研究大自然的千变万化，领会在心，归来后于几案之间挥洒而就。这时候所表现的山水风景已不是个别的山水风景，而是画家主观认识的、对时空具有较大概括性的山水风景。因此，能够以最简约的笔墨获得深远广大的艺术效果，这种情况与园林艺术对大自然的概括、抽象从而获致“本于自然、高于自然”的特点十分相似。两者既沿着同样的创作道路，造园也就可以触类旁通，从立意构思直到具体技法全面借鉴于绘画以增强其艺术表现力。就此意义而言，也可以说中国园林是把作为大自然的概括和升华的山水画又以三度空间的形式复现到人们的现实生活中来。这在平地起造的人工山水园，尤为明显。

从假山尤其是石山的堆叠章法和构图经营上，既能看到天然山岳构成规律的概括、提炼，也能看到诸如“布山形、取峦向、分石脉”[1]、“主峰最宜高耸，客山须是奔趋”[2]等山水画理的表现，乃至某些笔墨技法如皴法、矾头、点苔等的具体摹拟。可以说，叠山艺术把借鉴于山水画的“外师造化、中得心源”的写意方法在三度空间的情况下发挥到了极致。它既是园林里面复现大自然的重要手段，也是造园之因画成景的主要内容。正因为“画家以笔墨为邱壑，掇山(即叠山)以土石为皴擦；虚实虽殊，理致则一”[3]，所以许多叠山匠师都精于绘事，有意识地汲取绘画各流派的长处于叠山的创作。

园林的植物配置，务求其在姿态和线条方面既显示自然天成之美，也要表现出绘画的意趣。因此，选择树木花卉就很受文人画所标榜的“古、奇、雅”的格调的影响，讲究体态潇洒、色香清隽、堪细品玩味、有象征寓意的。

园林建筑的外观，由于露明的木构件和木装修、各式坡屋面的举折起翘而表现出生动的线条美。还因木材的髹饰、辅以砖石瓦件等多种材料的运用而显示色彩美和质感美。这些，都赋予它的外观形象以一种富于画意的魅

[1] 荆浩：《山水诀》，见沈子丞编：《历代论画名著汇编》，北京，文物出版社影印，1982。

[2] 王维：《山水诀》，见沈子丞编：《历代论画名著汇编》，北京，文物出版社影印，1982。

[3] 阚铎：《园冶识语》，刊于《园冶》。

力。所以有的学者认为西方古典建筑是雕塑性的，中国古典建筑是绘画性的，此论不无道理。中国古代历来的诗文、绘画中咏赞、状写建筑的不计其数，甚至以工笔描绘建筑物而形成独立的画科——界画，在世界上恐怕是绝无仅有的事例。正因为建筑之富于画意的魅力，那些瑰丽的殿堂台阁把皇家园林点染得何等的凝练璀璨宛若金碧山水画，恰似颐和园内一副对联的描写："台榭参差金碧里；烟霞舒卷画图中。"而江南的私家园林，建筑物以其粉墙、灰瓦、赭黑色的髹饰、通透轻盈的体态掩映在竹树山池间，其淡雅的韵致有如水墨渲染画，与皇家园林金碧重彩的皇家气派，又自迥然不同。

线条是中国画的造型基础，这种情况也同样存在于中国园林艺术之中。比起英国园林或日本园林，中国的风景式园林具有更丰富、更突出的线的造型美：建筑物的露明木梁柱装修的线条、建筑轮廓起伏的线条、坡屋面柔和舒卷的线条、山石有若皴擦的线条、水池曲岸的线条、花木枝干虬曲的线条等等，组成了线条律动的交响乐，统摄整个园林的构图。正如各种线条统摄山水画面的构图一样，也多少增益了园林的如画的意趣。

由此可见，中国绘画与造园之间关系之密切程度。这种关系历经长久的发展而形成"以画入园、因画成景"的传统，甚至不少园林作品直接以某个画家的笔意、某种流派的画风引为造园的粉本。历来的文人、画家参与造园蔚然成风，或为自己营造，或受他人延聘而出谋划策。专业造园匠师亦努力提高自己的文化素养，有不少擅长于绘事的。流风所及，不仅园林的创作，乃至品评、鉴赏亦莫不参悟于绘画。明末扬州文人茅元仪看到郑元勋新筑的"影园"[1]，觉得自己藏画虽多，都不及此园之入画者，因而在《影园记》一文中写道："园者，画之见诸行事也。……我于郑子之影园而益信其说。……风雨烟霞，天私其有。江湖丘壑，地私其有。逸志冶容，人私其有。以至舟车榱桷、草木虫鱼之属，靡不物私其所有。"许多文人涉足于园林艺术，成为诗、书、画、园兼擅于一身的"四绝"人物。曹雪芹能于小说《红楼梦》中具体地构想出一座瑰丽的"大观园"，可算是杰出的"四绝"文人了。

[1] 影园是明末清初的扬州八大名园之一，详见本书第六章。

当然，兴造园林比起在纸绢上作水墨丹青的描绘要复杂得多，因为造园必须解决一系列的实用、工程技术问题。也更困难得多，因为园内的植物是有生命的，潺潺流水是动态的，生态景观随季相之变化而变化，随天候之更迭而更迭。再者，园内景物不仅从固定的角度去观赏，而且要游动着观赏，从上下左右各方观赏，进入景中观赏，甚至园内景物观之不足还把园外"借景"收纳作为园景的组成部分。所以，不能说每一座中国古典园林的规划设计都全面地做到以画入园、因画成景，而不少优秀的作品确实能够予人以置身画境、如游画中的感受。如果按照宋人郭熙《林泉高致》一文中的说法："世之笃论，谓山水有可行者，有可望者，有可游者，有可居者。画凡至此，皆入妙品。但可望可行不如可居可游之为得。”那么，中国古典园林就无异于可游、可居的立体图画了。

四、意境的含蕴

意境是中国艺术的创作和鉴赏方面的一个极重要的美学范畴。简单说来，意即主观的理念、感情，境即客观的生活、景物。意境产生于艺术创作中此两者的结合，即创作者把自己的感情、理念熔铸于客观生活、景物之中，从而引发鉴赏者之类似的情感激动和理念联想。中国的传统哲学在对待“言”、“象”、“意”的关系上，从来都把“意”置于首要地位。先哲们很早就已提出“得意忘言”、“得意忘象”的命题，只要得到意就不必拘守原来用以明象的言和存意的象了。再者，汉民族的思维方式注重综合和整体观照，佛禅和道教的文字宣讲往往立象设教、追求一种“意在言外”的美学趣味。这些情况影响、浸润于艺术创作和鉴赏，从而产生意境的概念。唐代诗人王昌龄在《诗格》一文中提出“三境”之说来评论诗(主要是山水诗)。他认为诗有三种境界：只写山水之形的为“物境”；能藉景生情的为“情境”；能托物言志的为“意境”。近人王国维在《人间词话》中提出诗词的两种境界——有我之境，无我之境：“有我之境，以我观物，故物皆著我之色彩。无我之境，以物观我，故不知何者为我，何者为物。”无论《人间词话》的“境界”，或者《诗格》的情境和意境，都是诉诸主观，由主客观的结合而产生。因此，都可以归属于通常所理解的“意境”的范畴。

中国的诗、画艺术十分强调意境。古代的诗坛上未曾出现过像西方史诗那样的宏篇巨制，在中国诗人看来，诗是否表现时间上承续的情节并无关大局。他们讲究的是抒情表意，将情和意不作直叙而是借景抒情、情景结合。即使单纯描写景物的亦如此，故王国维说：“是景语皆情语也。”绘画重写意、贵神似，写意和神似都带有浓厚的主观色彩。在中国的文人画家看来，形象的准确性是次要的，故苏东坡云：“绘画重形似，见与儿童邻。”重要的在于如何通过对客观事物的写照来表达画家的主观情思，如何借助对客观事物的抽象而赋予理念的联想。

不仅诗、画如此，其他的艺术门类都把意境的有无、高下作为创作和品评的重要标准，园林艺术当然也不例外。园林由于其与诗画的综合性、三维空间的形象性，其意境内涵的显现比之其他艺术门类就更为明晰，也更易于把握。

其实，园林之有意境不独中国为然，其他的园林体系如英国和日本的风景式园林，也具有不同程度的意境含蕴，[1]但其含蕴的广度和深度，则远不

[1] 英国风景式园林中有所谓“浪漫园林”，故意在园内建置废墟、古墓之类以引起游人的伤感情绪，日本的禅宗园林运用山水布局来表现佛教禅宗的哲理，等等，均具有不同程度的意境含蕴。

逮中国古典园林。

意境的含蕴既深且广，其表述的方式必然丰富多样。归纳起来，大体上有三种不同的情况。

（一）借助于人工的叠山理水把广阔的大自然山水风景缩移摹拟于咫尺之间。所谓“一拳则太华千寻，一勺则江湖万顷”不过是文人的夸张说法，这一拳、一勺应指园林中的具有一定尺度的假山和人工开凿的水体而言，它们都是物象，由这些具体的石、水物象而构成物境。太华、江湖则是通过观赏者的移情和联想，从而把物象幻化为意象，把物境幻化为意境。相应地，物境的构图美便衍生出意境的生态美，但前提条件在于叠山理水的手法要能够诱导观赏者往“太华”和“江湖”方面去联想，否则将会导入误区，如晚期叠山之过分强调动物形象等。所以说，叠山理水的创作，往往既重物境，更重由物境而幻化、衍生出来的意境，即所谓“得意而忘象”。由此可见，以叠山理水为主要造园手段的人工山水园，其意境的含蕴几乎是无所不在，甚至可以称之为“意境园”了。

（二）预先设定一个意境的主题，然后借助于山、水、花木、建筑所构配成的物境把这个主题表述出来，从而传达给观赏者以意境的信息。此类主题往往得之于古人的文学艺术创作、神话传说、遗闻轶事、历史典故乃至某些著名风景名胜的摹拟等，这在皇家园林中尤为普遍。

（三）意境并非预先设定，而是在园林建成之后再根据现成物境的特征作出文字的“点题”——景题、匾、联、刻石等。通过这些文字手段的更具体、明确的表述，其所传达的意境信息也就更容易把握了。《红楼梦》第十回“大观园试才题对额”，写的就是此种表述的情形[1]。在这种情况下，文字的作者，实际上也参与了此处园林艺术的部分创作。

运用文字信号来直接表述意境的内涵，则表述的手法就会更为多样化：状写、比附、象征、寓意等，表述的范围也十分广泛：情操、品德、哲理、生活、理想、愿望、憧憬等，能够把天人合一、寄情山水、崇尚隐逸的理念乃至儒、道、释的思想结合于园景而直接抒发出来。游人在游园时所领略的已不仅是眼睛能够看到的景象，而且还有不断在头脑中闪现的“景外之景”；不仅满足了感官(主要是视觉感官)上的美的享受，还能够唤起以往经历的记忆，从而获得不断的情思激发和理念联想即“象外之旨”。

匾题和对联既是诗文与造园艺术最直接的结合而表现园林“诗情”的主要手段，也是文人参与园林创作、表述园林意境的主要手段。它们使得园林内的大多数景象无往而非“寓情于景”，随处皆可“即景生情”。因此，园林内的重要建筑物上一般都悬挂匾和联，它们的文字点出了景观的精粹所在；同时，文字作者的借景抒情也感染游人从而激起他们的浮想联翩。优秀

[1] 大观园刚完工，贾政率领众清客和宝玉入园，叹曰：“……若大景致，若干亭榭，无字标题，任是花柳山水，也断不能生色。”说着，便来到一处景点，“进入石洞，只见佳木茏葱，奇花烂熳，一带清流……石桥三港，兽面衔吐。桥上有亭。”一位清客建议，根据欧阳修《醉翁亭记》题此亭为“翼然亭”。贾政认为太一般化，似应以欧阳修“泻于两峰之间”句而命名“泻玉亭”为妥。宝玉则对此发表了一番议论：“……似乎当日欧阳公题酿泉用一‘泻’字则妥，今日此泉也用‘泻’字似乎不妥。况此处既为省亲别墅，亦当依应制之体，用此等字，亦似粗陋不雅，求再拟蕴藉含蓄者。……‘沁芳’二字，岂不新雅。”于是，贾政便采纳了宝玉的意见，把进入园门后看到的这第一个景点命名为“沁芳亭”，并让他题一联曰：“绕堤柳借三篙翠；隔岸花分一脉香。”显然，贾政认为以“沁芳”作为景题，于意境的表述似乎更深远一些、贴切一些。

的匾、联作品尤其如此。苏州的拙政园内有两处赏荷花的地方，一处建筑物上的匾题为“远香堂”，另一处为“留听阁”。前者得之于周敦颐咏莲的“香远益清”句，后者出自李商隐“留得残荷听雨声”的诗意。一样的景物由于匾题的不同却给人以两般的感受，物境虽同而意境则殊。北京颐和园内临湖的“夕佳楼”坐东朝西，“夕佳”二字的匾题取意于陶渊明的诗句：“山气日夕佳，飞鸟相与还；此中有真意，欲辨已忘言。”游人面对夕阳残照中的湖光山色，若能联想陶诗的意境，则于眼前景物的鉴赏势必会更深一层。昆明大观楼建置在滇池畔，悬挂着当地名士孙髯翁所作的180字长联，号称“天下第一长联”。上联咏景，下联述史，洋洋洒洒，把眼前的景物状写得全面而细腻入微，把作者即此景而生出的情怀抒发得淋漓尽致[1]。其所表述的意境，仿佛延绵无尽，当然也就感人至深。

园林的匾联文字创作，乃是文人的一项高雅文化活动，需要鉴赏者也应具备一定的文化素养，否则难于领会。不过，有一些匾联文字确实格调不高，或者附庸风雅，或者无病呻吟，充斥文人的酸腐气，则迹近于牵强的“文化标签”的廉俗之流了。

游人获得园林意境的信息，不仅通过视觉官能的感受或者借助于文字信号的感受，而且还通过听觉、嗅觉的感受。诸如十里荷花、丹桂飘香、雨打芭蕉、流水丁冬、桨声欸乃，乃至风动竹篁有如碎玉倾洒，柳浪松涛之若天籁清音，都能以“味”入景，以“声”入景而引发意境的遐思。曹雪芹笔下的潇湘馆，那“凤尾森森，龙吟细细”更是绘声绘色，点出此处意境的浓郁蕴藉了。

正由于园林内的意境蕴涵之如此深广，中国古典园林所达到的情景交融的境界，也就远非其他的园林体系所能企及了。

如上所述，这四大特点及其衍生的四大美学范畴——园林的自然美、建筑美、诗画美、意境美，乃是中国古典园林在世界上独树一帜的主要标志。它们的成长乃至最终形成，固然由于政治、经济、文化等的诸多复杂因素的制约，而从根本上来说，与中国传统的意识形态的方方面面以及重整体观照、重直觉感知、重综合推衍的思维方式的启导也有着直接的关系。可以说，四大特点本身正是这些哲理和思维方式在园林艺术领域内的具体表现。园林的全部发展历史反映了这四大特点的形成过程，园林的成熟时期也意味着这四大特点的最终形成。

[1] 上联：“五百里滇池，奔来眼底，披襟岸帻，喜茫茫空阔无边；看东骧神骏，西翥灵仪，北走蜿蜒，南翔缟素；高人韵士，何妨选胜登临，趁蟹屿螺洲，梳裹就风鬟雾鬓，更苹天苇地，点缀些翠羽丹霞；莫辜负四周香稻、万顷晴沙、九夏芙蓉、三春杨柳。”下联：“数千年往事，注到心头，把酒凌虚，叹滚滚英雄谁在？想汉习楼船，唐标铁柱，宋挥玉斧，元跨革囊；伟烈丰功，费尽移山心力，尽珠帘画栋，卷不及暮雨朝云，便断碣残碑，都付与苍烟落照；只赢得几杵疏钟、半江渔火、两行秋雁、一枕清霜。”

第二章

园林的生成期
——商、周、秦、汉

（公元前16世纪—公元220年）

生成期即中国古典园林从萌芽、产生而逐渐成长的时期。这个时期的园林发展虽然尚处在比较幼稚的初级阶段，但却经历了奴隶社会后期和封建社会初期的一千一百多年的漫长岁月，相当于商、周、秦、汉四个朝代。

第一节 总说

黄河流域的中游地区在氏族社会的晚期已经有了私有制萌芽并出现阶级分化，夏王朝的建立，标志着奴隶制国家的诞生。商(公元前16世纪—前11世纪)灭夏，进一步发展了奴隶制，在以河南中部和北部为中心，包括山东、湖北、河北、陕西的一部分地方建立了第二个文化相当发达的奴隶制国家，生产力也较前大为提高，农业成为社会经济的基础；手工业有所发展，形成很多门类，其中最具代表性的是青铜冶炼和青铜器物制造业。文化方面，已使用文字，制订天文历法，音乐和雕塑艺术达到了相当高的水平。商朝的首都曾多次迁徙，最后建都于“殷”。因此，商王朝的后期又称为殷。

大约在公元前11世纪，生活在陕西、甘肃一带、农业生产水平较高的周族灭殷，建立中国历史上最大的奴隶制王国，先后以丰、镐(今西安西南)为首都。为了控制中原的商族，还另建东都洛邑(今河南洛阳)。周王朝建立了更完备的中央统治机构，周王是最高统治者，下设官吏分掌各项政务，由奴隶主充当，其职位、采邑均是世袭。最高统治者根据宗法血缘政治的要求，分封王族和功臣到各地建立许多诸侯国，形成血缘宗法体制。运用宗法与政治相结合的方式来强化大宗子周王(天子)的最高统治，各受封诸侯国也相继营建各自的国都和采邑。周王、诸侯、卿士大夫依次为大小奴隶主，也就是贵族统治者和土地占有者。

周代经历了大约三百多年，由于国内的动乱和外族侵扰，被迫于公元前770年迁都到洛邑，是为东周。东周的前半期史称“春秋”时代，后半期称“战国”时代。春秋、战国之际正当社会巨大变动的时期，随着社会生产力的发展，土地被卷入交换、买卖，奴隶制经济崩溃，封建制经济代之而兴。

春秋时代的一百四十多个诸侯国互相兼并的结果，到战国时代只剩下七个大国，即所谓“战国七雄”，周天子的地位相对式微。这时候由于铁工具普遍应用、生产力提高和生产关系的改变，促进了农业和手工业，扩大了社会分工，商业与城市经济也相应地繁荣起来。七国之间互相争霸、扩大自己的势力范围，需要延揽各方面的人才。“士”这个阶层的知识分子受到各国统治者的重用，他们所倡导的各种学说亦有了实践的机会，形成学术上百家争鸣、思想上空前活跃的局面。

公元前221年，秦灭六国，统一天下，建立了以咸阳为首都的中央集权的大帝国，最高统治者天子上尊号曰“皇帝”。为了巩固帝国的稳定统治，秦始皇采取了一系列经济、政治、意识形态方面的措施：解除农民对采邑领主的人身依附，发展封建制经济，确立封建的土地私有制；《秦律》正式肯定土地私有为合法，新兴地主阶级的力量迅速壮大，成为皇帝集权专政的支柱；皇帝君临天下，大权独揽，废除宗法分封制，改为郡县制，设官分职以健全国家机器，由中央政府任命各级官吏，全国政令出自中央；统一全国文字、律令、度量衡和车辆的轨辙，尊崇法家思想。

秦存在的时间很短，经过秦末的大动乱，西汉王朝(公元前206年—公元25年)统一全国，建都长安。汉初削平诸王叛乱，改革税制，兴修水利，封建制的地主小农经济得以进一步巩固。工商业发展促进了城市繁荣，开辟了西域的对外贸易和文化交流的通道。在政治上强化官僚机构，通过“征辟”的方式广开贤路，严格选拔各级官员。经过社会安定、生产发展的一段时间，到汉武帝时中央集权大帝国的国势强盛、疆域扩大。政治上的大一统要求相应的意识形态上的大一统作为巩固皇权的保证。于是，汉武帝罢黜百家、独尊儒学。儒家倡导尊王攘夷、纲常伦纪、大义名分，封建礼制得以确立，封建秩序进一步巩固。

经过王莽篡汉建立短暂政权“新”和农民起义之后，东汉(公元25年—220年)又统一全国。东汉建都洛阳继承西汉中央集权大帝国的局面。地主阶级中的特权地主逐渐转化为豪族，地方豪族的势力强大，兼并土地之后又成为豪族大庄园主。他们之中，多数是拥有自己的“部曲”而形成与中央抗衡、独霸一方的豪强。东汉末年，全国各地相继发生农民暴动，最后酿成声势浩大的黄巾起义。各地官员亦拥兵自重，成为大小军阀。朝廷的外戚与宦官之间的斗争导致军阀大混战。军阀、豪强武装镇压了农民起义的黄巾军，同时也冲垮了汉王朝中央集权的政治结构。公元220年，东汉灭亡。

第二节
中国古典园林的起源

中国古典园林的雏形起源于商代，最早见于文字记载的是“囿”和“台”，时间在公元前 11 世纪，也就是奴隶社会后期的殷末周初。

黄河中游的黄土地带，最先出现农业文明的曙光。新石器时期仰韶文化和龙山文化的氏族公社从事原始农业生产，由早先的游牧生活转化为定居生活，开始有了集体定居的氏族聚落。后来，生产力的发展促使原始公社解体，生产关系相应地从氏族的公有制转化为奴隶主的私有制。夏王朝建立第一个奴隶制国家，帝王、贵族奴隶主聚敛大量财富。他们经营的都邑，较之前此的公社聚落，已有明显的“城市化”的倾向。商王朝灭夏，从汤至盘庚，曾经五次迁都，盘庚以后的二百余年间，则以“殷”为都。殷即今河南安阳西北部的小屯村、武官村一带。这一带业经考古发掘，即著名的“殷墟”遗址。

根据殷墟都邑的城市化和它的宫室区布局所达到的水平，以及当时的物质文明和精神文明的发展情况，估计宫廷园林的萌芽已现端倪，这时期的有关这方面的文字和文献记载也提供了一些线索。

殷墟出土的甲骨卜辞中，[illegible]字为征讨、征伐某方之“征”，引申为狩猎、围猎之意。金文作[illegible]或省作[illegible]，亦取训于“征”，为猎取野兽之义。[1]狩猎本来是原始人类赖以获得生活资料的手段，当人类进入文明时期以后，农业生产占主要地位，统治阶级便把狩猎转化为再现祖先生活方式的一种娱乐活动，同时还兼有征战演习、军事训练的意义。获取生活资料虽说已不再是主要目的，但仍然通过狩猎来捕获大量的野生动物以供应宫廷之需要。奴隶们除了主要从事农业生产之外，还要服狩猎之劳役，卜辞中就记有大量奴隶被驱使进行打猎的情况。所获猎物，有鸟(隹)、雉、牛、鹿、豕、獐(麞)、兕、象、虎、狐……数量每次多达数百头，这些，在卜辞中也都有记录。

殷代的帝王、贵族奴隶主很喜欢大规模的狩猎，古籍里面多有“田猎”的记载。田猎即在田野里行猎，又叫做游猎、游田，这是经常性的活动。另

[1] 于省吾：《甲骨文字释林》，北京，中华书局，1979。

外，奴隶主出征打仗凯旋归来时，为了炫耀武功也肆意游猎取乐谓之“大蒐”，则又具有仪典的性质。田猎多半在旷野荒地上进行，有时也在抛荒、休耕的农田上进行，可兼为农田除害兽，但往往会波及附近的在耕农田。千军万马难免践踏庄稼因而激起民愤，这在卜辞里也曾多次提到。新兴的周王朝的文王有鉴于此，一再告诫子孙“其无淫于观、于逸、于游、于田”，“不敢盘于游田”。这些话都记载在《尚书》里面，意思是不要耽于逸乐，不要随便到田野里去打猎。殷末周初的帝王为了避免因进行田猎而损及在耕的农田，乃明令把这种活动限制在王畿内的一定地段，形成“田猎区”。西周对田猎及田猎区的管理已经比较严格，据《周礼·地官》：大司徒之下设迹人“掌邦田之地政，为之厉禁而守之；凡田猎者受令焉；禁麛卵者，与其毒矢射者”。邦田指王畿内的公私田猎之地，以材木为藩篱并设立禁令使当地人民加以守护，凡一切田猎均应听从迹人的指导。田猎除了获得大量被射杀的死的猎物之外，也还会捕捉到一定数量的活着的野兽、禽鸟。后者需要集中豢养，“囿”便是王室专门集中豢养这些禽兽的场所，《诗经》毛苌注：“囿，所以域养禽兽也。”域养需要有更为坚固的藩篱以防野兽逃逸，故《说文》释囿为“苑有垣也”。

殷、周时畜牧业已相当发达，周王室拥有专用的“牧地”，设置官员主管家畜的放牧事宜。[1]相应地，驯养野兽的技术也必然达到一定的水准。据文献记载，周代的囿的范围很大，里面域养的野兽、禽鸟由“囿人”专司管理。囿人的职责是“掌囿游之兽禁，牧百兽；祭祀、丧纪、宾客，共其生兽死兽之物”，他的下属有中士四人、下士八人、府二人、胥八人、徒八十人。在囿的广大范围之内，为便于禽兽生息和活动，需要广植树木、开凿沟渠水池等。有的还划出一定地段经营果蔬，即《大戴礼·夏小正》：“囿，有韭囿也”，“囿有见杏”之谓。囿字在甲骨文中作[囿字甲骨文字形]，[字形]显然就是成行成畦的栽植树木果蔬的象形。可以设想，群兽奔突于林间，众鸟飞翔于树梢、嬉戏于水面，那是一派宛若大自然生态之景观。

[1] 据《周礼·地官》：大司徒之下设“牧人”管理放牧六畜、供应祭祀所需；设“牛人”管理一切祭祀、丧纪、宴宾、兵车所需之牛；设“充人”管理祭祀之牲、使其肥壮者加以特别的豢养。

所以说，囿的建置与帝王的狩猎活动有着直接的关系，也可以说，囿起源于狩猎。

囿除了为王室提供祭祀、丧纪所用的牺牲、供应宫廷宴会的野味之外，据《周礼·地官·囿人》郑玄注：“囿游，囿之离宫，小苑观处也。”则囿还兼有“游”的功能，即在囿里面进行游观活动。就此意义而言，囿无异于一座多功能的大型天然动物园了。《诗经·大雅》的“灵台”篇有一段文字描写周文王在灵囿时，“麀鹿攸伏”，“麀鹿濯濯，白鸟翯翯”的状貌。据此可知，文王巡游之际，也是把走兽飞禽作为一种景象来观赏，囿的游观功能虽然不是主要的，但已具备园林的雏形性质了。

台(臺)，即用土堆筑而成的方形高台，《吕氏春秋》高诱注：“积土四方而高曰台。”《说文解字》：“台，观，四方而高者也。”段玉裁注：“《释名》曰：‘观，观也，于上观望也。’观不必四方，其四方独出而高者，则谓之台。……高而不四方者，则谓之观，谓之阙也。”

台的原初功能是登高以观天象、通神明，即《白虎通 · 释台》所谓“考天人之际，查阴阳之会，揆星度之验”，因而具有浓厚的神秘色彩。

在生产力的水平很低的上古时代，人们不可能科学地去理解大自然界，因而视之为神秘莫测，对许多自然物和自然现象都怀着畏敬的心情加以崇拜，这种情况一直到文明社会的初期仍然保留着。山是人们所见到的体量最大的自然物，巍峨高耸仿佛有一种拔地通天、不可抗拒的力量。它高入云霄，则又被人们设想为天神在人间居住的地方。所以世界上的许多民族在上古时代都特别崇拜高山，甚至到现在仍保留为习俗。我国早在殷代的卜辞中就有帝王祭祀山岳的记载：

“庚午卜，其桒雨于山。”

“丁丑卜，又于五山。”

“辛□贞，尞于十山。”

“癸巳卜，其𡚬十山，雨。”

“癸未卜，桒十山，好山，雨。”

先民们之所以崇奉山岳，一则山高势险犹如通往天庭的道路，所谓“崧高维岳，峻极于天”，二则高山能兴云作雨犹如神灵，“山林川谷丘陵，能出云，为风雨，见怪物，皆曰神”[1]。风调雨顺是原始农业生产的首要条件，国计民生攸关的第一要务。因此，周代统治阶级的代表人物——天子和诸侯都要奉领土内的高山为神祇，用隆重的礼仪来祭祀它们。在全国范围内还选择位于东、南、西、北的四座高山定为“四岳”，受到特别崇奉，祭祀之礼也最隆重。以后又演变为“五岳”，历代皇帝对五岳的祭祀活动，便成了封建王朝的旷代大典。

这些遍布各地的被崇奉的大大小小的山岳，在人们的心目中就成了“圣山”。然而，圣山毕竟路遥山险，难以登临。统治阶级想出一个变通的办法，就近修筑高台，摹拟圣山。台是山的象征，有的台即削平山头加工而成。西汉南越王赵佗利用山岗修筑朝台，《水经注 · 泿水》：“佗(他)因冈作台，北面朝汉，圆基千步，直峭百丈，顶上三亩，复道回环，逶迤曲折，朔望升拜，名曰朝台。”所以伏琛在《齐地记》中提到秦始皇作琅琊台时云“台亦孤山也”[2]。高台既摹拟圣山，人间的帝王筑台登高，也就可以顺理成章地通达于天上的神明。因此帝王筑台之风大盛，传说中的帝尧、帝舜均曾修筑高台以通神。夏代的启“享神于大陵之上，即钧台也”[3]。这些台都十分高大，驱使

[1] 《礼记·祭法》，见《十三经注疏》，北京，中华书局影印，1980。

[2] 《艺文类聚》卷六十二引《齐地记》：“秦始皇二十八年，至琅琊，大乐之，留三月，作琅琊台，台亦孤山也，然高显出于众山之上。”

[3] 郦道元撰，王国维校：《水经注 · 颍水》，上海，上海人民出版社，1984。

大量奴隶劳动力经年累月才能修造完成，如殷纣王建鹿台“七年而成，其大三里，高千尺，临望云雨”[1]。周代的天子、诸侯也纷纷筑台，孔子所谓“为山九仞，功亏一篑”，可能就是描写用土筑台的情形。台上建置房屋谓之“榭”，往往台、榭并称。《说文解字》段玉裁注：“按台不必有屋。李巡注《尔雅》曰‘台上有屋谓之榭’，然则无屋者谓之台，筑高而已。”

[1] 刘向:《新序·刺奢》，武汉，湖北人民出版社，1986。

台还可以登高远眺，观赏风景，“国之有台，所以望气祲、察灾祥、时游观”[2]。周代的天子、诸侯“美宫室”、“高台榭”遂成为一时的风尚。台的“游观”功能亦逐渐上升，成为一种主要的宫苑建筑物，并结合于绿化种植而形成以它为中心的空间环境，又逐渐向着园林雏形的方向上转化了。所以说，台有两层意义：第一是指个体建筑物“台”而言，第二是指台及其周围绿化种植所形成的空间环境，即“苑台”，《史记·殷本纪》曾记述殷纣王“广益沙丘苑台”的情形。

[2]《诗经·大雅》郑玄注文。

囿和台是中国古典园林的两个源头，前者关涉栽培、圈养，后者关涉通神、望天。也可以说，栽培、圈养、通神、望天乃是园林雏形的源初功能，游观则尚在其次。以后，尽管游观的功能上升了，但其他的源初功能一直沿袭到秦汉时期的大型皇家园林中仍然保留着。

殷、周时代，已有园圃的经营。

园(園)，是种植树木(多为果树)的场地，《诗经·郑风·将仲子》：“无逾我园。”毛传：“园，所以树木也。”圃，金文作、；《说文解字》：“种菜曰圃。”殷墟出土的甲骨卜辞中有的字样，即圃字的前身；从字的象形看来，下半部为场地的整齐分畦，上半部是出土的幼苗，显然为人工栽植蔬菜的场地，并有界定四至的范围。足见殷末的植物栽培技术，已经达到一定的水准了。西周时，往往园、圃并称，其意亦互通；《周礼·地官》：设载师“掌任土之法”，“以场圃任园地”，还设置“场人”专门管理官家的这类园圃，隶大司徒属下。场人的职责是“掌国之场圃，而树之果蓏珍异之物，以时敛而藏之。凡祭祀、宾客，共其果蓏。享，亦如之。”每场有“下士二人，府一人，吏一人，徒二十人”。场圃应是供应宫廷的公营果园或蔬圃。春秋战国时期，由于城市商品经济发展，果蔬纳入市场交易，民间经营的园圃亦相应地普遍起来，更带动了植物栽培技术的提高和栽培品种的多样化，同时也从单纯的经济活动逐渐渗入人们的审美领域。相应地，许多食用和药用的植物被培育成为以供观赏为主的花卉。老百姓在住宅的房前屋后开辟园圃，既是经济活动，还兼有观赏的目的。而人们看待树木花草也愈来愈侧重于观赏的用意，这种情况已较多地见于《诗经》，例如：

“山有扶苏，隰有荷华。”

“瞻彼淇奥，绿竹猗猗。”

"东门之杨，其叶牂牂。"

"有杕之杜，其叶菁菁。"

"其桐其椅，其实离离。"

"折柳樊圃，狂夫瞿瞿。"

"桃之夭夭，灼灼其华。"

"何彼襛矣，华如桃李。"

等等，不一而足。观赏树木和花卉在殷、周时期的各种文字记载中已经很多了，人们不仅取其外貌形象之美姿，而且还注意到其象征性的寓意，《论语》中就有"岁寒然后知松柏之后凋"的比喻。《论语》又载："哀公问社于宰我，宰我对曰：夏后氏以松，殷人以柏，周人以栗。"社即社木，也就是神木，以松、柏、栗分别为代表三个朝代的神木，则更赋予这三种观赏树木以浓郁的宗教色彩和不同寻常的神圣寓意。园圃内所栽培的植物，一旦兼作观赏的目的，便会向着植物配置的有序化的方向上发展，从而赋予前者以园林雏形的性质。东周时，甚至有用"圃"来直接指称园林的，如赵国的"赵圃"等。

所以说，"园圃"也应该是中国古典园林除囿、台之外的第三个源头。

这三个源头之中，囿和园圃属于生产基地的范畴，它们的运作具有经济方面的意义。因此，中国古典园林在其产生的初始便与生产、经济有着密切的关系，这个关系甚至贯穿于整个生成期的始终。

台、囿、园圃的本身已经包含着园林的物质因素，可以视为中国古典园林的原始雏形。那么，促成生成期的中国古典园林向着风景式的方向上发展的主要的社会因素则是人们对大自然环境的生态美的认识——山水审美观念的确立。

远古原始宗教的自然崇拜，把一切自然物和自然现象视为神灵的化身，大自然生态环境被抹上了浓厚的宗教色彩，覆盖以神秘的外衣。随着社会进步和生产力的发展，人们在改造大自然的过程中所接触到的自然物逐渐成为可亲可爱的东西，它们的审美价值也逐渐为人们所认识、领悟。狩猎时期的动物、原始农耕时期的植物，都作为美的装饰纹样出现在黑陶文化和彩陶文化的陶器上面。但它们仅仅是自然物的片段和局部，而把大自然环境作为整体的生态美来认识，则要到西周时始见于文字记载。这就是《诗经·小雅》收集的早期民歌作品中所表现的山水审美观念的萌芽情况，这里不妨举几个例子：

"秩秩斯干，幽幽南山。
如竹苞矣，如松茂矣。"

（《诗经·小雅·斯干》）

“南山烈烈，飘风发发。……
南山律律，飘风弗弗。”

（《诗经·小雅·蓼莪》）

“节彼南山，维石岩岩。……
节彼南山，有实其猗。”

（《诗经·小雅·节南山》）

“沔彼流水，朝宗于海；
鴥彼飞隼，载飞载止。……
沔彼流水，其流汤汤；
鴥彼飞隼，载飞载扬。”

（《诗经·小雅·沔水》）

分别记述了作者在南山（终南山）和沔水所见的风景之美。除了直观描写之外，还运用比兴的手法，以此喻彼，把优美的自然物联系于人事，即所谓“托事于物，取譬引类”，从而丰富了审美的内涵。例如《小雅·瞻彼洛矣》：“瞻彼洛矣，维水泱泱”，以泱泱洛水来比拟君子之德；《小雅·天保》：“天保定尔，以莫不兴。如山如阜，如冈如陵。如川之方至，以莫不增”，则是以山川之披覆大地比拟于君王之德被天下，等等。到东周时，比兴的运用更多地见于《诗经》和楚辞的篇章，且更贴近人的品德和素质。屈原的作品中，就直接以善鸟香草配于忠贞，以恶禽秽物比拟谗佞，以虬龙鸾凤托为君子，以飘风云霓隐喻小人。

山水审美观念的萌芽，也在人们开始把自然风景作为品赏、游观的对象这样一个侧面上反映出来。

春秋战国之际，诸侯国君远出游山玩水的情况已有见于文献记载的，《韩非子·外储说右上第三十四》：

“（齐）景公与晏子游於少海（今之渤海），登柏寝之台而还望其国，曰：‘美哉，泱泱乎，堂堂乎，后世将孰有此？’晏子对曰：‘其田成氏乎？’”

如此闲适潇洒的心态，显然不像他们祭祀名山大川时的严肃神秘了。游山玩水的风习，在民间亦有所开展，《诗经·邶风·泉水》记述一位远嫁他国的卫女，思归不得而怀恋故乡河川，很想游览一番以解乡愁的情形：

“毖彼泉水，亦流于淇。
有怀于卫，靡日不思。
娈彼诸姬，聊与之谋。……
我思肥泉，兹之永叹。
思须与漕，我心悠悠。

驾言出游，以写我忧。”

上古的“修禊”之礼，于每年三月上巳日例必到水边沐浴以祓除不祥。本来是一种宗教节日，到这时已演变成为带宗教性质的群众春游活动。《诗经·郑风·溱洧》描写一群青年男女利用上巳修禊节的机会，在溱水、洧水之旁相聚相乐、互表衷情的热闹场面：

“溱与洧，方涣涣兮。
士与女，方秉蕳兮。
女曰观乎？士曰既且。
且往观乎，洧之外，洵訏且乐。
维士与女，伊其相谑，赠之以勺药。

溱与洧，浏其清矣。
士与女，殷其盈矣。
女曰观乎，士曰既且。
且往观乎，洧之外，洵訏且乐。
维士与女，伊其将谑，赠之以勺药。”

《论语·先进第十一》记述孔夫子的四位大弟子——子路、曾皙、冉有、公西华侍坐，孔子询问各人的志向，曾皙(曾点)最后发言，“对曰：‘异乎三子者之撰。’子曰：‘何伤乎？亦各言其志也。’曰：‘莫春者，春服既成，冠者五六人，童子六七人，浴乎沂，风乎舞雩，咏而归。’夫子喟然叹曰：‘吾与点也。’”曾点对暮春三月浴于沂水的郊游活动表现了极大兴趣，深得孔夫子的赞许。

除了社会因素之外，影响园林向着风景式方向上发展的则不能不提到三个重要的意识形态方面的因素——天人合一思想、君子比德思想、神仙思想。

天人合一的思想上文已略作介绍，它深刻地影响古人的“自然观”。这就是说，既要利用大自然的各种资源使其造福于人类，又要尊重大自然、保护大自然及其生态，即《易·大传》所谓：“范围天地之化而不过，曲成万物而不遗”。由“天人合一”衍生出来的天人谐和的思想影响及于人们对山林川泽的认识，于原始宗教的自然崇拜之中羼入了人的某些属性，体现着人对大自然的一定程度的精神改造。相应地，大自然的气质也对人性有所潜移默化，不仅渗透进人们的心胸，而且在那里积淀下来，浸假而成为民族心理、习尚，成为性格禀赋乃至思想感情。这种思想感情又赋予人们以朴素的环境意识——保护山林川泽的生态环境。据《周礼》记载，周代对生态环境的管理已形成制度化：大司徒之下设山虞“掌山林之政令，物为之厉，而为之守禁……凡窃木者有刑罚”；草人“掌土化之法，以物地，相其宜而为之种”，即施肥以改变土质使其肥美；林衡“掌巡林麓之禁令”；川衡“掌巡川泽之禁令”；泽虞“掌国泽之政令”，等等。先秦儒家学说中已有维护大自然生态平衡、保护植被和野生动物的简单的片段主张，并且提出了相应的行为规范。[1]

正由于天人谐和的哲理的主导和环境意识的影响，园林作为人所创造的“第二自然”，里面的山水树石、禽鸟鱼虫当然是要保持顺乎自然的“纯自然”状态，不可能像欧洲规整式园林那样出于理性主义哲学的主导而表现的“理性的自然”和“有秩序的自然”，从而明确了园林的风景式的发展方向。两晋南北朝以后，更把人文的审美融注到大自然的山水景观之中，形成中国风景式园林“本于自然、高于自然”、“建筑与自然相融糅”等基本特点，贯穿于此后园林发展的始终。明代造园家计成在《园冶》一书中提出“虽由人作、宛自天开”的论点，从某种意义上来说也就是天人谐和思想的传承和发展。

[1] 例如：“山川非时不开斧斤，以成草木之长；川泽非时不入网罟，以成鱼鳖之长；不麛不卵，以成鸟兽之长。”（《逸周书·文传解》）“斧斤以时入山林，材木不可胜用也。”（《孟子·梁惠王上》）“草木荣华滋硕之时，则斧斤不入山林，不夭其生，不绝其长也。”（《荀子·王制》）

君子比德思想导源于先秦儒家，它从功利、伦理的角度来认识大自然。在儒家看来，大自然山林川泽之所以会引起人们的美感，在于它们的形象能够表现出与人的高尚品德相类似的特征，从而将大自然的某些外在形态、属性与人的内在品德联系起来。孔子云：“知者乐水，仁者乐山。知者动，仁者静。”智（知）者何以乐水、仁者何以乐山呢?就因为水的清澈象征人的明智，水的流动表现智者的探索，而山的稳重与仁者的敦厚相似，山中蕴藏万物可施惠于人，正体现仁者的品质。对此，汉代大儒董仲舒在《春秋繁露·山川颂》一文中又加以发挥：

> “山则宠炊嵬崔，嶊嵬嶵巍，久不崩阤，似夫仁人志士。孔子曰：‘山川神祇立，宝藏殖，器用资，曲直合，大者可以为宫室台榭，小者可以为舟舆桴楫。’大者无不中，小者无不入，持斧则斫，折镰则艾。生人立，禽兽伏，死人入，多其功而不言，是以君子取譬也。……”

> “水则源泉混混沄沄，昼夜不竭，既(其，下同)似力者；盈科后行，既似持平者；循微赴下，不遗小间，既似察者；循溪谷不迷，或奏万里而必至，既似知者；障防山而能清净，既似知命者；不清不入，洁清而出，既似善化者；赴千仞之壑，入而不疑，既似勇者；物皆困于火，而水独胜之，既似武者；咸得之而生，失之而死，既似有德者。孔子在川上曰：‘逝者如斯夫，不舍昼夜。’此之谓也。”

比德思想引导人们从伦理、功利的角度来认识大自然，以“善”作为“美”

的前提条件，从而把两者统一起来。古人往往把美、善二字作为同义语使用，它们的字形有一个共同之处，即在上部都类似“羊”字。《说文解字》解释为：“美，甘也，从羊从大。羊在六畜主给膳也。美与善同意。”如果以善作为美的前提条件，那么就有可能把属于伦理范畴的君子德行赋予大自然而形成山水美的性格。这种“人化自然”的哲理必然会导致人们对山水的崇敬，大自然的山水美由于体现着人的内在品德而具有生命的意义，人们不仅对山水的形体、色彩、音响等作纯形式美的观赏，而且更注重其社会文化的内涵。大自然山水不是远离生活的外在背景，更非与人类对峙的客体，而是交织于生活之中，成为生活的一部分。所以中国自古以来即把“高山流水”具体地比拟为人品高洁的象征，“山水”一词也就成了大自然风景的代称。园林从一开始便重视筑山和理水，甚至“台”也是山的摹拟。那么，园林发展之必然遵循风景式的方向，亦是不言而喻的了。

神仙思想产生于战国末期，盛行于秦、汉。

燕、齐一带早在战国时已出现专以通神仙、求长生之术求售于诸侯贵族的“方士”，方士们在社会上鼓吹神仙方术，据《史记·封禅书》：

> “自齐威、宣之时，驺子之徒论著终始五德之运，及秦帝而齐人奏之，故始皇采用之。而宋毋忌、正伯侨、充尚、羡门高最后皆燕人，为方仙道，形解销化，依于鬼神之事。驺衍以阴阳主运显于诸侯，而燕齐海上之方士传其术不能通，然而怪迂阿谀苟合之徒自此兴，不可胜数也。”

方士们把神仙宣扬为一种不受现实生活约束的“超人”，飘忽于太空，栖息在高山，而且还为之虚构出种种神仙境界。

战国末年正当奴隶社会过渡到封建社会的新旧制度转轨时期，神仙思想的产生主要即由于这个动荡时代的苦闷感。人们欲逃避自己所不满意的现实，便幻想成为“吸风饮露，游于四海之外”的超人，从而得到解脱。《楚辞·远游》所谓“悲时俗之迫阨兮，愿轻举而远游。质菲薄而无因兮，焉托乘而上浮。……免众患而不惧兮，世莫知其所知”，正是这种心理状态的写照。再者，当时旧制度旧信仰解体，思想比较解放，形成百家争鸣的局面，也最能激发人们幻想的能力，借助于神仙这种浪漫主义的幻想方式来表达破旧立新的愿望。

神仙思想乃是原始宗教中的鬼神崇拜、山岳崇拜与老、庄的道家学说融糅混杂的产物，它把神灵居处于高山这种原始的幻想演化为一系列的神仙境界。秦汉之际，民间已广泛流布着许多有关神仙和神仙境界的传说。其中以东海仙山和昆仑山最为神奇，流传也最广，成为中国的两大神话系统的渊源。

东海仙山相传在今山东蓬莱县一带的渤海海域，据《史记·封禅书》的描写：

“自（齐）威、宣、燕昭使人入海求蓬莱、方丈、瀛洲。此三神山者，其傅在勃海中，去人不远；患且至，则船风引而去。盖尝有至者，诸仙人及不死之药皆在焉。其物禽兽尽白，而黄金银为宫阙。未至，望之如去；及到，三神山反居水下。临之，风辄引去，终莫能至云。世主莫不甘心焉。”

看来这是一种海市蜃楼的幻象。东海仙山的神话到汉代又有所发展，三山成了五山。据《列子·汤问》：

“（渤海）其中有五山焉：一曰岱舆，二曰员峤，三曰方壶，四曰瀛洲，五曰蓬莱。其山高下周旋三万里，其顶平处九千里。山之中间相去七万里，以为邻居焉。其上台观皆金玉，其上禽兽皆纯缟。珠玕之树皆丛生，华实皆有滋味，食之皆不老不死。所居之人皆仙圣之种，一日一夕飞相往来者不可数焉。而五山之根无所连著，常随潮波上下往还，不得蹔峙焉。”

这五座仙山漂浮海上，随波逐流，动荡不定。上帝应神仙们的请求派大神禺强带领十五只巨鳌分三班轮流负载五仙山，从此才稳定下来。后来六只巨鳌被龙伯国巨人钓走，五仙山又开始漂流动荡。二山漂到北极沉没海底，只剩下方壶（方丈）、瀛洲、蓬莱三山了。

昆仑山在今新疆境内，西接帕米尔高原，东面延伸到青海。关于此山情况的描述，散见于几种古籍之中，如郦道元《水经注·河水一》：

“昆仑墟在西北，三成为昆仑丘。《昆仑说》曰：昆仑之山三级。下曰樊桐，一名板松；二曰玄圃，一名阆风；上曰增（层）城，一名天庭，是谓太帝之居。”

《山海经·西山经》：

“西南四百里，曰昆仑之丘，是实唯帝之下都，神陆吾司之。其神状虎身而九尾，人面而虎爪。是神也，司天之九部及帝之囿时。”

《山海经·海内西经》：

“海内昆仑之虚，在西北，帝之下都。昆仑之虚，方八百里，高万仞。上有木禾，长五寻，大五围。面有九井，以玉为槛。面有九门，门有开明兽守之，百神之所在。”

《淮南子·地形训》：

“县圃、凉风、樊桐，在昆仑阊阖之中。”

《山海经·大荒西经》：

“西海之南，流沙之滨，赤水之后，黑水之前，有大山名曰昆仑之丘。有神——人面虎身，有文有尾，皆白——处之。其下有弱水之渊环之，其外有炎火之山，投物辄然。有人，戴胜，虎齿，有豹尾，穴处，名曰西王母。”

这里所描写的西王母的形象十分可怖，居住条件也很差。后来，人们为了把她转化成能够赐福人类的神仙首领，就必须美化她的形象、改善她的居住环境。于是，虚构了一个美妙的园林作为她的住居，这便是《穆天子传》中提到的“瑶池”。成书于汉代的《穆天子传》讲述周穆王巡游天下，曾“升于昆仑之丘，以观黄帝之宫”，即黄帝在山上所建的宫城——悬圃（玄圃），并到瑶池会见西王母：

“天子觞西王母于瑶池之上。西王母为天子谣曰：‘白云在天，山陵自出。道里悠远，山川间之。将子无死，尚能复来。’天子答曰：‘予归东土，和治诸夏。万民平均，吾顾见汝。比及三年，将复而野。’西王母又为天子吟曰：‘徂彼西土，爰居其野。虎豹为群，於鹊与处。嘉命不迁，我惟帝女。彼何世民，又将去子。吹笙鼓簧，中心翔翔。世民之子，惟天之望。’天子遂驱升于弇山，乃纪名迹于弇山之石，而树之槐，眉曰‘西王母之山’。”[1]

由于这些美妙神话传说的交织，昆仑山在汉代人的心目中已经成为东海三山之外的另一处著名的神山了。因而也为人们的幻想提供了更多的驰骋余地，仿佛只有具备非凡神力的人才能够到那里去。既登之，则可以上达天庭，通于神明。正如《淮南子 · 地形训》所说：

“昆仑之丘，或上倍之，是谓凉风之山，登之而不死。或上倍之，是谓悬圃，登之乃灵，能使风雨。或上倍之，乃维上天，登之乃神，是谓太帝之居。”

东海仙山的神话内容比较丰富，因而对园林发展的影响也比较大。园林里面由于神仙思想的主导而摹拟的神仙境界实际上就是山岳风景和海岛风景的再现，这种情况盛行于秦汉时的皇家园林，对于园林向着风景式方向上的发展，当然也起到了一定的促进作用。

[1]《穆天子传》，见：《丛书集成》3436册，上海，商务印书馆，1937。

第三节
商、周

商代和西周是典型的奴隶制国家，大小奴隶主——王、诸侯、卿士大夫——均为贵族。他们占有土地、财富和奴隶，征逐生活之享乐。商王的都邑遗址，规模相当可观。

河南偃师城西的尸乡沟一带，发现商代早期都城遗址，很可能就是商汤所都的“西亳”。根据中国社会科学院考古研究所汉魏洛阳考古工作队于1983年的初步探测，这座城址的平面大体呈长方形，北倚邙山，南临洛河，西距汉魏洛阳故城10公里。除南城墙已被洛河冲毁外，其他三面城墙都基本完整，全部夯土筑成，东西宽1200米、南北长1700米、厚约18米[图2·1]。当时已经找到七座城门和若干条纵横交错的大道，大型的建筑基址发现三处，即Ⅰ、Ⅱ、Ⅲ号址。南部正中的Ⅰ号址面积最大，位于塔庄村正北，相当于“王城”的性质。夯土围墙范围近方形，北墙长200米，东墙长180米，南墙长190米，西墙长185米，墙宽3米左右。墙内居中是长、宽各数十米的宫殿基址，基址前面又有笔直的大路通往城南，构成的城市中轴线是明显的。21世纪初，对偃师商城又继续进行发掘。在Ⅰ号址（王城）的宫殿基址的北面，发现大量的犬、豕牺牲和人体的殉葬坑，显然是祭祀区之所在。

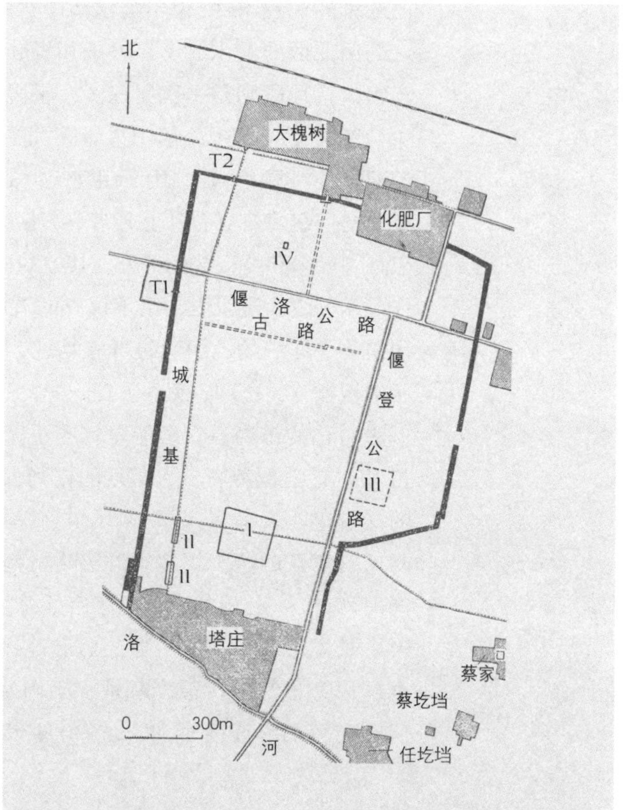

图2·1 偃师商城实测图（中国科学院考古研究所汉魏洛阳考古工作队：《偃师商城初步勘探和发掘》，见《考古》，1984(6)）

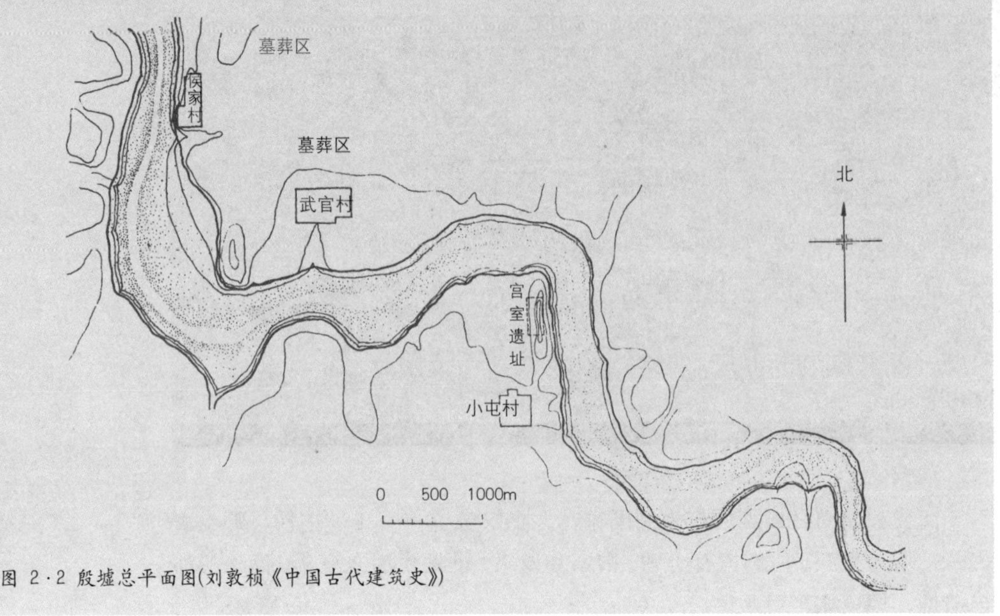

图 2·2 殷墟总平面图(刘敦桢《中国古代建筑史》)

祭祀区之北，靠近北墙处有一长方形石砌水池，东西长160米、南北宽30米，最深处4米。池之东、西两端分别为出水和进水渠道，连接于城市的给排水系统。

河南安阳的“殷墟”，洹水自西北折而流向南，又转向东流去，形成河套［图2·2］，这里地势高爽开阔，土质良好，又有河套作天然屏障，具备都邑选址的优越条件。位于洹水南岸弯曲处的小屯村是殷王的宫室区所在地。它的西北面的洹水北岸是殷王和贵族的墓葬区，西、南、东南面以及洹水以东的大片地段则是平民居住区、平民墓地和炼铜作坊、骨器作坊等。

20世纪30年代，前中央研究院的考古工作者曾经详细发掘殷墟宫室区的遗址，判明甲、乙、丙三组建筑群的个体建筑基址，总计共53座［图2·3］。靠北的甲组建筑群有基址15座，濒临洹水，由东向西排列成行，为宫廷小区，包括“朝”和“寝”两部分。其中的甲一一号基址规模最大，为此小区的主体建筑，估计是殷王与臣下议事的“大朝”之所在；其余的应是寝宫和附属建筑物。居中的乙组建筑群有基址21座，形制较复杂，规模亦较大。从现状情况看来，乙四、乙八、乙一一、乙二十好像成南北中轴线。整组建筑群似为对称的布局，很可能是宗庙小区。丙组建筑群位于南偏西处，有基址17座。这里地势较低，基址的排列大致呈规整的格局，应为举行祭祀活动的坛台小区。

宫室区的这三组建筑群已略呈南北中轴线进深的坛台、宗庙、朝、寝的序列，大体上具备后世皇家宫廷总格局的雏形了。其建筑基址的平面有方形、长方形、条状、凹形、凸形等，最大的基址达14.5米×80米。基址全部用夯土筑成，很多基址上面尚残存着一定间距和直线行列的石柱础。所有础石都用直径15厘米至30厘米的天然卵石，个别的还留着若干盘状的铜盘——锧，其中有隐约看出盘面上具有云雷纹饰的。这些铜锧垫在柱脚下，起着取平、隔潮和装饰三重作用，并且在础石附近还发现木柱的烬余，可证明商朝后期已经有了相当大的木构架建筑了。[1]

从偃师商城、安阳殷墟的布局和宫室建筑的情况来推测，当有园林建置的可能。而当时的园艺技术所达到的水准，也足以为造园提供一定的物质条件。

商周的奴隶主贵族把树木看作为一个民族、一个部落的象征，这可能是缘于树木与原始农业的密切关系，即所谓“木者春，生之性，农之本也”。《论语·八佾》：“哀公问社于宰我，宰我对曰：夏后氏以松，殷人以柏，周人以栗。”社即社木，也就是象征民族、部落的“社稷之木”。分别把松树、柏树、栗树作为夏、殷、周的社木，足见古人对树木的重视和崇敬。根据《诗经》等文字记载，至晚在西周时的观赏树木已有栗、梅、竹、柳、杨、榆、楸、栎、桐、梧桐、梓、桑、槐、楮、枫、桂、桧等品种，花卉已有芍药、茶（茶花）、女贞、兰、蕙、菊、荷等品种，作为园林植物配置的素材不能算少了。[2]《国语·周语中·单襄公论陈》记述了这样一段故事：

> “定王使单襄公聘于宋。遂假道于陈，以聘于楚。火朝觌矣，道茀不可行，候不在疆，司空不视涂，泽不陂，川不梁，野有庾积，场功未毕，道无列树，垦田若蓺，膳宰不致饩，司里不授馆，国无寄寓，县无施舍，民将筑台于夏氏。及陈，陈灵公与孔宁、仪行父南冠以如夏氏，留宾不见。单子归，告王曰：‘陈侯不有大咎，国必亡。’……”

说的是周定王派卿士单襄公作为使臣去慰问宋国和楚国，从宋国到楚国必须经过陈国。单襄公进入陈国国境后，目睹了许多不尽如人意的事情。其中的一桩是“道无列树”，即道路两旁没有种植成行的树木。归来后向定王汇报，断言陈国虽没有大的过错，但仍要亡国。由此看来，早在周定王时(公元前606年—公元前586年)就已经有了在过境道路两旁栽种行道树的做法，而且还

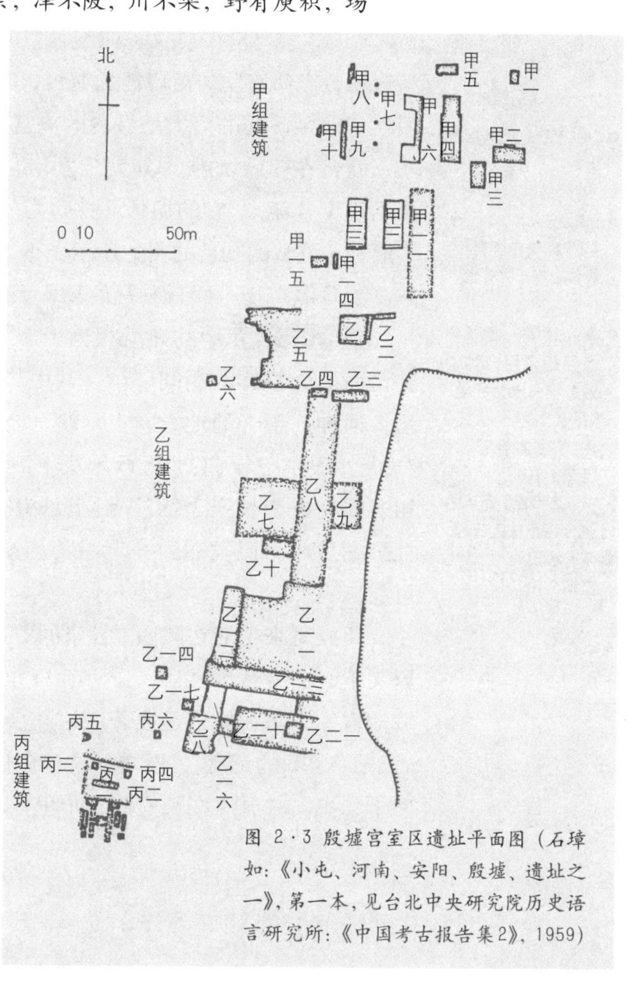

图 2·3 殷墟宫室区遗址平面图（石璋如：《小屯、河南、安阳、殷墟、遗址之一》，第一本，见台北中央研究院历史语言研究所：《中国考古报告集2》，1959）

[1] 刘敦桢等编：《中国古代建筑史》，31页，北京，中国建筑工业出版社，1984。

[2] 程兆熊：《中华园艺史》，台北，商务印书馆，1985。

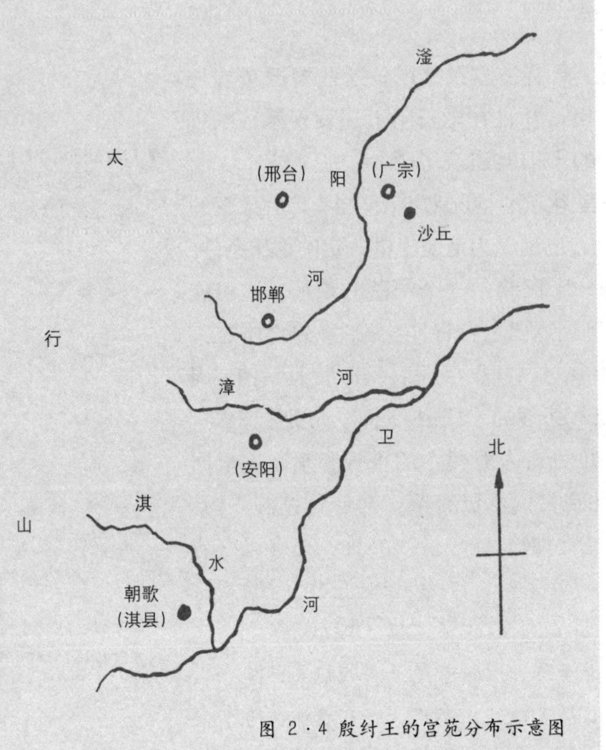

图 2·4 殷纣王的宫苑分布示意图

把它作为一项治国的必要措施。

殷、周时的王、诸侯、卿士大夫所经营的园林，可统称之为“贵族园林”。它们尚未完全具备皇家园林性质，但却是后者的前身。它们之中，见于文献记载最早的两处即：殷纣王修建的“沙丘苑台”和周文王修建的“灵囿、灵台、灵沼”，时间在公元前11世纪的殷末周初。

商自盘庚迁殷，传至末代为帝辛，即纣王。纣王大兴土木，修建规模庞大的宫室，“南距朝歌，北据邯郸及沙丘，皆为离宫别馆”[1]。朝歌在河南安阳以南的淇县境内，沙丘在安阳以北的河北广宗县境内。《史记·殷本纪》：“(纣)厚赋税以实鹿台之钱，而盈钜桥之粟。益收狗马奇物，充仞宫室。益广沙丘苑台，多取野兽蜚鸟置其中。”说的就是南至朝歌、北至沙丘的广大地域内的离宫别馆的情况，[图2·4]。

鹿台在朝歌城内，“其大三里，高千尺”。这个形容不免夸张，但台的体量确是十分庞大，它的遗址北魏时尚能见到。[2]鹿台存储政府的税收钱财，除了通神、游赏的功能之外，还相当于“国库”的性质，因而附近的宫室建筑亦多为收藏奇物、娱玩狗马的场所。

“沙丘苑台”中的苑就相当于囿[3]，“苑”、“台”并提即意味着两者相结合而成为整体的空间环境。其中“置野兽蜚鸟”，则已不仅是圈养、栽培、通神、望天的地方，也是略具园林雏形格局的游观、娱乐的场所了。《史记·殷本纪》：“(纣)大冣乐戏于沙丘，以酒为池，县肉为林。使男女倮，相逐其间，为长夜之饮。”纣王是中国历史上出名的荒淫之君，殷末奴隶社会的生产力已发达到一定程度。修造如此规模和内容的宫苑，亦并非不可能。

周族原来生活在陕西、甘肃的黄土高原，后迁于岐，即今陕西岐山县。周文王时国势逐渐强盛，公元前11世纪，又迁都于沣河西岸的丰京，经营城池宫室，另在城郊建成著名的灵台、灵沼、灵囿。它们的大概方位见于《三辅黄图》的记载：“周文王灵台在长安西北四十里”，“(灵囿)在长安县西四十二里”，“灵沼在长安西三十里”。今陕西户县东面、秦渡镇北约1公里

[1]《史记正义》引《括地志》。

[2]《水经注·淇水》：“今(朝歌)城内有鹿台，纣昔自投于火处也。”

[3]秦汉时，苑、囿二字已互相通用，均训为畜养禽兽之圈地。《吕氏春秋·重已》注：“畜禽兽所，大曰苑，小曰囿。”《汉书·高帝纪》颜师古注：“养鸟兽曰苑，苑有垣曰囿，所以种植谓之园。”

处之大土台，相传即为灵台的遗址。秦渡镇北面的董村附近的一大片洼地，相传是灵沼遗址。至于灵囿的具体位置，也应在秦渡镇附近。此三者鼎足毗邻，总体上构成规模甚大的略具雏形的贵族园林。

关于这座园林的情况，《诗经·大雅》的“灵台”篇有具体的描写：

“经始灵台，经之营之；
庶民攻之，不日成之。
经始勿亟，庶民子来；
王在灵囿，麀鹿攸伏。
麀鹿濯濯，白鸟翯翯；
王在灵沼，于牣鱼跃。
虡业维枞，贲鼓维镛；
于论鼓钟，于乐辟雍。
于论鼓钟，于乐辟雍；
鼍鼓逢逢，矇瞍奏公。”

第一段文字叙说周文王兴建灵台，老百姓都像儿子为父亲干活那样踊跃参加，因此施工进度很快。这固然是溢美之辞，但《三辅黄图》言灵台的体量仅“高二丈，周围百二十步”，比起殷纣王的鹿台要小得多，亦足见吊民伐罪的周文王还是比较爱惜民力的。筑台所需的土方即从挖池沼得来，据刘向《新序》：“周文王作灵台，及于池沼……泽及枯骨。”灵沼也是人工开凿的水体，水中养鱼。

诗的第二段文字描写文王在灵囿看到母鹿体态之肥美、白鸟羽毛之洁白光泽，在灵沼看到鱼儿跳跃在水很满的池中。显然，其赏观的主要对象是动物，植物则偏重实用价值，观赏的功能尚在其次。灵囿的面积，《孟子》云“文王之囿，方七十里”，还说“刍荛者往焉，雉兔者往焉，与民同之”，足见囿内树繁草茂，野兽很多，定期允许老百姓入内割草、猎兔，但要交纳一定数量的收获物。文王以后，囿成为奴隶主统治者的政治地位的象征，周王的地位最高，囿的规模最大，诸侯也有囿的建置，但规模要小一些。《诗经》毛苌注：“囿……天子百里，诸侯七十里。”

诗的第三段文字描写文王在“辟雍”[1]观看盲乐师们演奏音乐，鸣钟击鼓以祭祖、娱神的热闹场面，显示了“以为音声之道与政通，故合乐以详之”的寓教于乐的情形。《历代宅京记·关中一》中有一段注文：

“《传》曰：水旋邱如璧曰辟雍，以节观者。《正义》曰：水旋邱如璧者，璧体圆而内有孔。此水亦圆，而内有地，犹如璧然。土之高者曰邱，此水内之地，未必高于水外。正谓水下而地高，故以邱言之。以水绕邱，所以节约观者，令在外而观也。《大戴礼》

[1]《毛诗·大雅·灵台》郑玄注：“水旋丘如璧曰辟雍。”璧即圆形的玉器。

曰：'明堂外水曰辟雍。'《白虎通》曰：'辟者，象璧圜以法天。雍者，雍之以水，象教化流行。'"

这段注文引用几种文献，说明辟雍的形状是一座犹如小山丘的土台，其周围环绕着犹如圆璧的水池，"象教化流行"。此外，这种做法还另有特殊的寓意：象征昆仑山及其周围环绕着的弱水。[1]

[1]《山海经·大荒西经》："……有大山，名曰昆仑之丘。……其下有弱水之渊环之。"

辟雍兼具坛、庙的某些功能，也是以后建置在最高学府——太学——中的辟雍、泮池的前身。

"灵台"篇中所记述的辟雍，可能是灵囿、灵台、灵沼以外的单独一区，但也有可能为灵台周围环以一带圆形水池——辟池——而构成。周文王时，周虽为殷的属国，但势力强大已积极准备灭殷了。如果辟雍为后一种情况，那么，文王修筑灵台就还有一个特殊的用意：摹拟上古传说中的圣山昆仑山及"其下有弱水之渊环之"[2]的整体形象，赋予灵台以更为神圣的性格，以此来压盖殷王朝的气数，并显示周将受命于天而行吊民伐罪之义举。就此意义而言，灵台的修建，除了通神、望气、游观的功能之外，还另有其政治上的目的。

[2]《毛诗·大雅·灵台》郑玄注文。

文王死后，周武王即位，迁都于丰河东岸之镐京。于公元前1066年灭殷，疆域向东开拓，建成中国历史上最大的奴隶制国家。这时候，周王朝配合宗法分封的安排，开始进行史无前例的大规模营建城邑的活动。东都洛邑的规划建设便是这番活动的代表，各受封的诸侯国也相继积极营建各自的诸侯国都和大小采邑，形成了周代开国以来的第一次城市建设的高潮。

中国早期的农业文明成熟于周代。农业文明是和人民的定居生活相联系着的，而人民的定居生活又直接影响到国家的都城建设。因此，周代的都城，其位置比之夏、商就更为稳定，建都与迁都的决策也更为慎重。武王灭殷后，周王朝面临的一个重大的问题是如何控制天下、巩固统治，而解决这个问题的关键在很大程度上取决于作为政治中心的都城的位置。可是，镐京偏居国土西隅，难于控制北至燕山、东到大海、南及江淮的广大地域。必须选择一处适中的理想的地方另建新都，这就是武王所选定的"占天下之中、据伊洛之胜"的东都洛邑。

武王死后，成王继位为周天子，完成了洛邑的城市建设，命名为"成周"，称旧都镐京为"宗周"，正式形成东、西两都并存之制。洛邑的规模宏大、布局严谨，有内外两重城墙，外城郭方七十里。外城之内另有一个小城，即宫城，也称王城，是天子及贵族居住的地方，也是政府机构和军营之所在。南郊的丘兆为专门祭祀祖先的区域，建有大庙、宗庙、考宫、路寝、明堂等宫殿礼制建筑群。

西周后期，国势日衰，周平王时放弃西都镐京，正式迁都洛邑，是为东周，即春秋战国时期。东周的王城比西周的成周城晚四百多年建成，而城市建设则达到更为成熟的地步，形成了以王宫为中心的“前朝后市，左祖右社”的格局。

春秋战国时期，诸侯国商业经济发达，全国各地大小城市林立。城市工商业发展，大量农村人口流入。城市繁华了，城乡的差别扩大了，与大自然的隔绝状况也日益突出。居住在大城市里的帝王、国君等贵族们为避喧嚣便纷纷占用郊野山林川泽风景优美的地段修筑离宫别馆，从而出现宫苑建设的高潮。

春秋战国时期，也正是奴隶社会到封建社会的转化期。旧有的礼制处在崩溃之中，所谓“礼崩乐坏”。诸侯国势力强大，周天子的地位相对式微。诸侯国君摆脱宗法等级制度的约束，竞相修建庞大、豪华的宫苑，其中的多数是建置在郊野的离宫别苑。《左传》中就有一些关于春秋时诸侯国君兴建宫苑的记载：

> “今(晋国)铜鞮之宫数里，而诸侯舍于隶人。”
>
> (《左传 · 襄公三十一年》)
>
> “楚子成章华之台，愿以诸侯落之。”
>
> (《左传 · 昭公七年》)
>
> “于是晋侯方筑虒祁之宫。……是宫也成，诸侯必叛，君必有咎，夫子知之矣。”
>
> (《左传 · 昭公八年》)
>
> “冬，筑郎囿。书，时也。季平子欲其速成也，叔孙昭子曰：‘诗曰：经始勿亟，庶民子来。焉用速成?其以剿民也。无囿犹可，无民其可乎?’”
>
> (《左传 · 昭公九年》)
>
> “(齐侯)高台深池，撞钟舞女，斩刈民力，输掠其聚，以成其违，不恤后人。”
>
> (《左传 · 昭公二十年》)
>
> “今闻(吴王)夫差，次有台榭陂池焉，宿有妃嫱嫔御焉。”
>
> (《左传 · 哀公元年》)

遗迹尚保留至今的，如燕下都的钓台、金台、阑马台，楚郢都的章华台，赵城的蘖台等。燕下都的三台《水经注 · 易水》描写其“悉高数丈，秀峙相对，翼台左右，水流经通，长庑广宇，周旋被浦，栋堵成沦，柱础尚存”。蘖台又名龙台，现存遗址的台基高13.5米、长288米、宽210米，上有础石两列，每列长18米至20米，础石六七个，台面为混杂灰质的坚实光平的地面。[1]诸侯国君兴建宫苑的情况到战国时更多地见诸史载，其名称有台、宫、苑、囿、圃、馆等，而以“台”命名的占大多数，尚保留着“苑台”遗风。董说《七国考》从《史记》、《战国策》、诸子杂史等书中辑录了当时的七个大国——

[1] 郭宝钧：《中国青铜器时代》，141页，北京，三联书店，1963。

秦、齐、楚、燕、韩、赵、魏——的离宫别苑近50处，大约一半都是以台为名的。“高台榭，美宫室”遂成为诸国统治阶级竞相效尤的风尚。当然，也有一些台是为着某种特定功能而修筑的，例如：魏国的灵台，也称观台、时台，仍有着上古的“考天人之际，法阴阳之会”的功能；燕国的禅台，“燕哙筑禅台，让于子之。后昭王复登禅台，让于乐毅，毅以死自誓，不敢受”[1]；燕国的黄金台，在“易水东南十八里，燕昭王置千金于台上，以延天下之士”[2]，又名招贤台；赵国的野台，“武灵王十七年(公元前309年)，王出九门，为野台以望齐、中山之境”[3]，相当于国境线上的瞭望台；秦国的会盟台，在“河南府渑池县西城外，秦昭王与赵惠王会盟于此台”[4]；赵国的丛台是一系列成丛的台的集群；等等。它们尽管具有特定的功能，但大多数也仍然兼作游观的场所，略近宫苑的性质。

东周时，台与苑结合、以台为中心而构成贵族园林的情况已经比较普遍，台、宫、苑、囿等的称谓也互相混用，均为贵族园林。其中的观赏对象，从早先的动物扩展到植物，甚至宫室和周围的天然山水都已收摄作为成景的要素了，例如：秦国的林光宫建在云阳风景秀丽的甘泉山上，能眺望远近之山景；齐国的柏寝台与燕国的碣石宫建在渤海之滨，可以观赏辽阔无垠的海景；齐国的琅玡台倚山背流，“齐宣王乐琅邪之台，三月不返”[5]；燕国的仙台，“东台有三峰，甚为崇峻，腾云冠峰，高霞翼岭，岫壑冲深，含烟罩雾。耆旧言，燕昭王求仙处”[6]；楚国的放鹰台，建置在云梦泽田猎区内的薮泽间，四望空阔，登台可环眺极目千里之景；魏国的梁囿，松鹤满园，池沼可以荡舟；赵国的赵圃，广植松柏，赵王经常于圃内游赏；楚国的渚宫，建在湖泊中央之小洲上面；等等，不一而足。

这时的宫苑，尽管也还保留着自上代沿袭下来的诸如栽培、圈养、通神、望天的功能，但游观的功能显然已上升到主要的地位。树木花草以其美姿而成为造园的要素，建筑物则结合天然山水地貌而发挥其观赏作用，园林里面开始有了为游赏的目的而经营的水体。总之，在人为的生活空间中切入大自然之美。这在当时的文学作品如《楚辞》中也有所反映：

> “筑室兮水中，葺之兮荷盖。荪壁兮紫坛，芳椒兮成堂。……合百草兮实庭，建芳馨兮庑门。……”
>
> （《九歌·湘夫人》）

> “高堂邃宇，槛层轩些。层台累榭，临高山些。网户朱缀，刻方连些。各有突厦，夏室寒些。川谷径复，流潺蔓些。光风转蕙，氾蕙兰些。……仰观刻桷，画龙蛇些。坐堂伏槛，临曲池些。芙蓉始发，杂芰荷些。紫茎屏风，文绿波些。……”
>
> （《招魂》）

[1] 董说著，缪文远订补：《七国考订补》引《薛氏孟子章句》，上海，上海古籍出版社，1987。

[2] 《七国考》引《上谷郡图经》。

[3] 《七国考》引《史记·赵世家》。

[4] 《七国考》引《一统志》。

[5] 《七国考》引《淮南子·注》。

[6] 《水经注·易水》。

春秋战国时期见诸文献记载的众多贵族园林之中，规模较大、特点较突出因而也是后世知名度最高的，当推楚国的章华台、吴国的姑苏台。

章华台[1]

[1] 详见高介华：《章华台》，载《华中建筑》，1989(2)。

章华台又名章华宫，在湖北省潜江县境内，始建于楚灵王六年(公元前535年)，6年后才全部完工。《水经注 · 沔水》：“水东入离湖……湖侧有章华台，台高十丈，基广十五丈……穷土木之技，殚府库之实，举国营之数年乃成。”业经考古发掘的遗址范围东西长约2000米，南北宽约1000米，总面积达220万平方米，位于古云梦泽内。云梦泽是武汉以西、沙市以东、长江以北的一大片水网、湖沼密布的丘陵地带，自然风景绮丽，司马相如《子虚赋》详细描写其山川风物、植被覆盖、树木繁茂的情况。此外，还流传着许多上古神话，益增其浪漫色彩。遗址范围内共有大小、形状不同的台若干座，还有大量的宫、室、门、阙的基址。可以设想，当年楚灵王临幸章华台，率领众多的官员、陪臣、军士、奴婢，游观赏玩以及田猎活动的盛大情况。其主体建筑章华台更是钜丽非凡，据考古发掘，方形台基长300米，宽100米，其上为四台相连。最大的一号台，长45米，宽30米，高30米，分为三层，每层的夯土上均有建筑物残存的柱础。昔日登临此台，需要休息三次，故俗称“三休台”。台上的建筑装饰、装修辉煌富丽，《国语 · 楚语上》：

“灵王为章华之台，与伍举升焉。曰：‘台美夫?’对曰：‘臣……不闻其以土木之崇高彤镂为美，而以金石匏竹之昌大嚣庶为乐。……先君庄王为匏居之台，高不过望国氛，大不过容宴豆，木不妨守备。’”

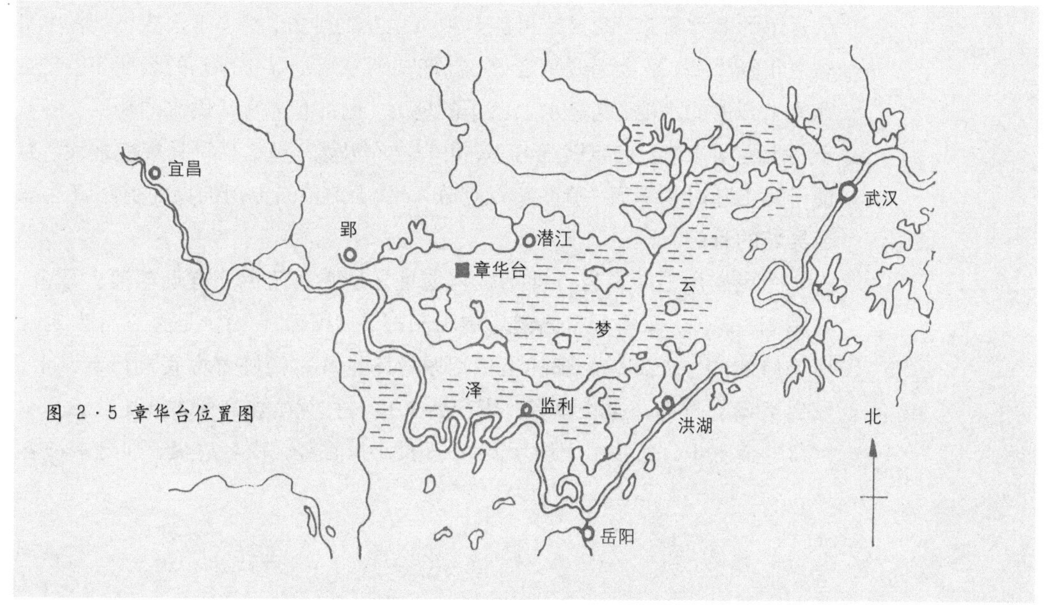

图 2·5 章华台位置图

伍举的这段批评的话，系指此台之以土木崇高彤镂为美几乎完全与金石匏竹之作为享乐手段一样，足见章华台不仅“台”的体量庞大，“榭”亦美轮美奂，乃是当时宫苑的“高台榭”之典型。

章华台的具体位置在云梦泽北沿的荆江三角洲上，西距楚国国都郢约55公里［图2·5］。《国语·吴语》：“昔楚灵王……乃筑台于章华之上，阙为石郭，陂汉以象帝舜。”韦昭注：“阙，穿也。陂，壅也。舜葬九嶷，其山体水旋其丘下，故壅汉水使旋石郭以象之也。”可知台的三面为人工开凿的水池环抱着，临水而成景，水池的水源引自汉水，同时也提供了水运交通之方便。这是摹仿舜在九嶷山的墓葬的山环水抱的做法，也是在园林里面开凿大型水体工程见于史书记载之首例。

姑苏台

姑苏台在吴国国都吴(今苏州)西南12.5公里之姑苏山上，始建于吴王阖闾十年(公元前505年)，后经夫差续建历时5年乃成[1]。姑苏山又名姑胥山、七子山，横亘于太湖之滨。山上怪石嶙峋，峰峦奇秀，至今尚保留有古台址十余处。

这座宫苑全部建筑在山上，因山成台，联台为宫，规模极其宏大，主台“广八十四丈”，“高三百丈”[2]。宫苑的建筑极华丽。除了这一系列的台之外，还有许多宫、馆及小品建筑物，并开凿山间水池。其总体布局因山就势，曲折高下，《述异记》对这座宫苑有一段文字描述：

> “周旋诘屈，横亘五里，崇饰土木，殚耗人力。宫妓数千人，上别立春宵宫，为长夜之饮，造千石酒钟。夫差作天池，池中造青龙舟，舟中盛陈妓乐，日与西施为水嬉。吴王于宫中作海灵馆、馆娃阁(宫)，铜沟玉槛。宫之楹槛皆珠玉饰之。”

从宫馆的名称看来，海灵馆可能是观赏鱼类的地方，相当于水族馆；馆娃阁居住年轻美女，是金屋藏娇之处；春宵宫则显然是寻欢作乐的场所了。天池即人工开凿的水池，既是水上游乐的地方，也具有为宫廷供水的功能，相当于山上的蓄水库。宫苑横亘五里，可容纳宫妓数千人，足见其规模之大。为便于吴王随时临幸而“造曲路以登临”，从山上修筑专用的盘曲道路直达都邑吴城的胥门。

今灵岩山上的灵岩寺即馆娃宫遗址之所在，附近还有玩花池、琴台、响廊裥、砚池、采香径等古迹。响廊裥即“响屧廊”，相传是吴王特为宠姬西施修建的一处廊道。廊的地板用厚梓木铺成，西施着木底鞋行走其上，发出清幽的响声，宛若琴音。唐代诗人皮日休《馆娃宫怀古五绝》云“响屧廊中金玉步，采兰山上绮罗身”，即此。采香径，顾名思义，则是栽植各

[1]《越绝书》：“吴王……起姑胥台，三年聚材，五年乃成。”

[2] 见《吴地记》。高三百丈似应包括山之高度在内。

种花卉以供观赏的“花径”。吴王夫差兴建馆娃宫，所需大量木材均为越王勾践所献，由水路源源运抵山下堆积数年，以至于木塞于渎。此地后来发展成为小镇。即今之木渎镇。

姑苏台是一座山地园林，居高临下，观览太湖之景，最为赏心悦目，清人宋荦《游姑苏台记》云：

> “陡其巅，黄沙平衍，南北十余丈，阔数丈，相传即胥台(即姑苏台之主台)故址也。……独见震泽(太湖)掀天陷日，七十二峰出没于晴云滃渺中。环望穹窿、灵岩、高峰、尧峰诸山，一一献奇于台之左右。”

足见其建筑地段的选址是十分优越的。

包括馆娃宫在内的姑苏台，与洞庭西山消夏湾的吴王避暑宫、太湖北岸的长洲苑，构成了吴国沿太湖岸的庞大的环状宫苑集群 [图2·6]。

章华台和姑苏台是春秋战国时期贵族园林的两个重要实例。它们的选址和建筑经营都能够利用大自然山水环境的优势，并发挥其成景的作用。园林里面的建筑物比较多，包括台、宫、馆、阁等多种类型，以满足游赏、娱乐、居住乃至朝会等多方面的功能需要。园林里面除了栽培树木之外，姑苏台还有专门栽植花卉的地段，章华台所在的云梦泽也是楚王的田猎区，因而园内很可能有动物之圈养。园林里面人工开凿水体，既满足了交通或供水的

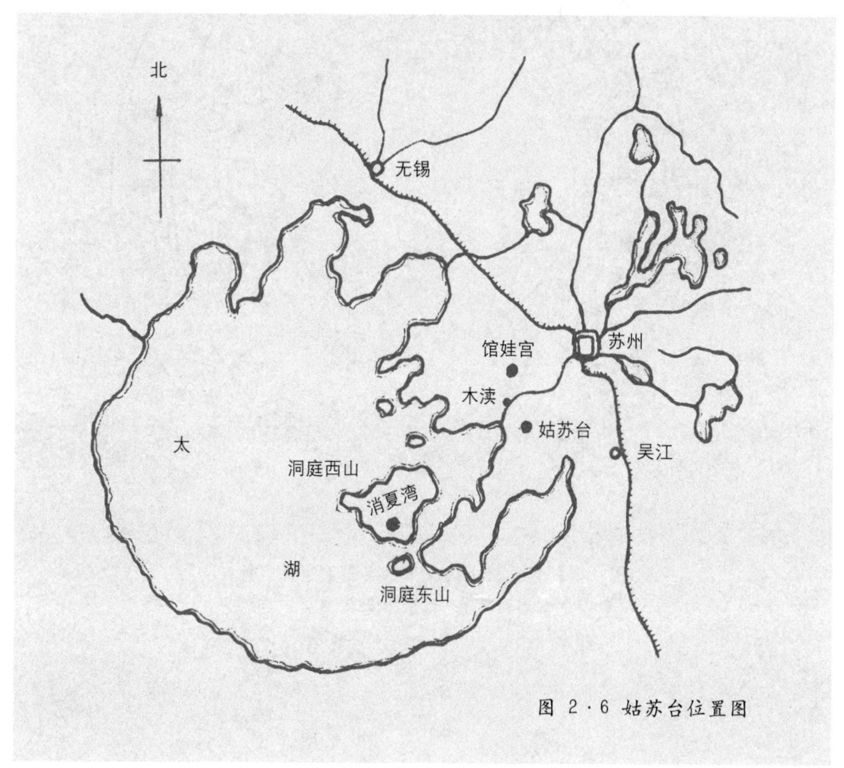

图 2·6 姑苏台位置图

需要，同时也提供水上游乐的场所，创设了因水成景的条件——理水。所以说，这两座著名的贵族园林代表着上代囿与台相结合的进一步发展，为过渡到生成期后期的秦汉宫苑的先型。

上有所好，下必效之。诸侯国君不惜殚费民力经营宫苑，卿士大夫亦竞相效法，这类园林在史籍中偶有记载，但语焉不详，而具体的形象表现则见于某些战国铜器的装饰纹样。例如，河南辉县出土的赵固墓中一个铜鉴纹样图案［图2·7］所描绘的贵族游园情况：正中是一幢两层楼房，上层的人鼓瑟投壶，下层为众姬妾环侍。楼房的左边悬编磬，二女乐鼓击且舞。磬后有习射之圃，磬前为洗马之池。楼房的右边悬编钟，二女乐歌舞如左，其侧有鼎豆罗列，炊饪酒肉。围墙之外松鹤满园，三人弯弓而射，迎面张网罗以捕捉逃兽。池沼中有荡舟者，亦搭弓矢作驱策浴马之姿势。[1]看来它的内容与前述的宫苑颇相类似，只是规模较小而已。

[1] 郭宝钧：《中国青铜器时代》，141页，北京，三联书店，1963。

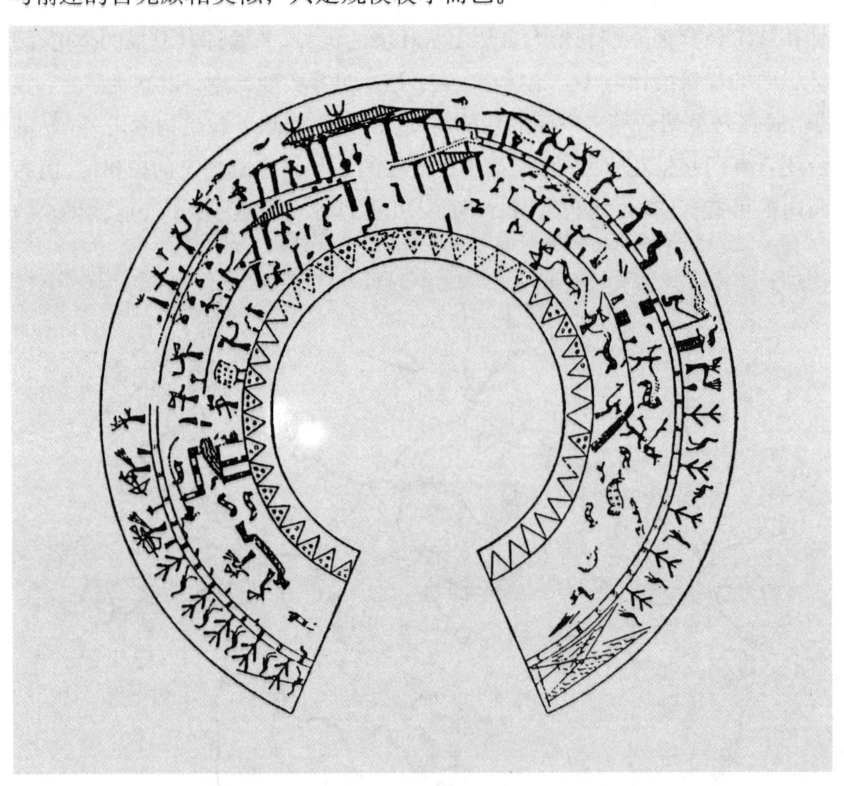

图 2·7 辉县出土的战国铜鉴图案（郭宝钧：《中国青铜器时代》，北京，三联书店，1963）

第四节

秦

秦国原本是周代的一个诸侯国，春秋时称霸西陲，成为当时的“五霸”之一。秦孝公任用商鞅为相，进行了著名的“商鞅变法”，经济上废除领主制度的井田制，允许土地买卖。政治上推行郡县制，设置县一级的官僚机构，加强中央集权。秦国遂一跃而成为战国时的七个强国之一，为此后的秦始皇实施其向东进军、剪灭六国的野心奠定了基础。

自从秦孝公十二年(公元前350年)自栎阳迁都渭河北岸的咸阳以后，城市日益繁荣，一些宫苑如章台、上林苑等已发展到渭河的南岸。孝公之子秦惠王即位，励精图治，不断向外扩张势力范围，开始实施以咸阳为中心的大规模的城市、宫苑建设，据《三辅黄图》序：“惠文王初都咸阳，取岐雍巨材，新作宫室，南临渭、北逾泾，至于离宫三百，复起阿房，未成而亡。”所经营的离宫别馆，已达三百处之多。

秦始皇二十六年(公元前221年)灭六国、统一天下，建立中央集权的封建大帝国，由过去的贵族分封政体转化为皇帝独裁政体。园林的发展亦与此新兴大帝国的政治体制相适应，开始出现真正意义上的“皇家园林”。始皇在征伐六国的过程中，每灭一国便仿建该国的王宫于咸阳北阪。于是，咸阳的雍门以东、泾水以西的渭河北岸一带，遂成为荟萃六国地方建筑风格的特殊宫苑群。[1]此后，始皇便逐步实现其“大咸阳规划”，以及近畿、关中地区的史无前例的大规模宫苑——皇家园林建设。

[1]《史记·秦始皇本纪》：“秦每破诸侯，写放其宫室，作之咸阳北阪上，南临渭，自雍门以东至泾渭。”《史记集解》：北阪“在长安西北，汉武帝时别名渭城。”

大咸阳规划的范围为渭水的北面和南面两部分的广大地域。渭北包括咸阳城、咸阳宫以及秦始皇增建的六国宫，渭南部分即扩建的上林苑及其他宫殿、园林。

秦始皇二十七年(公元前222年)开始经营渭南，《三辅黄图》有记述：

> “二十七年，作信宫渭南，已而更命信宫为极庙，象天极。自极庙道通郦山。作甘泉前殿。筑甬道，自咸阳属之。始皇穷极奢侈，筑咸阳宫。因北陵营殿，端门四达，以则紫宫、象帝居。渭

水贯都，以象天汉。横桥南渡，以法牵牛。”

新建的信宫与渭北的咸阳宫构成南北呼应的格局。宫苑的主体沿着这条南北轴线向渭南转移，原上林苑遂得以扩大、充实。“天极”即北极，又名北辰，是天帝(泰乙)所居的星座。紫宫、天汉、牵牛也都是天上星座的名称。按天上星座的布列来安排地上皇家宫苑的布局，这就是“天人合一”的思想在帝都规划上的具体表现。这时候，咸阳城市已横跨渭河南北两岸，但由于渭北地势高亢，咸阳宫仍起着统摄全局的作用，因而把它作为“紫宫”星座的象征，也是实际上的“天极”。再利用“甬道”等交通道路的联系手段，参照天空星象，组成一个以咸阳宫为中心、具有南北中轴线的庞大的宫苑集群。

甬道，《史记正义》释为：“于驰道外筑墙，天子於中行，外人不见。”秦始皇统一六国后，“为驰道于天下，东穷燕齐，南极吴楚。江湖之上，滨海之观毕至。道广五十步，三丈而树，厚筑其外，隐以金椎，树以青松”[1]，这是当时行道树的种植情况。穿过宫苑区的驰道，则在两侧加筑墙垣以保证皇帝之安全，谓之甬道。

[1] 班固：《汉书·贾山传》，北京，中华书局，1962。

这个庞大的宫苑集群突出了咸阳宫的总绾全局的主导地位，其他宫苑则作为后者的烘托，犹如众星拱北极。它体现了人间的皇帝的至高至尊，以皇帝所居的朝宫沟通于天帝所居的天极，又把天体的星象复现于人间的宫苑从而显示天人合一的哲理。如此恢宏、浪漫的气度，在中国城市规划的历史上实属罕见的大手笔。

秦始皇晚年，还在渭南的原周代丰、镐古都附近经营更大的朝宫即著名的阿房(读páng)宫，代替信宫作为天极的象征，也是上林苑的中心。据《史记·秦始皇本纪》：

> “三十五年（公元前212年），……于是，始皇以为咸阳人多，先王之宫廷小。吾闻周文王都丰，武王都镐，丰镐之间，帝王之都也。乃营作朝宫渭南上林苑中。先作前殿阿房，东西五百步，南北五十丈，上可以坐万人，下可以建五丈旗。周驰为阁道，自殿下直抵南山。表南山之巅以为阙。为复道，自阿房渡渭，属之咸阳，以象天极、阁道绝汉抵营室也。”

阿房宫早在秦惠王时即已草创，秦始皇三十五年(公元前212年)在原基址上作了扩大，拟建一组以“前殿”为主体的宫殿建筑群，周围缭以城墙，又叫做“阿城”，相当于一座宫城。前殿是在一个阶级状的大夯土台上分层作外包式的建筑，体量虽巨大但形象简单，并不像杜牧《阿房宫赋》所描写的那样。阿房宫未建成而秦亡，夯土台若按《史记》所记尺寸折合，其长、宽、高分别约合750米、116.5米、11.65米[2]，可谓大矣、高矣，遗址在今西安西郊的赵家堡。

[2] 王学理：《阿房宫辨正》，载《考古与文物》，1984(3)。

壮丽的阿房宫是皇帝日常起居、视事、朝会、庆典的场所，其性质相当于渭南的政治中心。而其形象则为渭南的构图中心，往南一直延展到终南山，往北与都城咸阳浑然一体。它通过“复道”连接于北面的咸阳宫和东面的骊山宫，复道为两层的廊道，上层封闭、下层敞开。新建的复道又结合于原先建成的甬道系统，形成以阿房宫为核心的辐射状的交通网络，也是天体星象的摹拟：从“天极”星座经“阁道”星座、再横过“天河”而抵达“营室”星座。渭南众多的宫殿之间，复道、甬道相连犹如蛛网，几乎全可以由室内通达而无须经过露天，气魄之大无与伦比。秦始皇迷信神仙，这种做法固然为始皇提供了人身安全的保证，也是让人摸不清他的行止，仿佛来无踪、去无迹，以此而自比来去飘忽的神仙。《史记·秦始皇本纪》：

> “(方士)卢生说始皇曰：‘……人主时为微行，以辟恶鬼，恶鬼辟，真人至。人主所居而人臣知之，则害于神。……今上治天下，未能恬倓。愿上所居宫，勿令人知之，然后不死之药殆可得也。于是始皇曰：‘吾慕真人，自谓“真人”不称“朕”。’乃令咸阳之旁二百里内，宫观二百七十，复道、甬道相连，帷帐钟鼓美人充之，各案署不移徙。行所幸，有言其处者，罪死。”

以阿房宫为核心的渭南宫苑集群作为“大咸阳规划”的一部分，实际上相当于咸阳的外郭城的延伸。重要的宫殿以及闾里、工商业区都向渭南发展，“表南山之巅以为阙”意味着以终南山为外郭城南缘之象征。

可惜，“大咸阳规划”的这个更为宏伟的第二期工程由于秦始皇的暴卒

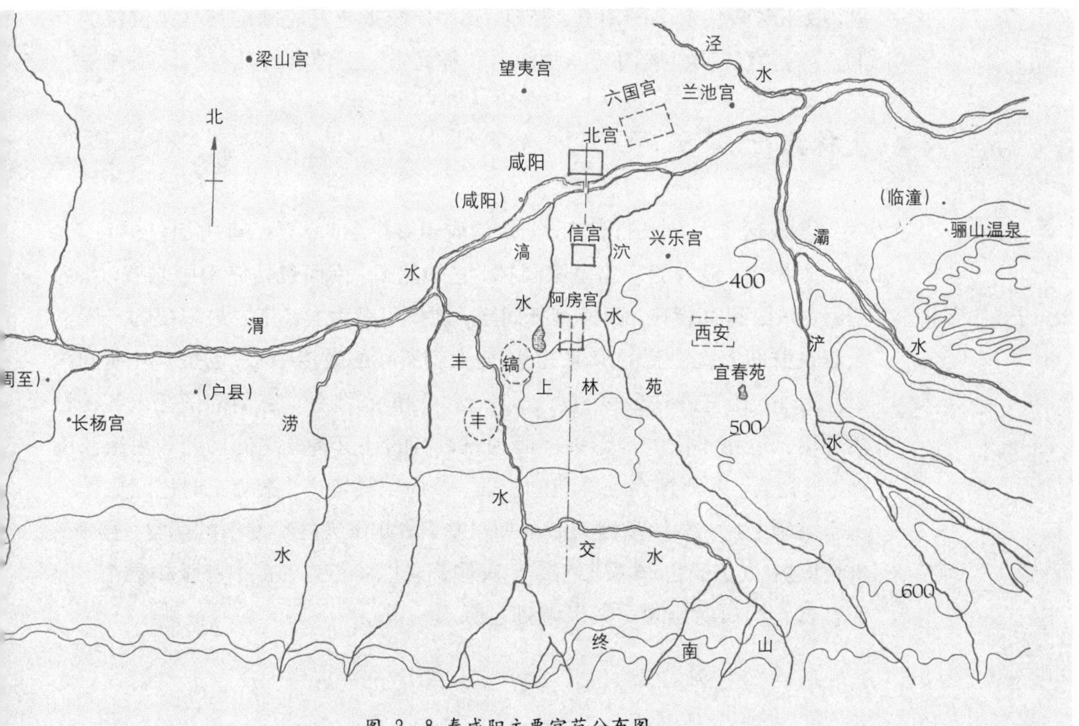

图 2·8 秦咸阳主要宫苑分布图

而未能全部完成，即便如此，其规模也是很可观的[图2·8]。待到项羽入关，火焚咸阳三月不熄，这些宫苑也就全部灰飞烟灭了。

根据各种文献的记载，秦代短短的12年中所营建的离宫别苑有数百处之多。仅在都城咸阳附近以及关中地区的就有百余处，《历代宅京记》描写其为：

“咸阳北至九嵕、甘泉，南至鄠、杜，东至河，西至汧、渭之交。东西八百里，南北四百里，离宫别馆，弥山跨谷，辇道相属。木衣绨绣，土被朱紫。宫人不移，乐不改悬，穷年忘归，犹不能遍。”

秦汉时的关中地区，自然条件非常优越。南有秦岭山脉蜿蜒，北界九嵕山、甘泉山。八条大河流贯境内，即所谓“荡荡乎八川分流”：东有灞河、浐河，西有沣河、涝河，南有潏水、滈水，北有渭河、泾水。再加上温和湿润的气候和充沛的雨量，最适宜于植物的生长和动物的繁衍。因而关中地区植被很好，树木花草品种繁多，甚至南方的一些植物也可以移栽在此生长。八百里秦川的境内山高、谷深，既可登山远眺，又能深谷探幽，自然景观山水兼具、旷奥咸宜。尤为可贵的是那许多高而平坦广阔的台地——“原”，著名的如白鹿原、乐游原、细柳原、少陵原、鸿固原、铜人原、尤首原、高阳原等等。原与原之间截割成道道川谷，有的还萦绕着流水，则又形成特殊的绮丽景观。

关中地区不仅风景优美，也是当时的粮食丰产区，膏腴良田多半集中于此。《荀子·强国篇》形容其为：“山林川谷美，天材之利多。”也就在这里，散布着秦代众多的离宫、御苑，其中比较重要且能确定其具体位置的有上林苑、宜春苑、梁山宫、骊山宫、林光宫、兰池宫等几处。

上林苑

上林苑原为秦国的旧苑，至晚建成于秦惠王时，秦始皇再加以扩大、充实，成为当时最大的一座皇家园林。它的范围，南面包括终南山北坡，北界渭河，东面到宜春苑，西面直抵周至，规模可谓大矣。苑内最主要的一组宫殿建筑群即上文提到的阿房宫，这是大朝所在的政治中心，也是上林苑的核心。此外，还有许许多多的宫、殿、台、馆散布各处，它们都依托于各种自然环境、利用不同的地形条件而构筑，有的还具备特殊的功能和用途。例如，长杨宫、射熊馆在上林苑的极西，今周至县境内，秦昭王时已建成作为王室游猎之所，秦始皇因其旧址加以修葺，亦作为狩猎专用的离宫。据《三辅黄图》：“(长杨宫)本秦旧宫，至汉修饰之以备行幸。宫中有垂杨数亩，因为宫名，门曰射熊观，秦汉游猎之所。”

上林苑内有专为圈养野兽而修筑的兽圈，如“虎圈”[1]、“狼圈”[2]等。并在其旁修建馆、观之类的建筑物，以供皇帝观赏动物和射猎之用。

上林苑内森林覆盖，树木繁茂，郁郁葱葱，这从汉代《上林赋》、《西京赋》等文字描写中也可以看得出来。除了八条大河之外，还开凿了许多人工湖泊，如牛首池、镐池等[3]，既丰富了水景之点缀，又起到蓄水库的作用，益增水资源之丰沛。

[1]《长安志》引《汉宫殿疏》："秦故虎圈，周匝三十五步，去长安十五里。"

[2]《长安志》引《汉宫殿疏》："秦故狼圈广八十步、长二十步，西去长安十五里。"

[3]《长安志》："秦王上林苑有牛首池，在苑西头。"镐池，在周之故都镐京。

宜春苑

宜春苑位于隑州(即今西安东南之曲江)，这里林木蓊郁、风景优美。一条弯曲的河流“曲江”萦回其间，水景绮丽。秦时建“宜春宫”[4]，作为皇帝在宜春苑内游赏、游猎时歇憩之所。

[4]《三辅黄图》："宜春宫，本秦之离宫，近下杜。"

梁山宫

梁山宫始建于秦始皇时，在渭水北面的好畤县境内。据《水经注·渭水》：

> “(莫)水出好畤县梁山大岭东，南迳梁山宫西，故《地理志》曰：好畤有梁山宫，秦始皇起，水东有好畤县故城。”

莫水即今之漠西河，穿越梁山两峰之间而南流，足见梁山宫的具体位置当在漠西河的东岸。宫以北直到梁山之南坡，便是梁山苑的范围。这一带山水形胜，环境优美，气候凉爽，为避暑之胜地。据《史记·秦始皇本纪》：“三十五年……幸梁山宫，从山上见丞相车骑众，弗善也。”由此可知，当年始皇游幸梁山宫时，曾由大臣陪同登上梁山。

骊山宫

骊山宫位于临潼县南面之骊山北麓，其苑林的范围包括骊山北坡之一部分。这里不仅林木茂盛、风景优美，山麓还有温泉多处，秦始皇时建成离宫，经常临幸沐浴、狩猎、游赏。骊山宫离咸阳不远，当时曾修筑了一条专用的复道直达上林苑内的阿房宫，以备皇帝来往交通之方便并保证其人身安全。

林光宫

《三辅黄图》言：“林光宫，胡亥所造，纵广各五里，在云阳县界。”胡亥即秦二世。宫之遗址在今淳化县甘泉山之东坡。一说林光宫是甘泉宫的别称，[5]遗

[5]《关中记》："(林光宫)一曰甘泉宫，秦所造，在今池阳县西北古甘泉县甘泉山上。……"

址在今甘泉山东麓之凉武帝村、董家村一带。甘泉山风景优美，是避暑休闲胜地；而地势险要，秦“直道”南下东西穿过，则又是兵家必争之地。

兰池宫

秦始皇十分迷信神仙方术，曾多次派遣方士到东海三仙山求取长生不老之药，当然毫无结果。于是乃退而求其次，在园林里面挖池筑岛，摹拟海上仙山的形象以满足他接近神仙的愿望，这就是“**兰池宫**”。

据《元和郡县图志》：“秦兰池宫在咸阳县东二十五里”，“兰池陂，即秦之兰池也，在县东二十五里。初，始皇引渭水为池，东西二百丈，南北二十里，筑为蓬莱山，刻石为鲸鱼，长二百丈。”又据《历代宅京记 · 关中一》引《秦记》：“秦始皇都长安，引渭水为池，筑为蓬、瀛，刻石为鲸，长二百丈，逢盗处也。”所谓逢盗处即秦始皇出游遇盗的地方，也就是兰池陂[1]。两书所载虽略有出入，但兰池宫之利用挖池筑岛来摹拟海上仙山的意图却是明确的。

[1]《史记 · 秦始皇本纪》：“三十一年……始皇微行咸阳，与武士四人俱，夜出逢盗兰池。”

兰池宫在生成期的园林发展史中占着重要的地位：一、引渭水为池，池中堆筑岛山，乃是首次见于史载的园林筑山、理水之并举。二、堆筑岛山名为蓬莱山以摹拟神仙境界，比起战国时燕昭王筑台以求仙的做法更赋予一层意象的联想，开启了西汉宫苑中的求仙活动之先河。从此以后，皇家园林又多了一个求仙的功能。

秦始皇巡行全国各地，在沿驰道的附近兴建的众多离宫别馆之中，有不少是以台为主体，仍然保持着上代的“高台榭”的传统。“**琅琊台**”便是其中著名的一处。

《史记 · 秦始皇本纪》：“二十八年(公元前219年)……南登琅邪，大乐之，留三月，乃徙黔首三万户琅邪台下。”《史记正义》引《括地志》云：“琅邪山在密州诸城县东南百四十里。始皇立层台于山上，谓之琅邪台，孤立众山之上。秦王乐之，留三月，立石山上，颂秦德。”由此可见，此台构筑在山之巅，类似吴国的姑苏台。始皇在这里留住三月乐而忘返，并移民三万户参加经营、维护、管理，亦足见宫苑规模之大，所据山海风景之佳丽了。

第五节

西汉的皇家园林

西汉王朝建立之初，秦的旧都咸阳已被项羽焚毁，乃于咸阳东南、渭水之南岸另营新都长安。先在秦的离宫“兴乐宫”的旧址上建“长乐宫”，后又在其东侧建“未央宫”，此两宫均位于龙首原上。到汉惠帝时才修筑城墙，继而又建成“桂宫”、“北宫”、“明光宫”。这五所宫殿建筑群约占长安城总面积的三分之二。城内开辟八条大街、一百六十个居住的里、九府、三庙、九市，人口约五十万［图2·9］。

西汉初年，战乱甫定，朝廷遵循与民休养生息的政策，汉高祖即位的次年便下诏“故秦苑囿园池，令民得田之”[1]。当时，上林苑已荒芜，高祖遂把苑内的一部分土地分给农民耕种，其余的仍保留为御苑禁地。汉文帝经常到苑内射猎，景帝曾与梁孝王“出则同车，游猎上林中”[2]。

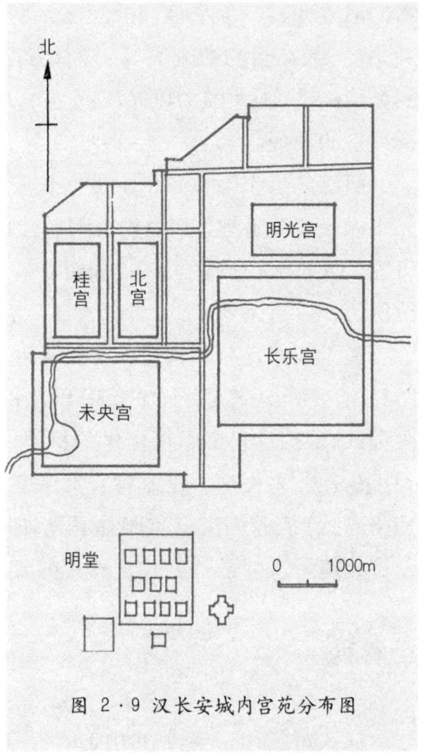

图 2·9 汉长安城内宫苑分布图

汉武帝在位的时候(公元前140年—前87年)，削平同姓诸王，地主小农经济空前发展，中央集权的大一统局面空前巩固。“成人伦、助教化”的先秦儒学与五行、谶纬之说相融合而成的汉代儒学，居于思想界的正统地位，但崇尚自然无为的道家思想仍然流行，从而形成儒、道互补的情况。经济、政治、意识形态的相对平衡维系着封建大帝国的强盛和稳定。泱泱大国的气派、儒道互补的意识形态影响及于文化艺

[1]《文献通考·田赋卷七》：“汉高祖二年，故秦苑囿园地，令民得之。”

[2]《汉书·文三王传》。

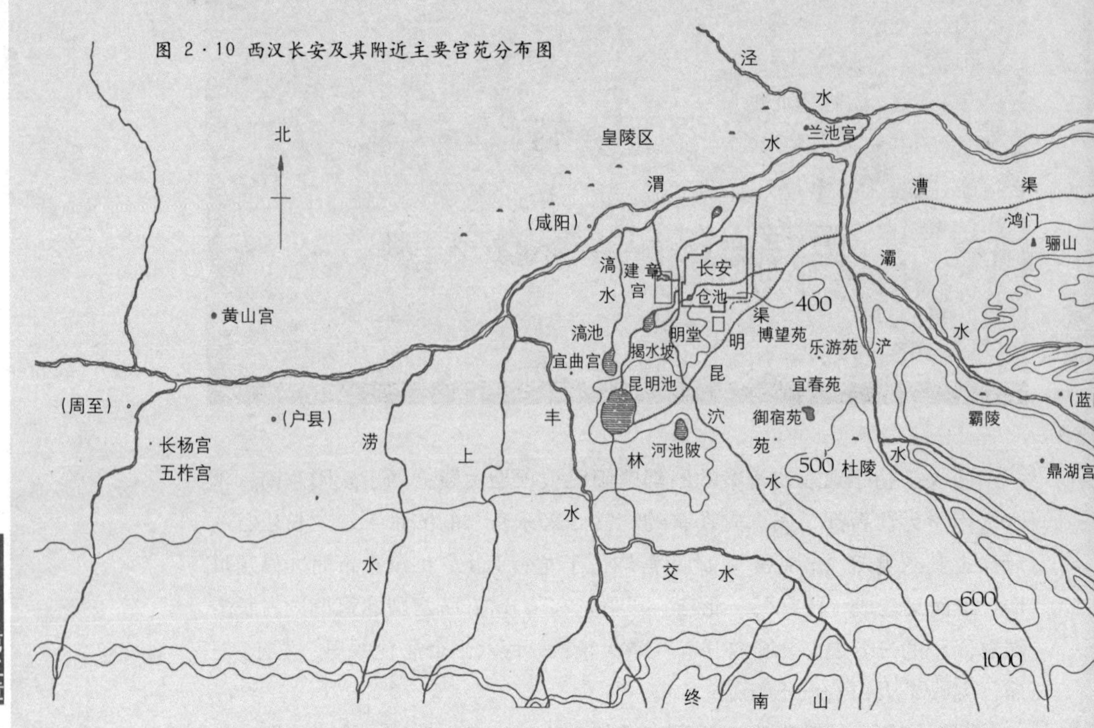

图 2·10 西汉长安及其附近主要宫苑分布图

术的诸方面，产生了瑰丽的汉赋、羽化登仙的神话、现实与幻想交织的绘画、神与人结合的雕刻等等。园林方面当然也会受到这种影响，再加上当时的繁荣经济、强大国力以及汉武帝本人的好大喜功，皇家造园活动遂达到空前兴盛的局面。

西汉的皇家园林除了少数在长安城内，其余的大量遍布于近郊、远郊、关中以及关陇各地，其中的大多数建成于汉武帝在位的时期［图2·10］。正如班固《西都赋》所描写的："前乘秦岭，后越九嵕，东薄河华，西涉岐雍。宫馆所历，百有余区。"

关于西汉宫苑的情况，晋代葛洪《西京杂记》、南朝人编著的《三辅黄图》、清代顾炎武《历代宅京记》诸书记述甚为翔实，其他的古籍中也有片段记载。根据这些文献所提供的材料，西汉的众多宫苑之中比较有代表性的为**上林苑**、**未央宫**、**建章宫**、**甘泉宫**、**兔园**五处，它们都具备一定的规模和格局，代表着西汉皇家园林的几种不同的形式。此外，经考古发掘的南越王御苑遗址，则是一处弥足珍贵的实物遗存。

上林苑

汉武帝建元三年(公元前138年)就秦之上林苑加以扩大，扩建。《长安志》详述兴建此园之缘由："武帝微行始出，北至池阳，西至黄山，南猎长杨，东游宜春，诏陇西北地良家子能骑射者从之。……以为道远劳苦，又为百姓所患，乃使大中大夫吾邱寿王与待诏能用算者二人，举籍阿城(即阿房宫)以南，盩厔(周至)以东，宜春以西，提封顷亩，及其贾直，欲除以为上林苑。"武帝经常微服到长安郊外出游、打猎。随行人员浩浩荡荡，没有歇脚的地方，且不时毁坏农田，老百姓也不满意。于是就打算征用这一带的土地，联同秦的旧苑围起来作为皇家园林。这一带是关中物产丰富的膏腴之地，东方朔曾上书力谏不可占用的理由，但武帝不予采纳，执意建园。

上林苑的占地面积，文献记载其说不一：方三百里、三百四十里，周墙四百余里，周袤三百里。按汉代一里相当于0.414公里计，则苑墙的长度大约为130公里至160公里，共设苑门十二座。它的范围，据《三辅黄图》："东南至蓝田、宜春、鼎湖、御宿、昆吾，旁南山而西，至长杨、五柞，北绕黄山，濒渭水而东。"按现在的地理区划，它南达终南山、北沿九嵕山和渭河北岸，地跨西安市和咸宁、周至、户县、蓝田四县的县境，占地之广可谓空前绝后，乃是中国历史上最大的一座皇家园林。

上林苑究竟有哪些内容？只能根据有关文献中所提到的以及已进行考古发掘的情况，综述如下：

1. 山水

上林苑的外围是终南山北坡和九嵕山南坡，关中的八条大河，即所谓"关中八水"，贯穿于苑内辽阔的平原、丘陵之上。自然景观极其恢宏、壮丽，司马相如《上林赋》这样描写：

> "始终灞浐，出入泾渭。酆、鄗、潦、潏，纡余委蛇，经营乎其内。荡荡乎八川分流，相背而异态……于是乎崇山矗矗，巃嵸崔巍。深林巨木，崭岩参嵳。九嵕巀嶭，南山峨峨。"

灞、浐、泾、渭、酆、鄗、潦、潏即"关中八水"，此外还有天然湖泊十处。[1]人工开凿的湖泊也不少，一般都利用挖湖的土方在其旁或其中堆筑高台。这些人工湖泊除了供游赏之外还兼作其他的用途，比较大的有四处：

昆明池 位于长安城的西南面，从现存的遗址看来，面积大约一百余公顷。据《三辅黄图》："汉昆明池，武帝元狩三年(公元前120年)穿，在长安西南，周回四十里。《西南夷传》曰：'天子遣使求身毒国市竹，而为昆明所闭。天子欲伐之，越巂昆明国有滇池，方三百里，故作昆明池以象之，以习水战，因名曰昆明池。'《食货志》曰：'时越欲与汉用船逐水战，乃大修昆明池也。'"昆明池的具体位置及其四至范围［图2·11］，业经考古发掘探明：北缘在今上泉北村和南丰镐村之间的土堤南侧；东缘在孟家寨、万村之西；西界在张村、马营寨、白家庄之东；南缘在细柳原的北侧，即今石匣口

[1]《三辅黄图》："上林苑有初池、麋池、牛首池、蒯池、积草池、东陂池、西陂池、当路池、大壹池、郎池。"也有六池、十五池的说法，各种文献记载不尽相同。

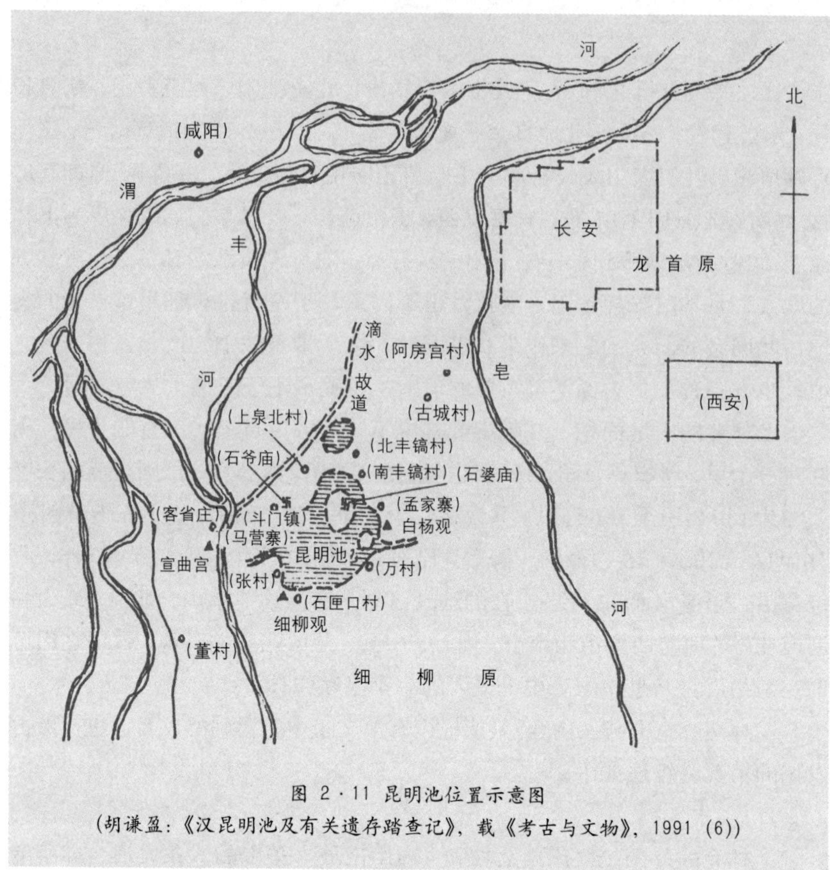

图 2·11 昆明池位置示意图
（胡谦盈：《汉昆明池及有关遗存踏查记》，载《考古与文物》，1991（6））

村。这是一片大约一百余公顷的洼地，地势比周围岸边低2米至4米，遗址整体仍清晰可辨。[1]在池址的东半部，有一块高出于周围地面约2.5米的高台地，此即昆明池中的一个岛屿“豫章台”。

关于当年昆明池的内容，见于文献记载的举例如下：

“池中有豫章台及石鲸，刻石为鲸鱼，长三丈。每至雷雨，常鸣吼，鬣尾皆动。”

（《三辅故事》）

“乃有昆明灵沼，黑水玄阯。周以金堤，树以柳杞。豫章珍馆，揭焉中峙。牵牛立其左，织女处其右，日月于是乎出入，象扶桑与濛汜。”

（张衡：《西京赋》）

“集乎豫章之宇，临乎昆明之池。左牵牛而右织女，似云汉之无涯。”

（班固：《西都赋》）

“昆明池中有二石人，立牵牛织女于池之东西以象天河。”

（《关辅古语》）

“池中有龙首船，常令宫女泛舟池中。张凤盖，建华旗，作櫂

[1] 胡谦盈：《汉昆明池及有关遗存踏查记》，载《考古与文物》，1991(6)。

歌，杂以鼓吹，帝御豫章观临观焉。”

（《三辅故事》）

“是时越欲与汉用舡(船)战逐，乃大修昆明池，列观(馆)环之，治楼舡(船)高十余丈，旗帜加其上，甚壮。”

（《史记·平准书》）

“池中复作豫章大船，可载万人，上起宫室，因欲游戏，养鱼以给诸陵祭祀，余付长安厨。”

（《三辅黄图》引《庙记》）

看来，昆明池是具有多种功能的：训练水军、水上游览、渔业生产基地、摹拟天象。此外，还有“蓄水库”的作用。在水上安置巨型的动物石雕，则是仿效秦兰池宫的做法。池的东、西岸边立有牛郎、织女二石像，乃是天上的银河天汉的象征。这两件西汉石雕作品至今尚完整保存着，当地人称之为石爷、石婆。由于开凿了昆明池和有关河道的整治，附近的自然风景亦相应地得以开发。当年环池一带绿树成荫，建置许多观、台建筑即所谓“列观环之”，包括池东岸的白杨观，池南的细柳观、龙台等。如今，在池旁及附近的南丰镐村、孟家寨、石匣口村、客省庄等地，均发现不少西汉建筑遗存，即当年的观、台的遗址。

影娥池　据《三辅黄图》：“武帝凿池以玩月，其旁起望鹄台以眺月。影入池中，使宫人乘舟弄月影，名影娥池，亦名眺蟾宫。”

琳池　据《三辅黄图》：“昭帝始元元年(公元前86年)，穿琳池，广千步。池南起桂台以望远，东引太液池之水。池中植分枝荷，一茎四叶，状如骈盖。……帝时命水嬉，游燕永日。士人进一豆槽，帝曰：‘桂楫松舟，其犹重朴，况乎此槽可得而乘耶。’乃命以文梓为船，木兰为柂，刻飞燕翔鷁，饰于船首，随风轻漾，毕景忘归。起商台于池上。”

太液池　在建章宫内，池中筑三岛摹拟东海三仙山。

影娥池和琳池，《三辅黄图》中未言及它们的具体位置。前者《历代宅京记》说它在建章宫；后者由“东引太液池之水”一语的文意推断，可能在建章宫附近，具体位置也可能在建章宫的西邻。

2．植物、动物

上林苑地域辽阔、地形复杂，“林麓泽薮连亘”，天然植被当然是极为丰富的。此外，另由人工栽植大量的树木，见于文献记载的有松、柏、桐、梓、杨、柳、榆、槐、檀、楸、柞、竹等用材林，桃、李、杏、枣、栗、梨、柑橘等果木林以及桑、漆等经济林，这些林木同时也发挥其观赏的作用而成为观赏树木。司马相如在《上林赋》中这样描写：

“于是乎卢橘夏熟，黄甘橙榛，枇杷橪柿，楟柰厚朴。梬枣杨梅，樱桃蒲陶。隐夫薁棣，答遝离支罗乎后宫，列乎北园。貤丘陵，下平原。扬翠叶，机紫茎。发红华，垂朱荣。煌煌扈扈，照曜巨野……垂条扶疏，落英幡骊，纷溶箾蔘，猗狔从风，披山缘谷，循阪下隰，视之无端，究之无穷。”

上林苑内的许多建筑物甚至是因其周围的种植情况而得名的，如长杨宫、五柞宫、葡萄宫、棠梨宫、青梧观、细柳观、樛木观、椒唐观、柘观等。此外，苑内还有好几处面积甚大的竹林，谓之“竹圃”。《西京杂记》卷一提到武帝初修上林苑时，群臣远方进贡的“名果异树”就有三千余种之多。该书的作者葛洪曾从上林令处抄录了它们的全部名称，后被邻人借阅而遗失，只能凭记忆把其中的98种记载于书中：

“梨十(即梨的十个品种)：紫梨、青梨(实大)、芳梨(实小)、大谷梨、细叶梨、缥叶梨、金叶梨(出琅琊王野家，太守王唐所献)、瀚海梨(出翰海北，耐寒不枯)、东王梨(出海中)、紫条梨。枣七：弱枝枣、玉门枣、棠枣、青华枣、梬枣、赤心枣、西王母枣(出昆仑山)。栗四：侯栗、榛栗、瑰栗、峄阳栗(峄阳都尉曹龙所献，大如拳)。桃十：秦桃、榹桃、缃核桃、金城桃、绮叶桃、紫文桃、霜桃(霜下可食)、胡桃(出西域)、樱桃、含桃。李十五：紫李、绿李、朱李、黄李、青绮李、青房李、同心李、车下李、含枝李、金枝李、颜渊李(出鲁)、羌李、燕李、蛮李、侯李。柰三：白柰、紫柰(花紫色)、绿柰(花绿色)。查三：蛮查、羌查、猴查。椑三：青椑、赤叶椑、乌椑。棠四：赤棠、白棠、青棠、沙棠。梅七：朱梅、紫叶梅、紫华梅、同心梅 、丽枝梅、燕梅、猴梅。杏二：文杏(材有文采)、蓬莱杏(东郡都尉干吉所献。一株花杂五色，六出，云是仙人所食)。桐三：椅桐、梧桐、荆桐。林檎十株，枇杷十株，橙十株，安石榴十株，楟十株，白银树十株，黄银树十株，槐六百四十株，千年长生树十株，万年长生树十株，扶老木十株，守宫槐十株，金明树二十株，摇风树十株，鸣风树十株，琉璃树十株，池离树十株，离娄树十株，白俞、梼杜、梼桂、蜀漆树十株，楠四株，枞七株，栝十株，楔四株，枫四株。”

从上述的这些情况看来，上林苑无异于一座特大型的植物园，既有郁郁苍苍的天然植被，又有人工培植的树木、花草以及水生植物。其中不少是由南方移栽的品种，如昌蒲、山姜、甘蔗、留求子、龙眼、荔枝等，足见当年关中气候比现在温和湿润。为了保证个别南方植物在苑内成活，还配备温室栽培的设施。有些品种，如槐、守宫槐、柳等一直繁衍至今，仍为关中著名的乡土树种。武帝时与西域各国交往频繁，许多西域的植物品种亦得以引进苑内栽植，如葡萄、安石榴等。

上林苑内豢养百兽放逐各处，“天子秋冬射猎取之”，则苑内的某些区域也相当于皇家狩猎区。张衡《西京赋》描写上林狩猎的宏大场面：“陈虎旅于飞廉，正垒壁乎上兰。结部曲，整行伍。……赴洞穴，探封狐。陵重巘，猎昆駼。……相羊乎五柞之馆，旋憩乎昆明之池。……蒲且发，弋高鸿。挂白鹄，联飞龙。磻不特絓，往必加双。”一般的野兽放养在各处山林之中供射猎之用，但猛兽必须圈养起来以防伤人，故苑中建有许多兽圈，如虎圈、狼圈、狮圈、象圈等。[1]一些珍稀动物或家畜，为了饲养方便也有建置专用兽圈的。这类兽圈一般都在宫、观的附近，以便于就近观赏。大型的兽圈还作为人与困兽相搏斗的“斗兽场”，武士“生貔豹，搏豺狼，足野羊”，观赏者则从旁取乐。[2]苑内的飞禽也非常多，班固《西都赋》：“鸟则玄鹤白鹭，黄鹄䴔鹳，鸧鸹鸨鶂，凫鹥鸿雁。”张衡《京都赋》：“鸟则鷫鷞鸹鸨，驾鹅鸿鶤。”都是群鸟景观的写照。汉武帝通西域，开拓了通往西方的“丝绸之路”。随着与西方各国交往、贸易之频繁，西域和东南亚的各种珍禽奇兽都作为贡品而云集上林苑内，被人们视为祥瑞之物。班固《西都赋》这样描写道：

> “西郊则有上囿禁苑……其中乃有九真(真腊，即今柬埔寨)之麟，大宛(今中亚)之马，黄支(印度)之犀，条枝(今西亚)之鸟。逾昆仑，越巨海，殊方异类，至于三万里。……尔乃盛娱游之壮观，奋泰武乎上囿。……”

此外，当时的茂陵富人袁广汉获罪被查抄家产，他的庞大的私园内颇多珍贵鸟兽，皆悉数移入苑中。因此，上林苑既有大量的一般动物，还有不少珍禽奇兽，如白鹦鹉、紫鸳鸯、牦牛、青兕之类，以及许多外国的动物，上林苑则又相当于一座大型动物园。

3．苑

据《长安志》引《关中记》：“上林苑门十二，中有苑三十六。”苑即园林，也就是三十六处“园中之园”。其中的一部分是保留下来的秦代旧苑，大部分是武帝时期及以后陆续兴建的，一般都建置在风景优美的地段作为游憩的场所。例如，宜春下苑，武帝时建，内有曲江池，“其水曲折有似广陵之江，故名之”，原为秦代宜春苑旧址，当时叫做隑洲。”“隑”是岸头弯曲的意思，指曲江水边曲折多变而言。乐游苑，宣帝时建，在杜陵西北的乐游原上。苑内“自生玫瑰树，树下多苜蓿……茂陵人谓之连枝草”[3]。也有一些苑是作为特殊的使用，例如，御宿苑在长安城南御宿川中［图2·12］，为武帝到上林苑狩猎游玩时居住的行宫，闲杂人等不得随便进入。思贤苑和博望苑是皇太子的迎宾馆，后者在长安城南、杜门外五里。据《三辅黄图》：“孝文帝为太子立思贤苑，以招宾客。苑中有堂室六所，客馆皆广庑高轩，

[1]《淮南子 · 主术训》：“夫养虎豹犀象者，为之圈槛，供其嗜欲，适其饥饱，违其怒恚，然而不能终其夭年者，形有所劫也。”

[2]《汉书 · 外戚传》：“(汉元帝建昭中)上幸虎圈斗兽，后宫皆坐。”

[3] 刘歆撰，葛洪集，向新阳、刘克任注：《西京杂记校注》，上海，上海古籍出版社，1991。

图 2·12 御宿川现状

屏风帏褥甚丽。”“武帝年二十九乃得太子，甚喜。太子冠，为立博望苑，使之通宾客从其所好。”

4．宫

宫即宫殿建筑群。《释名》：“宫，穹也，言屋见於垣上穹崇然也。……古者贵贱所居皆得称宫，故《礼记》曰：‘由命士以上父子皆异宫。’……至秦汉以来乃定为至尊所居之称。”

《长安志》引《关中记》所载上林苑范围内的宫殿建筑群共计12处：建章宫、承光宫、储元宫、包阳宫、尸阳宫、望远宫、犬台宫、宣曲宫、昭台宫、蒲陶宫、黄山宫、扶荔宫。其实，上林苑内之宫，远远超过此数。其中以建章宫的规模最大，属朝宫的性质；其余大多作为特殊用途，或进行某种特殊活动的建筑群。现择要列举如下：

宜春宫　原为秦之旧宫，在曲江宜春苑。这里是秦汉时著名的风景区，曲江池中遍生荷芰菰蒲，其间禽鱼翔泳，与巍峨壮丽的宫殿建筑相结合而交映生辉，司马相如曾描述过此处的优美景色：“登陂池之长阪兮，坌入曾宫之嵯峨，临曲江之隑州兮，望南山之参差。……观众树之蓊薆兮，览竹林之榛榛，东驰土山兮，北揭石濑。”[1]

鼎湖宫　亦名鼎湖延寿宫，在蓝田县西南之焦岱镇。此地经初步发掘已探明宫殿建筑遗址，并出土“鼎湖延寿宫”瓦当。宫中有昆吾亭，位于上林苑的东南边界上，《三辅黄图》所谓“上林苑东南至蓝田、宜春、鼎湖、御宿、昆吾”，即指此而言。

[1]《汉书·司马相如传》。

扶荔宫　《长安志》引《关中记》："扶荔宫在冯翊"，即长安城的东郊一带，相当于一处温室植物园。据《三辅黄图》："汉武帝元鼎六年(公元前111年)破南越，起扶荔宫，以植所得奇草异木：菖蒲百本，山姜十本，甘蕉十二本，留求子十本，桂百本，蜜香、指甲花百本，龙眼、荔枝、槟榔、橄榄、千岁子、甘橘皆百余本。上木，南北异宜，岁时多枯瘁。荔枝自交趾移植百株于庭，无一生者，连年犹移植不息。后数岁，偶一株稍茂，终无华实，帝亦珍惜之。一旦萎死，守吏坐诛者数十人，遂不复莳矣。"

宣曲宫　据《三辅黄图》："宣曲宫在昆明池西。孝宣帝通晓音律，常于此度曲，因以为名。"相当于音乐演奏厅。此宫汉武帝时即已建成，这一带还作为屯驻胡人骑兵的地方。[1]昆明池遗址西面、沣水以西的客省庄曾发掘出一处面积甚大的西汉建筑群遗存，很可能就是当年的宣曲宫。[2]

犬台宫　据《三辅黄图》："犬台宫在上林苑中，长安城西二十八里。"另据《汉书·江充传》晋灼注："上林有犬台宫，外有走狗观。"顾名思义，当是豢养猎犬和观看跑狗的场所。

长门宫　原为大长公主在长安城东郊的一座私园，后来献给汉武帝。武帝加以扩建改名长门宫，位于浐水西侧、灞水与浐水会合处，作为皇帝到长安东南郊耕种"籍田"时驻跸的离宫。宫内殿堂鳞次栉比，十分壮丽。"兰台"可登高眺望风景，司马相如《长门赋》这样描写："下兰台而周览兮，步从容于深宫。正殿块以造天兮，郁并起而穹崇。间从倚于东厢兮，观夫靡靡而无穷。"[3]

葡萄宫　在周至县境内，汉武帝时兴建。据《史记·大宛列传》："昔孝武帝伐大宛，采葡萄种之离宫。"可知这是一处专为引进葡萄而加以培育繁殖的园场建筑，有时也暂作接待外宾的馆舍，《汉书·匈奴传》：哀帝元寿二年(公元前1年)，"单于来朝，以太岁厌胜所在，舍之上林苑蒲陶宫"。

长杨宫　皇帝狩猎多在上林苑的西部，这一带的宫殿建置也多半是为皇帝狩猎、演武服务的，如渭北的黄山宫，渭南的长杨宫、五柞宫等。长杨宫为秦之旧宫，"至汉修饰之以备行幸，宫中有垂杨数亩，因为宫名，门曰射熊观，秦汉游猎之所。"[4]"观"指宫门前的双阙而言，皇帝曾登此射熊，故名射熊观。汉成帝元延三年(公元前10年)，下诏将熊罴、豪猪、虎、豹等放入射熊观，然后"令胡人手搏之，自取其获，上亲临观焉"[5]。宫内的长杨榭，"秋冬校猎其下，命武士搏射禽兽，天子登此以观焉"[6]。榭为高台上的建筑物，四面敞开。皇帝登临，可以观看军队行猎比赛的场面，正如班固《西都赋》云："天子乃登属玉之馆，历长杨之榭，览山川之体势，观三军之杀获，原野萧条，目极四裔，禽相镇压，兽相枕藉。"长杨宫的遗址在今周至县终南镇东南面的竹园头村，3米多高的巨大夯土台基仍保存完好。

[1]《汉书·百官公卿表》："长水校尉掌长水宣曲胡骑。"

[2] 胡谦盈：《汉昆明池及有关遗存踏查记》，载《考古与文物》，1991(6)。

[3] 徐卫民：《西汉上林苑宫殿台观考》，载《文博》，1991(4)。

[4]《三辅黄图》。

[5]《汉书·扬雄传》。

[6]《三辅黄图》。

五柞宫 在长杨宫附近，“宫中有五柞树，因以为名。五柞皆连抱上枝，覆阴数亩”[1]。汉武帝游猎上林苑，经常临幸此宫，最后竟死于宫中。

5．台

上林苑内有许多台，仍然沿袭先秦以来在宫苑内筑高台的传统。有的是利用挖池的土方堆筑而成，如眺瞻台、望鹄台、桂台、商台、避风台等，一般作为登高观景之用。有的专门为了通神明、查符瑞、候灾变而建造的，如神明台，“高五十丈，上有九室，恒置九天道士百人”[2]。有的则是用木材堆垒而成，如建章宫北之凉风台，“积木为楼，高五十余丈”[3]。又有神明台之井干楼，颜师古注云：“积木而高，为楼若井干之形也。井干者井上木栏也，其形或四角，或八角。”灵台又名清台，东汉时尚存，乃是一座名符其实的天文观测台。《三辅黄图》引《述征记》云：“长安宫南有灵台，高十五仞，上有浑仪，张衡所制。又有相风铜乌，遇风乃动。……又有铜表，高八尺，长一丈三尺，广尺二寸，题云太初四年(公元前101年)造。”此外，周文王当年修筑的灵台，尚完整地保留着，实测“高二丈，周回百二十步”。水池中筑台的情况，可能还是《诗经 · 大雅》灵台篇中所描写的“辟雍”做法的遗风。

6．观

《释名》：“观，观也，於上观望也。”《玉海》：“观，观也。周置两观以表宫门，其上可居，登之可以远观，故谓之观。”这种两观并峙的建筑相当于“阙”。观、馆二名往往互相通用，是汉代对体量比较高大的非宫殿建筑物的通称。《三辅黄图》记载了上林苑内二十一观的名字：昆明观、蚕观、平乐观、远望观、燕升观、观象观、便门观、白鹿观、三爵观、阳禄观、阴德观、鼎郊观、樛木观、椒唐观、鱼鸟观、元华观、走马观、柘观、上兰观、郎池观、当路观。观是一种具有特定功能和用途的建筑物，从它们的命名也可以看得出来。例如：平乐观为角抵表演场，《汉书 · 武帝纪》有元封六年(公元前105年)“夏，京师民观角抵于上林平乐馆”的记载；走马观为表演马术的场所，观象观相当于天文台，蚕观是养蚕、观蚕的地方，等等。

白鹿观 在上林苑东部的灞、浐二水之间北临渭水的一带高地“白鹿原”上。白鹿原因周平王东迁时有白鹿游于此而得名，汉武帝曾在此地放牧鹿群并筑馆。放牧、圈养驯鹿以供观赏、射猎，则相当于皇家鹿囿。汉成帝时还利用鹿皮来制造货币，[4]足见鹿群的数量是很大的。

细柳观 在昆明池的南面，[5]因观的周围栽种大片柳树林而得名。今石匣口村西约400米处的西汉建筑遗址，可能就是细柳观之所在。但也有另一种说法，细柳观即细柳仓，为汉文帝时大将军周亚夫屯兵之所，位于长安西北面之渭河北岸。

[1]《三辅黄图》。

[2]《汉书 · 郊祀志》颜师古注引《汉宫阁疏》文。

[3]《长安志》引《关中记》。

[4] 荀悦：《前汉纪》卷五：“元狩四年春，有司言关东流民凡七十二万五千口，县官无以衣食赈赡，用度不足，请收银锡，以白鹿皮制造白金及皮币以足用，是时禁苑有白鹿。”

[5]《上林赋》：“登龙台，掩细柳。”郭璞注：“细柳，观名也，在昆明池南。”

上兰观、白杨观 分别在上林苑西部和昆明池东岸的两处主要猎场之内，作为皇帝进行大规模狩猎活动时的驻跸之所。

豫章观 建在昆明池中的孤岛“豫章台”上。《西京赋》云“登豫章，简矰红”和“豫章珍馆，揭焉中峙”，薛综注：“豫章，池中台也。”“皆豫章木为台馆也。”这是当年皇帝泛舟游览昆明池时必到的一处景点。

7．生产基地

当年东方朔上疏汉武帝劝阻其圈占上林苑的《谏除上林苑疏》文中，曾提到苑内丰富的自然资源、土地资源及其经济价值的情况：

> “……其山出玉石、金、银、铜、铁，豫章、檀、柘，异类之物，不可胜原，此百工之所取给，万民所抑足也。又有秔稻、梨、栗、桑、麻、竹箭之饶，土宜姜芋，水多龟鱼，贫者得以人给家足，无饥寒之忧，故丰、镐间号为膏土，其贾亩一金。……今规以为苑，绝陂池水泽之利，而取民膏腴之地，上乏国家之利，下夺农桑之业，弃成功就败事，损耗五谷，是其不可一也。……”

为了利用这些资源，发挥其经济效益、增加皇室收入，上林苑内设作坊多处，调集工匠制造各种工艺品和日用器物如铜器、草席等，设果园、蔬圃、养鱼场、牲畜圈、马厩，供应宫廷和皇室的需要。宫廷物资的消费量是十分巨大的，这些生产机构的规模和占地亦必然不小。《汉官旧仪》提到皇帝为了祭祀和宴宾，一次就从上林苑“用鹿千枚，麋兔无数”。苑内的大部分池沼都养殖水生植物和鱼鳖之类以应付宫廷之需，“上林苑中昆明池、镐池、牛首诸池取鱼鳖给祠祀，用鱼鳖千枚以上，余给太官”。蒯池生长的蒯草是编织草席的上好材料。汉代人席地而坐，房屋的地面上都要铺席子，宫廷的房屋成千上万，所需草席均由上林苑供应，数量显然是很大的。上林苑的矿藏，如鼎湖宫附近的铜矿，供铸造钱币之用。据《汉书·食货志》：自武帝至平帝元始年间，苑内共铸五铢钱达二百八十亿万余之多，从开矿、冶炼直到铸造都在苑内进行，足见铸钱作坊的规模十分可观。此外还可能制造金属器皿以及建筑物的金属部件等供应宫廷。设在苑内的大型马厩共有六处，谓之“六厩”，分布在上林苑的西、北部，养马以供应宫廷之需要。

上林苑内的大量膏腴之地以及圈占的农民庄田，后来又陆续租赁给贫民、官佃奴耕种，从事粮食作物的生产。《太平御览》卷196引《汉官旧仪》：“武帝时，使上林苑中官奴婢及天下民贫赀不满，五十万徙置苑中，人日五钱，到帝得七十亿万，以给军，击西域。”

从以上列举的工、农、林、牧、渔业的生产情况看来，它们占用的土地不少，“生产基地”的比重很大，则上林苑又类似一座庞大的“皇家庄园”。

综上所述，仅就这些有限的文字材料的分析，我们也能够从中得到三点认识：一、上林苑是一个范围极其辽阔的天然山水环境。在这个环境里面，除了大量的宫苑建筑之外，还有皇帝的狩猎区、防牧大量御马的牧场、庞大的工、农、林、渔业生产基地等，都需要足够的原野、山林、川泽。那么，当初扩建上林苑的范围何以如此之广，规模何以如此之大，也就不难理解了。二、上林苑内的建筑(宫、苑、台、观等)就其已知的数量而言，它们在这个辽阔的天然山水环境内的分布显然是极其疏朗的，间距也很大，一般需乘马车和骑马方能当日往返。这种疏朗的、随宜的“集锦式”总体布局，与秦代上林苑之建筑比较密集，复道、甬道相连成网络的情况全然不同。三、上林苑是一座多功能的皇家园林，具备生成期古典园林的全部功能——游憩、居住、朝会、娱乐、狩猎、通神、求仙、生产、军训等。此外，苑内还有帝王的陵墓，如白鹿原上的汉文帝灞陵、汉宣帝杜陵等［图2·13］。

西汉初年，上林苑归“少府”管辖。武帝时扩建成为特大型的皇家园林之后，内容、功能驳杂繁多，举行的活动十分广泛，上林苑的管理工作遂改由“水衡都尉”担任。水衡都尉下属的职官设置很多，管理机构庞大，据《汉书·百官公卿表》：“水衡都尉，武帝元鼎二年初置，掌上林苑，有五丞，属官有上林、均输、御羞、禁圃、辑濯、钟官、技巧、六厩、辩铜九官令丞。又衡官、水司空、都水、农仓，又甘泉上林、都水七官长丞，皆属焉。”这些职能部门中，大多数都与生产、经济有关系，例如：上林令、上林丞主管苑中禽兽，均输主管苑中的物资调配，钟官主钱币铸造，辨铜管铸钱的原料，技巧掌铸造技术，上林池监管理苑内之水池，上林农官管理苑内农业生产，禁圃管理苑内的蔬菜生产，农仓(上林农官之属官)管理粮食仓库，六厩专管苑内放牧的马匹，衡官掌苑内之税收事务，都水管理苑内的水资源，等等。从上林苑管理机构的组织及官员的设置情况看来，这个庞大园林兼作为

图 2·13 杜陵现状

皇家庄园，其生产基地的性质是十分突出的。

汉武帝在位的后期，对外战争频仍、军饷不敷，乃将上林苑之部分土地租赁给贫民耕种、放牧，所得赋税是一笔很可观的财政收入，悉数充作击西域、抗匈奴的军饷。汉成帝时，“建始元年（公元前32年）……秋，罢上林宫馆希御幸者二十五所。……(二年)秋，罢太子博望苑，以赐室室朝请者，减乘舆厩马”[1]，开始精简苑内之活动、转让宫馆建筑、裁撤管理机构。此后，毕竟由于园林的范围太大，难于严格管理，逐渐有百姓不顾禁令入苑任意垦田开荒。到西汉末年，苑内大部分可耕土地已恢复膏腴良田，上林苑作为皇家园林，除了保留部分古迹之外，已是名存实亡了。

[1]《汉书 · 成帝纪》。

甘泉宫

甘泉宫在长安西北约150公里之云阳甘泉山(今陕西淳化县境内)，始建于秦代，与林光宫相邻。汉初，甘泉宫废毁，林光宫犹存，文帝、景帝曾游幸此处。汉武帝元狩三年(公元前120年)，听信方士少翁之言，修复并扩建甘泉宫，《史记 · 封禅书》有记载：

> “其明年，齐人少翁以鬼神方见上。上有所幸王夫人，夫人卒，少翁以方盖夜致王夫人及灶鬼之貌云，天子自帷中望见焉。于是乃拜少翁为文成将军，赏赐甚多，以客礼礼之。文成言曰：‘上即欲与神通，宫室被服非象神，神物不至。’乃作画云气车，及各以胜日驾车避恶鬼。又作甘泉宫，中为台室，画天、地、太乙诸鬼神，而置祭具以致天神。”

元鼎四年(公元前113年)六月得宝鼎，迎至甘泉宫供奉。为此而建“泰畤坛”，高三层，泰乙居中。台室和泰畤坛的地理位置正好在长安西北的“艮”方，遂成为汉武帝祀奉泰乙神的神祠。其后又陆续建成许多殿宇，形成一组庞大的建筑群。

汉武帝扩建后的甘泉宫建筑群位于甘泉山南麓的云阳县城内，即今之凉武帝村一带。其规模“与建章相比，而百官皆有邸舍”[2]。武帝建造的台室又名通天台，左右双台对峙，“去地百余丈，望云雨悉在其下，望见长安城”，“武帝时祭太乙，上通天台，舞八岁童女三百人，祠祀招仙人”[3]。此台遗址之夯土部分至今仍在，高约16米。有人测算过，凉武帝村海拔1350米，视线自通天台顶穿过泾阳县口镇两峰之间的豁口正好与西安城通视。因此，“望见长安城”的说法是可信的。[4]

甘泉宫建筑群的主要殿宇除台室及泰畤坛之外，据《开辅记》的记载，还有甘泉殿(前殿)、紫殿、迎风馆、高光宫、长定宫、竹宫等，周围缭以宫

[2] 程大昌:《雍录 · 甘泉宫》，载《关中丛书》第三集。

[3]《汉武故事》。

[4] 姚生民:《关于甘泉宫主体建筑位置问题》，载《考古与文物》，1992(1)。

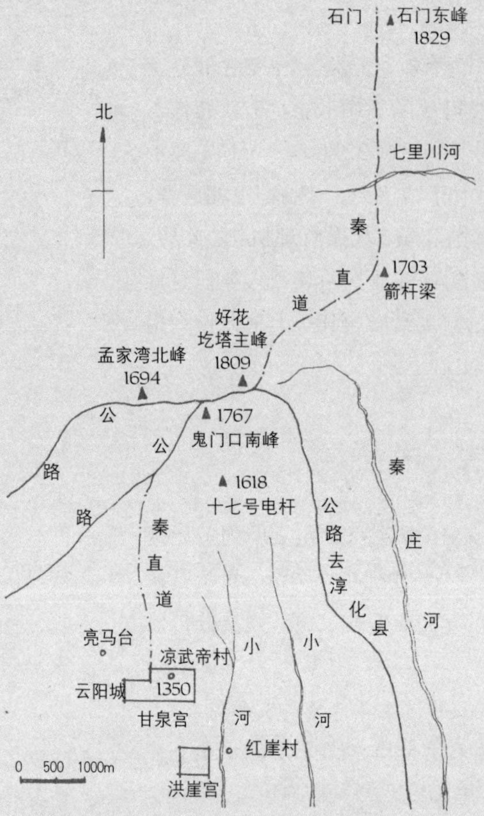

图 2·14 甘泉苑位置示意图(王根权，姚生民：《淳化县古甘泉山发现秦汉建筑遗址群》，载《考古与文物》，1990 (2))

墙。据近年文物普查，凉武帝村的甘泉宫遗址若按地面建筑遗物分布计算，可达200万平方米，宫墙遗迹周长实测5688米，规模是很大的。

宫之北，利用甘泉山南坡及主峰的天然山岳风景开辟为苑林区，即甘泉苑。《关中记》所谓“周回十九里一百二十步，有宫十二、台十一”，即指甘泉苑的范围而言[图2·14]。

甘泉山层峦叠翠，溪河贯穿山间，四季景色各异，主峰海拔1809米，名“好花圪塔峰”。从甘泉宫到主峰之顶大约9公里的山坡上，又分布着许多宫、台之类的建筑物，“(甘泉)宫外，近则洪崖、旁皇、储胥、弩陆，远则石关、封峦、鳷鹊、露寒、棠梨、师得”[1]。其中的“洪崖”即洪崖宫，遗址在今铁王乡程家堡村之西，北距凉武帝村约2公里。洪崖宫遗址占地约12万平方米，出土大量的砖、瓦、瓦当、陶皿、铜器以及金属的建筑部件。主峰之顶地势高爽，景界极开阔，“前接大荆，后临北极，左抚仁乡，右望素娥”[2]，能够隐约看到长安城。这里发现有西汉建筑群遗址一组，估计是军事防卫性的建筑物。

宋人唐仲友《汉甘泉宫记》：“汉有区夏，作都长安。封畿之内，宫馆环列盖数十百所。……而文物之盛莫如甘泉。盖自孝文迄于元、成，尝于此整军经武，祀神考政，行庆赏朝会之礼，非止为清暑也。”汉武帝先后来过数十次，一般每年五月到此避暑，八月乃归。在这段时间内，甘泉宫便成了皇帝处理政务、接见臣僚和外国使节的地方，为此而建置百官邸舍和接待外宾的馆驿。所以说，甘泉宫兼有求仙通神、避暑游憩、朝会仪典、政治活动、外事活动等多种的功能，类似后世的离宫御苑。

在军事上，甘泉宫的地理位置十分重要。它是自长安沿泾河河谷通往西北边塞的要道隘口，秦代以来皇帝北巡均以此处为始发站。因此甘泉宫不仅是西汉的主要离宫之一，也是一处军事设防和屯兵的重镇，秦代通往北方

[1]《汉书·扬雄传》。

[2] 王褒：《甘泉颂》，见费振刚等辑校：《全汉赋》，北京，北京大学出版社，1993。

边塞的主要道路“直道”也经过此地，即唐仲友所说“尝于此整军经武”之谓也。

未央宫

未央宫位于长安城的西南角上，始建于高祖七年(公元前200年)，以后陆续有所增建。它是长安最早建成的宫殿之一，也是大朝之所在和皇帝、后妃居住的地方，其性质相当于后来的“宫城”。它的规模，各书所载不同：《三辅黄图》为“周回二十八里”，《西京杂记》为“周匝二十二里九十五步”，《关中记》为“周旋三十一里”。据现存遗址的实测，周长共8560米，折合汉里“二十一里”，占地约4.6平方公里。

未央宫有内垣和外垣两重宫墙。内垣的四面设司马门，外垣因西、南两面紧邻城墙，故只设东阙和北阙二门。《汉书·高帝纪》颜师古注云：“未央殿虽南向，而上书奏事谒见之徒皆诣北阙，公车司马亦在北焉。”则北阙是宫的正门。经近年来的考古探测和发掘，宫内主要道路有南北向的一条，东西向的两条。这两条横贯宫城的东西干道将未央宫划分为南、中、北三部分，南部和中部相当于“外宫”，北部相当于“后宫”。南部的西边有沧池遗址，东边有大量建筑遗迹。中部居中为前殿遗址，前殿的东、西两侧还探测出不少殿堂建筑的遗址，当年未央宫的主要殿宇大概就分布在这一带。北部业经发掘出来的建筑遗址计有：椒房殿、少府衙署以及几处文娱用房、管理用房、作坊等。

未央宫的内容，据《西京杂记》的记载，计有“台、殿四十三所，其三十二所在外，其十一所在后宫。池十三，山六，池一、山一亦在后宫。门闼凡九十五”。未央宫的总体布局，由外宫、后宫两部分组成［图2·15］。

外宫也就是外朝，它的主要建筑物为居中的、就龙首原高地而建成的前殿。前殿遗址的夯土台至今尚存，台南北长约200米，东西宽约100米，北部高10米。站在台顶，可北望渭水，足见上代“高台榭”之风习在西汉时依然盛行。前殿为未央宫之大朝，其前有端门，东有宣明、广明二殿，西有昆德、玉堂二殿，均为政府衙署，再西的白虎殿为外番朝觐之所。外宫的前部偏西，开凿大水池“沧池”，“言池水苍色，故曰沧池。”沧池遗址东北距前殿遗址290米，南距南宫墙150米，水池面积约19.6万平方米。在池中用挖土的土方堆筑渐台，据《三辅黄图》，渐台“高十丈。渐，浸也，言为池水所渐。又一说：渐，星名，法星以为台名”。由城外引来昆明池之水，穿西城墙而注入沧池，再经石渠导引，分别穿过后宫和外宫，汇入长安城内之王渠，构成一个完整的水系。[1]石渠是宫内的主要水道，沿渠建置“石渠

[1]《雍录》：“凡汉城之水，皆取诸昆明……渠水东向入城，注未央宫西以为大池，是谓沧池。沧池下流，有石渠陇而为之以导此水。既周偏诸宫，自清明门出城，即王渠是也。”

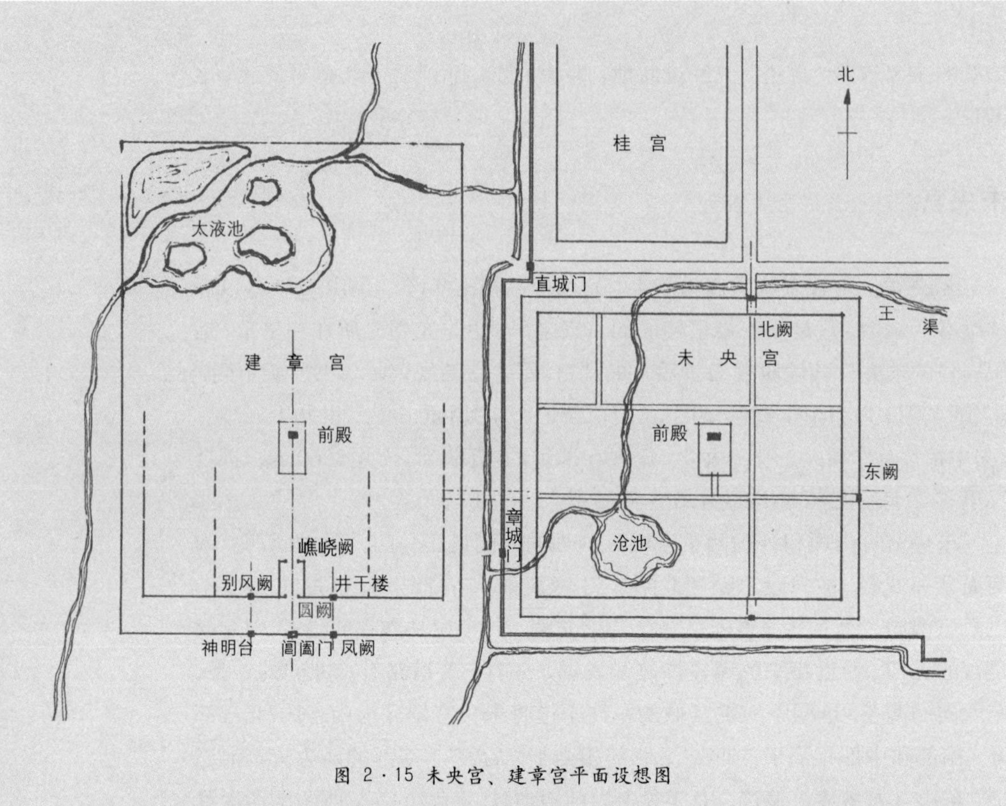

图 2·15 未央宫、建章宫平面设想图

阁”和“清凉殿”，前者为庋藏政府图籍的档案馆，后者供皇帝避暑之用。

沧池及其附近是未央宫内的园林区，凿池筑台的做法显然受到秦始皇在兰池宫开凿兰池、筑蓬莱山的影响。而它本身无疑又影响着此后的建章宫内园林区的“一池三山”的规划经营。

后宫靠北，以皇后居住的椒房为主体。[1]椒房用椒合泥涂壁，取温香、多子之义，也能除恶气。此外，昭阳舍、增城舍、椒风舍、掖庭等十四组建筑群，皆为妃嫔、昭仪、婕妤居住的地方。还有皇帝的正寝宣明殿、冬天居住的温室殿，图书馆天禄阁、内廷衙署，以及凌室、织室、暴室、彘圈、六厩等供应机构。

[1]《汉书·车千秋传》诏："曩者，江充先治甘泉宫人，转至未央椒房。……"注："椒房，殿名，皇后所居也。"

柏梁台 是西汉著名的台榭建筑，就建在未央宫。前殿附近的一处衙署“钩盾令署”，其庭院内还有供皇帝游乐的“弄田”，《汉书·昭帝纪》：“始元元年(公元前 86 年)……上耕于钩盾弄田。”应劭注：“时帝年九岁，未能亲耕帝籍(籍田)，钩盾，宦者近署，故往试耕为戏弄也。”颜师古注：“弄田为宴游之田。”外宫和后宫都有石渠之水贯穿，潴而为小型水池十余处，还分布着人工堆筑的土山若干处，可见其园林气氛是比较浓郁的，即使布局严整的宫廷殿宇、衙署亦多有山池之点缀。这种情况在汉长安的其他宫苑如建章宫、北宫、桂宫等，都是如此。

建章宫

建章宫建于武帝太初元年(公元前104年)，当时长安城内的柏梁台起火。“粤巫勇之曰：粤俗有火灾，即复起大屋以压之。帝于是作建章宫，度为千门万户，宫在未央宫西长安城外。帝于未央宫营造日广，以城中为小，乃于宫西跨城池作飞阁，通建章宫，构辇道以上下。辇道为阁道，可以乘辇而行”[1]。未央宫与建章宫相邻，但两者之间隔着一道城墙，为了联系它们之间的交通，乃建阁道跨越城墙，故谓之“飞阁”。阁道相当于秦代的复道，下层架木构凌空，上层为来往交通的廊道。

[1]《三辅黄图》。

建章宫是上林苑内的主要的十二宫之一，《三辅黄图》言之甚详，其他文献也有片段记载。综合这些文字材料，能够大致推断出有关它的内容和布局的情况［图2·15］［图2·16］。

建章宫的外围宫墙周长三十里，南墙设正门“阊阖”，亦名“璧门”，三层高三十余丈。屋顶安铜铸凤凰，下有枢机，可随风向转动，相当于风信标。正门的东侧为“凤阙”，高二十五丈，阙顶亦安铜铸凤凰；西侧为“神明台，上有九室，恒置九天道士百人”。北墙设北门，高二十五丈，一名“北阙门”。

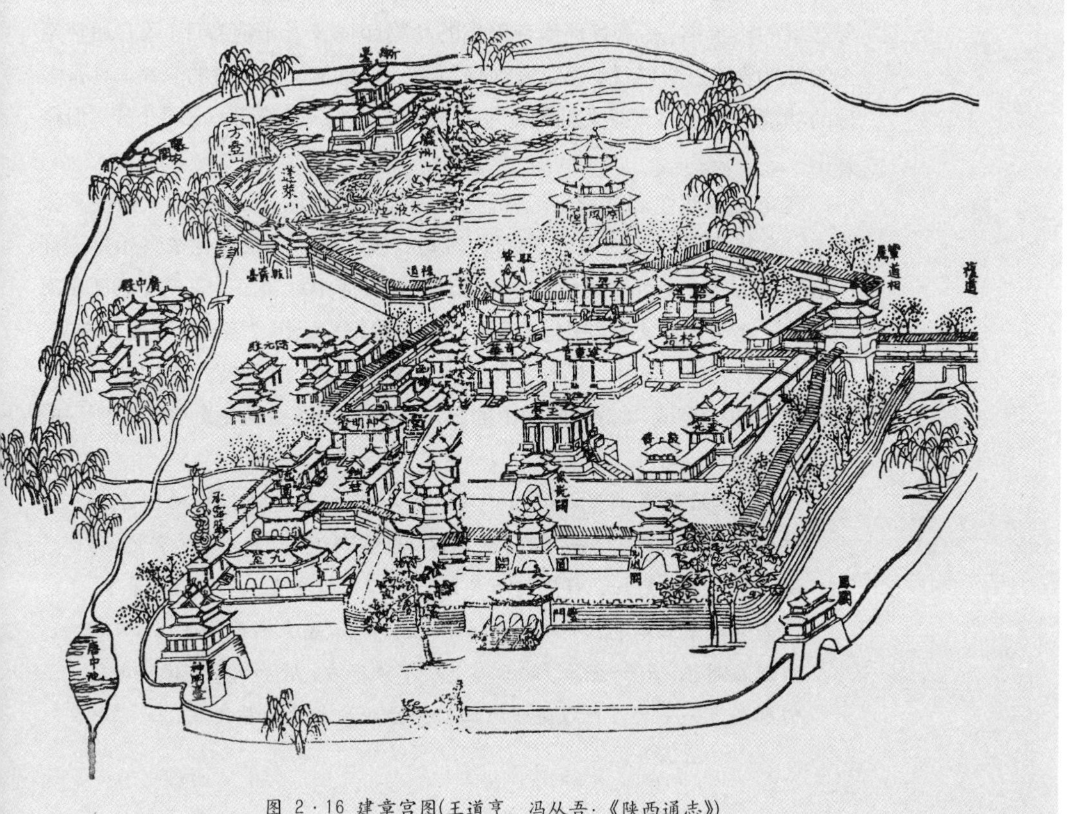

图 2·16 建章宫图(王道亨、冯从吾:《陕西通志》)

宫墙之内，又有内垣一重。南垣设正门“圆阙”，高二十五丈，上有铜铸凤凰。正门的东侧为“别风阙”，高五十丈；西侧为“井干楼”，高五十丈。井干楼以木料叠积为墙，形似井上的木栏干，故名。圆阙南面正对阊阖门，北面二百步为二门“嶕峣阙”，此三者与宫内的主要建筑物“前殿”正好形成一条南北中轴线。前殿为建章宫之大朝正殿，建在高台之上，与东面的未央宫前殿遥遥相望。宫内的其他殿宇，《三辅黄图》记载的计有：

骀荡宫　“春时景物骀荡满宫中也”。

馺娑宫　“馺娑，马行疾貌。一日之间遍宫中，言宫之大也”。

枍诣宫　“枍诣，木名，宫中美木茂盛也”。

天梁宫　“梁木至于天，言宫之高也”。

奇华殿　“四海夷狄器服珍宝，火烷布、切玉刀，巨象、大雀、狮子、宫马，充塞其中”。

鼓簧宫　“《汉宫阙疏》云：‘鼓簧宫周匝一百三十步，在建章宫西北。’”

神明台　“《庙记》曰：‘神明台，武帝造，祭仙人处，上有承露盘，有铜仙人，舒掌捧铜盘玉杯，以承云表之露，以露和玉屑服之，以求仙道。’《长安记》：‘仙人掌大七围，以铜为之。魏文帝徙铜盘折，声闻数十里。’”

此外，宫的西部还有圈养猛兽的“虎圈”，其西南为上林苑天然水池之一的“唐中池”。由此可见，宫内既有花木山池之景足资观赏，也有陈列珍奇器玩的珍宝馆、展示各种珍奇兽类的动物园以及音乐演奏厅，还有通神祭祀的神明台等。所以说，建章宫尚保留着上代的囿、台结合的余绪，具备多种的功能。其他的一些文献所登录的殿宇，与《三辅黄图》大同小异，但略有出入。

建章宫的西北部开凿大池，辟为园林为主的一区。大池名叫太液池，“太液者，言其津润所及广也”。刻石为鲸鱼，长三丈。汉武帝也像秦始皇一样迷信神仙方术，因而仿效始皇的做法，在太液池中堆筑三个岛屿，象征东海的瀛洲、蓬莱、方丈三仙山。《汉书·孝武本纪》记作“瀛洲、蓬莱、方丈、壶梁”，与传统的三山、五山之说不符。按“壶梁”应理解为三山的一种表述方式，即“壶境”(缩微景观)中的三山，也就是《拾遗记》卷一中所说的“三壶”：

> “秦始皇通汨罗之流为小溪，径从长沙至零陵，掘地得赤玉瓮……后人得之，不知年月。至后汉，东方朔识之，朔乃作《宝瓮铭》曰：宝云生于露坛，祥风起于月馆，望三壶如盈尺，视八鸿如萦带。三壶则海中三山也，一曰方壶则方丈也，二曰蓬壶则蓬莱也，三曰瀛壶则瀛洲也，形如壶器。此三山上广中狭下方，皆如工制，犹华山之似削成。……登月馆以望四海三山，皆如聚米萦带者矣。……”

有关东海三仙山的传说情况，《三辅黄图》注文中有详细的叙述：

“瀛洲，一名魂洲。有树名影木，月中视之如列星，万岁一实，食之轻骨。上有枝叶如华盖，群仙以避风雨。有金銮之观，饰以环玉，直上于云中。有青瑶瓦，覆之以云纨之素，刻碧玉为倒龙之状，悬火精为日，刻黑玉为乌，以水精为月，青瑶为蟾兔。于地下为机戾，以测昏明，不亏弦望。有香风冷然而至。有草名芸苗，状如菖蒲，食叶则醉，食根则醒。有鸟如凤，身绀翼丹，名曰藏珠。每鸣翔而吐珠累斛，仙人以珠饰仙裳，盖轻而耀于日月也。蓬莱山，亦名防丘，亦名云来，高二万里，广七万里。水浅。有细石如金玉，得之不加陶冶，自然光净，仙者服之。东有郁夷国，时有金雾，诸仙说此上常浮转低昂，有如山上架楼室。向明以开户牖，及雾歇灭，户皆向北。有浮云之干，叶青茎紫，子大如珠，有青鸾集其上。下有砂砾，细如粉，柔风至，叶条翻起，指细砂如云雾，仙者来观而戏焉。风吹竹叶，声如钟磬。方丈之山，一名峦维东方龙场，方千里，瑶玉为林，云色皆紫。上有通霞台，西王母常游于其上，常有鸾凤鼓舞，如琴瑟和鸣。三山统名昆丘，亦曰神山，上有不死之药，食之轻举。武帝信仙道，取少君栾大妄诞之语，多起楼观，故池中立三山，以象蓬莱、瀛洲、方丈。”

在太液池的西北面，利用挖池的土方分别堆筑“凉风台”和“瀸台”，前者台上建观，后者高二十余丈。太液池岸边种植雕胡、紫萚、绿节之类的植物，凫雏、雁子布满其间，又多紫龟、绿鳖。池边多平沙，沙上鹈鹕、鹧鸪、䴔䴖、鸿鵔动辄成群。池中种植荷花、菱茭等水生植物。水上有各种形式的游船：云舟、鸣鹤舟、容与舟、清旷舟、采菱舟、越女舟。云舟用沙棠木制造，以云母饰于鹢首。越女舟模仿江南妇女采莲的小船。另据《西京杂记》，太液池西有孤树池，“池中有洲，洲上煔树一株，六十余围，望之重重如盖。”

班固《西都赋》对此宛若仙境之景象倍加赞赏，描写其为：

“揽沧海之汤汤，扬波涛于碣石，激神岳之嶈嶈，滥瀛洲与方壶，蓬莱起于中央。于是灵草冬荣，神木丛生，岩峻崔崒，垂石峥嵘。”

建章宫的总体布局，北部以园林为主，南部以宫殿为主，成为后世“大内御苑”规划的滥觞，它的园林一区是历史上第一座具有完整的三仙山的仙苑式皇家园林。从此以后“一池三山”遂成为历来皇家园林的主要模式，一直沿袭到清代。

兔园（梁园）

汉初，曾一度分封宗室诸王就藩国、营都邑，其地位相当于周代的诸侯国。这些藩王都要在封土内经营宫室园苑，其中以梁国的梁孝王刘武所经营的最为宏大富丽，与皇帝的宫苑几无二致。《汉书·文三王传》：

> "明年，汉立太子。梁最亲，有功，又为大国，居天下膏腴地，北界泰山，西至高阳，四十余城，多大县。孝王，太后少子，爱之，赏赐不可胜道。于是孝王筑东苑，方三百余里，广睢阳城七十里，大治宫室，为复道，自宫连属于平台三十余里。得赐天子旌旗，从千乘万骑，出称警，入言趩，儗于天子。招延四方豪杰，自山东游士莫不至。……多作兵弩弓数十万，而府库金钱且百钜万，珠玉珠器多于京师。"

东苑又称"兔园"、"梁园"，位于睢阳城东郊的平台。

梁国的都邑早先在大梁(今开封)，因其地比较卑湿而迁到大梁东北面的睢阳(今商丘)。梁孝王为汉文帝第四子，文帝前元十一年(公元前169年)原梁怀王刘揖死后无子，遂命刘武继位，封梁孝王。孝王继位之后，经常留在京师，后元七年(公元前157年)文帝崩，景帝即位，刘武为景帝之同母弟，兄弟之情甚笃，也经常在京师盘桓，对梁国的朝政并不关心。七国谋反时刘武曾出兵协助朝廷平定叛乱有功，得到许多封赏。其后，又依仗母后窦太后的宠爱，企图篡夺其兄的帝位。失败后沉湎于声色冶游，在都邑睢阳大兴土木修筑宫苑，东苑就是这时候建成的。另一种说法，认为梁园在大梁(开封)城东北之平台，则是出于注文的衍字而以讹传讹，以至于唐代诗人李白《梁园吟》竟直指开封为梁园了。[1]

刘武的封地膏腴，财力雄厚，为兴造宫苑提供了优越的物质条件。刘武又喜"招延四方豪杰，自山东游士莫不至"，当时的许多知名文人云集门下，对梁国园林的繁荣想必也会有一定的影响。睢阳的宫苑不止一处，《汉书》所谓"方三百余里"乃是就全部宫苑的总体而言，形容其占地之广，类似长安的上林苑。

《史记索隐·梁孝王世家》："如淳注：'(平台)在梁东北，离宫所在'者，按今城东二十里临新河，有故台址，不甚高，俗云平台，又一名修竹苑。"这里所谓"在梁东北"，指在梁国的东北，也就是睢阳。修建在平台一带的兔园应是睢阳最大的一处宫苑，也是当时的名园之一。关于此园情况，《西京杂记》作如下之描述：

[1] 徐伯勇：《有关开封历史的几个问题》，见《中国古都研究》，杭州，浙江人民出版社，1985。

“园中有百灵山，山有肤寸石、落猿岩、栖龙岫。又有雁池，池间有鹤洲、凫渚。其诸宫观相连，延亘数十里。奇果异树，瑰禽怪兽毕备。王日与宫人宾客弋钓其中。”

其他文献也有记载的，但内容略有出入。如《述异记》：“梁孝王筑平台，台至今存。有蒹葭洲、凫藻洲、梳洗潭，中有望秦山，商人望乡之处。”《古今图书集成·考工典》引《九域志》：“东苑中又有修竹园。枚乘赋曰‘修竹檀栾夹池水’是也。”则修竹园可能是兔园内的一处“园中之园”，以种植大片竹林作为成景之主调。

从以上引文，足见兔园的规模相当大，而且已具备人工山水园的全部要素：山、水、植物、建筑。园内有人工开凿的水池——雁池和清泠池，有人工堆筑的山和岛屿。落猿岩、栖龙岫可能是以筑山来摹拟动物的形貌，百灵山畜养兽类，山上的肤寸石系指小块石头而言。肤寸是古代的长度单位，一指宽为“寸”，四指宽为“肤”，肤寸石意即尺度很小的石头。这个以石块结合夯土而堆筑成的土石山，应是文献记载的用石筑山的首例。大约与此同时的长安霍去病墓，墓冢仿祁连山形象，则应是现存叠石为假山的最早的一例。兔园内有“奇果异树”等观赏植物，放养许多“瑰禽怪兽”，这从池中一些洲、渚的命名也可以看得出来。宫、观、台等建筑“延亘数十里”，曜华宫为其中的主体建筑群。孝王礼贤下士，梁园为养士之所，一时文人云集，司马相如、枚乘在住园期间分别写成著名的汉赋《子虚赋》和《七发》。因而园内的建筑物亦多以文人名流所居而命名，如枚乘居住之馆舍为“枚馆”，邹阳居住之馆舍为“邹馆”，等等。所谓“为复道，自宫连属于平台三十里”，意即从睢阳城内的王宫通过三十里长的复道与梁园连接。复道为天子专用的道路，上层的两旁筑高墙与外界隔绝，孝王能够修筑这种道路，可见他在当时的特殊政治地位。

兔园以其山池、花木、建筑之盛以及人文之荟萃而名重于当时。直到唐代，仍不时有文人为之作诗文咏赞、发思古之悠情。

南越王御苑遗址[1]

南越国是西汉初在岭南地区建立的地方政权，共传五世，开国国王赵佗为秦进军岭南的将领之一，河北正定人。公元前214年，秦统一岭南地区，设置南海、桂林、象三郡，赵佗任南海郡龙川县令。秦末天下战乱纷纷，赵佗受南海郡尉任嚣的临终嘱托，拥兵自立，继而兼并桂林、象郡，于汉高祖四年（公元前203年）建立南越国，以番禺（今广州）为都城，自号南越武王。高祖十一年（公元前196年），汉廷正式册封赵佗为南越王，南

[1] 广州市文物局.《广州秦汉考古三大发现》。郑力鹏，郭祥.《秦汉南越王御苑遗址的初步研究》，载《中国园林》，2002（1）。

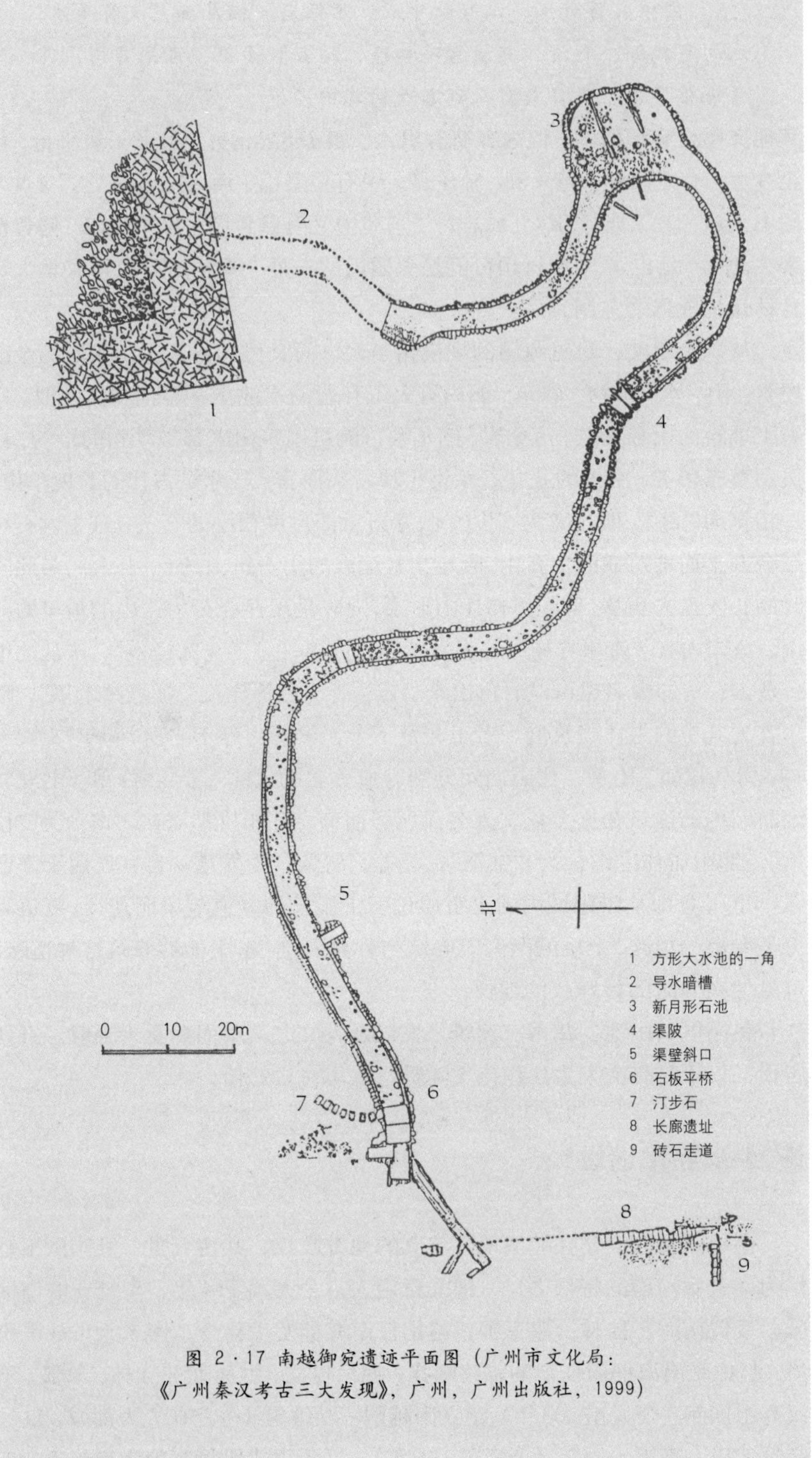

图 2·17 南越御宛遗迹平面图（广州市文化局：《广州秦汉考古三大发现》，广州，广州出版社，1999）

越国则联合百越，定期向汉朝进贡。吕后掌权后，汉、越交恶，赵佗乃公开称帝，与汉廷抗衡，并仿效汉朝的宫室、百官规制，使用与汉帝相同的礼仪制度。

1995年，考古工作者在广州市中心发掘出南越国时期的方形石砌大水池的一角。池壁和池底为冰裂纹状的石片铺砌，池壁的一些石片上刻篆文“蕃”字，池底散落许多“万岁”瓦当和大量石柱、石栏杆、石门楣等建筑构件及铁制工具，还有一段穿过池壁向南延伸的木制导水暗槽。1997年，在大水池的南面又发掘出长约150米的曲流石渠一条。石渠由西向东蜿蜒回转，再折而北与木制暗槽连接，暗槽往北的去向正好是1995年发掘的大水池［图2·17］。石渠为红砂岩石块砌筑，断面高0.7米，上口宽1.4米，两边渠壁上再加砌矮栏用以挡土，微向外展。渠底铺石板，呈密缝冰裂纹铺砌，上面密排一层灰色的河卵石，当中还用黄白色的大卵石疏落地点布呈“之”字形［图2·18］。石渠的北段也就是与大水池的导水暗槽正对连接的一段，被五代南汉国的莲池堤遗迹打破。东端的急转弯处有一新月状的小水

图 2·18 石渠及池底之卵石（广州市文化局：《广州秦汉考古三大发现》，广州，广州出版社，1999）

池［图2·19］，南北宽7～9米，两头均向西开口。池底较渠底低1.5米，两开口部的底部做成斜坡与石渠相连。池中竖立两道石板和两根八楞石柱，其上应有构筑物三间，池底存有大量龟鳖遗骸。石渠的中段，设有两个“渠陂”［图2·20］，由两块弧形石板拼成横卧于渠底，高出0.21米，用以阻水

图 2·19 新月状小水池（广州市文化局：《广州秦汉考古三大发现》，广州，广州出版社，1999）

图 2·20 渠陂（广州市文化局：《广州秦汉考古三大发现》，广州，广州出版社，1999）

和限水。中段另有三个“斜口”，口内斜铺石板。石渠的西端有石板平桥一座，长2.36米，宽1.76米，由两块巨石板拼成。桥头的汀步石仅存北面一段，共9块，呈弯月形排列［图2·21］，间距为0.6米。石桥之南有曲折的回廊遗迹，现存部分散水，用大砖与卵石斜铺，旁边残留二组木柱。回廊的周围发现板瓦、筒瓦、“万岁”瓦当、印花残砖以及础石、石柱、栏杆、门楣等大型石构件很多。据此推测，在回廊遗迹的两面可能尚覆盖着大型宫殿遗址，有待发掘。

经考古专家鉴定，北面的方形大水池和南面的曲流石渠均在南越国的御苑范围之内。御苑的西面当为南越国的宫殿建筑之所在，紧邻着前者。这种布局的形制，颇类似长安的未央宫，乃是中国现有的最早一处宫廷园林基址的实物遗存。

据估计，南越国宫、苑的面积约为13公顷，面积不算大，石渠及大水池应是苑中的主体部分。因此，水景乃苑中的主要景观，自是不言而喻。这种情况，与文献记载中的未央宫、建章宫等也是相类似的。御苑石渠之水从北面大水池底的暗槽流入，最终由西端暗槽流出，来去无踪，予人以一种神秘的感觉。弯弯曲曲的渠道所经之地相当平坦，渠底高差据测仅0.7米。但由于巧妙的构思、精心的设计而创造出各段不同的水流速度、不同的水波形状、不同的水流音响等动态水景。譬如，渠水经过新月状小水池的急转弯而继续回转向西，流速虽然减缓，但穿行于左右散布的大卵石之间，水流方向不断变换，产生波动和漩涡。又如，渠中的两处拱形石陂，类似滚水坝的作

图 2·21 石板桥与汀步石（广州市文化局：《广州秦汉考古三大发现》，广州，广州出版社，1999）

用，当水流翻过时可掀起局部涌浪，形成碧波粼粼、水声潺潺的景观。诸如此类，都颇能引人驻足观赏。

石渠的急转弯处的新月状小水池的底部淤泥中，堆积着数百个龟鳖残骸，说明龟鳖作为苑中观赏动物之一而游弋于水渠中，石渠中段的三处“斜口”显然是龟鳖登岸的出入口。西汉皇家园林中的水体一般都兼有养殖鱼类的生产功能，南越御苑当然也不例外。石渠中的大量龟鳖显然还供应宫廷的庖厨，赵佗很可能就是一位喜食龟鳖者。此外，王室的占卜活动所需的大量龟甲，可能也是取之于此的。

据专家的推断，御苑石渠及大水池的平面形状系摹仿天上北斗七星的排列。这个推断有其可能性，因为秦汉盛行天人感应之说，秦代的宫苑规划乃至“大咸阳规划”均取法于天上星座的排列即所谓“法天象”，西汉长安的北城墙也是摹拟天上北斗星座的形状，故名“斗城”。

南越王御苑的发掘工作尚未完成，即便已发掘的这部分亦足以在一定程度上显示秦汉皇家园林的具体面貌，可与文献的记载互相印证。作为实物遗存，其价值当然是弥足珍贵的。

皇家园林是西汉造园活动的主流，它继承秦代皇家园林的传统，保持其基本特点而又有所发展、充实。因此，秦、西汉皇家园林可以相提并论。

“宫苑”是当时皇家园林的普遍称谓，一般情况下，宫、苑分别代表着两种不同的类别。

宫：以宫殿建筑群为主体，山池花木穿插其间，“宫”与“苑”浑然一体；也有的把部分山池花木扩大为相对独立的园林一区，呈“宫”中有“苑”的格局，建章宫便是一例。这类皇家园林一般建置在都城或其近郊，山池、花木均为人工经营。

苑：建置在郊野山林地带的离宫别苑，占地广、规模大。许多宫殿建筑群散布在辽阔的具有天然山、水、植被的大自然生态环境之中，呈“苑”中有“宫”的格局。这类皇家园林往往内涵广博、功能复杂，如上林苑即具备游憩、居住、朝会、娱乐、狩猎、通神、求仙、军训、生产等项功能，乃是名副其实的多功能的活动地区。

功能的多样、驳杂导致造园的极不规范和园地的大幅度拓展，西汉皇帝对离宫别苑的经营似乎把自己的力量展示到了狂热的程度，其规模之大、建筑之美轮美奂足令后人为之瞠目。表现出仿佛涵盖宇宙的魄力，显示了中央集权的泱泱大国的气概。这与汉代艺术所追求的镂金错采、夸张扬励之美颇相类似，反映了西汉国力之强盛和统治者的好大喜功，也同样是受到儒家的美学观念的影响。儒家反对过分奢靡的风气，却很讲究通过人为的创造来表现外貌的堂皇美饰，如《礼记》所宣扬的仪典和藻饰对于理想政治能起到的重要作用："言语之美，穆穆皇皇；朝廷之美，济济翔翔；祭祀之美，齐齐皇皇；车马之美，匪匪翼翼；鸾和之美，肃肃雍雍。"这种雍容华贵之美，遂成为西汉宫廷造园的审美核心——皇家气派。它作为一个传统，在以后的历代宫廷造园的实践中都有不同程度的体现。

离宫别苑所具有的生产功能与皇室的生产活动、经济运作的密切关系，尤为值得注意。

西汉时，某些皇家园林与某些官营的农、林、牧业生产基地都使用同样的称谓。譬如"苑"，既指离宫别苑而言，又作为官营牧场的泛称。后者即"牧师苑"，建置在适宜于发展畜牧业的边塞各郡，以养马为主，兼牧牛、羊。它们的规模都很大，据《汉旧仪补遗》卷上："太仆牧师诸苑三十六所，分布北边、西边。以郎为苑监，监官奴婢三万人。分养马三十万头，择取教习，给六厩。牛羊无数，以给牺牲。"再譬如，汉昭帝时庐江太守丞桓宽所著《盐铁论》[1]中的卷三《园池·第十三》提到："是以县官开园池，总山海，致利以助贡赋，修沟渠，立诸农，广田牧、盛苑囿。""先帝之开苑囿、池籞，可赋归之于民，县官租税而已。"这里所谓苑囿、园池、池籞均泛指官营的农场、林场、果园等生产性的经济实体而言。两类性质不同的场所都使用着同样的称谓，这不仅出于文字上的历史沿袭和通假，更为重要的恐怕还在于此两者在当时都同样具有生产基地、经济实体的功能。

[1] 汉昭帝元始六年（公元前81年），朝廷召开了一次有关盐、铁是否由政府专卖的辩论会，辩论的一方是在朝的"御史、大夫"，另一方是在野的"贤良、文学"。辩论的范围实际上已超出盐铁的专利，涉及平准、均输、酒榷等言论以及政治、军事、财经等方面的问题。庐江太守丞桓宽根据会议记录撰为《盐铁论》一书，这是汉代的一部重要的财经理论著作。

西汉的离宫别苑与生产、经济的密切关系，从上文列举的上林苑的诸多生产、经济活动项目中也可以看得出来。这些经济收益均为皇帝个人所得，由"少府"掌管，并不纳入国家财政，因而皇帝对其重视的程度自是不言而喻，这类个人收益多多益善的欲望也必然会成为促使皇帝大量开辟离宫别苑的原因之一。

显而易见，在离宫别苑的诸多功能之中，生产功能占着重要位置。这一事实不容忽视，就其对园林定性的影响而言，西汉的某些离宫御苑毋宁说是一处兼有游赏等多种功能的生产性的经济实体。它们的内容和规划布局，当然也就难于用后世皇家园林的标准来衡量了。

从汉初长安建城开始，修建在城内、附郭以及近郊一带的宫、苑日益增多。到汉武帝时扩建上林苑则更臻于极盛的局面，需要开发、补给大量的园林用水，同时这众多的宫苑建设又势必会影响首都的城市供水。出于全面的考虑，遂因势利导，把两者结合起来纳入城市的总体规划，通过园林的理水来改善城市的供水条件［参见图2·10］。关中平原南高北低，汉初长安城的用水主要依靠北流的天然河道泬水供给。后来城内居民日多，宫苑日增，水源日感不济。汉武帝在上林苑内开凿昆明池的目的之一就是要扩大蓄水源，从根本上解决长安的供水问题。据《雍录》："武帝作石闼堰，堰交水为池，昆明基高，故其下流可壅激为都城之用。于是并成三派，城内外皆赖之。"昆明池相当于一个人工的大水库，把终南山之水汇聚起来。于是长安城的水源除原先的泬水之外，又多了两个来源：一、昆明池之水东北注入揭水陂，揭水陂的泄水路径又有两条：一条往东北流注泬水；另一条北流经建章宫东，在凤阙之南注入泬水，再经过未央宫内的沧池而汇入城内的王渠。二、昆明池东出之水经漕渠导引至城南之明堂，供给明堂用水并与泬水的枝津会合而东流到灞水西面，横绝灞水，经华县、华阴至潼关合于渭口，又解决了长安的漕运问题。

与皇家园林的兴建同时完成的这个新的供水体系，以昆明池作为主要水库，揭水陂和沧池作为辅助水库，形成一个能储积调节水量、控制水流的多级水库系统，从而保证了城市和宫苑的供水和有效地利用水资源，还提供了潼关至长安之间漕运水路的经常性接济。这在中国古代城市建设史上，也算得上是一项开创性的成就。之后，历代首都均把皇家园林用水与城市供水结合起来考虑，并作为城市规划的一项主要内容。隋唐的长安、洛阳，北魏的洛阳，南朝的建康，宋代的开封，元代的大都，明清的北京等著名的古都，率皆如此。

第六节
东汉的皇家园林

西汉末年，天下大乱。经过王莽短暂的篡位，起自宛、洛一带的地方割据势力、豪族大地主刘秀建立东汉王朝，公元26年定都洛阳，是为汉光武帝。

东汉中期以后，贵族、官僚、豪强地主兼并土地的情况已经非常普遍。他们占有大量土地，形成封建大地主庄园——具有一定范围的经济实体。在一个庄园范围内，不仅田地属庄园主所有，就连山林川泽地也往往为其所霸占。庄园的主要经济活动是多种经营的农业，还有各种手工业，主要为满足庄园主自身的需要，是一种自给自足的自然经济。在庄园内，庄园主与生产劳动者之间存在着很强的人身依附关系。后者即史书中所谓“宗族”、“宾客”、“徒附”，成为封建制度下的依附农民。大的庄园主为防止农民反抗，一方面利用宗族血缘关系笼络人心，另一方面又修筑坞堡，拥有私人地主武装。

东汉后期，大地主庄园在组织农业生产方面虽曾起过一定作用，但由于庄园不仅拥有相当雄厚的自给自足的经济实力，还拥有相当强大的私人武装，因而随着它的长足发展，必然导致国家出现分裂割据的局面。东汉末年军阀、豪强割据状态的形成，即是与这种大地主庄园经济的发展分不开的。

洛阳北依邙山，背临黄河，西为殽函之固，东有虎牢荥阳之险；其间伊、瀍、涧、穀诸水注入洛水，在巩县洛口入黄河。西周灭殷，以此为东都，建成周。东周迁都洛阳，建王城。秦灭六国，封相国吕不韦为文信侯，封邑即在洛阳。吕不韦在东周王城的基础上大兴土木，扩大城池，修建漕渠和南宫，奠定了东汉洛阳城的雏形。

东汉洛阳扩建秦代城垣，城区略呈长方形，遗址实测13 000米。共设城门十二座。城内有南宫和北宫两区，合占城区面积的五分之一以上。南宫为秦代旧宫，正殿名却非殿。南宫与北宫相距七里，“中央作大屋、复道，三道行，天子从中道，从官夹左右，十步一卫”。[1]明帝时大修北宫，其正殿

[1]《后汉书·光武帝纪》注引蔡质《汉典职仪》。

德阳殿最为宏大雄伟。南宫、北宫分别为大朝、寝宫性质，此外，洛阳城内还有永安宫、濯龙园、西园、南园等宫苑。城区的其余地段则为居住闾里、衙署区和市集，占地不到城区的一半。全城并没有形成以主要宫殿为中心的轴线，也未遵循周代都城的以王城为核心的营国之制。但闾里及市集分布于城之东、西、南，比起西汉的长安，城市功能分区较合理，有利于城市经济的发展。宫廷建筑所占比重较长安低而且集中于城中央及北半部，城市布局趋于严谨。这些，都表明东汉洛阳的城市规划较之西汉已有所改进，为中国封建社会中期的都城规划开创了先型 [图 2 · 22]。

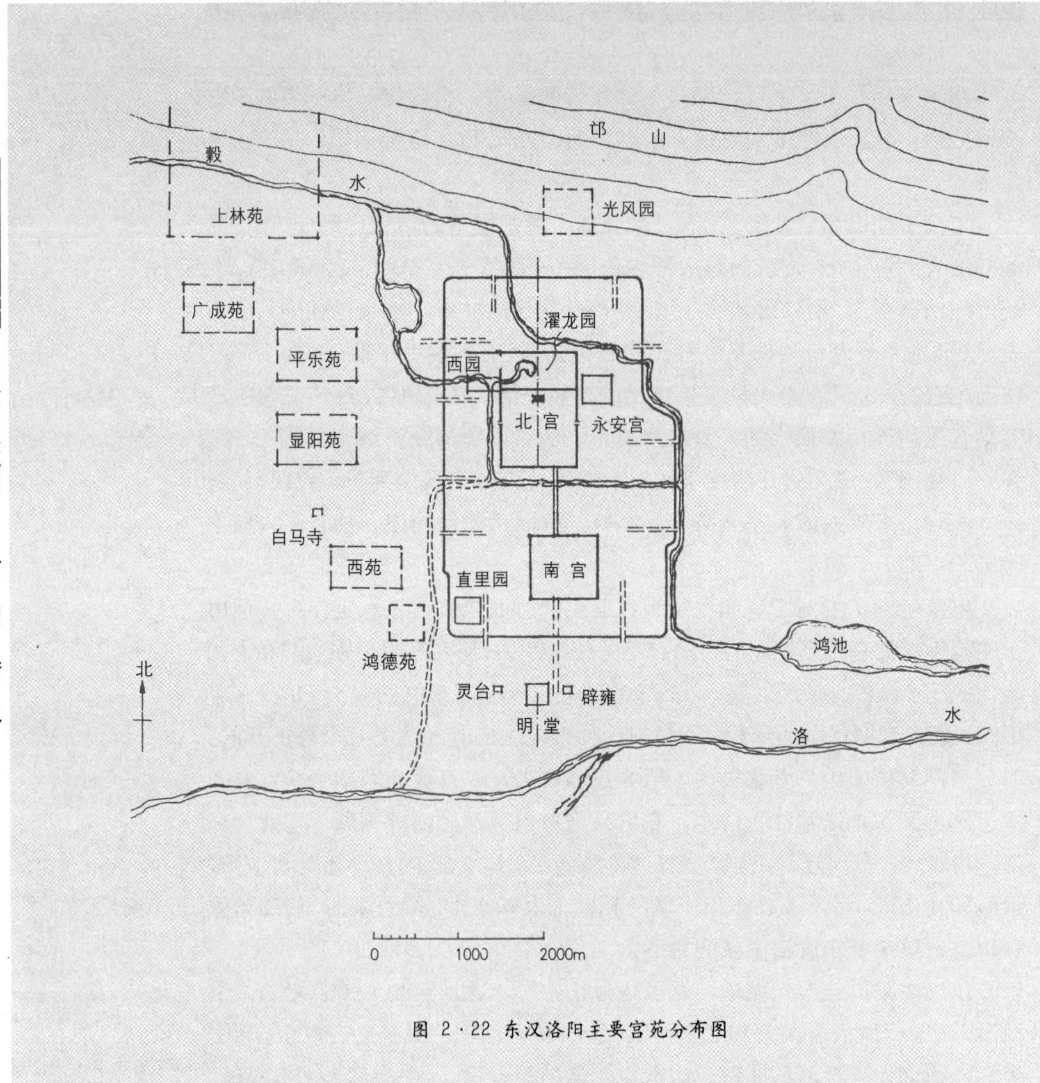

图 2 · 22　东汉洛阳主要宫苑分布图

洛阳城的北面建方坛，祀山川神祇。南面建灵台、明堂、辟雍、太学；灵台仿周文王之灵台，以观天人之际、阴阳之会，揆星度之验，征六气之瑞，应神明之变化；明堂即兆域，“为坛，八陛，中又为重坛，天地位皆在坛上”[1]。近郊一带伊、洛河水滔滔，平原坦荡如砥，邙山逶迤绵延，幽美的自然风光和丰沛的水资源为经营园林提供了优越的条件。这一带散布着许多宫苑，见于文献记载的有十处：罼圭苑、灵昆苑、平乐苑、上林苑、广成苑、光风园、鸿池、西苑、显阳苑、鸿德苑。

东汉建国初期，朝廷崇尚俭约，反对奢华，故宫苑的兴造不多。到后期，统治阶级日益追求享乐，桓、灵二帝时，除扩建旧宫苑之外，又兴建了许多新宫苑，形成东汉皇家造园活动的高潮。同时，也为老百姓带来无穷的祸害。《后汉书 · 宦者列传》：“明年(灵帝中平二年，公元185年)南宫灾。(张)让、(赵)忠等说帝令敛天下田亩税十钱，以修宫室。发太原、河东、狄道诸郡材木及文石，每州郡部送至京师，黄门常侍辄令谴呵不中者，因强折贱买，十分雇一，因复货之于宦官，复不为即受，材木遂至腐积，宫室连年不成。”又《后汉书 · 杜栾刘李刘谢列传》：“(桓帝)延熹八年(公元165年)，太尉杨秉举贤良方正，及到京师，上书陈事曰：……昔秦作阿房，国多刑人。今第舍增多，穷极奇巧，掘山攻石，不避时令，促以严刑，威以正法。民无罪而复入之，民有田而复夺之。”足见为祸之烈。

洛阳城内诸宫苑，以濯龙园和永安宫为最大，张衡《东京赋》这样描写：

> “濯龙芳林，九谷八溪。芙蓉覆水，秋兰被涯。渚戏跃鱼，渊游龟蠵。永安离宫，脩竹冬青。阴池幽流，玄泉洌清。鹎鶋秋栖，鹘鸼春鸣。鴡鸠丽黄，关关嘤嘤。”

濯龙园 原为皇后闲暇时养蚕和娱乐之所，建有织室[2]，桓帝时进行扩建修葺，园林景色益臻幽美。古诗云：“濯龙望如海，河桥渡似雷”，足见此园之以水景取胜。桓帝爱好音乐，善吹笙，经常在园内举行演奏会，并建老子祠，岁时祭祀。[3]

西园 在北宫西。园内堆筑假山，水渠周流澄澈，可行舟。渠中种植南方进贡之莲花，其叶夜舒昼卷，一茎生四叶，名“夜舒莲”。灵帝时建“万金堂”，存贮卖官鬻爵得来的钱财。又建“裸游馆”类似室内游泳场，帝与宫女裸游嬉戏。池水用西域进贡的茵墀香煮过，宫女浴后流出为流香渠。[4]灵帝“又于西园弄狗，著进贤冠，带绶”，“作列肆于后宫，使诸采女贩卖，更相盗窃争斗。帝著商估服，饮宴为乐”[5]。这种“列肆”的做法，应是历史上最早的一处皇家园林内的“买卖街”。西园中的大假山名“少华山”，显然系摹仿今陕西华县东南的少华山的形象。此山为大型土山，“十里九坂，种奇树、育麇鹿麑麂，鸟兽百种。”坂即山坡，“十里九坂”意为山坡连绵的丘陵

[1]《后汉书 · 光武帝纪》注引《续汉志》。

[2]《续汉志》：“(濯龙园)通北宫，明德马皇后置织室于园中。”

[3]《续汉志》：“祠老子于濯龙宫。”《后汉书 · 孝桓帝纪》：“设华盖以祠浮图、老子。”

[4] 晋王嘉《拾遗记》：“灵帝初平三年（公元192年）游于西园，起裸游馆千间。采绿苔而被阶，引渠水以绕砌，周流澄澈。乘小舟以游漾，使宫人乘之，选玉色轻体者，以执篙楫，摇荡于渠中。其水清澄，以盛暑之时使舟覆没。视宫人玉色者，又奏《招商》之歌，以来凉气也。歌曰：‘凉风起兮日照渠，青荷昼偃叶夜舒。惟日不足乐有馀，青丝流管歌玉凫，千年万岁喜难逾。’渠中植莲，大如盖，长一丈，南国所献。其叶夜舒昼卷，一茎有四莲丛生，名曰夜舒荷。亦云月出则舒，故曰望舒荷。帝盛夏避暑于裸游馆，长夜饮宴。帝嗟曰：‘使万岁如此，则上仙也。’宫人年二七以上，三六以下，皆靓妆，而解上衣，惟着内服，或共裸浴。西域所献茵墀香草，煮以为汤，宫人以之浴浣毕，使以馀汁入渠，名曰流香渠。又使内竖为驴鸣，于馆北又作鸡鸣堂，多畜鸡，每醉乐迷于天晓。”

[5]《后汉书 · 孝灵帝纪》。

地带。另据张衡《东京赋》："西登少华，亭候修敇。"李贤注："谓西园中有少华之山"，足见这座土筑大假山在当时颇有些知名度。山上不仅种植奇树，放逐珍稀动物，而且还有亭、楼之类的休憩建筑物。如果说濯龙园是以水景取胜的话，则西园便是以山景见长了。

南园　又名直里园，《后汉书·百官志》："直里监一人，四百石。"注："直里，亦园名，在洛阳城西南角。"

城郊诸苑，数量不多。

上林苑和广成苑　是兼有狩猎、生产基地性质的园林，[1]马融《上广成颂序》说皇帝幸广成苑是为了"览原隰，观宿麦，劝收藏，因讲武校猎，使寮庶百姓，复睹羽旄之美，闻钟鼓之音"。东汉皇帝的狩猎活动很少，皇室宫廷供应的绝大部分已不再仰给于皇家园林。因此，东汉上林苑的规模比西汉长安上林苑小得多，甚至有朝议认为应将广成苑之用地分与贫民，《水经注·汝水》：

> "汝水又东与广成泽水合，水出狼皋山北泽中。安帝永初元年，以广成游猎地假与贫民。元初二年，邓太后临朝，邓骘兄弟辅政，世士以为文德可兴，武功宜废，寝蒐狩之礼，息阵战之法。于时马融以文武之道，圣贤不坠，五材之用，无或可废，作《广成颂》云……"

《后汉书·陈王列传》：

> "延熹六年，车驾幸广（成）校猎，（陈）蕃上疏谏曰：'臣闻人君有事于苑囿，唯仲秋西郊，顺时讲武，杀禽助祭，以敦孝敬。如或违此，则为肆纵。故皋陶戒舜"无教逸游"，周公戒成王"无槃于游田。"虞舜、成王犹有此戒，况德不及二主者乎。……"

光风园　兼作骑射演武场，园内种植自西域引进的苜蓿。鸿池在东郊穀水之滨，以天然水景著称："洪池清蘌，渌水澹澹"[2]，池畔筑土为"渐台"。鸿德苑在洛水之滨，"六月，洛水溢，坏鸿德苑。……延熹元年春三月己酉，初置鸿德苑令"[3]。罼圭灵昆苑在南郊洛水之南岸，灵帝时建成。据《后汉书·灵帝纪》：罼圭苑分为东、西两部分。东罼圭苑周长一千五百步，中有鱼梁台，西罼圭苑周长三千三百步。

洛阳作为东汉之都城，在建都之初便着手解决漕运和城市供水的问题，乃开凿漕渠，引洛水进入洛阳以通漕和补给城市用水，形成一个比较完整的水系，鸿池便是调节水量的蓄水库。这个水系为城内外的园林提供了优越的供水条件，因而绝大多数御苑均能够开辟各种水体，因水而成景，也在一定程度上促进了园林理水技艺的发展。东汉科学发达，曾有造纸术、候风地动仪等发明。城市供水方面也引进科学技术而多有机巧创新，《后汉书·宦者列传·张让》："又铸天禄蛤蟆，吐水于平门外桥东，转水入宫。又作翻车渴

[1]《后汉书·孝桓帝纪》："（延熹元年）冬十月，校猎广成，遂幸上林苑。……（延熹六年）冬十月丙辰，校猎广成，遂幸函谷关、上林苑。"

[2] 张衡：《东京赋》，见费振刚等辑校：《全汉赋》，北京，北京大学出版社，1993。

[3]《后汉书·孝桓帝纪》。

乌，施于桥西，用洒南北郊路，以省百姓洒道之费。”[1]宫中常作鱼龙曼延百戏，“舍利之兽从西方来，戏于庭，入前殿，激水化成比目鱼，嗽水作雾，化成黄龙，长八丈，出水遨戏于庭，炫耀日光”[2]。诸如此类的技术也必然会影响园林理水，更增益后者的机巧性和多样化。例如，西园中就有“激上河水，铜龙吐水，铜仙人卸杯，受水下注”的做法。

东汉称皇家园林为“宫苑”，亦如西汉之有宫、苑之别。此外，也有称之为“园”的。

总的看来，东汉的皇家园林数量不如西汉之多，规模远较西汉为小。但园林的游赏功能已上升到主要地位，因而比较注意造景的效果。郊外宫苑的使用率似乎并不高，所以汉灵帝在是否修建罼圭、灵昆苑的问题上颇有一番犹豫。[3]

东汉末，豪族军阀董卓专政，挟迫汉献帝迁都长安，尽焚洛阳的宫苑、祠庙、官府及民家。曹植《送应氏诗》记述了洛阳劫后的凄凉景象：

“步登北邙坂，遥望洛阳山；
洛阳何寂寞，宫室尽烧焚。
垣墙皆顿擗，荆棘上参天；
不见旧耆老，但睹新少年。
侧足无行径，荒畴不复田；
游子久不归，不识陌与阡。
中野何萧条，千里无人烟；
念我平常居，气结不能言。”

[1]《后汉书·宦者列传·张让》李贤注：“翻车，设机车以引水。渴乌，为曲筒，以气引水上也。”后者颇类似于现代的“虹吸曲管”，也可能是一种单向阀的唧筒式抽水泵。

[2]《后汉书·孝安纪》注引《汉官典职》。

[3]《后汉书·杨震列传》：“（灵）帝欲造毕圭灵琨苑，赐（注：赐，杨震之子）复上疏谏曰：‘窃闻使者并出，规度城南人田，欲以为苑。昔先王造囿，裁足以修三驱之礼，薪莱刍牧，皆悉往焉。先帝之制，左开鸿池，右作上林，不奢不约，以合礼中。今猥规郊城之地以为苑囿，坏沃衍、废田园、驱居人、畜禽兽，殆非所谓“若保赤子”之义。今城外之苑已有五六，可以逞情意，顺四节也，宜惟夏禹卑宫、太宗露台之意，以慰下民之劳。’书奏，帝欲止，以问侍中任芝、中常侍乐松，松等曰：‘昔文王之囿百里，人以为小。齐宣五里，人以为大。今与百姓共之，无害于政也。’帝悦，遂令筑苑。”

第七节 汉代的私家园林

西汉初年，朝廷崇尚节俭，私人营园的并不多见。武帝以后，贵族、官僚、地主、商人广治田产，拥有大量奴婢，过着奢侈的生活。《盐铁论》中就多次提到这种情形，如《散不足·第二十九》："今富者黼绣帷幄，涂屏错跗；中者锦绨高张，采画丹漆。"又如《刺权·第九》："贵人之家云行于涂，毂击于道……舆服僭于王公，宫室溢于制度，并兼列宅，隔绝闾巷，阁道错连，足以游观，凿池曲道，足以骋骛，临渊钓鱼，放犬走兔，隆豺鼎力，蹋鞠斗鸡，中山素女抚流徵于堂上，鸣鼓巴俞作于堂下……"关于私家园林的情况就屡有见于文献记载，所谓"宅"、"第"即包含园林在内，也有直称之为"园"、"园池"的。其中尤以建置在城市及近郊的居多，《汉书·田蚡列传》记武帝时的宰相田蚡"治宅甲诸第，田园极膏腴，市买郡县器物，相属于道，前堂罗钟鼓，立曲旃，后房妇女以百数，诸奏珍物狗马玩好不可胜数"。此外，大官僚灌夫、霍光、董贤以及贵戚王氏五侯的第宅园池，都是规模宏大、楼观壮丽的。

到西汉后期，更趋奢华成风，汉成帝在一份诏书中曾提到这种情况：

> "永始四年(公元前13年)……六月甲午……又(诏)曰：'圣王明礼制以序尊卑，异车服以章有德。虽有其财，而无其尊，不得逾制，故民兴行，上义而下利。方今世俗奢僭罔极，靡有厌足。公卿列侯亲属近臣，四方所则，未闻修身遵礼，同心忧国者也。或乃奢侈逸豫，务广第宅，治园池，多畜奴婢，被服绮縠，设钟鼓，备女乐，车服嫁娶葬埋过制。'"[1]

成帝之母、元妃王氏的五个弟兄均封列侯，时称王氏五侯，他们"争为奢侈，赂遗珍宝，四面而至；后庭姬妾，各数十人，僮奴以千百数，罗钟磬，舞郑女，作倡优，狗马驰逐；大治第室，起土山渐台，洞门高廊阁道，连属弥望"[2]。

曲阳侯王根"行贪邪，臧累钜万，纵横恣意。大治室第，第中起土山，

[1]《汉书·成帝纪》。

[2]《汉书·元后传》。

立两市，殿上赤墀，户青琐”[1]。青琐、赤墀均仿天子宫殿之制，足见王根第宅园林（王根园）之豪华，已拟于皇帝了。成都侯王商亦不稍逊色，他曾把长安城内沣水(王渠)之水引注入自己宅园（王商园）的大池中以增加水量，池中“行船，立羽盖，张周帷，辑濯越歌”。成帝“幸商第，见穿城引水，意恨，内衔之，未言。后微行出，过曲阳侯第，又见园中土山渐台似类白虎殿(师古注：《黄图》云在未央宫)。於是上怒，以让车骑将军音”[2]。就因为王商“擅穿帝城，决引沣水”，王根、王商兄弟的宅园“骄奢僭上”，成帝曾责问司隶校尉和京兆尹何以纵容而不绳之以法。

[1][2]《汉书・元后传》。

西汉地主小农经济发达，政府虽然采取重农抑商的政策，对商人规定了种种限制，但由于商品经济在沟通城乡物资交流，供应皇室、贵族、官僚的生活享受方面起着重要作用，由经商而致富的人不少。大地主、大商人成了地方上的豪富，民间营造园林已不限于贵族、官僚。豪富也有造园的，而且规模也很大。《西京杂记》记述了汉武帝时之茂陵富人袁广汉所筑私园（袁广汉园）的情况：

> “茂陵富人袁广汉，藏镪巨万，家僮八九百人。于北邙山下筑园[3]，东西四里、南北五里，激流水注其内。构石为山，高十余丈，连延数里。养白鹦鹉、紫鸳鸯、牦牛、青兕，奇兽怪禽，委积其间。积沙为洲屿，激水为波潮。其中致江鸥海鹤，孕雏产鷇，延漫林池。奇树异草，靡不具植。屋皆徘徊连属，重阁修廊，行之，移晷不能遍也。广汉后有罪诛，没入为官园，鸟兽草木皆移植上林苑中。”

[3] 此处所谓北邙山并非洛阳北面的邙山，而是指茂陵县西北的黄山而言。汉武帝为修建茂陵，曾迁徙天下豪富二十七万户到此居住，遂成为茂陵县。黄山一名“始平原”，据《三秦记》：“长安城北有始平原，长数百里，汉时谓之北芒岩。”故《西京杂记》所说的“于北邙山下筑园”，当为“于北芒岩下筑园”之误。

从上文的描写看来，这座园林的规模是相当大的。人工开凿的水体“激流水注其内”，池中“激水为波潮”，“积沙为洲屿”，足见水池面积辽阔。人工堆筑的土石假山延绵数里、高十余丈，其体量可谓巨矣。园内豢养着众多的奇禽怪兽，种植大量的树木花草，还有“徘徊连属，重阁修廊，行之，移晷不能遍”的建筑物。可以设想，其类似于皇家园林的规模和内容。

到东汉时，私家园林，见于文献记载的已经比较多了，除了建在城市及其近郊的宅、第、园池之外，随着庄园经济的发展，郊野的一些庄园也羼入了一定分量的园林化的经营，表现出一定程度的朴素的园林特征。

在一些传世和出土的东汉画像石、画像砖和明器上面，还能够看到园林形象的具体再现。

东汉初期，经济有待复苏，社会上尚能保持节俭的风尚。中期以后，吏治腐败，外戚、宦官操纵政权，贵族、官僚敛聚财富，追求奢侈的生活。他们都竞相营建第宅、园池，往往“连里竞街，雕修缮饰，穷极巧技”。到后期的桓、灵两朝，此风更盛。刘瑜曾上书揭发当时的宦官们“第舍增多，穷极奇巧，掘山攻石，不避时令”[1]的奢靡情况。

[1]《后汉书·刘瑜传》。

梁冀为东汉开国元勋梁统的后人，顺帝时官拜大将军，历事顺、冲、质、桓四朝。桓帝又赐以定陶、咸阳、襄县、乘氏四县为其食邑，“建和元年，益封冀万三千户，增大将军府，举高第茂才，官属倍于三公”。梁冀高官厚禄、家世显赫，他当政的二十余年间先后在洛阳城内外及附近的千里的范围之内，大量修建园、宅供其享用。一人拥有园林数量之多，分布范围之广，均为前所未见者。《后汉书·梁统列传》：

> “冀乃大起第舍，而寿(孙寿，冀之妻)亦对街为宅，殚极土木，互相夸竞。堂寝皆有阴阳奥室，连房洞户。柱壁雕镂，加以铜漆；窗牖皆有绮疏青琐，图以云气仙灵。台阁周通，更相临望；飞梁石蹬，陵跨水道。金玉珠玑，异方珍怪，充积臧室。远致汗血名马。又广开园圃，采土筑山，十里九坂，以像二崤(二崤，山，在洛州永宁县西北)，深林绝涧，有若自然，奇禽驯兽，飞走其间。冀与寿共乘辇车，张羽盖，饰以金银，游观第内，多从倡伎，鸣钟吹管，酣讴竟路。……又多拓林苑，禁同王家，西至弘农，东界荥阳，南极鲁阳，北达河、淇，包含山薮，远带丘荒，周旋封域，殆将千里。又起菟园于河南城西，经亘数十里，发属县卒徒，缮修楼观，数年乃成。移檄所在，调发生菟，刻其毛以为识，人有犯者，罪至刑死。”

梁冀所营诸园，分布在东至荥阳(今河南省郑州市西)、西至弘农(今河南省灵宝县)、南至鲁阳(今河南省鲁山县)、北至黄河和淇水的大约千里的广大地域内［图2·23］。“禁同王家”，简直可以比拟皇家园苑了。这些众多园林未必都是真正意义上的园林，其中的大部分乃是依仗权势、圈占山林川泽为私有者，多半作为生产和游猎之用，个别的甚至连墙垣藩篱亦无，仅

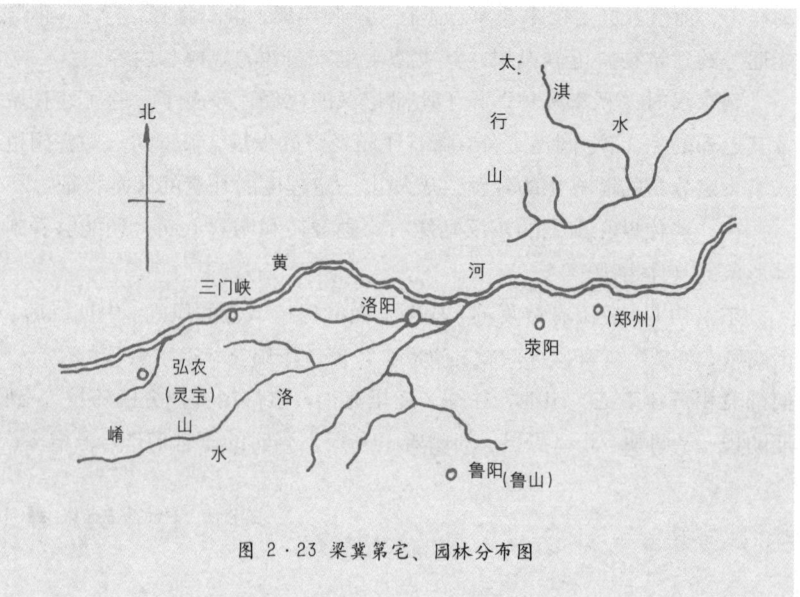

图 2·23 梁冀第宅、园林分布图

树以旗帜上书“民不得犯”[1]而已。

《梁统列传》所记述的梁冀的两处私园——“园圃”和菟园，在一定程度上反映当时的贵戚、官僚的营园情况，作为东汉私家园林的精品，也应该一提：

其一，广开“园圃”，“深林绝涧、有若自然”，具备浓郁的自然风景的意味。园林中构筑假山的方式，尤其值得注意，它摹仿崤山形象，是为真山的缩移摹写。崤山位于河南与陕西交界处，东、西二崤相距约15公里，山势险峻，自古便是兵家必争的隘口。园内假山即以“十里九坂”的延绵气势来表现二崤之险峻恢宏，假山上的深林绝涧亦为了突出其险势。足见园内的山水造景是以具体的某处大自然风景作为蓝本，已不同于皇家园林的虚幻的神仙境界了。梁冀园林假山的这种构筑方式，可能是中国古典园林中见于文献记载的最早的例子。

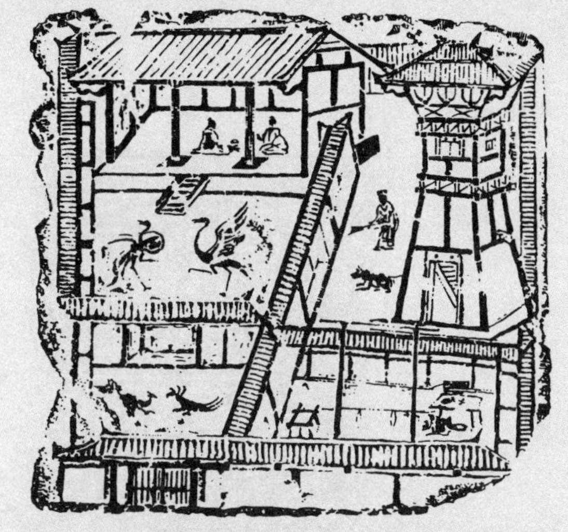

图 2·24 四川出土的东汉画像砖（文志远等：《四川汉代画象砖与汉代社会》，北京，文物出版社，1983）

其二，建置在洛阳西郊的菟园“经亘数十里”，但未见有园内筑山理水的记载，却着重提到“缮修楼观，数年乃成”。足见建筑物不少，尤以高楼居多而且营造规模十分可观。东汉私家园林内建置高楼的情况比较普遍，当时的画像石、画像砖都有具体的形象表现。这与秦汉盛行的“仙人好楼居”的神仙思想固然有着直接关系，另外也是出于造景、成景方面的考虑。楼阁的高耸形象可以丰富园林总体的轮廓线，成为园景的重要点缀，这在当时的诗文中多有描写，如古诗十九首的“西北有高楼，上与浮云齐”。登楼远眺，还能够观赏园外之景，崔骃《大将军临洛观赋》云：“处崇显以闲敞，超绝邻而特居。列阿阁以环匝，表高台而起楼。”楼阁所特有的“借景”的功能，人们似乎已经认识到了。

传世和出土的东汉画像石、画像砖，其中有许多是刻画住宅、宅园、庭院形象的，都很细致、具体，可以和文字记载互相印证。[图2·24]的上图表现一座完整的住宅建筑群，呈两路跨院，左边的跨院有两进院落，前院设大门和过厅，其后为正厅所在的正院，庭院中蓄养着供观赏的禽鸟。右边

[1] 袁宏《后汉纪》：“诸有山薮丘麓，皆树大旗题云民不得犯。……十月，冀与寻及诸子相随游猎诸苑中。”

图 2·25 河南郑州出土的东汉画像砖（周到等:《河南汉代画像砖》，上海，上海人民美术出版社，1995）

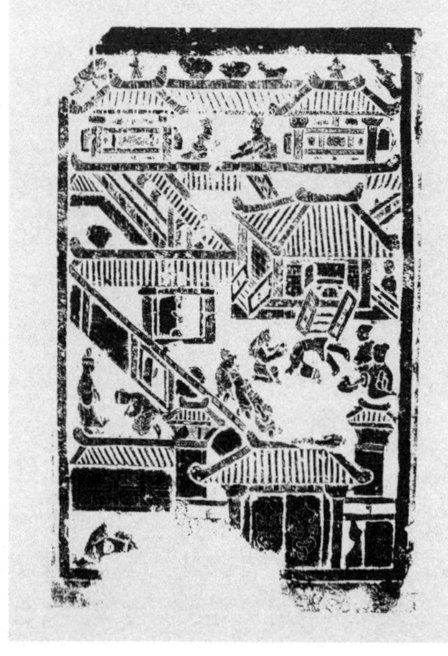

图 2·26 山东曲阜旧县村出土的东汉画像石（李发林:《山东汉画石研究》，济南，齐鲁书社，1982）

的跨院亦有两进，前院为厨房，其后的一个较大的院落即是宅园，园的东南隅建置类似“阙”的高楼一幢。[图2·24] 的下图表现住宅的大门，从门外可以看到庭院内种植的树木。[图2·25] 则全面地描绘了一座住宅的绿化情况，不仅宅内的几个庭院种植树木，宅门外的道路两旁也都成片地种植树木。住宅内的庭院既有进行绿化而成为庭园，也有作为公共活动场地的，[图2·26] 所表现的就是住宅的一个庭院内正在演出杂技的情形。此外，山东诸城出土的一方画像石描绘一座华丽邸宅，其第二进院落中有长条状的水池，池岸曲折自然，则类似于梁冀邸宅庭院内的“飞梁石蹬，陵跨水道”的开凿水体的点缀。

画像石、画像砖所刻画的建筑形象中，以高楼作为园林建筑的具体表现亦屡见不鲜 [图2·27]，证之以梁冀菟园的“缮修楼观，数年乃成”的文字记载，可知东汉私家园林内建置多层楼房的情况已是比较普遍的了。东汉园林理水技艺发达，私家园林中的水景较多，往往把建筑与理水相结合而因水成景。[图2·28] 表现的便是一幢临水的水榭，整幢建筑物用悬臂梁承托悬挑，使之由岸边突出于水面，以便于观赏水中游鱼嬉戏之景。

东汉初年豪强群起，奴役贫苦农民充当徒附，强迫精壮充当部曲，形成各地的大小割据势力。他们逐渐瓦解了西汉以来的地主小农经济，

图 2·27 山东费县出土的重楼连阁画像石

图 2·28 山东微山县两城镇出土的东汉画像石水榭图（王建中：《汉代画像石通论》，北京，紫禁城出版社，2001）

促成了农民人身依附于庄园主的庄园经济的长足发展。庄园远离城市,进行着封闭性的农业经营和手工业生产,相当于一个个在庄园主统治下的相对独立的政治、经济实体。其中的一些拥有武装力量的则成为独立性更强的特殊庄园——“坞”。《后汉书·马援传》:“缮城郭,起坞候。”注引《字林》:“坞,小障也。一曰小城。”同书《董卓传》:“又筑坞于郿,高厚七丈,号曰万岁坞。”据此可知,坞乃是在战乱的环境下,由坞主组织宗族和属下居民屯聚一起而据险自守的有军事设防的庄园,坞主就相当于特殊的庄园主。

庄园主除豪强之外,还有一些出身世家大族。例如光武帝的舅父樊宏,其先祖为周代的功臣仲山甫,他本人官拜光禄大夫,封长罗侯。《后汉书·樊宏阴识列传》:

> “(樊宏)为乡里(南阳)著姓。父重,字君云,世善农稼,好货殖。重性温厚有法度,三世共财,子孙朝夕礼敬,常若公家。其营理产业,物无所弃,课役童隶,各得其宜,故能上下努力,财利岁倍,至乃开广田土三百余顷。其所起庐舍,皆有重堂高阁,陂渠灌注。又池鱼牧畜,有求必给。尝欲作器物,先种梓漆,时人嗤之,然积以岁月,皆得其用,向之笑者咸求假焉。赀至巨万,而赈赡宗族,恩加乡闾。……”

樊宏拥有大量庄田和奴仆,经营农工商业,而又出身高贵、位居要津,在地方上有很高的威望。像这样的世家大族庄园主,也就是魏晋南北朝时期的“士族”的前身。

政府的各级官僚也通过种种方式兼并土地而拥有自己的庄园。东汉中期以后,帝王荒淫,吏治腐败,外戚宦官专政,许多文人出身的官僚由于不满现状、逃避政治斗争所带来的灾祸和迫害,纷纷辞官回到自己的庄园隐居起来,一些世家大族的文人也有终生不愿为官而甘心于庄园内过隐居生活的。因此,在社会上便出现了一大批“隐士”。

春秋战国时期,各个诸侯国君求才若渴,士人则择主而事,彼此都有双向选择的可能,因而出现大量“游士”,隐士的数量并不多。到了西汉时期,大一统的皇帝集权政治空前巩固,“溥天之下莫非王土,率土之滨莫非王臣”,士人若欲建功立业,必须依附于皇帝这惟一的最高统治者并接受其行为规范和思想意识的控制,否则就只能选择作隐士一途,方可以保持一些自己的独立的社会理想和人格价值。因此,隐士除了极少数通过各种机敏方式得以隐于朝廷即所谓“朝隐”者外,其余的大抵都遁迹山林,逃避到荒无人烟的深山野林中去。蓬门筚户,岩居野处,过着十分清苦而危险的生活,并非平常人所能忍受,所以隐士的人数虽较之春秋战国时有所增加,但毕竟还是不多的。到东汉时,情况有了很大的变化。庄园经济的发展形成了许多相对独立的政治、经济实体,它们在一定程度上能避开皇帝的集权政治,得以成为比较理想的隐避之所。这时的隐士，不论是致仕退隐者，或终生不仕之隐者，绝大多数已不必要遁迹山林了，取而代之的是“归田园居”，即到各自的庄园中去做那悠哉游哉的安逸的庄园主——隐士庄园主。他们的物质生活虽不如在朝居官的锦衣玉食，却也能保证一定的水准。精神生活则能远离政坛是非和复杂的人际关系，回归田园的大自然怀抱，充分享受诗书酒琴和园林之乐趣。所以，隐士的人数逐渐增多。他们的言行影响及于意识形态，“隐逸思想”便在文人士大夫的圈子里逐渐滋长起来了。

隐士庄园主多半为文人出身，他们熟习儒家经典而思想上更倾向于老庄，又深受传统的天人谐和哲理的浸润，因而很重视居处生活与自然环境的关系，尤为关注后者的审美价值。他们经营的庄园，往往有意识地去开发内部的自然生态之美，延纳、收摄外部的山水风景之美。开发、延纳又往往因势利导地借助于简单的园林手段，这便在经营上羼入了一定分量的园林因素，赋予了一定程度的朴素的园林特征，从而形成园林化的庄园。

所以说，东汉的政治黑暗、社会动荡的时代背景是产生隐士的温床，而东汉的庄园经济则为隐士们提供了田园牧歌式的庇托之所。庄园既是物质财富，也是精神家园；隐逸不仅与山林结缘，而且也开始与园林发生了直接关系。

东汉的大文学家、科学家张衡就是当时的一位著名的致仕归田的隐士。

张衡，安帝时官至尚书令。顺帝即位，宦官专政，党锢之祸甚烈。张衡曾多次上书弹劾未果，自觉回天无力又恐遭受迫害，乃决意辞官退隐。他在《归田赋》中道出了初衷：“游都邑以永久，无明略以佐时。徒临川以羡鱼，俟河清乎未期。感蔡子之慷慨，从唐生以决疑。谅天道之微昧，追渔父以同嬉。超埃尘以遐逝，与世事乎长辞。”并设想其归田园居以后的田园生活情调：“于是仲春令月，时和气清；原隰郁茂，百草滋荣。王雎鼓翼，鸧鹒哀鸣。交颈颉颃，关关嘤嘤。于焉逍遥，聊以娱情。尔乃龙吟方泽，虎啸山丘。仰飞纤缴，俯钓长流。……极般游之至乐，虽日夕而忘劬。”不仅拥有一个山清水秀、恬适宁静的人居环境，而且还能在这个环境里面“弹五弦之妙指，咏周孔之图书。挥翰墨以奋藻，陈三皇之轨模”。这就得以畅情抒怀，“安知荣辱之所如”了。

仲长统则是终生不仕的隐士中的一位代表人物。

《后汉书·仲长统传》：“(长统)性俶傥，敢直言，不矜小节，默语无常，时人或谓之狂生。每州郡命召，辄称疾不就。常以为凡游帝王者，欲以立身扬名耳，而名不常存，人生易灭，优游偃仰，可以自娱。欲卜居清旷，以乐其志。”因此而心甘情愿地做一个避世的庄园主。仲长统长于文才，也很有经济头脑，试看他所描绘的理想庄园的景象：“使居有良田广宅，背山临流，沟池环匝，竹木周布，场圃筑前，果园树后。”看来，这个庄园既有基址选择和生产经营方面的规划，也包含着某些朴实无华的、原始的园林创作成分。如此具有园林意味的庄园，给予仲长统的感受也是十分深刻的：“蹰躇畦苑，游戏平林。濯清水，追凉风，钓游鲤，弋高鸿。讽于舞雩之下，咏归高堂之上。安神闺房，思老氏之玄虚；呼吸精和，求至人之仿佛。……逍遥一世之上，睥睨天地之间。不受当时之贵，永保性命之期。如是则可以陵霄汉，出宇宙之外矣，岂羡夫入帝王之门哉。”这段文字明确地表述了一位隐者深受老庄思想的影响，避世于林下而充分享受大自然的美好赐予，以及一种悠然自适的情愫的流露。这不仅在当时具有代表性，也可以说是开启了魏晋南北朝的别墅园林之先河。

这样的园林化庄园既是生产、生活的组织形式，也可以视为私家园林的一个新兴类别“别墅园”的雏形。它们远离城市之喧嚣，为庄园主创设了淡泊宁静的精神生活条件，同时又不失其有奴仆供养的一定水准的物质生活：“养亲有兼珍之膳，妻孥无苦身之劳。良朋萃止，则陈酒肴以娱之。嘉时吉日，则烹羔豚以奉之。”[1]而更为难能可贵的是它们有意识地把人工建置与大自然风景相融糅而创为“天人谐和”的人居环境。这种极富于自然清纯格调的美的环境，正是士人们所向往的隐逸生活的载体，当然，也可以视为流行于东汉文人士大夫圈子里面的隐逸思想的物化形态。

由于缺乏更具体的文字材料，所谓园林化的庄园只能是一个模糊的概念。它们在东汉时尚处于萌芽状态，到了下一个时期的魏晋南北朝才得以长足发展。相应地，隐逸思想亦随之而丰富其内涵，更深刻地渗透于后世的私家园林创作活动之中。

[1]《后汉书·仲长统传》。

第八节
小　结

生成期的中国古典园林，从萌芽、产生而逐渐成长，持续了将近1200年。就园林本身的发展情况而言，大致可以分为三个阶段：一、商、周；二、秦、西汉；三、东汉。

商、周是园林生成期的初始阶段，天子、诸侯、卿士大夫等大小贵族奴隶主所拥有的“贵族园林”相当于皇家园林的前身，但尚不是真正意义上的皇家园林。

秦、西汉为生成期园林发展的重要阶段，相应于中央集权的政治体制的确立，出现了皇家园林这个园林类型。它的“宫”、“苑”两个类别，对后世的宫廷造园影响极为深远。

东汉则是园林由生成期发展到魏晋南北朝时期的过渡阶段。

总的说来，生成期的持续时间很长，但园林的演进变化极其缓慢，始终处在发展的初级状态。关于这一点，我们不妨从以下三方面加以认识。

一、尚不具备中国古典园林的全部类型，造园活动的主流是皇家园林。私家园林虽已见诸文献记载，但为数甚少而且大多数是摹仿皇家园林的规模和内容，两者之间尚未出现明显的类型上的区别。园林的内容驳杂，园林的概念也比较模糊。

二、园林的功能由早先的狩猎、通神、求仙、生产为主，逐渐转化为后期的游憩、观赏为主。但无论天然山水园或者人工山水园，建筑物只是简单地散布、铺陈、罗列在自然环境中。建筑作为一个造园要素，与其他自然三要素之间似乎并无密切的有机关系。因此，园林的总体规划尚比较粗放，谈不上多少设计经营。

三、由于原始的自然崇拜、山川崇拜、帝王的封禅活动，再加上神仙思想的影响，大自然在人们的心目中尚保持着一种浓重的神秘性。儒家的“君子比德”之说，又导致人们从伦理、功利的角度来认识自然之美。对于大自然山水风景，仅仅构建了低层次的自觉的审美意识。所以，文学作品中有关自然景物的状写如《诗经》和楚辞充满了以德喻美的比兴，汉赋尽管气概磅礴却并没有把作者的主观感情摆进去。园林也存在类似的情况，早期的台、囿与园圃相结合即已包含着风景式园林的因子，以后又受到天人合一、君子比德、神仙思想的影响而向着风景式方向上发展，毕竟仅仅是大自然的客观写照，虽本于自然却未必高于自然。秦、西汉的离宫别苑的布局出于法天象、仿仙境、通神明的目的，有的还兼具皇家庄园和皇家猎场的性质。帝王之经营苑囿似乎把自己的力量已展现到了狂热的程度，因而其规模之宏大令人瞠目结舌。筑台登高、极目环眺所看到的也都是大幅度、远视距的开阔景观，通神的仪典和仙境的摹拟使得园内充满神异气氛，猎狩活动赋予园林以粗犷的情调，各种生产基地的建置则更多地展现了作为经济实体的"庄园"特色。但在园林里面所进行的审美的经营毕竟尚处在低级的水平上，造园活动并未完全达到艺术创作的境地。

第三章

园林的转折期
——魏、晋、南北朝

（220—589年）

魏晋南北朝是中国历史上的一个大动乱时期，也是思想十分活跃的时期。儒、道、释、玄诸家争鸣，彼此阐发。思想的解放促进了艺术领域的开拓，也给予园林发展以很大的影响。造园活动普及于民间，园林的经营完全转向以满足作为人的本性的物质享受和精神享受为主，并升华到艺术创作的新境界。所以说，魏晋南北朝乃是中国古典园林发展史上的一个承前启后的转折时期。

第一节 总说

东汉末年，军阀地方割据势力壮大。豪强、军阀互相兼并的结果，公元220年东汉灭亡，形成魏、吴、蜀三国鼎立的局面。公元263年，魏灭蜀。两年后司马氏篡魏，建立晋王朝。公元280年吴亡于晋，结束了分裂的局面。中国复归统一，史称西晋。

经过将近一百多年的持续战乱，社会经济遭到极大破坏，人口锐减。因而到处农田荒芜、生产停滞。西晋开国之初，允许塞外比较落后的少数民族移居中原从事农业生产以弥补中原人口锐减的情况，同时在律令、官制、兵制、税制方面做了适当的改革。由于这些措施，社会确也呈现短暂的安定繁荣景象。然而作为维系封建大帝国的地主小农经济基础并未恢复，庄园经济的继续发展导致豪门大族日益强大而转化为门阀士族。士族（世族）拥有自己的庄园、部曲佃客、奴婢、荫户和世袭的特权，成为“特权地主”。士族子弟都受过良好的教育，从年轻时期便在中央和地方做官而飞黄腾达。大士族之间、大士族与皇室之间，由婚姻联结起来，构成一个关系密切的特权阶层。这个阶层的成员相互援引，排斥着庶族地主。士族集团在社会上有很高的地位足以和皇室抗衡，所谓“下品无士族，上品无寒门”。在皇室、外戚、士族之间的争权夺利的过程中又促使各种矛盾的激化。公元300年，爆发诸王混战即“八王之乱”。流离失所的农民不堪残酷压榨而酿成“流民”起义，移居中原的少数民族也在豪酋的裹胁下纷纷发动叛乱。从公元304年匈奴族的刘渊起兵反晋开始，黄河流域完全陷入了匈奴、羯、氐、羌、鲜卑五个少数民族的豪酋相继混战、政权更迭的局面。

西晋末的大乱迫使北方的一部分士族和大量汉族劳动人民迁徙到长江下游和东南地区，南渡的司马氏于公元317年建立东晋王朝。东晋在外来的北方士族和当地士族的支持下维持了103年之后，南方相继为宋、齐、梁、陈四个汉族政权更迭代兴，史称南朝，前后共169年。

北方，五个少数民族先后建立十六国政权。其中鲜卑族拓拔部的北魏势力最强大，于公元386年统一整个黄河流域，是为北朝，从此形成了南北朝对峙的局面。北魏积极提倡汉化，利用汉族士人统治汉民，北方一度呈现安定繁荣。但不久统治阶级内部开始倾轧，分裂为东魏和西魏，随后又分别为北齐、北周所取代。

公元589年，隋文帝灭北周和陈，结束了魏晋南北朝这一历时369年的分裂时期，中国又恢复大一统的局面。

这三百多年的动乱分裂时期，政治上大一统局面被破坏势必影响到意识形态上的儒学独尊。人们敢于突破儒家思想的桎梏，藐视正统儒学制定的礼法和行为规范，向非正统的和外来的种种思潮中探索人生的真谛。由于思想解放而带来了人性的觉醒，便成了这个时期文化活动的突出特点。

东汉末，社会动荡不安，普遍流行着消极悲观的情绪。人们深感“浩浩阴阳移，年命如朝露；人生忽如寄，寿无金石固”[1]，因此而滋长及时行乐的思想，即使曹操那样的大政治家也不免发出“对酒当歌，人生几何，譬如朝露，去日苦多”的感慨。魏晋之际，皇室与门阀士族之间、士族的各个集团之间的明争暗斗愈演愈烈，斗争的手段不是丰厚的赏赐便是残酷的诛杀。士大夫知识分子一旦牵连政治斗争，则荣辱死生毫无保障，消极情绪与及时行乐的思想更有所发展并导致了行动上的两个极端倾向：贪婪奢侈、玩世不恭。

[1]《古诗十九首》之“驱车上东门”，见《古诗源》，北京，中华书局，1963。

西晋朝廷上下敛聚财富、荒淫奢靡成风。《世说新语·汰侈》记载：晋武帝时大官僚石崇与王恺争豪斗富，“并穷绮丽，以饰舆服。武帝，恺之甥也，每助恺，尝以一珊瑚树高二尺许赐恺，枝柯扶疏，世罕其比。恺以示崇，崇视讫，以铁如意击之，应手而碎。恺既惋惜，又以为疾己之宝，声色甚厉。崇曰：‘不足恨，今还卿。’乃命左右悉取珊瑚树，有三尺四尺，条干绝世，光彩溢目者六七枚”。其奢侈的生活，于此可见一斑。

与贪婪奢侈相对的另一个极端，则是玩世不恭。知识分子的玩世不恭出于愤世嫉俗，也就是对政治厌恶和对现实不满。厌恶政治正是老、庄所标榜的虚无、无为而治的思想基础；不满现实的情绪则促成了新兴佛教的重来生不重现世的学说的流行。老庄、佛学与儒学相结合而形成玄学。

玄学是魏晋南北朝时盛行于士人中的显学。当时儒家的正统地位动摇，一些士人为了适应统治阶级的需要，用道家思想来解释儒家经典，以老庄学说为表，杂糅儒、道而形成了以“贵无”为主的玄学体系。玄学家重“清谈”，好谈老庄或注解《老子》、《庄子》、《周易》等书以抒己志，处处体现出超然物外的洒脱思想。他们认为天地万物本体是“无”，“无”是神秘的，不具有物质属性，而“有”则是从“无”产生出来的。另外，清谈还经常讨论名教与自然的问题。名教即以正名定分为主的封建礼教，儒家倡导用名教来治理天下，而玄学家则主张自然为本，名教为末。所谓自然就是道家哲学的最高范畴的“道”，即万物的本体。当时，士大夫知识分子中出现了相当数量的“名士”，名士大多是玄学家，号称“竹林七贤”的阮籍、嵇康、刘伶、向秀、阮咸、山涛、王戎是名士的代表人物。名士们以任情放荡、玩世不恭的态度来反抗礼教的束缚，寻求个性的解放，一方面表现为饮酒、服食、狂狷的具体行动，另一方面则表现为寄情山水、崇尚隐逸的思想作风，这就是所谓“魏晋风流”。

饮酒可以暂时回避现实、麻醉自己。“胸中垒块，故须酒浇之”，“痛饮酒，熟读《离骚》，便可称名士”。刘伶自谓“天生刘伶，以酒为名；一饮一斛，五斗解酲”[1]，还写了一篇文章叫做《酒德颂》。阮籍听说步兵衙署厨中贮美酒数百斛，乃“忻然求为步兵校尉，于是入府舍，与刘伶酣饮”[2]。

服食指吃五石散或曰寒石散而言，“寒食散之方，虽出汉代，而用之者寡，靡有传焉。魏尚书何晏首获神效，由是大行于世，服者相寻也”[3]经过何晏的提倡，魏晋名士遂服食成风。这种药吃了之后浑身发热，需要到郊野地方去走动谓之“行散”，因此而增加了他们接近大自然的机会。阮籍居母丧仍饮酒散发，箕踞不哭，对人爱作青白眼。《世说新语》记刘伶之放达：“或脱衣裸形在屋中，人见讥之。伶曰：‘我以天地为栋宇，屋室为裈衣，诸君何为入我裈中？’”诸如此类的狂狷行为，可算是魏晋名士玩世不恭、个性解放的极端表现了。

为了自我解脱而饮酒、服食，狂狷则在于放荡形骸，都无非是想要暂时摆脱名教礼制。对于名士们来说，最好的精神寄托莫过于到远离人事扰攘的山林中去。在战乱频仍、命如朝露的严酷现实生活面前，又迫使他们对老庄哲学的“无为而治、崇尚自然”的再认识。所谓“自然”即否定人为的、保持自然而然的状态，而大自然山林环境正是这种非人为的、自然而然状态的最高境界。再者，玄学主张返璞归真、佛家的出世思想也都在一定程度上激发人们对大自然的向往之情。名士们既倾心玄、佛，还经常通过“清谈”来进行理论上的探讨，论证人必须处于自然而然的无为状态才能达到人格的自我完善。名士们都认为名教礼法是虚伪的表征，在以名教礼法为纲的充满了假、恶、丑的社会中要追求一种真、善、美的理想的现实是根本不可能的，只有大自然山水才是他们心目中的真、善、美的寄托与化身。在他们看来，大自然山水是最“自然”的、最“真”的，而这种“真”表现为社会意义就是“善”，表现为美学意义则是“美”。这些正是魏晋哲学的鲜明特点，也就是魏晋士人寄情山水的理论基础。

寄情山水与崇尚隐逸作为社会风尚，两者之间有着密切的关系。

魏晋南北朝时期的特殊的政治、经济、社会背景是大量产生隐士、滋

[1]《晋书·刘伶传》。

[2]《世说新语·栖逸》注引《晋书·文士传》。

[3]《世说新语·言语》注引《魏略》。

长隐逸思想的温床，因而隐士数量之多，隐逸思想波及面之广，又远远超过东汉。名士的种种言行，实际上也就是从一个侧面反映出来的隐逸思想在知识分子群体中的流播情况。

隐士成分比较复杂，他们也有一定的社会活动。因此而形成许多隐士集团，竹林七贤和白莲社便是当时最著名的两个隐士集团，后者也是中国历史上最大的一个隐士集团。[1]

竹林七贤见于《晋书·嵇康传》，它的成员即上文提到的七位大名士。他们当初都怀有向往隐逸的志向，持着寄情山水的心态，经常在洛阳附近的郊野竹林中悠游聚会，谈玄论文，过从甚密。后来嵇康与山涛绝交，其余的人亦多出山为官，这个集团也就星散瓦解了。

白莲社是东晋佛教高僧慧远在庐山发起组织的一个社团，参加的有佛教徒、儒生、玄学家共123人，聚会的地点在庐山东林寺。白莲社表面上是佛教组织，实际上是一个庞大的隐士集团。它的成员都是社会名流、知识界的精英，他们作为隐士或半隐士的一言一行当然会对知识分子阶层产生广泛深远的影响，带动了这个阶层中的崇尚隐逸思想的普及。

寄情山水、崇尚隐逸成为社会风尚，启导着知识分子阶层对大自然山水的再认识，从审美的角度去亲近它、理解它。于是，社会上又普遍形成了士人们的游山玩水的浪漫风习。

魏晋名士多喜欢到山际水畔行吟啸傲，阮籍出游“常率意独驾，不由径路，车迹所穷，辄恸哭而反。尝游苏门山，有隐者莫知姓名，有竹实数斛、杵臼而已。籍闻而从之，谈太古无为之道，论五帝三皇之义。苏门先生翛然曾不眄之，籍乃嘐然长啸，韵响寥亮。苏门先生乃逌尔而笑。籍既降，先生喟然高啸，有如凤音。籍素知音，乃假苏门先生之论以寄所怀”[2]。嵇康“游于汲郡山中，遇道士孙登，遂与之游。康临去，登曰：‘君才则高矣，保身之道不足。’”[3]早先带有宗教神秘色彩的“修禊”节日，到这时已完全演变成为三月早春在水滨举行的群众性郊游活动而开始盛行起来了。

晋室南渡，江南一带的优美的山水风景逐渐为人们所认识。东晋和南朝知识界的游山玩水的风气更为炽盛，也更多见于史载：

> “孔淳之字彦深，鲁郡鲁人也。……居会稽剡县，性好山水，每有所游，必穷其幽峻，或旬日忘归。尝游山，遇沙门释法崇，因留共止，遂停三载。”
>
> （《宋书·隐逸列传·孔淳之》）

> “许椽好游山水，而体便登陟。时人云：‘许非徒有胜情，实有济胜之具。’”
>
> （《世说新语·栖逸》）

[1] 蒋星煜：《中国隐士与中国文化》，上海，三联书店上海分店，1988。

[2][3]《世说新语·栖逸》注引《魏氏春秋》。

“(宗炳)好山水，爱远游，西陟荆巫，南登衡岳，因而结宇衡山，欲怀尚平之志。有疾还江陵，叹曰：‘老疾俱至，名山恐难遍睹，唯当澄怀观道，卧以游之。’凡所游履，皆图之于室，谓人曰：‘抚琴动操，欲令众山皆响。’”

(《宋书·隐逸列传·宗炳》)

宗炳是南朝著名画家，平生广游各地山水，晚年感到老疾俱至，于是把他游览过的地方画成图画挂在居室的墙上“卧以游之”。即使在这种卧游的情况下，还要“抚琴动操，欲令众山皆响”。东晋文人谢灵运为了游山的方便而自制登山木屐，甚至雇工数百人专门为他伐木开路，《宋书·谢灵运传》：

“谢灵运，陈郡夏阳人也。……灵运因父祖之资，生业甚厚。奴僮既众，义故门生数百，凿山浚湖，功役无已。寻山陟岭，必造幽峻，岩嶂千里，莫不备尽。登蹑常著木履，上山则去前齿，下山去其后齿，尝自始宁南山伐木开迳，直至临海，从者数百人。临海太守王琇惊骇，谓为山贼，后知是灵运乃安。”

王羲之“既去官，与东土人士尽山水之游，弋钓为娱。又与道士许迈共修服食，采药石不远千里，遍游东中诸郡，穷诸名山，泛沧海，叹曰：‘我卒当以乐死。’”[1]陶渊明辞官隐居，家境虽然贫穷，亦“三宿水滨，乐饮川界”。他们对大自然山水风景之眷恋，可谓一往情深了。

[1]《晋书·王羲之列传》。

一般的南渡士人，大抵都要定期选择山水嘉胜之地饮宴聚会、畅情抒怀。《世说新语·言语》载：

“过江诸人，每至美日，辄相邀新亭，藉卉饮宴。周侯中坐而叹曰：‘风景不殊，正自有山河之异。’皆相视流泪。唯王丞相愀然变色，曰：‘当共戮力王室，克复神州，何至作楚囚相对？’”

王献之初渡浙江，“便有终焉之志”，号称三吴之一的会稽山水更令他流连不已，因此而说出这样的咏赞：“从山阴道上行，山川自相映发，使人应接不暇。若秋冬之际，尤难为怀”，“大矣造化工，万殊莫不均，群籁虽参差，适我莫非亲”[2]。大画家顾恺之(长康)从会稽游玩归来，“人问山川之美，顾云：‘千岩竞秀，百壑争流；草木蒙笼其上，若云兴霞蔚’”[3]。这些，都是对大自然的景物即景生情、有感而发的由衷的讴歌，也都是秦、汉文学作品中未曾见到过的，足以代表当时一般士人的思想感情，亦足以表明他们对自然美的鉴赏之深刻。

[2][3]《世说新语》。

山水风景陶冶了士人的性情，他们也多以爱好山水、能鉴赏风景之美而自负。《世说新语·品藻》：“(晋)明帝问谢鲲：‘君自谓何如庾亮？’答曰：‘端委庙堂，使百僚准则，臣不如亮；一丘一壑，自谓过之。’”陶渊明亦自诩“少无适俗韵，性本爱丘山”。

在文人士大夫的圈子里，还流行以山水风景中的自然物来品评人物相貌、德行的风气，《世说新语》多有记载，例如：

“嵇康身长七尺八寸，风姿特秀。……山公曰：‘嵇叔夜之为人也，岩岩若孤松之独立；其醉也，傀俄若玉山之将崩。’”

“王公目太尉：岩岩清峙，壁立千仞。

世目周侯，嶷如断山。”

“王戎云：‘太尉神姿高彻，如瑶林琼树，自然是风尘外物。’”

甚至有以一方的山水形胜来预示一方的人物风貌，即所谓“地灵则人杰”的说法：

“王武子、孙子荆各言其土地人物之美。王云：‘其地坦而平，其水淡而清，其人廉且贞。’孙云：‘其山嶵巍以嵯峨，其水泙渫而扬波，其人磊砢而英多。’”

由于上述的种种因缘际会，大自然被揭开了秦汉以来披覆着的神秘的外衣，摆脱了儒家“君子比德”的单纯功利、伦理附会，以它的本来面目—— 一个广阔无垠、奇妙无比的生态环境和审美对象——而呈现在人们的面前。人们一方面通过寄情山水的实践活动取得与大自然的自我谐调，并对之倾诉纯真的感情；另一方面又结合理论的探讨去深化对自然美的认识，去发掘、感知自然风景构成的内在规律。于是，人们对大自然风景的审美观念便进入到高级的阶段而成熟起来，其标志就是山水风景的大开发和山水艺术的大兴盛。山水风景的开发是山水艺术兴起和发展的直接启导因素，而后者的兴盛又反过来促进了前者的开发，形成后此中国历史上两者同步发展的密切关系。

两晋南北朝时，山水艺术的各门类都有很大的发展势头，包括山水文学、山水画、山水园林。相应地，人们对自然美的鉴赏遂取代了过去对自然所持的神秘、功利和伦理的态度而成为后此的传统美学思想的核心。文人士大夫通过直接鉴赏大自然，或者借助于山水艺术的间接手段来享受山水风景之乐趣，也就成了他们的精神生活的一个主要内容。

文学方面，早期的玄言诗很快式微，建安时代的诗歌中描写山水风景的越来越多了。晋室南渡以后，江南各地秀丽的自然风景相继得到开发。文人名士游山玩水，终日徜徉于林泉之间，对大自然的审美感受日积月累，在客观上为山水诗的兴起创造了条件。再加之受到老庄和玄、佛的影响，文人名士对待现实的态度由入世转向出世，企图摆脱名教礼法的束缚，追求“顺应自然”，因而便以完全不同于上代的崭新的审美眼光来看待大自然山水风景，把它们当作有灵性的、人格化的对象。于是山水诗文大量涌现于文坛，东晋的谢灵运便是最早以山水风景为题材进行创作的诗人，陶渊明、谢朓、何逊等人都是擅长山水诗文的大师。另外，当时的一些文人受到道教神仙思想的影响，在诗作中结合游历神仙境界的想象来抒发脱离尘俗的情怀，这就是所谓“游仙诗”，也给晋代的江南诗坛带来一股清新之风。这类山水题材的诗文尽管尚未完全摆脱玄言的影响，技巧尚处在不太成熟的幼年期，不免多少带有矫揉造作的痕迹，但毕竟突破了两汉大赋的崇景华丽、排比罗列，不仅状写山川形神之美而且还托物言志、抒发作者的感情，达到情景交融的境地。山水诗文与山水风景之间相互浸润启导的迹象十分明显，后者的开发为前者的创作提供广泛的素材，前者的繁荣则成为促进后者开发的力量。

绘画方面，山水已经摆脱作为人物画的背景的状态，开始出现独立的山水画。它的形式虽然比较幼稚，正如张彦远《历代名画记》所说：“或水不容泛，或人大于山；率皆附以树石，映带其地；列植之状，则若伸臂布指”，但毕竟异军突起，在开掘自然美的基础上萌芽而成长起来。山水画的成长意味着绘画艺术从“成人伦、助教化”的手段向着自由创作的转化，也标志着文人参与绘画的开始。东晋的顾恺之是人物画家而兼擅山水，南朝的山水画家宗炳和王微都总结他们的创作经验而著为山水画论。宗炳在《画山水序》中指出：山水画家从主观的思想感情出发去接触大自然，可以通过借物写心的途径以实现画中物我为一的境界，从而达到“畅神”的目的。欣赏一幅山水画，其主旨亦在畅神，“披图幽对，坐究四荒，不违天励之丛，独应无人之野，峰岫峣嶷，云林森渺，圣贤映于绝代，万趣融其神思。余复何为哉？畅神而已。神之所畅，孰有先焉”[1]。王微的《叙画》一文则提出“作画之情”，他认为山水画家必须对大自然之美产生感情，内心有所激荡才能形成创作的动力，即所谓“望秋云，神飞扬，临春风，思浩荡”。宗、王的“神”、“情”之说主张山水画创作的主观与客观相统一，这是中国传统思维方式与天人合一哲理的表现，当然也会在一定程度上影响及于人们对大自然本身的美的鉴赏，多少启导了人们以自然界的山水风景作为“畅神”和“移情”的对象。

处在这样的时代文化氛围之中，愈来愈多的优美自然生态环境作为一种无限广阔的景观被利用而纳入人的居处环境，自然美与生活美相结合而向着环境美转化。这是人类审美观念的一个伟大转变，在欧洲，这个转变直到文艺复兴时方才出现，比起中国大约要晚一千年。

以上所述，大抵就是促成中国古典园林进入转折期的历史背景、社会背景以及意识形态方面的背景。

在建筑技术方面，木结构的梁架、斗栱已趋于完备。立柱除八角形和方形之外，还出现圆形的梭柱，栏杆多为勾片式的。斗栱有单栱也有重栱和人字栱，除用以支承出檐以外，还承载室内天花下的枋。梁架上多用人

[1] 沈子丞编：《历代画论名著汇编》，北京，文物出版社影印，1982。

字叉手承载脊枝，歇山式的屋顶较多，也有悬山式及勾连搭式的。屋顶已出现举折和起翘，增益了它的轻盈感。宫殿的屋面开始使用琉璃瓦，鸱尾的运用加强了正脊的分量，丰富了整个屋顶的形象。木结构建筑已完全取代两汉的夯土台榭建筑，不仅有单层的，还有多层的，大量木塔的建造显示了木结构技术所达到的水准。砖结构在汉代多用于地下墓室，到此时已大规模地运用到地面上，砖塔便是砖结构技术进步的标志。石工的技术，到南北朝时期无论大规模的石窟开凿上或者细部的装饰纹样的精雕细琢上，也都达到很高的水准。

树木之作为观赏的对象，在当时文人的诗文吟咏中已经很多了。竹特别为文人所喜爱，“竹林七贤”经常悠游于洛阳附近的竹林中。《晋书·王羲之列传》记载了羲之子王徽之的一段故事：

> “徽之字子猷。……时吴中一士大夫家有好竹，欲观之，便出坐舆造竹下，讽啸良久。主人洒扫请坐，徽之不顾。将出，主人乃闭门，徽之便以此赏之，尽欢而去。尝寄居空宅中，便令种竹。或问其故，徽之但啸咏，指竹曰：‘何可一日无此君邪！’”

柳，据《晋书·桓温传》：“温自江陵北伐，行经金城，见少为琅邪时所种柳皆已十围，慨然曰：‘木犹如此，人何以堪？’攀枝执条，泫然流涕。”杨、柳之婀娜形象常为人所称道，《晋书·佛图澄传》：“(石)勒爱子斌暴病死，将殡，勒叹曰：朕闻虢太子死，扁鹊能生之，今可得效乎？乃令告澄，澄取杨枝沾水，洒而咒之。就执斌手曰：可起矣。因此遂苏，有顷平复。”此外，还有梅、桑、松、茱萸、椒、槐、樟、枫、桂等，均常作为观赏树木，花卉之常见于诗文中的计有芍药、海棠、茉莉、栀子、木兰、木犀、兰花、百合、梅花、水仙、莲花、鸡冠花等。[1]晋人嵇含《南方草木状》是最早的一篇有关岭南一带所产花卉的专著，北魏时的一部重要农书、贾思勰《齐民要术》中也论及花卉栽培的情况。

[1] 程兆熊：《中华园艺史》，台北，商务印书馆，1985。

建筑技术的进步、观赏植物栽培之普遍，则又为造园的兴旺发达提供了物质和技术上的保证。

第二节 皇家园林

三国、两晋、十六国、南北朝相继建立的大小政权都在各自的首都进行宫苑建置。其中建都比较集中的几个城市有关皇家园林的文献记载也较多：北方为邺城、洛阳，南方为建康。这三个地方的皇家园林大抵都经历了若干朝代的踵事增华，规划设计上达到了这一时期的最高水平，也具有一定的典型意义。

邺　城

邺城在今河北省临漳县的漳水北岸，始筑于春秋五霸之一的齐桓公时。其后，战国七雄之一的魏国定都大梁，邺城作为魏国的边疆镇邑，北扼韩国、东拒赵国，战略地位十分重要。魏文侯采纳谋士建议，派西门豹为邺县

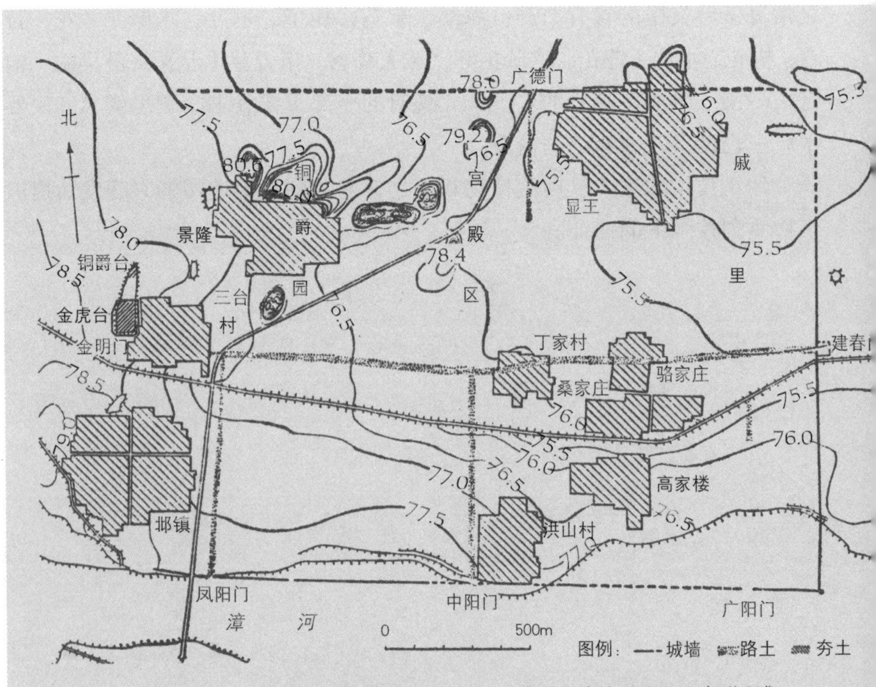

图 3·1 邺北城遗址实测图（《河北临漳邺北城遗址勘探发掘简报》，载《考古》，1990 (7)）

令兴修水利，使千里荒原变为丰腴之地。东汉末，曹操封爵魏公，独揽朝政，开始发展自己的割据势力、营建封邑邺都。

曹操在战国时兴修的水利的基础上又开凿运河，沟通河北平原的河流航道，形成了以邺城为中心的水运网络，同时也收到灌溉之利。因此，曹魏时的邺地已盛产稻谷，再经以后历朝的经营而成为北方的稻米之乡。由于邺城在经济上所占的优势地位，又是曹魏的封邑，因此，曹操当政时只把许昌作为政治上的"行都"，在这里挟天子以令诸侯。而自己则坐镇邺城，以此为割据政权的根据地，锐意进行城池、宫苑之建设。

据《水经注·漳水》记载："(邺城)东西七里，南北五里"，"城之西北有三台，皆因城之为基。"按晋尺折算，邺城墙遗迹的尺度应为：东西长3公里、南北长2.2公里 [图3·1]。

城市的结构严整，以宫城(北宫)为全盘规划的中心。宫城的大朝文昌殿建置在全城的南北中轴线上，中轴线的南段建衙署。利用东西干道划分全城为南北两大区，南区为居住坊里，北区为宫禁及权贵府邸。城市功能分区明确，寓有严谨的封建礼制秩序，也利于宫禁的防卫 [图3·2]。城西郊的漳河穿城而过，供应居住坊里的生活用水，另外开凿长明沟引漳河之水穿过城北，解决宫苑的用水问题。《水经注·浊漳水》：

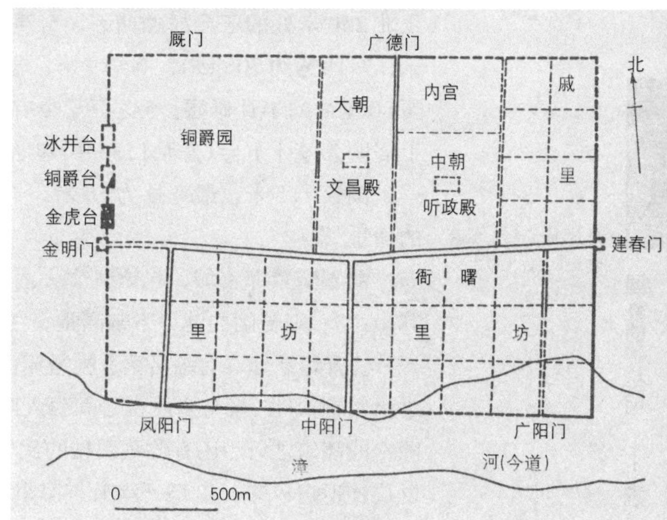

图 3·2 曹魏邺城平面图(贺业钜：《中国古代城市规划史》)

"魏武(曹操)又以郡国之旧，引漳流自城西东入，迳铜雀台下，伏流入城东注，谓之长明沟也。渠水又南迳止车门下，魏武封于邺为北宫，宫有文昌殿。沟水南北夹道，枝流引灌，所在通溉，东出石窦堰下，注之湟水，故魏武《登台赋》曰：'引长明，灌街里'，谓此渠也。"

水路联结漳、洹、淇水以及黄河的利漕渠、白沟[1]，邺城的西郊一带渠道纵横，交通方便，农业发达。

御苑"铜雀园"又名"铜爵园"，毗邻于宫城之西，相传为曹操打算"铜雀春深锁二乔"[2]的地方。按《水经注·浊漳水》："(邺) 城之西北有三台，皆因城为之基……中曰铜雀台……南则金虎台……北曰冰井台……"，宛若三峰秀峙，皆建安十五年(公元210年)所建。铜雀台居中，高十丈，上

[1] 《三国志·魏书·武帝纪》："凿渠引漳水入白沟以通河。"

[2] "二乔"即大乔和小乔，是三国时东吴的两位绝色美女。大乔为吴侯孙策之妻，小乔为周瑜之妻。相传曹操起兵八十三万征讨东吴，目的之一在于掳掠二乔置之邺城铜雀园内，但因赤壁惨败而未能实现。唐代诗人杜牧作《赤壁怀古》一诗以咏其事："折戟沉沙铁未销，自将磨洗认前朝；东风不与周郎便，铜雀春深锁二乔。"

建殿宇百余间，台殿落成，曹操率诸子登临，并命为赋。铜雀台的北面是冰井台，高八丈，上建殿宇一百四十间；有冰室，室有数井，井深十五丈，专为存储冰块、粮食、食盐、煤炭等物资，实具战备意义。南为金虎台，高八丈，上建殿宇一百零九间。三台之间相距各六十步，上有飞阁连接，凌空而起宛若长虹。曹植《登台赋》描写其为：

“建高门之嵯峨兮，浮双阙乎太清。
立中天之华观兮，连飞阁乎西城。
临漳水之长流兮，望园果之滋荣。
仰春风之和穆兮，听百鸟之悲鸣。”

金虎台的台基遗址如今尚能见到，当地人称之为“传铜爵台”，位于邺镇正北250米处的三台村的西邻。台基十分高大，呈长方形，南北长约120米，东西宽约70余米，高约9米。台基的夯土明显，上部有厚约70厘米至80厘米的半瓦砾层。台之顶，今有道观一座，正殿供奉玉帝神像，殿壁上嵌明嘉靖十五年(公元1536年)建庙施舍刻石三方。台基以北，还连接着一条高仅1.5米、最宽处为50米、长约85米的夯土残垣，可能就是城墙的遗址。[1]

[1] 俞伟超：《邺城调查记》，载《考古》，1963(1)。

铜雀园紧邻宫城，已略具“大内御苑”的性质，左思《魏都赋》描写其为：“右则疏圃曲池，下畹高堂。兰渚莓莓，石濑汤汤。弱蔓系实，轻叶振芳。奔龟跃鱼，有睩吕梁。驰道周曲于果下，延阁胤宇以经营。”长明沟之水由铜爵(雀)台与金虎台之间引入园内，开凿水池创为水景亦兼作养鱼。除宫殿建筑之外，还有贮藏军械的武库，贮藏冰、炭、粮食的冰井台。进可以攻、退可以守，这是一座兼有军事坞堡功能的皇家园林。

曹操还在邺城北郊兴建一处离宫别馆“玄武苑”，据《水经注 · 洹水》：“……其水际其西迳魏武玄武故苑，苑旧有玄武池以肄舟楫，有鱼梁钓台、竹木灌丛，今池林绝灭，略无遗迹矣。”另据《魏都赋》：“苑以玄武，陪以幽林。缭垣开囿，观宇相临。硕果灌丛，围木竦寻。篁篆怀风，蒲陶结阴。回渊漼，积水深；兼葭赞，藿蒻森。丹藕凌波而的皪，绿芰泛涛而浸潭。”这里也是训练水军的基地，《三国志 · 魏书 · 武帝纪》：“(建安)十三年(公元208年)春正月，公还邺，作玄武池，以肄舟师。”

西晋建都洛阳，八王之乱后，政权已濒于崩溃，洛阳亦屡遭战乱而迅速萧条。东晋偏安江南，黄河流域为少数民族豪强所据，邺城以其优越的地理位置和曹魏奠定的城市宫苑基础而先后成为后赵、冉魏、前燕、东魏、北齐五朝建都之地，历时79年。

羯族人石勒创立后赵，先定都于襄国，督劝农桑，施行汉化政策，经济得到恢复发展。石勒夺得邺城后，又开始经营宫殿，命世子石弘镇邺，“配禁兵万人，车骑所统五十四营悉配之”。公元335年，石虎继位，正式迁都邺城，建东宫、西宫、太极殿，又修葺三台，加高铜雀台二丈，“立一屋，连栋接榱，弥覆其上，盘回隔之，名曰命子窟。又于屋上起五层楼，高十五丈，去地二十七丈，又作铜雀于楼巅，舒翼若飞”[1]。足见这时的铜雀三台仍然高耸巍峨，一如旧观。

[1]《水经注·浊漳水》。

石虎荒淫无道，在连年战乱、民不聊生的情况下，役使成千上万的劳动人民不仅经营邺都宫苑，同时还在襄国、洛阳、长安等地进行宫殿建设，《晋书·石季龙载记》：

> “季龙(石虎)荒游废政，多所营缮。……咸康二年(公元336年)，使牙门将张弥徙洛阳钟虡、九龙、翁仲、铜驼、飞廉于邺。……于襄国起太武殿，于邺造东西宫，至是皆就。……(季龙)兼盛兴宫室于邺，起台观四十余所，营长安、洛阳二宫，作者四十余万人。……冠军苻洪谏曰：‘……今襄国、邺宫足康帝宇，长安、洛阳何为者哉？’……乃停二京作役焉。”

邺城新建诸御苑，其中规模最大、最著名的当推城北面的“华林园[2]”，《晋书·石季龙载记》：

[2] 华林园的前身名“芳林园”，据《历代宅京记》卷十二《邺下》：“芳林苑，《邺中记》曰，魏武所筑，后避秦王（齐王）讳，改名华林。后赵石虎建武十四年重修。”

> “永和三年(公元347年)……时，沙门吴进言于季龙曰：‘胡运将衰，晋当复兴，宜苦役晋人以厌其气。’季龙于是使尚书张群发近郡男女十六万，车十万乘，运土筑华林苑及长墙于邺北，广长数十里。赵揽、申钟、石璞等上疏陈天文错乱，苍生凋弊，及因引见，又面谏，辞旨甚切。季龙大怒曰：‘墙朝成夕没，吾无恨矣。’乃促张群以烛夜作，起三观、四门，三门通漳水，皆为铁扉。暴风大雨，死者数万人。扬州送黄鹄雏五，颈长一丈，声闻十余里，泛之于玄武池。郡国前后送苍麟十六、白鹿七，季龙命司虞张曷柱调之，以驾芝盖，列于充庭之乘。凿北城，引水于华林园。城崩，压死者百余人。”

另据《邺中记》记载：华林园内开凿大池“天泉池”，引漳水作为水源，再与宫城的御沟联通成完整的水系。千金堤上作两铜龙，相向吐水，以注天泉池。每年三月上巳，石虎及皇后百官临水宴游。园内栽植大量果树，多有名贵品种如春李、西王母枣、羊角枣、勾鼻桃、安石榴等。为了掠夺民间果树移栽园内，特制一种“蛤蟆车”，“箱阔一丈，深一丈四，抟掘根面去一丈，合土载之，植之无不生”。文中虽没有提到假山，但既然役使十余万人，开凿大池，则利用土方堆筑土山完全是可能的。

除了华林园之外，石虎还修建了一些规模较小的御苑，如专门种植桑树的“桑梓苑”。《水经注·漳水》：“漳水又对赵氏临漳宫，宫在桑梓苑，多桑木，故苑有其名。三月三日及始蚕之月，虎帅皇后及夫人采桑于此。今地有遗桑，墉无尺雉矣。”

公元357年，鲜卑族人慕容儁建立的前燕政权把国都由蓟迁邺。后燕慕容熙继位当国(公元401—407年)，兴建御苑“龙腾苑”，《晋书·慕容熙载记》：

> “(龙腾苑)广袤十余里，役徒二万人。起景云山于苑内，基广五百步，峰高十七丈。又起逍遥宫、甘露殿，连房数百，观阁相交。凿天河渠，引水入宫。又为其昭仪苻氏凿曲光海、清凉池。季夏盛暑，士卒不得休息，暍死者太半。”

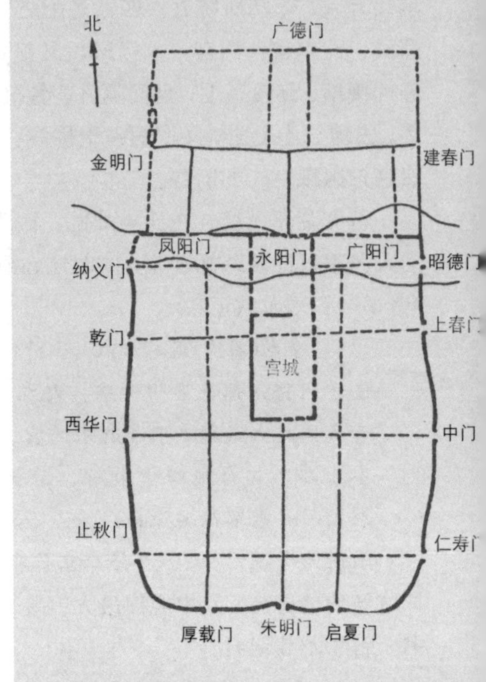

图 3·3 北齐邺城平面图（贺业钜：《中国古代城市规划史》）

公元538年，东魏扩建南邺城于曹魏邺城之南[图3·3]。新的南邺城约为旧城的两倍大，东、西城墙各四门，南城墙三门。宫城居中靠北，位于城市的中轴线上，呈前宫后苑的格局。“以漳水近于帝城，起长堤以防汛溢之患。又凿渠引漳水周流城廓，造治水碾硙，并有利于时。”[1]

公元571年，北齐后主高纬于邺城之西郊兴建仙都苑，一说仙都苑为扩建城北之华林园而成。[2]这座皇家园林较之以往的邺城诸苑，规模更大，内容也更丰富了。据《历代宅京记》卷十二《邺下》：仙都苑周围数十里，苑墙设三门、四观。苑中封土堆筑为五座山，象征五岳。五岳之间，引来漳河之水分流四渎为四海——东海、南海、西海、北海，汇为大池，又叫做大海。这个水系通行舟船的水程长达二十五里。大海之中有连璧洲、杜若洲、靡芜岛、三休山，还有万岁楼建在水中央。万岁楼的门窗垂五色流苏帐帷，梁上悬玉珮，柱上挂方镜，下悬织成的香囊，地上铺锦褥地衣。中岳之北有平头山，山的东、西侧为轻云楼、架云廊。中岳之南有峨嵋山，东有绿色瓷瓦顶的鹦鹉楼，西为黄色瓷瓦顶的鸳鸯楼。北岳之南有玄武楼，楼北为九曲山，“山下有金花池，池西有三松岭。次南有凌云城”，西有陛道名叫通天坛。大海之北有七盘山及若干殿宇，正殿为飞鸾殿十六间，柱础镌作莲花形，梁柱“皆苞以竹，作千叶金莲花三等束之”。殿“后有长廊，檐下引水，周流不

[1]《北齐书·高隆之传》。

[2]《历代宅京记》卷十二《邺下》：“华林园，《邺中记》云，齐武成增饰华林园，若神仙所居，遂改为仙都苑。《北史·魏收传》言，武成于华林园中作玄洲苑，备山水台观之美，疑是仙都也。”

绝”。北海之中建密作堂，这是一座用大船漂浮在水面上的多层建筑物。每层以木雕成歌姬、乐伎、僧众、仙人、菩萨、力士等，体内装机枢可以动作，“奇巧机妙，自古未见”。北海附近还有两处特殊的建筑群：一处是城堡，高纬命高阳王思宗为城主据守，高纬亲率宦官、卫士鼓噪攻城以取乐；另一处是“贫儿村”，仿效城市贫民居住区的景观，齐后主高纬与后妃宫监装扮成店主、店伙、顾客，往来交易三日而罢。其余楼台亭榭之点缀，则不计其数。

仙都苑不仅规模宏大，总体布局之象征五岳、四海、四渎乃是继秦汉仙苑式皇家园林之后的象征手法的发展。苑内的各种建筑物从它们的名称看来，形象相当丰富，如像贫儿村摹仿民间的村肆、密作堂宛若水上漂浮的厅堂、城堡类似园中的城池等等。这些，在皇家园林的历史上都具有一定的开创性意义。

洛　　阳

东汉末年的董卓之乱，洛阳遭受到空前劫难。面对一片残破凄凉的景象，曹操只好暂时移都许昌，但仍不放弃洛阳城市的恢复建设工作。操死后，其子曹丕篡汉登帝位，是为魏文帝，定都洛阳，继续在东汉的旧址上修复和新建宫苑、城池。其后，司马氏篡魏，建立西晋王朝，仍以洛阳为首都，城市、宫苑多沿曹魏旧制，新的建树不多。

魏文帝黄初元年(公元220年)，初营洛阳宫，帝居北宫，以建始殿作为大朝正殿，黄初二年(公元221年)筑陵云台，三年(公元222年)穿灵芝池，五年(公元224年)穿天渊池，七年(公元226年)筑九华台。[1]到魏明帝时，洛阳开始大规模的宫苑建设，其中包括著名的芳林园：

[1]《魏志·文帝本纪》。

“青龙三年(公元235年)……大治洛阳宫，起昭阳、太极殿，筑总章观。《魏略》曰：‘是年起太极诸殿，筑总章观，高十余丈，建翔凤于其上；又于芳林园中起陂池，楫櫂越歌；又于列殿之北，立八坊，诸才人以次序处其中……自贵人以下至尚保，及给掖庭洒扫，习伎歌者各有千数。通引穀水过九龙殿前，为玉井绮栏，蟾蜍含受，神龙吐出。使博士马均作司南车，水转百戏。岁首建巨兽，鱼龙曼延，弄马倒骑，备如汉西京之制，筑阊阖诸门阙外罘罳。’”

“景初元年(公元237年)……《魏略》曰：‘是岁，徙长安诸钟簴、骆驼、铜人、承露盘。……大发铜铸作铜人二，号曰翁仲，列坐于司马门外。又铸黄龙、凤凰各一，龙高四丈，凤高三丈余，置内殿前。起土山于芳林园西北陬，使公卿群僚皆负土成山，树松竹杂木善草于其上，捕山禽杂兽置其中。'”

（《三国志·魏书·明帝纪》，注引《魏略》）

“帝(魏明帝)愈增崇宫殿，雕饰观阁，凿太行之石英，采穀城之文石，起景阳山于芳林之园，建昭阳殿于太极之北。铸作黄龙凤凰奇伟之兽。饰金镛、陵云台、陵霄阙。百役繁兴，作者万数，公卿以下至于学生，莫不展力，帝乃躬自掘土以率之。而辽东不朝，悼皇后崩，天作淫雨，冀州水出，漂没民物。隆上书切谏……”

（《三国志·魏书·辛毗、杨阜、高堂隆传》）

“魏明帝天渊池南设流杯石沟，燕群臣。”

（《宋书·礼志》）

此时，东汉的南宫已废弃不用，新的宫城是以东汉的北宫为基础作适当的调整变更而成为单一集中的宫城。魏明帝参照邺城的宫城规制，以太极殿与尚书台骈列为外朝，其北为内廷，再北为御苑“芳林园”。这一皇都模式不仅为西晋、东晋所继承，两百多年后北魏重建洛阳所遵循的大体上也是这个模式。单一的宫城正门前形成一条直达南城门的御街——铜驼街，重要的衙署府邸均分布于街的两侧。御街与其后的宫、苑构成城市的中轴线，开创了我国皇都规划的新格局。[1]结合城内的宫苑建设，对洛阳的水系又做了一次全面的整治；并在城的西北角增建金镛城，以加强宫城的防卫能力，保障皇居的安全。由于宫苑工程浩繁，魏明帝甚至亲率百官参加“劳动”，以表示政府对城建工程的重视。

[1] 郭湖生：《汉魏西晋北魏洛阳》，载《建筑师》，1993(52)。

芳林苑相当于“大内御苑”，是当时最重要的一座皇家园林，后因避齐王曹芳讳改名华林园。园的西北面为各色文石堆筑成的土石山——景阳山，山上广种松竹。东南面的池陂可能就是东汉天渊池的扩大，引来穀水绕过主要殿堂之前而形成完整的水系、创设各种水景、提供舟行游览之便，这样的人为地貌基础显然已有全面缩移大自然山水景观的意图。天渊池中有九华台，台上建清凉殿，流水与禽鸟雕刻小品结合于机枢之运用而做成各式水戏。园内养蓄山禽杂兽，多有楼观的建置，殿宇森列并有足够的场地进行上千人的活动和表演“鱼龙漫延”的杂技。这些都仍然保留着东汉苑囿的遗风。

西晋洛阳宫苑一仍曹魏之旧，主要的御苑仍为华林园。此外，还有春王园、洪德苑、灵昆苑、平乐苑、舍利池、天泉池、濛汜池、东宫池等，规模都不太大。

鲜卑族建立的北魏政权自平城迁都洛阳之后统一了北方，因连年战乱而濒于停滞的社会生产力得以有所发展，商品经济呈现回苏之势。洛阳作为首都，为适应经济发展、文化繁荣、人口增加的要求，也为了强化北魏王朝对北方的统治，就需要在曹魏、西晋的基础上重新加以营建。为此，政府曾

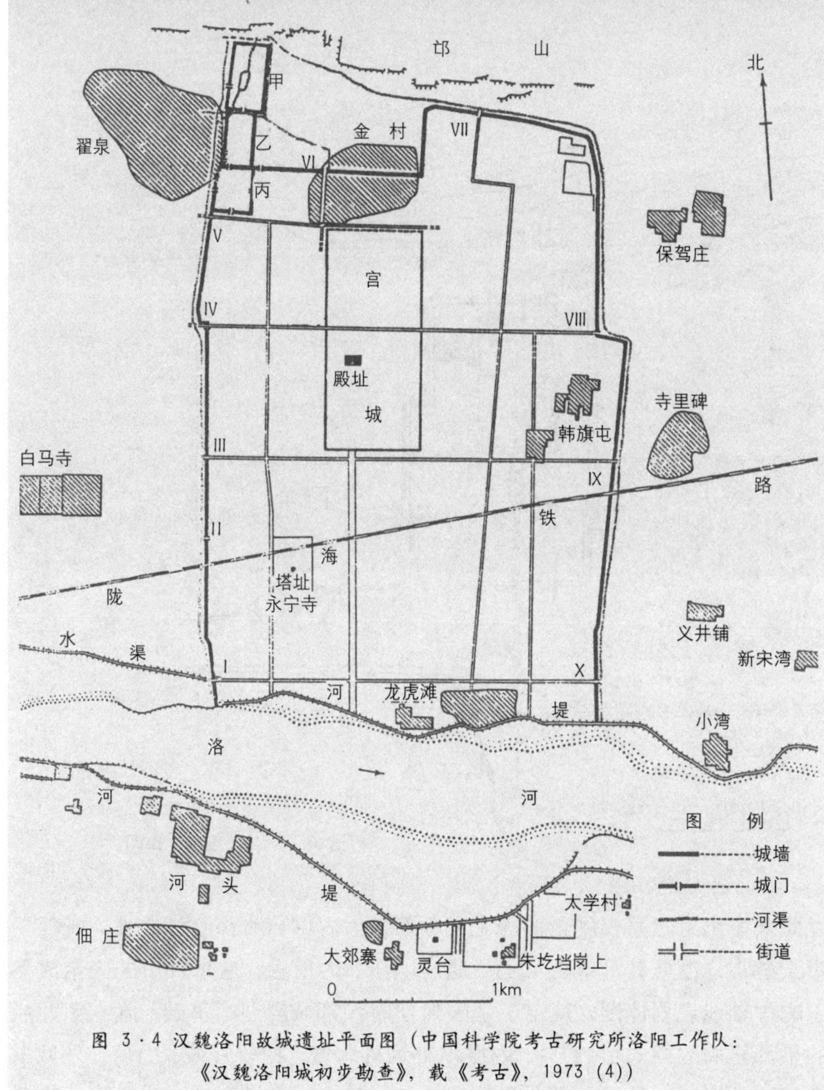

图 3·4 汉魏洛阳故城遗址平面图（中国科学院考古研究所洛阳工作队：《汉魏洛阳城初步勘查》，载《考古》，1973（4））

派人到南朝考查建康的城市建设情况并制定新洛阳的规划方案，于北魏孝文帝太和十七年(公元493年)开始了大规模的改造、整理、扩建的工程。

1962年，中国科学院考古研究所对汉魏洛阳故城进行了钻探、勘查和试掘工作，初步探明了土城、垣墙、门阙、街道、护城河以及殿台遗址 [图3·4]。

北魏洛阳在中国城市建设史上具有划时代的意义，它的功能分区较之汉、魏时期更为明确，规划格局更趋完备。内城即魏晋洛阳城址，在其中央的南半部纵贯着一条南北向的主要干道——铜驼大街，大街以北为政府机构所在的衙署区，衙署以北为宫城(包括外朝和内廷)，其后为御苑华林园，已邻近于内城北墙了。干道——衙署——宫城——御苑自南而北构成城市的中轴线，这条中轴线是皇居之所在，政治活动的中心。它利用建筑群的布局和建筑体型的变化形成一个具有强烈节奏感的完整的空间序列，

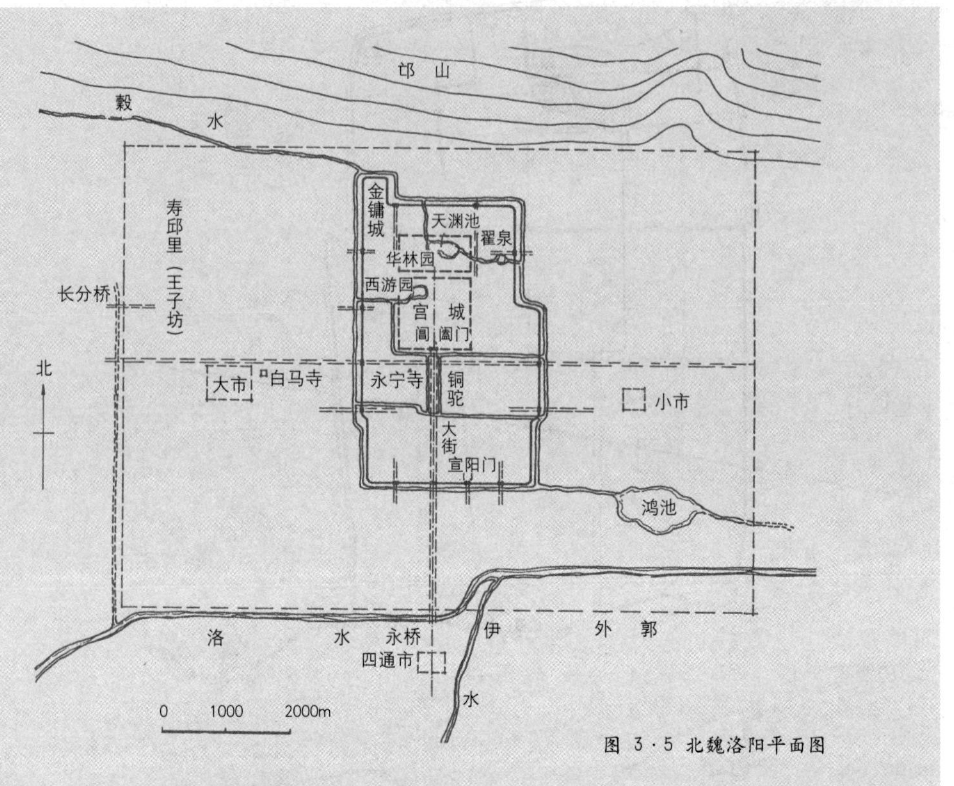

图 3·5 北魏洛阳平面图

以此来突出封建皇权的至高无上的象征。大内御苑毗邻宫城之北，既便于帝王游赏，也具有军事防卫上“退足以守”的用意。这个城市的完全成熟了的中轴线规划体制，奠定了中国封建时代都城规划的基础，确立了此后的皇都格局的模式［图3·5］。内城以外为外郭城，构成宫城、内城、外城三套城垣的形制。外城大部分为居民坊里。整个外郭城“东西二十里，南北十五里”，比隋唐长安城还要略大一些。

北魏洛阳完全恢复了魏、晋时的城市供水设施而且更加完善，水资源得以充分利用。因此，内城清流潆回，绿阴夹道，外城河渠通畅，环境十分优美。水渠不仅接济宫廷苑囿，并且引流入私宅、寺观，为造园创造了优越的条件，因而城市园林十分兴盛，《洛阳伽蓝记》形容其为：“高台芳榭，家家而筑；花林曲池，园园而有。”简直就是一座花园城市了。

主要的大内御苑华林园位于城市中轴线的北端，是利用曹魏华林园的大部分基址改建而成，北魏宣武帝时，任命骠骑将军茹皓负责改建和修复工作。《魏书·恩倖列传》：

> “迁骁骑将军，领华林诸作。皓性微工巧，多所兴立。为山于天渊池西，采掘北邙及南山佳石。徙竹汝、颍，罗莳其间，经构

楼馆，列于上下。树草栽木，颇有野致，世宗(宣武帝)心悦之。

关于此园情况，《洛阳伽蓝记·城内》有详细记载：

“(翟)泉西有华林园，高祖以泉在园东，因名苍龙海。华林园中有大海，即魏天渊池，池中犹有文帝九华台。高祖于台上造清凉殿，世宗在海内作蓬莱山，山上有仙人馆，上有钓鱼殿，并作虹霓阁，乘虚来往。至于三月禊日、季秋巳辰，皇帝驾龙舟鷁首，游于其上。海西有藏冰室，六月出冰以给百官。海西南有景阳殿，山东有羲和岭，岭上有温风室。山西有姮娥峰，峰上有露寒馆，并飞阁相通，凌山跨谷。山北有玄武池，山南有清暑殿，殿东有临涧亭，殿西有临危台。景阳山南有百果园，果列作林，林各有堂。有仙人枣，长五寸，把之两头俱出，核细如针。霜降乃熟，食之甚美。俗传云出昆仑山，一曰西王母枣。又有仙人桃，其色赤，表里照彻，得霜即熟。亦出昆仑山，一曰王母桃也。柰林南有石碑一所，魏明帝所立也，题云‘苗茨之碑’。高祖(孝文帝)于碑北作苗茨堂。永安中年，庄帝习马射于华林园，百官来读碑，疑苗字误……柰林西有都堂，有流觞池，堂东有扶桑海。凡此诸海，皆有石窦流于地下，西通穀水，东连阳渠，亦与翟泉相连。若旱魃为害，穀水注之不竭；离毕滂润，阳穀泄之不盈。至于鳞甲异品，羽毛殊类，濯波浮浪，如似自然也。”

《水经注·穀水》也有一段文字描写，可以作为前者的补充：

“渠水又东，枝分南入华林园，历疏圃南，圃中有古玉井，井悉以珉玉为之，以缁石为口，工作精密，犹不变古，璨焉如新。又迳瑶华宫南，历景阳山北，山在都亭，堂上结方湖，湖中起御坐石也。御坐前建蓬莱山，曲池接筵，飞沼拂席，南面射侯，夹席武峙，背山堂上，则石路崎岖，岩嶂峻险，云台风观，缨峦带阜，游观者升降阿阁，出入虹陛，望之状凫没鸾举矣。其中引水，飞皋倾澜，瀑布或枉渚，声溜潺潺不断。竹柏荫于层石，绣薄丛于泉侧，微飏暂拂，则芳溢于六空，入为神居矣。其水东注天渊池，池中有魏文帝九华殿，殿基悉是洛中故碑累之，今造钓台于其上。池南置魏文帝茅茨堂，前有茅茨碑，是黄初中所立也。其水自天渊池东出华林园，迳听讼观南，故平望观也……池水又东流于洛阳县之南池，池即故翟泉也。”

《洛阳伽蓝记》描写蓬莱山上的仙人馆与钓鱼殿之间“并作虹霓阁，乘虚来往”，姮娥峰上则“飞阁相通，凌山跨谷”；《水经注》描写蓬莱山上“游观者升降耶阁，出入虹陛，望之状凫没鸾举矣”。所谓虹霓阁，指的是架设在建筑物之间的高架廊道，好像虹一样地拱起，也就是飞阁。游人循着廊道时而向上走，时而往下行，远远看去好像水鸟高飞和降落的动态。这种高架廊道既然“凌山跨谷”，想来数量不少。它们既为游人提供了来往交通之方便，也丰富了建筑群体的轮廓形象，成为园林景观的点缀。所谓“乘虚往来”则仿佛飘飘欲仙，还有增加园林的仙境气氛的用意。飞阁的由来，可以上溯到秦汉。西汉的未央宫与建章宫之间就有飞阁的联系，张衡的《东京赋》中屡屡提到“阁道相通，不在于地”的情况，它与秦代上林苑中的复道也有着一脉相承的渊源关系。景阳山南之百果园，栽植不同种类的果树林，每一种果树的丛植成林，谓之一“堂”，看来这个果园的规模是不小的。

华林园历经曹魏、西晋直到北魏的若干个朝代二百余年的不断建设、踵事增华，不仅成为当时北方的一座著名的皇家园林，其造园艺术的成就在中国古典园林史上也是占着一定的地位。

在千秋门以北的宫城西半部，还有一个较小的大内御苑“西游园”，则是利用曹魏芳林园基址的另一部分改建而成。《洛阳伽蓝记 · 城内》也有详细记载：

> “千秋门内道北有西游园，园中有凌云台即是魏文帝(曹丕)所筑者。台上有八角井，高祖于井北造凉风观，登之远望，目极洛川。台下有碧海曲池，台东有宣慈观，去地十丈。观东有灵芝钓台，累木为之，出于海中，去地二十丈。风生户牖，云起梁栋，丹楹刻桷，图写列仙。刻石为鲸鱼，背负钓台，既如从地踊出，又似空中飞下。钓台南有宣光殿，北有嘉福殿，西有九龙殿。殿前九龙吐水成一海。凡四殿皆有飞阁向灵芝台往来。三伏之月，皇帝在灵芝台以避暑。”

关于西游园中的水池，《水经注 · 谷水》描写其九龙吐水的情况：“(渠水）又枝流入石，逗伏流注灵芝九龙池。魏太和（公元477—499年）中，皇都迁洛阳，经构宫极，修理街渠，务穷隐，发石视之，曾无毁坏。又石工细密，非今知所拟，亦奇为精至也，遂因用之。”由此可知九龙吐水的石雕龙首水道乃是利用曹魏时的旧物，亦足证西游园为曹魏宫苑故址的一部分。灵芝池上有连楼飞观，四周阁道。池中有钓鱼台，有鸣和舟、指南舟，其建筑设施与景观均类似于华林园。

建　康

建康即今南京，是魏晋南北朝时期的吴、东晋、宋、齐、梁、陈六个朝代的建都之地，除西晋灭吴至东晋立国的37年以及梁元帝迁都江陵3年之外，作为首都共历时320年。

东汉末，军阀混战、群雄割据，吴郡的地方割据势力孙氏逐渐强大，公元221年，孙权称帝，建立吴国，与魏、蜀成三国鼎峙之局面。吴都建业，西晋时改名建康。建康濒临长江天险，与上游的荆楚地区交通往来方便，与下游的吴越地区也有便捷的联系；钟山龙盘、石头虎踞，地形十分险要。它作为都城之所在，确实具备优越的经济上和军事上的地位。

建业城周长二十里一十九步，城内的太初宫为孙策的将军府改建而成，"赤乌十年(公元247年)……二月，权适南宫。三月，改作太初宫，诸将及州郡皆义作"[1]。公元267年，孙皓在太初宫之东营建显明宫，"皓营新宫，二千石以下皆自入山督摄伐木。又破坏诸营(军营)，大开园囿，起土山楼观，穷极伎巧，功役之费以亿万计"[2]。太初宫之西建西苑，又称西池，即太子的园林。与城市建设和宫殿建设的同时，也修整河道和供水设施，先后开凿青溪(东渠)、潮沟、运渎、秦淮河，改善了城市的供水和水运，建业城遂日益繁荣。出城之南至秦淮河上的朱雀航(航即浮桥)，官府衙署鳞次栉比，居民宅室延绵迤西直至长江岸，大体上奠定了此后建康城的总体格局[图3·6]。

[1]《三国志·吴书·吴主传》。

[2]《三国志·吴书·三嗣主传》注引《江表传》。

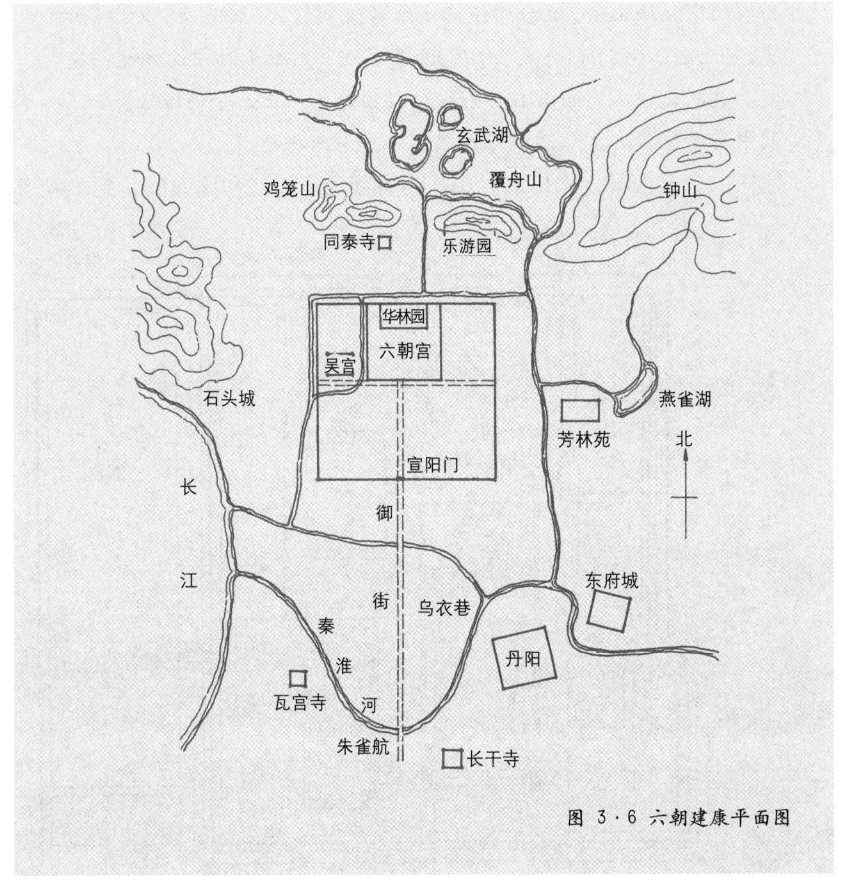

图3·6 六朝建康平面图

东晋立国之初，因吴旧都修而居之。“至成帝缮苑城，作新宫，穷极伎巧，侈靡殆甚。宋、齐而下因之，称为建康宫。”[1]建康宫即“台城”，“六代宫室门墙虽时有改筑，然皆因吴旧址”，大体上不出台城的范围[图3·7]。城北为人工开凿的湖泊玄武湖，此湖于南朝建康之宫苑建设至关重要，《六朝事迹编类·真武湖》：

[1]《六朝事迹编类·总叙门》，清刊本。

> “吴后主皓宝鼎元年(公元266年)，开城北渠，引后湖水流入新宫，巡绕殿堂，穷极伎巧。至晋元帝始创为北湖，故《实录》云：元帝大兴三年(公元320年)创北湖，筑长堤以遏北山之水，东至覆舟山，西至宣武城。又按《南史》，宋文帝元嘉二十三年(公元446年)筑北堤，立真武湖于乐游苑之北，湖中亭台四所。……至孝武大明五年(公元461年)，常阅武于湖西。七年(公元463年)，又于此湖大阅水军。按《舆地志》云：齐武帝亦常理水军于此，号曰昆明池。故沈约《登覆舟山》诗‘南瞻储胥馆，北眺昆明池’，盖谓此也。又于湖侧作大窦，通水入华林园天渊池，引殿内诸沟经太极殿，由东、西掖门下注城南堑，故台中诸沟水常萦流回转，不舍昼夜。又按《南史》：元嘉二十三年(公元446年)开真武湖，文帝于湖中立方丈、蓬莱、瀛洲三神山，尚书右仆射何尚之固谏，乃止。今《图经》云：湖中有蓬莱、方丈、瀛洲三神山，不知何所据也。”

建康的皇家园林，宋以后，历代均有新建、扩建和添改的，到梁武帝

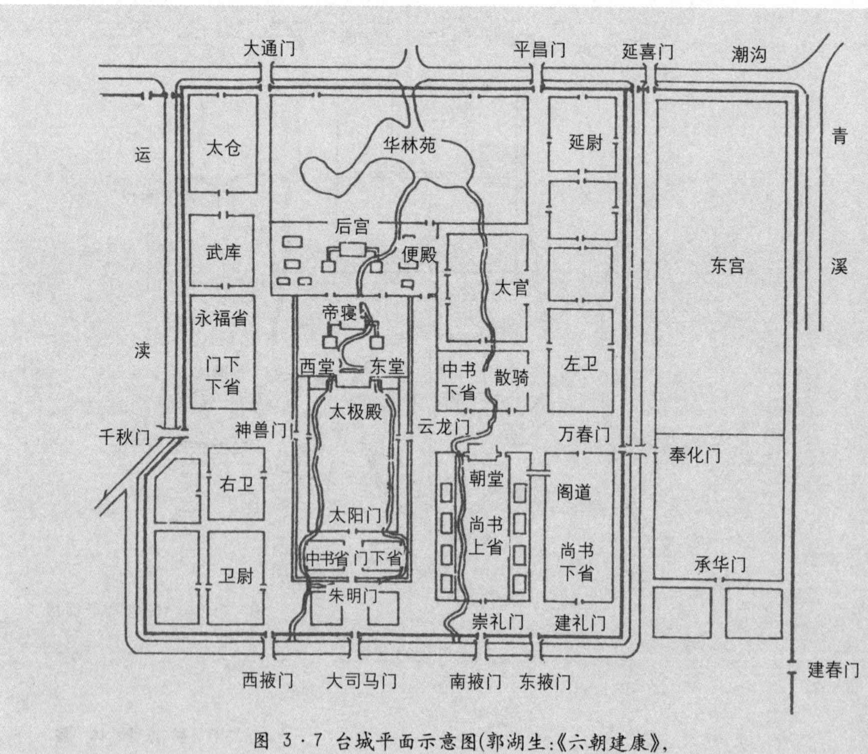

图 3·7 台城平面示意图(郭湖生:《六朝建康》，见《建筑师》，1993 (3))

时臻于极盛的局面。后经侯景之乱而破坏殆尽，陈代立国才又重新加以整建。南方汉族政权偏安江左，皇家园林的规模都不太大。但设计规划上则比较精致，内容也十分豪华，这在后来的文人笔下乃是“六朝金粉”的主要表现。隋文帝灭陈，“金陵王气黯然收”，这些园林也就随之而灰飞烟灭了。

大内御苑“华林园”位于台城北部，与宫城及其前的御街共同形成干道——宫城——御苑的城市中轴线的规划序列。华林园始建于吴，历经东晋、宋、齐、梁、陈的不断经营，是南方的一座重要的、与南朝历史相始终的皇家园林。

早在东吴，即已引玄武湖之水入华林园。东晋在此基础上开凿天渊池，堆筑景阳山，修建景阳楼。任昉《奉和登景阳山》诗描写登山所见之景：

“南望铜驼街，北走长楸埒。
别涧苑沧溟，疏山驾瀛碣。
奔鲸吐华浪，司南动轻枻。
日下重门照，云开九华澈。”

这时，园林已粗具规模，显示一派有若自然天成之景观。故(东晋)简文帝入华林园谓左右曰：“会心处不必在远，翳然林水，便有濠濮间想也，觉鸟兽禽鱼自来亲人。”这段话还表明了当时园林内容尚比较简单，没有多少景观可言。到刘宋文帝时，按照将作大匠张永的规划而大加扩建，保留景阳山、天渊池、流杯渠等山水地貌并整理水系。利用玄武湖的水位高差“作大窦，通入华林园天渊池”。然后再流入台城南部的宫城之中，绕经太极殿及其他诸殿，由东西掖门之下注入宫城的南护城河。园内的建筑物除保留上代的仪贤堂、祓禊堂、景阳楼之外，又先后兴建琴室、芳香琴堂、清暑殿、华光殿、兴光殿、凤光殿、射堋、层城观、醴泉殿、朝日明月楼、竹林堂等，开凿花萼池，堆筑景阳东岭。[1]宋少帝又“开渎聚土，以象破冈埭，与左右引船唱呼，以为欢乐。夕游天渊池，即龙舟而寝”，“帝于华林园为列肆，亲自酤卖”[2]。宋孝武帝则“听讼于华林园。自是，非巡狩军役，则车驾岁三临讯。丙寅，芳香琴堂东西有双枯连理，景阳楼上层西南梁栱间有紫气，清暑殿西甍鸱尾中央生嘉禾，一株五茎。因改景阳楼为庆云楼，清暑楼为嘉禾殿，芳香琴堂为连理堂”[3]。梁代是华林园的鼎盛时期，梁武帝《首夏泛天池诗》描写天渊池之景：

“薄游朱明节，泛漾天渊池。
舟楫互容与，藻苹相推移。
碧沚红菡萏，白沙青涟漪。
新波拂旧石，残花落故枝。
叶软风易出，草密路难披。”

[1]《建康实录》卷十二，宋文帝元嘉二十三年（公元446年）置华林园条自注。

[2]《宋书·少帝本纪》。

[3]《南史·宋本纪中》。

武帝礼贤下士，笃信佛教，在园内建“重云殿”作为皇帝讲经、舍身、举行无遮大会之处。另在景阳山上建“通天观”，以观天象，这是天文观测所，此外还有观测日影的日观台，当时的天文学家何承天、祖冲之都曾在园内工作过。

侯景叛乱，尽毁华林园，陈代又予以重建。至德二年(公元584年)，荒淫无道的陈后主在光昭殿前为宠妃张丽华修建著名的临春、结绮、望仙三阁，“阁高数丈，并数十间。其窗牖、壁带、悬楣、栏槛之类，并以沈檀香木为之，又饰以金玉，间以珠翠，外施珠帘，内有宝床、宝帐，其服玩之属，瑰奇珍丽，近古所未有。每微风暂至，香闻数里，朝日初照，光映后庭，其下积石为山，引水为池，植以奇树，杂以花药。后主自居临春阁，张贵妃居结绮阁，龚、孔二贵嫔居望仙阁，并复道交相往来”[1]。三阁之间以复道联系，复道即飞阁，同样的情况亦见于曹魏邺城的铜雀园和北魏洛阳的华林园中。

华林园之水引入台城南部的宫城，“萦流回转，不舍昼夜”，为宫殿建筑群的园林化创设了优越条件（参见［图3·6］及［图3·7]）。台城的宫殿，多为三殿一组，或一殿两阁，或三阁相连的对称布置，其间泉流环绕，杂植奇树花药，并以廊庑阁道相连，具有浓郁的园林气氛。这种做法即是敦煌唐代壁画中常见的“净土宫”背景之所本，也影响及于日本的以阿弥陀堂为中心的净土庭园。著名的京都平等院凤凰堂，若追溯其源，则很可能就是脱胎于南朝宫苑的模式。[2]

台城之内，还有另一处大内御苑“**芳乐苑**”，始建于南齐。

南齐东昏侯是一个极荒淫的昏君，“日夜于后堂戏马，与亲近阉人倡伎鼓叫。……”他外出游逛时“所经道路，屏逐居民，从万春门由东宫以东至于郊外，数十百里，皆空家尽室。巷陌悬幔为高障，置仗人防守，谓之‘屏除’”。东昏侯于台城阅武堂旧址兴建芳乐苑，苑内穷奇极丽，多种树木，“山石皆涂以五采，跨池水立紫阁诸楼观，壁上画男女私亵之像。种好树美竹，天时盛暑，未即经日便就萎枯。于是征求民家，望树便取，毁撤墙屋以移致之，朝栽暮拔，道路相继，花药杂草亦复皆然”。东昏侯在芳乐苑内也搞了一个仿市井的街道店肆，“太官每旦进酒肉杂肴，使宫人屠酤，潘氏(妃)为市令，帝为市魁，执罚，争者就潘氏决判”[3]。“帝小有得失，潘则杖。又开渠立埭，躬自引船，埭上设店，坐而屠肉。于时百姓歌云：‘阅武堂，种杨柳。至尊屠肉，潘妃酤酒。’”[4]

除大内御苑之外，南朝历代还在建康城郊以及玄武湖周围兴建行宫御苑多达二十余处。著名者如(南朝)宋代的乐游苑、上林苑，齐代的青溪宫(芳林苑)、博望苑，梁代的江潭苑、建新苑等处，星罗棋布，蔚为大观。

乐游苑 位于覆舟山之南麓，又名北苑，始建于刘宋。覆舟山北临玄

[1]《陈书·后主张贵妃列传》。

[2] 郭湖生：《六朝建康》，载《建筑师》，1993(54)。

[3]《南齐书·高帝·东昏侯本纪》。

[4]《六朝事迹编类·楼台门》。

武湖，东际青溪，南近台城，周围不过三里(1.5公里)，是台城的重要屏障，也是登山顶观赏北面玄武湖景和东面钟山景的最佳处。《六朝事迹编类·楼台门·乐游苑》：

> “《舆地志》云：(乐游苑)在晋为药园，宋元嘉中以其地为北苑，更造楼观，后改为乐游苑。宋孝武帝大明中，造正阳、林光殿于内。侯景之乱，焚毁略尽。陈天嘉六年(公元565年)，更加修葺，陈亡遂废。又按《(建康)实录》：宋文帝元嘉十一年(公元434年)三月，禊饮于乐游苑。会者赋诗，颜延之为序。《南史》：梁大通三年(公元529年)，武帝幸乐游苑，时新造两刀矟。成帝因赐羊侃河南国紫骝马试之。侃执矟上马，左右击刺，特尽其妙。观者登树，树俄而折，因号其矟为折树矟。及陈宣帝即位，北齐使常侍李驹駼来聘，赐宴乐游苑，尚书令江总作诗以赠之。”

梁武帝天监十年(公元511年)，“嘉莲一茎三花生乐游苑”。“(东昏侯)永元二年(公元500年)六月庚寅，车驾于乐游苑内会，如三元，京邑女人放观。”[1]乐游苑是南朝的一处重要的“行宫御苑”，举凡皇帝与臣下禊饮、重九登高、射礼、阅武等活动乃至接见外国使臣都在这里进行。《酉阳杂俎·礼异》记载了梁代的一次外事活动：

> “魏使李同轨、陆操聘梁，入乐游苑西门内青油幕下。梁主备三仗，乘舆从南门入，操等东面再拜，梁主北入林光殿。未几，引台使入，梁主坐皂帐，南面。诸宾及群官俱坐定，遣中书舍人殷灵宣旨慰劳，具有辞答。其中庭设钟悬及百戏殿上，流杯池中行酒具。进梁主者，题曰御杯，自馀各题官姓之杯，至前者即饮。又图象旧事，令随流而转，始至讫于座罢，首尾不绝也。”

自建康城的北门有驰道直达乐游苑的南门也就是正门。苑内的正阳殿、林光殿等主要殿堂均建在覆舟山南的平坦地段上，另在山上建亭、观，以便北瞰玄武湖、东望钟山。刘宋诗人颜延年《曲水诗序》中有一段文字描写乐游苑之风景：“左关岩隥，右梁潮源；略亭皋，跨芝廛；苑太液，怀曾山；松石峻垝，葱翠阴烟；……于是离宫设卫，别殿周徼；旌门洞立，延帷接枑；阅水环阶，引池分席。”[2]范晔也有诗句描写苑景：“原薄信平蔚，台涧备曾深。……遵渚攀蒙密，随山上岖嵚。睇目的极览，游情无返寻。”[3]可见苑的规模虽然不大，由于选址和建筑营构得宜，无论园内之景以及园外借景均能收到很好的观赏效果。另据《南史·宋本纪中》：“(大明)六年五月丙戌，置凌室于覆舟山，修藏冰之礼。”于乐游苑内藏冰，显然与邺城曹魏铜雀园冰井台之藏冰、洛阳北魏华林园之藏冰有着同样的用意。

芳林苑 一名桃花园，位于燕雀湖之东侧。原为齐高帝旧宅。“齐武帝

[1]《南齐书·高帝·东昏侯本纪》。

[2]《文选》卷46，北京，中华书局影印本。

[3] 范晔：《乐游园应诏诗》，见《文选》卷20，北京，中华书局影印本。

永明五年(公元487年)，尝幸其苑禊宴。王融《曲水诗序》云：'载怀平浦，乃眷芳林'，盖此也。又按《南史》：齐时青溪宫改为芳林苑。梁天监初，赐南平元襄王为第，益加穿筑，果木珍奇，穷极雕靡，命萧子范为之记。蕃邸之盛，无过焉。"[1]

[1]《六朝事迹编类·楼台门》，清刊本。

此外，上林苑作为皇家狩猎场，位于玄武湖之北；桂林苑位于落星山之阳；青林苑、东田小苑、博望苑散布在钟山东麓，等等。相传梁昭明太子曾在玄武湖的岛屿上建果园、植莲藕，并在梁洲设立读书台。梁洲是湖中大岛，宋武帝建揽胜楼以检阅水军，登楼远眺近观，则钟山闲云、玄湖烟柳、鸡笼云树、覆舟塔影的一派山光水色，尽在眼底。

综　述

有关邺城、洛阳、建康三地的宫苑的片段文字记载，大抵也就是魏晋南北朝时期的皇家园林的一般概况。作为一个园林类型，不难看出其不同于上代的一些特点：

一、园林的规模比较小，也未见有生产、经济运作方面的记载，但其规划设计则更趋于精密细致；个别规模较大的，如邺城北齐高纬的仙都苑，由暴君驱使大量军民劳动力在很短时期内建成，估计施工十分粗糙，总体的质量是不会高的。筑山理水的技艺达到一定水准。已多有用石堆叠为山的做法，山石一般选用稀有的石材。水体的形象多样化，理水与园林小品的雕刻物(石雕、木雕、金属铸造等)相结合，再运用机枢而创为各种特殊的水景。植物配置多为珍贵的品种，动物的放逐和圈养仍占着一定的比重。建筑的内容多样、形象丰富，楼、阁、观等多层建筑物以及飞阁、复道都是沿袭秦汉传统而又有所发展，台已不多见。佛寺和道观等宗教建筑偶有在园林之内建置的。亭在汉代本来是一种驿站建筑物，[2]这时开始引进宫苑，但其性质则完全改变成为点缀园景的园林建筑了。

[2]《说文解字》段注："县道大率十里一亭，亭有长。十亭一乡，乡有三老、有秩啬夫。《后汉书》曰：'亭有长，以禁盗贼。……'《释名》曰：'亭，停也。人所亭集。'按：云民所安定者，谓居民于是备盗贼，行旅于是止宿也。"

二、由山、水、植物、建筑等造园要素的综合而成的景观，其重点已从摹拟神仙境界转化为世俗题材的创作，但老庄、仙界的玄虚之景仍然与人间的现实之景形成分庭抗礼的局面。园林造景的主流仍然是追求"镂金错采"的皇家气派，个别的如南、北华林园甚至经过几个朝代的踵事增华，使得这种气派更为定型化。但在时代美学思潮的影响下，于皇家气派中也不免或多或少地透露一种"天然清纯"之美。东晋简文帝入华林园云："会心处不必在远，翳然林木，便自有濠濮间想也。"这便是有感于此园的天然清纯而抒发出来的仿佛逍遥物外的慨叹。

三、皇家园林开始受到民间的私家园林的影响，南朝的个别御苑甚至由当时的著名文人参与经营。刘宋元嘉年间“造华林园、玄武湖，并使(张)永监统，凡诸制置，皆受则于永”[1]。张永能文、善书、通晓音律，还以能营园而知名于世。元嘉时的文人名士戴颙所居之竹林精舍，“林涧甚美”，宋文帝于御苑中堆筑景阳山，山成之后戴颙已死，文帝以“恨不得使戴颙观之”而引为遗憾。看来，宫廷造园已自觉地有所取法于民间了。同时，一些民间的游憩活动也被引进宫廷，“曲水流觞”便是其中之一。曲水流觞原出于先秦的修禊活动，这时已成为盛行于文人名流圈子里的一种诗酒酬唱的社交聚会。[2]曹魏时，民间的“修禊”引入宫廷，洛阳芳林园内最早出现举行修禊活动的人工建置。西晋洛阳的华林园、南朝建康的华林园都有类似的禊堂、禊坛、流杯沟、流杯池、流觞池等的建置，成为皇家园林的特有景观，也是宫廷摹仿民间活动、帝王附庸文人风雅的表象。《南齐书·礼志》：“陆机云：‘天渊池南石沟，引御沟水，池西积石为禊堂，跨水，流杯饮酒。’”文中提到的“积石”应是以石块堆筑为弯弯曲曲的水沟，穿过跨水的禊堂，人们列坐举行流杯饮酒的活动。从此以后，在三大园林类型并行发展的过程中，皇家园林不断向私家园林汲取新鲜的养分，就成了中国古典园林发展史上一直贯穿着的事实。

[1]《宋书·张永传》。

[2] 曲水指弯弯曲曲的溪水，人们列坐溪旁，用羽觞(一种带耳的漆器，本身很轻)盛酒自上游流下，羽觞停留在谁的身旁，谁便把觞中之酒饮尽，这就叫做“曲水流觞”。

四、以筑山、理水构成地貌基础的人工园林造景，已经较多地运用一些写意的手法，把秦汉以来的着重写实的创作方法转化为写实与写意相结合。《水经注》有一段文字描写北魏洛阳华林园内的景阳山：“岩嶂峻险，云台风观，缨峦带阜。游观者升降阿阁，出入虹陛，望之状凫没鸾举矣。其中引水，飞皋倾澜，瀑布或枉渚，声溜潺潺不断。竹柏荫于层石，绣薄丛于泉侧，微飙暂拂，则芳溢于六空，入为神居也。”已约略透露一些写意的信息。

五、皇家园林的称谓，除了沿袭上代的“宫”、“苑”之外，称之为“园”的也比较多了。就园林的性质而言，它的两个类别——宫、苑，前者已具备“大内御苑”的格局。此后，大内御苑的发展便纳入了更为规范化的轨道，在首都城市的总体规划中占着重要的地位，成为城市中轴线的空间序列的结束。它不仅为皇帝就近提供了日常游憩场所，也是拱卫皇居的屏障，军事上足以作攻防之应变，起着保护宫禁的作用。北魏的洛阳、南朝的建康就是这种规范化的皇都模式的代表作，对于隋唐以后的皇都的城市规划有着深远的影响。

第三节
私家园林

东汉末，民间的私家造园活动已经比较频繁了。建安文人大多数都写过有关园林和园居生活的诗文，例如：

"……高谈娱心，哀筝顺耳。驰骛北场，旅食南馆。浮甘瓜于清泉，沈朱李于寒水。白日既匿，继以朗月。同乘并载，以游后园。"

(曹丕：《与朝歌令吴质书》)

"公子敬爱客，终宴不知疲。
清夜游西园，飞盖相追随。
明月澄清影，列宿正参差。
秋兰被长坂，朱华冒绿池。
潜鱼跃清波，好鸟鸣高枝。"

(曹植：《公宴诗》)

到了魏晋南北朝，寄情山水、雅好自然既然成为社会的风尚，那些身居庙堂的官僚士大夫们"不专流荡，又不偏华上；卜居动静之间，不以山水为忘"[1]，当然也就不会满足于一时的游山玩水，更何况这需要付出长途跋涉的艰辛劳动。如何避免跋涉之苦、保证物质生活享受而又能长期占有大自然山水风景？要满足这个愿望，除了在城市近郊开辟可当日往返的风景游览地之外，最理想的办法莫如营造"第二自然"——园林。于是，官僚士大夫纷纷造园，门阀世族的名流、文人也非常重视园居生活，有权势的庄园主亦竞相效尤，私家园林便应运而兴盛起来。经营园林成了社会上的一项时髦活动，出现民间造园成风、名士爱园成癖的情况。这种情况在南朝尤为突出：

"王子敬(献之)自会稽经吴，闻顾辟疆有名园。先不识主人，径往其家。值顾方集宾友酣燕，而王游历既毕，指麾好恶，傍若无人。"

(《世说新语》)

"(郭文)少爱山水，尚嘉遁。……王导闻其名，遣人迎之，文不肯就船车，荷担徒行。既至，导置之西园。园中果木成林，又

[1] 《洛阳伽蓝记·城东·正始寺》引姜质《庭山赋》。

有鸟兽麋鹿，因以居文焉。于是朝士咸共观之，文颓然踑踞，傍若无人。”

（《晋书·郭文传》）

“(谢安)又于土山营墅，楼馆林竹甚盛，每携中外子侄往来游集，肴馔亦屡费百金，世颇以此讥焉，而安殊不以屑意。”

（《晋书·谢安传》）

“张讥字直言，……讥性恬静，不求荣利，常慕闲逸，所居宅营山池，植花果，讲周易、老、庄而教授焉。”

（《陈书·儒林列传·张讥传》）

“庾诜字彦宝……。而性托夷简，特爱林泉。十亩之宅，山池居半。”

（《梁书·处士列传·庾诜传》）

南朝的文人士夫如此癖爱园林、热中于营园，必然也善于鉴赏园林，并且逐渐培养了一种园林审美的心态。梁代名士徐勉《为书诫子篇》：

“中年聊于东田间营小园者，非在播艺，以要利入，正欲穿池种树，少寄情赏。……吾经始历年，粗已成立。桃李茂密，桐竹成荫，塍陌交通，渠畎相属。华楼迥榭，颇有临眺之美；孤峰丛薄，不无纠纷之兴。渎中并饶菰蒋，湖里殊富芰莲。虽云人外，城阙密迩。……或复冬日之阳，夏日之阴，良辰美景，文案间隙，负杖蹑屩，逍遥陋馆，临池观鱼，披林听鸟，浊酒一杯，弹琴一曲，求数刻之暂乐，庶居常以待终，不宜复劳家间细务。”

这正是一种重视精神陶冶更胜于物质享用的营园、赏园的审美心态的表述，而这种审美心态在南朝时才得以完全成熟起来。

这时期的私家园林见于文献记载的已经很多了，其中有建在城市里面或城近郊的城市型私园——宅园、游憩园，也有建在郊外的庄园、别墅。由于园主人的身份、素养、趣味不同，官僚、贵戚的园林在内容和格调上与文人、名士的并不完全一样。而北方和南方的园林，也多少反映出自然条件和文化背景的差异。

城市私园

北方的城市型私家园林，可举北魏首都洛阳诸园为代表。

北魏自武帝迁都洛阳后，进行全面汉化并大力吸收南朝文化，人民由于北方的统一而获得暂时的休养生息。作为首都的洛阳，经济和文化逐渐繁荣，人口日增，乃在汉、晋旧城的基址上加以扩大。内城东西长二十里，南北三十里，内城之外又加建外郭城。共有居住坊里二百二十个，大量的私家园林就散布在这些坊里之内，参见［图3·5］，北魏人杨衒之《洛阳伽蓝记》这样描写道：

"当时四海晏清，八荒率职……于是帝族王侯、外戚公主，擅山海之富，居川林之饶，争修园宅，互相夸竞。崇门丰室，洞户连房；飞馆生风，重楼起雾。高台芳榭，家家而筑；花林曲池，园园而有。莫不桃李夏绿，竹柏冬青。"

外城西部的寿丘里，位于退酤以西、张方沟以东，南临洛水，北达邙山，这是王公贵戚邸宅和园林集中的地区，民间称之为王子坊，园、宅尤其华丽考究。

当时洛阳的佛寺大多数均为"舍宅为寺"的，《洛阳伽蓝记》屡次提到它们舍作佛寺之前的住宅庭院绿化以及宅园的情况。例如：

"冲觉寺太傅清河王怿舍宅所立也，在西明门外一里御道北。……第宅丰大，逾于高阳。西北有楼，出凌云台(在瑶光寺内)，俯临朝市，目极京师，古诗所谓'西北有高楼，上与浮云齐'者也。楼下有儒林馆、延宾堂，形制并如清暑殿。土山钓台，冠于当世。斜峰入牖，曲沼环堂。树响飞嘤，阶丛花药。"

"池西南有愿会寺，中书舍人王翊舍宅所立也。佛堂前生桑树一株，直上五尺，枝条横绕，柯叶傍布，形如羽盖。复高五尺，又然。凡为五重，每重叶椹各异，京师道俗谓之神桑。"

"法云寺……寺北有侍中尚书令临淮王彧宅。……彧性爱林泉，又重宾客。至于春风扇扬，花树如锦，晨食南馆，夜游后园。"

"四月初八日，京师士女，多至河间寺(寺为河间王旧宅)。观其廊庑绮丽，无不叹息，以为蓬莱仙室，亦不是过。入其后园，见沟渎蹇产，石磴礁峣，朱荷出池，绿萍浮水，飞梁跨阁，高树出云，咸皆唧唧，虽梁王兔苑想之不如也。"

足见城市私家造园之盛况，园林不仅是游赏的场所，甚至作为斗富的手段。文中提到的"后园"，表明园与宅是分开而又毗邻着的，也就是"宅园"。园内有石材堆叠的假山，有人工开凿的水体，花丛似锦，绿树成荫，还有形象丰富多样的各种功能的园林建筑。

同书还详细记述了大官僚张伦的宅园：

"敬义里南有昭德里。里内有……司农张伦[1]等五宅。……惟伦最为豪侈。斋宇光丽，服玩精奇，车马出入，逾于邦君。园林山池之美，诸王莫及。伦造景阳山，有若自然。其中重岩复岭，嵚崟相属，深蹊洞壑，逦递连接。高林巨树，足使日月蔽亏；悬葛垂萝，能令风烟出入。崎岖石路，似壅而通；峥嵘涧道，盘纡复直。是以山情野兴之士，游以忘归。"

[1] 索引"张伦宅园"指其宅第。

天水人姜质曾游览此园，因作《庭山赋》以咏之：

"其中烟花雾草，或倾或倒。霜干风枝，半耸半垂。玉叶金茎，散满阶墀。燃目之绮，裂鼻之馨。既共阳春等茂，复与白雪齐清。……羽徒纷泊，色杂苍黄；绿头紫颊，好翠连芳。白鹤生于异县，丹足出自他乡：皆远来以臻此，藉水木以翱翔。"

从这些描述看来，张伦宅园的大假山景阳山作为园林的主景，已经能够把天然山岳形象的主要特征比较精练而集中地表现出来。它的结构相当复杂，显然是以土、石凭藉一定的技巧筑叠而成的土石山。园内高树成林，足见历史悠久，可能是利用前人废园的基址建成。畜养多种的珍贵禽鸟，则尚保持着汉代遗风。此园具体规模不得而知，想来不会太小。但在洛阳这样人口密集的大城市的坊里内建造私园，用地毕竟是有限的。除个别情况外，一般当不可能太大。惟其小而又全面地体现大自然山水景观，就必须求助于"小中见大"的规划设计。也就是说，人工山水园的筑山理水不能再运用汉代私园那样大幅度排比铺陈的单纯写实摹拟的方法，必得从写实过渡到写意与写实相结合。这是造园艺术的创作方法的一个飞跃。《庭山赋》一文中有关的描述所谓："庭起半丘半壑，听以目达心想……下天津之高雾，纳沧海之远烟。纤列之状如一古，崩剥之势似千年。若乃绝岭悬坡，蹭蹬蹉跎。泉水纡徐如浪峭，山石高下复危多。五寻百拔，十步千过。则知巫山弗及，未审蓬莱如何"，已多少透露此种写意与写实相结合的手法的端倪。

南方的城市型私家园林也像北方一样，多为贵戚、官僚所经营。为了满足奢侈的生活享受，也为了争奇斗富，很讲究山池楼阁的华丽格调，刻意追求一种近乎绮靡的园林景观。这在文献记载中屡见不鲜，例如：

"茹法亮吴兴武康人也。……(齐)武帝即位，仍为中书通事舍人……势倾天下……(茹法亮园)广开宅宇，杉斋光丽与延昌殿相埒。延昌殿，武帝中斋也。宅后为鱼池、钓台、土山、楼馆，长廊将一里。竹林花药之美，公家苑囿所不能及。"

(《南史·恩倖列传·茹法亮传》)

"(徐)湛之[1]善于尺牍，音辞流畅。贵戚豪家，产业甚厚。室宇园池，贵游莫及。伎乐之妙，冠绝一时。……广陵城(今扬州)旧有高楼，湛之更加修整，南望钟山。城北有陂泽，水物丰盛。湛之更起风亭、月观、吹台、琴室，果竹繁茂，花药成行。招集文士尽游玩之适，一时之盛也。"

(《宋书·徐湛之传》)

"竟陵王诞字休文，(宋)文帝第六子也。……诞性恭和，得士庶之心，颇有勇略。……而诞造立第舍，穷极工巧，园池之美，冠于一时。"

《南史·宋室及诸王列传下》

[1] 索引"徐湛之园"指其园。

"道子（东晋简文帝之子，封会稽文孝王）嬖人赵牙出身优倡，……牙为道子开东第，筑山穿池，列树竹木，功用钜万。道子使宫人为酒肆，沽卖于水侧，与亲昵乘船就之饮宴，以为笑乐。帝尝幸其宅，谓道子曰：'府内有山，因得游瞩，甚善也。然修饰太过，非示天下以俭。'道子无以对，唯唯而已，左右侍臣莫敢有言。"

（《晋书·会稽文孝王　道子传》）

"（刘悛）迁长史兼侍中，车驾数幸悛宅。宅盛修山池，造瓮牖，（宋）武帝著鹿皮冠，披悛菟皮衾，于牖中宴乐。"

（《南史·刘悛传》）

"阮佃夫，会稽诸暨人也。……时佃夫及王道隆、杨运长并执权，亚于人主……宅舍园池，诸王邸第莫及。女妓数十，艺貌冠绝当时。金玉锦绣之饰，宫掖不逮也。……于宅内开渎东出十许里，塘岸整洁，泛轻舟，奏女乐。"

（《南史·阮佃夫传》）

南齐武帝之长子文惠太子笃信佛教，"风韵甚和而性颇奢丽"，他在建康台城开拓私园"玄圃"。园址的地势较高，"与台城北堑等"，园内"起出土山池阁楼观塔宇，穷奇极丽，费以千万。多聚异石，妙极山水"。为了不被皇帝从宫中望见，乃别出心裁"乃傍门列修竹，内施高障，造游墙数百间，施诸机巧，宜须障蔽"，把园子的过分华丽的情形障蔽起来。[1]到了梁代，玄圃又在南齐的基础上踵事增华，成为南朝的一座著名的私家园林。文惠太子还在城郊的东田另筑小苑亦极华丽，《南齐书·文惠太子传》：

[1]《南齐书·文惠太子列传》，《南史·齐武帝诸子列传》。

"（太子）以晋明帝为太子时立西池，乃启世祖引前例，求东田起小苑，上许之。……太子使宫中将吏更番役筑，宫城苑巷，制度之盛，观者倾京师。上性虽严，多布耳目，太子所为，无敢启者。后上幸豫章王宅，还过太子东田，见其弥亘华远，壮丽极目，于是大怒，收监作主帅。"

梁武帝之弟，湘东王萧绎在他的封地首邑江陵的子城中建"湘东苑"。这是南朝的另一座著名的私家园林，《太平御览》卷一九六引《渚宫故事》有详细的记载：

"湘东王于子城中造湘东苑，穿地构山，长数百丈，植莲蒲，缘岸杂以奇木。其上有通波阁，跨水为之。南有芙蓉堂，东有禊饮堂，堂后有隐士亭，亭北有正武堂，堂前有射堋、马埒。其西有乡射堂，堂安行堋，可得移动。东南有连理堂，堂楱生连理。……北有映月亭、修竹堂、临水斋。（斋）前有高山，山有石洞，潜行宛委二百余步。山上有阳云楼，极高峻，远近皆见。北有临风亭、明月楼。"

此园的建筑形象相当多样化，或倚山、或临水、或映衬于花木、或观赏园外借景，均具有一定的主题性，发挥点景和观景的作用。假山的石洞长达二百余步，足见叠山技术已达到一定的水平。看来，湘东苑在山池、花木、建筑综合创造园林景观的总体规划方面是经过一番精心构思的。

城市私园，大多数都追求华丽的园林景观，还讲究声色娱乐之享受，显示其偏于绮靡的格调，但亦不乏有天然清纯的立意者。例如，《南史·孔珪传》："孔珪字德璋，会稽山阴人也。……永明中，历位贵门郎，太子中庶子，廷尉。……珪风韵清疏，好文咏，饮酒七八斗。……不乐世务。居宅盛、营山水，凭几独酌，傍无杂事。门庭之内，草莱不翦。中有蛙鸣，或问之曰：'欲为陈蕃乎？'珪笑答曰：'我以此当两部鼓吹，何必效蕃。'王晏尝鸣鼓吹候之，闻群蛙鸣，曰：'此殊聒人耳。'珪曰：'我听鼓吹，殆不及此。'晏甚有惭色。"再如，《南史·齐高帝诸子传》："武陵昭王晔字宣昭，高帝第五子也。……性轻财重义，有古人风。罢会稽（太守）还都，斋中钱不满万，……名后堂山为首阳，盖怨贫薄也。……豫章王（嶷）于邸起土山，列种桐竹，号为桐山。武帝幸之，置酒为乐，顾临川王映：'王邸亦有嘉名不？'映曰：'臣好栖静，因以为称。'又问晔，晔曰：'臣山卑，不曾栖灵昭景，唯有薇蕨，直号首阳山。'帝曰：'此直劳者之歌也。'"《梁书·昭明太子传》："(太子)性爱山水，于玄圃穿筑，更立亭馆，与朝士名素者游其中。尝泛舟后池，番禺侯轨盛称'此中宜奏女乐'。太子不答，咏左思《招隐诗》曰：'何必丝与竹，山水有清音。'侯惭而止。"足见昭明太子虽为贵胄，也受到时代美学思潮的影响而提出其对园居生活的另一种看法。除此之外，还有两方面的情况亦值得一提。

一是设计精致化的趋向。

在城市的私家营园之中，筑山的运作已经比较多样而自如。除了土山之外，耐人玩味的叠石为山也较上代普遍，开始出现单块美石的特置。例如，南梁人到溉的宅园内"斋前山池有奇礓石，长一丈六尺"，这块特置的美石后来被"迎置华林园宴殿前"[1]。宋人刘勔造园于"钟岭之南，以为栖息，聚石蓄水，仿佛丘中"[2]，则是最早见于文献记载的用石来砌筑水池驳岸的做法。园林理水的技巧比较成熟，因而园内的水体多样纷呈，丰富的水景在园中占着重要位置。园林植物的品类繁多，专门用作观赏的花木也不少，而且能够与山、水配合作为分隔园林空间的手段。园林建筑则力求与自然环境相谐调，而构成因地制宜的景观。还有一些细致的建筑手法，如收摄园外"借景"以沟通室内室外的空间，透过窗牖的"框景"等等，这在当时文人的诗文中均已见其端倪："飒飒满池荷，翛翛荫窗竹。檐隙自周流，房栊闲且肃。苍翠望寒山，峥嵘瞰平陆。"[3]"国小暇日多，民淳纷务屏。辟牖期清旷，开帘

[1]《南史·到溉传》。

[2]《宋书·刘勔传》。

[3] 谢朓：《冬日晚郡事隙诗》，见逯钦立校注：《先秦汉魏晋南北朝诗》，北京，中华书局，1983。

图 3·8 北朝孝子石棺侧壁之雕刻（原件藏美国Nalson Atkins美术馆）

候风景。……池北树如浮，竹外山犹影。”[1]总之，园林的规划设计显然更向着精致细密的方向上发展了。从［图3·8］可以约略看到当时私家园林的园景形象。

二是规模小型化的趋向。

这个时期，城市私园相对于汉代而言，大多数均趋向于小型化。所谓小，非仅仅指其规模而言，更在于其小而精的布局以及某些小中见大的迹象萌芽。相应地，造园的创作方法，也不得不从单纯写实到写意与写实相结合的过渡。小园获得了社会上的广泛赞赏，北朝文人庾信还专门写了一篇《小园赋》：

> “若夫一枝之上，巢父得安巢之所；一壶之中，壶公有容身之地。况乎管宁藜床，虽穿而可坐；嵇康锻灶，既暖而堪眠。岂必连闼洞房，南阳樊重之第？绿墀青琐，西汉王根之宅？余有数亩敝庐，寂寞人外，聊以拟伏腊，聊以避风霜。……犹得欹侧八九丈，纵横数十步，榆柳三两行，梨桃百余树。拨蒙密兮见窗，行欹斜兮得路。蝉有翳兮不惊，雉无罗兮何惧？草树混淆，枝格相交。山为篑覆，地有堂坳。……崎岖兮狭室，穿漏兮茅茨。檐直倚而妨帽，户平行而碍眉。坐帐无鹤，支床有龟。鸟多闲暇，花随四时。心则历陵枯木，发则睢阳乱丝。……一寸二寸之鱼，三竿两竿之竹，云气荫于丛蓍，金精养于秋菊。枣酸梨酢，桃榹李薁。落叶半床，狂花满屋。名为野人之家，是谓愚公之谷。……”

庄园、别墅

东汉发展起来的庄园经济，到魏、晋时已经完全成熟。世家大族——士族乘举国混乱、政治失坠之机，疯狂掠夺土地，庇护大量人口为荫户，使

[1] 谢朓《新治北窗和何从事诗》，见逯钦立校注：《先秦汉魏晋南北朝诗》，北京，中华书局，1983。

私田佃奴制的庄园得到扩大和再发展，魏晋政权即是以此为经济基础建立起来的。[1]庄园规模有的极宏大，也有小型的。它们一般包含四部分内容：一是庄园主家族的居住聚落，二是农业耕作的田园，三是副业生产的场地和设施，四是庄客、部曲的住地。就生活基本需要而言，其封闭性的自给自足的农副业生产可以不必仰求外来的物资。就生活环境选择而言，在当时物质文明不高，人口密度很低的情况下，随处都可以找到充满自然美的幽静的世外桃源，为士人"归田园居"的隐逸生活提供了优越条件。士族的大庄园，正如《抱朴子·吴失篇》描写的，乃是"僮仆成军，闭门为市，牛羊掩原隰，田池布千里"。士族子弟由丰厚庄园经济供养，有高贵门第和政治特权，又受到良好教育，不少人成为高官、名流或知识界的精英。他们对自己庄园的经营必然会在一定程度上体现他们的文化素养和审美情趣，把普遍流行于知识界的以自然美为核心的时代美学思潮，融糅于庄园生产、生活的功能规划之中；在承袭东汉传统的基础上，更讲究"相地卜宅"，延纳大自然山水风景之美，通过园林化的手法来创造一种自然与人文相互交融、亲和的人居环境——"天人谐和"的人居环境。在当时的一些经济、文化比较发达的地区，文献和文学作品中有关这类庄园的记载亦屡见不鲜，金谷园便是一例。

[1] 余也非：《中国古代经济史》，141页，北京，三联书店，1963年。

金谷园为西晋大官僚石崇经营的一处庄园，位于洛阳西北郊的金谷涧。

石崇，字季伦，二十多岁开始做官，历任县令、郡守等职。晋武帝(公元265—290年)时升任荆州刺史，后拜太仆，出为征虏将军，假节，监徐州诸军事，镇下邳。此人"财产丰积，室宇宏丽，后房百数皆曳纨绣、珥金翠。丝竹尽当时之选，庖膳穷水陆之珍"[2]。他积累财富之多、生活之奢华情况，在第一节中曾有记述。晚年卜居洛阳城郊金谷涧畔的河阳别业，也就是金谷园。

[2] 《晋书·石崇传》。

关于这座庄园的内容，石崇所作《思归引》的序文中有简略的介绍：

"余少有大志，夸迈流俗，弱冠登朝，历位二十五年。五十以事去官，晚节更乐放逸，笃好林薮，遂肥遁于河阳别业。其制宅也，却阻长堤，前临清渠，柏木几于万株，江水周于舍下。有观阁池沼，多养鱼鸟。家素习伎，颇有秦赵之声。出则以游目弋钓为事，入则有琴书之娱。又好服食咽气，志在不朽，傲然有凌云之操。"

石崇出镇下邳赴任之前，友人齐集金谷园为其设宴饯行，这就是著名的"金谷宴集"，一直持续了几天。参与宴集的三十余人均为当时之名流，他们在宴集期间所作的诗汇编为一册，由石崇作序，即《金谷诗序》，文中亦谈及金谷园：

"有别庐在河南县界金谷涧中，或高或下。有清泉、茂林、众果、竹柏、药草之属。金田十顷，羊二百口，鸡、猪、鹅、鸭之类莫不毕备。又有水碓、鱼池、土窟，其为娱目欢心之物备矣。……昼夜游宴，屡迁其坐。或登高临下，或列坐水滨。时琴瑟笙筑，合载车中，道路并作。……”

石崇的挚友、大官僚潘岳也有诗咏金谷园之景物：

“回溪萦曲阻，峻阪路威夷；
绿池泛淡淡，青柳何依依；
滥泉龙鳞澜，激波连珠挥。
前庭树沙棠，后园植乌椑；
灵囿繁石榴，茂林列芳梨；
饮至临华沼，迁坐登隆坻。”

从这三段文字记载看来，石崇经营金谷园的目的，主要在于求得一处满足其游宴生活之需要以及退休后安享山林之乐趣、兼作吟咏服食的场所，局部地段相当于一座临河的、地形略有起伏的天然水景园。如果按金谷园中包括的田亩、畜牧、竹木、果树、水碓、鱼池等，则它绝非单纯为了娱目赏心，应是一处具备一定规模的庄园，生产和经济的运作占主要地位，只不过它的园林化的程度比较高一些：居住聚落部分的人工开凿的池沼和由园外引来的金谷涧水穿错萦流于建筑物之间，河道能行驶游船，沿岸可供垂钓；植物配置以树木的大片成林为主调，不同的种属分别与不同的地貌或环境相结合而突出其成景作用，例如前庭的沙棠，后园的乌椑，柏木林中点缀的梨花等。可以设想金谷园的那一派赏心悦目、恬适宜人的风貌。“观”和“楼阁”建筑较多，则仍然保持着汉代的遗风。根据《晋书·石崇传》“登凉台，临清流”，枣腆《赠石季伦诗》“朝游清渠侧，日夕登高馆”，曹摅《赠石崇诗》“美兹高会，凭城临川。峻墉亢阁，层楼辟轩。远望长州，近察重泉”等文字描写，足见金谷园的建筑物形式多样、层楼高阁、画栋雕梁。在清纯的自然环境、田园环境和朴素的园林环境中又显现一派绮丽华靡的格调，与园主人的身份、地位，也是相称的。

金谷园的遗址，北魏郦道元《水经注》中有一段文字记载：

“穀水又迳河南王城北……东至千金堨……穀水又东，又结石梁跨水，制城西梁也。穀水又东，左会金谷水。水出太白原，东南流历金谷，谓之金谷水，东南流迳晋尉卿石崇之故居也。”

所谓“石崇之故居”即金谷园，按文中的描述，大约在今洛阳市东北10公里，孟津县境内的马村、左坡、刘坡一带，正好位于魏晋洛阳故城的西北面。这一带地方发掘的唐墓中有“葬于金谷村”的墓志，足证唐代仍沿用金谷之名，而且还是一处风景游览地，多有当时文人的题咏。如杜牧《金谷怀古》诗有句云：“凄凉遗迹洛川东，浮世荣枯万古同；桃李香消金谷在，绮罗魂断玉楼空。”写的就是石崇的爱姬绿珠坠楼的故事。这里北枕邙山，丘谷略有起伏的地貌与《思归引》序文中所描写的亦相吻合，只是金谷涧已湮没无存了。

潘岳庄园也在洛阳附近，潘岳自撰的《闲居赋》描写其在郊外的庄园生活：“筑室种树，逍遥自得。池沼足以渔钓，舂税足以代耕。灌园粥蔬，以供朝夕之膳。牧羊酤酪，以俟伏腊之费。”庄园内到处竹木蓊翳、长杨掩映，还有大片的柿树、梨树、枣树、李树。水中游鱼出没，池上遍植荷花。在树林深处可设宴待客，于水滨池畔可行修禊之礼，村舍野居，点缀其间。那一派朴实无华的园林化的景象，跃然纸上。园中有畜牧、鱼池、果木、蔬菜等的生产，所谓“舂税足以代耕”即指水碓的经济收入。这个庄园大体上与金谷园的规模和性质相似，均属于生产性的经济实体的范畴。

文人陶潜(渊明)所经营的，则为小型庄园。陶渊明辞官退隐庐山脚下，家境并不富裕，庄园规模虽小，也很俭朴，但园居生活却怡然自得。他在《归园田居》诗中这样描写自己的家园景象：“……开荒南野际，守拙归园田。方宅十余亩，草屋八九间。榆柳荫后檐，桃李罗堂前。暧暧远人村，依依墟里烟。狗吠深巷中，鸡鸣桑树颠。户庭无尘杂，虚室有余闲。久在樊笼里，复得返自然。”庭院内种植菊花、松柏，暇时把酒赏花、聆听松涛之天籁。“采菊东篱下，悠然见南山”，将远处的庐山之景也收摄延纳进来。“抚孤松而盘桓”，“登东皋以舒啸，临清流而赋诗”。那一派恬适宁静、天人谐和的居住情调，确实令人神往。

东晋、南朝时的江南，除了平原上的庄园之外，还出现许多在山林川泽地带开辟出来的庄园。

东晋初，北方的士族及其所属劳动人民随着朝廷南渡而大量迁往江南，形成中国历史上一次大规模移民，即所谓“衣冠南渡”。南迁的士族大姓多半集中在当时的扬州，即今之江苏南部、浙江、福建。他们都希望在这里重新建立自己的庄园，但扬州平原上的可耕地早已为当地士族所占尽。东晋朝廷为巩固它的统治地位，首先要争取南方士族的支持，就必须承认其既得权益。因此，北方士族重建庄园的行动，难免受到很大的阻力，不得不向未开垦的山泽地带发展。

山林川泽自古以来即归国家所有，禁止私人任意开发。东晋时，这个禁令已是名存实亡，到南朝就完全废除了。刘宋朝廷即已更改法律，使得占山护泽合法化。《宋书·孔季恭、羊玄保、沈昙庆列传》：

> “(羊)玄保兄子希字泰闻，少有才气。大明初，为尚书左丞。时扬州刺史西阳王子尚上言：‘山湖之禁，虽有旧科，民俗相因，替而不奉，熂山封水，保为家利。自顷以来，颓弛日甚，富强者兼

岭而占，贫弱者薪苏无托，至渔采之地，亦又如兹。斯实害治之深弊，为政所宜去绝，损益旧条，更申恒制。'有司捡壬辰诏书：'占山护泽，强盗律论，赃一丈以上，皆弃市。'希以'壬辰之制，其禁严刻，事既难遵，理与时弛。而占山封水，渐染复滋，更相因仍，便成先业，一朝顿去，易致嗟怨。今更刊革，立制五条。凡是山泽，先常炊爈种养竹木杂果为林芿，乃陂湖江海鱼梁鳝鮆场，常加功修作者，听不追夺。官品第一、第二，听占山三顷；第三、第四品，二顷五十亩；第五、第六品，二顷；第七、第八品，一顷五十亩；第九品及百姓，一顷。皆依定格，条上赀簿。若先已占山，不得更占；先占阙少，依限占足。若非前条旧业，一不得禁。有犯者，水土一尺以上，并计赃，依常盗律论。停除咸康二年壬辰之科。'从之。"

占领、开辟山泽不仅能垦殖农田，而且可以收到平原地区庄园所没有的一些山泽之利，因此，无论北方士族或者当地士族都向山林川泽进军，形成许多结合于山泽占领而有山、有水的庄园，当时称之为"别墅"、"墅"、"山墅"。《宋书·孔灵符传》：

"灵符家本丰，产业甚广，又于永兴立墅，周回三十三里，水陆地二百六十五顷，含带二山，又有果园九处。为有司所纠。诏原之，而灵符答对不实，坐以免官。"

这个包含大片水陆地和两座小山的别墅，除了农田耕作之外，还可以利用山水地带发展畜牧业、渔业以及栽培果树、竹、木等。刘宋以后的南朝，别墅这种特殊的庄园已大量开发建设而遍布各地，成为一种兼有山泽之利的农业生产经济实体。

扬州的三吴地区(今浙江东北部)，是江南的经济文化最发达地区，它的平原地带和山地也是士族的庄园、别墅最集中的地区，由北方迁来的著名的王、谢两姓士族就落籍在三吴的会稽郡，"会（稽）既丰山水，是以江左嘉遁，并多居之"[1]。发达的庄园经济，加之当地山清水秀的自然风光，再结合于士族的崇尚老庄、玄学的高度文化素养，这便催生出很多园林化庄园、园林化别墅。它们在规划布局方面如何把生产组织与审美结合起来而进行园林化的经营，比之西晋和北方又有所提高和突破。那些特殊的庄园——坞，在东晋南朝的承平世道，防守的军事意义已逐渐消失，其中的一些则为延山引水的审美意识所取代而增益其园林化的气氛。《太平寰宇记》卷96《江南东道·越州会稽》条载："尚书坞在县东南三十三里，宋尚书孔稚珪山园也。"就直接称"坞"为"园"了。

有关山地别墅的园林化的情况，可举谢灵运《山居赋》所记述的一处为例。

[1]《宋书·隐逸·王弘之，孔淳之，刘凝之》。

东晋士族大官僚谢玄因病致仕，在会稽郡的始宁县占领山泽，经营自己的别墅（谢氏庄园），其孙谢灵运又继续开拓。谢灵运是当时的大名士、大文学家，曾任永嘉太守。他写了一篇《山居赋》，对这个别墅的开拓过程、如何利用山水风景地带而“相地卜宅”经之营之的情况作了详细介绍。

据《南史·谢灵运传》：“灵运父、祖并葬始宁县，并有故宅及墅，遂移籍会稽，修营旧业，傍山带江，尽幽居之美。”又据《山居赋》，这座谢家在会稽的大型别墅包括“南北两居”，南居为灵运父、祖早先卜居之地，北居即灵运新营者。《山居赋》一开始便说明山居的用意，描写周围的自然环境：

> “若夫巢穴以风露贻患，则《大壮》以栋宇祛弊；宫室以瑶璇致美，则白贲以丘园殊世。惟上托于岩壑，幸兼善而周滞。虽非市朝而寒暑均也，虽是构筑而饰朴两逝。（自注：……）
>
> ……
>
> “仰前哲之遗训，俯性情之所便。奉微躯以宴息，保自事以乘闲。愧班生之夙悟，惭尚子之晚研。年与疾而偕来，志乘拙而俱旋。谢平生于知游，栖清旷于山川。（自注：……）其居也，左湖右江，往渚还汀，面山背阜，东阻西倾，抱含吸吐，款跨纡萦，绵联邪亘，侧直齐平。（自注：……）”

以及近东、近南、近西、近北各个方位上所能看到的景点和自然景观的情形：

> “近东则上田、下湖、西谿、南谷、石埭、石滂、闵硎、黄竹；决飞泉于百仞，森高簿于千麓；写长源于远江，派深毖于近渎。（自注：……）近南则会以双流，萦以三洲；表里回游，离合山川；嶀崩飞于东峭，槃傍薄于西阡；拂青林而激波，挥白沙而生涟。（自注：双流，谓剡江及小江，此二水同会于山南，便合流注下。三洲在二水之口，排沙积岸，成此洲涨。表里离合，是其貌状也。嶀者谓回江岑，在其山居之南界，有石跳出，将崩江中，行者莫不骇栗。槃者是县故治之所，在江之东西用槃石竟渚，并带青林而连白沙也。）近西则杨、宾接峰，唐皇连纵；室、壁带溪，曾、孤临江；竹缘浦以被绿，石照涧而映红；月隐山而成阴，木鸣柯以起风。（自注：……）近北则二巫结湖，两晳通沼；横、石判尽，休、周分表；引修堤之逶迤，吐泉流之浩溔；山岻下而回泽，濑石上而开道。（自注：……）”

还记述了远东、远南、远西、远北的自然风物和山水形胜，从而勾画出“山居”周围的大生态环境的情形。

无论新营的或者旧有的宅居、田园，都能完全契合于天然山水地形；《山居赋》着重谈到它们在布局上如何收纳远近借景，如何方便于农业耕作，还指出这些远近自然景观的各具性格的形象特征：

“尔其旧居，曩宅今园，枌槿尚援，基井具存。曲术周乎前后，直陌矗其东西。岂伊临谿而傍沼，乃抱阜而带山。考封域之灵异，实兹境之最然。葺骈梁于岩麓，栖孤栋于江源。敞南户以对远岭，辟东窗以瞩近田。田连冈而盈畴，岭枕水而通阡。（自注：葺室在宅里山之东麓。东窗瞩田，兼见江山之美。三间故谓之骈梁。门前一栋，枕矶上，存江之岭，南对江上远岭。此二馆属望，殆无优劣也。）

……

“自园之田，自田之湖，泛滥川上，缅邈水区。浚潭涧而窈窕，除菰洲之纡馀。毖温泉于春流，驰寒波而秋徂。风生浪于兰渚，日倒影于椒涂。飞渐榭于中沚，取水月之欢娱。旦延阴而物清，夕栖芬而气敷。顾情交之未绝，觊云客之暂如。”（自注：……）

接下去叙述了附近的水草、药材、竹、木等野生植物资源和鱼、鸟、野兽等动物资源的分布情况，以及果树栽培、农田耕作、水利灌溉的情况，勾画出一幅大自然生态的情景和自给自足的庄园经济的图像。

这座别墅的宅居聚落分为南山和北山两部分，亦即南居和北居。南居是谢家的老宅所在，也是庄园的主体部分，其环境尤具山水风景之美：

“若乃南北两居，水通陆阻。观风瞻云，方知厥所。（自注：两居，谓南北两处各有居止。峰崿阻绝，水道通耳。观风瞻云，然后方知其所。）南山则夹渠二田，周岭三苑。九泉别涧，五谷异巘。群峰参差出其间，连岫复陆成其坂。众流溉灌以环近，诸堤拥抑以接远。远堤兼陌，近流开湍。凌阜泛波，水往步还。还回往匝，枉渚员峦。呈美表趣，胡可胜单。抗北顶以葺馆，瞰南峰以应轩。罗曾崖于户里，列镜澜于窗前。因丹霞以赪楣，附碧云以翠椽。视奔星之俯驰，顾飞埃之未牵。鹍鸿翻翥而莫及，何但燕雀之翩翾。氿泉傍出，潺湲于东檐，桀壁对跱，硿礲于西霤。修竹葳蕤以翳荟，灌木森沉以蒙茂。萝曼延以攀援，花芬薰而媚秀。日月投光于柯间，风露披清于嵎岫。夏凉寒燠，随时取适。阶基回互，橑棂乘隔。此焉卜寝，玩水弄石。迩即回眺，终岁罔斁。伤美物之遂化，怨浮龄之如借。眇遁逸于人群，长寄心于云霓。”

所以谢灵运在这一段文章后面的自注文中特别详细地描写南居的自然景观特色、建筑布局如何与山水风景相结合、道路敷设如何与景观组织相配合的情况：

“（自注：南山是开创卜居之处也。）从江楼步路，跨越山岭，绵亘田野，或升或降，当三里许。涂路所经见也，则乔木茂竹，绿畛弥阜，横波疏石，侧道飞流，以为寓目之美观。及至所居之处，自西山开道，迄于东山，二里有余。南悉连岭叠障，青翠相接。云烟霄路，殆无倪际。从迳入谷，凡有三口。方壁西南石门世□南□池东南，皆别载其事。缘路初入，行于竹迳，半路阔，以竹渠涧。既入，东南傍山渠，展转幽奇，异处同美。路北东西路，因山为障。正北狭处，践湖为池。南山相对，皆有崖岩。东北枕壑，下则清川如镜，倾柯盘石，被隩映渚。西岩带林，去潭可二十丈许。葺基构宇，在岩林之中。水卫石阶，开窗对山，仰眺曾峰，俯镜浚壑。去岩半岭，复有一楼。迴望周眺，既得远趣，还顾西馆，望对窗户。缘崖下者，密竹蒙迳，从北直南，悉是竹园。东西百丈，南北百五十五丈。北倚近峰，南眺远岭。四山周回，溪涧交过，水石林竹之美，岩岫隈曲之好，备尽之矣。……"

进而描写这里的山间水体的纵横交错的情况：

"因以小湖，邻于其隈。众流所凑，万泉所回。氿滥异形，首毖终肥。别有山水，路邈缅归。（自注：氿、滥、肥、毖，皆是泉名，事见于《诗》。云此万泉所凑，各有形势。）求归其路，乃界北山。栈道倾亏，蹬阁连卷。复有水迳，缭绕回圆。㳽㳽平湖，泓泓澄渊。孤峰竦秀，长洲芊绵。既瞻既眺，旷矣悠然。及其二川合流，异源同口。赴隘入险，俱会山首。濑排沙以积丘，峰倚渚以起阜。石顷澜而捎岩，木映波而结蔽。迳南漘以横前，转北崖而掩后。隐丛灌故悉晨暮，托星宿以知左右。（自注：往返经过，自非岩涧，便是水迳，洲岛相对，皆有趣也。）"

最后，还特别提到北山和南山两处的果树经营的情况：

"北山二园，南山三苑。百果备列，乍近乍远。罗行布株，迎早候晚。猗蔚溪涧，森疎崖巘。杏坛、栋园、橘林、栗圃。桃李多品，梨枣殊所。枇杷林檎，带谷映渚。椹梅流芬于回峦，椑柿被实于长浦。（自注：……）畦町所艺，含蕊藉芳。蓼蕺葼荠，葑菲苏蘁。绿葵眷节以怀露，白薤感时而负霜。寒葱摽倩以陵阴，春藿吐苕以近阳。（自注：……）"

《山居赋》是当时山水诗文的代表作品之一，它反映了士人们对大自然山水风景之美的深刻领悟和一往情深的热爱程度，这都是汉赋中所未之见的。从以上的引文看来，谢家的别墅，在规划布局上如何与山水风景相结合方面确是有所考虑，用过一番心思的。其所体现的清纯的审美趣味、浓郁的隐逸情调，似乎又在北方的金谷园之上。

《山居赋》的注文中，还提到在谢家别墅附近的好几处别墅，其中就有南渡士族开辟经营的。此外，南朝的史书里也多有关于文人官僚退隐之后经营别墅及其园林化情况的记载：

“沈德威字怀远，少有操行。梁太清末，遁于天目山，筑室以居，虽处乱离，而笃学无倦，遂治经业。”

（《陈书·儒林列传·沈德威》）

“何点字子晳……容貌方雅，博通群书，善谈论。家本甲族，亲姻多贵仕。点虽不入城府，而遨游人世，不簪不带，或驾柴车，蹑草屩，恣心所适，致醉而归，士大夫多慕从之，时人号为‘通隐’。……从弟遁，以东篱门园居之，（孔）稚珪为筑室焉。园内有卞忠贞冢，点植花卉于冢侧，每饮必举酒酹之。……胤字子季，点之弟也。……永明十年，迁侍中，领步兵校尉，转为国子祭酒。……胤虽显贵，常怀止足。建武初，已筑室郊外，号曰小山，恒与学徒游处其内。至是，遂卖园宅，欲入东山。……胤以会稽山多灵异，往游焉，居若邪山云门寺。初，胤二兄求、点并栖遁，求先卒，至是胤又隐，世号点为大山，胤为小山，亦曰东山。……胤以若邪处势迫隘，不容生徒，乃迁秦望山。山有飞泉，西起学舍，即林成援，因岩为堵。别为小阁室，寝处其中，躬自启闭，僮仆无得至者。山侧营田二顷，讲隙从生徒游之。”

（《梁书·处士列传·何点》）

“刘慧斐字文宣……少博学，能属文，起家安成王法曹行参军。尝还都，途经寻阳，游于匡山。……遂有终焉之志。因不仕，居于东林寺。又于北山构园一所，号曰离垢园，时人乃谓为离垢先生。”

（《梁书·处士列传·刘慧斐》）

“张孝秀字文逸……少仕，……顷之遂去职归山，居于东林寺。有田数十顷，部曲数百人，率以力田，尽供山众，远近归慕，赴之如市。”

（《梁书·处士列传·张孝秀》）

“萧眎素……及在京口，便有终焉之志，乃于摄山筑室。会征为中书侍郎，遂辞不就，因还山宅，独居屏事，非亲戚不得至其篱门。”

（《梁书·止足列传·萧眎素》）

“（刘）勔经始钟岭之南，以为栖息。聚石蓄水，仿佛丘中，朝士爱素者，多往游之。”

（宋书·列传第四十六·刘勔）

“（诜）性托夷简，特爱林泉，十亩之宅，山池居半。蔬食敝衣，不修产业。”

（《南史·隐逸下·庾诜传》）

“张讥字直言，……性恬静，不求荣利，常慕闲逸，所居宅营山地，植花果，讲《周易》、《老》、《庄》而教授焉。”

（《陈书·儒林列传》）

文中所谓“山宅”、“岩居”、“园”等，大抵都是别墅的别称。

东晋大名士孙绰，官历太学博士、大著作、散骑常侍。后辞官退隐，悠游山泽间并营别墅以卜居。他写了一篇《遂初赋》，其序文中一段话，可以借用来说明当时文人、名流们何以要在经营别墅的同时，刻意追求其园林化效果的主导思想：

“余少慕老庄之道，仰其风流久矣。却感于陵贤妻之言，怅然悟之，乃经始东山，建五亩之宅，带长阜，倚茂林，孰与坐华幕、击钟鼓者同年而语其乐哉。”

这就是说，文人、名士们所“经始”的别墅，并不太讲究甚至鄙夷官僚、贵戚的城市私园那种馆阁华丽、格调绮靡的富贵气，而是更多地体现超然尘外的隐逸心态，更着重于突出“带长阜、倚茂林”的天然清纯之美。别墅都是地处山林川泽间，山水自然景观较之平原地带的庄园要丰富得多，因而在表现延纳天然清纯之美方面当然也就具备更为优越的条件。

南朝的一些庄园、别墅，它们的居住聚落部分往往从田园等部分分离出来而单独建置。这种情况到南朝后期尤为普遍，因而逐渐消失其经济实体的性质，到唐代已演变成为农村的聚落——村落了。分离出来的居住聚落一般仍然聚族而居，但个别也有一家一户的情况，《宋书·隐逸列传》就有这样记载：

“桐庐县又多名山，（戴颙）兄弟复共游之，因留居止。后因兄勃疾患，医药不给……乃出居吴下。吴下士人共为筑室，聚石引水，植林开涧，少时繁密，有若自然。”

那些为文人名流所有的单独建置的居住聚落，它们的园林化的程度可能更高一些，天然山水园林的分量可能更多一些，因而那种朴素雅致、妙造自然的风格屡屡出现在当时文人的诗文吟咏之中，例如：

“春夜芳时晚，幽庭野气深。
山疑刻削意，树接纵横阴。
户对忘忧草，池惊旅浴禽。
樽中良得性，物外知余心。”

（江总：《春夜山庭》）

“独于幽栖地，山庭暗女萝。
涧渍长低篆，池开半卷荷。
野花朝暝落，盘根岁月多。

停樽无赏慰，狎鸟自经过。”

（江总：《夏日还山庭》）

“曰余今卜筑，兼以隔嚣纷。
池入东陂水，窗引北岩云。
槿篱集田鹭，茅檐带野芬。
原隰何逦迤，山泽共氛氲。
苍苍松树合，耿耿樵路分。
朝兴候崖晚，暮坐极林曛。
凭高眺虹蜺，临下瞰耕耘。”

（朱异：《还东田宅赠朋离诗》）

看来，南朝的文人、名流，乃是真正以居处环境的经营来尽情享受大自然的美好赐予。所谓“朱门何足荣，未若托蓬莱”，“何必丝与竹，山水有清音”的立意，在这里也得到了最大限度的体现。

东晋、南朝的江南地区，因北方士族大量迁入而人文荟萃，其文化发展必然要高于少数民族统治下的北朝。加之当地优美的山水风景的钟灵毓秀，以及具有高层次文化素养的士族文人、名流的经营开发，使那些园林化庄园、别墅所成就的艺术造诣，就多有北朝所不及的地方。应该说，这是南朝造园活动的特色之一，对于后世私家园林创作的影响也是不容忽视的。

庄园、别墅是生产组织、经济实体，但它们的天人谐和的人居环境，及其所具有的天然清纯之美，则又赋予它们以园林的性格。因此，知识阶层对之情有独钟，似乎更在城市私园之上。所以说，园林化的庄园、别墅代表着南朝的私家造园活动的一股潮流，开启了后世别墅园林之先河。从此以后，“别墅”一词便由原来生产组织、经济实体的概念，转化为园林的概念了。

两晋南北朝是大量产生隐士、在知识界普遍滋长隐逸思想的时代。隐士之中，既有终生布衣的真正隐者，也有“半隐”、“朝隐”的隐者。别墅、庄园为他们提供了“山居”、“田园居”的隐遁之所，既是他们的物质财富，也是他们的精神家园。

庄园、别墅以及它们所呈现的山居风光和田园风光，经过文人的诗文吟咏，逐渐在文人圈子里培育出一种包含着隐逸情调的美学趣味。这对后世影响极其深远，促成了唐宋及以后田园诗画、山居诗画的大发展。一大批卓有成就的田园诗人涌现于唐宋文坛，山居图、田园图成为元明文人画的主要题材。诗画艺术的这类创作，又反过来影响及于园林。唐宋以后的文人园林中，出现不少以山居、田园居为造景主题，往往涵蕴着或多或少的隐逸思想和意境，则都是肇始于魏晋南北朝。

第四节 寺观园林

佛教早在东汉时已从印度经西域传入中国，是为“汉传佛教”。相传东汉明帝(公元58—75年)曾派人到印度求法，指定洛阳白马寺庋藏佛经。“寺”本来是政府机构的名称，从此以后便用作为佛教建筑的专称。东汉佛教并未受到社会上的重视，仅把它作为神仙方术一类看待。魏晋南北朝时期，战乱频仍的局面正是各种宗教易于盛行的温床，思想的解放也为外来和本土成长的宗教学说提供了传播条件。外来的佛教为了能够立足于中土，把它的教义和哲理在一定程度上适应汉民族的文化心理结构，融会一些儒家和老庄的思想，以佛理而入玄言，于是知识界也盛谈佛理。作为一种宗教，它的因果报应、轮回转世之说对于苦难深重的人民颇有迷惑力和麻醉作用。因而不仅受到人民的信仰，统治阶级也加以利用和扶持，佛教遂广泛地流行起来。

道教开始形成于东汉，其渊源为古代的巫术，合道家、神仙、阴阳五行之说，奉老子为教主，张道陵倡导的五斗米道为道教定型化之始。东汉末，五斗米道与后起的太平道流行于民间，一时成为农民起义的旗帜。经过东晋葛洪加以理论上的整理，北魏寇谦之制定乐章诵戒，南朝陆修静编著斋醮仪范，宗教形式更为完备。道教讲求养生之道、长寿不死、羽化登仙，正符合于统治阶级企图永享奢靡生活、留恋人间富贵的愿望，因而不仅在民间流行，同时也经过统治阶级的改造、利用而兴盛起来。

佛、道盛行，作为宗教建筑的佛寺、道观大量出现，由城市及其近郊而遍及于远离城市的山野地带。

北方的洛阳，佛寺始于东汉明帝时的白马寺，到晋永嘉年间已建置42所。北魏笃信佛教，迁都洛阳后佛寺的建置陡然大量增加。“逮皇魏受图，光宅嵩洛。笃信弥繁，法教逾盛。王侯贵臣，弃象马如脱屣；庶士豪家，舍资财若遗迹。于是昭提栉比，宝塔骈罗，争写天上之姿，竞摸山中之影。金刹与灵台比高，广殿共阿房等壮。”[1]最盛时城内及附郭一带梵刹林立，多至1367所。南朝的建康也是当时南方佛寺集中之地，东晋时有三十余所，宋

[1] 杨衒之撰，范雍祥校注：《洛阳伽蓝记·序》，上海，上海古籍出版社，1982。

1913所，齐2015所，梁2846所，陈1232所。故唐代诗人杜牧有诗句云：

"千里莺啼绿映红，水村山郭酒旗风；

南朝四百八十寺，多少楼台烟雨中。"

由于当时汉民族传统文化所具有的兼容并包的特点，而形成对外来文化强有力的同化，也由于中国传统木结构建筑对于不同功能的广泛适应性和以个体而组合为群体的灵活性；因此，随着佛教的儒学化，佛寺建筑的古印度原型亦逐渐被汉化了。另一方面，由于深受儒家和老庄思想影响的中国人，对宗教信仰一开始便持着平和、执中的态度，完全没有西方那样狂热和偏执的激情，因此也并不要求宗教建筑与世俗建筑的根本差异。宗教建筑的世俗化，意味着寺、观无非是住宅的放大和宫殿的缩小。当时的文献中多有"舍宅为寺"的记载，足见住宅大量转化为佛寺的情形。

在古印度，释迦牟尼初创佛教时并没有固定的说法传教场所，随着佛教的广泛传布，皈依者愈来愈多，僧团组织愈来愈大，需要固定的集中居住、修持和说法的地方，于是便出现寺院。早期的寺院有两种：一种叫做"僧伽蓝"，简称"伽蓝"，一般由国王或富人施舍；另一种叫做"阿蓝若"，简称"蓝若"，是一人或二三人在偏僻的地方构筑极简单的小屋作居住、修持之用。前者规模较大，数量也很多，汉译为"精舍"，意思是佛向僧众说法的学园。佛教早期僧团的僧众衣食均由施主布施，伽蓝之内除说法的讲堂和居住的僧房之外，别无其他建筑物。释迦牟尼逝世后，伽蓝建筑的内容有所变化、扩充，"塔"成了建筑群的主体。塔亦称"窣堵波"、"浮图"，庞大的外形类似半圆球体。其内庋藏释迦的"舍利子"，是佛教的象征性纪念物，也是信徒礼拜的对象。公元前1世纪，印度河上游的犍陀罗地方受到希腊雕刻艺术的影响，开始以希腊石雕神像为范本来制作佛像。从此以后，佛教遂有了偶像崇拜，佛从早先的哲人变成为神，佛像就代替大塔而成为佛教徒礼拜的对象。这一变化影响及于佛教建筑，伽蓝建筑群中相应地增加了新的内容，即供奉佛像的佛堂，形成僧房、佛堂、讲堂、大塔的序列。这种伽蓝的原型随着佛教传入中国后，融糅于高度发达的汉民族建筑体系之中，逐渐汉化而成为汉式的寺院[1]。"塔"仍然是寺院建筑群的中心，但已演变为中国传统的多层木构楼阁。其他的佛堂、讲堂、僧房等亦改变成院落建筑群，以"塔"为中心形成严整、对称的布局。《洛阳伽蓝记·城内》记载的众多佛寺中，有塔的占着大多数，如规模最大的永宁寺：

"（寺）熙平元年灵太后胡化所立也。……中有九层浮图一所，架木为之，举高九十丈。……浮图有四面，面有三户六窗，……浮图北有佛殿一所，形如太极殿（注：即皇宫的正殿），中有丈八金像一躯，中长金像十躯，绣珠像三躯，金织成像五躯，玉像二

[1] "寺"原为汉代中央政府官署的名称。当时，政府招待西方来华的两位高僧住在鸿胪寺内，次年才移居新建的住所，因"白马驮经"而命名为白马寺。此后，寺便成为佛教建筑的专用称谓了。一所大的佛寺包括若干院落，故又叫做"寺院"。

躯，作工奇巧，冠于当世。僧房楼观一千余间，雕梁粉壁，青缫绮疏，难得而言。栝柏松椿，扶疏拂檐霤；藂竹香草，布护阶墀。……寺院墙皆施短椽，以瓦覆之，若今宫墙也，四面各开一门。”

道观是供奉道教神仙偶像、举行宗教活动的场所，也是道士集体居住、修持的地方。道教在中国本土成长，道观建筑也就不必像佛寺那样经历一个漫长的汉化过程，而是一开始便以汉地木构建筑的面貌出现，逐渐形成比较定型的建筑模式。“观”原本是一种登高远眺的建筑物，汉代帝王多迷信神仙和方士之术，在他们的宫苑内一般都建置“观”以便登高望仙、通达神明。东汉道教徒修建简单房舍作为斋戒的场所，叫做“茅室”、“静室”，五斗米道的活动中心叫做“义舍”，这些应该就是道观的雏形。魏晋南北朝时，称呼民间自建的简单的修道场所为“靖”、“靖庐”，称呼属于天师道的教团组织所有的为“治”，亦称“馆”或“观”，已开始以“观”作为道教建筑的称谓了。“治”是一组颇具规模的建筑群，主管道士叫做“祭酒”。《要修科仪戒律钞》记述了当时的一所“治”的建筑情况：主体建筑物位于建筑群的中央，名“崇虚堂”，其上另起一层名“崇玄台”，台的中央安置大香炉。崇虚堂之北为崇仙堂及东、西厢房，南为门室和祭酒的宿舍。这三幢殿堂构成了建筑群的南北中轴线。崇虚堂体量高大，是祭酒和道士们举行礼拜仪典的地方，显然也是整组建筑群的构图中心。到南北朝末期，“天尊殿”取代了崇虚堂的地位，山门、坛、天尊殿、讲经堂等殿堂构成建筑群中路的中轴线，其余的次要殿堂以及生活、勤杂用房则分别散置在中路两侧和左、右跨院。[1]

[1] 石衍丰，曾召南：《道教基础知识》，成都，四川大学出版社，1988。

随着寺、观的大量兴建，相应地出现了寺观园林这个新的园林类型。它也像寺、观建筑的世俗化一样，并不直接表现多少宗教意味和显示宗教特点，而是受到时代美学思潮的浸润，更多地追求人间的赏心悦目、畅情舒怀。寺观园林包括三种情况：一、毗邻于寺观而单独建置的园林，犹如宅园之于邸宅。南北朝的佛教徒盛行“舍宅为寺”的风气，贵族官僚们往往把自己的邸宅捐献出来作为佛寺。原居住用房改造成为供奉佛像的殿宇和僧众的用房，宅园则原样保留为寺院的附园。二、寺、观内部各殿堂庭院的绿化或园林化。三、郊野地带的寺、观外围的园林化环境。

城市的寺观园林多属第一、二两种情况。

城市的寺、观不仅是举行宗教活动的场所，也是居民公共活动的中心，各种宗教节日、法会、斋会等都吸引大量群众参加。群众参加宗教活动、观看文娱表演，同时也游览寺、观园林。有些较大的寺观，它的园林定期或经常开放，游园活动盛极一时。

《洛阳伽蓝记》记载北朝洛阳的佛寺园林最为详尽，书中所举66所佛寺大部分都提到园林。其中有紧邻寺院而单独建置的，大抵都是舍宅为寺以前的宅园，例如：

“宝光寺在西阳门外御道北。……当时园地平衍，果菜葱青，莫不叹息焉。园中有一海，号‘咸池’，葭菼被岸，菱荷覆水，青松翠竹，罗生其旁。京邑士子，至于良辰美日，休沐告归，征友命朋，来游此寺。雷车接轸，羽盖成阴。或置酒林泉，题诗花圃，折藕浮瓜，以为兴适。”

“景明寺……房檐之外，皆是山池。松竹兰芷，垂列阶墀。含风团露，流香吐馥。……寺有三池，萑蒲菱藕，水物生焉。或黄甲紫鳞，出没于繁藻，或青凫白雁，浮沈于绿水。碾硙舂簸，皆用水功。伽蓝之妙，最得称首。”

“冲觉寺，太傅清河王怿舍宅所立也，在西明门外一里御道北。……西北有楼，出凌云台，俯临朝市，目极京师，古诗所谓：‘西北有高楼，上与浮云齐’者也。楼下有儒林馆、延宾堂，形制并如清暑殿，土山钓台，冠于当世。斜峰入牖，曲沼环堂。树响飞嘤，阶丛花药。”

“景林寺，在开阳门内御道东。……寺西有园，多饶奇果。春鸟秋蝉，鸣声相续。中有禅房一所，内置祇洹精舍，形制虽小，巧构难比。加以禅阁虚静，隐室凝邃，嘉树夹牖，芳杜匝阶，虽云朝市，想同岩谷。静行之僧，绳坐其内，飧风服道，结跏数息。”

还提到庭院绿化和寺院园林化的情形，例如：景乐寺“堂庑周环，曲房连接，轻条拂户，花蕊被庭”；正始寺“众僧房前，高林对牖，青松绿柽，连枝交映”；永明寺“房庑连亘，一千余间。庭列修竹，檐拂高松。奇花异草，骈阗阶砌”，等等。足见当时洛阳寺院之擅长山池花木，并不亚于私家园林，其内容与后者也没有多大差异。《洛阳伽蓝记》多次提到寺院种植果树的繁茂情况，如：“京师寺皆种杂果，而此三寺(尤华寺、追圣寺、报恩寺)，园林茂盛，莫之与争”；景林寺“寺西有园，多饶奇果”；法云寺“珍果蔚茂”；“文觉、三宝、宁远三寺，……周回有园，珍果出焉”；“承光寺亦多果木，柰味甚美，冠于京师”，等等。显然不仅为着观赏的目的，其本身还为着生产的目的，是一种经济运作行为。

南朝城市的寺观园林也很普遍。建康的同泰寺是南朝的著名佛寺，《建康实录》对该寺的园林化作了扼要的描述：

“……浮图九层，大殿六所，小殿及堂十余所，宫各像日月之形。禅窟禅房，山林之内。东西般若，台各三层。筑山构陇，亘在西北，柏殿在其中。东西有璇玑殿，殿外积石种树为山，有盖天仪，激水随滴流转。”

郊野地带的寺观，一部分类似世俗的庄园，或者以寺观地主的身份占领山泽建立别墅，进行农、副业生产的经济运作，谢灵运《山居赋》和郦道元《水经注》中屡次提到的“精舍”，其中不少即是寺观地主的别墅、庄园。另一部分则是单独建置的，它们一般依靠社会上的经常布施供养，或者从各自拥有的田园和生产基地分离开来，类似后期的世俗别墅。

郊野的寺观，在选择建筑基址的时候，对自然风景条件的要求非常严格，往往成为开发风景的主要手段。基址既经选定，则不仅经营寺观本身的园林，尤其注意其外围的园林化环境。

远离城市的山野，虽然自然风景绮丽，但生活条件却十分艰难，文人名士不辞跋涉辛苦游山玩水，毕竟只能走马观花来去匆匆。真正长期扎根于斯，作筚路蓝缕的开发、锲而不舍的建设，实际上乃是借助于方兴未艾的佛教和道教的力量才得以初步完成。佛、道作为山野风景开发建设的先行者，固然出于宗教本身的目的和宗教活动的需要，也是受到时代美学思潮直接影响的必然结果。

佛经中记载佛祖释迦牟尼在鹫峰灵山说法的故事，古印度气候炎热，往往在深山修建石窟作为僧舍，僧侣们白天托钵乞食，晚间即栖息山林。这些情形与老庄的避世和儒家的隐逸颇有合拍之处，中国的僧侣们也加以仿效，纷纷到远离城市的山野中去寻求幽静清寂的修持环境。早在东汉永平年间(公元58—75年)，印度来华的高僧摄摩腾和竺法兰就已在五台山修建佛寺，因五台山与印度灵鹫峰相似而名之曰“大孚灵鹫寺”。道教讲究清心寡欲，炼丹行气，相传东汉时天师道的创始人张道陵曾在峨嵋山修持、黄帝曾在黄山炼丹。炼丹采药要到深山野林，行气吐纳需要环境清静、空气新鲜。加之高山又是传说中神仙居处之地，道教追求羽化登仙，山岳当然也就成为道士们所向往的“仙境”了。

僧侣、道士怀着虔诚的宗教感情，克服生活上的极大困难进入人迹罕至的山野。为了长期住下来进行宗教活动，就必须修建佛寺、道观和相应的生活设施。当时的僧、道一般都有相当高的文化素养，他们也精研老庄、谈论玄理。出家人没有任何牵挂，更容易接受隐逸思想而飘然栖身于尘世之外，颇有些隐士、名士的气味。社会上也把著名的僧侣、道士与名士相提并论。东晋孙绰《道贤论》即以当时的七位名僧比拟于“竹林七贤”。许多僧、道也像文人名士一样广游名山大川，热爱山水风景之美。他们选择什么样的自然环境来营建寺观，就不仅着眼于宗教活动的需要，也必然更多地以自然景观的赏心悦目作为积极的因素来考虑。而在荒无人烟的山野地带营建寺观又必须满足三个基本条件：一是靠近水源以便获得生活用水；二是靠近树林以便采薪；三是地势向阳背风，易于排洪，小气候良好。但凡具备这三个条件的地段也就是自然风景比较好的地段，在这样地段上营建的寺观，必然会以风景建筑的面貌出现，自是不言而喻。

梁武帝《游钟山大爱敬寺诗》描写大爱敬寺所在地段的优美风景：

“面势因大地，萦带极长川。
棱层叠嶂远，迤逦隥道悬。
朝日照花林，光风起香山。
飞鸟发差池，出云去连绵。
落英分绮色，坠露散珠圆。
当道兰藿靡，临阶竹便娟。
幽谷响嘤嘤，石濑鸣溅溅。
萝短未中揽，葛嫩不任牵。
攀缘傍玉涧，褰陟度金泉。
长途弘翠微，香楼间紫烟。”

寺观的选址与风景的建设相结合，意味着宗教的出世感情与世俗的审美要求相结合。殿宇僧舍往往因山就水、架岩跨涧，布局上讲究曲折幽致、高低错落。因此，这类寺观不仅成了自然风景的点缀，其本身也无异于山水园林。例如：

“康僧渊在豫章，去郭数十里立精舍。旁连岭，带山川，芳林列于轩庭，清流激于堂宇。乃闲居研讲，希心理味。庾公诸人多往看之，观其运用吐纳，风流转佳。加已处之怡然，亦有以自得，声名乃兴。后不堪，遂出。”

（《世说新语·栖逸》）

“濡水东合檀山水，水出道县西北、檀山西南，南流与石泉水会，水出石泉固东南隅，水广二十许步，深三丈。固在众山之内，平川之中，四周绝涧，阻水八丈有余，石高五丈，石上赤土，又高一丈，四壁直立，上广四十五步，水之不周者，路不容轨，仅通人马，谓石泉固，固上宿有白杨寺，是白杨山神也。寺侧林木交荫，丛柯隐景，沙门释法澄建刹于其上，更为思玄之胜处也。”

（《水经注·易水》）

“寇水自倒马关南流，与大岭水合，水出山西南大岭下，东北流出峡。峡右山侧有祇园精庐。飞陆陵山，丹盘虹梁。长津泛澜，萦带其下，东北流注于寇。寇水又屈而东合两岭溪水，水出恒山北阜，东北流，历两岭间，北岭虽层陵云举，犹不若南峦峭秀，自水南步远峰，石磴逶迤，沿途九曲，历睇诸山，咸为劣矣，抑亦羊肠、邛来之类者也。”

(《水经注 · 寇水》)

“济水又东北，右会玉水。水导源太山朗公谷，谷旧名琨瑞溪，有沙门竺僧朗，少事佛图澄，硕学渊通，尤明气纬，隐于此谷，因谓之朗公谷。……沙门竺僧朗，尝从隐士张巨和游，巨和尝穴居，而朗居琨瑞山，大起殿舍，连楼叠阁，虽素饰不同，并以静外致称。”

(《水经注 · 济水》)

“肥水自黎浆北，迳寿春县故城东……西南流迳导公寺西。寺侧因谿建刹五层，屋宇闲敞，崇虚携觉也，……谿水沿注，西南迳陆道士解南精庐，临侧川谿。”(注：“携觉”字误，似为“嶕峣”。)

(《水经注 · 肥水》)

“沮水南迳临沮县西……稠木傍生，凌空交合。危楼倾岳，恒有落势。风泉传响于青林之下，岩猿流声于白云之上。游者常若目不周玩，情不给赏，是以林徒栖托，云客宅心，泉侧多结道士精庐焉。”

(《水经注 · 沮水》)

从以上的引文可以看出，寺观建筑与山水风景的亲和交融情形，既显示佛国仙界的氛围，也像世俗的庄园、别墅一样，呈现为天人谐和的人居环境。山水风景地带一经有了寺观作为宗教基地和接待场所，相应地也修筑道路等基础设施。于是，以宗教信徒为主的香客、以文人名士为主的游客纷至沓来。自此以后，远离城市的名山大川再不是神秘莫测的地方。它们已逐渐向人们敞开其无限幽美的丰姿，形成以寺观为中心的风景名胜区，其中尤以山岳型的“名山风景区”为多。[1]如著名的茅山、庐山等都是这时开发出来的，《梁书 · 处士列传 · 陶弘景》：

[1] 有关名山风景区的情况，详见周维权：《中国名山风景区》，北京，清华大学出版社，1996。

“陶弘景字通明，……于是止于句容之句曲山。恒曰：‘此山下是第八洞宫，名金坛华阳之天，周回一百五十里。昔汉有咸阳三茅君得道，来掌此山，故谓之茅山’。乃中山立馆，自号华阳隐居。……永元初，更筑三层楼，弘景处其上，弟子居其中，宾客至其下，与物遂绝，唯一家僮得侍其旁。”

陶弘景是南朝的著名道士，是道教的一个重要流派“茅山道”的创始人。他在茅山经营的山居，既是道观，也无异于隐者的别墅。陶本人也是一位著名的学者、隐士，受到朝廷和社会的敬重，梁武帝经常向他咨询天下大势与治国之道，时人称之为“山中宰相”。

文献记载中有关名山寺观的园林经营，与世俗的园林化别墅颇有异曲同工之处，庐山的东林寺便是一个典型的例子。

东晋佛教高僧慧远，遍游北方的太行山、恒山，南下荆门，于晋孝武帝太元九年(公元384年)来到庐山。流连于此地的山清水秀，遂在江州刺史桓伊的资助下建寺营居，这就是庐山的第一座佛寺——东林禅寺。慧远是一位亦佛亦儒、很有学问的高僧，精研佛理、擅长诗文，著《法性论》等经书十五卷。他在庐山一住三十年，聚徒讲学，成为佛教净土宗的创始人，所写的有关庐山风景的诗篇历来为文人所推重。如像《庐山略记》[1]一文中描绘庐山整体景观之气象万千：

> “高崖仄宇，峭壁万寻，幽岫穷岩，人兽两绝。天将雨，则有白气先搏，而缨络于山岭下，及至触石吐云，则倏忽而集。或大风振崖，逸响动谷，群籁竞奏，奇声骇人。此其变化不可测者矣。”

写香炉峰尤为细腻生动：

> “孤峰秀起，游气笼其上，则氤氲若香烟。白云映其外，则炳然与众山殊别。”

从字里行间所透露的对山水风景的热爱，对自然美的领会，其深刻程度并不亚于当时的世俗文人。这种情况在他经营的东林寺也必然会有所体现，对此，《高僧传·慧远传》中有一段文字描写：

> “(东林寺)洞尽山美，却负香炉之峰，傍带瀑布之壑。仍石垒基，即松栽构。清泉环阶，白云满室。复於寺内别置禅林，森树烟凝，石径苔合。凡在瞻履，皆神清而气肃焉。”

足见慧远对寺院基址选择的独具慧眼，也表明这所寺院建筑的内外环境如何结合于地形和风景特色而作出的园林化的处理。东林寺之建成，不仅为庐山增添了一处绝佳的风景建筑，也使得庐山成为当时全国的佛教十大道场之一。

佛教势力因慧远之建寺营居而扎根于庐山，道教势力亦接踵而至。南朝刘宋孝武帝大明五年（公元461年），著名道士陆修静来到庐山，在紫霄峰下营建道观炼丹采药，静心修持，撰写道教典籍，这便是庐山的第一所道观——简寂观。他在庐山住了七年之后，明帝泰始三年（公元467年）奉宋明帝之命返回建康。陆修静是当时的道教理论家，博学多识，兼长文采。简寂观虽未见诸文字的描述，但从主持修建者的文化素养和道教一向追摹佛教这一点来推测，可能与东林寺是差不多的。

东林寺和简寂观创建之后，庐山又陆续建成许多佛寺和道观布满山南山北。佛教和道教和平共处于一山，形成了“佛道共尊”的局面。文人名士有了寺观作为落脚的地方，庐山便经常出现他们的游踪。谢灵运多次来游，栖息东林寺，与慧远结成忘年交。慧远去世，谢为文悼念。若干年后谢灵运乘船入鄱阳湖，看到巍巍庐山的形象而勾起他的眷恋之情，写下了《入彭蠡湖口》诗。其中有句云：“春晚绿野秀，岩高白云屯”、“攀崖照石镜，牵叶

[1] 《丛书集成》2998册，上海，商务印书馆，1936。

入松门”[1]，不失为传神之笔。

慧远交游广泛，许多在俗弟子不仅向他学佛，也向他学儒学道。他组织的“白莲社”中就有不少文人名士，如刘程之、周续之、宗炳、张野、张诠、雷次宗等人。白莲社成员除了讲论佛学、探讨玄理之外，也在慧远的影响下品玩山水风景，自己营建园林。譬如，莲社成员之一、著名画家宗炳“妙善琴书，尤精玄理，殷仲堪、桓玄并以主簿辟，皆不就。刘毅领荆州，复辟为主簿，答曰：‘栖丘饮谷，三十年矣。’乃入庐山筑室，依远公莲社……雅好山水，往必忘归。西陟荆巫，南登衡岳。因结宇山中，怀尚平之志。”[2]莲社成员以他们很高的文化素养、艺术趣味和鉴赏自然美的能力，对于当时南方民间造园艺术水平的提高当会起到一定的促进作用。他们所经营的园林，也可以视为后世文人园林的滥觞了。

[1] 余冠英编：《中国古代山水诗鉴赏辞典》，南京，江苏古籍出版社，1989。

[2] 晋人佚名：《莲社高贤传》，见《丛书集成》，北京，中华书局，1991。

第五节
其他园林

非主流的园林类型也开始见于文献记载。譬如，文人名流经常聚会的新亭、兰亭这样一些近郊的风景游览地，就具有公共园林的性质。

亭在汉代本来是驿站建筑，也相当于基层行政机构，到两晋时，演变为一种风景建筑。文人名流在城市近郊的风景地带游览聚会、诗酒唱和，亭的建置提供了遮风蔽雨、稍事坐憩的地方，也成为点缀风景的手段，逐渐又转化为公共园林的代称。会稽近郊的“新亭”，据《世说新语·言语第二》：“过江诸人，每至美日，辄相邀新亭，藉卉饮宴。周侯中坐而叹曰：‘风景不殊，正自有山河之异。’皆相视流泪，唯王丞相愀然变色，曰：‘当共戮力王室，克服神州，何自作楚囚相对？’”而“兰亭”则是典型的一例。王羲之的《兰亭集序》记述了在这里举行的一次修禊活动的盛况：

> “永和九年，岁在癸丑。莫春之初，会于会稽山阴之兰亭，修禊事也。群贤毕至，少长咸集。此地有崇山峻岭、茂林修竹，又有清流激湍，映带左右。引以为流觞曲水，列坐其次。虽无丝竹管弦之盛，一觞一咏亦足以畅叙幽情矣。……”

《兰亭集序》以清新朴素的语言，记叙了一次江南名流的雅集盛会。如果对比于石崇《金谷诗序》所描写的“琴瑟笙筑，合载车中，道路并作”，充满富贵矫情的“金谷宴集”，那种“一觞一咏”的高雅清纯就益发显而易见。它与东晋简文帝的“会心处不必在远，翳然林木，便有濠濮间想”，以及梁昭明太子的“何必丝与竹，山水有清音”一样，表现了南朝文人名流的恬适淡远的生活情趣，也能够在一定程度上折射出他们的“园林观”。

兰亭在今浙江绍兴西南13.5公里的兰渚，有亭翼然，建于渚上。不过，这并非当年兰亭的原址。据《水经注·浙江水》：“浙江又东与兰溪合，湖南有天柱山，湖口有亭，号曰兰亭，亦曰兰上里，太守王羲之、谢安兄弟数往造焉。吴郡太守谢勖，封兰亭侯，盖取此亭以为封号也。太守王廙之，移亭在水中，晋司空何无忌之临郡也，起亭于山椒，极高尽眺矣。亭宇虽坏，基陛尚存。”看来，兰亭曾经多次挪移位置，为的是找到一个更理想的自然环境。在这样一个以亭为中心，周围“有崇山峻岭，茂林修竹，又有清流激湍，映带左右”的大自然环境里面，于天朗气清的暮春之初，会聚了当时的社会名流42人作“曲水流觞”的修禊活动[1][图3·9]。王羲之、谢安、谢万、孙绰、徐丰之、孙统、王彬之、王凝之、王肃之、袁峤之、王微之等11人当场写成四言五言诗各一首，郄昙、王丰之、华茂、庾友、虞说、魏滂、庾蕴、孙嗣、曹茂之、曹华平、桓伟、王玄之、王蕴之、王涣之等14人写成五言诗一首，合为一集即著名的《兰亭集》。其中，王羲之写的一首五言诗藉园林之境而生发人景感应的情愫，颇能道出与会者的寄情山水、神与物会的心态：

图3·9 （明）钱谷《兰亭修禊图》

[1] 有关曲水流觞的情况，《南齐书·礼志》言之甚详：“三月三日曲水会，古禊祭也。汉《礼仪志》云：‘季春月上巳，官民皆絜，濯于东流水上，自洗濯祓除去宿疾为大絜。’不见东流为何水也。晋中朝云，卿已下至于庶民，皆禊洛水之侧，事见诸《禊赋》及《夏仲御传》也。赵王伦篡位，三日，会天渊池诛张林。怀帝亦会天渊池赋诗。陆机云：‘天渊池南石沟，引御沟水，池西积石为禊堂，跨水，流杯饮酒。’亦不言曲水。……史臣曰：‘案禊与曲水，其义参差。旧言阳气布畅，万物讫出，姑洗絜之也。巳者祉也，言祈介祉也。’一说，三月三日，清明之节，将脩事于水侧，祷祀以祈丰年。应劭云：‘禊者，絜也，言自絜濯也。或云……民人每至其日，皆适东流水祈祓自絜濯，浮酌清流，后遂为曲水。’案高后祓坝上，马融《梁冀西第赋》云：‘西北戌亥，玄石承输。蝦蟇吐写，庚辛之域。’即曲水之象也。今据禊为曲水事，应在（东汉桓帝）永寿（公元155—157年）之前已有，祓除则不容在高后之后，祈农之说，于事为当。”

"三春启群品，寄畅在所因。
仰望碧天际，俯瞰绿水滨。
寥朗无崖观，寓目理自陈。
大矣造化工，万殊莫不均。
群籁虽参差，适我无非亲。"

这种心态在他为《兰亭集》所写的序文中也有所表露："是日也，天朗气清，惠风和畅。仰观宇宙之大，俯察品类之盛，所以游目骋怀，足以极视听之娱，信可乐也。"而与会者之一，名士孙绰的《兰亭后序》，则更加以发挥：

"暮春之始，禊于南涧之滨。高岭千寻，长湖万顷。乃藉芳草，鉴清流，览卉物，观鱼鸟，具类同荣，资生咸畅。于是和以醇醪，齐以达观，快然足(一作兀)矣，焉复觉鹏鹦之二物哉。……"

所以说，兰亭作为首次见于文献记载的公共园林，自有其历史的价值。而通过这次文人名流的雅集盛会和诗文唱和所流露出来的审美趣味，给予当时和后世的园林艺术以深远的影响，恐怕还具有更为重要的意义。

第六节 小　结

与生成期相比较，显而易见，这时期的园林的规模由大入小，园林造景由过多的神异色彩转化为浓郁的自然气氛，创作方法由写实趋向于写实与写意相结合。

在以自然美为核心的时代美学思潮直接影响下，中国古典风景式园林由再现自然进而至于表现自然，由单纯地摹仿自然山水进而至于适当地加以概括、提炼，但始终保持着“有若自然”的基调。建筑作为一个造园要素，与其他的自然诸要素取得了较为密切的谐调、融糅关系。园林的规划设计由前此的粗放转变为较细致的、更自觉的经营，造园活动完全升华到艺术创作的境界。

皇家园林的狩猎、求仙、通神的功能基本上消失或者仅保留其象征性的意义，生产和经济运作则已很少存在，游赏活动成为主导的甚至惟一的功能。它的两个类别之一的“宫”已具有“大内御苑”的性质，纳入都城的总体规划之中。大内御苑居于都城中轴线的结束部位，这个中轴线的空间序列构成了都城中心区的基本模式。

私家园林作为一个独立的类型异军突起，集中地反映了这个时期造园活动的成就。城市私园多为官僚、贵族所经营，代表一种华靡的风格和争奇斗富的倾向。庄园、别墅随着庄园经济的成熟而得到很大发展，它们作为生产组织、经济实体同时也是文人名流和隐士们“归田园居”、“山居”的精神庇托。它们作为后世别墅园的先型，代表一种天然清纯的风格。其所含蕴的隐逸情调、表现的山居和田园风光，深刻地影响着后世的私家园林特别是文人园林的创作。

寺观园林拓展了造园活动的领域，一开始便向着世俗化的方向发展。郊野寺观尤其注重外围的园林化环境，对于各地风景名胜区的开发起到了主导性的作用。

“园林”一词已出现于当时的诗文中：“驰鹜翔园林。”(晋 · 左思)“暮春和气应，白日照园林。”(晋 · 张翰)“饮啄虽勤苦，不愿栖园林。”(刘宋 · 何承天)中国古典园林开始形成皇家、私家、寺观这三大类型并行发展的局面和略具雏形的园林体系，它上承秦汉余绪，把园林发展推向转折的阶段，导入升华的境界，成为此后全面兴盛的伏脉。中国的风景式园林，正是沿着这个脉络进入隋、唐的全盛期。

第四章

园林的全盛期——隋、唐

（公元589—960年）

公元581年，北周贵族杨坚废北周静帝，建立隋王朝。公元589年，隋军南下灭陈，结束了两晋南北朝三百余年的分裂局面，中国复归统一。

隋文帝杨坚爱惜民力、革除弊政、勤俭治国，封建经济有所发展，社会安定繁荣。隋炀帝杨广即位后，一反乃父作风，穷奢极侈地营建宫苑、游幸江南，还多次发动对外侵略战争。其结果国力耗尽、民怨沸腾，终于酿成了隋末的农民大起义。各地官僚、豪强亦乘机叛乱，割据一方。

公元618年，豪强李渊削平割据势力，统一全国，建立唐王朝。唐初汲取隋亡的教训，实行轻徭役、薄赋税的政策，励精图治。经济发展、政局稳定，开创了唐王朝在中国历史上空前繁荣兴盛的局面。中唐以后，边塞各地的节度使拥兵自重，又逐渐形成藩镇割据。天宝年间，节度使安禄山、史思明发动叛乱，唐玄宗被迫出走四川。从此藩镇之祸愈演愈烈，吏治腐败、国势衰落。公元907年，节度使朱全忠自立为帝。唐王朝亡，中国又陷入五代十国的分裂局面。

第一节 总 说

隋、唐推行均田制，限制农民的人身依附关系，把部曲和庄客解放为自耕农，佃农制代替了佃奴制。在经济结构中消除庄园领主经济的主导地位，逐渐恢复地主小农经济并奠定其在宋以后长足发展的基础。庄园性质有了改变，从早先的“领主庄园”转化为“地主庄园”，已不再为少数士族集团所垄断，“特权地主”与一般地主趋于合流。士族衰落，庶族渐兴，“士”、“庶”只不过是朝、野之别而已。隋代开通大运河，加强南方和北方的联系，促进了各地区之间的交流，对于全国经济文化的发展，起了重要的作用。唐代在此基础上再推动交通的发达和商业的繁荣。陆路交通网四通八达，而且远达吐蕃、南诏、回纥等边疆地区。以大运河为主干，形成密集的水上交通网，大小船只通达三江五湖，甚得舟楫之利。海外交通、贸易大发展，唐王朝已在广州设立市舶司，管理出入海港的船只和国际贸易事务。在政治结构中削弱门阀士族势力，维护中央集权，确立科举取士制度，强化官僚机构的严密统治。意识形态上儒、道、释共尊而以儒家为主，儒学重新获得正统地位。广大知识分子改变了避世和消极无为的态度，通过科举积极追求功名、干预世事，成为国家大一统局面的主要力量。秦、汉开创的封建大帝国到这时候得以进一步巩固，对待外来文化的宽容襟怀使得传统的封建文化能够在较大范围内积极融会、蓄纳外来因素，从而促成了本身的长足进步和繁荣。

唐代国势强大，版图辽阔，初唐和盛唐成为古代中国继秦汉之后的又一个昌盛时代。这是一个朝气蓬勃、功业彪炳、意气风发的时代。贞观之治和开元之治把中国封建社会推向发达兴旺的高峰。文学艺术方面，诸如诗歌、绘画、雕塑、音乐、舞蹈等，在发扬汉民族传统的基础上吸收其他民族甚至外国的养分而同化融糅，呈现为群星灿烂、盛极一时的局面。绘画的领域已大为开拓，除了宗教画之外还有直接描写现实生活和风景、花鸟的世俗画。按照题材区分画科的做法具体化了，花鸟、人物、神佛、鞍马、山水均成独立的画科。山水画已脱离在壁画中作为背景处理的状态而趋于成熟，山水画家辈出，开始有工笔、写意之分。天宝中，唐玄宗命画家吴道子、李思训于兴庆宫大同殿各画嘉陵山水一幅。事毕，玄宗评曰：“李思训数月之功，吴道子一日之迹，皆极其妙。”无论工笔或写意，既重客观物象的写生，又能注入主观的意念和感情。即所谓“外师造化，内法心源”，确立了中国山水画创作的准则。通过对自然界山水形象的观察、概括，再结合毛笔、绢素等工具而创为皴擦、泼墨等特殊技法。山水画家总结创作经验，著为“画论”。山水诗、山水游记，已成为两种重要的文学体裁。这些都表明人们对大自然山水风景的构景规律及其显现的自然美，又有了更深一层的把握和认识。

唐代已出现诗、画互渗的自觉追求。大诗人王维的诗作生动地描写山野、田园的如画自然风光，他的画也同样饶有诗意。宋代苏轼评论王维艺术创作的特点在于“诗中有画，画中有诗”。同时，山水画也影响园林，诗人、画家直接参与造园活动，园林艺术开始有意识地融糅诗情、画意，这在私家园林尤为明显。

传统的木构建筑，无论在技术或艺术方面均已趋于成熟，具有完善的梁架制度、斗栱制度以及规范化的装修、装饰。建筑物的造型丰富，形象多样，这从保留至今的一些殿堂、佛塔、石窟、壁画以及传世的山水画中都可以看得出来。建筑群在水平方向上的院落延展表现出深远的空间层次，在垂直方向上则以台、塔、楼、阁的穿插而显示丰富的天际线，正如诗人岑参《与高适薛据登慈恩寺》的描写：“塔势如涌出，孤高耸天宫。登临出世界，磴道盘虚空。突兀压神州，峥嵘如鬼工。”宫苑建筑规模之钜丽、气度之恢宏，乃是象征中国封建文化的巍峨丰碑。大明宫的正殿含元殿，其夯土台基的残址高达15米，李华《含元殿赋》描写它的磅礴气势：

> “邻斗极之光耀，迩天汉之波澜。……建升龙之大旆，邈不至于阶端。峥嵘孱颜，下势南山，照烛无间，七曜回环。……捧帝座于三辰，衔天衢之九达。……”

大明宫、太极宫的宫城面积比北京明清宫城(紫禁城)的面积要大得多，无怪乎王维要发出这样的咏赞：“九天阊阖开宫殿，万国衣冠拜冕旒”了。

观赏植物栽培的园艺技术有了很大进步，培育出许多珍稀品种如牡丹、琼花等，也能够引种驯化、移栽异地花木。李德裕在洛阳经营私园平泉庄，曾专门写过一篇《平泉山居草木记》，记录园内珍贵的观赏植物七八十种，其中大部分是从外地移栽的。段成式《酉阳杂俎》一书中的《木篇》、《草篇》和《支植》共记载了木本和草本植物二百余种，大部分均为观赏植物。树木之供作观赏的品种，常见于文人的诗文吟咏的计有杏、梅、松、柏、竹、柳、杨、梧桐、桑、椒、棕、榕、檀、槐、漆、枫、桂、楮等。[1]在一些文献中还提到许多具体的栽培技术，如嫁接法、灌浇法、催花法等。《全唐诗话》

[1] 程兆熊：《中华园艺史》，台北，商务印书馆，1985。

记载了一段武则天下诏要花速开的故事：

> “天授二年腊，卿相欲诈称花发，请幸上苑，有以谋也，许之，寻疑有异图，遣使先宣诏曰：‘明朝游上苑，火速报春知；花须连夜发，莫待晓风吹。’于是凌晨名花布苑，群臣咸服其异。”

可能即施用了催花之法。另外，唐代无论宫廷和民间都盛行赏花、品花的风习。姚氏《西溪丛话》把30种花卉与30种客人相匹配，如：牡丹为贵客，兰花为幽客，梅花为清客，桃花为妖客，等等。

在这样的历史、文化背景下，中国古典园林的发展相应地达到了全盛的局面。仿佛一个人结束了幼年和少年阶段，进入风华正茂的成年期。长安和洛阳两地的园林，就是隋唐时期的这个全盛局面的集中反映。

第二节
长安、洛阳

隋唐是中国古代城市建设的大发展时期。

北朝自北魏以后，历西魏和北周，北方逐渐形成了以鲜卑贵族为核心的关陇军事集团的势力。隋文帝杨坚取代北周建立隋王朝，为了巩固其统治地位则必须依靠鲜卑贵族，因而把都城建在关陇军事集团的根据地长安。当时，汉代的长安故城经过长年的战乱已残破不堪，乃于开皇二年(公元582年)下诏营建新都于长安故城东南面的龙首原一带，诏曰："……龙首山川原秀丽，卉物滋阜，卜食相土，宜建都邑。定鼎之基永固，无穷之业在斯。公私府宅，规模远近，营构资费，随事条奏。"任命左仆射高颎总理其事，具体的规划建设工作则由太子左庶子宇文恺主持。翌年新都基本建成，命名为大兴城。

大兴城东西宽9.72公里，南北长8.65公里，面积约为84平方公里。它的总体规划形制保持北魏洛阳的特点：宫城偏处大城之北，其中轴线亦即大兴城规划结构的主轴线，由北而南通过皇城和朱雀门大街直达大城之正南门。皇城紧邻宫城之南，为衙署区之所在。宫城和皇城构成城市的中心区，其余则为坊里居住区[图4·1]。宫城的北垣与大城的北垣重合，这种做法则又类似于南朝的建康。此外，大兴城的规划还明显地受到当时已常见于州郡级城市的"子城—罗城"制度[1]的影响，宫城和皇城相当于子城(内

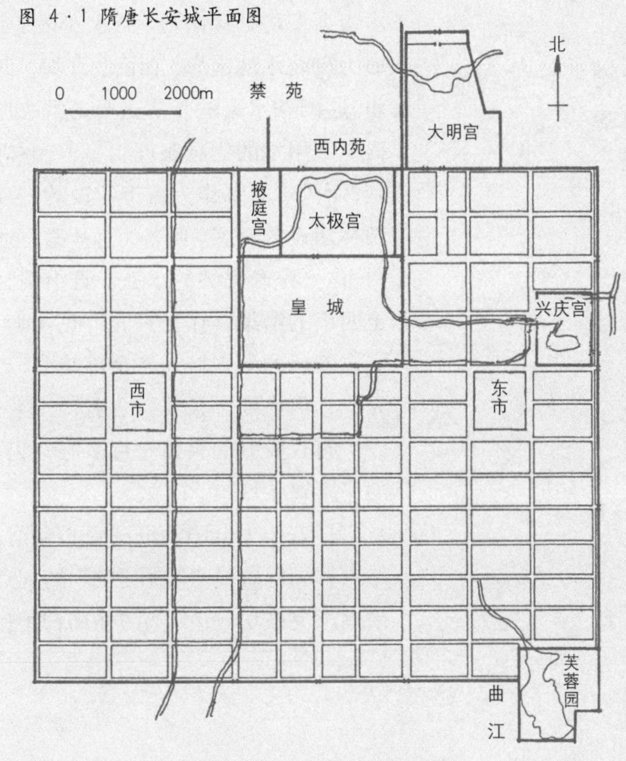

图 4·1 隋唐长安城平面图

[1] 所谓"子城—罗城"制度，即：统治机构的衙署，府邸，仓储，宴宾与游息，甲仗，监狱等部分均集中于城垣围绕的子城(内城)内，其外更环建范围宽阔的罗城(外城)以容纳居民坊市以及庙宇、学校等公共部分。控制全城作息生活节奏的报时中心——鼓角楼，即为子城的门楼。(郭湖生：《隋唐长安》，载《建筑师》，1994(4))

城)，大城相当于罗城(外城)。

全城共有南北街14条、东西街11条，纵横相交成方格网状的道路系统，形成居住区的108个“坊”和两个“市”，采取市、坊严格分开之制。坊一律用高墙封闭，设坊门供居民出入。坊内概不设店肆，所有商业活动均集中于东、西二市。居住区为“经纬涂制”道路网，街道纵横犹如棋盘格，唐代诗人白居易形容其为：“百千家似围棋局，十二街如种菜畦。”街道的宽窄并不一致，东西街宽40米至55米，南北街宽70米至140米。皇城正门以南、位于城市中轴线上的朱雀门大街或称天街，宽达147米，可谓壮观开阔之极至。大城与皇城之间的那条横街则更宽阔，达441米。它不仅是长安城一条最宽的大街，而且成为皇城前面的一个广场了。大城以北为御苑“大兴苑”，北枕渭河，南接大城之北垣，东抵浐河，西面包括汉代的长安故城。

龙首原的九条岗（原）之中，有六岗在东城，呈东北至西南的走向 [图4·1]，象征《易》之六爻。这六岗高出于地面7～30米，既丰富了城市的轮廓线，又可以登高而俯瞰长安城。城内六岗之最南一岗名乐游原，为长安的一处著名公共园林之所在。

大兴城于建城之初即开始进行城市供水、宫苑供水和漕运河道的综合工程建设。一共开凿四条水道(渠)引入城内：一、龙首渠，引浐水分两支入城，一支经城东北诸坊入皇城再北入宫城，潴而成为御苑水池东海；另一支绕城垣之东北角，往西进入大兴苑。二、永安渠，引交水由大安坊处穿南垣一直北上，穿过若干坊及西市，北入大兴苑，再入渭河。三、清明渠，引沈水由大安坊处穿南垣，与永安渠平行北上，入皇城，再入宫城和大兴苑，潴而为御苑水池南海、西海、北海。四、曲江，引黄渠之水，支分盘曲于东南角。这四条水渠的开凿主要是解决城市供水问题，也为城市的风景园林建设提供了用水的优越条件。皇家园林的大量建设需要保证足够供水的基础设施，而供水水系作为城市建设的一项重要基础设施的完善化，又促进了皇家园林建设的开展。此外，再开凿广通渠，把渭水和黄河沟通起来，供漕运之用。这一整套完善的水系一直沿用到唐代，唐代仅开辟了一条运材木和薪炭至西市的漕渠，作为补充，见 [图4·2]。

隋代的大兴城并未全部建成，宫苑和坊里都只是粗具规模。唐代继续完成，仍恢复“长安”之名，一直作为唐王朝的都城。

唐长安城的人口一百多万，为当时世界上规模最大、规划布局最严谨的一座繁荣城市。

长安作为全国的经济中心和财富集中之地，又是大运河“广通渠”的终点和国际贸易“丝绸之路”的起点。商业繁荣，商品经济日益兴盛，其结果逐渐突破坊、市分离的格局，唐中叶已经出现夜市，坊里内也兴起商店和

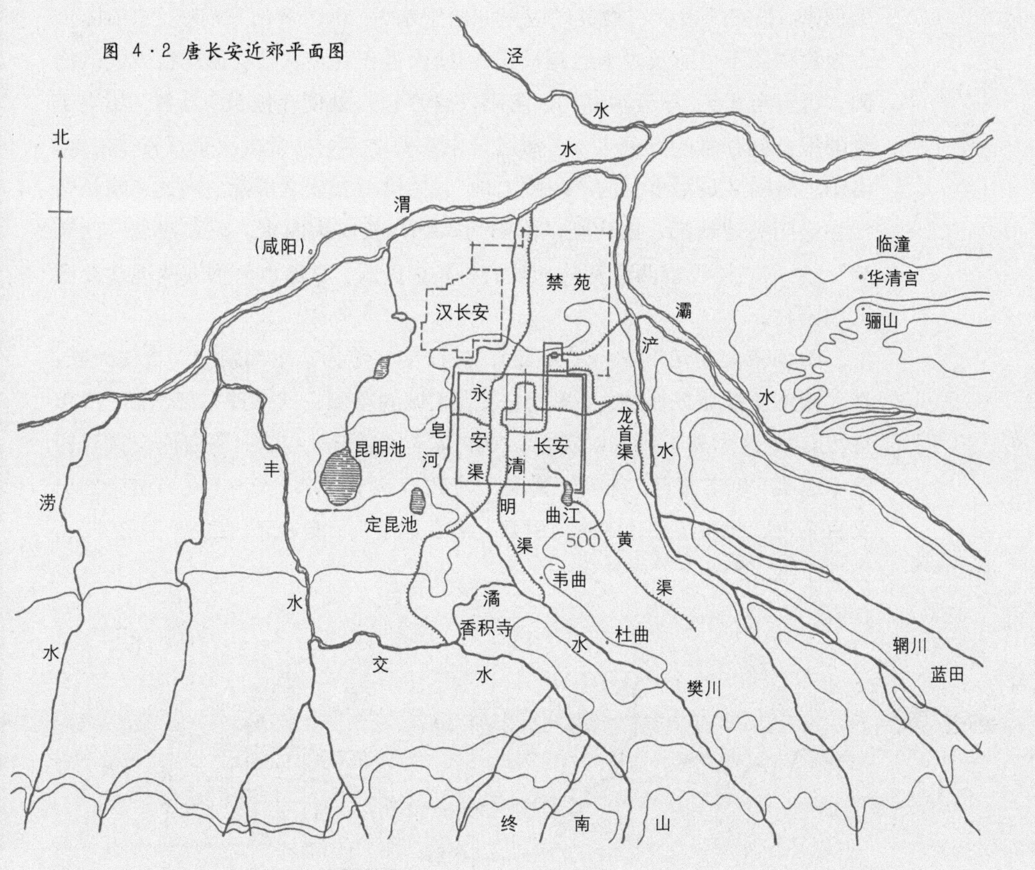

图 4·2 唐长安近郊平面图

作坊，茶楼酒肆遍布全城，坊里的封闭高墙大多数都已不复存在。长安作为全国的文化、政治中心，也是当时的东方各国所向往之地。日本、朝鲜经常派遣留学生和学问僧来往居留长安，他们带回高水平的盛唐文化，也传回长安城的宏伟规划和建筑的信息。渤海国的上京龙泉府，日本的平城京和平安京，新罗的庆州，均采取了长安的规划制度。

宫城位于皇城之北的城市中轴线的北端，面积约4.2平方公里，中部太极宫，西部掖庭宫，东部为太子居住的东宫。太极宫又称“西内”，是皇帝听政和居住的宫室。此外，另有两处同类性质的宫室，即“东内”大明宫和“南内”兴庆宫，相当于另外两处“大内”。

禁苑即隋大兴苑，实际上还包括西内苑和东内苑，故又称三苑。城的东南隅为御苑“芙蓉苑”和公共游览地“曲江”。汉代的昆明池保存下来，加以园林化的修整而成为城郊的一处公共游览胜地。

隋文帝建都长安，其初衷是为笼络关陇集团势力，但灭陈以后，长安作为统一大帝国的都城便显得偏处一隅。关中虽有八百里秦川沃野，毕竟人烟稠密，长安的粮食和物资供应需仰给于南方。由于黄河三门峡之险阻，南方粮食物资不可能及时水运到长安，因而大量积存在水陆交通均很方便的洛阳。唐天宝八年(公元749年)，洛阳仅含嘉仓一处便存粮583万石，相当于全国粮仓储存量的三分之一。每逢关中灾荒之年，皇帝多次率百官“就食”洛阳。洛阳又是军事上的“四战之地”，为拱卫长安之屏障。因此，隋炀帝便在洛阳另建新都，唐代则以洛阳为东都，长安为西京，正式建立“两京制”。两京同样设置两套宫廷和政府机构，贵戚、官僚也分别在两地建置邸宅和园林。

隋炀帝大业元年(公元605年)，仍命宇文恺为营东都副监、将作大匠，在北魏洛阳故城以西约9公里处、东周王城的东侧正式兴建东都洛阳，次年完工。“徙豫州郭下居人以实之。……又于皂涧营显仁宫，采海内奇禽异兽草木之类，以实园苑。徙天下富商大贾数万家于东京。辛亥，发河南诸郡男女百余万，开通济渠，自西苑引穀、洛水达于河，自板渚(在虎牢关之东)引河通于淮。”[1]

[1]《隋书·炀帝本纪》。

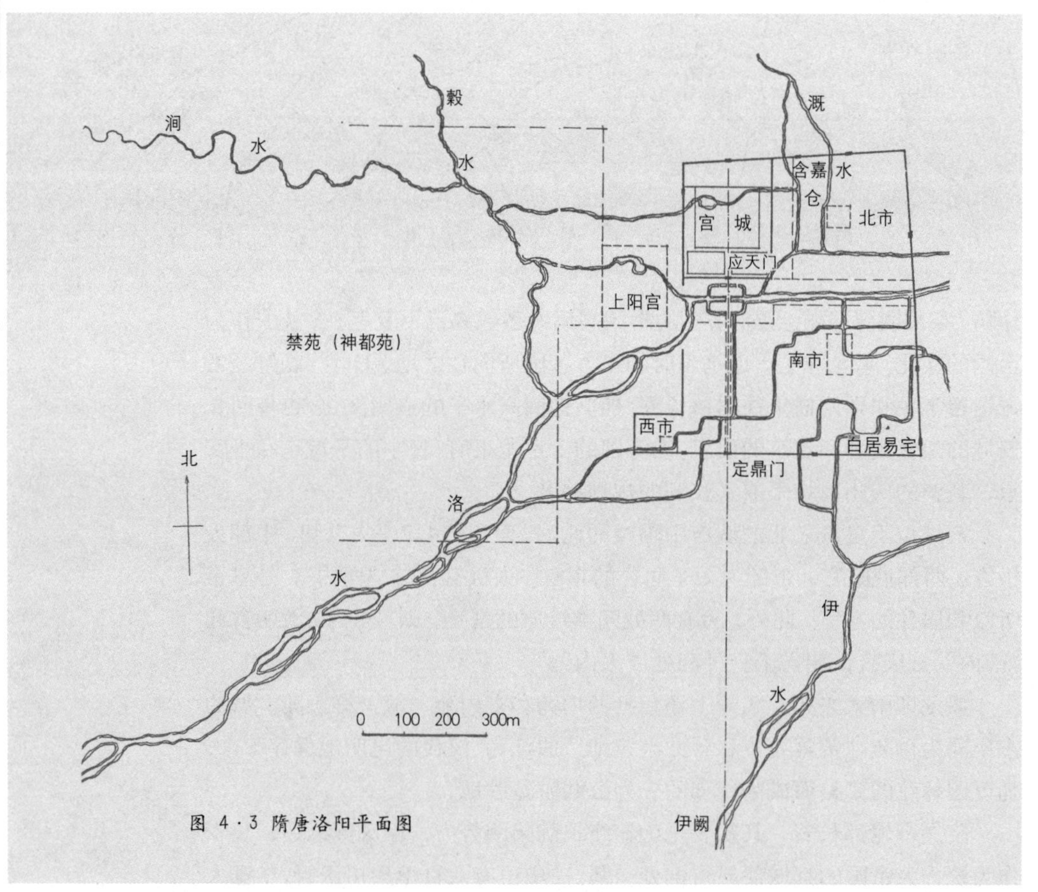

图 4·3 隋唐洛阳平面图

隋、唐之洛阳城前直伊阙、后据邙山，洛水、伊水、穀水、瀍水贯城中。它的规划与长安大体相同，不过因限于地形，城的形状不如长安之规矩［图4·3］。根据遗址实测，外郭城之东墙长7.3公里、西墙6.8公里、北墙6.1公里、南墙7.3公里。[1]宫城、皇城偏居大城之西北隅，因为这里地势较高，便于防御。都城中轴线一改过去的居中的惯例，它北起邙山，穿过宫城、皇城、洛水上的天津桥、外郭城的南门定鼎门，往南一直延伸到龙门伊阙。居住区由纵横的街道划分为103个坊里，设北、南、西3个市。坊里原先也像长安一样由高墙封闭，中唐以后受到商品经济发达的冲击，一些坊墙逐渐拆毁而开设商店，商业活动已不仅局限于三市了。

[1] 中国科学院考古研究所:《洛阳隋唐城1982—1986年考古工作纪要》，载《考古》，1989(3)。

城内纵横各10街。"天街"自皇城之端门直达定鼎门，宽百步，长八里，当中为皇帝专用的御道，两旁道泉流渠，种榆、柳、石榴、樱桃等行道树。每当春夏，桃红柳绿，流水潺潺，宛若画境。城内水道密布如网，供水和水运交通十分方便，这是促成洛阳园林兴盛的一个重要条件。

宫城周一十三里二百四十一步，隋名紫微城，唐名洛阳宫，是皇帝听政和日常居住的地方。皇城隋名太微城，围绕在宫城的东、南、西三面，呈"凹"形，为政府衙署之所在，南面的正门名端门。

上阳宫在皇城之西南，南临洛水，西距穀水、北连禁苑。禁苑在洛阳城西，隋名西苑，唐名东都苑，其规模比洛阳城还大。

唐代的两京制，始于高宗显庆二年(公元657年)。初唐以来，洛阳逐渐成为关东、江淮漕粮的集散地，运往长安的漕粮必先存储于洛阳。武则天执政二十余年，大部分时间住在洛阳，只有两年住在长安。唐玄宗开元年间，就曾五次来洛阳。每当皇帝来往于两京时，政府官员除少数留守之外都要随行，而且可以携带家眷。因此，唐代的王公贵族和中央政府的高级官员在长安和洛阳都有邸宅。安史之乱后，洛阳残破不堪。皇帝已不再临幸东都，它的政治地位明显下降，远不如当年繁荣了。

第三节
皇 家 园 林

隋唐时期的皇家园林集中建置在两京——长安、洛阳，两京以外的地方，也有建置的。其数量之多，规模之宏大，远远超过魏晋南北朝时期，显示了“万国衣冠拜冕旒”的泱泱大国气概。隋唐的皇室园居生活多样化，相应地大内御苑、行宫御苑、离宫御苑这三种类别的区分就比较明显，它们各自的规划布局特点也比较突出。这时期的皇家造园活动以隋代、初唐、盛唐最为频繁，天宝以后随着唐王朝国势的衰落，许多宫苑毁于战乱，皇家园林的全盛局面逐渐消失，终于一蹶不振。

大 内 御 苑

太极宫（隋大兴宫）

大兴宫与隋大兴城同时建成，位于皇城之北、城市的中轴线上。其东邻为东宫，西邻为掖廷宫、太仓和内侍省。唐王朝建立，改大兴宫为太极宫，从开国（公元618年）到唐高宗龙朔三年（公元663年）移居新建成的大明宫为止，一直作为大朝正宫，亦称“西内”。据宋吕大防《长安城图》：它的前部为宫廷区，后部为苑林区，宫廷区又包括朝区和寝区两部分［图4·4］、［图4·5］。遗址范围业经考古探明：东西宽1285米，南北长1492米，面积1.92平方公里，是明清北京紫禁城的2.7倍。南宫墙的正门“承天门”，其后为朝区的正殿“太极殿”，殿的两侧分列官署。寝区为多路、多跨的院落建筑群，中路的正殿“两仪殿”和“甘露殿”。后部的苑林区，其北墙的正门玄武门也就是太极宫的后门，通往“西内苑”。[1]

据《资治通鉴·唐纪七·武德九年》：“上方泛舟海池”句，胡三省注云：“阁本《太极宫图》：‘太极宫中凡有三海池，东海池在玄武门内之东，近凝云阁；北海池在玄武门之西；又南有南海池，近咸池殿。’”另据《长安

[1] 中国科学院考古研究所西安唐城发掘队：《唐代长安城考古纪略》，载《考古学报》，1958（3）。

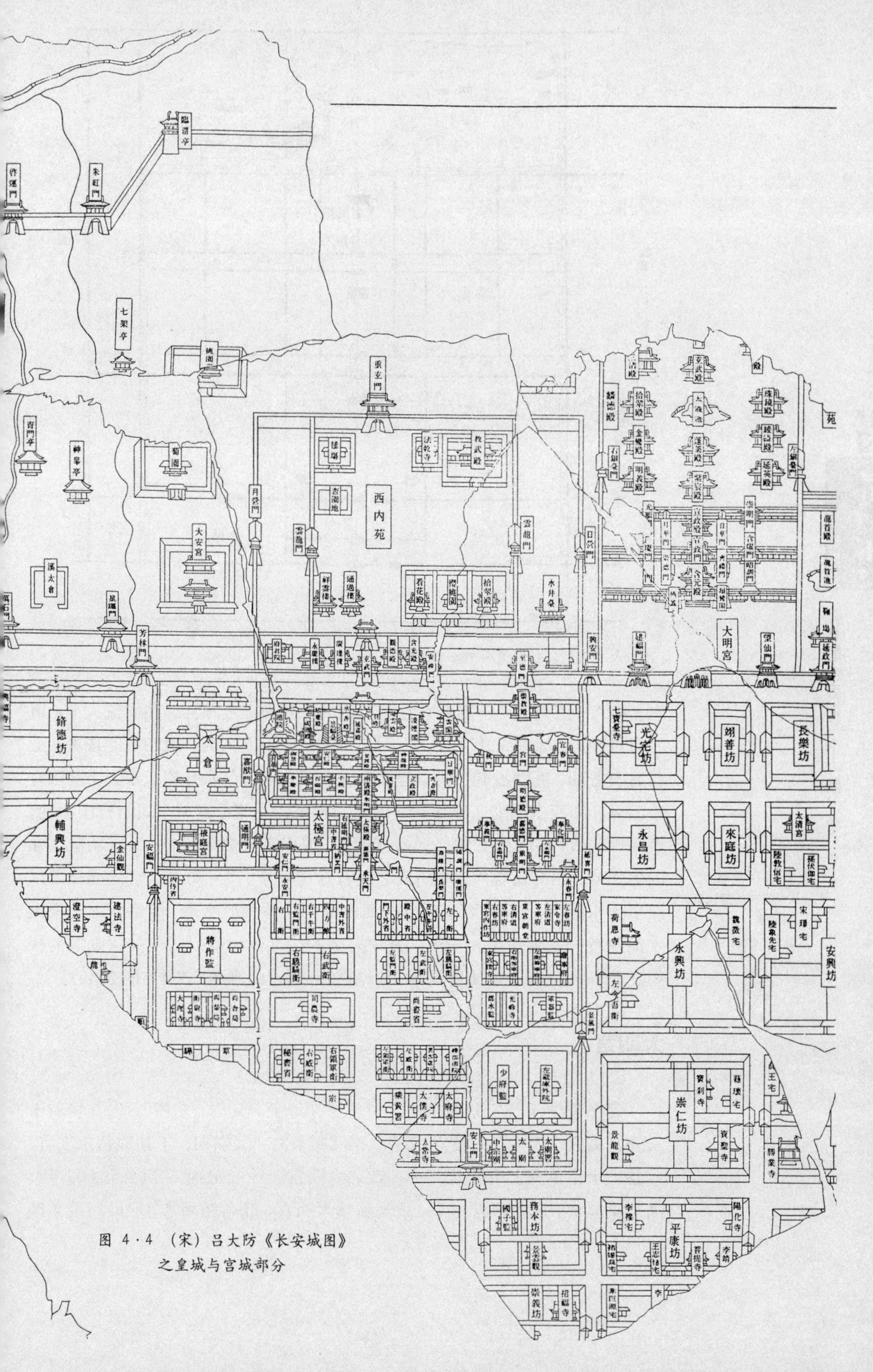

图 4·4 （宋）吕大防《长安城图》之皇城与宫城部分

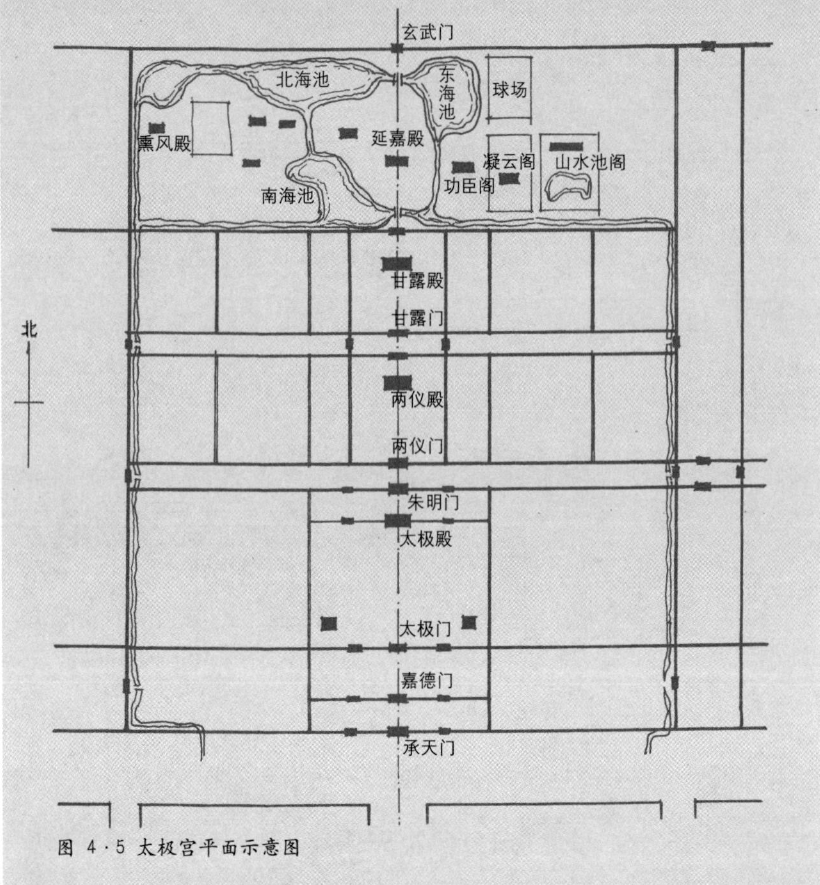

图 4·5 太极宫平面示意图

志·卷六·西内》："延嘉殿在甘露殿西北。殿南有金水河，往北流入苑；殿西有咸池殿。延嘉北有承香殿，殿东即玄武门，北入苑，殿西有昭庆殿，殿西有凝香阁，阁西有鹤羽殿，延嘉西北有景福台，台西有望云亭。延嘉东有紫云阁，阁西有南北千步廊舍，南至尚食院西，北尽宫城。阁南有山水池。次南即尚食内院。紫云阁之西有凝阴殿，殿南有凌烟阁。……又有功臣阁在凌烟之西，东有司宝库。凝阴殿之北有球场亭子。"[1]可知太极宫的苑林区以三个大水池——东海池、南海池、北海池为主体构成水系，围绕着这三个大水池建置一系列殿宇和楼阁，其中著名的凌烟阁为专门庋藏功臣画像的楼阁。此外，还有一处比赛马球的球场和一处"山水池"即园中之园。

[1] 转引自傅熹年：《中国古代建筑史》第二卷，北京，建筑工业出版社，2001。

大明宫

大明宫位于长安禁苑东南之龙首原高地上，又称"东内"，以其相对于长安宫城之"西内"(太极宫)而言。据《雍录》："太宗初，于其地营永安宫，以备太上皇清暑。九年正月……改名大明宫。……龙朔二年(公元662年)，高宗染风痹，恶太极宫卑下，故就新修大明宫，改名蓬莱宫，取殿后蓬莱池为名也。”次年，高宗移居蓬莱宫听政。神龙元年(公元705年)，又恢复大明宫之名。

大明宫是一座相对独立的宫城，也是太极宫以外的另一处大内宫城。它的范围业经考古探明：南城墙长1370米，西城墙长2256米，北城墙长1135米，东城墙长2310米（折线），面积大约3.42平方公里，是明清北京紫禁城的4.8倍。它的位置“北据高原，南望爽垲，每天晴日朗，终南山如指掌，京城坊市街陌俯视如在槛内”。地形比太极宫更利于军事防卫，小气候凉爽也更适宜于居住，故唐高宗以后即代替太极宫作为朝宫。它的南半部为宫廷区，北半部为苑林区也就是大内御苑，呈典型的宫苑分置的格局［图4·6］。沿宫墙共设宫门11座，南面正门名丹凤门。北面和东面的宫墙均做成双重的“夹城”，一直往南连接南内兴庆宫和曲江池以备皇帝车驾游幸。

宫廷区的丹凤门内为朝区之前殿含元殿，雄踞龙首原最高处。其后的宣政殿、再后的紫宸殿即朝区之正殿、后殿。紫宸殿之后为寝区正殿蓬莱殿。这些殿堂与丹凤门均位于大明宫的南北中轴线上，这条中轴线往南一直

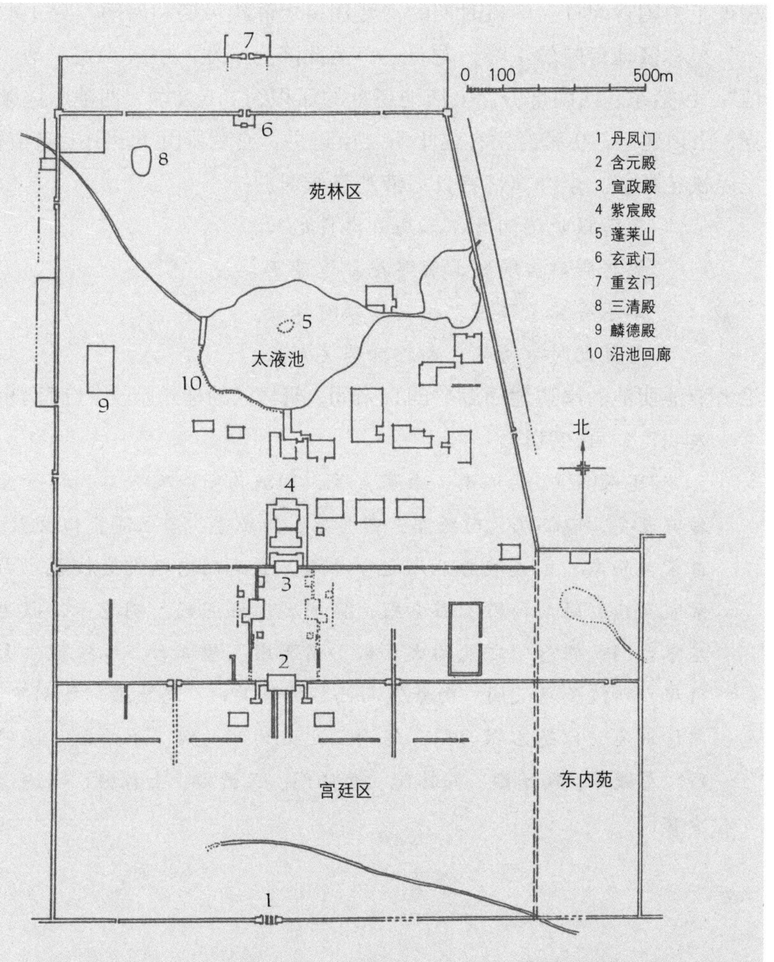

图 4·6 大明宫重要建筑遗址(刘敦桢等：《中国古代建筑史》)

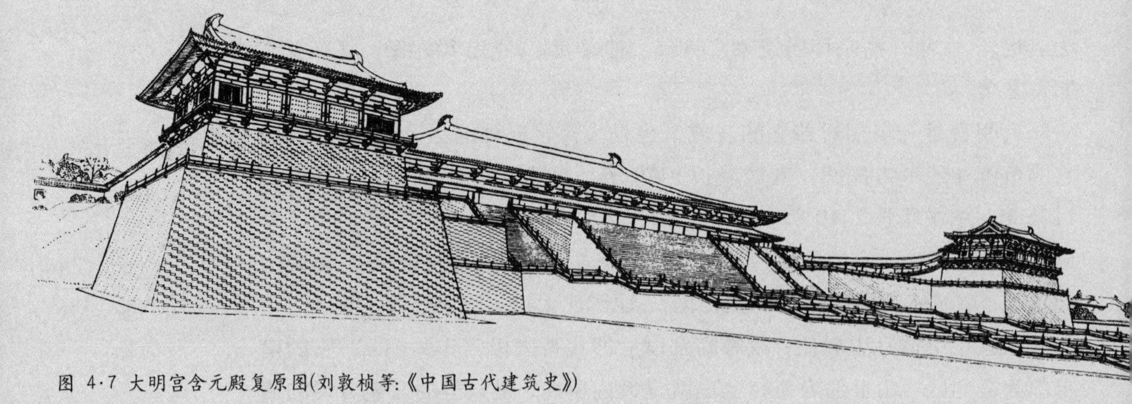

图 4·7 大明宫含元殿复原图(刘敦桢等:《中国古代建筑史》)

延伸正对慈恩寺内的大雁塔。

含元殿利用龙首原做殿基，如今残存的遗址仍高出地面10米余。殿面阔11间，其前有长达75米的坡道“龙尾道”，左右两侧稍前处又有翔鸾、栖凤二阁，以曲尺形廊庑与含元殿连接。这个冋字形平面的巨大建筑群，其中央及两翼屹立于砖台上的殿阁和向前引申、逐步下降的龙尾道相配合，充分表现了中国封建社会鼎盛时期的宫廷建筑之浑雄风姿和磅礴气势 [图4·7]。

苑林区地势陡然下降，龙首之势至此降为平地，中央为大水池“太液池”，包括东、西两部分。太液池遗址的面积约1.6公顷，西池中蓬莱山耸立，山顶建亭，皇帝经常在这里听文臣进讲，或宴请臣下。山上遍植花木，尤以桃花最盛。李绅《忆春日太液池亭候对》：

“宫莺报晓瑞烟开，三岛灵禽拂水回。
桥转彩虹当绮殿，舰浮花鹢近蓬莱。
草承香辇王孙长，桃艳仙颜阿母栽。
簪笔此时方侍从，却思金马笑邹枚。”

沿太液池西池的岸边建回廊共四百余间。苑林区的建筑情况，《唐两京城坊考·大明宫》言之甚详：

“蓬莱(殿)之西偏南，余有支陇，因坡为殿，曰金銮。环金銮者曰长安，曰仙居，曰拾翠，曰含冰，曰承香，曰长阁，曰紫兰。自紫兰而东，则太液池北岸之含凉殿，玄武门内之玄武殿也。由紫宸而东，经绫绮殿、浴堂殿、宣徽殿、温室殿、明德寺，以达左银台门。银台门之北为太和殿、清思殿、望仙台、珠镜殿、大角观，则极于银汉门。由紫宸而西，历延英殿、思政殿、待制院、内侍别省，以达右银台门。银台门之北为明义殿、承欢殿、还周殿、左藏库、麟德殿、翰林院、九仙门、三清殿、大福殿，则达于凌霄门。”

看来，苑林区乃是多功能的园林，除了一般的殿堂和游憩建筑之外，还有佛寺、道观、浴室、暖房、讲堂、学舍等不一而足。麟德殿是皇帝饮宴群臣、观看杂技舞乐和作佛事的地方，位于苑西北之高地上。根据发掘出来的遗址判断，它由前、中、后三座殿阁组成，面阔11间、进深17间，面积大约相当于北京明清紫禁城太和殿的3倍，足见其规模之宏大。

洛阳宫（隋东都宫）

洛阳宫　隋名紫微城，即洛阳东都宫城。唐贞观六年(公元632年)改名洛阳宫，武后光宅元年(公元684年)改名太初宫。宫的南垣设三座城门，中门应天门。应天门之北为朝区之正门乾元门。其后的乾元殿为朝区的正殿，也是天子大朝之所，武则天时改建为规模宏大的明堂。贞观殿为朝区的后殿，武则天时改建为天堂。其后的徽猷殿则为寝区的正殿。应天门、乾元殿、贞观殿、徽猷殿构成宫廷区的中轴线，其东、西两侧散布着一系列的殿宇建筑群，其中有天子的常朝宣政殿、寝宫以及嫔妃居住和各种辅助用房。宫廷区的东侧为太子居住的东宫，西侧为诸皇子、公主居住的地方。北侧即大内御苑“陶光园”[图4·8]。

陶光园　平面呈长条状，园内横贯东西向的水渠，在园的东半部潴而为水池，显然是一座水景园。池中有二岛，分别建登春、丽绮二阁，池北为安福殿。[1]园的“南面有长廊，即宫殿之北面也。”[2]据考古探测，宫城西北角有大面积的淤土堆积，西距西墙5米，北距陶光园南墙148米。淤土东西最长

[1]《唐两京城坊考·卷五》：“（临波阁）阁北临池，池有二洲。东洲有登春阁，其下为澄华殿。西洲有丽绮阁，其下为凝华殿。池北曰安福门。”

[2]《元河南志》。

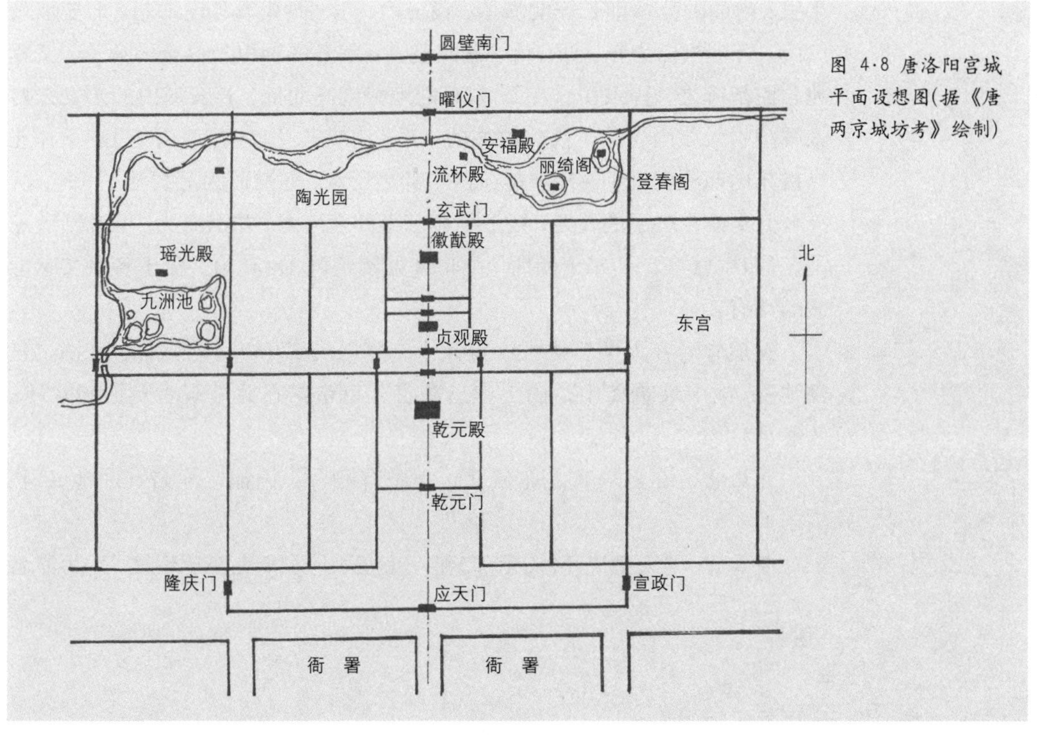

图4·8 唐洛阳宫城平面设想图(据《唐两京城坊考》绘制)

为280米，南北最宽260米，总面积约为55 600平方米。淤土距今地表深度不一，西部及西南部一般深在2米以下，东部深1.8米左右，东北部深0.5米左右。这处淤土堆显然是一个大水池的遗迹，可能就是当年的九洲池。《唐两京城坊考》有记载：

> “东都城有九洲池，在仁智殿之南，归义门之西。其地屈曲，象东海之洲，居地十顷，水深丈余，鸟鱼翔泳，花卉罗植。……池之洲(岛)，殿曰‘瑶光’，亭曰‘琉璃’，观曰‘一柱’。环池者曰‘花光院’，曰‘山斋院’，曰‘神居院’，曰‘仙居院’，曰‘仁智院’，曰‘望京台’。”

则宫城的西北角还有一处以九洲池为主体的园林区，从此处建筑物的命名看来，可能寓有表现琼楼仙境的意思。它不在陶光园内而是在宫城内，足见当年宫内有苑、宫苑一体的情况。九洲池的北面与陶光园内的水渠连接，南面伸出约9米的缺口应是通往宫城外的另一条水渠。

禁苑(隋大兴苑)

禁苑在长安宫城之北，即隋代的大兴苑，与大兴城同时建成。因其包括禁苑、西内苑和东内苑三部分，故又名三苑。它与宫城太极宫和大明宫相邻，又在都城的北面，就其位置而言，应属大内御苑的性质。

禁苑的范围辽阔，据《唐两京城坊考》：禁苑东界浐水，北枕渭河，西面包入汉长安 故城，南接都城。东西二十七里，南北二十三里，周一百二十里。南面的苑墙即长安北城墙，设三门，东、西苑墙各设二门，北苑墙设三门。管理机构为东、西、南、北四监“分掌各区种植及修葺园苑等，又置苑总监都统之，皆隶司农寺”。禁苑的地势南高北低，长安城内的永安渠自景耀门引入苑内连接于汉代故城的水系。清明渠经宫城、西内苑引入，往北纵贯苑内而注入渭河，接济禁苑西半部之用水，并潴而为凝碧池。另外，从浐水引支渠自东垣墙入苑，接济禁苑东半部之用水，并潴而为广运潭、鱼藻池。“苑中宫亭，凡二十四所”，即24处建筑群 [图4·9]。见于各种文献记载的计有：

鱼藻宫 在大明宫之北。贞元十二年(公元796年)，引灞水开凿“鱼藻池”，池中堆筑岛山，山上建鱼藻宫，皇帝常在此处观看竞渡和水嬉。(《雍录》)

九曲宫 在鱼藻宫之东偏北，宫中有殿舍、山池，池名九曲池。(《长安志》)

望春宫 “天宝二年(公元743年)，韦坚引浐水抵苑东望春楼下，为潭名

广运潭”。宫内有升阳殿、放鸭亭、南望春亭、北望春亭。唐玄宗曾登北亭赋春台咏，朝士奉和凡数百。(《唐两京城坊考》)

蚕坛亭　“在苑之东，皇后祈先蚕之亭。”(《长安志》)

临渭亭　北临渭水，为宫中举行修禊活动的地方。景龙四年(公元710年)“三月甲寅，(中宗)幸临渭亭，修禊饮”(《旧唐书·中宗本纪》)。

梨园　在禁苑南面光化门之北。景龙四年(公元710年)二月，唐中宗令五品以上并学士自芳林门入集梨园，即是此园。至于唐玄宗置梨园弟子、教授音律之处，乃在蓬莱宫侧，并非此梨园。(《雍录》)

葡萄园　在禁苑，有东、西葡萄园。(《长安志》)《旧唐书·李适传》：“中宗时，春幸梨园，夏宴葡萄园。”

芳林园　在芳林门内，“(景龙)四年(公元710年)夏四月丁亥，上游樱桃园，引中书门下五品以上诸司长官学士等入芳林园尝樱桃”(《旧唐书·中宗本纪》)。

咸宜宫　汉之旧宫，去宫城二十一里，遗址改为猎场，唐玄宗曾游咸宜宫羽猎。(《唐两京城坊考》)

未央宫　汉之旧宫，唐代加以修葺，宫侧有未央池、汉武库遗址。“贞观七年(公元633年)，从上皇置酒故汉未央宫。胡注：未央宫在长安宫城北，

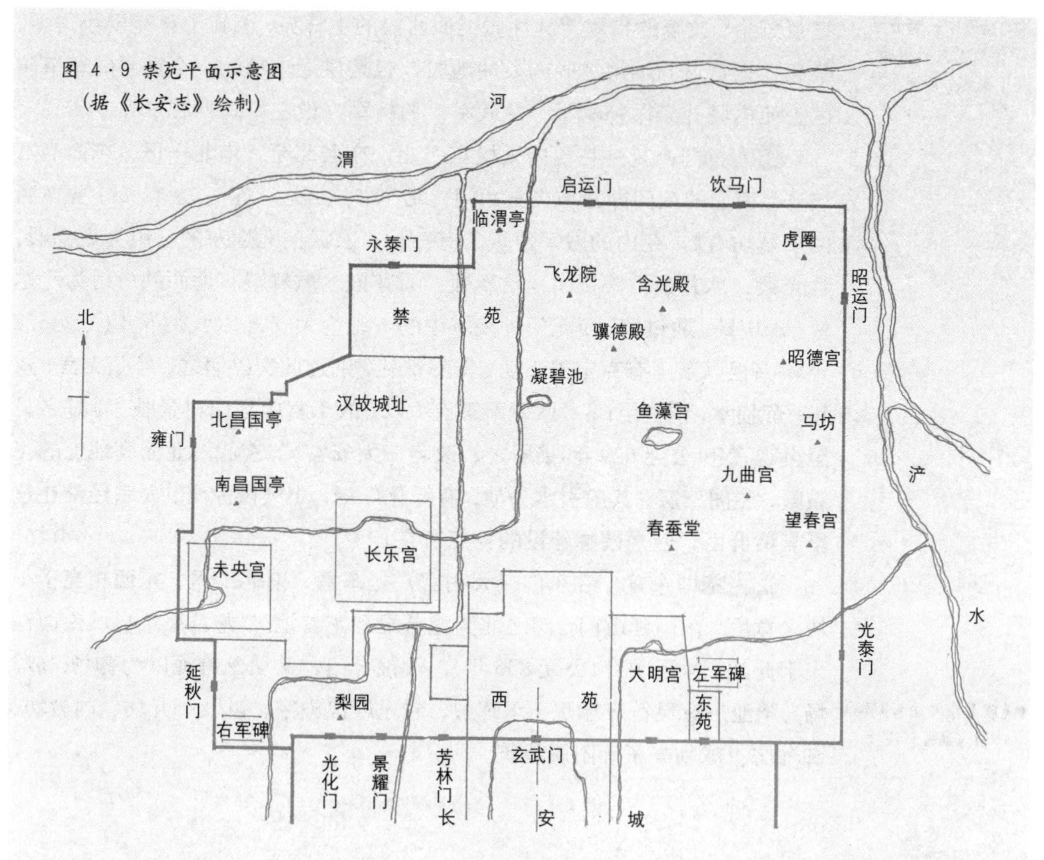

图 4·9 禁苑平面示意图
(据《长安志》绘制)

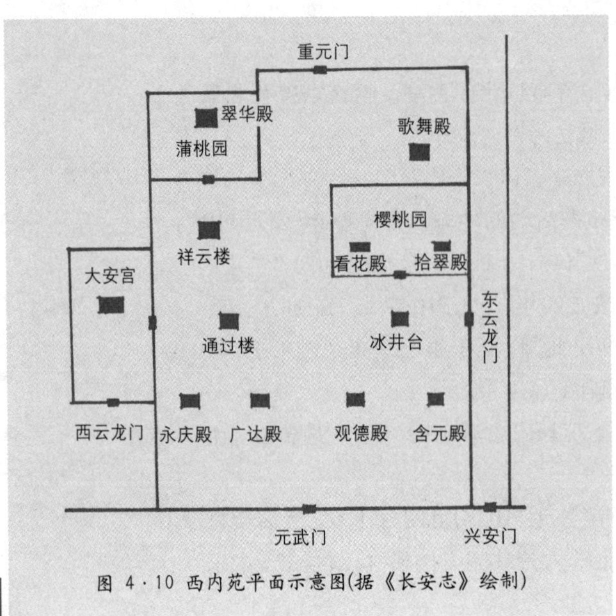

图 4·10 西内苑平面示意图(据《长安志》绘制)

禁苑西偏。”(《通鉴》)“武宗会昌元年(公元841年)，因游畋至未央宫，见其遗址，诏葺之，尚有殿舍二百四十九间。作正殿曰通光殿，东曰诏芳亭，西曰凝思亭，立端门命翰林学士裴素撰记。”(《长安志》)

西北角亭、南昌国亭、北昌国亭、流杯亭、明水园 皆建置在汉长安故城之内。(《唐两京城坊考》)

此外，苑内尚有飞龙院、骥德殿、昭德宫、光启宫、白华殿、会昌殿、西楼、虎圈等殿宇，以及亭11座、桥5座。顾名思义，骥德殿当是观看跑马的地方，虎圈为养虎的地方。唐代宫廷盛行打马球的游戏，禁苑内有马球场多处，旁建“球场亭子”。

禁苑占地大，树林密茂，建筑疏朗，十分空旷。因而除供游憩和娱乐活动之外，还兼作驯养野兽、驯马的场所，供应宫廷果蔬禽鱼的生产基地，皇帝狩猎、放鹰的猎场。[1]其性质类似西汉的上林苑，但比上林苑要小得多。禁苑扼据宫城与渭河之间的要冲地段，也是拱卫京师的一个重要的军事防区。苑内驻扎禁军神策军、龙武军、羽林军，设左军碑、右军碑。

[1]《新唐书·薛元超传》："太子射猎，(高宗)诏得入禁籞。"

西内苑即西苑 在西内太极宫之北，亦名北苑。南北一里，东西与宫城齐。南面的苑门即宫城之玄武门，北、东、西苑门各一[图4·10]。据《唐两京城坊考》，苑内的殿宇建筑共有三组：玄武门北迤东的一组为观德殿、含光殿、冰井台、樱桃园、拾翠殿、看花殿、歌舞殿。迤西的一组为广达楼、永庆殿、通过楼。西苑门外夹城中的一组为大安宫。“武德五年(公元622年)，高祖以秦王有克定天下功，特降殊礼，别建此宫以居之，号弘义宫。八年，帝临幸，谓群臣曰：‘朕以秦王有大功，故于宫中立山村景胜，雅好之。’至贞观三年(公元629年)徙居之，改名曰大安宫。”玄武门北面高地上的飞霜殿，屋阁三层，其前引水为池，有绿化广场，小气候凉爽。太宗经常在这里宴请群臣，应是园林建设的重点所在。

东内苑即东苑 在东内（大明宫）之东侧，南北二里，东西相当于一坊之宽度。南门延政门，门之北为龙首殿和龙首池。“龙首渠水自城南而注入于此池。大和九年(公元835年)，毁银台门，又填龙首池以为鞠场(马球场)。”[2]池东有灵符应瑞院、承晖殿、看乐殿诸殿宇，以及小儿坊、内教坊、御马坊、球场亭子等附属建筑。

[2]《唐两京城坊考》卷一引《通鉴》注。

兴庆宫

兴庆宫又叫做"南内"，在长安外郭城东北、皇城东南面之兴庆坊，占一坊半之地。兴庆坊原名隆庆坊，唐玄宗李隆基为皇太子时的府邸即在此处。相传府邸之东有旧井，"忽涌为小池，周袤十数丈，常有云气或黄龙出其中。至景龙间，潜复出水，其沼浸广，时即连合为一。里中人悉移居，遂鸿洞为龙池焉"[1]，因此而改龙池之名为隆庆池。玄宗即帝位后，于开元二年(公元714年)就兴庆坊藩邸扩建为兴庆宫，合并北面永嘉坊的一半，往南把隆庆池包入，为避玄宗讳改名"兴庆池"，又名龙池。开元十六年(公元728年)，玄宗移住兴庆宫听政。宫的总面积相当于一坊半，根据考古探测，东西宽1.08公里，南北长1.25公里，面积1.34平方公里。龙池在宫的南部，东西宽915米，南北214米。[2]自兴庆宫有夹城(复道)通往大明宫和曲江，皇帝车驾"往来两宫，人莫知之"。为了因就龙池的位置和坊里的建筑现状，以北半部为宫廷区，南半部为苑林区，成北宫南苑的格局［图4·11］。

[1]《历代宅京记·关中四》注引《唐六典》。

[2] 陕西省文管会：《唐长安地基初步探测》，载《考古学报》，1958(3)。

兴庆宫的建筑情况，《唐六典》卷七有如下之记载：

"宫之西曰兴庆门，其内曰兴庆殿；次南曰金明门，门内之北曰大同门，其内曰大同殿。宫之南曰通阳门，北入明光门，其内

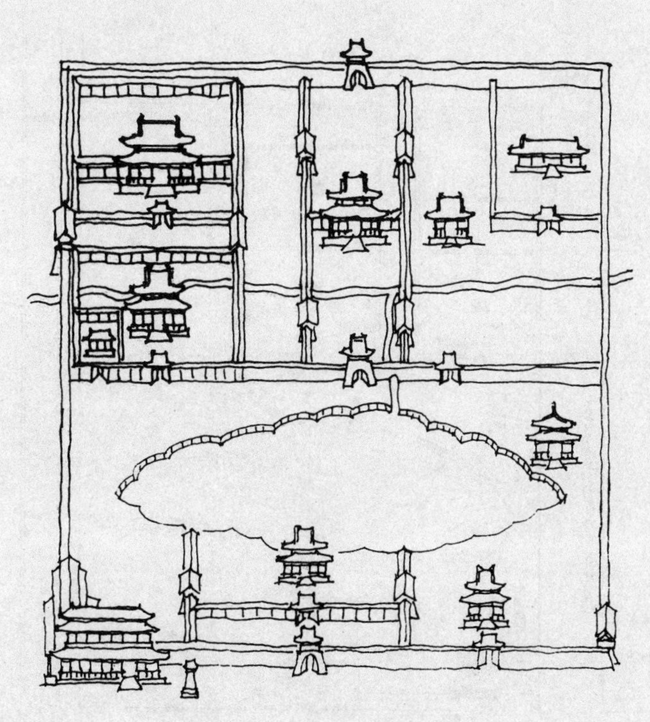

图 4·11 宋刻唐兴庆宫图碑

(王道亨，冯从吾：《陕西通志》，清乾隆刻本)

曰龙堂；通阳之西曰花萼楼，楼西曰明义门，其内曰长庆殿。宫之北曰跃龙门，其内左曰芳苑门，右曰丽苑门；南走龙池曰瀛洲门，内曰南薰殿；瀛洲之左曰仙云门，北曰新射殿。注：又有同光、承云、初阳、飞轩、玉华等门，飞仙、交泰、同光、荣光等殿。”看来宫内的殿宇建筑是不少的。

根据《唐两京城坊考》的叙述，则可以大致设想兴庆宫的总体布局的情况：宫廷区共有中、东、西三路跨院。中路正殿为南薰殿；西路正殿为兴庆殿，后殿大同殿内供老子像；东路有偏殿“新射殿”和“金花落”。正宫门设在西路之西墙，名兴庆门［图4·12］。

兴庆宫既然称之为“东内”，那么它的苑林区也就相当于大内御苑的性质了。

苑林区的面积稍大于宫廷区，东、西宫墙各设一门，南宫墙设二门。苑内以龙池为中心，池面略近椭圆形。池的遗址面积约1.8公顷，由龙首渠引来浐水之活水接济。[1]池中植荷花、菱角、鸡头米及藻类等水生植物，南岸有草数丛，叶紫而心殷名“醒酒草”。池西南的“花萼相辉楼”和“勤政务本楼”是苑林区内的两座主要殿宇，楼前围合的广场遍植柳树，广场上经常举行乐舞、马戏等表演。这两座殿宇也是玄宗接见外国使臣、策试举人以及举行各种仪典、娱乐活动的地方，见于文献记载的如：

[1]《唐两京城坊考·西京兴庆宫》：“（池）本是平地，垂拱、载初后，雨水流潦成小池。后引龙首渠枝分溉之，日以滋广。”

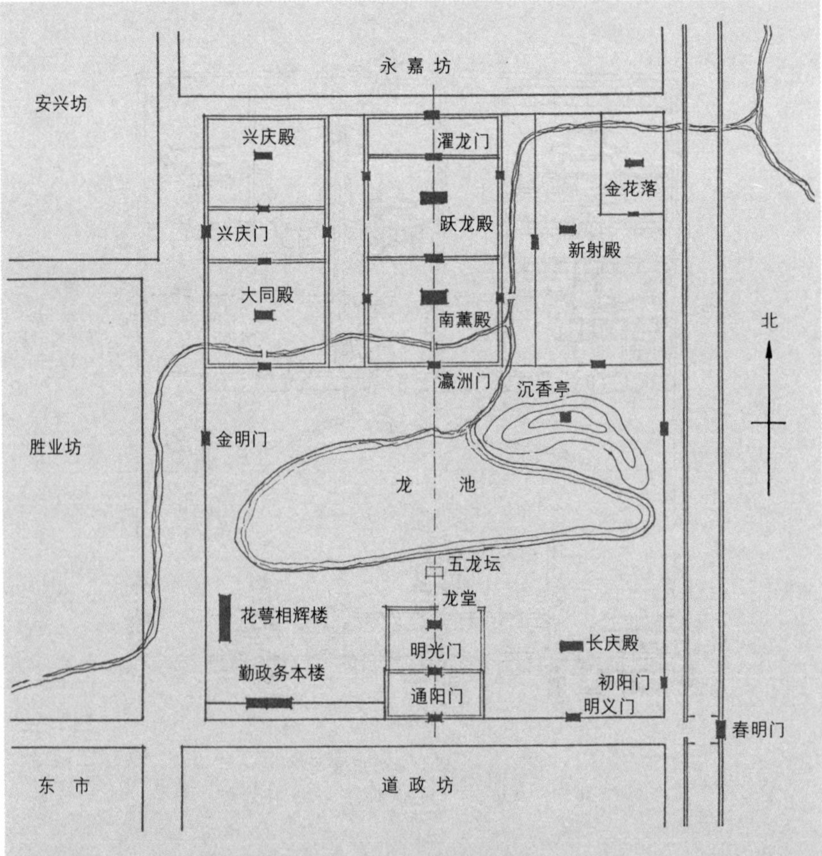

图 4·12 兴庆宫平面设想图(据《唐两京城坊考》(绘制)

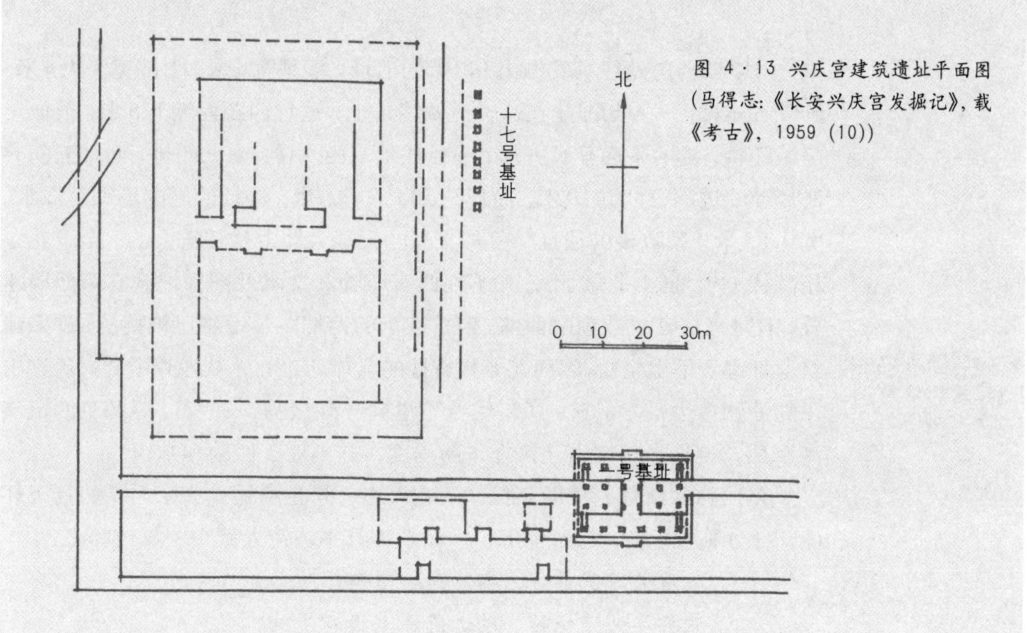

图 4·13 兴庆宫建筑遗址平面图
(马得志:《长安兴庆宫发掘记》,载《考古》,1959 (10))

“天宝元年(公元 742 年)……九月辛卯，上御花萼楼，出宫女宴毗伽可汗妻可登及男女等，赏赐不可胜纪。……四载春三月甲申，宴群臣于勤政楼。……十三载……(三月)壬戌，御勤政楼大酺，北庭都护程千里生擒阿布思献于楼下。……(秋)上御勤政楼，试四科制举人，策外加诗赋各一首。制举加诗赋，自此始也。”

(《旧唐书 · 玄宗本纪》)

“玄宗又尝以马百匹，盛饰分左右，施三重榻，舞《倾杯》数十曲，……每千秋节，舞于勤政楼下。后赐宴设酺，亦会勤政楼。其日……太常卿引雅乐，每部数十人，间以胡夷之技，内闲厩使引戏马，五坊使引象犀，入场拜舞。宫人数百，衣锦绣衣出帷中，击雷鼓，奏《小破阵乐》，岁以为常。”

(《新唐书 · 礼乐志十二》)

时人有诗咏此种活动之盛况：

“千秋御节在八月，会同万国朝华夷；
花萼楼南大合乐，八音九奏鸾来仪。”

花萼相辉楼紧邻西宫墙，从楼上可望见隔街之胜业坊内宁王及薛王的府邸。二王为玄宗同胞弟，玄宗每登楼，听到二王作乐时，必召他们升楼与之同榻坐，或到二王府邸赋诗宴嬉，赐金帛侑欢。[1]玄宗的这种友悌之情，当时传为美谈。楼之以“花萼相辉”为名，亦寓有手足情深之意。

兴庆宫的西南隅地段曾经考古发掘，清理了宫城西南隅的部分墙垣，发掘了勤政楼(一号址)及其他宫殿遗址多处 [图4 · 13]。南城墙有内、外两

[1]《历代宅京记 · 关中四》:“宁王、岐王宅在安兴坊，薛王宅在胜业坊，二坊相连，皆在兴庆宫西，宁王即宋王也。《睿宗 · 诸子传》曰：玄宗兄弟，圣历初，出列第于东都积善坊，五人分院同居，号五王宅。大足元年，从幸西京，赐宅于兴庆坊，亦号五王宅。及先天之后，兴庆是龙潜旧邸，因以为宫。宁王宪于胜业东南角赐宅，申王㧑、岐王范于安兴坊东南赐宅，薛王业于胜业西北角赐宅。邸第相望，环于宫侧。”

重，内墙自转角处往东发掘出140米的遗址，墙基宽5米、上部宽为4.4米。勤政务本楼(一号址)即建在这一道城墙之上，遗址西距西墙125米，很像一座城门楼。楼的平面呈长方形，现存柱础东西六排、南北四排，面阔五间共26.5米，进深三间共19米，面积约500余平方米。楼址的周围均铺有散水，宽0.85米。勤政楼的遗址与各种文献的记载大体上是相符合的。至于花萼相辉楼的遗址(十七号址)，并不在西宫墙处。文献及图像记载它跨西墙建置，应是兴庆宫扩建前的西墙。但扩建前的西墙一带地层已被扰乱，许多建筑遗址都看不出全貌，因而花萼相辉楼的具体遗迹亦无从考查了。[1]兴庆宫出土的遗物多为带字的砖、瓦和瓦当等建筑材料，也有一些黄、绿两色的琉璃滴水瓦，足见当年南内建筑之华丽程度，并不亚于西内和东内。

[1] 马得志：《唐长安兴庆宫发掘记》，载《考古》，1959(10)。

苑内林木蓊郁，楼阁高低，花香人影，景色绮丽。玄宗与宠妃杨玉环(杨贵妃)乘坐画船，行游池上，一派歌舞升平，诗人武平一赋诗咏之：

“皎洁灵潭图日月，参差画舸结楼台；
波摇岸影随桡转，风送荷香逐酒来。”

杨贵妃特别喜欢牡丹花，因而兴庆宫以牡丹花之盛而名重京华，也是玄宗与杨贵妃观赏牡丹的地方。牡丹为药用植物，唐初才培育成观赏花卉，故十分名贵。上有所好，下必甚焉，官僚们为了迎逢皇帝而不惜重金搜求牡丹进献。白居易《买花》诗沉痛地描述了这种现象：

“帝城春欲暮，喧喧车马度；
共道牡丹时，相随买花去。
……
有一田舍翁，偶来买花处，
低头独长叹，此叹无人喻；
一丛深色花，十户中人赋。”

龙池之北偏东堆筑土山，上建“沉香亭”。亭用沉香木构筑，周围的土山上遍种红、紫、淡红、纯白诸色牡丹花，是为兴庆宫内的牡丹观赏区。“开元中，禁中初种木芍药，得四本，上因移于兴庆池东沉香亭前。”[2]

[2] 徐松：《唐两京城坊考》，上海，商务印书馆，1936。

开元中某日，玄宗偕杨贵妃在沉香亭赏牡丹，玄宗云：“赏名花、对妃子，焉用旧乐词为”，乃召翰林学士李白命赋新诗。李白不假思索，挥毫立就传诵千古的《清平调》三章：

“云想衣裳花想容，春风拂槛露华浓；
若非群玉山头见，会向瑶台月下逢。”

“一枝红艳露凝香，云雨巫山枉断肠；
借问汉宫谁得似，可怜飞燕倚新妆。”

“名花倾国两相欢，常得君王带笑看；

解释春风无限恨，沉香亭北倚阑杆。”

池之东南面为另一组建筑群，包括翰林院、长庆殿及后殿长庆楼。安史之乱平息后，唐玄宗于至德二年十二月(公元758年1月)以太上皇的身份从四川返回长安。当时“西宫南苑多秋草，落叶满阶红不扫；梨园弟子白发新，椒房阿监青娥老”。在这一片战乱之后的凄凉景象中，唐玄宗仍居兴庆宫，每当置酒长庆楼，则南俯大道，徘徊观览，徒然回味那如梦如烟的前尘往事了。

兴庆宫的遗址如今已改建为兴庆公园。

行宫御苑、离宫御苑

东都苑（隋西苑）

隋之西苑即显仁宫，又称会通苑，在洛阳城之西侧，隋大业元年(公元605年)与洛阳城同时兴建。这是历史上仅次于西汉上林苑的一座特大型皇家园林，据《大业杂记》、《元河南志》记载：西苑周回二百二十九里一百三十八步，比洛阳城大十倍。西苑共有十四门，东墙二门，南墙三门，北墙四门，西墙五门［图4·14］。西苑苑址范围内是一片略有丘陵起伏的平原，北背邙山，西、南两面都有山丘作为屏障。洛水和縠水贯流其中，水资源十分充沛。

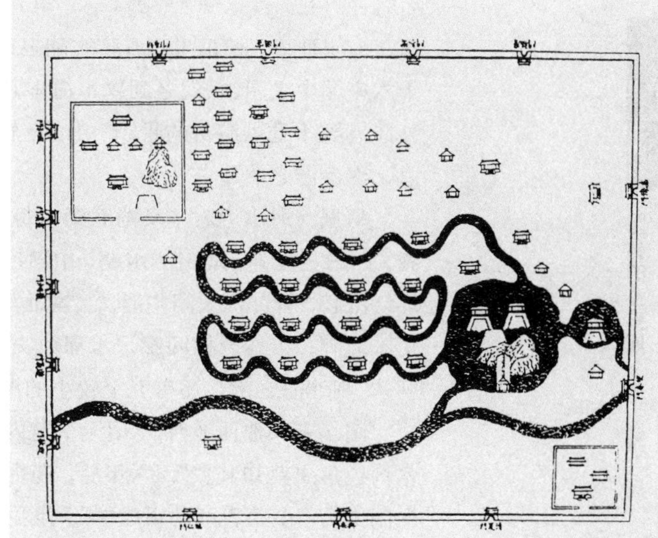

图 4·14 《元河南志》所附之《隋上林西苑图》
(傅熹年：《中国古代建筑史》第二卷)

西苑是一座人工山水园，从文献记载看来园内的理水、筑山、植物配置和建筑营造的工程极其浩大，都是按既定的规划进行。关于此园的内容，《隋书·地理志》、佚名《海山记》、杜宝《大业杂记》言之甚详，虽略有出入但大体上是相同的。

总体布局以人工开凿的最大水域“北海”为中心。北海周长十余里，海中筑蓬莱、方丈、瀛洲三座岛山，高出水面百余尺。海北的水渠曲折萦行注入海中，沿着水渠建置十六院，均穷极华丽，院门皆临渠。

据《大业杂记》：海中三岛山“相去各三百步”，岛上分别建置通真观、习灵观、总仙宫，并有“风亭、月观，皆以机成，或起或灭，若有神变”。海的北面有人工开凿的水道即“龙鳞渠”，渠宽二十步，曲折萦回地流经“十六院”而注入海，形成完整的水系，提供水上游览和交通运输的方便。海的东面有曲水池和曲水殿，是“上巳饮禊之所”。所谓十六院即十六组建筑群，各有院名：延光院、明彩院、合香院、承华院、凝晖院、丽景院、飞英院、流芳院、耀仪院、结绮院、百福院、资善院、长春院、永乐院、清暑院、明德院。[1]“置四品夫人十六人，各主一院”，每一院住美人二十，各开东、西、南三个院门。院内“庭植名花，秋冬即剪杂彩为之，色渝则改著新者；其池沼之内，冬月亦剪彩为芰荷”。院外龙鳞渠环绕，三门皆临渠，渠上跨飞桥。“杨柳修竹，四面郁茂，名花美草，隐映轩陛。”花树丛中点缀各式小亭，“其中有逍遥亭，四面合成，结构之丽，冠绝古今”。“每院另置一屯，屯即用院名名之。屯别置正一人、副二人，并用宫人为之。其屯内备养刍豢，穿池养鱼，为园种蔬、植瓜果，肴膳水陆之产，靡所不有。”看来，十六院相当于十六座园中之园，它们之间以水道串联为一个有机的整体。海北除十六院之外还有数十处供游赏的景点，“或泛轻舟画舸，习采菱之歌；或升飞桥、阁道，奏春游之曲”。

[1] 此为《大业杂记》所记载的院名，《海山记》所载略有不同。

另据《海山记》：“又凿五湖，每湖方四十里，东曰翠光湖，南曰迎阳湖，西曰金光湖，北曰洁水湖，中曰广明湖。湖中积土石为山，构亭殿屈曲环绕澄碧，皆穷极人间华丽。又凿北海周环四十里，中有三山，效蓬莱、方丈、瀛洲，上皆台榭回廊，水深数丈。开沟通五湖、北海，沟尽通行龙凤舸。”则北海之南，还有五个较小的湖。

隋炀帝兴建西苑时，“诏天下境内所有鸟兽草木驿至京师，天下共进花木鸟兽鱼虫莫知其数”。六年后，苑内已是“草木鸟兽繁息茂盛，桃蹊李径翠阴交合，金猿青鹿动辄成群”。足见苑内绿化工程之浩大，树木花卉绝大部分都是从外地移栽的。为了便于皇帝游园，“自大内开为御道直通西苑，夹道植长松高柳。帝多幸苑中，去来无时，侍御多夹道而宿，帝往往中夜即幸焉”。

从以上记述看来，西苑大体上仍沿袭汉以来“一池三山”的宫苑模式。山上有道观建筑，但仅具求仙的象征意义，实则作为游赏的景点。五湖的形式象征帝国版图，可能渊源于北齐的仙都苑。西苑内的不少景点均以建筑为中心，用十六组建筑群结合水道的穿插而构成园中有园的小园林集群，则是一种创新的规划方式。就园林的总体而言，龙鳞渠、北海、曲水池、五湖构成一个完整的水系，摹拟天然河湖的水景，开拓水上游览的内容，这个水系又与“积土石为山”相结合而构成丰富的、多层次的山水空间，都是经过精心安排的。而龙鳞渠绕经十六院更需要依据精确的竖向设计。苑内还有大量的建筑营造，植物配置范围广泛、移栽品种极多。所有这些都足以说明西苑不仅是复杂的艺术创作，也是庞大的土木工程和绿化工程。它在设计规划方面的成就具有里程碑意义，它的建成标志着中国古典园林全盛期到来。

唐代，西苑改名“东都苑”，武后时名“神都苑”，面积已大为缩小，即便如此，也比洛阳城大两倍多。东都苑的面积虽缩小，但水系未变，建筑物则有所增损、易名。据《唐两京城坊考》：苑之东垣四门，从北第一曰嘉豫门，次南曰上阳门，次南曰新开门，最南曰望春门。南垣三门，从东第一曰兴善门，次西曰兴安门，次西曰灵光门。西垣五门，从南第一曰迎秋门，次北曰游义门，次北曰笼烟门，次北曰灵溪门，次北曰风和门。北垣五门，从西第一曰朝阳门，次东曰灵囿门，次东曰玄圃门，次东西御冬门，最东曰膺福门。苑内最西者合璧宫，最东者凝碧池。凝碧池即隋之北海，亦名积翠池。贞观十一年(公元637年)，皇帝泛舟积翠池。开元二十四年(公元736年)虑其泛溢，为三陂以御之，一曰积翠，二曰月陂，三曰上阳。在龙鳞渠畔建龙鳞宫，约当苑之中央位置。“合璧(宫)之东南，隔水者为明德宫［隋曰显仁宫］。合璧(宫)之东为黄女宫。其正南而隔水者，芳榭亭也。苑之西北隅为高山宫，东北隅为宿羽宫，东南隅为望春宫。又有冷泉宫、积翠宫、青城宫、金谷亭、凌波宫 [图4·15]。隋代及唐初，苑内又有朝阳宫、栖云宫、景华宫、成务殿、大顺殿、文华殿、春林殿、和春殿、华渚堂、翠阜堂、流芳堂、清风堂、崇兰堂、丽景堂、鲜云堂、回流亭、流风亭、露华亭、飞香亭、芝田亭、长塘亭、芳洲亭、翠阜亭、芳林亭、飞华亭、留春亭、澂秋亭、洛浦亭，皆隋炀帝所造。武德贞观之后多渐移毁，显庆后，田仁汪、韦机等改拆营造，或取旧名，或因余所，规制与此异矣。”

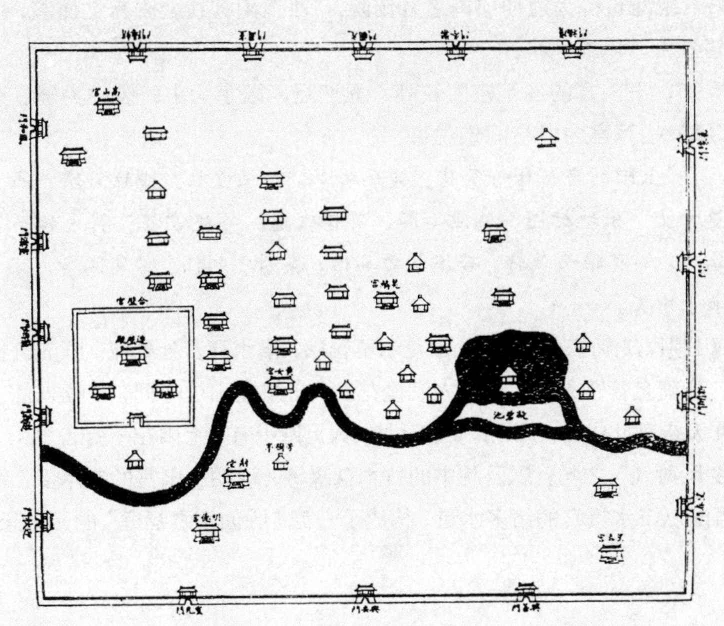

图 4·15 《元河南志》所附之《唐东都苑图》
(傅熹年:《中国古代建筑史》第二卷)

据《唐六典·司农寺》的记载，东都苑的管理机构由总监和四面监组成。“苑总监掌宫苑内馆园池之事……凡禽鱼果木皆总而司之。”“四面监掌所管面苑内宫馆园池与其种值修葺之事。”其后之注文云：“显庆二年（公元657年），改青城宫监曰东都苑北面监，明德宫监曰东都苑南面监，洛阳宫农圃监曰东部苑东面监，食货监曰东都苑西面监。”从这些职官的名称看来，唐代的东都苑主要是从事农副业生产的经济实体，是与汉代上林苑颇相类似的皇家庄园。皇家园林的职能已退居次要地位，仅仅相当于设在庄园内的一些作为避暑、休闲之用的殿堂。另据《元河南志·唐城阙古迹》：唐东都苑周四十七门，其中有十四门沿用隋代之旧门，只增设了三座新门。看来，隋西苑的规模很可能大致与唐苑相当，上文所云比洛阳城大十倍的说法也可能是过分夸张了。

上阳宫

上阳宫西面紧邻禁苑东都苑，东接皇城之西南隅，南临洛水，西距穀水。始建于唐高宗上元年间，自洛水引支渠入宫，潴而为池，池中有洲，沿洛水建长约一里的长廊。据《唐两京城坊考》：宫之正门为东门提象门，门内为正殿观风殿。这是一组廊院建筑群，正门观风门、正殿观风殿均东向，庭院内竹木森翠，有丽春台、耀掌亭、九洲亭。“夹门(观风门)者，南曰浴日楼，北曰七宝阁”。第二组建筑群名化城院，在观风殿之北，第三组建筑群包括麟趾殿、神和亭、洞玄堂，在化城院之西。第四组建筑群名本枝院，在观风殿之西。第五组建筑群以芬芳殿为主殿，靠近上阳宫之西北门芬芳门。第六组建筑群为通仙门内之甘汤院。“西上阳宫在上阳宫之西南，两宫夹水驾虹桥，以通往来。”

看来，上阳宫的建筑密度较高，显然是以殿宇为主、园林为辅。李庚《东都赋》描写宫内之绮丽景观：

> “上阳别宫，丹粉多状。鸳瓦麟翠，虹梁叠壮。横亘百堵，高量十丈。出地标图，临池写障。霄倚霞连，屹屹言言。翼太和而耸观，侧宾曜而疏轩。若蓬莱之真侣，瀛洲之列仙。鸾驾鹤车，往来于中天。……”

王建《上阳宫》诗有句云：“上阳花木不曾秋，洛水穿宫处处流。画阁红楼宫女笑，玉箫金管路人愁。幔城入涧橙花发，玉辇登山桂叶稠。曾读列仙王母传，九天未胜此中游。”元稹《上阳白发人》诗中有“上阳花草青苔地”、“秋池暗度风荷气”之句，以及院中的竹木森森等，说明上阳宫的花木多、绿化好，再配以二水贯宫的诸多水量，构成了一派“胜仙家之福庭”的园林景观。

以上列举诸例，均为两京城内、附廓的有代表性的皇家园林。此外，在长安的远郊以及关中、河南一带，行宫、离宫星罗棋布。长安城地处关中平原的中部，海拔仅400米，夏季受到西太平洋副热带高气压的控制，冷空气很少侵入，所以气候溽热。隋唐时的皇帝为了消夏避暑、游览巡幸，多选择比较凉爽的地方修建行宫、离宫。这些宫苑的绝大多数都建置在山岳风景幽美地带，很注意建筑基地的自然环境条件和小气候条件，尤其重视其本身的园林化处理。《历代宅京记》登录的共有45处，其中23处始建于隋代，22处是唐代建置的。甚至远离两京的扬州，也有御苑的建置，如著名的江都宫。

玉华宫

玉华宫在今西安北面的铜川市玉华乡，位于子午岭南端一条风景秀丽的山谷——凤凰谷中，玉华河由西向东蜿蜒流经谷地，而后注入洛河。这里气候宜人，“夏有寒泉，地无大暑”。玉华宫始建于唐高祖武德七年(公元624年)，原名仁智宫。唐太宗在此基础上大兴土木加以扩建，于贞观二十一年(公元647年)落成，改名玉华宫。《唐会要 · 卷三十》载：“正门曰南风门，殿名玉华殿。皇太子所居（在）南风门东，正门曰嘉礼门，殿名辉和殿。正殿瓦覆，余皆葺之以蒡，意在清洁，务从俭约。至永徽二年九月三日，废玉华宫以为佛寺。”据当地出土的宋人张岷《游玉华山记》碑文记载：殿址“可记名与处者六”，正殿为玉华殿，其上为排云殿，又其上为庆云殿；正门为南风门，其东为晖和殿；宫门曰嘉礼门，此处为太子之居；“知其名而失其处者一”，曰金飚门。此外，又在珊瑚谷和兰芝谷中建成若干殿宇及辅助用房。玉华宫的建筑除南风门屋顶用瓦覆盖之外，其余殿宇均葺以茅草，意在清凉并示俭约。[1]

[1] 卢建国：《陕西铜川唐玉华宫遗址调查》，载《考古》，1990(6)。

玉华宫建成后，唐太宗于贞观二十二年(公元648年)前往游幸，作《玉华宫铭》，在玉华殿召见高僧玄奘，询问译经情况，又命上官仪宣读《大唐三藏圣教序》。唐高宗时废宫为寺，改名玉华寺，玄奘由长安慈恩寺移居这里继续翻译佛经。玄奘十分赞赏这里的环境幽静、风景秀美，虽返回京城仍念念不忘。

玉华宫所在的凤凰谷，北依陕北黄土高原，南临八百里秦川。子午岭为秦代“直道”穿过的地方，岭的东、西麓分别为洛河与泾河的河谷，地势平坦，农业发达，自古以来就是关中通往塞北的要道。玉华宫正好位于上述三条交通要道的咽喉要冲，在经济、军事方面都具有十分重要的意义。

到唐玄宗天宝年间，玉华宫已完全坍圮，沦为一片废墟。唐肃宗至德二年（公元757年），诗人杜甫自凤翔返回鄜州，途经玉华宫，目睹昔日壮丽宫殿之荒废情况，不禁触景生情，写下了如下的诗句：

“溪回松风长，苍鼠窜古瓦；
不知何王殿，遗构绝壁下。
阴房鬼火青，坏道哀湍泻；
万籁真笙竽，秋色正萧洒。
美人为黄土，况乃粉黛假；
当时侍金舆，故物独石马。
忧来藉草坐，浩歌泪盈把；
冉冉征途间，谁是长年者？”

（杜甫《玉华宫》）

隋仙游宫

仙游宫在今周至县城南15公里，始建于隋开皇十八年(公元598年)。这里青山环抱，碧水萦流，气候凉爽宜人，隋文帝曾多次临幸、避暑。行宫的基址选择在黑水河的河套地段，坐南朝北。南面以远处的秦岭(终南山)为屏障，其支脉“四方台”蜿蜒趋前，东、西分别有“月岭”和“阳山”由两侧

图 4·16 仙游宫环境平面图

图 4·17 远望仙游寺之景

回护，形成太师椅状的山岳空间。北面平地上突起小山冈“象岭”，与四方台遥相呼应成对景。黑水河来自西南，从东北面流出构成水口的形势。仙游宫周围的自然环境、空间层次丰富，景观旷奥兼备，一水贯穿其间又形成河谷之穿插。不仅风景优美如画，而且还呈现为龙、砂、水、穴的上好风水格局［图4·16］。

隋仁寿元年(公元601年)，文帝下诏在全国各地选择若干高爽清静之处建灵塔安置佛舍利。仙游宫作为被选中的一处，由大兴善寺的童真法师奉敕送舍利建塔安置。从此以后，仙游宫便因建塔而改为佛寺“仙游寺”。唐宋两代是仙游寺的鼎盛时期，殿宇林立，古塔挺秀，其宛若人间仙境的自然风光吸引了众多的文人墨客来此浏览，留下不少诗文题咏。唐元和年间，大诗人白居易任职周至县尉，与陈鸿、王质夫三人结伴同住仙游寺数日，谈及唐玄宗与杨贵妃的爱情故事。白居易根据故事在这里写成著名的《长恨歌》，陈鸿撰《长恨歌传》，均成为传诵千古的光采华章。元以后，此寺屡毁屡建，现状建筑除隋代的法王塔之外，其余的均为清末民初所重建［图4·17］。

翠微宫

翠微宫在长安南25公里之终南山太和谷，初名太和宫，唐武德八年(公元625年)始建，贞观十年(公元636年)废。二十一年(公元647年)，唐太宗嫌大内御苑烦热，公卿乃请求重修太和宫作为避暑的离宫。诏从之，命将作大匠阎立德负责筹划，建成后改名翠微宫。

终南山横亘于关中平原之南缘，山势巍峨，群峰峙立。它的北坡比较陡峻，且多断崖，山间河流湍急，切入山岩成为许多峡谷。山岳空间层次丰富，自然风景十分优美。北坡还有不少小盆地，太和谷便是其中之一。这个盆地高出于长安城约800米，夏天气候凉爽宜人。它背倚终南，东有翠微山，西有清华山双峰耸立回护，往北呈三级台地下降，通往山外的关中平原，林木蓊郁，溪流潺湲，确是建设离宫的理想基址。唐太宗《秋日翠微宫》描写其绮丽之景观：

“秋光凝翠岭，凉吹肃离宫。
荷疏一盖缺，树冷半帷空。
侧阵移鸿影，圆花钉菊丛。
摅怀俗尘外，高眺白云中。”

根据《册府元龟·帝王·都邑》的记述，翠微宫的范围包括宫城和苑林区，苑林包围着宫城，这是汉唐离宫的普遍形制。宫城的正门北开曰“云霞门”，其南为大朝“翠微殿”，再南为正寝“含风殿”，三者构成宫城的中轴线。大朝的一侧另建皇太子的别宫，正门西开曰“金华门”，内殿曰“安善殿”。这是一组殿宇台阁延绵的庞大建筑群。现经考古发掘，已探明遗址多处，发现唐代的筒瓦、莲花纹方砖、素面砖、瓦当、柱础、碑刻、造像、石狮、青瓷樽等多件，以及舍利塔残体。[1]

[1] 李健超等：《唐翠微宫遗址考古调查简报》，载《考古与文物》，1991(6)。

贞观二十一年(公元647年)五月，翠微宫因其距长安城很近，甫完工唐太宗就临幸避暑，到秋七月返回长安。二十三年(公元649年)太宗再次临幸，随即病逝于宫内的含风殿。毕竟由于山高路险，交通困难，加之盆地面积过于窄小，扩建不易。自太宗以后，翠微宫就再没有皇帝来临，到唐宪宗元和年间，废宫为寺，改名翠微寺。

华清宫

华清宫在今西安城以东35公里的临潼县，南倚骊山之北坡，北向渭河。骊山是秦岭山脉的一支，东西绵亘二十余公里。两岭三峰平地拔起，山形秀丽，植被极好。远看犹如黑色的骏马，故曰骊山。两岭即东绣岭和西绣岭，中间隔着一条山谷。西绣岭北麓之冲积扇有天然温泉，也就是华清宫之所在。

据《长安志》：秦始皇始建温泉宫室，名“骊山汤”，汉武帝又加修葺。隋开皇三年(公元583年)，“又修屋宇，列树松柏千余株”。唐贞观十八年(公元644年)，诏左屯卫大将军姜行本、匠作少匠阎立德主持营建宫殿，赐名汤泉宫，作为皇家沐浴疗疾的场所。天宝六年(公元747年)扩建，改名华清宫。“骊山上下益治汤井，为池台殿环列山谷，明皇岁幸焉。又筑会昌城，即于汤所置百司及公卿邸第焉。”[1]唐玄宗长期在此居住，处理朝政，接见臣僚，这里遂成为与长安大内相联系着的政治中心。[2]相应地建置了一个完整的宫廷区，它与骊山北坡的苑林区相结合，形成了北宫南苑格局的规模宏大的离宫御苑。宫苑的外围更绕以外廓墙，这就是所谓的“会昌城”。安史之乱后，华清宫逐渐荒废，五代时改建为道观，明清又废。

唐玄宗锐意经营这座骊山离宫，其规划布局基本上以首都长安城作为蓝本：会昌城相当于长安的外廓城，宫廷区相当于长安的皇城，苑林区则相当于禁苑，只是方向正好相反。可以说，华清宫乃是长安城的缩影，足见它在当时众多离宫中的重要地位［图4·18］。

华清宫的宫廷区平面略成梯形，中央为宫城，东部和西部为行政、宫廷辅助用房以及随驾前来的贵族、官员府邸之所在地。宫廷区的南面为苑林区，呈前宫后苑之格局。宫廷区的北面平原坦荡，除少数民居之外均为赛球、赛马、练兵的场地，包括讲武殿、舞马台、大球场、小球场等。唐玄宗曾经在这里观看过兵阵演练，参加马球比赛。

据考古初步探测，华清宫的范围南及骊山第一峰即烽火台，北到临潼县城南什字以北，西至铁路疗养院西的牡丹沟，东至东花园东侧的寺沟。这个范围，与文献资料所载华清宫的范围大致是吻合的。[3]

[1] 宋敏求：《长安志》卷七。

[2] 据《唐书·玄宗本纪》记载：唐玄宗于开元二年（公元714年）到天宝十四年（公元755年）的41年间，曾经32次到华清宫居住。即位之初，即诏令骊山禁断樵采。天宝元年（公元742年），改骊山为会昌山。天宝九年（公元750年）改会昌县为昭应县，会昌山为昭应山，封山神为玄德公，立祠宇。

[3] 赵康民：《唐华清宫调查记》，载《考古与文物》，1983(1)。

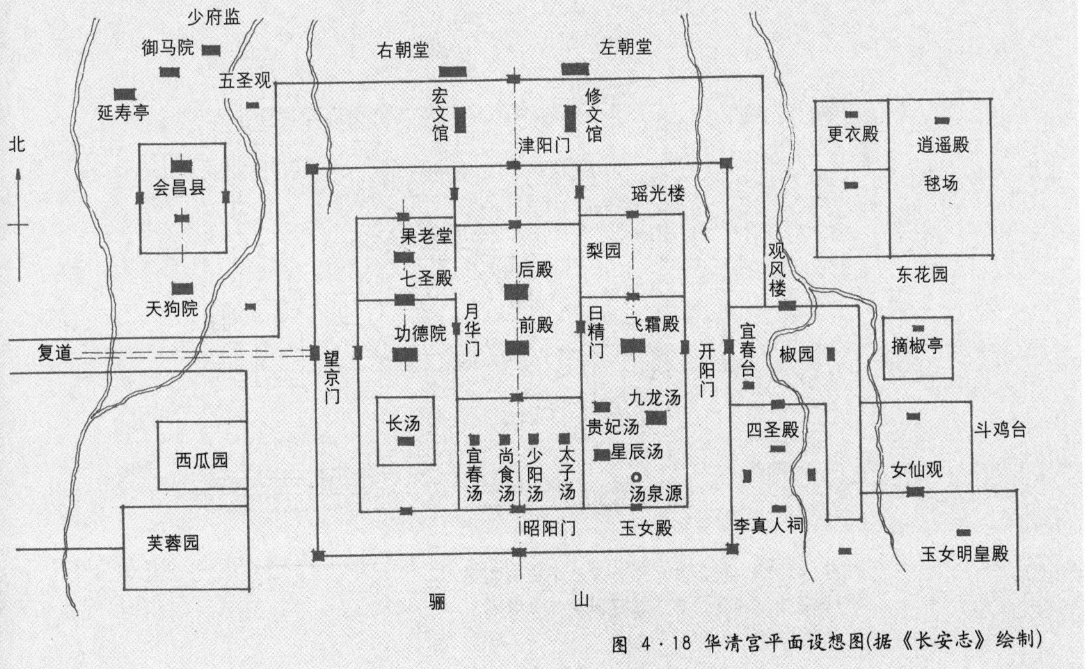

图4·18 华清宫平面设想图（据《长安志》绘制）

宫城为一个方整之布局，坐南朝北，两重城垣。北面设正门津阳门，东门开阳门，西门望京门，南门昭阳门，昭阳门往南即为登骊山苑林区之大道。宫廷区的北半部分为中、东、西三路：中路津阳门外左右分列弘文馆和修文馆。其南为前殿、后殿，相当于朝区。东路的主要殿宇为瑶光楼和飞霜殿，是皇帝的寝宫。西路诸殿宇自北而南分别为果老堂、七圣殿、功德院等，均属宫廷寺观性质。

宫城的南半部为温泉汤池区，除少数殿宇之外，分布着8处汤池供帝、后、嫔妃和皇室人员沐浴之用，自东到西分别为：九龙汤、贵妃汤、星辰汤、太子汤、少阳汤、尚食汤、宜春汤、长汤。九龙汤又名莲花汤，是皇帝的御用汤池，也是唐玄宗与杨贵妃共浴的地方："春寒赐浴华清池，温泉水滑洗凝脂；侍儿扶起娇无力，始是新承恩泽时。"莲花汤不仅设备最为豪华，还别出心裁安装活动机关，据《长安志》引《明皇杂录》：

> "安禄山于范阳以白玉石为鱼龙、凫雁，仍以石梁及石莲花以献，雕镌巧妙，殆非人工。上大悦，命陈于汤中，仍以石梁横亘汤上而莲花才出水际。上因幸华清宫至其所，解衣将入，而鱼龙凫雁皆若奋鳞举翼，状欲飞动。上甚恐，遽命撤去，而莲花今犹存。"

贵妃汤即杨贵妃的专用汤池，亦名海棠汤，用料石砌成，形似盛开的海棠花。其东南即温泉之水源，泉水自此流出沿着地下暗管供应各处汤池。另

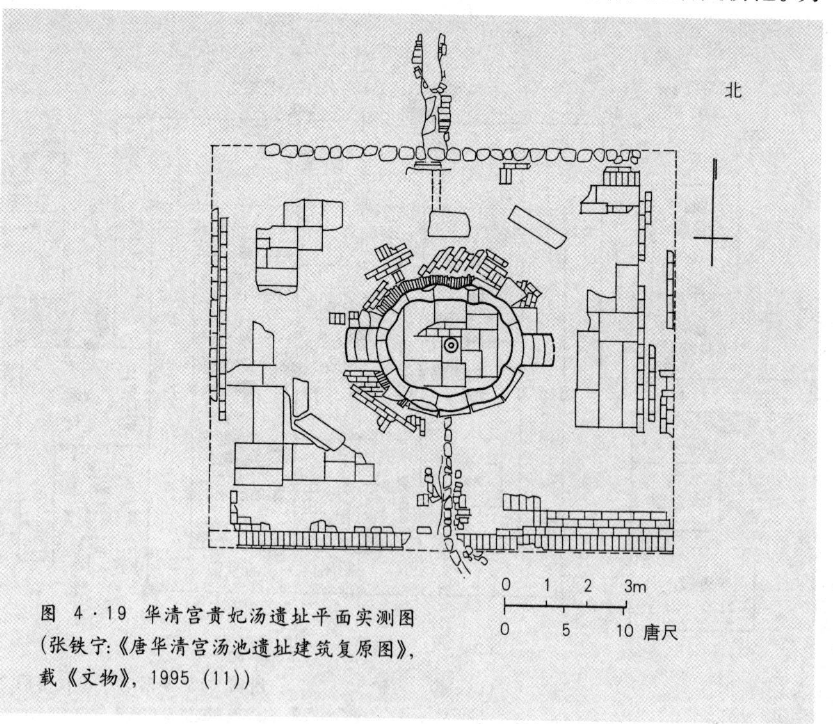

图 4·19 华清宫贵妃汤遗址平面实测图
(张铁宁:《唐华清宫汤池遗址建筑复原图》，载《文物》，1995 (11))

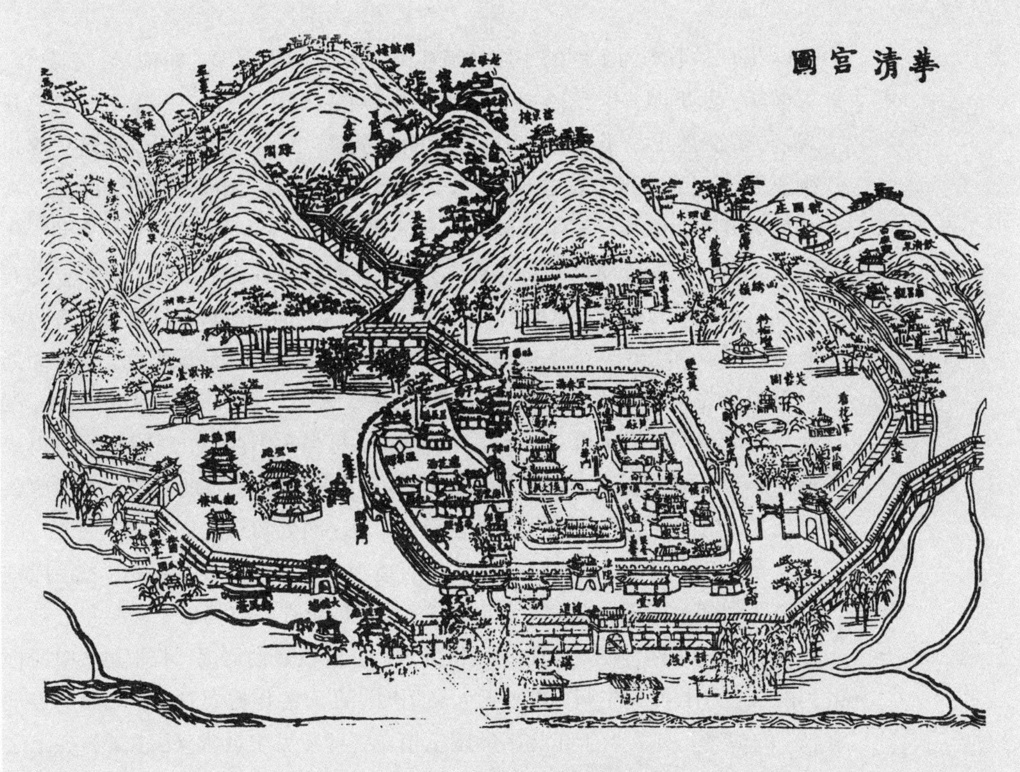

图 4·20 华清宫图（汪道亨，冯从吾：《陕西通志》，清乾隆刻本）

一处御用的汤池“长汤”，比其他汤池要大得多。池中央以玉石雕成莲花状的喷水口，泉水喷出洒落池面如雨淋。“(长汤)数十间屋环回，甃以文石，为银镂船及白香木船置于其中至于楫棹皆饰以珠玉。又于汤中垒瑟瑟及沈香为山，以状瀛洲、方丈。”[1]20世纪80年代，华清宫进行两次考古发掘，先后清理面积约4000平方米。出土唐代陶质管道200余米，青砖砌成的蛇形水源通道18米，还发掘出大量唐代建筑材料和5个完整的石砌汤池［图4·19］。

[1] 宋敏求:《长安志》引《明皇杂录》。

开阳门以东的廓城内建置的殿宇有：观风楼、四圣殿、逍遥殿、重明阁、宜春亭、李真人祠、女仙观、桉歌台、斗鸡台等，另建球场一处。玄宗精通音律，能歌舞，喜欢打马球，尤其癖好斗鸡。于华清宫建置鸡坊和斗鸡台，每次来华清宫，都要与杨贵妃高坐斗鸡台上观看训练有素的斗鸡之戏。胜负决出后，由胜者领头，众鸡列队雁行归于鸡坊。

望京门以西的廓城内除建置少量殿宇之外，其余均为百官衙署、供应机构和各种园圃、马厩等。自望京门起，有复道通往长安城，作为皇帝往来两地的专用道路［图4·19，图4·20］。

苑林区亦即东绣岭和西绣岭北坡之山岳风景地，以建筑物结合于山麓、山腰、山顶的不同地貌而规划为各具特色的许多景区和景点。山麓分布着若干以花卉、果木为主题的小园林兼生产基地，如芙蓉园、粉梅坛、看花台、石榴园、西瓜园、椒园、东瓜园等。山腰则突出巉岩、溪谷、瀑布等自然景观，放养驯鹿出没于山林之中。朝元阁是苑林区的主体建筑物，从这里修筑御道循山而下直抵宫城之昭阳门。山顶上高爽清凉，俯瞰平原历历在目，视野最为开阔，修建许多亭台殿阁，高低错落，发挥其“观景”和“点景”作用。东绣岭有王母祠，其侧为骊山瀑布，飞流直泻冲击岩石成石瓮状，即石瓮谷。谷之西为福岩寺，亦名石瓮寺。寺之西北面为绿阁、红楼，两者隔溪遥遥相对。西绣岭呈三峰并峙，主峰最高，周代的烽火台设于此，相传为周幽王与宠妃褒姒烽火戏诸侯之处。峰顶建翠云亭，视野可及于数百里外。次峰上建老母殿、望京楼，后者亦名斜阳楼，每当夕阳西下，遥望长安城得景最佳。第三峰稍低，上建朝元阁，1978 年发掘朝元阁遗址，出土大量唐代砖瓦。其南即老君殿，殿内供奉老子玉像。这两处建筑物均属道观性质，唐代皇帝多信奉道教，皇家园林中亦多有道观的建置。朝元阁南面的长生殿则是皇帝到朝元阁进香前斋戒沐浴的斋殿，相传唐玄宗与杨贵妃于某年乞巧节曾在此殿内山盟海誓，愿生生世世为夫妇，这就是白居易《长恨歌》中所提到的“七月七日长生殿，夜半无人私语时；在天愿作比翼鸟，在地愿为连理枝”的故事。有关当年苑林区的建筑情况，可参见宋敏求《长安志》卷上之《唐骊山宫图》[图 4 · 21]。

值得一提的是：苑林区在天然植被的基础上，还进行了大量的人工绿

图 4 · 21 华清宫苑林区之西半部(宋敏求:《长安志》)

化种植，“天宝所植松柏，遍满岩谷，望之郁然”[1]。不同的植物配置更突出了各景区和景点的风景特色，所用品种见于文献记载的计有松、柏、槭、梧桐、柳、榆、桃、梅、李、海棠、枣、榛、芙蓉、石榴、紫藤、芝兰、竹子、旱莲等将近三十多种，还生产各种果蔬供应宫廷。因此，骊山北坡通体花木繁茂，如锦似绣。无怪乎诗人杜牧《过华清宫绝句》要这样描写骊山之景：

“长安回望绣成堆，山顶千门次第开。
一骑红尘妃子笑，无人知是荔枝来。”

[1] 张洎：《贾氏谈录》，见《文渊阁四库全书》，台北，商务印书馆，1986。

九成宫（隋仁寿宫）

九成宫在今西安城西北163公里的麟游县新城区，始建于隋开皇十三年(公元593年)，原名仁寿宫，由宇文恺担任将作大匠，主持规划、设计事宜。仁寿宫的基址选择在杜河北岸一片开阔谷地，这里层峦叠翠，树林密茂，风景幽美，气候凉爽宜人，乃是避暑之胜地。麟游在隋唐时为通往西北大道的交通枢纽，又是拱卫首都西北面的军事要地，常驻重兵防守。所以仁寿宫的建置，不仅为了皇帝游赏、避暑的需要，也还有军事上的考虑。

隋代仁寿宫的规模宏大，建筑华丽。隋文帝先后六次到此避暑，居住时间最长达一年半。隋亡后，宫殿废毁。唐贞观五年(公元631年)，唐太宗为了避暑养病，诏令修复仁寿宫，改名九成宫。唐高宗永徽二年(公元651年)改名万年宫，乾封二年(公元667年)又恢复九成宫之名。九成宫完全利用隋代旧宫的基址重建而成，未作任何变动，只是于咸亨二年(公元671年)增建太子新宫一区。唐太宗、高宗经常到此避暑，于驻跸期间接见臣僚，处理朝政。所以九成宫内除了宫廷、禁苑之外，还建置官署府库，成为一处与华清宫齐名的离宫御苑。安史之乱后，宫殿逐渐荒芜，晚唐时则已成为一片废墟了。

据《玉海》：“贞观六年(公元632年)四月己亥，太宗避暑九成宫，以杖刺地，有泉涌出，饮之可以愈疾。秘书监检校侍中魏徵作《醴泉铭》，碑在凤翔。”《醴泉铭》对九成宫有一段文字描写：

“冠山构殿，绝壑为池；
跨水架楹，分岩竦阙。
高阁周建，长廊四起；
栋宇胶葛，台榭参差。”

足见这座宫苑的建筑顺应自然地形，颇能因山就势。

九成宫的宫墙有内、外两重。内垣之内为宫城，也就是宫廷区，位于杜河北岸山谷间的三条河流——北马坊河、永安河、杜水——的交汇处。它前临杜河、北倚碧城山，东有童山，西邻屏山，南面隔河正对堡子山，山上森林茂密，郁郁葱葱。《麟游县志》描写这个自然环境：“其山青莲南拱，石臼东横，西绕凤台、屏山，北蟠青凤诸峰，历历如绘。山脊平旷，周可一里……是为隋唐故宫。”该地海拔近1100米，夏无酷暑，七八月份的平均温度仅21℃，确是一处风水宝地。宫城“长千四百四十步，广九百六十步，周四千八百六十步，其崇三丈有半”[1]。另据考古探测，宫墙东西1010米，南北约300米。地势西高东低，呈长方形沿杜河北岸展开［图4·22］。[2]

宫城为朝宫、寝宫及府库、官寺衙署之所在。宫城之外、外垣以内的广袤山岳地带，则为禁苑，也就是苑林区［图4·23］。

宫城设城门三座：南门永光门，东门东宫门，西门玄武门。为了把建筑与自然山水形胜更好地结合，选定宫城西部的一座小山丘“天台”作为大朝正殿“丹霄殿”(即隋“仁寿殿”)的基座。正殿连同其两侧的阙楼和其前的两重前殿，组合为一组建筑群，密密层层地把山坡覆盖住；类似汉代宫苑的“高台榭”做法，只不过是以小山丘代替人工夯土筑台。大朝正殿之后是寝宫，前面正对永光门，此三者构成了宫城的南北中轴线。宫城的中部和东部散布着许多殿宇，最大的永安殿建置长长的阁道直通西面的大朝，颇有秦代

[1]《新唐书·地理志》。

[2] 中国科学院考古研究所西安唐城工作队：《隋仁寿宫唐九成宫37号殿址的发掘》，载《考古》，1987(12)。

图 4·22 隋仁寿宫、唐九成宫遗址位置图(中国科学院考古研究所西安唐城工作队：《隋仁寿宫唐九成宫37号殿址的发掘》，载《考古》，1987 (12))

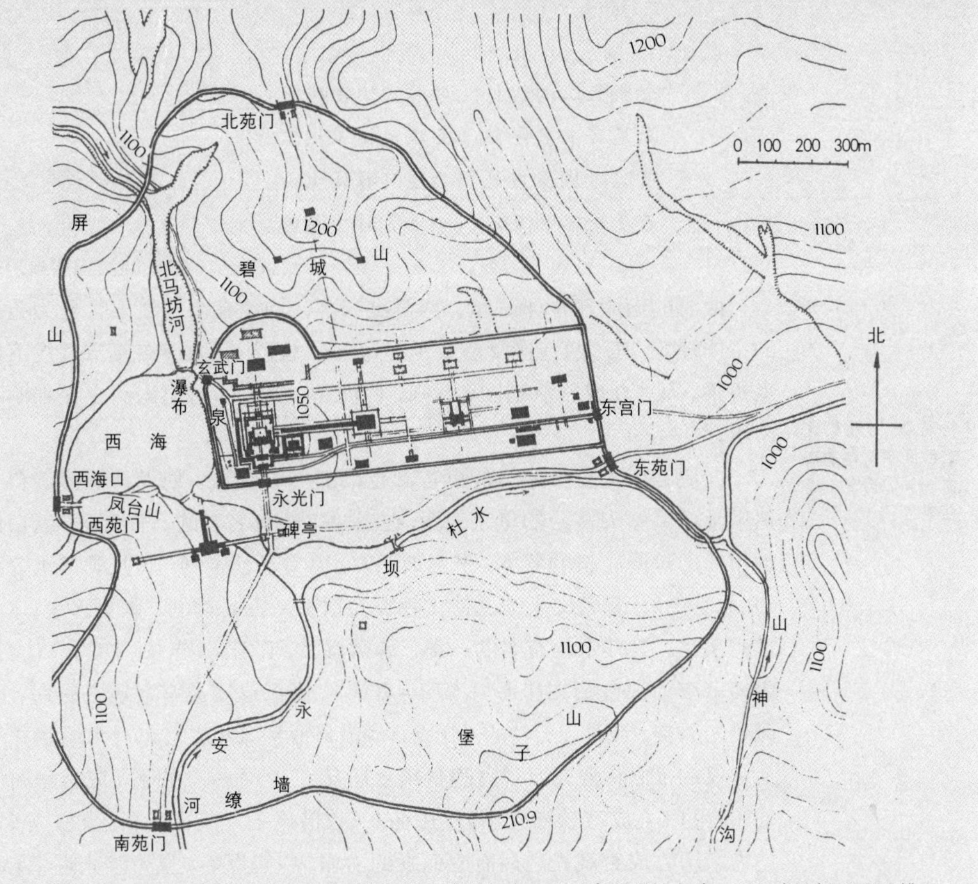

图 4·23 九成宫(仁寿宫)总平面复原图(杨鸿勋:《隋朝建筑巨匠宇文恺的杰作——仁寿宫(唐九成宫)》，见《建筑史研究论文集》，北京，中国建筑工业出版社，1996)

宫苑的遗风；其余殿宇均为官署、府库、文娱和供应建筑。贞观年间发现的“醴泉”泉眼就在大朝的西侧，为此而修建了一条水渠沿宫城西垣转而东，直达东宫门。近年，在泉眼附近发掘出土一些太湖石，可能当年这里还有园林假山的建置。[1]

苑林区在宫城的南、西、北三面，周围的外垣(即“缭墙”)沿山峦的分水岭修建，把制高点都围揽进来，以利于安全防卫。在三条河流交汇处筑水坝潴而为一个人工大池，即《醴泉铭》所谓“绝壑为池”，因其紧邻宫城之西，叫做西海。苑林区内有山有水，山水之景互相映衬，自然风光是很优美的。宫城北面的碧城山顶位置最高，“绝顶为碧城，山色苍碧，周环若城，俯视宫中，洞见纤悉”。在这里建置一阁、二阙亭，可供远眺观景之用，也作为山的制高部位的建筑点缀。西海的西北端靠近玄武门处，利用北马坊河的水位落差创为一处高约60米的瀑布，又为山岳景观增添了动态水景之生趣。从西海南岸隔水观赏宫城殿宇、瀑布及其后的群山屏障，上下天光倒影水中，宛若仙山琼阁。当时文人多有赋诗咏赞此景，如：

[1] 杨鸿勋：《隋朝建筑巨匠宇文恺的杰作——仁寿宫（唐九成宫）》，见清华大学：《建筑史研究论文集》，北京，中国建筑工业出版社，1996。

“碧城十二曲栏杆，犀辟尘埃玉辟寒。
阆苑有书多附鹤，女床无树不栖鸾。
星沉海底当窗见，雨过河源隔坐看。
若是晓珠明又定，一生长对水晶盘。”

（李商隐：《碧城》）

西海的南岸建水榭一座，两侧出阙亭，均建在高台之上，是为苑林区的主体建筑。东、西连接复道及龙尾道下至地面，北面连接复道直接下至池上桥梁。从《九成宫纨扇图》看来，西海可以泛舟，游船码头当在水榭附近岸边。[1]

[1] 杨鸿勋：《隋朝建筑巨匠宇文恺的杰作——仁寿宫（唐九成宫）》。

九成宫作为皇帝避暑的离宫御苑，正由于它的规划设计能够谐和于自然风景而又不失宫廷的皇家气派，在当时是颇有名气的。许多画家以它作为创作仙山琼阁题材的蓝本，李思训、李昭道父子就曾画过《九成宫纨扇图》、《九成宫图》。著名文人为之诗文咏赞而留下千古名作的，则更多了。《九成宫醴泉铭》是其中最有名的一篇，魏徵撰文，欧阳询楷书，均为一代名家。唐高宗李治亲自撰文并书写《万年宫铭》，歌颂这座离宫建筑之宏伟、山川风景之秀美。此外，王勃的《九成宫颂及颂表》、《九成宫东台山池赋并序》，上官仪的《酬薛舍人万年宫晚景寓直怀友》，李峤的《夏晚九成宫呈同僚》，刘祎之的《九成宫秋初应诏》，王维的《敕借岐王九成宫避暑应教》等名篇，均为亲历九成宫观光之后有感而发的力作。中唐以后，皇帝停止巡幸，九成宫闲置起来，文人墨客来此游览的更是络绎不绝。唐代以九成宫为主题的诗文绘画对后世影响很大，九成宫几乎成为从宋代到清代怀古抒情之作的永恒题材了。

隋江都宫

江都宫在江都城，即今江苏省扬州市。隋仁寿四年（公元604年），隋炀帝改扬州为江都郡。大业元年（公元605年）三月发民工百余万开通通济渠、汴河、邗沟，即当时的南北大运河。同年八月，乘龙舟自水路至江都游览。大业六年（公元610年）、大业十二年（公元616年），又先后两次游幸江都，终为农民起义军杀死于此地。炀帝在位的十三年中，居留江都的时间累计超过三年，实际上江都已成为两京以外的另一行都。隋代定都长安，关中的粮食生产已不足以供养中央政府之需要，炀帝开凿运河的目的之一，就是利用漕运把江南财富转运到关中。扬州正当长江下游北岸大运河的起点，是当时的一个重要水陆码头，城市经济因此而繁荣起来，一直持续到唐、宋以后。

炀帝三次到江都冶游，为的是尽情享受因城市经济繁荣而带来的侈靡

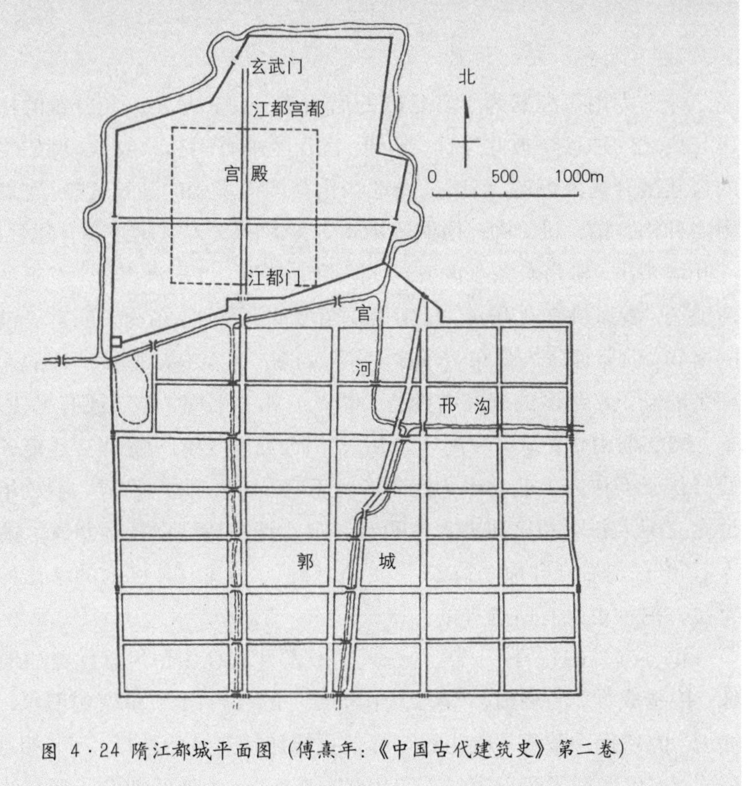

图 4·24 隋江都城平面图（傅熹年：《中国古代建筑史》第二卷）

生活。“欲取芜城作帝家”，相应地大量修造皇帝驻跸的离宫御苑，江都宫即其主要者。

江都宫位于江都城西北的高地——蜀岗之上[图4·24]。宫廷区的正门名“江都门”，正殿名“成象殿”，此外还有院落百余处，建筑很多，景色绮丽。宫廷区的东侧是屯驻禁军之所，西侧建置苑林区“西苑”。另一处离宫建在长江边，名“临江宫”，《隋书·炀帝纪》：“（大业七年）二月己未，上升钓台，临扬子津，大宴百僚。”此外，著名的长阜苑“依林傍涧，竦高跨阜，随城形置归雁宫、回流宫、九里宫、松林宫、枫林宫、大雷宫、小雷宫、春草宫、九华宫与光明宫，是曰十宫。”[1]长阜苑以及十宫的具体情况，文献语焉不详，隋末毁于兵火，到唐代尚存遗址。诗人鲍溶凭吊之后赋《隋宫二首》，有句云：

“柳塘烟起日西斜，竹浦风回雁弄沙；
炀帝春游古城在，坏宫芳草满人家。”

[1]《太平寰宇记·淮南道一》，转引自朱江：《扬州园林品赏录》。

综述

从上面列举实例看来，皇家园林的建设已经趋于规范化，大体上形成了大内御苑、行宫御苑和离宫御苑的类别。

一、大内御苑紧邻于宫廷区的后面或一侧，呈宫、苑分置的格局。但宫与苑之间往往还彼此穿插、延伸，宫廷区中有园林的成分，例如洛阳宫中的宫廷区开凿九洲池，可以适当地淡化其严谨肃穆的建筑气氛。宫城和皇城内广种松、柏、桃、柳、梧桐等树木，当时的文人对此亦多有咏赞：“宫松叶叶墙头出，柳带长条水面齐”，“阴阴清禁里，苍翠满青松”，“千条弱柳垂清锁”，“春风桃李花开日，秋雨梧桐落叶时”等等。东内大明宫呈前宫后苑的格局，但苑林区内分布着不少宫殿、衙署，甚至有麟德殿那样的大体量的朝会殿堂，宫廷区的庭院内种植大量松、柏、梧桐，甚至还有果树。《新唐书·契宓何力传》载：唐高宗龙朔三年(公元663年)，管理宫廷事务的官员梁修仁于新作之大明宫中“植白杨树于庭”，谓“此木易成，不数年可庇”。适逢左卫大将军契苾何力入大明宫参观，诵古诗“白杨多悲风，萧萧愁煞人”，修仁闻后立即命令拔去，“更植以桐”。可见宫廷区内的绿化种植很受重视，树种也是有所选择的。

二、郊外的行宫、离宫，绝大多数都建置在山岳风景优美的地带，如像“锦绣成堆”的骊山、“诸峰历历如绘”的天台山、“重峦俯渭水，碧障插遥天”的终南山等等。这些宫苑都很重视建筑基址的选择，于“相地”独具慧眼，不仅保证了帝王避暑、消闲的生活享受，为他们创设了那一处处得以投身于大自然怀抱的天人谐合的人居环境，同时也反映出唐人在宫苑建设与风景建设相结合方面的高素质和高水准。许多行宫、离宫所在地直到今天仍然保留着它们的游赏价值，个别的甚至已开发成为著名的风景名胜区。离宫一般都有广阔的苑林区，或者在宫廷区的后面，或者包围着宫廷区，均视基址的自然条件而因地制宜。

三、不少修建在郊野风景地带的行宫御苑和离宫御苑，由于种种原因都改作佛寺，有的还增建佛塔。魏晋南北朝时，文献记载中多有“舍宅为寺”的记载，但“舍宫为寺”则尚未之见。后者的情况也从一个侧面说明隋唐时佛教之兴盛和佛教与宫廷关系之密切。

四、郊外的宫苑，其基址的选择还从军事的角度来考虑，如玉华宫、九成宫等的建设地段不仅仅山岳风景优美，而且是交通要道的隘口、兵家必争之地，其军事价值是显而易见的。大内御苑也有同样的军事考虑。皇帝的禁卫军“六军”由皇帝委派亲信（大多为宦官）直接统率，驻扎在长安禁苑之中。一旦有变，可立即控制通往宫城的玄武门以及通往外界的西、北、南各门，达到保卫皇室，退可以守的目的。唐太宗未即位前擒杀其兄建成、元吉就在玄武门，史称“玄武门之变”，玄宗、代宗发动宫廷政变取得帝位，都曾得到驻守玄武门的六军的支持。安史之乱时玄宗出逃，泾原兵变时德宗出逃，也都是由六军护卫着经禁苑西门逃走的。

第四节
私 家 园 林

唐代的私家园林较之魏晋南北朝更为兴盛，普及面更广，艺术水平在上代的基础上又有所提高。这是中国古典园林发展到此阶段的必然结果，自有其特定历史条件和人文背景的直接影响和制约。

隋代统一全国，修筑大运河，沟通南北经济。盛唐之世，政局稳定，经济、文化繁荣，呈现为历史上空前的太平盛世和安定局面。人民的生活水准和文化素质提高了，民间便相应地普遍追求园林享受之乐趣；在一些经济、文化比较发达的地方，尤其如此。中原、江南、巴蜀是当时的最发达地区，有关私家造园活动的文献记载已经不少。中原的西京长安、东都洛阳作为全国政治、经济、文化中心，民间造园之风更甚。譬如长安，据《画墁录》："唐京省入伏，假三日一开印。公卿近郭皆有园池，以至樊杜数十里间，泉石占胜，布满川陆，至今基地尚在。省寺皆有山池，曲江各置船舫，以拟岁时游赏。"洛阳的公卿私园，直到宋代仍沿用其旧基址，正如宋人李格非在《洛阳名园记后》中所说的："园圃之废兴，洛阳盛衰之候也。且天下之治乱，候于洛阳之盛衰而知。洛阳之盛衰，候于园圃之废兴而得。"盛唐之世，为私家造园的兴旺创造了条件，而当时园林兴盛的程度也正是这个盛世的象征。

领主庄园经济受到抑制，士族豪强的势力逐渐衰减。关陇豪族虽然仍在政治上发挥作用，但已不占主要地位。科举制度确立，朝廷通过考试遴选政府各级官吏，于是，皇帝以下的政权机构已不再为门阀士族所垄断，广大庶族地主知识分子有了进身之阶。官僚政治取代了门阀士族政治，知识分子一旦取得官僚的身份便有了优厚的俸禄和相应的权力、地位。他们可以尽享荣华、大展鸿图，然而却失去了世袭的保证。宦海浮沉，升迁与贬谪无常，出处进退的矛盾心态经常困扰着他们。"达则兼济天下"，显达者固然春风得意，但也摆脱不掉为之心力交瘁的政治斗争和人际关系。于是，便把眼光投向园林，借助于园居生活而得到暂时"穷则独善其身"的解脱。既可以居庙堂而寄情于林泉，又能够居林泉而心系于庙堂，正如王维所谓"迹崆峒而身拖朱绂，朝承明而暮宿青霭”(崆峒即崆峒山；承明是汉代未央宫的一座殿宇的名称)。园林的享受在一定程度上满足了入世者的避世企望，在“显达”与“穷通”之间起到了缓冲的作用；于是，凡属士人几乎都刻意经营自己的园林，而且都或多或少地附著上这种感情的色彩。唐代确立的官僚政治，便逐渐在私家园林中催生出一种特殊的风格——士流园林。

科举取士制度施行以后，士大夫阶层的生活和思想受到前所未有的大一统集权政治的干预。读书人的“隐逸”行为已经不再是目的，而更多地成为入仕的一种手段，即所谓“终南捷径”[1]。大多数读书人作隐士的动机由过去的隐姓埋名转变为扬名显声、待价而沽。史书中就屡有皇帝亲自出面招聘隐士的记载，地方官也纷纷效尤，推荐隐士。甚至有人“结庐泉石，目注市朝”而毛遂自荐的。真正的隐士固然有，却愈来愈少了，更多的是“隐于园”者。中唐以后，这种“隐于园”的隐逸已逐渐发展成为无需身体力行的精神享受，普遍流行于文人士大夫的圈子里。它直接刺激私家园林的普及和发展，对于士流园林的繁荣是一个尤其重要的促进因素。这在杨炯的《群官寻杨隐居诗序》中有明白的表述：

“……轩皇驻跸，将寻大隗之居；尧帝省方，终全颍阳之节。群贤以公私有暇，休沐多闲。忽乎将行，指林壑而非远；莞尔而笑，览烟霞而在瞩。……寒山四绝，烟雾苍苍；古树千年，藤萝漠漠。诛茅作室，挂席为门。石隐磷而环阶，水潺湲而匝砌。乃相与旁求胜境，遍窥灵迹。论其八洞，实唯明月之宫；相其五山，即是交风之台。仙台可期，石室犹存。极人生之胜践，得林野之奇趣。”

唐中宗的韦后之弟韦嗣立，官拜太仆寺少卿，兼掌吏部选事，后又迁任兵部尚书。他在骊山修建了一处别墅，中宗曾亲临游览，令从官赋诗，并自制诗序。御赐别墅之名为“清虚原幽栖谷”，封嗣立为“逍遥公”。于是，韦嗣立便因此而具有了权倾朝野的显宦和逍遥幽栖的逸士的双重身分，随驾游园的从官们对此也称道不已。从官之一的张说《扈从幸韦嗣立山庄应制序》就这样写道：

“岚气入野，榛烟出谷。鱼潭竹岸，松斋药畹。虹泉电射，云木虚吟。恍惚疑梦，间关忘术。兹所谓丘壑夔龙，衣冠巢许也。”

这段文字流露出对园主人的“隐”与“仕”之兼具的仰慕，同时也概括了当时的士人们对园林清幽环境的向往之情。

白居易根据自己的生活体验，在《中隐》这首诗中提出所谓“中隐”的说法，可以作为流行于当时的文人士大夫圈子里的隐逸思想的具体写照和诠释：

“大隐住朝市，小隐入丘樊。

丘樊太冷落，朝市太嚣喧。

[1]《大唐新语·隐逸》：“卢藏用始隐于终南山中，中宗朝累居要职。有道士司马承祯者，睿宗遣至京，将还。藏用指终南山谓之曰：‘此中大有佳处，何必在远？’承祯徐答曰：‘以仆所观，乃仕宦捷径耳。’”这便是“终南捷径”典故之由来。

不如作中隐，隐在留司官。
似出复似处，非忙亦非闲。
不劳心与力，又免饥与寒。
终岁无公事，随月有俸钱。
君若好登临，城南有秋山。
君若爱游荡，城东有春园。
……
人生处一世，其道难两全：
贱即苦冻馁，贵则多忧患。
唯此中隐士，致身吉且安。
穷通与丰约，正在四者间。”

“中隐”颇有中庸色彩的论调，普遍为当时士人们所接受。隐逸的具体实践已不必“归园田居”，更不必“遁迹山林”，园林生活完全可以取而代之。而园林也受到了“中隐”所代表的隐逸思想之浸润，同时又成为后者的载体。于是士人们都把理想寄托于园林，把感情倾注于园林，凭藉近在咫尺的园林而尽享隐逸之乐趣了。正如白居易所说：“进不趋要路，退不入深山。深山太濩落，要路多艰险。不如家池上，乐逸无忧患。”“偶得幽闲境，遂忘尘俗心。始知真隐者，不必在山林。”因此，中唐的文人士大夫都竞相兴造园林，竞相“隐于园”。他们对园林的热爱可谓一往情深，“歌酒优游聊卒岁，园林潇洒可终身”，甚至亲自参与园林的规划设计。园林在文人士大夫生活中所占的重要地位，可想而知。在这种社会风尚的影响下，士流园林开始兴盛起来，同时也必然促成了私家园林长足发展的局面。

长安作为首都，私家园林集中荟萃自不待言。在朝的权贵和官僚们同时也在东都洛阳修造第宅、园林，“唐贞观开元之间，公卿贵戚开馆列第东都者，号千有余所”。洛阳私园之多并不亚于长安，但其中多有园主人终生未曾到过的，正如白居易《题洛中第宅》诗中所谓“试问池台主，多为将相官；终身不曾到，唯展宅图看”。

江南地区，政治中心北移之后私家园林当然已非六朝之鼎盛。但扬州一地，由于隋代开凿大运河而成为运河南端的水陆码头、江淮交通的枢纽，同时也带来了城市经济的繁荣。隋炀帝坐船来到扬州恣意寻欢作乐，唐代诗人们曾用“谁知竹西路，歌吹是扬州”，“腰缠十万贯，骑鹤下扬州”，“天下三分明月夜，无赖二分在扬州”，“十年一觉扬州梦，赢得青楼薄幸名”这样的诗句来描写它的一派歌舞升平的繁华景象。私家园林的兴建，当亦不在少数，正如诗人姚合《扬州春词三首》中所说的“园林多是宅”，“暖日凝花柳，春风散管弦”的盛况。史载扬州青园桥东，有裴堪的“樱桃园”，园内“楼阁重复，花木鲜秀”，景色之美“似非人间”。而“郝氏园”似乎还要超过它，正如诗人方干《旅次扬州寓居郝氏林亭》诗中所描写的：“鹤盘远势投孤屿，蝉曳残声过别枝；凉月照窗欹枕倦，澄泉绕石泛觞迟。”显示那一派犹如画意的园景。见于文献著录的扬州私家园林，大都以主人的姓氏作为园名，如郝氏园、席氏园等，这种做法一直沿袭到清代。

成都为巴蜀重镇，也是西南地区的经济和文化中心城市。文献多有记载私家造园情况。著名的如大诗人杜甫经营的浣花溪草堂。

唐代，风景名胜区作为区域综合体已得到进一步的开发而遍布全国各地，原始型的旅游亦相应地普遍开展起来。文人们遍游名山大川，也纷纷在这些地方相地卜居、经营别墅园林，白居易的庐山草堂便是著名的一例。

城市私园

长安城内的大部分居住坊里均有宅园或游憩园，叫做“山池院”。规模大者占据半坊左右，多为皇亲和大官僚所建。宅园多分布在城北靠近皇城的各坊，游憩园多半建在城南比较偏僻的坊里，因为园主人只是偶尔到此宴游，并不经常使用。在《长安志》等古籍中零星地提到几处这类园林的情况：

御史大夫王鉷宅，在太平坊。“宅内有自雨亭子，檐上飞流四注。”

琼山县主宅，在太平坊。“(县主)即吐谷浑之苗裔，富于财产。宅内有山池院，溪磴自然，林木葱郁，京城称之。”

左仆射令狐楚宅，在开化坊。宅内庭园“牡丹最盛”。

中书侍郎同中书门下平章事元载宅，在安仁坊。“载宅有芸辉堂，芸辉香草名也，出于阗国。”

剑南东川节度使冯宿宅，在亲仁坊。“宅南有山亭院，多养鹅鸭及杂禽之类，常遣一家人主之，谓之‘鸟省’。”

汝州刺史昕园宅，在昭行坊。宅园引永安渠为池，“弥亘顷亩，竹木环市，荷荇丛秀”。

徐王元礼山池在太平坊。

太平公主山池院在兴道坊宅畔。

长宁公主山池在崇仁坊宅畔。

安乐公主山池在金城坊。

所谓“山池院”、“山亭院”，即是唐代人对城市私园的普遍称谓。唐人诗文中吟咏这类园林的总体或细部的不少，现举数例，以便略窥其园景之一斑：

“径转危峰逼，桥回缺岸妨；

玉泉移酒味，石髓换粳香。
绾雾青丝弱，牵风紫蔓长；
犹言宴乐少，别向后池塘。”

“携琴绕碧沙，摇笔弄青霞；
杜若幽庭草，芙蓉曲沼花。
宴游成野客，形胜得仙家；
往往留仙步，登攀日易斜。”

“攒石当轩倚，悬泉度牖飞；
鹿麛冲妓席，鹤子曳童衣。
园果尝难遍，池莲摘未稀；
卷帘唯待月，应在醉中归。”

（杜审言：《和韦承庆过义阳公主山池五首》之二、三、四）

“澄潭皎镜石崔巍，万壑千岩暗绿苔；
林亭自有幽贞趣，况复秋深爽气来。”

（唐明皇：《过大哥山池题石壁》）

“甲第多清赏，芳辰命羽卮；
书帷通竹径，琴台枕槿篱。
池疑夜壑徙，山似郁洲移；
雕楹网萝薜，激濑合埙篪。
鸟戏翻新叶，鱼跃动清漪；
自得淹留趣，宁劳攀桂枝。”

（岑文本：《安德山池宴集》）

“香殿留遗影，春朝玉户开；
羽衣重素几，蛛网俨轻埃。
石自蓬山得，泉经太液来；
柳丝遮绿浪，花粉落青苔。
镜掩鸾空在，霞消凤不回；
唯余古桃树，传是上仙栽。”

（司空曙：《题玉真观公主山池院》）

诗人宋之问《太平公主山池赋》，对太平公主的山池院中叠石为山的形态变化，山体与水体，花木、建筑的配合成景，都有细致的描写：

“……其为状也，攒怪石而嵚崟。其为异也，含清气而萧瑟。列海岸而争耸，分水亭而对出。其东则峰崖刻划，洞穴萦回。乍若风飘雨洒兮移郁岛，又似波浪息兮见蓬莱。图万里于积石，匿千岭于天台。荆门揭起兮壁峻，少室丛生兮剑开。……向背重复，参差反覆。翳荟蒙茏，含青吐红。阳崖夺锦，阴壑藏风。奇树抱石，新花灌丛。……其西则翠屏崭岩，山路诘曲。高阁翔云，丹崖吐绿。惚兮恍，涉弱水兮至昆仑；杳兮冥，乘龙梁兮向巴蜀。……罗八方之奇兽，聚六合之珍禽。别有复道三袭，平台四注。跨渚兮交林，蒸云兮起雾。鸳鸯水兮凤凰楼，文虹桥兮彩鹢舟。"

这些，大抵都属于大官僚、皇亲贵戚园林的绮丽豪华格调的描写。但在长安城内的众多私园中，亦不乏清幽雅致的格调，寄托着身居庙堂的士人们向往隐逸、心系林泉的情怀：

"……门闾堪驻盖，堂室可铺筵。
丹凤楼当后，青龙寺在前。……
不觅他人爱，唯将自性便。
等闲栽树木，随分占风烟。
逸致固心得，幽期遇境牵。
松声凝涧底，草色胜河边。
虚润冰销地，晴和日出天。
苔行滑如簟，莎坐软于绵。
帘每当山卷，帷多待月褰。
篱东花掩映，窗北竹婵娟。……"

(白居易：《新昌新居书事四十韵，因寄元郎中、张博士》)

"入门尘外思，苔径药苗间；
洞里应生玉，庭前自有山。"

(姚合：《题郭侍郎亲仁里幽居》)

"能向府亭内，置兹山与林；
他人骕骦马，而我薜萝心。
雨止禁门肃，莺啼官柳深；
长廊闷军器，积水背城阴。
窗外王孙草，床头中散琴；
清风多仰慕，吾亦尔知音。"

(李颀：《题少府监李丞山池》)

私园的筑山理水，刻意追求一种缩移摹拟天然山水、以小观大的意境。李华在《贺遂员外药园小山池记》中写道：

"庭除有砥砺之材，础礩之璞，立而象之衡巫；堂下有畚锸之坳，圩埴之凹，随而象之江湖。……一夫蹑轮而三江逼户，十指攒石而群山倚蹊。……其间有书堂琴轩，置酒娱宾，卑痹而敞，若云天寻丈，而豁如江汉。以小观大，则天下之理尽矣。”

不仅有叠石为山或单块置石，还有用土堆筑的土山。白居易《和元八待御升平新居四绝句》中有《累土山》一首：

“堆土渐高山意出，终南移入户庭间。
玉峰蓝水应惆怅，恐见新山忘旧山。”

洛阳有伊、洛二水穿城而过，城内河道纵横，为造园提供了优越的供水条件，故洛阳城内的私家园林亦多以水景取胜。丞相牛僧儒的归仁里宅园引入长流活水而别创为“滩”景，白居易专门写了一首《题牛相公归仁里新宅成小滩》诗以咏之：

“平生见流水，见此转流连；
况此朱门内，君家新引泉。
伊流决一带，洛石砌千拳；
与君三伏月，满耳作潺湲。
深处碧磷磷，浅处清溅溅；
碕岸束呜咽，沙汀散沦涟。
翻浪雪不尽，澄波空共鲜；
两崖滟滪口，一泊潇湘天。
曾作天南客，漂流六七年；
何山不倚杖？何水不停船？
巴峡声心里，松江色眼前；
今朝小滩上，能不思悠然。”

由于得水较易，园林中颇多出现摹拟江南水乡的景观，很能激发人们对江南景物的联想情趣。白居易的诗作中也提到过这种情况，例如《池上小宴问程秀才》：

“洛下园林好自知，江南景物阇相随；
净淘红粒罯香饭，薄切紫鳞烹水葵。
雨滴篷声青雀舫，浪摇花影白莲池；
停杯一问苏州客，何似吴松江上时。”

不仅以理水和各种形态的水景见长，叠石的技艺也达到较高的水准。白居易《题岐王旧山池石壁》描写一处贵戚旧宅园的叠石为山之景：

“树深藤老竹回环，石壁重重锦翠斑。
俗客看来犹解爱，忙人到此亦须闲。
况当霁景凉风后，如在千岩万壑间。
黄绮更归何处去？洛阳城内有商山。”

洛阳城内的私园也像长安一样，纤丽与清雅两种格调并存。前者如像宰相牛僧儒的归仁里宅园，“嘉木怪石，置之阶廷，馆宇清华，竹木幽邃”。牛僧儒平生爱好收蓄奇石，把它们分别陈列在归仁里宅园和郊外的南部庄园中，白居易为之评级并撰写《太湖石记》一文。《旧唐书·裴度传》记载曾历事四朝君主的大官僚裴度，以一身之出处系国家之安危，晚年在宦官得势、朝纲不振的时候，于集贤里修筑宅园：

> “中官用事，衣冠道丧，度以年及悬舆，王纲版荡，不复以出处为意，东都立第于集贤里，筑山穿池，竹木丛萃，有风亭水榭，梯桥架阁，岛屿回环，极都城之胜概。”

白居易《裴侍中晋公以集贤林亭即事诗三十六韵见赠，猥蒙征和，才拙辞繁，辄广为五百言以伸酬献》一诗中描写其山、池、花木、建筑配合而成之园景：

“何如集贤第，中有平津池。
……
因下张沼沚，依高筑阶基。
嵩峰见数片，伊水分一支。
南溪修且直，长波碧逶迤。
北馆壮复丽，倒影红参差。
东岛号晨光，泉曜迎朝曦。
西岭名夕阳，杳暧留落晖。
前有水心亭，动荡架涟漪。
后有开阖堂，寒温变天时。
幽泉镜泓澄，怪石山欹危。(注：已上八所，各具本名)
春葩雪漠漠，夏果珠离离。(注：谓杏花岛、樱桃岛)
主人命方舟，宛在水中坻。”

诗中还说到游园宴饮的情形：

“亲宾次第至，酒乐前后施。
解缆始登泛，山游仍水嬉。
……
管弦去缥缈，罗绮来霏微。
棹风逐舞回，梁尘随歌飞。
宴余日云暮，醉客未放归。
高声索彩笺，大笑催金卮。
……”

园林景观之绮丽，宴游场面之盛大，典型地刻画出当时的富贵高官园居生活的一斑。这是城市私园之偏于纤丽者。此外，也有不少具有清雅格调的，其代表性的例子便是白居易的履道坊宅园。

履道坊宅园

长庆四年(公元824年)，白居易自杭州刺史任上回到洛阳，“于履道里得故散骑常侍杨凭宅，竹木池馆，有林泉之致”[1]。履道坊宅园位于坊(里)之西北隅，洛水流经此处，被认为是城内“风土水木”最胜之地。白居易于杨凭旧园的基础上稍加修葺改造，深为满意。在他58岁时定居于此，遂不再出仕。他写的《醉吟先生传》，托名“醉吟先生”叙述晚年的诗酒游乐生活：

“醉吟先生者，忘其姓字、乡里、官爵，忽忽不知吾为谁也。宦游三十载，将老，退居洛下。所居有池五六亩，竹数千竿，乔木数十株，台榭舟桥，具体而微，先生安焉。家虽贫，不至寒馁；年虽老，未及耄。性嗜酒，耽琴,淫诗。凡酒徒、琴侣、诗客，多与之游。游之外，栖心释氏，通学小中大乘法。与嵩山僧如满为空门友，平泉客韦楚为山水友，彭城刘梦得为诗友，安定皇甫朗之为酒友。每一相见，欣然忘归。洛城内外六七十里间，凡观寺、丘墅，有泉石花竹者，靡不游；人家有美酒、鸣琴者，靡不过；有图书、歌舞者，靡不观。自居守洛川洎布衣家，以宴游召者，亦时时往。……”

履道坊宅园也是园主人以文会友的场所，白居易74岁时曾在这里举行“七老会”，与会者有胡杲、吉皎、郑据、刘真、卢贞、张深及他本人，寿皆70以上。同光二年(公元924年)，宅园改为佛寺，白氏后人移居洛阳东南郊、洛水南滨的白碛村，一直繁衍至今。

这座宅园的遗址位于今洛阳市南郊的狮子村东北约150米，1992年经考古发掘，发现唐代建筑基址多处，以及其西侧的两条唐代水渠，其走向与《唐两京城坊考》所记完全吻合。此外，还出土唐代器皿、钱币、砖、瓦当等。[2]

白居易专门为这座最喜爱的宅园写了一篇韵文《池上篇》，篇首的长序详尽地描述此园的内容：

园和宅共占地17亩，其中“屋室三之一，水五之一，竹九之一，而岛树桥道间之”。“屋室”包括住宅和游憩建筑，“水”指水池和水渠而言，水池面积很大，为园林的主体，池中有三个岛屿，其间架设拱桥和平桥相联系。他购得此园后，又进行一些增建：“虽有台，无粟不能守也”，乃在水池的东面建粟廪；“虽有子弟，无书不能训也”，乃在池的北面建书库；“虽有宾朋，无琴酒不能娱也”，乃在池的西侧建琴亭，亭内置石樽。他本人“罢杭州刺史时，得天竺石一、华亭鹤二以归，始作西平桥，开环池路。罢苏州

[1] 《旧唐书·白居易传》。

[2] 中国社科院考古所洛阳唐城队：《洛阳唐东都履道坊白居易故居发掘简报》，见《考古》，1994(8)。

刺史时，得太湖石、白莲、折腰菱、青板舫以归，又作中高桥，通三岛径。罢刑部侍郎时，有粟千斛、书一车，洎臧获之习筦、磬、弦歌者指百以归”。早先，友人陈某曾赠他酿酒法，酿出之酒味甚甘。崔某赠他以古琴，韵甚清。姜某教授他弹奏《秋思》之乐章，声甚淡。杨某赠与他三块方整、平滑、可以坐卧的青石。大和三年(公元829年)夏天，白居易被委派到洛阳任“太子宾客”的闲散官职，遂得以经常优游于此园。于是，便把过去为官三任之所得、四位友人的赠授全都安置在园内。“每至池风春、池月秋，水香莲开之旦、露青鹤唳之夕，拂杨石，举陈酒，援崔琴，弹姜《秋思》。颓然自适，不知其他。酒酣琴罢，又命乐童登中岛亭，合奏《霓裳·散序》，声随风飘，或凝或散，悠扬于竹烟波月之际者久之。曲未尽而乐天陶然，已醉，睡于石上矣。”

看来白居易对这座园林的改造筹划是用过一番心思的，造园的目的在于寄托精神和陶冶性情，那种清纯幽雅的格调和“城市山林”的气氛，也恰如其分地体现了当时文人的园林观——以泉石竹树养心，借诗酒琴书怡性。《池上篇》颇能道出这个营园主旨：

“十亩之宅，五亩之园；
有水一池，有竹千竿。
勿谓土狭，勿谓地偏；
足以容膝，足以息肩。
有堂有庭，有桥有船；
有书有酒，有歌有弦。
有叟在中，白须飘然；
识分知足，外无求焉。
如鸟择木，姑务巢安；
如龟居坎，不知海宽。
灵鹤怪石，紫菱白莲；
皆吾所好，尽在吾前。
时饮一杯，或吟一篇；
妻孥熙熙，鸡犬闲闲。
优哉游哉，吾将终老乎其间。”

白居易对于这座晚年藉以安身立命的宅园之热爱，可谓一往情深，曾不止一次地赋诗加以咏赞：

“门前有流水，墙上多高树。
竹径绕荷池，萦回百余步。
波闲戏鱼鳖，风静下鸥鹭。

寂无城市喧，
渺有江湖趣。
吾庐在其上，
偃卧朝复暮。
洛下安一居，
山中亦慵去。
时逢过客爱，
问是谁家住？
此是白家翁，
闭门终老处。”

（《闲居自题》）

“履道坊西角，
官河曲北头。
林园四邻好，
风景一家秋。……”

（《履道新居二十韵》）

“……遂就无尘坊，仍求有水宅。
东南得幽境，树老寒泉碧。
池畔多竹阴，门前少人迹。
未请中庶禄，且脱双骖易。……”

（《洛下卜居》）

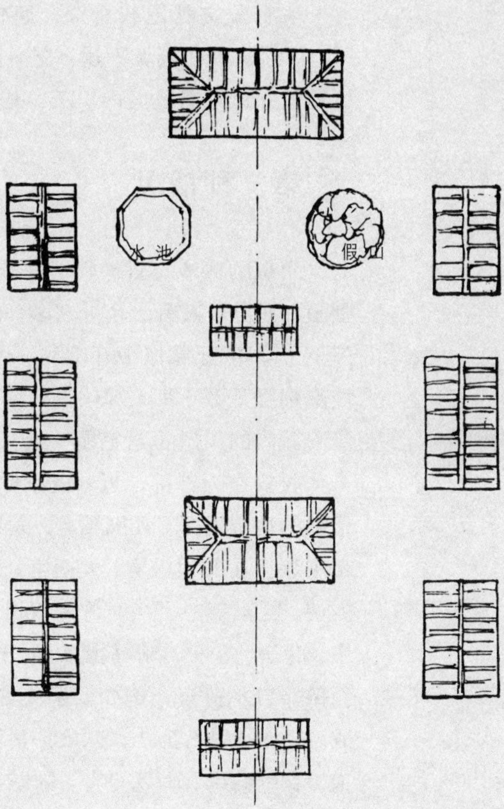

水池
假山

图 4·25 唐三彩住宅模型平面图(原件藏陕西省博物馆)

唐代的私家宅园中有前宅后园的布局，履道坊宅园即属此类；也有园、宅合一的，即住宅的庭院内穿插着园林，或者在园林中布置住宅建筑。1959年西安西郊中堡村出土的唐墓明器中的一件唐三彩住宅建筑模型[图4·25]，它的两进院落的主庭院内，即有水池和假山的布置。

郊野别墅园

别墅园即建在郊野地带的私家园林，它渊源于魏晋南北朝时期的别墅、庄园，但其大多数的性质已经从原先的生产、经济实体转化为游憩、休闲，属于园林的范畴了。

这种别墅园在唐代统称之为别业、山庄、庄，规模较小者也叫做山亭、水亭、田居、草堂等。名目很多，但其含义则大同小异。

从有关文献记载看来，唐代别墅园的建置，大致可分为三种情况：一、单独建置在离城不远、交通往返方便，而风景比较优美的地带。二、单独建置在风景名胜区内。三、依附于庄园而建置。

第一种情况

两京的贵戚、官僚除了在城内构筑宅园之外，不少人还在郊外兴建别墅园，甚至一人有十余处之多。《长安志》引《谭宾录》："(中书侍郎同中书门下平章事)元载城中开南北二甲第，又于近郊起亭榭，帷帐什器皆如宿设，城南别墅凡数十所，婢仆曳罗绮二百余人。"据《旧唐书·裴度传》，裴度在洛阳城内的集贤里营宅园一处，还另在郊外建置别墅，"又于午桥创别墅[1]"。

长安作为首都，近郊的别墅园林极多。物以类聚，人以群分。从文献记载的情况看来，凡属贵族、大官僚的几乎都集中在东郊、西郊一带。这一带接近皇居的太极宫、大明宫、兴庆宫，人工开凿的水渠、池沼较多，供水方便。这里集中了当时许多权贵的别墅园，如太平公主、长乐公主、安乐公主、薛王、宁王、驸马崔惠童、权相李林甫等人的山庄、别业。格调的华丽纤秾，自不待言。例如安乐公主的定昆庄，利用西郊原汉代定昆池旧址建成。园中"累石为山，以象华岳，引水为涧，以象天津。飞阁步檐，斜桥磴道，衣以锦绣，画以丹青，饰以金银，莹以珠玉。又为九曲流杯池，作石莲花台，泉于台中流出，穷天下壮丽"[2]。可知这个山庄不同于一般。叠石假山摹拟华山形象，其前的大水池中有洲，池岸边建重阁。另有许多华丽的厅堂馆阁，分布各处。九曲涧可供曲水流觞之行乐。还有石莲花吐水之水景。园景之绮秾，足与宫苑相埒。唐中宗临幸游览，并命随驾诸臣赋诗：

"平阳金榜凤凰楼，沁水银河鹦鹉洲。
彩仗遥临丹壑里，仙舆暂幸绿亭幽。
前池锦石莲花艳，后岭香炉桂蕊秋。
……"

(李适：《奉和幸安乐公主山庄应制》)

"刻凤蟠螭凌桂邸，穿池叠石写蓬壶；
琼萧暂下钧天乐，绮缀长悬明月珠。"

(韦元旦：《奉和幸安乐公主山庄应制》)

"水边重阁含飞动，云里孤峰类削成；
幸睹八龙游阆苑，无劳万里访蓬瀛。"

(宗楚客：《奉和幸安乐公主山庄应制》)

而一般文人官僚所建的别墅多半分布在南郊。南郊的樊川一带，风景优美，

[1] 即午桥别墅。

[2] 转引自傅熹年：《中国古代建筑史》第二卷，北京，中国建筑工业出版社，2001。

靠近终南山，多涧溪，地形略具丘陵起伏，并且物产丰富。杜曲和韦曲是杜、韦两姓巨族世代居住的田庄之所在，“(杜)佑有别墅，亭馆林池为城南之最”，“樊川长安名胜之地……唐人语曰：‘城南韦、杜，去天尺五。’可见昔时之盛”[1]。诗人杜甫曾有诗句咏赞：“杜曲花光浓似酒”，“韦曲花无赖，家家恼杀人。”“美花多映竹，好鸟不归山。”在政治局面比较稳定的太平盛世，这里的自然条件和人文条件必然会吸引许多文人、官僚纷纷到此兴建别墅，形成知识界精英荟萃的特殊社区。[2]他们所经营的别墅园林也必然会有意无意地彼此影响，追求一种与东郊贵族别墅区相抗衡的迥然不同的情调——一种素朴无华、富于村野意味的情调。这在当时人们的诗文吟咏中，是屡见不鲜的。例如：

“每个树边消一日，绕池行匝又须行；
异花多是非时有，好竹皆当要处生。
斜竖小桥看岛势，远移山石作泉声；
浮萍著岸风吹歇，水面无尘晚更清。”

(王建：《薛十二池亭》)

“水亭凉气多，闲棹晚来过；
涧影见松竹，潭香闻芰荷。
野童扶醉舞，山鸟笑酣歌；
幽赏未云遍，烟光奈夕何。”

(孟浩然：《浮舟过滕逸人别业》)

“门对青山近，汀牵绿草长；
寒深抱晚橘，风紧落垂杨。
湖畔闻渔唱，天边数雁行；
萧然有高士，清思满书堂。”

(周瑀：《潘司马别业》)

“高馆临澄陂，旷然荡心目；
淡荡动云天，玲珑映墟曲。
鹊巢结空林，雉雊响幽谷；
应接无闲暇，徘徊以踯躅。
纡组上春堤，侧弁倚乔木；
弦望忽已晦，后期洲应绿。”

(王维：《晦日游大理韦卿城南别业》)

东都洛阳，也像长安一样，建置在近郊的别墅很多。南郊一带风景优美，引水方便，别墅园林尤为密集，其中不少是由在朝的达官显宦修造的。《旧唐书·裴度传》：

[1] 宋敏求：《长安志》。

[2] 据张礼：《游城内记》的记载：岑参、郎士元、段觉、元稹、梁升卿、薛据诸人均在南郊建有各自的郊居园林。

“(裴度)又于午桥创别墅，花木万株，中起凉台暑馆，名曰‘绿野堂’。引甘水贯其中，酾引脉分，映带左右。度视事之隙，与诗人白居易、刘禹锡酣宴终日，高歌放言，以诗酒琴书自乐，当时名士，皆从之游。”

这些园墅尽管规模宏大，然而主人往往并不经常居住，甚至有“终身不能到”者。李德裕的平泉庄便是一例。

平泉庄

平泉庄位于洛阳城南三十里，靠近龙门伊阙，园主人李德裕出身官僚世家，唐武宗时自淮南节度使入相，力主削弱藩镇。执政六年，晋太尉，封卫国公。唐宣宗立，遭政敌的打击，贬潮州司马，再贬崖州司户，卒于贬所。他年轻时曾随其父宦游在外十四年，遍览名山大川。入仕后瞩目伊洛山水风物之美，便有退居之志。他在《平泉山居戒子孙记》一文中写道：

“吾随侍先太师忠公在外十四年，上会稽，探禹穴，历楚泽，登巫山，游沅湘，望衡峤。先公每维舟清眺，意有所感，必凄然遐想。属目伊川，尝赋诗曰：‘龙门南岳尽伊原，草树人烟目所存；正是北州梨枣熟，梦魂秋日到郊园。’吾心感是诗，有退居伊洛之志。”

于是，购得龙门之西的一块废园地，重新加以规划建设。“剪荆莽，驱狐狸，始立班生之宅，渐成应叟之地。又得名花珍木奇石，列于庭除。平生素怀，于此足矣。”园既建成，未仕时曾讲学其中。以后外出宦游三十余年，却又“杳无归期”。他深知仕途艰险，怕后代子孙难于守成，因此告诫子孙：“鬻平泉者非吾子孙也，以平泉一树一石与人者非佳士也。吾百年后，为权势所夺，则以先人所命泣而告之，此吾志也。”[1]

关于此园之景物，康骈《剧谈录》这样描写：

“平泉庄去洛城三十里，卉木台榭，若造仙府。有虚槛前引，泉水萦回。穿凿像巴峡、洞庭、十二峰、九派，迄于海门。江山景物之状，以间行径。有平石，以手磨之，皆隐隐现云霞、龙凤、草树之形。”

李德裕官居相位，权势显赫。各地的地方官为了巴结他，竞相奉献异物置之园内，时人有题平泉诗曰：“陇右诸侯供鸟语，日南太守送名花。”故园内“天下奇花异草、珍松怪石，靡不毕致”。怪石名品甚多，《剧谈录》提到的有醒酒石、礼星石、狮子石等。李家败落后，子孙毕竟难于守成，这些怪石终于被别人取走了。[2]

关于园林用石的品类，李德裕写的《平泉山居草木记》中还记录了：“日

[1] 李德裕：《平泉庄戒子孙记》，见《文渊阁四库全书》第1079册第290页，台北，商务印书馆，1986。

[2] 《新五代史·张全义传》：“张全义字国维。……全义监军尝得李德裕平泉醒酒石，德裕孙延古因托全义复求之。监军忿然曰：‘自黄巢乱后，洛阳园宅无复能守，岂独平泉一石哉。’全义尝在巢贼中，以为讥己，因大怒，奏笞杀监军者。”叶梦得：《平泉草木记·跋》引《贾氏谈录》：“(平泉庄)今悉芜绝，唯雁翅桧、珠子柏、莲房玉蘂等盖仅有存焉。怪石名品甚众，多为洛城有力者取去。唯礼星石及狮子石今为陶学士徙置梨园别墅。”

观、震泽、巫岭、罗浮、桂水、严湍、庐阜、漏泽之石”，以及“台岭、八公之怪石，巫峡之严湍，琅玡台之水石，布于清渠之侧；仙人迹、鹿迹之石，列于佛榻之前。”

平泉庄内栽植树木花卉数量之多，品种之丰富、名贵，尤为著称于当时。《平泉山居草木记》中记录的名贵花木品种计有：“天台之金松、琪树，嵇山之海棠、榧、桧，剡溪之红桂、厚朴，海峤之香柽、木兰，天目之青神、凤集，钟山之月桂、青飕、杨梅，曲房之山桂、温树，金陵之珠柏、栾荆、杜鹃，茆山之山桃、侧柏、南烛，宜春之柳柏、红豆、山樱，蓝田之栗、梨、龙柏”，“蘋洲之重台莲，芙蓉湖之白莲，茅山东溪之芳荪”，等等。以后又陆续得到“番禺之山茶，宛陵之紫丁香，会嵇之百叶木芙蓉、百叶蔷薇，永嘉之紫桂、簇蝶，天台之海石楠，桂林之俱郁卫”，“钟陵之同心木芙蓉，剡中之真红桂，嵇山之四时杜鹃、相思、紫苑、贞桐、山茗、重台蔷薇、黄槿，东阳之牡桂、紫石楠。九华山药树、天蓼、青枥、黄心栊子、朱杉龙骨。庚申岁复得宜春之笔树、楠、稚子、金荆、红笔、密蒙、勾栗木。其草药又得山薑、碧百合”等等。

李德裕平生癖爱珍木奇石，宦游所至，随时搜求。再加上他人投其所爱之奉献，平泉庄无异于一个收藏各种花木和奇石的大花园，是可想而知的。此外，园内还建置“台榭百余所”[1]，有书楼、瀑泉亭、流杯亭、西园、双碧潭、钓台等，驯养了鸂鶒、白鹭鸶、猿等珍禽异兽。可以推想，这座园林的“若造仙府”格调，正符合于园主人位居相国的在朝显宦身份和地位，与一般文人官僚所营园墅确是很不一样。

除两京之外，当时一些经济、文化繁荣的城市，如扬州、苏州、杭州、成都等的近郊和远郊，也都有别墅园林建置情况的记载。著名的如像成都的杜甫草堂(浣花溪草堂)，迭经历代的多次改建而一直延续至今。

浣花溪草堂

大诗人杜甫为避安史之乱，流寓成都。于唐肃宗上元元年(公元760年)，择城西之浣花溪畔建置“草堂”[2]，两年后建成。杜甫在《寄题江外草堂》诗中简述了兴建这座别墅园林的经过：“诛茅初一亩，广地方连延；经营上元始，断手宝应年。敢谋土木丽，自觉面势坚；台亭随高下，敞豁当清川；虽有会心侣，数能同钓船。”可知园的占地初仅一亩，随后又加以扩展。建筑布置随地势之高下，充分利用天然的水景，“舍南舍北皆春水，但见群鸥日日来”[3]。园内的主体建筑物为茅草葺顶的草堂，建在临浣花溪的一株古楠树的旁边，“倚江楠树草堂前，故老相传二百年；诛茅卜居总为此，五月仿佛

[1] 叶梦得:《平泉庄草木记·跋》，引自张洎:《贾氏谈录》。

[2] 即浣花溪草堂。

[3] 杜甫:《客至》，见《全唐诗》，上海，上海古籍出版社，1986。

闻寒蝉”[1]。园内大量栽植花木，“草堂少花今欲栽，不用绿李与红梅”[2]。杜甫曾写过《诣徐卿觅果栽》、《凭何十一少府邕觅桤木栽》、《从韦二明府续处觅绵竹》等诗，足见园主人当年处境贫困，不得不向亲友觅讨果树、桤木、绵竹等移栽园内。因而满园花繁叶茂，荫浓蔽日，再加上浣花溪的绿水碧波，以及翔泳其上的群鸥，构成一幅极富田园野趣而又寄托着诗人情思的天然图画。杜甫在《堂成》一诗中这样写道：

“背郭堂成荫白茅，缘江路熟俯青郊；
桤木碍日吟风叶，笼竹和烟滴露梢；
暂止飞乌将数子，频来语燕定新巢；
旁人错比扬雄宅，懒惰无心作《解嘲》。”

杜甫除避乱川北的一段时间外，在草堂共住了三年零九个月，写成二百余首诗。以后草堂逐渐荒芜。唐末，诗人韦庄寻得归址，出于对杜甫的景仰而加以培修，但已非原貌。自宋历明清，又经过十余次的重修改建。最后一次重修在清嘉庆十六年(公元1811年)，大体上奠定今日“杜甫草堂”之规模。

[1] 杜甫：《楠树为风雨所拔叹》。

[2] 杜甫：《诣徐卿觅果栽》。

第二种情况

唐代，全国各地的风景名胜区陆续开发建设，其中尤以名山风景区居多。文人、官僚们纷纷到这些地方选择合适的地段，依托于优美自然风景，而兴建别墅园林，成为一时之风尚。见于文献记载的不少，著名的如李泌的衡山别业、白居易的庐山草堂等。

庐山草堂

元和年间，白居易任江州司马时在庐山修建了一处别墅园林——“草堂”[3]，他写给好友元稹的一封信《与微之书》中，略述了修建的缘起及其景观梗概：

“……仆去年秋，始游庐山，到东西二林(东林寺和西林寺)间、香炉峰下，见云水泉石，胜绝第一，爱不能舍，因置草堂。前有乔松十数株，修竹千余竿，青萝为墙援，白石为桥道，流水周于舍下，飞泉落于檐间。红榴白莲，罗生池砌，大抵若是，不能殚记。每一独往，动弥旬日。平生所好者，尽在其中。不惟忘归，可以终老。此三泰也。”

白居易还专门撰写了《草堂记》一文，由于这篇著名文章的广泛流传，庐山草堂亦得以知名于世。

[3] 即庐山草堂。

《草堂记》记述了别墅园林的选址、建筑、环境、景观以及作者的感受：

建园基址选择在香炉峰之北、遗爱寺之南的一块“面峰腋寺”的地段上，这里“白石何凿凿，清流亦潺潺；有松数十株，有竹千余竿；松张翠伞盖，竹倚青琅玕。其下无人居，悠哉多岁年；有时聚猿鸟，终日空风烟”[1]

草堂建筑和陈设极为简朴，“三间两柱，二室四墉，广袤丰杀，一称心力。洞北户，来阴风，防徂暑也；敞南甍，纳阳日，虞祁寒也。木，斲而已，不加丹；墙，圬而已，不加白；墄阶用石，幂窗用纸，竹帘纻帏，率称是焉。堂中设木榻四，素屏二，漆琴一张，儒道佛书各三两卷”。堂前为一块约十丈见方的平地，平地当中有平台，大小约为平地之半。 台之南有方形水池，大小约为平台之一倍。“环池多山竹野卉，池中生白莲、白鱼”。

周围环境：南面，“抵石涧，夹涧有古松、老杉，大仅十人围，高不知几百尺……松下多灌丛、萝茑，叶蔓骈织，承翳日月，光不到地。盛夏风气如八九月时。下铺白石为出入道”。北面，“堂北五步，据层崖积石，嵌空垤块，杂木异草，盖覆其上。……又有飞泉，植茗就以烹燀”。东面，“堂东有瀑布，水悬三尺，泻阶隅，落石渠，昏晓如练色，夜中如环珮琴筑声”。西面，“堂西依北崖右趾，以剖竹架空，引崖上泉，脉分线悬，自檐注砌，累累如贯珠，霏微如雨露，滴沥漂洒，随风远去”。

其较远处的一些景观亦冠绝庐山，“春有‘锦绣谷’花，夏有‘石门涧’云，秋有‘虎溪’月，冬有‘炉峰’雪，阴晴显晦，昏旦含吐，千变万状，不可殚记,覼缕而言，故云‘甲庐山’者”。

白居易贬官江州，心情十分悒郁，尤其需要山水泉石作为精神的寄托。司马又是一个清闲差事，有足够的闲暇时间到庐山草堂居住，“每一独往，动弥旬日”。因而把自己的全部情思寄托于这个人工经营与自然环境完美谐和的园林上面，“仰观山，俯听泉，旁睨竹树云石，自辰及酉，应接不暇。俄而物诱气随，外适内和，一宿体宁，再宿心恬，三宿后颓然嗒然，不知其然而然”。他在《香炉峰下新置草堂，即事咏怀，题于石上》一诗中还写道：

“何以洗我耳？屋头飞落泉；
何以净我眼？砌下生白莲。
左手携一壶，右手挈五弦；
傲然意自足，箕踞于其间。
兴酣仰天歌，歌中聊寄言；
言我本野夫，误为世网牵。
时来昔捧日，老去今归山；
倦鸟得茂树，涸鱼还清源；
舍此欲焉往？人间多险艰。”

[1] 白居易：《香炉峰下新置草堂即事咏怀题于石上》，见《全唐诗》，上海，上海古籍出版社，1986。

诗中表白了一个饱经宦海浮沉、人世沧桑的知识分子，对于退居林下、独善其身，作泉石之乐的向往之情。白居易以草堂为落脚的地方，遍游庐山的风景名胜，并广交山上的高僧。经常与东、西二林之长老聚会草堂，谈禅论文，结为深厚友谊。《旧唐书·白居易传》：

“居易与凑、满、朗、晦四禅师，追永、远、宗、雷之迹，为人外之交。每相携游咏，跻危登险，极林泉之幽邃。至于翛然顺适之际，几欲忘其形骸。或经时不归，或逾月而返。郡守以朝贵遇之，不之责。”

第三种情况

唐初制定的“均田制”逐渐瓦解，土地兼并和买卖盛行起来。中唐“两税法”的实施，更导致土地买卖成为封建地主取得土地的重要手段。唐代官员的物质待遇很优厚，除了俸禄之外还由政府颁给职分田和永业田。职分田自一品官至九品官均有，永业田自五等爵下至职事官以及五品以上的散官均颁给，可以由子孙继承，也可以自由买卖。官员们领到这些田地之后，往往又通过收买和各种手段逐渐兼并附近农田而成为拥有一处或若干处庄园的大地主，显宦权贵尤其如此。他们身居城市，坐收佃租之经济效益。同时也在各自的庄园范围内，依附于庄园而建置园林——别墅园，作为暇时悠游消闲的地方，亦预为致仕之后颐养天年之所。许多人有城内的宅园、郊外的别墅，还拥有庄园别墅，成为显示其财富和地位的标志：

“武周中张易之兄弟骄贵，强夺庄宅奴婢姬妾不可胜数。”

（《太平广记》卷263）

“甲舍、名园，上腴之田为中人所名者半京畿矣。”

（《新唐书·宦者传序》）

“(李)憕丰于产业，伊川膏腴，水陆上田，修竹茂树，自城及阙口，别业相望，与吏部侍郎李彭年，皆有地癖。”

（《旧唐书·李憕传》）

“(元载)城南膏腴别墅，连疆接畛，凡数十所。”

（《旧唐书·元载传》）

此种庄园别墅，颇多为文人官僚所经营者。它们受到园主人的文人书卷气影响，往往具有很高的文化品位。园主人经常悠游于此，吟风弄月，饱览田园美景，并以文会友而诗酒唱和，又留下许多不朽的诗篇。这对唐代文坛中“田园诗”的长足发展，无疑也起到一定的促进作用。

现举王维的辋川别业和卢鸿一的嵩山别业为例。

辋川别业

辋川别业在陕西蓝田县南约20公里。这里山岭环抱、谿谷辐辏有若车轮，故名“辋川”。川水汇聚成河，经过两山夹峙的峣山口往北流入灞河。

王维字摩诘，诗人、画家，也是虔诚的佛教徒和佛学家。开元九年(公元721年)举进士，天宝末任给事中。晚年官至尚书右丞，世称“王右丞”。

据《旧唐书·王维传》：

“(王维)晚年长斋，不衣文采。得宋之问蓝田别墅，在辋口，辋水周于舍下，别涨竹洲花坞，与道友裴迪，浮舟往来，弹琴赋诗，啸咏终日。”

辋川别业原为初唐诗人宋之问修建的一处规模不小的庄园别墅，当王维出资购得时已呈一派荒废衰败景象，乃刻意经营，因就于天然山水地貌、地形和植被加以整治重建，并作进一步的园林处理。

王维早年仕途顺利，官至给事中，天宝十四年(公元755年)安禄山叛军占据长安时未能出走，被迫担任伪职。平叛后朝廷并未追究，官迁尚书右丞。但王维终因这个污点，晚年对名利十分淡薄，辞官终老辋川。对于辋川别业的规划整理，他确实费过一番心思。别业建成之后，一共有20处景点：孟城坳、华子岗、文杏馆、斤竹岭、鹿柴、木兰柴、茱萸沜、宫槐陌、临湖亭、南垞、欹湖、柳浪、栾家濑、金屑泉、白石滩、北垞、竹里馆、辛夷坞、漆园、椒园。王维住进别墅，心情十分舒畅。经常乘兴出游，即使在严冬和月夜，也不减游兴，其余时间便弹琴、赋诗，学佛、绘画，尽情享受回归大自然的赏心乐事。他在《山中与裴秀才迪书》中道出了幽居生活的可爱：

“……夜登华子冈，辋水沦涟，与月上下。寒山远火，明灭林外。深巷寒犬，吠声如豹。村墟夜舂，复与疏钟相间。此时独坐，僮仆静默。多思曩昔，携手赋诗。步仄径，临清流也。当待春中，草木蔓发，春山可望，轻鲦出水，白鸥矫翼，露湿青皋，麦陇朝雊，斯之不远，倘能从我游乎？”

诗人裴迪是王维的好友，王维曾邀请他一同游玩。随后，裴迪来到辋川小住，二人结伴同游，赋诗唱和，共写成40首诗，分别描述了20个景点的情况，结集为《辋川集》。王维还画了一幅《辋川图》长卷，对辋川的20个景点作了逼真、细致的描绘。张产远《历代名画记》誉之为“江乡风物，靡不毕备，精妙罕见”。北宋词人秦观《书辋川图后》更予以高度的评价：

“元祐丁卯，余为汝南郡学官，夏得肠癖之疾，卧直舍中。所善高符仲携摩诘《辋川图》示余曰：‘阅此可以愈疾’。余本江海

> 人，得图喜甚，即使二儿从旁引之，阅于枕上。恍然若与摩诘入辋川，度华子冈，经孟城坳，憩辋口庄，泊文杏馆，上斤竹岭，并木兰砦，绝茱萸沜，蹑槐陌，窥鹿柴，返于南、北垞，航欹湖，戏柳浪，濯栾家濑，酌金屑泉，过白石滩，停竹里馆，转辛夷坞，抵漆园。幅巾杖履，棋奕茗饮。或赋诗自娱，忘其身之匏系于汝南也。数日疾良愈，而符仲亦为夏侯太冲来取图，遂题其本末，而归诸高氏。”

秦观病中展阅此图，恍惚中觉得自己仿佛与王维相携同游，精神为之一振，病也就慢慢痊愈了。惜此图的真迹已经失传，现存的是后人的摹本［图4·26］。

王、裴唱和诗所描述的20个景点在《辋川集》中排列的顺序，大致与秦观文中所记述的顺序是吻合的。这个顺序很可能就是园林内部的一条主要的游览路线，我们不妨循着这条路线，设想此园景观之梗概——

孟城坳 《辋川志》：“过北岸关上村，高平宽敞，旧志云：即孟城口，右丞居第也。”这里是王维隐居辋川时的住处，王维诗：“新家孟城口，古木余衰柳。”有古代城堡的遗址一座，裴迪诗：“结庐古城下，时登古城上。古

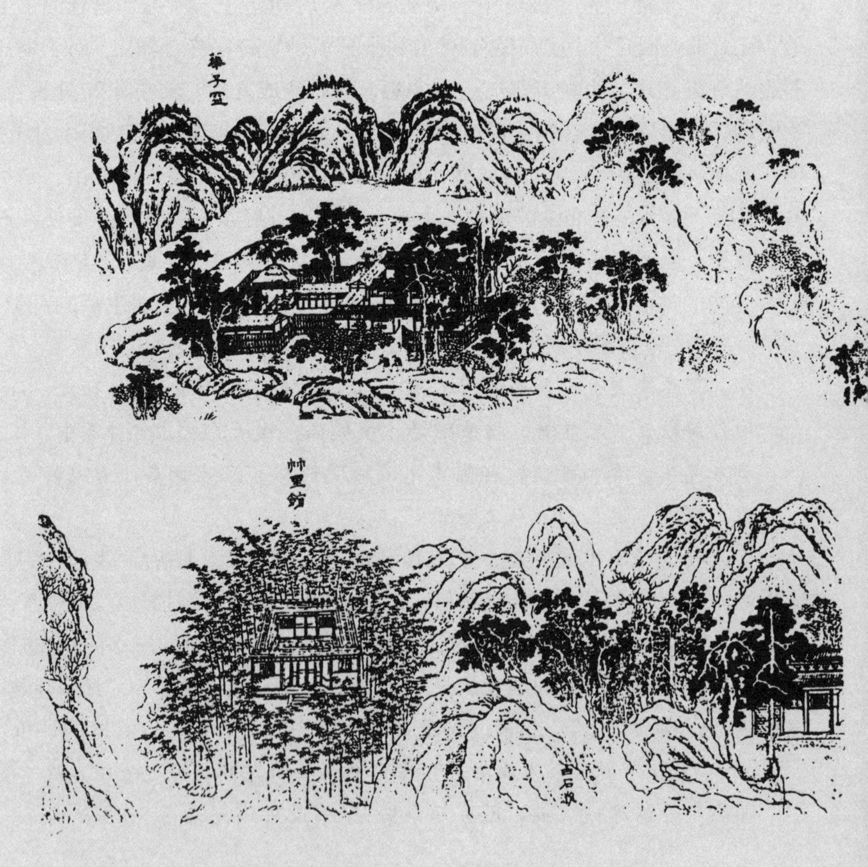

图 4·26 （宋）郭忠恕：《临王维辋川图》（部分）
（《园林名画特展图录》，台北，故宫博物院，1965）

城非畴昔，今人自来往。”

华子冈　以松树为主的丛林植被披覆的山冈。裴迪诗：“落日松风起，还家草露晞；云光侵履迹，山翠拂人衣。”王维诗：“飞鸟去不穷，连山复秋色。”这里是辋川的最高点，王维《山中与裴迪秀才书》描写他夜登华子冈时所见之朦胧、清寂、幽远之景色。

文杏馆　以文杏木为梁、香茅草作屋顶的厅堂，这是园内的主体建筑物，也是辋川的一处主要景点。南面为环抱的山岭，北面临大湖。裴迪诗：“迢迢文杏馆，跻攀日已屡；南岭与北湖，前看复回顾。”王维诗：“文杏裁为梁，香茅结为宇；不知栋里云，去作人间雨。”王维和他母亲的坟墓都在这一带，还有一株巨大的文杏树，相传为王维手植，至今仍然枝繁叶茂。文杏馆西面的清源寺，原为邸宅，后施舍作为佛寺，相传王维曾在寺壁上作过画。

斤竹岭　山岭上遍种竹林，一弯溪水绕过，一条山道相通，满眼青翠掩映着溪水涟漪。裴迪诗：“明流纡且直，绿篆密复深；一径通山路，行歌望旧岑。”王维诗：“檀栾映空曲，青翠漾涟漪；暗入商山路，樵人不可知。”

鹿柴　用木栅栏围起来的一大片森林地段，其中放养麋鹿。裴迪诗：“日夕见寒山，便为独往客；不知深林事，但有麏麚迹。”王维诗：“空山不见人，但闻人语响；返景入深林，复照青苔上。”

木兰柴　用木栅栏围起来的一片木兰树林，谿水穿流其间，环境十分幽邃。裴迪诗：“苍苍落日时，鸟声乱谿水；缘谿路转深，幽兴何时已。”

茱萸沜　生长着繁茂的山茱萸花的一片沼泽地。王维诗：“结实红且绿，复如花更开；山中傥留客，置此芙蓉杯。”

宫槐陌　两边种植槐树(守宫槐)的林荫道，一直通往名叫“欹湖”的大湖。裴迪诗：“门前宫槐陌，是向欹湖道；秋来山雨多，落叶无人扫。”

临湖亭　建在欹湖岸边的一座亭子，凭栏可观赏开阔的湖面水景。王维诗：“轻舸迎上客，悠悠湖上来；当轩对樽酒，四面芙蓉开。”裴迪诗：“当轩弥滉漾，孤月正徘徊；谷口猿声发，风传入户来。”

南垞　欹湖的游船停泊码头之一，“垞”即小丘，在湖的南岸。王维诗：“轻舟南垞去，北垞淼难即；隔浦望人家，遥遥不相识。”

欹湖　园内之大湖，湖中莲花盛开，可泛舟作水上游。裴迪诗：“空阔湖水广，青荧天色同；舣舟一长啸，四面来清风。”

柳浪　欹湖岸边栽植成行的柳树，倒映入水最是婉约多姿。王维诗：“分行接绮树，倒影入清漪；不学御沟上，春风伤别离。”

栾家濑　这是一段因水流湍急而形成平濑水景的河道。王维诗：“飒飒秋雨中，浅浅石溜泻；跳波自相溅，白鹭惊复下。”

金屑泉　泉水涌流涣漾呈金碧色。裴迪诗：“萦渟澹不流，金碧如可拾；

迎晨含素华，独往事朝汲。”

白石滩 湖边白石遍布成滩，裴迪诗：“跂石复临水，弄波情未极；日下川上寒，浮云澹无色。”

北垞 欹湖北岸的一片平坦的谷地，辋川之水经过这里流入，设游船码头，可能还有船坞的建置。裴迪诗：“南山北垞下，结宇临欹湖；每欲采樵去，扁舟出菰蒲。”

竹里馆 大片竹林环绕着的一座幽静的建筑物。王维诗：“独坐幽篁里，弹琴复长啸；深林人不知，明月来相照。”

辛夷坞 以辛夷的大片种植而成景的冈坞地带，辛夷形似荷花。王维诗：“木末芙蓉花，山中发红萼；涧户寂无人，纷纷开且落。”

漆园 种植漆树的生产性园地。裴迪诗：“好闲早成性，果此谐宿诺；今日漆园游，还同庄叟乐。”

椒园 种植椒树的生产性园地。裴迪诗：“丹刺罥人衣，芳香留过客；幸堪调鼎用，愿君垂采摘。”

辋川别业有山、岭、冈、坞、湖、溪、泉、沜、濑、滩以及茂密的植被，看来总体上是以天然风景取胜，局部的园林化则偏重于各种树木花卉的大片成林或丛植成景。建筑物并不多，形象朴素，布局疏朗。王维是当其政治上失意、心情悒郁的情况下退隐辋川的，这在他对某些景点的吟咏上也有所流露。如像《华子冈》：“飞鸟去不穷，连山复秋色；上下华子冈，惆怅情何极。”流露出自己在政治上走下坡路时的无限惆怅；《文杏馆》一诗则因山馆的形象而引起遐思，以文杏、香茅来象征自己的高洁；《辛夷坞》因木芙蓉而抒发孤芳自赏的感慨，表达了自己不甘心沉沦，仍想着兼济天下的内心意愿。王维是著名的诗人，也是著名的画家，苏东坡誉之为“诗中有画，画中有诗”，晚年笃信佛教，精研佛理。因而园林造景，尤重诗情画意。从王、裴的唱和诗中还可以领略到山水园林之美与诗人抒发的感情和佛、道哲理的契合、寓诗情于园景的情形。而辋川别业、《辋川集》、《辋川图》的同时问世，亦足以从一个侧面显示山水园林、山水诗、山水画之间的密切关系。

嵩山别业

嵩山别业的经营者卢鸿一是一位终生不做官的布衣文人，也是一位在当时颇为少见的、有名气的真正隐士。开元年间，他屡受征召而不仕，据《旧唐书·隐逸列传·卢鸿一》：

“卢鸿一字浩然，本范阳人，徙家洛阳。少有学业，颇善籀篆楷隶，隐于嵩山。开元初，遣币礼再征不至，五年，下诏曰：……鸿一赴征。六年，至东都，谒见不拜。……上别诏升内殿，赐之酒食。诏曰：'卢鸿一应辟而至，访之至道，有会淳风，爰举逸人，用劝天下，特宜受谏议大夫。'鸿一固辞……将还乡，又赐隐居之服，并其草堂一所，恩礼甚厚。"

卢鸿一归隐嵩山之后，刻意经营庄园别业。他选择别业内及其附近比较有特色的景观10处：草堂、倒景台、樾馆、枕烟庭、云锦淙、期仙磴、涤烦矶、幂翠庭、洞元室、金碧潭，各赋诗一首并有诗序，编为一卷，题曰《嵩山十志十首》。诗中对这个别业的建筑、自然环境形胜、如何延纳山水风景，以及园林化处理等方面，都有描写。其诗虽为骚体，但其诗序对景观的描写却尤为具体，而且不乏园林艺术和风景审美的独到见解。其中有关建筑的，如《草堂》：

"草堂者，盖因自然之谿阜。前当墉洫，资人力之缔构。后加茅茨，将以避燥湿，成栋宇之用。昭简易，叶乾坤之德，道可容膝休闲。谷神同道，此其所贵也。及靡贝者居之，则妄为剪饰，失天理也。"

如《樾馆》：

"樾馆者，盖即林取材，基颠柘，架茅茨，居不期逸，为不至劳，清谈娱宾，斯为尚矣。及荡者鄙其隘阒，苟事宏湎，乖其宾矣。"

如《洞元室》：

"洞元室者，盖因岩作室，即理谈玄，室返自然，元斯洞矣。及邪者居之，则假容窃次，妄作虚诞，竞以盗言。"

有关自然环境形胜的，如《云锦淙》：

"云锦淙者，盖激溜冲攒，倾石丛倚。鸣湍叠濯，喷若雷风；诡辉分丽，焕若云锦。可以莹发灵瞩，幽玩忘归。及匪士观云，则反曰寒泉伤玉趾矣。"

如《涤烦矶》：

"涤烦矶者，盖穷谷峻崖，发地盘石。飞流攒激，积漱成渠，澡性涤烦，迥有幽致。可为智者说，难为俗人言。"

如《倒景台》：

"倒景台者，盖太室南麓，天门右崖，杰峰如台，气凌倒景。登路有三处可憩，或曰三休台。可以邀驭风之客，会绝尘之子，超逸真，荡遐襟，此其所绝也。及世人登焉，则魂散神越，目极心伤也。"

有关延纳山水风景的，如《枕烟庭》：

“枕烟庭者，盖特峰秀起，意若枕烟。秘庭凝虚，窅若仙会。即扬雄所谓爱静神游之庭是也。可以超绝纷世，永洁精神矣。及机士登焉，则寥阆恍惚，愁怀情累矣。”

卢鸿一也像王维一样，既是诗人，又是颇有造诣的山水画家。他曾将嵩山别业的10处景观画为《草堂十志诗图》传世，宋人周密评其画意“有神游八极气象”。可以想见，嵩山别业也像王维的辋川别业一样，含蕴着浓郁的诗画情趣。而别业本身与《十志诗》、《十志诗图》的同时问世，又足以从一个侧面反映了山水园林、山水诗、山水画在唐代文人心目中的密切关系。卢鸿一作为布衣隐者，他在《十志诗》的诗序中用简练的语言所表述的隐逸思想以及有关风景、园林审美观念的“雅”、“俗”分野的议论，则尤其值得注意。

文人园林的兴起

唐代，山水文学兴旺发达。文人经常写作山水诗文，对山水风景的鉴赏普遍地都具备一定的能力和水平。许多著名文人担任地方官职，出于对当地山水风景向往之情，并利用他们的职权对风景的开发多有建树。例如，中唐杰出的文学家柳宗元在贬官永州期间，十分赞赏永州风景之佳美，并且亲自指导、参与了好几处风景区和景点的开发建设，为此而写下了著名的散文《永州八记》。柳宗元经常栽植竹树、美化环境，把他的住所附近的小溪、泉眼、水沟分别命名为“愚溪”、“愚泉”、“愚沟”。他还负土垒石，把愚沟的中段开拓为水池，命名“愚池”，在池中堆筑“愚岛”，池南建“愚堂”，池东建“愚亭”。这些命名均寓意于他的“以愚触罪”而遭贬谪，“永州八愚”遂成当地名景。另一位杰出的诗人白居易在杭州刺史任内，曾对西湖进行了水利和风景的综合治理。他力排众议，修筑湖堤，提高西湖水位，解决了从杭州至海宁的上塘河两岸千顷良田的旱季灌溉。同时，沿西湖岸大量植树造林、修建亭阁以点缀风景。西湖得以进一步开发而增添风景的魅力，以至于白居易离任后仍对之眷恋不已：“未能抛得杭州去，一半勾留是此湖。”诸如此类的文人地方官积极开发当地风景的事例，见于文献记载的不少。

这些文人出身的官僚，不仅参与风景的开发、环境的绿化和美化，而且还参与营造自己的私园。凭藉他们对自然风景的深刻理解和对自然美的高度鉴赏能力来进行园林的经营，同时也把他们对人生哲理的体验、宦海浮沉的感怀融注于造园艺术之中。中唐的白居易、柳宗元、韩愈、裴度、元稹、李德裕、牛僧儒等人，都是一代知识分子的精英，也是最具有代表性的文人官僚。他们处在政治斗争的旋涡里无不心力交瘁，却又无不在园林的丘壑林泉中找到了精神的寄托和慰藉。他们对园林可谓一往情深，甚至把自己经营的园宅中的一木一石视为珍宝。李德裕和牛僧儒分别为当时敌对的两个政治集团的首领，也是当时的两位著名的园石鉴赏家。牛僧儒的归仁里宅园和李德裕的平泉庄别墅园，被誉为洛阳的“怪木奇石”的精品荟萃之地。若干年后两家败落，园内的奇石散出，凡镌刻牛、李两家标记的，洛阳人无不争相购买。

在这种社会风尚影响之下，文人官僚的士流园林所具有的清沁雅致格调，得以更进一步地提高、升华，更附着上一层文人的色彩，这便出现了“文人园林”。文人园林乃是士流园林之更侧重于以赏心悦目而寄托理想、陶冶性情、表现隐逸者。推而广之，则不仅是文人经营的或者文人所有的园林，也泛指那些受到文人趣味浸润而“文人化”的园林。如果把它视为一种造园艺术风格，则“文人化”的意义就更为重要，乃是广义的文人园林。它们不仅在造园技巧、手法上表现了园林与诗、画的沟通，而且在造园思想上融入了文人士大夫的独立人格、价值观念和审美观念，作为园林艺术的灵魂。文人园林的渊源可上溯到两晋南北朝时期，唐代已呈兴起状态，上文介绍过的辋川别业、嵩山别业、庐山草堂、浣花溪草堂便是其滥觞之典型。

文人官僚开发风景、参与造园，通过这些实践活动而逐渐形成其对园林的看法。参与较多的则形成为比较全面、深刻的“园林观”，大诗人白居易便是其中有代表性的一人。

白居易非常喜爱园林，在他的诗文集中，有相当多的诗歌、文章是描写、记述或评论山水园林的。他曾先后主持营建自己的四处私园：洛阳履道坊宅园与庐山草堂这两处上文已作过介绍，第三处是长安新昌坊的宅园，《新昌新居书事四十韵，因寄元郎中、张博士》一诗记述了它在城中的位置、园外借景及园内景色的情况；第四处是渭水之滨的别墅园，《自咏五首》有“洛中有小宅，渭上有别墅”之句。白居易颇以拥有这些园、宅而自豪，《吾庐》一诗中这样写道：

“新昌小院松当户，履道幽居竹绕池。
莫道两都空有宅，林泉风月是家资。”

他认为，营园的主旨并非仅仅为了生活上的享受，而在于以泉石养心怡性、培育高尚情操，所谓“高人乐丘园，中人慕官职”，“不觅他人爱，唯将自性便”，“逸致因心得，幽期遇境牵”，“歌酒优游聊卒岁，园林潇洒可终身”。园林也就是他所标榜的中隐思想“物化”的结果，园居乃是他的日常生活中不可或缺的组成部分。因此，他认为经营郊野别墅园应力求与自然环境契合，顺乎自然之势，合于自然之理，庐山草堂就是这种思想的具体实现；城市宅园则应着眼于“幽”，以幽深而获致闹中取静的效果，“拟求幽辟地，安置疏慵身”。他的履道坊宅园正由于“非庄非宅非兰若，竹树池亭十余亩”，因而“地与尘相远，人将境共幽”。园内组景亦概以幽致为要：“微微过林路，幽境深谁知”，“幽僻嚣尘外，清凉水木间”，“幽境深谁知，老身闲独步”。相应地，建筑物力求简朴小巧：“地窄亭宜小”，“新结一茅茨，规模俭且卑；土阶全垒块，山木留半皮”，“平台高数尺，台上结茅茨。东西疏二牖，南北开两扉”。白居易为官数十年，家蓄歌妓，宦囊不菲，园林建筑如此之简朴，显然并非出于经济的原因，而是审美的考虑。为了收摄园外的借景，亭榭建筑稍高亦不妨：“亭脊太高君莫坼，东家留取当西山。好看落日斜衔处，一片春岚映半环。”他十分重视园林的植物配置成景：“插柳作高林，种桃成老树”，“高堂虚且迥，坐卧见南山。绕廊紫藤架，夹砌红药栏。”还经常参加植树活动：“野性爱栽植，植柳水中坻。乘春持斧斫，裁截而树之。长短既不一，高下随所宜。倚岸埋大干，临流插小枝。”《白居易集》中所提到的观赏树木和花卉计有：孤桐、柏、樱桃、紫藤、桐、柳、竹、枣、桂、松、桔、杜梨、水柽、凌霄、丹桂、荔枝、杏、杉、桑、桃、李、槐、梨、枇杷、石榴、石楠、牡丹、莲花、白莲花、菊花、萱草、杜鹃、木莲、白槿花、紫薇花、木兰花、蔷薇、芍药等。他很推重牡丹之国色天香，曾写过《牡丹芳》一诗加以咏赞：

> “牡丹芳，牡丹芳，黄金蕊绽红玉房。
> 千片赤英霞烂烂，百枝绛点灯煌煌。
> 照地初开锦绣段，当风不结兰麝囊。
> 仙人琪树白无色，王母桃花小不香。
> 宿露轻盈泛紫艳，朝阳照耀生红光。
> 红紫二色间深浅，向背万态随低昂。
> 映叶多情隐羞面，卧丛无力含醉妆。
> 低娇笑容疑掩口，凝思怨人如断肠。
> 秾姿贵彩信奇绝，杂卉乱花无比方。
> 石竹金钱何细碎，芙蓉芍药苦寻常。
> ……”

但对此花价格之昂贵，“一丛深色花，十户中人赋”，也曾为之扼腕叹息。

在众多的园林植物中，白居易对竹子情有独钟：“竹径绕荷池，萦回百余步”，“窗前故栽竹，与君为主人”，“水能性淡为吾友，竹解心虚即可师”，“虚窗两丛竹，静坐一炉香”，“池晚莲芳榭，窗秋竹意深”，“履道西门有弊居，池塘竹树绕吾庐”。他撰写的《养竹记》阐述了竹子形象的“比德”的寓意及其审美特色：

> “竹似贤，何哉？竹本固，固以树德；君子见其本，则思善建不拔者。竹性直，直以立身；君子见其性，则思中立不倚者。竹

心空，空以体道；君子见其心，则思应用虚受者。竹节贞，贞以立志；君子见其节，则思砥砺名行，夷险一致者。夫如是，故君子人多树之为庭实焉。……”

《竹窗》一诗，有句描写在屋檐下当窗种竹，以窗为画框的小品画意之景：

“开窗不糊纸，种竹不依行。
意取北檐下，窗与竹相当。
绕屋声淅淅，逼人色苍苍。
烟通杳霭气，月透玲珑光。”

履道坊宅园的植物配置以竹林为主。白居易对于“履道幽居竹绕池”亦即竹与水的配合成景的布局十分赞赏。《池上竹下作》高度评价这座园林中的竹与水的象征寓意：

“穿篱绕舍碧逶迤，十亩闲居半是池。
食饱窗间新睡后，脚轻林下独行时。
水能性淡为吾友，竹解心虚即我师。
何必悠悠人世上，劳心费目觅亲知。”

以至于他离开洛阳后，对之仍眷恋不已，《忆庐山旧隐及洛下新居》这样写道：

“草堂久闭庐山下，竹院新抛洛水东。
自是未能归去得，世间谁要白须翁？”

对于宅园内以竹、石配置而构成的局部景观小品，也十分赞赏：

“一片瑟瑟石，数竿青青竹。
向我如有情，依然看不足。
况临北檐下，复近西塘曲。
筠风散余清，苔雨含微绿。
有妻亦衰老，无子方茕独。
莫掩夜窗扉，共渠相伴宿。”

（《北窗竹石》）

竹、石配置之景到宋代成为文人画中主要题材之一，这与唐代的文人园林恐怕亦不无渊源关系。

唐代文人园林的假山，以土山居多，也有用石间土的土石山。纯用石块堆叠的石山尚不多见，但由单块石料或者若干块石料组合成景的“置石”则比较普遍。白居易是最早肯定“置石”之美学意义的人，他对履道坊宅园内以置石配合流水所构成的小品水局十分喜爱：

“嵌巉嵩石峭，皎洁伊流清。
立为远峰势，激作寒玉声。
夹岸罗密树，面滩开小亭。

忽疑严子濑，流入洛阳城。”

（《亭西墙下伊渠水中，置石激流，
潺成韵，颇有幽趣，以诗记之》）

他专门为牛僧儒的私园写了一篇《太湖石记》，对园林用石中的上品——太湖石的美学意义作了阐述；把文人的嗜石、嗜书、嗜琴、嗜酒相提并论，这就肯定了石具有与书、琴、酒相当的艺术价值。他认为“石无文无声，无臭无味”，并不同于书、琴、酒，人为什么会喜欢它呢?就因为它的形象“如虬如凤，若跧若动，将翔将踊，如鬼如兽，若行若骤，将攫将斗者”，每当“风烈雨晦之夕，洞穴开嵦，若噏云歕雷，嶷嶷然有可望而畏之者。烟霁景丽之旦，岩崿霮霸，若拂风扑黛，霭霭然有可狎而玩之者。昏旦之交，名状不可”。诸如此类的形象引起人们的美感；而直观的美感又能激发联想活动，“则三山五岳、百洞千壑，覼缕簇缩，尽在其中。百仞一拳，千里一瞬，坐而得之”。这些美石经由工匠千辛万苦采集而至，文人往往“待之如宾友，视之如贤哲，重之如宝玉，爱之如儿孙”。因此，他认为石应该分为若干品级，以标示其美学价值的差异，“石有大小，其数四等，以甲乙丙丁品之。每品有上中下，各刻于石阴，曰：牛氏石甲之上，丙之中，乙之下”。

白居易认为太湖石是第一等的园用石材，罗浮石、天竺石次之。在他的诗集中就有近十首专门描写太湖石的诗，形象刻画非常细致，例如：

“远望老嵯峨，近观怪嶔崟；
才高八九尺，势若千万寻。
嵌空华阳洞，重叠匡山岑；
邈矣仙掌迥，呀然剑门深。
形质冠今古，气色通晴阴；
未秋已瑟瑟，欲雨先沉沉。
天姿信为异，时用非所任；
磨刀不如砺，捣帛不如砧。
何乃主人意，重之如万金；
岂伊造物者，独能知我心！”

（《太湖石》）

“烟翠三秋色，波涛万古痕；
削成青玉片，截断碧云根。
风气通岩穴，苔文护洞门；
三峰具体小，应是华山孙。”

（《太湖石》）

太湖石产于江苏太湖洞庭西山一带的水中，岩性为石灰岩。长年受水浪之冲激而形成大小孔穴，多坳坎，有青、白、灰三色，高者五六丈、低者尺余。因采集困难，产量有限，故在当时是一种十分名贵的石材，造园使用的也并不多。白居易《双石》一诗有句云："苍然两片石，厥状怪且丑。"用"怪"、"丑"两字来形容太湖石的状貌，可谓别开生面的美学概括。

白居易是一位造诣颇深的园林理论家，也是历史上第一个文人造园家。他的"园林观"是经过长期对自然美的领悟和造园实践的体会而形成，不仅融入儒、道的哲理，还注进佛家的禅理。白居易经常在园林里面与佛教高僧交往应对，《夏日与闲禅师林下避暑》一诗有句云："落景墙西尘土红，伴僧闲坐竹泉东。绿萝潭上不见日，白石滩边长有风。"说明了参悟禅理与园居生活的契合。白居易的园林观与他的平易近人、质朴恬适的诗歌创作风格，也是相一致的。这在唐代文人中有一定的代表性，对于宋代文人园林的兴盛及其风格特点的成熟，也有一定的启蒙意义。

文人参与营造园林，意味着文人的造园思想——"道"与工匠的造园技艺——"器"开始有了初步的结合。文人的立意通过工匠的具体操作而得以实现，"意"与"匠"的联系更为紧密。所以说，以白居易为代表的一帮文人承担了造园家的部分职能，"文人造园家"的雏形在唐代即已出现了。

第五节
寺观园林

佛教和道教经过东晋、南北朝的广泛传布，到唐代达到了普遍兴盛的局面。佛教的13个宗派都已经完全确立，道教的南北天师道与上清、灵宝、净明逐渐合流，教义、典仪、经籍均形成完整的体系。唐代的统治者出于维护封建统治的目的，采取儒、道、释三教并尊的政策，在思想上和政治上都不同程度地加以扶持和利用。

唐代的20位皇帝中，除了唐武宗之外其余都提倡佛教，有的还成为佛教信徒。随着佛教的兴盛，佛寺遍布全国，寺院的地主经济亦相应地发展起来。大寺院拥有大量田产，相当于地主庄园的经济实体。田产有官赐的，有私置的，有信徒捐献的。高级僧侣过着大地主一般的奢侈生活。由于农民大量依附于寺院，百姓大批出家为僧尼，政府的田赋、劳役、兵源都受到影响，以至于酿成唐武宗时的“会昌灭法”。但不久之后，佛教势力又恢复旧观。李姓的唐代皇室奉老子为始祖，道教也受到皇室的扶持。宫苑里面建置道观，皇亲贵戚多有信奉道教的。各地道观也和佛寺一样，成为地主庄园的经济实体。无怪乎时人要惊呼“凡京畿上田美产，多归浮图”了。[1]

[1]《新唐书·王缙传》。

寺、观的建筑制度已趋于完善，大的寺观往往是连宇成片的庞大建筑群，包括殿堂、寝膳、客房、园林四部分功能分区。封建时代的城市，市民居住在封闭的坊里之内，缺少为群众提供公共活动的场所设置。在这种情况下，寺、观往往于进行宗教活动的同时也开展社交和公共活动。佛教提倡“是法平等，无有高下”，佛寺更成为各阶层市民的平等交往的公共中心。寺院每到宗教节日举行各种法会、斋会。届时还有艺人的杂技、舞蹈表演，商人设摊做买卖，吸引大量市民前来观看。平时一般都是开放的，市民可入内观赏殿堂的壁画，聆听通俗佛教故事的“俗讲”，无异于群众性的文化活动。寺院还兴办社会福利事业，为贫困的读书人提供住处，收养孤寡老人等。道观的情况，亦大抵如此。

由于寺观进行大量的世俗活动，成为城市公共交往的中心，它的环境处理必然会把宗教的肃穆与人间的愉悦相结合考虑，因而更重视庭院的绿化和园林的经营。许多寺、观以园林之美和花木的栽培而闻名于世，文人们都喜欢到寺观以文会友、吟咏、赏花，寺观的园林绿化亦适应于世俗趣味，追摹私家园林。

长安是寺、观集中的大城市，这种情况尤为明显。

据《长安志》和《酉阳杂俎 · 寺塔记》的记载，唐长安城内的寺、观共有152所，建置在77个坊里之内。一部分为隋代的旧寺观，大部分为唐代兴建的，其中不少是皇室、官僚、贵戚舍宅改建。这些寺观占地面积都相当可观，规模大者竟占一坊之地，如靖善坊的大兴善寺，是京城规模最大的佛寺之一。

长安城内的佛寺，多数都有园林或者庭院园林化的建置。例如：开化坊的大荐福寺，“寺院半以东隋炀帝在藩旧宅，武德中赐尚书左仆射萧瑀西为园。……天授元年改为荐福寺，中宗即位大加营饰。自神龙以后，翻译佛经并于此寺。寺东院有放生池，周二百余步，传云即汉代洪池陂也”[1]。进昌坊的大慈恩寺，“仍选林泉形胜之所……寺南临黄渠之竹，森邃为京都之最”[2]。长乐坊的光明寺，“山池庭院，古木崇阜，幽若山谷，当时辇上营之”[3]。崇义坊的招福寺，“寺内旧有池，下永乐东街数方土填之，今地底下树根多露”[4]。靖善坊的大兴善寺，“寺后先有曲池……今复成陆矣”[5]。

几乎每一所寺、观之内均莳花植树，往往繁花似锦、绿树成荫。甚至有以栽培某种花或树而出名的，如《剧谈录》载：“安业坊的唐昌观，旧有玉蕊花甚繁，每发若琼林玉树。……车马寻玩者相继。”著名的慈恩寺尤以牡丹和荷花最负盛名，文人们到慈恩寺赏牡丹、赏荷，成为一时之风尚：

“澹荡韶光三月中，牡丹偏自占春风。
时过宝地寻香径，已见新花出故丛。
曲水亭西杏园北，浓芳深院红霞色。
擢秀全胜珠树林，结根幸在青莲域。
艳蕊鲜房次第开，含烟洗露照苍苔。
庞眉倚杖禅僧起，轻翅萦枝舞蝶来。
独坐南台时共美，闲行古刹情何已。
花间一曲奏阳春，应为芬芳比君子。”

（权德舆：《和李中丞慈恩寺清上人院牡丹花歌》）

“对殿含凉气，裁规覆清沼。
衰红受露多，余馥依人少。
萧萧远尘迹，飒飒凌秋晓。
节谢客来稀，回塘方独绕。”

（韦应物：《慈恩寺南池秋荷咏》）

[1] [2] 宋敏求:《长安志》。

[3] [4] [5] 段成式:《酉阳杂俎 · 寺塔记》，见《文渊阁四库全书》，第1047册，台北，商务印书馆，1986。

当时的长安贵族显宦们都很喜爱牡丹的国色天香，因而哄抬牡丹的市价，一些寺、观甚至以出售各种珍品牡丹来牟取高利。兴唐寺内一株牡丹开花2100朵，慈恩寺的两丛牡丹亦著花五六百朵。牡丹的花色，有浅红、深紫、黄白檀，还有正晕、倒晕等。这些，均足以说明唐代花卉园艺的技术水平。

寺观内栽植树木的品种繁多，松、柏、杉、桧、桐等比较常见。汉唐时期，关中平原的竹林是很普遍的，因而寺观内也栽植竹林，甚至有单独的竹林院。此外，果木花树亦多所栽植，而且往往具有一定的宗教象征寓意：

“欲悟色空为佛事，故栽芳树在僧家。
细看便是华严偈，方便风开智慧花。”

(白居易：《僧院花》)

道教认为仙桃是食后能使人长寿的果品，故而道观多有栽植桃树，以桃花之繁茂而负盛名的：

“华阳观里仙桃发，把酒看花心自知。
争忍开时不同醉？明朝后日即空枝！”

(白居易：《华阳观桃花时，招李六拾遗饮》)

崇业坊内的元都观，桃花之盛闻名于长安，“人人皆言道士手植仙桃，满观如红霞”。诗人刘禹锡曾多次游览，印象极深刻，元和十一年(公元816年)承诏至京，作《元和十一年自朗州召至京戏赠看花诸君子诗》咏之：

“紫陌红尘拂面来，无人不道看花回；
玄都观里桃千树，尽是刘郎去后栽。”

长安城内水渠纵横，许多寺观引来活水在园林或庭院里面建置山池水景。寺、观园林及庭院山池之美、花木之盛，往往使得游人们流连忘返。描写文人名流到寺观赏花、观景、饮宴、品茗的情况，在唐代诗文中是屡见不鲜的。新科进士到慈恩寺塔下题名，在崇圣寺举行樱桃宴，则传为一时之美谈。凡此种种，足见长安的寺观园林和庭院园林化之盛况，也表明了寺观园林所兼具城市公共园林的职能。

唐代诗人咏赞长安的诗作中，提到寺观环境之清幽和山池花木之美姿的不少，例如：

“倚杖云离月，垂帘竹有霜。
回风生远径，落叶飒长廊。”

(李端：《同苗员外宿荐福寺僧舍》)

“僧腊阶前树，禅心江上山。
疏帘看雪卷，深户映花关。”

(韩翃：《题荐福寺衡岳禅师房》)

“上方偏可适，季月况堪过。
远近水声至，东西山色多。
夕阳留径草，新叶变庭柯。
已度清明节，春秋如客何。”

（皇甫冉：《清明日青龙寺上方赋得多字》）

“何年劚到城，满国响高名。
半寺阴常匝，邻坊景亦清。
代多无朽势，风定有余声。
自得天然状，非同涧底生。”

（许棠：《和薛侍郎御题兴善寺松》）

“不远灞陵边，安居向十年。
入门穿竹径，留客听山泉。
鸟啭深林里，心闲落照前。
浮名竟何益，从此愿栖禅。”

（裴迪：《游感化寺昙兴上人山院》）

寺观不仅在城市兴建，而且遍及于郊野。但凡风景幽美的地方，尤其是山岳风景地带，几乎都有寺观建置，故云“天下名山僧(道)占多”。全国各地以寺观为主体的山岳风景名胜区，到唐代差不多都已陆续形成。如佛教的大小名山，道教的洞天、福地、五岳、五镇等，既是宗教活动中心，又是风景游览的胜地。寺观作为香客和游客的接待场所，对风景名胜区之区域格局的形成，和原始型旅游的发展，起着决定性的作用。佛教和道教的教义都包含尊重大自然的思想，又受到魏晋南北朝以来所形成的传统美学思潮影响，寺、观的建筑当然也就力求和谐于自然的山水环境，起着“风景建筑”的作用。郊野的寺观把植树造林列为僧、道的一项公益劳动，也有利于风景区环境保护。因此，郊野的寺观往往内部花繁叶茂，外围古树参天，成为游览的对象、风景的点缀。许多寺观的园林、绿化、栽培名贵花木、保护古树名木的情况，也屡见于当时人的诗文中。白居易《冷泉亭记》记述了杭州灵隐寺外围的园林环境中五座小亭的点景情况：

“东南山水，余杭郡为最。就郡言，灵隐寺为尤。由寺观，冷泉亭为甲。亭在山下，水中央，寺西南隅。……杭自郡城抵四封，丛山复湖，易为形胜。先是，领郡者有相里君造作虚白亭，有韩仆射皋作候仙亭，有裴庶子棠棣作观风亭，有庐给事元辅作见山亭，及右司郎中河南元芎最后作此亭。于是五亭相望，如指之列，可谓佳境殚矣，能事毕矣。”

隋唐时期的佛寺建筑，在魏晋南北朝的基础上无论个体建筑或者群体布局都有所改进、提高，更趋于规范化而形成模式，建筑的汉化和世俗化的程度也更为深刻。个体建筑已完全是汉地的木构建筑，群体布局在唐初尚保留着以塔为中心的古印度痕迹。这种情况见于敦煌117窟初唐壁画《五台山图》中的南台之寺：正殿前为回廊环抱的宽敞庭院，庭院之左有三重塔、右有二层楼阁，其布局类似日本奈良法隆寺。长安青龙寺是唐代佛教密宗的祖庭，现已发掘出两个院落的遗址。西面为较大的“主院”，佛殿前庭回廊环抱，庭院中央为方形塔基。从塔基的大小看来，塔的体量并不大却仍然居于构图中心的地位 [图4·27]。朝鲜半岛和日本的一些同时期的佛寺，其主院亦有类似的布局情况，奈良的四天王寺便是一例 [图4·28]。

中唐以后，“主院”的布局出现了明显的变化，塔已退居主院以外的两侧或后部的次要位置上，供奉佛像的正殿（佛堂、金堂）代替塔而成为主院的构图中心，也是整个佛寺建筑群的构图中心。隋唐时期的佛寺建筑均为“分院制”，即以“主院”为主体，在它的周围建置若干较小的“别院”，组成一个大建筑群。主院为对外开放进行宗教活动的主要场所，它的南面的别院为接待外来僧人和香客的接待区，亦对外开放，两旁及北面的别院则为僧人生活、修持的场所和后勤、辅助用房。别院的多少视佛寺的规模而定，小寺仅有几个别院，大寺则有十几个甚至几十个，成为广宇连片的庞大的院落建筑群。按照唐代高僧道宣撰写的《关中创立戒坛图经》的叙述：建筑群

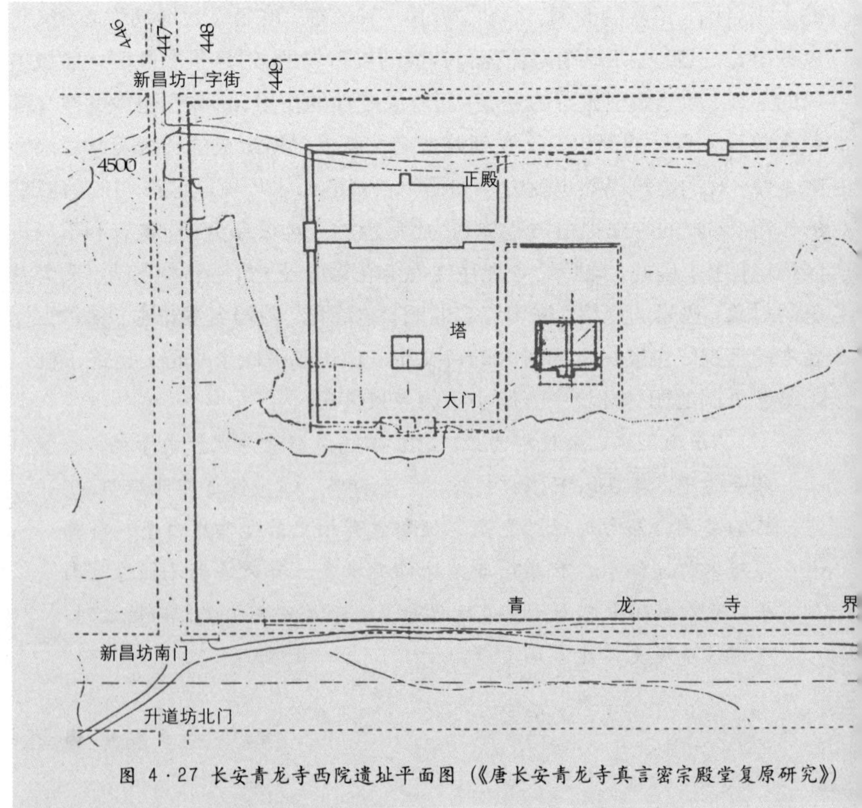

图 4·27 长安青龙寺西院遗址平面图（《唐长安青龙寺真言密宗殿堂复原研究》）

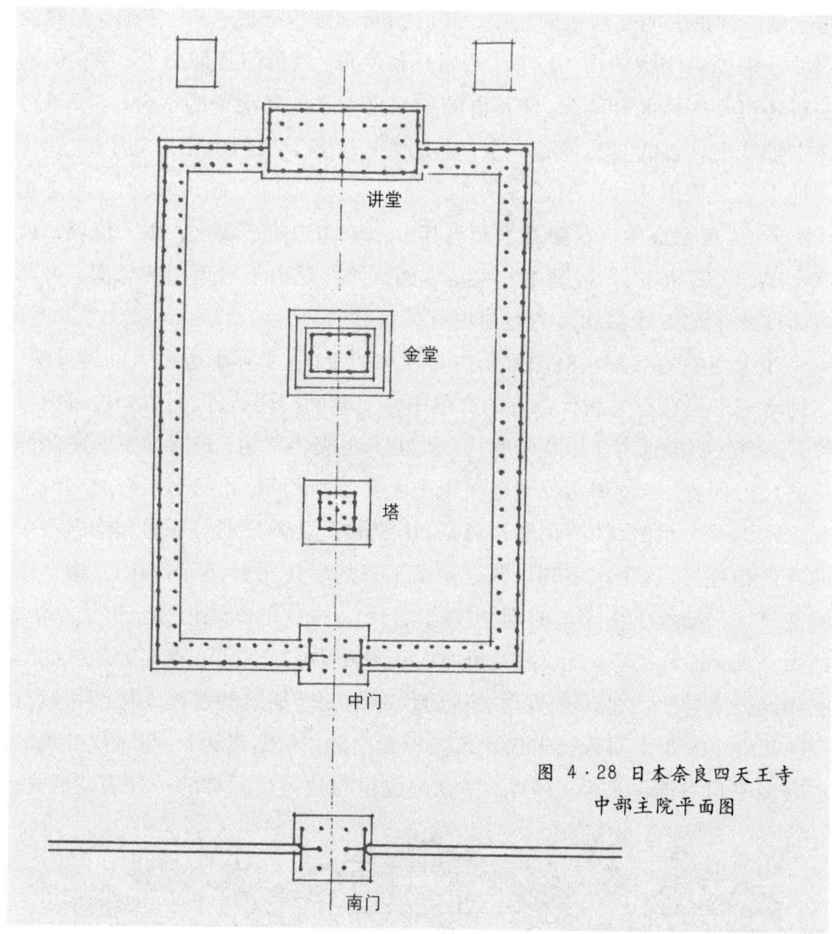

图 4·28 日本奈良四天王寺中部主院平面图

以庭院宏敞的“主院”为核心，周围的众多别院布列整齐有序，主院的中轴线延伸为整个建筑群的南北中轴线。一条南北大道从主院的南门（正门）直达寺院的南门（正门），其余的纵横道路布置有如棋盘格。在有关的文献记载中，往往以院落和房屋的数量来表示佛寺的规模大小，如《大慈恩之藏法师传》说明长安大慈恩寺“凡十余院，总一千八百九十七间”，西明寺“凡有十院，屋四千余间”。这些大小院落一般都栽植花木而成为绿化的庭院，或者点缀山池、花木而成为园林化的庭院，这从以上所引的有关文字材料可以看得出来。如果佛寺建在山地，则别院可以和主院分开建置，依照地形条件而因山就势、不拘一格。

道观建筑的世俗化较之魏晋南北朝更为深刻，其个体建筑和群布局的情况，就宏观而言大体上类似于佛寺建筑。

敦煌莫高窟唐代壁画的西方净土变中，另见一种“水庭”的形制，在殿堂建筑群的前面开凿一个方整的大水池，池中有平台。如第217窟的北壁净土变：背景上的二层正殿居中，其后的回廊前折形成“凹”字形，回廊的端部分别以两座楼阁作为结束。然后又各从东、西折而延伸出去，在它们的左右还有一些楼阁和高台。建筑群的前面是大水池和池中的平台，主要平台在中轴线上，它的左右又各一个，其间连以平桥，类似池中三岛［图4 · 29］。这种水池是依据佛经中所述说的西方净土“八功德水”画出来的。《阿弥陀经》云：“有七宝池，八功德水充满其中……四边阶道，金、银、琉璃、玻璃合成，上有楼阁。”殿庭中的大量水面，显然是出于对天国的想像，可能与印度热带地方经常沐浴的习惯也有关系。[1]

[1] 萧默：《敦煌建筑研究》，北京，文物出版社，1989。

净土变中的寺院水庭形象虽然是理想的天国，实际上也是人间的反映。这种水庭形象在有关唐代佛寺的文献中并无明确的记载，但也有一些迹象可寻。云南昆明圆通寺，始建于唐代，重建于明成化年间，正殿的东西两侧伸出曲尺形回廊，经过东西配殿连接于南面穿堂殿两侧。此回廊围合的庭院全部为水池——水庭，池中央建八角亭，南北架石拱桥分别与正殿和穿堂殿前的月台相连接，这个水庭基址应是保留下来的唐代遗构。云南巍山县巍宝山的文昌宫，始建于南诏国时期(相当于唐代)，现状的庭院内亦全部为水池，池中一岛，岛上建亭，其前后架桥通向正殿和山门。这两处寺观建筑群的形制相同，大体上类似于敦煌壁画中唐代净土变所描绘的水庭，可谓古风犹存。此外，山西太原晋祠宋代建筑圣母殿前的“鱼沼飞梁”，与唐代寺观的水庭似乎也有渊源关系。所以说，水庭也是唐代寺观园林的一种表现形式。

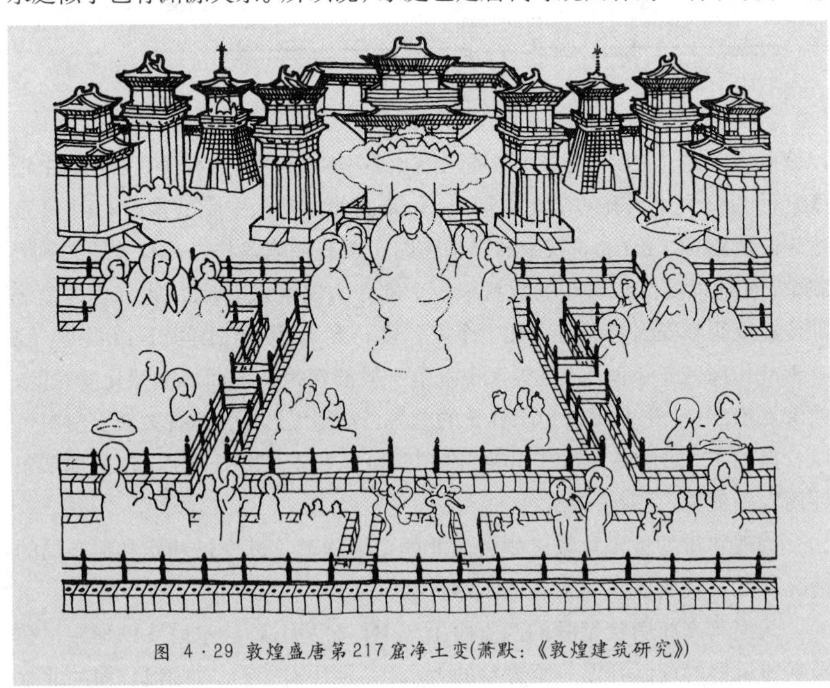

图 4 · 29 敦煌盛唐第217窟净土变(萧默：《敦煌建筑研究》)

第六节
其他园林

唐代两京中央政府的衙署内，多有山池花木点缀，个别还建置独立的小园林。唐人诗文中亦有咏赞衙署园林之美的。试以长安为例，舒元舆《御史台新造中书院记》：

> “中书南院，院门北辟，以取其向朝庭也。其制，自中书南廊，加南北为轩。入院门分东西厢，为拜揖折旋之地。内外皆有庑，蟠回诘曲，瞩之盈盈然，梁栋甚宏，柱石甚伟。椽栾粢棁，丽而不华；门牕中牖，华而不侈。名木修篁，奇葩秀实，若升绿云，若编青箫。……”

在雕梁画栋的殿宇间，点缀着竹树奇花，为严整的衙署建筑更增益了几分清雅宜人的气氛。御史台中书院竣工不久，舒元舆即为之撰写文章，足见此院的园林绿化在两京衙署中有一定的代表性和知名度。位于大明宫右银台门之北的翰林学士院，“院内古槐、松、玉蕊、药树、柿子、木瓜、庵罗、峘山桃、杏、李、樱桃、柴蔷薇、辛夷、葡萄、冬青、玫瑰、凌霄、牡丹、山丹、芍药、石竹、紫花芜青、青菊、商陆、蜀葵、萱草”等诸多品种的花木，大多由诸翰林学士自己种植而逐渐繁衍起来，可说是一种别开生面的绿化方式。大明宫门下省花树繁茂、禽鸟合鸣，也有很好的绿化环境。杜甫《题省中院壁》诗云：“掖垣竹埤梧十寻，洞门对溜常阴阴。落花游丝白日静，鸣鸠乳燕青春深。”又《春宿左省》诗，有“花隐掖垣暮，啾啾栖鸟过”之句。

各处地方政府的衙署，由文人担任地方官者，多更注重衙署园林的经营。白居易任江州司马时，认为“刺史，守土臣，不可远观游；群吏，执事官，不敢自暇佚”。司马则是闲差事，绰有余裕，“可以从容于山水诗酒间”[1]，于是便在官舍内建置园池以自娱。他的《官舍内新凿小池》一诗这样写道：

> “帘下开小池，盈盈水方积。
> 中底铺白沙，四隅甃青石。

[1] 白居易：《江州司马厅记》，见顾学颉点校：《白居易集》，北京，中华书局，1979。

勿言不深广，但取幽人适。
泛滟微雨朝，泓澄明月夕。
岂无大江水，波浪连天白？
未如床席前，方丈深盈尺。
清浅可狎弄，昏烦聊漱涤。
最爱晓暝时，一片秋天碧。”

白居易任苏州刺史时，写过一首《题西亭》诗，诗中有句描写衙署西园之景物：“池鸟澹容与，桥柳高扶疏。……何人造兹亭，华敞绰有余。……直廊抵曲房，窗窾深且虚。修竹夹左右，清风来徐徐。……”

山西绛州(今新绛县)州衙的园林（绛州衙署园），位于城西北隅的高地上，始建于隋开皇年间，历经数度改建、增饰，到唐代已成为晋中一处名园。唐穆宗时，绛州刺史樊宗师再加修整，并写成《绛守居园池记》一文，详细记述了此园的内容及园景情况：园的平面略呈长方形，自西北角引来活水横贯园之东、西，潴而为两个水池。东面较大的水池“苍塘”，石砌护岸，围以木栏。塘水深广，水波粼粼呈碧玉色，周围岸边种植桃、李、兰、蕙，阴凉可祛暑热。塘西北的一片高地名“鳌蜍原”，原上为当年音乐演奏和宴请宾客之地，居高临下可以俯视苍塘中之鹇、鹭等水鸟嬉戏。西面较小的水池当中筑岛，岛上建小亭名“洄涟”。岛之南北各架设虹桥名“子午梁”以通达池岸。子午梁之南建轩舍名“香”，轩舍周围缭以回廊，呈小院格局。轩舍之东，约当园的南墙之中央部位有小亭名“新”，亭前有巨槐，浓荫蔽日。亭之南，紧邻园外的公廨堂庑，为判决衙事之所，也可供饮宴。亭之北，跨水渠之上是联系南北交通的“望月”桥。园的北面为土堤“风堤”横亘，堤抱东、西以作围墙，分别往南延伸，即州署的围墙。园的南墙偏西设园门名“虎豹门”，门之左扇绘虎与野猪相搏，右扇绘胡人与豹相搏的图画。园内的观赏植物计有柏、槐、梨、桃、李、兰、蕙、蔷薇、藤萝、莎草等，还养畜鹇、鹭等水禽。园林的布局以水池为中心，池、堤、渠、亭间以高低错落的土丘相接，使景有分有隔而成原、隰、堤、谿、壑等自然景观之缩移。建筑物均为小体量，数量很少，布置疏朗有致，显然是以山池花木之成景为主调。由于园址地势高爽，可以远眺，故园外之借景也很丰富 [图4 · 30]。唐代以后，此园历经宋、明、清之多次重修改建，今存者建筑半倾，池水枯竭、古木稀少，所剩遗址已非唐代原貌了。[1]

[1] 陈尔鹤：《绛守居园池考》，见《中国园林》，1986(1)。

东湖，位于四川成都市新繁镇，是中唐名相李德裕任新繁县令时修建的新繁县署园林的遗址。李德裕出身世家望族，封卫国公，有较高的园林艺术素养，曾主持修建自己的别墅园——洛阳平泉庄。据五代孙光宪《北梦琐言》载：“新繁县有东湖，李德裕为宰日所凿。”明、清县志皆采用此说，但

《唐书》本传却未载李任新繁县令事。北宋政和八年(公元1118年)，宋侑作《新繁卫公堂记》，简单记述此园情况："繁江令舍之西有文饶堂者旧矣，前植巨楠，枝干怪奇。父老言：'唐卫公为令时凿湖于东，植楠于西，堂之所为得名也。'公讳德裕，字文饶，太和中来镇蜀，由蜀入相。"此园历经宋、明、清各代的多次重建，民国初年辟作新繁东湖公园，成为巴蜀地区的名园之一。[1]

[1] 王绍增：《西蜀名园——新繁东湖》，见《中国园林》，1985(3)。

从上述的情况看来，唐代衙署园林的建置已经很普遍了。甚至连听讼断狱的严肃场所，也要为官员提供园林的享受。卢照邻《宴梓州南亭诗序》就谈到此种情形：

> "梓州城池亭者，长史张公听讼之别所也。徒观其岩嶂重复，川流灌注。云窗绮阁，负绣堞之逶迤；洞户山楼，带金隍之缭绕。……市狱无事，时狎鸟于城隅。邦国不空，旦观鱼于濠上。宾阶月上，横联蜷之桂枝。野院风归，动葳蕤之萱草。……"

公共园林滥觞于东晋之世，名士们经常聚会的地方如"新亭"、"兰亭"等应是其雏形。唐代，随着山水风景的大开发，风景名胜区、名山风景区遍布全国各地，在城邑近郊一些小范围的山水形胜之处，建置亭、榭等小体量建筑物作简单点缀，而成为园林化公共游览地的情况也很普遍。以亭为中心、因亭而成景的邑郊公共园林有很多见于文献记载。文人出身的地方官，

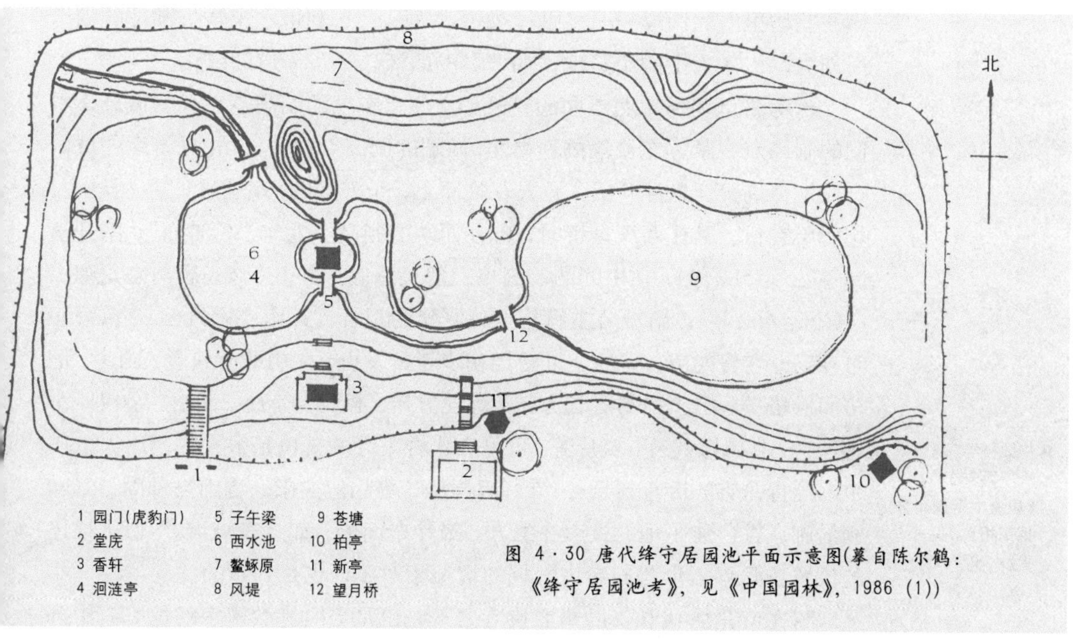

图 4·30 唐代绛守居园池平面示意图(摹自陈尔鹤：《绛守居园池考》，见《中国园林》，1986 (1))

往往把开辟此类园林当作是为老百姓办实事的一项政绩，当然也为了满足自己的兴趣爱好、提高自己的官声，则更是乐此而不遗余力。唐宋八大家之一的柳宗元在《永州八记》中所描写的应是公共园林。他在任零陵地方官时，写过一篇散文《零陵三亭记》，记述了他如何在一处郊野山水形胜之处建亭的经过："零陵县东有山麓，泉出石中，沮洳污涂，群畜食焉，墙藩以蔽之。为县者积数十人，莫之发视。河东薛存义，以吏能闻荆楚间。……乃发墙藩，驱群畜，决疏沮洳，搜剔山麓，万石如林，积坳为池。爰有嘉木美卉，垂水。藂峰，玲珑萧条，清风自生，翠烟自留。"在前任薛存义的精心整治之后，已现风景之美。柳宗元又在此基础上，"乃作三亭，陟降腰明。高者冠山巅，下者俯清池"。由于这三个小亭分别建置于不同的部位，发挥其"点景"的作用和"观景"的效果，一处园林化的公共游览地，便得以最终完成了。

在经济、文化比较发达的地区，大城市里一般都有公共园林，作为文人名流聚会饮宴、市民游憩交往的场所。例如扬州，嘉庆重修的《扬州府志·古迹一》就记载了几处由官府兴建的公共园林，其中的赏心亭"连玉钩斜道，开辟池沼，并葺构亭台"，供"郡人士女，得以游观"。

长安作为首都，是当时规模最大的城市和政治、经济、文化中心，有关公共园林的文献记载也比较翔实。

长安的公共园林，绝大多数在城内，少数在近郊。

长安城内，开辟公共园林比较有成效的，包括三种情况：一、利用城南一些坊里内的岗阜——"原"，如乐游原。二、利用水渠转折部位的两岸而创为以水景为主的游览地，如著名的曲江。三、街道的绿化。

乐游原呈现为东西走向的狭长形土原，东端的制高点在长安城外，中间的制高点在紧邻东城墙的新昌坊，西端的制高点在升平坊。乐游原的城内一段地势高爽、景界开阔，游人登临原上，长安城的街市宫阙、绿树红尘，均历历在目。早在西汉宣帝时，曾在西端的制高点上建"乐游庙"。隋开皇二年(公元582年)，在中间的制高点上建灵感寺。唐初寺废，唐高宗龙朔二年(公元662年)，新城公主患病奏请复建为观音寺，唐睿宗景云二年(公元711年)改名青龙寺。寺的遗址曾经初步考古发掘，探明的有殿堂、廊庑、僧房和佛塔等，出土遗物有长方砖、莲花方砖、板瓦、筒瓦、瓦当、金银质小佛像、三彩佛像残片、瓷片等。可见唐代青龙寺的规模是很大的。[1]唐人朱庆余《题青龙寺》诗有句云："寺好因岗势，登临值夕阳。青山当佛阁，红叶满僧廊。竹色连平地，虫声在上方。最怜东面静，如近楚城墙。"诗中描述的位置、景界、形势与考古发掘的情况相对照，也是一致的。

青龙寺是唐代长安的著名佛寺之一，也是当时佛教密宗的祖庭。中外

[1] 中国科学院考古研究所西安工作队：《唐青龙寺遗址发掘简报》，见《考古》，1973(4)。

僧俗信徒到这里求法者络绎不绝，使得乐游原成为一处以佛寺为中心的公共游览胜地。日本的“学问僧”来此特别多，日本佛教史上入唐八位高僧之中，有六位都曾在青龙寺学习、受法并薙顶，回国后弘扬密宗法门。

乐游原地势高爽、境界开阔，再加上佛寺的人文点缀，益增其景观的魅力。许多骚人墨客都在这里留下他们的游踪和诗文吟咏，如白居易的《登乐游园望》：

“独上乐游园，四望天日曛。
东北何霭霭，宫阙入烟云。
爱此高处立，忽如遗垢氛。
耳目暂清旷，怀抱郁不伸。
下视十二街，绿树间红尘。
车马徒满眼，不见心所亲。
孔生死洛阳，元九谪荆门。
可怜南北路，高盖者何人！”

刘德仁的《乐游原春望》：

“乐游原上望，望尽帝城春。
始觉繁华地，应无不醉人。
云开双阙丽，柳映九衢新。
爱此偏高野，闲来竟日频。”

诗人登高览胜，不免生发出景在人非、怀念故旧的感慨，其中的李商隐《乐游原》一诗则更成为传唱千古的名篇：

“向晚意不适，驱车登古原。
夕阳无限好，只是近黄昏。”

曲江又名曲江池，在长安城的东南隅，本秦隑州、汉宜春下苑之故地。隋初宇文恺奉命修筑大兴城，以其地在京城之东南隅，地势较高，根据风水堪舆之说，遂不设置居住坊巷而凿池以厌胜之。宇文恺详细勘测了附近地形之后，在南面的少陵原上开凿一条长十余公里的黄渠，把义谷水引入曲江，扩大了曲江池之水面。隋文帝不喜欢以“曲”为名，又因为它的水面很广而芙蓉花盛开，故改名芙蓉池。唐初一度干涸，到开元年间又重加疏浚，导引浐河上游之水经黄渠汇入芙蓉池，恢复曲江池旧名。池水既充沛，池岸曲折优美，环池楼台参差，林木蓊郁。皇帝也经常率嫔妃临幸，为此而建置许多殿宇，杜甫《哀江头》诗中有“江头宫殿锁千门，细柳新蒲为谁绿”之句。曲江的南岸有紫云楼、彩霞亭等建筑，还有御苑“芙蓉苑”；西面为杏园、慈恩寺。曲江的范围，宋人程大昌《雍录》谓：“汉武帝时池周回六里余（黄《图》），唐周七里，占地三十顷（《长安志》）又加展拓矣。”可见

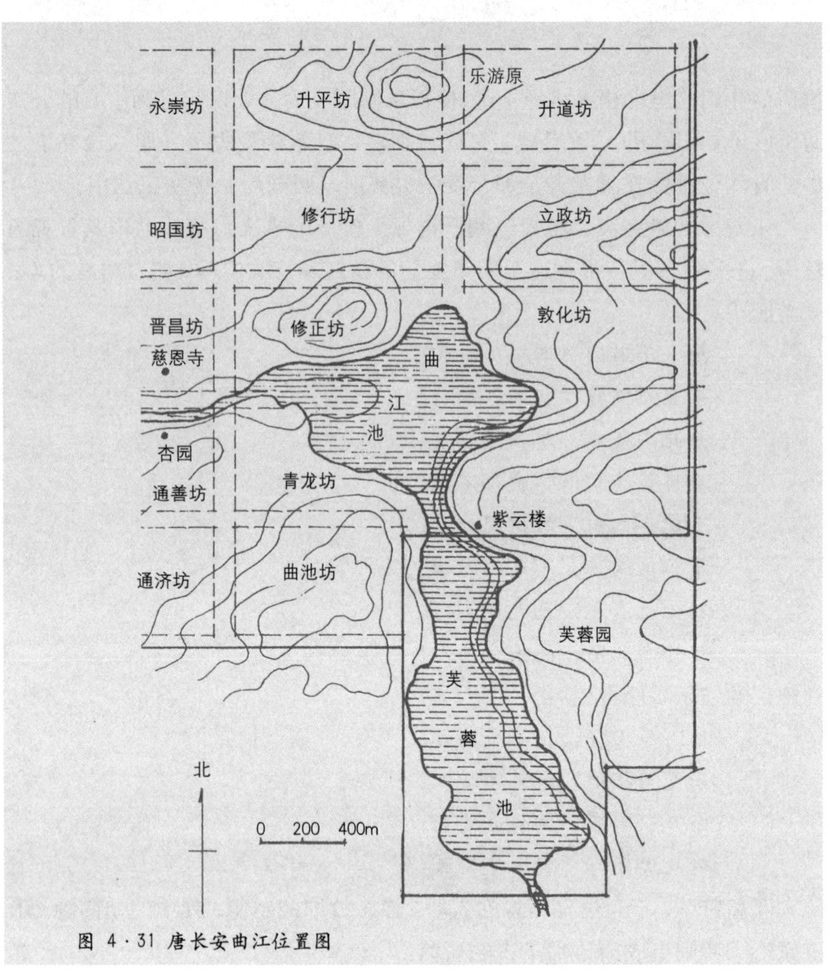

图 4 · 31 唐长安曲江位置图

面积是很大的。现在已经探明的唐代曲江的范围为144万平方米，曲江池遗址的面积为70万平方米。这是一处大型的公共园林，也兼有御苑的功能[图4 · 31]。

曲江作为公共游览胜地，康骈《剧谈录》中有一段概括的文字描述：

“花卉环周，烟水明媚。都人游玩，盛于中和上巳之节，彩幄翠帱，匝于堤岸，鲜车健马，比肩击毂。上巳即赐宴臣僚，京兆府大陈筵席，长安、万年两县以雄盛较，锦绣珍玩，无所不施。百辟会于山亭，恩赐太常及教坊声乐。池中备彩舟数只，唯宰相、三使、北省官与翰林学士登焉。每岁倾动皇州，以为盛观。入夏则菰蒲葱翠，柳荫四合，碧波红蕖，湛然可爱。好事者赏芳晨，玩清景，联骑携觞，亹亹不绝。”

芙蓉苑在曲江，原是隋代的一处御苑，贞观年间赐魏王泰，泰死，赐东宫；开元年间又改建为御苑。苑内垂柳成阴，繁花似锦，楼台殿阁参差错落其间。登上高楼，南可以遥望终南青山，北可以俯瞰曲江碧水，李山甫《曲江》云：“南山低对紫云楼，翠影红阴瑞气浮。”苑的周围筑宫墙，曲江游人非经特许不得随便进入。

杏园在慈恩寺之南，相距一坊之地。它紧邻外城廓的南垣。园内以栽植杏花而闻名于京城。每当早春杏花盛开时节，乃是曲江游人必到之处，也是文人墨客常去聚会的地方。新科进士庆贺及第的“探花宴”，亦设在杏园内。

关于曲江的风景吟咏，见于唐人诗文中的相当多，例如：

“菖蒲翻叶柳交枝，暗上莲舟鸟不知；
更到无花最深处，玉楼金殿影参差。”

(卢纶：《曲江春望》)

“穿花蛱蝶深深见，点水蜻蜓款款飞；
传语风光共流转，暂时相赏莫相违。”

(杜甫：《曲江二首》之二)

“漠漠轻阴晚自开，青天白日映楼台；
曲江水满花千树，有底忙时不肯来？”

(韩愈：《同水部张员外籍曲江春游寄白二十二舍人》)

“霁动江池色，春残一去游；
菰风生马足，槐雪滴人头。
北阙尘未起，南山青欲流；
如何多别地，却得醉汀洲。”

(曹松：《曲江暮春雪霁》)

曲江游人最多的日子是每年的上巳节(三月三日)、重阳节(九月九日)，以及每月的晦日，届时“彩幄翠帱，匝于堤岸；鲜车健马，比肩击毂”。上巳节这一天，按照古代修禊的习俗，皇帝例必率嫔妃到曲江游玩并赐宴百官。沿岸张灯结彩，池中泛画舫游船，乐队演奏教坊新谱的乐曲，王维《三月三日曲江侍宴应制》诗这样描写：

“万乘亲斋祭，千官喜豫游。
奉迎以上苑，祓禊向中流。
草树连容卫，山河对冕旒。
画旗摇浦溆，春服满汀洲。
仙籞龙媒下，神皋凤跸留。
从今亿万岁，天宝纪春秋。”

平民百姓则熙来攘往。少年衣华服、跨肥马扬长而行。平日深居闺阁的妇女亦盛装出游。杜甫在《丽人行》一诗中这样写道：

“三月三日天气新，长安水边多丽人。
态浓意远淑且真，肌理细腻骨肉匀。
绣罗衣裳照暮春，蹙金孔雀银麒麟。
头上何所有？翠微匐叶垂鬓唇。
背后何所见？珠压腰衱稳称身。”

在城市里面的市民公共游览地同时兼有皇家御苑的功能，这在以皇权政治为轴心的封建时代是极为罕见的情况。曲江池的繁荣也从一个侧面反映了盛唐之世的政局稳定、社会安宁。

曲江最热闹的季节是春天，新科及第的进士在此举行的“曲江宴”则又为春日景观平添了几笔重彩。曲江宴十分豪华，排场很大，长安的老百姓多有往观者，皇帝有时亦登上紫云楼垂帘观看。这种宴集无疑会助长奢侈的社会风气，在唐武宗时曾一度禁止，但不久又恢复而且更为隆盛，时间上一直延长到夏天。

曲江宴之后，还要在杏园内再度宴集，谓之“杏园宴”，并举行“探花”的活动。刘沧《及第后宴曲江》诗有句云：“及第新春选胜游，杏园初宴曲江头。”所谓探花，就是在同科进士中选出年轻俊美者二人为“探花使者”，使之骑马遍游曲江及其附近名园，寻访名花。因此，杏园宴又叫做“探花宴”。宋以后称进士的第三名为“探花”，亦渊源于此。杏园探花之后，还有雁塔题名，即到慈恩寺的大雁塔把自己的名字写在壁上。至此，便最终完成了士子们“十年寒窗苦、一朝及第时”所举行的隆重庆祝的三部曲活动。

安史之乱，曲江的殿宇楼阁大半被毁，其后一直处于衰败状态。太和九年(公元835年)，发神策军1500人浚曲江及昆明池，修复紫云楼、彩霞亭。又诏百司于两岸建亭榭，“诸司如有力，要于曲江置亭馆者，宜给与闲地”[1]。尽管这样，曲江之景色毕竟大不如前了。唐末，池水已干涸。宋人张礼游城南，登大雁塔“下瞰曲江宫殿，乐游宴喜之地，皆为野草”。到明代中叶，曲江已成为一片庄稼地，只剩下两岸的“江形委曲可指”了。

长安城的街道绿化，由于政府重视而十分出色。贯穿于城内三条南北向大街和三条东西向大街称为“六街”，宽度均在百米以上。其他的街道也都有几十米宽。街的两侧有水沟，栽种整齐的行道树，称为“紫陌”。远远望去，一片绿荫，“下视十三街，绿树间红尘”。街道的行道树以槐树为主，公共游息地则多种榆、柳；“天街两畔槐木俗号为槐衙，曲江池畔多柳亦号为柳衙，以其成行排列也，骆宾王诗：‘杨沟连凤阙，槐路拟鸿都。’”[2]《旧唐书·吴凑传》：“官街树缺，所司植榆以补之，凑曰：‘榆非九衔之玩。’亟命易之以槐。及槐阴成而凑卒，人指树而怀之。”唐人诗亦多有咏街道槐树的，如“迢迢青槐街，相去八九坊”，“青槐夹驰道，宫馆何玲珑”[3]，“俯十二兮

[1]《唐书·文宗本纪》。

[2]《历代宅京记》引《中朝故事》。

[3] 白居易、岑参诗句。

通衢，绿槐参差兮车马”[1]。看来，槐树相当于唐长安的“市树”了。当然，除了以槐树为主之外，也还采用其他树种如桃、柳、杨之类，“夹道夭桃满，连沟御柳新”[2]。甚至有以果树作为行道树的。开元年间，政府“令两京道路并种果树，令殿中侍御使郑审充使”[3]。

任意侵占、破坏街道绿地的行为是政府明令禁止的，“代宗广德元年(公元763年)秋九月，禁城内六街种植，初诸军使以时艰岁俭，奏耕京城六街之地以供刍，至是禁之。……永泰二年(公元766年)，种城内六街树，禁侵街筑垣舍者”[4]。居住区的绿化由京兆尹(相当于市长)直接主持。居民分片包干种树，“诸街添补树……价折领于京兆府，乃限八月栽毕”[5]，中央政府则设置“虞部”管理街道和宫廷的树木花草。

长安的街道全是土路，两侧的坊墙也是夯土筑成，可以设想刮风天那一派尘土飞扬的情况，大大降低了城市环境质量。而街道的树木种植整齐划一，间以各种花草，保养及时，足以在一定程度上抑制尘土飞扬，对改善城市环境质量是有利的。树茂花繁，郁郁葱葱，则又淡化了大片黄土颜色的枯燥。“行行避叶，步步看花”，于城市环境的美化也起到了很大的作用。城南一带比较偏僻，许多坊里无人居住。这一带的街道绿化均作为薪炭林，定期砍伐以供应长安居民的燃料，弥补由城外水运薪炭入城之不足。

长安城近郊，往往利用河滨水畔风景佳丽的地段，略施园林化的点染，而赋予公共园林的性质。如灞河上的灞桥，为出入京都所必经之地，也是都人送往迎来的一处公共园林。另外，也有在上代遗留下来的古迹上开辟为公共游览地的情况，昆明池便是一例。

昆明池　原为西汉上林苑内的大型水池，依然保留其水面及池中的孤岛。早在唐初，唐高祖曾“幸昆明池，宴百官”，太宗“大蒐于昆明池，蕃夷君长咸从”[6]。德宗时又加以疏浚、整治、绿化，遂成为长安近郊一处著名的公共游览地，以池上莲花之盛而饮誉京城，居民和皇帝常到此游玩。

杜甫《秋兴八首》之七即是其景之咏赞抒怀：

“昆明池水汉时功，武帝旌旗在眼中。
织女机丝虚夜月，石鲸鳞甲动秋风。
波漂菰米沈云黑，露冷莲房坠粉红。
关塞极天唯鸟道，江湖满地一渔翁。”

[1] 王维:《登楼歌》，赵殿成笺注:《王右丞集笺注》，上海，上海古籍出版社，1961。

[2] 曹松:《武德殿朝退望九衢春色》，见《全唐诗》，上海，上海古籍出版社，1986。

[3]《唐会要》卷86《道路》，北京，中华书局，1955。

[4]《历代宅京记·关中四》。

[5]《唐会要》卷86《道路》。

[6]《旧唐书·高祖本纪》、《旧唐书·太宗本纪》。

第七节 小　结

隋唐园林在魏晋南北朝所奠定的风景式园林艺术的基础上，随着封建经济、政治和文化的进一步发展而臻于全盛的局面。根据以上各节的叙述，我们可以把这个全盛时期的造园活动所取得的主要成就大致概括为以下六方面：

一、皇家园林的“皇家气派”已经完全形成。它作为这个园林类型所独具的特征，不仅表现为园林规模的宏大，而且反映在园林总体的布置和局部的设计处理上面。皇家气派是皇家园林的内容、功能和艺术形象的综合而予人的一种整体审美感受。它的形成，与隋唐宫廷规制的完善、帝王园居活动的频繁和多样化，有着直接的关系，标志着以皇权为核心的集权政治进一步巩固和封建经济、文化的空前繁荣。因此，皇家园林在隋唐三大园林类型中的地位，比魏晋南北朝时期更为重要，出现了像西苑、华清宫、九成宫等这样一些具有划时代意义的作品。

就园林的性质而言，已经形成大内御苑、行宫御苑、离宫御苑三个类别及其类别特征。

二、私家园林的艺术性较之上代又有所升华，着意于刻画园林景物的典型性格以及局部的细致处理。唐人已开始诗、画互渗的自觉追求。诗人王维的诗作生动地描写山野、田园的自然风光，使读者悠然神往，他的画亦具有同样气质而饶有诗意。中唐以后，文献记载的某些园林已有把诗、画情趣赋予园林山水景物的情况。以诗入园、因画成景的做法，唐代已见端倪。通过山水景物而诱发游赏者的联想活动、意境的塑造，亦已处于朦胧的状态。

隐与仕结合，表现为“中隐”思想而流行于文人士大夫圈子里，成为士流园林风格形成的契机。同时，官僚这个社会阶层的壮大和官僚政治的成熟，也为士流园林的发展创造了社会条件和经济基础。

文人参与造园活动，把士流园林推向文人化的境地，又促成了文人园林的兴起。唐代已涌现一批文人造园家，把儒、道、佛禅的哲理融会于他们的造园思想之中，从而形成文人的园林观。文人园林不仅是以“中隐”为代表的隐逸思想的物化，它所具有的清沁淡雅格调和较多的意境含蕴，也在一部分私家园林创作中注入新鲜血液。这些，使得写实与写意相结合的创作方法又进一步深化，为宋代文人园林兴盛打下基础。

三、寺观园林的普及是宗教世俗化的结果，同时也反过来促进了宗教和宗教建筑的进一步世俗化。城市寺观具有城市公共交往中心的作用，寺观园林亦相应地发挥了城市公共园林的职能。郊野寺观的园林(包括独立建置的小园、庭园绿化和外围的园林化环境)，把寺观本身由宗教活动的场所转化为兼有点缀风景的手段，吸引香客和游客，促进原始型旅游的发展，也在一定程度上保护了郊野的生态环境。宗教建设与风景建设在更高的层次上相结合，促成了风景名胜区，尤其是山岳风景名胜区普遍开发的局面，同时也使中国所特有的“园林寺观”获得了长足发展。

四、公共园林已更多地见于文献记载。作为政治、文化中心的两京，尤其重视城市的绿化建设。公共园林、城市绿化配合宫廷、邸宅、寺观的园林，完全可以设想长安城内的那一派郁郁葱葱的景象。长安城地形起伏，自南而北横贯着六条东西向的岗阜——原，象征《易》之六爻，它们突破城市的平面铺陈而构成制高部位。北面的两条最高，分别建置皇帝居住的宫阙和中央政府的百官衙署，显示统治者高高在上，同时也有利于安全和高爽的居住条件。南面的四条低一些，寺观和公共园林多有建在这里的，其中之一即著名的乐游原。这六条岗阜及其上的建筑、园林，既丰富了城市总体的天际线，更增益了原本已很出色的城市绿化效果。

长安城的郊外林木繁茂，山清水秀，散布着许多“原”，南郊和东郊都是私家园林荟萃之地。关中平原的南面、东面、西面群山回环，层峦叠翠，隋唐的许多行宫、离宫、寺观都建置在这一带地方。北面则是渭河天堑，沿渭河布列汉唐帝王陵墓，陵园内广植松柏，更增益了这里的绿化效果。就这个宏观环境而言，长安的绿化不仅局限于城区，还以城区为中心，更向四面辐射，形成了近郊、远郊乃至关中平原的绿色景观大环境的烘托。长安城就仿佛镶嵌在辽阔无比的绿色海洋上的一颗绿色明珠了。

唐代的长安是国际性的对外开放城市，外商、外交使节、留学生、学问僧云集，它的绿化建设情况通过他们的传媒，也影响及于国外。天宝年间留学中国的日本高僧普照，游历长安回国之后，即把长安的绿化情况上奏天皇，建议予以仿效推广。[1]

[1] 罗桂环：《唐代长安城绿化初探》，载《人文杂志》，1985(2)。

五、风景式园林创作技巧和手法的运用，较之上代又有所提高而跨入了一个新的境界。造园用石的美学价值得到了充分肯定，园林中的“置石”已经比较普遍了。“假山”一词开始用作为园林筑山的称谓，筑山既有土山，也有石山(土石山)，但以土山居多。杜甫《假山 · 序》描写其为："一匮盈尺……旁植慈竹。盖兹数峰,嵚岑婵娟，宛有尘外致。"至于石山，因材料及施工费用昂贵，仅见于宫苑和贵戚官僚的园林中。但无论土山或石山，都能够在有限的空间内堆造出起伏延绵、摹拟天然山脉的假山，既表现园林"有若自然"的氛围，又能以其造型而显示深远的空间层次。正如唐太宗李世民《小山赋》所说的：

"想蓬瀛兮靡觌，望昆阆兮难期。抗微山于绮砌，横促岭于丹墀。启一围而建址，崇数尺以成岖。……寸中孤嶂连还断，尺里重峦欹复正。岫带柳兮合双眉，石澄流兮分两镜。"

园林的理水，除了依靠地下泉眼而得水之外，更注意于从外面的河渠引来活水。郊野的别墅园一般都依江临河，即便城市的宅园也以引用沟渠的活水为贵。西京长安城内有好几条人工开凿的水渠；东都洛阳城内水道纵横，城市造园的条件较长安更优越。活水既可以为池、为潭，也能成瀑、成濑、成滩，回环萦流，足资曲水流觞，潺湲有声，显示水体的动态之美，大为丰富了水景的创造。皇家园林内，往往水池、水渠等水体的面积占去相当大的比重，而且还结合于城市供水，把一切水资源都利用起来，形成完整的城市供水体系。像西苑那样在丘陵起伏的辽阔范围内，人工开凿一系列的湖、海、河、渠，尤其是回环蜿蜒的龙鳞渠，若没有相当高的竖向设计技术，是决然办不到的。园林植物题材更为多样化，文献记载中屡屡提及有足够品种的观赏树木和花卉以供选择。园林建筑从极华丽的殿堂楼阁到极朴素的茅舍草堂，它们的个体形象和群体布局均丰富多样而不拘一格，这从敦煌壁画和传世的唐画中也能略窥其一斑。

六、山水画、山水诗文、山水园林这三个艺术门类已有互相渗透的迹象。中国古典园林的第三个特点——诗画的情趣——开始形成，虽然第四个特点——意境的含蕴——尚处在朦胧的状态，但隋唐园林作为一个完整的园林体系已经成型，并且在世界上崭露头角，影响及于亚洲汉文化圈内的广大地域。当时的朝鲜半岛和日本，全面吸收盛唐文化，其中也包括园林在内。

隋唐园林不仅发扬了秦汉的大气磅礴的闳放风度，又在精致的艺术经营上取得了辉煌的成就。这个全盛局面继续发展到宋代，在两宋的特定历史条件和人文背景下，终于瓜熟蒂落，开始了中国古典园林的成熟时期。

第五章

园林的成熟期(一)——宋代

(公元 960—1271 年)

北宋和南宋是中国古典园林进入成熟期的第一个阶段。

公元960年，宋太祖赵匡胤即位后建都于后周的旧都开封，改名东京。东京的水陆交通十分方便，唐以来一直是中原的重要商业城市。宋代，关中经济已呈衰落，江南地区的经济则长期繁荣发达而跃居全国之首，建都东京可依靠江南地区水运的粮食和财富供应。从此而后，中国封建王朝的都城便逐渐往东转移。公元1126年，金军攻下东京，改名汴梁。次年金太宗废徽、钦二帝，北宋灭亡。宋高宗赵构逃往江南，建立半壁河山的南宋王朝，与北方的金王朝处于对峙之局面。公元1138年定杭州为“行在”(临时首都)，改名临安。公元1279年，南宋亡于元。此前，蒙古于1271年（至元八年）灭金，忽必烈定国号为元；次年，将中都改称大都（今北京），作为都城。

东北的契丹族建立的辽王朝取得北宋的幽、燕地区之后，利用这个地区在军事、政治、经济各方面的有利条件，以此为基地而向南扩张，势力伸入华北大平原。并把幽州城升格为五京之一，改名南京，又称燕京。辽王朝推行“胡汉分治”的政策，在汉人聚居、并有着高度发展的封建社会和经营定居农业的幽、燕地区另建立起一套有别于其国内奴隶制政权的政治制度，地方上的统治机构大体上沿袭唐以来的旧制，各级官吏也都由汉人担任。因此，南京的经济、文化都很繁荣，在辽代的五京之中，也是规模最大的一座城市。

辽末，东北的松花江一带的女真族迅速由部落联盟走向奴隶制，并建立国家政权——金。金王朝建国后经常与辽统治者发生冲突并占领辽的大部分国土。公元1122年金军占领南京，次年按约将南京交还北宋；1125年又将其夺回，并继续南侵。在占领区内也像辽代一样推行“胡汉分治”，沿袭辽代的地方统治机构。金王朝灭北宋和辽之后，势力逐渐向南推移。到海陵王时，其统治地区已包括从东北到华北、中原的北半个中国。公元1153年，海陵王迁都南京，改名中都。迁都之前对南京进行了大规模的扩建，城市的规划布局完全模仿北宋的东京。金王朝全面推行汉化，政治稳定、经济繁荣、文化昌盛，与南宋形成对峙的局面，历时大约150年。

西北边陲，党项族的西夏政权崛起，公元1033年建都兴庆府(今宁夏银川市)。拓展国土，积极吸收汉文化，并根据汉字创造出西夏文字。国势逐渐强大，先后与辽、宋、金抗衡，时战时和。1227年，被成吉思汗率领的蒙古军灭亡。

第一节
总　说

中国的封建社会到宋代已经达到了发育成熟的境地。朝廷明令撤销土地兼并的限制，无论官田或私田，法律上均许可买卖。私田佃农制成为惟一的法定形式，取得了农业生产上的绝对统治地位。相应地，地主小农经济空前巩固，持续发展直到明清。

在中国五千多年的文明历史中，无论经济、政治、文化方面，两宋都占着重要的历史地位，而文化方面则尤为突出。中唐到北宋，是中国文化史上的一个重要的转化阶段。在这个阶段里，作为传统文化主体的儒、道、释三大思潮，都处在一种蜕变之中。儒学转化成为新儒学——理学；佛教衍生出完全汉化的禅宗；道教从民间的道教分化出向老庄、佛禅靠拢的士大夫道教。从两宋开始，文化的发展也像宗法政治制度及其哲学体系一样，都在一种内向封闭的境界中实现着从总体到细节的不断自我完善。与汉唐相比，两宋士人心目中的宇宙世界缩小了。文化艺术已由面上的外向拓展转向于纵深的内在开掘，其所表现的精微细腻程度则是汉唐所无法企及的。因此，研究中国封建社会中承上启下的各种文化现象，宋代实为一个关键时期，诚如著名史学家陈寅恪先生所说："华夏民族之文化历数千载之演进，造极于赵宋之世。"[1]园林作为文化的重要内容之一，当然也不例外。它历经千余年的发展亦"造极于赵宋之世"而进入完全成熟的时期。作为一个园林体系，它的内容和形式均趋于定型，造园的技术和艺术达到了历来的最高水平，形成中国古典园林发展史上的一个高潮阶段。这种情况之所以出现，自有其特殊的历史背景。

[1] 陈寅恪：《金明馆丛稿二编》，上海，上海古籍出版社，1980。

一、宋代，与地主小农经济十分发达的同时，城市商业和手工业亦空前繁荣，资本主义因素已在封建经济内部孕育。像东京、临安这样的封建都城，传统的坊里制已经名存实亡。高墙封闭的坊里被打破而形成繁华的商业大街，张择端《清明上河图》所描绘的就是这种繁华大街景象。而宋代却又是一个国势羸弱的朝代，处于隋唐鼎盛之后的衰落之始。北方和西北的少数民族政权辽、金、西夏相继崛起，强大的铁骑挥戈南下。宋王朝从建国之初的澶渊之盟经历靖康之难，最后南渡江左，偏安于半壁河山，以割地赔款的屈辱政策换来了暂时的偏安局面。一方面，是城乡经济的高度繁荣；另一方面，则无论统治阶级的帝王士大夫或者一般庶民，都始终处于国破家亡的忧患意识的困扰中。由于普遍的忧患意识而形诸文人的笔端、流露于文字的感喟之情，在宋人的诗词中多得不胜枚举，这与盛唐文学中常见的仗剑远游、气吞山河的豪情，和开疆异域、立功边塞的气概，简直不可同日而语。社会的忧患意识固然能够激发有志之士的奋发图强、匡复河山的行动，同时相反地也导致了人们沉湎享乐、苟且偷安的负面心理。而经济发达与国势羸弱的矛盾状况，又成为这种心理普遍滋长的温床，终于形成了宫廷和社会生活的浮荡、侈靡和病态的繁华。且看《东京梦华录·序》所描写的北宋都城东京的情况：

> “太平日久，人物繁阜。垂髫之童，但习鼓舞；斑白之老，不识干戈。时节相次，各有观赏：灯宵月夕，雪际花时，乞巧登高，教池游苑。举目则青楼画阁，绣户珠帘。雕车竞驻于天街，宝马争驰于御路。金翠耀目，罗绮飘香。新声巧笑于柳陌花衢，按管调弦于茶坊酒肆。八荒争凑，万国咸通。集四海之珍奇，皆归市易。会寰区之异味，悉在庖厨。花光满路，何限春游。箫鼓喧空，几家夜宴。……”

南宋偏安江左，北方河山沦陷，而都城临安却成了纸醉金迷的温柔乡。《武林旧事》这样描写都人春游西湖的情形：

> “西湖天下景，朝昏晴雨，四序总宜。杭人亦无时而不游，而春游特盛焉。承平时，头船如大绿、间绿、十样锦、百花、宝胜、

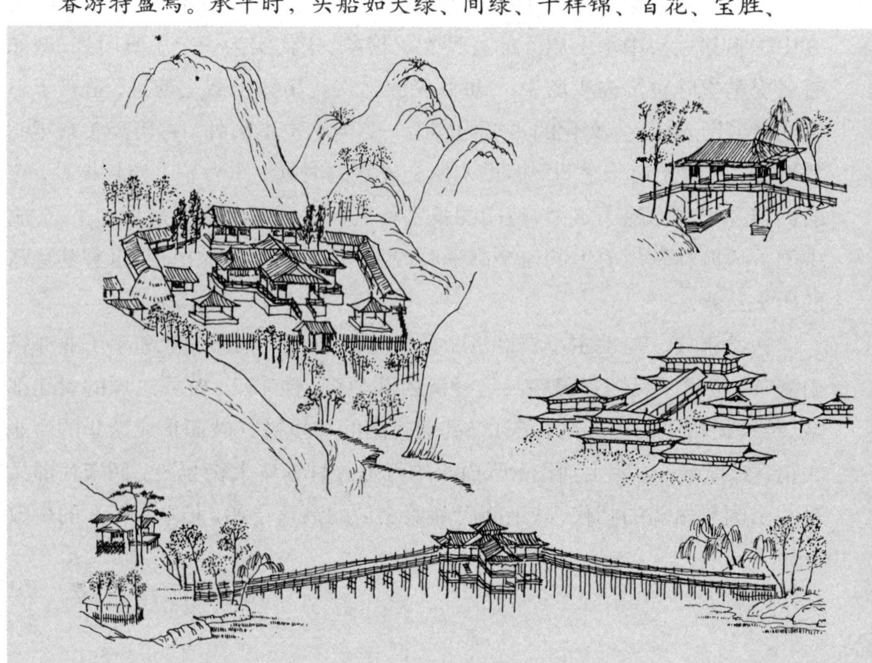

明玉之类，何翅百余。其次则不计其数，皆华丽雅靓，夸奇竞好。而都人凡缔姻、赛社、会亲、送葬、经会、献神、仕宦、恩赏之经营、禁省台府之嘱托，贵珰要地，大贾豪民，买笑千金，呼卢百万，以至痴儿骏子，密约幽期，无不在焉。日糜金钱，靡有纪极。故杭谚有销金锅儿之号，此语不为过也。”

在这种浮华、侈糜、讲究饮食服舆和游赏玩乐的社会风气的影响之下，上自帝王，下至庶民，无不大兴土木、广营园林。皇家园林、私家园林、寺观园林大量修建，其数量之多，分布之广，较之隋唐时期有过之而无不及。

二、城乡经济高度发展，带动了科学技术的长足进步。宋代的科技成就在当时世界上居于领先地位，这是中外学者都承认的事实。世界文明史上占着极重要地位的四大发明均完成于宋代，在数学、天文、地理、地质、物理、化学、医学等自然科学方面，有许多开创性的探索，或总结为专论、或散见于当时人的著作中。建筑技术方面，李明仲的《营造法式》和喻皓的《木经》，是官方和民间对当时发达的建筑工程技术实践经验的理论总结。建筑个体、群体形象以及小品的丰富多样，从传世的宋画中也可以看得出来。例如，王希孟《千里江山图》，仅一幅山水画中就表现了个体建筑的各种平面：一字形、曲尺形、折带形、丁字形、十字形、工字形；各种造形：单层、二层、架空、游廊、复道、两坡顶、歇山顶、庑殿顶、攒尖顶、平顶、平桥、廊桥、亭桥、十字桥、拱桥、九曲桥等；还表现了以院落为基本模式的各种建筑群体组合的形象及其倚山、临水、架岩跨涧结合于局部地形地物的情况。建筑之得以充分发挥点缀风景的作用，已是显而易见的了［图5·1］。园林的观赏树木和花卉的栽培技术在唐代的基础上又有所提高，已出现嫁接和引种驯化的方式。当时的洛阳花卉甲天下，素有“花城”之称，欧阳修《洛

图 5·1 宋画中的建筑(刘敦桢等:《中国古代建筑史》)

阳牡丹记》记述洛阳居民爱花的情况：

> "洛阳之俗，大抵好花。春时，城中无贵贱，皆插花，虽负担者亦然。花开时，士庶竞为游遨，往往于古寺废宅有池台处为市井，张幄帟，笙歌之声相闻。最盛于月陂堤、张家园、棠棣坊、长寿寺、东街与郭令宅，至花落乃罢。"

周师厚《洛阳花木记》记载了200多个品种的观赏花木，其中牡丹109种、芍药41种；还分别介绍了许多具体的栽培方法：四时变接法、接花法、栽花法、种祖子法、打剥花法、分芍药法。南宋陈景沂《全芳备祖》58卷，共收录植物300余种。其中花卉约130种，分别记述花的产地、习性、典故、诗词等。除了这些综合性的著作之外，刊行出版的还有专门记述某类花木的如《牡丹记》、《牡丹谱》、《梅谱》、《兰谱》、《菊谱》、《芍药谱》等，不一而足。其中不少是由当时的著名文人欧阳修、陆游、王观、范成大、蔡襄、周必大等人撰写的。太平兴国年间由政府编纂的类书《太平御览》，从卷953到卷976共登录了果、树、草、花近300种，卷994到卷1000共登录了花卉110种。品石已成为普遍使用的造园素材，江南地区尤甚。相应地出现了专以叠石为业的技工，吴兴叫做"山匠"，苏州叫做"花园子"。园林叠石技艺水平大为提高，人们更重视石的鉴赏品玩，刊行出版了多种的《石谱》。李诫《营造法式》载有"垒石山"、"隐壁山"、"盆山"的功料制度规定，以及胶结石块的泥灰用料配方："垒石山，石灰四十五斤、粗墨三斤。"杜绾撰写的《云林石谱》三卷，分别对86种观赏石作了详细的文字描述，包括石的形象特征、岩质、产地、开采方法、大小尺寸等。其中有案头清供，也有园林用石如太湖石、灵璧石、林虑石、青州石、昆山石、英石、平泉石、排牙石等。对唐代以来造园最常用的太湖石，杜绾这样描述：

> "平江府太湖石产洞庭水中，石性坚而润者。嵌空穿眼，宛转崄怪。一种色白，一种色青而黑，一种微青。其质纹理纵横笼络，起隐于石面，遍多坳坎，盖因风浪冲击而成，谓之弹子窝，叩之微有声。采人携锤入深水中，颇难得，度其巧取凿，贯以巨索，浮舟设木架绞而出之。其间稍有巉岩特势，则加就镌砻取巧，复沉水中，经久为风水冲刷，石理如生。此石最高有五、三丈，低不逾十数尺，间有尺余，唯宜植立轩槛，装治假山或罗列园林庭槛中，颇多伟观，鲜有小巧可置几案间者。"

足见宋代造园叠山置石之技艺已达到相当高超的境地。所有这些，都为园林的广泛兴造提供了技术上的保证，也是当时造园艺术成熟的标志。

三、宋代重文轻武，文人的社会地位比以往任何时代都高。知识分子的数量陡增，已不限于地主阶级，城镇商人以及富裕农民中的一部分也有了文化而侧身于知识界。宋徽宗政和年间，光是由地方官府廪给的州县学生就达十五六万之多，这在当时世界范围内乃实属罕见的情况。科举取士制度更为完善，政府官员绝大部分由科举出身，唐代尚残留着的门阀士族垄断政治的遗风已完全绝迹，官僚政治达到完全成熟的境地。开国之初，宋太祖杯酒释兵权，根除了晚唐以来军人拥兵自重的祸患。中枢主政的丞相、主兵的枢密使、主财的三司以及州郡地方长官均由文官担任，在军队的高级指挥机构派驻文官作为“监军”。文官的地位、所得的俸禄也高于武官。文官执政可说是宋代政治的特色。这固然是宋代积弱的原因之一，但却成为文化发展繁荣的一个重要因素。文官多半是文人，能诗善画的文人担任中央和地方重要官职的数量之多，在中国整个封建时代没有任何朝代能与之比拟。唐代文人与士大夫合流的情况到宋代又有所发展，许多大官僚同时也是知名于世的文学家、画家、书法家，甚至最高统治者的皇帝如宋徽宗赵佶亦跻身于名画家、书法家之列。再加之朝廷执行比较宽容的文化政策，出现了在封建时代极为罕见的一定程度上的言论自由。文人士大夫率以著述为风尚，新儒学“理学”学派林立，各自开设书院授徒讲学。因而两宋人文之盛，远迈前代。文化方面的这些特殊情况刺激了文人士大夫的造园兴趣，他们有的参与园林的规划设计，有的著文描述某些名园从而发展了“园记”这种文学体裁。文人士大夫的造园活动大为开展，民间的士流园林得以更进一步文人化，则又促成“文人园林”的兴盛。皇家园林亦更多地受到民间的影响，比起隋唐它们的规模变小了、皇家气派也有所削弱，但规划设计则趋于清新、精致、细密。

四、中唐以后，诗词无论在内容和风格上都发生了明显的变化。对山居、田园闲适生活的品赏和身边琐事的吟咏，在文人的作品中逐渐多起来。到了宋代，诗词完全失去盛唐的闳放、波澜壮阔的气度，主流已转向缠绵悱恻、空灵婉约。宋代士大夫知识分子阶层出于对国家社会的责任感而激发出强烈的爱国意识，成就了许多光照千秋的爱国诗篇，但这类诗篇毕竟只占诗人们的作品中的很小一部分。陆游是著名的爱国诗人，其全部诗作中的大多数仍为吟咏茶酒书画、文房四宝、花草树木、庭园泉石等的琐细题材。与陆游齐名的范成大、杨万里的情况亦复如此。范成大的名作《四时田园杂兴》组诗多达60首，吟咏园林的悠游生活细致入微、一往情深。园林诗和园林词已成为宋代诗词中的一大类别，它们或即景生情、或托物言志，通过对叠石为山、引水为池以及花木草虫的细腻描写而寄托作者的情怀。那婉约空灵的格调几乎都以“深深庭院”的风花雪月、池泉山石作为载体，则是中国文学史上的不争事实。

绘画艺术在五代、两宋时期已发展到高峰境地。宋代乃是历史上最以绘画艺术见重的朝代，画家获得了前所未有的受人尊崇的社会地位。米芾

图 5·2（南朝·梁）荆浩：《匡庐图》

《画史·序》有一段话：

> “杜甫诗谓薛少保：‘惜哉功名迕，但见书画传。’甫老儒，汲汲于功名，岂不知固有时命，殆是平生寂寥所慕。嗟乎！五王之功业，寻为女子笑；而少保之笔精墨妙，摹印亦广，石泐则重刻，绢破则重补，又假以行者，何可数也。然则才子鉴士，宝钿瑞锦，缫袭数十以为珍玩，回视五王之炜炜，皆糠粃埃壒，奚足道哉。”

这段话说明了唐人和宋人对薛稷(薛少保，唐睿宗时权臣)的政治才能和绘画才能所作出的截然不同的评价。两宋继五代之后，政府特设“画院”罗致天下画师，兼采选考的方式培养人才。考试常以诗句为题，因而促进了绘画与文学相结合。自汉唐以来利用绘画辅佐推行政教的情形到宋代已完全绝迹。画坛上呈现为人物、山水、花鸟鼎足三分的兴盛局面，山水画尤其受到社会上的重视而达到最高水平。正如郭熙《林泉高致》所说："直以太平盛日，君亲之心两隆，苟洁一身，出处节义斯系，岂仁人高蹈远引，为离世绝俗之行，而必与箕颍埒素黄绮同芳哉?……然则林泉之志，烟霞之侣，梦寐在焉，耳目断绝。今得妙手，郁然出之，不下堂筵，坐穷泉壑，猿声鸟啼，依约在耳，山光水色，滉漾夺目。此岂不快人意，实获我心哉。此世之所以贵夫画山水之本意也。"五代、北宋山水画的代表人物为董源、李成、关仝、荆浩四大家，从他们的全景式画幅上，我们可以看到崇山峻岭、溪壑茂林，点缀着野店村居、楼台亭榭 [图5·2]。以写实和写意相结合的方法表现出"可望、可行、可游、可居"的士大夫心目中的理想境界，说明了"对景造意，造意而后自然写意，写意自然不取琢饰"的道理。南宋，马远、夏珪一派的平远小景，简练的画面构图偏于一角，留出大片空白 [图5·3]，使观者的眼光随之望入那一片空虚之中顿觉水天辽阔，发人幽思而萌生出无限的意境。值得注意的是，两宋的山水画都十分讲究以各种建筑物来点缀自然风景，画面构图在一定程度上突出人文景观的分量，表明了自然风景与人文相结合的倾向。而直接以园林作为描绘对象的也不在少数，从北宋到南宋，园林景色和园林生活愈来愈多地成为画家们所倾注心力的题材。不仅着眼于园

图 5·3 （宋）马远《踏歌图》

图 5·4 （宋）苏汉臣《秋庭戏婴图轴》

林的整体布局，甚至某些细部或局部，如叠山、置石［图5·4］、建筑［图5·5］、小品、植物配置等，亦均刻画入微。另外，自唐代文人涉足绘画而萌芽的“文人画”，到两宋时异军突起，涌现了一批广征博涉、多才多艺，集哲理、诗文、绘画、书法诸艺于一身的文人画家。苏轼(东坡)便是其中的佼佼者，被有些学者誉之为“欧洲文艺复兴式的艺术家”。宋代艺坛的诸如此类情况，意味着诗文与绘画在更高层次上的融糅、诗画作品对意境的执著追求。在这种文化氛围之中，士流园林兴盛和文人广泛参与园林规划设计，园林中熔铸诗画意趣比之唐代就更为自觉，同时也更重视园林意境的创造。不仅私家园林如此，皇家和寺观园林也有同样的趋向。山水诗、山水画、山水园林互相渗透的密切关系，到宋代已经完全确立。

五、在宋代的文人士大夫阶层中，除了传统的琴、棋、书、画等艺术活动之外，品茶、古玩鉴赏和花卉观赏也开始盛行。它们作为文人的共同习尚，大大地丰富了文人生活艺术的内容，交织构成文人精神生活的主体。而进行这些活动需要有一个共同的理想场所，这个场所往往就是园林。因此，前者的盛行必然促成后者的发达。

中唐以后逐渐兴起的品茶习尚到宋代而普遍盛行于知识阶层。品茶已成为细致、精要的艺术即所谓“茶艺”，包括烹调方法、饮用仪注、茶具、茶室、茶庭等。茶艺不仅普及于民间，还流行于寺庙、宫廷。宋徽宗在《大观茶论》的序文中说过这样的话：

> “荐绅之士，韦布之流，沐浴膏泽，薰陶德化，咸以高雅相从，事茗饮，故近岁以来，采择之精，制作之工，品第之胜，烹点之妙，莫不咸造其极。……天下之士，厉志清白，竞为闲暇修索之玩，莫不碎玉锵金，啜英咀华，校箧笥之精，争鉴裁之妙。”

他还提倡以“清、和、淡、洁，韵高致静”为品茶的精神境界。

宋人品茶有斗茶和分茶两种方式。斗茶相当于煎茶优劣之竞赛；分茶是把煎好的茶汤注入茶盏中而分出汤花，予人以赏心悦目的美感。高手分茶无异于一种艺术表演，诗人杨万里在寺院里观看老僧分茶之后，发出由衷的咏赞：

“分茶何似煎茶好，煎茶不似分茶巧；
蒸水老禅弄泉手，龙兴元春新玉爪；
二者相遭兔瓯面，怪怪奇奇真善幻；
纷如擘絮行太空，影落寒江能万变；
银瓶首下仍尻高，注汤作字势嫖姚；
不须更师屋漏法，只问此瓶当响答。
……”[1]

[1] 杨万里：《澹庵坐上观显上人分茶》，转引自安平秋：《唐宋文人与茶》，见《茶的历史与文化》，杭州，浙江摄影出版社，1991。

茶艺能适应并发扬文人性格中的“淡泊以明志，宁静而致远”的一面，同时也要求一个“淡泊、宁静”的环境来进行茶艺活动，而山水园林则是再适合不过的环境了。因此，品茶赏茗与文人园居的闲适生活便结下不解之缘，这在宋人诗词中亦多有记述的。

唐代以前，收藏文物古玩以宫廷内府为主，从中唐开始，士大夫多有博雅好古之人，收集古器物、鉴赏古字画的风气逐渐在他们之间流行起来，到两宋而臻于极盛，发展成为一门学问，刊行了不少有关的专著。苏轼、欧阳修、蔡襄、陆游、赵明诚、李清照等著名文人均精于此道。李清照《金石录后序》一文叙述她与丈夫赵明诚对文玩搜求之苦衷和鉴赏之乐趣：

“赵、李族寒，素贫俭。每朔望谒告，出，质衣，取半千钱，步入相国寺，市碑文果实。归，相对展玩咀嚼，自谓葛天氏之民也。……后屏居乡里十年，仰取俯拾，衣食有余。连守两郡，竭其俸入，以事铅椠。每获一书，即同共勘校，整集签题。得书画彝鼎，亦摩玩舒卷，指摘疵病，夜尽一烛为率。故能纸札精致，字

图 5·5 （宋）刘松年《四景山水图》

画完整，冠诸收书家。余性偶强记，每饭罢，坐归来堂，烹茶，指堆积书史，言某事在某书某卷第几叶第几行，以中否角胜负，为饮茶先后。中即举杯大笑，至茶倾覆怀中，反不得饮而起，甘心老是乡矣。”[1]

米芾更是嗜古成癖，他“精于鉴裁，遇古器物书画则极力求取，必得乃已”[2]。这样一种高雅的艺术鉴赏活动，自然要求一个同样高雅的“淡泊、宁静”的环境，则亦非园林莫属。所以米芾父子陈列文玩的“宝晋斋”周围皆“高梧丛竹，林越禽鸟”，以幽雅的园林环境来衬托斋内“异书古图、右左栖列”的幽雅气氛，可谓相得益彰了。两宋文人士大夫描写自己在园林中如何赏玩古器书画的诗文，也不在少数。

早在唐代，大诗人白居易经营洛阳履道坊宅园时已把操琴活动作为园居的功能之一。他在《池上篇 · 序》中这样写道：

“每至池风春，池月秋，水香莲开之旦，露青鹤唳之夕，拂杨石，举陈酒，援崔琴，弹姜《秋思》，颓然自适，不知其他。酒酣琴罢，又命乐童登中岛亭，合奏《霓裳 · 散序》，声随风飘，或凝或散，悠扬于竹烟波月之际者久之。曲未尽而乐天陶然已醉，睡于石上矣。”

可以想见那一派有如高山流水的琴音与园林山水环境的契合，对文人的精神生活能产生何等深刻的陶冶作用。这种情况到宋代更为普遍。朱长文曾著文描写他自己规划经营的私园“乐圃”的景观：

“……冈上有琴台，台之西隅有‘咏斋’，予尝拊琴赋诗于此，所以名云。‘见山冈’下有池……池中有亭，曰‘墨池’，余尝集百氏妙迹于此而展玩也。池岸有亭，曰‘笔溪’，其清可以濯笔。”[3]

园中设琴台、墨池、笔溪这样一些景点，意在表明园主人对诗、书、琴艺和法帖的珍爱，并以之构成为园林造景内涵的雅趣。

宋代园艺技术发达，花木的观赏较之唐代也更普遍地进入文人士大夫的精神生活领域。他们中的代表人物如欧阳修、蔡襄、范成大等人，都亲自撰写“花谱”一类的书，反映了文人对花艺的热情。文人的“花艺”能够与匠人的“花技”相结合，所以辛弃疾在愤世嫉俗之余甚至会这样说：“却将万字平戎策，换得东家种树书。”北宋时，文人、画家咏赞描绘花木美姿的已经很普遍了，知名于世的如周敦颐的《爱莲》、林和靖的《咏梅》之作，崔白、赵佶等人的花鸟画，文同的墨竹画，仲仁的墨梅画，等等。到南宋，这种情况更达到精美细腻的境地，无疑也是形成园林品赏的高雅格调的一个主要方面。词人姜夔就这样记述一处园林：

“予客长沙别驾之观政堂。堂下曲沼，沼西负古垣，有卢橘幽

[1]《李清照集校注》卷三，北京，人民文学出版社，1979。

[2]《宋史 · 米芾传》。

[3] 朱长文：《乐圃记》，见陈植，张公弛选注：《中国历代名园记选注》，合肥，安徽科学技术出版社，1983。

篁，一径深曲。穿径而南，官梅数十株，如椒、如菽，或红破白露，枝影扶疏。著屐苍苔细石间，野兴横生。”[1]

宋代文人对梅花似乎情有独钟，林和靖的咏梅诗句“疏影横斜水清浅，暗香浮动月黄昏”传颂千古，而张镃《玉照堂梅品》一文的描述更是达到了前所未有的高超境界：

“梅花为天下神奇，而诗人尤所酷好。淳熙岁乙巳，余得曹氏荒园于南湖之滨，有古梅数十，散漫弗治。爰辍地十亩，移种成列。增取西湖北山别圃红梅，合三百余本，筑堂数间以临之。又挟以两室，东植千叶细梅，西植红梅，各一二十章，前为轩楹，如堂之数。花时居宿其中，莹洁辉映，夜如珂月，因名曰玉照。复开涧环绕，小舟往来，未始半月舍去。自是客有游桂隐者，必求观焉。……但花艳并秀，非天时清美不宜；又标韵孤特，若三闾大夫、首阳二子，宁槁山泽，终不肯俯首屏气，受世俗湔拂。……今疏花宜称、憎嫉、荣宠、屈辱四事，总五十条，揭之堂上，使来者有所警省。且示人徒知梅花之贵，而不能爱敬也。”[2]

此外，宋代已经能利用杂交之法培育出金鱼，“今中都有豢鱼者，能变鱼以金色，鲫为上，鲤次之。贵游多凿石为池，寘之檐牖间以供玩。”[3]于是，玩赏金鱼遂成为文人士大夫的一种雅趣，而最适合这种雅事的场所也是园林。到南宋时，民间和宫廷的园林中已多有金鱼池的建置。

诸如此类的情况，即足以说明以琴、棋、书、画、品茶、文玩鉴赏、花鱼鉴赏等为主要内容的文人精神生活与园林的密切关系。前者以后者作为理想的活动场所，而后者正是前者的最合适的载体。

综上所述，宋代的政治、经济、文化的发展把园林推向了成熟的境地，同时也促成了造园的繁荣局面，乃属势之必然。两宋各地造园活动的兴盛情况，见诸文献记载的不胜枚举。以北宋东京为例，有关文献所登录的私家、皇家园林的名字就有一百五十余个[4]，名不见经传的想来也不少。此外还有许多寺观园林、官司衙署园林、公共园林、茶楼酒肆附设的园林，甚至不起眼的小酒店亦置“花竹扶疏”的小庭院以招徕顾客。东京园林之多，达到了“百里之内，并无闲地”[5]的程度，无异于花园城市了。南宋都城临安紧邻风景优美的西湖及其周围的群山，皇家占地兴造御苑，寺庙建造园林，而私家园林更是精华荟萃。西陵桥、孤山一带“俱是贵官园圃；凉堂画阁，高台危榭，花木奇秀，灿然可观”。“里湖内诸内侍园囿，楼台森然，亭馆花木，艳色夺锦；白公竹阁，潇洒清爽。沿堤先贤堂、三贤堂、湖山堂，园林茂盛，妆点湖山”[6]，形成了“一色楼台三十里，不知何处觅孤山”的盛况。

[1]《一萼红·序》，见《全宋词》，中华书局，1965。

[2] 周密：《齐东野语》卷十五，中华书局，1983。

[3] 岳珂：《桯史》卷十二“金鲫鱼”条，北京，中华书局，1981。

[4] 根据《东京梦华录》、《东都志略》、《枫窗小牍》、《汴京遗迹志》、《宋书·地理志》、《玉海》诸书及散见于宋人文集、笔记中所记园林名字的粗略统计。

[5] 孟元老：《东京梦华录》，上海，古典文学出版社，1956。

[6] 吴自牧：《梦粱录》，见《笔记小说大观》，南京，江苏广陵古籍出版社影印，1983。

第二节 东京、临安

东京原为唐代的汴州。五代时，后梁、后晋、后周先后建都于此地。北宋王朝亦以此地为都，直到宋钦宗时因金人入侵而南迁，历时共168年。东京地处中州大平原，虽然水陆交通很方便，具有经济上的优势，却无险可守。宋太祖有鉴于此，一方面屯驻重兵加强防卫；另一方面以洛阳为西京，大体上类似唐代的两京制，形成“太平则居东京通济之地，以便天下；急难则居西洛险固之宅，以守中原”的格局。

东京共有三重城垣：宫城、内城、外城，每重城垣之外围都有护城河环绕。外城又称新城，是后周时扩建的，周长五十里一百六十五步，略近方形，为民居和市肆之所在，设城门13座：南三，北四，东、西各三。内城又称旧城，即唐汴州旧城，周长二十里一百五十五步，除部分民居市肆外主要为衙署、王府邸宅、寺观之所在，设城门七座：南三，北一，东、西各二。宫城又称大内，为宫廷和部分衙署之所在，周长五里，城门六座：南三，东、西、北各一。从宫城的正南门“宣德门”到内城正南门“朱雀门”是城市中轴线上的主要干道——御街，往南一直延伸到外城的南正门“南薰门”。此外，尚有若干条东西向和南北向的干道穿越内城和外城［图5·6］。

东京的规划沿袭北魏、隋唐以来的皇都模式，但城市的内容和功能已经全然不同，由单纯的政治中心演变为商业兼政治中心。北宋中期以后为了适应城市商业经济的高度发展，取消包围坊里和市场的围墙，把若干街巷组织为一“厢”，每厢再分为若干“坊”。据文献记载，东京城内共有8厢121坊，城外有9厢14坊。城内的主要街道是通向城门的各条大街，都很宽阔。住宅和店铺均面临街道建造，汉唐以来传统的封闭坊里制已名存实亡。由于手工业和商业的发展，有些街道已成为各行各业相对集中的地区。内城、外城的主要街道除天街外几乎都是商业大街。城的东北、东南和西部的主要街道附近的商业区尤为繁华，商店、茶楼、酒肆、瓦子等鳞次栉比，大相国寺内的庙市可容纳近万人。五丈河、金水河、汴河、蔡河，贯穿城内，连接江淮水运，更促进了物资交流和商业繁荣。由于城市人烟稠密，用地紧张，沿热闹街市的铺面房屋多为二三层的，尤以酒店为多，故又叫做酒楼。为了防火，城内分布着若干座望火楼作为火警观察哨。另在各坊巷设置军巡铺屋，以便随时巡回救火，维持治安。这些都是宋以前的城市所未有过的。

尽管东京已演变为商业化的街巷制，城市规划发生了重大变化，但其总体布局依然保持着北魏、隋唐以来的以宫城为中心的分区规划结构形式。

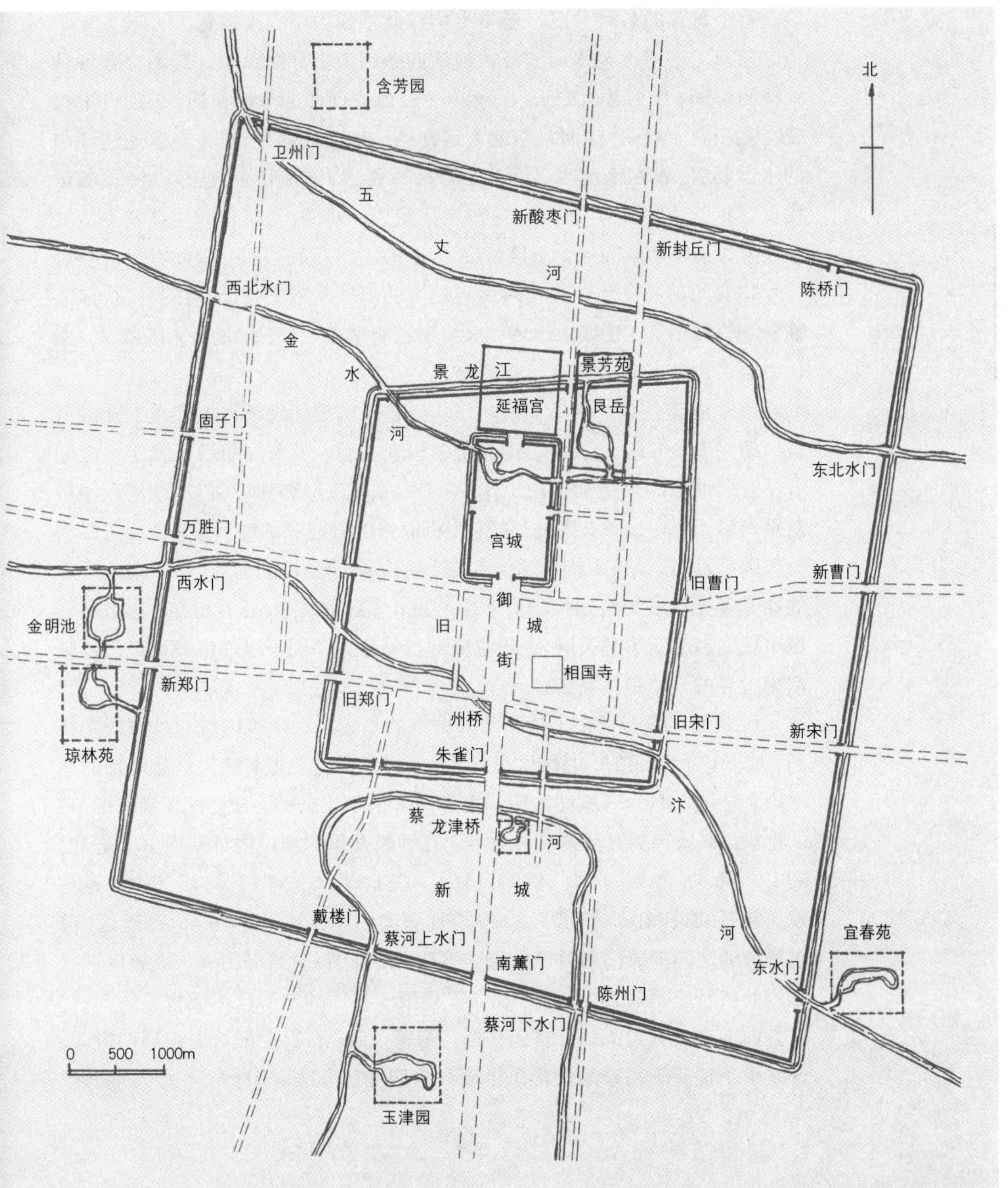

图 5·6 北宋东京城平面示意及主要宫苑分布图

宫城位于全城的中央，宫城的南部排列着外朝的宫殿，包括大朝的大庆殿和常朝的紫宸殿。其西面又有与之平行的文德、垂拱两组殿堂，作为常朝和饮宴之用。外朝之北为寝宫与内苑。东京宫城的规模虽不如隋唐两代之宏大，但建设时曾参照洛阳的宫城，因此殿宇群组的规划既保持严整的布局，又显示其灵活精巧的特点。宫城南北中轴线的延伸即作为全城规划的主轴线。这条主轴线自宫城南门宣德门，经朱雀门，沿朱雀门大街，直达外城南门南薰门。整个城郭的各种分区，基本上均按此轴线为中心来布置。

蔡河、汴河、金水河、五丈河这四条河流贯穿东京城，跨河修建各种式样的桥梁，包括著名的天汉桥和虹桥，形成便捷的水运交通，更促进了物资交流和商业繁荣。汴河是南北大运河的一个组成部分，也是东京通达江南的水运要道。凡东南地区之漕粮及各种物资，均依赖此河输送到京，仅漕运粮食每年即达数百万石之多。这四条河组成的水网，与东京的生产及生活关系很大，不仅繁荣商业，而且解决了城市供水以及宫廷、园林的用水问题。

临安的前身杭州，五代时为吴越国的都城，宋室南迁，作为"行在"。临安濒临钱塘江、连接大运河，水陆交通非常方便，不仅是南宋的政治、文化中心，也是当时最大的商业都会。

南宋建都之初，政局不稳，一切沿袭原杭州的规模，无甚重大建设可言。绍兴十一年(公元1141年)与金朝媾和之后，偏安局势趋于稳定，立即着手开展城市的改造和扩建工作。临安的城市改造和建设，包括政治和经济双重内涵。政治上要求按首都规格，将原来地方建制的治所城市，改造成为一代国都城市。经济上则随着当时商品经济高速发展的形势，将原来地区性的商业都会扩展为全国性的商业中心城市。双重改造，重在经济，这是推动城市规划制度变革的关键，也是临安的都城建设不同于以往都城建设之以政治为主导的一个最大特点。

所以说，临安是在吴越和北宋杭州的基础上，增筑内城和外城的东南部，加以扩大而成的。内城即皇城，位于外城之南、北宋杭州州治旧址的凤凰山。皇城之内为宫城即大内，直到南宋末年才全部建成。据《武林旧事》的记载：宫城包括宫廷区和苑林区，在周长九里的地段内计有殿30、堂32、阁12、斋4、楼7、台6、亭90、轩1、观1、园6、庵1、祠1、桥4，这些建筑都是雕梁画栋，十分华丽。政府衙署集中在宫城外的南仓大街附近，经过皇城的北门朝天门与外城的御街连接。虽然仍保持着御街——衙署区——大内的传统皇都规划的中轴线格局，但限于具体的地形已不成规整的形式。在方向上亦反其道而行，宫廷在前、衙署在后，百官上朝皆需由后门进入。这是由于适应于复杂的地形条件而采取的变通办法，当时称之为"倒骑龙"[图5·7]。

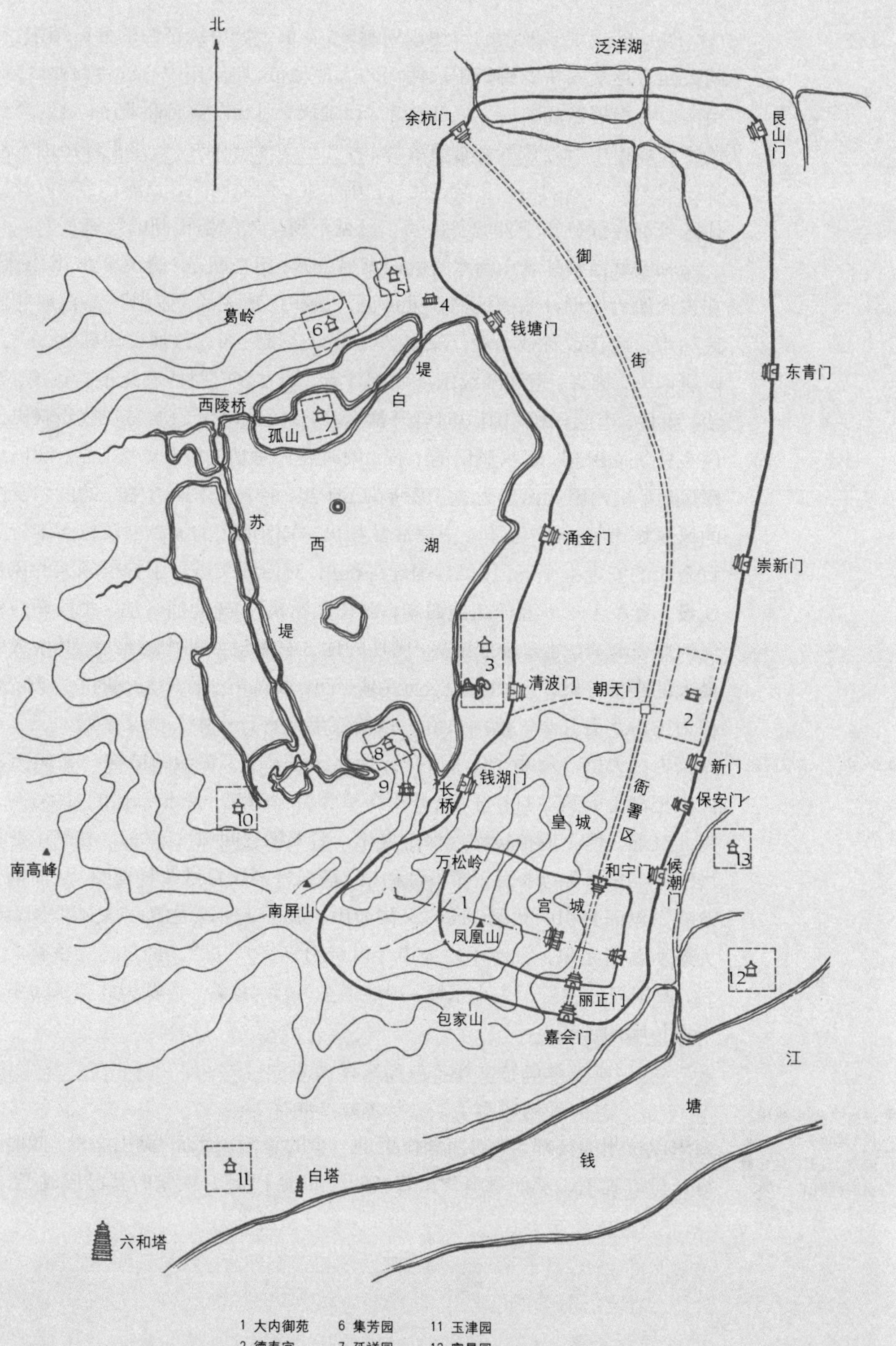

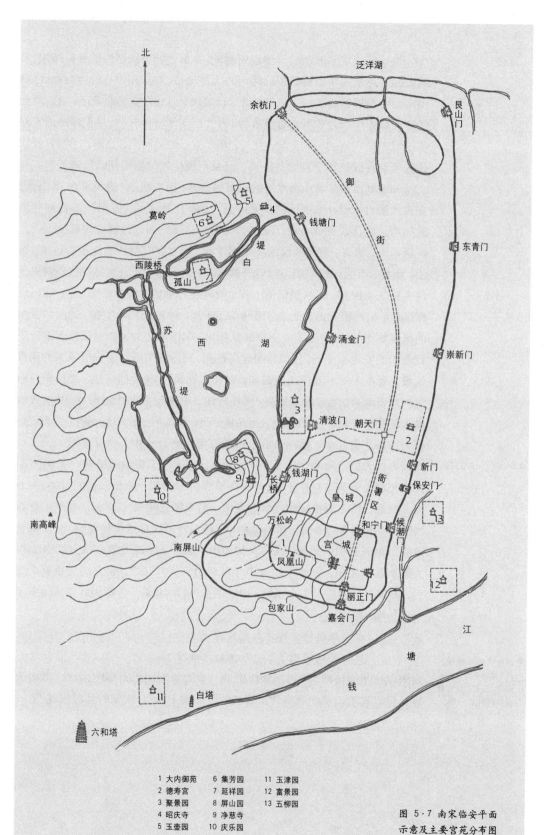

图 5·7 南宋临安平面示意及主要宫苑分布图

外城的规划采取新的市坊规划制度，着重于城市经济性的分区结构。自朝天门直达众安桥的御街中段两侧的大片地带，均划作中心综合商业区。御街南段与衙署区相对应之通江桥东、西地段，则充作官府商业区。这两个商业区在城市中所处位置都很重要，后者甚至与衙署区并列，足见经济因素对临安城改造规划的巨大影响。此外，手工业、商业网点、仓库、学校以及居住区等都穿插分布于外城各街巷，已见不到早先的坊里制的痕迹了。

临安城西紧邻着山清水秀的西湖风景区，历来就是一座风景城市。**西湖**在古代原为钱塘江入海的湾口处由泥沙淤积而形成的“泻湖”，秦汉时叫做武林水，唐代改称钱塘湖，又以“其地负会城之西，故通称西湖”。东晋、隋唐以来，佛寺、道观陆续围绕西湖建置，地方官府对西湖也不断疏浚、整治。唐代，李泌任杭州刺史时曾开凿六井，兴修水利；白居易在杭州刺史任内主持筑堤保湖、蓄水溉田的工程，同时还大量植树造林，修造亭、阁以点缀风景。杭州因此而成为“绕郭荷花三十里，拂城松树一千株”的闻名全国的风景城市了。唐末五代，中原战乱频仍，东南地区的吴越国政权却维持了百余年的安定太平局面。吴越国建都杭州，对西湖又进行了规模颇大的风景建设，置军士千人专门疏浚西湖，名“撩湖兵”。疏通涌金池，把西湖与南运河联系起来。北宋废撩湖兵，历任的地方官都对西湖作过整治，其中成效最大的当推苏轼。元祐四年(公元1089年)，苏轼第二次知杭州时，西湖“葑积为田，水无几矣。漕河失利，取给江潮，舟行市中，潮又多淤，三年一淘，为民大患，六井亦几于废”[1]。为此，他采取了根治的措施：用20万个民工把湖上的葑草打捞干净，并用葑草和淤泥筑起一条长三里的大堤，沟通南北交通。堤上遍植桃柳以保护堤岸，后人把它叫做“苏堤”。在湖中建石塔三座，塔以内的水面一律不许种植，塔以外则让百姓改种菱茭，从而彻底改变了湖面葑积的状况。同时又浚茆山、盐桥二河以通漕，“复造堰闸，以为湖水蓄泄之限，江潮不复入市。以余力复完六井”[2]。经过这一番整治之后，西湖划分为若干大小水域，绿波盈盈，烟水淼淼，苏轼为此美景写下了千古传唱的诗句：

“水光潋滟晴方好，山色空濛雨亦奇；
欲把西湖比西子，淡妆浓抹总相宜。”

南宋以杭州为行都，又对西湖作更进一步的整治，因而“湖山之景，四时无穷；虽有画工，莫能摹写”[3]。著名的“西湖十景”，南宋时就已形成了。

[1][2]《宋史·苏轼传》。

[3] 吴自牧：《梦粱录》，见《笔记小说大观》，南京，江苏广陵古籍出版社影印，1983。

第三节
宋代的皇家园林

宋代的皇家园林集中在东京和临安两地，若论园林的规模和造园的气魄，远不如隋唐，但规划设计的精致则过之。园林的内容比之隋唐较少皇家气派，更多地接近于私家园林，南宋皇帝就经常把行宫御苑赏赐臣下或者把臣下的私园收归皇室作为御苑。宋代皇家园林之所以出现规模较小和接近私家园林的情况，这与宋代皇陵之简约一样，固然由于国力国势的影响，而与上文所述的当时朝廷的政治风尚也有直接的关系。

东　　京

东京的皇家园林只有大内御苑和行宫御苑。属于前者的为后苑、延福宫、艮岳三处，属于后者的分布在城内外，城内有景华苑等处，城外计有琼林苑、宜春园、玉津园、金明池、瑞圣园、牧苑等处。其中比较著名的为北宋初年建成的“东京四苑”——琼林苑、玉津园、金明池、宜春苑，以及宋徽宗时建成的延福宫和艮岳。

后苑

后苑原为后周之旧苑，位于宫城之西北。据《历代宅京记》卷十六的记载：后苑东门曰宇阳，苑内的主要殿堂为崇圣殿、太清楼。其西又有宜圣、化成、金华、西凉、清心等殿，翔鸾、仪凤二阁，华景、翠岩、瑶津三亭。经内宫墙之两重门出入后苑，“十数步间，过一小溪桥有仁智殿，溪中有龙舟。仁智殿下两巨石，高三丈，广半之。东一石有小碑刻‘敕赐昭庆神运万岁峰’，西一石刻‘独秀太平岩’，乃宋徽宗御书，刻石填金。殿后有石垒成山，高百尺，广倍之，最上刻石曰香石泉山。山后挽水上山，水自流下至荆王涧，又流至涌翠峰，下有太山洞。水自洞门飞下，复由本路出德和殿，迤逦至大庆门外，横从右升龙门出后朝门，榜曰启庆之宫”。

延福宫

延福宫在宫城之北，构成城市中轴线上的前宫后苑的格局。政和三年(公元1113年)，为兴建此宫曾把宫城北门外的若干仓库、作坊，两所佛寺，两座军营拆迁至他处。延福宫的范围南邻宫城，北达内城北墙，东西宫墙即宫城东西墙的延伸，设东、西两个宫门。有关宫内园林及建筑的情况，《宋史·地理志》卷八十五言之甚详：

“……始南向，殿因宫名曰延福，次曰蕊珠，有亭曰碧琅玕。……宫左复列二位。其殿则有穆清、成平、会宁、睿谟、凝和、昆玉、群玉，其东阁则有蕙馥、报琼、蟠桃、春锦、叠琼、芬芳、丽玉、寒香、拂云、偃盖、翠葆、铅英、云锦、兰薰、摘金，其西阁有繁英、雪香、披芳、铅华、琼华、文绮、绛萼、秾华、绿绮、瑶碧、清阴、秋香、丛玉、扶玉、绛云。会宁之北，叠石为山，山上有殿曰翠微。旁为二亭，曰云岿、曰层巘。凝和之次阁曰明春，其高逾一百一十尺。阁之侧为殿二，曰玉英、曰玉涧。其背附城(按：即内城北墙)，筑土植杏，名杏岗。覆茅为亭，修竹万竿，引流其下。宫之右为佐二阁，曰宴春，广十有二丈，舞台四列，山亭三峙。凿圆池为海，跨海为二亭，架石梁以升山，亭曰飞华。横度之四百尺有奇，纵数之二百六十有七尺。又疏泉为湖，湖中作堤以接亭，堤中作梁以通湖，梁之上又为茅亭、鹤庄、鹿砦、孔翠诸栅，蹄尾动数千。嘉花名木，类聚区别，幽胜宛若生成，西抵丽泽(注：宫门)，不类尘境。”

值得注意的是，上述引文中提到的50处建筑物，其中有32处的命名与植物有关。也就是说，这32处建筑物的附近都栽植着大片各种树木或花卉。此外，文中还有“筑土植杏，名杏岗”、“修竹万竿”、“嘉花名木，类聚区别”的记载。足见延福宫内花树繁茂，植物造景的比重很大，且多半是按不同种属的植物造景来分景区的。延福宫由当时的五个大宦官——童贯、杨戬、贾祥、蓝从熙、何䜣——各自负责监修一部分，成为各不相同的五个区，号称“延福五位”。其后又跨内城北墙之护城河扩建一区，即延福第六位。关于此区情况，《枫窗小牍》有概略记载：“跨城之外浚濠，深者水三尺，东景龙门桥，西天波门桥，二桥之下，垒石为固，引舟相通。而桥上人物外自通行不觉也，名曰景龙江。其后又辟之，东过景龙门至封丘门。此特大概耳，其雄胜不能尽也。”景龙江夹岸皆奇花珍木，殿宇鳞次栉比，逐渐往东拓展，名曰撷芳园。此园山水秀美，林麓畅茂，楼观参差，堪与延福宫、艮岳比美。

艮岳

宋徽宗赵佶笃信道教，政和五年(公元1115年)于宫城之东北建道观“上清宝箓宫”，与延福宫之东门相对。后又听信道士之言，谓在京城内筑山则皇帝必多子嗣，乃于政和七年(公元1117年)“命户部侍郎孟揆于上清宝箓宫之东筑山象余杭之凤凰山，号曰万岁山，既成更名曰艮岳”[1]。因其在宫城之东北面，按八卦的方位，以“艮”名之。与筑山同时凿池引水，又建造亭阁楼观、栽植奇花异树。用了五六年的时间不断经营，到宣和四年(公元1122年)终于建成这座历史上最著名的皇家园林之一。园门的匾额题名“华阳”，故又称“华阳宫”。它的规模并不算太大，但在造园艺术方面的成就却远迈前人，具有划时代的意义。

[1] 李濂：《汴京遗迹志》，见《文渊阁四库全书》，台北，商务印书馆，1986。

艮岳的建园工作由宋徽宗亲自参预。徽宗精于书画，是一位素养极高的艺术家。具体主持修建工程的宦官梁师成“博雅忠荩，思精志巧，多才可属”。此二人珠联璧合，则艮岳之具有浓郁的文人园林意趣，自是不言而喻。建园之先经过周详的规划设计，然后制成图纸，“按图度地，庀徒僝工”[2]。徽宗经营此园，不惜花费大量财力、人力和物力。为了广事搜求江南的石料和花木，特设专门机构“应奉局”于平江(今苏州)，委派朱勔主管应奉局及“花石纲”事务。“纲”是宋代水路运输货物的组织，全国各地从水路运往京师的货物都要进行编组，一组谓之一“纲”。据《宣和遗事》：

[2] 宋徽宗：《艮岳记》，见陈植主编：《中国历代造园文选》，合肥，黄山书社，1992。

> “(朱勔)初才致黄杨木三四本，已称圣意。后岁岁增加，遂至舟船相继，号做‘花石纲’。专在平江置应奉局，每一发辄数百万贯。搜岩剔薮，无所不到。虽江湖不测之渊，力不可致者，百计出之，名做‘神运’。凡士庶之家，有一花一木之妙者，悉以黄帕遮覆，指做御前之物。不问坟墓之间，尽皆发掘。石巨者高广数丈，将巨舰装载，用千夫牵挽，凿河断桥，毁堰拆闸，数月方至京师。一花费数千贯，一石费数万缗。”

如此巧取豪夺，殚费民力，因而激起民愤。北宋王朝的覆亡，与此不无关系。

艮岳建成才不过四年，金兵攻陷东京城。时值严冬，大雪盈尺，成千上万的老百姓涌入艮岳，把建筑物全部拆毁作为取暖的柴薪。一代名园，自此沦于衰败。

艮岳甫建成，宋徽宗亲自撰写《艮岳记》，介绍艮岳的全貌及其布局的大致情况。蜀僧祖秀于金兵破城时到过艮岳，写了一篇《华阳宫记》记述他所见的山石、花木、建筑的情形。李质、曹组的《艮岳百咏诗》，描述了园内的一百个景点的观感。这些都是有关艮岳的重要文献。此外，南宋人张昊把宋徽宗和祖秀之文删繁就简，另成《艮岳记》一篇；《枫窗小牍》和《宋史·地理志》也有片段记载。综合这些文献，我们大体上可以获得艮岳的概貌情况［图5·8］。

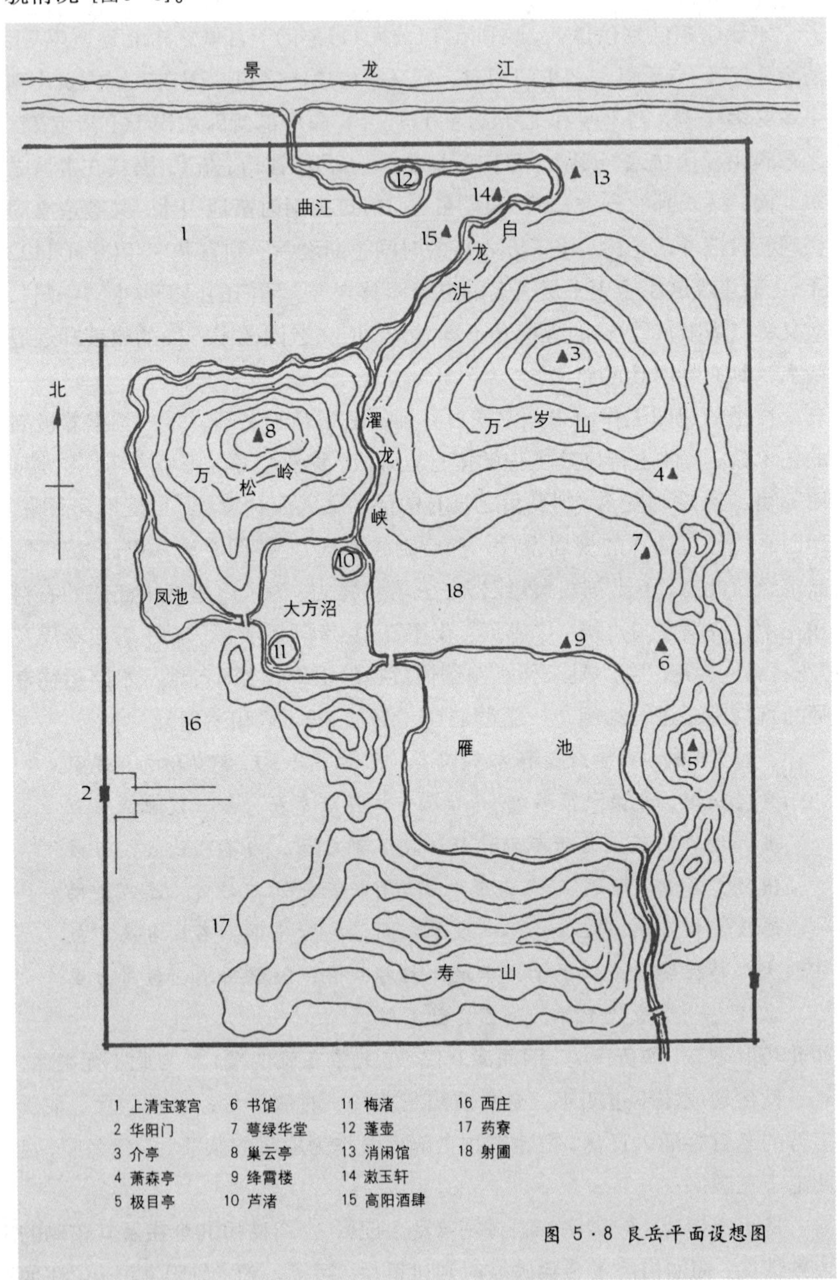

图 5·8 艮岳平面设想图

艮岳属于大内御苑的一个相对独立的部分，建园的目的主要是以山水之景而“放怀适情，游心赏玩”。建筑物均为游赏性的，没有朝会、仪典或居住的建筑。园林的东半部以山为主，西半部以水为主，大体上成“左山右水”的格局，山体从北、东、南三面包围着水体。北面为主山“万岁山”，先是用土堆筑而成，大轮廓体型模仿杭州凤凰山，主峰高九十步是全园的最高点，上建“介亭”。后来从“洞庭、湖口、丝溪、仇池之深渊，与泗滨、林虑、灵璧、芙蓉之诸山”开采上好石料运来，又“增以太湖、灵璧之石，雄拔峭峙，巧夺天工”。足见万岁山乃是先筑土、后加上石料堆叠而成为大型的土石山。山上“蹬道盘纡萦曲，既而山绝路隔，继之以木栈，倚石排空，周环曲折，有蜀道之难”。山的南坡怪石林立，如紫石岩、祈真蹬等均极险峻，建龙吟堂、揽秀轩；山南麓“植梅万数，绿萼承趺，芬芳馥郁”，建萼绿华堂、书馆、八仙馆、承岚亭、昆云亭等。从主峰顶上的介亭遥望景龙江“长波远岸，弥十余里；其上流注山间，西行潺湲”，景界极为开阔。万岁山的西面隔溪涧为侧岭“万松岭”，上建巢云亭，与主峰之介亭东西呼应成对景。万岁山的东南面，小山横亘二里名“芙蓉城”，仿佛前者的余脉。水体南面为稍低的次山“寿山”又名南山，双峰并峙，山上建噰噰亭，山北麓建绛霄楼。

从园的西北角引来景龙江之水，河道入园后扩为一个小型水池名“曲江”，可能是摹拟唐长安的曲江池。池中筑岛，岛上建蓬莱堂。然后折而西南，名曰回溪，沿河道两岸建置漱玉轩、清澌阁、高阳酒肆、胜筠庵、萧闲阁、蹑云台、飞岑亭等建筑物，河道至万岁山东北麓分为两股。一股绕过万松岭，注入凤池；另一股沿寿山与万松岭之间的峡谷南流入山涧，“水出石口，喷薄飞注如兽面”，名叫白龙沜、濯龙峡，旁建蟠秀、练光、跨云诸亭。涧水出峡谷南流入方形水池“大方沼”，池中筑二岛，东曰芦渚，上建浮阳亭，西曰梅渚，上建雪浪亭。大方沼“沼水西流为凤池，东出为研池。中分二馆：东曰流碧，西曰环山。馆有阁曰巢凤，堂曰三秀”。雁(研)池是园内最大的一个水池，“池水清泚涟漪，凫鹰浮泳其面，栖息石间，不可胜计”。雁池之水从东南角流出园外，构成一个完整的水系。艮岳的西部靠南另有两处园中之园：药寮、西庄。前者种植“参术、杞菊、黄精、芎䓖，被山弥坞”；后者种植“禾、麻、菽、麦、黍、豆、秔、秫，筑室若农家，故名西庄”，也作为皇帝演耤耕礼的籍田。

这座历史上著名的人工山水园的园林景观十分丰富，有以建筑点缀为主的，有以山、水、花木而成景的。宋人李质、曹组《艮岳百咏诗》中提到的景点题名就有一百余处：艮岳、介亭、极目亭、圌山亭、跨云亭、半山亭、萧森亭、麓云亭、清赋亭、散绮亭、清斯亭、炼丹亭、璇波亭、小隐亭、飞岑亭、草圣亭、书隐亭、高阳亭、𠴨𠴨亭、忘归亭、八仙馆、环山馆、芸馆、书馆、消闲馆、漱琼轩、书林轩、云岫轩、梅池、雁池、砚池、林华苑、绛霄楼、倚翠楼、奎文楼、巢凤阁、竹冈、梅冈、万松岭、蟠桃岭、梅岭、三秀堂、萼绿华堂、岩春堂、蹑云台、玉霄洞、清虚洞天、和容厅、泉石厅、挥云亭、泛雪亭、妙虚斋、寿山、杏岫、景龙江、鉴湖、桃溪、回溪、滴滴岩、榴花岩、枇杷岩、日观岩、雨花岩、芦渚、梅渚、榠杏谷、秋香谷、松谷、长春谷、桐径、百花径、合欢径、竹径、雪香径、海棠屏、百花屏、腊梅屏、飞来峰、留云石、宿露石、辛夷坞、橙坞、海棠川、仙李园、紫石壁、椒崖、濯龙峡、不老泉、柳岸、栈路、药寮、太素庵、祈真磴、踯躅㟝、山庄、西庄、东西关、敷春门等。

艮岳造园艺术的成就，从总体到局部，是多方面的。我们不妨根据有关的文献记载，试作如下之表述：

筑山　园林的筑山之摹拟凤凰山不过是一种象征性的做法，其重要在于它的独特构思和精心经营。万岁山居于整个假山山系的主位，其西的万松岭为侧岭，其东南的芙蓉城则是延绵的余脉。南面的寿山居于山系的宾位，隔着水体与万岁山遥相呼应。这是一个宾主分明、有远近呼应、有余脉延展的完整山系，既把天然山岳作典型化的概括，又体现了山水画论所谓"先立宾主之位，决定远近之形"、"众山拱伏，主山始尊"的构图规律。整个山系"岗连阜属，东西相望，前后相续"，脉络是连贯的，并非各自孤立的土丘。其位置经营也正合于"布山形，取峦向，分石脉"[1]的画理。假山的用石方面也有许多独到之处。石料是从各地开采出来的"瑰奇特异瑶琨之石"，而以太湖石、灵璧石之类为主，均按照图样的要求加以选择。故"石皆激怒抵触，若踶若啮，牙角口鼻，首尾爪距，千恣万状，殚奇尽怪"，配置树木藤萝而创为"雄拔峭峙，巧夺天工"的山体形象。山上道路是"斩石开径，凭险则设蹬道，飞空则架栈阁"；"山绝路隔，继之以木栈，倚石排空，周环曲折，有蜀道之难"。万岁山上多设奇特的石景，如："得紫石滑净如削，面径数仞，因而为山，贴山卓立。山阴置木柜，绝顶开深池。车驾临幸，则驱水工登其顶，开闸注水而为瀑布，曰紫石壁，又名瀑布屏"。山腹构大山洞数十处，洞中石隙埋藏雄黄、卢甘石。前者可驱蛇虺，后者能在天阴时散发云雾，"蒸蒸然以像岚露"。寿山有"瀑布下入雁池"，则是另一处类似紫石壁的人工注水瀑布。

置石　经过优选的石料千姿百态，故艮岳大量运用石的单块"特置"。在西宫门华阳门的御道两侧辟为太湖石的特置区，布列着上百块大小不同、形态各异的峰石，有如人为的"石林"。"左右大石皆林立，仅百余株，以'神运'、'昭功'、'敷文'、'万寿'峰而名之。独'神运峰'广百围，高六

[1] 荆浩：《山水诀》，见沈子丞编：《历代论画名著汇编》，北京，文物出版社，1982。

仞，锡爵‘盘固侯’，居道之中，束石为亭以庇之，高五十尺”。重要的峰石均有命名，居中最大的一块甚至封以爵位。“其余石，或若群臣入侍帷幄，正容凛若不可犯，或战栗若敬天威，或奋然而趋，又若伛偻趋进，其怪状余态，娱人者多矣”。水池中、山坡上亦有特置的峰石，“其他轩榭庭径，各有巨石，棋列星布”。诸如此类的特置的石，均根据它们各自的姿态由宋徽宗予以赐名，分别刻在石之阳面。《华阳宫记》登录的这些赐名计有：“朝日升龙、望云坐龙、矫首玉龙、万寿老松、栖霞扪参、衔日吐月、排云冲斗、雷门月窟、蟠螭坐狮、堆青凝碧、金鳌玉龟、叠翠独秀、栖烟亸云、风门雷穴、玉秀、玉窦、锐云、巢凤、跱龙、雕琢浑成、登封日观、蓬瀛须弥、老人、寿星、卿云、瑞霭、溜玉、喷玉、蕴玉、琢玉、积玉、叠玉、丛秀，而在于渚者曰翔鳞，立于溪者曰舞仙，独踞洲中者曰玉麒麟，冠于寿山者曰南屏小峰，而附于池上者曰伏犀、怒猊、仪凤、乌龙，立于沃泉者曰留云、宿雾，又为藏烟谷、滴翠岩、搏云屏、积雪岭。其间黄石仆于亭际者曰抱犊天门。又有大石二枚配神运峰，异其居以压众石，作亭庇之，置于春堂者曰玉京独秀太平岩，置于萼绿华堂者曰卿云万态奇峰。”

石峰，尤其是太湖石峰的特置手法，在宋代园苑里面已普遍运用，这种情况多见于宋画中（参见［图5·4］）。《历代宅京记》记大内后苑的前殿仁智殿的庭院中列二巨石，“高三丈，广半之”，东边的赐名“昭庆神运万岁峰”，西边的赐名“独秀太平岩”，皆由宋徽宗御书刻石填金字。而艮岳则无论石的特置或者叠石为山，其规模均为当时之最大者而且反映了相当高的艺术水平，故《癸辛杂识》这样写道：

> “前世叠石为山，未见显著者。至宣和，艮岳始兴大役。连舻辇致，不遗余力。其大峰特秀者，不特封侯，或赐金带，且各图为谱。”

“各图为谱”即把它们的形象摹绘下来而成为石谱。为了安全运输巨型太湖石，还创造了以麻筋杂泥堵洞之法。

理水　园内形成一套完整的水系，它几乎包罗了内陆天然水体的全部形态：河、湖、沼、泮、溪、涧、瀑、潭等的缩影。水系与山系配合而形成山嵌水抱的态势，这种态势是大自然界山水成景的最理想的地貌的概括，也符合于堪舆学说的上好风水条件。后世画论所谓“山脉之通按其水径，水道之达理其山形”[1]的画理，在艮岳的山水关系的处理上也有了一定程度的反映。

植物配置　园内植物已知的共数十个品种，包括乔木、灌木、果树、藤本植物、水生植物、药用植物、草本花卉、木本花卉以及农作物等，其中不少是从南方的江、浙、荆、楚、湘、粤引种驯化的，《艮岳记》登录的品种计有：“枇杷、橙、柚、橘、柑、榔、栝、荔枝之木，金蛾、玉羞、虎耳、凤

[1] 笪重光：《画筌》，见沈子丞编：《历代论画名著汇编》，北京，文物出版社，1982。

尾、素馨、渠那、茉莉、含笑之草”。它们漫山遍冈，沿溪傍陇，连绵不断，甚至有种在栏槛下面、石隙缝里的，几乎到处都被花木掩没。植物的配置方式有孤植、丛植、混交，大量的则是成片栽植。《枫窗小牍》记华阳门内御道两旁有丹荔八千株，有大石曰“神运”、“昭功”立其中，“旁植两桧，一夭矫者名‘朝日升龙之桧’，一偃蹇者名‘卧云伏龙之桧’，皆玉牌金字书之”。园内按景分区，许多景区、景点都是以植物之景为主题，如：植梅万本的“梅岭”，在山岗上种丹杏的“杏岫”，在叠山石隙遍栽黄杨的“黄杨巘”，在山岗险奇处丛植丁香的“丁嶂”，在赭石叠山上杂植椒兰的“椒崖”，水泮种龙柏万株的“龙柏陂”，万岁山西侧的竹林“斑竹麓”，以及海棠川、万松岭、梅渚、芦渚、萼绿华堂、雪浪亭、药寮、西庄等。因而到处郁郁葱葱、花繁林茂。如景龙江北岸：“万竹苍翠蓊郁，仰不见日月。”曹祖《艮岳百咏诗》描写万松岭：

“苍苍森列万株松，终日无风亦自风；

白鹤来时清露下，月明天籁满秋风。”

林间放养珍禽奇兽“动以亿(?)计”，仅大鹿就有数千头，设专人饲养。园内还有受过特殊训练的鸟兽，能在宋徽宗游幸时列队接驾，谓之“万岁山珍禽”。金兵围困东京时“钦宗命取山禽水鸟十余万尽投之汴河……又取大鹿数百千头杀之以啖卫士”[1]，足见艮岳蓄养禽鸟之多，无异于一座天然动物园。

[1]《宋史·地理志》。

建筑 园内“亭堂楼馆，不可殚纪”，集中为大约40处，几乎包罗了当时的全部建筑形式。其中如书馆“内方外圆如半月”、八仙馆“屋圆如规”等都是比较特殊的。建筑的布局除少数满足特殊的功能要求，绝大部分均从造景的需要出发，充分发挥其“点景”和“观景”的作用。山顶制高点和岛上多建亭，水畔多建台、榭，山坡及平地多建楼阁。唐代，已开始在风景优美的地带兴建楼阁，至宋代此风大盛，楼阁建筑的形象也更为精致，屡屡出现在宋人的山水画中［图5·9］。因此，皇家园林里面亦多有楼阁建置，作为重要的点景建筑物同时也提供观景场所。除了游赏性园林建筑之外，还有道观、庵庙、图书馆、水村、野居以及摹仿民间镇集市肆的“高阳酒肆”等，可谓集宋代建筑艺术之大成。而建筑作为造园的四要素之一，在园林中的地位也就更为重要了。

据各种文献的描述看来，艮岳称得起是一座叠山、理水、花木、建筑完美结合的具有浓郁诗情画意而较少皇家气派的人工山水园，它代表着宋代皇家园林的风格特征和宫廷造园艺术的最高水平。它把大自然生态环境和各地的山水风景加以高度的概括、提炼、典型化而缩移摹写。建筑发挥重要的成景作用，但就园林的总体而言则又是从属于自然景观，试看宋徽宗《艮岳记》的具体描写：

图 5·9 宋画《滕王阁图》

> “岩峡洞穴、亭阁楼观、乔木茂草，或高或下，或远或近，一出一入，一荣一凋。四面周匝，徘徊而仰顾，若在重山大壑、幽谷深岩之底，不知京邑空旷坦荡而平夷也，又不知郛郭寰会纷萃而填委也。真天造地设、神谋化力，非人力所能为者。”

宋徽宗在这篇文章里还谈到他对艮岳园林景观的感受：

> “东南万里，天台、雁荡、凤凰、庐阜之奇伟，二川、三峡、云梦之旷荡。四方之远且异，徒各擅其一美，未若此山并包罗列，又兼其绝胜。飒爽溟涬，参诸造化，若开辟之素有。虽人为之山，顾岂小哉。”

文中虽不免有溢美夸张之辞，而此园之概括自然界山川风物之灵秀，能于小中见大、移地扩基的情况则是可想而知的。

琼林苑

琼林苑 在东京的外城西墙新郑门外干道之南，乾德二年(公元964年)始建，到政和年间才全部完成。苑之东南隅筑山高数十丈，名“华觜冈”。山“高数十丈，上有横观层楼，金碧相射”。山下为“锦石缠道，宝砌池塘，柳锁虹桥，花萦凤舸。其花皆素馨、末(茉)莉、山丹、瑞香、含笑、射香等”[1]，大部分为广闽、二浙所进贡的名花。花间点缀梅亭、牡丹亭等小亭兼作赏花之用。入苑门，“大门牙道皆古松怪柏，两傍有石榴园、樱桃园之类，各有亭榭”[2]。可以设想，此园除殿亭楼阁、池桥画舫之外，还以树木和南方的花草取胜，是一座以植物为主体的园林，都人称之为“西青城”。苑内于射殿之南设球场，“乃都人击球之所”。每逢大比之年，殿试发榜后皇帝例必在此园赐宴新科进士，谓之“琼林宴”。

[1][2] 孟元老：《东京梦华录》卷七。

金明池

金明池在东京新郑门外干道之北，与琼林苑相对。后周世宗显德四年(公元957年)欲伐南唐，乃于此地凿池引汴河之水注入，用以教习水军。北宋太平兴国七年(公元982年)，宋太宗曾临幸观水戏。政和年间，兴建殿宇、进行绿化种植，遂成为一座以略近方形的大水池为主体的皇家园林，周长九里三十步 [图5·10]。

据《东京梦华录》载：池南岸的正中有高台，上建宝津楼，楼之南为宴殿，殿之东为射殿及临水殿。宝津楼下架仙桥连接于池中央的水心殿，仙桥“南北约数百步，桥面三虹，朱漆阑楯，下排雁柱，中央隆起，谓之‘骆驼虹’”。池北岸之正中为奥屋，即停泊龙舟之船坞。环池均为绿化地带，别

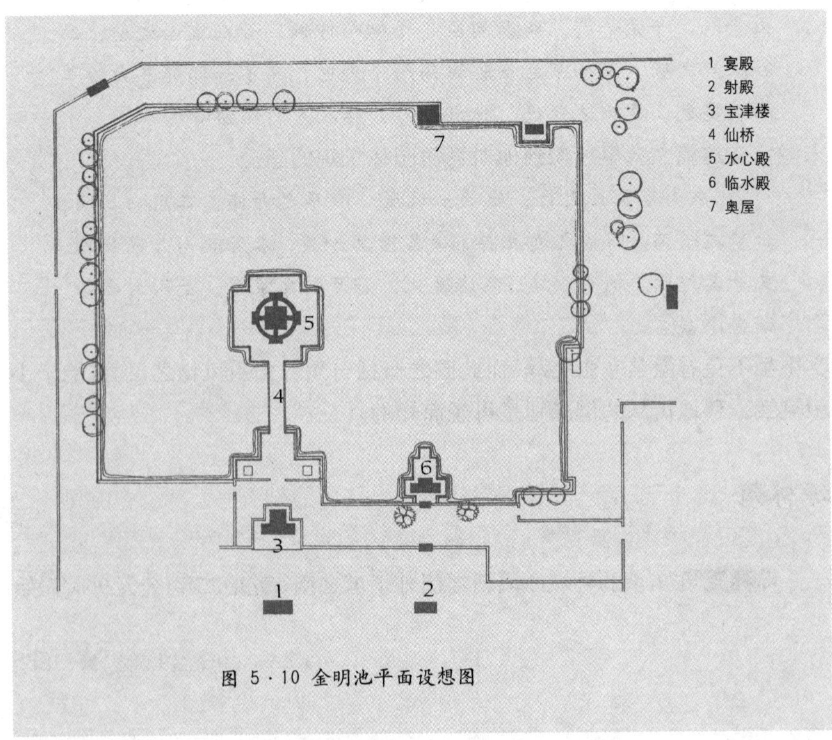

图 5·10 金明池平面设想图

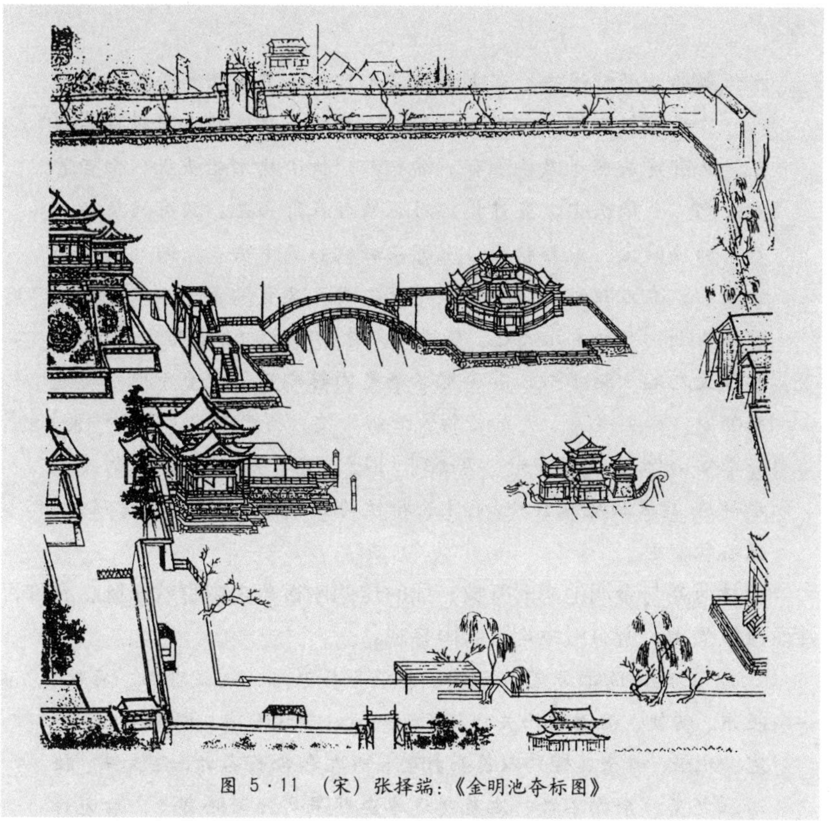

图 5·11 （宋）张择端：《金明池夺标图》

无其他建置。金明池原为宋太宗检阅“神卫虎翼水军”的水操演习的地方，因而它的规划不同于一般园林，呈规整的类似宫廷的格局。到后来水军操演变成了龙舟竞赛的斗标表演，宋人谓之“水嬉”。金明池每年定期开放任人参观游览，“岁以三月开，命士庶纵观，谓之开池，至上巳车驾临幸毕即闭”。每逢水嬉之日，东京居民倾城来此观看，宋代画家张择端的名画《金明池夺标图》[图5·11]。生动地描绘了这个热闹场面。《东京梦华录》卷七详细记载了“驾幸临水殿观争标锡宴”的情况：

“驾先幸池之临水殿锡宴群臣。殿前出水棚，排立仪卫。近殿水中，横列四彩舟，上有诸军百戏，如大旗、狮豹、棹刀、蛮牌、神鬼、杂剧之类。又列两船，皆乐部。又有一小船，上结小彩楼，下有三小门，如傀儡棚，正对水中乐船。上参军色进致语，乐作，采棚中门开，出小木偶人，小船子上有一白衣垂钓，后有小童举棹划船，辽绕数回，作语，乐作，钓出活小鱼一枚，又作乐，小船入棚。继有木偶筑球舞旋之类，亦各念致语，唱和，乐作而已，谓之‘水傀儡’。又有两画船，上立鞦韆，船尾百戏人上竿，左右军院虞侯监教鼓笛相和。又一人上蹴鞦韆，将平架，筋斗掷身入水，谓之‘水鞦韆’。水戏呈华，百戏乐船，并各鸣锣鼓，动乐舞旗，与水傀儡船分两壁退去。有小龙船二十只，上有绯衣军士各五十余人，各设旗鼓铜锣。船头有一军校，舞旗招引，乃虎翼指挥兵级也。又有虎头船十只，上有一锦衣人，执小旗立船头上，余皆著青短衣，长顶头巾，齐舞棹，乃百姓卸在行人也。又有飞鱼船二只，彩画间金，最为精巧，上有杂彩戏衫五十余人，间列杂色小旗绯伞，左右招舞，鸣小锣鼓铙铎之类。又有鳅鱼船二只，止容一人撑划，乃独木为之也。皆进花石朱勔所进。诸小船竞诣奥屋，牵拽大龙船出诣水殿，其小龙船争先团转翔舞，迎导于前。其虎头船以绳牵引龙舟。大龙船约长三四十丈，阔三四丈，头尾鳞鬣，皆雕镂金饰，楻板皆退光，两边列十閤子，充閤分歇泊中，设御座龙水屏风。楻板到底深数尺，底上密排铁铸大银样，如卓面大者压重，庶不欹侧也。……”

琼林苑亦与金明池同时开放，届时这两座御苑之内百戏杂陈，允许百姓设摊做买卖，所有殿堂均可入内参观：

“池苑内除酒家艺人占外，多以彩幕缴络，铺设珍玉、奇玩、疋帛、动使、茶酒器物关扑。有以一笏扑三十笏者。以至车马、地宅、歌姬、舞女，皆约以价而扑之。出九和合有名者，任大头、快活三之类，余亦不数。池苑所进奉鱼藕果实，宣赐有差。后苑作进小龙船，雕牙缕翠，极尽精巧。随驾艺人池上作场者，宣、政间，张艺多、浑身眼、宋寿香、尹士安小乐器，李外宁水傀儡，其余莫知其数。池上饮食：水饭、凉水菉豆、螺蛳肉、饶梅花酒、查片、杏片、梅子、香药脆梅、旋切鱼脍、青鱼、盐鸭卵、杂和辣菜之类。池上水教罢，贵家以双缆黑漆平船，紫帷帐，设列家乐游池。宣、政间亦有假赁大小船子，许士庶游赏，其价有差。”[1]

金明池东岸地段广阔，树木繁茂，游人稀少，则辟为安静的钓鱼区。但钓者“必于池苑所买牌子方许捕鱼。游人得鱼，倍其价买之，临水所脍，以荐芳樽，乃一时之佳味也”。

玉津园

玉津园在南薰门外，原为后周的旧苑，宋初加以扩建。苑内仅有少量建筑物，环境比较幽静，林木特别繁茂，故俗称“青城”。空旷的地段上“半以种麦，岁时节物，进供入内”[2]。每年夏天，皇帝临幸观看刈麦。在苑的东北隅有专门饲养远方进贡的珍奇禽兽的动物园，养畜大象、麒麟、驺虞、神羊、灵犀、狻猊、孔雀、白鹇、吴牛等珍禽异兽。北宋前期，玉津园每年春

[1] [2] 孟元老：《东京梦华录》卷七。

天定期开放，供都人踏春游赏，苏轼有《游玉津园》诗。

“承平苑囿杂耕桑，六圣临民计虑长；
碧水东流还旧派，紫坛南峙表连冈；
不逢迟日莺花乱，空想疏林雪月光；
千亩何时穷帝籍，斜阳寂历锁云庄。”

宜春苑

宜春苑在东京新宋门外干道之南，原为宋太祖三弟秦王之别墅园，秦王贬官后收为御苑。此园以栽培花卉之盛而闻名京师。每岁内苑赏花，诸苑进牡丹及缠枝杂花等。诸苑所进之花，以宜春苑的最多最好，故后者的性质又相当于皇家的“花圃”。宋初，每年新科进士在此赐宴，故又称为迎春苑。以后逐渐荒废，改为“富国仓”。宋神宗时，王安石曾赋诗咏宜春苑的荒废情况：

“宜春旧台沼，日暮一登临；
解带行苍藓，移鞍坐绿阴；
树疏啼鸟远，水静落花深；
无复增修事，君王惜费金。”

芳林园

芳林园在东京城西固子门内之东北，宋太宗为皇弟时之私园。太宗即位后，名潜龙园，于淳化三年(公元992年)临幸，登水心亭观群臣竞射。凡中的者由太宗亲自把盏，群臣皆醉。稍后拓广园地，改名奉真园。园景朴素淡雅，于山水陂野之间点缀着村居茅店。天圣七年(公元1029年)，改名芳林园。

含芳园

含芳园在封丘门外干道之东侧，大中祥符三年(公元1010年)自泰山迎来“天书”供奉于此，改名瑞圣园。此园以栽植竹子之繁茂而出名，宋人曾巩有诗句咏之为：

“北上郊园一据鞍，华林清集缀儒冠；
方塘潋潋春光绿，密竹娟娟午更寒。”

临安

临安的皇家园林也像北宋东京一样，均为大内御苑和行宫御苑。大内御苑只有一处，即宫城的苑林区——后苑。行宫御苑很多，德寿宫和樱桃园在外城，大部分则分布在西湖风景优美的地段，较大的如：湖北岸的集芳园、玉壶园，湖东岸的聚景园，湖南岸的屏山园、南园，湖中小孤山上的延祥园、琼华园、三天竺的下天竺御园，北山的梅冈园、桐木园等处。这些御苑"俯瞰西湖，高挹两峰；亭馆台榭，藏歌贮舞；四时之景不同，而乐亦无穷矣"[1]。其余的分布在城南郊钱塘江畔和东郊的风景地带，如玉津园、富景园等(参见［图5·7］)。

[1] 吴自牧：《梦粱录》。

后苑

后苑即宫城北半部的苑林区，位置大约在凤凰山的西北部，是一座风景优美的山地园。这里地势高爽，能迎受钱塘江的江风，小气候比杭州的其他地方凉爽得多。地形旷奥兼备，视野广阔，"山据江湖之胜，立而环眺，则凌虚骛远、瓌异绝特之观，举在眉睫"[2]。故为宫中避暑之地，《武林旧事》卷三：

> "禁中避暑多御复古、选德等殿，及翠寒堂纳凉。长松修竹，浓翠蔽日，层峦奇岫，静窈萦深。寒瀑飞空，下注大池可十亩。池中红白菡萏万柄，盖园丁以瓦盎别种，分列水底，时易新者，庶几美观。置茉莉、素馨、建兰、麋香藤、朱槿、玉桂、红蕉、阇婆、薝葡等南花数百盆于广庭，鼓以风轮，清芬满殿。……初不知人间有尘暑也。"

所谓大池即山下人工开凿的"小西湖"，由一条长一百八十余开间的爬山游廊"锦胭廊"与山上的宫殿相连系。《马可波罗游记》对此有一段文字的描写：

> "这个内宫构成一个大庭院，直达君王和王后御用的各种房间。由大院进去，有一个有屋顶的过道或走廊，这种走廊宽六步，其长度直达湖边。大院的每一边有十个过道通到相应的长形的院子。每院有五十间房子，分别设有花园。这里住着一千宫女，服侍君王。他有时乘坐绸缎覆盖的画舫游湖玩乐，并且游览湖边各种寺庙。……这块围场的其余两部分，建有小丛林、小湖，长满果树的美丽花园和饲养着各种动物的动物园。……"

[2] 田汝成：《西湖游览志》，上海，上海古籍出版社，1980。

《武林旧事》卷二记禁中赏花的情况甚详：

“禁中赏花非一，先期后苑及修内司分任排办，凡诸苑亭榭花木，妆点一新，锦帘绡幕，飞梭绣球，以至裀褥设放，器玩盆窠，珍禽异物，各务奇丽。又命小珰内司列肆关扑，珠翠冠朵，篦环绣段，画领花扇，官窑定器，孩儿戏具，闹竿龙船等物，及有买卖果木酒食饼饵蔬茹之类，莫不备具，悉做西湖景物。起自梅堂赏梅，芳春堂赏杏花，桃源观桃，灿锦堂金林檎，照妆亭海棠，兰亭修禊，至于钟美堂赏大花为极盛。堂前三面，皆以花石为台三层，各植名品，标以象牌，覆以碧幕。台后分植玉绣球数百株，俨如镂玉屏。堂内左右各列三层，雕花彩槛，护以彩色牡丹画衣，间列碾玉水晶金壶及大食玻璃官窑等瓶，各簪奇品，如姚魏、御衣黄、照殿红之类几千朵，别以银箔间贴大斛，分种数千百窠，分列四面。至于梁栋窗户间，亦以湘筒贮花，鳞次簇插，何翅万朵。堂中设牡丹红锦地裀，自殿中妃嫔，以至内官，各赐翠叶牡丹、分枝铺翠牡丹、御书画扇、龙涎、金盒之类有差。下至伶官乐部应奉等人，亦沾恩赐，谓之‘随花赏’。或天颜悦怿，谢恩赐予，多至数次。至春暮，则稽古堂、会瀛堂赏琼花，静侣亭紫笑，净香亭采兰挑笋，则春事已在绿阴芳草间矣。大抵内宴赏，初坐、再坐、插食、盘架者，谓之‘排当’。否则但谓之‘进酒’。”

《南渡行宫记》也有关于后苑的记述：

“廊(锦胭廊)外即后苑，梅花千树曰‘梅岗’，亭曰‘冰花亭’，枕小西湖，曰‘水月境界’，曰‘澄碧’。牡丹曰‘伊洛传芳’，芍药曰‘冠芳’，山茶曰‘鹤丹’，桂曰‘天阙清香’，棠曰‘本支百世’。佑圣祠曰‘庆和泗州’，曰‘慈济钟吕’，曰‘得真’。橘曰‘洞庭佳味’，茅亭曰‘昭俭’，木香曰‘架雪’，竹曰‘赏静’，松亭曰‘天陵偃盖’。以日本国松木为翠寒堂，不施丹雘，白如象齿，环以古松。碧琳堂近之。一山崔嵬作观堂，为上焚香祝天之所……山背芙蓉阁，风帆沙鸟，咸出履舄下。山下一溪萦带，通小西湖。亭曰‘清涟’，怪石夹列，献瑰呈秀，三山五湖，洞穴深杳，豁然平朗，翚飞翼拱。”

据此，可以想见后苑的山地景观之美以及花木之胜。一些丛植的花木均加以命名，而且颇有意境。建筑物布置疏朗，大部分是小体量的如亭、榭之类，一般都按周围的不同的植物景观特色而分别加以命名。此外，尚有专门栽植的一种花木的小园林和景区，如：小桃园、杏坞、梅岗、瑶圃、柏木园等，这都是仿效东京艮岳的做法。

德寿宫

德寿宫位于临安外城东部望仙桥之东。宋高宗晚年倦勤，不治国事，于绍兴三十二年(公元1162年)将原秦桧府邸扩建为德寿宫并移居于此。宋人称之为"北内"而与宫城大内相提并论，足见其规模和身份不同于一般的行宫御苑。据《梦粱录》卷八载："其宫中有森然楼阁，匾曰聚远，屏风上书苏东坡诗。"其后苑分为东、西、南、北四区，亭子很多，花木尤盛，南宋人李心传《建炎以来朝野杂记》乙集卷三对此有如下的描述：

"德寿(宫)乃秦丞相旧第也，在大内之北，气象华胜。宫内凿大池，引西湖水注之，其上叠石为山，象飞来峰。有楼曰'聚远'。凡禁籞周回分四地。东则'香远清深'(梅堂，竹堂)，'月台梅坡'，'松菊三径'(菊、芙蓉、竹)，'清妍'(酴醾)，'清新'(木樨)，'芙蓉冈'。南则'载忻'(大堂乃御宴处)，'忻欣'(古柏湖石)，'射厅临赋'(荷花山子)，'灿锦'(金林檎)，'至乐'(池上)，'半丈红'(郁李)，'清旷'(木樨)，'泻碧'(养金鱼处)。西则'冷泉'(古梅)，'文杏馆静药'(牡丹)，'浣溪'(大楼子海棠)。北则'绛华'(罗本亭)，旱船'俯翠'(茅亭)，'春桃盘松'(松在西湖，上得之以归)。"

所谓"四分地"即按景色之不同分为四个景区：东区以观赏各种名花为主，如香远堂赏梅花，清深堂赏竹，清妍堂赏酴醾，清新堂赏木樨等。南区主要为各种文娱活动场所，如宴请大臣的载忻堂、观射箭的射厅，以及跑马场、球场等。西区以山水风景为主调，回环萦流的小溪沟通大水池。北区则建置各式亭榭，如用日本椤木建造的绛华亭，茅草顶的倚翠亭，观赏桃花的春桃亭，周围栽植苍松的盘松亭等。后苑四个景区的中央为人工开凿的大水池，池中遍植荷花，可乘画舫作水上游。水池引西湖之水注入，"叠石为山以象飞来峰之景。有堂，匾曰'冷泉'"。把西湖的一些风景缩移写仿入园，故又名"小西湖"。周益公《进端午帖子》诗云：

"聚远楼高面面风，冷泉亭下水溶溶；
人间炎热何由到，真是瑶台第一重。"

园内的叠石大假山极为精致，山洞可容百余人，宋孝宗曾赋诗以咏之：

"山中秀色何佳哉，一峰独立名飞来；
参差翠麓俨如画，石骨苍润神所开。
忽闻仿象来宫囿，指顾已惊成列岫；
规模绝似灵隐前，面势恍疑天竺后；
孰云人力非自然？千岩万壑藏云烟。

上有峥嵘倚空之翠壁，下有潺湲漱玉之飞泉。

一堂虚敞临清沼，密荫交加森羽葆。

山头草木四时春，阅尽岁寒人不老。

圣心仁智情幽闲，壶中天地非人间。

蓬莱方丈渺空阔，岂若坐对三神山。

日长雅趣超尘俗，散布逍遥快心目。

山光水色无尽时，长将挹向杯中绿。”

这座大假山又名“飞来峰”，是摹仿西湖灵隐的飞来峰，孝宗诗誉之为“壶中天地”，足见其缩移摹拟手法之高超。假山的石洞内可容百余人，在古代也是一项很了不起的石结构工程。

南宋咸淳年间，德寿宫闲置，遂以一半改建为道观宗阳宫，另一半改为民居。直到清末光绪年间，尚能见到大假山的残存部分以及山洞的一角。当年德寿宫内一些特置的峰石也有保留下来的，其中一峰名“芙蓉石”，高丈许。清乾隆帝南巡时见到，便把它移送北京，置之圆明园的朗润斋，改名“青莲朵”。

集芳园

集芳园在葛岭南坡，前临湖水，后依山冈。此园本张婉仪别墅，“绍兴年间收属官家，藻饰益丽，有‘蟠翠’、‘雪香’、‘翠岩’、‘倚绣’、‘挹露’、‘玉蕊’、‘清胜’诸匾，皆高宗御题。淳祐间，理宗以赐贾似道，改名后乐园。楼阁林泉，幽畅咸极，古木寿藤，多南渡以前所植者。积翠回抱，仰不见日。架廊叠磴，幽渺逶迤。隧地通道，抗以石梁，傍透湖滨。飞楼层台，凉亭燠馆，华邃精妙。前挹孤山，后据葛岭，两桥映带，一水横穿，各随地势，以构筑焉。……又有初阳精舍、警室、熙然台、无边风月、见天地心、琳琅、步归舟、甘露井诸胜”。[1]

[1] 田汝成：《西湖游览志》，上海，上海古籍出版社，1980。

玉壶园

玉壶园在钱塘门外，南宋初为陇右都护刘锜之别业。后归御前，改为宋理宗之御苑。

聚景园

聚景园在清波门外之湖滨，园内沿湖岸遍植垂柳，故有柳林之称。“每盛夏秋首，芙蕖绕堤如锦，游人舣舫赏之”。主要殿堂为含芳殿，另有鉴远堂、芳华亭、花光亭以及瑶津、翠光、桂景、艳碧、凉观、琼若、彩霞、寒碧、花醉等二十余座亭榭，学士、柳浪二桥。南宋诸帝中以孝宗临幸此园最多，故殿堂亭榭的匾额亦多为孝宗所题。宁宗以后逐渐荒芜，元代改建为佛寺。每当阳春三月，柳浪迎风摇曳，浓荫深处莺啼阵阵，成为西湖十景之一的“柳浪闻莺”之所在。

屏山园

屏山园在钱湖门外南新路口，面对南屏山，故名，亦称“南屏御园”。园内有八面亭，一片湖山俱在目前。宋理宗时改称“翠芳园”。

延祥园

延祥园在孤山四圣延祥观内，又名四圣延祥观御苑。据《梦粱录》卷十九载：

> “此湖山胜景独为冠，顷有侍臣周紫芝从驾幸后山亭，曾赋诗云：‘附山结真祠，朱门照湖水；湖流入中池，秀色归净几；风帘逻旌幢，神卫森剑履；清芳宿华殿，瑞霭蒙玉扆；仿佛怀神京，想像轮奂美；祈年开新宫，祝厘奉天子；良辰后难会，岁暮得斯喜；洲乃清樾中，飞楼见千里；云车傥可乘，吾事兹已矣；便当赋远游，未可回屐齿。’园有凉台，巍然于山巅。”

琼华园

琼华园西依孤山，原为林和靖故居，园内花寒水深，气象幽古。

玉津园

玉津园原本为东京之旧名，后在临安之嘉会门外南四里另建，“绍兴四年，金使来贺高宗天申圣节，遂射宴其中。孝宗尝临幸游玩，曾命皇太子、宰执、亲王、侍从五品以上官及管军官讲宴射礼”[1]。后来皇帝临幸日稀，园内景物逐渐衰败。

[1] 田汝成：《西湖游览志》，上海，上海古籍出版社，1980。

南园

南园为南渡后所创，“光宗朝赐平原郡王韩侂胄，陆放翁为记。后复归御前，改名庆乐，赐嗣荣王与芮，又改胜景。有许闲堂和容射厅、寒碧台、藏春门、凌风阁、西湖洞天、归耕庄、清芬堂、岁寒堂、夹芳等亭”[1]。

[1] 吴自牧：《梦粱录》。

从上述东京、临安的情况看来，可以得到两点认识：一、宋代皇家园林的规模既远不如唐代之大，也没有唐代那样远离都城的离宫御苑。二、但在规划设计上则更精密细致，比起中国历史上任何一个朝代都最少皇家气派，更多地接近民间私家园林。所以说，宋代皇家园林乃是独辟蹊径，因而出现像艮岳那样划时代的作品。南宋皇帝经常把行宫御苑赏赐臣下作为别墅园，北宋某些行宫御苑较长时间开放任百姓入内游览，这都说明皇家和私家园林具有较多的共性，也从一个侧面反映了宋代政治和文化方面的不同于其他朝代的某些情况。

第四节 宋代的私家园林

中原和江南是宋代的经济、文化发达地区，又相继为北宋和南宋政权的政治中心之所在地。私家园林的兴盛自不待言，见于文献记载比较多的，中原有洛阳、东京两地，江南有临安、吴兴、平江(苏州)等地。根据一些文献记载分别加以归纳介绍，俾便就此略示两宋私园的概貌。

中　　原

中原的私家园林，可举洛阳为代表。

洛阳是汉唐旧都，为历代名园荟萃之地。北宋以洛阳为西京，公卿贵戚兴建的邸宅、园林当不在少数，足以代表中原地区私家园林的一般情形。当时就有“人间佳节惟寒食，天下名园重洛阳”，“贵家巨室，园囿亭观之盛，实甲天下”，“洛阳名公卿园林，为天下第一”的说法。宋人李格非写了一篇《洛阳名园记》，记述他所亲历的比较名重于当时的园林19处，大多数是利用唐代废园的基址，其中18处为私家园林。属于宅园性质的有6处：富郑公园、环溪、湖园、苗帅园、赵韩王园、大字寺园；属于单独建置的游憩园性质的有10处：董氏西园、董氏东园、独乐园、刘氏园、丛春园、松岛、水北胡氏园、东园、紫金台张氏园、吕文穆园；属于以培植花卉为主的花园性质的有两处：归仁园、李氏仁丰园。《洛阳名园记》是有关北宋私家园林的一篇重要文献，对所记诸园的总体布局以及山池、花木、建筑所构成的园林景观描写具体而翔实，可视为北宋中原私家园林的代表。

富郑公园

富郑公园为宋仁宗、神宗两朝宰相富弼的宅园，也是洛阳少数几处不利用旧址而新建的私园之一［图5·12］。园在邸宅的东侧，出邸宅东门的“探春亭”便可入园。园林的总体布局大致为：大水池居园之中部偏东，由东北方的小渠引来园外活水。池之北为全园的主体建筑物“四景堂”，前为临水的月台，“登‘四景堂’则一园之景胜可顾览而得”，堂西的水渠上跨“通津桥”。过桥往南即为池西岸的平地，种植大片竹林，辅以多种花木。“上‘方流亭’，望‘紫筠堂’而还。右旋花木中，有百余步，走‘荫樾亭’、‘赏幽台’，抵‘重波轩’而止”。池之南岸为“卧云堂”，与“四景堂”隔水呼应成对景，大致形成园林的南北轴线。“卧云堂”之南为一带土山，山上种植梅、竹林，建“梅台”和“天光台”。二台均高出于林梢，以便观览园外借景。“四景堂”之北亦为一带土山，山腹筑洞四，横一纵三。横为洞一，曰土筠，纵为洞三：曰水筠，曰西筠，曰榭筠。洞中用大竹引水，洞的上面为小径。大竹引水出地成明渠，环流于山麓。山之北是一大片竹林，“有亭五，错列竹中：曰‘丛玉’，曰‘披风’，曰‘漪岚’，曰‘夹竹’，曰‘兼山’”。此园的两座土山分别位于水池的南、北面，“背压通流，凡坐此，则一园之胜可拥而有也”。据《园记》的描述情况看来，全园大致分为北、南两个景区。北区包括具有四个山洞的土山及其北的竹林，南区包括大水池、池东的平地和池南的土山。北区比较幽静，南区则以开朗的景观取胜。

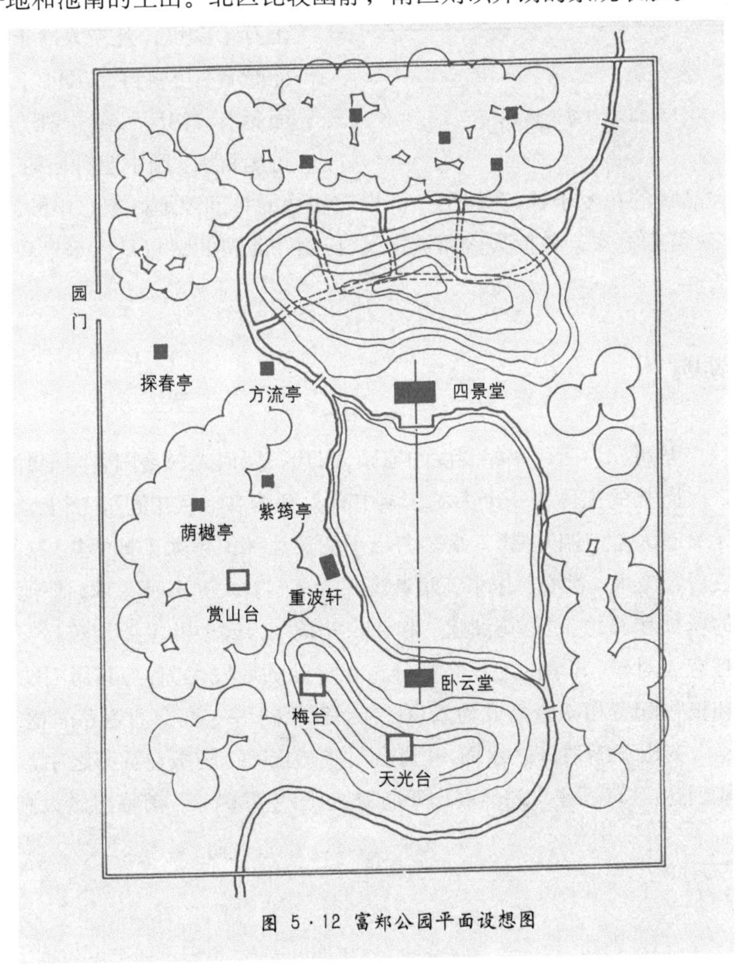

图 5·12 富郑公园平面设想图

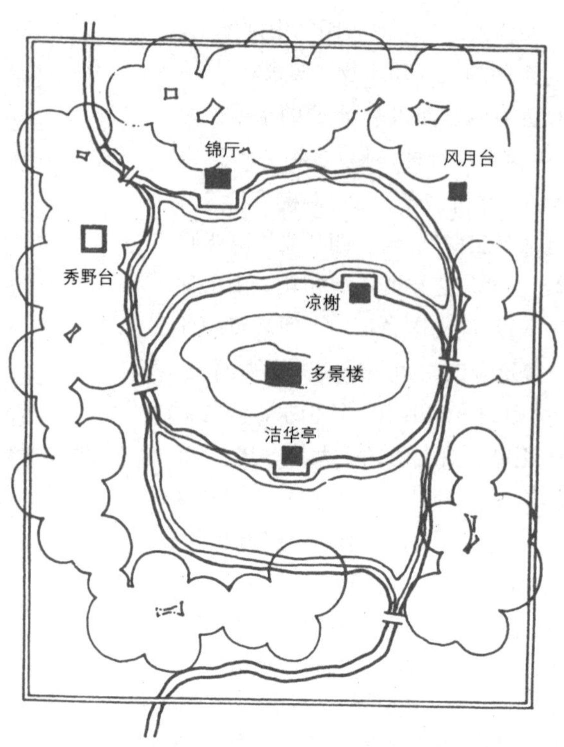

图 5·13 环溪平面设想图

环溪

环溪是宣徽南院使王拱辰的宅园［图5·13］，它的总体布局很别致：南、北开凿两个水池，在这两个水池的东、西两端各以小溪连接，形成水环绕着当中的一块大洲的局面，故名“环溪”。主要建筑物均集中在大洲上。南水池之北岸建“洁华亭”，北水池之南岸建“凉榭”，都是临水的建筑物。多景楼在大洲当中，登楼南望“则嵩高、少室、龙门、大谷，层峰翠巘，毕效奇于前”。凉榭之北有“风月台”，登台北望“则隋唐宫阙楼殿，千门万户，岧峣璀璨，延亘十余里，凡左太冲十余年极力而赋者，可瞥目而尽也”。凉榭的西面另有“锦厅”和“秀野台”，其下可坐百人。园中遍种松树、桧树，各类品种的花木千株。花树丛中辟出一块块的林间隙地好像水中的岛屿一样，“使可张幄次，各待其盛而赏之”。显然，此园的特点是以水景和园外借景取胜。

湖园

湖园原为唐代宰相裴度的宅园，宋代归属何人，《洛阳名园记》没有提到。

园林的主体是一个大湖，湖中有大洲旧名“百花洲”，洲上建堂。湖北岸又有大堂“四并堂”，堂之名出于谢灵运《拟魏太子邺中集诗》序“天下良辰、美景、赏心、乐事，四者难并”之句。大洲多种花木，环池多种成片的树林和修竹。“百花洲堂”和“四并堂”为园中的主要建筑物，两者隔水呼应成对景。其余的建筑物则分布在环池的地段上，各与其周围的局部环境和植物配置相结合而成为景点：“桂堂”位于东、西交通道路之枢纽；“迎晖亭”突出于湖西岸之水面；“梅台”、“知止庵”隐蔽在林莽之中，循曲径方能到达；“环翠亭”超然高出于竹林之上；“翠樾亭”前临渺渺大湖，既有池亭之胜，犹擅花卉之妍。当时的洛阳人认为，一座园林再好也不可能兼有以下六者："务宏大者少幽邃，人力胜者少苍古，多水泉者艰眺望"，惟独湖园却能够兼此六者，故它在当时是颇有些名气的，《洛阳名园记》亦给予很高的评价："虽四时不同，而景物皆好。"

苗帅园

苗帅园为节度使苗授之宅园，原为宋太祖开宝时宰相王溥的私园。"园既古，景物皆苍老"。园内古树甚多，有七叶树二株"对峙，高百尺，春夏望之如山然"，大松七株；另有"竹万余竿，皆大满二三围，疏筠琅玕，如碧玉椽"。园废之后，为苗授购得加以改建。此园利用原有的优越的绿化条件，建堂于两株七叶树之北，建亭于竹之南。从东面引来伊水支津之活水，成小溪"可浮十石舟，今创亭压其溪"。引水绕七株大松间，汇而为池，池中植莲荇，"今创水轩，板出水上。对轩有桥亭，制度甚雄侈"。

赵韩王园

赵韩王园为赵普之宅园。赵普乃宋代的开国功臣，封韩王，此园"国初诏将作营治，故其经画制作，殆侔禁、省"。园内"高亭大榭，花木之渊薮"，足见其华丽程度，堪与宫廷或衙署媲美。

大字寺园

大字寺园原为唐代白居易的履道坊宅园，园废后改建为佛寺。北宋时，"张氏得其半，为'会隐园'，水竹尚甲洛阳。但以其图考之，则某堂有某水、某亭有某木，至今犹存。而曰堂曰亭者，无复仿佛矣"。足见此园基本上保持原履道坊宅园的山、水、树木，而建筑物则为新建的。

董氏西园、东园

董氏西园、东园均为工部侍郎董俨的游憩园。

西园的特点是"亭台花木，不为行列区处周旋，景物岁增月葺所成"。园门设在南面，"自南门入，有堂相望者三"。靠西的一堂临近大池，由此过小桥，有一高台。台之西又有一堂，周围竹林环绕。林中种石芙蓉花，泉水自花间涌出。此堂"开轩窗四面，甚敞，盛夏燠暑，不见畏日，清风忽来，留而不去，幽禽静鸣，各夸得意”，故《洛阳名园记》认为这里乃是洛阳城中“遂得山林之乐”的地方。园林的北半部开凿大池，以大池为主体构成水景区，池南有一堂，其前正对一高亭。此堂虽不大“而屈曲甚邃，游者至此，往往相失，岂前世所谓‘迷楼’者类也”。

东园正门在北，入门有古栝树一株，“可十围，实小如松实，而甘香过之”。园之西半部为大池，池中建“含碧堂”。水从四面的暗沟喷泻入池中而不溢出池外，类似今之喷水池。有酒醉者走登含碧堂，辄醒，故俗称之为“醒酒池”。园东半部的平地上建置主要厅堂及流杯亭、寸碧亭。

独乐园

独乐园是司马光的游憩园，规模不大而又非常朴素，但《洛阳名园记》语焉不详。司马光自撰《独乐园记》则记述比较翔实：园林占地大约20亩，在中央部位建“读书堂”，堂内藏书5000卷。读书堂之南为“弄水轩”，室内有一小水池，把水从轩的南面暗渠引进，分为五股注入池内，名“虎爪泉”。再由暗渠向北流出轩外，注入庭院有如象鼻。自此又分为二明渠环绕庭院，在西北角上会合流出。读书堂之北为一个大水池，中央有岛。岛上种竹子一圈，周长三丈。把竹梢扎结起来就好像渔人暂栖的庐舍，故名之曰“钓鱼庵”。池北为六开间的横屋，名叫“种竹斋”。横屋的土墙、茅草顶极厚实以御日晒，东向开门，南北开大窗以通风，屋前屋后多植美竹，是消夏的好去处。池东，靠南种草药120畦，分别揭示标签记其名称。靠北种竹，行列成一丈见方的棋盘格状，把竹梢弯曲搭接好像拱形游廊。余下的则以野生藤蔓的草药攀缘在竹竿上，其枝茎稍高者种于周围犹如绿篱。这一区统名之曰“采药圃”，圃之南为六个花栏，芍药、牡丹、杂花各二栏。花栏之北有一小亭，名“浇花亭”。池西为一带土山，山顶筑高台，名“见山台”。台上构屋，可以远眺洛阳城外的万安、轩辕、太室诸山之景。独乐园在洛阳诸园中最为简素，这是司马光有意为之。他认为：孟子所说的“独乐乐，不如与众乐乐”乃是王公大人之乐，并非贫贱者所能办到；颜回的“一箪食，一瓢饮，不改其乐”，孔子所谓“饭蔬食饮水，曲肱而枕之，乐在其中矣”，这是圣贤之乐，又非愚者所能及。人之乐，在于各尽其分而安之。自己既无力与众同乐，又不能如孔子、颜回之甘于清苦，就只好造园以自适，而名之曰“独乐”了。园林的名称含有某种哲理的寓意，园内各处建筑物的命名也与古代的哲人、名士、隐逸有关系。司马光《独乐园七题》诗的第一首《读书堂》起句为“吾爱董仲舒”，其余六首的起句亦以六位古人居句之首：《钓鱼庵》为严子陵，《采药圃》为韩伯林，《见山台》为陶渊明，《弄水轩》为杜

图 5·14 宋画《独乐园图》

牧之，《种竹斋》为王子猷，《浇花亭》为白居易。园名以及园内各景题名都与园林的内容、格调相吻合，后者因前者的阐发而更能引起人们的联想，这座园林所表现的意境的深化，已经十分明显了［图5·14］。

刘氏园

刘氏园为右司谏刘元瑜的游憩园。《洛阳名园记》着重叙述此园的建筑之比例、尺度合宜，及其与周围花木配置之完美结合。园内"凉堂高卑，制度适惬可人意。有知《木经》者(即喻浩所著《木经》)见之，且云：'近世建造，率务峻立，故居者不便而易坏，惟此堂正与法合'"。在园的西南，"有台一区，尤工致。方十许丈也，而楼横堂列，廊庑回缭，阑楯周接，木映花承，无不妍稳，洛人曰为'刘氏小景'"。

丛春园

丛春园为门下侍郎安焘的游憩园。此园以植物造景取胜，园内"乔木森然。桐、梓、桧、柏皆就行列"。建筑物不多，"大亭有'丛春亭'，高亭有‘先春亭’。‘丛春亭’出荼蘼架上，北可望洛水”。从亭上能借景园外，远眺洛水天津桥一带的景致，而且能听到洛水涌流的声音。《洛阳名园记》的作者李格非“尝穷冬月夜登是亭，听洛水声，久之，觉清冽侵人肌骨。不可留，乃去”。

松岛

松岛原为五代时的旧园，北宋时归真宗、仁宗两朝宰相李迪所有，后又归吴氏辟作游憩园。此园因其多古松而得名，“‘松岛’，数百年松也。其东南隅为双松尤奇”。另外还“自东大渠引水注园中，清泉细流，涓涓无不通处”，“颇葺亭榭池沼，植竹木其旁”。建筑的布局亦能因地制宜，“南筑台，北构堂，东北曰‘道院’，又东有池，池前后为亭临之”。

水北胡氏园

水北胡氏园为二园，相距仅十许步，位于洛阳北郊邙山之麓，瀍水流经其旁，造园颇能利用地形和自然环境而巧于因借。“因岸穿二土室，深百余尺，坚完如埏埴，开轩窗其前以临水上，水清浅则鸣漱，湍瀑则奔驶，皆可喜也”。穿岸而成的土室，大概类似今之窑洞。土室开轩窗临水，把瀍水及其附近之景借入园内。其他的建筑亦能充分发挥借景的作用，例如玩月台，“其台四望，尽百余里，而萦伊缭洛乎其间，林木荟蔚，烟云掩映，高楼曲榭，时隐时见，使画工极思不可图”。以建筑与自然环境相结合而突出其观景和点景的效果，更是此园一大特色：“有亭榭花木，率在二室之东。凡登览徜徉，俯瞰而峭绝，天授地设，不待人力而巧者，洛阳独有此园耳。”

东园

东园为仁宗朝宰相文彦博的游憩园。原为药圃，后改建为园林。此园以水景取胜，“地薄东城，水渺瀰甚广，泛舟游者如在江湖间也。‘渊映’、‘瀍水’二堂，宛宛在水中，‘湘肤’、‘药圃’二堂间，列水石”。

紫金台张氏园

紫金台张氏园亦以水景取胜，“自‘东园’并城而北，张氏园亦绕水而富于竹木，有亭四”。

吕文穆园

吕文穆园为太宗朝宰相吕蒙正的游憩园，此园亦以水景取胜。“伊、洛二水自东南分注河南城中，而伊水尤清澈。园亭喜得之，若又当其上流，则春夏无枯涸之病。吕文穆园在伊水上流，木茂而竹盛。有亭三，一在池中，二在池外，桥跨池上，相属也。”

归仁园

归仁园原为唐代宰相牛僧孺的宅园，宋绍圣年间，归中书侍郎李清臣，改为花园。面积占据归仁坊一坊之地，是洛阳城内最大的一座私家园林，园内“北有牡丹、芍药千株，中有竹千亩，南有桃李弥望”，还有唐代保留下来的“七里桧”。

李氏仁丰园

李氏仁丰园为花木品种最齐全的一座大花园，当时洛阳花卉计有“桃、李、梅、杏、莲、菊，各数十种，牡丹、芍药，至百余种。而又远方奇卉，如紫兰、茉莉、琼花、山茶之俦，号为难植，独植之洛阳辄与其土产无异。故洛中园圃，花木有至千种者”。而李氏园则“人力甚治，而洛中花木无不有”。园内建“四并”、“迎翠”、“濯缨”、“观德”、“超然”五亭，作为四时赏花的坐息场所。

根据《洛阳名园记》对这19座名园的状写，看来还有四点值得一提：一、除依附于邸宅的宅园之外，单独建置的游憩园占大多数。无论前者或后者，一般都定期向市民开放，主要是供公卿士大夫们进行宴集、游赏等活动。如《宋史 · 文彦博传》所载：“(文彦博)其在洛也，洛人邵雍、程颢兄弟皆以道自重，宾接之如布衣交。与富弼、司马光等十三人，用白居易九老会故事，置酒赋诗相乐，序齿不序官，为堂绘像其中，谓之洛阳耆英会，好事者莫不慕之。”这种活动当时参加的人很多，洛阳私园又都定期开放。因此，园内一般均有较广阔的群众性的回旋余地，如在树林中辟出空地“使之可张幄次”，又多有宏大的堂、榭，如环溪的“凉榭、锦厅，其下可侍数百人”等等。二、洛阳的私家园林都以莳栽花木著称；有大片树林而成景的林景，如竹林、梅林、桃林、松柏林等，尤以竹林为多。另外，在园中划出一定区域作为“圃”，栽植花卉、药材、果蔬。某些游憩园的花木特别多，以花木成景取胜，相对而言山池、建筑之景仅作为陪衬。如李氏仁丰园“花木有至千种者”，归仁园内“北有牡丹、芍药千株，中有竹千(?)亩，南有桃李弥望”，则是专供赏花的花园。三、所记诸园都没有谈到用石堆叠假山的情况，足见当时中原私家园林的筑山仍以土山为主，仅在特殊需要的地方如构筑洞穴时掺以少许石料，一般少用甚至不用。究其原因，可能由于上好的叠山用石需远道从南方运来，成本太高，园主人不愿在这上面花费过多。也可能中原私家园林因佳石不易得而提倡堆筑土山或石少土多的土石山，就好像江南的吴兴地近太湖盛产优质石料之处故而造园多用石叠山、以石取胜一样，都是因地制宜而产生的各不相同的地方特色。四、园内建筑形象丰富，但数量不多，布局疏朗。园中筑“台”，有的作为园景之点缀，有的则是登高俯瞰园景和观赏园外借景之用［图5·15］。建筑物的命名均能点出该处景观的特色，而且有一定的意境含蕴，如四景堂、卧云堂、含碧堂、知止庵等。

图 5·15 宋画中的台((宋) 刘古宗:《瑶台步月图》)

江　　南

正当唐末五代中原战乱频仍的时候，江南的钱氏地方政权建立的吴越国却一直维持着安定承平的局面。因而直到北宋时，江南的经济、文化都得以保持着历久发展不衰的势头，在某些方面甚至超过中原。宋室南渡，偏安江左，江南遂成为全国最发达的地区。私家园林之兴盛，自不待言。

临安作为南宋的“行在”和江南的最大的城市，西邻西湖及其三面环抱的群山，东临钱塘江，既是当时的政治、经济、文化中心，又有美丽的湖山胜境。这些都为民间造园提供了优越的条件，因而自绍兴十一年(公元1141年)南宋与金人达成和议、形成相对稳定的偏安局面以来，临安私家园林的盛况比之北宋的东京和洛阳有过之而无不及,各种文献中所提到的私园名字总计约近百处之多。它们大多数分布在西湖一带,其余在城内和城东南郊的钱塘江畔。

西湖一带的私家园林，《梦粱录》卷十九记述了比较著名的16处，《武林旧事》卷五记述了45处，其中分布在三堤路的5处，北山路21处，葛岭路14处，见［图5·7］。

除了比较集中在环湖的四面之外，还有一些散布于湖西的山地以及北高峰、三台山、南高峰、泛洋湖等地。

南园

南园位于西湖东南岸之长桥附近，为平原郡王韩侂胄的别墅园。据《梦粱录》卷十九：园内“有十样亭榭，工巧无二，俗云‘鲁班造者’。射圃、走马廊、流杯池、山洞，堂宇宏丽，野店村庄，装点时景，观者不倦。”另据《武林旧事》卷五：园内“有许闲堂、容射厅、寒碧台、藏春门、凌风阁、西湖洞天、归耕庄、清芬堂、岁寒堂，夹芳、豁望、矜春、鲜霞、忘机、照香、堆锦、远尘、幽翠、红香、多稼、晚节香等亭。秀石为上，内作十样锦亭，并射圃、流杯等处。”这座园林是南宋临安著名的私园之一，陆游《南园记》对此园有比较详尽的描述：南园之选址“其地实武林之东麓，而西湖之水汇于其下，天造地设，极湖山之美”，因此而能够“因其自然，辅之雅趣”。经过园主人的亲自筹划乃“因高就下，通窒去蔽，而物象列。奇葩美木，争列于前；清流秀石，若顾若揖于是。飞观杰阁，虚堂广厅，上足以陈俎豆，下足以奏金石者，莫不毕备。升而高明显敞，如蜕尘垢；入而窈窕邃深，疑于无穷”。所有的厅、堂、阁、榭、亭、台、门等均有命名，“悉取先侍中魏忠献王(韩琦)之诗句而名之。堂最大者曰‘许闲’，上为亲御翰墨以榜其颜。其射厅曰‘和容’，其台曰‘寒碧’，其门曰‘藏春’，其阁曰‘凌风’，其积石为山曰‘西湖洞天’。其潴水艺稻，为囷为场，为牧牛羊畜雁鹜之地，曰‘归耕之庄’。其他因其实而命之名，堂之名则曰‘夹芳’、曰‘豁望’、曰‘鲜霞’、曰‘矜春’、曰‘岁寒’、曰‘忘机’、曰‘照香’、曰‘堆锦’、曰‘清芬’、曰‘红香’；亭之名则曰‘幽翠’、曰‘多稼’”，以此来标示园林景观的特点。故“自绍兴以来，王公将相之园林相望，皆莫能及南园之仿佛者”。韩佗胄被杀后收归皇室所有，淳祐年间赐福王，改名庆乐园。

水乐洞园

水乐洞园在满觉山，为权相贾似道之别墅园。据《武林旧事》卷五：园内“山石奇秀，中一洞嵌空有声，以此得名”。《西湖游览志》云：“又即山之左麓，辟荦确为径而上，亭其三山之颠。杭越诸峰，江湖海门，尽在眉睫。”建筑有声在堂、界堂，及爱此、留照、独喜、玉渊、漱石、宜晚、上下四方之宇诸亭。水池名“金莲池”。

水竹院落

水竹院落在葛岭路之西泠桥南，亦为贾似道的别墅园。主要建筑物有奎文阁、秋水观、第一春、思剡亭、道院等，此园“左挟孤山，右带苏堤，波光万顷，与阑槛相值，骋快绝伦”[1]。

[1] 田汝成：《西湖游览志》卷八。

后乐园

后乐园在葛岭南坡，原为御苑集芳园，后赐贾似道。据《西湖游览志》：此园“古木寿藤多南渡以前所植者，积翠回抱，仰不见日”。建筑物皆御苑旧物，皇帝御题之名均有隐寓某种景观之意。例如，“蟠翠”喻附近之古松，“雪香”喻古梅，“翠岩”喻奇石，“倚绣”喻杂花，“挹露”喻海棠，“玉蕊”喻荼蘼，“清胜”喻假山。此外，山上之台名“无边风月”、“见天地心”，水滨之台名“琳琅”、“步归舟”等。架百余“飞楼层台，凉亭燠馆”，“前挹孤山，后据葛岭，两桥映带，一水横穿，各随地势，以构筑焉”。山上“架廊叠蹬，幽渺逶迤”，极其营度之巧，并“隧地通道，抗以石梁，傍透湖滨”。

廖药洲园

廖药洲园在葛岭路，“内有花香、竹色、心太平、相在、世彩、苏爱、君子、习说等亭”[2]。

[2] 周密：《武林旧事》，见《笔记小说大观》第九册，南京，江苏广陵古籍出版社，1983。

云洞园

云洞园在北山路，为杨和王府园，“有万景天全、方壶、云洞、潇碧、天机云锦、紫翠间、濯缨、五色云、玉玲珑、金粟洞、天砌台等处。花木皆蟠结香片，极其华洁。盛时凡用园丁四十余人，监园使臣二名”[1]。另据《咸淳临安志》：园的面积甚广，筑土为山，中有山洞以通往来。山上建楼，又有堂曰“万景天全”。主山周围群山环列，宛若崇山峻岭，其上有亭曰“紫翠间”，桂亭可远眺，“芳所荷亭”、“天机云锦”诸亭皆园内最胜处。

[1] 周密：《武林旧事》，见《笔记小说大观》第九册，南京，江苏广陵古籍出版社，1983。

水月园

水月园　据《淳祐临安志》：“(园)在大佛头西，绍兴中，高宗皇帝拨赐杨和王(存中)，御书‘水月’二字。后复献于御前。孝宗皇帝拨赐嗣秀王(伯圭)为园，水月堂俯瞰平湖，前列万柳，为登览最。”

环碧园

环碧园　据《淳祐临安志》：“(园)在丰豫门外，慈明皇太后宅园，直柳洲寺之侧，面西湖，于是为中，尽得南北两山之胜。”

湖曲园

湖曲园　据《淳祐临安志》：“(园)在慧照寺西，旧为中常侍甘氏园，岁久渐废，大资政赵公买得之。南山自南高峰而下，皆趋而东，独此山由净慈右转，特起为雷峰，少西而止，西南诸峰，若在几案。北临平湖，与孤山相拱揖，柳堤梅岗，左右映发。”

裴园

裴园　即裴禧园，在西湖三堤路。此园突出于湖岸，故诚斋诗云：“岸岸园亭傍水滨，裴园飞入水心横；榜人莫问游何处，只拣荷花开处行。”[2]

[2] 周密：《武林旧事》，见《笔记小说大观》第九册，南京，江苏广陵古籍出版社，1983。

临安东南郊之山地以及钱塘江畔一带，气候凉爽，风景亦佳，多有私家别墅园林之建置，《梦粱录》记载了6处。其中如内侍张侯壮观园、王保生园均在嘉会门外之包家山，“山上有关，名桃花关，旧匾‘蒸霞’，两带皆植桃花，都人春时游者无数，为城南之胜境也”。钱塘门外溜水桥东西马塍诸圃，“皆植怪松异桧，四时奇花，精巧窠儿，多为龙蟠凤舞飞禽走兽之状，每日市于都城，好事者多买之，以备观赏也”。方家峪的赵冀王园，园内层叠巧石为山洞，引入流泉曲折。水石之奇胜，花卉繁鲜，洞旁有仙人棋台[1]。

[1] 周密：《武林旧事》，见《笔记小说大观》第九册，南京，江苏广陵古籍出版社，1983。

临安城内的私家园林多半为宅园，内侍蒋苑使之宅园则是其中之佼佼者。据《梦粱录》卷十九的记载：蒋于其住宅之侧“筑一圃，亭台花木最为富盛。每岁春月，放人游玩。堂宇内顿放买卖关扑，并体内庭规式，如龙船、闹竿、花篮，花工用七宝珠翠奇巧装结，花朵冠梳，并皆时样。官窑碗碟，列古玩具，铺陈堂右，仿如关扑。歌叫之声，清婉可听。汤茶巧细，车儿排设进呈之器，桃村杏馆酒肆，装成乡落之景。数亩之地，观者如市”。

吴兴即今湖州，是江南的主要城市之一，靠近富饶的太湖，“山水清远，升平日，士大夫多居之。其后秀安僖王府第在焉，尤为盛观。城中二溪横贯，此天下之所无，故好事者多园池之胜”[2]。南宋人周密《癸辛杂识》中有“吴兴园圃”一段，后人别出单行本《吴兴园林记》，记述他亲身游历过的吴兴园林36处，其中最有代表性的是南、北沈尚书园，即南宋绍兴年间尚书沈德和的一座宅园和一座别墅园。此外，俞氏园、赵菊坡园、韩氏园、叶氏石林亦各具特色。

[2] 周密：《吴兴园林记》，见陈植、张公弛选注：《中国历代名园记选注》，合肥，安徽科学技术出版社，1983。

南沈尚书园、北沈尚书园

南、北沈尚书园，南园在吴兴城南，占地百余亩，园内“果树甚多，林檎尤盛”。主要建筑物聚芝堂、藏书室位于园的北半部，聚芝堂前临大池，池中有岛名蓬莱。池南岸竖立着三块太湖石，“各高数丈，秀润奇峭，有名于时”，足见此园是以太湖石的“特置”而名重一时的。沈家败落后这三块太湖石被权相贾似道购去，花了很大的代价才搬到他在临安的私园中。

北园在城北门奉胜门外，又名北村，占地三十余亩。此园“三面背水，极有野意”，园中开凿五个大水池均与太湖沟通，园内园外之水景连为一体。建筑有灵寿书院、怡老堂、溪山亭，体量都很小。有台名叫“对湖台”，高不逾丈。登此台可面对太湖，远山近水历历在目，一览无余。

南园以山石之类见长，北园以水景之秀取胜，两者为同一园主人因地制宜而出之以不同的造园立意。

俞氏园

俞氏园为刑部侍郎俞澄的宅园，此园“假山之奇，甲于天下”。对于俞氏园的假山，周密《癸辛杂识》有较详尽的描述：“盖子清(子清为俞澄别号)胸中自有邱壑，又善画，故能出心匠之巧。峰之大小凡百余，高者至二三丈，……奇奇怪怪，不可名状。乃于众峰之间，萦以曲涧，甃以五色小石，旁引清流，激石高下，使之有声，淙淙然下注大石潭。上荫巨竹、寿藤，苍寒茂密，不见天日。旁植名药奇草，薜荔、女萝、菟丝，花红叶碧。潭旁横石作杠，下为石渠，潭水溢，自此出焉。然潭中多文龟、斑鱼，夜月下照，光影零乱，如穷山绝谷间也。”

赵氏菊坡园

赵氏菊坡园是新安郡王赵师夔之私园。园的前部为大溪，“修堤画桥，蓉柳夹岸数百株，照影水中，如铺锦绣”。园内“亭宇甚多，中岛植菊至百种，为菊坡、中甫二卿自命也”。中甫即赵师夔之孙。

叶氏石林

叶氏石林，尚书左丞叶梦得之故园，“在弁山之阳，万石环之，故名。且以自号”。弁山产奇石，色泽类似灵璧石，罗列山间有如森林。此园“正堂曰兼山，傍曰石林精舍，有承诏、求志、从好等堂，及净乐庵、爱日轩、跻云轩、碧琳池，又有岩居、真意、知止等亭。其邻有朱氏怡云庵、涵空桥、玉涧……大抵北山一径，产杨梅，盛夏之际，十余里间，朱实离离，不减闽中荔枝也”。叶梦得自撰《避暑录话》中也有记述此园景物的：

> “吾居东、西两泉，西泉发于山足……汇而为沼，才盈丈，溢其余流于外。吾家内外几百口，汲者继踵，终日不能耗一寸。东泉亦在山足，而伏流决为涧，经碧琳池，然后会大涧而出。……两泉皆极甘，不减惠山，而东泉尤冽，盛夏可以冰齿，非烹茶酿酒不常取。”
>
> “吾居虽略备，然材植不甚坚壮，度不过可支三十年。……今山之松已多矣，地既皆辟，当岁益种松一千，桐杉各三百，竹凡见隙地皆植之……三十年后，使居者视吾室敝，则伐而新之。……山林园圃，但多种竹，不问其他景物，望之自使人意潇然。竹之类多，尤可喜者筀竹，盖色深而叶密。吾始得此山，即散植竹，略

有三四千竿，杂众色有之。”

范成大《骖鸾录》记乾道壬辰冬游北山叶氏石林：

“月入此山，松桂深幽，绝无尘事，过大岭至石林则栋宇已倾颓，西廊尽拆去，今畦菜矣。正堂无恙，亦有旧床榻在，凝尘鼠壤中。堂正面，下山之高峰层峦空翠，照衣袂。似上天竺白云堂所见，而加雄尊。自堂西过二小亭，佳石错立道周。至西岩，石益奇且多，有小堂曰承诏，叶公自玉堂归守先垄，经始之初，始有此堂，后以天官召还，受命于此，因此为志焉。其旁登高有罗汉岩，石状怪诡，皆嵌空装缀，巧过镌劖。自西岩回步至东岩，石之高壮礌砢，又过西岩，小亭亦颓矣。”

《吴兴园林记》对其余园林则描述甚为简单，但也有一语而道出其造园特色的，例如：

韩氏园　园内有“太湖三峰各高数十尺，当韩氏全盛时，役千百壮夫，移植于此”。

丁氏园　“在奉胜门内，后依城，前临溪，盖万元亭之南园、杨氏之水云乡，合二园而为一。后有假山及砌台。春时纵郡人游乐，郡守每岁劝农还，必于此舣舟宴焉”。

莲花庄　“在月河之西，四面皆水，荷花盛开时，锦云百顷，亦城中所无也”。

倪氏园　“倪文节尚书所居，在月河，即其处为园池，盖四至傍水，易于成趣也”。

赵氏南园　“赵府三园在南城下，与其第相连，处势宽闲，气象宏大，后有射圃、崇楼之类，甚壮”。

王氏园　“王子寿使君，家于月河之间，规模虽小，然回折可喜。有南山堂，临流有三角亭，苕、霅二水之所汇。苕清、霅浊，水行其间，略不相混，物理有不可晓者”。

赵氏瑶阜　“兰坡都承旨之别业，去城既近，景物颇幽，后有石洞，尝萃其家法书刊石为《瑶草帖》”。

赵氏绣谷园　“旧为秀邸，今属赵忠惠家。一堂据山椒，曰霅川图画，尽见一城之景，亦奇观也”。

赵氏苏湾园　“菊坡所创，去南关三里而近，碧浪湖、浮玉山在其前，景物殊胜，山椒有雄跨亭，尽见太湖诸山”。

钱氏园　“在毗山，去城五里，因山为之，岩洞秀奇，亦可喜。下瞰太湖，手可揽也。钱氏所居在焉，有堂曰石居”，等等。

“吴兴园圃”的最后还有“假山”一条，通过周密对某园大假山的记述，也可以略窥南宋江南私家园林叠山、理水技艺的成熟情况：

“……盖吴兴北连洞庭，多产花石，而弁山所出，类亦奇秀，故四方之为山者，皆于此中取之。浙右假山最大者，莫如卫清叔吴中之园，一山连亘二十亩，位置四十余亭，其大可知矣。然余生平所见秀拔有趣者，皆莫如俞子清侍郎家为奇绝。盖子清胸中自有邱壑，又善书画，故能出心匠之巧。峰之大小凡百余，高者至二三丈，皆不事饾饤，而犀珠玉树，森列旁午，俨如群玉之圃，奇奇怪怪，不可名状。……乃于众峰之间，萦以曲涧，甃以五色小石，旁引清流，激石高下，使之有声，淙淙然下注大石潭。上荫巨竹、寿藤，苍寒茂密，不见天日。旁植名药、奇草、薜荔、女萝、菟丝，花红叶碧。潭旁横石作杠，下为石梁，潭水溢，自此出焉。潭中多文龟、斑鱼，夜月下照，光影零乱，如穷山绝谷间也。”

平江即今苏州，自唐以来，就是一座手工业和商业繁荣的城市。平江位于物产丰饶的江南平原，靠近太湖，大运河环绕城外西、南二里，西北达东京，东南通临安，扼南北交通之要道，水陆交通均很方便。平江城的平面为长方形，城内街道横平竖直，东西向和南北向的街道相交为十字或丁字形。城内交通的特点是安排了水道的干线和分渠，大多数分渠采取东西方向，构成与街道相辅的交通网，使住宅、商店、作坊都是前街后河。河道出入城墙的地方建有七座水门和闸，城内外共有大小桥梁三百余座，是江南的典型水乡城市［图5·16］。

平江交通方便、经济繁荣、文化也很发达，加之气候温和、风景秀丽，花木易于生长，附近有太湖石、黄石等造园用石的产地，为经营园林提供优越的社会条件和自然条件。大批官僚、地主、富商、文人定居于此，竞相修造园、宅以自娱。北宋徽宗在东京兴建御苑艮岳时，就曾于平江设“应奉局”专事搜求民间奇花异石，足见当时的私家园林不在少数。它们主要分布在城内、石湖、尧峰山、洞庭东山和洞庭西山一带，包括宅园、游憩园和别墅园。

沧浪亭

沧浪亭在平江城南，据园主人苏舜钦自撰的《沧浪亭记》：北宋庆历四年（公元1044年），因获罪罢官，旅居苏州。购得城南废园，据说是吴越国中吴军节度使孙承佑别墅废址，“纵广合五六十寻，三向皆水也。杠之南，

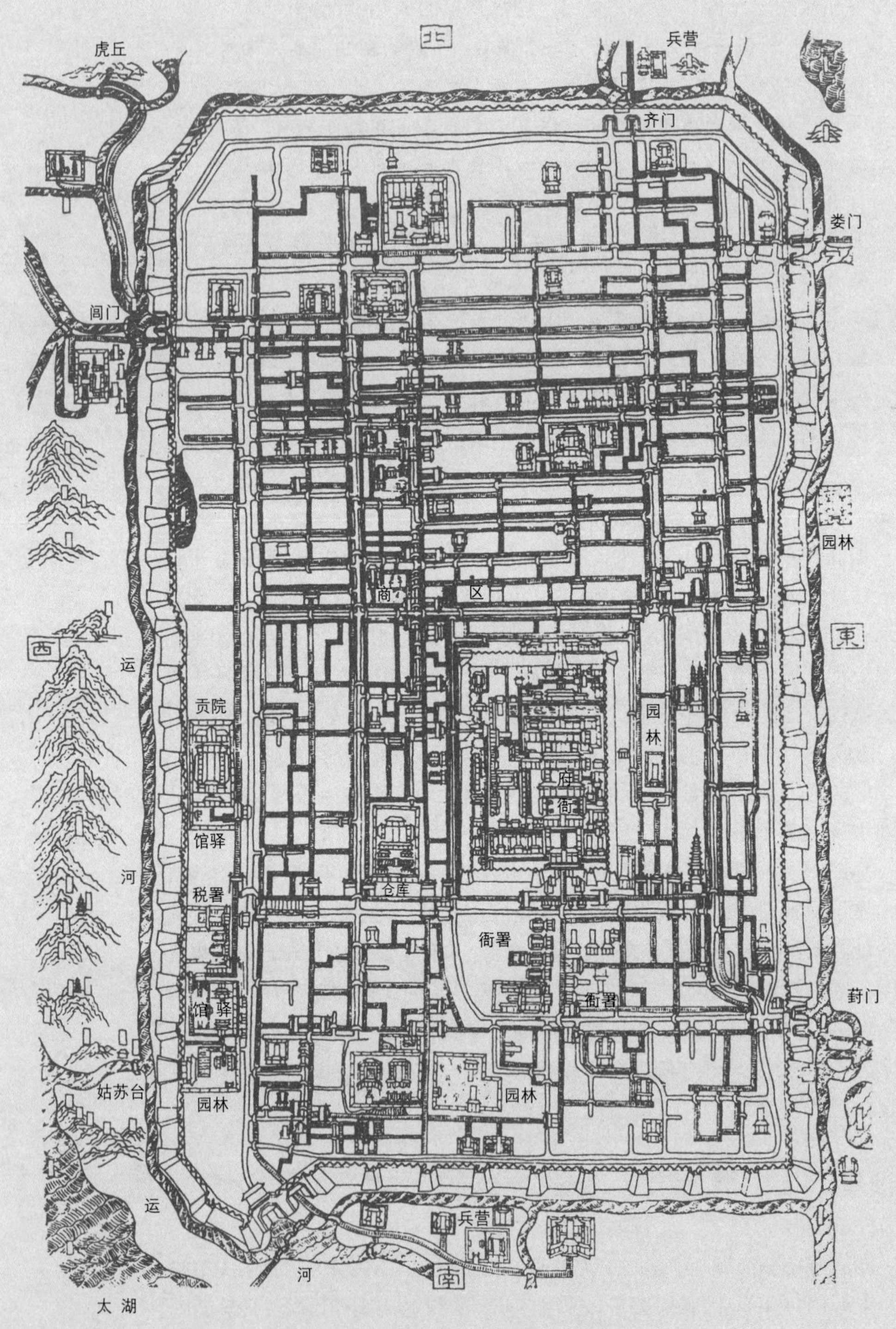

图 5·16 宋代平江府图碑(刘敦桢等:《中国古代建筑史》)

其地益阔，旁无民居，左右皆林木相亏蔽”。废园的山池地貌依然保留原状，乃在北边的小山上构筑一亭，名沧浪亭。“前竹后水，水之阳又竹，无穷极，澄川翠干，光影会合于轩户之间，尤与风月为相宜。”看来园林的内容简单，很富于野趣。欧阳修应邀作《沧浪亭》诗，有句云：“清风明月本无价，可惜只卖四万钱”，一时广为传诵。从此，沧浪亭不仅以水石取胜，且因人而名，成为东南之名园，官绅文士雅集吟咏之地。苏舜钦死后，此园屡易其主，后归章申公家所有。申公加以扩充、增建，园林的内容较前丰富得多，据《吴县志》：“为大阁，又为堂山上。堂北跨水，有名洞山者，章氏并得之。既除地，发其下，皆嵌空大石，人以为广陵王时所藏，益以增累其隙，两山相对，遂为一时雄观。建炎狄难，归韩蕲王家。韩氏筑桥两山之上，名曰飞虹，张安国书匾。山上有连理木，庆元间犹存。山堂曰寒光，傍有台，曰冷风亭，又有翊运堂。池侧曰濯缨亭，梅亭曰瑶华境界，竹亭曰翠玲珑，木犀亭曰清香馆，其最胜则沧浪亭也”。元、明废为僧寺，以后又恢复为园林，并迭经改建，至今仍为苏州名园之一。

乐圃

乐圃在平江城内西北雍熙寺之西。园主人朱长文，嘉祐年间进士，不愿出仕为官，遂起为本郡教授，筑园以居，著书阅古。园之名为乐圃，盖取孔子“乐天知命故不忧”、颜回“在陋巷……不改其乐”之意。此园“虽敝屋无华，荒庭不甃，而景趣质野，若在岩谷”，颇具城市山林之趣。朱长文自撰《乐圃记》记述园内景物及园居生活甚详：

> “圃中有堂三楹，堂旁有庑，所以宅亲党也。堂之南，又为堂三楹，名之曰邃经，所以讲论六艺也。邃经之东，又有米廪，所以容岁储也。有鹤室，所以蓄鹤也。有蒙斋，所以教童蒙也。邃经之西北隅，有高岗，名之曰见山。冈上有琴台，台之西隅，有咏斋，予尝抚琴赋诗于此，所以名云。见山岗下有池，水入于坤维，跨篱为门，水由门萦纡曲引至于冈侧。东为溪，薄于巽隅。池中有亭，曰墨池，予尝集百氏妙迹于此而展玩也。池岸有亭，曰笔溪。其清可以濯笔。溪旁有钓渚，其静可以垂纶也。钓渚与邃经堂相直焉。有三桥：度溪而南出者，谓之招隐；绝池至于墨池亭者，谓之幽兴；循冈北走、度水至于西圃者，谓之西涧。西圃有草堂，草堂之后有华严庵。草堂西南有土而高者，谓之西丘。其木则松、桧、梧、柏、黄杨、冬青、椅桐、柽、柳之类，柯叶相幡，与风飘扬，高或参云，大或合抱，或直如绳，或曲如钩，或

蔓如附，或偃如傲，或参如鼎足，或并如钗股，或圆如盖，或深如幄，或如蜕虬卧，或如惊蛇走，名不可尽记，状不可以殚书也。虽霜雪之所摧压，飙霆之所击撼，槎桠摧折，而气象未衰。其花卉则春繁秋孤，冬曝夏茜，珍藤幽蔚，高下相依。兰菊猗猗，兼葭苍苍，碧鲜覆岸，慈筠列砌，药录所收，雅记所名，得之不为不多。桑柘可蚕，麻纻可缉，时果分蹊，嘉蔬满畦，摽梅沈李，剥瓜断壶，以娱宾友，以酌亲属，此其所有也。予于此圃，朝则诵羲、文之《易》、孔氏之《春秋》，索《诗》《书》之精微，明礼乐之度数；夕则泛览群史，历观百氏，考古人之是非，正前史之得失。当其暇，曳杖逍遥，陟高临深，飞翰不惊，皓鹤前引，揭厉于浅流，踌躇于平皋，种木灌园，寒耕暑耘，虽三事之位，万钟之禄，不足以易吾乐也。"

元末，乐圃归张适所有，筑室曰乐圃林馆。明宣德年间，杜琼得东隅地居之，名曰东原，结草为亭曰延绿。万历中，申文定公致政归，构适适园于此。清乾隆年间，毕沅得适适园之旧址。

平江及其附近县治之私家园林，见于文献记载的尚有南园、隐园、梅都官园、范家园、张氏园池、西园、郭氏园、千株园、五亩园、何仔园亭、北园、翁氏园、孙氏园、洪氏园、依绿园、陈氏园、郑氏园、东陆园等处。

平江、吴兴靠近太湖石的产地洞庭西山，其他的几种园林用石也多产于附近各地。故叠石之风很盛，几乎是"无园不石"。因而叠石的技艺水平亦以此两地为最高，已出现专门叠石的技工。"工人特出吴兴，谓之山匠"[1]，平江则称之为"花园子"。

[1] 周密:《癸辛杂识》，中华书局，1988。

润州即今镇江，位于江苏境内长江下游之南岸，与扬州隔江相对。这里依靠长江水路交通之便，经济、文化相当发达，多有私家园林的建置。其中的研山园和梦溪园，分别由宋人的两篇《园记》作了详细著录。

研山园

著名书画家米芾用一方凿成山形的古研台，换取苏仲恭在甘露寺下沿长江的一处宅基地，筑园名海岳庵。南宋宁宗嘉定年间，润州知府岳珂购得海岳庵遗址，筑研山园。继任知府冯多福撰《研山园记》，记述园内景物：

"蔡氏《丛谈》载米南宫以研山于苏学士家易甘露寺地以为宅，好事者多传道之。余思欲一至其处，且观所谓'海岳庵'者，米氏已不复存，总领岳公得之为崇台别墅。公好古博雅，晋宋而下书法名迹宝珍所藏，而于南宫翰墨，尤为爱玩。悉摘南宫诗中语名其胜概之处。前直门街，堂曰‘宜之’，便坐曰‘抱云’，以为宾至税驾之地。右登重冈，亭曰‘陟巘’。祠像南宫，匾曰‘英光’。西曰‘小万有’，迥出尘表；东曰‘彤霞谷’，亭曰‘春漪’。冠山为堂，逸思杳然，大书其匾曰‘鹏云万里之楼’，尽摸所藏真迹。凭高赋咏，楼曰‘清吟’，堂曰‘二妙’。亭以植丛桂，曰‘洒碧’，又以会众芳，曰‘静香’，得南宫之故石一品。迂步山房，室曰‘映岚’。洒墨临池，池曰‘涤研’。尽得登览之胜，总名其园曰‘研山’。酣酒适意，抚今怀古，即物寓景，山川草木，皆入题咏。公文采振耀一世，篇章脱手争传，施之有政，谈笑办治，当调度抢攘、羽檄旁午，应酬刻决，动中机会，以其余才余智，兴旧起废，自我作新，人汲汲，已独裕如。兹园之成，足以观政，非徒侈宴游周览之胜也。”

梦溪园

梦溪园在润州城之东南隅。园主人沈括，嘉祐年间进士，平生宦历很广，多所建树，又是一位著名的学者，于天文、方志、律历、音乐、医药、卜算，无所不通，晚年写成《梦溪笔谈》。沈括在30岁时曾梦见一处优美的山水风景地，历久不能忘，以后又一再梦见其处。十余年后，沈括谪守宣城，有道人介绍润州的一处园林求售，括以钱三十万得之，然不知园之所在。又后六年，括坐边议谪废，乃结庐于浔阳之熨斗洞，拟作终老之居所。元祐元年，路过润州，至当年道人所售之园地，恍然如梦中所游之风景地，乃叹曰："吾缘在是矣"。于是放弃浔阳之旧居，筑室于润州之新园，命名为"梦溪园"，并自撰《梦溪园记》记述其改建后之情况：

"……巨木蓊然，水出峡中，渟萦杳缭环地之一偏者，目之曰：‘梦溪’。溪之土耸然为邱，千本之花缘焉者，‘百花堆’也。腹堆而庐其间者，翁之栖也。其西荫于花竹之间，翁之所憩‘榖轩’也。轩之瞰，有阁俯于阡陌、巨木百寻哄其上者，‘花堆’之阁也。据堆之颠，集茅以舍者，‘岸老’之堂也。背堂而俯于‘梦溪’之颜者，‘苍峡’之亭也。西‘花堆’有竹万个、环以激波者，‘竹坞’也。度竹而南，介途滨河锐而垣者，‘杏嘴’也。竹间之可燕者，‘萧萧堂’也。荫竹之南，轩于水澨者，‘深斋’也。封高而缔，可以眺者，‘远亭’也。居在城邑而荒芜古木与鹿豕杂处，客有至者，皆频颔而去，而翁独乐焉。渔于泉，舫于渊，俯抑于茂木美荫之间，所慕于古人者：陶潜、白居易、李约，谓之‘三悦’。与之酬酢于心目之所寓者：琴、棋、禅、丹、茶、吟、谈、酒，谓之‘九客’。居四年而翁病，涉岁而益羸，滨槁木矣，岂翁将蜕于此乎？”

盘洲园、沈园

盘洲园和沈园，也是宋代江南的两处名园。

乾道年间，同中书门下平章事兼枢密使洪适，致仕回故乡江西波阳家居，选择城北面一里许的一片山清水秀的地段，筑别业“盘洲”（盘洲园），从此不再出山。洪适自撰《盘洲记》，记述这座别墅园林的选址以及园内山水、建筑、植物的景观甚为详尽：

“我出吾山居，见是中穹木，披榛开道，境与心契，旬岁而后得之。乃相嘉处，创‘洗心’之阁。三川列岫，争流层出，启窗卷帘，景物坌至，使人领略不暇。两旁巨竹俨立，斑者、紫者、方者、人面者、猫头者，慈、桂、筋、笛，群分派别，厥轩以‘有竹’名。东偏，堂曰‘双溪’。波间一壑，于藏舟为宜，作‘舣斋’于檐后泗滨怪石，前后特起，曰‘云叶’、曰‘啸风岩’。北‘践柳桥’，以蟠石为钓矶。侧顿数椽，下榻设胡床，为息偃寄傲之地。假道可登舟，曰‘西汻’。绝水问农，将营‘饭牛’之亭于垄上，导涧自古桑田，由‘兑桥’济，规山阴遗迹，般涧水，剔九曲，荫以并闾之屋，垒石象山，杯出岩下，九突离坐，杯来前而遇坎者，浮罚爵。方其左为‘鹅池’，员其右为‘墨沼’，‘一咏亭’临其中。水由员沼循池而西，汇于方池，两亭角力，东既醉，西可止。……池水北流，过‘薝卜涧’，又西，入于北溪。自‘一咏’而东，仓曰‘种秫之仓’，亭曰‘索笑之亭’；前有重门，曰‘日涉’。……启‘文枳关’，度‘碧鲜里’，傍‘柞林’，尽‘桃李蹊’，然后达于西郊。茭蘿弥望，充仞四泽，烟树缘流，帆樯上下，类画手铺平远景，柳子所谓‘迤延野绿，远混天碧’者，故以‘野绿’表其堂。有轩居后，曰‘隐雾’。九仞巍然，岚光排闼。厥名‘豹岩’。陟其上，则‘楚望’之楼，厥轩‘巢云’。古梅鼎峙，横枝却月，厥台‘凌风’。右顾商柯，昂霄蔽日，下有竹亭，曰‘驻屐’。‘蠙洲’接畛，楼观辉映，无日不寻棠棣之盟。跨南溪有桥，表之曰‘濠上’，游鱼千百，人至不惊，短蓬居中，曰‘野航’。前后芳莲，龟游其上。水心一亭，老子所隐，曰‘龟巢’。清飔吹香，时见并蒂，有白重台、红多叶者。危亭相望，曰‘泽芝’。整襟登陆，苍槐美竹据焉。山根茂林，浓阴映带，溪堂之语声，隔水相闻。倚松有‘流憩庵’，犬迎鹊噪，屐不东矣。‘欣对’有亭，在桥之西，畦丁虑淇园之弹也，请使苦荁温菘避路，于是‘拔葵’之亭作。蕞尔丈室，规摹易安，谓之‘容膝斋’。履阈小窗，举武不再，曰‘芥纳寮’。复有尺地，曰‘梦窟’。入‘玉虹洞’，出‘绿沉谷’，山房数楹，为孙息读书处，厥斋‘聚萤’。山有蕨，野有荠，林有笋，真率肴蒸，咄嗟可办，厥亭‘美可茹’。花柳夹道，猿鹤后先，行水所穷，云容万状，野亭萧然，可以坐而看之，曰‘云起’。西户常关，雉兔削迹，合而命之曰‘盘洲’。”

浙江绍兴的“沈园”，始建于南宋，原为南宋越州沈家的宅园，又名“沈氏园”。当年园内池面涟漪，假山林荫间点缀着楼台亭榭、小桥流水，是越中一处著名园林，而且定期开放任人入园游览。遗址在城内木莲桥洋河弄，现仅存葫芦形的水池名“葫芦池”[图5·17]，池上跨石桥，池边有叠石假山。相传南宋诗人陆游年轻时经常到沈园游玩，读书吟咏。他的妻子唐婉才貌双全，文学造诣极深，尤擅诗词。夫妻兴趣相投、感情甚笃。后因唐与婆母不睦，被迫离婚改嫁，不久陆游亦迫于母命再娶，但二人对曾经共同生活过的这段旧情，始终挥之不去，恋恋不忘。陆游27岁时从外地幕游归来，在沈园与唐婉邂逅相遇，又勾起那不堪回首的旧情，遂题壁写下了传诵千古的

图 5·17 葫芦池（现状）

《钗头凤》词一阕：

“红酥手，黄縢酒，满城春色宫墙柳。
东风恶，欢情薄，一怀愁结，几年离索。
错！错！错！
春如旧，人空瘦，泪痕红浥鲛绡透。
桃花落，闲池阁，山盟虽在，锦书难托。
莫！莫！莫！”

唐婉当即和词一阕，从此而郁郁成疾，不久便与世长辞。陆游闻讯哀伤不已，曾多次赋诗以负疚的心情忆及这相逢的旧事。例如，75岁再过沈园时，作《沈园》诗：

“城上斜阳画角哀，沈园非复旧池台。
伤心桥下春波绿，曾是惊鸿照影来。”

最后一次游沈园，已届84岁高龄，作《春游》诗：

“沈家园里花如锦，半是当年识放翁。
也信美人终作土，不堪幽梦太匆匆。”

1985年，政府文物部门对沈园遗址进行考古发掘，发现六朝古井以及宋、明柱础、瓦当、脊饰等物。1987、1994年两度重建、扩建，增加了有关《钗头凤》的景点，成为绍兴市区的一处公共园林。不过，有学者经过考证，认为陆游与唐婉的这一段凄婉的故事，乃是后人张冠李戴，与沈园无关。

文人园林的兴盛

文人园林萌芽于魏晋南北朝，兴起于唐代。到宋代，它已成为私家造园活动中的一股巨大潮流，占着士流园林的主导地位，同时还影响及于皇家园林和寺观园林。宋代文人园林的风格，较之唐代已经更为成熟，风格的表现也更为明显。《咸淳临安志》卷八十六论宋代私园之“有藏歌贮舞流连光景者，有旷志怡神蜉蝣尘外者，有澄想遐观运量宇宙而游牧其寄焉者”。看来，前者显然着重在生活之享受；后两者多少寓有魏晋南北朝以来一脉相承的隐逸思想和显而易见的文人的精神寄托，即属于文人园林风格的范畴。文人的诗文吟咏、文献的记载，当然也就更多地集中在此类园林上，如上文介绍过的有关中原、江南地区的一部分士流园林的文字材料。根据这些材料，我们不妨把宋代文人园林的风格特点大致概括为简远、疏朗、雅致、天然四个方面，并略加申述。

1. 简远

简远即景象简约而意境深远，这是对大自然风致的提炼与概括，也是创作方法趋向写意的表征。简约并不意味着简单、单调，而是以少胜多、以一当十。造园诸要素如山形、水体、花木、建筑不追求品类之繁复，不滥用设计之技巧，也不过多地划分景域或景区。所以，司马光的独乐园因其在“洛中诸园中最简素”而名重于时。简约是宋代艺术的普遍风尚。李成《山水诀》论山水画：“上下云烟起秀不可太多，多则散漫无神；左右林麓铺陈不可太繁，繁则堆塞不舒。”《宣和画谱》则直接提出要“精而造疏，简而意足”的主张。这在马远、夏珪的创作实践中表现得尤为明显，画面上大部留白或淡淡的远水平野，近景只有一截山岩或半株树枝，让人们体味到辽阔无垠的空间感。山水画的这种画风，与山水园林的简约格调也是一致的。

意境的深化在宋代文人园林中特别受到重视，除了以视觉景象的简约而留有余韵之外，还借助于景物题署的“诗化”来获致像外之旨。用文字题署景物的做法已见于唐代，如王维的辋川别业，但都是简单的环境状写和方位、功能的标定。到两宋时则代之以诗的意趣，即景题的“诗化”。北宋文人晁无咎致仕后在济州营私园归去来园，园中景题皆“摭陶(渊明)词以名之”，如松菊、舒啸、临赋、遐观、流憩、寄傲、倦飞、窈窕、崎岖等，意在“日往来其间则若渊明卧起与俱”。洪适的私园盘洲园，园内景题有洗心、啸风、践柳、索笑、橘友、花信、睡足、林珍、琼报、绿野、巢云、濠上、云起等。这些诗化的景题与《洛阳名园记》所记诸园以及临安诸园的景题都有同样情况：能够寓情于景，抒发园主人的襟怀，诱导游赏者的联想。一方面是景象的简约，另一方面则是景题的“诗化”，其创造的意境比之唐代园林当然就更为深远而耐人寻味了。

2．疏朗

园内景物的数量不求其多，因而园林的整体性强，不流于琐碎。园林筑山往往主山连绵、客山拱伏而构成一体，且山势多平缓，不作故意的大起大伏，《洛阳名园记》所记洛阳诸园甚至全部以土山代石山。水体多半以大面积来造成园林空间的开朗气氛。如《吴兴园林记》描写莲花庄：“四面皆水，荷花盛开时，锦云百顷。”文璐公东园：“水渺弥甚广，泛舟游者如在江湖间也。”植物配置亦以大面积的丛植或群植成林为主，林间留出隙地，虚实相衬，于幽奥中见旷朗。建筑的密度低，数量少，而且个体多于群体。不见有游廊连接的描写，更没有以建筑而围合或划分景域的情况。因此，就园林总体而言，虚处大于实处。正由于造园诸要素特别是建筑布局之着眼于疏，园林景观乃益见其开朗。

3．雅致

官僚士大夫通过科举取得进身之阶，但出处进退都不能以自己的意志为转移。两宋时期朝廷内外党祸甚烈，波及面极广。知识分子宦海浮沉、祸福莫测，“退亦忧，进亦忧”，再加上社会的普遍忧患意识，因而虽身居显位亦莫不忧心忡忡。他们中的一部分人既不甘心于沉沦，那么，追求不同于流俗的高蹈、沉湎隐逸的雅趣便成了逃避现实的惟一的精神寄托。这种情况不仅表现在诗、词、绘画等艺术门类上，园林艺术也有明显的反映。譬如，园中种竹十分普遍而且呈大面积栽植，《洛阳名园记》所记19处园林中绝大多数都提到以竹成景的情况，有“三分水，二分竹，一分屋”的说法。竹是宋代文人画的主要题材，也是诗文吟咏的主要对象，它象征人品的高尚、节操。苏轼甚至说过这样的话：“可使食无肉，不可居无竹；无肉令人瘦，无竹令人俗。”园中种竹也就成了文人追求雅致情趣的手段，作为园林的雅致格调的象征，当然是不言而喻的了。再如菊花、梅花也是入诗入画的常见题材，北宋文人林逋(和靖)特别喜爱梅花，喻之为“梅妻”，写下了“疏影横斜水清浅，暗香浮动月黄昏”的咏梅名句。在私家园林中大量栽植梅、菊，除了观赏之外也同样具有诗、画中的“拟人化”用意。唐代白居易很喜爱太湖石，宋代文人爱石成癖则更甚于唐代。米芾每得奇石，必衣冠拜之呼为“石兄”；苏轼因癖石而创立了以竹、石为主题的画体，逐渐成为文人画中广泛运用的体裁。因此，园林用石盛行单块的“特置”，以“漏、透、瘦、皱”作为太湖石的选择和品评的标准亦始于宋代。它们的抽象造型不仅具有观赏价值，也表现了文人爱石的高雅情趣。此外，建筑物多用草堂、草庐、草亭等，亦示其不同流俗。园中有流杯亭的建置，象征一向为文人视为高雅韵事的“曲水流觞”。景题的命名，主要为了激发人们的联想而创造意境。这种由“诗化”的景题而引起的联想又多半引导为操守、哲人、君子、清高等的寓意，抒发文人士大夫的脱俗和孤芳自赏的情趣，也是园林雅致特点的一个主要方面。

4．天然

宋代私园所具有的天然之趣表现在两方面：一、力求园林本身与外部自然环境的契合；二、园林内部的成景以植物为主要内容。园林选址很重视因山就水、利用原始地貌，园内建筑更注意收纳、摄取园外之“借景”，使得园内园外两相结合而浑然一体。文献中常提到园中多有高出于树梢的台，多半即为观赏园外借景而建置的，如像水北胡氏园中的玩月台“其台四望，尽百余里，而萦伊缭洛乎其间，林木荟蔚，烟云掩映，高楼曲榭，时隐时现，使画工极思不可图”[1]。《洛阳名园记》有一段文字描写胡园的选址及借景的情况：

“(园)在邙山之麓，瀍水经其旁。(园主)因岸穿二土室，深百余尺，坚完如埏埴。开轩窗其前，以临水上。水清浅则鸣漱，湍瀑则奔驶，皆可喜也。有亭榭花木，率在二堂之东，凡登览徜徉，俯瞰

[1] 李格非：《洛阳名园记》，见《中国历代名园记选注》。

而峭绝，天授地设，不待人力而巧者。”

临安西湖诸园，因借远近山水风景的更是千变万化、各臻其妙。园林的天然之趣，更多的则是得之于突出园内的大量植物配置。文献和宋画中所记载、描绘的园林，绝大部分都以花木种植为主，多运用成片栽植的树木而构成不同的景域主题，如竹林、梅林、桃林等，也有混交林。往往借助于“林”的形式来创造幽深而独特的景观：例如，司马光的独乐园在竹林中把竹梢扎结起来做成两处庐、廊的摹拟，代替建筑物而作为钓鱼时休息的地方；环溪留出足够的林间空地，以备树花盛开时的群众观赏场地。这些，都确是别开生面的构思。宋人喜欢赏花，园林中亦多种植各种花卉，每届花时则开放任人游赏参观。园中还设药圃、蔬圃等，甚至有专门种植培育花卉的“花园子”。蓊郁苍翠的树木，姹紫嫣红的花卉，既表现园林的天然野趣，也增益浓郁的生活气息。宋代园艺技术的特别发达，与营园之重视植物的造景作用也有直接的关系。

上述四个特点是文人的艺术趣味在园林中的集中表现，也是中国古典园林体系的四个基本特点的外延。文人园林在宋代的兴盛促成了中国园林艺术继两晋南北朝之后的又一次重大升华。宋代文化发展之登峰造极、文人广泛参与造园活动，以及政治、经济、社会的种种特殊因素，固然为此次升华创造了条件，而当时佛教禅宗的兴盛、隐逸思想的转变，以及艺坛出现的某些情况，也是促成文人园林风格异军突起的契机。

宋代禅宗的兴盛对中国传统文化的影响至深至广，在当时也引起了全社会的关注，但认真与禅僧来往、参悟禅理的，主要还是文人士大夫——士这个知识阶层。因此，禅的思想和哲理也是由于文人士大夫的传媒而影响传统文化的方方面面，当然也通过文人士大夫的审美情趣而渗透于文人园林的创作之中。完全中国化了的佛教禅宗与大自然山水风景有着十分密切的关系，禅宗寺院大多建置在山水风景优美的地方，禅僧于山水风景之美也具备很高的鉴赏品位，经常用山水花木等大自然景物和景象来比拟禅境，启发悟性。禅宗倡导“梵我合一”之说，认为主体与客体本来是不可分割的。在禅僧看来，自然之境与禅境并无二致，所谓：“青青翠竹，总是法身；郁郁黄花，无非般若”，“翠竹黄花皆佛性，白云流水是禅心”。那么，作为第二自然的园林也就无异于禅境的恰当载体了。宋代的忧患意识，文人士大夫出处进退、祸福无常的两难，逐渐在这个阶层中间造成了入世与出世的不平衡的心态，赋予他们以一种敏感、细致、内向的性格特征。而禅宗的注重内心省悟即所谓“直指本心，见性成佛”的教义与文人士大夫的敏感、细致、内向的性格特征最能吻合，因而也为他们所乐于接受。于是，在文人士大夫之间"禅悦"之风遂盛极一时，而且往往与园居之风联系在一起，禅悦之趣与园居之乐越来越多地共同熔铸于文人士大夫的日常生活中间，园林也就成为除寺院以外的参悟禅宗哲理的场所了。因此，文人的造园活动必然要受到后者的潜移默化，宋代园林的创作方法之向写意的转化，文人园林风格的四个特点的形成，都与禅宗的潜移默化有着直接的关系。

中唐以来的"中隐"思想，导致汉以来的传统隐逸思想的转变。对于士人们而言，"隐"已不再成为身体力行的实践行动而毋宁说是一种获得心理平衡的精神享乐，园林便理所当然地成为这种精神享乐的载体了。宋代，"仕"与"隐"构成了文人士大夫的双重人格，"隐于园"已普遍为士人们所接受。通过园居生活能够在一定程度上冲淡仕与隐的矛盾、拉近仕与隐的距离，甚至可以把两者结合起来而达到"仕隐齐一"的精神境界。苏东坡《灵璧张氏园亭记》中的一段话道出了个中真谛：

> "古之君子，不必仕，不必不仕。必仕则忘其身，必不仕则忘其君。……今张氏之先君，所以为其子孙之计虑者远且周，是故筑室艺园于汴泗之间，舟车冠盖之冲，凡朝夕之奉，燕游之乐，不求而足。使其子孙开门而出仕，则跬步市朝之上；闭门而归隐，则俯仰山林之下。于以养生活性，行义求志，无适而不可。"

士人们身居庙堂时讲论儒家的修齐治平之道，一旦进入园林，则仿佛由"社会人"变成为"自然人"，服膺老庄，返璞归真。而琴、棋、书、画、茶、花、鸟、鱼、虫之品玩，更增益了山石林泉的乐趣，丰富了园居生活的内涵。所以说，文人士大夫的"进亦忧，退亦忧"的忧患意识，通过"隐于园"的方式能在一定程度上有所缓解，失衡的心理也得以多少趋于平衡。

传统隐逸思想的转变，再结合于两宋士人心目中日益缩小的宇宙世界、文化的转向内在开掘和精微细腻，从而又出现了把园林与"壶中天地"、"须弥芥子"的美学概念联系起来的所谓"壶天之隐"。壶中天地源出于古老的神话传说[1]，到宋代实际上相当于一个封闭的、精美的、缩微的园林天地的象征。在这个天地里面，既避开了尘世的扰攘，却仍然能享受着人间的清福，"躲进小楼成一统，管他冬夏与春秋"，再也看不到古代隐士的那种认真的进取求志、放言反抗的精神了。所以说，宋代士人的所谓隐逸，已更多地成为园林的一种情调，一种审美趣味的追求；而文人园林的简远、疏朗、雅致、天然，则正是这种情调和追求的最恰当的表征。自两宋历经明清，"壶天"一直被悬为文人的造园艺术所欲达到的理想境界，甚至把它作为工巧细致的文人园林的代称了。

[1]《后汉书·方术传下》："(费长房)曾为市椽。市中有老翁卖药，悬一壶于肆头，及市罢，辄跳入壶中，市人莫之见。唯长房于楼上睹之，异焉，因往再拜奉酒脯。翁知长房之意其神也，谓之曰：'子明日可更来。'长房旦日复诣翁，翁乃与俱入壶中，唯见玉堂严丽，旨酒甘肴盈衍其中。"

从殷周到汉代，绘画大抵都是工匠的事。两晋南北朝以后逐渐有文人参与，绘画亦相应地逐渐摆脱狭隘的功利性而获得美学上的自觉和创作上的自由，成为士流文化的一个组成部分。宋代“文人画”的兴起，意味着绘画艺术更进一步地“文人化”而与民间的工匠画完全脱离。文人画是出自文人之手的抒情表意之作，其风格的特点在于讲求意境而不拘泥细节描绘，强调对客体的神似更甚于形似，诚如苏轼名言：“论画以形似，见与儿童邻。”如果说，文人画及其风格的形成乃是文人参与绘画的结果，那么，文人园林的兴盛及其风格的成熟也同样是文人广泛参与园林规划的结果。文人参与造园者如司马光、欧阳修、苏轼、王安石、苏舜钦、米芾等人均见于史载，宋徽宗赵佶亦以文人的身分具体过问艮岳的建园事宜。宋代文人园林的四个特点与文人画的风格特点有某些类似之处，文人所写的“画论”可以引为指导园林创作的“园论”，园林的诗情正是当代文人诗词风骨的复现，园林的意境与文人画的意境异曲同工，诗词、绘画之以园林作为描写对象的屡见不鲜。诸如此类的现象，均足以说明文人画与文人园林的同步兴盛，绝非偶然。

宋代艺术逐渐放弃外部拓展而转向开掘内部境界，在日益狭小的内部境界中纳入尽可能丰富的内涵。能于小中见大，藉芥蒂之微而感悟宇宙之广。影响及于园林，则造景更讲究缩移摹拟，于咫尺的物质环境内开拓出广大的精神世界，在有限的物境中创造为无限的意境。另外，宋代各个艺术门类之间更广泛地互相借鉴、触类旁通的情况，也促成了文人园林的“诗化”和“画化”。文人画的影响尤为突出，“园理”之中往往蕴含着“画理”和“文理”，而宋人的绘画和诗词以园林作为创作题材的也占着相当大的比重。

诗、画艺术给予园林艺术的直接影响是显然的，而宋代所确立的独特的艺术创作和鉴赏方法，对于文人园林的间接浸润也不容忽视。

两晋南北朝以来，诗画艺术的创作和鉴赏，在老庄哲学的启迪下已经有意识地运用直觉感受、主观联想的方法，把先秦两汉的比兴式的象征隐喻发展为“以形写神”的理论。特别重视作品的风、骨、神、气，正如《文心雕龙》所谓“辞之待骨，如体之树骸；情之含风，犹形之包骨”。但一直是处在比较粗糙的水平上，到了宋代，受到佛教禅宗的影响才产生了一个跃进。

禅宗的思维，讲究悟性。这种通过内心观照、直觉体验而产生顿悟的思维方式，渗入到宋代文人士大夫的艺术创作实践中，便促成了艺术创作之更强调“意”，也就是作品的形象中所蕴含的情感与哲理，以及更追求创作构思的主观性和自由无羁，故苏轼云：“言有尽而意无穷者，天下之至言也。”从而使得作品能够达到情、景与哲理交融化合的境界——完整的“意境”创造的境界。因此，宋人的艺术创作轻形似、重精神，强调直写胸臆、个性之外化。所谓“唐人尚法，宋人尚神”，“书画之妙，当以神会”[1]。苏轼、米芾、文同都是倡导、运用这种创作方法的巨匠，也都是善于谈论禅机的文人。鉴赏方面，则由鉴赏者自觉地运用自己的艺术感受力和艺术想象力，去追溯、补充作家在构思联想时的内心感情和哲理体验。所谓“说诗如说禅，妙处在悬解”[2]，形成以“意”求“意”的欣赏方式。这种中国特有的艺术创作和鉴赏方法在宋代的确立，乃是继两晋南北朝之后的又一次美学思想的大变化和大开拓，它对于宋代园林艺术的潜移默化从而促进了文人园林的兴盛，也是不言而喻的事实。

[1] 沈括：《梦溪笔谈》。

[2] 《诗人玉屑》引龚圣任语。

第五节

宋代的寺观园林

佛教发展到宋代，内部各宗派开始融会、相互吸收而变异复合。天台、华严、律宗等唐代盛行的宗派已日趋衰落，禅宗和净土宗成为主要的宗派。禅宗势力尤大，不仅是流布甚广的宗教派别，而且还作为一种哲理渗透到社会思想意识的各方面，甚至与传统儒学相结合而产生新儒学——理学，成为思想界的主导力量。

禅宗早在中唐即已开始发展，入宋以后承晚唐“五家禅”的余风又以其独特的形式臻于兴盛。虽然宋代禅宗在宗教思想和教理上并没有多少创新，但与唐代相比却有一个主要的不同之点，即大量的“灯录”和“语录”的出现。早期的禅宗，本来是提倡“教外别传”、“不立文字”的，以“体认”、“参究”的方法来达到“直指本心，见性成佛”的目的，不需要发表议论、也不藉助于文字著述。后来由于这种方法对宗教的传播不利，“禅”不能仅只是“参”、“悟”，而且要靠讲说和宣传。于是，大量文字记载的“灯录”和“语录”便应运而出现了。它们标志着禅宗进一步汉化，也十分切合于文人士大夫的口味，他们中的一些人还直接参与灯录的编写工作。这样，佛教就与文人士大夫在思想上沟通起来，反过来又促进了禅宗的盛行。

北宋初期，朝廷一反后周斥佛毁寺的政策，对佛教给予保护。宋太祖建隆元年(公元960年)度僧8万余人。太宗太平兴国元年(公元976年)到七年(公元982年)共度僧17万人。真宗时(公元998—1022年)在东京和各路设立戒坛72所，放宽度僧名额。僧、尼大量增加，寺院也相应地增加到4万所。寺院一般都拥有田地、山林，成为寺院地主，享有减免赋税和徭役的特权，有的还经营第三产业。北宋很重视佛经的印行，官刻、私刻的大藏经共有5种版本，其中蜀版大藏经被公认为海内珍品。南宋迁都临安，本来佛教势力就大的江南地区，随着政治中心的移来而较前更为隆盛，逐渐发展成为佛教禅宗的中心，著名的“禅宗五山”都集中在江南地区。

宋代佛教禅宗是五宗内的“云门”、“临济”二宗并盛于各地，其后，临济宗又分化为“杨枝”和“黄龙”两个支派，全国各地的佛寺也是以属于这几个派系者为主体。随着禅宗的完全汉化，大约在南宋时禅宗寺院已相应地确立了“伽蓝七堂”[1]制度，完全成为中国传统的一正两厢的多进院落的格局，就连隋唐时尚保留着的一点古印度佛寺建筑的痕迹也消失了。禅宗寺院既如此，其他宗派的寺院当然亦步亦趋。所以说，佛寺建筑到宋代已经全部汉化，佛寺园林世俗化的倾向也更为明显。随着禅宗与文人士大夫在思想上的沟通，儒、佛的合流，一方面在文人士大夫之间盛行禅悦之风，另一方面禅宗僧侣也日益文人化。许多禅僧都擅长书画，诗酒风流，以文会友，经常与文人交往。文人园林的趣味也就会更广泛地渗透到佛寺的造园活动中，从而使得佛寺园林由世俗化而更进一步地“文人化”。

[1] “伽蓝七堂”之制有几种说法，其中的一种说法是指作为一所佛寺必须具备的七座殿堂而言：山门、钟楼、鼓楼、天王殿、大雄宝殿及二配殿。

宋代佛寺园林的发展，与文人士大夫的关系至为密切。文人经常与禅僧交往、酬唱，而佛寺园林便是这种交往、酬唱的最理想的场所。在交往中，文人的诗画情趣必然会受到禅趣的濡染，也必然会通过他们的审美意识而影响佛寺园林的规划设计。扬州的平山堂由欧阳修主持修造并为之题写匾额，同时也是一处佛寺园林。书画家米芾曾为鹤林寺题写“城市山林”的匾额，足见此寺园林气氛之浓郁。后来，人们便以“城市山林”作为城市私家园林的代称。

道教方面，宋代南方盛行天师道，北方盛行全真道，但也有天师道。全真道的创始人是王重阳，道士一律出家，教旨以“澄心定意，抱元守一，存神固气”为真功，“济贫扶苦，先人后己，与物无私”为真行。宋末，南方与北方的天师道逐渐合流。到元代，天师道的各派都归并为正一道，朝廷授张道陵的第三十八代后裔为“正一教主”世居江西龙虎山。正一道的道士绝大多数不出家，俗称“火居道士”。从此以后，在全国范围内正式形成正一、全真两大教派并峙的局面。道教从它创立的时候起，便不断吸收佛教的教义内容、摹仿佛教的仪典制度。宋代继承唐代儒、道、释三教共尊的传统，更加以发展为儒、道、释互相融会。宋徽宗笃信道教，自称为道君皇帝，甚至一度诏令佛教与道教合并，改佛寺为道观，把佛号和僧、尼的名称道教化。这些，都表明道教更向佛教靠拢。那么，道观建筑的形制受到禅宗伽蓝七堂之制的影响而成为传统的一正两厢的多进院落格局，亦属势之必然。

道教从魏晋以后发展起来的一整套斋醮符箓禁咒以及炼丹之术，固然迎合了许多人的享受欲望和迷信心理，但也受到不少具有清醒理性头脑的士大夫的鄙夷，因而逐渐出现分化的趋势。其中一种趋势便是向老庄靠拢，强调清净、空寂、恬适、无为的哲理，表现为高雅闲逸的文人士大夫情趣。同时，一部分道士也像禅僧一样逐渐文人化，“羽士”、“女冠”经常出现在文人士大夫的社交活动圈里。相应地道观园林由世俗化而进一步文人化，当然也是势之所趋了。

寺观园林由世俗化进而达到文人化的境地，它们与私家园林之间的差异，除了尚保留着一点烘托佛国、仙界的功能之外，基本上已完全消失了。

两晋南北朝，僧侣和道士纷纷到远离城市的山水风景地带建置佛寺、道观，促成了全国范围内山水风景的首次大开发。宋代，佛教禅宗崛起，禅宗教义着重于现世的内心自我解脱，尤其注意从日常生活的细微小事中得到启示和从大自然的陶冶欣赏中获得超悟。禅僧的这种深邃玄远、纯静清雅的情操，使得他们更向往于远离城镇尘俗的幽谷深山。道士讲究清静简寂，栖息山林有如闲云野鹤，当然也具有类似禅僧的情怀。再加上僧道们的文人化的素养和对自然美的鉴赏能力，从而掀起了继两晋南北朝之后又一次在山野风景地带建置寺观的高潮，客观上无异于对全国范围内的风景名胜区特别是山岳风景名胜区的再度大开发。除了新开发建设的地区之外，过去已开发出来的，如传统的五岳和五镇、佛教的大小名山、道教的洞天福地等，则设施更加完善，区域格局更为明确。因此，宋代以寺观为主体的名山风景区的数量之多，远迈前代。如今散布在全国各地的这种风景名胜区在宋代大体上已经建设成型，明以后开发建设的几乎是凤毛麟角了。[1]在这些风景名胜区内，寺观都要精心地经营园林、庭院绿化和周围的园林化环境。寺观作为风景点和原始型旅游接待场所的作用，比之过去也得以更大地发挥。

[1] 周维权：《中国名山风景区》，北京，清华大学出版社，1996。

南宋临安的西湖一带，是当时国内佛寺建筑最集中的地区之一，也是宗教建设与山水风景的开发相结合的比较有代表性的地区。

早在东晋，环西湖一带已有佛寺的建置，晋成帝咸和元年(公元326年)建成的灵隐寺便是其中之一。隋唐时，各地僧侣游方慕名纷至沓来，一时围绕西湖南、北两山之寺庙林立。吴越国建都杭州的一段承平时期，寺庙的建置更多了，如著名的昭庆寺、净慈寺等均建成于此时。与佛教广泛建寺的同时，道教也在西湖留下了踪迹，东晋著名道士葛洪就曾在北山筑庐炼丹、建台开井。到唐代，西湖之所以逐渐形成为风景名胜区，历来的地方官的整治建设固然是一个因素，寺观建置所起的作用也不容忽视。

南宋时，在西湖之山水间大量兴建园林(私家园林和皇家园林)，具体情况已如前述，而佛寺兴建之多，也绝不亚于园林，此两者遂成为西湖建筑的两大主要类型。由于大量佛寺的建置，临安成了东南的佛教胜地，前来朝山进香的香客络绎不绝。东南著名的佛教禅宗五山(刹)，有两处在西湖——灵隐寺和净慈寺。为数众多的佛寺一部分位于沿湖地带，其余分布在南北两山。它们都能够因山就水，选择风景优美的基址，建筑布局则结合于山水林木的局部地貌而创为园林化的环境。因此，佛寺本身也就成了西湖风景区的重要景点。西湖风景因佛寺而成景的占着一定比重，而大多数的佛寺均有单独建置的园林。这种情况一直持续到明代。杭州西湖集中荟萃寺观园林之多，在当时全国范围内恐怕也是罕见的。现举数例，以便略窥一斑。

灵隐寺 在北高峰下，为宋代禅宗五山的第二山。

明人田汝诚《西湖游览志》一书中有一段文字描写当年寺前的飞来峰至冷泉亭一带之景色：

> “飞来峰界乎灵隐天竺两山之间，盖支龙之秀演者。高不逾数十丈而怪石森立、青苍玉削，若骇豹蹲狮，笔卓剑植，衡从偃仰，益玩益奇。上多异木，不假土壤，根生石外，矫若龙蛇。郁郁然丹葩翠蕤，蒙幂联络。冬夏长青，烟雨雪月，四景尤佳。……冷泉亭，唐刺史元芎建，旧在水中，今依涧而立。……白乐天记(《冷泉亭记》)略云：‘东南山水余杭为最，就郡则灵隐寺为最，就寺则冷泉亭为最。亭在山下水中，寺西南隅，高不倍寻，广不累丈，撮奇搜胜，物无遁形。春之日，草薰木欣，可以导和纳粹，畅人气血；夏之日，风冷泉渟，可以蠲烦析酲，起人幽情。山树为盖，岩石为屏。云从栋生，水与阶平。……潺湲洁澈，甘粹柔滑。眼目之嚣，心舌之垢，不待盥涤，见辄除去。……’”

三天竺寺 在灵隐寺之南，三寺相去不远，因选址得宜而构成一处优美清静的小景区。据《武林旧事》的描述：

> “灵竺之胜，周回数十里，岩壑尤美，实聚于下天竺寺，自飞来峰转至寺后，诸岩洞皆嵌空玲珑，莹滑清润，如虬龙瑞凤，如层华吐萼，如皱縠叠浪，穿幽透深，不可名貌。林木皆自岩骨拔起，不土而生。传言兹岩韫玉，故腴润若此。石间波纹水迹，亦不知何时有之。”

韬光庵 在北高峰南麓之巢杞坞，距灵隐寺约二里。“(灵隐)寺前不数武，细泉戛戛而鸣，紫薇婷婷而舞。木石参差，亭馆崔错者为包家园。舍园而前，仰空濛入蓊翳，山岚在衣，磴响生足。大壑阴阴而日渗，文瀑袅袅以雨飞。足疲行倦，而一寺适当可憩之所者为韬光。从寺门而盼，高岑层层送霁。攀古萝而上，荒砌步步生寒。砌断萝空，一坪坦焉。其上近可以眺湖而远可以眺江者，为岑之顶。……”[1]这里还有“韬光观海”之景，清人翟灏记云：“(韬光庵)殿庑有烹茗井，相传为白乐天汲水烹茗处。顶有右楼方丈，正对钱塘江尽处，即海。萧士玮《南归日记》云‘初至灵隐，求所谓“楼观沧海日，门对浙江潮”者，竟无所有，至此乃了了在目矣。’世称韬光观海。”[2]

[1] 《武林掌故丛编·湖山叙游》。

[2] 翟灏：《湖山便览》。

城市寺观园林的情况，《东京梦华录》记载甚详。《洛阳名园记》中提到一处，即洛阳城内的“天王院花园子”。此园“盖无他池亭，独有牡丹数十万本”。每到开花时期，园内“张幕幄，列市肆，管弦其中。城中士女，绝烟火游之。过花时则复为丘墟”。北宋东京城内及附廓的许多寺观都有各自的园林，其中大多数在节日或一定时期内向市民开放，任人游览。寺观的公共活动除宗教法会和定期的庙会之外，游园活动也是一项主要内容，因而这些园林多少具有类似城市公共园林的职能。寺观的游园活动不仅吸引成千上万的市民，皇帝亲临游览在宋代也是常有的事。每年新春灯节之后，东京居民出城探春，届时附廓及近郊的一部分皇家园林和私家园林均开放任人参观，但开放最多的则是寺观园林，如玉仙观、一丈佛园子、祥祺观、巴娄寺、铁佛寺、鸿福寺等，均是“四时花木、繁盛可观”。形成了以这些佛寺为中心的公共游览地，京师居民不仅到此探春，而且消夏，或访胜寻幽。所见皆是“万花争出，粉墙细柳，斜笼绮陌，香轮暖辗，芳草如茵，骏骑骄嘶，杏花如绣，莺啼芳树，燕舞晴空，红妆按乐于宝榭层楼，白面行歌近画桥流水”。四月八日佛诞生日，城内“十大禅院各有浴佛斋会，煎香药糖水相遗，名曰‘浴佛水’。迤逦时光昼永，气序清和。榴花院落，时闻求友之莺。细柳亭轩，乍见引雏之燕”。《东京梦华录》卷六，详细记载了皇帝正月十四日到五岳观迎祥池游览并赐宴群臣归来时之盛况：

> “正月十四日，车驾幸五岳观迎祥池，有对御。至晚还内围子，亲从官皆顶球头大帽，簪花，红锦团荅戏狮子衫，金镀天王腰带，数重骨朵。天武官皆顶双卷脚幞头，紫上大搭天鹅结带宽衫。殿前班顶两脚屈曲向后花装幞头，着绯青紫三色撚金线结带望仙花袍，跨弓剑，乘马，一扎鞍辔，缨绋前导。……诸班直皆幞头锦袄束带，每常驾出有红纱帖金烛笼二百封，元宵加以琉璃玉柱掌扇灯。快行家各执红纱珠络灯笼。驾将至，则围子数重，外有一人捧月样兀子锦，覆於马上。天武官十余人，簇拥扶策，喝曰：‘看驾头！’次有吏部小使臣百余，皆公裳，执珠络球杖，乘马听唤。近侍余官皆服紫绯绿公服，三衙太尉、知阁、御带罗列前导，两边皆内等子。……教坊钧容直乐部前引，驾后诸班直马队作乐，驾后围子外左则宰执侍徒，右则亲王、宗室、南班官。驾近，则列横门十余人击鞭，驾后有曲柄小红绣伞，亦殿侍执之於马上。……”

第六节 宋代的其他园林

宋代城市公共园林的情况，可举东京、临安为例。

北宋的东京，地势比较低湿，城内外散布着许多池沼，如普济水门西北的凝祥池、城东北之蓬池、陈州门里的凝碧池、南薰门外玉津园一侧的学方池，以及鸿池、讲武池、莲花池等等。这些池沼大多数均由政府出资在池中植菰、蒲、荷花，沿岸植柳树，并在池畔建置亭桥台榭相峙，因而都成为东京居民的游览地，相当于公共园林。城东南三里许的平台，被附会为东汉梁园遗址，唐代曾略加整建。诗人李白游览之后，写下了《梁园吟》一诗：

> "平台为客幽思多，对酒遂作梁园歌；
> 却忆蓬池阮公咏，因吟渌水扬洪波。"

到宋代再加开拓，也成为一处公共园林。诸如此类的公共园林不在少数，《东京梦华录》卷七记载都人出城探春郊游时的热闹情形：

> "……四野如市，往往就芳树之下，或园囿之间，罗列杯盘，互相劝酬。都城之歌儿舞女，遍满园亭，抵暮而归。各携枣餇、炊饼、黄胖、掉刀，名花异果，山亭戏具，鸭卵鸡雏，谓之'门外土仪'。轿子即以杨柳杂花装簇顶上，四垂遮映。"

东京的城市街道绿化也很出色，市中心的天街宽二百余步，当中的御道与两旁的行道之间以"御沟"分隔，两条御沟"尽植莲荷，近岸植桃、李、梨、杏，杂花相间。春夏之间，望之如绣"。其他街道两旁一律种植行道树，多为柳、榆、槐、椿等中原乡土树种，"连骑方轨，青槐夏荫"，"城里牙道，各植榆柳成荫"[1]。护城河和城内四条河道的两岸均进行绿化，由政府明令规定种植榆、柳。这从张择端《清明上河图》中也能看得出来，此图所绘汴河两岸及沿街的行道树以柳树为主，其次是榆树和椿树，间以少量其他树种[图5·18]。

南宋临安的西湖，历经晋、隋、唐、北宋的开发整治情况，上文已经

[1] 孟元老：《东京梦华录》。

介绍过。西湖处在南、北两山的三面环抱之中，再经南宋继续开发、建设而成为附廓风景名胜游览地，也相当于一座特大型公共园林——开放性的天然山水园林。建置在环湖一带的众多小园林则相当于大园林中的许多景点——“园中之园”。它们既有私家园林，也包括皇家园林和少数寺庙园林。诸园各抱地势，借景湖山，开拓视野和意境。湖山得园林之润饰而更加臻于画意之境界，园林得湖山之衬托而把人工与天然凝为一体。所以说，西湖一带的园林分布虽不一定有事先的总体规划，但从诸园选址以及皇家、私家园林相对集中的情况看来，确实是考虑到湖山整体的功能分区和景观效果，并以之作为前提的。

总的看来，小园林的分布是以西湖为中心，南、北两山为环卫，随地形及景色之变化，借广阔湖山为背景，采取分段聚集，或依山、或滨湖，起伏疏密，配合得宜，天然人工浑为一体，充分发挥了诸园的点景作用，扩展了观景的效果。诸园的布局大体上分为三段：南段、中段和北段（参见［图5·7］）。[1]

南段的园林大部分集中在湖南岸及南屏山、方家峪一带。这里接近宫城，故以行宫御苑居多，如胜景园、翠芳园等。私家和寺庙园林也不少，随山势之蜿蜒，高低错落。其近湖处之集结名园佳构，意在渲染山林、借山引湖。

中段的起点为长桥，环湖沿临安之西城墙北行，经钱湖门、清波门、涌金门至钱塘门，包括耸峙湖中的孤山。在沿城滨湖地带建置聚景、玉壶、环

[1] 贺业钜：《南宋临安城市规划研究》，见《中国古代城市规划史论丛》，北京，中国建筑工业出版社，1986。

图5·18 （宋）张择端：《清明上河图》片段

碧等园缀饰西湖，并借远山及苏堤作对应，以显示湖光山色的画意。继而沿湖西转，顺白堤引出孤山，是为中段造园的重点和高潮。孤山耸峙湖上，碧波环绕，本是西湖风景最胜处，唐以来即有园亭楼阁之经营，宛若琼宫玉宇。南宋时尚遗留许多名迹，如白居易之竹阁，僧志铨之柏堂，名士林逋之巢居梅圃等。绍兴年间南宋高宗在此营建御苑祥符园，理宗作太乙西宫，再事扩展御苑而成为中段诸园之首。以孤山形势之胜，经此装点，更借北段宝石山、葛岭诸园为背景，与南段南屏一带诸园及中段之滨湖园林互相呼应，蔚为大观。不仅如此，还于里湖一带布置若干别业小圃，以为隔水之陪衬。孤山及其附近遂成为西湖名园荟萃之区，以至于“一色楼台三十里，不知何处觅孤山”了。

北段自昭庆寺循湖而西，过宝石山，入于葛岭，多为山地小园。在昭庆寺西石涵桥北一带集结云洞、瑶池、聚秀、水丘等名园，继之于宝石山麓大佛寺附近营建水月园等，再西又于玛瑙寺旁建置养乐、半春、小隐、琼花诸园，入葛岭更有集芳、挹秀、秀野等园，形成北段之高潮。复借西泠桥畔之水竹院落衔接孤山，又使得北段之园林高潮与中段之园林高潮凝为一体，从而贯通全局之气脉。

湖西岸一带的水面比现在的大，且多沼泽湿地，是环湖各段中最富于天然野趣的地方。

总观三段园林之布置，各园基址的选择均能着眼于全局，因而形成总体结构上疏密有致的起承转合和轻重急徐的韵律，长桥和西泠桥则是三段之间的衔接转折的重要环节。这许多皇家、私家、寺庙园林既因借于湖山之秀色，又装点了湖山之画意。西湖山水之自然景观，经过它们的点染，配以其他的亭、榭、桥梁等小品自由随宜地半藏半露于疏柳淡烟之中，显示人工意匠与天成自然之浑为一体。西湖北岸宝石山顶的保俶塔则是湖山整体的构景中心，起到了总绾全局的作用。西湖的山水通体既有自然景观之美，而又渗透着以建筑为主的人文景观之盛，无异于一座由许许多多小园林集锦而成的特大型天然山水园林。这些小园林“俯瞰西湖，高挹两峰。亭馆台榭，藏歌贮舞。四时之景不同，而乐也无穷矣”。在当时国家山河破碎、偏安半壁的情况下，诗人林升感慨于此，因题壁为诗云：

“山外青山楼外楼，西湖歌舞几时休；
暖风薰得游人醉，直把杭州作汴州。”

著名的“西湖十景”，南宋时就已形成了。一座大城市能拥有如此广阔、丰富的公共园林，这在当时的国内甚至世界上，恐怕都是罕见的。

之后，西湖在明代又经过一次大规模的整治，逐渐开发为闻名全国的风景名胜区。

以上所述，大体上就是宋代两京的城市公共园林的情况。其中，临安西湖的基本格局经过后来历朝历代的踵事增华，又逐渐开拓、充实而发展成为一处风景名胜区，杭州也相应地成为典型的风景城市。

在个别的经济、文化发达的地区，甚至农村也有公共园林的建置。

随着宋代地主小农经济的完全成熟，农村的聚落——村落亦普遍发展起来，而成为一种基层的行政组织。村落多数仍为一姓的聚族而居，也有若干姓氏的家庭聚居，有的村落周围还缭以寨墙，故又叫做村寨。

这里仅举浙江楠溪江苍坡村为例。这是历经千百年沧桑而保存下来的，也是迄今发现的惟一一处宋代农村公共园林。

楠溪江在浙江省温州市，属瓯江的支流，它流经永嘉县境内时两侧又分出许多小支流，形成山峦起伏的丘陵地带内的许多河谷平川。流域面积达2400多平方公里，气候温和，土壤肥沃，有灌溉之利，农业经济很发达。这里山青水秀，自然风景美丽如画，曾经孕育了中国山水诗的开创者之一、东晋时做过永嘉太守的谢灵运。南朝著名道士陶弘景来到楠溪江修炼，在《答谢中书书》中这样描写它的旖旎风光：

> “山川之美，古来共谈。高峰入云，清流见底。两岸石壁，五色交辉。青林翠竹，四时俱备。晓雾将歇，猿鸟乱鸣；夕日欲颓，沉鳞竞跃。实是欲界之仙都。自康乐以来，未复有能谙其奇者。”

楠溪江又是人文昌盛的地区。东晋时南迁的中原士族，带来了先进的中原文化，成为楠溪江进一步开发的契机。宋代，由于淮河以北沦为金人统治，大规模南渡的文人士大夫再一次把中原文化输入东南沿海。相应地也促成了楠溪江流域的灿烂的文化高峰，而位于中游的一系列村落则更其成为这个文化高峰的中心地带[1]。

宋代是中国封建文化最辉煌的时期。科举取士的数量大增，即便平民百姓、农家子弟也有了进身之阶，再加之朝廷采取比较宽容的文化政策，因而民间的讲学、读书的风气大盛。楠溪江中游的这些村落，本来就是由出身仕宦之家的外地移民建立起来的血缘聚落，处在宋代当时当地的历史大背景之下，必然会于经营农业生产的同时，也十分注重传播礼乐教化，形成一个个典型的耕读生活社区，在当时曾经获得“小邹鲁”的美誉。这种具有高度文化素质的耕读生活，必然要求一个与之相适应的高质量的自然环境和人居环境。因此，楠溪江中游的每一个村落的寨墙外围，都展示优美的山水风景，村村如在画屏中，令人心旷神怡。寨墙以内，则结合水系建置公共园林，与外围的山水风景沟通起来。两者彼此呼应，成为农村聚落总体景观的有机组成部分。在这里，我们可以看到六朝、隋唐的庄园、别墅的影子，及其天人谐和传统的一脉相承。作为人居环境，则又表现出这个传统的升华和更高层

[1] 清华大学建筑学院：《楠溪江中游乡土建筑》，台北，汉声杂志社，1994。

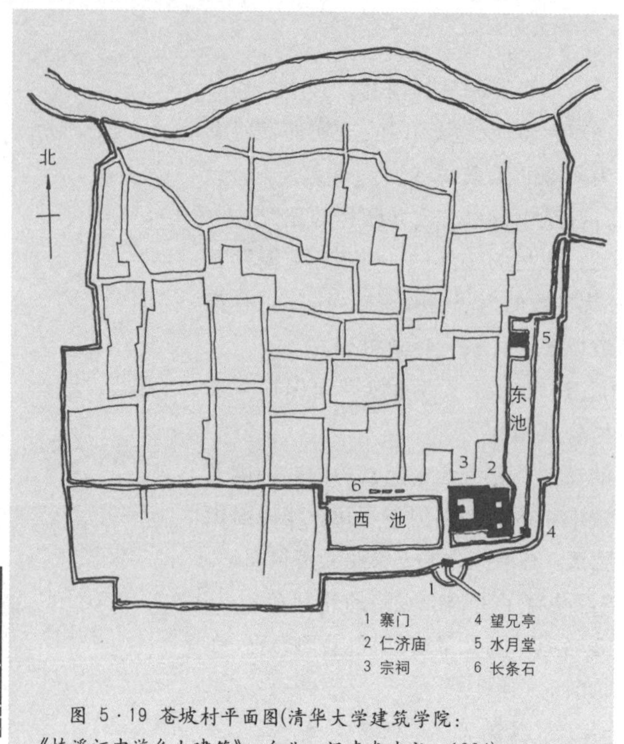

图 5·19 苍坡村平面图(清华大学建筑学院：《楠溪江中游乡土建筑》，台北，汉声杂志社，1994)

次的发展。村寨既为血缘家族的聚落，汉民族讲究慎终追远、祭祀祖先，宗祠必然成为村内最主要的建筑物，因而往往与公共园林相结合，甚至以之作为后者的构图中心。

苍坡村是楠溪江中游最古老的村落之一，建成于南宋时期。村内大多数建筑物已迭经后期的改建、重建，据专家考证，村落现状的基本格局，如街巷布置、供水和排水系统、公共园林等，仍然保持着南宋的原貌未变[1][图 5·19]。

公共园林位于村落的东南部，沿着寨墙成曲尺形展开，以仁济庙为中心分为东、西两部分。西半部临近寨门，一个长方形的大水池横呈，岸边绿树成荫[图 5·20]。水池的北岸是一条笔直的、通向村西端的街道，正对着村外西面的“笔架山”，仿佛一枝笔搁在笔架的前面。长方形水池好像一方大砚池，池北岸放置的三块长条石代表墨锭。如果把略近方形的整个村落作为一张铺开的纸，则东南部的园林景观就具有纸、笔、墨、砚的“文房四宝”的象征寓意

[1] 清华大学建筑学院：《楠溪江中游乡土建筑》，台北，汉声杂志社，1994。

图 5·20 西部的大水池

图 5 · 21 笔直的街道正对村外的笔架山

了 [图5 · 21]。这是十分别致的园林造景，表达了当地居民的“耕读传家”的心态和高雅的文化品位。仁济庙前后三进院落，供奉“平水圣王”，其西邻是宗祠。仁济庙三面临水，前院的天井亦为水庭，外侧的三面设临水的敞廊，可供游人坐憩并观赏村外之景。庙之东，也就是村落的东南角上建一亭名“望兄亭”，视野开阔，可以越过寨墙极目环眺村外之景，并与东南面约二里外的方巷村的“送弟阁”遥遥相望成对景。园林的东半部亦以长方形水池为主体，水池的尽端建小型佛寺水月堂，作为景观的收束。

苍坡村的公共园林并非一般私家园林的内向、封闭的小桥流水格局，也没有堆筑假山，而是呈现为开朗、外向、平面铺展的水景园的形式，既便于村民的群众性游憩、交往，又能与周围的自然环境相呼应、融糅，从而增益了聚落的画意之美。另外，村落的建筑物均为木结构，容易发生火灾，公共园林能提供取水救火的方便，也有其实用功能。

宋代中央官署的园林绿化的建置很普遍，这在《东京梦华录》和《梦粱录》等书中都有零星的记载。地方衙署一般兼作主管官员的官邸，因而也包括宅和园。[图5 · 22] 为《景定建康志》中的“府廨之图”，其中有一处以水池为中心，周围环绕着轩、榭、廊庑的地段，这便是衙署园林之一例。

“祠堂”供祭祀活动之用，它的建筑群体布局按一定的序列，具有一定的纪念意义，并与庭院的园林化和绿化环境相结合而形成“祠堂园林”。“晋祠”是现存的最古老、规模很大、园林氛围极浓郁的祠堂建筑群，因而

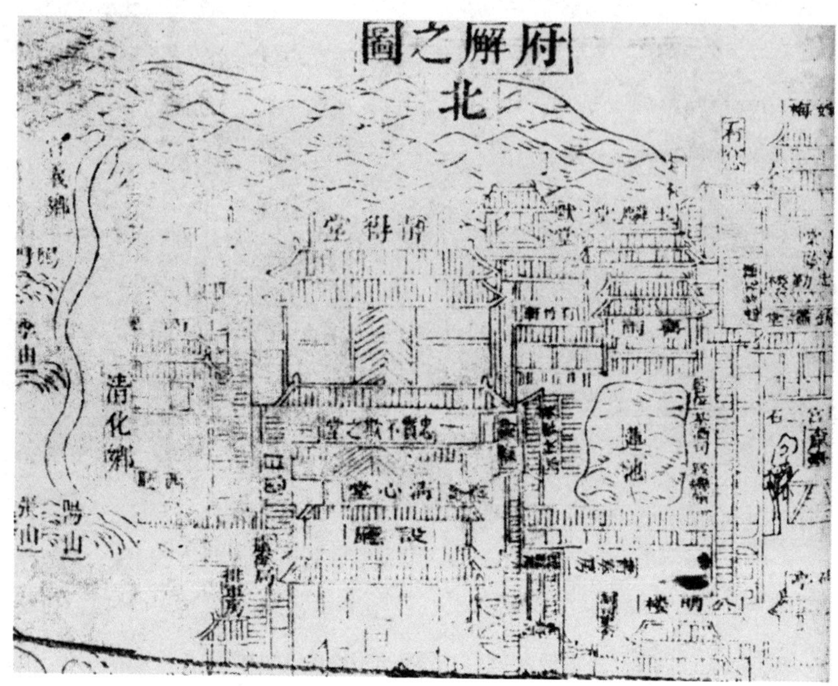

图 5·22 宋《景定建康志》中的衙署平面图(刘敦桢等:《中国古代建筑史》)

也是一处罕见的大型祠堂园林。

晋祠在山西省太原市西南25公里的悬瓮山麓、晋水源头，它的创建可以远溯到周代。西周初年，武王殁，成王继承王位。年幼的成王在与弟弟叔虞游戏时把一片桐叶送给叔虞，戏说封他为诸侯。这话被史官听到，对成王说："天子无戏言。"成王只得封叔虞为唐国的诸侯，称唐叔虞，这就是"剪桐封弟"的故事。叔虞死后，其子因国境内有晋水而改国号为"晋"。后人为了纪念他，便在晋水之源兴建祠堂一座，称为"晋祠"。据郦道元《水经注》："昔智伯之遏晋水以灌晋阳，其川上溯，后人踵其遗迹，蓄以为沼。沼西际山枕水，有唐叔虞祠。水侧有凉堂，结飞梁于水上，左右杂树交荫，希见曦景。……于晋川之中，最为胜处。"足见在北魏时，以唐叔虞祠为主体的晋祠已具有一定规模，其自然环境也是非常优美的。以后，迭经历代的扩建，规模更为壮观，唐太宗《晋祠之铭并序》碑文中描写其为："金阙九层，鄙蓬莱之已陋；玉楼千仞，耻昆阆之非奇。"

宋代，对晋祠又进行了较大的修葺、改建，大体上形成了总体之现状格局［图5·23］。

北宋仁宗天圣年间（公元1023—1032年）加封唐叔虞为汾东王，并为叔虞之母邑姜修建了规模宏伟的"圣母殿"，坐北向南，面阔七间，重檐歇山顶。殿内神龛供奉邑姜坐像，两旁分列42尊侍从的塑像，为宋代泥塑中之精品。从此以后，圣母殿遂取代唐叔虞祠而成为晋祠建筑群的主体。圣母殿以南为架在方形水池上的宋构十字形桥，即著名的“鱼沼飞梁”[图5·24]。飞梁之东为金代修建的献殿，供奉祭品之用。殿前月台上陈设铁铸狮子一对，其南为牌坊“对越坊”，两侧分列钟楼和鼓楼。坊之南为一平台，台四

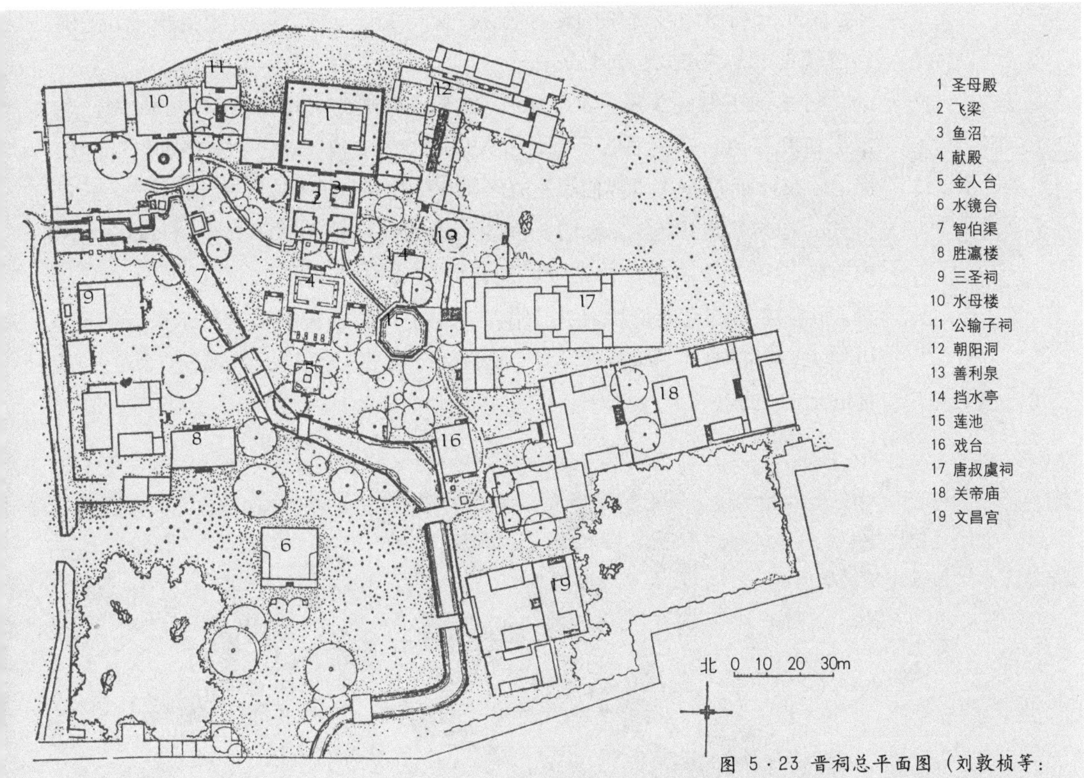

1 圣母殿
2 飞梁
3 鱼沼
4 献殿
5 金人台
6 水镜台
7 智伯渠
8 胜瀛楼
9 三圣祠
10 水母楼
11 公输子祠
12 朝阳洞
13 善利泉
14 挡水亭
15 莲池
16 戏台
17 唐叔虞祠
18 关帝庙
19 文昌宫

北 0 10 20 30m

图 5·23 晋祠总平面图（刘敦桢等：《中国古代建筑史》）

隅各立铁铸人像一尊，故名“金人台”。台以南跨水建会仙桥，过桥即为明代修建的戏楼“水镜台”。这几座建筑构成一条严整有序而又富于韵律变化的南北向的中轴线，成为整个晋祠建筑群的轴心，愈发烘托出圣母殿的主体建筑的地位。

中轴线以东的建筑群坐东朝

图 5·24 鱼沼飞梁

西，包括唐叔虞祠、昊天祠、文昌宫等，崇台高阁沿山麓的坡势迭起，颇有气派。以西的建筑群包括胜瀛楼、水母楼、难老泉亭及隋代修建的舍利塔等，利用丰富的建筑形象配合局部地形之高低错落而不拘一格，再加层层跌落的小桥流水穿插，则又显示几分江南的风韵。晋祠的北、西、东三面为悬翁山环抱，建筑物从唐宋到明清，虽非同一时期建成，却布局紧凑、浑然一体。能充分利用山环水绕的地形特点，寓严整于灵活，随宜中见规矩，仿佛经过统一的总体规划 [图 5 · 25]。

晋水的主要源头是“难老泉”，位于圣母殿南之水母楼前 [图 5 · 26]。泉水出自断层岩，昼夜涌流不息，古人以《诗经 · 鲁颂》之“永锡难老”诗意命名。泉水通过干渠“智伯渠”流经祠区，仿佛一条纽带，把那一座座不同形式的建筑物贯串起来，愈增晋祠建筑群的整体性和园林气氛。晋祠的祠区内古树参天，浓荫蔽日，其中以周代时植的柏树和隋代时植的槐树尤为名贵。形象丰富的建筑群以悬瓮山作背景衬托，智伯渠的一衣带水贯穿其间，再加上蓊郁的林木、如茵的草地，呈现为一派赏心悦目的景观，实为祠堂园林的上品之作。

图 5 · 25 晋祠鸟瞰图(刘敦桢等：《中国古代建筑史》)

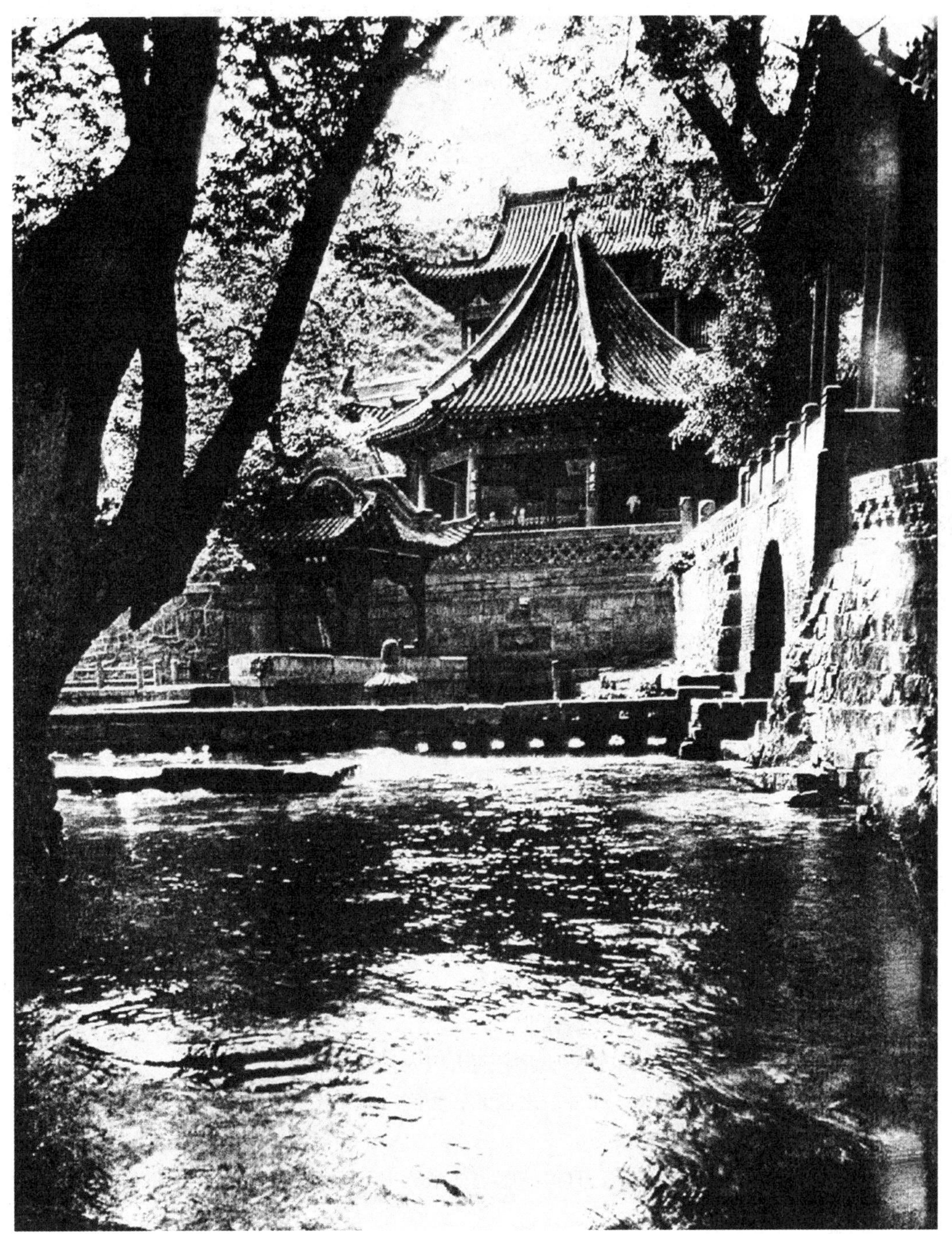

图 5·26 难老泉(太原晋祠保管所:《晋祠》,文物出版社,1981,12)

第七节 辽、金园林

辽王朝占据幽燕地区之后，以南京作为陪都。南京城的具体位置在今北京外城之西。它的南面是宋、辽互市的榷场，北面通过榆关路、松亭关路、古北口路和石门关路等驿道与塞外交通，和高丽、西夏乃至西域都维持着商业联系。南京不仅经济繁荣，在辽、宋对峙的形势下军事战略地位也十分重要，作为陪都又具有政治上的地位。为了适应这些情况，城市相应地进行了相当规模的建设。南京的外城廓略近方形，每面城墙各设二门，子城(皇城)在外城之西南隅。宫城在子城之东南，南半部突出于子城少许，正门名启夏门，大朝正殿名元和殿 [图5·27]。

辽代皇家园林见于文献记载的有内果园、瑶池、柳庄、栗园、长春宫等处。[1]

[1] 于杰、于光度:《金中都》，北京，北京出版社，1989。

瑶池　在宫城的西部，池中有岛名瑶屿，岛上建瑶池殿。

内果园　在子城之东门宣和门内，据《辽史·圣宗纪》：“太平五年(公元1025年)十一月庚子，(帝)幸内果园，京民聚观。”“求进士七十二人，命赋诗，第其工拙，以张昱等一十四人为太子校书郎，韩栾等五十八人为崇文馆校书郎。……是岁，燕民以年谷丰熟，车驾临幸，争以土物来献，上礼高年，惠鳏寡，赐酺饮。至夕，六街灯火如昼，士庶嬉游，上亦微服观之。”

柳庄　在子城西北部。

栗园　在外城西北之通天门内。

长春宫　在外城之西北，为辽帝游幸赏花、钓鱼的一处行宫御苑，以栽植牡丹花著称。

辽代贵族、官僚的邸宅多半集中于子城之内。外城西部湖泊罗布，故亦有私家园林的建置。

辽代佛教盛行，南京城内及城郊均有许多佛寺。著名的如昊天寺、开泰寺、竹林寺、大觉寺等，其中不少附建园林的。城北郊的西山、玉泉山一带的佛寺，大多依托于山岳自然风景而成为皇帝驻跸游幸的风景名胜，如中丞阿勒吉施舍兴建的香山寺等。

金王朝灭辽和北宋之后，海陵王于公元1151年由上京会宁府迁都南京，命右丞相张浩仿照北宋东京的规制扩建南京城，改名“中都”。从此，中都成为金王朝的首都。

中都城沿袭北宋东京的三套方城之制，外城遗址东西宽3.8公里，南北长4.5公里。南、东、西墙各设城门三座，北墙设城门四座。皇城在外城的中部偏西，宫城在皇城的中部偏东。城市供水的来源有三：一是从古代洗马沟水(今莲花池)发源东流围绕辽南京旧城西部及南部，曾作为南京西、

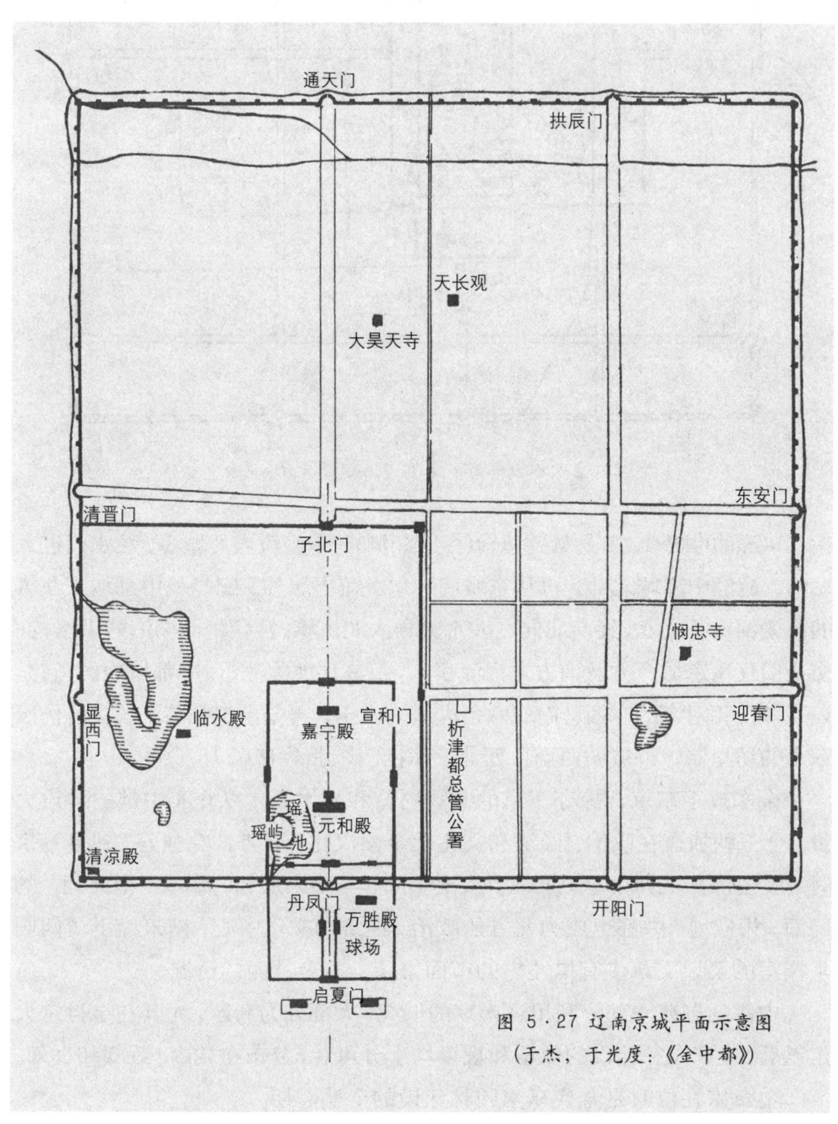

图 5·27 辽南京城平面示意图
(于杰，于光度：《金中都》)

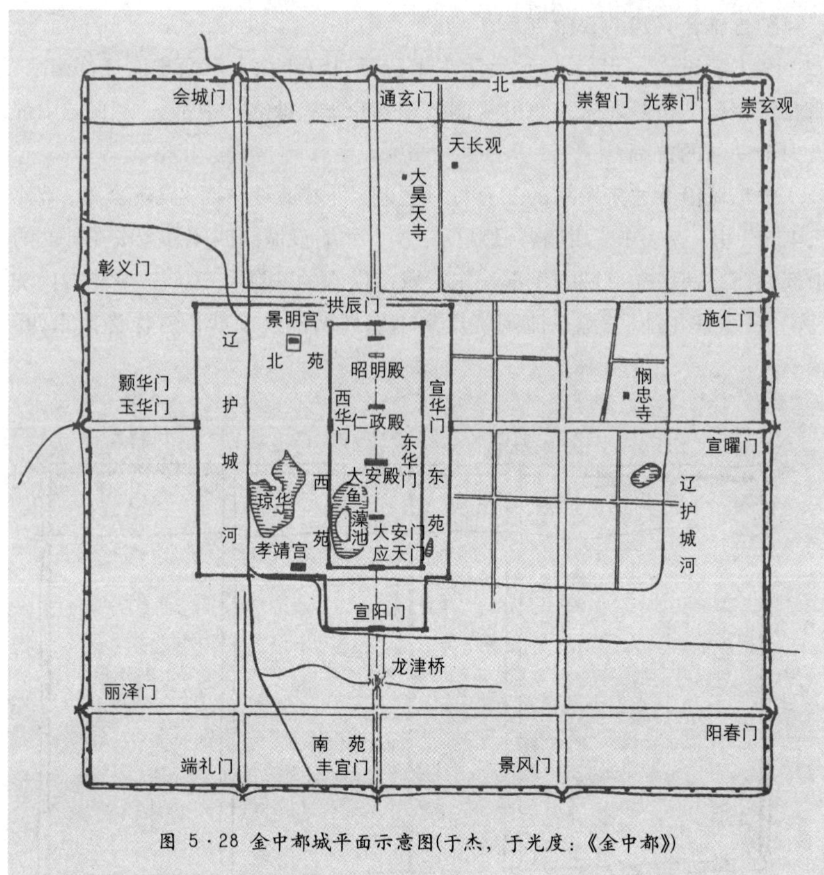

图 5·28 金中都城平面示意图(于杰，于光度：《金中都》)

南、东三面的城壕。二是从钓鱼台(今玉渊潭)向东南流入北城壕，经水门进入城内，流经中都城北部，再从东城墙的水关流出城外。三是从中都城正北方的高梁河南行之水，经南北向之大水渠导入北城壕。宫廷御苑湖泊的供水，亦由绕旧辽南京城西方及南方之河流引入，汇成瑶池等池沼。中都城内的道路，以各城门相对应的东西、南北六条大道为主干，再分出街和巷。居住区仿照东京的坊里制，外城的西南、西北、东南、东北共有62坊 [图5·28]。

金军攻下东京，掠夺东京的文物财富和技术人才以充实中都的建设力量。金王朝加速在政治、经济和文化上全面汉化，国势日益强盛。到金章宗时，版图已扩大到中原、淮北。大定年间，与南宋议和，形成“南北朝”的局面。相应地，中都也成为北方的政治、经济和文化中心，南宋使臣访问归来撰写的笔记文章多有描述它的市面繁荣、宫苑壮丽的情况。

中都的御苑一部分利用辽南京的旧苑，大部分为新建，尤其在金世宗大定以后，皇家园林建设的数量和规模均十分可观，分布在城内、近郊和远郊。

金章宗在位时是金代皇家园林建设的全盛时期。

城内御苑见于文献记载的有西苑、东苑、南苑、北苑、兴德宫等处[1]，其中包含着著名的“中都八苑”，即：芳园、南园、北园、熙春园、琼林苑、同乐园、广乐园、东园。

[1] [2] 于杰、于光度：《金中都》，北京，北京出版社，1989。

西苑 位于皇城西部，利用辽南京子城西部的许多大小湖泊、岛屿建成，其中楼、台、殿、阁、池、岛俱全。湖泊的面积相当大，有鱼藻池(亦名瑶池)、浮碧池、游龙池等，统称之为太液池。池中有岛，如琼华岛、瀛屿等。西苑又名西园，包括皇城内的同乐园和宫城内的琼林苑两部分，除了多处湖泊、岛屿之外，尚有瑶光殿、鱼藻殿、临芳殿、瑶池殿、瑶光台、瑶光楼、琼华阁等殿宇，果园、竹林、杏林、柳庄等以植物成景的景区以及豢养禽鸟的鹿园、鹅栅等。这是金代最主要的一座大内御苑，也是金帝日常宴集臣下的地方。[2]文人多有诗文描写园内的优美景色，例如：

“晴日明华构，繁阴荡绿波；
蓬丘沧海尽，春色上林多。
流水时虽逝，迁莺暖自歌；
可怜欢乐地，钲鼓散云和。”

(师柘：《游同乐园》)

“春归空苑不成妍，柳影毵毵水底天；
过却清明游客少，晚风吹动钓鱼船。

石作垣墙竹映门，水回山复几桃源；
毛飘水面知鹅栅，角出墙头认鹿园。”

(赵秉文：《同乐园二首》)

“芳遥层峦百鸟啼，芝麈兰畹自成蹊；
仙舟倒影涵鱼藻，画栋销香落燕泥。
淑景晴熏红树暖，蕙风轻泛碧丛低；
回头醉梦俄惊觉，歌吹谁家在竹西。”

(冯延登：《西园得西字》)

南苑 又名南园、熙春园，位于皇城之南偏西，有熙春殿、常武殿，还有一座小园林广乐园。《金史·世宗纪》：“大定三年(公元1163年)五月，以重五，幸广乐园射柳。皇太子、亲王、百官皆射，胜者赐物有差。上复御常武殿赐宴、击球。自是岁以为常。”另据《金史·五行志》：“大定二十三年(公元1183年)正月辛巳，广乐园灯山焚，延及熙春殿。”可知广乐园是一处供皇帝百官射柳、观灯的园中之园。

东苑 又名东园、东明园，位于皇城东墙内侧迤南，利用辽代内果园遗址建成。苑内楼观甚多，设门与宫城内之芳园相通，故芳园亦成为东苑之一部分。据《金史·章宗纪》："泰和七年(公元1207年)五月，幸東园射柳。"另据《大金国志》："大定十七(公元1177年)年夏四月三日，帝与太子诸王在东园(苑)赏牡丹。晋王允猷赋诗以陈，和者十五人。""承安三年(公元1198年)……会是冬赏菊于东明园，帝登其阁见屏间画宣和艮岳，问内侍余琬，曰：'此底甚处?'琬曰：'赵家宣和帝运东南花石筑艮岳，致亡国败家，先帝命图之以为戒。'宸妃怒曰：'宣和之亡不缘此事，乃是用童贯、梁师成耳。'盖讥琬也。"

北苑 位于皇城之北偏西，苑中有湖泊、荷池、小溪、柳林、草坪，湖中有岛，主要殿宇为景明宫、枢光殿。金人诗文中也有描写北苑风光的，如：

"柳外宫墙粉一团，飞尘障面倦斜晖；
潇潇几点莲塘雨，曾上诗人下直衣。"

(赵秉文：《北苑寓直》)

"蒲报阁阁乱蛙鸣，点水杨花半白青；
隔岸风来闻鼓笛，柳阴深处有园亭。"

(赵秉文：《寓望》)[1]

[1] 赵秉文：《滏水集》，见《文渊阁四库全书》影印本卷1190，台北，商务印书馆，1986。

以上四处均为大内御苑，另有行宫御苑兴德宫，位于外城东北。

中都城近郊和远郊的御苑比较多，包括行宫御苑和离宫御苑，主要的有以下几处：

建春宫 位于中都城南郊，始建于金章宗时。其后，皇帝经常到此驻跸多日并接见臣僚、处理政务，说明此宫内建有规模较大的殿宇。

长春宫 又名光春宫，在中都城东郊，为辽代长春宫之旧址。宫内湖泊罗布，有芳明殿、兰皋殿、辉宁殿等殿宇，皇帝经常在这里举行"春水"活动。

大宁宫 在中都城的东北郊，大定十九年(公元1179年)开始建设，建成不久即更名寿宁宫，又更名寿安宫，明昌二年(公元1191年)更名万宁宫。这里原来是一片湖沼地，上源为高梁河 [图5·29]。大宁宫是一座规模较大的离宫御苑，金世宗每年必往驻跸，金章宗曾两次到大宁宫，每次居住达四个月之久，并在这里接见臣僚、处理国政。大宁宫水面辽阔，以水景取胜，人工开拓的大湖之中筑大岛名琼华岛，岛上建广寒殿。史学《宫词》形容其为："宝带香襪水府仙，黄旗彩扇九龙船；薰风十里琼华岛，一派歌声唱采莲。"足见当年翠荷成片，龙舟泛彩、歌声荡漾的景观。大宁宫内共建有殿宇九十余所，文臣赵秉文《扈跸万宁宫》诗中这样描写："一声清跸九天开，白日雷霆引仗来；花萼夹城通禁籞，曲江两岸尽楼台。"把大宁宫比

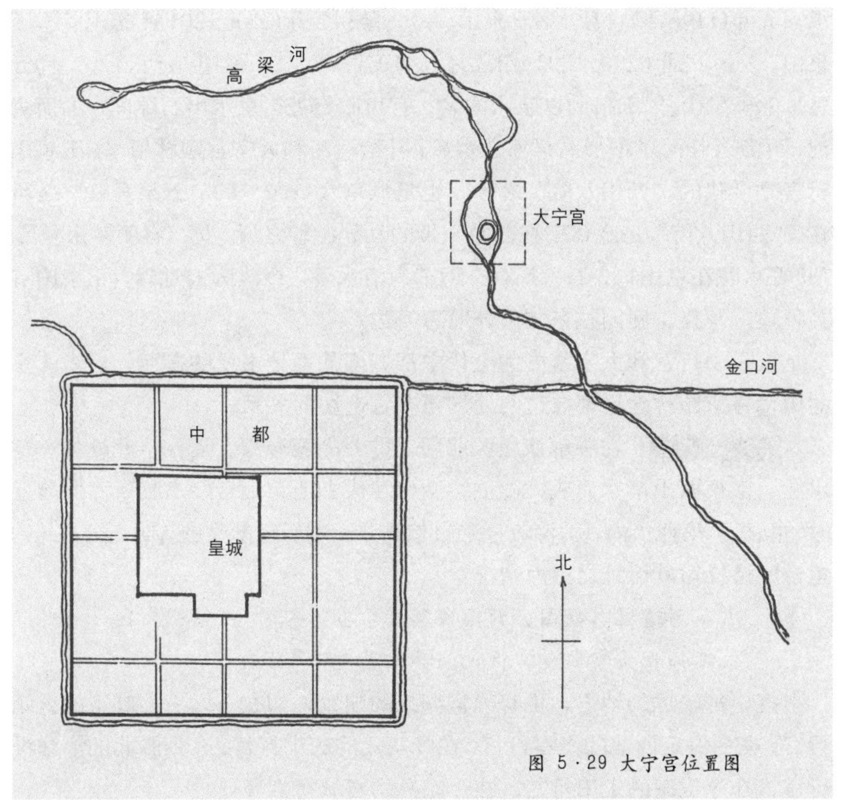

图 5·29 大宁宫位置图

拟为唐长安的曲江，足见当年景物之盛况。金章宗时的“燕京八景”中，大宁宫竟占两景：琼岛春荫、太液秋波。据高士奇《金鳌退食笔记》：“余历观前人记载，兹山(琼华岛)实辽、金、元游宴之地……其所叠石，巉岩森耸，金、元故物也。或云：本宋艮岳之石，金人载此石自汴至燕，每石一准粮若干，俗呼为折粮石。”堆筑琼华岛的山体形象，据说是以艮岳为蓝本，而琼华岛上的假山石也是东京的旧物。宋徽宗为了追求一己享乐而大起“花石纲”，把江南的奇花异石运至东京修造艮岳，转眼之间，国破家亡，徽宗本人也成为俘虏，客死五国城。他所搜刮得来的珍玩，包括这些玲珑奇特的太湖石，又都成了金国的战利品。元人郝经《琼华岛赋》记述他“由万宁故宫登琼华岛，徜徉延伫，临风肆瞩，想见大定之治与有金百年之盛，慨然有怀”，不禁因目睹此岛之石山而联想到东京艮岳之叠石为山，“彼虐政虐世，昏君暴主，以万人之力，肆一己之欲，刳吾乾坤，移吾山川。虽曰石山，而实血山。民欲与之俱亡，率聚而歼旃，宁不愧于兹焉”[1]。

玉泉山行宫　在中都城北郊的玉泉山，早在辽代即已草创。金章宗时在山腰建芙蓉殿，章宗多次临幸避暑、行猎。《金史 · 章宗纪》：“明昌元年(公元1190年)八月，幸玉泉山。……六年(公元1195年)四月，幸玉泉山。……

[1] 于敏中等:《钦定日下旧闻考》卷二十九。

承安元年(1196年)八月，幸玉泉山。……泰和元年(公元1201年)五月，幸玉泉山。……三年(公元1203年)三月，如玉泉山。……七年(公元1207年)五月，幸玉泉山。”玉泉山以泉水闻名，有泉眼五处。泉水出石隙间，潴而为池，再流入长河以增加高梁河之水量，补给运河和大宁宫园林用水。玉泉山行宫是金代的“西山八院”之一，也是燕京八景之一的“玉泉垂虹”之所在。“西山八院”是金章宗在西山一带的八处游憩之所，据《春明梦余录》：“其香水院在京山口，石碑尚存。稍东为清水院，今改为大觉寺。玉泉山有芙蓉殿，基存。鹿园在东便门外通惠河边。”

玉泉山行宫和大宁宫同为金代中都城郊的两处主要的御苑，后来北京的历代皇家园林建设都与这两处御苑有着密切的关系。

钓鱼台行宫 在中都城之西北郊，即今之玉渊潭。辽代，此处为一蓄水池，汇聚西山诸水而成大湖泊。金代建成御苑，皇帝经常临幸。此园盛时，极富于花卉水泊、垂柳流泉之自然美景。以后逐渐衰败，明人公鼐《钓鱼台》诗描写其遗址之荒凉情况：

“花石遗墟入战图，蓟门衰草钓台孤。
不知艮岳宫前叟，得见南兵入蔡无？”[1]

离中都较远的地方，也有离宫御苑的建置，如在今大房山脚下的金陵行宫，在今保定西北的光春行宫，在今宣化的庆宁行宫，在今张北的大渔泺行宫，在今玉田的玉田行宫，在今滦县的石城行宫等处。

金王朝推行全面汉化，境内各族人民的文化素质不断提高，涌现了不少杰出的文学家、艺术家。民间的私家园林也必然会接受北宋文人园林文化的影响，达到一定的艺术水平。中都城内外以及北方各地都有贵族、官僚、文人、地主、奴隶主建置的私家园林，数量不少，但见于文献记载的却只有寥寥四处：中都近郊的“崔氏园亭”和“赵园”，城内的“趣园”和礼部尚书赵秉文的“遂初园”。前三者均语焉不详，后者据《遂初园记》：园在城之西北隅与趣园相邻，占地30亩，“有奇竹数千，花水称是”，园内主要建筑有琴筑轩、翠贞亭、味真庵、闲闲堂、悠然台等。园之以“遂初”为名，大概寓有致仕官僚为警戒自己“归心负初言”之意，赵秉文《遂初园》诗中曾谈到他游赏该园时之感慨：

“人生衣食尔，所适饱与温；
逮其得志间，归心负初言。
少壮慕富贵，老大爱子孙；
此心本无累，利欲令智昏。
嗟我复何为，未能返丘园；
物外恐难必，开图酒一樽。”[2]

[1] 于敏中等：《钦定日下旧闻考》卷九十。

[2] 于杰、于光度：《金中都》，北京，北京出版社，1989。

中都的佛寺和道观很多，其中不少都有独立小园林的建置，或者结合寺观的内外环境而进行园林化的经营，有的则开发成为以寺观为主体的公共园林。

城东北郊的庆寿寺，环境幽静清雅，路铎《庆寿寺晚归》诗描写其为：

“九陌黄尘没马头，眼明佛界接仙洲；

清溪照眼红蕖晚，禅榻生凉碧树秋。

少室家风开木义，裕陵遗墨烂银钩；

对谈不觉山衔月，只为松风更少留。”[1]

据此，可知该寺内树木繁茂，还有“清溪”、“红蕖”等水景，足见其园林造景之一斑。城西北郊的西山一带早在唐、辽时即为佛寺荟萃之地，金代又陆续修建大量寺院，其中香山寺的规模尤为巨大。香山为西山的一个小山系，据金代李宴《香山记略》：“相传山有二大石，状如香炉，原名香炉山，后人省称香山。”香山寺原为辽代中丞阿勒吉所施舍，金章宗大定年间加以扩建，改名永安寺。附近有金章宗的“祭星台”、“护驾松”、“感梦泉”等。感梦泉是一处泉眼，相传金章宗以香山缺乏佳饮为憾事，乃祷于天，夜梦发矢，其地涌出一泉。既醒，乃命侍者往觅，果有泉汩汩出。汲之以进章宗，品尝之，甘洌澄洁，迥异他泉，遂命名为感梦泉。之后，结合永安寺和其他佛寺、名胜的经营而建成“香山行宫”，金章宗曾数度到此游幸、避暑和狩猎。从此以后香山及西山一带遂逐渐发展为具有公共园林性质的佛教胜地。

中都城内及郊外分布着许多由人工开凿的和天然的河流、湖泊，其中不乏风景优美之处，往往进行绿化和一定程度的园林化建设而开发成为供市民游览的公共园林。

西湖(即今之莲花池)在城西郊，广袤数十亩，旁有泉涌出，冬不冻，赵秉文有诗咏之为：

“倒影花枝照水明，三三五五岸边行；

今年潭上游人少，不是东风也世情。”[2]

卢沟桥跨越卢沟河上，造型精美的石桥及桥下水流、河岸植柳之景相映成趣，为中都门户之一，也是都人常游之地。赵秉文《卢沟》诗云：

“河分桥柱如瓜蔓，路入都门似犬牙；

落日卢沟沟上柳，送人几度出京华。”[3]

城北郊的玉泉山，山嵌水抱，湖清似镜，湖畔林木森然。除了一处行宫御苑之外，大部分均开发成为公共游览胜地。赵秉文《游玉泉山》诗生动地描写此地景观：

“夙戒游名山，山郭气已豪；

薄云不解事，似妒秋山高。

[1] [2] 于杰、于光度:《金中都》，北京，北京出版社，1989。

[3] 于敏中等:《钦定日下旧闻考》卷九十三。

西风为不平，约略山林稍；

林尽湖更宽，一镜涵秋毫。

披云冠山顶，屹如戴山鳌；

连旬一休沐，未觉陟降劳。”[1]

诸如此类的公共园林和风景名胜地，再加上分布城内外的众多宫苑、私家园林和寺观园林，更增益了中都城市和郊外的环境景观之美。在金章宗时，便出现了“燕京八景”的景题：居庸叠翠、玉泉垂虹、太液秋风、琼岛春荫、蓟门飞雨、西山晴雪、卢沟晓月、金台夕照。

[1] 于杰、于光度：《金中都》。

第八节

小　结

从北宋到清雍正朝的七百多年间，中国古典园林继唐代全盛之后，持续发展而臻于完全成熟的境地。两宋作为成熟时期的前半期，在中国古典园林发展史上，乃是一个极其重要的承先启后阶段。根据以上各节论述，我们不妨把这个阶段造园活动的主要成就，大致概括为以下五个方面：

一、在三大园林类型中，私家的造园活动最为突出。士流园林全面地"文人化"，文人园林大为兴盛。文人园林作为一种风格几乎涵盖了私家造园活动，并为它在下一个阶段的发展奠定了基础。文人园林的风格特点，也就是中国风景式园林的四个主要特点在某些方面的外延。文人园林的兴盛，成为中国古典园林达到成熟境地的一个重要标志。

二、皇家园林较多地受到文人园林的影响，出现了比任何时期都更接近私家园林的倾向。这种倾向冲淡了园林的皇家气派，也从一个侧面反映出两宋封建政治的一定程度的开明性，和文化政策的一定程度的宽容性。寺观园林由世俗化而更进一步文人化，文人园林的风格也涵盖了绝大多数寺观园林。公共园林虽不是造园活动的主流，但比之上代已更为活跃、普遍。某些私家园林和皇家园林定期向社会开放，亦多少发挥其公共园林的职能。

三、叠石、置石均显示其高超技艺，理水已能够缩移摹拟大自然界全部的水体形象，与石山、土石山、土山的经营相配合而构成园林的地貌骨架。观赏植物由于园艺技术发达而具有丰富的品种，为成林、丛植、片植、孤植的植物造景提供了多样选择余地。园林建筑已经具备后世所见的几乎全部形象，它作为造园要素之一，对于园林的成景起着重要作用。尤其是建筑小品、建筑细部、室内家具陈设之精美，比之唐代又更胜一筹，这在宋人的诗词及绘画中屡屡见到。

宋人的诗词和传世的宋画中，相当多的一部分是以园林为题材，包括宫苑和私家园林，足见园林艺术之受到文人、画家的青睐。从宋画中所描绘的园林

图 5·30 宋画《溪亭客话图》

之总体、局部或者细部，也能够反映出园林设计精致细密程度之一斑［图5·30］。

四、唐代园林创作的写实与写意相结合的传统，到南宋时大体上已完成其向写意的转化。这是由于禅宗哲理以及文人画写意画风的直接影响，诸如“须弥芥子”、“壶中天地”等美学观念也起到了催化作用。

文人画的画理介入造园艺术，从而使得园林呈现为“画化”的表述。景题、匾联的运用，又赋予园林以“诗化”的特征。它们不仅更具象地体现了园林的诗画情趣，同时也深化了园林意境的含蕴。而后者正是写意的创作方法所追求的最高境界。

所以说，“写意山水园”的塑造，到宋代才得以最终完成。

五、总之，以皇家园林、私家园林、寺观园林为主体的两宋园林，其所显示的蓬勃进取的艺术生命力和创造力，达到了中国古典园林史上登峰造极的境地。元、明和清初虽然尚能秉承其余绪，但在发展的道路上就再没有出现过这样的势头了。

园林的成熟期(二)——元、明、清初

（公元1271—1736年）

元、明、清初是中国古典园林成熟期的第二个阶段。

公元1271年（至元八年），蒙古灭金，忽必烈定国号为元，次年建都大都(今北京)。1279年（至元十六年）灭南宋，统一全中国。公元1368年，明王朝灭元，建都南京，永乐十九年(1421年)迁都北京。公元1644年为满族的清王朝所取代。

明永乐以后，国家安定、统一，科学技术的水准继宋代之后仍然居于世界的领先地位。这从郑和领导的多次下西洋的航海壮举即足以说明。

从明中叶到清康熙初年的大约一百年的时间，在某些经济发达的地区和某些行业中，资本主义生产的因素比起宋代又有长足的发展，新兴的资产阶级相应地成长起来。然而，这股新生的力量毕竟敌不过强大的重农抑商的封建专制主义政权及其意识形态的束缚和摧残，未能动摇传统的地主小农经济的根基。

也就在这一百年间，中国以外的西方世界却发生了巨大的变化。英国的新兴资产阶级联合部分开明贵族发动两次内战，建立代议制的民主政体，欧洲其他国家的资产阶级亦陆续掌握政权。这些国家经过资本的原始积累、产业革命，导致大工业生产的飞速发展，科技水平亦相应地跃居世界的前列；为了开拓自由贸易的空间，寻找市场、掠夺原料，乃凭藉其强大的军事力量向海外扩张，先后成为殖民主义国家。

反观中国，这一百年间，旧式的农民战争只能导致改朝换代，虽然经历了“康乾盛世”的辉煌却没有引起像西方那样的变革。究其原因，比较复杂。但其结果则是：维持着几千年一脉相承的封建专制政治和地主小农经济的中国，一旦与西方殖民国家的军事、政治、经济力量直接接触，很快便暴露其落后性而加速了衰亡的过程。

第一节
总　说

元代蒙古族政权不到一百年的短暂统治，民族矛盾尖锐，明初战乱甫定，经济有待复苏，造园活动总的说来处于低潮状态。永乐以后又呈现活跃，到明末和清初的康熙、雍正年间达到了高潮的局面。

这一阶段的园林，大体上是两宋的承传和发展，但也有一些显著的变化情况。

一、明代废除宰相制，把相权和君权集中于皇帝一身。清代以满族入主中原，皇帝的集权更有过之。绝对集权的独夫统治要求政治上更严格的封建秩序和礼法制度。影响及于意识形态，由宋代理学发展为明代理学的新儒学更加强化上下等级之大义名分、纲常伦纪的道德规范。因而皇家园林又复转向表现皇家气派，规模又趋于宏大了。明初大兴文字狱，对知识分子施行严格的思想控制，宋代相对宽松的文化政策已不复存在，整个社会处于人性抑压状态。但与此相反，明中叶以后资本主义因素的成长和相应的市民文化的勃兴，则又要求一定程度的个性解放。在这种矛盾的情况下，知识界出现一股人本主义的浪漫思潮：以享乐代替克己，以感性冲动突破理性的思想结构，在放荡形骸的厌世背后潜存着对尘世的眷恋和一种朦胧的自我实现的追求，这在当时的小说、戏曲以及俗文学上表现得十分明显。文人士大夫由于苦闷感、抑压感而企求摆脱礼教束缚、追求个性解放的意愿，比之宋代更为强烈，也必然会反映在园林艺术上面，并且通过园林的享受而得到一定程度的满足。因此，文人造园的意境就更着上一层抑压心理的流露。这种情况正如促成两晋南北朝时期的私家园林异军突起一样，促成了私家园林的文人风格的深化，把园林的发展推向了更高的艺术境界。

二、封建社会内部的商业经济虽然早已存在并逐渐有所发展，但由于历代统治者持重农抑商的政策，致使商人的社会地位低下。“士农工商”，商居其末。宋代，城乡消费市场扩大，国际贸易开拓，都为商业资本的积累和更广泛的商业活动带来了新的机遇。明代，开始在一些发达地区出现资本主义的生产关系，一大批半农半商的工商地主和市民阶层崛起。但由于封建制度和中央集权政治尚处于“超稳定”状态，皇权用不着像西欧中世纪末期那样与市民阶层结成同盟，也无意促进商品经济的更大规模发展。尽管如此，资本主义生产方式毕竟会给社会的经济生活和政治生活打上某些烙印。如像北方的陕、晋商人，南方的徽州商人，大批外出经商形成强大的帮伙，在全国范围内声势之大、分布之广均独步于当时。就徽州商人而言，长江中下游及南方各省都有他们的足迹。尤其在当时最发达地区的江南，徽商几乎控制了主要城镇的经济命脉，所谓“无徽而不成镇”。明末清初，朝廷颁行“纲盐法”，准许商人承包食盐的专卖业务。两淮食盐贩运获利最大，盐商几乎为徽州人所垄断。居住在扬州的大盐商绝大多数是徽州籍和徽籍后裔，“两淮八总商(盐商中的地位最高者)，邑人(徽州人)恒占其四”[1]，足见势力之强大。这些商人大多拥资钜万，奢丽相尚。经济实力的急剧膨胀使得商人的社会地位比起宋代大为提高，他们中的一部分向士流靠拢，从而出现“儒商合一”的情况则更有助于商人地位的提高，“古者四民异业，至于后世士与农商常相混”[2]。因此，以商人为主体的市民作为一个新兴的阶层必然要对社会产生影响，社会的风俗习尚、价值观念都相应地发生了变化。明人顾起元在《客座赘语》卷五引《建业风俗记》中特别提到嘉靖年间南京一地社会风气的变化情况：

> “嘉靖初年，文人墨士虽不逮先辈，亦稍涉猎，聚会之间，言辞彬彬可听。今或衣巾辈徒诵诗文，而言谈之际无异村巷。……嘉靖中年以前，犹循礼法，见尊者多执年幼礼。近来荡然，或与先辈抗衡，甚至有遇尊者乘骑不下者。……嘉靖十年以前，富厚人家多谨礼法，屋室不敢淫，饮食不敢过，后遂肆然无忌，服饰器用宫室车马僭儗不可言。”

于是，宋代开始相对于文人士大夫士流文化而缓慢发展起来的具有人本主义色彩的市民文化，到明初加快了发展步伐，明中叶以后随着社会风气变化而大为兴盛起来。诸如小说、戏曲、说唱等俗文学和民间的木刻绘画等十分流行，民间的工艺美术如家具、陈设、器玩、服饰等也都争放异彩。市民文化的兴盛必然会影响民间的造园艺术，市民的生活要求和审美意识在园林的内容和形式上都有了明显的反映，从而出现以生活享乐为主要目标的市民园林与重在陶冶性情的士流园林分庭抗礼的局面。同时，也在一定程度上刺激了有关造园技术的发展。建筑方面，木结构技术在宋代的基础上继续完善，装修装饰趋于精致，匠师的技术成就偶见于文字流传，如《鲁班经》、《工段营造录》等；清雍正年间由工部颁行的《工程做法则例》，则是民间建筑经验的系统总结。叠山方面，园林不仅使用石材多样化，技法也趋于多样化，还

[1] 鲍琮：《棠樾鲍氏宣宗堂支谱》。

[2] 顾起元：《客座赘语》，明刊本。

出现不同的地方风格和匠师的个人风格。观赏植物方面，继宋代之后，陆续刊行了许多经过文人整理的专著，比较有影响的如明代王象晋《群芳谱》、清初陈淏子《花镜》、汪灏《广群芳谱》等。《花镜》可说是中国最早刊行的一部花卉园艺学专著。

三、在一些经济、文化发达的地区，民间私家营园的数量大，对造园艺术和技术的要求高。相应地，园林的规划设计和施工的组织也严密，工匠的专业分工日趋明确。在众多的工种之中，叠山工匠和大木工匠于园林总体规划起着更重要的作用。叠山理水是人工山水园林的地貌基础，建筑的体量、布局、功能影响园林的形象至巨，因此，从事这两种工作的匠人往往成为造园工程的头目和骨干力量。江南地区，在小农经济背景下的工商业长足发展，这两个工种的工匠都有自己的行会，直接受业主雇佣而组建造园的班子。工匠的技术经验积累主要依靠师徒或父子的口授心传，久而久之则又形成地缘性或血缘性的行帮，如大木工匠的“香山帮”、叠山工匠的张氏家族等。一般情况下，有一定文化素养的园主人参与造园的策划以保证园林的文化品味，如果园主人的文化不高则延聘文人备作咨询。所以说，有文化的园主人或文人与造园工匠头目相配合，在一定程度上体现了类似现代造园师的职能。皇家园林的营造则与民间营园有所不同，乃是一种政府行为。汉以来历代沿袭所谓工官制度，在中央政府内设置匠作少府、匠作监或工部，管理国家级的宫殿、苑囿、坛庙、陵寝、水利等工程。这类工程的规划、设计、估价、施工，均由政府官员主持其事。工官机构常设专职匠工，编为世袭的户籍，子孙不得转业，此外，还征集非专业的民工、军工，数量很庞大。[1]清代，凡属“内工”即皇家工程均划归内务府所属的营造司管理，下设样式房和销算房分别主持规划设计和工料估算。皇家园林乃是皇家工程中的一个主要内容，大型的园林工程尚有单独设立样式房的，如圆明园样式房、清漪园样式房。样式房作为设计机构，能够集中全国的良工巧匠，具有很强的设计能力。明永乐年间，香山帮的大木工匠蒯祥、清康熙年间江南著名叠山工匠张然曾受命内廷供奉，参与皇家园林的规划事宜。祖籍江西、来自金陵的大木工匠雷氏家族，从康熙朝的第一代雷发达到光绪末的第七代雷廷昌，长达200多年中一直任职内务府样式房掌案，全面掌握包括皇家园林在内的皇家工程的规划设计和施工组织，这是“康乾盛世”皇家造园兴盛的结果，也在一定程度上促成了这个兴盛局面的到来。

四、元代在蒙古族的统治下，汉族文人地位低下。知识分子不屑于侍奉异族，即使出仕为官的，也一样心情抑郁。在绘画上所表现的就是藉笔墨以自鸣高雅，山水画发展了南宋马、夏一派的画风而更重意境和哲理的体现。明初由于专制苛酷、画家动辄得咎，画坛一时出现泥古仿古的现象。到

[1] 刘敦桢等：《中国古代建筑史·绪论》，北京，中国建筑工业出版社，1984。

明中叶以后，元代那种自由放逸、各出心裁的写意画风又复呈光辉灿烂。文人画则风靡画坛，竟成独霸之势。在文化最发达的江南地区，山水画的吴门派、松江派、苏松派崛起。明中期，以沈周、文征明为代表的吴门派，主要继承宋元文人画的传统而发展成为当时画坛的主流。比宋代文人画更注重笔墨趣味即所谓“墨戏”，画面构图讲究文字落款题词，把绘画、诗文和书法三者融冶为一体。文人、画家直接参与造园的比过去更为普遍，个别的甚至成了专业造园家。造园工匠亦努力提高自己的文化素养，其中涌现出一大批知名的造园家。诸如此类情况必然会影响园林艺术尤其是私家园林的创作，相应地出现两个明显的变化：(一)除了以往的全景山水缩移摹拟之外，又出现以山水局部来象征山水整体的更为深化的写意创作方法。明末工匠出身的造园家张南垣所倡导的叠山流派，截取大山一角而让人联想到山的整体形象，即所谓“平岗小坂”、“陵阜陂陀”的做法，便是此种深化的标志，也是写意山水园的意匠典型。(二)景题、匾额、对联在园林中普遍使用犹如绘画的题款，意境信息的传达得以直接借助于文字、语言而大大增加信息量，意境表现手法亦多种多样：状写、寄情、言志、比附、象征、寓意、点题等等。园林意境的蕴藉更为深远，园林艺术比以往更密切地融冶诗文、绘画趣味，从而赋予园林本身以更浓郁的诗情画意。

五、元、明、清初的私家园林为两宋的一脉相承，它们更广泛地见于文献著录，也有一些实物和遗迹保存下来。由于《园记》这种文学体裁有所发展，比较具体而全面地记述私家园林的文字材料也就更多了。再者，全国各地经济、文化发达的程度参差不一，相应地，各地的私家营园在数量上有多寡之分，艺术水平也有高下之别。在全国范围内的一些发达地区，市民趣味渗入园林艺术，不同的市民文化、风俗习尚形成不同的人文条件，制约着造园活动，加之各地区之间自然条件的差异，遂逐渐出现明显不同的地方风格。其中，经济、文化最发达的江南地区，造园活动最兴盛，园林的地方风格最为突出。北京自永乐迁都以后成为全国政治中心之所在，人文荟萃，园林在引进江南技艺的基础上逐渐形成北方的风格。不同的地方风格既含蕴于园林总体的艺术格调和审美意识之中，也体现在造园的手法和使用材料上面。它们制约于各地社会的人文条件和自然条件，同时也是后者的集中反映，标志着中国古典园林成熟时期的百花争艳局面的到来。

第二节
大都、北京

元灭金后，即筹划把都城从塞外的上都迁移到中都的迁都事宜。当时的中都城经元军攻陷后，宫殿、民居大半被毁，而地处东北郊的大宁宫幸得保存。中统元年(1260年)，元世祖路过中都时曾驻跸于此，至元四年(1267年)遂以大宁宫为中心另建新的都城“大都”，这就是北京城的前身。琼华岛及其周围的湖泊再加开拓后命名“太液池”，包入大都的皇城之内而成为大内御苑的主体部分 [图6·1]。

大都城略近方形，城为三重环套配置形制：外城、皇城、宫城。外城东西6.64公里、南北7.4公里，共有11个城门。皇城位于外城之南部略偏西，周围约10公里。皇城中部为太液池，池之东为宫城即大内，大内的朝、寝两区的大殿呈工字形。大都城的总体规划继承发展了唐宋以来皇都规划的模式——三套方城、宫城居中、中轴对称的布局，但不同的是突出了《周礼·考工记》所规定的“前朝后市，左祖右社”的古制：社稷坛建在城西的平则门内，太庙建在城东的齐化门内，“后市”即皇城北面的商业区。

据文献记载，大都外城由纵横的街道和胡同划分为50坊。城中设三个主要的市：北市、东市、西市，也就是三个最大的综合性商业区。

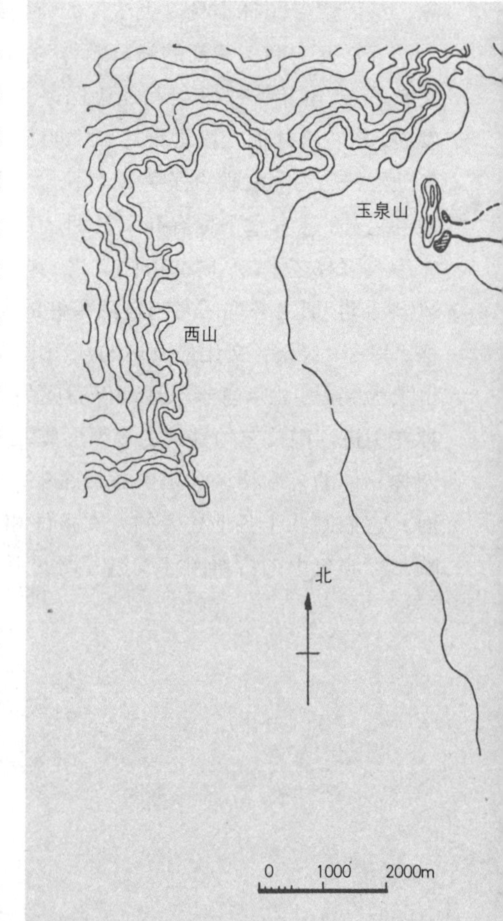

城市商业网点的规划类似南宋的临安，除三个“市”之外，还有各种专业性行业街市和集市，分布在城内外。城内各街的两侧，散布着各种店铺、货摊以及茶楼、酒肆等，十分繁荣。大街的两边排列着“胡同”，居民的住宅区即沿着胡同建置。

元朝放弃中都的原因，除了战争破坏、宫阙已成废墟之外，更多的考虑则是城市的水源问题。原中都的莲花池水源有限，随着城市不断发展，尤其是大量粮食输入京师的漕运任务大增，莲花池水系已难于承担。于是在营建大都的同时，决定另择水量较丰富的高梁河水系作为城市水源。由郭守敬全面主持引水工程规划，彻底解决了大都城的供水和漕运。

大都的引水工程巨大，当时主要的供水河道有两条：一条引城西北郊的玉泉山的泉水，经过“金河”，从和义门南之水门导入城内，流经宫城而注入太液池，以供应宫苑用水。金河是皇家宫廷的专用水道，独流入城而不与他水相混。另一条则为解决大运河的上源补给以利漕运，引城北六十里外的昌平神山白浮泉水，西折而南注入瓮山南麓的西湖(瓮山泊)，在西湖南端开辟一条平行于金河的输水干渠“长河”连接于高梁河，从和义门北之水门

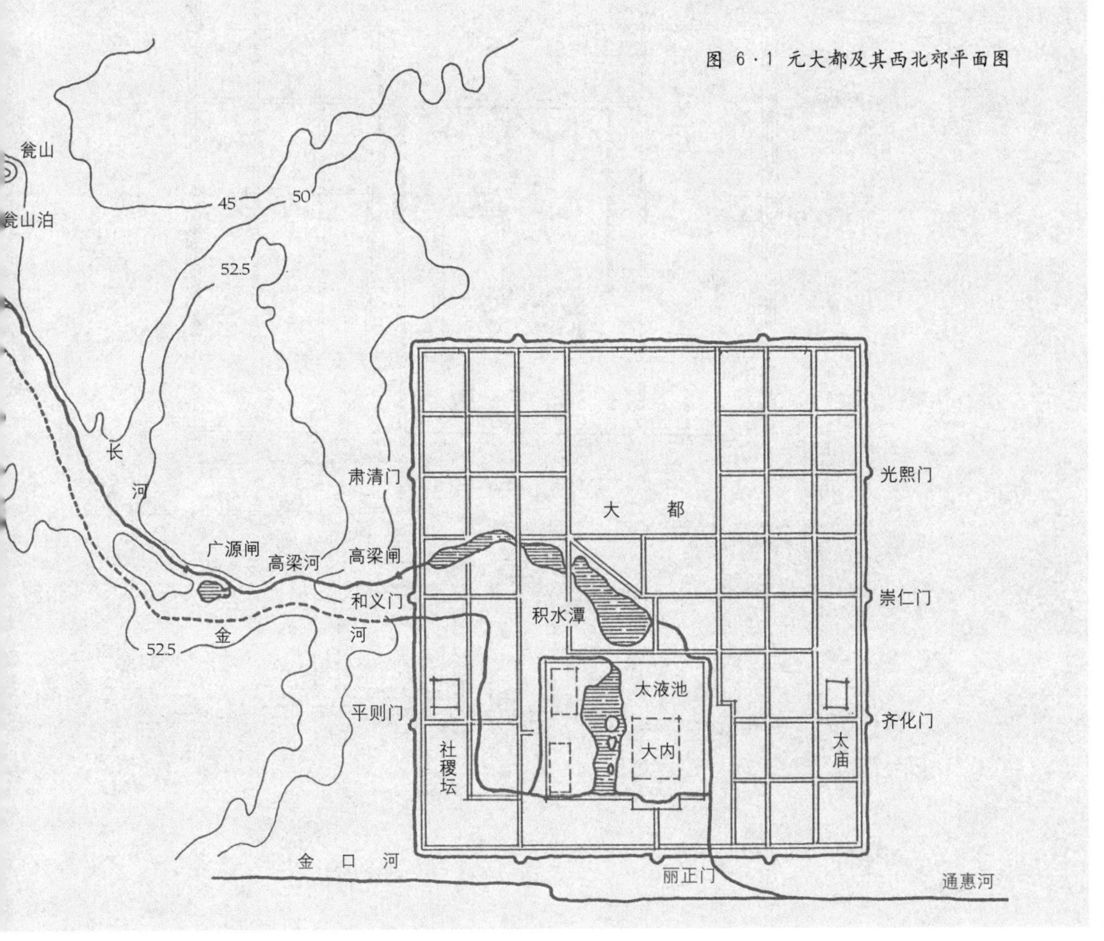

图 6·1 元大都及其西北郊平面图

流经海子(积水潭)，再沿宫城的东墙外南下注入通惠河，以接济大运河。当时，南方来的漕运粮船，可以直达积水潭码头。海子与太液池之间虽然距离很近，却是完全断流 [见图6·1]。

明成祖即位后，自南京迁都北京。永乐十八年(1420年)，在大都的基础上建成新的都城——北京，并确立北京与南京的“两京制”。

永乐营建北京城，放弃大都城北的一部分，将南城墙往南移少许，这就是内城。内城面积比大都略小，东西长约7公里，南北长约5.7公里，设城门11个。宫城即大内，又称紫禁城，位于内城的中央，南北长960米，东西长760米，城外围绕护城河——筒子河，共开四门：东华门、西华门、午门、玄武门。大内的主要朝宫建筑为三大殿，高踞在汉白玉石台基之上。整个宫城呈“前朝后寝”的规制，最后为御花园。宫城之外为皇城，包括大内

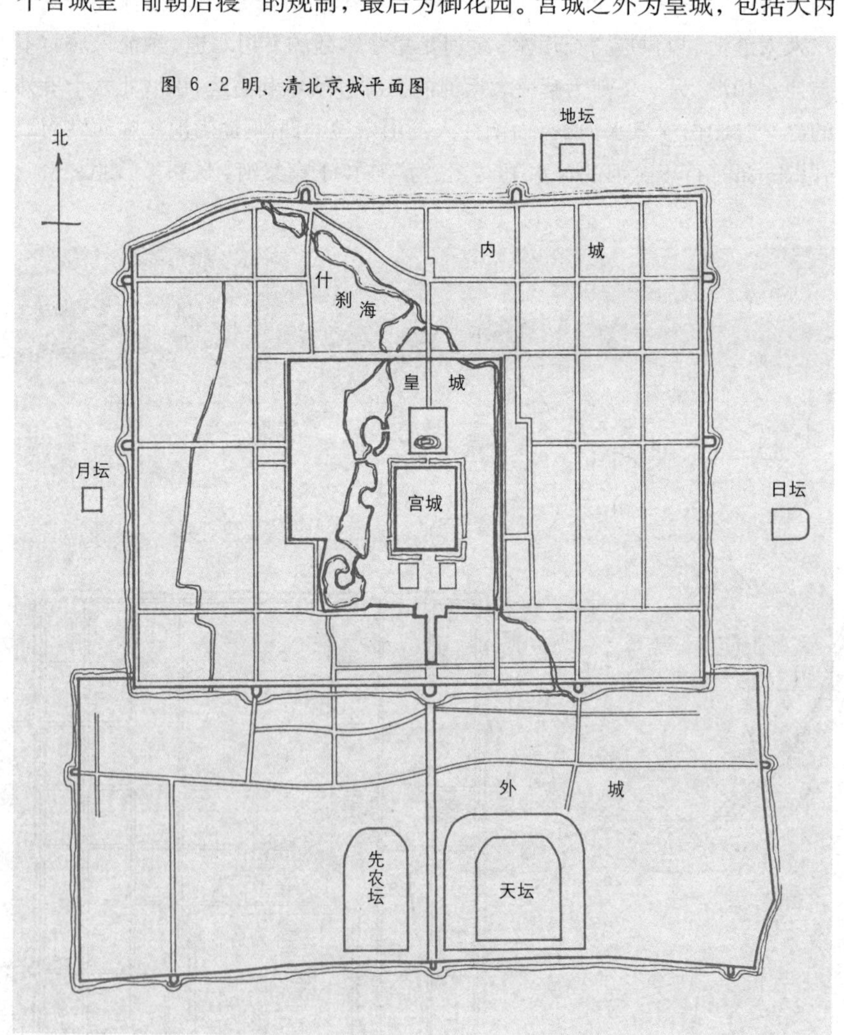

图 6·2 明、清北京城平面图

御苑、内廷宦官各机构、府库及宫城，周围十八里余。皇城的正南门为承天门(清代改称天安门)，左右建太庙、社稷坛，前为千步廊，两侧为五府六部的政府衙署。

明代改建北京城，城市的供水也相应地有了一些变化：明初漕运一度停开，西湖与昌平神山之间的那一段水道因年久失修而淤塞，乃于成化年间改引玉泉山之水汇入西湖，经长河流入内城的海子(积水潭、什刹海)再分为两股，一股南流入太液池以供给宫廷御苑用水；另一股仍循东南流入通惠河。什刹海与太液池沟通，原来的金河遂废弃不用了。由于大运河的漕运不再入城，商业中心逐渐移至城南。

北京内城的街巷布置，居住区以及商业网点的分布，大抵沿袭大都旧制。随着资本主义工商业的发展，城市人口增加很快，城南一带出现大片市肆及居民区。于是，嘉庆年间便在内城之南加筑外城，将天坛、先农坛包入外城之中，这就形成了明清两代的北京城的规模和格局 [图6 · 2]。

明、清改朝换代之际，北京城并未遭到破坏。清王朝入关定都北京之初，全部沿用明代的宫殿、坛庙和苑林，仅有个别的改建、增损和易名。宫城和坛庙的建筑及规划格局基本上保持着明代的原貌，皇城的情况则随着清初宫廷规制改变而有较大变动。

清初鉴于明代宫廷之糜费，宦官专政为祸之烈，因而大量压缩宫廷开支，裁减宫监人数，严格规定宦官不得干预朝政。撤销庞大的宦官二十四衙门，改设内务府作为皇室的供应管理机构。原来分布在皇城内的宦官衙门、宦官住所，以及各种作坊、仓库、马厩等大为减少，空出的许多房舍和地段，或改建为宫廷寺庙、或赐给贵戚勋臣修建府邸，大部分则逐渐成为民宅。“我国家龙兴以来，务崇简朴。紫禁城外，尽给居人。所存宫殿苑囿，更不及明之三四”[1]。此话虽为溢美之词，却也反映了一定的实际情况。这时候的皇城，作为禁垣已是大部分名存实亡了。

[1] 高士奇：《金鳌退食笔记》，北京，北京古籍出版社，1982。

第三节 元、明的皇家园林

蒙古族的元王朝统治中国不足一百年，皇家园林建置不多。明代御苑建设的重点在大内御苑，与宋代有所不同的一是规模又趋于宏大，二是突出皇家气派，着上更多的宫廷色彩。

元代皇家园林均在皇城范围之内，主要的一处即在金代大宁宫的基址上拓展的大内御苑，占去皇城北部和西部的大部分地段，十分开阔空旷，尚保留着游牧民族的粗犷风格［图6·3］。

大内御苑，元人陶宗仪《南村辍耕录》言之甚详：园林的主体为开拓后的太液池，池中三个岛屿呈南北一线布列，沿袭着历来皇家园林的“一池三

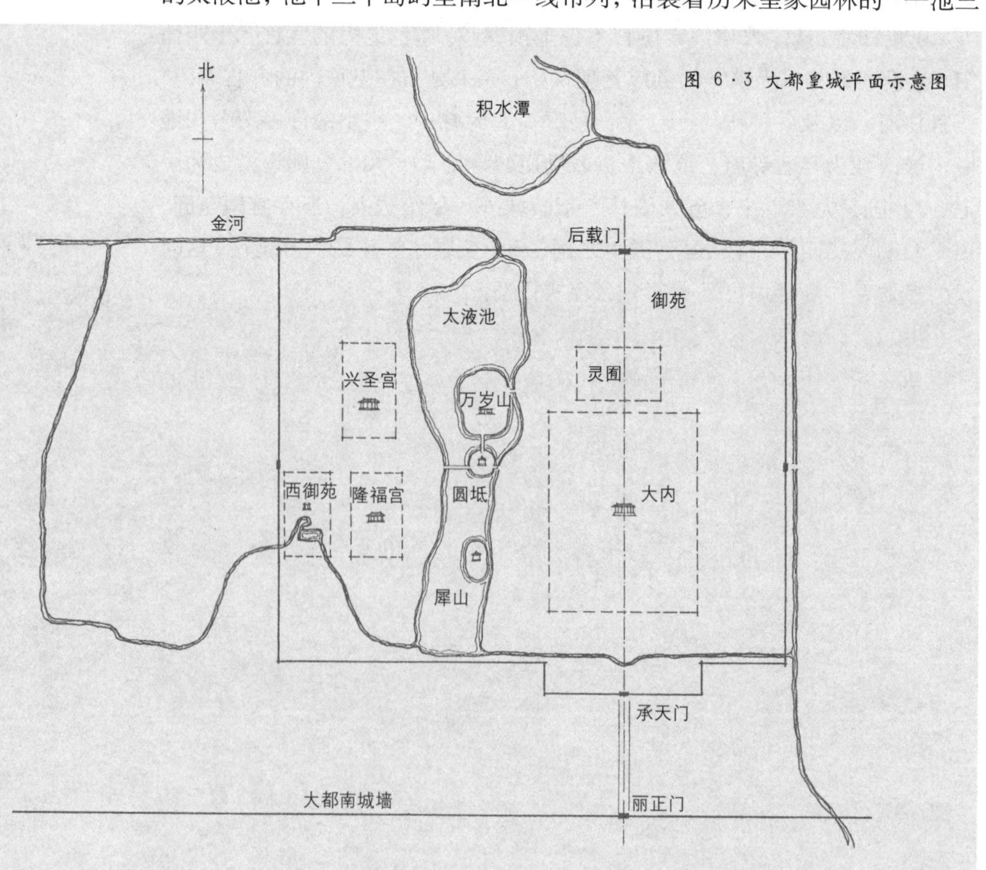

图 6·3 大都皇城平面示意图

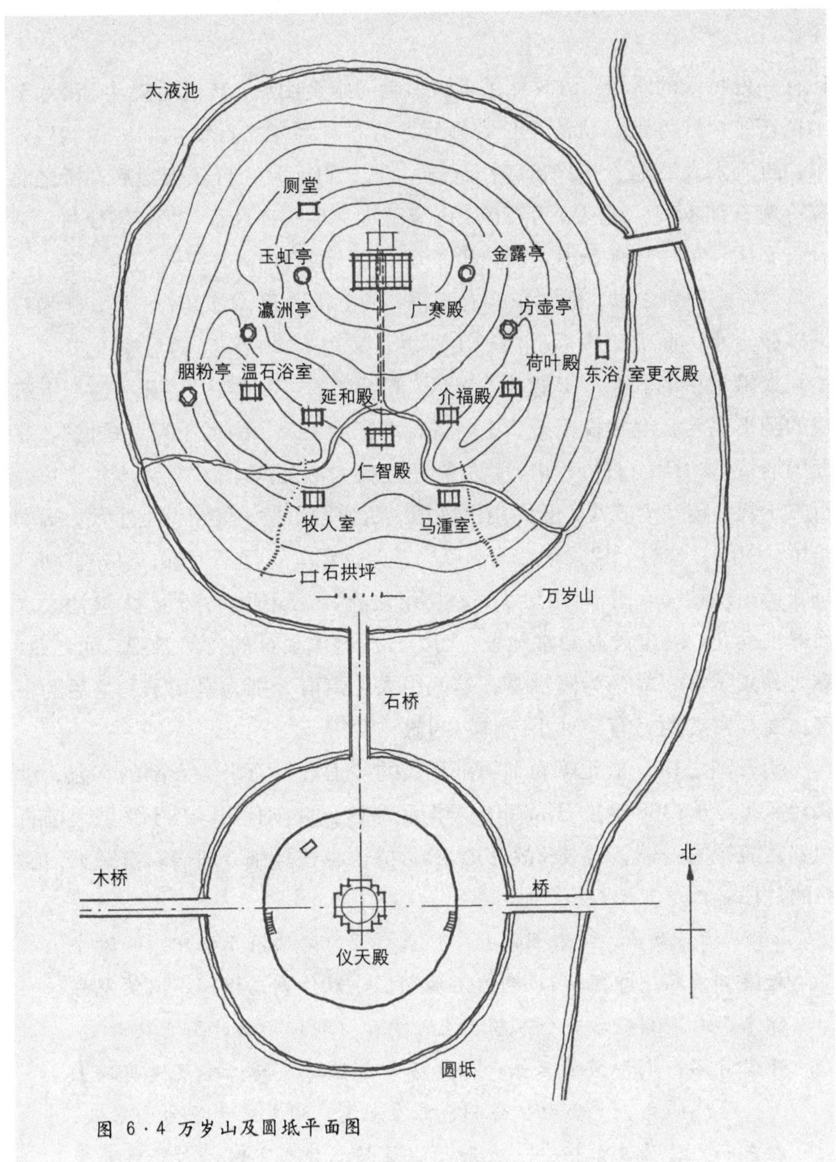

图 6·4 万岁山及圆坻平面图

山”的传统模式。最大的岛屿即金代的琼华岛，改名万岁山 [图6·4]。山的地貌形象仍然保持着金代摹拟艮岳万岁山的旧貌。山上的山石堆叠仍为金代故物。“其山皆叠玲珑石为之，峰峦隐映，松桧隆郁，秀若天成。”山顶的广寒殿，在蒙古军入驻后一度改为道观，旋被拆毁。至元初于旧址上重建，面阔七间，“重阿藻井，文石甃地，四面琐窗，板密其里”，是岛上最大的一幢建筑物。山南坡居中为仁智殿，左、右两侧为延和殿、介福殿。此二殿之外侧分别为荷叶殿和温石浴室，后者可能是引进阿拉伯国家的蒸汽浴建筑。此外，尚有若干小厅堂、亭子、辅助建筑等点缀其间。从山顶正殿之命名“广寒”看来，万岁山显然是以摹拟仙山琼阁的境界为其规划设计的立意。山上还有一处特殊的水景：仿效艮岳之法引金河水至山后，转机运夹斗，汲水至山顶石龙口注方池；伏流至仁智殿后，有石刻蟠龙昂首喷水仰出，然后分东、西流入太液池。“山前有白玉石桥，长二百余尺，直仪天殿后。桥之北有玲珑石拥木门，五门皆为石色。内有隙地，对立日月石。西有石棋枰，又有石坐床。左右皆有登山之径，萦纡万石中，洞府出入，宛转相连，至一殿一亭，各擅一景之妙。山之东亦有石桥，长七十六尺，阔四十一尺，半为石渠以载金水，而流于山后以汲于山顶也。又东为灵圃，奇兽珍禽在焉。”

太液池中的其余二岛较小，一名“圆坻”，一名“犀山”。圆坻为夯土筑成的圆形高台，上建仪天殿“十一楹，高三十五尺，围七十尺，重檐”。北面为通往万岁山的石桥，东、西亦架桥连接太液池两岸。“东为木桥，长一百二十尺，阔二十二尺，通大内之夹垣。西为木吊桥，长四百七十尺，阔如东桥，中阙之立柱，架梁于二舟，以当其空。至车驾行幸上都，留守官则移舟断桥，以禁往来。”犀山最小，在圆坻之南，“上植木芍药”。太液池之水面遍植荷花，沿岸没有殿堂建置，均为一派林木蓊郁的自然景观。池之西，靠北为兴圣宫，靠南为隆福宫，这两组大建筑群分别为皇太子和皇后的寝宫。隆福宫之西另有一处小园林，叫做“西御苑”。

明开国之初，朱元璋为了销杀元代的“王气”而平毁大都的宫苑。洪武元年（公元1368年），工部郎中萧洵受命执行此项任务，乃于平毁之前将大都宫苑视察一遍，写成《故宫遗录》，描述也很详细，现摘录有关大内御苑的片段：

“海（海子，即太液池）广可五六里，架飞桥于海中，西渡半起瀛洲圆殿（即团城），绕为石城圈门，散作洲岛拱门，以便龙舟往来。由瀛洲殿后北引长桥，上万岁山（即琼华岛）高可数十丈，皆崇奇石，因形势为岩岳……幽芳翠草纷纷，与松桧茂树荫映上下，隐然仙岛。少西为吕公洞，尤为幽邃。洞上数十步为金露殿。由东而上，为玉虹殿……交驰而绕层阑，登广寒殿。殿皆线金朱琐窗，缀以金铺，内外有一十二楹，皆绕刻云龙，涂以黄金……山左数十步，万柳中有浴室，前有小殿。由殿后左右而入，为室凡九，皆极明透，交为窟穴，至迷所出路……自瀛洲西度飞桥上回阑，巡红墙而西，则为明仁宫……新殿后有水晶二圆殿，起于水中，通用玻璃饰，日光回彩，宛若水宫。中建长桥，远引修衢，而入嘉禧殿。桥旁对立二石，高可二丈，阔止尺余，金彩光芒，利锋如斲。度桥步万花入懿德殿……由殿后出掖门，皆丛林，中起小山，高五十丈，分东西延缘而升，皆崇怪石，间植异木，杂以幽芳。自顶绕注飞泉，崖下穴为深洞，有飞龙喷雨其中。前有盘

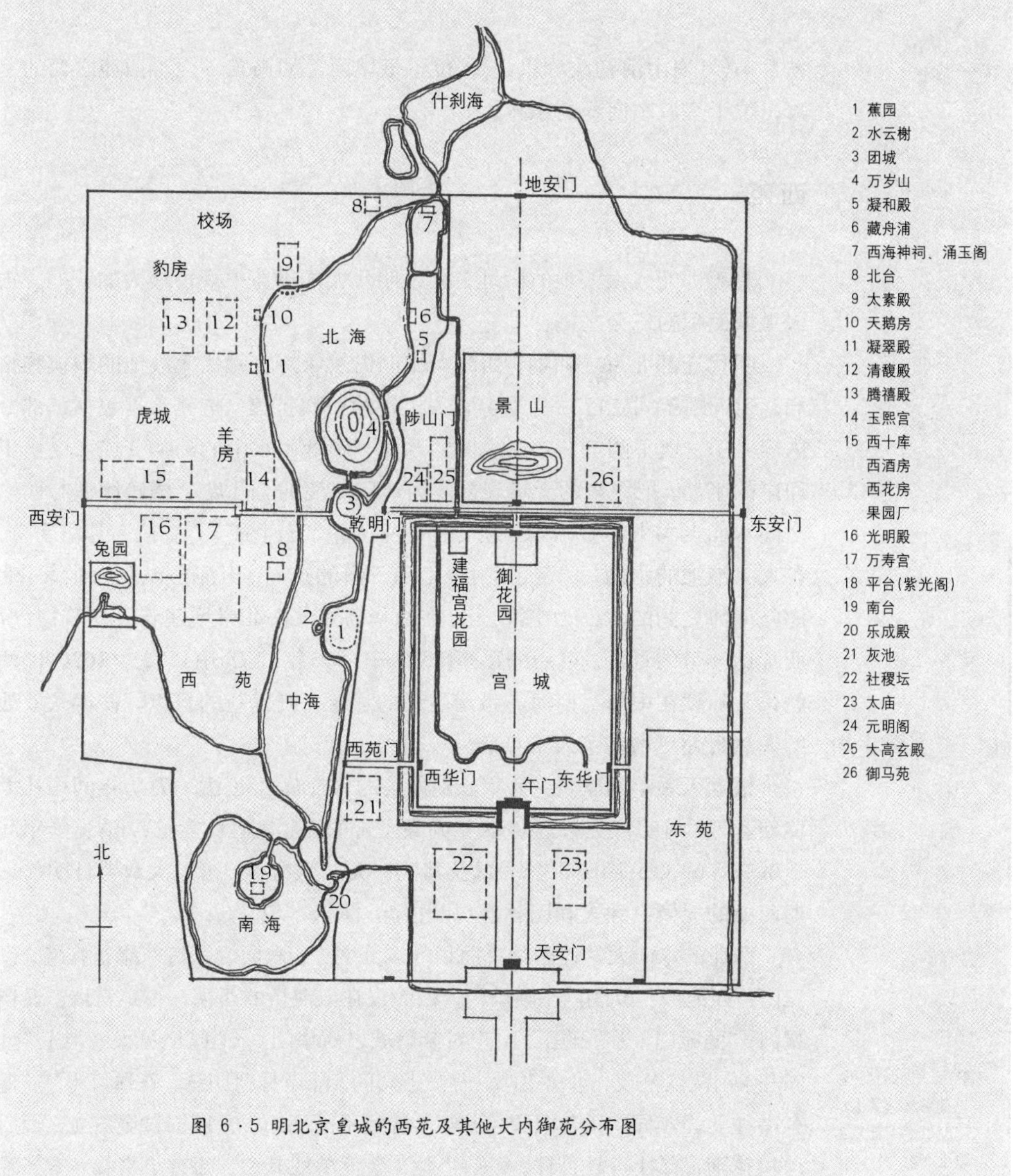

图 6·5 明北京皇城的西苑及其他大内御苑分布图

龙相向，举首而吐流泉，泉声夹道交走，泠然清爽，又一幽回，仿佛仙岛。山上复为层台，回阑邃阁，高出空中，隐隐遥接广寒殿。”可与陶宗仪《辍耕录》互相参佐、印证。

明代皇家园林建设的重点在大内御苑。其中少数建置在紫禁城的寝区，大多数则建置在紫禁城以外、皇城以内的地段，有的毗邻于紫禁城，有的与之保持较近的距离，以便于皇帝经常游幸。

明代的大内御苑共有六处 [图6·5]：位于紫禁城寝区中路、中轴线北端的御花园，位于紫禁城寝区西路的慈宁宫花园，位于皇城北部中轴线上的万岁山(万岁山清初改称景山)，位于皇城西部的西苑，位于西苑之西的兔园，位于皇城东南部的东苑。

西苑

西苑即元代太液池的旧址，它是明代大内御苑中规模最大的一处，占去皇城面积的三分之一。

明代迁都北京之初期，西苑大体上仍然保持着元代太液池的规模和格局。到天顺年间(1457—1464年)，进行第一次扩建。扩建工程包括三部分内容：一、填平圆坻与东岸之间的水面，圆坻由水中的岛屿变成了突出于西岸的半岛，把原来的土筑高台改为砖砌城墙的“团城”；横跨团城与西岸之间水面上的木吊桥，改建为大型的石拱桥“玉河桥”。二、往南开凿南海，扩大太液池的水面，奠定了北、中、南三海的布局：玉河桥以北为北海，北海与南海之间的水面为中海。三、在琼华岛和北海北岸增建若干建筑物，改变了这一带的景观。以后的嘉靖(1522—1566年)、万历(1573—1620年)两朝，又陆续在中海、南海一带增建新的建筑，开辟新的景点，使得太液池的天然野趣更增益了人工点染。

根据天顺年间李贤、韩雍分别撰写的《赐游西苑记》，万历年间司礼太监刘若愚的《明宫史》，清康熙年间高士奇的《金鳌退食笔记》，清乾隆年间于敏中等的《日下旧闻考》，以及其他有关文献材料，可以大致考订明代后期西苑的规模、建置和园林景观的情况［图6·5］。

西苑的水面大约占园林总面积的二分之一。东面沿三海东岸筑宫墙，设三门：西苑门、乾明门、陟山门。西面仅在玉河桥的西端一带筑宫墙，设棂星门。“西苑门”为苑的正门，正对紫禁城之西华门。入门，但见太液池上“烟霏苍莽，蒲荻丛茂，水禽飞鸣，游戏于其间。隔岸林树阴森，苍翠可爱”[1]。循东岸往北为蕉园，又名椒园，正殿崇智殿平面圆形，屋顶饰黄金双龙。殿后药栏花圃，有牡丹数百株。殿前小池，金鱼游戏其中。西有小亭临水名“临漪亭”，再西一亭建水中名“水云榭”。再往北，抵团城。

团城自两掖洞门拾级而登，东为昭景门、西为衍祥门。城中央的正殿承光殿即元代仪天殿旧址，平面圆形，周围出廊。殿前古松三株，皆金、元旧物。自承光殿“北望山峰，嶙峋崒嵂。俯瞰池波，荡漾澄澈。而山水之间，千姿万态，莫不呈奇献秀于几窗之前”[2]。团城的西面，大型石桥玉河桥跨湖，桥之东、西两端各建牌楼“金鳌”、“玉蛛”，故又名“金鳌玉蛛桥”。桥中央空约丈余，用木枋代替石拱券，可以开启以便行船。桥以西的御路过棂星门直达西安门，桥以东经乾明门直达紫禁城东北，是为横贯皇

[1] 韩雍:《游西苑记》，见孙承泽:《天府广记》，北京，北京古籍出版社，1983。

[2] 李贤:《赐游西苑记》，见孙承泽:《天府广记》，北京，北京古籍出版社，1983。

城的东西干道。

团城北面，过石拱桥“太液桥”即为北海中之大岛琼华岛，也就是元代的万岁山。桥之南、北两端各建牌楼“堆云”、“积翠”，故又名“堆云积翠桥”。琼华岛上仍保留着元代的叠石嶙峋、树木蓊郁的景观和疏朗的建筑布局。循南面的石蹬道登山半，有三殿并列，仁智殿居中，介福殿和延和殿配置左右。山顶为广寒殿，天顺年间就元代广寒殿旧址重修，是一座面阔七间的大殿。从这里“徘徊周览，则都城万雉，烟火万家，市廛官府寺僧浮图之高杰者，举集目前。近而太液晴波，天光云影，上下流动；远而西山居庸，叠翠西北，带以白云。东而山海，南而中原，皆一望无际，诚天下之奇观也”[1]。足见在当年没有空气污染和高层建筑遮挡的情况下，景界是十分开阔的。广寒殿的左右有四座小亭环列：方壶亭、瀛洲亭、玉虹亭、金露亭。岛的西坡，水井一口深不可测，有虎洞、吕公洞，仙人庵。岛上的奇峰怪石之间，还分布着琴台、棋局、石床、翠屏之类。琼华岛浮现北海水面，每当晨昏烟霞弥漫之际，宛若仙山琼阁。从岛上一些建筑物的命名看来，显然也是有意识地摹拟神仙境界，故明人有诗状写其为：“玉镜光摇琼岛近，悦疑仙客宴蓬莱。”

由琼华岛东坡过石拱桥即抵陟山门。循北海之东岸往北为凝和殿，殿坐东向西，前有涌翠、飞香二亭临水。再往北为藏舟浦，水殿二，深十六间，是停泊龙舟凤舸的大船坞。其旁另有一小船坞，“系五六小舟，岸际有丛竹荫屋；浦外二亭，今皆荒废。秋来露冷，野鹜残荷，隐约芦汀蓼岸，不减赵大年一幅江南小景也”[2]。

西苑之东北角为什刹海流入三海之进水口，设闸门控制水流量，其上建“涌玉亭”。嘉靖十五年(1536年)，在其旁建“金海神祠”，祀宣灵宏济之神、水府之神、司舟之神。自此处折而西即为北海北岸的一座佛寺“大西天经厂”，其西为“北台”。北台高八丈一尺，广十七丈，蹬道三分三合而上。台顶建“乾佑阁”，是为北海北岸与琼华岛隔水遥相呼应的一个制高点。它的形象颇为壮观，“倒影入水，波光荡漾，如水晶宫阙”[3]。天启年间(1621—1627年)，钦天监言其高过紫禁城三大殿，于风水不利。遂将北台平毁，在原址上建嘉乐殿。北台以西的大片空地，为禁军的校场。

北海北岸之西端为太素殿。这是一组临水的建筑群，正殿屋顶以锡为之，不施砖甓，其余皆茅草屋顶，不施彩绘，风格朴素。夏天作为皇太后避暑之居所，上元节例必燃放焰火。后来改建为先蚕坛，作为祀奉蚕神和后妃养蚕的地方。嘉靖二十二年(1543年)，又把临水的南半部改建为五龙亭。五龙亭由五座亭子组成，居中的名龙潭，左边依次为澄祥、滋香，右边依次为

[1] 韩雍：《游西苑记》，见孙承泽：《天府广记》，北京，北京古籍出版社，1983。

[2] [3] 高士奇：《金鳌退食笔记》。

涌瑞、浮翠。

过太素殿折而南，西岸为天鹅房，有水禽馆两所，饲养水禽，“编竹如窗，下通活水，启扉以观，鸟皆翔鸣”。临水建三亭：映辉、飞靄、澄碧。再往南，迎翠殿坐西向东，与东岸的凝和殿隔水构成对景，其前有浮香、宝月二亭临水。迎翠殿之西北为清馥殿，前有翠芳、锦芬二亭。金鳌玉蝀桥之西为一组大建筑群“玉熙宫”，这是明代宫廷戏班学戏的地方，皇帝也经常到此观看“过锦水戏”的演出。

北海西面的大片平坦地段，林木森森，绿草茵茵，显示一派大自然的生态环境。建筑布局极为疏朗，除了两处殿堂之外，余为圈养野兽的虎城和豹房，内府库房、花房等。

中海西岸的大片平地为宫中跑马射箭的“射苑”之所在，中有“平台”高数丈。台上建圆顶小殿，南北垂接斜廊可悬级而升。平台下临射苑，是皇帝观看骑射的地方。后来废台改建为紫光阁，每年端午节皇帝于阁前参加斗龙舟的水戏活动，并观看御马监的骑手驰骋往来、走解躧柳。

南海中堆筑大岛“南台”，又名“趯台坡”。台上建昭和殿，殿前为澄渊亭，降台而下，左右廊庑各数十楹，其北滨水一亭名涌翠是皇帝登舟的御码头。南台一带林木深茂，沙鸥水禽如在镜中，宛若村舍田野之风光。皇帝在这里亲自耕种“御田”，以示劝农之意。南海东岸设闸门泻水往东流入御河。闸门转北别为小池一区，池中有九岛三亭，构成一处幽静的小园林。居中一亭名涵碧亭，平面十二方形，内檐天花为十二方斗角藻井，金龙盘柱，丹槛碧牖，四面皆窗槛，中设御榻。亭之东为乐成殿，殿侧有屋，内设石磨石碓各二，下激湍水使之转动，每年“御田”收获的稻谷均在此舂治。乐成殿后来改名无逸殿，另建豳风、省耕二亭。每岁秋成，宫中在此处作“打稻”之歌舞表演。

三海水面辽阔，夹岸榆柳古槐多为百年以上树龄。海中苹荇蒲藻，交青布绿。北海一带种植荷花，南海一带芦苇丛生，沙禽水鸟翔泳于山光水色间。皇帝经常乘御舟作水上游览，冬天水面结冰，则作拖冰床和冰上掷球比赛之游戏。

总的看来，明代的西苑，建筑疏朗，树木蓊郁，既有仙山琼阁之境界，又富水乡田园之野趣，无异于城市中保留的一大片自然生态的环境。直到清初，仍然维持着这种状态，但在琼华岛和南海增加了一些建筑物，局部的景观也有所改变。

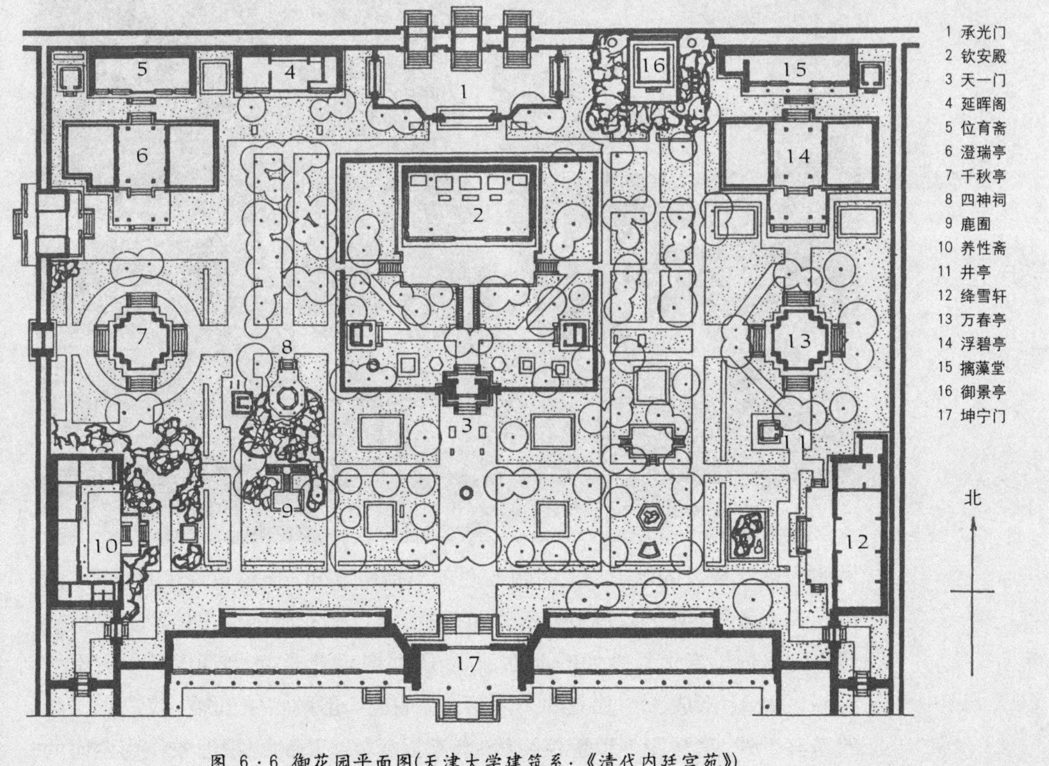

图 6·6 御花园平面图(天津大学建筑系:《清代内廷宫苑》)

御花园

御花园 [图6·6] 又名“后苑”，在内廷中路坤宁宫之后。这个位置也是紫禁城中轴线的尽端，体现了封建都城规划的“前宫后苑”的传统格局。

明永乐年间，御花园与紫禁城同时建成。它的平面略成方形，面积1.2公顷，约占紫禁城总面积的1.7%。南面正门坤宁门通往坤宁宫，东南和西南隅各有角门分别通往东、西六宫，北门顺贞门之北即紫禁城之后门玄武门。

这座园林的建筑密度较高，十几种不同类型的建筑物一共二十多幢。它们之中的大多数均紧贴围墙建置，得以让出园中比较开朗的空间。建筑布局按照宫廷模式即主次相辅、左右对称的格局来安排，园路布设亦呈纵横规整的几何式，山池花木仅作为建筑的陪衬和庭院的点缀。这在中国古典园林中实属罕见，主要由于它所处的特殊位置，同时也为了更多地显示皇家气派。但建筑布局能于端庄严整之中力求变化，虽左右对称而非完全均齐，山池花木的配置则比较自由随宜。因而御花园的总体于严整中又富有浓郁的园林气氛。

御花园于明初建成后，虽经多次重修，个别建筑物也有易名，但一直保持着这个规划格局未变。全园的建筑物按中、东、西三路布置。中路居中

图 6·7 钦安殿

偏北为体量最大的钦安殿，面阔五间前出抱厦五间，重檐黄琉璃瓦盝顶，内供元天上帝像。明代皇帝多有信奉道教的，故以御花园内的主体建筑物钦安殿作为宫内供奉道教神像的地方，以后历朝均相沿未变。殿周围环以方形的院墙，设门，形成一个独立的小院落。院墙比一般的宫墙低矮，仅高出于殿的基座少许。这样便不致遮挡视线，能够显露钦安殿的巍峨形象作为全园的构图中心［图6·7］。东、西两路建筑物的体量比较小，以此来烘托、反衬中路钦安殿之宏伟。

东路的北端偏西原为明初修建的观花殿，万历年间(1573—1620年)废殿改建为太湖石倚墙堆叠的假山“堆秀山”。山下有洞穴，左右设蹬道，山顶建小亭御景亭，可登临眺望禁城之景，是紫禁城内的一处重阳登高的地方［图6·8］。山上有“水法”装置，由人工贮水于高处，再引下从山前石蟠龙口中喷出。假山东则为面阔五间的摛藻堂，坐北朝南，西耳房一间紧邻假山脚。堂前长方形水池，明代用水引筒子河水注入池中。池上跨桥亭浮碧亭，亭前接敞轩。池之南是一座上圆下方四面出厦的亭子万春亭［图6·9］，平面十字形，基座四面出陛，周围安汉白玉石栏杆，柱额门窗均朱油彩绘，配着黄琉璃瓦攒尖屋顶，通体金碧辉煌、光艳夺目。万春亭与西路对称位置上的千秋亭，同为园内形象最丰富、别致的一双姊妹建筑。其前的方形小井亭之南，靠东墙为绛雪轩。绛雪轩坐东

图 6·8 堆秀山

朝西，面阔五间，前出厦三间。梁枋上仅施简单的绿色竹纹彩画，门窗装修一律楠木本色，与园内其他建筑相比较，显得特别朴素雅致。轩前砌方形五色琉璃花池，种牡丹、太平花，当中特置太湖石，好像一座大型盆景。

图 6·9 万春亭

西路北端，与东路的堆秀山相对应的是延晖阁，三开间重檐二层楼房。其西为五开间的位育斋，斋前的水池亭桥及其南的千秋亭，均与东路同。池旁即穿堂漱芳斋，可通往内廷的东路。千秋亭之南、靠西墙为园内的一座两层楼房养性斋，楼前以叠石假山障隔为小庭院空间，形成园内相对独立的一区。养性斋的东北面为大假山一座，四面设蹬道可以登临。山前建方形石台高与山齐，登台四望亦可俯瞰园景［图6·10］。假山北邻四神祠，这是一座前出敞轩的八角亭，坐南朝北，正对延晖阁。亭侧为方形小井亭，形制与东路同。

钦安殿的南、东、西三面空地上均布置大大小小的方形花池，种植太平花、海棠、牡丹等名贵花卉，间亦有石笋、太湖石的特置；成行成列地栽

图 6·10 石台

植柏树，佳木扶疏，浓荫匝地。园路装铺花样很多，有雕砖纹样，有以瓦条组成花纹，空档间镶嵌五色石子的各种精致图案。通过这些植物和小品的配置，更加强了自然的情调，适当地减弱园内建筑过密的人工气氛。

建筑布局在保持中轴对称原则的前提下尽量在体形、色彩、装饰、装修上予以变化，并不像宫殿建筑群那样绝对地均齐对称。因此，园内的二十余幢建筑物，除万春亭和千秋亭、浮碧亭和澄瑞亭之外，几乎没有雷同的，表现了匠师们在设计规划上的精心构思。但园内假山堆叠的位置经营似乎稍欠考虑，尤其是四神祠南的大假山，予人以壅塞空间之感，难免瑜中之瑕。

东苑

皇城东南的巽隅，为“东苑”之所在。东苑相对于西苑而言，以其在皇城之东南故又名“南内”。明初的永乐、宣德年间，东苑是一处富于天然野趣、以水景取胜的园林，皇帝经常偕同文武大臣、四方贡使到此处观看“击球射柳”之戏。入园，“夹路皆嘉树，前至一殿，金碧焜耀。其后瑶台玉砌，奇石森耸，环植花卉。引泉为方池，池上玉龙盈丈，喷水下注。殿后亦有石龙，吐水相应。池南台高数尺，殿前有二石，左如龙翔，右若凤舞，奇巧天成”[1]。它的旁边，另有一个景观全然不同的景区：小桥流水，游鱼牣跃，厅、堂、亭、榭均以山木为之，不加创削，顶覆之以草，四围编竹篱，篱下皆蔬茹匏瓜之类，则完全是水村野居的情调。

[1]《日下旧闻考》卷四十引《翰林记》。

景泰年间(1450—1456年)，明英宗被蒙古军俘虏放还后，以太上皇的身份居住在东苑，建重质宫一组宫殿，谓之“小南城”。天顺年间(1457—1464年)英宗复辟重做皇帝，于重质宫的西面建内承运库，又西建洪庆宫以供奉番佛像，更西建重华宫。南面建皇家档案库“皇史宬”，再南建皇家作坊“御作”。这一组大建筑群包括宫殿楼阁十余所，其规划仿照紫禁城内廷的中、东、西三路多进院落之制，成为皇城内的另一处具有完整格局的宫廷区——“南城”。南城中路的正殿名龙德殿，左、右配殿名崇仁、广智。

正殿之后为苑林区，呈前宫后苑的模式。苑林区的具体情况，据《明宫史·金集》记载：“正殿殿后为飞虹桥，桥以白石为之，凿狮、龙、鼋、鳖、鱼、虾、海兽，水波汹涌，活跃如生，云是三宝太监郑和自西域得之，非中国石工所能制者。……桥之南北有坊二，曰飞虹，曰戴鳌，姜立纲笔也。桥之东西有天光、云影二亭。又北叠石为山，山下有洞，额曰秀岩。以蹬道分而上之，其高高在上者，乾运殿也。左右各耸一亭，曰凌虚，曰御风。隔以山石藤萝花卉，若墙壁焉。后为永明殿。最后为圆殿，引流水绕之，曰环碧。”看来，这座园林作为南城的后苑，也像紫禁城的御花园一样采取较规整的布局。园内的植物配置多为“移植花木，青翠蔚然，如夙艺者”[1]。还保留着原东苑的许多古松大柏，以及“隙地皆种瓜蔬，注水负瓮，宛若村舍”的田园风貌。[2]

❶❷《日下旧闻考》卷四十引《可斋笔记》。

兔园

兔园在西苑之西、皇城的西南隅，是在元代的“西御苑”的基础上改建而成。用石堆叠的大假山“兔儿山”即元代故物，据说“元人载此石自南至燕，每石一，准粮若干，俗呼折粮石”[3]。这座假山峰峦巉岩森耸，通体成云龙形象，山腹有石洞。从东、西两面设蹬道盘曲而上，汇合于山腰的平台“旋磨台”，又名“仙台”，再分绕至山顶。山顶建清虚殿，俯瞰都城历历在目，乃是皇城内的一处制高点。山之北麓建鉴戒亭，亭内设橱贮书籍以备皇帝临幸时浏览。山之南麓为正殿大明殿。山上埋大铜瓮，灌水其中使顺山流下，“刻石肖龙，水自龙吻出，喷洒若帘”，经大明殿侧的九曲流觞溪注入殿前的方池。溪侧建曲水观，方池之上架石梁，池中“金鳞游泳，大者可尺许”。清虚殿、鉴戒亭以及翠林、瑶景二坊是嘉靖十三年(1534年)修建的，万历年间又增建迎仁亭和福峦、禄渚二坊。

❸《日下旧闻考》卷四十二引《钤山堂集》。

兔园的布局比较规整，有明确的中轴线，山、池、建筑均沿着这条南北中轴线配置。大假山象云龙之形、运用水落差而创造的观赏水景，均很别致。每年九月重阳节，皇帝驾幸兔儿山、旋磨台登高，“吃迎霜麻辣兔、菊花酒”。[4]兔园与西苑之间并无墙垣分隔，从南海的西岸绕过射苑就能到达，也可视为西苑的一处附园。

❹ 刘若愚：《明宫史》，北京，北京出版社，1982。

万岁山(景山)

万岁山（景山）位于紫禁城之北、皇城的中轴线上，园林亦相应地采取对称均齐的布局。四周缭以宫墙，四面设门，南门“北上门”正对紫禁城的玄武门。园内居中是人工堆筑的土山万岁山，呈五峰并列之势。中峰最高，据崇祯七年(1634年)测量，“自山顶至山根，斜量二十一丈，折高一十四丈七尺”，两侧诸峰的高度依次递减。此山相传其下埋煤以备闭城不虞之用，实际上是永乐年间修建禁垣时利用挖浚筒子河的土方堆筑而成的。山的位置正好在元代大内的旧址上，当时的用意在于镇压元代的“王气”，乃是出自风水迷信的考虑，而非仅为了园林造景。但客观上确也形成京城中轴线北端的一处制高点和紫禁城的屏障，丰富了漫长中轴线上的轮廓变化的韵律。

万岁山上嘉树郁葱，鹤鹿成群，有山道可登临。中峰之顶设石刻御座，两株古松覆荫其上有如华盖，这是每年重阳节皇帝登高的地方。山的南麓建毓秀、寿春、长春、玩景、集芳、会景诸亭环列，平地上的树林中多植奇果，故名百果园。殿堂建筑分布在山以北偏东的平地上。正殿寿皇殿是一组多进、两跨院的建筑群，包括三幢楼阁。寿皇殿之东为永寿殿，院内多植牡丹、芍药，旁有大石壁立，色甚古。再东为观德殿，殿前开阔地是皇帝练习骑射的场地，经园的东门可直通御马厩。

慈宁宫花园

慈宁宫在紫禁城内廷西路的北部，是皇太后、皇太妃的居所。

慈宁宫花园毗邻于宫的南面，呈对称规整的布局，主体建筑名“咸若馆”。

紫禁城内宫殿建筑密集，大内御苑仅有御花园和慈宁宫花园两处。而在皇城范围内，园林的比重就很大了，几座主要的大内御苑都建置在这里。举凡沿河的开阔地带、主要道路两旁、空旷地段上，一般都进行普遍的绿化。如紫禁城外的筒子河，“崇祯癸未(1643年)九月，召对万岁山观德殿。出东华门入东上北门，绕禁城行，夹道皆槐树，十步一株”[1]。又如皇城之东御河北段，“河之西岸，榆柳成行，花畦分列，如田家也”[2]。河边建“蹴园亭”，大概是皇帝踢毽子的场地。御河沿东苑之一段更施以园林化的点缀：皇史宬东南有门可通河，河上建涌福阁跨桥，俗称骑河楼。迤东沿河北上，则吕梁洪、东安桥，更北为桥亭一座名涵碧，又北则河东岸为回龙观。观之正殿名崇德殿，旁有六角亭，庭院内花卉繁茂，河上多植荷花。陈悰《天启宫词》描写这一带的风景：“河流细绕禁墙边，疏凿清流胜昔年；好是南风吹薄暮，籍花香冷白鸥眠。”因而也是皇帝驾幸东苑时必游之地。此外，寺观、坛庙的庭院亦广植树木，太庙和社稷坛大片行植的柏树郁郁森森，其中有不少保留至今，成为北京城内的古树名木。

以西苑为主体的大内御苑，占去皇城的一大半，再结合广泛的绿化而形成一个宛若山林的大自然生态环境，足供帝、后、嫔、妃的游憩赏玩。明代后期，宦官专权，皇帝多不理政务，长年深居宫禁，大内御苑更加踵事增华，成为这些昏君们优游嬉戏、寻欢作乐的场所了。

北京城的西北郊，早在元代就已因其自然风景之美而成为京郊的公共游览地。明初，从南方来的移民大量开辟水田，又增益了这一带宛若江南水乡的自然风光，官僚、贵戚们在海淀一带占地造园，风景区的范围更往

[1]《日下旧闻考》卷三十五引《悫书》。

[2] 刘若愚：《明宫史》，北京，北京出版社，1982。

东扩大。皇帝也经常到西北郊游玩，但除了偶一驻跸西湖北岸的功德寺、正德年间修筑“钓台”之外，别无建置行宫别苑的记载。究其原因，固然由于明代皇帝多半深居宫禁、不喜出巡，更重要的则是与当时的边疆形势有直接的关系。

明初，元王朝虽然退出大都，但仍在塞外保持其政权。直到明中叶，蒙古部族一直构成对北京的强大军事威胁。蒙古军不时南下袭扰北京，西北郊正首当其冲。嘉靖二十九年(1550年)，玉泉山的寺观被蒙古军焚毁。正统年间的“土木之变”，蒙古军直逼西直门。永乐迁都北京之初，审时度势，出于安全上的考虑，就有意放弃在风景优美的西北郊修建行宫御苑的打算，而有明一代也始终没有离宫御苑的建置。作为猎场和供应基地而兼有园林性质的两处行宫御苑——南苑、上林苑，则分别择地于南郊和东郊。

上林苑 的范围很大，采育是它的中心部分，故又名“采育上林苑”，位于左安门外以东55里处。这里原来是一片荒芜之地，永乐年间从山西平阳迁来的移民蕃育树木蔬果、养殖牲畜家禽以供应宫廷之用。经过一段时间建设，有了一些可观之景，也兼作皇帝偶尔出城游赏之地。它的管理机构为上林苑监蕃采署，下设林衡、嘉蔬、良牧三处，即所谓“外光禄”。正德年间，添设总督、佥书、监工等官员99名，分为58“营”，其中有专门饲养鹅鸭的“鹅鸭城”，专门饲养猎犬的“义犬庵”，等等。

南苑 位于南郊大兴县境内，即元代飞放泊之旧址。永乐十二年(1414年)，扩充其地并筑夯土苑墙，周长18 660丈，设苑门四：北大红门、南大红门、东红门、西红门。苑内有海子三处，名南海子，以区别于皇城北面的海子(什刹海)。后来又陆续建成行宫、旧衙门、新衙门和提督官署等，成为明代的皇家猎场，自永乐定都以来，岁时蒐猎于此。苑内水域甚广，草木繁茂，放逐獐鹿雉兔等不可以数计，设“海户”千余人看守管理。每届皇帝行猎时，由海户参加合围，纵军士驰射于中，则还含有军事训练的用意。宣德三年(1428年)，整修桥涵道路、建置亭榭小品。天然野趣又增加了适当的人工点缀，益显风景之幽美，“南囿秋风”遂成为著名的燕京八景之一。

第四节
清初的皇家园林

满族的清王朝建立以宗族血缘关系为纽带的君主高度集权统治的封建大帝国。皇家园林的宏大规模和皇家气派，比之明代表现得更为明显，自是不言而喻。

清王朝入关定都北京，全部沿用明代的宫殿、坛庙、园林等，并无多少皇家的建设活动。康熙中叶以后，逐渐兴起一个皇家园林的建设高潮。这个高潮奠基于康熙，完成于乾隆，乾、嘉年间，终于达到了全盛局面。

大内御苑

紫禁城内，除个别宫殿的增损和改易名称之外，其建筑及规划格局基本上保持着明代的原貌。皇城的情况则变动较大，因而导致清初大内御苑的许多变化。

兔园、景山、御花园、慈宁宫花园，仍保留明代旧观。东苑之小南城的一部分，于顺治年间赐出为睿亲王府，康熙年间收回改建为玛哈噶喇庙，其余析为佛寺、厂库、民宅，仅有皇史宬和苑林区内的飞虹桥、秀岩山以及少数殿宇保存下来。西苑则进行了较大的增建和改建。

西苑

顺治八年(1651 年)，毁琼华岛南坡诸殿宇改建为佛寺“永安寺”。在山顶广寒殿旧址建喇嘛塔“小白塔”，琼华岛因而又名白塔山。“每岁十月二十五日，自山下燃灯至塔顶，灯光罗列，恍如星斗。诸喇嘛执经梵呗，吹大法螺。余者左持有柄圆鼓，右持弯槌，齐击之，缓急疏密，各有节奏。更余方休，以祈福也”[1]。

[1] 高士奇：《金鳌退食笔记》。

康熙年间，北海沿岸的凝和殿、嘉乐殿、迎翠殿等处建筑均已坍废，玉熙宫改建为马厩，清馥殿改建为佛寺“宏仁寺”，中海东岸的崇智殿改建为万善殿。

南海的南台一带环境清幽空旷，顺治年间曾稍加修葺。康熙帝选中此地作为日常处理政务、接见臣僚和御前进讲、耕作“御田”的地方，因而进行了规模较大的改建、扩建。延聘江南著名叠山匠师张然主持叠山工程，增建许多宫殿、园林以及辅助供应用房。改南台之名为“瀛台”，在南海的北堤上加筑宫墙，把南海分隔为一个相对独立的宫苑区 [图6·11]。

北堤上新建的一组宫殿名勤政殿，其北面的宫门德昌门也就是南海宫苑区的正门。瀛台之上为另一组更大的宫殿建筑群，共四进院落，自北而南呈中轴线的对称布列。第一进前殿翔鸾殿，北临大石台阶蹬道，东、西各翼以延楼十五间。第二进正殿涵元殿，东、西有配楼和配殿。第三进后殿香扆殿。第四进即临水的南台旧址，台之东、西为堪虚、春明二楼，南面深入水中的为延薰亭。这一组红墙黄瓦、金碧辉煌的建筑群的东、西两侧叠石为假山，其间散布若干亭榭，种植各种花木，则又表现浓郁的园林气氛。隔水看去，宛若海上仙山的琼楼玉宇，故以瀛台为名。

勤政殿以西为互相毗邻的三组建筑群。靠东的丰泽园四进三路：第一进为园门，第二进崇雅殿，第三进澄怀堂是词臣为康熙进讲的地方，第四进遐瞩楼北临中海；东路为菊香书屋；西路是一座精致的小园林“静谷”，其中的叠石假山均出自张然之手，为北方园林叠山的上品之作 [图6·12]。丰泽园附近有明代的“御田”多处，康熙每年均在此演“耤田之礼”，还亲自

图 6·11 瀛台全景

图 6·12 静谷

培育优良的稻种加以推广。这种“御稻米”不仅气香味腴，且较一般水稻能提前两个月成熟，很适宜于日照时间较短的北方生长。西北的一组建筑名春藕斋，庋藏唐代韩滉的《五牛图》及其摹本，用意亦与农事有关。西南的一组为佛寺，名叫大圆镜中。

勤政殿之东，过亭桥“垂虹”为御膳房。南海的东北角上即三海出水口的部位，在明代乐成殿旧址上改建为一座小园林“淑清院”。此园的山池布置颇具江南园林的意趣，东、西二小池之间叠石为假山，利用水位落差发出宛如音乐之琮琤声，故名其旁的小亭为“流水音”。西面小池边建置正厅蓬瀛在望、葆光室、流杯亭等，另建小亭俯清泚于南海近岸之水中。东面的小池边为尚素斋、鱼乐亭等小建筑物，以及长廊响雪廊和跨建于水闸石梁之上的日知阁。淑清院西临南海，可隔水观赏瀛台之景，故名其正厅为蓬瀛在望，而园林内部则自成一局，极其幽静，可谓旷奥兼备。康熙每次到南海，都要来此园小憩。

南海东岸，淑清院南面为春及轩、蕉雨轩两组庭园建筑群。再南为云绘楼、清音阁、大船坞、同豫轩、鉴古堂。

雍正时期，皇帝移居圆明园离宫，西苑的建置只有中海西岸的时应宫一处见于《日下旧闻考》的记载。这是一处道观建筑群，前殿祀四海四渎诸龙神像，正殿祀顺天佑畿时应龙神之像，后殿祀八方龙王神像。

行宫御苑和离宫御苑

清初，对明代留下来的南苑进行扩建，仍作为皇家的猎场和演武场，增筑园门五座以及行宫、寺院若干处；采育上林苑则完全废弃，成为民间的村落农田。之后，皇家园林建设的重点逐渐转向西北郊的行宫御苑和离宫御苑，这与清王朝统治者本身和当时的国内形势有着直接关系。

清朝统治者来自关外，很不习惯于北京城内炎夏溽暑的气候，顺治年间皇室已有择地另建避暑宫城的拟议。[1]再者，他们入关以后尚保持着祖先的驰骋山野的骑射传统，对大自然山川林木另有一番感情，不乐于像明代皇帝那样常年深居宫禁，总希望能在郊野的自然风景地带营建居处之地。但开国伊始，百废待兴，南方尚在用兵，无论就政治形势和国家的财力而言，都不可能实现这个愿望，皇帝仅不时移居空旷清静的西苑南海。待到康熙中叶，三藩叛乱平定，台湾内附，全国统一。明末以来大动乱之后出现一个安定局面，经济有所发展，政府财力也比较充裕。于是康熙帝便着手在风景优美的北京西北郊和塞外等地营建新的宫苑，而当时边疆形势的变化也为此创造了条件。

[1] 据《东华录》载："(顺治七年，公元1650年)七月乙卯，摄政王谕：京城建都年久，地污水咸。春秋之季，犹可居止，至于夏月，溽暑难堪。但念京城乃历代都会地，营建匪易，不可迁移。稽之辽、金、元曾于边外上都等城为夏日避暑之地，予思若仿前代建山城一座，以便往来避暑。"

清王朝在入关前，即与内蒙各部结成同盟，到康熙年间，采取一系列团结蒙藏各族人民的政策，外蒙各部亦相继内附，中国作为多民族的国家更臻壮大。北京的西北郊解除了蒙古部族的军事威胁，塞外也处于相对稳定的局面。于是，西北部的某些风景优美，小气候条件较好的地段，就必然会被康熙首选，作为修建"避喧听政"的宫苑之所在了。

广大的北京西北郊，山清水秀。素称"神京右臂"的西山峰峦连绵自南趋北，余脉在香山的部位兜转而东，好像屏障一样远远拱列于这个平原的西面和北面。在它的腹心地带，两座小山岗双双平地突起，这就是玉泉山和瓮山。附近泉水丰沛，湖泊罗布，最大的湖泊即瓮山南麓的西湖。远山近水彼此烘托映衬，形成宛似江南的优美自然风景，实为北方所不多见。

这个广大地域按其地貌景观的特色又可分为三大区：西区以香山为主体，包括附近的山系及东麓的平地；中区以玉泉山、瓮山和西湖为中心的河湖平原；东区即海淀镇以北、明代私家园林荟萃的大片多泉水的沼泽地[图6·13]。

香山是西山山脉北端转折部位的一个小山系，峰峦层翠的地貌形胜，为西山其他地方所不及。早在辽、金时即为帝王豫游之地，许多著名的古寺也建置在这里，更增益了人文景观之胜。康熙十六年(1677年)，在原香山寺旧址扩建香山行宫，作为"质明而往，信宿而归"的临时驻跸的一处行宫御苑。

玉泉山小山岗平地突起，山形秀美，林木葱翠，尤以泉水著称。金代已有行宫的建置，寺庙也不少。康熙十九年(1680年)，在玉泉山的南坡建成另一座行宫御苑"澄心园"，康熙二十三年(1684年)改名"静明园"。

香山行宫和静明园的建筑和设施都比较简单，仅仅是皇帝偶一游憩驻跸或短期居住的地方。真正能够作为皇帝"避喧听政"、长期居住的，则是稍后建成的明清以来的第一座离宫御苑——**畅春园**。

康熙二十三年(1684年)，康熙帝首次南巡，对于江南秀美的风景和精致

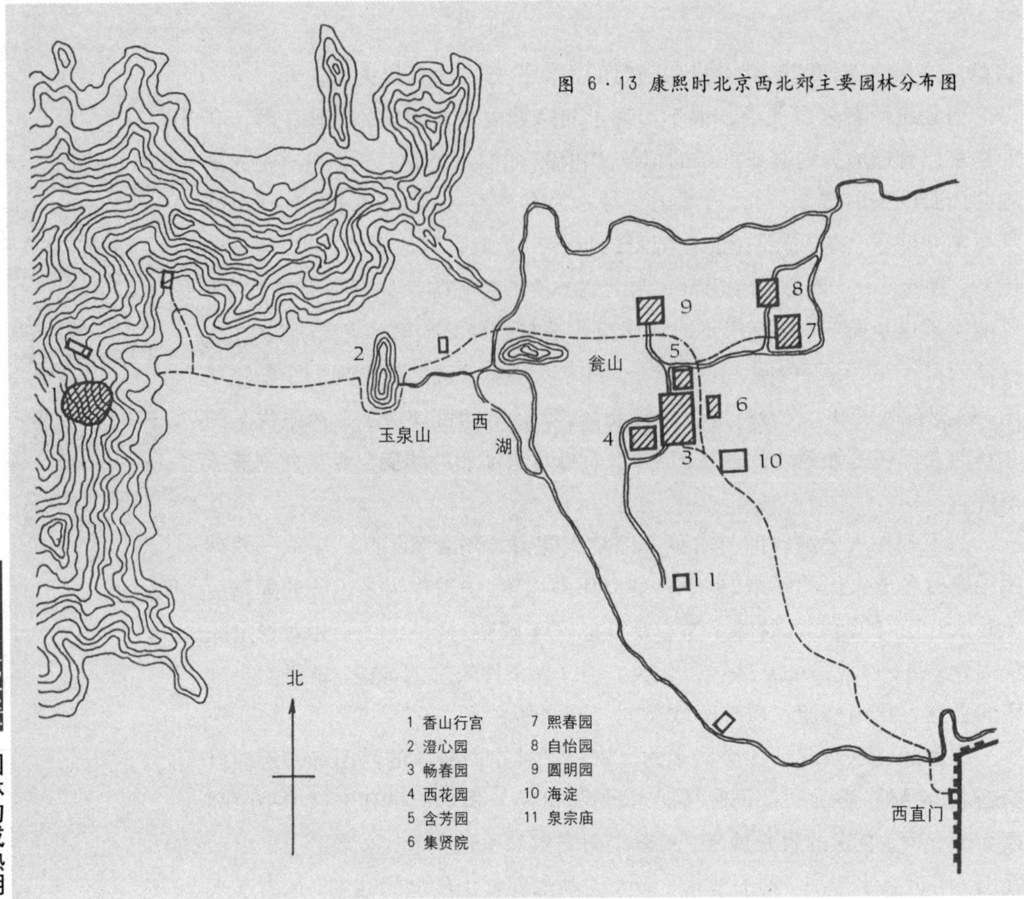

图 6·13 康熙时北京西北郊主要园林分布图

的园林印象很深。归来后立即在北京西北郊的东区、明代皇亲李伟的别墅“清华园”的废址上，修建这座大型的人工山水园。据康熙御制《畅春园记》：

> “爰稽前朝戚畹武亲侯李伟，因兹形胜，构为别墅。当时韦曲之壮丽，历历可考，圮废之余，遗址周环十里。虽岁远零落，故迹堪寻。……爰诏内司，少加规度，依高为阜，即卑成池。相体势之自然……视昔亭台、丘壑、林木、泉石之胜，絜其广袤，十仅存夫六七。”

足见选择李园旧址而仅用其三分之二，意在节省工程费用，可以利用原来的山池树木，符合康熙一贯崇尚俭约的作风，同时也由于李园的“韦曲之壮丽”的规模格局既有江南情调，又适合于帝王园居的要求。畅春园至迟于康熙二十六年(1687年)竣工，[1]由供奉内廷的江南籍山水画家叶洮参与规划，延聘江南叠山名家张然主持叠山工程。所以说，畅春园也是明清以来首次较全面地引进江南造园艺术的一座皇家园林。它的供水来源于万泉庄水系，把南面的万泉庄的泉水顺天然坡势导引而北，流入园内，再从园的西北角流出，经肖家河再汇入清河。为使地势较低洼的畅春园不受西湖泛滥的威胁，在园

[1] 曹汎："自怡园"，载《圆明园》第四集。

的西面修筑大堤，命名为“西堤”。

畅春园建成后，一年的大部分时间康熙均居住于此，处理政务，接见臣僚，这里遂成为与紫禁城联系着的政治中心。为了上朝方便，在畅春园附近明代私园的废址上，陆续建成皇亲、官僚居住的许多别墅和“赐园”[1]。从此以后，清代历朝皇帝园居遂成惯例。

[1] “赐园”是清代皇帝赐给皇族、宠臣的园林，不能世袭。园主人死后，仍由内务府收回。若其子得宠，可以再赐与。

康熙四十二年(1703年)在承德兴建规模更大的第二座离宫御苑避暑山庄，康熙四十七年(1708年)建成。它较之畅春园，更具备“避暑宫城”的性质。园址之所以选择在塞外的承德，固然由于当地优越的风景、水源和气候条件，也与当时清廷的重要政治活动“北巡”有着直接关系。

清王朝入关前与漠南蒙古各部结成联盟，建立蒙古八旗，入关后一直对蒙族上层人士采取怀柔笼络的团结政策。自康熙十六年(1677年)起，皇帝定期出古北口北巡塞外，对蒙古王公作例行召见。当时，积极向东方扩张的沙俄乘清廷用兵南方，镇压三藩叛乱，无暇北顾之机，收买蒙族上层败类，企图分裂我国北部边疆。康熙二十九年(1690年)六月，厄鲁特蒙古准噶尔部上层分裂势力的首领噶尔丹，在沙俄的挑唆下公开叛乱，率兵二万余进袭漠南乌珠穆沁一带，渡过西拉木仑河深入到乌兰布通。清廷为了维护国家统一和领土主权，对噶尔丹的军事叛乱采取坚决镇压措施。当年八月，康熙亲自坐镇波罗河屯，指挥大军大败叛军于乌兰布通。这次战役虽获胜利，但康熙深知噶尔丹居心叵测，尤其是与沙俄势力相勾结实为边疆隐患，来自北部的威胁并没有消除。他注意到这个威胁的严重性，同时也注意到八旗军队在镇压三藩叛乱中所逐渐暴露出来的腐败习气。现实的形势，迫使他认真考虑两个问题：必须严格训练八旗部队，保持初入关时的吃苦耐劳的战斗素质；必须加强对蒙族人民的团结，才能从根本上巩固祖国的北部边疆。这位颇具雄才大略的皇帝，有鉴于以往各朝代在北方边疆单纯采取军事防卫措施而防不胜防的历史教训：一方面继续镇压叛乱，巩固胜利果实；另一方面则更多地强调民族团结，采取以安抚为主的策略，大力加强对蒙古各部的管理。当时，驻古北口的将领蔡源曾上书要求重修长城，受到康熙的严厉驳斥：“守国之道，惟在修德安民。民心悦则邦本得而边境自固，所谓众志成城者是也。……昔秦兴土石之功修筑长城，我朝施恩于喀尔喀，使之防备朔方，较长城更为坚固。”康熙二十年(1681年)，在塞外圈占蒙古一些部落的土地建成“木兰围场”。据《清朝续文献通考 · 王礼考》：“每岁白露后，鹿始出声而鸣。效其声呼之可至，谓之‘哨鹿’。国语(按：即满语)曰‘木兰’。”围场为哨鹿之所，故以得名。之后，定期举行“木兰秋狝”，其目的便是为了解决训练军队和团结蒙古各部这两个有关国家防务的大问题。从康熙二十二年(1683年)起，康熙帝北巡几乎连年不断。每年秋季率领万余人的军队到围场行围，政府高级官员、蒙古王公陪同。行围期间，通过带有军事训练性质的狩猎活动来严格锻炼部队，以排场盛大的宴会、比武、召见、赏赐、封赠等活动来团结、笼络蒙古各部上层人士，成效是很大的，故康熙在《塞上宴诸藩》一诗中写道："声教无私疆域远，省方随处示怀柔。"

木兰围场原是内蒙古喀喇沁、敖汉、翁牛特诸部游牧之地，东西宽约150公里，南北长约100公里。北部为"坝下"草原，气候温和，雨量充沛，森林繁茂，野兽成群，是行围狩猎的理想地方。木兰围场距北京350公里，皇帝及随行人员需要中途休息、打尖和生活用品的补给，为此而在沿途建立一系列的行宫。汪灏《随銮纪恩》记载了康熙四十二年(1703年)北巡的路线和沿途经过的八处行宫：两间房行宫，鞍子岭行宫，化鱼沟行宫，喀喇河屯行宫，上营行宫，蓝旗营行宫，波罗河屯行宫，唐三营行宫。这些行宫的建筑都很简单，其中比较大的一处在喀喇河屯。这里"中界滦河，依山带水，比之金口浮玉，故有小金山之号。……热河以南，此为最胜景"[1]。康熙十六年(1677年)首次北巡时就看中这里水甘土肥、泉清峰秀，"故驻跸于此，未尝不饮食倍加，精神爽健。所以鸠工此地，建离宫数十间。茅茨土阶，不彩不画，但取其容座避暑之计也。日理万机未尝少暇，与宫中无异"[2]。但自从康熙二十二年(1683年)开始木兰秋狝之后，塞外政治活动的规模日愈扩大、频繁，简单的行宫已不能适应这种要求。于是，待清政府财力比较充裕的时候，便在往北一站的"上营"修建更理想的、规模更大的行宫，这就是康熙四十七年(1708年)建成的避暑山庄。

[1] 和珅：《热河志》卷二十五。

[2] 康熙：《穹览寺碑》。引自侯仁之：《承德市城市发展的特点和它的改造》。

康熙后期，在顺天府辖境内的其他风景地段还建置了一些小型的行宫，作为北巡途中驻跸或者巡视京畿时休息暂住之所，见于《日下旧闻考》的共有六处：

汤山行宫　在昌平县东南15公里的小汤山，温泉可沐浴。康熙《温泉行》有诗句云："温泉泉水沸且清，仙源遥自丹砂生；沐日浴月泛灵液，微波细浪流琮琤。"

怀柔行宫　在怀柔县城南门外，康熙四十九年(1710年)改建祇园寺时于其旁建行宫。

刘家营行宫　在密云县城东门外一里。

罗家桥行宫　在密云县东北三十里。

要亭行宫　在密云县东北七十里的要亭庄。

烟郊行宫　在三河县西五十里。

康熙帝死后，皇四子即帝位是为雍正帝。雍正在位的13年间，忙于应付政治上的皇室派系斗争，无暇顾及皇家建设活动。即使在这样情况下，也把他的赐园"圆明园"加以扩建，成为长期居住的离宫御苑。

圆明园位于畅春园的北面，早先是明代的一座私家园林。清初收归内务府，康熙四十八年(1709年)赐给皇四子作为赐园。它的规模比后来的圆明园要小得多，大致在前湖和后湖一带。园门设在南面，与前湖、后湖构成一条中轴线的较规整布局。雍正三年(1725年)开始扩建，这就是北京西北郊的第二座离宫御苑，也是清代的第三座离宫御苑。雍正自己长期居住于此，畅春园则改为皇太后的住所。

原经由畅春园北流的万泉庄水系，这时已不能满足圆明园的供水需要。除利用扩大后的圆明园内的地下泉水之外，又把玉泉山之水系东引，在园的西南角与万泉庄水系汇合，转而沿园西墙北流，从西北角的闸口导入园内，然后顺着自然坡势自西而东再从东北角闸口流出园外，汇入清河。西直门至畅春园的御道也往北延伸，经过大红桥一直铺设到圆明园正门前的广场［图6·13］。

为了加强圆明园的保卫，于扩建该园的同时，由京师的卫戍部队护军营八旗中分拨出“圆明园八旗”，每一旗有官兵三千余名。此后，又从内务府分拨成立“包衣三旗”，有官兵一百余名。各旗均建置营房、校场、箭亭。镶黄旗驻树村西，正黄旗驻肖家河北，正白旗驻树村东，镶白旗驻树村西，正红旗驻安河桥西，镶红旗驻青龙桥西，正蓝旗驻成府东，镶蓝旗驻蓝靛厂西，包衣三旗驻成府东。环绕着圆明园，形成一个严密的拱卫系统。另设“堆拨”(哨所)百余处，日夜巡逻警戒。

大约在雍正十三年(1735年)，再度扩建香山行宫，另在附近的卧佛寺旁建行宫并改寺名为“十方普觉院”。为了拱卫这两处经常游憩驻跸的行宫，又从京师护军营八旗中分拨建立“香山八旗”。自香山行宫前苑房北楼门以东依次驻扎左翼四旗，南楼门以南依次驻扎右翼四旗。这一带汉族居民的村落较多，为便于监视，雍正帝乃独出心裁，按两旗夹一村的方式布置各旗的营房。

到雍正末年，北京西北郊已建成四座御苑和众多的赐园，开始形成皇家园林集中的特区，为下一个时期的大规模皇家造园活动奠定了基础。

畅春园、避暑山庄、圆明园是清初的三座大型离宫御苑，也是中国古典园林成熟时期的三座著名皇家园林。它们代表着清初宫廷造园活动的成就，集中地反映了清初宫廷园林艺术的水平和特征。这三座园林经过此后的乾隆、嘉庆两朝的增建、扩建，踵事增华，而成为北方皇家园林空前全盛局面的重要组成部分。

畅春园

畅春园［图6·14］曾经过乾隆时的局部增建，但园林总体布局仍然保

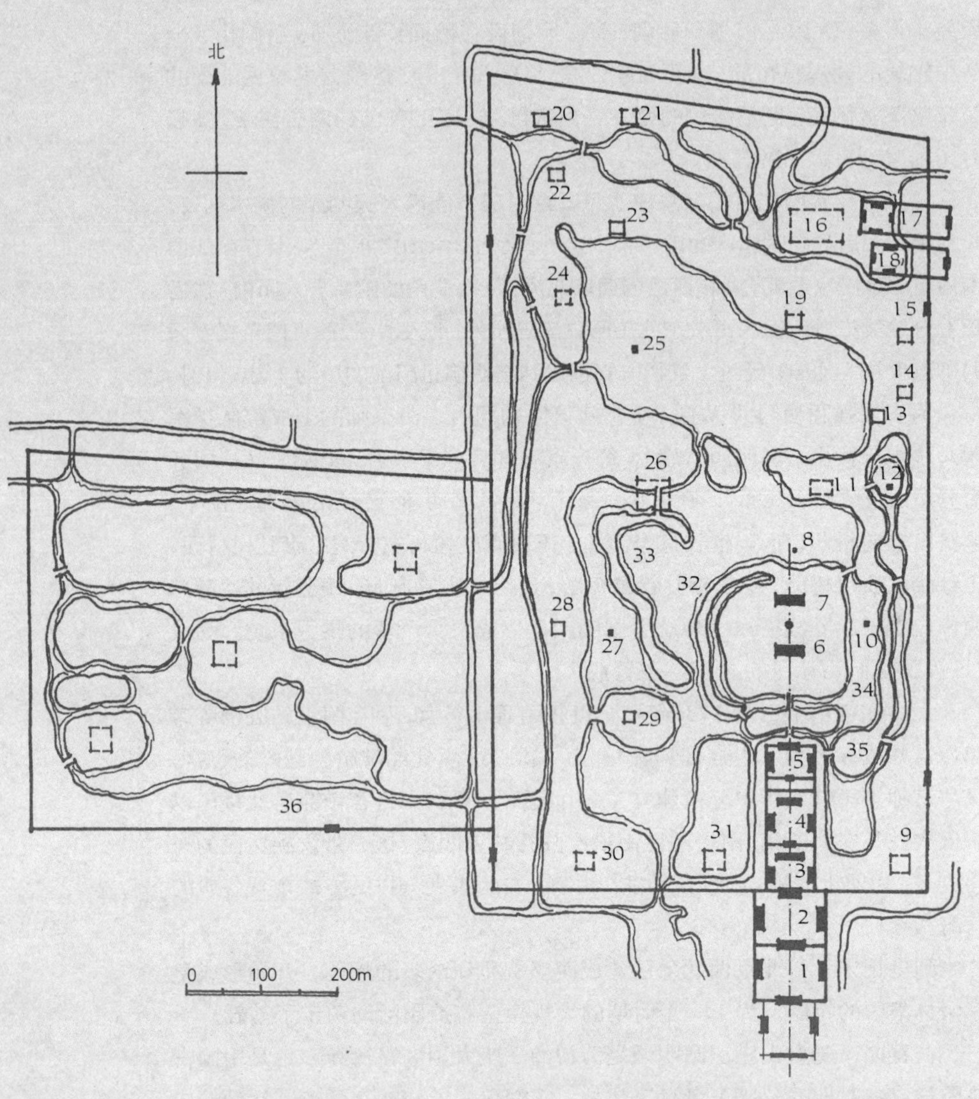

1 大宫门
2 九经三事殿
3 春晖堂
4 寿萱春永
5 云涯馆
6 瑞景轩
7 延爽楼
8 鸢飞鱼跃亭
9 澹宁居
10 藏辉阁
11 渊鉴斋
12 龙王庙
13 佩文斋
14 藏拙斋
15 疏峰轩
16 清溪书屋
17 恩慕寺
18 恩佑寺
19 太仆轩
20 雅玩斋
21 天馥斋
22 紫云堂
23 观澜榭
24 集凤轩
25 蕊珠院
26 凝春堂
27 娘娘庙
28 关帝庙
29 韵松轩
30 无逸斋
31 玩芳斋
32 芝兰堤
33 桃花堤
34 丁香堤
35 剑山
36 西花园

图 6·14 畅春园平面示意图

持着康熙时的原貌。如今园已全毁，遗址也夷为平地，只能依据目前查找到的一些文献和图档材料，如像《日下旧闻考》一类官书，以及民国初年由金勋摹绘的内务府样式房图纸，对它的原状作一概略性推测。

园址东西宽约600米、南北长约1000米，面积大约60公顷，设园门五座：大宫门、大东门、小东门、大西门、西北门。宫廷区在园的南面偏东，外朝为三进院落：大宫门、九经三事殿、二宫门，内廷为两进院落：春晖堂、寿萱春永，成中轴线左右对称的布局。关于宫廷区的建筑，《日下旧闻考》有记载："畅春园宫门五楹，门外东西朝房各五楹。小河环绕宫门，东西两旁为角门，东西随墙门二，中为九经三事殿。殿后内朝房各五楹。二宫门五楹，中为春晖堂，五楹，东西配殿各五楹，后为垂花门，内殿五楹为寿萱春永。左右配殿五楹，东西耳殿各三楹，后照殿十五楹。"《万寿盛典》图上所绘畅春园部分，大宫门及两厢朝房均为卷棚硬山顶灰瓦屋面，体量矮小，宫墙为普通的虎皮石墙[图6·15]。康熙五十九年(1720年)，康熙在畅春园接见俄国沙皇彼得一世的特使伊兹玛意洛夫及其随员。随员之一的英国籍医生约翰·贝尔(John Bell)，在他所著的《旅行记》一书中，述及宫廷区的外朝建筑朴素无华、室外空间充满庭园意趣的情况。[1]这与整个园林环境是协调的，也符合于康熙所提倡的俭约精神。

苑林区的前身清华园，是一个以水面为主体的水景园，明人描写其为"清华园前后重湖，一望漾渺"，"若以水论，江淮以北亦当第一也"[2]。康熙在它的废址上经营新园，当然会保留、利用原来的山水地貌、古树名木和某些建筑的旧基。正如他在《畅春园记》一文中所说的："当时韦曲之壮丽，

[1] 详见Malone：*Summer Palace of Ching Dynasty*，Urbana University of Illinois press，1934。

[2]《日下旧闻考》卷七十九引《明水轩日记》。

图 6·15 畅春园大宫门
（王原祁：《万寿盛典》，清乾隆刻本）

历历可考，圮废之余，遗址周环十里。虽岁远零落，故迹堪寻。瞰飞楼之郁律，循水槛之逶迤。古树苍藤，往往而在。爰诏内司，少加规度，依高为阜，即卑成池。相体势之自然，取石甓夫固有。计庸畀值，不役一夫。宫馆苑籞，足为宁神怡性之所。永惟俭德，捐泰去雕。视昔亭台丘壑林木泉石之胜，絜其广袤，十仅存夫六七。惟弥望涟漪，水势加胜耳。”既发扬了原清华园水景的特点，又能够节约施工费用，可谓一举两得。

苑林区也是一个水景园，水面以岛堤划分为前湖和后湖两个水域，外围环绕着萦回的河道。万泉庄之水自园西南角的闸口引入，再从东北角的闸口流出，构成一个完整的水系。建筑及景点的安排，按纵深三路布置。

中路相当于宫廷区中轴线的延伸。内廷后照殿之北为一进院落，正殿云涯馆，倒座殿嘉阴，两角门中为积芳亭。往北渡石桥屏列叠石假山一座，绕过假山则前湖水景呈现眼前。水中一大洲，建石桥接岸，桥的南北端各立石坊名金流、玉涧。洲上的大建筑群共三进院落：瑞景轩、林香山翠、延爽楼。延爽楼三层、面阔九间，为全园最高大的主体建筑物。楼之北即前湖后半部的开阔水面，遍植荷花，湖中水亭名鸢飞鱼跃，稍南为水榭观莲所。楼西为式古斋，斋后为绮榭。前湖的东面有长堤一道名叫丁香堤，西面有长堤两道名叫芝兰堤、桃花堤。前湖以北即另一大水域——后湖，前、后湖及堤以外河渠环流如水网，均可行舟。

东、西两路的建筑，结合于河堤岗阜的局部地貌，或成群组，或散点布置，因地制宜不拘一格。

东路南端的一组建筑名澹宁居，自成独立的院落。它的前殿邻近外朝，是康熙御门听政、选馆、引见之所，正殿澹宁居是乾隆做皇孙时读书的地方。澹宁居以北为龙王庙和一座大型土石假山“剑山”，山顶山麓各建一亭，过剑山即为水网地带。大东门土山北，循河岸西上为渊鉴斋，面阔七间坐北朝南。“斋后临河为云容水态，左廊后为佩文斋五楹，斋后西为葆光，东为兰藻斋。渊鉴斋之前，水中敞宇三楹，为藏辉阁，阁后临河为清籁亭。佩文斋之东北向为养愚堂，对面正房七楹为藏拙斋。渊鉴斋东过小山口北有府君庙。兰藻斋循东岸而北，转山后，西宇三楹为疏峰，循岸而西，临湖正轩五楹为太朴。”[1]乾隆时，大学士张文贞《赐游畅春园至玉泉山记》中，有一段文字描写这一带的景观：“从澹宁居右边入至渊鉴斋前，沿河堤上，列坐赐饭毕，诸臣纵观岩壑，花光水色，互相映带，园外诸山历历环拱如屏障。上御船，绕渊鉴斋而下，命诸臣从岸上随船行。诸臣过桥向西北行，一路目不给赏。至花深处，是时丁香盛开，数千树远近烂熳。上登岸命诸臣随行，遇名胜处辄亲赐指示，诸臣得一一见所未见。”太朴轩之东，有石径通往小东门。东路的北端为一组四面环水的建筑群清溪书屋，环境十分幽静，是康熙

[1]《日下旧闻考》卷七十六。

日常静养居住的地方。雍正元年(1723年)建恩佑寺，为康熙祈冥福。乾隆四十二年(1777年)建恩慕寺，为皇太后广资慈福。这两所佛寺的山门至今尚在，是畅春园硕果仅存的遗迹。

西路的南端，“春晖堂之西，出如意门，过小桥为玩芳斋，山后为韵松轩”[1]。玩芳斋原名闲邪存诚，雍正二年(1724年)乾隆做皇太子时住此处读书，乾隆四年(1739年)毁于火，重建后改是名。二宫门外出西穿堂门，沿河之南岸为买卖街，摹仿江南市肆河街的景象。南宫墙外为船坞门，门内船坞五间北向，停泊大小御舟。船坞之西，“行数武，即无逸斋，东垂花门内正宇三楹，后跨河为韵玉廊，廊西为松篁深处。自右廊入为无逸斋门，门内正殿五楹。西廊内正宇为对清阴，廊西为蕙畹芝原”[2]。无逸斋康熙年间赐理密亲王居住，以后改为幼年皇子皇孙读书之所。乾隆时皇帝诣畅春园问皇太后安，常在此处传膳办事。这一带“南为菜园数十亩，北则稻田数顷”，一条小河流经此地，在穿过南宫墙处设闸门，即是万泉庄水经南海淀流入园内的渠道。往北沿河散点配置若干建筑物：关帝庙、娘娘庙、方亭莲花岩。再往北，临前湖的西岸是西路的主要建筑群凝春堂，与湖东岸的渊鉴斋遥遥相对。凝春堂正好位于河湖与两堤的交汇处，建筑物多为河厅、水柱殿的形式，建筑布局利用这个特殊的地形，跨河临水以桥、廊穿插联络，极富江南水乡情调。凝春堂以北，后湖之水中为高阁蕊珠院。北岸临水层台之上为观澜榭，台下东西各建水柱殿，榭后正厅为蔚秀涵清，后为流文亭，康熙、乾隆常在此处观阅近侍诸臣比赛射箭。蕊珠院之西，过红桥北为集凤轩一组院落建筑群，地近小西门。乾隆诣畅春园问皇太后安时，常在此处表演射箭。由集凤轩之西穿堂门西出循河而南，至大西门有延楼四十二间，其外即西花园。西路之北端也就是北宫墙一带地段，据《日下旧闻考》卷七十六载：“集凤轩后河桥西为闸口门，闸口北设随墙，小西门北一带构延楼，自西至东北角上下共八十有四楹。西楼为天馥斋，内建崇基中立坊，自东转角楼，再至东面，楼共九十有六楹。中楼为雅玩斋、天馥斋，东为紫云堂。……紫云堂之西过穿堂北为西北门，即苑墙外也。”

畅春园建筑疏朗，大部分园林景观以植物为主调，明代旧园留下的古树不少，从三道大堤和一些景点的命名看来，园中花木是十分繁茂的。康熙四十二年(1703年)三月，侍讲学士高士奇入值畅春园，随同皇帝“遍观园中诸景”，在所著《蓬山密记》中着重描写了园林的植物配置的情况：“随至渊鉴斋……又至斋后，上指示所种玉兰腊梅，岁岁盛开。时蓑竹两丛，猗猗青翠，牡丹异种开满阑槛间，国色天香人世罕睹。左长轩一带，碧棂玉砌，掩映名花。……随上登舟，命臣士奇坐于鹢首，缓棹而进。自左岸历绛桃堤、丁香堤，绛桃时已花谢，白丁香初开，琼林瑶蕊，一望参差。黄刺梅含笑耀

[1][2]《日下旧闻考》卷七十六。

日，繁艳无比。麋鹿麞麃，驯卧山坡，或以竹篱击之，徐起立视，绝不惊跃。初出小鹤，其大如拳。孔雀、白鹇、鹦鹉、竹鸡各有笼所，凤头白鸭游戏成群。……(蕊珠)楼下，牡丹益佳，玉兰高茂。上曰：闻今岁花开极繁。登舟沿西岸行，葡萄架连数亩，有黑、白、紫、绿及公领孙、璅幺诸种，皆自哈密来。……少顷至东岸，上命内侍引臣步入山岭，皆种塞北所移山枫婆罗树，其中可以引绛，可以布帆。隔岸即万树红霞处，桃花万树今已成林。上坐待于天馥斋，斋前皆植腊梅。梅花冬不畏寒，开花如南土。……谕令且退，数日后再命尔来观。登舟，棹船二女皆红衫石青半臂，漾舟送至直庐。"好一派花团锦簇的园林景观，不仅有北方的乡土花树，还有移自江南、塞北的名种；不仅有观赏植物，而且有多种的果蔬。林间水际的成群麋鹿、禽鸟，则又无异于一座禽鸟园。文中提到"棹船二女"，显然是仿效苏、杭的游船画舫上的船娘，更增益了这座园林的江南情调。康熙五十二年(1713年)，康熙帝六旬万寿盛典时，扬州盐商程庭进京祝寿，归来后写成《停骖随笔》，其中也有描写畅春园的一段："苑周遭约十里许，垣高不及丈。苑内绿色低迷，红英烂熳；土阜平陀，不尚奇峰怪石也；轩楹雅素，不事藻绘雕工也；垣外行人于马上一时一窥见。垒垣以乱石作冰裂纹，每至雨后，五色五彩焕发，耀人目睛。……玉泉山之水走十余里，绕入苑河内，复作琤琮之声。苑后则诸王池馆，花径相通。"畅春园花树之繁茂，建筑风格之朴素，于此亦可见一斑。

西花园是畅春园的附园，康熙时原为未成年诸皇子居住的地方。乾隆奉皇太后居住畅春园，于问安之便常诣西花园听政，因而加以扩建。园内大部分为水面，穿插以大小岛堤。主要的建筑物只有讨源书屋和承露轩两组，少而疏朗的建筑"临清溪，面层山，树木蓊蔚，既静以深"[1]，完全呈现为一处清水涟漪、林茂花繁的自然环境。康熙有诗咏之为："春光尽季月，花信露群芳；细草沿阶绿，奇葩扑户香"[2]。

[1]《日下旧闻考》卷七十八。

[2] 乾隆：《讨源书屋记》，见《日下旧闻考》卷七十八。

避暑山庄

避暑山庄 [见后第七章图7·55] 建园基址的选择过程，在康熙所写的《芝径云堤》一诗中有详细的叙述：

"万几少暇出丹阙，乐山乐水好难歇；
避暑漠北土脉肥，访问村老寻石碣。
众云蒙古牧马场，并乏人家无枯骨；
草木茂、绝蚊蝎，泉水佳、人少疾。"

这段文字叙说他北巡避暑时如何从当地居民口中探听到一处蒙民牧场，那里人烟稀少，没有坟墓，没有蚊虫和蝎子，树木草地繁茂，泉水的水质很好，因此也很少有传染病。

“因而乘骑阅河隈，弯弯曲曲满林樾。

测量荒野阅水平，庄田勿动树勿发。

自然天成地就势，不待人力假虚设。”

于是亲自骑马顺着弯曲的河道到现场进行实地踏查测量。根据勘测的结果，决定不拆迁附近的田庄，也不砍伐树木。拟建的园林要保持这原始的天然风致，不作过多的人为建置。

“君不见磬锤峰独峙，山麓立其东。

又不见万壑松偃盖，重林造化同。”

这里有千姿百态的大片松林覆盖着山岭，东面还有高耸的棒锤峰等奇峰异石。于是：

“命匠先开芝径堤，随山依水揉辐齐；

司农莫动帑金费，宁拙舍巧洽群黎。”

不过，美中不足的是尚缺少比较大的水面。因而就从修筑“芝径云堤”入手，利用平地和山区的丰富泉水开辟湖泊。然后再把山麓一带的地形稍加整理，以便导引水源而汇聚湖中。建园不必花太多的帑费，宁可保留着大自然粗犷的风格也不要流于纤巧雕琢。

由此可见，康熙对于避暑山庄建园的主导思想是明确的，而其实践结果也符合他的初衷。

避暑山庄占地564公顷，北界狮子沟，东临武烈河。经过人工开辟湖泊和水系经整理后的地貌环境，具备着以下五个特点：第一，有起伏的峰峦、幽静的山谷，有平坦的原野，有大小溪流和湖泊罗列，几乎包含了全部天然山水的构景要素。第二，湖泊与平原南北纵深连成一片；山岭则并列于西、北面，自南而北稍向东兜转略成环抱之势，坡度也相应由平缓而逐渐陡峭。松云峡、梨树峪、松林峪、西峪四条山峪通向湖泊平原，是后者进入山区的主要通道，也是两者之间风景构图上的纽带。山坡大部分向阳，既多幽奥僻静之地，又有敞向湖泊和平原的开阔景界。山庄的这个地貌环境形成了全园的三大景区鼎列的格局：山岳景区、平原景区、湖泊景区。三者各具不同的景观特色而又绾联为一个有机的整体。彼此之间能够互为成景的对象，最能发挥画论中所谓高远、平远、深远的观赏效果。第三，狮子沟北岸的远山层峦叠翠，武烈河东岸和山庄的南面一带多奇峰异石，都能提供很好的借景条件。第四，山区的大小山泉沿山峪汇聚入湖，武烈河水从平原北端导入园内再沿山麓流到湖中，连同湖区北端的热河泉，是为湖区的三大水源。湖区的出水则从南宫墙的五孔闸门再流入武烈河，构成一个完整的水系。这个水系充分发挥水的造景作用，以溪流、瀑布、平濑、湖沼等多种形式来表现水的静态和动态的美，不仅观水形而且听水音。因水成景乃是避暑山庄园林景观中的最精彩的一部分，所谓“山庄以山名而实趣在水；瀑之溅、泉之淳、溪之流咸会于湖中”[1]。第五，山岭屏障于西北，挡住了冬天的寒风侵袭；又由于高峻的山峰、密茂的树木，再加上湖泊水面的调剂，园内夏天的气温比承德市区低一些，确具冬暖夏凉的优越小气候条件。从堪舆学的角度来加以审视，避暑山庄的山岭、平原、湖泊此三者的位置关系，正好体现了“负阴抱阳、背山面水”的原则，符合于上好风水模式的条件。山庄外北面的群山，远远奔趋而来，也相当于“祖山”的宛若游龙之动势。它与山庄南面的山峰呈隔湖对景之呼应，则后者又相当于“朝山”的性质。山庄内的小自然环境与山庄外的大自然环境，所构成的宏观山水格局，足以烘托帝王之居的磅礴态势。这个格局所显示的风水方面的优越性，虽未见诸文献记载，但在康熙选择基址时很可能是考虑到的。

[1] 和珅：《热河志》卷二十五。

山庄内的建筑和景点大部分集中在湖区及其附近，一部分在山区、平原区。其中，有康熙帝题名的康熙三十六景即：延薰山馆、水芳岩秀、云帆月舫、澄波叠翠、芝径云堤、长虹饮练、暖溜喧波、双湖夹镜、万壑松风、曲水荷香、西岭晨霞、锤峰落照、芳渚临流、南山积雪、金莲映日、梨花伴月、莺啭乔木、石矶观鱼、甫田丛樾、烟波致爽、无暑清凉、松鹤清樾、风泉清听、四面云山、北枕双峰、云山胜地、天宇咸畅、镜水云岑、泉源石壁、青风绿屿、远近泉声、云容水态、澄泉绕石、水流云在、濠濮间想、香远益清。有康熙题名而归入后来的“乾隆三十六景”中的十六景：水心榭、颐志堂、畅远台、静好堂、观莲所、清晖亭、般若相、沧浪屿、一片云、苹香沜、翠云岩、临芳墅、涌翠岩、素尚斋、永恬居、如意湖。有康熙已题名，乾隆时易名的七景：采莲渡、澄观斋、凌太虚、宁静斋、玉琴轩、绮望楼、罨画窗。有康熙时已具备，乾隆时补题的三景：万树园、试马埭、驯鹿坡。这些景点大约三分之二是建筑与局部自然环境相结合的，三分之一纯粹是自然景观。避暑山庄的建筑布局很疏朗，体量比较小，外观朴素淡雅，体现了康熙所谓“楹宇守朴”、“宁拙舍巧”、“无刻桷丹楹之费，有林泉抱素之怀”的建园原则。康熙五十二年(1713年)修筑宫墙，园工历经10年至此全部完成。

圆明园

雍正三年(1725年)，雍正帝把他的赐园圆明园改为离宫御苑[图6·16]，因而大加扩建，扩建的内容共有四部分：

第一部分，新建一个宫廷区。在原赐园的南面“建设轩墀，分列朝署，俾侍值诸臣有视事之所；构殿于园之南，御以听政”[1]。此即宫廷区的外朝，共三进院落：第一进为大宫门，门前有宽阔的广场，广场前面建置影壁一座，南临扇面湖。大宫门的两厢分列东西外朝房，即政府各部门官员的值房。第二进为二宫门“出入贤良门”，有金水河绕门前成偃月形，河上跨汉白玉石桥三座。门两厢分列东西内朝房，即政府各部门的办公处，还有缮书房、清茶房以及军机处值房。第三进正殿正大光明殿，是皇帝上朝听政的地方，宴请外藩、寿诞受贺等仪典也在此举行。正殿东侧是勤政亲贤殿，皇帝平常在这里召见群臣、处理日常政务，西侧为翻书房和茶膳房。正大光明殿直北、前湖北岸的九洲清晏一组大建筑群，以及环列于东西两面的若干建筑群，是帝后嫔妃居住的地方，相当于宫廷区的内廷。

[1] 雍正:《圆明园记》，见《日下旧闻考》卷八十。

第二部分，就原赐园的北、东、西三面往外拓展，利用多泉的沼泽地改造为河渠串缀着许多小型水体的水网地带。

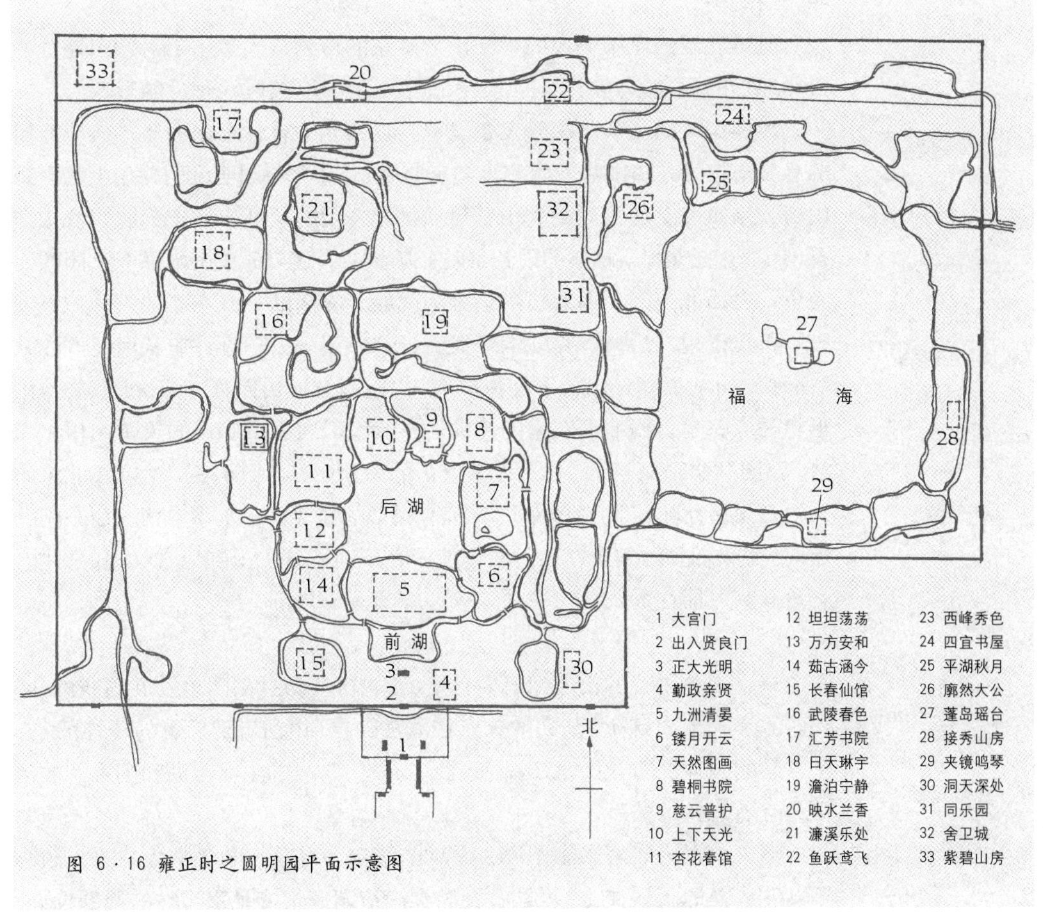

图 6·16 雍正时之圆明园平面示意图

第三部分，把原赐园东面的东湖开拓为福海，沿福海周围开凿河道。

第四部分是沿北宫墙的一条狭长地带，从地形和理水的情况看来，扩建的时间可能晚于前三部分。

扩建后的圆明园，面积扩大到200余公顷。园内具体的建置情况已无从详考，但据《日下旧闻考》的记载，乾隆时期的“四十景”中有二十八“景”曾经雍正题署过。这就是说，雍正时期的圆明园已经有二十八处重要的建筑群组，即：正大光明、勤政亲贤、九洲清晏、镂月开云、天然图画、碧桐书院、慈云普护、上下天光、杏花春馆、坦坦荡荡、万方安和、茹古涵今、长春仙馆、武陵春色、汇芳书院、日天琳宇、澹泊宁静、多稼如云、濂溪乐处、鱼跃鸢飞、西峰秀色、四宜书屋、平湖秋月、蓬岛瑶台、接秀山房、夹镜鸣琴、廓然大公、洞天深处。除了这二十八“景”之外，其他许多景点如同乐园、舍卫城、紫碧山房、深柳读书堂等，这时候也已建成了。它们分布在原赐园及上述四部分扩建地段之内［图6·16］，已大体上接近乾隆时圆明园之规模。

值得注意的是圆明园的整个山形水系的布列，固然出于对建园基址的自然地形的顺应，同时也在一定程度上反映了堪舆风水学说的影响。

堪舆家认为，天下山脉发于昆仑，以西北为首、东南为尾，大小河川的总流向趋势亦随山势自西北流向东南而归于大海。圆明园西北角上的紫碧山房，堆筑有全园最高的假山，显然是昆仑山的象征。它作为园内群山之首，因而来龙最旺，总体的形势最佳。万泉庄水系与玉泉山水系汇于园的西南角，合而北流，至西北角附近分为两股。靠南的一股东流注入“万方安和”再汇于前、后湖，靠北的一股流经“濂溪乐处”直往东从西北方注入“福海”，再从福海分出若干支流向南，自东南方流出园外。这个水系亦与山形相呼应，呈自西北而东南的流向，正合于堪舆家所确认的天下山川之大势。就园林水系而言，历史上许多著名的皇家园林如魏晋的华林园、北宋的艮岳乃至后此乾隆时的清漪园，也都有类似的情况——水系自西北而东南的流向。据此推测，魏晋以后的皇家造园在不同程度上受到风水学说的影响，也是有其可能性的。

从以上各小节的论述，我们可以大致获得清初皇家园林发展的概貌。明代的重点在大内御苑，清初的重点在离宫御苑。由前者到后者的转移，说明了宫廷的园林观的变化，而这种变化又与统治阶级的生活习尚和国家的政治形势有着直接的关系。

清王朝以满族而入主中原，前期的统治者有很高的汉文化素养，倾心于高度成熟的汉族文化；康熙曾礼聘江南造园家主持皇家园林的规划设计，把江南民间园林的意趣引进宫廷。而同时，他们又保持着满族祖先的驰骋山野的骑射传统，对大自然界的山川林木怀有深厚的感情；这种感情必然会影响他对园林的看法，亦即所谓“园林观”。康熙认为，造园的最高境界应该是：“度高平远近之差，开自然峰岚之势。依松为斋则窍崖润色，引水在亭则榛烟出谷。皆非人力之所能，借芳甸为助。无刻桷丹楹之费，喜泉林抱素之怀。”[1]对造园艺术既然持着这样的见解，皇家又能够利用政治上的特权和经济上的优势，把大片天然山水据为己有，就大可不必像民间私家造园那样浓缩天然山水于咫尺之地，仅作象征性而少真实感的摹拟了。所以平地起造的畅春园既显示高度的人工造园的技艺水平和浓郁的诗情画意，又表现出一派宛若大自然生态的环境气氛。而避暑山庄则从选址到规划、施工，始终贯彻着力求保持大自然的原始、粗犷风貌的原则，建筑比较少而疏朗，着重大片的绿化和植物配置成景，把自然美与人工美结合起来，以自然风景融会于园林景观，开创了一种特殊的园林规划——园林化的风景名胜区。所以说，清初的离宫御苑所取得的主要成就在于：融糅江南民间园林的意味、皇家宫廷的气派、大自然生态环境的美姿此三者为一体。比之宋、明御苑，确实又前进了一大步而有所创新。康熙主持兴建的畅春园和避暑山庄在园林的成熟期具有重要意义，康熙本人在中国园林史上的地位也应该予以肯定。后此的乾嘉时期的皇家园林正是在他所奠定的基础上继续发展、升华，终于达到北方造园活动的高峰境地。

[1] 康熙：《避暑山庄记》，见《文渊阁四库全书》第495册。

第五节 江南的私家园林

“江南”地区，大致相当于今之江苏南部、安徽南部、浙江、江西等地。

元、明、清的江南，经济之发达冠于全国。农业亩产量最高，手工业、商业十分繁荣，朝廷赋税的三分之二来自江南。城市手工业作坊普遍出现资本主义的经营方式，商品经济、对外贸易的发展促进了商业资本的积累。在全国范围内，江南是资本主义因素率先成长于封建社会的地区，也是人们的价值观念、社会的意识形态最早受到资本主义影响的地区。

经济发达促成地区文化水平的不断提高，文人辈出，文风之盛亦居于全国之首。江南河道纵横，水网密布，气候温和湿润，适宜于花木生长。江南的民间建筑技艺精湛，又盛产造园用的优质石材，所有这些都为造园提供了优越的条件。江南的私家园林遂成为中国古典园林后期发展史上的一个高峰，代表着中国风景式园林艺术的最高水平。北京地区以及其他地区的园林，甚至皇家园林，都在不同程度上受到它的影响。

作为这个高峰的标志的，不仅是造园活动的广泛兴旺和造园技艺的精湛高超，还有那一大批涌现出来的造园家和匠师，以及刊行于世的许多造园理论著作。

江南私家园林兴造数量之多，为国内其他地区所不能企及。绝大部分城镇都有私家园林的建置，而扬州和苏州则更是精华荟萃之地，向有“园林城市”之美誉。

扬州位于长江与大运河的交汇处，隋唐以来即是一座繁华城市，私家营园的当然也不在少数。自明永乐年间重开漕运，修整大运河，扬州便成为南北水路交通的枢纽和江南最大的商业中心。徽州、江西、两湖商人聚集此地，世代侨寓，尤以徽商的势力最大。城市经济发展带来了城市文化繁荣，私家园林经过元代短暂的衰落，到明中叶又空前地兴盛起来。

明代扬州园林见于文献著录的不少，绝大部分是建在城内及附廓的宅园和游憩园，郊外的别墅园尚不多。这些大量兴造的“城市山林”把扬州的造园艺术推向一个新的境地，明末扬州望族郑氏兄弟的四座园林：郑元勋的影园、郑元侠的休园、郑元嗣的嘉树园、郑元化的五亩之园，被誉为当时的江南名园之四。其中，规模较大、艺术水平较高的当推休园和影园。

休园

休园在新城流水桥畔，原为宋代朱氏园的旧址，占地五十亩，是一座大型宅园。据宋介之《休园记》：园在邸宅之后，入园门往东为正厅，正厅的南面是一处叠石小院。园的西半部为全园山水最胜处，“之所以胜，则在于随径窈窕，因山引水”。正厅的东面有一座小假山，山麓建空翠楼。由山趾窍穴中出泉水，绕经楼之东北汇入水池“墨池”，“池之水既有伏引，复有溪行；而沙渚蒲稗，亦淡泊水乡之趣矣”。池南岸建水阁，阁的南面叠石为大假山，“皆高山大陵，中有峰峻而不绝，其顶可十人坐”。山顶近旁建“玉照亭”半隐于树丛中，登山顶可眺望江南诸山之借景。水池之北岸建屋如舟形，园之东北隅建高台“来鹤台”。园内游廊较多，晴天循园路游览，雨天则循游廊亦可遍览全园。

看来，休园以山水之景取胜。山水断续贯穿全园，虽不划分为明确的景区，但景观变化较多，尚保存着宋园的简远、疏朗的特点。其组景“亦如画法，不余其旷则不幽，不行其疏则不密，不见其朴则不文”，是按照山水的画理而以画入景的。园内建筑物很少但已开始运用游廊串连景点的做法，又与宋园有所不同。

影园

影园在旧城西城墙外的护城河——南湖中长岛的南端，由当时著名的造园家计成主持设计和施工，造园艺术当属上乘，也是明代扬州文人园林的代表作品。园主人郑元勋在《园冶》一书的题词中谈到：“即予卜筑城南，芦汀柳岸之间，仅广十笏，经无否(计成)略为区画，别具灵幽”，即指此园而言。影园的面积很小，大约只有五亩左右。选址却极佳，据郑元勋自撰的《影园自记》的描写：这座小园林环境清旷而富于水乡野趣，虽然南湖的水面并不宽广且背倚城墙，但园址“前后夹水，隔水蜀岗(扬州西北郊的小山岗)蜿蜒起伏，尽作山势。环四面柳万屯，荷千余顷，萑苇生之。水清而多鱼，渔棹往来不绝”。园林所在地段比较安静，“取道少纡，游人不恒过，得无哗”。又有北面、西面和南面的极好的借景条件，“升高处望之，迷楼、平山(迷楼和平山堂均在蜀岗上)皆在项臂，江南诸山，历历青来。地盖在柳影、水影、山影之间”，故命园之名为“影园”[图6·17]。

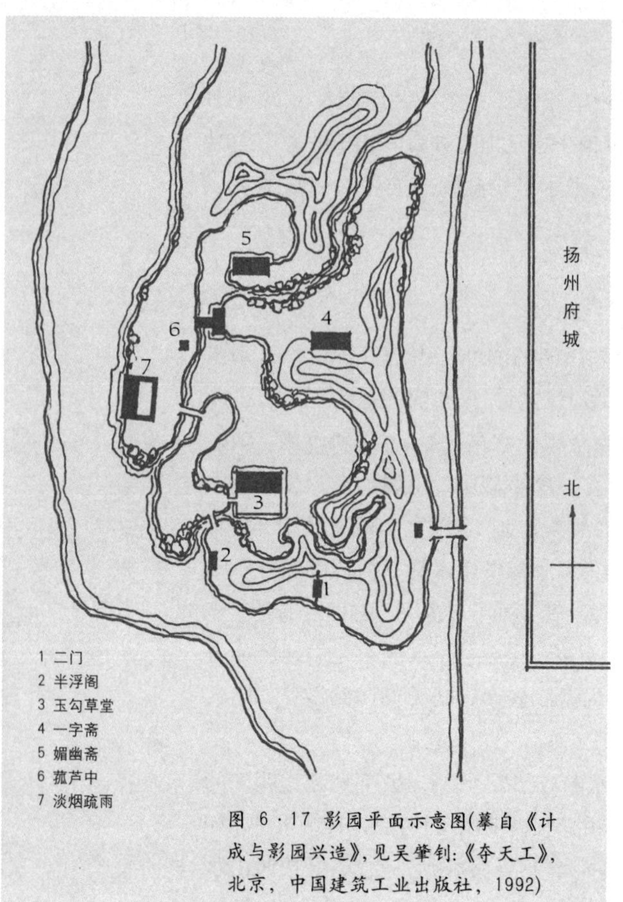

图 6·17 影园平面示意图(摹自《计成与影园兴造》，见吴肇钊：《夺天工》，北京，中国建筑工业出版社，1992)

关于园林内部的情况，《影园自记》也有详细的记载：

园门东向，隔湖即南城墙脚。这里遍植桃柳，俗称小桃源。入园门，“山径数折，松杉密布，高下垂荫，间以梅、杏、梨、栗。山穷，左荼蘼架，架外丛苇，渔罟所聚。右小涧，隔涧疏竹百十竿，护以短篱”。过虎皮石围墙，取古木虬根者为小门二。入门，梧桐十余株夹径。再入，门上嵌董其昌所题“影园”二字。门内转入窄径，穿柳堤，柳尽过小桥折入“玉勾草堂”。堂下有蜀府梅棠二株，堂之四面皆池，池中种荷花。池外堤上多高柳，柳外长河。河南通津，临流为“半浮阁”。水际多木芙蓉，池边有梅、玉兰、垂丝海棠、绯白桃花几树。石隙间种兰、蕙及虞美人、良姜、洛阳诸花草。由曲板桥穿过柳径至一门，门上嵌“淡烟疏雨”四字。入门为曲廊小庭院，庭室三楹，乃园主人读书处。室左上阁，登之可望江南诸山。庭前多奇石，室隅作雨岩。岩上植桂，岩下植牡丹、垂丝海棠、玉兰、黄白大红宝珠山茶、磬口腊梅、千叶石榴、青白紫薇与香橼，以备四时之色。岩侧启扉，有一亭临水，题“菰芦中”三字。亭外为桥，桥上有亭，名“湄荣”。亭后径二，一入六方窦(六方洞门)，室三楹、庭三楹，名“一字斋”为课儿读书处。湄荣亭之后，径之左，通疏廊，即阶而升可达“媚幽阁”。此阁三面临水，一面石壁，壁上植剔牙松二。壁下为石涧，涧引池水入，畦畦有声。涧旁皆大石，石隙俱五色梅，绕阁三面至水而止。一石孤立水中，梅亦就之。阁后对草堂一座，全园之游览乃竟于此。

从以上的记载看来，影园是以一个水池为中心的水景园。呈湖(南湖)中有岛、岛中又有池的格局，园内园外之水景浑然一体。靠东面堆筑的土石假山作为连绵的主山把城墙障隔开来，北面的客山较小则代替园林的界墙，其余两面全部开敞以便收纳园外远近山水之借景。园内树木花卉繁茂，很注意以植物成景，还引来各种鸟类栖息。建筑疏朗而朴素，各有不同的功能，如课子弟读书的“一字斋”，临水的“淡烟疏雨阁”由廊、室、楼构成一独立小院，楼下藏书，楼上读书兼赏景。各处建筑物之命名亦与周围环境相贴切，颇能诱发人们之意境联想。例如“幽媚斋”前临小溪，“若有万顷之势也，媚幽所以自托也”，故取李白“浩然媚幽独”之诗意以命名。园林景域之划分亦利用山水、植物为手段，不取建筑围合的办法，故极少用游廊之类。总之，此园之整体恬淡雅致，以少胜多，以简胜繁，所谓“略成小筑，足征大观”。郑元勋出身徽商世家，明崇祯癸未进士，工诗画，已是由商而儒侧身士林了。他修筑此园当然也遵循着文人园林风格的路数，成为园主人与造园家相契合而获得创作上的成功之一例。故尔得到社会上很高的评价，大画家董其昌为之亲笔题写园名。

清初，扬州私家造园更加兴旺发达。纲盐法施行后，扬州又成为两淮食盐的集散地，大盐商是商人中的最富有者，他们生活奢侈，挥金如土。据《江都县志》，“明初扬州，民朴质务俭……犹存淳朴之风”，以后在盐商的影响下“商者辄饰宫室，蓄姬媵，盛仆御，饮食佩服与王者埒”。雍正年间，皇帝在颁布的上谕中也提到盐商们“衣服屋宇穷极华靡，饮食器具备求工巧，俳优妓乐恒舞酣歌，宴会嬉游殆无虚日，金钱珠贝视为泥沙”。扬州繁华的程度，堪称当时的典型消费城市。商人们又多为儒商合一、附庸风雅的，他们出入官场，参预文化活动，扶持文化事业；因而扬州也是江南的主要文化城市，聚集了一大批文人、艺术家。戏剧、书画、工艺美术尤为兴盛。著名的“扬州八怪”即定居扬州的八位书画家便是以扬州作为他们艺术活动的基地。在这种情况下，私家园林之盛极一时当然也是可想而知的，《扬州画舫录》评价苏、杭、扬三地，认为“杭州以湖山胜，苏州以市肆胜，扬州以名园胜”。

商人们不惜巨资竞相修造邸宅、园林，往往一人拥有几处园宅，如大盐商江春在城内置宅园一处，在郊外置别墅园四处。故时人著《望江南百调》有句云：“扬州好，侨寓半官场；购买园亭宾亦主，经营盐典仕而商，富贵不归乡。”徽商利用方便的水路交通，带来徽州工匠、苏州工匠和北方工匠，各地建筑材料、叠山石料更藉空船压舱之便源源运到扬州。他们广事搜求营造园宅技艺的秘方，甚至有宫廷建筑的秘方，如商人黄氏兄弟“好构名园，尝以千金购得秘书一卷，为造制宫室之法；故每一造作，虽淹博之才亦不能考其所出”[1]。因此，扬州建筑得以融冶南、北之特色，兼具南、北之长而独树一格。正如钱泳《履园丛话》云：“造屋之工，当以扬州为第一，如作文之有变换，无雷同，虽数间小筑，必使门窗轩豁、曲折得宜，此苏杭工匠断断不能也。”园林建筑当然也是这样的情况。由于各地名贵的造园石

[1] 李斗：《扬州画舫录》。

料汇集，扬州园林特别讲究叠山技艺，文人多有直接主持叠山的，如石涛、计成；著名的叠山匠师亦荟萃于此，如张涟、仇好石、董道士之辈。故当时人有“扬州以名园胜，名园以叠石胜”的说法。扬州居民喜欢莳花植树，花木品种多，园艺技术发达。早在唐代，李白有感于此而写下了“烟花三月下扬州”之诗句，扬州画家的作品亦以花卉居多。盆景则独具一格，以剪扎工夫之精而自成流派。所有这些，都为清初扬州私家造园之兴盛提供了优越的条件。

当时，扬州城内宅园密布，新城的东关街、花园巷一带尤为集中，如像九峰园、乔氏东园、秦氏意园、小玲珑山馆等均名重一时。庭院的花木点缀几乎家家都有，乃至茶楼、酒肆、妓院、浴池，亦都莳花种竹、引水叠山。这种群众性的营园风气，正如《扬州画舫录》序文所说：“增假山而作陇，家家住青翠城闉；开止水以为渠，处处是烟波楼阁。”康熙年间，皇帝南巡扬州，园林亦逐渐向西北郊风景优美的保障湖一带发展。如著名的东园建在保障湖南岸莲性寺之东，卞园与员园建在保障湖北偏之小金山后，冶春园建在保障湖大虹桥之西，王洗马园建在旧城北门外问月桥之西，筱园建在保障湖近平山堂处之西岸，等等，为乾隆时期的瘦西湖园林集群的形成奠定了基础。

在扬州众多的私家园林中，既有士流园林和市民园林，也有大量的两者混合的变体。王洗马园、卞园、员园、贺园、冶春园、南园、郑御史园、筱园，号称康熙时之扬州八大名园。

苏州城市的性质与扬州有所不同，虽然两者均为繁华的消费城市，但苏州文风特盛，登仕途、为官宦的人很多，这些人致仕还乡则购田宅、建园墅以自娱，外地的官僚、地主亦多来此定居颐养天年。因此，苏州园林属文人、官僚、地主修造者居多，基本上保持着正统的士流园林格调，绝大部分均为宅园而密布于城内，少数建在附近的乡镇。

苏州城内河道纵横，地下水位很浅，取水方便。附近的洞庭西山是著名的太湖石产地，尧峰山出产上品的黄石，叠石取材也比较容易。因而苏州园林之盛，不输扬州。其中著名的沧浪亭始建于北宋，清康熙三十五年（公元1696年）重建，把临水的“沧浪亭”移建土山之上，环山建厅堂轩廊等建筑物，广种花木。北、东两面临水建“复廊”，北面俯瞰水景，南望则山林野趣横呈眼前，立意颇不俗。此外，狮子林［图6·18］始建于元代，艺圃、拙政园、五峰园、留园、西园、芳草园、洽隐园等均创建于明代后期。这些园林屡经后来的改建，如今已非原来的面貌。根据有关文献记载，当年的园主人多是官僚而兼擅诗文绘画的，或者延聘文人画家主持造园事宜，因而它

图 6·18 （明）徐贲《狮子林图》

们的原貌有许多特点很类似于扬州的影园，沿袭着文人园林的风格一脉相传。明万历年间，袁宏道任吴县县令，撰《园亭纪略》谈及当时苏州名园的一些情况：

“吴中园亭，旧日知名者，有钱氏南园，苏子美沧浪亭，朱长文乐圃，范成大石湖旧隐，今皆荒废。所谓崇冈清池，幽峦翠篠者，已为牧儿樵竖斩草拾砾之场矣。近日城中，唯葑门内徐参议园最盛，画壁攒青，飞流界练，水行石中，人穿洞底，巧逾生成，幻若鬼工，千溪万壑，游者几迷出入，殆与王元美小祇园争胜。祇园轩豁爽垲，一花一石，俱有林下风味，徐园微伤巧丽耳。王文恪园在阊胥两门之间，旁枕夏驾湖，水石亦美，稍有倾圮处，葺之则佳。徐囧卿园在阊门外下塘，宏丽轩举，前楼后厅，皆可醉客。石屏为周生时臣所堆，高三丈，阔可二十丈，玲珑峭削，如一幅山水横披画，了无断续痕迹，真妙手也。堂侧有土垄甚高，多古木，垄上太湖石一座，名瑞云峰，高三丈余，妍巧甲于江南。相传朱勔所凿，才移舟中，石盘忽沉湖底，觅之不得，遂未果行。后为乌程董氏购去，载至中流，船亦覆没，董氏乃破赀募善没者取之，须臾忽得其盘，石亦浮水而出，今遂为徐氏有。范长白又为余言，此石每夜有光烛空，然则石亦神物矣哉！拙政园在齐门内，余未及观，陶周望甚称之。乔木茂林，澄川翠干，周回里许，方诸名园，为最古矣。”

文中提到的徐冏卿园，即留园的前身“东园”。东园的园主人徐泰时，于万历年间任工部营缮主事，曾主持内廷慈宁宫的修缮工作，深得皇帝的赞赏，晋秩太仆寺少卿，仍掌部事。后因在营造万历帝的寿宫(陵墓地下宫)时被人诬为受贿而遭弹劾，直到万历二十一年(1593年)正式结案，遂罢官回到故里苏州。徐回到苏州后，心情十分悒郁。于是，“一切不问户外，益治园圃”，这就是东园。[1]

明末清初的苏州诸名园中，拙政园亦值得一提。此园颇为时人所推崇，因而也是比较有代表性的一例。

拙政园

拙政园在娄门内东北街，始建于明正德四年（公元1509年）。园主人王献臣字敬止。弘治六年(1493年)进士，历任御史、巡抚等职。因官场失意，乃卸任还乡。购得娄门内原大弘寺遗址，“日课僮仆，除秽植楥，饭牛酤乳，荷臿抱瓮，业种艺以供朝夕。俟伏腊，积久而园始成。其中室庐台榭，草草苟完而已，采古言即近事以为名”[2]。王献臣以西晋文人潘岳自比，并借潘岳《闲居赋》中所说：“庶浮云之志，筑室种树，逍遥自得；池沼足以渔钓，舂税足以代耕；灌园鬻蔬，以供朝夕之膳；牧羊酤酪，以俟伏腊之费；孝乎唯孝，友于兄弟；此亦拙者之为政也。”故乃命园之名为拙政园，明白道出园名之寓意。

著名文人画家文征明撰《王氏拙政园记》一文，记述园内景物甚详：

“槐雨先生王君敬止所居在郡城东北，界齐、娄门之间。居多隙地，有积水亘其中，稍加浚治，环以林木。为重屋其阳，曰‘梦隐楼’；为堂其阴，曰‘若墅堂’。堂之前为‘繁香坞’，其后为‘倚玉轩’。轩北直‘梦隐’，绝水为梁，曰‘小飞虹’。逾小飞虹而北，循水西行，岸多木芙蓉，曰‘芙蓉隈’。又西，中流为榭，曰‘小沧浪亭’。亭之南，翳以修竹。径竹而西，出于水澨，有石可坐，可俯而濯，曰‘志清处’。至是水折而北，滉漾渺沵，望若湖泊，夹岸皆佳木。其西多柳，曰‘柳隈’。东岸积土为台，曰‘意远台’。台下植石为矶，可坐而渔，曰‘钓䂬’。遵钓䂬而北，地益迥，林木益深，水益清驶。水尽别疏小沼，植莲其中，曰‘水花池’。池上

[1] 张橙华：《留园旧主新探》，载《苏州园林》，1995(1)。

[2] 王献臣：《拙政园图咏跋》。

美竹千挺，可以逭凉。中为亭，曰‘净深’。循净深而东，柑橘数十本，亭曰‘待霜’。又东，出梦隐楼之后，长松数植，风至泠然有声，曰‘听松风处’。自此绕出梦隐之前，古木疏篁，可以憩息，曰‘怡颜处’。又前，循水而东，果林弥望，曰‘来禽囿’。囿尽，缚四桧为幄，曰‘得真亭’。亭之后为‘珍李坂’，其前为‘玫瑰柴’，又前为‘蔷薇径’。至是水折而南，夹岸植桃，曰‘桃花沜’。沜之南，为‘湘筠坞’，又南古槐一株，敷荫数弓，曰‘槐幄’。其下跨水为杠，逾杠而东，篁竹阴翳，榆槐蔽亏，有亭翼然而临水上者，‘槐雨亭’也。亭之后为‘尔耳轩’，左为‘芭蕉槛’。凡诸亭槛台榭，皆因水为面势。自桃花沜而南，水流渐细，至是伏流而南，逾百武，出于别圃竹丛之间，是为‘竹涧’。竹涧之东，江梅百株，花时香雪烂然，望如瑶林玉树，曰‘瑶圃’。圃中有亭，曰‘嘉实亭’，泉曰‘玉泉’。凡为堂一、楼一，为亭六，轩槛池台坞之属二十有三。总三十有一，名曰‘拙政园’。……”

文征明又绘《拙政园图》传世，《园记》中所述景物31处均各为一图，分别题咏［图6·19］。

图6·19 文征明绘拙政园图之片段——小飞虹(刘敦桢等：《苏州古典园林》)

据《园记》、《园图》及题咏所记，当年拙政园与今日之现状，并不完全一样。今远香堂即若隐堂的旧址，倚玉轩明时已有。轩北隔水和梦隐楼相对，二者之间的小飞虹是平桥而非今日之廊桥［图6·18］。现有池中两座岛山及山北水面，明代尚未形成。梦隐楼以西，即今之柳荫曲路、见山楼及园西半部一带，全都是竹树翳邃、水色渺瀰的自然风光。梦影楼北面是大片松树林，东面则是竹林和花圃。足见当年的拙政园以植物之景为主、以水石之景取胜，充满浓郁的天然野趣。当年园内建筑物仅一楼、一堂、六亭、二轩而已，极其稀疏，大大低于今日园内之建筑密度，且多为茅草屋顶。若与今日之拙政园相比照，那一派简远、疏朗、雅致、天然的格调是显而易见的。

文征明一生淡泊，虽偶然出仕，不能贵显，又不愿攀附权势，自比于王献臣"虽踪迹不同于君，而潦倒末杀，略相比偶，顾不得一亩之宫以寄其栖逸之志"，因而对王之有拙政园足资悠游林泉，亦颇羡慕不置。

归田园居

归田园居亦在苏州娄门内之东北街，紧邻拙政园之东侧，与前者仅一墙之隔。这里原来是明正德年间王献唐所建拙政园的东部，明末崇祯四年（公元1631年）由御史王心一购得，于崇祯八年（公元1635年）建成新园"归田园居"。

据王心一自撰《归田园居记》："余性有邱山之癖，每遇佳山水处，俯仰徘徊，辄不忍去，凝眸久之，觉心间指下，生气勃勃，因于绘事，亦稍知理会。"乃于辞官归田之后，在私室的后面、所购得的拙政园东部的那块废址上兴建此园。王心一曾亲自参与园林的规划事宜，"地可池，则池之；取土于池，积而成高，可山，则山之；池之上，山之间，可屋，则屋之。"园建成后，由文征明之曾孙文湛持题额，曰"归田园居"。

园之东半部的大部分为水池，遍种荷花。临池建秫香楼，登楼可观赏园外稻田及耕稼之借景，建筑布局极疏朗，景观十分开阔。园门设在东墙上，"门临委巷，不容旋马，编竹为扉，质任自然。"入门往西经长廊可达秫香楼，再往西过廊桥则进入园之西半部。

西半部是全园之精华所在，按《归田园居记》的描述，其布局情况大致如下：

五开间的兰雪堂是园内的主体建筑，与其前的涵青池、其后的叠石假山大体上构成一条南北中轴线。堂东西桂树为屏，假山周围"纵横皆种梅花。梅之外有竹，竹邻僧庐，旦暮梵声从竹中来"。水池之南、东、西三面聚土成山，“诸山环拱，有拂地之垂杨，长大之芙蓉，杂从桃、李、牡丹、海棠、芍药”。山多为土石山，在兰雪堂东南面的采用太湖石，“玲珑细润，白质藓苔，其法宜用巧”；西北诸山则采用尧峰石，“黄而带青，古而近顽，其法宜用拙”；此外也有单块峰石之特置，如池南之缀云峰、池西之联壁峰、片云峰。山体、水系、花木与台阁亭榭曲廊等建筑物相结合，形成一系列不同景观、不同意趣、不同大小的近二十处园林空间——景点，各有景题命名。例如，东面的小桃源，“余性不耐烦，家居不免人事应酬，如苦秦法，步游入洞，如渔郎入桃花源，见桑麻鸡犬，别成世界，故以‘小桃源’名之。洞之上，有啸月台、紫藤坞，可扪石而登也。洞之东，有池曰清泠渊。池之上有屋三楹，竹木蒙密，友人陈古白题之曰‘一邱一壑’。自兰雪以东，此其最幽者。”兰雪堂西面的景点较多。有的以山势之险奇取胜，如“悬井岩有洞幽邃，蹈水傍崖，北折而止，悬岩直削，盖始井然”、“绝涧欲穷，得石如螺，因之而渡者，为螺背渡”；有的以水景为主，如漾藻池、紫薇沼、流翠亭、小剡溪；有的可观赏园外之借景，如放眼亭，“西与州之拙政园连林靡间，北则齐女门雉堞半控中野，似辋川之孟城，东南一望，烟树弥漫，惟见隐隐浮图插霄汉间（浮图当指苏州城内东南隅之双塔寺塔）”；有的则是以花木之景取胜，如杨梅隩之杨梅树丛植，竹邮“有屋半楹，四望皆竹”，饲兰馆“庭有旧石数片，玉兰、海棠高可蔽屋，颇堪幽坐”，杏花涧“有石如门，四山崒嵂，停水一泓，有古杏覆其上”。

王心一死后，子孙世守此园未曾易主。直到清雍正六年（公元1728年），沈德潜作《兰雪堂图记》云：“堂成于崇祯乙亥，迄今九十四年，子孙保而有之。”嘉庆以后，逐渐荒废，直到20世纪初，园址仍完整保留着。1959年重建并入拙政园，根据城市居民休闲、游览和文化活动的需要，开辟大片草地，布置茶室、亭榭等建筑物，园林具有明快开朗的特色，但已非原来的面貌了。

除了城内的宅园之外，苏州近郊的别墅园林也不少。它们散布在山间村野、水边林下，往往与太湖水网地带的幽美自然环境融为一体。有的亦成为当时的名园，其中以建在洞庭东山的几座最为出色。例如，吴时雅的“芗畦小筑”，园内有水香簃、飞霞亭、欣稼阁、花鸟间、桂花屏、芙蓉坡、凝雪楼、鹤屿、藤桥诸景点。后来改名南村草堂，又节取杜甫“名园依绿水”的名句改题园名为“依绿园”。康熙二十九年(1690年)，名流徐乾学在洞庭东山开史馆时曾慕名来游，并为作《依绿园记》。徐记称：“园之广不逾数亩，而曲折高下、断续相间，令人领略无尽。”给予此园以极高的评价。记又云：“园成于康熙癸丑(1673年)，云间张陶庵叠石，乌目山人王石谷为之图。”参与营造假山的是当时著名的叠山家张然(字陶庵)。著名的画家王石谷为园景作画，可见这座园林建成后之轰动效应。

苏州附近的一些城市，如常熟、松江、嘉定、上海、无锡等地，园林建置也很兴盛。其中有的也成为江南名园，最著名者当推无锡的“寄畅园”。它不仅体现了高水平的造园艺术成就，而且在总体上至今仍然保持着当年格局未经太大改动，乃是江南地区惟一的一座保存较完好的明末清初时期之文人园林。

寄畅园

寄畅园位于无锡城西的锡山和惠山间平坦地段上，东北面有新开河(惠山浜)连接于大运河［图6·20］。园址占地约1公顷，属于中型的别墅园林。元代原为佛寺的一部分，明代正德年间(1506—1521年)兵部尚书秦金辟为别墅，初名“凤谷行窝”，后归布政使秦梁。万历十九年(1591年)，秦燿由湖广巡抚罢官回乡，着意经营此园并亲自参与筹划，疏浚池塘、大兴土木成二十景。改园名为“寄畅园”，取王羲之《兰亭序》“一觞一咏，亦足以畅叙幽情……因寄所托，放浪形骸之外”的文意。此园一直为秦氏家族所有，故当地俗称“秦园”。清初，园曾分割为两部分，康熙年间再由秦氏后人秦德藻合并改筑，进行全面修整，延聘著名叠山家张南垣之侄张鉽重新堆筑假山，又引惠山的“天下第二泉”之泉水流注园中。经过秦氏家族几代人的三

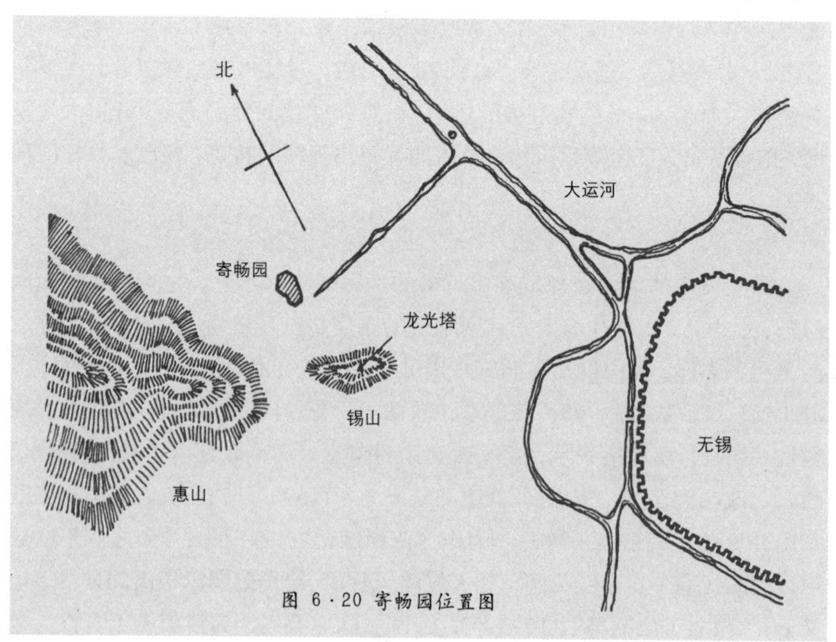

图 6·20 寄畅园位置图

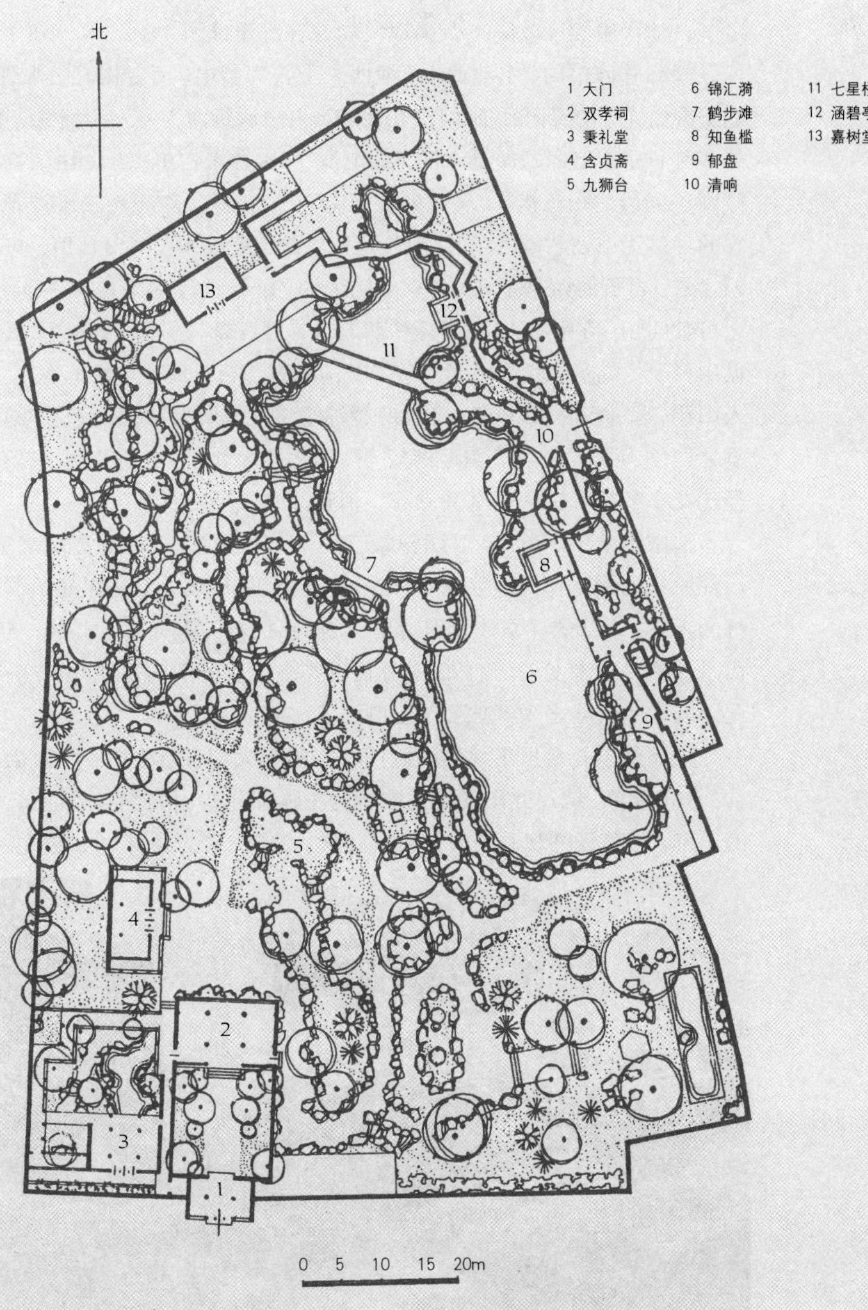

图 6·21 寄畅园平面图（冯钟平:《中国园林建筑》，北京，清华大学出版社，1988）

次较大规模的建设经营，寄畅园更为完美，名声大噪，成为当时江南名园之一。清代康熙、乾隆二帝南巡，均曾驻跸于此园 [图6·21]。

园林总体布局，水池偏东，池西聚土石为假山，两者构成山水骨架。据明王穉登《寄畅园记》：园门设在北墙，入门后折西为另一扉门“清响”，此处多种竹子。出扉门便是水池“锦汇漪”，水源来自惠山泉。由清响经过一段廊子到达“知鱼槛”，从此处折而南为“郁盘”，有廊连接于“先得月”，廊的尽端为书斋“霞蔚”。往南便是三层的“凌虚阁”高出林梢，可俯瞰全园之景。再折而西，跨涧过桥登假山上的“卧云堂”，旁有小楼“邻梵”，“登之可数(惠山)寺中游人”。循径往西北为“含贞斋”，阶下一古松。出含贞斋循山径至“鹤景”和“栖元堂”，“堂前层石为台，种牡丹数十本”。往北进入山涧，涧水流入锦汇漪。经过跨越锦汇漪北端的七星桥，到达“涵碧亭”。亭之西侧为“环翠楼”，登楼南望“则园之高台曲榭、长廊复屋、美石嘉树、径迷花亭醉月者，靡不呈祥献秀，泄秘露奇，历历在掌”。

清咸丰十年(1860年)，园曾毁于兵火，如今的园林现状是后来重建的。南部原来的建筑物大多数已不存在，新建双孝祠、秉礼堂一组建筑群作为园林的入口，北部的环翠楼改建为单层的“嘉树轩”。其余的建筑物一仍旧观，山水的格局也未变动，园林的总体尚保持着明代的疏朗格调，故乾隆帝驻跸此园时曾赋诗咏之为“独爱兹园胜，偏多野兴长”。

入园经秉礼堂再出北面的院门，东侧为太湖石堆叠的小型假山“九狮台”作为屏障，绕过此山便到达园林的主体部分。九狮台通体具有峰峦层叠的山形，但若仔细观看则仿佛群狮蹲伏、跳跃，姿态各异，妙趣横生。江南

图 6·22 假山的山间堑道

图 6·23 知鱼槛

园林叠山多有利用石的形象来摹拟狮子的各种姿态，著名的如苏州“狮子林”大假山，扬州也有好几处“九狮山”。

园林的主体部分以狭长形水池“锦汇漪”为中心，池的西、南为山林自然景色，东、北岸则以建筑为主。西岸的大假山是一座黄石间土的土石山，山并不高峻，最高处不过4.5米，但却起伏有势。山间的幽谷堑道忽浅忽深，予人以高峻的幻觉。山上灌木丛生，古树参天，这些古树多是四季常青的香樟和落叶的乔木，浓荫如盖，盘根错节。加之山上怪石嵯峨，更突出了天然的山野气氛。从惠山引来的泉水形成溪流破山腹而入，再注入水池之西北角。沿溪堆叠为山间堑道［图6·22］，水的跌落在堑道中的回声丁冬犹如不同音阶的琴声，故名“八音涧”。人行堑道中宛若置身深山大壑，耳边回响着空谷流水的琴音，所创造的意境又自别具一格。假山的中部隆起，首尾两端渐低。首迎锡山、尾向惠山，似与锡、惠二山一脉相连。把假山作成犹如真山的余脉，这是此园叠山的匠心独运之笔。

水池北岸地势较高处原为环翠楼，后来改为单层的嘉树堂。这是园内的重点建筑物，景界开阔足以观赏全园之景。自北岸转东岸，点缀小亭“涵碧亭”并以曲廊、水廊连接于嘉树堂。东岸中段建临水的方榭“知鱼槛”［图6·23］，其南侧粉垣、小亭及随墙游廊穿插着花木山石小景，游人可凭槛坐憩，观赏对岸之山林景色。池的北、东两岸着重在建筑的经营，但疏朗有致、着墨不多，其参差错落、倒映水中的形象与池西、南岸的天然景

图 6·24 七星桥

图 6·25 寄畅园近瞰锡山及龙光塔之借景

色恰成强烈对比。知鱼槛突出于水面，形成东岸建筑的构图中心，它与对面西岸凸出的石滩“鹤步滩”相峙，而把水池的中部加以收束，划分水池为南北两个水域。鹤步滩上原有古枫树一株，老干斜出与知鱼槛构成一幅绝妙的天然图画。可惜这株古树已于20世纪50年代枯死，因而园景也就有所减色。

水池南北长而东西窄，于东北角上做出水尾，以显示水体之有源有流。中部西岸的鹤步滩与东岸的知鱼槛对峙收束，把水池划分为似隔又合的南、北二水域，适当地减弱水池形状过分狭长的感觉。北水域的北端又利用平桥“七星桥”及其后的廊桥，再分划为两个层次［图6·24］，南端作成小水湾架石板小平桥，自成一个小巧的水局。于是，北水域又呈现为四个层次，从而加大了景深。整个水池的岸形曲折多变，南水域以聚为主，北水域则着重于散，尤其是东北角以跨水的廊桥障隔水尾，池水似无尽头，益显其疏水脉脉源远流长的意境。

此园借景之佳在于其园址选择，能够充分收摄周围远近环境的美好景色，使得视野得以最大限度地拓展到园外。从池东岸若干散置的建筑向西望去，透过水池及西岸大假山上的蓊郁林木远借惠山优美山形之景，构成远、中、近三个层次的景深，把园内之景与园外之景天衣无缝地融为一体。若从池西岸及北岸的嘉树堂一带向东南望去，锡山及其顶上的龙光塔均被借入园内，衬托着近处的临水廊子和亭榭，则又是一幅以建筑物为主景的天然山水画卷 [图6 · 25]。

寄畅园的假山约占全园面积的23%，水面占17%，山水一共占去全园面积的三分之一以上。建筑布置比较疏朗，相对于山水而言数量较少，是一座以山为重点、水为中心、山水林木为主的人工山水园。正如王穉登《寄畅园记》的评价："兹园之胜……最在泉，其次石，次竹木花药果蔬，又次堂榭楼台池籞。"它与乾隆以后园林建筑密度日愈增高、数量越来越多的情况迥然不同，正是宋以来的文人园林风格的承传。不过，在园林的总体规划以及叠山、理水、植物配置方面更为精致、成熟，不愧为江南文人园林中的上品之作。

绍兴是越中名城，山清水秀，历史悠久，人文荟萃，也是私家园林集中之地。据祁彪佳《越中园亭记》记载，明末绍兴一地，就有私园一百九十余处之多。其中，祁彪佳的"寓园"便是著名者之一。

寓园

寓园在绍兴城西北约十公里之柯山对河的寓山。明末崇祯八年（公元1635年），苏松道巡按御史祁彪佳告病回到家乡绍兴，经营此处别墅园，两年后建成，以后又不断有所添建。清军进迫杭州，他不受礼聘，于园中自沉殉国。祁曾自撰园记一篇，名为《寓山注》，叙述该园之沿革、园林布局以及四十五个景点之情况甚详。

祁彪佳在孩提时，曾与两兄经常游嬉于寓山之旁，对之颇有感情。"予自引疾南归，偶一过之，于二十年前情事，若有感触焉者。于是卜筑之兴，遂勃不可遏，此开园之始末也"。他对于此园之规划营造，花费了大量时间和精力，还吸收了友人所提的意见，"卜筑之初，仅欲三五楹而止。客有指点之者，某可亭，某可榭，予听之漠然，以为意不及此；及于徘徊数四，不觉向客之言，耿耿胸次，某亭某榭，果有不可无者。"

寓山实际上只是柯山余脉的一个土丘，其东、南、北三面均视野开阔，能把远近山水佳景尽收眼底，造园便利用这个地形条件，着意于开发远眺之旷朗景观。因而建筑物均因山就势营造，大体上呈“屋包山”的态势。以山顶的“远阁”作为构园中心，待到“山之顶趾，镂刻殆遍”，然后开始第二期工程，在山下凿池筑堤。“凡一百余日，曲池穿牖，飞沼拂几，绿映朱栏，丹流翠壑”，回负堂、读易居、试莺馆、溪山草阁等建筑物先后完工。这才成为一处山水相属的完整的园林，“乃可以称园矣”。

寓园是一座利用天然山丘和水道稍加整治而成的天然山水园，这在私家园林中比较少见。“园尽有山之三面，其下平田十余亩，水石半之，室庐与花木半之”。建筑的密度比明初的高一些，廊子施用也较多，它们在设计上均能结合局部环境而突出个性，“轩与斋类，而幽敞各极其致；居与庵类，而纡广不一其形；室与山房类，而高下分标其胜；与夫为桥、为榭、为径、为峰，参差点缀，委折波澜”。诸如此类的设计，祁彪佳还从中悟出一个道理：“大抵虚者实之，实者虚之，聚者散之，散者聚之，险者夷之，夷者险之。如良医之治病，攻补互投；如良将之治兵，奇正并用；如名手作画，不使一笔不灵；如名流作文，不使一语不韵。此开园之营构也。”

祁彪佳要求有种稻麦瓜果的田地，于是又在北面经营丰庄和幽圃，则此园还具有庄园的性质。

南京(金陵)是永乐北迁以后的明代陪都，留守的朝廷官员在此建造园、宅的不少，国初的元老重臣之后人也多有营构园墅的。王世贞《游金陵诸园记》所记述的私家园林11处，其中的10处为开国元勋中山王徐达留居南京的各代后裔所有。“若中山王诸邸，所见大小凡十，若最大而雄爽者，有六锦衣之东园；清远者，有四锦衣之西园；次大而奇瑰者，则四锦衣之丽宅东园；华整者，魏公之丽宅西园，次小而靓美者，魏公之南园与三锦衣之北园。”徐达生前封魏国公，死后谥中山王。长子留在南京，世袭魏国公，其余子孙大多在南京都督府锦衣卫任职，故称之为“锦衣”。

东园是规模较大的一处游憩园，又名“太傅园”，距聚宝门(今中华门)不远。入园门为一片空地，“杂植榆、柳，余皆麦垅，芜不治。”循小径大约两百步，进入第二道园门。右面为轩敞的“心远堂”三楹，堂前有月台，台上置石数峰，并有枝叶密茂的古树。心远堂之后临小水池，隔池与假山“小蓬莱”成对景。假山亦临水堆筑为峰峦洞壑，山上建小尺度的亭、榭。山下有两株古柏树，枝梢连接如拱门，名叫“柏门”。这一带以竹、树为主，宜于遮阴纳凉。左面靠近水门处为五开间的“一鉴堂”，是园林的主要建筑物，堂前临大水池。一鉴堂的当中三开间可以安放十张坐席，两稍间为仆从的休息处。出左边的稍间为朱漆平桥，呈五六折的曲尺形，“上皆平整，于小饮宜”。平桥的另一端连接于大池中央的水亭，面对一鉴堂。亭后“一水之外，皆平畴老树”。树的后面露出城墙雉堞，作为园外的借景。园右面的小水池尽头处为一座新建的石砌危楼，“缥缈翚飞云霄”。乘游船可以通过园左面的水门，循水道直达秦淮河。园内的绿化也很好，“园之衡袤几半里，时时得佳木”。

王世贞热爱园林，也懂得造园艺术。除了《游金陵诸园记》之外，他还写过《安氏西林记》记述无锡的另一处名园“西林园”，《弇山园记》记述他自己在太仓城内营构的一处私园甚详。弇山园是规模较大的人工山水园，占地七十余亩，“土石得十之四，水三之，室庐二之，竹树一之”。园内有假山四，岭一，佛阁二，楼五，堂三，书室四，轩一，亭十，修廊一，石桥二，木桥六，石梁五，“为洞者、为滩若濑者各四，为流杯者二，诸岩磴涧壑，不可以指计，竹木卉草香药之类，不可以勾股计”。此园之胜在于宜花、宜月、宜雪、宜雨、宜风、宜暑。“宜花：花高下点缀如错绣，游者过焉，芬色殢眼鼻而不忍去。宜月：可泛可陟，月所被，石若益而古，水若益而秀，恍然若憩广寒清虚府。宜雪：登高而望，万堞千甍，与园之峰树，高下凹凸皆瑶玉，目境为醒。宜雨：蒙蒙霏霏，浓淡深浅，各极其致，縠波自文，鲦鱼飞跃。宜风：碧篁白杨，琮琤成韵，使人忘倦。宜暑：灌木崇轩，不见畏日，轻凉四袭，逗勿肯去。”《园记》分别对园外环境以及园内的六个景区作具体而详尽的描绘，最后一段文字着重描写蜿蜒萦流的水系，如何把全园各景区、景点串缀为一个富于变化之趣的有机整体的情况。

上海的豫园为明末的旧园，但迭经后世改建，所保存下来的原物仅有黄石大假山一座。此山出自上海叠山巨匠张南阳的手笔，石壁深谷、幽壑磴道，山麓缀以小岩洞，颇具真山水的气势。其堆叠手法乃是传统的缩移摹拟真山整体形象的路数。

第六节 北京的私家园林

北京为元、明、清三代王朝建都之地，工商业尽管有一定程度的繁荣，但经济上仍需依赖于南方，因而漕运便成了王朝的经济命脉，通过大运河运来江南的粮食和各种消费物资。北京又是文人、贵戚、官僚云集之地，不仅有一大批王公贵族和供职中央政府的官僚，外官卸任后亦多有定居北京的。他们受过良好的教育，享有社会上的崇高地位，形成强大的社会势力和文化圈，一般的商人、地主远不能与之比拟。北京作为一个政治、文化城市，其性质与苏州、扬州有所不同。民间的私家造园活动亦相应地以官僚、贵戚、文人的园林为主流，数量上占着绝大多数。园林的内容，有的保持着士流园林的传统特色，有的则更多地着以显宦、贵族的华靡色彩。造园叠山一般都使用北京附近出产的北太湖石和青石，前者偏于圆润，后者偏于刚健，但都具有北方的沉雄意味。建筑物由于气候寒冷而封闭多于空透，形象凝重。植物也多用北方的乡土花木。所有这些人文因素和自然条件，形成了北京园林之不同于江南的地方风格特色。

元代大都的私家园林见于文献记载的多半为城近郊或附廓的别墅园，其中以宰相廉希宪的“万柳堂”最负盛名。

万柳堂 又名廉园，在城南草桥丰台之间，[1]园内种植名花近万株，号称京城第一。这个别墅园既是廉希宪致仕后颐养休闲之所，也是当时的公卿名流经常宴饮聚会之地。《日下旧闻考》卷九十记述了一次宴饮情况：

> “野云廉公于都城外万柳堂张筵，邀疏斋(卢疏斋)、松雪(赵孟頫)两学士。歌姬刘，名解语花，左手折荷花持献，右手举杯，歌《骤雨打新荷》之曲。松雪喜而赋诗曰：‘万树堂前数亩池，平铺云锦盖涟漪。主人自有沧州趣，游女仍歌白雪词。手把荷花来劝酒，步随芳草去寻诗。谁知咫尺京城外，便有无穷千里思。’”

园内水木清华，繁花似锦，尤以牡丹花最为茂盛。时人多有诗文咏赞其宛若仙界之景观：

[1] 一说在城内，《日下旧闻考》卷九十：“万柳堂，朱彝尊原书因遗址无考，故入城市存疑条下。今按刘侗《帝京景物略》称在草桥丰台间，谨移入郊南以识其事，而旧迹无可访矣。”

“宿雨洗炎燠，联车越城关。
广廛隘深潦，飞栋栖连阛。
行经水石胜，稍见花竹环。
阴静息影迹，窈窕纷华丹。
兢兢是非责，侃侃宾友间。
蔬食尝苦饥，世荣竟何攀。
学仙本无术，即此超尘寰。”

（贡奎：《集廉园诗》）

“渺西风天地，拂吟袖，出重城。正秋满闻园，松枯石润，竹瘦霜清。扁舟采菱歌断，但一泓寒碧画桥平。放眼奇观台上，太行飞入帘楹。　　主人声利一毫轻，爱客见高情。便芡剥骊珠，莲分水茧，酒注金瓶。风流故家文献，况登高作赋有诸甥。清露堂前好月，多情照我题名。”

（许有壬：《木兰花慢》）

此外，“至元初，姚长者仲实于城东艾村得沃壤千五百余亩，构堂树亭，缭以榆柳，环以流泉，药阑蔬畦，区分并列，日引朋侪觞咏其间，优游四十余年，泊然无所干于世”[1]。**匏瓜亭**在城东之阳春门外十里，为断事府参谋赵禹卿的别墅园。园内之景，“自亭而外，有幸斋、东皋村、耘轩、遐观台、清斯池、流憩园、归云台、秋涧”等[2]。遂初堂，“元詹事张九恩别业，绕堂花竹水石之胜，甲于都城”[3]。

明代北京的私家园林，《长安客话》和《帝京景物略》两书所提到的不少，《日下旧闻考》引《燕都游览志》记载的就有二十余处。宅园散布内城和外城各处，尤以内城的风景游览地什刹海一带为多。什刹海沿岸在明代一直是寺观和名园密集的地方，《帝京景物略》这样描写：

“水一道入关，而方广即三四里。其深矣，鱼之；其浅矣，莲之，菱芡之。即不莲且菱也，水则自蒲苇之，水之才也。北水多卤，而关以入者甘，水鸟盛集焉。沿水而刹者，墅者，亭者，因水也，水亦因之。梵各钟磬，亭墅各声歌，而致乃在遥见遥闻，隔水相赏。”

沿海诸园，既可方便地引用什刹海之水作为造园用水，又能够收摄什刹海之景作为园林的“借景”。它们之中，有不少是以其清幽雅致的格调而名重一时，例如：

定国公园　又名太师圃，位于什刹海西岸。据《日下旧闻考》引《燕都游览志》：“定国徐公别业……前一堂，堂后纡折至一沼，地颇疏旷。沼内翠盖丹英，错杂如织。沼北广榭，后拥全湖（什刹海），高城如带，庭有垂柳，

[1]《日下旧闻考》卷八十八引《雪楼集》。

[2]《日下旧闻考》卷八十九引《风庭扫叶录》。

[3]《日下旧闻考》卷九十引《天府广记》。

袅袅拂地，婆娑可玩。堂左右书室，西筑高台，耸出树杪，眺望最远，滨湖园为第一。”另据《帝京景物略》：“园在德胜桥右，入门，古屋三楹，榜曰‘太师圃’。……垂柳高槐，树不数枚。……藕花一塘，隔岸数石，乱而卧。……野塘北，又一堂临湖，芦苇侵庭除，为之短墙以拒之。左右各一室，室各二楹，荒荒如山斋。西过一台，湖于前，不可以不台也。老柳瞰湖而不让台，台遂不必尽望。盖他园，花树故故为容，亭台意特特在湖者，不免佻达矣。”

英国公新园 位于什刹海中部之银锭桥畔，紧邻海潮观音庵。据《帝京景物略》：“(公)急买庵之半，园之。构一亭、一轩、一台耳。但坐一方，方望周毕。其内一周，二面海子，一面湖也，一面古木古寺，新园亭也。园亭对者，桥也。”又着重描写其远近借景之佳：“过桥人种种，入我望中，与我分望。南海子而外，望云气五色，长周护者，万岁山也。左之而绿云者，园林也。东过而春夏烟绿、秋冬云黄者，稻田也。北过烟树，亿万家甍，烟缕上而白云横。西接西山，层层弯弯，晓青暮紫，近如可攀。”足见它们重在因借而不事雕琢的自然气质，颇类似于《洛阳名园记》中所描写的北宋诸园。

孝廉**刘百世别业** 据《日下旧闻考》引《燕都游览志》：“堂三楹，南有广除，眺湖光如镜，故名‘镜园’；下有路，委折临湖(什刹海)，门作一台，望山色遥青可鉴。台下地最卑，眺湖较远，今属冉都尉。”

刘茂才园 据《日下旧闻考》引《燕都游览志》：“创三楹北向，无南荣，东累层级而降，下作朱栏小径。北轩二楹，南有小沼种莲，北扉当湖东，有书室，上作平台。此地居湖中，乃南北最修处，所以独胜。”

此外，尚有米万钟的“漫园”、苗太守的“湜园”、杨侍御的“杨园”等，也都是内城的名园。

米万钟字仲诏，号友石，官太仆寺少卿。除了什刹海畔的漫园，他还有另一处宅园“**湛园**”，在内城皇城西城根，据《日下旧闻考》引《燕都游览志》：

> “湛园即米仲诏先生宅之左。先生自叙曰：岁丁酉，居长安之苑西，为园曰湛，有石丈斋、石林、仙籁馆、茶寮、书画船、绣佛居、竹渚、敲云亭。曲水绕亭可以流觞，即以灌竹。竹外转而松关，又转而花径，则饮光楼在望，众香国盖其下也。别径十数级，可以达台，是为猗台，俯瞰蔬圃。”

米万钟《勺园集》中有《自题湛园诗》云：

> “主人心本湛，以湛名其园。
> 有时成坐隐，为客开清樽。

闲云归竹渚，落月探松门。

登台候山月，流辉如晤言。”

有明一代，利用外城旧河道的供水条件而在外城兴建私家园林的也不少见，可举大官僚梁梦龙的“梁园”为例。

梁园 建在刚筑成不久的外城之西部，园主人梁梦龙为嘉靖年间进士，官至兵部尚书加太子太保。官位不为不高，但所营园林却朴实无华而富于野趣。引凉水河入园创为大湖，傍湖临水建正厅“半房山”，后有“疑野亭”、“警露轩”、“看云楼”、“晴云阁”、“朝爽楼”等建筑物掩映于花木丛中。前对西山，后绕清波，极亭台花树之盛。到清初，已演变成为一处公共园林，招致众多文人墨客前来游赏，据《茶余客话》卷八记载：

“池之南北，旗亭歌榭，不断游人，泛舟竟夜忘返，赋诗者甚多。康熙时尚书龚鼎孳：‘此地足烟水，当年儿溯游。’王横云：《招饮梁家园诗》：‘半顷湖光摇画艇，一帘香气扑新荷。’沈心斋《招饮梁家园警露轩诗》：‘野旷天高启八窗，门前一碧响淙淙。’”

梁园内栽培的牡丹、芍药之盛，在当时的北京也颇有名气。“京师卖花人联住小南城，古辽城之麓，其中最盛者曰梁氏园。园之牡丹芍药几十亩，每花时云锦布地，香冉冉闻里余，论者疑与古洛中无异。”[1]

[1]《日下旧闻考》卷六十一引《篁墩集》。

郊外的私家园林多为别墅园，绝大部分散布在西北郊一带。

西北郊的西山，自南蜿蜒而北分为二支。一支直北走，另一支以香山为枢纽折向东翼即寿安山，形成诸峰连绵的小山系，拱列于广阔的西北郊平原的西缘和北缘。这一带湖泊罗布、农民开辟水田，风景宛似江南，早在元代即已成为京师居民的游览胜地。瓮山和西湖以东的平坦地段地势较低，泉水丰沛，汇聚着许多沼泽，俗称“海淀”。明初，从南方来的移民在这里又大量开辟水田。经多年经营，把这块低洼地改造成为西北郊另一处风景优美的地区，它与玉泉山、西湖连成一片。明代京师的居民常到这里郊游、饮宴，文人对此处也频多题咏，给它取了一个雅号“丹棱沜”。充足的供水和优美的风景，招来了贵戚官僚们纷纷到这里占地造园，海淀及其附近遂逐渐成为西北郊园林最集中的地区。正如《帝京景物略》所描写的：“大抵皆别业僧寺，低昂疏簇，绿树渐远，青青漠漠，间以水田。”在这些众多园林之中，文献记载较详，文人题咏较多，也是当时最有名气的当推“勺园”和“清华园”。

清华园

清华园在海淀镇的北面。园主人李伟(一说为李伟的后人)是明神宗的外祖父，官封武清侯，是一位身世显赫的皇亲国戚。园的规模，文献记载“方十里”，“广七里”，“周环十里”，“缭垣约十里”，等等，其说不一。根据清康熙时在它的废址上修建的畅春园的面积来推算，估计在1200亩(80公顷)左右，其占地之广，在当时无疑是一座特大型的私家园林。

有关清华园的诗文题咏和记载很多，如果把其中描写园景比较具体的加以归纳，大致可以看出该园的一个概貌。

园林的总体规划方面，有几段文字足以说明：

“清华园前后重湖，一望漾渺。”

(《明水轩日记》)

“方广十里，中建挹海堂。堂北有亭，亭悬‘清雅’二字，明肃太后手书也。亭一望尽牡丹。石间之，芍药间之，濒于水则已。飞桥而汀，……汀而北一望皆荷，望尽而山，婉转起伏，殆如真山。山畔有楼，楼上有台。西山秀色，出手可挹。”

(孙承泽：《春明梦余录》)

“入重门，境始大。池中金鳞长至五尺。别院二，邃丽各极其致。为楼百尺，对山瞰湖，堤柳长二十里，亭曰花聚，芙蕖绕亭，五六月见花不见叶也。”

(《日下旧闻考》引《譽䛃》)

“山水之际，高楼斯起，楼之上斯台，平看香山，俯看玉泉。两高斯亲，峙若承睫。”

(刘侗、于奕正：《帝京景物略》)

由此可知，清华园是一座以水面为主体的水景园，水面以岛、堤分隔为前湖、后湖两部分。主要建筑物大体上按南北中轴线成纵深布置。南端为两重的园门，园门以北即为前湖，湖中蓄养金鱼。前、后湖之间为主要建筑群“挹海堂”之所在，这也是全园风景构图的重心。堂北为“清雅亭”，大概与前者互成对景或犄角之势。亭的周围广植牡丹芍药之类观赏花木，一直延伸到后湖的南岸。后湖之中有一岛屿与南岸架桥相通。岛上建亭“花聚亭”，环岛盛开荷花。后湖的北岸，利用挖湖的土方摹拟真山的脉络气势堆叠成高大的假山。山畔水际建高楼一幢，楼上有台阁可以观赏园外西山玉泉山的借景。这幢建筑物也是中轴线的结束。

后湖的西北岸临水建水阁观瀑和听水音：

“西北为水阁，叠石以激水，其形如帘，其声如瀑。”

（于敏中等：《日下旧闻考》引《譻庈》）

湖面很大、很开阔，冬天可以走冰船：

“雪后联木为冰船……以一二十人挽船走冰上若飞。”

（于敏中等：《日下旧闻考》引《譻庈》）

园林的理水，大体上是在湖的周围以河渠构成水网地带，便于因水设景。河渠可以行舟，既作水路游览之用，又解决了园内供应的交通运输问题：

“若以水论，江淮以北亦当第一也。”

（《明水轩日记》）

“园内水程十数里，舟莫或不达。”

（刘侗、于奕正：《帝京景物略》）

“十里泉流分太液，数峰山影傲蓬莱。”

（冯元仲：《李园》）

园内的叠山，除土山外，使用多种的名贵山石材料，其中有产自江南的。山的造型奇巧，有洞壑，也有瀑布：

“池东百步置断石，石纹五色，狭者尺许，修者百丈。”

（《日下旧闻考》引《譻庈》）

“剑铓螺矗，巧诡于山，假山也。维假山，则又自然真山也。”

（刘侗、于奕正：《帝京景物略》）

“屿石百座，灵壁、太湖、锦川百计。”

（孙承泽：《春明梦余录》）

“奇石移来俨幽壑。”

（梁清标：《李园行》）

“锦石三千呈翡翠，珠楼十二绕鸳鸯。”

（袁中道：《海淀李戚畹园》）

植物配置方面，花卉大片种植的比较多，而以牡丹和竹最负盛名于当时。大概低平原上土地卑湿，北方极少见的竹子在这里比较容易生长。

“乔木千计，竹万计，花亿万计，阴莫或不接。”

（孙承泽：《春明梦余录》）

“堤旁俱植花果，牡丹以千计，芍药以万计。京国第一名园也。”

（于敏中等：《日下旧闻考》引《泽农吟稿》）

“竹最美，亦帝京之仅有也。”

（王嘉谟：《丹棱沜记》）

“园中牡丹多异种，以绿蝴蝶为最，开时足称花海。”

（于敏中等：《日下旧闻考》引《燕都游览志》）

园林建筑有厅、堂、楼、台、亭、阁、榭、廊、桥等。形式多样，装修彩绘雕饰都很富丽堂皇：

“紫衢开绣户，翠嶂捋朱楼；……拂云飞阁邈，隐日曲房幽。”

（公鼐：《游海淀武清园池》）

“雁翎桧覆虎纹墙，夹道雕栏织画梁。”

（袁中道：《海淀李戚畹园》）

“锦堂绣幞列钟鼎，曲房密室鸣箜篌。”

（梁清标：《李园行》）

“侯门矜壮丽，别墅也雕甍。”

（范景文：《集李戚畹园》）

清华园建成至迟在万历十年(1582年)，李伟以皇亲国戚之富，经营此园可谓不惜工本。当时人从园林规模之大和营建之华丽来加以评论：

“李园钜丽甲皇州。”

（梁清标：《李园行》）

“天子留心增府库，侯家随意损金钱；知他独爱园林富，不问山中有辋川。”

（阎尔梅：《游李戚畹海淀园》）

“主人华贵拥金穴，为园钜万泥沙同。”

（梁清标：《李园行》）

像这样的私家园林，不仅在当时的北方为绝无仅有，即使在全国范围内也不多见，所以清康熙时在清华园的故址上修建畅春园。这个选择恐怕不是偶然的，一则可以节省工程量，二则它的规模和布局也能适应于离宫御苑在功能和造景方面的要求。由此看来，清华园对于清初的皇家园林有一定的影响。就其规划而言，也可以说是后者的“先型”。

勺园

据《日下旧闻考》卷七十九：“淀水滥觞一勺，明时米仲诏浚之，筑为勺园。李戚畹构园于其上流，是勺园应在清华园之东。今其园不可考，海淀之东有米家坟在焉。”可知，勺园在清华园之东面、下游。但具体位置究竟在哪里，则有两种说法：一说在今北京大学未名湖一带，一说在未名湖的西南面。勺园大约建成于万历年间，稍晚于清华园。园主人米万钟是明末著名的诗人、画家和书法家。他平生好石，家中多蓄奇石。他曾在江南各地做官多年，看过不少江南名园，晚年曾把勺园的景物亲自绘成《勺园修禊图》传世。米万钟另有两处私园——湛园、漫园在城内，但文人的题咏几乎全部集中于勺园，足见勺园的造园艺术自有其独到之处，而这与园主人的艺术素养又是分不开的。

勺园比清华园小，建筑也比较朴素疏朗，“虽不能佳丽，然而高柳长松、清渠碧水、虚亭小阁、曲槛回堤，种种有致，亦足自娱”[1]。勺园虽然在规模和富丽方面比不上清华园，但它的造园艺术水平较之后者略胜一筹。这是群众的口碑，也是舆论的定评。因此，当时有“李园壮丽，米园曲折；米园不俗，李园不酸”的说法。

[1] 叶向高：《米仲诏诗序》。

米万钟曾手绘《勺园修禊图》长卷，展示全园景物一览无余。根据这幅图画，可知当时许多文人对于勺园的描写和咏赞大体上是真实的。现举《日下旧闻考》引《燕都游览志》所记为例：

> “勺园径曰风烟里。入径乱石磊砢，高柳荫之。南有陂，陂上桥曰缨云。……下桥为屏墙，墙上石曰雀浜。……折而北为文水陂，跨水有斋，曰定舫。舫西高阜，题曰松风水月。阜断为桥曰逶迤梁。……逾梁而北为勺海堂。……堂前怪石蹲焉，栝子松倚之。其右为曲廊，有屋如舫，曰太乙叶，周遭皆白莲花也。东南皆竹，有碑曰林於澨，有高楼涌竹林中，曰翠葆楼。……下楼北行为槎枒渡。……又北为水榭。最后一堂，北窗一拓，则稻畦千顷，不复有缭垣焉。”

从这段文字，我们可以看出勺园布局的大致情况。园林的总体规划着重在因水成景，水是园林的主题。勺园也是一座水景园：

> “米家亭馆胜京西，胜在平原忽水栖。……”
>
> “勺园一勺五湖波，湿尽山云滴露多。……”
>
> （王思任：《米仲诏召集勺园》）
>
> “勺园林水纡环，虚明敞豁。”
>
> （蒋一葵：《长安客话》）

利用堤、桥将水面分隔为许多层次，成堤环水抱的形势：

> “几个楼台游不尽，一条泚水乱相缠。”
>
> （王思任：《题米仲诏勺园》）
>
> “堤绕青岚护，廊回碧水环。”
>
> （叶向高：《过米仲诏勺园》）
>
> “嘉树无虚列，环流更巧回。”
>
> （来复：《米仲诏勺园》）

建筑物配置成若干群组，与局部地形和植物配置相结合，形成各具特色的许多景区：色空天、太乙叶、松坨、翠葆榭、林於澨。各景区之间以水道、石径、曲桥、廊子为之联络：

"一望尽水，长堤大桥，幽亭曲榭。路穷则舟，舟穷则廊。高柳掩之，一望弥际。"

(孙承泽：《春明梦余录》)

"桥上望园，一方皆水也。……水之，使不得径也。栈而阁道之，使不得舟也。"

(刘侗、于奕正：《帝京景物略》)

建筑物外形朴素，很像江浙农村的民居；又多接近水面，与水的关系很密切：

"郊外幽闲处，委蛇似浙村。"

(王铎：《米氏勺园》)

"到门唯见水，入室尽疑舟。"

(袁中道：《七夕集米仲诏勺园》)

"廊复多连户，屋里却洑流。"

(来复：《米仲诏先生勺园》)

"亭台到处皆临水，屋宇虽多不碍山。"

(公鼐：《勺园》)

建筑的布局也充分考虑到园外西山的借景：

"更喜高楼明月夜，悠然把酒对西山。"

(米万钟：《勺园》)

诗文中谈到山石的不多，绿化种植只提到竹子荷花之类，可见勺园叠山并没有使用特殊的石材，花卉也无名贵品种。

米万钟自作的《勺园诗》中有"先生亦动莼鲈思，得句宁无赋水山"之句，因勺园而即景生情、动了莼鲈之思，可见这座园林的景物必定饱含着江南的情调。正如王思任《题勺园诗》所说："才辞帝里入风烟，处处亭台镜里天；梦到江南深树底，吴儿歌板放秋船。"而沈德符更明确地指出："米仲诏进士园，事事模仿江南，几如桓温之于刘琨，无所不似。"据此一例亦可看到明代北京园林摹仿江南园林的明显迹象，此后数百年间，北方园林就一直有意识地吸收江南园林的长处并结合北方的具体情况而加以融冶。勺园摹拟江南之所以如此惟妙惟肖，固然由于园主人宦游江南多年，饱览江南名园胜景，而北京西北郊的地理环境，特别是丰富的供水也为此提供了优越的条件。

勺园与清华园，一雅致简远，一豪华钜丽，两者在园林艺术上均达到很高的造诣，但毕竟前者具有更浓郁的文人意趣，较之后者又略胜一筹。因而"京国林园趋海淀，游人多集米家园"，"旁为李戚畹园，钜丽之甚，然游者必称米园焉"[1]。

[1] 孙承泽：《春明梦余录》。

此外，位于高梁河白石桥畔东北岸边的“白石庄园”也值得一提。

白石庄园 为驸马都尉万炜的别墅园，临近大道，交通很方便。东面有真觉寺、极乐寺，西面一里许是万寿寺，均为当时近郊之游览胜地。园门前之河岸上修建码头一处，专供园主人和游人停舟上岸之用。自高梁河引水入园，园林用水丰沛，园景亦以水景居多。据《日下旧闻考》引《燕都游览志》记载：“白石庄园在白石桥稍北，台榭数里，古木多合抱，竹色葱茜，盛夏不知有暑，附郭园亭当为第一。”又据《帝京景物略》：“白石桥北，万驸马庄焉，曰白石庄。庄所取韵皆柳，柳色时变，闻者惊之。”足见园内绿化种植之盛，明人刘荣嗣《游白石庄》诗有句云：

“野圃宣秋色，苍苍况夕曛；
松青新沐雨，槐古直搔云。”

园内的大片竹林、海棠、牡丹以及池中的荷花，这在当时北京都是很有名气的。阮泰元有诗咏之为：

“山缺恰当高树补，池深雅得芰荷先；
主人爽一如亭阁，不用笙歌促酒宴。”

园内建筑疏朗，除一般的厅、堂、亭、榭之外，还有“台”三座；三台相连，台上围以白石雕栏。拾级登台四望，全园景色尽收眼底，尚保留着宋代私家园林建台的遗风。《帝京景物略》记载：“柳溪之中，门临轩对，一松虬，一亭小，立柳中。亭后台三累，竹一湾，日爽阁，柳环之。”日爽阁是园内惟一的多层建筑物，四周植垂柳，与三台遥遥相望成对景，也是全园的构图中心。明人张学曾有诗句描写此处景观：

“疏雨偶然过，青山晚近人。
全凭高阁爽，共仰月华新。
树转尊前影，花愁暗处春。
客喧无一醒，灯火觉相亲。”

白石庄园既以竹树淡柳、烟水迷离之景取胜，又有名花异卉之点缀，可谓兼具勺园和清华园之特色。文人墨客来游者络绎不绝，亦为京师名园之一。

清初，北京城内宅园之多又远过明代。一些比较有名气的园林都是当时的文人和大官僚所有，其中不少成为文人园林，如纪晓岚的阅微草堂、李渔的芥子园、贾膠侯的半亩园、王熙的怡园、冯溥的万柳堂、吴梅村园、王渔洋园、朱竹垞园、吴三桂府园、祖大寿府园、汪由敦园、孙承泽园等。有几处是由园主人延聘江南造园家主持营建的。据王士祯《居易录》卷四：“大学士宛平王公，招大学士真定梁公、学士涓来兄游怡园。水石之妙有若天然，华亭张然造也。”张然字陶庵，江南著名造园家张南垣之子，清初应聘到北京为公卿士大夫营造园林。除王熙的怡园外，还为冯溥改建万柳堂并绘成画卷传世。大官僚王熙和冯溥世居北方，他们之所以按江南意趣兴造或改筑园林，主要用意在于配合当时的清廷开博学鸿词科招徕江南文士，是有其政治目的的。但在客观上，对于北方私家造园之引进江南技艺，却也起到了一定的促进作用。

怡园 在宣武门外南横街南半截胡同口，康熙时大学士王熙别业，为清初名园，文人题咏之盛，见于各家文集中。《藤阴杂记》记云：

> "怡园跨西、北二城，为宛平王文靖公第。宾朋觞咏之盛，诸名家诗几充栋。胡南召会恩《牡丹》十首，铺张尽致。石为张南垣所堆，见于《池北偶谈》。查《查浦集》有《公孙枚孙景曾庚辰招同年饮怡园诗》，时已非全盛。读汤西厓《怡园感旧》诗：'朱门幽寂似岩阿，璧月圆来两度过。今日城南韦杜少，旧时池上管弦多。……'汪文端《感宛平酒器》诗注：'怡园毁废数年。'是为乾隆戊午。此后房屋拆卖殆尽，尚存奇石老树，其'席宠堂''曲江风度'赐匾，委之荒榛中。"

这座园林早已毁圮，所幸康熙时画家焦秉贞绘有《怡园图》传世，为我们具体了解此园提供了珍贵史料[图6·26]。图中所绘景物是怡园的主体部分：建筑物集中在水池之北岸；南岸则以叠石假山为主，其间点缀若干亭榭小品。北岸建筑群的主要建筑物临水，筑二楼皆三间，正中者其后又有院落，

图 6·26 怡园图(摹自陈从周：《园林谈丛》)

坐北为五开间的主楼。楼以复廊周接连系，皆二层交通。池上架曲桥近西岸，并不分割水面，故水聚而广，犹沿明代格局。此区以楼突出，其西部之二跨院俱为平房。假山分峰用石，园内多植松柳，因其傍为大学士冯溥的万柳堂，故园亦多柳出之。[1]黄元治《怡园图诗》叙中提到园内的景点计有：听涛轩、翠虬坞、饮霞阁、引胜桥、桃花石间、仰亭、南屏、嘘云洞、鹰岛、响泉亭、蹇萝阁、碧璜沼、凫舟、藕塘、月波楼、涵碧堂、致爽斋、莺林、鹤圃、古获斋、丽晖楼、松月台、叠翠楼、木末亭、竹山与、凉云馆。

[1] 陈从周：《园林谈丛》，上海，上海文化出版社，1980。

万柳堂 在广渠门内，为康熙时大学士冯溥别业，亦名“亦园”。据《藤阴杂记》：“益都相国冯文毅仿廉孟子(廉希宪)万柳堂遗制，既建育婴会于夕照寺傍，买隙地种柳万株，亦名万柳堂。”康熙中，归侍郎石氏所有，时某权贵欲购此园，石氏召工于一昼夜间建成大悲阁，乃托词为家祠而谢绝权贵。自此以后，遂成为佛寺“拈花寺”。

半亩园 在东城弓弦胡同，康熙年间为贾膠侯中丞宅园，由著名造园家李渔参与规划，园内叠山相传皆出李渔之手。后数易其主，道光年间归麟庆所有。据麟庆《鸿雪因缘图记》：“李笠翁(李渔)客贾(中丞)幕时，为葺斯园。垒石成山，引水作沼，平台曲室，奥如旷如。”李渔所营叠山，除此园外，还有南城的芥子园及内城的另一处半亩园。同书载：“当国初鼎盛时，王侯邸第连云，竞侈缔造，争延翁为座上客，以叠石名於时。内城有半亩园二，皆出翁手。”

清初，北京城内兴建大量王府及王府花园，规模比一般宅园大，也有其不同于一般宅园的特点，是为北京私家园林中的一个特殊类别。北京城内地下水位低，御河(包括什刹海)之水非奉旨不得引用，故一般宅园由于得水不易，水景较少，甚至多有旱园的做法。

西北郊海淀一带水资源却非常丰沛，原明代的私园因改朝换代多有倾圮。清初，其中大部分收归内务府，再由皇帝赐给皇室成员或贵族、官僚营建“赐园”。自从康熙帝在西北部兴建离宫畅春园，赐园更日益增多，规模较大的如含芳园、自怡园、澄怀园、圆明园、洪雅园等，它们大都利用优越的供水条件，沿袭明代别墅园林的格局，以水面作为园林主体，因水而设景。

自怡园 是康熙时大学士明珠的别墅园，遗址在清华大学西校门北、水磨村偏南的一带地方。该园既有水景园的淡雅格调，又不失雕梁画栋的富贵气，正如查慎行《过相国明公园》诗的描写：

“名园多在苑东偏，不数樊川及辋川。
绮陌东西云作障，画桥南北草含烟。
凿开邱壑藏鱼鸟，勾勒风光入管弦。
何以赞皇行乐地，手栽花木记平泉。”

园内共有21景，见于查慎行《自怡园二十一咏》：筼筜坞、桐华书屋、苍雪斋、巢山亭、荷塘、北湖、隙光亭、因旷洲、邀月榭、芦港、柳沜、芡汊、含漪堂、钓鱼台、双遂堂、南桥、红药栏、静镜居、朱藤迳、野航。从景题命名看来，水景约占一半。该园的设计建造，据说曾由参与畅春园规划事宜的江南籍画士叶洮主持，因而颇有类似畅春园的韵致。雍正即位后，明珠之子揆叙获罪，自怡园被籍没。以后一直未赐出，年久失修而逐渐圮废了。

澄怀园 是康熙时大学士索额图的赐园，康熙四十二年(1703年)，索额图获罪，所赐之园由内务府收回。雍正三年(1725年)，赐大学士张廷玉、朱轼，尚书蔡珽，翰林吴士玉、蔡世远、励宗万、于振、戴瀚、杨炳等九人居住，俗称翰林花园。此园位于圆明园之东南侧，西临扇子湖，引湖水注入园内，凿池堆山，远借西山之景。建筑物大多倚水而筑，因水成趣。园内有乐泉、叶亭、竹径、东峰、影荷桥、药堤、雨香沜、洗砚池、乐泉西舫、食笋斋、矩室、凿翠山房、近光楼、砚斋、凿翠斋、秀亭、翠云峰等二十余景。雍正初年，御苑圆明园尚未全部建成，乃于澄怀园内设“上书房”，由翰林官教授诸皇子及近支王公读书。上书房的建筑布局呈连续三进的大殿，据陈康祺《郎潜记闻》载：“盖由从前列圣每岁驻跸澄怀园，诸王公即读书园庐，其地为殿三层，皆有世宗皇帝御书匾额。前曰‘前垂天贶’，谓之先天；中曰‘中天景物’，谓之中天；后曰‘后天不老’，谓之后天。”因此，澄怀园实际上也兼有皇家园林的某些功能。

自怡园的东面，今清华大学的荒岛和工字厅以西的一带地方，康熙时曾建小型皇家园林“熙春园”。因其在畅春园之东，又名东园。直到乾隆十六年(1751年)修建长春园时，熙春园仍完整保存并成为前者的附园 [图6·27]，两者之间设复道连接。以后，熙春园即收归内务府作为皇子的赐园。

这许多赐园都集中在畅春园附近，也就是海淀一带前明的园墅区。它们之间还穿插着少数私家的别墅园，但大量的别墅园则向海淀以南和瓮山以西发展，逐渐与赐园区分开来，孙承泽的“退谷”便是其中之一。

退谷 位于西山樱桃沟之水源头，园林不大但选址极佳，据《天府广记》记载：

> “京西之山为太行第八径，自西南蜿蜒而来，近京列为香山诸峰，乃层层东北转，至水源头一涧最深，退谷在焉。……水源头两山相夹，小径如线，乱水淙淙。……谷口甚狭，乔木荫之，有碣曰退谷。谷中小亭翼然，曰退翁亭。亭前水可流觞，东上则石门巍然，曰烟霞窟。入则平台南望，万木森森，小房数楹，其西三楹则为退翁书屋。”

孙承泽是北京著名文人，明末、清初都曾做过官，后致仕告老，于63岁时自城内隐居卧佛寺旁水源头之别墅园退谷，自号“退翁”。在这里潜心著述达20年之久，先后写成两部有关北京历史的重要著作：《春明梦余录》、《天府广记》。“退谷”的意思是指两侧的山脉逐渐向内环合拢，山势向东南张开成扇形，水源头即扼居其尽端，两山之间的陡峭峡谷中，涧水潺潺流出。园林虽为山地园却又有水景之胜，地僻景深，确实兼备山、石、林泉之美。清人胡世安《退谷赋》描写此园周围的自然景观：

“缅西岑其拥翠，抉北极之石根。……泉石兮错落，松桧兮轮囷。……谷南则时葩接茁。……谷北则峨然列嶂，依流增况。……遘樱桃之春薮，憩岚岩以眸旷。谷东则象教新煌，壁立回塘。……谷西则清萦崿涧，浮藻抽乱。…… 横青黛于连冈，际风雨之无患。……山太古而日长，谷虚寥而腹充。”

孙承泽曾手植樱桃树于谷口，“樱桃沟”即因此而得名。民国初年，退谷为官僚周某购得，改名为周家花园。

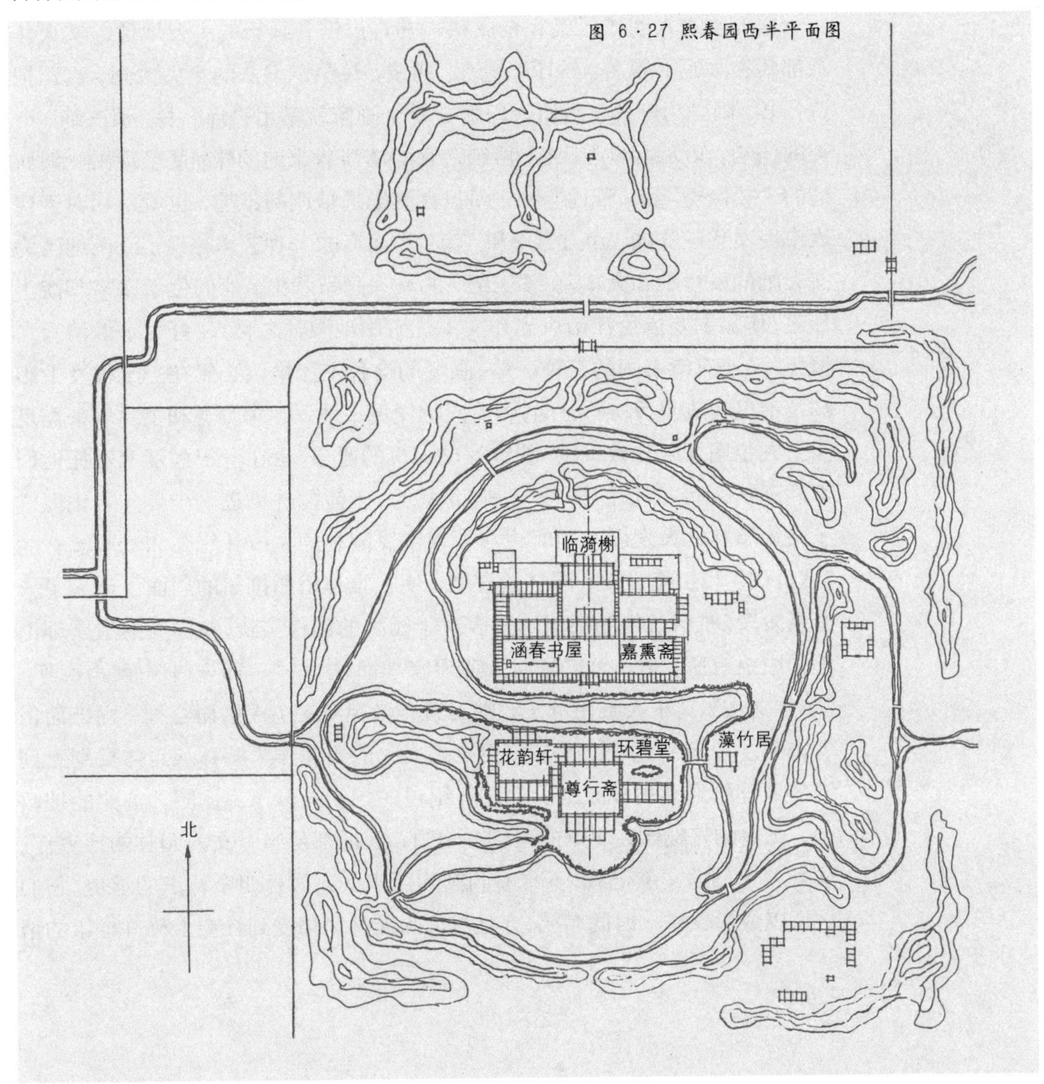

图 6·27 熙春园西半平面图

第七节

文人园林、造园家、造园理论著作

明代和清初，文人园林作为两宋的承传而继续发展，在江南、北京这样一些经济、文化发达的地区甚至达到了极盛之局面。文人园林风格一时成为社会上品评园林艺术创作的最高标准。

文人画进入明代已经完全成熟，并且占据着画坛的主要地位。文人作画都要在画幅上署名、钤印、题诗、题跋，甚至以书法的笔力入画，真正把诗、书、画融为一体，因而人们赞誉一个画家就常用“诗、书、画三绝”一类的词句。文人画的“三绝”再结合它的清淡隽永的韵味，便呈现出一般所谓的“书卷气”和“雅逸”——即包含着隐逸情调的雅趣，也就是相对于代表市民文化趣味的“市井气”和“流俗”而言的一种艺术格调。江南地区为文人画的发祥地和大本营，“三绝”的文人画家辈出。他们生活富裕却淡于仕途，作品主要描绘江南风光和文人优游山池园林之雅兴、抒写宁静清寂之情怀，又兼有诗书画的三位一体。画坛的这种主流格调必然在一定程度上影响及于民间造园活动的趋向。士流园林便更多地以追求雅逸和书卷气来满足园主人企图摆脱礼教束缚、获致返璞归真的愿望，也在一定程度上寄托他们不满现状、不合流俗的情思——隐逸思想。士流园林更进一步地文人化促成了文人园林的大发展，同时也与新兴市民园林的“市井气”和贵戚园林的“富贵气”相抗衡。文人园林的发展，便在雅与俗相抗衡的局面下进入了一个新阶段。雅俗抗衡的情况不仅表现于园林的创作实践，在当时的造园理论著作中也有所反映。著名的文人造园家李渔在《一家言》一书中大声疾呼：“宁雅勿俗”，“主人雅而取工，则工且雅者至矣；主人俗而容拙，则拙而俗者来矣。”文震亨的《长物志》，更是把文人的雅逸作为园林从总体规划直到细部处理的最高指导原则。上文介绍过的扬州的影园、休园，苏州的拙政园，无锡的寄畅园，北京的梁园、勺园，大抵都是当时文人园林的代表作。从有关它们的文献记载，不难看到其为两宋文人园林四个特点的承传。它们之所以成为饮誉一时的名园，亦足见文人园林风格受到社会上称许推崇的情况。北京西北郊的勺园与其旁的清华园，前者为书卷气的文人园林，后者则为富贵气的贵戚园林。两者相比邻而“游人多集米家园”，“游者必称米园焉”，群众的口碑可谓泾渭分明。

一方面是士流园林的全面文人化而促成文人园林的大发展；另一方面，富商巨贾由于儒商合一、附庸风雅而效法士流园林，或者本人文化不高而延聘文人为他们筹划经营，势必会在市民园林的基调上著以或多或少的文人化的色彩。市井气与书卷气相融糅的结果，冲淡了市民园林的流俗性质，从而出现文人园林风格的变体。由于此类园林的大量营造，这种变体风格又必然会成为一股社会力量而影响及于当时的民间造园艺术。这在江南地区尤为明显，明末清初的扬州园林便是文人园林风格与它的变体并行发展的典型局面。

清初，康熙帝南巡江南，深慕江南园林风物之美，归来后延聘江南文士叶洮和江南造园家张然参与畅春园的规划设计事宜，首次把江南民间造园技艺引进宫廷，同时也把文人趣味掺入宫廷造园艺术，为后者注入了新鲜血液，在园林的皇家气派中平添了几分雅逸清新的韵致。

文人园林的大发展，无疑是促成江南园林艺术达到高峰境地的重要因素，它还影响及于皇家园林和寺观园林，并且普及到全国各地，随着时间的推移而逐渐成为一种造园模式。与两宋时期比较起来，文人园林接受意识形态方面的影响、浸润已处于停滞状态，更多地转向于造园技巧的琢磨，园林的思想性逐渐为技巧性所取代。造园技巧获得长足的发展，造园思想却日益萎缩。

也就是这个时候，在文人园林臻于高峰境地的江南，一大批掌握造园技巧、有文化素养的造园工匠便应运而涌现出来了。

过去的造园工匠在长期实践中积累了丰富的经验，世代薪火相传，共同创造了优秀的园林艺术。宋代文献中已有园艺工人和叠山工人(即“山匠”)的记载。明代江南地区的造园工匠技艺更为精湛，杭州工匠陆氏“堆垛峰峦，拗折涧壑，绝有天巧，号陆叠山”；苏州的叠山工匠则称为“花园子”。一园设计之成败往往取决于叠山之佳否，故他们也是造园的主要匠师。这些匠师身怀绝技，文人的造园立意一般要通过他们的实际操作才得以具体实现，诚如李渔《闲情偶寄》所说：“尽有丘壑填胸、烟云绕笔之韵士，命之画水题山，顷刻千岩万壑，及倩磊斋头片石，其技立穷，似向盲人问道者。从来叠山名手俱无能诗善绘之人，见其随举一石，颠倒置之，无不苍古成文，迂回入画。”李渔的意思并非完全否定“韵士”的作用，而是客观地指出工匠在造园这项艺术创作和工程运作中应有的地位。

造园匠师的社会地位在过去一直很低下，除了极个别的经文人偶一提及之外，大都是名不见经传。但到明末清初，情况有所变化。经济、文化最发达的江南地区，造园活动十分频繁，工匠的需求量当然也很大。由于封建社会内部资本主义因素的成长，市民文化的勃兴，而引起社会价值观念的改变，造园工匠中之叠山工匠，其技艺精湛者逐渐受到社会上的重视而著名于世。他们在园主人或文人与一般匠人之间起着承上启下的桥梁作用，大大提高了造园的效率。其中的一部分人努力提高自己的文化素养，甚至有擅长于诗文绘事的则往往代替文人而成为全面主持规划设计的造园家。文人士大夫很尊重他们并乐于与之交往，甚至为之撰写传记，如上文提到的陈所蕴为张南阳作传。这些匠师的社会地位就非一般工匠可比，张南垣父子便是此辈中的杰出者。

张南垣，名涟，原籍华亭，即今上海市松江县，生于明万历十五年(1587年)，晚岁徙居嘉兴，毕生从事叠山造园。据戴名世《张翁家传》：

"张翁讳某，字某，江南华亭人，迁嘉兴。君性好佳山水，每遇名胜，辄徘徊不忍去。少时学画，为倪云林、黄子久笔法，四方争以金币来购。君治园林有巧思，一石一树，一亭一沼，经君指画，即成奇趣，虽在尘嚣中，如入岩谷。诸公贵人皆延翁为上客，东南名园大抵多翁所构也。常熟钱尚书，太仓吴司业，与翁为布衣交。翁好诙谐，常嘲诮两人，两人弗为怪。益都冯相国构万柳堂于京师，遣使迎翁至，为之经画，遂擅燕山之胜。自是诸王公园林，皆成翁手。会有修葺瀛台之役，召翁治之，屡加宠赉。……畅春苑之役，复召翁至，以年老，赐肩舆出入，人皆荣之。事竣，复告归，卒于家。"

钱谦益、吴伟业皆江南名士，与南垣为布衣之交甚至颇不拘形迹，足见他已因叠山巧艺而名满江南公卿间了。南垣的文化素养较高，因而他的叠山作品亦最为时人所推崇，据阮葵生《茶余客话》卷八载：

"华亭张涟，字南垣，少写人物，兼通山水。能以意垒石为假山，悉仿营邱、北苑、大痴画法为之，峦屿涧濑，曲洞远峰，巧夺化工。……昔人诗云：'终年累石如愚叟，倏忽移山是化人。'又云：'荷杖有儿扶薄醉。'调南垣父子也。"

传统的叠山方法，是以小体量的假山来缩移摹拟真山的整体形象，南垣对此深不以为然，据吴伟业《张南垣传》：

"南垣过而笑曰：是岂知为山者耶！今夫群峰造天，深岩蔽日，此夫造物神灵之所为，非人力所得而致也。况其地辄跨数百里，而吾以盈丈之址，五尺之沟，尤而效之，何异市人抟土以欺儿童哉！惟夫平冈小坂，陵阜陂陁，版筑之功可计日以就，然后错之以石，棋置其间，缭以短垣，翳以密篆，若似乎奇峰绝嶂，累累乎墙外，而人或见之也。其石脉之所奔注，伏而起，突而怒，为狮蹲，为兽攫，口鼻含呀，牙错距跃，决林莽，犯轩楹而不去，若似乎处大山之麓，截谿断谷，私此数石者，为吾有也。方塘石洫，易以曲岸回沙；邃闼雕楹，改为青扉白屋。树取其不凋者，松杉桧栝，杂植成林；石取其易致者，太湖尧峰，随意布置。有林泉之美，无登顿之劳，不亦可乎。”

他从追求意境深远和形象真实的可入可游出发，主张堆筑“曲岸回沙”、“平岗小坂”、“陵阜陂陁”，“然后错之以石，缭以短垣，翳以密篆”。从而创造出一种幻觉，仿佛园墙之外还有“奇峰绝嶂”，人们所看到的园内叠山好像是“处于大山之麓”而“截溪断谷，私此数石者，为吾有也”。这种主张以截取大山一角而让人联想大山整体形象的做法，开创了叠山艺术的一个新流派。

南垣的四个儿子均能继承父业，其中尤以次子张然造诣最高，成就最大。张然，字陶庵，早年在苏州洞庭东山一带为人营造私园之叠山已颇有名气。顺治十二年(1655年)重修西苑，朝廷征召张南垣，南垣以年迈固辞，乃遣张然前往。张然在京工作一段时间之后回到苏州，又重操旧业，陆燕喆《张陶庵传》在列举他所主持营造的四座名园之后这样说：“陶庵所假不止此，虽一弓之庐，一拳之龛，人人欲得陶庵为之。居山者几忘东山之为山，而吾山之非山也。”评价是很高的。康熙十六年（1677年），张然再次北上，在北京城内为大学士冯溥营建万柳堂，为兵部尚书王熙改建怡园，此后，诸王公士大夫的私园亦多出其手。康熙十九年(1680年)供奉内廷，先后参与了重修西苑瀛台、新建玉泉山行宫以及畅春园的叠山等规划事宜。二十七年(1688年)赏赐还乡，其后人的一支定居北京，世代承传其业，成为北京著名的叠山世家——“山子张”。张然再度回到苏州，晚年为汪琬的“尧峰山庄”叠造假山，获得极大的成功。汪琬为此写了《赠张铨侯》一诗，其中有句云：“虚庭蔓草秋茸茸，忽然幻出高低峰；云根槎牙丛筱密，直疑天造非人工。”又云：“西山之材本顽矿，略加驱遣俱玲珑；此间拳石易易耳，指挥自觉神从容。”[1]

[1] 曹汛：《明末清初的苏州叠山名家》，载《苏州园林》，1995(4)。

此外，与张涟父子大约同时而稍早一些的张南阳，亦值得一提。

张南阳，字山人，上海人。出身农家，自幼酷爱绘画，年长从事叠山行业，尝试用绘画的手法堆叠园林假山，颇获成功。文人陈所蕴为之撰写《张山人传》，称赞他的作品“沓拖逶迤，巀嶪嵯峨，顿挫起伏，委宛婆娑，大都转千钧于千仞，犹之片羽尺步，神闲志空，不啻文人之承蜩。高下大小，随地赋形，初若不经意。……”他除了规划设计之外，还亲自参与施工，《张山人传》云：“视地之广袤与所裒石多寡，胸中业具有成山，乃始解衣盘薄，执铁如意指挥群工，群工辐辏，惟山人使，咄嗟指顾间，岩洞谿谷，岭峦梯磴陂坂立具矣。”这种规划、设计、施工一以贯之的做法，是首次见于文献记载的，以后普遍为叠山工匠所采用而成为传统。由于张南阳技艺高超，许多名门世家都委托他造园，江南名园如上海潘允端的“豫园”、陈所蕴的“日涉园”，太仓王世贞的“弇园”，其假山堆叠均出自他的手笔。豫园的黄石大假山，见石不露土，石壁深谷，幽壑磴道，山麓并缀以小岩洞。从现存的一段看来，能把大小黄石块组合成为一个浑然整体，磅礴郁结，颇具真山水的气势。虽高不过12米，却予人以万山重叠的感受。其堆叠手法，乃是传统的缩移摹拟真山整体形象的路数，与张涟父子的平岗小坂不同。[1]

[1] 陈从周：《明代上海的三个叠山家和他们的作品》，载《文物》，1961（7）。

明末清初，像张涟父子、张南阳这样的造园工匠，出现在江南地区的为数不少，而苏州、扬州两地尤为集中，可谓群星灿烂、各领风骚。文人与造园工匠之间的关系，也比以往更为密切，从上文提到的汪琬赠张然诗一事也可以看得出来。

文人与工匠的密切关系建基于后者的学养和素质的提高，从而取得两者在造园艺术上的共识，这是一方面。

另一方面，文人园林的大发展也需要有高层次文化的人投身于具体的造园运作。由于社会价值观的改变，文化人亦不再把造园技术视作壮夫不为的雕虫小技。于是，一些文人、画士直接掌握造园叠山的技术而成为名家，个别的则由业余爱好而“下海”成为专业的造园家，计成便是其中的代表人物。

计成，字无否，江苏吴江人，生于明万历十年(1582年)。少年时即以绘画知名，宗关仝、荆浩笔意。中年曾漫游北方及两湖，返回江南后定居镇江。计成著《园冶》自序中谈到他在镇江开始造园生涯的缘起：

> “环润(润州即镇江)皆佳山水，润之好事者，取石巧者置竹木间为假山，予偶观之，为发一笑。或问曰：‘何笑？’予曰：‘世所闻有真斯有假，胡不假真山形，而假迎勾芒者之拳磊乎？’或曰：‘君能之乎？’遂偶为成壁，睹观者俱称：‘俨然佳山也’，遂播闻于远近。”

从此以后，便精研造园技艺。为江西布政使吴又予在武进营造宅园，园成，“公(吴又予)喜曰：‘从进而出，计步仅四里，自得谓江南之胜，惟吾独收矣。’”又应汪士衡中书的邀请，为他在銮江之西营造了一座园林。这两座园林都获得了社会上的好评。于是，计成后半生便专门为人规划设计园林，足迹遍于镇江、常州、扬州、仪征、南京各地，成了著名的专业造园家。并于造园实践之余，总结其丰富之经验，写成《园冶》一书于崇祯七年(1634年)刊行，是为中国历史上最重要的一部园林理论著作。

一方面是叠山工匠为首的造园工匠提高文化素养而成为造园家，另一方面则是文人画士掌握造园技术而成为造园家。前者为工匠的"文人化"，后者为文人的"工匠化"。两种造园家合流，再与文人和一般工匠相结合而构成"梯队"。这种情况的出现，固然由于当时江南地区特殊的经济、社会和文化背景，以及频繁的造园活动之需要，也反过来促进了造园活动的普及。它标志着江南园林的发达兴旺、文人营园的广泛开展，影响及于全国各地，形成了明末清初的文人园林大普及和文人园林艺术臻于登峰造极的局面。

江南的私家造园在广泛实践的基础上积累大量创作和实践的经验，文人、造园家与工匠三者的结合又促成这些宝贵经验向系统化和理论性方面升华。于是，这个时期便出现了许多有关园林的理论著作刊行于世。其中有专门成书的，《园冶》、《一家言》、《长物志》是比较全面而有代表性的三部著作。此外，颇有见地的关于园林的议论、评论散见于文人的各种著述中的也比过去为多。

《园冶》

《园冶》的作者即上文提到过的计成，成书于明崇祯四年(1631年)，刊行于崇祯七年(1634年)。这是一部全面论述江南地区私家园林的规划、设计、施工，以及各种局部、细部处理的综合性的著作，由明末著名的文人阮大铖、郑元勋作序。全书共分三卷，用四六骈体文写成。第一卷包括"兴造论"一篇、"园说"四篇，第二卷专论栏杆，第三卷分论门窗、墙垣、铺地、掇山、选石、借景。

"兴造论"泛论营园要旨，是全书的总纲。计成开宗明义提出营园必须具备的一个先决条件："世之兴造，专主鸠匠，独不闻三分匠、七分主人之谚乎?非主人也，能主之人也。"意思是说，营园之成败并不取决于一般工匠和园主人，而是取决于能够主持其事的、内行的造园家。不过，造园家未必都能营构出好的园林，那么，好的园林的评价标准是什么呢?计成把它概括为两句话："巧于因借，精在体宜。"因、借是手段，体、宜是目的。

"园说"共四篇，论述园林规划设计的具体内容及其细节。在篇首计成提出两个规划设计的原则：一、"景到随机"；二、"虽由人作，宛自天开"。前者意即园林造景要适应于园址的地貌和地形特点，并尽量发挥它的长处、避开它的短处；后者包含着两层意思，一是人工创造的山水环境，必须予人以一种仿佛天造地设的感觉，二是建筑的配置必须从属、协调于山水环境，不可喧宾夺主。

第一篇“相地”。造园首先要选择一处合适的地段，再详细研究该地段的地貌形势，然后决定何处可以眺望，何处可以凿池，何处可以建筑。尽量利用原始地形，节约土方工程。对原有植被加以保护，尤其是古树名木更应珍视，不可随便砍伐。“多年树木，碍筑檐垣；让一步可以立根，斫数桠不妨封顶。斯谓雕栋飞楹构易，荫槐挺玉成难。”计成把可供造园的地段分为六类：山林地、城市地、郊野地、村庄地、宅旁地、江湖地，并分别论述其特点。他认为山林地最好，因为它“有高有凹，有曲有深，有峻而悬，有平而坦；自成天然之趣，不烦人事之工”。城市地本不利于造园，但若选址、布局合宜，也可以成为“闹处寻幽”的好园林。

第二篇“立基”，即园林的总体布局。“凡园圃立基，定厅堂为主。先乎取景，妙在朝南。”提出六类建筑物在选择位置时应注意的事项：厅堂基、楼阁基、门楼基、书房基、亭榭基、廊房基、假山基。

第三篇“屋宇”，即园林建筑。园林建筑不同于一般住宅建筑之有规制可循，哪怕一室半室都要“按时景为精”。他考释了15种常见的园林建筑的名称含义：门楼、堂、斋、室、房、馆、楼、台、阁、亭、榭、轩、卷、广、廊。列举个体建筑的几种常用的平面形式、梁架构造及施工放样方法，并有附图。

第四篇“装折”，即装修。指出园林建筑的装修之所以不同于一般住宅，在于“曲折有条，端方非额；如端方中须寻曲折，到曲折处还定端方；相间得宜，错综为妙”。书中介绍了四种主要装修的做法：屏门、仰尘、床槅、风窗。篇后附有各种槅扇、风窗的图样。

以上为第一卷。

第二卷“栏杆”。计成认为古代所用的回文和万字文栏杆不可用于园林建筑，但未解释其原因。他主张园林的栏杆应是信手画成，以简便为雅。他自己曾设计过百种栏杆文样图案，选择了一部分附于篇后。

第三卷中的第一、二、三篇分别讲述门窗、墙垣、铺地的常见形式和做法，并附图样。第四篇“掇山”讲述叠山的施工程序、构图经营的手法和禁忌。计成认为叠山应做到“有真为假，做假成真；稍动天机，全叨人力”，则需要较高的文化素养和功力，因而“园中掇山，非士大夫好事者不为也”。他还把叠山分为17类：园山、厅山、楼山、阁山、书房山、池山、内室山、峭壁山、山石池、金鱼缸、峰、峦、岩、洞、涧、曲水、瀑布。第五篇“选石”，指出选石不一定都要太湖石，首先应考虑开采和运输的成本，“石无山价，费只人工”。其次要注意石质，坚实耐久、纹理古拙，即便粗糙一点，也是可用之材。“求坚还从古拙，堪用层堆”。叠山可用的石料品种是很多的，只要堆叠时“小仿云林，大宗子久”，则都能成为好的作品。还列举了江南园林中常见的叠山石料16种：太湖石、崑山石、宜兴石、龙潭石、青龙山石、灵璧石、岘山石、宣石、湖口石、英石、散兵石、黄石、旧石、锦川石、花石纲、方合子石。第六篇“借景”，计成非常重视园外之借景，认为它是“林园之最要者”。提出“俗则屏之，嘉则收之”的原则，列举5种借景的方式：远借、邻借、仰借、俯借、应时而借。

通观《园冶》全书，理论与实践相结合，技术与艺术相结合，言简意赅，颇有许多独到的见解。它不仅是系统地论述江南园林的一部专著，也是一部很好的课徒教材。列为世界造园名著之一，是当之无愧的。

《一家言》

《一家言》又名《闲情偶寄》，作者李渔，字笠翁，钱塘人，生于明万历三十九年(1611年)。李渔是一位兼擅绘画、词曲、小说、戏剧、造园的多才多艺的文人，平生漫游四方、遍览各地名园胜景。他颇以自己能作为造园家而自豪，“往往在烟霞竹石间，泉石经纶，绰有余裕”。先后在江南、北京为人规划设计园林多处，晚年定居北京，为自己营造“芥子园”。《一家言》共有九卷，其中八卷讲述词曲、戏剧、声容、器玩。第四卷“居室部”是建筑和造园的理论，分为房舍、窗栏、墙壁、联匾、山石五节。

李渔认为“幽斋磊石，原非得已；不能致身岩下与木石居，故以一卷代山、一勺代水，所谓无聊之极思也”。意思是说，人们不能经常置身于大自然环境之中，乃退而求其次，摹拟大自然而创为园林。园林既然是摹拟大自然的人为的创作，势必会在一定程度上熔铸、反映园主人或造园家的审美情趣和生活感受。因此，“主人雅而取工，则工且雅者至矣；主人俗而容拙，则拙而俗者来矣”。雅是文人士大夫生活情趣的核心，审美的最高境界，当然也悬为造园艺术的标准之一。在“房舍”一节中，李渔竭力反对墨守成规，抨击“亭则法某人之制，榭则遵谁氏之规”，“立户开窗，安廊置阁，事事皆仿名园，丝毫不谬”的做法，提倡勇于创新。在“窗栏”一节中，指出开窗要“制体宜坚，取景在借”。借景之法乃“四面皆实，独虚其中，而为便面之形”，这就是所谓“框景”的做法，李渔称之为“尺幅窗”、“无心画”，并举出他自己设计制作的数例。譬如，用老梅干加上剪采花作为窗心便可制成“梅窗”，或者借庭院树石以为窗心。框景可收到以小观大的效果，“见其物小而蕴大，有须弥芥子之义，尽日坐观，不忍合牖”，又可游观而移步换景，这在江南园林中乃是最常见的。

“山石”一节尤多精辟的立论。李渔非常重视园林筑山，认为它“另是一种学问，另有一番智巧”。筑山不仅是艺术，还需要解决许多工程技术问题，因此必须依靠工匠才能完成，“故从来叠山名手，俱非能诗善绘之人。见其随举一石，颠倒置之，无不苍古成文，纡回入画，此正造物之巧于示奇也”。他主张叠山要“贵自然”，不可矫揉造作。明末清初私家园林的叠山出现两种倾向：一方面是沿袭宋以来土石相间或土多于石的土石山的做法；另一方面则由于园林的富贵气或市井气促成园主人争奇斗富的心理，而流行“以高架叠缀为工，不喜见土”的石多于土或全部用石的石山做法。李渔反对后者而提倡前者，认为用石过多往往会违背天然山脉构成的规律而流于做作，“予遨游一生，遍览名园，从未见有盈亩累丈之山能无补缀穿缀之痕，遥望与真山无异者”。土石山“用以土代石之法，既减人工，又省物力，且有天然委曲之妙，混假山于真山之中，使人不能辨者”。他还就山的整体造型效果来比较石山与土石山两者的优劣：“垒高广之山，全用碎石则如百衲僧衣，求一无缝处而不得，此其所以不耐观也。以土间之，则可泯然无迹，且便于种树。树根盘固，与石比坚。且树大叶繁，混然一色，不辨其为谁石谁土。列于真山左右，有能辨为积垒而成者乎？”至于土石山的土与石的比例，则可不必拘泥：“此法不论石多石少，亦不必定求土石相半。土多则土山带石，石多则石山带土。土石二物，原不相离，石山离土则草木不生，是童山矣。”甚至小山“亦不可无土，但以石作主而土附之。土之不可胜石者，以石可壁立而土则易崩，必仗石为藩蓠故也。外石内土，此从来不易之法”。土石山与石山实际上是分别反映了文人园林及其变体的不同格调，李渔提倡前者、反对后者也意味着站在文人园林的立场上，对流俗的富贵气和市井气的鄙夷。此外，在“山石”一节中李渔还谈到石壁、石洞、单块特置等的特殊手法，并从“贵自然”和“重经济”的观点出发，颇不以专门罗列奇峰异石为然。他推崇以质胜文，以少胜多，这都是宋以来文人园林的叠山传统，与计成的看法也是一致的。

《长物志》

《长物志》的作者文震亨，字启美，长洲（今江苏吴县）人，生于明万历十三年(1585年)，卒于清顺治二年(1645年)。文震亨出身书香世家，是明代著名文人画家文征明的曾孙，曾做过中书舍人的官，晚年定居北京。他能诗善画，多才多艺，对园林有比较系统的见解，可视为当时文人园林观的代表。平生著述甚丰，《长物志》共十二卷，其中与造园有直接关系的为室庐、花木、水石、禽鱼四卷。

“室庐”卷中，把不同功能、性质的建筑以及门、阶、窗、栏杆、照壁等分为17节论述。对于园林的选址，文震亨认为“居山水间者为上，村居次之，郊居又次之”。如果选择在城市里面，则“要须门庭雅洁，室庐清靓，亭台具旷士之怀，斋阁有幽人之致。又当种佳木怪箨，陈金石图书。令居之者忘老，寓之者忘归，游之者忘倦”。在介绍了各种建筑类型及装修之后，提出两个设计和评价的标准——雅、古，并列举了具体的例子。譬如，台阶要“自三级以至十级，愈高愈古，须以文石剥成，种绣墩草或草花数茎于内，枝叶纷披，映阶傍砌。以太湖石叠成者，曰‘涩浪’，其制更奇，然不易就。复室须内高于外，取顽石具苔斑者嵌之，方有岩阿之致”；若修建桥梁，则“广池巨浸，须用文石为桥，雕镂云物，极其精工，不可入俗。小溪曲涧，用石子砌者为佳，四旁可种绣墩草”，等等。总之，建筑设计均需要“随方制象，各有所宜；宁古无时，宁朴无巧，宁俭无俗”。

“花木”卷分门别类地列举了园林中常用的42种观赏树木和花卉，详细描写它们的姿态、色彩、习性以及栽培方法。他认为栽培花木是十分不易的事，所谓“弄花一岁，看花十日”。他提出园林植物配置的若干原则：“庭除槛畔，必以虬枝古干，异种奇名”，“草木不可繁杂，随处植之，取其四时不断，皆入图画”。“桃李不可植庭除，似宜远望”，“红梅绛桃，俱借以点缀林中，不宜多植”，“杏花差不耐久，开时多值风雨，仅可作片时玩”，“豆棚、菜圃，山家风味，固自不恶，然必辟隙地数顷，别为一区，若于庭除种植，便非韵事”，等等。

“水石”卷分别讲述园林中常见的水体和石料共18节，水、石是园林的骨架，“石令人古，水令人远。园林水石，最不可无”。提出叠山理水的原则：“要须回环峭拔，安插得宜。一峰则太华千寻，一勺则江湖万里。又须修竹、老木，怪藤、丑树，交覆角立；苍岩碧涧，奔泉汛流，如入深岩绝壑之中，乃为名区胜地。”对于园中的水池，则认为“凿池自亩以及顷，愈广愈胜。最广者，中可置台榭之属，或长堤横隔，汀蒲、岸苇杂植其中，一望无际，乃称巨浸”；池岸旁应“植垂柳，忌桃杏间种。中畜凫雁，须十数为群，方有生意。最广处可置水阁，必如图画中者佳”。

“禽鱼”卷仅列举鸟类六种、鱼类一种，但对每一种的形态、颜色、习性、训练、饲养方法均有详细描述。如养鹤，要选择“标格奇俊，唳声清亮，颈欲细而长，足欲瘦而节，身欲人立，背欲直削”的方为上品。饲养时要“筑广台，或高冈土垅之上，居以茅庵，邻以池沼，饲以鱼谷”。训练时则“俟其饥，置食于空野，使童子拊掌、顿足以诱之。习之既熟，一闻拊掌，即便起舞，谓之‘食化’”。特别指出造园应突出大自然生态的特点，使得禽鸟能够生活在宛若大自然界的环境里，悠然自得而无不适之感。

其余各卷也有涉及园林的片段议论，例如：园林中的建筑、家具、陈设三者实为一个完整的有机体，家具、陈设的款式、位置、朝向等都与园林造景有关系，所谓“画不对景，其言亦谬”。园居生活的某些细节往往也能体现高雅之趣味，亦不可忽视。譬如，为品尝香茗而建置“别开乾坤”的茶室：“构一斗室，相傍山斋，内设茶具，教一童子专主茶役，以供长日清谈，寒宵兀坐。幽人首务，不可少废者。”诸如此类，不一而足。

《园冶》、《一家言》、《长物志》的内容以论述私家园林的规划设计艺术，叠山、理水、建筑、植物造景的艺术为主，也涉及到一些园林美学的范畴。它们是私家造园专著中的代表作，也是文人园林自两宋发展到明末清初时期的理论总结。除此之外，陈继儒的《岩栖幽事》、《太平清话》，屠隆的《山斋清闲供笺》、《考槃余事》等著作中，或全部或大部分是有关造园理论的。

园林植物和园艺方面的专著，比较重要的有三部：明人王象晋的《群芳谱》30卷，其中《花谱》4卷分别记述“花月令”、“花信”、“花异名”、“花神”、“插花”、“卫花”、“雅称”、“瓶插”、“奇偶”、“花忌”、“麋花”、“花毒”等，所登录的花卉均列举其名称、习性、种植、取用以及诗文题咏、典故考证等甚详。清康熙年间人王灏的《广群芳谱》是在《群芳谱》的基础上增补而成，共100卷，其中《花谱》31卷，登录花木187种。清康熙年间人陈淏子的《花镜》(6卷，又名《秘传花镜》)，是作者在继承前人研究成果，并总结当时劳动工匠经验的基础上写成的一部观赏花木类的巨著。卷一《花历新裁》；卷二《课花十八法》；卷三《花木类考》记述花木165种；卷四《花果类考》记述40多种；卷五《藤蔓类考》记述70多种；卷六《花草类考》记述花卉百余种；另有《附录》还论及园林动物，计有鸟类25种、兽类6种、鳞介类4种、昆虫类7种。

园林用石和赏石方面的专著，可举《素园石谱》为例。作者林有麟，明万历年间人，“性嗜山水，故寄性于石，虽逊米颠之下拜，然目所到即图之，久而成帙，每一开卷，石丈俨在前矣”。又“检阅古今图籍、奇峰怪石有会于心者，辄写其形，题韵缀后”。全书4卷，共收录石品103种，其中园林用石约占三分之一。每种均绘成图像，配以文字。例如，“林虑石”的文字记述：

> “相州林虑山，地名交口，其质坚润，叩之有声，峰峦秀拔。曾贡入内府，有蓝开、苍虬、洞天数十品，各高数寸，甚奇异。此石自崇宁方出，相祝地脉偶得之，丈不逾尺，至如拳者，奇巧百出。”

“灵璧石”的文字记述：

> “宿州灵璧县，地名磬山。石产土中，岁久穴生数丈。得之崖窟者，清润，叩之铿然有声。石底多渍土，不能尽去者，度其顿放，即为向背，或一面或二面。若四面全者，从土中生起，凡数百之中，仅得一二。”

“壶中九华”的文字记述：

> “苏东坡于湖口李正臣家得一异石，九峰玲珑，宛转若窗棂，名曰壶中九华。以诗纪之：‘清溪电转失云峰，梦里犹惊翠扫空。五岭莫愁千嶂外，九华今在一壶中。天池水落层层见，玉女囱明处处通。念我仇池太孤绝。百金归买碧玲珑。’既得壶中九华，后八年复过湖口，则石已为好事者取去，乃和前韵以自解云：‘江边阵马走千峰，闻讯方知冀北空。尤物已随清梦断，其形犹在画图中。归来晚岁同元亮，却扫何人伴敬通。赖有铜盆修石供，仇池玉色自璁珑。’东坡先生赋壶中有九华诗，实建中靖国元年四月十六日。明年当崇宁之元年五月二十日，黄庭坚系舟湖口，正臣持此诗来，石既不可见，东坡亦下世矣。感叹不足，因次前韵：‘有人夜半持山去，顿觉浮岚暖翠空。试问安排华屋处，何如凌落乱云中。能回赵璧人安在，已入南柯梦不通。赖有霜钟难席卷，袖椎来听响玲珑。’”

前两则文字转录自杜绾《云林石谱》，后一则文字记载了文人对奇石之情有独钟以及多方珍爱的情况，也从一个侧面说明文人园林对石品的重视程度和文人的高雅鉴赏品位。

这些专著均在同时期先后刊行于江南地区，它们的作者都是知名的文人，或文人而兼造园家，足见文人与园林关系之密切，也意味着诗、画艺术浸润于园林艺术之深刻程度，从而最终形成中国的“文人造园”的传统。一般的文人即便不参与造园事宜，也普遍地关心园林、享用园林、品评园林。园林与文人的生活结下不解之缘，他们谈论园林好像谈论书、画、诗文一样，园林艺术完全确立了与书、画、诗文艺术的同等地位。文人的绘画作品经常有以园林为主题的，许多著名画家均从事“园林画”的创作。园林画在明代的文人画中占着相当分量的比重。在文人的著述中散见大量有关造园艺术和园林美学的见解、评价和议论，许多戏曲、小说都以园林作为典型人物活动的典型环境，《红楼梦》便是最有代表性的一例。可以这样说，如果没有作者曹雪芹笔下大观园的烘托，那么《红楼梦》中活动着的众多人物的典型性格将会黯然失色。就作者对大观园这座文人园林(也包含某些皇家园林的成分)描写之全面、完整、准确、细致程度，以及借书中人物之口而发挥的有关园林的精辟议论而言，曹雪芹对造园艺术之精通，并不亚于他的文学创作。

从以上介绍的文人园林的兴盛情况、造园家的涌现情况，以及造园理论著作的刊行情况，我们可以看出，在明末清初的江南地区，出现了一些前所未曾有过的现象，应该引起注意：一、造园家，无论工匠“文人化”的，或者文人“工匠化”的，按其执业方式和社会地位而言，已有几分接近于现代的职业造园师(landscape architect)；或者说，已具备类似后者的某些职能。二、造园的理论方面，涉及有关园林规划、设计的探索和具体的造园手法的表述，虽未能形成系统化，但已包涵现代园林学的某些萌芽。三、造园的运作比较强调经济的因素，已朦胧地认识到市场、价格的制约情况。这些，乃是社会上重视技术、价值观念改变之在造园事业上的反映，应该说是一个进步的现象。然而，毕竟为时短暂，终于昙花一现罢了。

第八节 寺观园林

元代以后，佛教和道教已经失去唐宋时蓬勃发展的势头，逐渐趋于衰微。但寺院和宫观建筑仍然不断兴建，遍布全国各地，不仅在城镇之内及其近郊，而且相对集中在山野风景地区，许多名山胜水往往因寺观的建置而成为风景名胜区。其中，名山风景区占着大多数。每一处佛教名山、道教名山都聚集了数十所甚至百所的寺观，大部分均保存至今。城镇寺观除了独立的园林之外，还刻意经营庭院的绿化或园林化。郊野的寺观则更注重与其外围的自然风景相结合而经营园林化的环境，它们中的大多数都成为公共游览的景点，或者以它们为中心而形成公共游览地。这种情况在汉族聚居地区或者信仰汉地佛教和道教的少数民族地区几乎随处可见。

本节仅以北京地区为例。

元代，佛教和道教受到政府的保护，寺、观的数量骤增。大都一地，据《析津志》的记载就有庙15所、寺70所、院24所、庵2所、宫11所、观55所，共计187所。其中多有建置园林的，例如西城外附廓的长春宫始建于唐代，元太祖加以扩建安置长春真人丘处机于此修持，遂成为全真道的主要丛林之一。这座道观规模宏大，在它的后部建置的园林颇具山池花木之美，规模也不小。齐化门(朝阳门)外的东岳庙，在石坛内种植杏花千余株，俗称杏花园。“元时杏花齐化门外最繁，东岳庙石台群公赋诗张宴，极为盛事。果啰洛易之诗云：‘上东门外杏花开，千树红云绕石台。最忆奎章虞阁老，白头骑马看花来。’”[1]郊外的寺观园林以西北郊的西山、香山、西湖一带为最多。就外围园林化环境的经营而言，大承天护圣寺是比较出色的一例。

大承天护圣寺 位于西湖的北岸偏西，始建于元文宗天历二年(1329年)。此寺规模极宏大，建筑极华丽，但最精彩的则是它临水处的园林化处理。当时到过大都的朝鲜人写的《朴通事》一书中对此有详尽生动的描写：

> “湖心中有圣旨盖来的两座琉璃阁。远望高接青霄，近看时远浸碧汉，四面盖的如铺翠，白日黑夜瑞云生，果是奇哉。那殿一

[1]《日下旧闻考》卷八十八引《万斋诗话》。

划是缠金龙木香停柱，泥椒红墙壁。盖的都是龙凤凹面花头筒瓦和仰瓦。两角兽头，都是青琉璃，地基地饰都是花斑石、玛瑙幔地。两阁中间有三叉石桥，栏杆都是白玉石。桥上丁字街中间正面上，有官里坐地的白玉玲珑龙床，西壁厢有太子坐地的石床，东壁也有石床，前面放着一个玉石玲珑酒桌几。北岸上有一座大寺，内外大小佛殿、影堂、半廊，两壁钟楼、金堂、禅堂、斋堂、碑殿。诸般殿舍，且不舍说，笔舌难写。殿前阁后，擎天耐寒傲雪苍松，也有带雾披烟翠竹，诸杂名花奇树不知其数。阁前水面上自在快活的是对对鸳鸯，湖心中浮上浮下的是双双儿鸭子，河边儿窥鱼的是无数目的水老鸦，撒网垂钓的是大小鱼艇，弄水穿波的是觅死的鱼虾，无边无涯的是浮萍蒲棒，喷鼻眼花的是红白荷花。官里上龙舡，官人们也上几只舡，做个筵席，动细乐、大乐，沿河快活。到寺里烧香随喜之后，却到湖心桥上玉石龙床上，坐的歇一会儿。又上琉璃阁，远望满眼景致。真个是画也画不成，描也描不出。休夸天山瑶池，只此人间兜率。”

从这段文字的描述虽不免有夸张的地方，但也可以看出大承天护圣寺以其外围的园林化环境，而成为西湖游览区内一处重要景点的情况。

明代，自成祖迁都北京之后，随着政治中心北移，北京逐渐成为北方的佛教和道教中心。寺观建筑又逐年有所增加，佛寺尤多。永乐年间撰修的《顺天府志》登录了寺111所、院54所、阁2所、宫50所、观71所、庵8所、佛塔26所，共计300所。到成化年间，京城内外仅敕建的寺、观已达636所，民间建置的则不计其数。《宛署杂记》记述了当时翻修古刹、新建寺宇的情况：

“予尝行经其居，见其旧有存者，其殿塔幢幡，率齐云落星，备极靡丽，如万寿寺佛像，一座千金；古林僧衲衣，千珠千佛，其他称是。此非杼轴不空、财力之盛不能也。又见其新有作者，其所集工匠、夫役，歌而子来，运斤而云，行缆而织，如潭柘寺经年匆亟，香山寺、弘光寺数区并兴。此非闾左无事，遭际之盛不能也。又见其紫衫衣衲、拽杖挂珠，交错燕市之衢，所在说法衍乐，观者成堵，如戒坛之日，几集百万，倏散倏聚，莫知所之。”

寺观建置既如此之多，寺观园林之盛则是可想而知的。一般寺观即使没有单独的园林，也要把主要庭院加以绿化或园林化。有的以庭院花木之丰美而饮誉京师，如外城的法源寺；有的则结合庭院绿化而构筑亭榭、山池的，如西直门外的万寿寺，“大延寿殿五楹，旁罗汉殿各九楹。后藏经阁高广如中殿，右左韦驮、达摩殿各三楹，如中旁殿。方丈后辇石出土为山，所取土处为三池。山上三大士殿各一。三池共一亭……山后圃百亩，圃蔬弥望，种莳采掇"[1]，故时人有诗句云："万寿寺前须驻马，此中山子甚嵯峨。"

[1] 刘侗、于奕正:《帝京景物略》。

寺观之单独建置附园的亦不少，有的甚至成为京师的名园，朝阳门外的月河梵苑"池亭幽雅，甲于都邑"的园林便是其中之一。苑主道深为西山苍雪庵住持，晚年营此园以自娱。这座小园利用月河溪水结合原始地形而巧妙构筑，《天府广记》卷三十七引程敏政《月河梵苑记》对此园有详细的描述：

"月河梵苑在朝阳关南苜蓿园之西，苑之池亭景为都城最。苑后为一粟轩，轩名曾西墅学士题。轩前峙以巨石，西辟小门，门隐花石屏，北为聚星亭，亭四面为栏槛以息游者。亭东石盆池高三尺许，玄质白章，中凹而坎其旁，云夏用以沉李浮瓜者。亭之前后皆盆石，石多崑山、太湖、灵壁、锦川之属。亭少西为石桥，桥西为雨花台，上建石鼓三。台北为草舍一楹，曰希古，桑枢瓮牖，中设藤床石枕及古瓦埙箎之属。草舍东聚石为假山，西峰曰云根、曰苍雪，东峰曰小金山、曰壁峰。下为石池，接竹以溜泉，泉水涓涓自峰顶下，竟日不竭，僧指为水戏。台南为石方池，贮水养莲。池南入小牖为槐室。古樗一株，枝柯四布，荫于阶除，俗呼龙爪槐，中列蛮墩四。槐室南为小亭，中庋鹦鹉石，其重二百斤，色净绿，盖石之似玉者。凡亭屋台池四围皆编竹为藩，诘曲相通。花树多碧梧、万年松及海棠、榴之类。自一粟折南以东，为老圃，圃之门曰曦先，曦先北为窖，冬藏以花卉。窖东为春意亭，亭四周皆榆杜桑柳，丛列密布。游者穿小径，逼仄以行，亭东为板凳桥，桥东为弹琴处，中置石琴，上刻苍雪山人作。西为下棋处。少北为独木桥，折而西曰苍雪亭，亭为击壤处，有坐石三。逾下棋处，为小石浮图。浮图东循坡陀而上，凡十余弓，为灰堆山。山上有聚景亭，上望北山及宫阙，历历可指。亭东隙地植竹数挺，曰竹坞。下山少南门曰看清，入看清结松为亭，逾松亭为观澜处。自聚景而南，地势转斗如大堤，远望月河之水，自城北逶迤而来，下触断岸潺潺有声。别为短墙，以障风雨，曰考槃榭。出看清西渡小石桥，行丛薄中，回望二茅亭，环以苇樊，隐映如画。盘旋而北，未至曦先，结老木为门曰野芳。出曦先少南为蜗居，东为北山晚翠楼，楼上望北山，视聚景尤胜。出楼后为石级，乃至楼下，盖楼处高阜为之，故下视之洞然。楼下为北窗，窗悬藤篮，僧每坐其中以嬉，盖番物也。僧阁出小牖为梅屋，盆梅一株，花时聚观者甚盛。梅屋东为兰室，室中莳兰，前有千叶碧桃，尤北方所未有。”

诸如此类的寺观园林，每为文人雅士聚会之地，故尔留下大量描写园景的诗文题咏散见于明人的诗文集中。根据这些间接材料，亦足以略窥明代寺观园林之与私家园林一般无二的情况。

北京的西北郊为传统的风景游览胜地，明代又在西山、香山、瓮山和西湖一带大量兴建佛寺，对西北郊的风景进行了历来规模最大的一次开发。当时人已有“西山岩麓，无处非寺，游人登览，类不过十之二三”[1]，“西山三百寺，十日遍经行”等说法。这些众多的寺庙中，敕建的和由贵族、皇亲、宦官捐资修建的一般都有园林，不少是以园林或庭院绿化或外围园林化环境之出色而知名于世，现举数例。

[1] 刘侗，于奕正：《帝京景物略》。

香山寺　位于香山东坡，正统年间由宦官范弘捐资七十余万两，在金代永安寺的旧址上建成。此寺规模宏大，佛殿建筑既壮丽，园林也占着很大比重。正如《帝京景物略》所描述的“丽不欲若第宅，纤不欲若园亭，僻不欲若庵隐，香山寺正得广博敦穆。岗岭三周，丛木万屯，经涂九轨，观阁五云，游人望而趋趋。有丹青开于空隙，钟磬飞而远闻也”。建筑群坐西朝东沿山坡布置，有极好的观景条件，所谓“香山晓苍苍，居然有幽意。一径杳回合，双壁互葱翠。虽矜丹碧容，未掩云林致。凭轩眺湖山，一一见所历。千峰青可扫，凉飔飒然至。披襟对山灵，真心归释帝。兹游如可屡，无问人间事”[2]。入山门即为泉流，泉上架石桥，桥下是方形的金鱼池。过桥循长长的石级而上，即为五进院落的壮丽殿宇。这组殿宇的左右两面和后面都是广阔的园林化地段，散布着许多景点，其中以流憩亭和来青轩两处最为时人所称道。流憩亭在山半的丛林中，能够俯瞰寺垣，仰望群峰。青来轩建在面临危岩的方台上，凭槛东望，玉泉、西湖以及平野千顷，尽收眼底，所谓“(来青轩)前两山相距而虚其襟以捧帝城”[3]。香山寺因此而赢得当时北京最佳名胜之美誉：“京师天下之观，香山寺当其首游也。”[4]文人墨客常到此游赏，留下不少诗文题韵，例如：

[2] 《帝京景物略》引冯琦：《香山寺》。

[3] 《日下旧闻考》卷八十七引《缑山集》。

[4] 刘侗，于奕正：《帝京景物略》。

“层山曲曲抱禅宫，转逐山光自不同；
碧殿深回青霭里，飞轩迥出白云中。
清音递槛来双涧，秋色迎檐郁万枫；
何处烟霞非妙湛，可须支循更谭空。”

(陈瓒：《香山寺》)

“寺入香山古道斜，丹楼一半绿云遮；
深廊小院流春水，万壑千崖种杏花。

墙外珠林疑鹿苑，路傍石磴转羊车；
西天天上知何处，咫尺轮王帝子家。”

（郭正域：《香山寺》）

碧云寺 在香山寺之北，先后由宦官于经和魏忠贤于正德、天启年间，在元代碧云庵的基址上扩展重建而成。此寺的园林以泉水取胜。从寺后的崖壁石缝中导引山泉入水渠，流经香积厨，绕长廊而出正殿之两庑，再左右折复汇于殿前的石砌水池。池内养金鱼千尾，供人观赏。利用活水把殿堂院落园林化，园林用水与生活用水相结合。这种别致的做法亦是因地制宜，所谓“西山千百寺，无若碧云奇。水自环廊出，峰如对塔移。楼奇平乐观，苑接定昆池。”[1]如果说香山寺的园林侧重在开阔，则碧云寺着意于幽静。所以，当时人有“碧云鲜，香山古；碧云精洁，香山魁恢”的说法。

圆静寺 在瓮山的南坡，面对西湖堤，弘治年间由明孝宗乳母助圣夫人罗氏出资兴建。此寺据山面湖，“因岩而构，甃为石磴，游者拾级而上。山顶有屋曰雪洞，俯视湖曲，平田远村，绵亘无际”[2]，“左俯绿畴，右临碧浸，近山之胜，于是乎始”[3]。圆静寺仅有“精兰十余”，规模并不大，而且不久便破败为一所荒寺，但它依山面水，环境幽静，景界开阔，在当时的北京西北郊却也不失为一个游览的去处。文人墨客们经常到这里来走走，留下的一些诗文题咏，提供了此处景观的一鳞半爪。例如：

“山岩互结构，古寺对空津；
新树连村发，流澌哀壑春。
泥香绝野烧，松雪净飞尘；
本欲摩崖记，寻幽未易频。”

（王嘉谟：《山下破寺》）

“香阁林端出，登临夕霭间；
霜寒半陂水，木落一禅关。
食施湖中鸟，窗窥塞上山；
能容下尘榻，信宿竟忘还。”

（王穉登：《圆静寺》）

“山光湖影半参差，蒲苇沿溪故故斜；
石瓮讵能贫帝里，金绳多半敕官家。
农依一水江南亩，客倦经年蓟北沙；
景物亦清僧亦静，无心更过隔林花。”

（梁于涘：《瓮山圆静寺》）

[1]《日下旧闻考》卷八十七引公乃《碧云寺诗》。

[2] 吴长垣：《宸垣识略》，北京，北京出版社，1964。

[3]《日下旧闻考》卷八十四引《长安可游记》。

由于众多寺观的建筑十分注意选址，无论是否建置单独的园林，都能够精心地经营庭院绿化和园林化的外围环境，因此西北郊广大的山地和平原上所有的大小寺观，几乎都成为风景区内的景点。它们不仅是宗教活动的场所，也是游览观光的对象，吸引着文人墨客经常来此聚会、投宿，甚至皇帝也时有临幸驻跸的。它们就个别而言，发挥了点缀局部风景的作用；就全体而言，则是西北郊风景得以进一步开发的重要因素。可以说，明代的北京西北郊风景名胜区之所以能够在原有的基础上充实、扩大，从而形成比较更完整的区域格局，与大量建置寺观、寺观园林或园林化的经营是分不开的。

第九节

其他园林

在一些经济繁荣、文化发达地区，大城市居民的公共活动、休闲活动普遍增多，相应地，城内、附廓、近郊都普遍出现公共园林。它们大多数是利用城市水系的一部分，少数利用古迹、旧园林的基址或者寺观外围的园林化的环境，稍加整治，供市民休闲、游憩之用。附廓、近郊的公共园林一般距离城市不远，可作当天往返的一日游，著名的如浙江绍兴的“兰亭”。城内的公共园林，往往还结合商业、文娱而发展成为多功能的开放性的绿化空间，成为市民生活和城市结构的一个重要组成部分。明、清北京城内的什刹海便是典型的一例。

历史上的兰亭，曾多次迁移其址，往迹难寻。明嘉靖二十七年（公元1548年）绍兴知府沈启移兰亭曲水于天章寺前，天章寺在绍兴市西南13.5公里之兰渚山西麓，这就是今日“兰亭”之所在［图6·28］。清康熙十二年

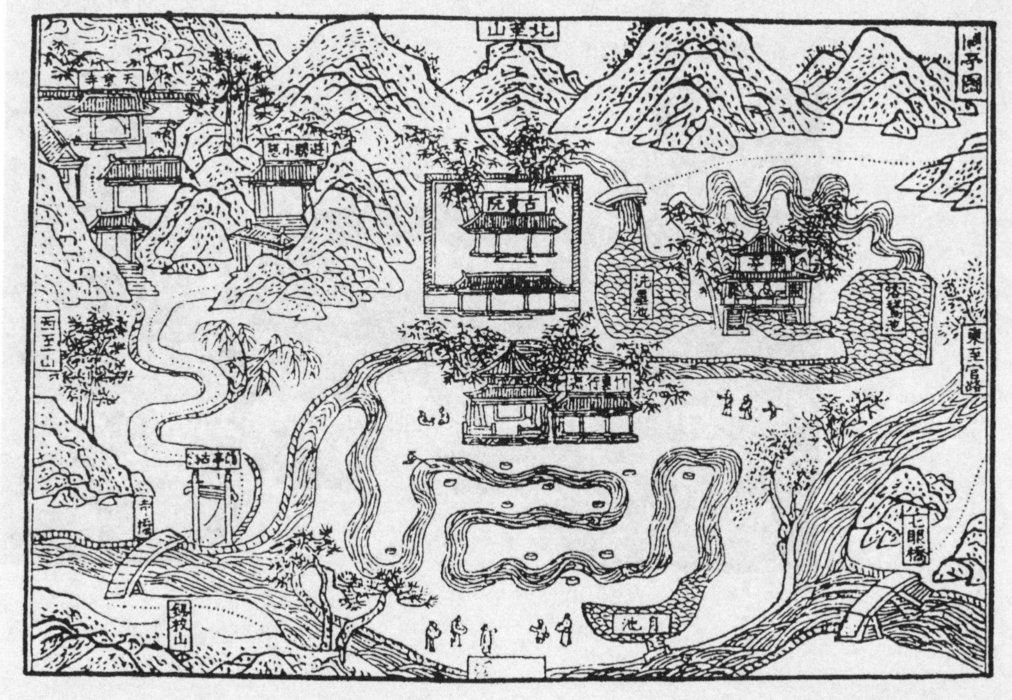

图 6·28 明万历《绍兴府志》中之兰亭图

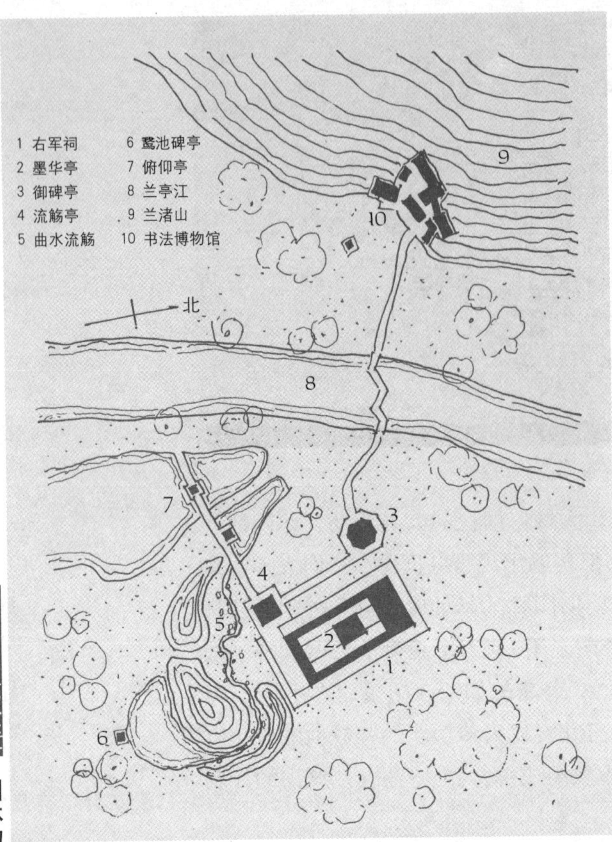

图 6·29 兰亭总平面示意图

（公元1673年）绍兴知府许宏勋主持重建兰亭，三十四年（公元1695年）又奉旨再度重建，康熙御书《兰亭序》勒石于天章寺旁之碑亭内，并御书“兰亭”二字匾额。亭前疏浚曲水供流觞之用，其后建右军祠。20世纪80年代，政府拨巨款对兰亭作全面修整，增加了一些景点，另在天章寺遗址上兴建“书法博物馆”，大体上仍然保持着康熙时的格局[图6·29]。

兰亭是一处纪念性的公共园林，大多数景点都与书圣王羲之及其书法活动有关：

“右军祠”始建于清康熙年间，四面环水，入门之中庭为“墨池”摹拟王羲之“临池学书，池水尽黑”之意。池中有方亭“墨华亭”，前后小桥相通。正厅面阔五间，陈列着历代著名书法家临摹《兰亭集序》的手迹。两厢为廊庑，壁上镶嵌《兰亭集序》的各种刻石。

“御碑亭”建于康熙年间，八角重檐攒尖顶。亭内石碑高6.80米，为中国的大型古碑之一；碑的正面刻康熙御书《兰亭集序》全文，背面刻乾隆御书《兰亭即事》诗[图6·30]。

图 6·30 御碑亭

图 6·31 曲水流觞处

“流觞亭”在右军祠之西侧，面阔三间，亭内屏风陈设《兰亭曲水流觞图》。亭前，小溪自平岗蜿蜒向南，两岸堆砌犬牙交错的石块，这就是摹拟古代曲水流觞的地方［图6·31］。

此外，还有若干碑、亭之点缀［图6·32］。作为一处公共园林，建筑

图 6·32 鹫池

图 6·33 兰渚山

疏朗，小溪及水池萦流回环，绿草如茵，树木蓊郁。兰亭江贯流其间，周围群山环抱。这些，都能诱发人们对“崇山峻岭，茂林修竹”以及当年的兰亭盛会的联想 [图6·33]。

什刹海　原名积水潭，又叫做海子，是元代大都城内的漕运码头。水源来自西北郊的白浮、玉泉诸水，汇入西湖，再经长河至高梁河下游分为两股，分别从和义门的南、北城墙下的闸门流入积水潭，再通过玉河与京杭大运河连接。当年的积水潭是一个“汪洋如海”的大水面，南方来的粮船、商船都停泊在这里，沿岸商贾云集。元人有诗句描写其热闹的情景：“燕山三月风和柔，海子酒船如画楼。”

明初，毁元大都北城，原北城墙南移约2.5公里，把积水潭的上游划出城外，堵塞了和义门南北两个进水闸。因而另在德胜门西面设置一道铁棂闸，使来自长河之水自西直门沿护城河往北折而东，再从德胜门铁棂闸流入城内，积水潭的进水量比之元代减少了许多。永乐年间扩建皇城，将积水潭的下游圈入西苑之北海，缩小了积水潭的面积。新辟的德胜门大街往南穿过积水潭，又把水面一分为二，当中建德胜门桥沟通。西半部水面的北岸因有佛寺净业寺，人们习惯上便把这个水面称之为净业湖。东半部水面因德胜桥附近的北岸新建佛寺“什刹海庵”，习惯上把这个水面叫做什刹海 [图6·34]。

明代的什刹海和净业湖都种植荷花，附近开辟为稻田，召募江南农民来此耕耘，因而呈现一派宛若江南水乡的、极富于野趣的风光。环湖周围聚集了许多贵戚官僚的园林别业，《帝京景物略》一书记载的计有：漫园、方公园、太师圃、湜园、杨园、刘百川别墅、刘茂才园、临锦堂、莲花亭、虾莱亭等十处。除临锦堂是元代旧园之外，其余均为明代修建的。它们的水源取自积水潭和净业湖，有的还以湖上水景作为园林的借景。一些佛寺亦聚集在湖畔及其附近，《日下旧闻考》登录的有海印寺、广化寺、龙华寺、三圣庵、十刹海庵、佑圣寺、镇水观音庵(净业寺)等。这些寺院大都能够利用湖面借景创为外围的园林化环境，王应翼《龙华寺》有句云：

“湖波远远湿朝暾，细写秋光上寺门。
花木欲深香色聚，稻田全覆绿云屯。”

大片的水面招来飞禽水鸟在湖上飞翔，岸边绿树成荫，夏日宛若清凉世界。加之周围的寺院、园宅的点缀，于幽美的自然风景中又增益了人文景观之胜概，什刹海、净业湖便逐渐形成一处具有公共园林性质的城内游览胜地。文人墨客在此结诗社，以文会友，多有赋诗咏赞的，例如：

“积水明人眼，蒹葭十里秋。
西风摇雉堞，晴日丽妆楼。
柳径斜通马，荷丛暗渡舟。
东邻如可问，早晚卜清幽。”

(常伦：《经海子》)

“湖上濠边秋色深，蓼花芦叶共萧森。
平潭树逐波光动，隔岸林连夕照阴。
鸥梦乍惊邻寺磬，鸿声欲度满城砧。
凉风莫更翻荷露，客袂飕飕恐不禁。”

(戴九元：《集净业寺湖亭》)

这种将别墅、寺院环湖分布的格局很像杭州的西湖，浓郁的江南水乡气氛出

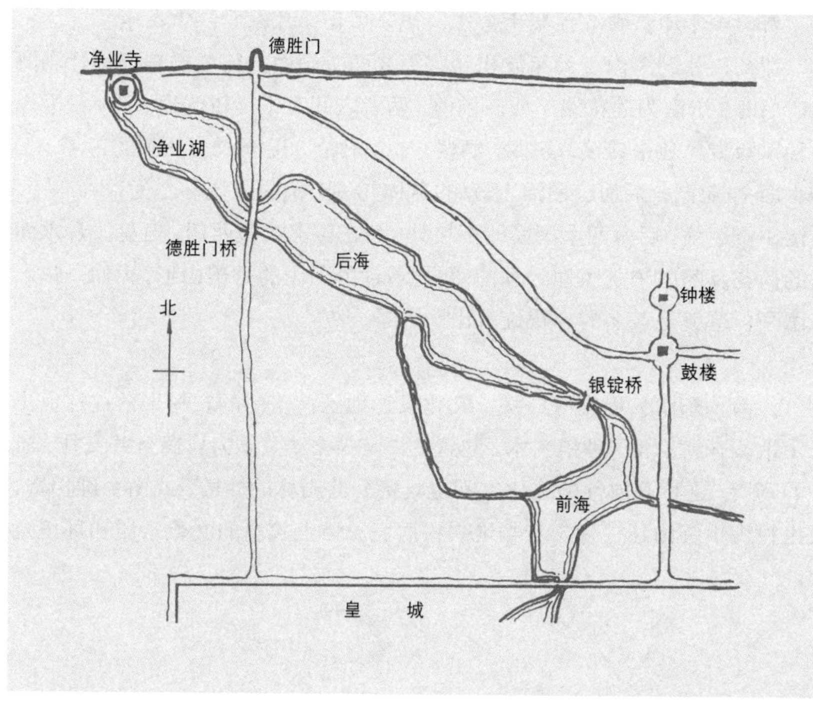

图 6·34 清初的什刹海平面图

现在繁华的北方大城市里，确属难能可贵，也为客居北京的大批江南籍文人士大夫们提供一处足以安慰其思乡之情的消闲游憩地方。

净业湖西北隅的小岛可能是在水关挖河道时以余土堆筑而成，其上建镇水观音寺(又名净业寺，清乾隆年间改名通汇祠)。寺北为北城墙，长河之水由墙下螭首中吐出，流入净业湖。这是在城市供水工程建设中逐渐形成的一处绝佳的景观：先在水口处发展为一个岛屿，从流水的撞击声构思为海潮音，再得构思而兴建镇水观音寺，这是合乎逻辑之发展，也是从工程到艺术的深化。寺建成后，从湖东岸西望，隆起的土台及其上的建筑远映西山，南临清波，好像这股水是从西山出来，最终归入瀚海的。这是富有想像力的点睛之笔，它对净业湖风景的开发具有决定性的作用，规划的意匠和构思是非常可贵的。[1]

[1] 吴良镛：《北京通汇祠考及重修通汇祠记》，见《北京城市规划研究论文集》，北京，中国建筑工业出版社，1996。

净业湖的岸边，建置不少酒楼茶肆，湖上有画舫游船供游人泛舟，可以从净业湖渡过德胜桥下一直驶向什刹海的东岸。高珩《水关竹枝词》这样描写其热闹景象：

> “酒家亭畔唤渔船，万顷玻璃万顷天。
> 便欲过溪东渡去，笙歌直到鼓楼前。”

每年七月十五，达官贵人都群集这里设水嬉、放荷灯。冬季则在结冰的湖面上拖冰床，携围炉具，酌冰凌中。《帝京景物略》描述甚详：

> “岁中元夜，盂兰会，寺寺僧集，放灯莲花中，谓灯花，谓花灯。酒人水嬉，缚烟火，作凫、雁、龟、鱼，水火激射，至萎花焦叶。是夕，梵呗鼓铙，与燕歌弦管，沉沉昧旦。水秋稍闲，然芦苇天，菱芡岁，诗社交于水亭。冬水坚冻，一人挽小木兜，驱如衢，曰冰床。雪后，集十余床，炉分尊合，月在雪，雪在冰。”

清初，什刹海由于经年淤积又收缩成两个湖面：德胜桥东仍称什刹海或曰后海，东南为莲花泡子或曰前海，两者之间有银锭桥沟通。之后，沿岸各种摊贩聚集愈来愈多，茶棚、酒楼、戏馆林立，逐渐成为热闹的市场。三个水面(净业湖、后海、前海)原来的名称亦逐渐消失，统称之为什刹海了。银锭桥位于前、后海两个湖面的衔接处，站在桥上放眼西望，但见一片水面上的荷花及两岸浓荫匝地的垂柳，衬托着远处西山的秀美山形，犹如一幅天然图画，这就是著名的“银锭观山”之景。

江南、东南、巴蜀等经济、文化发达地区，富裕的农村聚落往往辟出一定地段开凿水池，种植树木，建置少许亭榭之类，作为村民公共交往、游憩的场所。这种开放性的绿化空间也具备公共园林的性质，或由乡绅捐资，或由村民集资修建，标志着当地农村居民总体上较高的文化素质和环境意识。其中一些在创意和规划上颇具特色，不仅达到相当高的造园艺术水准，还与其他公共活动相结合，成为村落人居环境的一个有机组成部分。

仍举浙江楠溪江为例。

楠溪江中游的苍坡村的宋代公共园林，在第五章已有论述，此后，便一直保持着这个优良传统并且又有所发展。

岩头村　是五代末年由福建移民创建的一个血缘村落，现状的规划格局则完成于明代［图6·35］。水系由村落的西北引来，经过沟渠流贯全村再汇聚于村东南，在这里形成狭长形的湖面——丽水湖，然后流出村外。公共园林即利用这处聚水湖的水景，再加以适当的建筑点染和树木配置而建成［图6·36］。

丽水湖是由水渠拓展而成的

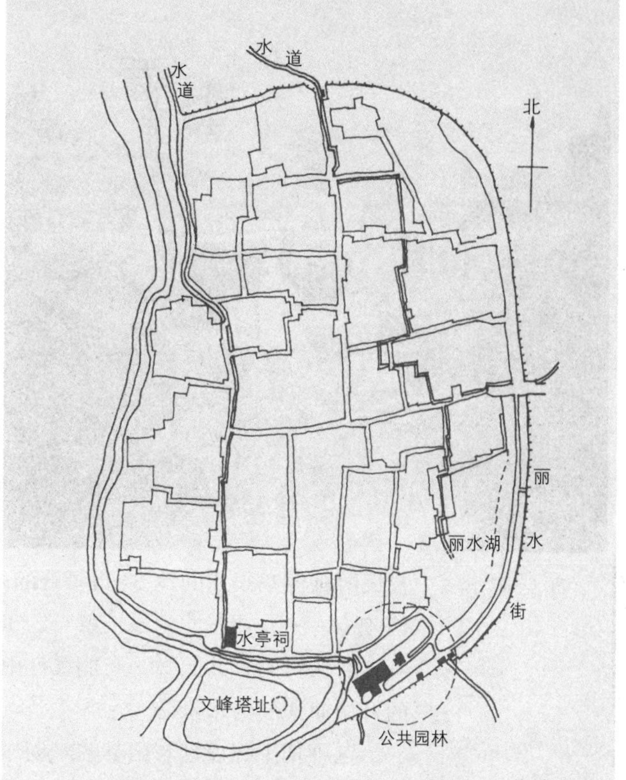

图 6·35 岩头村平面示意图(摹自：清华大学建筑系：《楠溪江中游乡土建筑》，台北，汉声杂志社，1994)

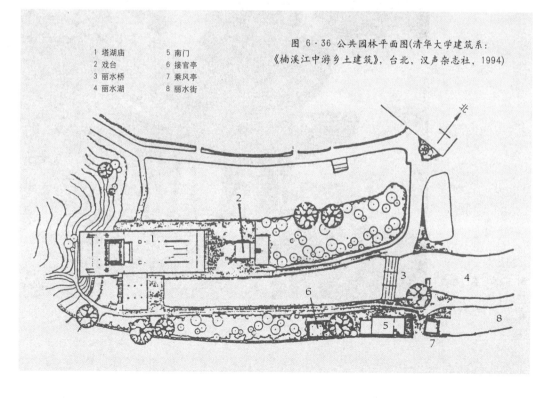

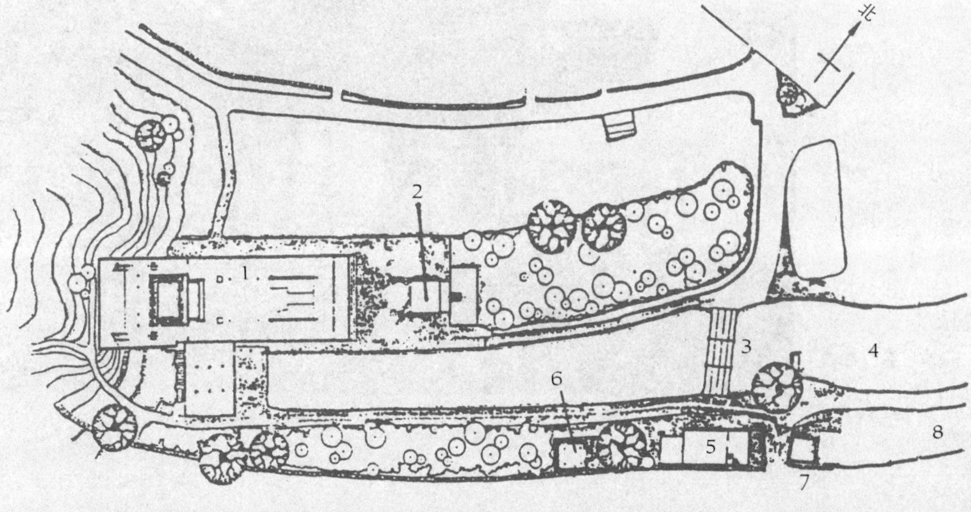

图 6·36 公共园林平面图(清华大学建筑系：《楠溪江中游乡土建筑》，台北，汉声杂志社，1994)

1 塔湖庙
2 戏台
3 丽水桥
4 丽水湖
5 南门
6 接官亭
7 乘风亭
8 丽水街

图 6·37 琴屿

湖面。这一弯湖水回绕着水中的半岛——琴屿 [图6·37]，在屿的西端建置塔湖庙，成为园林的构图中心。建筑的轮廓参差高下，配合东端浓荫蔽日的古树，上下天光倒影水中，则又形成一幅生动的天然图画。

塔湖庙建于明代嘉靖年间，坐西朝东，前后三进院落。后进庭院为一小水池，满植荷花，正殿环水院透空。它的南侧全部敞开，设置坐凳栏杆，可以俯瞰丽水湖，远眺村外之借景。庙的南面建小戏台，是村民酬神演戏娱乐的地方。自琴屿的东端过丽水桥，往南可达岩头村的南寨门 [图6·38]，往东北则是一条长约300米的临水商业街——丽水街。

岩头村的公共园林，与楠溪江中游的大多数村落一样，结合供水渠道的开凿而建成为水景园。

这种把工程设计与园林艺术创作结合起来的开放空间，为公众提供了游憩交往的场所，又具备祭祀、酬神等宗教活动和文娱活动的功能，还与商业街区有着便捷的联系。岩头村的公共园林，在规划设计方面算得上是高水平的一例了。

图 6·38 寨门外之接官亭

第十节 小 结

元、明、清初是中国古典园林成熟期的第二阶段，它上承两宋第一阶段的余绪在某些方面又有所发展。这个阶段的造园活动特点，大体上是第一阶段的延伸、继续，当然也有发展和变异。

一、士流园林的全面“文人化”，文人园林涵盖了民间的造园活动，导致私家园林达到了艺术成就的高峰，像宋代的文人园一样，全面地满足了文人士大夫的游赏、吟咏、宴乐、读书、收藏、啜茗、鬻蔬等的要求。江南园林便是这个高峰的代表。由于封建社会内部资本主义因素的成长，工商业繁荣，市民文化勃兴，市民园林亦随之而兴盛起来。它作为一种社会力量浸润于私家的园林艺术，又出现文人园林的多种变体，反映了创作上雅与俗的抗衡和交融。民间的造园活动广泛普及，结合于各地不同的人文条件和自然条件，而产生各种地方风格的乡土园林。这些，又导致私家园林呈现前所未有的百花争艳局面。

二、明末清初，在经济文化发达、民间造园活动频繁的江南地区，涌现出一大批优秀的造园家，有的出身于文人阶层，有的出身于叠山工匠。而文人则更广泛地参与造园，个别的甚至成为专业的造园家。丰富的造园经验不断积累，再由文人或文人出身的造园家总结为理论著作刊行于世。这些情况在以前均未曾出现过，乃是人们的价值观念改变的结果，也是江南民间造园艺术成就达到高峰境地的另一个标志。

三、元、明文人画盛极一时，影响及于园林，而相应地巩固了写意创作的主导地位。同时，精湛的叠山技艺、造园普遍使用叠石假山，也为写意山水园的进一步发展开辟了更有利的技术条件。明末清初，叠山流派纷呈，个人风格各臻其妙 [图6·39]，既充实了造园艺术的内容，又带动了造园技巧的丰富多样。因而这个时期的园林创作普遍重视技巧——建筑技巧、叠山技巧、植物配置技巧，形成其积极的一面，但也难免为下一个时期所产生的负面影响埋下伏笔。

图 6·39 （明）邵弥《竹石高士图》

图 6·40 （明）文征明《独乐园图》

图 6·41 （明）沈士充《郊园十二景》（凉心堂）

四、这个时期，由于经济繁荣，中小地主、商人、手工业主的数量大为增加，地方建筑有了较大的发展，从而形成了比较鲜明的地方特色，而园林建筑的地方特色便呈现为园林地方特色的重要标志。与经济发展的同时，大城市增多，在城镇和乡村中，公共建筑的类型相应地多了起来，居住建筑的质量也不断提高，装修装饰丰富，木雕、石雕、砖雕普遍应用于大、中型住宅中，家具、陈设作为室内装饰的主体亦大放异彩。这些，都影响及于园林建筑，较之宋代，它们的形象更丰富，群体的布局更为多样灵

活，功能上则更多地适应于园主人园居生活的各种要求。诸如此类的情形，在明人的“园林画”中都有所表现［图6 · 40］，［图6 · 41］。

五、 皇家园林的规模趋于宏大，皇家气派又见浓郁。这种倾向多少反映了明以后绝对君权的集权政治日益发展。另一方面，吸收江南私家园林的养分，保持大自然生态的“林泉抱素之怀”，则无异于注入了新鲜血液，为下一个时期——成熟后期的皇家园林建设高潮之兴起打下了基础。

六、在某些发达地区，城市、农村聚落的公共园林已经比较普遍。它们多半利用水系而加以园林化的处理，或者利用旧园废址加以改造，或者依附于工程设施的艺术构思，或者为寺观外围的园林化环境的扩大等等，都具备开放性的、多功能的绿化空间的性质。无论规模的大小，都是城市或乡村聚落总体的有机组成部分。所以说，公共园林虽然不是造园活动的主流，但作为一个园林类型，其所具备的功能和造园手法，所表现的开放性特点，已是十分明显了。

第七章

园林的成熟后期——清中叶、清末

（公元 1736—1911 年）

园林的成熟后期从清乾隆朝到宣统朝不过一百七十余年，就时间而言比以往四个时期都短，但却是中国古典园林发展历史上集大成的终结阶段。它积淀了过去的深厚传统而显示中国古典园林的辉煌成就，同时也暴露这个园林体系的某些衰落迹象。如果说，成熟期的园林仍然保持着一种向上的、进取的发展倾向，那么成熟后期则呈现为逐渐停滞的、盛极而衰的趋势了。

第一节 总 说

清代乾隆朝是中国封建社会漫长历史上最后一个繁荣时代，政治稳定，经济发展，多民族的统一大帝国最终形成。这个帝国表面上的强大程度似乎可以追摹汉、唐，然而当时的世界形势却已远非昔比。西方的殖民主义国家挟持其发达的工业文明和强大的武装力量逐渐向东方扩张，沙俄的侵略前锋已经达到中国的东北边疆，英帝国通过东印度公司控制印度之后继续从海上窥睨中国。乾隆五十七年(1792 年)，英国国王派遣以马尔戛尼勋爵(Lord Macartney)为首的外交使团来到中国，试图与清廷建立外交关系，同时也利用这个机会窥测中国的虚实。虽然乾隆皇帝在给英王的“诏书”中全部驳回了使团提出的通商和建交的要求，维护了“天朝”几千年的传统尊严。但英国人却通过这次出使对天朝帝国的实际情况多少有所了解，为后来的军事侵略预做了先期的准备。

国内，乾隆盛世的繁荣掩盖着尖锐的阶级矛盾和四伏的危机。一方面是地主小农经济十分发达，工商业资本主义因素经过清初短暂的衰落后又呈现活跃，统治阶级生活骄奢淫逸；另一方面则是广大的城乡劳动人民忍受残酷剥削，生活极端贫困。嘉庆、道光以后，各地民变此起彼伏，终于发展成咸丰年间声势浩大的太平天国革命，强烈冲击着清王朝的根基。

这个时期的封建文化沿袭宋、明传统，但已失却后者的能动、进取的精神。反映在艺术创作上，一是守成多于创新，二是过分受到市民趣味的浸润而愈来愈表现为追求纤巧琐细、形式主义和程式化的倾向。园林方面，乾隆朝的造园活动之广泛、造园技艺之精湛，可以说达到了宋、明以来的最高水平。北方的皇家园林和江南的私家园林，同为中国后期园林发展史上的两个高峰，同时也开始逐渐暴露其过分拘泥于形式和技巧的消极一面。乾、嘉的园林作为中国古典园林的最后一个繁荣时期，既承袭了过去的全部辉煌成就，也预示着末世的衰落迹象的到来。

道光、咸丰之际，以英国为首的西方殖民主义势力通过两次鸦片战争，用炮舰打开了“天朝”的封建锁国门户，激化了尖锐的阶级矛盾和深刻的社会危机。从此，中国古老的封建社会由盛而衰，终于一蹶不振。同治年间，清廷虽然镇压了太平天国、捻军等农民革命，出现所谓“同治中兴”的短暂局面。但随着帝国主义军事上的侵略、政治上的压迫、经济上的掠夺，封建社会逐步解体，到清末已完全沦为半封建半殖民地社会了。传统的封建文化已是强弩之末，面临着西方文明的冲击犹作困兽之斗，因而出现了文化发展上的种种复杂、混乱乃至畸形的状态。源远流长的中国古典园林体系尽管呈现末世衰颓，但由于其根深叶茂，仍然持续发展了一个相当长的阶段。同治以后，皇家尽管财力枯竭，亦未停止修建园苑。封建地主阶级中的大军阀、大官僚的新兴势力以及满蒙王公贵族，利用镇压农民革命所取得的权势而进行疯狂掠夺和大量土地兼并，在江南、北方、湖广等地，掀起一个兴建巨大华丽邸宅的建筑潮流。这股潮流又扩张到大地主、大商人阶层中，一直延续到清末的光、宣年间。华丽的邸宅必然伴随着私家园林的经营作为主要内容，以求得更多的物质和精神的享受。于是，同、光年间的造园活动又再度呈现蓬勃兴盛的局面，然而园林只不过维持着传统的外在形式，作为艺术创作的内在生命力已经是愈来愈微弱了。

乾、嘉两朝的皇家园林，代表着中国古典园林后期发展史上一个高峰。它的三个类别——大内御苑、行宫御苑、离宫御苑，在宫廷造园艺术方面都取得了辉煌的成就。道、咸以后，由高峰跌落为低谷，从此一蹶不振。清代皇家园林由盛而衰的这个短暂过程，反映了中国近代历史急剧转折的过程。

从乾隆到清末，民间的私家造园活动遍及于全国各地，在一些少数民族地区也有一定数量的私家园林建置，从而出现各地不同的地方风格。在这些众多的地方风格之中，江南、北方、岭南是比较最成熟的；它们的特点显著，造园艺术水平较高，完整保留下来的园林也很多。江南、北方风格早在元、明时期就已经形成了，入清以后，岭南风格异军突起，以珠江三角洲为中心，覆盖两广、福建、台湾等地。就全国范围内的造园活动而言，除了某些少数民族地区之外，几乎都受到这三个地方风格的影响或者作为它们的辐射波而呈现为许多“亚风格”。这许许多多的地方风格，都能够结合于各地的人文条件和自然条件，具有浓郁的乡土色彩，蔚为百花争艳之大观。所以说，在中国古典园林史上的这个终结阶段，私家园林长期发展的结果形成了江南、北方、岭南三大地方风格鼎峙的局面。这三大地方风格集中地反映了成熟后期民间造园艺术所取得的主要成就，也是这个时期私家园林的精华所在。

处在封建社会行将解体的末世，文人士大夫普遍争逐名利，追求生活享乐，传统的清高、隐逸的思想越来越淡薄了。再加之市井趣味更多地渗透于士流文化，文人士大夫的园林观相应地势必产生变化。园林的娱乐、社交功能上升，就大多数士人而言，“娱于园”的观点，似乎取代了传统的“隐于园”的观点。私家园林，尤其是宅园的绝大多数，都成为多功能的活动中心，成为园主人夸耀财富和社会地位的手段，这种趋向越到后期越显著。宋明以来文人园林的简远、疏朗、雅致、天然的特色逐渐消失，所谓雅逸和书卷气亦逐渐溶解于流俗之中。从表面上看来，文人园林风格似乎更广泛地涵盖于私家造园活动，但就实质而言，其中相当多的一部分日益趋向僵化、程式化，虽然很着重于技巧的追求但却失去了思想的内蕴。

第二节

皇家园林

清王朝进入乾隆时期，最终完成了肇始于康熙的皇家园林建设高潮，这个皇家建园高潮规模之广大、内容之丰富，在中国历史上是罕见的。

乾隆皇帝作为盛世之君，有较高的汉文化素养，平生附庸风雅，喜好游山玩水。他自诩“山水之乐，不能忘于怀”[1]，对造园艺术很感兴趣也颇有一些见解。明代以及康、雍两朝建置的那些旧苑已远不能满足他的需要，因而按照自己的意图对它们逐一进行改造、扩建。同时又挟持皇室敛聚的大量财富，兴建了为数众多的新园。乾隆曾先后六次到江南巡视，足迹遍及江南园林精华荟萃的江宁、扬州、苏州、无锡、杭州、海宁等地。凡他所喜爱的园林，均命随行的画师摹绘为粉本“携图以归”，作为北方建园的参考。一些重要的扩建、新建园林工程，他都要亲自过问甚至参与规划事宜，表现了一个内行家的才能。康熙以来，皇家造园实践经验上承明代传统并汲取江南技艺而逐渐积累，乾隆又在此基础上把设计、施工、管理方面的组织工作进一步加以提高。内廷如意馆的画师可备咨询，内务府样式房作出规划设计，销算房作出工料估算，有一个熟练的施工和工程管理的班子。因而园林工程的工期比较短，工程质量也比较高。这里特别值得一提的是内务府样式房掌案雷氏家族所绘制的清代中、晚期的大量工程图件和文件“样式雷图档”的公诸于世，[2]内容包括工程的勘察、设计构思、方案比较、施工等阶段上所完成的图、文字、烫样（模型）以及往来信函、日记等，目前为国内各单位所收藏的估计在万件以上。其中，最主要的是“画样”，即各种平面图、立面图、剖面图以及细部、透视等图样。根据专家对样式雷图档的整理、研究成果，参照内务府有关的“奏案”，足见当时皇家园林营造的组织和管理已很严密，而每项工程的设计、施工操作也是有序化和规范化的：先进行现场勘测，作出设计草图，包括总平面图和个体建筑的平面图、立面图、剖面图，据此精心制作总体和个体的烫样，上奏皇帝。钦准以后，再作出正式的设计图，拟定“工程做法”（相当于设计说明书），一并送交销算房估工计料，作

[1] 乾隆：《静宜园记》，见《日下旧闻考》卷八十六。

[2] 民国初年，雷氏家族败落，子嗣们迫于衣食，大量出卖家藏的图档于各书店、古玩店。当时的学术界得知此事后，发动文人和相关单位集资收购，遂成为学术研究的宝贵资料。目前以中国国家图书馆收藏最多，故宫博物院等单位也有少量收藏。

出预算。由内务府勘估处对预算进行核查，若无问题再经皇帝钦准，户部拨出银子。施工期间，勘估处还要随时监督，相当于“监理”的职能。另有大量的随工日记、书信往来，详细记录了工程进度及修改情况。在整个园林工程的进程中，尤其是勘察设计阶段，样式雷作为工程的总负责人，要随时听取皇帝、总理内务府的亲王大臣和内务府堂官的意见，进行必要的修改。[1]所以说，皇帝、王大臣、堂官以及样式雷本人实际上共同扮演造园师的角色。当时的皇帝如康熙、乾隆，内务府大臣如海望、三和等人，都有很高的文化素养，与工程有关的官员中不乏才华之士，还有如意馆画师的咨询。样式雷承上启下，在他制作的园林景点的烫样上颇能反映出他的园林艺术方面的学养。这些，乃是皇家园林得以成就其艺术水准的基本保证。明中叶以后，皇家园林的营建活动受到民间的影响，雇佣的方式逐渐代替劳役征发，出现私营包工商人的投标承包。从清康熙年间起，官家的匠役逐渐减少，施工已从政府运作转变为商业运作了。

[1] 王其亨：《样式雷图档——华夏建筑艺匠的传世绝响》，见张宝章等编：《建筑世家样式雷》，北京，北京出版社，2003。

从乾隆三年(1738年)直到三十九年(1774年)这三十多年间，皇家的园林建设工程几乎没有间断过，新建、扩建的大小园林按面积总计起来大约有上千公顷之多，它们分布在北京皇城、宫城、近郊、远郊、畿辅以及塞外的承德等地。营建规模之大，确乎是宋、元、明以来所未之见的。

较长期间的承平安定，农业、手工业、商业都有很大发展，全国人口迅速增加。北京作为政治、经济和文化的中心亦呈现空前繁荣的局面，城市居民锐增，城市建筑用地紧张，政府不得不容许大量居民迁入皇城之内，皇城的结构比之清初又有较大变化。除了宫廷所属的园林、寺庙，内务府机构及所属厂、局、仓库，少数贵戚官僚的邸宅之外，其余大部分地段均成为街道、胡同纵横的居民区了。

大内御苑的情况，也相应地有一些变动，参见第六章［图6·5］。

东苑。所保留下来的一部分明代苑林已析建为民宅，沿御河的园林点景已不复存在，其余地段改建为佛寺和内务府缎库。东苑已全部消失了。

景山。北上门之东西各建长庑50间，西庑为教习内务府子弟读书处。万岁门改名景山门，入门为绮望楼，楼后即景山五峰。乾隆十六年(1751年)，在五峰之顶各建亭一座，中为万春亭，左为观妙亭、周赏亭，右为辑芳亭、富览亭。乾隆十四年(1749年)，把皇寿殿从景山东北移建于正对中峰的中轴线上。仿太庙之制加以扩大，正殿内奉祀顺治、康熙、雍正三帝的御容。寿皇殿后之东北为集祥阁，西北为兴庆阁。殿东为永思门，门内为永思殿。永思殿又东为观德殿，再东为护国忠义庙。

兔园。已析建为民宅，园林全部消失。

西苑。三海以西的空地由于皇城内民宅日增而不断缩小，最后只剩下沿东岸的一条狭窄地带，不得不于此加筑宫墙以严内外之别。西苑的陆地范围缩小，苑内却增建了大量建筑物，包括佛寺、祠庙、殿堂、住房、小园林以及个体的楼、阁、亭、榭、小品之类的点景，由于建筑密度增高，苑内景色大为改观，尤以北海一带的变动最大。

紫禁城内。御花园和慈宁宫花园大体上仍保持着清初的格局，仅有个别殿宇的增损，另在内廷的西路新建“建福宫花园”，内廷东路新建“宁寿宫花园”。

以西苑改建为主的大内御苑建设，仅仅是乾隆时期皇家园林建设的一小部分，大量的则是分布在北京城郊及畿辅、塞外各地的行宫和离宫御苑。北京西北郊和承德两地尤为集中，无论就它们的规模或者内容而言，均足以代表有清一代宫廷造园艺术的精华［图7·1］。

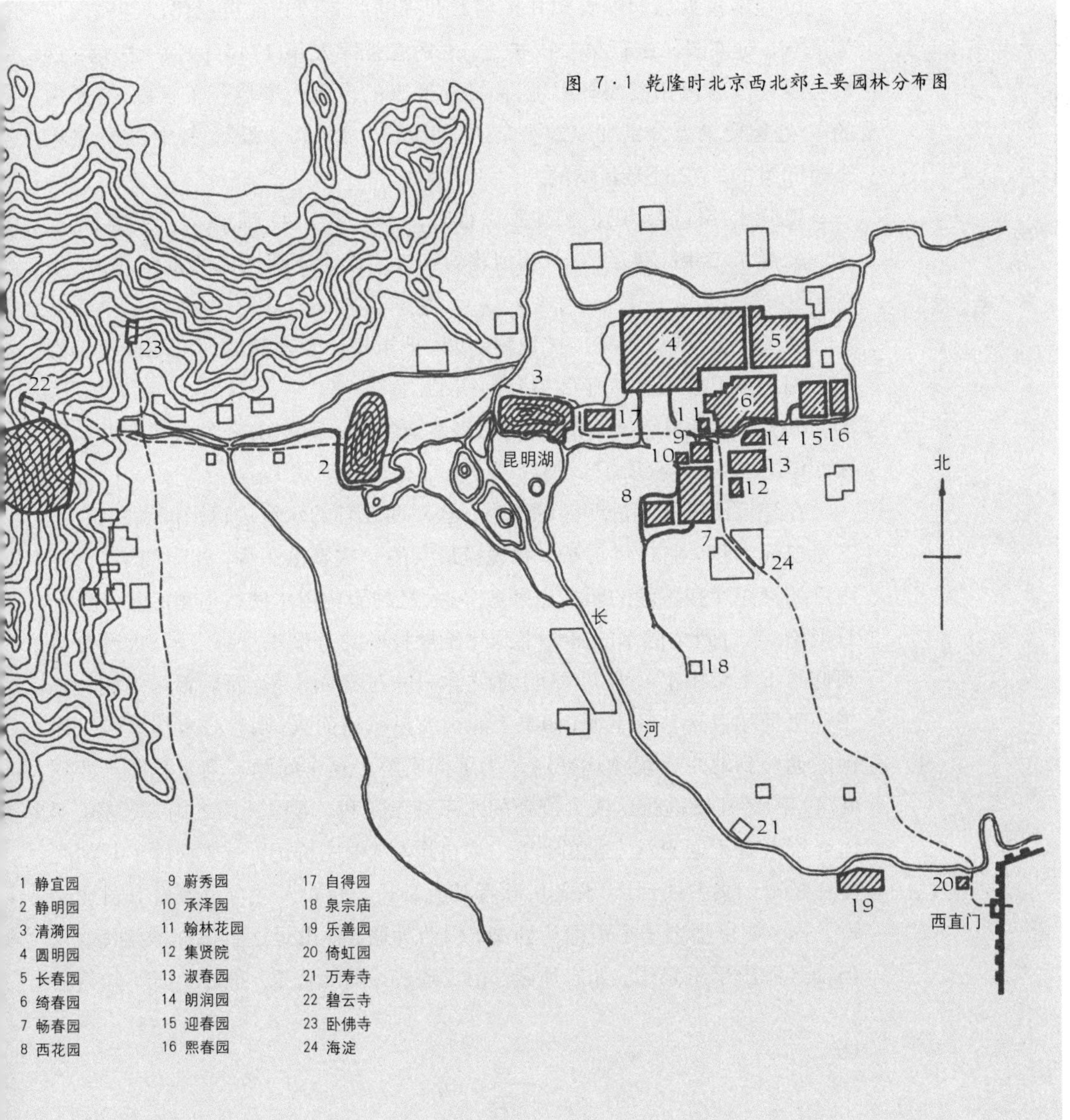

图 7·1 乾隆时北京西北郊主要园林分布图

乾隆之所以集中全力在北京西北郊和承德这两个地方兴建和扩建御苑，固然由于这里具备优越的山水风景，和康、雍两朝已经奠定的皇家园林特区的基础，而他本人持有与康熙同样的园林观也是一个主要的原因。乾隆酷爱园林的享受，六巡江南又深慕高水平的江南造园艺术。同时也像康熙那样保持着祖先的骑射传统，喜欢游历名山大川，对大自然山水林木怀着特殊的感情。他认为造园不仅是"一拳代山、一勺代水"对天然山水作浓缩性的摹拟，其更高的境界应该是有身临其境的直接感受："若夫崇山峻岭，水态林姿；鹤鹿之游，鸢鱼之乐；加之岩斋溪阁，芳草古木，物有天然之趣，人忘尘市之怀。较之汉唐离宫别苑，有过之无不及也。"[1]北京西北郊和承德的原始山水结构乃是创设园林的自然风景真实感的不可多得的地貌基础，这样的造园基地，对于乾隆来说其所具有极大的诱惑力，自是不言而喻的。

[1] 乾隆：《避暑山庄后序》，见《热河志》卷二十五。

乾隆奉皇太后居畅春园并扩建其西邻的西花园，他自己仍以圆明园作为离宫。对该园又进行第二次扩建，大约在乾隆九年(1744年)告一段落。这次扩建并没有再拓展园林用地，而是在原来的范围内增建若干景点。将园内的40处重要景点分别加以四个字的"景题"，成"四十景"。其中28处是雍正时旧有的，12处是新增的。

乾隆十年(1745年)，扩建香山行宫，十二年(1747年)改名"静宜园"。

乾隆十二年(1747年)，就长河南段南岸之康亲王赐园的废址改建为"乐善园"。

乾隆十五年(1750年)，扩建静明园，把玉泉山及山麓的河湖地段全部圈入宫墙之内，乾隆十八年(1753年)完工。

同年，在瓮山和西湖的基址上兴建清漪园，改瓮山之名为"万寿山"，改西湖之名为"昆明湖"。乾隆二十九年(1764年)完工。

在建设清漪园和静明园的同时，还对西北郊的水系进行了彻底的整治，这是自元、明以来对西北郊水系规模最大的一次整治工程。乾隆初年，海淀附近陆续兴建和扩建的园林愈来愈多，大量的园林用水使得这里的耗水量与日俱增。当时园林供水的主要来源除流量较小的万泉庄水系之外，大部分必须仰给于玉泉山汇经西湖(昆明湖)之水——玉泉山水系。而后者正是明代以来通惠河赖以接济的上源，如果上源被大量截流而去，则势必直接影响大运河的通州到北京一段漕运畅通。为了彻底解决这个问题，乃于乾隆十四年(1749年)冬开始进行这次大规模的水系整治工程。工程开始之前，乾隆曾派人详细考查了通惠河上源的情况，亲自撰写《麦庄桥记》一文勒碑于长河之麦庄桥畔。文中谈到："水之伏脉者其流必长，亦如人之有蕴藉者其德业必广。……如京师之玉泉汇而为西湖，引西为通惠，由是达直沽而放渤海。人但知其源出于玉泉山，如志所云'巨穴喷沸，随地皆泉'而已。而不知其会西山诸泉之伏流，蓄极溢涌，至是始见，故其源不竭而流愈长。……”这就是说，西湖之水源除了来自玉泉山诸泉眼，尚有西山一带的大量“伏流”可资利用，不能白白地浪费掉。开源与节流必需同时考虑，于是确定了水系整理工程的三个主要内容：一、拦蓄西山、香山、寿安山一带的大小山泉和涧水，通过石渡槽导引入于玉泉山的水系，再通过玉河而汇入西湖；二、结合兴建清漪园来拓宽、疏浚西湖作为蓄水库，乾隆二十四年(1759年)在静明园南宫门的南面开凿“高水湖”，稍后又开凿“养水湖”与玉河连通，作为辅助水库，并安设相应的涵闸设施；三、疏浚长河，长河即元、明以来一直沿用的自西湖通往北京城的输水干渠。香山一带每遇夏秋霖雨季节，山洪暴发，有冲决石渡槽、东泻而淹没农田的危险。为此，乾隆三十七年(1772年)命于香山之东、昆明湖以西开挖两条排洪泄水河。一条东行，至安河桥注入清河；另一条东南行，至钓鱼台旧塘汇聚而扩为一湖，即今之玉渊潭。这两条泄水河在外围保护着高水、养水、昆明三湖不受山洪泛滥之威胁，也维持了附近广大农田的正常灌溉之利［图7·1］。

经过这一番整治之后，昆明湖的蓄水量大为增加，北京的西北郊形成了以玉泉山、昆明湖为主体的一套完整的、可以控制调节的供水系统。它保证了宫廷、园林的足够用水，补给了通惠河上源，增加了储水量，也收到农田灌溉的效益。同时，还创设了一条由西直门直达玉泉山静明园的长达十余公里的皇家专用水上游览路线。

乾隆十六年(1751年)，在圆明园东面建成长春园。乾隆三十七年(1772年)，在圆明园的东南面建成绮春园。此二园与圆明园紧邻，有门相通。另外，还有规模较小的两座附园：熙春园、春熙院。这五座园林同属圆明园总管大臣管辖，到乾隆后期，圆明园已成为五园贯联为一体的宏大的离宫御苑了。道光年间，熙春园、春熙院分别作为赐园赐出，一般通称的圆明园则包括长春、绮春二园在内，又叫做“圆明三园”。

海淀以南的泉宗庙、五塔寺、万寿寺内均建置园林作为皇帝游赏驻跸之所，也具有行宫御苑的性质。

乾隆时期的西北郊，已经形成一个庞大的皇家园林集群。其中规模宏大的五座——圆明园、畅春园、香山静宜园、玉泉山静明园、万寿山清漪园，这就是后来著称的“三山五园”。最大的圆明园占地五百余公顷，最小的静明园也有65公顷。圆明、畅春为大型人工山水园，静明、清漪为天然山水园，静宜园为天然山地园。它们都由乾隆亲自主持修建或扩建，精心规划、精心施工。可以说，三山五园汇聚了中国风景式园林的全部形式，代表着后期中国宫廷造园艺术的精华。圆明园附近又陆续建成许多私园、赐园，连同康、雍时留下来的一共有二十余座。在西起香山、东到海淀、南临长河的辽阔范围内，极目所见皆为馆阁联属、绿树掩映的名园胜苑。这是一个巨大的“园林之海”，也是历史上罕见的皇家园林特区。

北京西北郊以外的远郊和畿辅以及塞外地区，新建成或经过扩建的大小御苑亦不下十余处，其中比较大的是南苑、避暑山庄和静寄山庄。

乾隆三年(1738年)，扩建北京南郊的南苑，增设宫门为9座，苑内新建团河行宫以及衙署、寺庙若干处，作为皇帝狩猎、阅武和游幸时驻跸之用。

乾隆十六年(1751年)，扩建承德避暑山庄，五十五年(1790年)完工。在园内增建大量的景点，其中主要的36处是为“乾隆三十六景”。园外狮子沟以北、武烈河东岸一带，先后建成宏伟壮丽的“外八庙”，自北而东环绕避暑山庄有如众星拱月。

乾隆十九年(1754年)，在蓟州西北二十五里的盘山南麓建成静寄山庄，又名盘山行宫。盘山前岗如屏，后嶂如扆，是京东南著名的风景名胜区。行宫的宫墙长达十余里，随山径高下为纡直。涧泉数道流于园内，山下设闸以时启闭。乾隆曾题署“静寄山庄十六景”，园内八景为：静寄山庄、太古云岚、层岩飞翠、清虚玉宇、镜圆长照、众音松吹、四面芙蓉、贞观遗踪；园外八景为：天成寺、万松寺、舞剑台、盘谷寺、云罩寺、紫盖寺、千相寺、浮石舫。

其余规模较小的行宫计有：

白涧行宫，在蓟州城西40里。

隆福寺行宫，在蓟州城东60里。

南石槽行宫、三家店行宫，在顺义县城西北通往热河的驿路上。

涿州行宫，在涿州城南里许。

大新庄行宫，在三河县东。

烟郊行宫，在三河县西50里、康熙烟郊行宫旧址的南面。

髫髻山行宫，在怀柔县城东南90里之髫髻山以东4里。髫髻山二峰高耸，上有碧霞元君庙，行宫即为乾隆游山行香时驻跸之所。

钓鱼台行宫，在北京阜成门外之玉渊潭，原为金代钓鱼台行宫之旧址。《长安客话》载：“元初，廉公希宪即钓鱼台为别墅，构池堂上，绕池植柳数百株，因题曰万柳堂。”则是当时的另一处“万柳堂”。清乾隆三十八年(1773年)，疏浚玉渊潭以受纳香山新开泄洪河之水，并重修钓鱼台台座，俗称望海楼。之后，又在台之南建园林“养源斋”，山环水抱，环境清幽，有养源斋、潇碧轩、澄漪亭、水榭等建筑物，作为一座小型的行宫。皇帝自圆明园出发往谒西陵时、到天坛祭天时，必于此处用早膳。

保定行宫，在保定府城内。

这些行宫都是为乾隆帝巡狩、谒陵途中，以及游览近、远郊和畿辅的风景名胜时短暂驻跸之用，大多数均有园林和园林化的建置。畿辅以外地区，如南巡江南的沿途、西巡五台山的沿途，以及北狩热河的沿途，也都修建大小行宫数十处之多。

乾隆朝是明、清皇家园林的鼎盛时期，它标志着康、雍以来兴起的皇家园林建设高潮的最终形成。其后的嘉庆朝虽尚能维持这个鼎盛局面，但已不再进行较大规模的建置。

道光朝，中国封建社会的最后繁荣阶段已经结束，皇室再没有财力营建新园。大内御苑大体上仍保持着原来的面貌，但郊外和畿辅各地御苑的情况则有很大变化。畅春园已呈现破败状态，皇太后移居绮春园，改名“万春园”。为了节约宫廷开支而撤去清漪、静明、静宜三园的陈设，只有作为皇帝离宫的圆明园、避暑山庄每年仍花费十多万两银子进行维修和翻建。其他的行宫御苑，有的勉强维持现状，有的由于停止巡狩而常年废置不用，任其逐渐坍毁。这时候，西方殖民主义势力已经通过武力打开了古老封建锁国的门户。第一次鸦片战争后，中国被迫与英国签订第一个不平等条约——“南京条约”，开始沦为半封建半殖民地社会。咸丰年间，爆发了太平天国运动，太平军的前锋一度进逼天津，清王朝的统治受到严重威胁，但咸丰帝仍在圆明园内过着荒淫无度的生活。咸丰六年(1856年)，英国侵略军进攻广州，挑起第二次鸦片战争。咸丰八年(1858年)，清政府与英国签订“天津条约”。咸丰十年(1860年)，英法两国借口护送公使赴北京换约，以军舰进攻大沽口炮台，被大沽守军击退。事后，这两个老牌殖民主义国家又纠集两万多兵力卷土重来。乘清政府遵照天津条约撤防北塘之机，攻陷大沽口。沿白河长驱直入，占领通州，咸丰帝仓皇逃往承德避暑山庄。这年十月，英法联军自通州直趋北京西北郊，占领海淀和圆明园，大肆抢掠园中珍宝、字画、古玩、陈设。劫掠之后，联军统帅额尔金(Lord Elgin)竟下令将圆明园及附近的宫苑全部焚毁。大规模的焚烧分两次进行。第一次在咸丰十年(1860年)八月二十二日至八月二十五日，焚烧对象是圆明三园。这次焚烧的情形，据恭亲王奕䜣的奏折：“该夷于二十二日，窜扰园廷，肆行焚掠。……见庭宇间被毁坏，惟不能确指地名。陈设等物，抢掠一空，并王大臣园寓暨宫门外东首各衙门朝房及海淀居民铺户，大半焚烧。”又据内务府大臣宝鋆的奏折：“廿二日夜间，遥见西北火光烛天，奴才不胜惊骇。惟时当深夜，恐其(夷匪)乘势攻城，不敢开门往探。至廿三日，惊闻廿二日酉刻，夷匪入圆明园。……旋于廿五日夷匪由园退回，当时派司员前往探听。随据禀称，园内殿座，焚烧数处，常嫔业经因惊溘逝，总管内务府大臣文丰投入福海殉难等语。”第二次焚烧是在同年九月初五至十一日，除继续焚烧圆明园外，主要焚烧了清漪园、静明园、静宜园等处。据步军统领瑞常的奏折："窃自八月二十二日之后，该夷日日结队前往海淀一带驻扎。自九月初五日，夷人复以大队窜扰园庭，将圆明园、清漪园、静明园、静宜园内各等处焚烧。"[1]有关圆明园内外两次被焚掠的情况，总管内务府大臣明善于咸丰十年(1860年)十月初四日的一份奏折中做了详细的陈述。

[1] 秦国经、王树卿:《圆明园的焚毁》,载《故宫博物院院刊》,1979(1)。

"……奴才遵即会同总管王春庆，并率领圆明园郎中景绂、庆连、员外郎锡奎、六品苑丞广淳，并各园各路达他等前往三园内逐座详查：九洲清晏各殿、长春仙馆、上下天光、山高水长、同乐园、大东门均于八月二十三日焚烧。至三园内正大光明殿等座于九月初五初六日焚烧，玉玲珑馆于十一日焚烧。……其蓬岛瑶台、慎修思永、双鹤斋等座，及庙宇、亭座、宫门、值房等处，虽房座尚存，而殿内陈设、铺垫、几、案、椅、杌、床张均被抢掠，其宫门两边罩子门，及大北门、西北门、藻园门、西南门、福园门、绮春园宫门、运料门、长春园宫门等处虽未焚烧，而门扇多有不齐。查所有园内各座陈设、木器，及内库金银、紬缎等项册籍，向系司房内殿等处管收，亦均被抢、被焚无从清查。现在所存殿座、房间、亭座、庙宇、宫门、船只，除由总管王春庆缮具清单赴热河恭呈御览外，其大宫门、大东门，及大宫门外东西朝房、六部朝房、内果房、銮仪卫值房、内务府值房、恩慕寺、恩佑寺、清溪书屋、阅武楼、木厂征租房、澄怀园内近光楼六间、值房八间、上驷院、武备院值房等处均被焚烧，档案房前后堂、汉档房等处被焚，满档房、样式房等处尚存数间，亦被抢掠，仅将印信护出无失。库房六座，被抢四座，焚烧二座。查银库现存正项银一百六两六钱二分一厘，银钞二万九千三百二十五两，当百、当五十大钱五百六十三串五十文。奴才率同官员达他等进库搜查，惟存银钞一万一百两，其余银钞一万九千二百二十五两，并实银制钱尽行失去。……器皿库五座内存装修、什物、零星木植、灯只等件，抢掠不齐，现在赶紧详查，俟查清再行造册奏明存案。……所有园内各处一时实难整理。奴才与总管王春庆及该管司员再回筹酌，拟将福园门收拾整齐，内外添安锁钥，内著首领太监及各园各路达他带领园户等巡查看守，外饬圆明园八旗、内务府三旗、绿营员弁照旧启闭，管辖、稽查出入，其余通外各门及墙缺处所，奴才亲督工匠用现存砖石赶紧补砌，以严防守。……"[2]

[2] 中国第一历史档案馆:《圆明园》,上海,上海古籍出版社,1991。

咸丰在得知圆明园及三山被焚掠的消息后，一再指示留在北京的恭亲王奕䜣"只可委曲将就，以期保全大局"，尽速与英法议和。十月二十五日，奕䜣代表清政府与英法签订《北京条约》，联军退出北京。咸丰十一年(1861年)七月，咸丰帝病死在承德避暑山庄，两宫太后垂帘听政。

北京西北郊的皇家园林虽经英、法侵略军的焚烧破坏，毕竟由于园林规模太大，并未完全夷为平地。管理机构仍然存在，各园都有宫监看守。同治十二年(1873年)，同治帝亲政。是年八月以奉养两宫太后为名，下诏修复圆明园，但工程进行不久，由于国库空虚、统治阶级内部意见分歧而不得不于次年停工。至于其他的行宫御苑，就更没有力量去修复了。

同治十三年(1874年)，同治帝病死，光绪帝继位，两宫太后再次垂帘听政。光绪七年(1881年)，东太后病死，西太后叶赫那拉氏独揽朝政。光绪十四年(1888年)，光绪帝发布上谕重修清漪园，改名"颐和园"，作为西太后"颐养天年"的离宫。这时候，内忧外患频仍，列强已完全控制中国的经济命脉，国内吏治腐败，灾疫流行，民不聊生。清政府的财力已处于枯竭状态，修复颐和园只能依靠挪用兴办新式海军的造舰经费，才得以在光绪二十四年(1898年)勉强完成。

光绪重建后的颐和园，虽然大体上沿袭清漪园的总体规划格局，但建筑密度增大，在某些局部景观上必然有所变异。随着同、光以来园林艺术没落的趋向而出现繁琐、浓艳的作风，颐和园当然也脱不出时代的这种影响。

就在西太后进住颐和园之后不久，华北民间爆发了带有宗教色彩的反对帝国主义的义和团运动。由山东而河北，如火如荼地遍及于东北、山西、河南等地。光绪二十六年(1900年)五月，义和团进入北京包围东交民巷外国使馆区。西太后面对这股强大的人民力量，不得不改变镇压的方式，施展利用的策略，同时也由于列强曾反对她企图废黜光绪、另立皇帝的计划而滋长一种仇外的心理，遂悍然以光绪的名义下诏向各国宣战。八月，当英、美、德、法、俄、日、意、奥八个帝国主义国家组织的联军进攻中国、兵临北京城的时候，她却带着光绪仓皇出走，逃往西安去了。

八国联军占领北京，洗劫宫禁，各处大内御苑均遭到不同程度的破坏。圆明园又被劫掠，一些恶霸、兵痞勾结宫监乘机拆运园内的残余建筑，盗卖木料砖瓦。俄、英、意军先后进驻颐和园盘踞达一年之久，抢掠珍贵文物，建筑虽未被焚毁但也受到严重破坏。英、日军闯入南苑，焚烧部分建筑物，捕杀苑中禽兽。北京的皇家园林，再一次遭受帝国主义侵略军的摧残。光绪二十七年(1901年)，清政府与各国签订《辛丑条约》，八国联军撤出北京。次年，西太后返回北京，立即动用巨款将残破的颐和园加以修缮，稍后又对西苑的南海进行一次大修，继续在这两处御苑内过着穷奢极欲的生活。其他的行宫御苑，则任其倾圮，就连经常性的修缮亦完全停止。由于管理不严，残留的建筑物陆续被拆卸盗卖，劫后的遗址逐年泯灭。到清末，大部分均化为断垣残壁、荒烟蔓草、麦垄田野了。

宋人李格非在《书洛阳名园记后》一文中说："园圃之废兴，洛阳盛衰之候也。且天下之治乱，候于洛阳之盛衰而知；洛阳之盛衰，候于园圃之废兴而得。"北京皇家园林的情况，也正是如此。在清代的几百年间，它的兴起、发展、鼎盛而趋于衰落的沧桑经历，足以从一个侧面反映了中国近代、现代历史的转折、盛衰、消长的过程。每个热爱中国、热爱中国园林艺术的人，可以从中得到多少启迪啊！

在以下的第三、四节，列举十个有代表性的园林实例，分别介绍它们的内容及其从乾隆至清末的变化情况，阐述它们的园林艺术特色，对某些造园手法也作适当的分析。读者通过这些实例，可以更具体、更全面地了解这个时期的皇家园林的内容、所取得的成就及其在这一百多年间的兴衰变化情形。

第三节
大 内 御 苑

本节列举的大内御苑实例四个：西苑面积很大，位于皇城以内、宫城(紫禁城)西邻；慈宁宫花园、建福宫花园、宁寿宫花园位于房屋密集的宫城内廷，面积较小，它们都是平地起造的人工山水园。

西 苑

西苑 [图7·2] 的最大一次改建是在乾隆时期完成的，改建的重点在北海。经过这次改建之后，北海的建筑密度大增，园林景观亦有很大变化。

乾隆年间，皇城范围内的居民逐渐多起来，三海以西原属西苑的大片地段上，这时已完全被衙署、府邸、民宅占用。因而西苑的范围不得不收缩到三海西岸，仅保留了沿岸的一条狭长地带，并且加筑了宫墙。西苑的面积缩小了，水面占去三分之二。北海与中海之间亦加筑宫墙，西苑更明确地划分为北海、中海、南海三个相对独立的苑林区。

康熙、乾隆的两次改建，奠定了西苑此后的规模和格局。根据《日下旧闻考》、《乾隆京城全图》等文字和图纸资料，参佐西苑的现状情况，可以得出这座大内御苑在乾隆时期的全部概貌。

团城之上，在承光殿的南面建石亭，内置元代的玉瓮“渎山大御海”。此瓮可贮酒三十余石，原置万岁山广寒殿内，元末流失，乾隆以千金购得于西华门外的真武庙中。承光殿之后为敬跻堂，堂东为古籁堂、朵云亭，堂西为余清斋、沁香亭，堂后为镜澜亭。

团城之东，经桑园门进入北海。

团城与琼华岛之间跨水的堆云积翠桥，桥南端与团城的中轴线对位，但桥北端则偏离琼华岛的中轴线少许。为了弥补这一缺陷，乾隆八年(1743年)改建新桥成折线形，桥北端及堆云坊均往东移，使得桥之南北端分别与团城、琼华岛对中，从而加强了岛、桥、城之间的轴线关系。

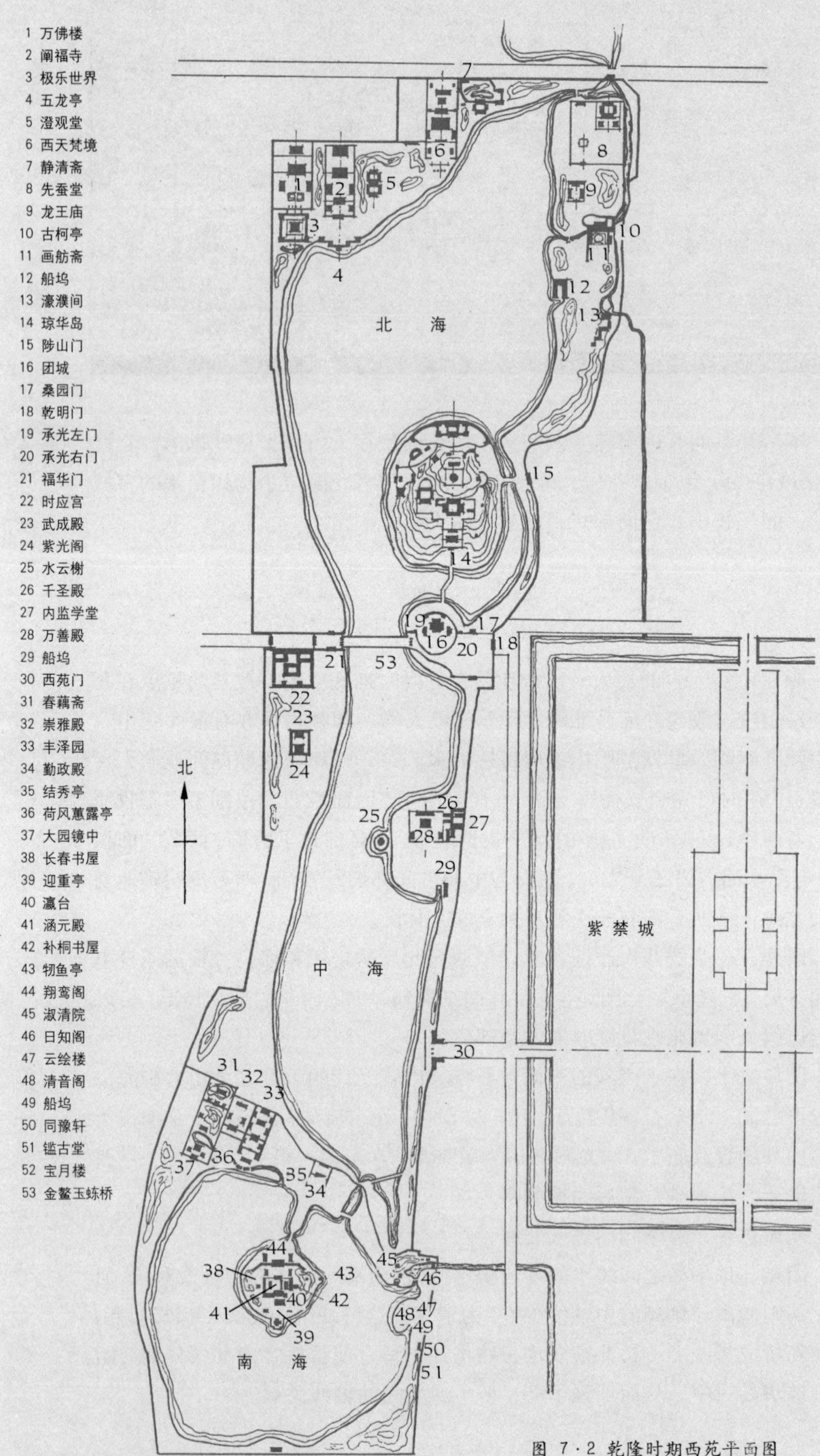
1 万佛楼
2 阐福寺
3 极乐世界
4 五龙亭
5 澄观堂
6 西天梵境
7 静清斋
8 先蚕堂
9 龙王庙
10 古柯亭
11 画舫斋
12 船坞
13 濠濮间
14 琼华岛
15 陟山门
16 团城
17 桑园门
18 乾明门
19 承光左门
20 承光右门
21 福华门
22 时应宫
23 武成殿
24 紫光阁
25 水云榭
26 千圣殿
27 内监学堂
28 万善殿
29 船坞
30 西苑门
31 春藕斋
32 崇雅殿
33 丰泽园
34 勤政殿
35 结秀亭
36 荷风蕙露亭
37 大园镜中
38 长春书屋
39 迎熏亭
40 瀛台
41 涵元殿
42 补桐书屋
43 牣鱼亭
44 翔鸾阁
45 淑清院
46 日知阁
47 云绘楼
48 清音阁
49 船坞
50 同豫轩
51 镃古堂
52 宝月楼
53 金鳌玉蝀桥
北海
中海
南海
紫禁城
北

图 7·2 乾隆时期西苑平面图

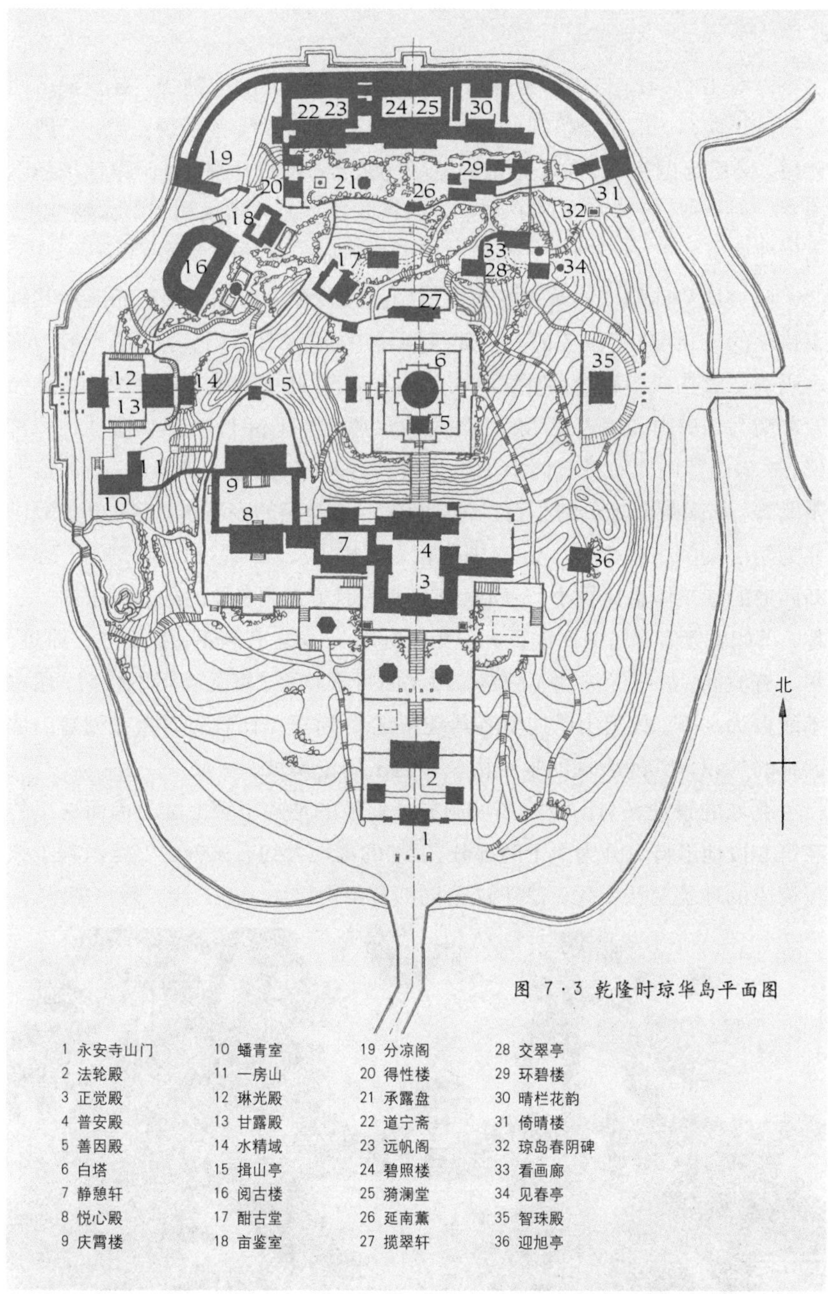

图 7·3 乾隆时琼华岛平面图

琼华岛上新的建置主要集中在东坡、北坡和西坡，南坡为顺治年间建成的永安寺［图 7·3］。

南坡的永安寺，是一组布局对称均齐的山地佛寺建筑群。山门位于南坡之麓，其后为法轮殿。殿后拾级而上，平台左右二亭。倚山叠石为洞，太湖石相传为金代移自艮岳者。再拾级而登临太平台，院落一进，正殿普安殿，前殿正觉殿，左右二配殿。普安殿后石磴道之上为善因殿，殿后即山顶之小白塔［图7·4］。自山门至白塔，构成南坡的明显的中轴线。普安殿之西为一进小院落，正厅静憩轩。再西为一进较大的院落，前殿悦心殿，后殿庆霄楼，楼后为撷秀亭。悦心殿前出宽敞的月台，视野开阔，可俯瞰琼华岛以南之三海全景。乾隆每年冬天奉皇太后在此观赏西苑雪景和湖上冰嬉。整个南坡建筑之布置遵循轴线、构图严谨，颇能显示宫苑的皇家气派。

西坡地势陡峭，建筑物的布置依山就势，配以局部的叠石而显示其高下错落的变化趣味。主要的一组建筑群居中，后殿甘露殿、前殿琳光殿与临水码头三者构成中轴线。但就西坡总体看来， 此中轴线并不甚突出。琳光殿之南为一房山和蟠青室两座小厅呈曲尺形建于平台上，以爬山廊通达庆霄楼。一房山厅内原有叠石假山小品一组故名。平台南临一湾清池，清池连通于北海，其间跨曲尺形的小石拱桥，形成一处幽静的小型水景区。琳光殿以北为两层的阅古楼25间，左右围抱相合，楼内庋藏三希堂法帖刻石。琼华岛西坡的建筑体量比较小，布局虽有中轴线但更强调总体的随宜高下曲折之趣，正如乾隆在《塔山西面记》一文中所说："室之有高下，犹山之有曲折、水之有波澜。故水无波澜不致清，山无曲折不致灵，室无高下不致情。然室不能自为高下，故因山以构室者其趣恒佳。"这里是比较更着重在创造山地园林的气氛，其所表现的景观格调，自不同于南坡。

北坡的景观又与南坡、西坡迥异。北坡的地势下缓上陡，因而这里的建筑亦按地形特点分为上下两部分。上部的坡地大约有三分之二是用人工叠石构成的地貌起伏变化，赋予这个局部范围内以崖、岫、岗、嶂、壑、谷、

图 7·4 永安寺

图 7·5 倚山而建之酣古堂

洞、穴的丰富形象，具有旷奥兼备的山地景观的缩影。它与颐和园万寿山前山中部的叠石同为北方叠石假山的巨制，但艺术水平则在后者之上。尤其是那些曲折蜿蜒的石洞，洞内怪石嶙峋，洞的走向与建筑相配合，忽开忽合，时隐时显，饶富趣味，深具匠心。这部分坡地上建筑物的体量最小，分散为许多群组，各抱地势随宜布置：靠西的酣古堂是幽邃的小庭院 [图7·5]，堂之东侧倚石洞，循洞而东为写妙石室，其南抵小白塔之阴为揽翠轩；这一带“或石壁，或茂林，森峙不可上”[1]，是以山林景观为主，建筑比较隐蔽。靠北居中为扇面房延南薰，其西为承露盘，铜铸仙人像摹仿汉代上林苑内“仙人承露”之意。延南薰的东面为涵碧楼，缘爬山廊而下为嵌岩室，折而西为小亭一壶天地。山坡转西在阅古楼之后有长方形小池，池上跨六方形之桥亭烟云水态。池之西为亩鉴泉朴室三间，后临方池。从西坡甘露殿之后照殿水精域内之古井引来活水，蜿流于山石间，经烟云水态亭下再注入方池之中。过此则伏流不见，往北直到承露盘侧之小昆丘始擘岩而出为瀑布水濑，沿溪赴壑汇入北海。这一路小水系有溪、有涧、有潭、有瀑，有潺潺水音、有伏流暗脉，构成北坡的一处精巧的山间水景。承露盘以西是一组山地院落建筑群：得性楼、延佳精舍、抱冲室、邻山书屋，“或一间，或两架，皆随其宛转高下之趣”[2]。山坡的东边，交翠亭与盘岚精舍倚山而构，这两座建筑之间以爬山廊“看画廊”相连接，室内通达石洞，凭栏可远眺北海及其北岸之景，是一处既幽邃又开朗的山地小园林。北坡下部之平地上，临水建两层之弧形廊“延楼”，西起分凉阁东至倚晴楼，长达60间 [图7·6]。延楼之后为远帆阁、道宁斋、碧照楼、倚澜堂、晴栏花韵、紫翠房、莲花室一组体量较大的厅堂建筑群。这部分建筑于乾隆三十六年(1771年)建成，在时间上

[1] [2] 乾隆：《塔山北面记》，见《日下旧闻考》卷二十六。

图 7·6 琼华岛北坡近景

图 7·7 自琼华岛东坡眺望景山

图 7·8 自北海南岸眺望小白塔

稍晚于上部。乾隆形容其为“南瞻窣堵，北颊沧波，颇具金山江天之概”[1]，显然意在摹拟镇江北固山的“江天一揽”之景。

[1] 乾隆：《塔山北面记》，见《日下旧闻考》卷二十六。

东坡的景观则又有所不同，植物之景为主，建筑比重最小。自永安寺山门之东起，一条密林山道纵贯南北，松柏浓荫蔽日，颇富山林野趣。东坡的主要建筑物是建在半圆形高台“半月城”上的智珠殿，坐西朝东。它与其后的小白塔、其前的牌楼波若坊和三孔石桥构成一条不太明显的中轴线。从半月城上可远眺北海东岸、钟鼓楼及景山之借景[图7·7]。南面有小亭翼然名慧日亭，北面为见春亭一组小园林及“琼岛春荫”碑。

琼华岛的四面因地制宜而创为各不相同的景观，规划设计的构思可谓匠心独运，乾隆为此撰写了《塔山四面记》一文勒石于南坡永安寺。岛上建筑物都是点景的主要手段，其中的绝大多数同时又是观景的重要场所，可以俯瞰三海、远眺京城内外直到无垠的天际。它的总体形象，婉约而又端庄，尤其是从北海的西岸、北岸一带观赏，整个岛屿由汉白玉石栏杆镶嵌承托而浮现在水面上，绿荫丛中透出红黄诸色的亭台轩榭若明若灭，顶部以白色的小白塔作为收束[图7·8]，通体的比例匀称，色彩对比强烈，倒影天光上下辉映，正如漪澜堂的一副对联所描写的：“四面波光动襟袖；三山烟霭护瀛洲。”这里仍然保持着元、明时的“海上仙山”的创作意图，而且把它升华到更高的境界。虽然北面临水的六十间延楼体量过于庞大，以致尺度失调，但毕竟瑕不掩瑜，琼华岛不愧为北京皇家园林造景的一个杰出作品[图7·9]。

北海东岸，原凝和殿已废，藏舟浦改建为大船坞。来自什刹海之水在

图7·9 自北海北岸眺望小白塔

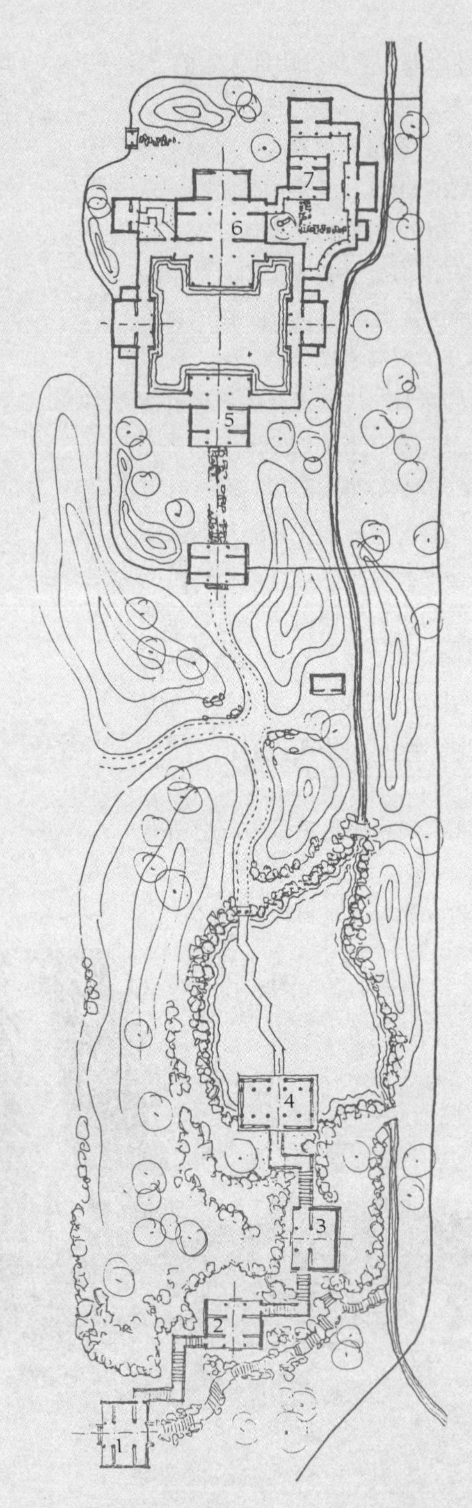

图 7·10 濠濮间——画舫斋景区平面图

1 大门
2 云岫厂
3 崇淑室
4 濠濮间
5 春雨林塘
6 画舫斋
7 古柯庭

西苑的东北角上汇为小池，自此处再分为两支：一支西流下泻入北海；另一支沿着东宫墙南流，在陟山门之北折而东南流入筒子河。乾隆二十年(1755年)，利用这后一支水系沿东宫墙建成一个相对独立的景区［图 7 · 10］。

此景区包括自南而北的四个部分：水系南端的第一部分筑土为山，山上建云岫、崇椒二室以爬山廊串联［图 7 · 11］。

北面的第二部分是以水池为主体的小园林濠濮间，水池用青石驳岸，纵跨九曲石平桥惜驳岸过高，山石堆叠技法呆板，是其美中不足之处［图 7 · 12］。

桥南水榭，桥北石坊，水榭连接于其南的爬山廊。石坊以北为第三部分，平地筑土山如岗坞丘陵状，树木蓊郁，道路蜿蜒其中。过此往北，进入第四部分即画舫斋。这是一组多进院落的建筑群，作为皇帝读书的地方。前院春雨林塘，院内

图 7·12 平桥及水榭

土山仿佛丘陵余脉未断，山上绿竹猗猗。循曲径过穿堂进入正院，正厅为前轩后厦的画舫斋。斋前临方形水庭［图 7·13］。斋后的小庭院土山曲径，竹石玲珑。东北隔水廊为一小巧精致的跨院古柯庭，曲廊回抱，粉墙漏窗，具有江南小庭园的情调［图 7·14］。

庭前古槐一株，相传为唐代物。这个景区的四部分自南而北依次构成山、水、丘陵、建筑的序列。游人先登山，然后临水渡桥，进入岗

图 7·13 画舫斋之水庭

图 7·11 云岫及爬山廊

图 7·14 古柯庭之小院

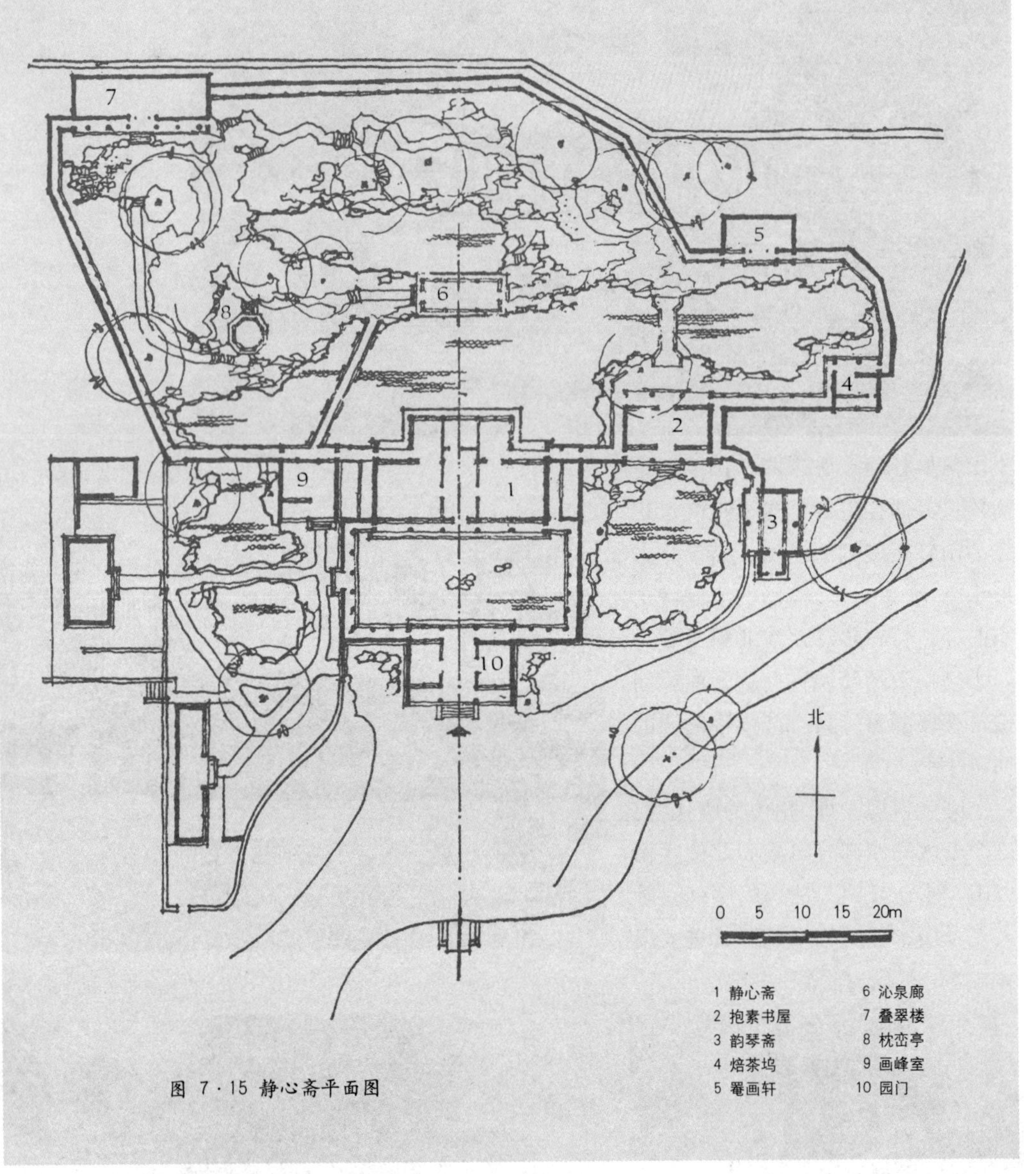

图 7·15 静心斋平面图

坞回环的丘陵，到达建筑围合的宽敞水庭，最后结束于小庭院。这是一个富于变化之趣、有起结开合韵律的空间序列，把自然界山水风景的典型缩移与人工建置交替地展现在大约三百余米的地段上。构思巧妙别致，可谓深得造园的步移景异之三昧。

画舫斋之北为皇后嫔妃养蚕、祭蚕神的先蚕坛，建成于乾隆七年(1742年)。宫墙周长一百六十丈，正门设在南墙偏西。先蚕坛内有方形的蚕坛、桑树园，以及养蚕房、浴蚕池、先蚕神殿、神厨、神库、蚕署等建筑。

北海北岸新建和改建的共有六组建筑群：镜清斋、西天梵境、澄观堂、阐福寺、五龙亭、小西天。它们都因就于地形之宽窄，自东而西随宜展开。利用其间穿插的土山堆筑和树木配置，把这些建筑群作局部的隐蔽并且联络为一个整体的景观。因此，北岸的建筑虽多却并不显壅塞。

镜清斋 建成于乾隆二十三年(1758年)，这是一座典型的“园中之园”，它既保持着相对独立的小园林格局，又是大园林的有机组成部分。当年作为皇帝读书、操琴、品茗的地方。光绪年间改名“静心斋”，除在西北角上加建叠翠楼之外，大体上仍保持着乾隆时期的规模和格局，正门面南、临湖[图7·15]。

园址为明代北台乾佑阁旧址，北靠皇城的北宫墙，南临北海。这里必须让出环海道路的足够用地，故园址的进深比较浅，造园设计确有一定难度。

园林的主要部分靠北，这是一个以假山和水池为主的山池空间，也是全园的主景区。它的南面和东南面则分别布列着四个相对独立的小庭院空间。这四个空间以建筑、小品分隔，但分隔之中有贯通，障抑之下有渗透，由迂回往复的游廊、爬山廊把它们串联为一个整体。山池空间最大，但绝大多数建筑物则集中在园南部四个小庭院，作为山池空间主景的烘托。足见造园的立意是以山池为主体，建筑虽多，却并无喧宾夺主之感。

从烟波浩渺的北海北岸进入园门，迎面为四个小庭院之一的方整水院。由开旷而骤然幽闭，通过空间处理的一放一收完成了从大园到小园的过渡。水院的正厅也就是全园的主体建筑物“静心斋”，面阔五间，北出抱厦三间。绕过正厅进入北面的山池空间，则又豁然开朗。这整个有节奏的对比序列，一开始便予人以强烈的印象，引起情绪的共鸣。

山池空间也就是园林的主景区，周围游廊及随墙爬山廊一圈。正厅静心斋面北临水池，水池的北岸堆筑假山，这是私家园林典型的“凡园圃立基，定厅堂为主”的布局方式。但这个景区地段进深过浅，因而又因地制宜运用增加层次的办法来弥补地段的缺陷：跨水建水榭“沁泉廊”[图7·16]将水池分为两个层次，与正厅、园门构成一条南北中轴线。池北的假山也分为南北并列的北高南低的两重，与水池环抱嵌合，形成了水池的两个层次之外的

图7·16 沁泉廊

图 7·17 大假山

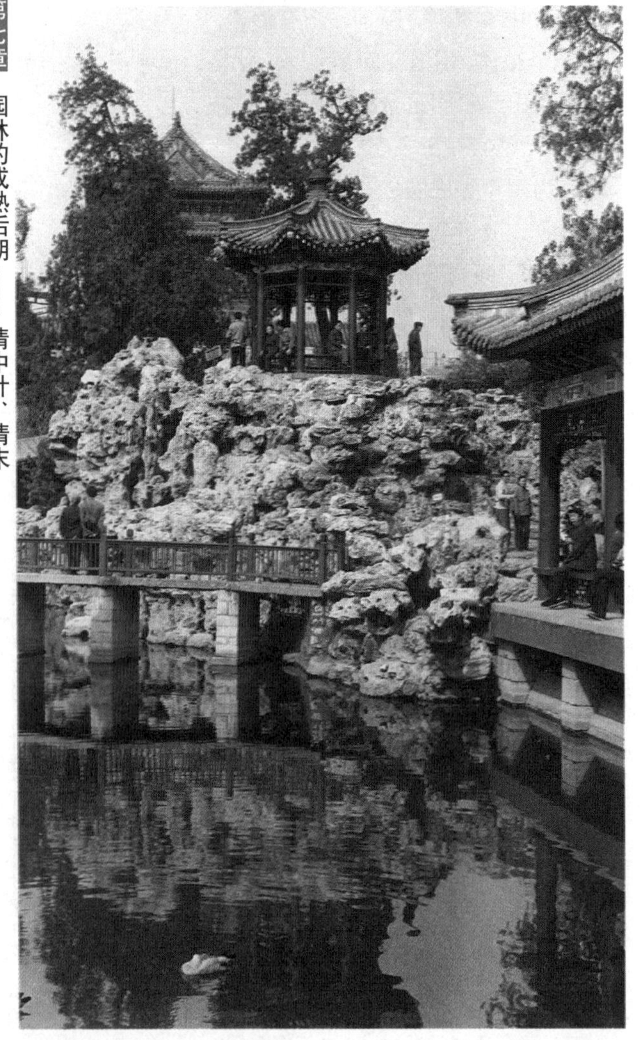
图 7·18 枕峦亭

山脉的两个层次［图7·17］。通过这种多层次既隔又透的处理，景区的南北进深看起来就仿佛比实际深远得多,这是此园设计最成功的地方。假山的最高处在西北，山的主脉与水体相配合，蜿蜒直达东南面的小庭院“罨画轩”，形成景区西北高、东南低的地貌。西南的余脉回抱成一突起的岗峦，这是为了与主脉相呼应并以实体填补西南角的空虚，同时也增加景区东西向的层次感。假山全部用北太湖石叠造，北面倚宫墙，挡住了墙外的噪声，保证园内环境之安静。山的西北高，则又在一定程度上为园林创造了冬暖夏凉的小气候条件。山的南北两重之间宛若峭壁，形成贯穿东西的一条深谷，也作为沟通景区东、西的山道，对外能表现层次感，对内则加强山地景观的气势。这整组假山于博大峻厚之中又见婉约多姿，它那

图 7·19 石拱桥

仿佛真山一角的陵阜陂陀形象，可以看出张南垣一派叠山风格的余绪，因此很有可能是张然后人的作品。

主景区内的建筑不多，但与山水的结合关系却处理得很好。沁泉廊作为景区的构图中心，与正厅静心斋对应构成南北向的主轴线。西北角假山的最高处建两层的叠翠楼作为景区的制高点，楼与爬山廊相结合实为冬天防御西北寒风的屏障。从爬山廊登叠翠楼，还有山石砌筑的户外楼梯。在楼上可极目远眺园外什刹海和北海的借景，当年西太后登此楼观赏北面什刹海盂兰盆会的荷灯，灯光万点映照水面，乃是一种“应时而借”的特殊借景。西南岗峦上建八方小亭“枕峦亭”，两者的尺度十分谐调 [图7·18]。原来在岗顶暗置一大水缸，皇帝游幸时将水放出，形成瀑布，其声清脆。坐此亭上，居高临下，目观四面八方山水之景，耳听水声、树声、风声、鸟语蝉声，声声交织，赏心乐事，别有一番情趣。枕峦亭与叠翠楼成犄角呼应之势，又与东面的汉白玉小石拱桥成对景，从而构成东西向的次轴线 [图7·19]。这

图 7·20 小庭院

主次两条轴线就是控制全园总体布局的纲领。

园内另外三个小庭院罨画轩、抱素书屋、画峰室，均以水池为中心，山石驳岸，厅堂、游廊、墙垣围合，但大小、布局形式都不相雷同［图 7·20］。各抱地势，不拘一格。它们既有相对独立的私密性，又以游廊彼此联通。院内水池与主景区的大水池沟通，形成一个完整的水系。

静心斋以建筑庭院烘托山石主景区，山池景观突出，具有多层次、多空间变化的特点。园内林木蓊郁，古树参天。体现了小中见大、咫尺山林的境界，确是一座设计出色的、闹中取静的精致小园林。

西天梵境　是大型的宫廷佛寺，又名大西天，乾隆二十四年(1759年)建成。南临水，设船码头，山门前为琉璃牌楼。以北第一进院落为天王殿，钟、

图 7·21 北海九龙壁

鼓楼。第二进正殿大慈真如殿。第三进正殿华严清界，高两层，四隅各有楼相接。第四进为九层琉璃塔，此塔与玉泉山顶的玉峰塔同一形制，刚完工不久便毁于火。[1]西侧另有跨院，正殿大圆镜智宝殿。殿后建亭，亭后为藏经楼。殿前正对大影壁一座即著名的“九龙壁”，全长25.52米，高6.65米。在影壁的两面，用五色琉璃拼镶为九条姿态各异的团龙浮雕，工艺极精致［图7·21］。

[1] 乾隆：《登玉泉山定光塔二十韵》诗注：“于大西天仿江宁报恩寺、万寿山仿杭州开化寺皆欲建塔。既而大西天者毁于火，万寿山者又建而弗成。故并罢之，兼有志过之作，见前集。”

澄观堂　原为明代先蚕堂的东值房，共两进院落。乾隆七年(1742年)先蚕坛东迁新址，此处改建为乾隆游览北海时的休息处。乾隆四十四年(1779年)，收得赵孟頫的快雪堂帖，摹刻成石镶嵌在两廊壁上，原堂改名为“快雪堂”。庭院内有移自北宋东京艮岳的名石“云起”，大门前有元代的铁影壁。

图 7·22 五龙亭

阐福寺　建成于乾隆十一年(1746年)，即明代太素殿、先蚕坛的旧址。建筑群共三进院落建在高台之上，南面正对五龙亭。正殿高三层，内供巨型释迦佛站像，故名大佛殿。其形制仿照河北正定龙兴寺大佛殿，是当年皇城诸寺庙中最为壮丽的一座殿宇。

寺前临水的五龙亭，重修后仍保持着明代的旧观［图7·22］。

小西天　又名观音阁，乾隆皇帝为庆祝皇太后七十寿辰于乾隆三十六年(1771年)建成。平面正方形，面阔七间，殿内有仿南海普陀山的泥塑大山。殿外的四角建角亭，四面环以水池。每面水池之上各架汉白玉石桥一座，桥外琉璃牌楼。此种建筑布局方式，显然是密宗曼荼罗(Mandala)的摹拟。小西天之北为万佛楼，楼内供小型铜铸镏金佛像上万尊。楼的东北别有一小院，为乾隆拈香礼佛时的休息处。

北海西岸原来的建筑已全毁废，加筑宫墙之后地段过于狭窄，因而未作任何建置。

金鳌玉蝀桥南侧的东、西两端分别为进入中海苑林区东、西岸的两座园门——蕉园门、紫光门。

中海西岸，紫光阁于乾隆二十五年(1760年)修葺之后，仿效汉代绘功臣像于凌烟阁之制，将平定回部和大小金川叛乱的二百名功臣的画像置于阁内，另在阁的四壁满绘这两次战役主要场景的壁画。阁后为武成殿，殿内的东西两壁绘西师劳绪诸图。殿外两庑各十五间，石刻乾隆有关两次战役的《御制诗》二百二十四首。

中海东岸，西苑门以及蕉园万善殿一组大建筑群仍保持旧观。

南海苑林区亦保持康熙时之旧观。乾隆二十二年(1757年)，另在南海南岸建成宝月楼，作为瀛台宫殿建筑群中轴线的延伸。

乾隆时期的西苑，经过又一次规模较大的改建之后，园林的陆地面积缩小了，但建筑的密度却增大。因此，原来的总体景观所表现的那种开旷、疏朗、富于野趣的环境气氛已经大为削弱了。乾隆帝经常住在郊外的圆明园，西苑只作一般性的游赏，但每年的传统活动，如北海冰嬉、中海水云榭放荷灯、丰泽园演耕耤礼、先蚕坛演浴蚕礼等，仍然继续进行。苑内佛寺、祀庙增多，宗教活动频繁，园林相应地具有更浓郁的宗教气氛。

嘉、道、咸、同诸朝，西苑除个别建筑物的更易增损之外，大体上仍保持着乾隆时期的格局。

光绪十二年(1886年)，西太后在撤帘归政的前夕，动用当时筹办海军的经费修葺西苑。工程的内容包括改建、新建、拆修、补修等项，历时两年完工，这是明、清对西苑的最后一次修建。在南海，重修瀛台、翔鸾阁、澄怀堂以及新建大小殿宇共98处；在中海，重修船坞、水云榭、新建军机房；在北海，重修团城承光殿、阐福寺、画舫斋等将近20处。规模远不及康熙、乾隆时的两次修建，因而也没有引起西苑总体规划格局的变异。光绪年间，对于是否在中国修筑铁路的问题朝廷颇有争议，西太后为了亲身体验，乃命在西苑内修建一段轻便铁路。起点站设在紫光阁前，路轨沿中海和北海的西岸敷设直达静心斋前的终点站，火车曾来往运行多次。这条铁路不久便拆除了，但却不失为西苑建设中的一个小插曲，也可说是中国铁路史上的一出小闹剧。

慈宁宫花园

慈宁宫花园在慈宁宫的东邻，是后者的附园。慈宁宫建于明代，清顺治十年(1653年)、乾隆十六年(1751年)重加修葺，一直作为历朝的太皇太后、皇太后、太妃、太嫔们居住的地方。她们平时过着孀居而又缺少天伦之乐的生活，即使贵为皇太后，比起当年做皇后时的地位也有所降低，皇帝只在每年元旦、万寿、冬至日到皇太后宫中行礼，届时母子才得相见。她们在孤寂中往往以宗教信仰作为精神寄托，因而花园内的许多建筑物都供佛藏经。这个园林与其说是游憩之地，毋宁说是念佛修性之所，颇有寺庙园林的色彩。

慈宁宫花园原为明代的旧苑，清代顺治、乾隆年间曾对园内建筑做过一些添改，但基本的规划格局一直保持未变［图 7 · 23］。花园的平面为长方形，东西宽 55 米、南北深 125 米，面积约 0.69 公顷。建筑布置完全按照主次相辅、左右对称的格局来安排，园路的布设亦取纵横均齐的几何式，是一个极少见的规整式庭园。园内建筑密度较低，大小 11 幢占全园面积不到五分之一。庭园空间比较开朗，也没有过多的山池点缀，到处古树参天、浓荫匝地，于肃穆气氛中予人以幽邃雅致、恬静脱俗之感。咸若馆、临溪亭建于明代，《明宫史》有记载。其余建筑物大抵都是清乾隆时扩建或改建的。

咸若馆位于园林中轴线的北端，是全园的主体建筑物，面阔五间，前出厦三间，汉白玉石须弥座，黄琉璃瓦歇山屋顶，内供佛像，贮藏佛经。其后为慈荫楼，左右为宝相楼和吉云楼，也都是供佛藏经之所。宝相、吉云两楼之南各有小院

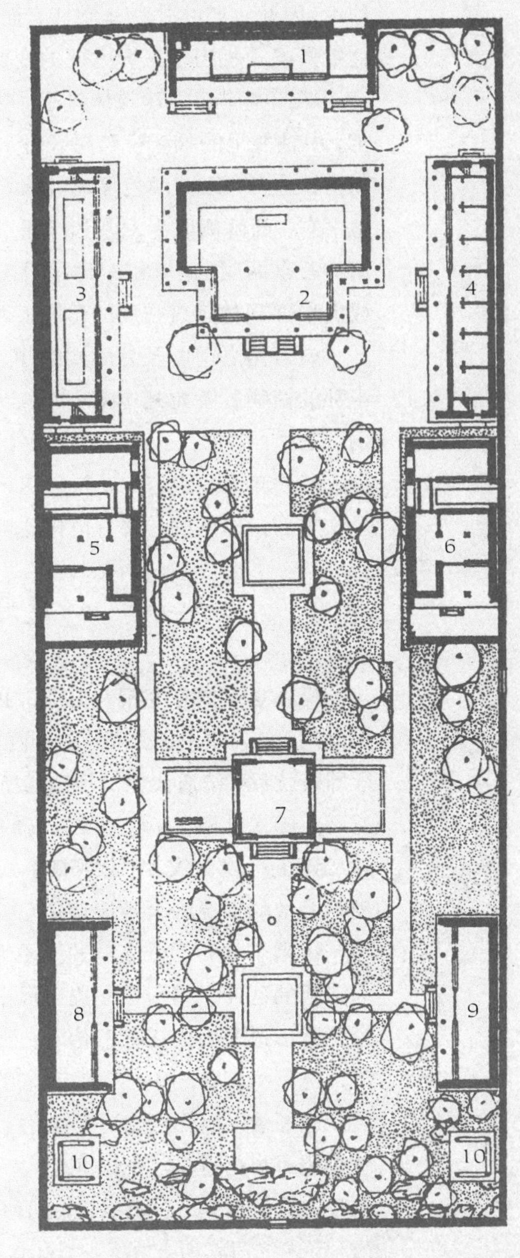

图 7 · 23 慈宁宫花园平面图
（天津大学建筑系：《清代内廷宫苑》）

一座：含清斋、延寿堂。乾隆当年修建这两座小院之原意为“守制”期间居住用，因此它们的外观非常朴素而内檐装修却极精致。这就是花园北半部的建置情况，相当于三合庭院的变体。

花园南半部，建筑体量小，密度更低，园林的意味亦较北半部更为浓郁。中轴线上的临溪亭跨越长方形水池之上，亭平面方形，攒尖顶，四面有门窗，窗下为绿黄两色琉璃槛墙。此亭与池的形式与御花园内的大体相同。池之东、西两侧原为翠芳和绿云二亭，现已不存。东、西厢房各三开间，其南为井亭两座。南墙正中为园门揽胜门，迎面叠石假山障隔。以五座亭子构成南半部园林建筑布局的母题，匠师的巧妙安排，可谓别具一格。

咸若馆之前以及慈荫楼两侧，成行地种植松柏树，早先还有玉兰树。南半部的植物配置尤其丰富，树木以松柏的散植为主，间以槐、楸、银杏、青桐、玉兰、海棠、丁香、榆叶梅等，水池莳荷花，临溪亭南还有两株大可合抱、高欲参天的银杏树。园内花繁叶茂，四季常青，阴翳蔽日，满眼苍翠。风吹咸若馆屋角的铃铎，阵阵送响，益增园林清寂幽邃的意境。

建福宫花园

建福宫花园在建福宫之北、重华宫之西，建于清乾隆五年(1740年)，面积大约0.4公顷。重华宫的前身西二所原为乾隆做皇太子时居住的地方。乾隆即帝位后，按清代惯例把西二所升格，改建为重华宫。其西的西四所、西五所亦随之升格，改建为建福宫的附园，又名西花园。这座园林已全部毁于1922年的一次火灾，根据《日下旧闻考》的记载，参照《乾隆京城全图》和现存遗址的情况，大致能够把它的原状推断出来［图7・24］。

花园东部约三分之一的地段为三进院落位于建福宫的中轴线上，可视为宫廷的延伸。第一进中央惠风亭，平面方形三开间带周围廊，重檐攒尖顶。第二进北面为正厅静怡轩，面阔五间，三卷勾连搭屋顶；南面为垂花门，也就是园林的正门。第三进的北面为后照楼“慧曜楼”。

慧曜楼以西，由通透的游廊依次分隔为三个院落空间：吉云楼面阔三间，敬胜楼面阔九间，均坐北朝南。靠西墙的碧琳馆为坐西朝东的两层楼房，楼前院内有小型叠山、植桧树，间种兰花，是一处幽静的小庭园。乾隆《碧琳馆》诗中描写其为：“叠石为假山，植桧称温树；咫尺兰阸间，缥缈蓬壶趣。”

这三个院落的南面便是园林的主要部分，居中偏北的延春阁为主体建筑物。阁的平面方形，面阔五间带周围廊，重檐攒尖顶。乾隆时，每年正月奉皇太后于延春阁观灯。乾隆《延春阁牡丹》诗有句云：“雨中牡丹盛，春过恰延春；得意有多态，通身无点尘；高松宜作伴，群卉那堪伦；自爱清香

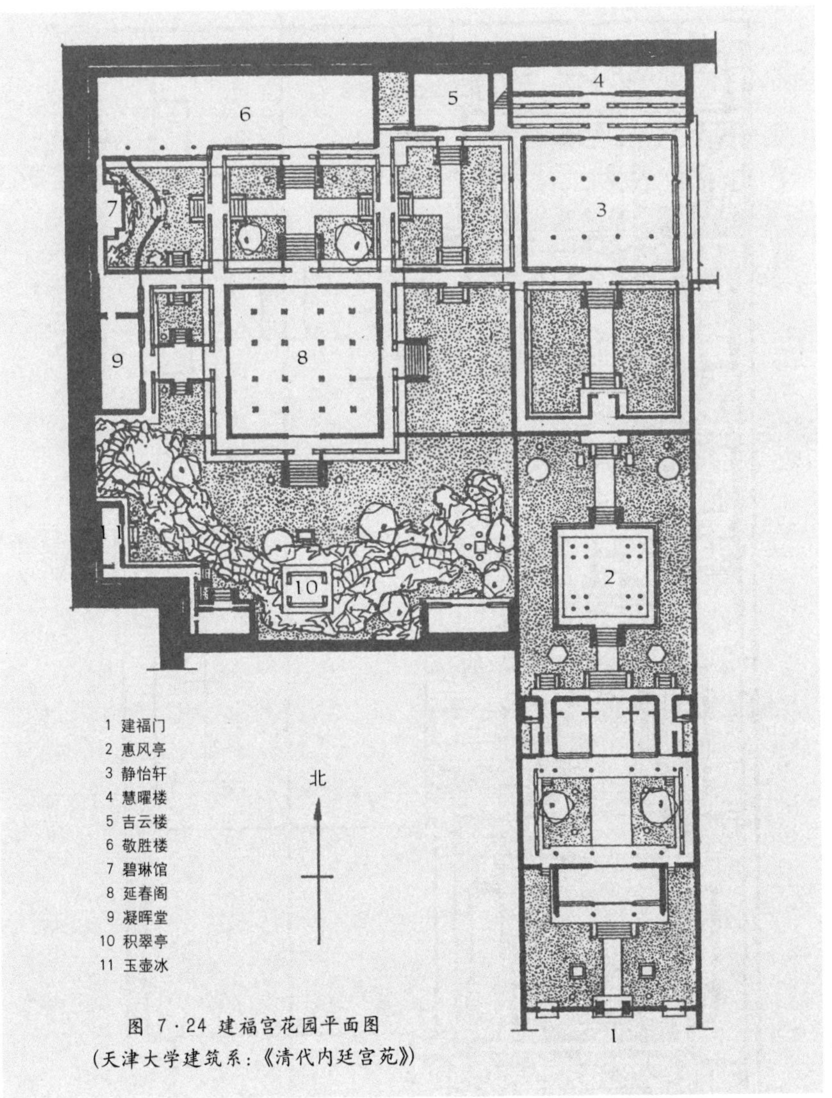

图 7·24 建福宫花园平面图
（天津大学建筑系：《清代内廷宫苑》）

递，何须睡鸭陈。”可知当年阁前多植古松，牡丹花事特盛，故命名为延春。阁之西，靠西墙为凝晖堂，面阔三间，坐西朝东，它的南室三友轩内庋藏曹知白的十八松图、元人君子林图、宋元梅花合卷等三幅古画，故以“三友”命室之名。堂北侧为妙莲华室，堂前的庭院内亦植松、竹、梅三种花木，故乾隆咏之为：“乔松恒落落，新笋已亭亭；虽是梅子候，无妨通体馨。”[1]延春阁的南面屏列着一座叠石大假山，山上“结亭曰积翠，山左右有奇石，西曰飞来、东曰玉玲珑。山之西穿石洞而南，洞口恭勒御题曰鹫峰”[2]。这山上的积翠亭与其后的延春阁、敬胜斋的东五间，三者正好形成一条纵贯南北的中轴线。山的东、西两侧设蹬道可登临积翠亭眺望园外之借景，东部做成狭

[1] 乾隆：《三友轩诗》，见《日下旧闻考》卷十八。

[2]《日下旧闻考》卷十七。

1 衍祺门
2 古华轩
3 旭晖亭
4 禊赏亭
5 抑斋
6 遂初堂
7 萃赏楼
8 延趣楼
9 耸秀亭
10 三友轩
11 符望阁
12 养和精舍
13 玉粹轩
14 倦勤斋
15 竹香馆

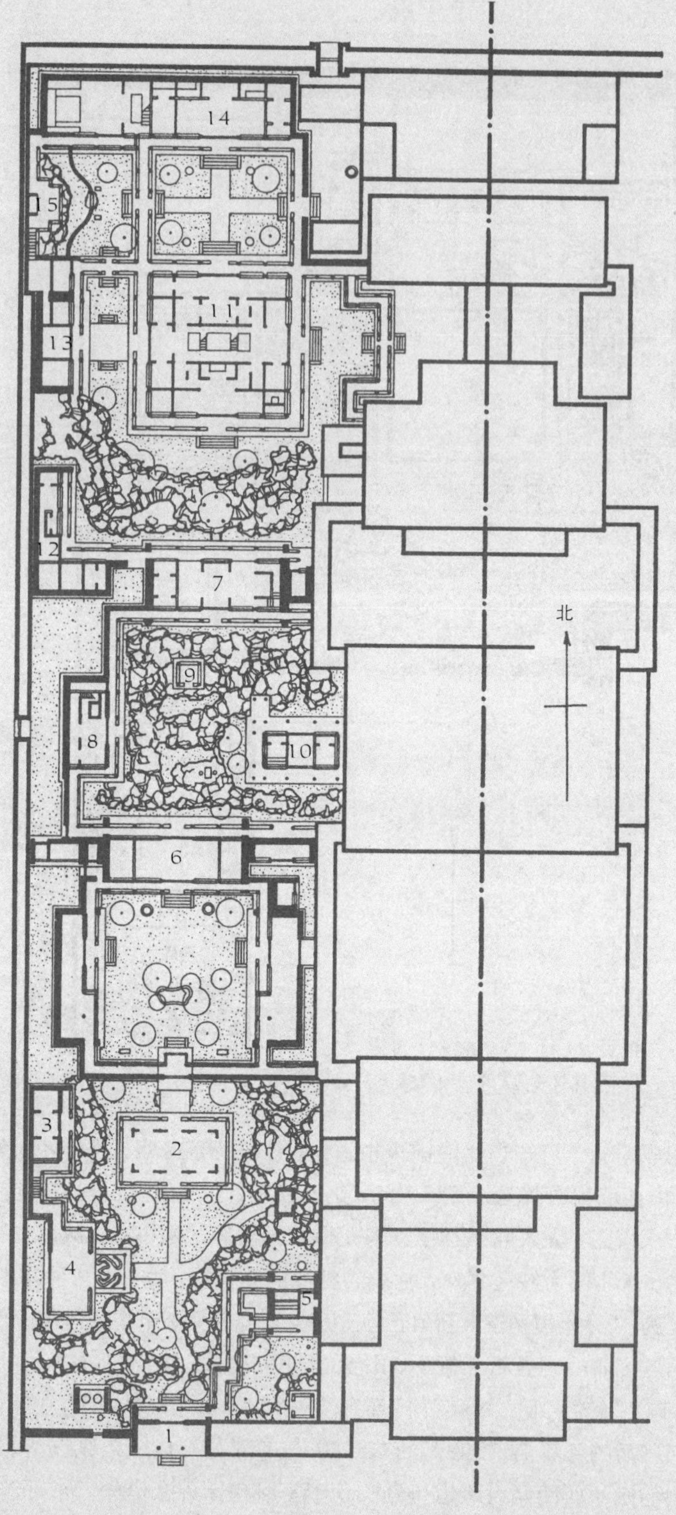

图 7·25 宁寿宫花园平面图(天津大学建筑系:《清代内廷宫苑》)

谷，谷东的小平台上设有刻围棋盘的石桌及鼓形石凳。山的西南端叠石架空，可从山上直达坐西朝东、三开间的玉壶冰的二楼。

这座园林没有水景，是以山石取胜的旱园，建筑密度比较高。全部楼房均沿宫墙建置，为的是把高大的宫墙稍加掩障，减少园林的封闭感觉。大量使用空廊联系各殿宇，既便于交通，又能把园林划分为许多既隔而又通透的大小院落空间，以增加层次和景深。总体布局比较灵活，虽非均齐对称，但亦主辅分明，中轴线突出，以显示一定程度的宫廷严谨气氛。这些，都是乾隆后期造园风格的主要特点，于此已见端倪了。

宁寿宫花园

宁寿宫是内廷外东路的一组大建筑群，建成于乾隆三十六年到四十一年(1771—1776年)之间。这组建筑群的北半部划分为中、东、西三路，中路为养性门、养性殿、乐寿堂、颐和轩、景祺阁等建筑，东路为畅音阁、阅是楼、庆寿堂、景福宫等建筑，西路即宁寿宫花园。这座园林是乾隆预为其做满60年皇帝之后归政做太上皇时颐养休憩而建造的，故又叫做乾隆花园。园林的用地窄而长，东西宽37米、南北纵深达160米，面积大约0.6公顷，前后一共分为五进院落，每进院落的布局均不相同[图7·25]。

园门衍祺门以北为第一进，迎门假山一座犹如屏障，山洞中通一径引人入园。正厅古华轩是面阔五间的敞厅，轩内的天花木雕平棊极为精致[图7·26]。西厢的禊赏亭面阔三间，前出抱厦，亭内设流杯渠，自假山上引水注入，寓意于东晋文人“曲水流觞，修禊赏乐”的故事。庭院沿墙叠石为假山，把高大的宫墙加以适当掩蔽。西北角的山顶建旭辉亭，可登高远眺园外宫禁之借景。东南的假山之后留出一个小院，院内古柏数株，浓荫满地，曲廊回抱连接正厅抑斋及其侧的矩亭。小院的东南角叠山石为基座，上建撷芳亭。从这里

图7·26 古华轩

图 7·27 大假山及其后的延趣楼

俯看古华轩，整个庭院一览无余。古华轩以北，一带磨砖对缝清水墙，墙肩为彩色石片镶贴的台明，这种做法很别致，不同于一般的宫苑墙垣，设双卷垂花门，过此便是第二进院落。

第二进是北京典型的三合式住宅院落，正厅遂初堂面阔五间带前后廊，东西厢房各五间。庭院内湖石点景，花木扶疏，气氛宁静，有抄手游廊和窝角游廊连接正厅、两厢和垂花门。

穿过遂初堂，第三进院落以一座叠石大假山为主体。庭院之中峰峦突起，洞堂相通，环山布置建筑物四幢。主峰之上建方亭耸秀亭，居高临下可南望禁中宫阙。山北为两层的正厅粹赏楼，面阔五间，山之西为面阔五间的配楼延趣楼 [图7·27]，两楼之间以窝角游廊连接。假山的东南面，山坳回抱着一幢三开间坐北朝南的小建筑名三友轩，三面出廊，西山墙上开大方窗一。三友轩的窗棂均为紫檀木透雕的松竹梅图案，取“岁寒三友”之意。窗外花影摇曳，石笋挺秀，其幽静意趣宛若处在深山大壑之中。这个院落以山景为主题，身临其境，仰视观赏居多。固然能体现幽奥的造景意匠，但毕竟假山叠石过分壅塞，难免有坐井观天之感。

第四进院落的主体是两层的符望阁，平面方形，面阔五间带周围廊，琉璃瓦攒尖屋顶。符望阁也是全园体量最大、外观最华丽的建筑物，底层室内均为金镶玉嵌、精工细雕的装修，纵横穿插间隔犹如迷宫；登楼凭槛远眺，园外宫阙以及景山、北海琼华岛、钟鼓楼等历历在目。阁南屏列叠石假山一区，主峰之上建碧螺亭 [图7·28]。亭之平面呈五瓣梅花形，五柱五脊，紫琉璃剪边蓝琉璃攒尖屋顶，下部柱间安装折枝梅花图案的汉白玉石栏杆，通体形象十分精巧别致。亭南石梁飞架，通往前院的萃赏楼二楼。假山的西南为曲尺形的楼房养和精舍，其北为玉粹轩。

第五进的正房也就是整座园林的后照房倦勤斋，通脊九间，东部五间正对符望阁，左右各有空透的游廊。西跨院的北房四间即倦勤斋的西部，靠西墙为坐西朝东的竹香馆，其前另以弓形矮墙围成一小院。院内翠柏两株，修竹数竿，配盆花山石构成玲珑小巧别有洞天的一区。

第四、五两进院落的布局完全仿照建福宫花园（见［图7·24］），符望阁相当于延春阁，倦勤楼相当于敬胜楼，大概因为建福宫花园是乾隆做皇太子时居住过的旧地，难免有一番眷恋之情，因而将它仿建于归政后做太上皇时居住的宁寿宫。

宁寿宫花园的总体规划采取横向分隔为院落的办法，弥补了地段过于狭长的缺陷。五进院落各有特色，互不雷同，形成一条引人入胜、步移景异的纵深观赏路线。园内的三处假山限于空间狭小多用峭壁、悬崖、拔峰的手法，使人们仰视而不能穷其颠末，颇具幽奥的气势。建筑密度较大，因而尽量求其体形、装饰、装修上的变化以适应园林的气氛，大量使用琉璃瓦件、彩绘等来强调宫廷的色彩。建筑与叠山紧密结合而增益活泼的意趣，在某些场合还构成立体交叉以便于上下交通。主要建筑物的命名如遂初堂、符望阁、倦勤斋等都直接反映乾隆“归政”的愿望，也有助于意境的联想。总体的布局虽有明显的中轴线但并非一气贯穿南北纵深，而是根据院落的具体情况而约略错开少许，成为不拘一格的“错中”做法。所有这些，都是造园艺术上的匠心独运之处。不过，总的看来，毕竟内容过多，建筑过密，终不免失之壅塞；虽创设多处制高点以收摄园外借景，仍未能弥补幽闭有余而开朗不足之弊。这些，又都有悖于风景式园林的造景主旨。

图 7·28 假山之上碧螺亭

第四节 行宫御苑

本节列举的行宫御苑三座：静宜园、静明苑、南苑。前两者为天然山水园，在北京西北郊；后者为人工山水园，在北京南郊。

静 宜 园

静宜园 [图 7 · 29] 位于香山的东坡。

香山是西山山梁东端的枢纽部位，其峰峦层叠、涧壑穿错、清泉甘洌的地貌形胜，又为西山其他地区所不及。香山的主峰海拔550米，南北两面均有侧岭往东延伸，犹如两臂回抱而烘托出主峰之神秀，所谓“万山突而止，两岭南北抱”。在这个范围内，地形的变化极为丰富，既有幽邃深闼的处所，又多居高临下、视野开阔之区。虽然山势的总朝向是坐西朝东，但阴坡、半阴坡地段很多。因而土地滋润，树木繁茂，向阳面南的地方亦复不少。乾隆曾把香山的地貌景观概括为“山势横峰、侧岭、牝谷、层岗、敧涧、曲径，不以巉峭峻峭为奇，而遥睇诸

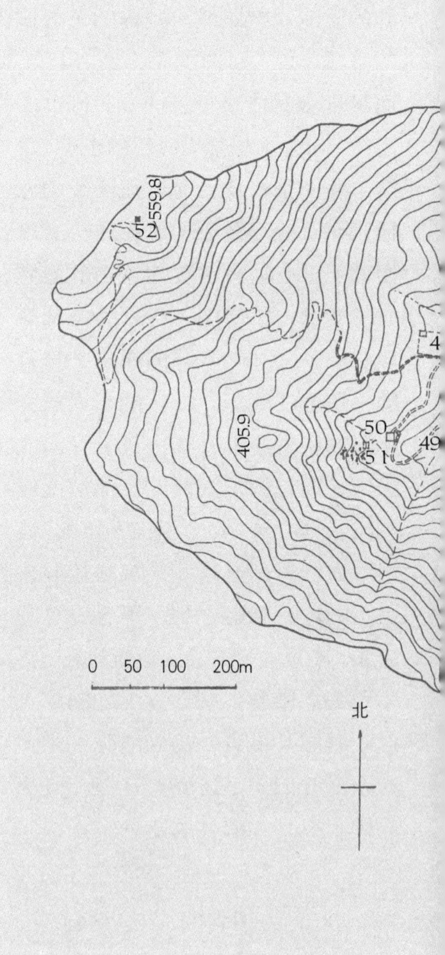

岭，回合交互，若宫若霍，若岌若峘，若峤若岿，若厜若㕒。……”这是比较确切的形容。

静宜园于乾隆十一年(1746年)扩建完工之后，面积达140公顷。周围的宫墙顺山势蜿蜒若万里长城，全长约5公里。园内不仅保留着许多历史上著名的古刹和人文景观，而且保持着大自然生态的深邃幽静和浓郁的山林野趣。这是一座具有“幽燕沉雄之气”的大型山地园，也相当于一处园林化的山岳风景名胜区。

全园分为“内垣”、“外垣”和“别垣”三部分，共有大小景点五十余处。其中乾隆题署的二十八景即：勤政殿、丽瞩楼、绿云舫、虚朗斋、璎珞岩、翠微亭、青未了、驯鹿坡、蟾蜍峰、栖云楼、知乐濠、香山寺、听法

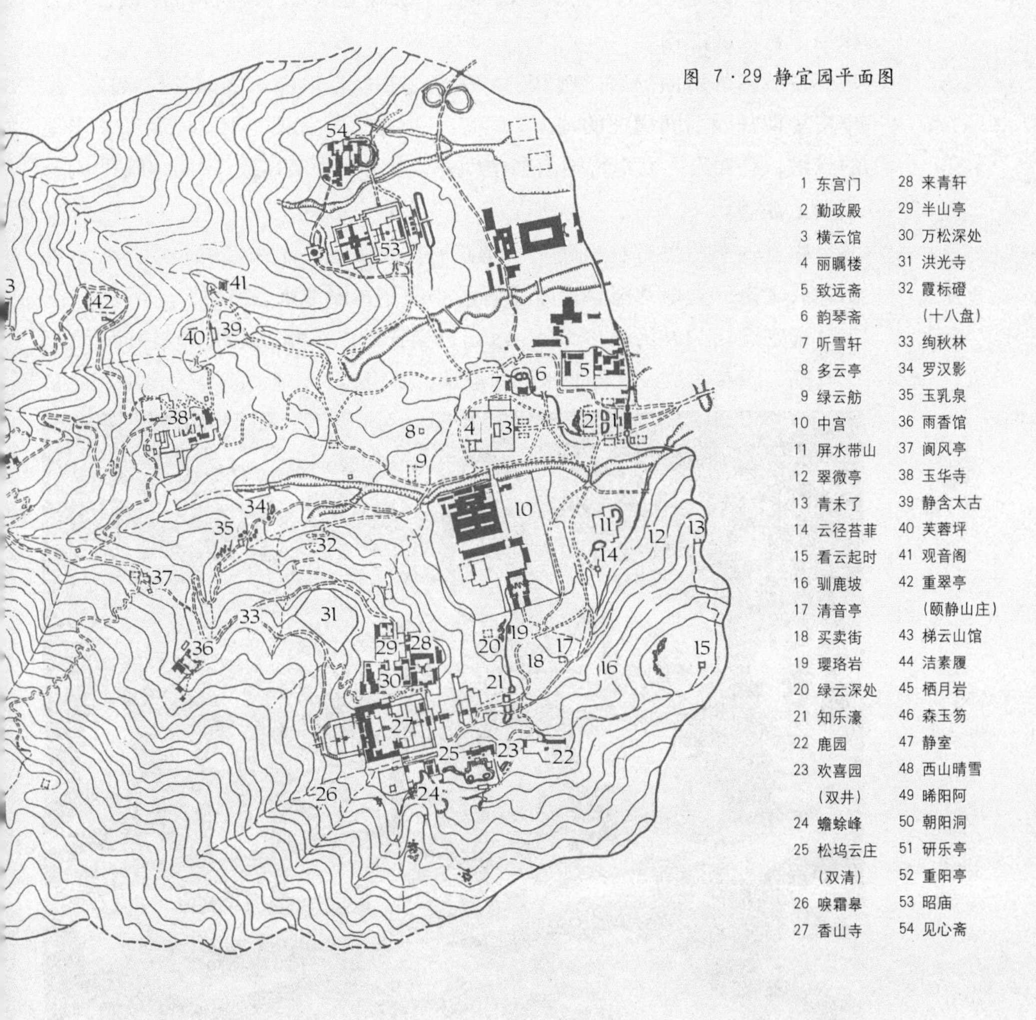

图 7·29 静宜园平面图

松、来青轩、唳霜皋、香岩室、霞标磴、玉乳泉、绚秋林、雨香馆、晞阳阿、芙蓉坪、香雾窟、栖月崖、重翠崦、玉华岫、森玉笏、隔云钟。从这二十八景的命名看来，大部分都与山地的自然景观有关系。

内垣在园的东南部，是静宜园内主要景点和建筑荟萃之地，其中包括宫廷区和著名的古刹香山寺、洪光寺。

宫廷区坐西朝东紧接于大宫门即园的正门之后，二者构成一条东西中轴线。大宫门五间，两厢朝房各三间。前为月河，河上架石桥，渡石桥经城关循山道即下达于通往圆明园的御道。宫廷区的正殿勤政殿面阔五间，两厢朝房各五间，殿前的月河源出于碧云寺，由殿右岩隙喷注流绕墀前。勤政殿之北为致远斋，乾隆偶一住园时在此处接见臣僚、批阅奏章，斋西为韵琴斋和听雪轩。勤政殿之后、位于中轴线上一组规整布局的建筑群名“横云馆”，相当于宫廷区的内廷。

宫廷区的南面另有“中宫”一区，周围绕以墙垣，四面各设宫门，是皇帝短期驻园期间居住的地方。内有广宇、回轩、曲廊、幽室以及花木山池的点缀，主要的一组建筑朝南名虚朗斋，斋前的小溪作成“曲水流觞”的形式，上建亭。

中宫的东门外有石板路二。南路通往香山寺。东路经城关西达带水屏山，后者是一处以水瀑为造景主题的小园林，瀑源来自双井。

中宫之南门外为璎珞岩，泉水出自横云馆之东侧，至岩顶倾注而下“漫流其间，倾者如注，散者如滴，如连珠，如缀旒，泛洒如雨，飞溅如雹。萦

图 7·30 璎珞岩、清音亭

委翠壁，潀潀众响，如奏水乐”[1]。其旁建亭名清音亭，坐亭上则可目赏水景，耳听水音［图7·30］。璎珞岩之东稍北为翠微亭，这里“古木森列，山麓稍北为小亭。入夏千章绿阴，禽声上下。秋冬木叶尽脱，寒柯萧槭，天然倪迂小景”[2]。

翠微亭之东复有亭名青未了，雄踞于香山南侧岭的制高部位。远眺“群峰苍翠满目，阡陌村墟，极望无际。玉泉一山，蔚若点黛，都城烟树，隐隐可辨。政不必登泰岱、俯青齐，方得杜陵诗意”[3]。足见此处视野之开阔，观景条件之优越。无怪乎乾隆要以登泰山而俯瞰齐鲁相比拟、取杜甫诗意“岱宗夫何如，齐鲁青未了”为景题了。

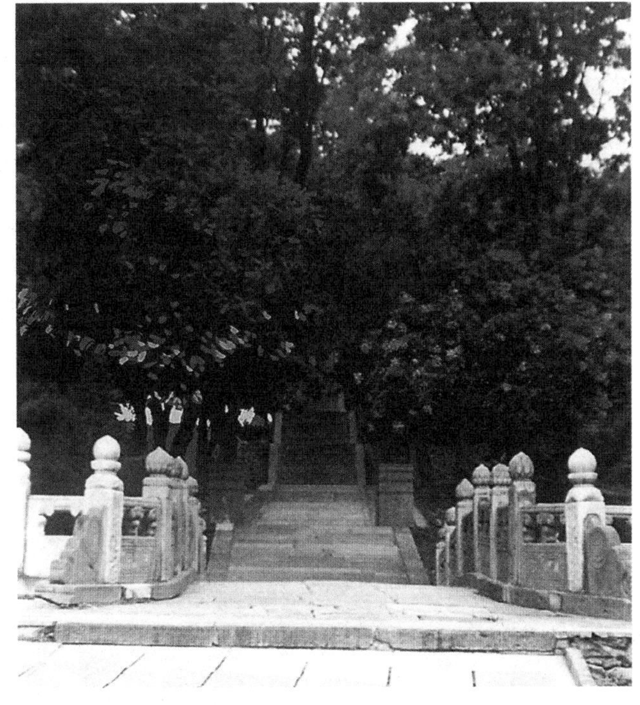

图 7·31 香山寺山门

青未了迤西的山坡岩际为驯鹿坡，这里放逐宁古塔将军所贡之驯鹿。坡之西有龙王庙，下为双井即金章宗梦感泉之所在，其上为蟾蜍峰。双井泉西北注入松坞云庄之水池内，再经知乐濠，由清音亭过带水屏山绕出园门外，是为香山南源之水。

蟾蜍峰 在香山寺之南岗，“巨石侧立如蟾蜍，哆口张颐，睅目皤腹，昂首而东望”[4]，是一处以奇石为主题的天然景观。

松坞云庄 又名“双清”，楼榭曲廊环绕水池，小园林极幽静。此园“适当山之半，右倚层岩，左瞰远岫，亭榭略具。虽逼处西偏，未尽兹山之胜；而堂密荟蔚，致颇幽秀”[5]。

过知乐濠方池上的石桥即达香山寺，这就是金代永安寺和会景楼的故址，寺依山势跨壑架岩而建成为坐西朝东的五进院落。山门前有虬枝挺秀的古松数株名“听法松”，山门内第一进为钟鼓楼和戒坛，院内有娑罗树一株，枝繁叶茂。乾隆和康熙均曾作《娑罗树歌》以咏之。第二进为正殿，第三进为后殿“眼界宽”，第四进为六方形三层楼阁，第五进为高踞岗顶的两层后照楼。香山寺是著名的古刹，也是静宜园内最宏大的一座寺院［图7·31］。寺之北邻为观音阁，阁后为海棠院。东邻即是历史上著名的景点“来青轩”，乾隆对此处景观评价甚高，誉之为“远眺绝旷，尽挹山川之秀，故为西山最著名处”。

[1] 乾隆：《璎珞岩》诗序，见《日下旧闻考》卷八十六。

[2] 乾隆：《翠微亭》诗序，见《日下旧闻考》卷八十六。

[3] 乾隆：《青未了》诗序，见《日下旧闻考》卷八十六。

[4] 乾隆：《蟾蜍峰》诗序，见《日下旧闻考》卷八十六。

[5] 乾隆：《栖云楼》诗序，见《日下旧闻考》卷八十六。

图 7 · 32 昭庙正门

香山寺西南面的山坡上建六方亭唳霜皋，“山中晨禽时鸟，随候哢声，与梵呗鱼鼓相应。饲海鹤一群，月夜澄霁，霜天晓晴，戛然送响，嘹亮云外”[1]。则是一处以禽声鹤唳、暮鼓晨钟入景的景点。

古刹洪光寺　在香山寺的西北面，山门东北向，毗卢圆殿仍保持明代形制。洪光寺的北侧为著名的九曲十八盘山道，山势耸拔，取径以纡而化险为夷。盘道侧建敞宇三间，额曰“霞标磴”。

乾隆时期的香山，“山中之树，嘉者有松、有桧、有柏、有槐、有榆，最大者为银杏，有枫，深秋霜老，丹黄朱翠，幻色炫采。朝旭初射，夕阳返照，绮缬不足拟其丽，巧匠设色不能穷其工”[2]。秋高气爽正是北京最好的季节，香山红叶把层林尽染。内垣西北坡上的绚秋林就是观赏这烂熳秋色的绝好景点。附近岩间巨石森列，石上镌题甚多，如“萝梦”、“翠云堆”、“留青”、“仙掌”、“罗汉影”等，则又是兼以石景取胜了。

外垣是香山静宜园的高山区，虽然面积比内垣大得多，但只疏朗地散布着大约十五处景点，其中绝大多数属于纯自然景观的性质。因此，外垣更具有山岳风景名胜区的意味。

晞阳阿　位于外垣中央部位的山梁上，东、北面各建牌坊一座，“有石砑立，虚其中为厂，可敷蒲团晏坐。望香岩来青，缥缈云外”[3]。西为潮阳洞。再西为香山的最高峰，俗名“鬼见愁”，下临峭壁绝壑，已邻近园的西端了。

芙蓉坪　是山地小园林，正厅为三开间的楼房。乾隆描写这里的环境：“最北一嶂，迤逦曲注，宛宛如游龙，回绕园后。”在此能够“翘首眺青莲，堪以静六尘”，望群峰有如莲花，故得名芙蓉坪。乾隆对此景观评价甚高：“昔人有云，岩岭高则云霞之气鲜，林薮深则萧瑟之音清，两言得园中之概。”[4]

芙蓉坪的西南面为园内位置最高的一处建筑群“香雾窟”之所在，也是一处景界最为开阔的景点。“就回峰之侧为丽谯，睥睨如严关。由石磴拾级而上，则山外复有群山，屏障其外。境之不易穷如此。人以足所至为高，目所际为远，至此可自悟矣。”[5]其北的岩间建置石碑，上刻乾隆御书“西山晴

[1] 乾隆：《唳霜皋》诗序，见《日下旧闻考》卷八十六。

[2] 乾隆：《绚秋林》诗序，见《日下旧闻考》卷八十六。

[3] 乾隆：《晞阳阿》诗序，见《日下旧闻考》卷八十七。

[4] 乾隆：《芙蓉坪》诗序，见《日下旧闻考》卷八十七。

[5] 乾隆：《香雾窟》诗序，见《日下旧闻考》卷八十七。

雪”四字，为燕京八景之一。附近尚有竹炉精舍、栖月崖、重翠崦、泰素履等景点。

外垣的最大一组建筑群是**玉华寺**，坐西朝东，正殿、配殿及附属建筑均保持古刹规制。从这里可“俯瞰群岫，霞峰云回，若拱若抱”，景界之开阔诚所谓“一室虚明万景涵也”。寺之西南，峰石屹立，其上刻乾隆御题“森玉笏”三字。

此外，尚有阆风亭、隔云钟声等一些单体的亭榭点缀于山间岩畔，则是外垣的小品点景。

别垣一区，建置稍晚，垣内有两组大建筑群：昭庙、正凝堂。

昭庙　全名“宗镜大昭之庙”，这是一座汉藏混合式样的大型佛寺，坐西朝东［图7·32］。山门之前为琉璃牌楼，门内为前殿三楹。藏式大白台环绕前殿的东、南、北三面，上下凡四层。其后为清净法智殿，又后为藏式大红台四层，再后为八面七层琉璃塔。昭庙建于乾隆四十七年(1782年)，为了纪念班禅额尔德尼来京为皇帝祝寿这一有关民族团结的政治事件，而摹仿西藏日喀则的札什伦布寺建成。它与承德须弥福寿庙属于同一形制，但规模较小。此两者也可以说是出于同样的政治目的而分别在两地建置的一双姊妹作品。

昭庙之北，渡石桥为正凝堂。早先是明代的一座私家别墅园，乾隆利用其废址扩建而成为静宜园内一座最精致的小园林，也是典型的园中之园。嘉庆年间改名“**见心斋**”［图7·33］，保存至今的大体上就是嘉庆重修后

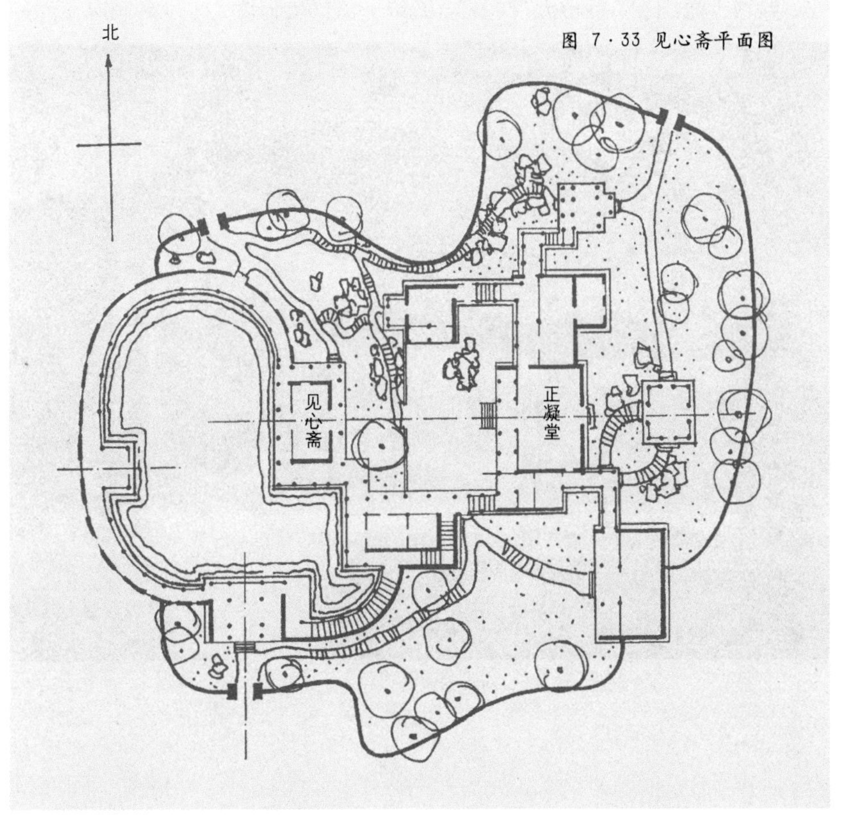

图 7·33 见心斋平面图

的规模和格局。

见心斋 倚别垣之东坡，地势西高东低。园外的东、南、北三面都有山涧环绕，园墙随山势和山涧的走向自然蜿曲，逶迤高下。园林的总体布局顺应地形，划分为东、西两部分。东半部以水面为中心，以建筑围合的水景为主体，西半部地势较高，则以建筑结合山石的庭院山景为主体。一山一水形成对比，建筑物绝大部分坐西朝东。

东半部的水面呈椭圆形，另在西北角延伸出曲尺形的水口，宛若源头疏水无尽之意。随墙游廊一圈围绕水池，粉墙漏窗，极富江南水庭的情调。正厅见心斋坐西朝东，面阔三开间带周围廊［图7·34］。其西北侧以曲尺游廊连接一幢楼房，坐北朝南，则是登临西半部山地的交通枢纽。水池的东岸建一方亭，与见心斋隔水相对应，但稍偏北，俾便于观赏西岸之全景。园门设在水池之北、南两侧，北门是园的正门，入门迎面为小庭院，点缀花木山石，再经过三开间的临水过厅而豁然开朗，水景在望。自过厅往东沿游廊可迂回达到西面的正厅，往西循弧形爬山廊登临楼房上层，过此即进入西半部。

西半部是建筑物比较集中的一区。一组不对称的三合院居中，正厅“正凝堂”面阔五间，与东面的见心斋和西面的方亭构成一条东西向的中轴线，北厢房即作为东西两部分之间交通枢纽的楼房的上层。三合院的北侧为两层的畅风楼，面阔三间前临山地小庭院，既是全园建筑构图的制高点，也是俯瞰园景和园外借景的观景点。南侧和西侧的山地小庭院各以一座方亭为中心，点缀少量山石，种植大片树木。循蹬道沿南墙而降，穿过南厢房下的一

图 7·34 正厅“见心斋”

组叠石假山，便到达园的南门［图 7·35］。

图 7·35 见心斋叠石蹬道及曲廊

静宜园经过咸丰年间和光绪年间帝国主义侵略军的两度焚掠破坏，建筑大部被毁，一直处于半荒废的状态。辛亥革命后直到新中国成立前的几十年间，园内树木被人盗伐，官僚、富商、外国人占用名胜古迹修建私人别墅，开设饭店、旅馆、学校、慈幼院、工场等，把这一代名园胜苑搞得面目全非。

新中国成立后，对静宜园加以保护、修整。静宜园的山林泉石之美十分引人入胜，二十八景中的璎珞岩、蟾蜍峰、森玉笏、芙蓉坪、玉乳泉等依然存在，昭庙、见心斋等建筑基本保留原状，其他的名胜古迹一部分亦依稀可寻。香山的树木至今依旧是园内的突出景观，尤其是那些千姿百态的古松古柏，无论单株的或者成林的都以其如画的意境而闻名于世。

香山静宜园的自然景色，一年四季各臻其妙。秋高气爽是北京最好的季节，香山红叶吸引着成千上万的游人。春夏之际松柏青翠，流泉潺潺，桃花、杏花、梨花、丁香等群芳怒放，特别在山的西南坡一带更是云蒸霞蔚，如锦似绣。每遇阴雨时节，山林间云雾飘荡呈现一片迷蒙景象。冬天的雪景，但见银装素裹绵延无际的峰峦，则是名不虚传的“西山晴雪”了[1]。

[1] 另有一种说法，“西山晴雪”系指这一带的千树万树梨花盛开时，好像白雪覆盖山上一样的景观。

静明园

静明园所在的玉泉山呈南北走向，纵深约1300米，东西最宽处约450米，主峰高出地面约50米。山形秀丽，当年山上林木蓊郁，多奇岩幽洞，到处泉流潺潺。山不在高，有景则名。自元、明以来，它一直就是京郊颇有名气的游览胜地。

明正统年间，明英宗敕建上华严寺和下华严寺于山之南坡，嘉靖二十九年(1550年)被瓦剌军焚毁。寺的附近有五个石洞，深者二三十丈，浅者十余丈。其中最大的两个一在山腰名华严洞，"一在殿后曰七真洞，或云即翠华洞，洞中石壁镌元耶律丞相一词"[1]，设石床供游人憩坐。上、下华严寺也是山上的一处风景点，明人曾这样描写："门外寒流浸碧虚，玉泉山上老僧居；芙蓉云锁前朝殿，耶律诗存古洞书；曲涧正当虹饮处，好山相对雨晴初；笑攀石磴临高顶，浩荡天风袭客裾。"[2]华严寺的东面约半里许为金山寺，旁有石洞名玉龙洞。泉水自洞中流出汇潴为池即龙泉湖。此外，沿山的南麓尚有崇真观、观音寺，玉泉湖的西岸有普陀寺，寺内石洞名吕公洞，其上为观音洞、一笑庵。

玉泉山不大的范围内荟萃着如此众多的寺庙，可以想见其浓郁的宗教气氛，颇有几分"名山"的味道了。这些寺庙大多与石洞相结合而形成玉泉山景观的特色，为北京西北郊他处所无。而洞景本身的幽奇也颇能引人入胜，例如吕公洞："石洞知何代，门当玉涧湾；潮音疑可听，仙驾杳难攀；暗穴深通海，危亭上据山；吟身贪纵步，遥带夕阳还。"[3]

除寺庙之外，山上还建置许多供游赏之用的建筑物，如玉泉湖畔吕公岩上的看花台、卷幔楼，裂帛湖畔山坡上的望湖亭等。望湖亭是明代北京西北郊著名的风景点之一，从亭上俯瞰西湖，得景之佳诚如袁中道所谓："见西湖明如半月，又如积雪未消。"[4]凡到西湖的游人差不多都要登临其上一览湖光山色之胜，明代的皇帝亦多次驻跸于此。当时的文人对此处风景留下不少的诗文题咏，如：

"一半湖光影树，一半湖光影山；
四月林中未有，林端黄鸟关关。"

(王樵：《望湖亭》)

"为览西湖胜，来登最上亭。
云生拖练白，日出拥螺青。
葭菼高低岸，鸥凫远近汀。
泉源何所藉，佛土与山灵。"

(刘效祖：《登望湖亭》)

[1]《日下旧闻考》卷八十五引蒋一葵：《长安客话》。

[2] 倪岳：《游玉泉华严寺》诗，见《帝京景物略》。

[3] 程仪政：《吕公洞》诗，见《日下旧闻考》卷八十五。

[4] 孙承泽：《春明梦余录》卷六十八。

“孤亭斜倚玉泉隈，槛外明湖对举杯。
一顷玻璃山下出，半岩紫翠镜中开。
云连阁道笼春树，雨过行宫绣碧苔。
尽说昆明雄汉苑，无如此地接蓬莱。”

（于慎行：《望湖亭》）

玉泉山的名望不仅在其风景之优美，还在于它那丰沛的泉水。早先，这里的泉眼很多，“沙痕石隙随地皆泉”[1]，每遇石缝即迸流如溅雪。其中最大的一组泉眼在山的南麓，泉水从石穴中涌出，潴而为湖。喷出的水柱高达尺许，很像济南的趵突泉，这就是著名的玉泉。以玉泉而得名的“玉泉垂虹”为元、明以来的燕京八景之一。另一组泉眼在山的东南麓，名叫裂帛泉。据明人的描写：“泉迸湖底，伏如练帛，裂而珠之，直弹湖面，涣然合于湖；……湖方数丈，水澄以鲜”[2]，“裂帛湖泉仰射如珠串，古榆荫潭上，极幽秀”[3]。第三组泉眼在山的东面，“山有玉龙洞，洞出泉；昔人甃石为暗渠，引水伏流，约五里许入西湖，名曰龙泉”[4]。此外，环山和山上还有不少小泉眼。这些大小泉眼的出水量都很旺盛，若把它们汇聚起来，对于供水比较困难的北京来说，确乎是一处不可多得的水源。因此，玉泉山在历来北京的城市供水工程中都占有十分重要的地位。

就水质而论，玉泉山之水亦属上品。清乾隆皇帝曾将国内的几处名泉加以评比，认为“水之德在养人，其味贵甘，其质贵轻。然三者正相资，质轻者味必甘，饮之而蠲疴益寿，故辨水者恒于其质之轻重分泉之高下焉”。为此特制银斗“较之，京师玉泉之水斗重一两，塞上伊逊之水亦斗重一两，济南珍珠泉斗重一两二厘，扬子金山泉斗重一两三厘，则较玉泉重二厘或三厘矣。至惠山、虎跑则各重玉泉四厘，平山重六厘，清凉山、白沙、虎丘及西山之碧云寺各重玉泉一分。是皆巡跸所至，命内侍精量而得者”[5]。评比结果，玉泉的水质最轻。由于水的含铁量和杂质比较少，溶有一些气体如二氧化碳之类，既轻又甘甜可口，故命名为“天下第一泉”。经过皇帝的亲自品评和赐名，玉泉山的“玉水”更是身价百倍，被专门指定为宫廷的饮用水。每日运入内廷80罐，以四分之三供应各宫之茶房，余则交膳房。逐日运水均有内监轮值专司其事，甚至皇帝到外地巡行亦随带玉泉水供日常饮用。

泉水乃是玉泉山突出的构景要素，在文人墨客的题咏中就多有记述泉流景观的：

“跳珠溅玉出岩多，尽日寒声洒薜萝。
秋影涵空翻雪练，晓光横野落银河。
潺潺旧绕芙蓉殿，漾漾今生太液波。

[1]《日下旧闻考》卷八十五引孙国敉：《燕都游览志》。

[2] 刘侗，于奕正：《帝京景物略》，北京，北京出版社，1963。

[3]《日下旧闻考》卷八十五引《长安可游记》。

[4]《日下旧闻考》卷八十五引蒋一葵：《长安客话》。

[5] 乾隆：《玉泉山天下第一泉记》，见《日下旧闻考》卷八十五。

更待西湖春浪阔，尊罍再听濯缨歌。”

（曾棨：《玉泉山》）

“浮花溅玉落崔嵬，径出千岩去不回。
白日半空疑雨至，青林一道指烟开。
月分秋影云边见，风送寒声树杪来。
流入宫墙天汉静，何如瀛海绕蓬莱。”

（林环：《玉泉山》）

对于著名的裂帛湖，袁中道《裂帛湖记》一文中生动地描写其：“泉水仰射，沸冰结雪，汇于池中；见石子鳞鳞，朱碧磊砢，如金沙布地，七宝妆施，荡漾不停，闪烁晃耀。”袁祈年《裂帛湖》诗则咏之为：

“蠕蠕泉脉动，太古无停时。
虫鱼莫能托，非但寒不宜。
听如骤急雨，观如沸鼎吹。
水性怒自得，物性犹已亏。”

等等，均足以说明玉泉山之水景，自有其不同于一般的特色。

明代至清初，玉泉山一直是北京西北郊风景区的一个重要组成部分。它的林泉山石之幽致、园亭寺宇之盛概，最为时人所称道。诗文中经常把它与西湖相提并论而描绘那一派动人的北国江南的景观：

“峰头乱石斗嵯岈，山底浮光浸碧霞；
绝似苏门山下路，惜无修竹与桃花。”

（王恽：《重游玉泉诗》）

“湖上归鸦去雁，湖中暮雨朝霞；
全画潇湘一幅，楚人错认还家。”

（傅淑训：《玉泉山》）

康、雍时期，静明园的范围大致在玉泉山的南坡和玉泉湖、裂帛湖一带。

乾隆十五年(1750年)，就瓮山和西湖兴建“清漪园”；大约与此同时又对静明园进行了大规模的扩建，把玉泉山及山麓的河湖地段全部圈入宫墙之内。十八年(1753年)再次扩建，设总理大臣兼领清漪、静宜、静明三园事务，命名“静明园十六景”即：廓然大公、芙蓉晴照、玉泉趵突、圣因综绘、绣壁诗态、溪田课耕、清凉禅窟、采香云径、峡雪琴音、玉峰塔影、风篁清听、镜影涵虚、裂帛湖光、云外钟声、碧云深处、翠云嘉荫。乾隆二十四年(1759年)全部建成；乾隆五十七年(1792年)全园进行一次大修，这就是玉泉山风景的全盛时期。

全盛时期，园内共有大小建筑群三十余组。其中寺庙十一所，属于宫廷性质的三所，其余均为园林建筑。静明园是一般的行宫园林，皇帝并不在此长期居住。因此，居住建筑很少，辅助建筑如值房、茶膳房等也不多。除个别的寺院外，建筑物的体量一般都不大，尺度亲切近人，外观朴素无华。乾隆时，大学士张文贞赐游静明园，曾著文追记："初六日癸酉早，上御玉泉山静明园。诸臣偶集，从园西门入园。在山麓环山为界，林木蓊郁，结构精雅。池台亭馆初无人工雕饰，而因高就下，曲折奇胜，入者几不能辨东西。径路攀跻而上，历山腰诸洞直至山顶，眺望西山诸胜。……"[1]从这段文字的描写，亦可略窥当年园内景物的一鳞半爪。

[1] 张文贞：《赐游静明园记》。

静明园南北长1350米，东西宽590米，面积约65公顷［图7·36］。它以山景为主、水景为辅；前者突出天然风致，后者着重园林经营。玉泉山山形秀丽，主峰与侧峰前后呼应构成略似马鞍形起伏的优美轮廓线。含漪湖、玉泉湖、裂帛湖、镜影湖、宝珠湖这五个小湖之间以水道连缀，萦绕于玉泉山的东、南、西三面，五个小湖分别因借于山的坡势而成为不同形状的水体，结合建筑布局和花木配置，又构成五个不同性格的水景园，它们的湖面宽度均在200米以内，是为隔岸观赏建筑主景的最佳视距。因此，静明园在总体上不仅山嵌水抱，而且创造了以五个小型水景园而环绕、烘托一处天然山景的别具一格的规划格局。这一条连续的环山水景带也是环山的水上游览线，宛若银丝串缀着五颗明珠，沿山麓紧紧镶嵌，青山碧水相映得景。从山上逼视山脚，透出一角明湖如镜，水光粼粼，倍增山景之幽致。若泛舟水路，五个湖面或倚陡峭的山壁，或傍平缓的山坡，或就山口而汇聚成潭；河道则沿山萦回，时而开朗，时而幽曲。园中景随境异，很富于江南丘陵水网地貌的婉约情调。

宫墙设园门六座。正门南宫门五楹，西厢朝房各三楹，左右罩门，其前是三座牌楼形成的宫前广场。东宫门、西宫门的形制与南宫门同。此外，另有小南门、小东门和西北夹墙门。园内共有大小景点三十余处，其中约三分之一与佛、道宗教题材有关，山上还建置了四座不同形式的佛塔，足见此园浓厚的宗教色彩。可以设想，乾隆当年建园的规划思想显然在于摹拟中国历史上名山藏古刹的传统而创造一个具体而微的园林化的山水风景名胜区。

玉泉山的主峰高出地面五十余米，如果按山脊的走向与沿山湖泊所构成的地貌环境，则全园可以大致分为三个景区：南山景区、东山景区和西山景区。

南山景区的山坡面南，有很好的朝向。山的主峰与其西南面的侧峰构成"客山拱伏，主山始尊"的呼应关系，又像屏障一般挡住了西北风的侵袭，形成小气候冬暖夏凉。沿山麓的平地比较开阔，布列着玉泉湖和裂帛湖以及迂曲萦回的河道。因此，这个景区就成为全园建筑精华荟萃之地，而玉

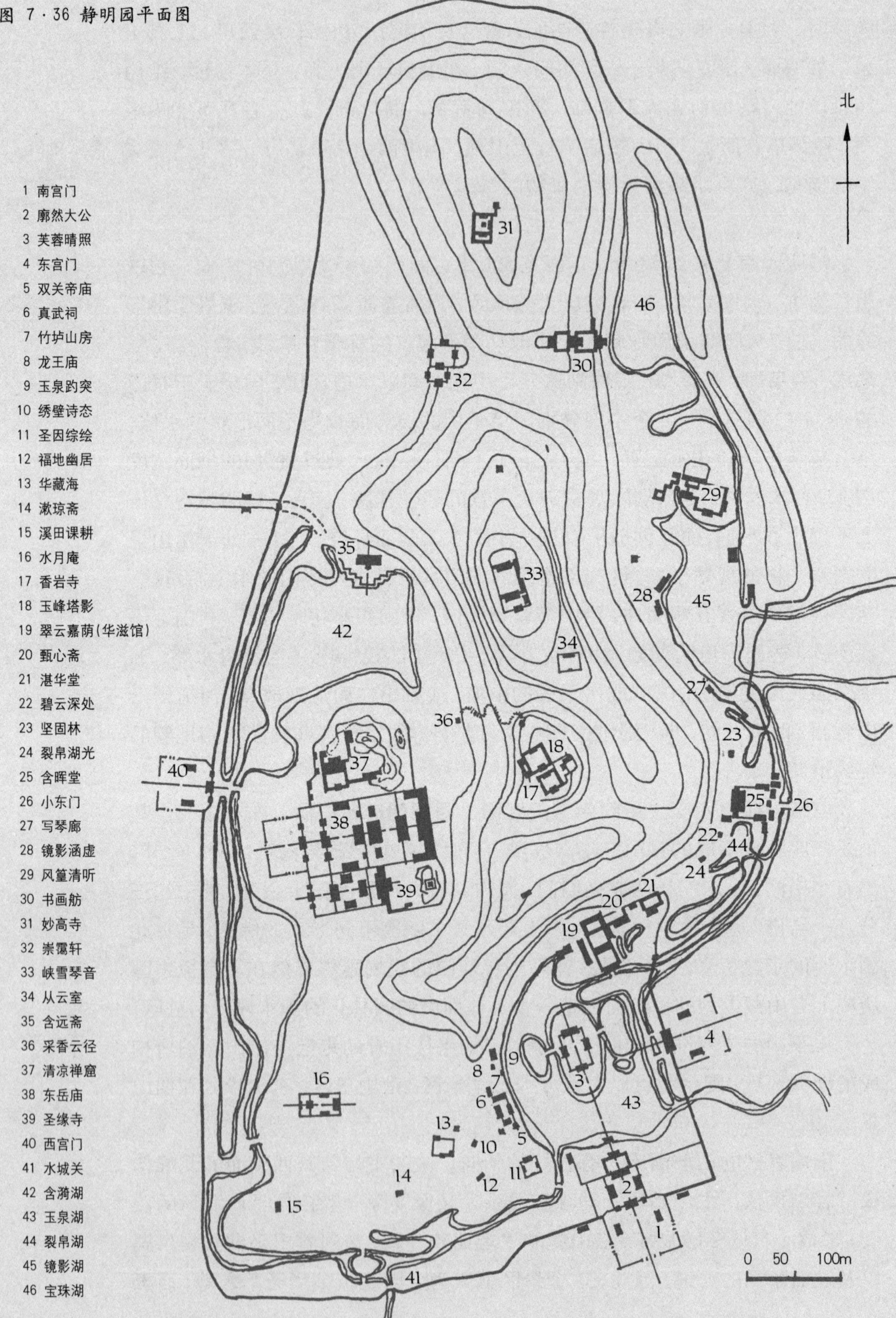
1 南宫门
2 廓然大公
3 芙蓉晴照
4 东宫门
5 双关帝庙
6 真武祠
7 竹垆山房
8 龙王庙
9 玉泉趵突
10 绣壁诗态
11 圣因综绘
12 福地幽居
13 华藏海
14 漱琼斋
15 溪田课耕
16 水月庵
17 香岩寺
18 玉峰塔影
19 翠云嘉荫(华滋馆)
20 甄心斋
21 湛华堂
22 碧云深处
23 坚固林
24 裂帛湖光
25 含晖堂
26 小东门
27 写琴廊
28 镜影涵虚
29 风篁清听
30 书画舫
31 妙高寺
32 崇霭轩
33 峡雪琴音
34 从云室
35 含远斋
36 采香云径
37 清凉禅窟
38 东岳庙
39 圣缘寺
40 西宫门
41 水城关
42 含漪湖
43 玉泉湖
44 裂帛湖
45 镜影湖
46 宝珠湖
北
0 50 100m
图 7·36 静明园平面图

泉湖则是景区的中心。湖的南岸，紧接于南宫门之后的是廓然大公一组建筑群，共两进院落，后照殿涵万象北临玉泉湖。这就是静明园的宫廷区，它与湖中的乐成阁形成一条南北中轴线。

玉泉湖　近似方形，湖中三岛鼎列乃是沿袭皇家园林中“一池三山”的传统格局。中央的大岛上有芙蓉晴照一景，正厅乐成阁。背后衬托着玉泉山的形似莲花萼的峰峦，相传为金章宗所建芙蓉殿的遗址，故以此为景题。

湖之西、北两岸倚山，西岸的景点**玉泉趵突**，即著名的玉泉泉眼之所在。泉旁立石碑二，左刊乾隆御书“天下第一泉”五字，右刊御制《玉泉山天下第一泉记》全文。

玉泉之北为龙王庙“永泽皇畿”，其南循石径而入即为仿无锡惠山听松庵而建成的竹垆山房。西岸山坡上还有开锦斋和赏迁楼两处小景点、吕祖洞和观音洞两处洞景。吕祖洞的前面建道观真武庙，其南为双关帝庙。湖西岸的这些建筑群背山濒水，上下天光互相掩映，又与山顶的华藏塔遥相呼应，构成一幅颇为动人的风景画面［图 7 · 37］。

湖北岸坐落着静明园内一处主要的小园林“翠云嘉荫”，满院竹篁丛生，又有两株古栝树郁然并峙，浓荫匝地。西半部为临湖的两进院落华滋馆，楠木梁柱，装修极考究，是当年乾隆游幸静明园时的驻跸之所。它的东半部为甄心斋及湛华堂，曲廊粉垣环抱着一个小庭院的山石水池，环境十分静谧。

湖东岸隔河即是东宫门，与乐成阁相对应而成东西向的次轴线。

玉泉山南端的余脉侧峰构成景区西部的地貌基础。山麓有泉眼名“迸珠泉”，附近河道蜿流，自垂虹桥以西濒河皆水田，这一带就是富于江南水村野居情调的“溪田课耕”之所在。侧峰之巅为小型佛寺华藏海，寺后建八面七级石塔华藏塔。山坡上疏朗地散布着漱芳斋、层明宇、福地幽居、绣壁诗态、圣因综绘等几处景点。圣因综绘的正殿为五开间的楼阁，仿杭州西湖圣因寺行宫的形制。

图 7 · 37 玉泉湖西岸之景(北平市政府秘书处:《旧都文物略》，北平，1935)

图 7·38 玉泉山之玉峰塔（北平市政府秘书处：《旧都文物略》，北平，1935）

南山景区最主要的景点乃是雄踞玉泉山主峰之顶的香岩寺、普门观一组佛寺建筑群，依山势层叠而建。居中的八面七层琉璃砖塔玉峰塔是仿镇江金山寺塔的形制［图7·38］，各层供铜制佛像，中有旋梯可登临。极目环眺，西北郊的远近湖光山色、平畴田野、村舍园林尽收眼底。玉峰塔又是全园的制高点，园内园外随处都能看到“玉峰塔影”之景。它与南侧峰顶的华藏塔、北侧峰顶的妙高塔呼应成犄角之势，恰如其分地把山脊的通体加以着力点染。玉泉山秀丽的山形因此而益发显得凝练生动，成为西北郊诸园的借景对象和风景区内成景的主题之一。玉峰塔之于玉泉山，实为惜墨如金而又画龙点睛之笔［图7·39］。

塔与山相结合的构图形象是成功的、予人的印象是完美的，但这种做法亦得之于江南风景的启迪。江南的长江下游一带冲积平原上，常有小山丘平地隆起，每多在山的极顶建置寺塔。这种以塔嵌合于山丘所构成的景观十分优美，往往成为江南大地风致的重要点缀，也是江南风光的特色之一，例

图 7·39 自玉河眺望玉峰塔

如南通狼山的指云塔、无锡锡山的龙光塔、苏州灵岩山的灵岩塔、杭州宝石山的保俶塔等。玉泉山上建置玉峰塔的意匠，即取法于此。由于这塔影山光的点缀，北京西北郊平原更增益几分北国江南的风采。

香岩寺以南的山坡上有洞景若干处，如四壁满刻五百罗汉像的罗汉洞，供观音像的华严洞，以及伏魔洞、水月洞、兹子洞等。华严洞之前，在明代华严寺遗址上建成云外钟声一处景点，从这里“西望西山梵刹，钟声远近相应，寒山夜半殆不足云”[1]。

裂帛湖　即“裂帛湖光”一景之所在，湖西岸的山坡上建观音阁。北岸临水之清音斋以风动竹篁、泉涌如漱的声音入景，所谓“数竿竹是湘灵瑟，一派泉真流水琴”[2]，自是别具一格的幽邃小园林。清音阁之北为含晖堂，紧接其东就是小东门了。

东山景区包括玉泉山的东坡及山麓。这个景区的重点在狭长形的影镜湖，湖呈狭长形，南北长220米，东西最宽处90米，建筑沿湖环列而构成一座水景园。大部分建筑集中在北岸，楼阁错落高低，回廊曲折围合；植物配置则以竹为主题，“竹近水则韵益清，凉飔暂至，萧然有渭滨淇澳之想”[3]，故名之为风篁清听。湖东岸临水为水榭延绿厅及船坞，西岸“澄泓见底，荇藻罗罗，轻儵如空中行；泧流沸出，若大珠小珠错落盘中”[4]，此即“镜影涵虚”一景。沿湖岸之水廊“分鉴曲”和“写琴廊”逶迤而南，直达试墨泉。

影镜湖之北为宝珠湖，湖面略小于前者。在湖的西岸沿山坡建含经堂，共两进院落，前面是临水的书画舫和游船码头，自此舍舟登岸，循山道可达山顶。

东山景区的山地建筑不多，主要一组为北侧峰顶的妙高寺，寺前石坊，寺后妙高塔，又后为该妙斋。位于马鞍形山脊的最低部位上的景点峡雪琴音，为两进院落的建筑群架岩跨涧构筑，“山巅涌泉潺潺，石峡中晴雪飞洒，琅然清圆”[5]，是观赏山泉景观的好去处，附近还有几座小亭榭和若干洞景疏朗地点缀于山间。

西山景区即山脊以西的全部区域。山西麓的开阔平坦地段上建置园内最大的一组建筑群，包括道观、佛寺和小园林。道观东岳庙居中，坐东朝西，共有四进院落。第一进山门殿，其前是三座牌楼围合成的庙前广场。第二进正殿仁育宫，第三进后殿玉宸宝殿，第四进后照殿泰钧楼。这是一座规模很可观的道教建筑，据乾隆御制《玉泉山东岳庙碑文》的记载：“东岳为五岳宗……去京师千里而远。岁时莅事，职在有司。方望之祀，非遇国家大庆及巡狩所至，未尝辄举。”而玉泉山位于京郊，“峰峦窈深，林木清瑟，为玉泉所自出。滋液渗漉，泽润神皋，与泰山之出云雨功用广大正同。……则东岳之祀于兹山也，固宜”。他认为玉泉山下出泉随地涌流，与泰山之“不

[1] 乾隆：《云外钟声》诗序，见《日下旧闻考》卷八十五。

[2] 乾隆：《清声斋》诗，见《日下旧闻考》卷八十五。

[3] 乾隆：《风篁清听》诗序，见《日下旧闻考》卷八十五。

[4] 乾隆：《镜影涵虚》诗序，见《日下旧闻考》卷八十五。

[5] 乾隆：《峡雪琴音》诗序，见《日下旧闻考》卷八十五。

崇朝而雨天下”具有同样的神圣意义，故尔应建东岳庙以便岁时祭祀，足见此庙的重要性了。东岳庙之南邻为佛寺圣缘寺，规模稍小但也有四进院落，第四进院内建琉璃砖塔。东岳庙北邻之小园林名“清凉禅窟”，正厅坐北朝南，周围亭台楼榭连以曲廊，随宜穿错于假山叠石之间。乾隆的诗文中把“清凉禅窟”与东晋时白莲社的名士们在庐山结庐营寺相比拟，又把附近环境比之为五台山的台怀镇。[1]据此，可以设想当年这里景观之富于浓郁的名山古刹之气氛。

[1] 乾隆:《清凉禅窟》诗序:“……佛火香龛，俨然台怀净域，更不问是文殊非文殊。”见《日下旧闻考》卷八十五。

东岳庙之右，转东北沿山坡磴道盘行，当年“山苗硇叶，緋馥缘径”，这就是鸟语花香的采芝云径一景。

清凉禅窟之北为含漪湖，湖北岸临水建含漪斋和游船码头。自此处循山之西麓往北可达崇霭轩。这里环境幽静，观赏山间出没的朝岚夕霭最为佳妙，所谓“铺空白绵常映带，时或清阏时疏旷；以之兴咏咏亦佳，以之散襟襟实畅”[2]。

[2] 乾隆:《崇霭轩》诗，见《日下旧闻考》卷八十五。

含漪斋之东即园之角门，自香山经石渡槽导引过来的泉水在此穿水门而汇入玉泉水系。角门外的石铺御道南连南宫门，往西直达香山静宜园。

乾隆二十四年(1759年)，在南宫门外就原来的小河泡开拓为高水湖，与早先开凿的养水湖连接，将静明园内之水经由南宫墙上的水关导引入高水湖，以灌溉附近日益开辟的稻田，高水湖亦藉水而成景。并拆卸畅春园西花园内的“先得月楼”迁建于湖的中央，命名为“影湖楼”。影湖楼四面环水，成为静明园墙外的一处以水景取胜的景点。登楼观赏玉泉山、万寿山以及远近的田畴湖泊，面面得景俱佳。

小东门外长堤石桥上建石坊二，迤东为界湖楼，登楼环眺则远山近水、平畴田野历历在目，乾隆赋诗句咏其景：“界堤筑横楼，漪影翻窗纸。实得空澄趣，讵止烟波美。面面辟溪田，万顷绿含绮。”[3]

[3] 乾隆:《界湖楼》诗，见《日下旧闻考》卷八十五。

咸丰十年(1860年)北京西北郊诸园遭到英法侵略军的焚掠，静明园亦未幸免于难。园内建筑物大部分被毁，光绪年间曾部分地加以修复，西太后居住颐和园期间经常乘船到静明园游览。辛亥革命后曾一度作为公园向群众开放，又修复了一些建筑物，湖光山色大体上完整如初，仍不失为一座保持着原有特色的行宫御苑。

南　苑

南苑在北京南郊辽阔的平原上，它的前身是元代的飞放泊，明代和清初曾经过多次的扩建。这里地势比较低洼，泉沼密布，水草丰茂，林木蓊郁，繁衍獐、鹿、雉、兔、黄羊不计其数。设“海户”一千六百人，人各给地，负责放养、管理苑内禽兽。皇帝经常到这里行猎，举行阅兵演武的活动，即所谓“春蒐冬狩，以时讲武”。所以说，南苑是一座作为皇家猎场的特殊行宫御苑。

乾隆年间，对南苑又进行了一次大规模的扩建。除了局部地添建、修葺之外，重要的工程有两项：一是把土筑的苑墙全部改为砖墙，二是在苑内新建一座精致的园林——团河行宫。南苑的建设，遂达到了全盛时期。

南苑占地大约230公顷，设苑门9座：正南为南红门、东南为回城门、西南为黄村门、正北为大红门、稍东为小红门、正东为东红门、东北为双桥门、正西为西红门、西北为镇国寺门。苑内有晾鹰台，“台高六丈，径十九丈有奇，周径有二十七丈”[1]；有水泉72处；有海子3处“旧称三海，今实有五海子，但第四、第五夏秋方有水，冬春则涸耳”[2]。据《日下旧闻考》载，苑内的主要建筑计有：南苑官署，在大红门内；元灵宫，在小红门内西偏；旧衙门行宫，在小红门西南；永慕寺，在旧衙门西南；德寿寺，在旧衙门东偏；关帝庙，在德寿寺西南里许；永佑寺，在德寿寺东南二里许；宁佑寺，在晾鹰台北六里许；南红门行宫，在南红门内里许；新衙门行宫，在镇国寺门内里许；团河行宫，在黄村门内六里许。

[1]《日下旧闻考》卷七十五。

[2] 乾隆:《海子行》诗自注，见《日下旧闻考》卷七十四。

团河行宫　是南苑四座行宫中规模最大的一座，而且自成宫苑分置的格局，可视为包含在南苑内一处独立的行宫御苑［图7·40］。

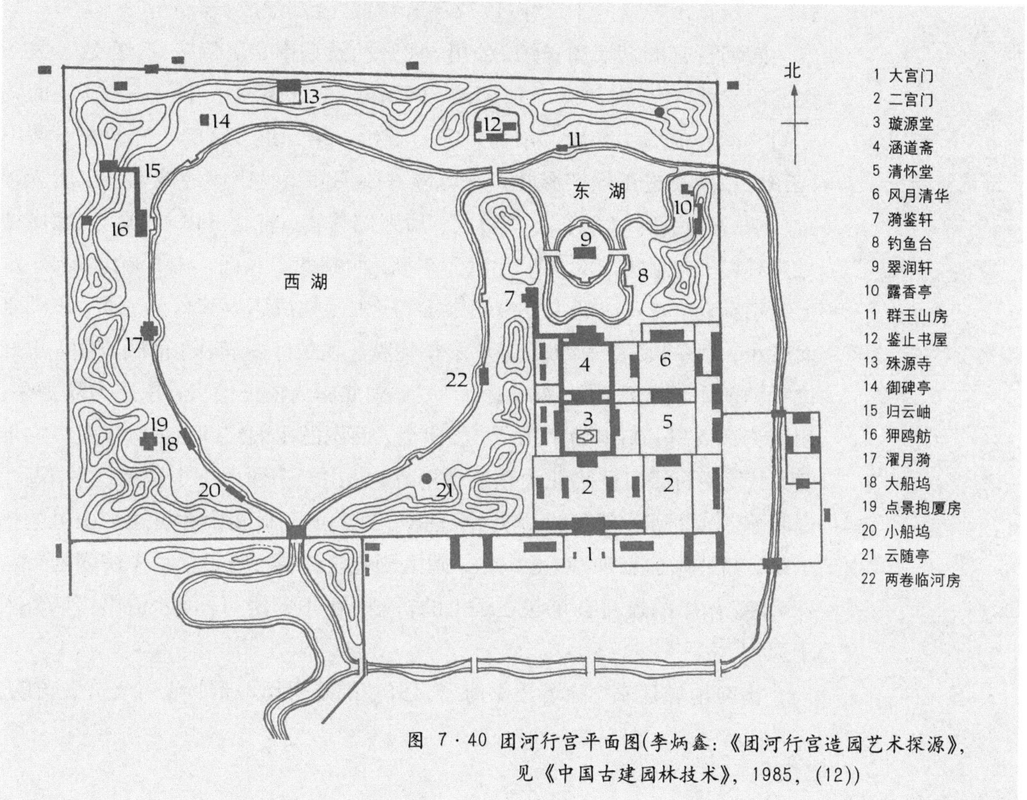

图 7·40 团河行宫平面图(李炳鑫:《团河行宫造园艺术探源》，见《中国古建园林技术》，1985，(12))

图 7·41 翠润轩

团河之源旧称团泊，在黄村门内六里。团河流出南苑苑墙入凤河，又东南流与永定河汇合。乾隆三十七年(1772年)，对永定河进行大规模治理，包括疏浚凤河及其上源团河。与此同时，在团泊之旁兴建行宫，这就是乾隆《庚子季秋中浣团河行宫作》一诗的首句"团河本是凤河源，疏浚于旁筑馆轩"之所指。乾隆四十二年(1777年)，行宫全部建成。

团河行宫的宫墙周长约2公里，大宫门设在南宫墙偏东处。宫廷区紧接大宫门之北，包括西所、东所两路。两所共有三进院落：第一进大宫门面阔三间，两厢值房、朝房，前为月河、石桥；第二进二宫门，迎面叠石假山"云岫"；第三进正殿璇源堂，是乾隆驻园期间接见臣僚的地方。东所为寝宫，亦三进院落：大宫门、二宫门、后殿储秀宫。宫廷区以外的广大地域便是苑林区，利用团泊的泉眼开凿为东湖、西湖两个水面，湖中游鱼嬉戏，水上遍植荷花，并以浚湖土方沿湖岸堆筑土山，构成岗坞起伏的地貌。东湖水面较小，湖中央筑岛，岛上绿草翠柏掩映，建敞厅翠润轩，面阔三间，正好位于西所中轴线延伸的尽端[图7·41]。湖北岸为群玉山房，东岸为露香亭，西岸为漪鉴轩，南岸为鱼乐汀、涵道斋。西湖的水面广阔，北岸和西岸均堆筑土山，循石级可登临北山顶的珠源寺，北山之东建六方小亭镜虹亭。湖西岸临水建濯月漪、狎鸥舫，均为水柱殿。狎鸥舫后循爬山廊可达半山上的拂云岫。西北岸建御碑亭[图7·42]，碑上刻乾隆御制《庚子季秋中浣团河行宫作》诗。南岸的过月亭是建在桥上的桥亭，亭下即团河，河水流出宫墙外入于凤河。

南苑地域辽阔，除了三个海子之外，都是平坦地带。苑内建筑极疏朗，到处松柏苍翠、绿草如茵，成群的麋鹿黄羊奔逐在密茂的树林中，一派大自然原野的粗犷风光，而团河行宫却又表现为细致婉约的江南园林情调。此两者的强烈对比，益发显示出南苑之不同于其他皇家诸园的独特风貌。

南苑作为一座兼有皇家猎场和演武场性质的行宫御苑，行围和阅武活动自明代至清中叶都经常举行。直到清道光年间方才停止。清代把南苑行围阅武作为朝廷的大典，仪式隆重、场面壮观，必须选择吉日，按照一定的程序进行。《大清会典》(见《日下旧闻考》卷七十四)对此有详细的记载：

“凡大阅吉期，由钦天监选择。先期二日，武备院设御营帐殿于南苑晾鹰台。帐殿后设圆幄，恭候皇帝躬御甲胄。既成列，兵部堂官奏请皇帝阅操。驾临晾鹰台圆幄，躬擐甲胄。扈从内大臣、侍卫、亲军等均甲胄。奏请亲阅队伍。内大臣兵部堂官前导，后扈大臣及总理演兵王大臣随从，御前大臣、侍卫，乾清门侍卫，满洲大学士等均随行，其次豹尾班侍卫随行，又次黄龙大纛随行，又次上三旗侍卫按次随行，在火器营兵之后，首队之前。自左至右，阅队一周，还御晾鹰台帐殿。兵部尚书进前跪奏请鸣角。帐殿前蒙古画角先鸣，次亲军海螺传令，海螺以次递鸣，声至鹿角前，首

图 7·42 御碑亭

队次队海螺齐鸣，举鹿角兵闻击鼓而进，鸣金而止，麾红旗则炮枪齐发，鸣金则止。如此九次。至第十次，连环齐发，鸣金三次乃止。满洲炮至第七次停发。连环发毕，鹿角分为八门，首队前锋护军骁骑排开驻立，次队亦随进，候鸣螺，皆声喊前进，两腋应援兵亦斜向前进，以次及殿后兵进，鸣螺而回。大阅礼成，驾御圆幄，释甲胄，驾还行宫。”

如今的南苑，海子干涸，绝大部分土地已成为农田和村落。除团河行宫重新修复之外，其余的建筑或仅剩遗址或完全湮灭无存了。

第五节

离 宫 御 苑

本节列举的三座离宫御苑：圆明园、避暑山庄、清漪园(颐和园)，前者为平地起造的人工山水园，后两者为天然山水园。它们不仅规模宏大、内容丰富，还以其高超的造园技艺而蜚声中外，成为清代皇家诸园中的佼佼者、北方造园艺术发展到高峰境地的标志。称其为后期宫廷造园的三大杰作，也是当之无愧的。

圆 明 园

乾隆二年(1737年)，乾隆帝移居圆明园，对该园又进行第二次扩建，在雍正旧园的范围内增加新的建筑群组。“四十景”中的十二处就是乾隆时新增的，它们是：曲院风荷、坐石临流、北远山村、映水兰香、水木明瑟、鸿慈永祜、月地云居、山高水长、澡身浴德、别有洞天、涵虚朗鉴、方壶胜境。

圆明园的扩建工程大约在乾隆九年(1744年)告一段落。同年，命宫廷画师沈源、唐岱绘成绢本设色的《圆明园四十景图》，合题跋共80幅。乾隆作诗，孙祜、沈源配画的《圆明园图咏》殿刻本亦完成于是年。

此后，又在它的东邻和东南邻另建附园“长春园”和“绮春园”。

乾隆十年(1745年)，内务府的档案中首次出现长春园的名字，是该园至迟已于这年兴工。上距圆明园扩建的大体完成不过一年，足见修建长春园并不完全如乾隆所说“予有夙愿，若至乾隆六十年，寿登八十五，彼时亦应归政。故邻圆明园之东预修此园，为他日优游之地”[1]，而实际上是圆明园扩建工程的延续。乾隆归政做太上皇以后，亦并未住此而是住在大内的宁寿宫。

长春园内，靠北墙一带有一区欧式宫苑，俗称“西洋楼”。从乾隆十二年(1747年)筹划，到乾隆二十四年(1759年)大部分建成。

绮春园于乾隆三十四年(1769年)由若干私家园林合并而成，其中包括皇室成员缴进的赐园。

[1] 乾隆:《长春园题句》诗自注，见《日下旧闻考》卷八十三。

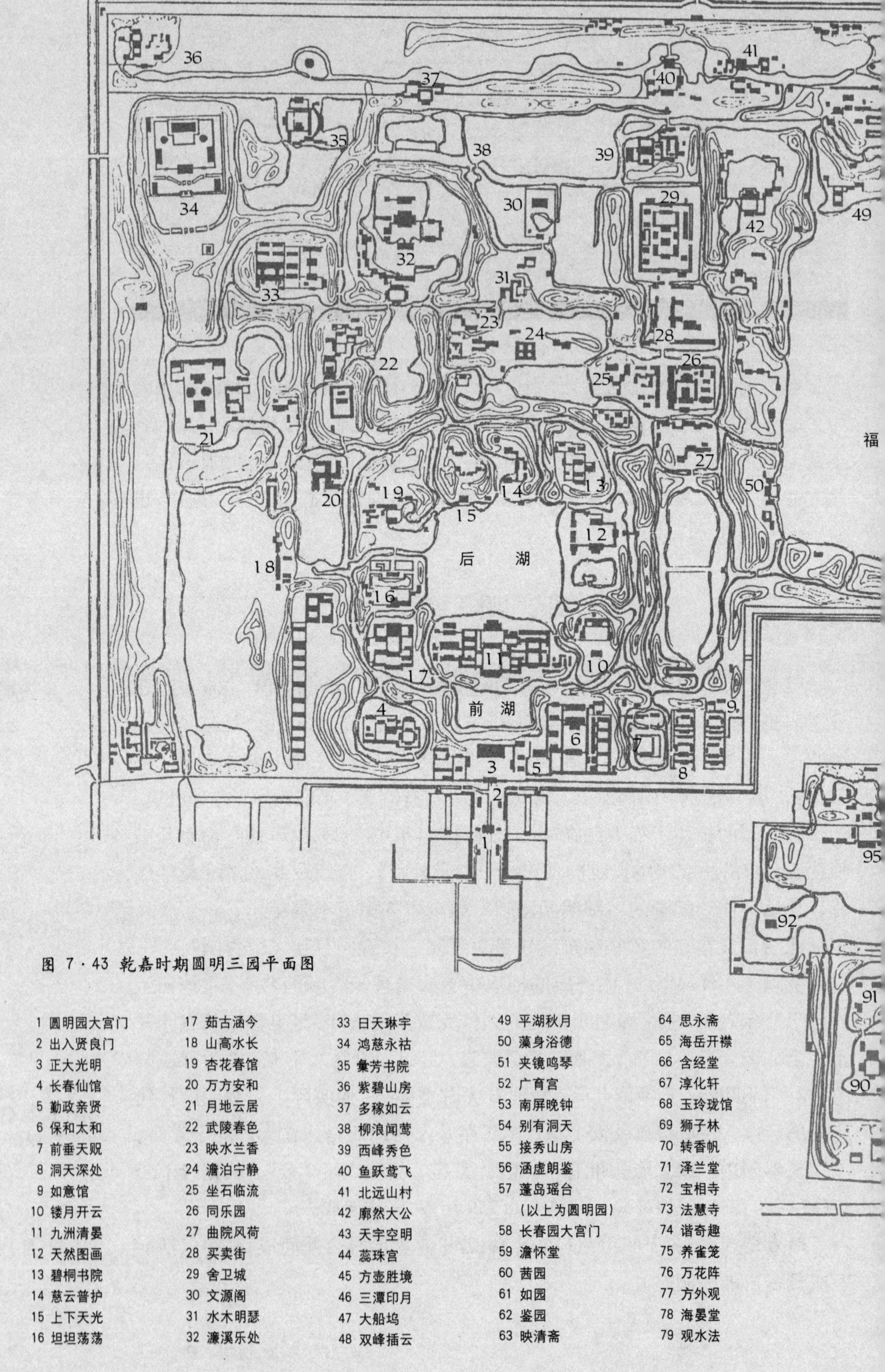

图 7·43 乾嘉时期圆明三园平面图

1 圆明园大宫门	17 茹古涵今	33 日天琳宇	49 平湖秋月	64 思永斋
2 出入贤良门	18 山高水长	34 鸿慈永祜	50 藻身浴德	65 海岳开襟
3 正大光明	19 杏花春馆	35 彙芳书院	51 夹镜鸣琴	66 含经堂
4 长春仙馆	20 万方安和	36 紫碧山房	52 广育宫	67 淳化轩
5 勤政亲贤	21 月地云居	37 多稼如云	53 南屏晚钟	68 玉玲珑馆
6 保和太和	22 武陵春色	38 柳浪闻莺	54 别有洞天	69 狮子林
7 前垂天贶	23 映水兰香	39 西峰秀色	55 接秀山房	70 转香帆
8 洞天深处	24 澹泊宁静	40 鱼跃鸢飞	56 涵虚朗鉴	71 泽兰堂
9 如意馆	25 坐石临流	41 北远山村	57 蓬岛瑶台	72 宝相寺
10 镂月开云	26 同乐园	42 廓然大公	（以上为圆明园）	73 法慧寺
11 九洲清晏	27 曲院风荷	43 天宇空明	58 长春园大宫门	74 谐奇趣
12 天然图画	28 买卖街	44 蕊珠宫	59 澹怀堂	75 养雀笼
13 碧桐书院	29 舍卫城	45 方壶胜境	60 茜园	76 万花阵
14 慈云普护	30 文源阁	46 三潭印月	61 如园	77 方外观
15 上下天光	31 水木明瑟	47 大船坞	62 鉴园	78 海晏堂
16 坦坦荡荡	32 濂溪乐处	48 双峰插云	63 映清斋	79 观水法

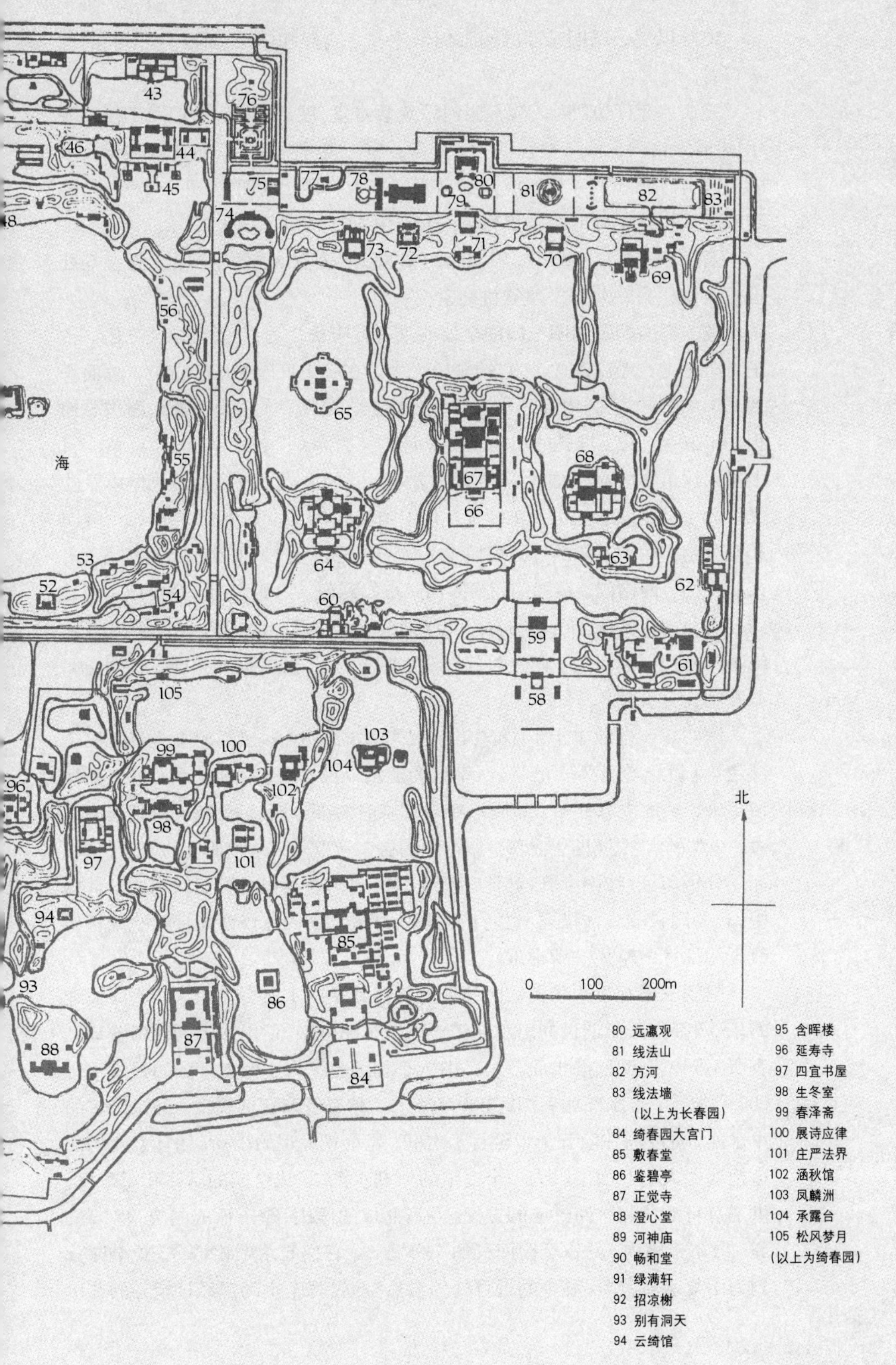
海
北
0 100 200m
80 远瀛观
81 线法山
82 方河
83 线法墙
（以上为长春园）
84 绮春园大宫门
85 敷春堂
86 鉴碧亭
87 正觉寺
88 澄心堂
89 河神庙
90 畅和堂
91 绿满轩
92 招凉榭
93 别有洞天
94 云绮馆
95 含晖楼
96 延寿寺
97 四宜书屋
98 生冬室
99 春泽斋
100 展诗应律
101 庄严法界
102 涵秋馆
103 凤麟洲
104 承露台
105 松风梦月
（以上为绮春园）

乾隆以后，圆明三园的园工仍未停顿，增建和修缮工程一直不间断地进行着。

嘉庆六年(1801年)，绮春园内添建敷春堂、展诗应律。嘉庆十四年(1809年)建成大宫门，修葺敷春堂、清夏斋、澄心堂等处殿宇，将庄敬和硕公主的赐园含晖园和西爽村的成亲王寓园等并入绮春园的西路，并大事修葺。绮春园的规模比乾隆时扩大了将近一倍，共成“绮春园三十景”。

嘉庆十七年(1812年)，圆明园的安澜园、舍卫城、同乐园、永日堂等处进行大修，另在北部添建省耕别墅。

乾、嘉两朝是圆明三园的全盛时期，乾隆誉之为：“天宝地灵之区，帝王豫游之地，无以逾此。”它的规模之大，在三山五园中居于首位，总面积共350余公顷。它的内容之丰富亦为三山五园之冠，人工开凿的水面占总面积一半以上，人工堆叠的岗阜岛堤总计约三百余处，各式木、石桥梁共一百多座，建筑物的面积总计约16万平方米。三园之内，成组的建筑群以及能成景的个体建筑物总共有123处，其中圆明园69处，长春园24处，绮春园30处 [图7·43]。三园的外围宫墙全长约10公里，设园门19座：大宫门、出入贤良门、西南门、藻园门、福园门、东如意门、西如意门、东楼门、西北门、大北门、蕊珠宫门、明春门、绿油门、大东门、茜园门、长春园宫门、绮春园宫门、运料门、西爽村门；设水闸五座：进水闸、一孔闸、二孔闸、五孔闸、七孔闸。

圆明三园经咸丰十年(1860年)英法联军劫掠焚毁之后，时至今日几乎全部建筑、设施均已荡然无存。所幸它的遗址以及堆山、河湖水系大体上尚保留下来，利用文献材料，如同治年间重修时的部分图档和烫样、《日下旧闻考》一类的官书、《四十景图》和乾隆的御制诗文等，结合遗址的现状情况，加以分析印证，按图索骥，尚能够获得这座园林在其极盛时期的规划设计概貌。有关园景的具体描述，也能在乾隆特许进入园内监修西洋楼的欧洲籍传教士的信札中略见一鳞半爪。

圆明三园都是水景园，园林造景大部分是以水面为主题，因水而成趣的。三园都由人工创设的山水地貌作为园林的骨架，但山水的具体布置却又有所不同。圆明园的水面，大、中、小相结合。大水面如广阔的福海宽达600余米。中等水面如后湖宽200米左右，具有较亲切的尺度。其余众多的小水面，宽度均在四五十米至百米之间，是水景近观的小品。回环萦流的河道把这些大小水面串联为一个完整的河湖水系，构成全园的脉络和纽带。提供了舟行游览和水路供应的方便。叠石而成的假山，聚土而成的岗、阜、岛、堤，散布于园内，约占全园面积的三分之一。它们与水系相结合，把全园分划为山复水转、层层叠叠的近百处的自然空间。每个空间都经过精心的艺术加工，出于人为的写意而又保持着野趣的风韵，其本身就是烟水迷离的江南水乡的全面而精练的再现，正所谓“谁道江南风景佳，移天缩地在君怀”[1]。这是平地造园的杰作，是把小中见大、咫尺丘壑的筑山理水手法在约二百公顷的广大范围内连续展开，气魄之大，远非私家园林所能企及。长春园以一个大水面为主体，周围岗阜回环。利用洲、岛、桥、堤将大水面划分为若干不同形状、有聚有散的水域。其水景的效果，于开朗中又透露亲切幽邃的气氛。绮春园则全部为小型水面结合岗阜穿插的集锦。可以这样说，圆明三园是集中国古典园林平地造园的筑山理水手法之大成。

三园之内，大小建筑群总计一百二十余处，其中的一部分具有特定的使用功能，如像宫殿、住宅、庙宇、戏楼、市肆、藏书楼、陈列馆、船坞、码头以及辅助后勤用房等，大量的则是一般饮宴、游赏的园林建筑。

建筑物的个体尺度较外间同类型的建筑要小一些，绝大多数的形象小巧玲珑、千姿百态。设计上能突破官式规范的束缚，广征博采于北方和江南的民居，出现许多罕见的平面形状如眉月形、卍字形、工字形、书卷形、口字形、田字形以及套环、方胜等。除极少数殿堂外，建筑的外观朴素雅致，少施或不施彩绘。因此，建筑与园林的自然环境比较协调。而室内的装饰、装修和陈设却非常富丽堂皇，以适应帝王宫廷生活的趣味。

建筑的群体组合更是极尽其变化之能事，一百二十多组建筑群无一雷同，但又万变不离其宗，都以院落的布局作为基调，把中国传统建筑院落布局的多变性发挥到了极致。它们分别与那些自然空间和局部山水地貌相结合，从而创造一系列丰富多彩、性格各异的“景点”。“景点”一般都以建筑为中心，是建筑美与自然美融糅一体的艺术创作，相当于小型的景区。这样的景点在圆明园有69处，长春园、绮春园有54处。每一处分别予以景题命名，重要的均由皇帝亲自题署，如“圆明园四十景”、“绮春园三十景”。这一百二十多个景点中的大部分都是具有相对独立性的体形环境，无论设置墙垣与否，都可以视为独立的小型园林即“园中之园”[图7·44]。因此而形成圆明三园的大园含小园、园中又有园的独特“集锦式”总体规划。

这些小园林利用叠山理水所构成的局部地貌与建筑的院落空间穿插嵌合，而求得多样变化的形式，它们之间有曲折的水系和道路相联络，而对景、透

图 7·44 小园林“廓然大公”烫样

[1] 王闿运：《圆明园宫词》。

图 7·45 天然图画(摹自《圆明园御制诗》, 清乾隆刻本)

景、障景的安排也构成一种无形的联系。通过这些有形的联络和无形的联系,很自然地引导人们从一处建筑走向另一处建筑,从这一个体形环境达到彼一个全然不同意趣的体形环境。这种多样化的园景"动观"效果,较之单一园林空间的步移景异,其艺术感染力又自别具一格。对此,传教士王致诚(Denis Attiret,法国人)在他写给罗马教廷的信函中曾有生动细致的描述可以参证。[1]由小园林集群所构成的景观,不仅体现在小园林本身的设计上,也包括它们之间的联络和联系的安排经营。这后者乃是圆明三园规划的一个重要环节,也是创造多样化的园景动观效果、把众多小园林联缀为一个有机整体的先决条件。从遗址的现状看来,大部分的安排经营一般是恰当的,但在圆明园西半部一带却存在比较零乱散漫,或者平淡乏味的空间和简单重复的情况,则是败笔。

圆明三园的植物配置和绿化的具体情况已无从详考,但以植物为主题而命名的景点不少于150处,约占全部景点的六分之一。它们或取树木绿荫、苍翠,或取花草之香艳、芬芳,或者直接冠以植物之名称,据此也能推测其配置的大概。据《日下旧闻考》的记载,有不少的景点是以花木作为造景的主要内容,如杏花春馆的文杏、武陵春色的桃花、镂月开云的牡丹、濂

[1] 详见Malone:*Summer Palaces of Ching Dynasty*, University of Illinois Press,1934.

图 7·46 汇芳书院(摹自《圆明园御制诗》，清乾隆刻本)

溪乐处的荷蕖、天然图画的竹林、洞天深处的幽兰等，以及汇万总春、秀木佳荫、香远益清、丹翠林、绿荫轩、绿稠斋、溪月松风、菊秀松蕤、竹香斋、引筠轩、碧桐书院、芰荷深处、桃花坞、玉兰堂、三友轩、称松岩、莲风竹露、菡萏榭、苹香沜等不一而足。嘉庆年间颁布的《圆明园内工则例》中的“树木花木价值则例”一章，收录有近80种花卉的143种价格。乾隆的御制诗中专门述及植物景观的非常之多，王致诚的书信中也有不少地方谈到园内的树木花草的，例如：“所有的山岗上栽满了树木花草”，“在每条河的岸边，同样种植着各种花木”，“一片大湖也隐在这些林木浓翳的山间”，“在山洞和花畦之间，有藤蔓遮荫”，“每座宫殿里，也充满了花草的芳香，使人在尽情地感受到一种天然之美”等等。园内有专门养植花木的园户、花匠，还有太监经营果园、菜畦的。乾隆时的一通“莳花碑”记述一处花圃，由于园户、花匠三百余人的辛勤劳作，使得花圃之中“露蕊晨开，香苞舞绽，嫣红姹紫，如锦似霞。……二十四番风信咸宜，三百六十日花开似锦”。不少移自南方的花木经过驯化，也在这里繁育起来。四时不败的繁花，配合着蓊郁的树木，潺潺流水，岸芷汀兰，鸟语虫声，那一派宛若大自然的生态环境，是可想而知的。

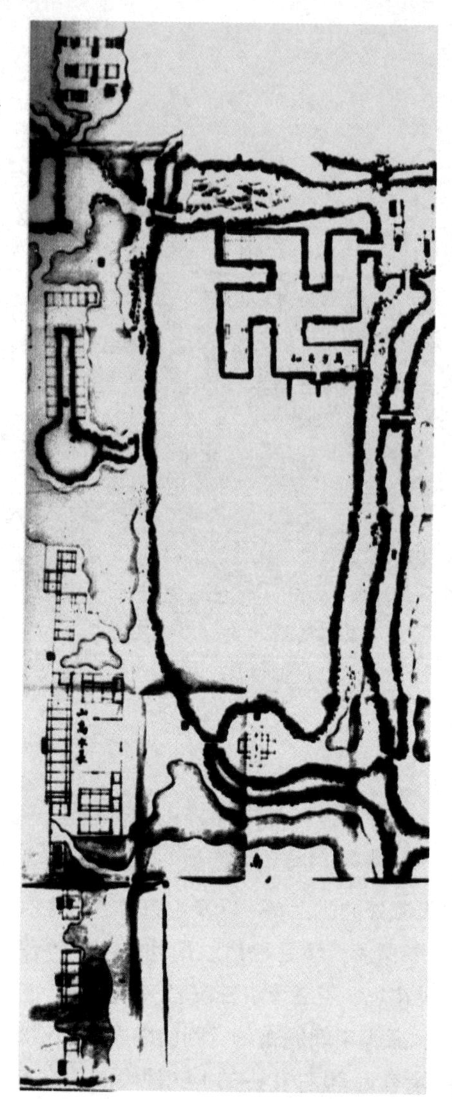

图 7·47 “万方安和”画样

圆明园西部的中路，是三园的重点所在，包括宫廷区及其中轴线往北延伸的前湖后湖景区。后湖沿岸周围九岛环列，每一个岛也就是一处景点，最大的一处即九洲清晏，其余八处均各有特色。例如：靠西的坦坦荡荡，“凿池为鱼乐国，池周舍下，锦鳞数千头，喁唼拨剌于荇风藻雨间，回环泳游，悠然自得”❶，是摹仿杭州的玉泉观鱼。靠北的上下天光，“重虹驾湖，蜿蜒百尺，修栏夹翼，中为广亭。縠纹倒影，滉漾楣槛间，凌空俯瞰，一碧万顷，不啻胸吞云梦”❷，是取法于云梦泽之景。慈云普护，“殿供观音大士，其旁为道士庐，宛然天台”❸，则是天台山的缩写。而这九处景点呈九岛环列的布局乃是“禹贡九州”的象征，它居于圆明园中轴线的尽端并以九洲清宴为中心，又有“普天之下，莫非王土”的寓意［图 7·46］。

后湖的特点在于幽静，湖面约200米见方，隔湖观赏对岸之景，恰好在清晰的视野范围之内。沿岸九岛环列，也就是九处形式互不相雷同的景点。既突出各自的特色，也考虑到彼此资借成景。例如从东岸的“天然图画”透过隔湖西岸“坦坦荡荡”所构成的豁口，恰好能够观赏到园外万寿山后山借景的最佳风景画面。后湖位于全园的中轴线上，居中的是“九洲清晏”一组大型景点。因此，它的布局于变化中又略具均齐严谨，这种近乎规整的理水方式在中国园林中并不多见。

前湖后湖景区的东、北、西三面分布着29个景点有如众星拱月，绝大部分在北面，形成小园林集群。其中，安佑宫相当于园内的太庙；舍卫城是城堡式的佛寺，内供金铸小佛像上万尊，其前的南北长街犹如通衢市肆，皇帝游幸时由宫监扮作商人顾客熙来攘往，俗称“买卖街”；文源阁是全国庋藏四库全书的七大阁之一，仿自浙江宁波的天一阁；同乐园是娱乐场所，内有三层高的大戏楼清音阁；山高水长是节日燃放烟火的地方，据《啸亭杂

❶ 乾隆:《坦坦荡荡》诗序，见《日下旧闻考》卷八十一。

❷ 乾隆:《上下天光》诗序，见《日下旧闻考》卷八十一。

❸ 乾隆:《慈云普护》诗序，见《日下旧闻考》卷八十一。

录》所记，“乾隆初定制，于上元节前后五日观烟火于此处之山高水长楼，楼前平圃甚宽敞，设御座于楼门外，宗室外藩贝勒及一品文武大臣、南书房、上书房、军机大臣以及外国使臣等咸分翼入座”，观赏焰火盛况。小园林亦各具特色，例如：万方安和，正厅平面呈卍字形，共33间建在水池北端的水中，隔池与南岸的十字形小亭构成对景［图7·47］；武陵春色，以建筑配合叠石假山岩洞，表现晋人陶渊明《桃花源记》所描写的场景；曲院荷风，前临长湖，摹拟杭州西湖十景之一；坐石临流，是绍兴兰亭景观之缩影；等等。

濂溪乐处，据乾隆的描述：“苑中菡萏甚多，此处特盛。小殿数楹，流水周环于下。每月凉暑夕，风爽秋动，净绿粉红，动香不已。想西湖十里，野水苍茫，无此端严清丽也。”[1]这是一处观赏荷花的地方。荷花池的四周环以堤，堤外复有水道萦绕，形成水绕堤，堤环水，岛屿居中的地貌形势。岛的位置偏于西北，让出曲尺形的水面以栽植荷花。岛上建“慎修思永”一组建筑群。南面临湖，北面障以叠山。更于东南角上延伸出水廊“香雪廊”于水中，可以四面观赏荷池景色。这组建筑与湖南岸的“汇万总春”遥相呼应成对景。就小园的总体而言，是以层层虚实相间的山水空间环抱烘托建筑群的布局方式［图7·48］。

[1] 乾隆：《濂溪乐处》诗序，见《日下旧闻考》卷八十二。

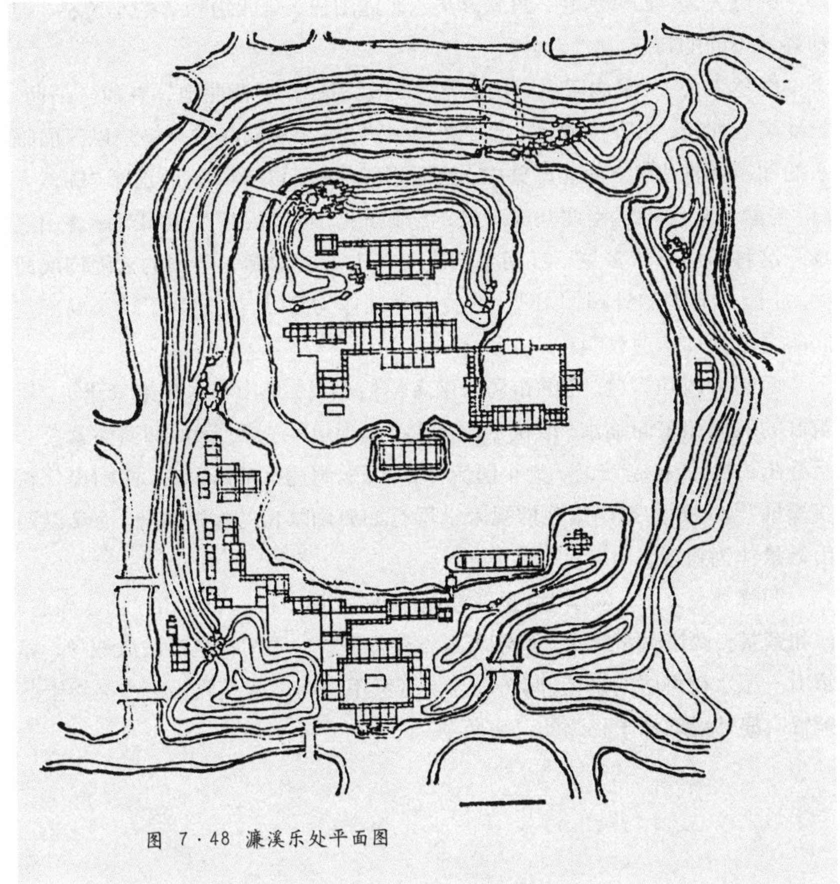
图 7·48 濂溪乐处平面图

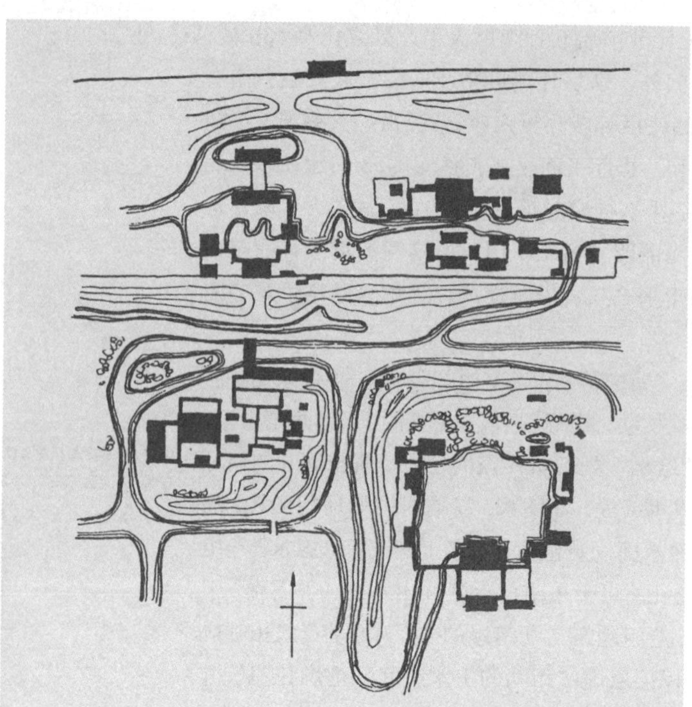

图 7·49 廓然大公、西峰秀色、鱼跃鸢飞、北远山村平面图

廓然大公、西峰秀色、鱼跃鸢飞、北远山村，是四组相邻的小园林，但却各具不同的特色［图 7·49］。

廓然大公，“平岗回合，山禽渚鸟远近相呼。后凿曲池，有蒲、菡萏。长夏高启北窗，水香拂拂，真足开豁襟颜”[1]。这个小园林的布局是以三面临水的建筑环抱水池，池北岸叠山，池面形状曲折而有源有流。正厅“廓然大公”与叠山分居池之南北互成对景。正厅面北，可以观赏水池和对岸叠山之景。这种布局方式多见于江南宅园之中，上海的豫园、苏州的艺圃均属此类。小园林周围的外圈，以回合的叠山平岗作为障隔，更加强了这个局部空间的内聚性和幽邃气氛。

西邻为西峰秀色。它的布局与前者恰恰相反，是山与水环抱着建筑。建筑群的北面和东面临水，取杭州西湖“花港观鱼”之意。南面和西面紧接一组叠山，“河西松峦峻峙，为小匡庐”[2]，“轩楹洞达，面临翠巘，西山爽气在我襟袖”[3]。此处乃是以近观仰视来求得有如庐山峰峦的峻峙气势，而又以西山借景作为衬托。

西峰秀色之北，隔墙为“鱼跃鸢飞”和“北远山村”。这一带“曲水周遭，俨如萦带。两岸村舍鳞次，晨烟暮霭，蓊郁平林，眼前物色活泼泼地”[4]，显示出一派水村野居的景色。其布局与前者又不雷同，建筑物沿河流夹岸错落配置，显然是取法于扬州的“瘦西湖”。

[1] 乾隆：《廓然大公》诗序，见《日下旧闻考》卷八十二。

[2] 《日下旧闻考》卷八十二。

[3] 乾隆：《西峰秀色》诗序，见《日下旧闻考》卷八十二。

[4] 乾隆：《鱼跃鸢飞》诗序，见《日下旧闻考》卷八十二。

圆明园的东部，以福海为中心形成一个大景区。福海景区以辽阔开朗取胜。水面近于方形，宽度约600米。中央三个小岛上设置景点“蓬岛瑶台”，园外西山群峰作为借景倒影湖中，上下辉映。河道环流于福海的外围，时宽时窄，有开有合，通过十个水口沟通福海。这些水口将漫长的岸线分为大小不等的十个段落，其间建以各式的点景桥梁相联系，既消除了岸脚的僵直单调感，又显示出福海水面的源远流长。这十个段落实际上也就是环列于福海周围的十个不同形状的洲岛。岛上的堆山把中心水面与四周的河道障隔开，以便于临水面的开阔空间布列景点，充分发挥它们的点景和观景作用，如东岸的“接秀山房”甚至远借西山的峰峦为成景的对象。沿河道的幽闭地段则建置小园林，通过水口的“泄景”引入福海的片段侧影作为陪衬。宫墙与河道之间亦障以土山，适当地把宫墙掩饰起来。这种“障边”的做法能予人以错觉，仿佛一带青山之外并非园林的界限而还有着更深远的空间。福海的四周及外围，岗阜穿错，水道萦回，分布着近20处景点。其中的南屏晚钟、平湖秋月、三潭印月是摹拟杭州西湖十景之三，四宜书屋摹拟浙江海宁之安澜园［图7·50］；接秀山房，隔福海观赏园外西山之借景；夹镜鸣琴，建在两水夹峙的地段上；方壶胜景，建在临水的北岸，正殿哕鸾殿，其前有汉白玉石座成山字形伸向水面，上建一榭五亭，整组建筑群玲珑通透，与水中

图 7·50 四宜书屋(摹自《圆明园御制诗》，清乾隆刻本)

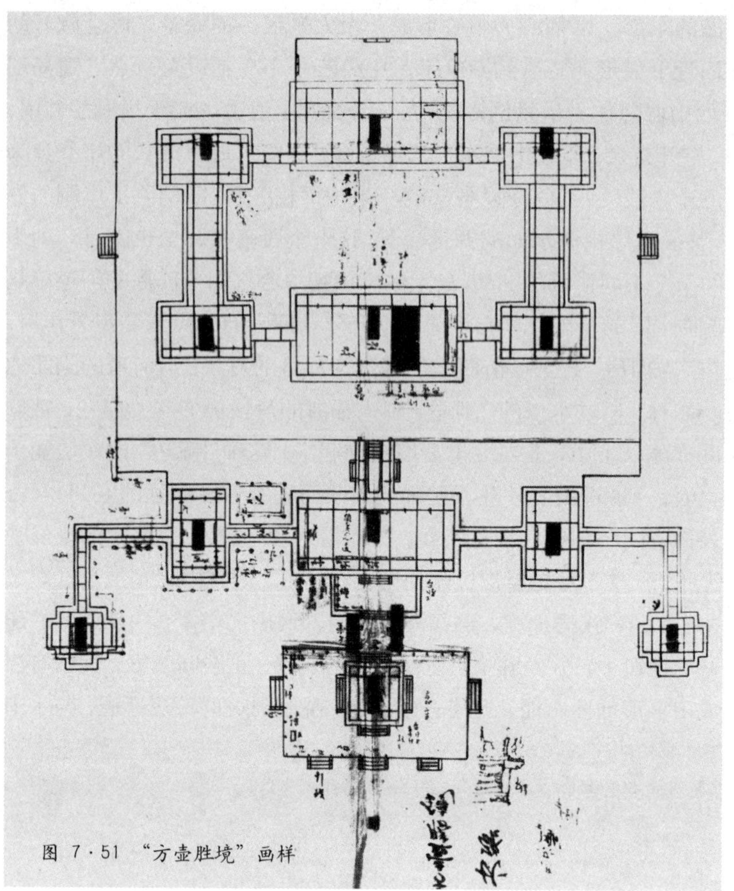

图 7·51 “方壶胜境”画样

倒影上下掩映，宛若仙家琼楼玉宇的境界［图7·51、图7·52］。

沿北宫墙则是狭长形的单独一个景区，一条河道从西到东蜿蜒流过。河道有宽有窄，水面时开时合。十余组建筑群沿河建置，显示水村野居的风光，立意取法于扬州的瘦西湖。

圆明园作为水景园，河湖的分布和理水的脉络，对于园林规划的成败至关重要。造园匠师利用环绕于后湖的北、东、西三面的沼泽地开辟为许多互相联缀的小型水体，这不仅是因地制宜，为建置小园林创造条件，而且犹如众星拱月，烘托后湖作为中心水面的突出地位。最大的水面福海却偏处侧翼反而居于从属地位，使得全园的重心保持在宫廷区——后湖的南北中轴线上。这样的总体规划不仅在广阔的平坦地段上创设了丰富多变的园林景观，而且于多样化之中又寓有足够的严谨性，以显示其有别于私家园林的皇家宫廷气派。

圆明园在规划和设计上确有许多新意和开创性的成就。但建筑密度比较高，某些地段的景点过于密集，某些名景的摹拟失之矫揉造作。这些，不

图 7·52 方壶胜境(摹自《圆明园御制诗》，清乾隆刻本)

能不说是其瑜中之瑕了。

长春园 的面积不到圆明园的一半，分为南、北两个景区。南景区占全园的绝大部分，大水面以岛堤划分为若干水域。位于中央大岛上的淳化轩是全园的主体建筑群，一共四进院落带东西跨院，两庑的墙上镶嵌 144 块“淳化阁帖”的刻石，因此而得名。它与大宫门、澹怀堂构成长春园的中路，但并不在一条中轴线上而是“错中”少许。以此来区别于圆明园中路，表现其作为圆明园附园的地位。其他的大小 18 个景点，或建在水中，或建在岛上，或沿岸临水，都能够因水成景、因地制宜，各具匠心。例如，茹园，以南京的瞻园作为设计的蓝本；狮子林，再现倪云林《狮子林图卷》的画意，也是苏州名园狮子林的写仿，乾隆时有“狮子林八景”，嘉庆时增加八景共成“狮子林十六景”；北岸的法慧寺，寺后建八面七级的琉璃塔，成为园景的惟一竖向点缀；水中的海岳开襟，两层圆形石砌高台之上建得金阁，隔岸观赏好似海市蜃楼。

长春园的南景区，建筑比较疏朗。从遗址的现状看来，山水布局、水

图 7·53 远瀛观遗址

域划分均很得体，尺度合宜，不失为北方园林中的上品之作。在造园艺术上，比之圆明园要高出一筹。

北景区即“西洋楼”，包括六幢西洋建筑物、三组大型喷泉、若干庭园和点景小品，沿着长春园的北宫墙成带状展开。

明末清初，天主教在中国的传教事业已经有所开展，教士们往往利用西方的天文历算、科学技术以及绘画艺术，作为他们进行宗教活动的辅助手段，康熙帝就曾经向他们学习过这方面的知识。乾隆年间，教士多有以绘画技艺而供职内廷如意馆的。据说，乾隆帝在一次偶然的机会中见到一幅欧洲的人工喷泉图样。这种利用水的压力而喷射水柱的理水方法在当时中国园林里面是从未有过的，乾隆对此很感兴趣，乃决心在长春园建造一区包括人工喷泉在内的欧式宫苑。于是，任命教士蒋友仁(Michael Benoist，法国人)负责喷泉设计，郎世宁(Giuseppe Castiglione，意大利人)和王致诚负责建筑设计，艾启蒙(Ignace Sichelbarth，波希米亚人)负责庭园设计，共同筹划这组宫苑的建设事宜。

在欧洲，绘画、雕刻、建筑向来是有着密切关系的姊妹艺术。这几位教士既精于绘事，当然也懂得一些建筑和造园术。经过他们的精心规划设计和中国工匠的辛勤劳作，欧式宫苑“西洋楼”于乾隆二十四年(1759年)除远瀛观外已全部完工。

六幢建筑物，即谐奇趣、蓄水楼、养雀笼、方外观、海晏堂和远瀛观，都是欧洲18世纪中叶盛行的巴洛克风格(Baroque style)宫殿式样[图7·53、图7·54]。全部为承重墙结构，立面上的柱式、檐口、基座、门窗以及栏杆扶手均为欧洲古典做法。坡屋面不起翘，但在屋脊上施用中国的鱼、鸟、宝瓶等花饰。外檐的雕刻装饰细部采用不少中国式的纹样，雕琢十分精美，充分显示中国石雕工艺的高水平。

人工喷泉当时叫做“泰西水法”或“水法”，一共三组。第一组在谐奇趣南面的弧形石阶前和北面的双跑石阶前，由蓄水楼供水。第二组在海晏堂的西面大门前，由堂内的蓄水箱供水，沿门外两旁的“水扶梯”(water stair)下注于地面的水池。池两侧各排列六只铜铸的喷水动物象征十二生肖。每隔一时辰，依次按时喷水。第三组在远瀛观的南面，是最大的一处喷泉，故又名“大水法”，由海晏堂蓄水箱供水。

主要庭园有三处：一处在谐奇趣之北，名叫**万花阵**，是摹仿流行于欧洲园林中的迷宫(maze)的形式。迷宫由绿篱灌木栽植成纵横曲折的夹道，人行其中往往迷失方向，以来回冲撞为取乐，但万花阵不用绿篱而代之以雕花青砖砌筑的矮墙。另外两处在大水法以东：**线法山**，类似欧洲中世纪园林中的“庭山”，介于两座牌坊之间，山顶建八角亭，皇帝经常环山跑马，故又名“转马台”；其东的长方形水池对岸即**线法墙**，南北两边分别砌筑平行的砖墙五列。墙上张挂风景建筑的油画，利用透视学原理来加大景深，背后衬以蓝天作为天幕，很像现代的舞台布景。

植物配置采用欧洲规整式园林的传统手法，诸如整齐的绿篱，树木成行列栽植，灌木的修剪成型(topiary)，用花草铺镶成地毯式的图案花坛(parterre)等。园林小品点景则中国色彩较重，如大水法的两座喷水塔就做成中国宝塔的形式，水池也多带有中国纹样的雕饰。此外，竹亭和太湖石的特置也不少，欧洲园林中常见的裸体人身石雕像为照顾中国人的欣赏习惯一律不用，而代之以铜铸石雕的鸟兽虫鱼之类。

西洋楼的规划一反中国园林之传统，突出表现了欧洲勒诺特式(Le Notre style)的轴线控制、均齐对称的特点。东西方向上的轴线长约800米，

图 7·54 1870年前后之海晏堂遗址(滕固：《圆明园欧式宫殿残迹》，上海，商务印书馆，1933)

但非一眼望穿而是以建筑划分为有节奏的三段，这就融糅了中国院落布局的手法。南北方向上也有一条中轴线贯穿于远瀛观、大水法和观赏喷泉的御座“观水法”，并往南延伸到泽兰堂而与南景区的中轴线大致对应起来，以适当加强南、北两个景区在园林总体上的联系。

西洋楼总的说来是一组欧式宫殿和园林，从规划到细部处理又都吸收了许多中国的手法。虽然并不能说是一个成功的建筑和园林作品，但却是以欧洲风格为基调、融会了部分中国风格的作品。这里边既凝聚着欧洲传教士的心血，也包含中国匠师的智慧和创造的结晶。西洋楼是自元末明初欧洲建筑传播到中国以来的第一个具备群组规模的完整作品，也是把欧洲和中国这两个建筑体系和园林体系加以结合的首次创造性的尝试。这在中西文化交流方面，是有一定历史意义的。

绮春园 全部为小园林的连缀，它多次利用旧园扩建，因而布局上并不拘泥一定的章法。比之圆明、长春，更为自由灵活，也更具水村野居的自然情调。园的大宫门设在东南角。园内共有景点29处，其中的佛寺正觉寺是圆明三园惟一完整保留下来的一处景点。

圆明三园，在清代皇家诸园中是“园中有园”的集锦式规划的最具代表性的作品。它所包含的百余座小园林均各有主题，性格鲜明，堪称典型的“标题园”，而其中大多数又都以“景点”的形式出现。所以说，小园林乃是圆明三园的细胞。这些小园林的主题取材极为广泛、驳杂，大致可以归纳为六类：一、摹拟江南风景的意趣，有的甚至直接仿写某些著名的山水名胜。二、借用前人的诗、画意境，如“夹镜鸣琴”取李白“两水夹明镜”的诗意，“蓬岛瑶台”仿李思训仙山楼阁的画意而构景，“武陵春色”根据陶渊明《桃花源记》的内容而设计。三、移植江南的园林景观而加以变异，有些小园林甚至直接以江南某园为创作蓝本，如像“四宜书屋”、“小有天园”、“狮子林”、“如园”即分别摹仿当时的江南四大名园——海宁“安澜园”、杭州“小有天园”、苏州“狮子林”、南京“瞻园”——而建成，所谓“行所流连赏四园，画师仿写开双境”[1]，即指此而言；深为乾隆所喜爱的“狮子林”，则不仅仿建于长春园，甚至同时仿建于其他三座御苑之内，正如乾隆所说的“最忆倪家狮子林，涉园黄氏幻为今；因教规写闾城趣，为便寻常御苑临。”[2]四、再现道家传说中的仙山琼阁、佛经所描绘的梵天乐土的形象，前者如“方壶胜境”、“海岳开襟”，后者如“舍卫城”。五、运用象征和寓意的方式来宣扬有利于帝王封建统治的意识形态，宣扬儒家的哲言、伦理和道德观念，如“九洲清晏”寓意于“普天之下，莫非王土”，“鸿慈永祜”标榜孝行，“涵虚

[1] 王闿运：《圆明园宫词》。

[2] 乾隆：《狮子林八景》诗，见《日下旧闻考》卷八十三。

朗鉴”标榜豁达品德，“澹泊宁静”标榜清心寡欲，“濂溪乐处”象征对哲人君子之仰慕，“多稼如云”象征帝王之重农桑，等等，不一而足。至如“圆明园”的命名，按雍正的解释，则其寓意为：“夫圆而入神，君子之时中也；明而普照，达人之睿智也。”[1]六、以植物造景为主要内容，或者突出某种观赏植物的形象、寓意。

[1] 雍正：《圆明园记》，见《日下旧闻考》卷八十。

看来，圆明三园以景点和小园林作为基本单元的园林景观，真可谓“人间天上诸景备”了。它们主题的取材五花八门，无所不包，充分显示封建帝王“万物皆备于我”的思想，也可以说是儒、道、释作为封建统治的精神支柱在这座皇家园林的集中表现。

避暑山庄

远在塞外承德的避暑山庄，康熙时已基本建成了。乾隆时期的扩建也像圆明园一样，在原来的范围内修建新的宫廷区，把“宫”和“苑”区分开来。另在苑林区内增加新的建筑，增设新的景点，扩大湖泊东南的一部分水面。扩建工程从乾隆十六年(1751年)一直持续到乾隆五十五年(1790年)，历时39年才全部完成，足见工程量是不小的。乾隆帝以三个字命名的“乾隆三十六景”之中，有二十六景在康熙时即已建成，新增加的只有十景：丽正门、勤政殿、松鹤斋、青雀舫、冷香亭、嘉树轩、乐成阁、宿云檐、千尺雪、知鱼矶。但实际上乾隆兴建的景点远不止此，如山岳景区的创得斋、山近轩、碧静堂、玉岑精舍、秀起堂、静含太古山房、食蔗居，湖泊景区的戒得堂、烟雨楼、文津阁、文园狮子林等不下数十处[图7·55]。它们都各具特色而且都有乾隆的题咏，之所以不纳入新的景题系列之中，盖因乾隆很尊重乃祖，命名“总弗出皇祖旧定”，康熙既已定出以四个字命名的三十六景在先，那么，乾隆以三个字命名之景题系列亦不能超过此数。看来，乾隆对避暑山庄的第二期扩建，是在尽量保持康熙原规划格局和风貌的基础上使得园林的景观更为丰富，离宫御苑的性格更为突出。但在个别地方，由于建筑较密，康熙时的天然野趣也不免有所削弱。

乾隆时期的避暑山庄，在清代皇家诸园中仍然是规模最大的一座，占地564公顷。园墙不同于一般园林的虎皮石墙，而采取有雉堞的城墙的形式，以显示“塞外宫城”的意思。全长约十余公里，其在山岳的一段则随山势而蜿蜒起伏宛若万里长城的缩影。五座园门亦作成城门楼的形式，正门设在南端，名“丽正门”[图7·56]。

山庄的总体布局按“前宫后苑”的规制，宫廷区设在南面，其后即为广大的苑林区。

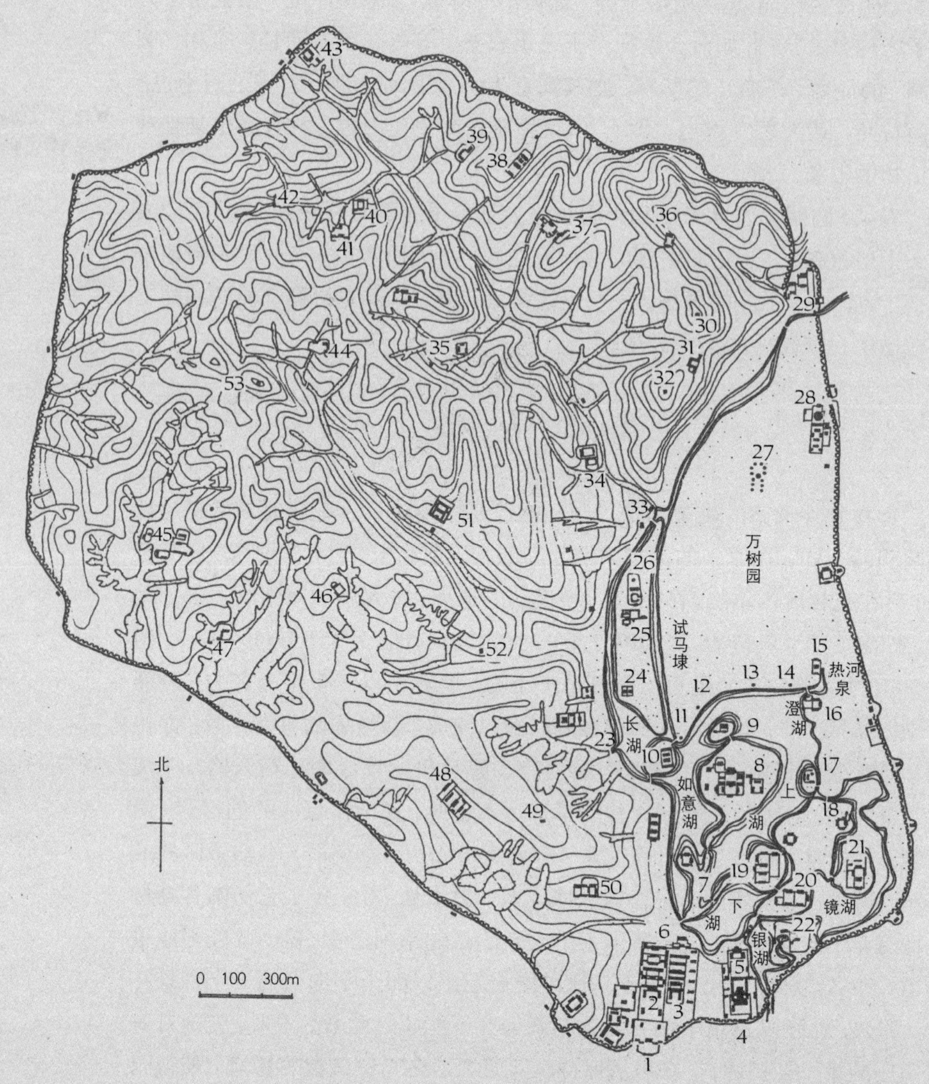

图 7·55 避暑山庄平面图

1 丽正门
2 正宫
3 松鹤斋
4 德汇门
5 东宫
6 万壑松风
7 芝径云堤
8 如意洲
9 烟雨楼
10 临芳墅
11 水流云在
12 濠濮间想
13 莺啭乔木
14 莆田丛樾
15 苹香沜
16 香远益清
17 金山亭
18 花神庙
19 月色江声
20 清舒山馆
21 戒得堂
22 文园狮子林
23 殊源寺
24 远近泉声
25 千尺雪
26 文津阁
27 蒙古包
28 永佑寺
29 澄观斋
30 北枕双峰
31 青枫绿屿
32 南山积雪
33 云容水态
34 清溪远流
35 水月庵
36 斗老阁
37 山近轩
38 广元宫
39 敞晴斋
40 含青斋
41 碧静堂
42 玉岑精舍
43 宜照斋
44 创得斋
45 秀起堂
46 食蔗居
47 有真意轩
48 碧峰寺
49 锤峰落照
50 松鹤清越
51 梨花伴月
52 观瀑亭
53 四面云山

图 7·56 丽正门

宫廷区包括三组平行的院落建筑群：正宫、松鹤斋、东宫。

正宫在丽正门之后，前后共九进院落。南半部的五进院落为前朝，正门午门额曰“避暑山庄”，正殿澹泊敬诚殿［图7·57］全部用楠木建成，俗称楠木殿。前朝的建筑物外形朴素、尺度亲切，院内散植古松，幽静的环境极富园林情调，气氛与紫禁城的前朝全然不同。北半部的四进院落为内廷，正殿烟波致爽殿是皇帝日常起居的地方，后殿为两层的云山胜地楼，不设楼梯，利用庭院内的叠石作成室外蹬道。从楼上可北望苑林区的湖山历历在目，“八窗洞达，俯瞰群峰，夕霭朝岚，顷刻变化，不可名状”。[1]内廷的建筑物均以游廊联贯，庭院空间既隔又透，配以花树山石，园林气氛更为浓郁。

松鹤斋的建筑布局与正宫近似而略小，是皇后和嫔妃们居住的地方。

[1] 和珅:《热河志》卷二十六。

图 7·57 澹泊敬诚殿

图 7·58 万壑松风

最后一进院落名叫万壑松风，康熙当年曾在此处读书，建筑物前后交错穿插连以回廊，呈自由式的布置 [图7·58]。

正宫与松鹤斋建置在山庄南端的小台地上，最后一进院落以北地势陡然下降约6米，万壑松风恰居陡坡之巅，举目北望，苑林区的湖光山色尽收眼底，景界极为开阔。这是从封闭的宫廷区甫进入苑林区而豁然开朗的“欲放先收”的组景手法，巧妙地利用局部地形特点因而收到动人的观赏效果。陡坡用山石堆叠为护坡，设蹬道可下临苑林区 [图7·59]。

东宫位于正宫和松鹤斋的东面，地势低于前者。南临园门德汇门，共六进院落。内有三层楼的大戏台“清音阁”，设天井、地井及转轴、升降等舞台设备，可作大型演出。东宫的最后一进为卷阿胜境殿，北面紧临苑林区之湖泊景区。

广大的苑林区包括三个大景区：湖泊景区、平原景区、山岳景区，三者成鼎足而三的布列。

湖泊景区，即人工开凿的湖泊及其岛堤和沿岸地带，面积大约43公顷。整个湖泊可以视为以洲、岛、桥、堤划分成若干水域的一个大水面，这是清代皇家园林中常见的理水方式。湖中共有大小岛屿八个，最大的如意洲4公顷，最小的仅0.4公顷。西面的如意湖和北面的澄湖为最大的两个水域，小水域为上湖、下湖、镜湖、银湖、长湖、半月湖等。其中，水心榭以北的几个湖面为康熙时开凿的，水心榭以南的镜湖和银湖则是乾隆时新拓展的。湖泊西半部的两大水域之中，如意湖的景界最为开阔，湖中的大岛如意洲有堤连接于南岸，名叫“芝径云堤”。堤身“径分三枝，列大小洲三，形若芝英、若云朵，复若如意”[1]，造型宽窄曲伸非常优美。堤在湖中的走向为南北向，正好与湖面的狭长形状相适应，也吻合于以宫廷区为起点的游览路线。

[1] 和珅：《热河志》卷二十六。

东半部则为若干小型水域，与西半部之间有堆山的障隔，东面紧邻园墙，这里多半是幽静的局部近观的水景小品。湖泊的东、西两半部之间设置闸门“水心榭”以调节水量，保证枯水季节的一定水位。西北面开凿长湖是为了汇聚山岳区的泉水，显然具有蓄水库的作用。湖面顺着山的东麓紧嵌于坡脚成狭长的新月状，东麓倒影水中形成一景。沿山坡散布着许多泉流和小瀑布，“北为趵突泉，涌地觱沸；西为瀑布，银河倒泻，晶帘映岩，微风斜卷，珠玑散空。前后池塘，白莲万朵，花芬泉响，直入庐山胜景矣”[1]。

湖泊景区的自然景观是开阔深远与含蓄曲折兼而有之，虽然人工开凿，但就其整体而言，水面形状、堤的走向、岛的布列、水域的尺度等，都经过精心设计，能与全园的山、水、平原三者构成的地貌形势相协调，再配以广泛的绿化种植，宛若天成地就。即便一些局部的处理，如像山麓与湖岸交接处的坡脚、驳岸、水口以及水位高低、堤身宽窄等，都以江南水乡河湖作为创作的蓝本，设计推敲极精致而又不落斧凿之痕，完全达到了“虽由人作，宛自天开”的境地。因而通体显示出浓郁的江南水乡情调，尺度十分亲切近人，实为北方皇家园林中理水的上品之作。

湖泊活水的来源有三：一是园外的武烈河水和狮子沟西来的间隙水，这是主要水源；二是园内热河泉涌出之泉水；三是园内各处的山泉，如涌翠岩、澄泉绕石、远近泉声、风泉清听以及观瀑亭、文津阁等处的水泉和山峪的径流。它们分别从湖的北、西两面汇入湖中，然后从湖南端的五孔闸流出

[1] 康熙《远近泉声》诗序，见《热河志》卷二十八。

图 7·59 避暑山庄苑林区

宫墙，再汇入武烈河，形成一个完整的水系［图7·60］。

武烈河的流向是自东而南顺地势递降，因此，进水口的位置定在宫墙的东北隅。进水口前的河段上作成环行水道，需要水的时候放水入园，不需时则可使河水循另道南流。在进水口处建置“暖流喧波”一景，利用水的落差创造一处园林景观。据《热河志》：“热河以水得名。山庄东北隅有闸，汤泉余波自宫墙外逶迤流入。建阁其上，漱玉跳珠，灵涧燕蔚。”这里所谓热河，系指武烈河上游注入的温泉，非指园内的热河泉。“建阁其上”即建在石台上的暖流喧波阁，两层，卷棚歇山顶。水自台下石洞的水闸流入，水渠驳岸为块石砌筑，两岸绿树掩映。登城台可俯瞰流水击荡、微波喧然之景，康熙曾形容其为：“曲水之南，过小阜，有水自宫墙外流入，盖汤泉余波也。喷薄直下，层石齿齿，如漱玉液，飞珠溅沫，犹带云燕霞蔚之势。”这种引水

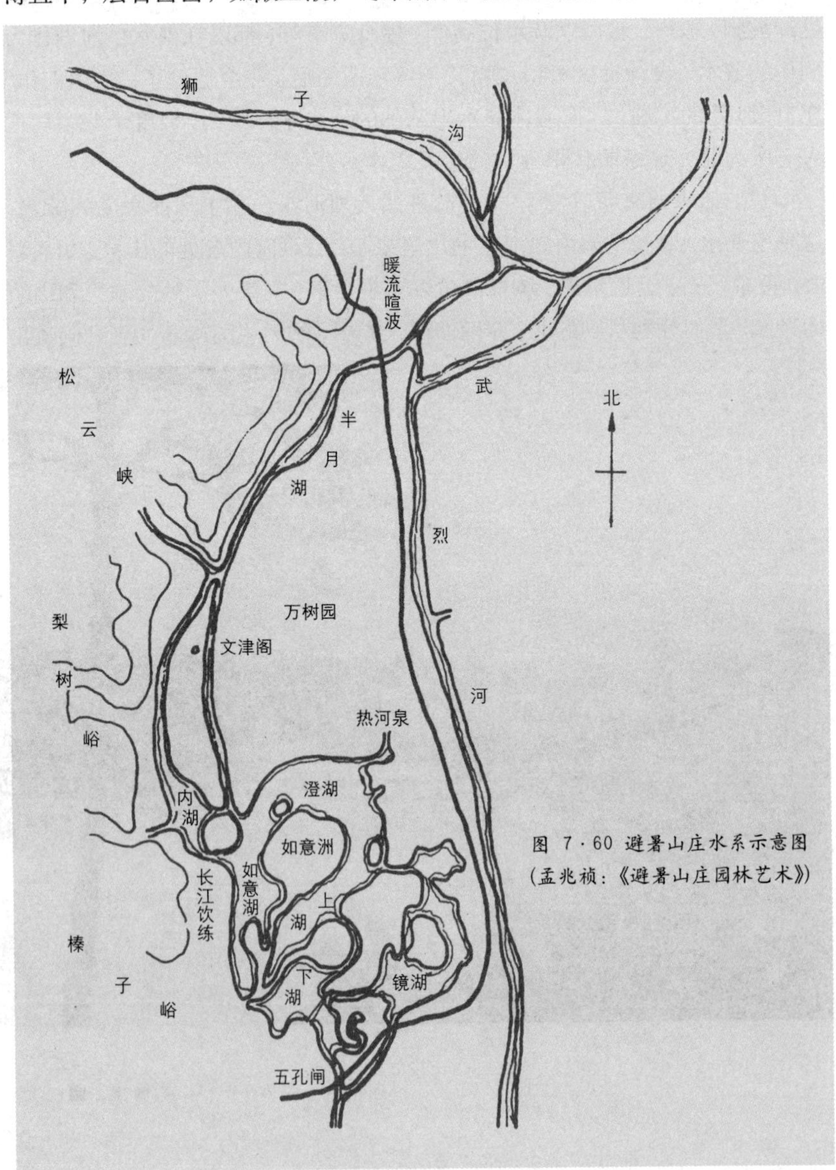

图7·60 避暑山庄水系示意图
（孟兆祯：《避暑山庄园林艺术》）

图 7·61 金山亭

工程艺术化的做法，与北京净业湖汇通祠的入水处理颇有异曲同工之妙。石台之西为跨水渠而建的望源亭，再西架石板桥。桥之西南，水渠逐渐放宽，成狭长形的半月湖，并利用挖湖的土方堆筑于湖的东南，形成微略的地形起伏。半月湖可承接北面“北枕双峰”以北山谷所宣泄的山洪和“泉源石壁”瀑布下注之水，西面则汇聚“南山积雪”东坡之径流雨水。半月湖的开凿，显然系仿照自然界承接山间水瀑径流之“潭”，沿山麓成半月的形状，亦有利于迎水。湖之南收缩为河渠，到松云峡、梨树峪的谷口处则又复扩大为狭长湖面——长湖。长湖的北端在纳入“旷观”山溪后，分东西两道夹长岛南流，好像自然界江河之冲积三角洲。长岛西侧的水面基本上依附于山麓的轮廓线，显示“水道之达理其山形”的画理。在长湖南端与如意湖的交接处，筑一岛加以收束而形成两个水口。水口上又各横跨石桥，这便是“双湖夹镜”之景。这处著名的景观是利用这一带多天然岩石、足以代替人工驳岸的自然条件，意在具体而微地写仿杭州西湖的里、外湖之间连阻以长堤的做法。乾隆《双湖夹镜》诗也表述了这个意图：

“连山隔水百泉齐，夹镜平流花雨堤；

非是天然石岸起，何能人力作雕题。”

湖泊景区面积不到全园的六分之一，但却集中了全园一半以上的建筑物，乃是避暑山庄的精华所在，所谓“山庄胜处，政在一湖”[1]。这个景区以金山亭为总绾全局的重点，以如意洲作为景区的建筑中心。金山是靠如意湖东岸的一个小岛，地貌很像镇江的金山“江上浮玉”的缩影，因此而得名。岛上的建筑也模仿镇江金山“屋包山”的做法：临水曲廊周匝回抱如弯月，山坡上错落穿插殿宇亭榭与如意洲上的大建筑群隔水相望；岛的最高处建八方形三层高的“天宇咸畅”阁，又名上帝阁，即金山亭［图7·61］。这

[1] 乾隆：《如意湖》诗序，见《热河志》卷三十。

图 7·62 镇江金山寺远望

个景点在湖泊景区内发挥了重要的“点景”和“观景”作用：它是景区内主要的成景对象，许多风景画面的构图中心，又与山岳景区的“南山积雪”、“北枕双峰”遥相呼应成对景。登阁环眺，能观赏到以湖泊为近景的大幅度横向展开犹如长卷的风景画面，仿佛江南的“北固烟云、海门风月，皆归一览”[1]。镇江的金山是靠近长江南岸江中的一个岛屿，也是江南名景之一。它与南岸隔水相望，江天一览，壮阔空明，“一岛中立，波涛环涌，丹碧摩空”。金山寺的建筑物密密层层地将山坡覆盖住，仿佛把整个岛屿裹住了，故云“屋包山”，七级宝塔“慈寿塔”耸立山顶，形成岛山和建筑群的构图中心[图7·62]。清道光年间，金山由于淤塞而与南岸连接，景观形胜已不复当初。麟庆《鸿雪因缘图记》：“金山古称氐殳，亦名浮玉，在扬子江中……(寺)旁有妙高台，空阔凌霄，烟波四绕。”并附有“妙高望月”插图。试以此图与避暑山庄金山亭相对照，亦可看出此南北二金山的神似之处[图7·63]。

整个湖泊景区内的建筑布局都能够恰当而巧妙地与水域的开合聚散、洲岛桥堤和绿化种植的障隔通透结合起来。不仅构成许多风景画面作为在特定的位置和景点上作固定观赏(即“定观”)的对象，而且还创造了循着一定路线的游动观赏(即“动观”)的效果。这种以步移景异的时间上的连续观赏过程来加强园林艺术感染力的做法，常见之于其他大型园林，而避暑山庄的湖泊景区的规划，则更着重在创设明确的游动观赏路线(亦即游览线)，通过它的起、承、开、合以及对比、透景、障景等的经营，来构成各个景点之间的渐进序列，是为园林规划的定观组景与动观组景相结合，以及点、线、面相结合的杰出的一例。

[1] 康熙：《天宇咸畅》诗序，见《热河志》卷二十八。

景区内共有三条游览线：

一、东路游览线始于东宫北端的卷阿胜境殿。第一个景点水心榭的三座亭桥，跨越银湖与镜湖之间的水面，此处视野开阔，尤以西北面得景最佳。透过湖面上芝径云堤障隔的层次，远近水光山色一览无余。过此往北逐渐接近水域闭合、环境幽静的镜湖及其洲岛上的建筑群和小园林，这是游览线上的重点所在。其中的“文园狮子林”东、西临湖，南北两面以小溪和假山叠石障隔为静闷的一区。这座典型的园中之园，乃是参照元代画家倪云林所绘的狮子林图卷和苏州名园狮子林而建成。

文园狮子林位于山庄东南隅，东邻镜湖和宫墙，西临银湖的水面，北面隔着一条狭长的小河道与清舒山馆遥遥相对。园林分为三个院落呈品字形布列：中院“纳景堂”为封闭的小庭院，前设园门作为全园的陆路出入口。西院“文园”以建筑物错落环绕水池，水景为主调，东南角上设水门作为游船的出入口。东院“狮子林”则以叠石假山配合水体为主景，呈庭园围绕建筑物的格局。三个院落各具不同样式而又由水道串连起来，组合为有机的整

图 7·63 妙高望月(麟庆:《鸿雪因缘图记》)

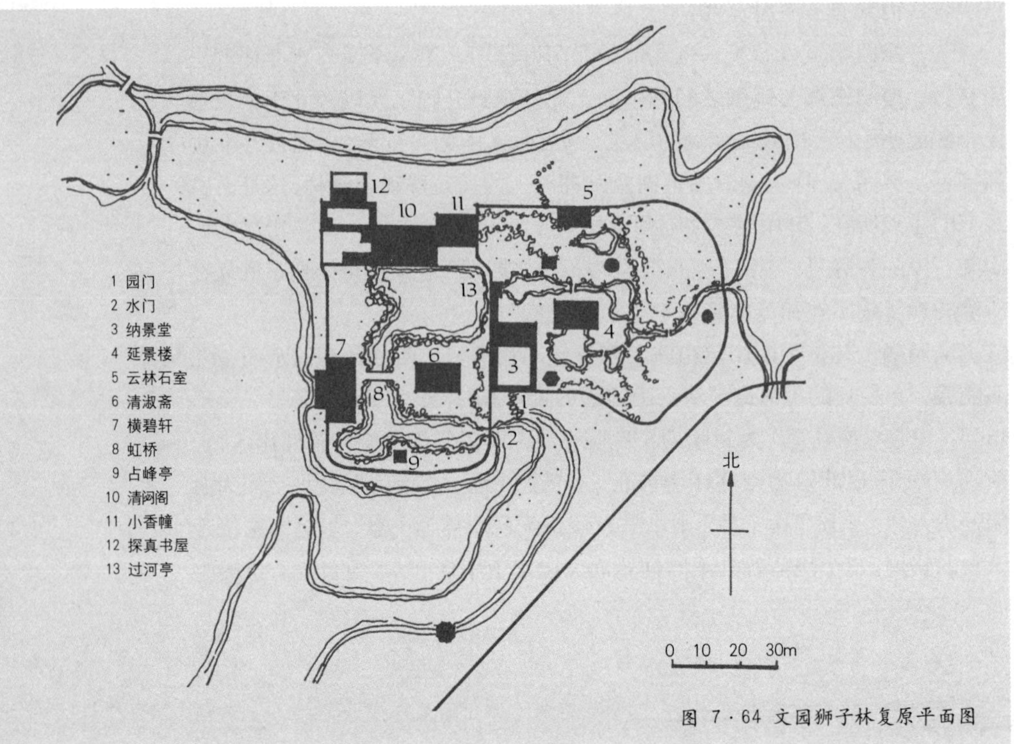

图 7·64 文园狮子林复原平面图

体，是山庄内面积较大、设计极精致的一座小园林。如今建筑物已毁，仅剩遗址可寻。参照《热河志》、乾隆的御制诗等文献材料，结合遗址的现状，能够大体上复原出当年总体布局的情况［图 7·64］。

当年皇帝游览文园，一般都走水路。游船由银湖驶过文园南面的小湖泊，从水门进入文园，停泊在清淑斋前面的码头，舍舟登岸，入敞厅清淑斋小憩，往西过虹桥至横碧轩。横碧轩是文园的主要殿宇，东西向。西面出三楹抱厦，临湖呈水榭的形式。坐在这里西望，可欣赏银湖之水景。每当夕阳西下，远山近水衬托着隔湖对面水心榭的剪影，呈现眼前的景观尤为动人，乾隆曾誉之为：

“山水呈动静，上下印空明；

北塞无双处，西峰一带横。”

游船驶过虹桥，停泊在清闷阁码头。清闷阁五开间二层楼房，从楼上南望可俯瞰文园之全景，园外之借景如罗汉山、僧帽山等均历历在目。阁东北的小香幢二楹，高踞石台之上，与其前的叠落游廊围合为小庭院空间。阁之东，经过水亭“过河亭”，便通往东面的狮子林。

游船到达水门若不入文园则舍舟登岸，往北经园门进入纳景堂小院，再进入狮子林。狮子林以叠山之景取胜，山环水抱，蹬道蜿蜒，洞壑幽深。两幢建筑物——延景楼与云林石室南北呼应成对景，四座形象各不相同的小亭点缀其间。这是苏州狮子林的写仿，也是倪云林《狮子林图》的意境再现，与北京长春园内的狮子林颇有异曲同工之妙。

乾隆非常喜欢文园狮子林，每次来避暑山庄，必游此园。并题署园内的“十六景”，分别赋诗咏赞。

从文园狮子林经过戒得堂再往北行，景界又豁然开朗，金山亭倏然在望。金山之北的热河泉眼泉水涌流，清澈见底，冬季依然潺潺不绝，热气蒸为烟霞，是为东路的结束。

二、中路游览线始于“万壑松风”，下陡坡过桥即达形如灵芝的“芝径云堤”。堤分三枝，一枝连接小景点“采菱渡”，另一枝通向“月色江声”，当中一枝则曲折有致地通往如意洲。堤身很狭，湖水几与堤平，尺度十分亲切。堤上垂柳丝丝，湖中近岸处遍植荷花菱芰，由于热河泉水温较高，荷花直到秋天仍不凋谢，乾隆有“荷花伴秋见”的诗句。漫步堤上，远山近水全然一派江南风致，仿佛置身杭州西湖，正所谓“景色明湖，苏白未得专美”[1]，这是中路观景的重点所在。往北到达湖中的第一大岛如意洲，洲上集结了大量的建筑群组，沿岸堆叠时透时障的土山和土石山，与芝径云堤的天然水乡风致恰成强烈的景观对比，同时也形成中路游览线上的高潮。洲上的三组主要的大建筑群“无暑清凉”、“延熏山馆”、“水芳岩秀”按南北中轴线成多进院落布置，后者也是一座“镜波绕岸，瑶石依栏”的临水园林。如意洲树木蓊郁，据文献记载当年还栽植大量不同品种的花卉，如像“金莲映日”附近的蒙古敖汉种旱金莲，从江南引进的桂花、兰花，从四川引进的蜀葵以及盆栽小品等，可算是山庄内的一个花卉园了。自如意洲再往北，隔水为青莲岛。岛上建置精致的小园林“烟雨楼”[图 7 · 65]，也是观赏湖景和点缀湖景的一个景点。“楼四面临水，一碧无际；每当山雨湖烟，顿增胜概。”[2]此种景观特点以

[1] 乾隆：《水心榭》诗序，见《热河志》卷三十。

[2] 和珅：《热河志》卷三十五。

图 7 · 65 烟雨楼

及青莲岛的地貌，颇似嘉兴的南湖烟雨楼，故以此命名。由如意洲上花团锦簇的大建筑群过渡到青莲岛上的清幽小园林，环境又为之一变，后者作为中路游览线的结束，并于此又展开景区北半部另一幅水景画面。

三、西路游览线起自正宫后门岫云门，经“驯鹿坡”北行，左依山，右临湖，纵深远处为山区“南山积雪”的对景。往北的地貌经过后来改动已非旧观。据文献记载，如意湖与长湖之间跨长桥一座，桥两端各立牌坊。此处观赏左右双湖，得景最佳：“石棱沙咀，迤逦连延；每曦光散晓，魄影澄秋，如玉镜新磨、冰奁对启。凫鹥水鹤，顾影飞翔；天水空明，烟云演漾。双湖胜景，难画难书矣。”[1]过桥即为长湖东岸，这里原来有一带堆山与平原区障隔开，环境很幽静。长湖原来紧依其西的山麓，恰能接受山坡上“珠原寺”一组大建筑群的全部倒影，形成以水中倒影取胜的景观，湖现已淤为平地。山坡上原来有激水而成的大小瀑布多处，相应地建置若干观瀑和听瀑的小景点，如涌翠岩、千尺雪、观瀑亭等。长湖之北，小园林“文津阁”锁住山口。文津阁是乾隆时国内庋藏四库全书的七大阁之一，仿照明代兵部右侍郎范钦的宁波“天一阁”的形制，也是西路游览线的结束。

[1] 和珅：《热河志》卷二十九。

平原景区，南临湖、东界园墙、西北依山，呈狭长三角形地带。它的面积与湖泊景区约略相等，两者按南北纵深一气连贯。起伏延绵的山岭自西而北屏列，绾结于平原的尽端。山的浑雄，湖的婉约，平原的开旷，三者在景观上形成强烈的对比。

平原景区的建筑物很少，大体上沿山麓布置以便显示平原之开旷。在它的南缘，亦即如意湖的北岸，建置四个形式各异的亭子：莆田丛樾、濠濮间想、莺啭乔木、水流云在，“回环列布，倒影波间”[2]。作为观水、赏林的小景点，也是湖区与平原交接部位的过渡处理。平原北端的收束处恰好是它与山岭交汇的枢纽部位，在这里建置园内最高的建筑物永佑寺舍利塔。永佑寺始建于乾隆十六年(1751年)，坐北朝南，前后共四进院落。寺后的舍利塔是仿照南京报恩寺塔而建成的，平面八角形，九层塔檐用黄绿两色琉璃瓦砌造。高耸挺秀的体形北倚蓝天，西枕青山，作为湖泊、平原二景区南北纵深尽端收束处的一个着力点染，其位置的安排非常恰当。平原景区的植物配置，东半部的“万树园”丛植虬健多姿的榆树、柳树、柏树、槐树等数千株，麋鹿成群地奔逐于林间［图7·66］。西半部的“试马埭”则是一片如茵的草毡，表现塞外草原的粗犷风光。它与南面湖泊景区的江南水乡的婉约情调并陈于一园之内，这种特殊的景观设计有着“移天缩地在君怀”的明显政治意图，即便在皇家园林中也是罕见的例子。

[2] 和珅：《热河志》卷二十八。

万树园在避暑山庄建园之前，本来是武烈河以西的河谷平原，由于水草丰沛，当地蒙族牧民用作为牧场。建园之后，这里仍然保持着古树参天、

图 7·66 万树园

芳草覆地的原始自然生态。康熙帝在其东南部开辟为农田和园圃，每年春季他都要亲自参加耕耘，平时也经常到田间巡视，时刻关注农作物的生长状况，还把他在北京西苑培育出来的优良稻种移植到此处。仅山庄内出产的御稻米就足够皇帝驻跸期间的全部食用，又从关外吉林引进乌喇白粟、麦、黍等，种植在今热河泉以北的平原上。此外，还有各种豆类、瓜、菜，每当夏秋之季，一畦连一畦的庄稼满眼翠绿，一架挨一架的瓜果结实累累，正如随侍大臣张廷玉所描写的："连畦特置双歧谷，亚架还悬五色瓜。"[1]农田瓜圃之西的大部分地段，仍然保留原有的大自然原始风貌，康熙因此命名为"甫田丛樾"。甫田，指甫草丰生之地；丛樾，指灌木丛生、乔木成荫，比喻树多林密。乾隆年间，农田园圃已废弃不用，万树园成为山庄内的政治活动中心之一。在这里设置蒙古包28架，其中最大的一架即"御幄蒙古包"，又叫做"黄幄殿"，是皇帝起坐的地方。乾、嘉时期，皇帝经常在万树园召见蒙古、西藏等少数民族的上层王公贵族、宗教领袖，并且颁赏、赐宴、观看灯彩、马技、角力摔跤等。乾隆五十八年(1793年)，英国国王的特使马戛尔尼、副使斯当东等人，就是在万树园觐见乾隆皇帝的。万树园的这一派漠北草原的景象，为皇帝举行此类政治活动烘染了足够的气氛。乾隆十九年(1754年)夏天，乾隆帝接见新归附的都尔伯特蒙古三策凌，可说是避暑山庄盛况空前的一次游园活动。在万树园大宴五日，晚上灯火通明，乐声震耳，施放烟火，演出杂技。而背山面湖、远峰环抱、高树参天、鹿鸣呦呦的平原景区，又为盛会提供了一个优异的环境。乾隆对此倍加赞赏，曾赋诗以纪其事：

"火树腾辉映绿云，凤箫声应鹿鸣闻；

御园节景年年赏，谁识山庄迥出群。"

山岳景区占去全园三分之二的面积，山形饱满，峰峦涌叠，形成起伏连绵的轮廓线。几个主要的峰头高出平原50米到100米，最高峰达150米。

[1] 和珅：《热河志》卷一百零一。

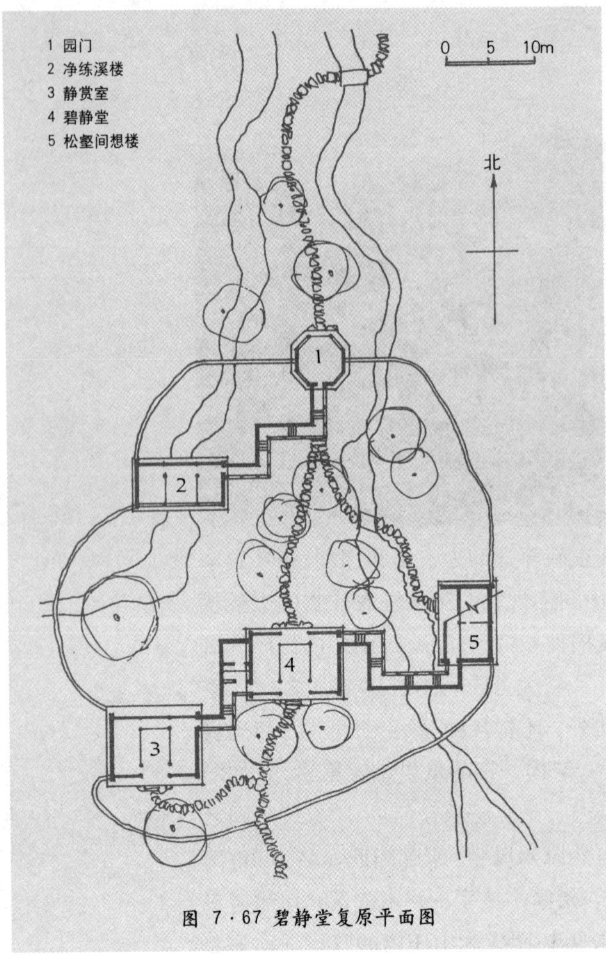

图 7·67 碧静堂复原平面图

由于土层厚而覆盖着郁郁苍苍的树木，山虽不高却颇有浑厚的气势。山岭多有沟壑但无甚悬崖绝壁，四条山峪为干道，到处都可以登临、游览、居止。这个景区正以其浑厚优美的山形而成为绝好的观赏对象，又具有可游、可居的特点。建筑的布置也相应地不求其显但求其隐，不求其密集但求其疏朗，以此来突出山庄天然野趣的主调。因此，显露的点景建筑只有四处——南山积雪、北枕双峰、四面云山、锤峰落照——均以亭子的形式出现在峰头，构成山区制高点的网络："南山积雪"和"北枕双峰"同为从平原湖泊一带北望的主要对景，两者的位置选择都能够收到最佳的点景和观景效果。后者与山庄西北面的金山和东北面的黑山成"两峰抱一亭"的形势，前者则"亭在山庄正北，高踞山巅，南望诸峰，环揖拱向；塞地高寒，抄秋雪下，环视楼阁轩榭，皎然寒玉光中"[1]。"四面云山"在山区西北，一峰拔起，构亭其上则"诸峰罗列若揖若拱；天气晴朗，数百里外峦光云影皆可远瞩；亭中长风四达，伏暑时萧爽如秋"[2]。"锤峰落照"位于山区西南，专为观赏日落前后的磬锤峰的借景而建置，"敞亭东向，诸峰横列于前；夕阳西映，红紫万状，似展黄公望浮岚暖翠图；有山矗然倚天，特作金碧色者，磬锤峰也"[3]。其余的小园林和寺庙建筑群，绝大部分均建置在幽谷深壑的隐蔽地段。为了摹拟我国历来名山多古刹的传统，山庄内的八所主要寺观"内八庙"中的七所都建置在山岳景区之内。而那些山地的小园林尤为精彩，依山就势、巧于因借的设计，代表着我国传统的山地建筑艺术的高水平，试举其中"碧静堂"和"秀起堂"为例。它们的建筑已全毁，但遗址尚存。

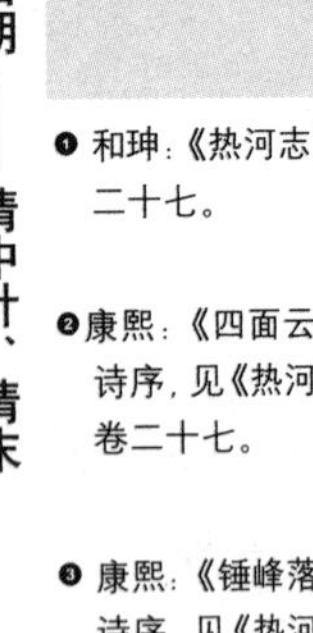
[1] 和珅：《热河志》卷二十七。

[2] 康熙：《四面云山》诗序，见《热河志》卷二十七。

[3] 康熙：《锤峰落照》诗序，见《热河志》卷二十七。

碧静堂 位于山区的松云峡与梨树峪之间［图7·67］。园址选择在两条山涧和三道山丘的交汇处，北面正对幽谷，其余三面山岗环抱。小径自松云峡沿幽谷盘曲而上，直达六方亭的园门。园内建筑分为南、北两组。南面一组三幢，当中是正厅“碧静堂”，其西侧距离较近的是“静赏室”，东侧距离较远、坐东朝西的是两层楼房“松壑间想楼”。三者之间用爬山曲尺廊顺应地形架岩跨涧联系，形成平面上曲折有致的布局，立面上高低错落、不对称但却均衡的构图效果。北面的一组为跨涧修建的“净练溪楼”和园门，亦以曲尺形爬山游廊联接。园门与正厅所构成的中轴线恰好重合于当中小丘山脊的走向，山脊上墁石成坡道，道旁列植高大的松树，以此来加强不大的庭园空间的深邃感。整座园林巧妙地利用地形特点，仅以四幢建筑物的配置而创造出一个构图活泼简洁、主辅分明、具有层次和韵律感的小体形环境。它与其周围的深涧幽谷的大环境十分贴切谐调，实为避暑山庄山地小园林设计中出色的一例，乾隆有诗咏赞：

“入峡不嫌曲，寻源遂造深。
风情活葱茜，日影贴阴森。
秀色难为喻，神机借可斟。
千林犹张王，留得小年心。”

秀起堂　位于山区西南角、榛子峪的西端［图7·68］。它的基址选择在比较高亢的岗峦地带，周围的层峦翠岫对之呈奔趋、朝揖之势，与碧静堂的涧谷深幽全然不同。两条山涧的交汇把园林用地分割为三部分：靠北的地段山势较高而且向阳，进深也大，观景和借景的条件都比较好，因此把主要的

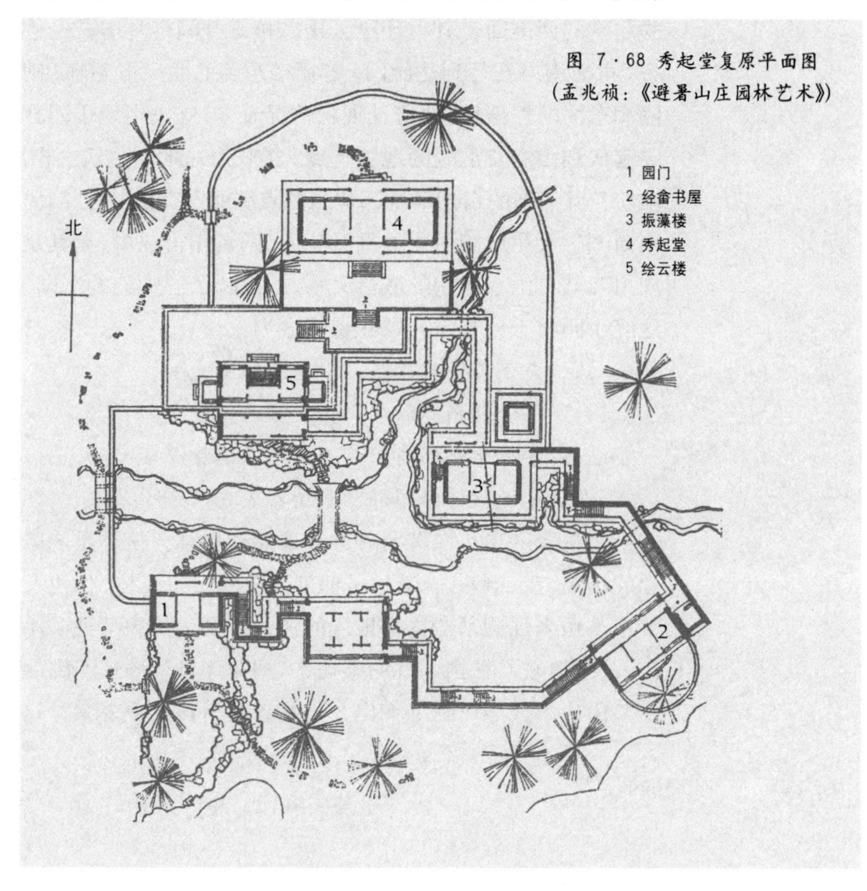

图7·68 秀起堂复原平面图
（孟兆祯：《避暑山庄园林艺术》）

建筑物“秀起堂”安排在这里。靠东和靠南的两个地段地势稍低，居于前者的辅佐地位，因而安排两组次要的建筑。这三组建筑结合于三个地段的地形特点，围绕着山涧的交汇处而因势利导，组织成为一个完整的山地小园林。

园门设在山涧南岸地段、园的西南角上，为的是承接西面鹫云寺过来的道路。门三楹，名曰“云牖松扉”，突出尘外仙境的寓意。南岸地段上有两处小丘隆起，经畬书屋和园门东邻的敞厅分别建置在这两个小丘之上。三幢建筑物之间以叠落廊相连接，构成南半部建筑群的曲折起伏的生动构图。经畬书屋位于园的东南角，前临庭园、背倚半圆形小庭院空间，与园门和主体建筑物秀起堂成犄角呼应之势。园门之北，跨涧建石拱桥，过此往北便可登临秀起堂。

经畬书屋东侧有叠落廊往北顺山势而下，过山涧呈曲尺形连接于另一组建筑群——振藻楼。振藻楼位于两涧的汇合处，呈山环水抱的局部环境。登楼上可环眺四面之景，往西顺着山壑的纵深远望，园外之借景与园内山涧石桥之景远近相映衬，得景尤佳。楼之东北更有高台，上建方形小亭，但位置比较局促，似为画蛇添足之笔。

主体建筑物“秀起堂”高踞于北部地段的层台之上，背倚危岩，前临深谷，面阔五开间带周回廊，坐在堂上往南俯瞰，则全园之景尽收眼底，景界最为开阔。堂前设月台三层，顺应地形呈不规整的布局。最下一层月台在秀起堂的西南面，其上建绘云楼。楼三开间带耳房，经楼前蹬道下至石拱桥，再循南岸石径到达园门。若循楼东侧的曲尺形游廊，则可沿着山涧通往隔涧东面的振藻楼。从遗址现状情况看来，这座山地小园林能充分利用山势之起伏和山涧交汇处的地貌特点，扬长避短地作建筑之布局［图7·69］。天然地貌及其周围的自然环境因建筑的点缀而愈突出其性格特征，建筑亦因其顺应谐调于天然地貌而更显画意魅力。两者相得益彰，尤其是大量叠落游廊的应用及其与山水地貌的嵌合关系，都反映了匠师们的造园艺术水平。乾隆对这座小园林十分赞赏，曾赋诗咏之为：

“去年西峪此探寻，山居悠然称我心。
构舍取幽不取广，开窗宜画不宜吟。
诸峰秀起标高朗，一室包涵说静深。
莫讶题诗缘创得，崇情蓄久发从今。”

山岳景区当年尚保留着大片原始松树林。松林是山区绿化的基调，主要的山峪“松云峡”一带尽是郁郁苍苍的松树纯林。但也有用其他树种的成林或丛植来强调某些局部地段的风致特征，如像“榛子峪”以种植榛树为主，“梨树峪”种植大片的梨树，“梨花伴月”一景即因此而得名。

山庄内天然风致之突出、植物景观所占比重之大，这与建园之初就注意保护天然植被和后期的计划种植都很有关系。据文献记载，山庄内当年树木花卉十分繁茂，品种也很多，而且善于以植物配置结合地貌环境和麋鹿、仙鹤等禽鸟来丰富园林景观。七十二景之中，有一半以上是与植物成景有关或以植物作主题的。在这方面，皇家诸园中恐怕只有北京的香山静宜园差可与之比拟了。

图 7·69 秀起堂遗址

避暑山庄的三大景区，湖泊景区具有浓郁的江南情调，平原景区宛若塞外景观，山岳景区象征北方的名山，乃是移天缩地、融冶荟萃南北风景于一园之内。蜿蜒于山地的宫墙犹如万里长城，园外有若众星拱月的外八庙分别为藏、蒙、维、汉的民族形式。园内外的这整个浑然一体的大环境就无异于以清王朝为中心的多民族大帝国的缩影，它的象征寓意可谓与圆明园异曲同工。山庄不仅是一座避暑的园林，也是塞外的一个政治中心，从它的地理位置和进行的政治活动来看，后者的作用甚至超过前者。乾隆就曾明白说过："我皇祖建此山庄于塞外，非为一己之豫游，盖贻万世之缔构也。"[1]创设这样一个园内外的大环境，也正是为了在一定程度上渲染政治活动的气氛；而作为民族团结和国家统一的象征的创作意图，又是借助造园的规划设计加以体现，并与园林景观完美地结合起来。这种情况，在清代皇家诸园中实为表现最突出，也是比较成功的一例。

[1] 乾隆：《避暑山庄百韵诗》，见《热河志》卷二十五。

清漪园(颐和园)

清漪园为颐和园的前身，始建于清乾隆十五年(1750年)。这是一座以万寿山、昆明湖为主体的大型天然山水园。

明代，万寿山原名瓮山，昆明湖原名西湖。它们与玉泉山之间山水联属，三者在景观上互为借资的关系十分密切。玉泉山的山形轮廓秀美清丽，故时人多以玉泉山与西湖并称，在玉泉山的南坡特为观赏湖景而修建"望湖亭"。凡到西湖的游人大都要登临其上，一览此湖光山色之胜。至于瓮山，山形比较呆板而又是一座"土赤坟，童童无草木"的秃山，也就不大受到游人的重视。

当年的西湖又叫做“西湖景”，西北面为著名的佛寺功德寺(即元代的大承天护圣寺)，东岸为龙王庙，连同附近的一些寺庙，号称“环湖十寺”。此外，沿湖还有几座小园林，如钓台、好山园等。

明孝宗弘治七年(1494年)在瓮山南坡的中央部位修建了“圆静寺”，寺门设在山麓，“寺门度石桥，大道通湖堤，门内半里许，从左小径登台，精兰十余。……室之西，殿三楹，左右精舍一间，据山面湖”[1]。此寺虽不及功德寺之壮丽，却也选址恰当，颇能因地制宜。建成之后，瓮山面貌有所改善，能够吸引文人墨客经常到此游览了。

不过，当年的西湖并不像现在昆明湖的样子，它与瓮山的联属关系也不同于现在的情况。明代文献有如下的记载：

> “瓮山圆静寺，左俯绿畴，右临碧浸，近山之胜于是乎始。”[2]
>
> “西湖方十余里，有山趾，其涯曰瓮山寺，山圆静寺。左田右湖，又三里为功德寺。”[3]

据此可以推断，西湖的位置偏于圆静寺的西面。1991年初，颐和园进行了建园240余年以来规模最大的昆明湖清淤工程，在湖水抽干以后的施工过程中，发现一条大堤的遗址。[4] 这条大堤就是元代为导引昌平神山的白浮泉水入西湖，再向东南引至高梁河上源而修筑的。因其在京城的西面，故名“西堤”。西堤当年的走向、位置，与上述文献记载的描写大致吻合。它由麦庄桥往北，在今十七孔桥处转而西，通向今昆明湖中的西堤的北段，再转而北去与青龙桥相接［图7·70］。

图 7·70 明代之西湖附近平面图

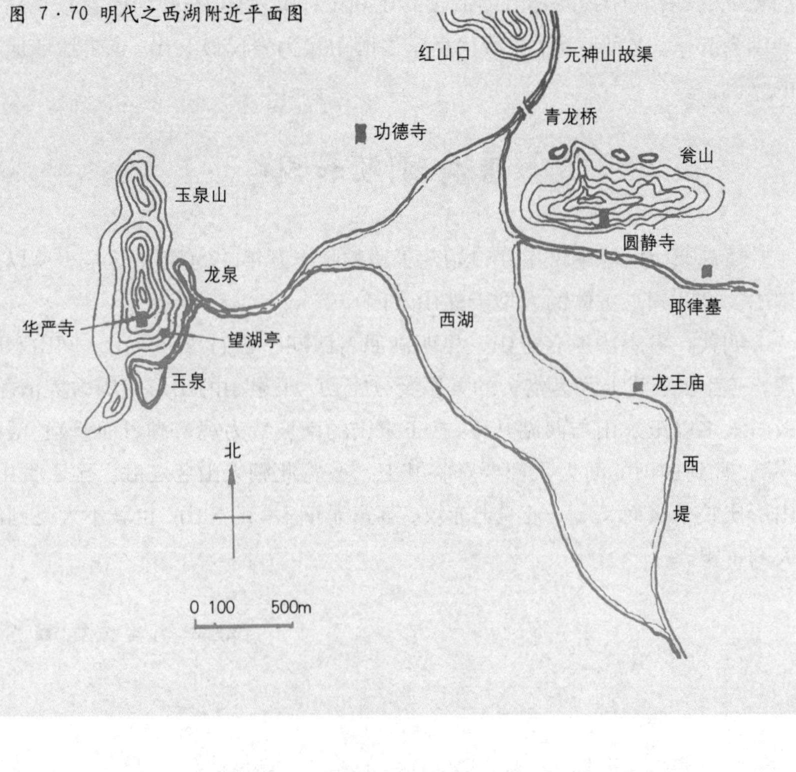

[1]《日下旧闻考》卷八十四引《山行杂记》。

[2]《日下旧闻考》卷八十四引《长安可游记》。

[3]《日下旧闻考》卷八十四引《怀麓堂集》。

[4] 岳升阳：《昆明湖中瓮山泊“西堤”遗址》，载《清华大学学报》，1995(1)。

所以说，瓮山与西湖的位置虽具有北山南水的态势，但两者的联属关系却并不理想，甚至是尴尬的。

明代，加固了“西堤”，西湖水位得以稳定，周围受灌溉之利而广开水田。湖中遍植荷、蒲、菱、茭之类水生植物，尤以荷花最盛。[1]沿湖堤岸上垂柳回抱，柔枝低拂，衬托着远处的层峦叠翠。沙禽水鸟出没于天光云影中，环湖十寺掩映在绿荫潋滟间，更增益绮丽风光之点缀。试看当时文人笔下的西湖所呈现的那一派北国江南景观：

“玉泉东汇浸平沙，八月芙蓉尚有花。
曲岛山通蛟女室，晴波深映梵王家。
常时凫雁闻清呗，旧日鱼龙识翠华。
堤下连云秔稻熟，江南风物未宜夸。”

（王直：《西湖诗》）

“珠林翠阁倚长湖，倒映西山入画图。
若得轻舟泛明月，风流还似剡溪无？”

（马汝骥：《行经西湖》）

“春湖落日水拖蓝，天影楼台上下涵。
十里青山行画里，双飞白鸟似江南。”

（文征明：《西湖》）

沈德潜《西湖堤散步诗》有句云：“闲游宛似苏堤畔，欲向桥边问酒垆。”甚至以此西湖而直接比拟于杭州西湖了。当时的好事者也摹仿杭州的“西湖十景”来命名北京的西湖十景：泉液流珠、湖水铺玉、平沙落雁、浅涧立鸥、葭白摇风、莲红坠雨、秋波登碧、月浪流光、洞积春云、壁翻晓照。[2]

绮丽的天然风景再加上寺庙、园林、村舍的点染，西湖遂成为京郊的著名游览胜地，获得了“环湖十里为一郡之胜观”[3]的美誉。春秋佳日，游者熙熙攘攘；每年四月，京师居民例必举行游湖盛会；夏天荷花盛开，西湖游人更多：

“西湖莲花千亩，以守卫者严，故花事特盛”，“过响水牐，至龙潭，树益多，水益阔，是为西湖。盛夏之月，芙蓉十里，堤丛翠，中隐见村落。”[4]

清初，西湖瓮山的情形大致和明代差不多。不过，寺庙、园林由于年久失修，有的倾圮，有的处于半荒废状态，远不如当年之盛况了。康熙时，内务府上驷院在瓮山设马厩。凡犯有过错的宫监均先“发往瓮山铡草”一年，然后再行定罪。[5]这种做法一直持续到乾隆初年。

乾隆九年(1744年)，圆明园扩建工程告一段落，乾隆帝写了一篇《圆明园后记》。文中夸耀这座园林的规模如何宏伟、园景如何绮丽，誉之为“天

[1]《日下旧闻考》卷八十四，引《潇碧堂集》：“西湖莲花千亩，以守卫者严，故花事特盛。”

[2] 沈榜：《宛署杂记》，北京，北京出版社，1980。

[3]《日下旧闻考》卷八十四引《纪纂渊海》。

[4]《日下旧闻考》卷八十四引自《潇碧堂集》、《珂雪斋集》。

[5] 乾隆十五年(1750年)二月二十三日，内务府大臣三和等奏折：“……查定例内开太监初次逃走被获者发往瓮山铡草一年，满时发往热河当差等语，应将太监王起龙照例发往瓮山铡草一年。……”(原件藏中国第一历史档案馆)

宝地灵之区，帝王豫游之地，无以逾此”，并且明白昭告“后世子孙必不舍此而重费民力以创设苑囿，斯则深契朕法皇考勤俭之心以为心矣”。

然而，事隔不久，另一座大型皇家园林——清漪园又在圆明园西面的西湖和瓮山破土动工了。

乾隆之所以甘冒自食其言的非议而兴建清漪园，足证此园必然有其不能不建的原因。也就是说，西湖和瓮山作为建园基址，具备着北京西北郊先已建成的皇家诸园所没有的优越的地貌条件。这个地貌条件对于自诩“山水之乐，不能忘于怀”的乾隆，实有着十分强烈的吸引力。

在北京西北郊先已建成的诸园之中，圆明、畅春均为平地起造，虽以写意的手法缩移摹拟江南水乡风致的千姿百态而作集锦式的展开，毕竟由于缺乏天然山水的基础，并不能完全予人以身临其境的感受。静宜园纯为山地园林，静明园以山景而兼有小型水景之胜，但缺少开阔的大水面。惟独西湖乃是西北郊最大的天然湖，它与瓮山形成北山南湖的地貌结构，朝向良好，气度开阔。如果加以适当的改造，则可以成为天然山水园的理想的建园基址。这个基址离乾隆居住的圆明园很近，又介于圆明园与静明园之间。此三者若在总体规划上贯连起来，即能构成一个功能关系密切、景观又可互为资借的整体—— 一个包含着平地园、山地园、山水园的多种形式的庞大园林集群。可谓一园建成，全局皆活。对于这一点，乾隆当然能够理解并早有属意，此其一。

再者，西湖从元、明以来已是京郊的一处风景名胜区。“西湖景”早有神似杭州西湖的口碑，文人笔下亦多以前者直接比拟于后者的吟咏。杭州西湖素为乾隆所向往，在他第一次南巡之前一年(乾隆十五年，1750年)，曾命画家董邦达绘制《西湖图》长卷，并题诗以志其事，诗中已约略透露了欲在近畿造园，以摹仿杭州西湖景观的意图。

其三，圆明、畅春、静宜、静明诸园大抵都是因就于上代的基础而扩建，园林的规划难免或多或少地要受到以往既定格局的限制。而瓮山西湖的原始地貌则几乎是一片空白，可以完全按照乾隆的意图加以规划建设，自始至终一气呵成。因此，清漪园的规模虽远不及圆明园，其性质亦不过相当于后者的附园，但却深为乾隆所喜爱并给予它以“何处燕山最畅情，无双风月属昆明”的评价。

上述三点，大概就是乾隆之所以继圆明诸园建成后又复在瓮山西湖兴建清漪园的真正原因。

建园既然不能名正言顺，则必须寻求适当的借口以便杜绝清议。当时，正好有两件与瓮山西湖有关的事情促成了乾隆建园愿望的实现。

第一件事情是建寺为母后祝寿。

乾隆十六年(1751年)适逢皇太后钮祜禄氏60整寿，一向标榜“以孝治天下”的乾隆为庆祝母后寿辰于乾隆十五年(1750年)选择瓮山圆静寺的废址兴建一座大型佛寺“大报恩延寿寺”，同年三月十三日发布上谕改瓮山之名为“万寿山”。与佛寺建设同时，万寿山南麓沿湖一带的厅、堂、亭、榭、廊、桥等园林建筑已相继作出设计和工料估算，陆续破土动工。[1]

第二件事情是西北郊水系的整理工程。

这就是本章第二节中提到的于乾隆十四年(1749年)所进行的那一次旨在开源节流的大规模水系整理工程。由各处拦蓄、导引而来的水源增加了，作为蓄水库的西湖就必须先开拓、疏浚以便承纳更大的水量，这是水系整理的全部工程中一个重要环节，乾隆非常重视。因而把开拓、疏浚西湖的工程提前于乾隆十四年(1749年)冬天农闲期间，用民工在不到两个月的时间内就完成了。[2]

乾隆十五年(1750年)三月十三日，在易名万寿山的同一份上谕中正式宣布改西湖之名为“昆明湖”。

疏浚后的昆明湖，湖面往北拓展直抵万寿山南麓，龙王庙保留为湖中的一个大岛——南湖岛。湖的东岸则利用康熙时修建的西堤以及元、明的旧西堤加固、改造之后，成为昆明湖东岸的大堤，改名“东堤”。乾隆特为此事写了《西堤》一诗以说明其原委：

“西堤此曰是东堤，名象何曾定可稽？
展拓湖光千顷碧，卫临墙影一痕齐。
刺波生意出新芷，踏浪忘机起野鹭。
堤与墙间惜弃地，引流种稻看连畦。”

“原注：西堤在畅春园西墙外，向以卫园而设。今昆明湖乃在堤外，其西更置堤则此为东矣。”

东堤的北端建三孔水闸一座(二龙闸)，控制昆明湖往东流泄的水量。于是，堤以东畅春园以西的一大片低洼地得以灌溉而开辟为水田，这就是诗中所说“堤与墙间惜弃地，引流种稻看连畦”的情况。至于乾隆在诗注中所谓“其西更筑堤”，则指昆明湖中纵贯南北的另一条大堤“西堤”而言。西堤以东的水域广而深，是昆明湖水库的主体。西堤以西的水域比较小一些，浅一些，[3]则是附属水库的性质；在这个水域之中堆筑两个大岛——治镜阁、藻鉴堂，与南湖岛成鼎足而三的布列，构成“一池三山”的皇家园林理水的传统模式。

在昆明湖以西、玉河以南又复利用原来的零星小河泡开凿成一个浅水湖名叫“养水湖”，作为聚蓄这一带的天然水之用。为把养水湖之水汇注于昆明湖中而在玉河西端开凿一条短渠与之联通，但养水湖的地势略高于玉河，因此在短渠与玉河的交接处建闸桥一座以节制流量、稳定养水湖的水

[1] 乾隆十五年(1750年)六月初六日，内务府大臣三和奏折：“……现今昆明湖堤上添置行宫并庙宇工程告竣，其一应看守陈设巡查打扫等项事宜，应行筹办……”(原件藏中国第一历史档案馆)

[2] 乾隆：《西海名之曰昆明湖而纪以诗》中有句云：“西海受水地，岁久颇泥淤。疏浚命将作，内帑出余储。乘冬务农暇，受值利贫夫。蕆事未两月，居然肖具区。……”见《日下旧闻考》卷八十四。

[3] 乾隆：《过柳桥看荷花》诗中有句云：“柳桥横界水东西，西浅东深致不齐。”

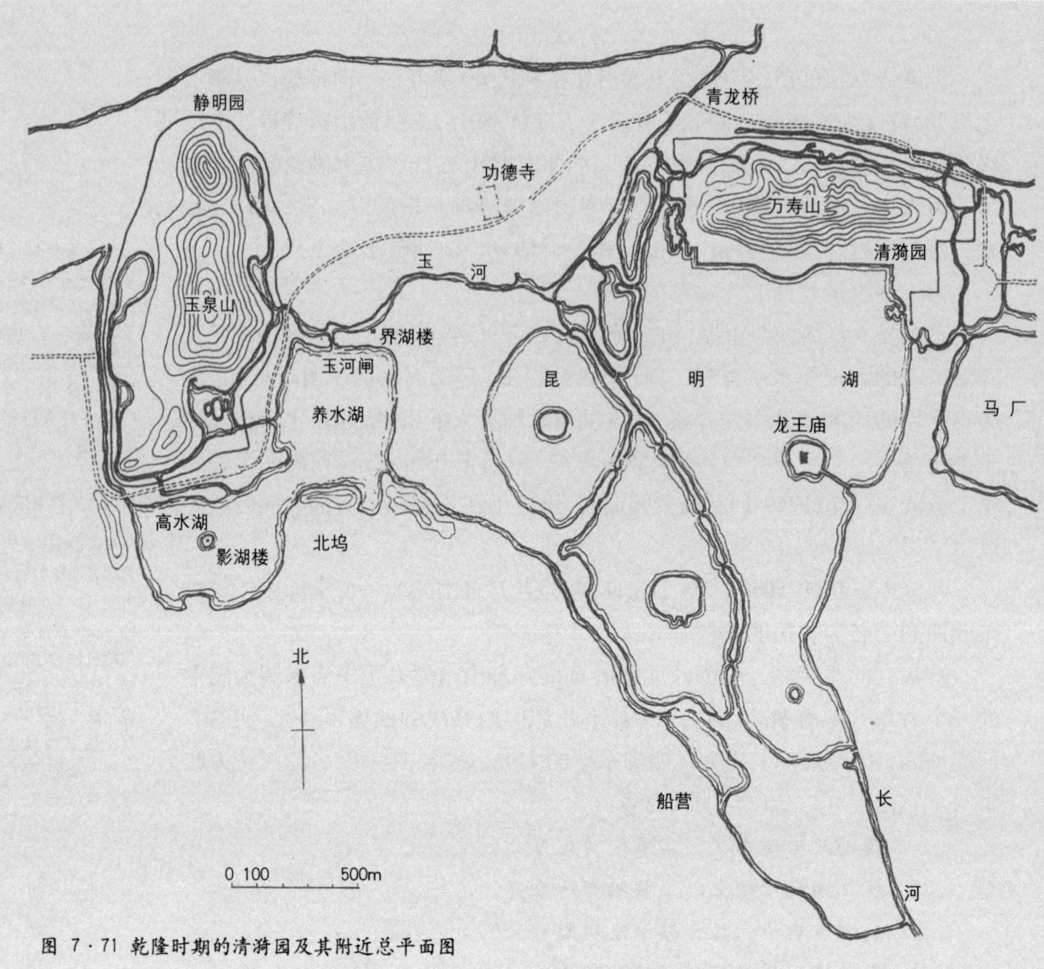

图 7·71 乾隆时期的清漪园及其附近总平面图

位。这样，玉河两岸又获灌溉之利而陆续开辟为稻田。稻田日多，需水倍增。乃于乾隆二十四年(1759年)在“玉泉山静明园外接拓一湖，俾蓄水上游，以资灌注”[1]。此湖命名“高水湖”，它连同养水湖相当于昆明湖的两个辅助水库［图7·71］。

昆明湖的西北角另开河道往北延伸，经万寿山西麓，通过青龙桥沿着元代白浮堰的引水故道联接于北面的清河，这就是昆明湖水库的溢洪干渠。青龙桥下设闸门以备霖雨季节湖水骤涨时提闸往北宣泄。这座闸门是水库的至关重要的溢洪枢纽，乾隆称之为“昆明之尾闾”，由内务府委派官员专门管理。[2]干渠绕过万寿山西麓再分出一条支渠兜转而东，沿山北麓把原先的零星小河泡联缀成为一条河道“后溪河”也叫做“后湖”。后溪河在山的东北麓又分为三股，东流汇马厂诸水而入于圆明园内。

湖面经过开拓、改造之后，构成山嵌水抱的形势，万寿山仿佛托出于水面的岛山，完全改变了原西湖与瓮山的尴尬的山水联属关系，为造园提供

[1] 乾隆:《影湖楼诗》序，见《日下旧闻考》卷八十五。

[2] 乾隆:《过青龙桥二首》御注:“青龙桥建闸为昆明尾闾之泄，专派大员董其事，视水志盈缩以为渲泄。……”

了良好的地貌基础［图 7 · 72］。

长河是昆明湖通往北京城的输水干渠，也就是元代开凿、明代一直沿用的故道，由于年久失修多有淤塞之处。为了保证输水通畅、通航和附近的农田灌溉，专门设立“长河工程处”，于乾隆十六年(1751 年)初步完成清挖河底、局部拓宽河道和整理泊岸的工程。[1]

西北郊的水系经过这一番规模浩大的整治之后，形成了玉泉山—玉河—昆明湖—长河这样一个可以控制调节的供水系统。这个供水系统圆满地解决了通惠河上源的接济，保证了农田灌溉和园林用水，同时也为清漪园的建设作出先期的地形整治。

于疏浚、开拓昆明湖的同时按既定的建园意图进行山水地形的整治，随着修建大报恩延寿寺而展开全面的园林建设，乾隆十六年(1751 年)，“清漪园”的名字便正式公诸于世。[2]

所以， 清漪园的兴建并非像乾隆所说“盖湖之成以治水，山之名以临湖，既具湖山之胜概，能无亭台之点缀乎?”[3]而是事先就有通盘计划、按部就班地进行着。按照乾隆的习惯，每当皇家一园甫建成，例必撰写《园记》一篇详述建园情况；惟独清漪园则不然，乾隆十六年(1751 年)所写的《万寿山昆明湖记》只谈治水和建寺祝寿，回避园林建设的事。直到十年之后，又写了一篇《万寿山清漪园记》，文章一开始便谈到：“今始作记者……亦有所难于措词也。夫既建园矣，既题额矣，何所难而措词?以与我初言有所背，则不能不愧于心。”最后也不得不承认“今之清漪园非重建乎?非食言乎?以临湖而易山名，以近山而创园囿，虽云治水，谁其信之”，无非聊自解嘲而已。

不过，从客观效果看来，清漪园确乎是造园与水利工程相结合的一个比较成功的例子，乾隆为此亦颇自鸣得意。他曾说过这样的话：“及(昆明)湖成而水通，则汪洋漭沆，较旧倍盛。……今之为牐为坝为涵洞，非所以待汛涨乎?非所以济沟塍乎?非所以启闭以时使东南顺轨以浮漕而利涉乎?昔之城河水不盈尺，今则三尺矣。昔之海甸无水田，今则水田日辟矣。”[4]这种说法虽多溢美

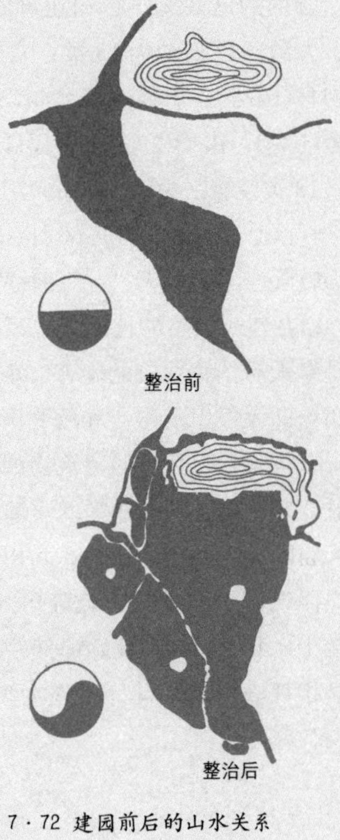

整治前

整治后

图 7 · 72 建园前后的山水关系

[1] 乾隆十九年(1754 年)三月初八日，内务府大臣允禄奏折：“……乾隆十六年五月遵旨，(长河)广源闸至白石桥清挖河底，两岸开宽并添补柏木桩丁，挡土板片，荆笆查席、堆砌云步泊岸。……”(原件藏中国第一历史档案馆)

[2]《钦定大清会典事例》卷一百六十七：“乾隆十六年，奉旨以万寿山行宫为清漪园。……”

[3] 乾隆：《万寿山清漪园记》，见《日下旧闻考》卷八十四。

[4] 乾隆：《万寿山昆明湖记》，见《日下旧闻考》卷八十四。

之词，把劳动人民的智慧创造统统记入他的功劳簿，但清漪园建成之后所收到的一事多利的效益，却也是不容置疑的事实。乾隆作为封建王朝的最高统治者，很懂得农田水利的重要性。况且西北郊一带的水田多属内务府所有，农事的丰歉直接关系到皇室的利益。他事先既把水利与建园结合进行，事后仍然经常关心昆明湖的水情以及附近农田灌溉情况，并亲自过问涵牐的启闭，这在他的《御制诗》中曾多次提到过的。

以上所述，大体就是清漪园基址地形整治的梗概。中国自西汉以来都很重视把皇家的宫苑建设与首都的水利建设相结合，清代的北京西北郊也是这样，宫苑与水系的关系十分密切。而清漪园的建成则意味着这个水系的枢纽部位的建成和最终完善化，它所取得的经济效益、环境效益和社会效益都是很大的，无愧为艺术与工程相结合、造园与兴修水利相结合的一个出色范例。

园内的建筑情况，根据乾隆十九年(1754年)闰四月初九日，内务府大臣苏赫纳等奏请增加清漪园管理人员编制的奏折中一个附件，所开列的这一年已建和刚竣工的建筑物名录，[1]再参《日下旧闻考》和内务府的其他档案材料，可以确定共有101处建筑物和建筑群。其中，万寿山前山、昆明湖、东宫门一带的建筑工程在乾隆十五年(1750年)到十九年(1754年)这四年之内均已全部竣工。乾隆二十年(1755年)以后陆续建成的只有24处，主要分布在万寿山后山。足见清漪园建设工程的计划性和一贯性，这与其他皇家诸园的迁延时日一再扩建的情况是不一样的。

园内的这些建筑物和建筑群，如果按照它们的性质和内容加以分门别类，大致可以归纳为13类：宫殿(2处)、寺庙(16处)、庭院建筑群(14处)、小园林(16处)、单体点景建筑(20处)、长廊(2处)、戏园(1处)、城关(6处)、村舍(1处)、市肆(2处)、桥梁(11处)、园门(5处)、后勤辅助建筑(5处)。

13类建筑之中，以游赏为主要功能的占着极大的比重，包括第三、四、五、六、七、八、十类共60处；宫殿、居住和辅助建筑所占比重很小。这是因为乾隆当年游园乃“过辰而往，逮午而返，未尝度宵”，即当天往返的一日游，这在建筑类型的比例上也反映了清漪园作为一般行宫园林的特点。清漪园是皇太后拈香礼佛的地方，寺庙建筑所占比重亦不小，共16处。其中最大的两处即大报恩延寿寺和须弥灵境，分别占据了万寿山前山和后山的中央部位。一些非寺庙性质的建筑物如乐寿堂、乐安和等以部分房间供奉佛像；建筑群如花承阁、凤凰礅等以一幢殿堂供奉佛像；而文昌阁和贝阙则兼具城关和祠庙的双重性质。据此，可以想见当年园内弥漫着极浓郁的宗教气氛。

昆明湖水域辽阔，乾隆仿效汉武帝在长安昆明池训练水军的故事，从乾隆十六年(1751年)开始命健锐营兵弁在昆明湖定期举行水操，调福建水师官员担任教习。[2]为此而建造大型战船16艘[3]，组成一支训练船队。十九年

[1] 这个附件名叫《清漪园总领、副总领、园丁、园户、园隶、匠役、闸军等分派各处数目清册》。(原件藏中国第一历史档案馆)

[2]《日下旧闻考》卷八十四：“乾隆十五年……疏导玉泉诸派，汇于西湖，易名曰昆明湖。设战船，仿福建广东巡洋之制，命闽省千把总教演。自后每逢伏日，香山健锐营弁兵于湖内按期水操。”

[3] 乾隆二十四年(1759年)十二月初四，内务府大臣和尔经额奏折：“……查现了水操战船十六只，来岁秋季已满六年，俱应大修。”(原件藏中国第一历史档案馆)

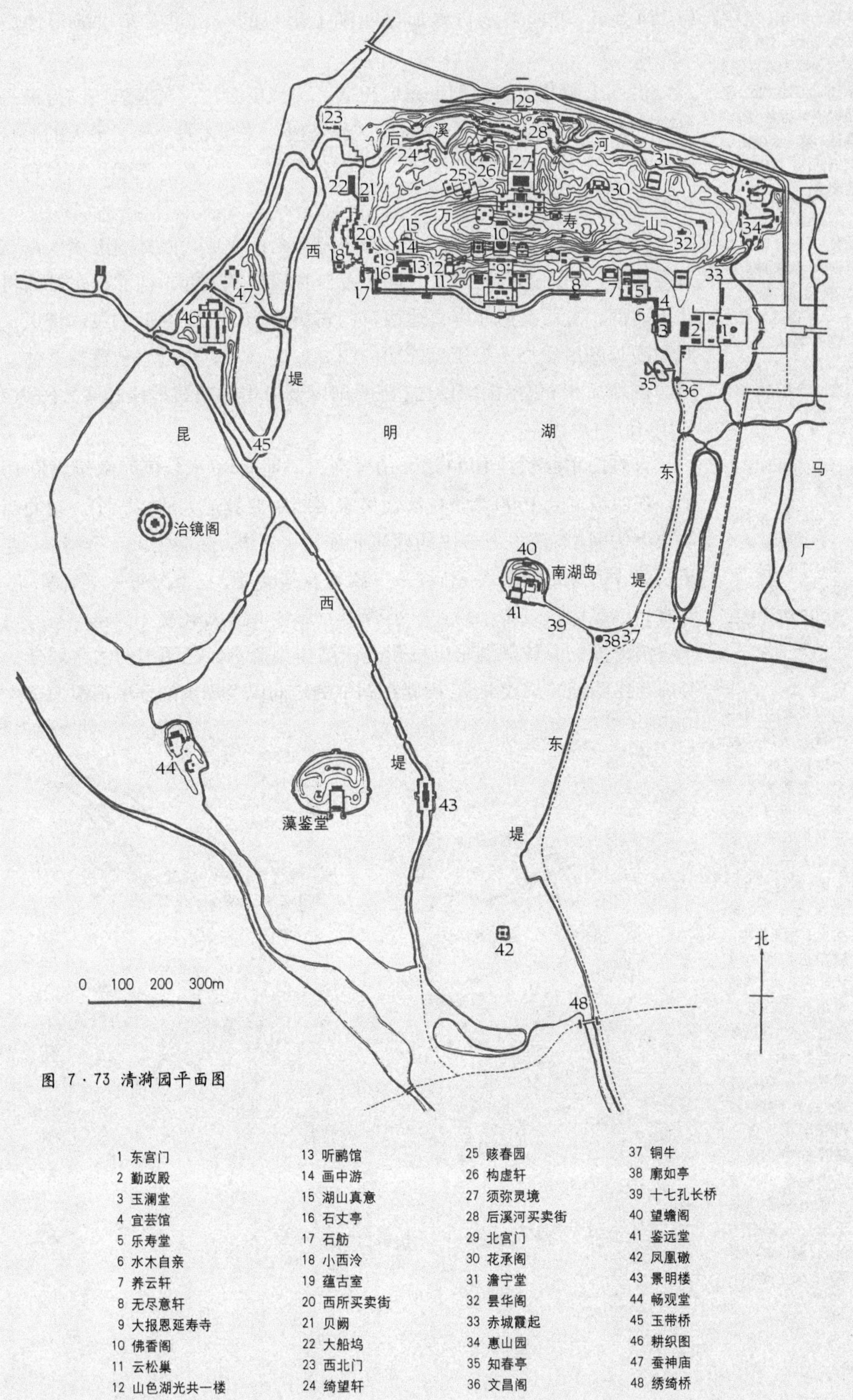

图 7·73 清漪园平面图

1 东宫门
2 勤政殿
3 玉澜堂
4 宜芸馆
5 乐寿堂
6 水木自亲
7 养云轩
8 无尽意轩
9 大报恩延寿寺
10 佛香阁
11 云松巢
12 山色湖光共一楼
13 听鹂馆
14 画中游
15 湖山真意
16 石丈亭
17 石舫
18 小西泠
19 蕴古室
20 西所买卖街
21 贝阙
22 大船坞
23 西北门
24 绮望轩
25 赅春园
26 构虚轩
27 须弥灵境
28 后溪河买卖街
29 北宫门
30 花承阁
31 澹宁堂
32 昙华阁
33 赤城霞起
34 惠山园
35 知春亭
36 文昌阁
37 铜牛
38 廓如亭
39 十七孔长桥
40 望蟾阁
41 鉴远堂
42 凤凰墩
43 景明楼
44 畅观堂
45 玉带桥
46 耕织图
47 蚕神庙
48 绣绮桥

(1754年)，乾隆曾亲自参加昆明湖上举行的一次带有军事演习性质的“水猎”。[1]

供水上游览之用的御舟先后建造了“镜中游”、“芙蓉舰”、“万荷舟”、“锦浪飞凫”、“澄虚”、“景龙舟”、“祥莲艇”、“喜龙舟”等，最大的船身长达13丈，装修极其豪华；此外，还有备膳船、运水船、茶船以及各种运输板船共28只。[2]

乾隆二十九年(1764年)，清漪园园工全部完成。园林的围墙仅修筑在万寿山东、西面的两座城关之间：东自文昌阁城关起，往北经东宫门再往北折而西，沿后溪河北岸直达西宫门再折而南，止于西面的贝阙城关。昆明湖漫长的沿岸均不设围墙，[3]园内园外连成一片，远近景观浑然一体。全园的占地面积，包括围墙以内、昆明湖以及沿岸的建筑地段总共大约为295公顷［图7·73］。

万寿山东西长约1000米，山顶高出于地面60米。昆明湖南北长1930米，东西最宽处1600米，在清代皇家诸园中要算最大的水面了。湖的西北端收束为河道，绕经万寿山的西麓而连接于后湖；南端收束于绣绮桥，连接于长河。湖中布列着一条长堤——西堤及其支堤，三个大岛——南湖岛、藻鉴堂、治镜阁，三个小岛——小西泠、知春亭、凤凰礅。

清漪园的总体规划是以杭州的西湖作为蓝本，昆明湖的水域划分、万寿山与昆明湖的位置关系、西堤在湖中的走向以及周围的环境都很像杭州西

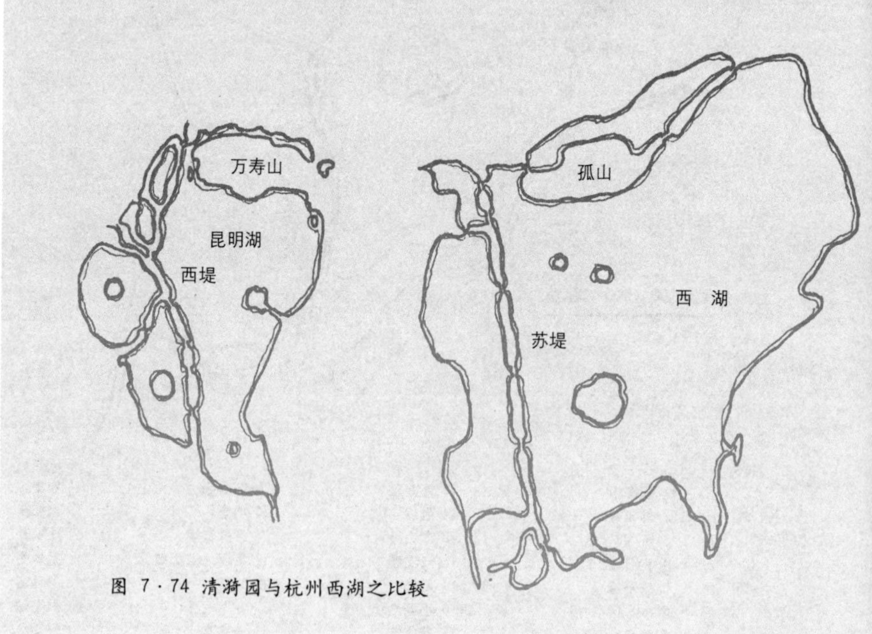

图 7·74 清漪园与杭州西湖之比较

[1] 乾隆十九年(1754年)，乾隆：《恭奉皇太后昆明湖观水猎》诗注：“淀池水围，皇祖时岁举行之，朕亦偶试二次，兹以昆明湖近而便，故奉皇太后观之。”

[2] 乾隆二十四年十二月初六，内务府大臣和尔经额奏折：“……查得清漪园所有御舟等船二十八只。……”(原件藏中国第一历史档案馆)

[3] 昆明湖沿岸不设宫墙，保卫问题就至关重要。昆明湖一带只在皇帝游湖时才布置岗哨，平时虽有警戒，毕竟防不胜防，也发生过老百姓误入殿堂的事情。譬如乾隆二十三年(1758年)五月十一日内务府大臣允禄等奏称：“万寿山总管太监文旦，为万寿山鉴远堂初四日夜间拿获贼人王通一事上奏，奉旨交内务府大臣严加询问……据王供称：我走出至城内寻找亲戚不遇，随顺步出西直门至万寿山。心内迷糊顺步走上大桥，被人照见……将我赶来，我急了就跑到行宫里摘下窗户跳进去，仍旧安上在内躲藏……被人搜出来将我拿了……”，即是一例。(原件藏中国第一历史档案馆)

图 7·75 勤政殿

湖[图7·74]。关于这一点，乾隆《万寿山即事》一诗可为佐证："背山面水地，明湖仿浙西；琳琅三竺宇，花柳六桥堤。"为了扩大昆明湖的环境范围，湖的东、南、西三面均不设宫墙。因此，园内园外之景得以连成一片。玉泉山、高水湖、养水湖、玉河与昆明湖万寿山构成一个有机的风景整体，很难意识到园内园外的界限。

宫廷区建置在园的东北端，东宫门也就是园的正门，其前为影壁、金水河、牌楼，往东有御道通往圆明园。外朝的正殿勤政殿坐东朝西[图7·75]，与二宫门、大宫门构成一条东西向的中轴线。勤政殿以西便是广大的苑林区，以万寿山脊为界又分为南北两个景区：前山前湖景区、后山后湖景区。

前山前湖景区占全园面积的88%，前山即万寿山南坡，前湖即昆明湖。山屏列于北，湖横陈于南，西面衬托着玉泉山和远处西山的层峦叠嶂，这是一个自然环境极其开朗的景区。前山面南，有很好的朝向和开阔的视野，位置又接近宫廷区和东宫门，因而成为景区内的建筑荟萃之地。建置在前山中央部位的"大报恩延寿寺"，从山脚到山顶依次为天王殿、大雄宝殿、多宝殿、石砌高台上的佛香阁、琉璃牌楼众香界、无梁殿智慧海，连同配殿、爬山游廊、蹬道等密密层层地将山坡覆盖住，构成纵贯前山南北的一条明显的中轴线。同时也创造了一个完整而富于变化的空间序列，使得中轴线的地位更明确、形象更突出。这个序列上的建筑有前奏、有承接、有高潮、有尾声，结合山形地貌因势利导地一气呵成，仿佛一个起伏跌宕而节奏强烈的乐章。如果把建筑比拟为"凝固了的音乐"，那么，大报恩延寿寺这个中轴线

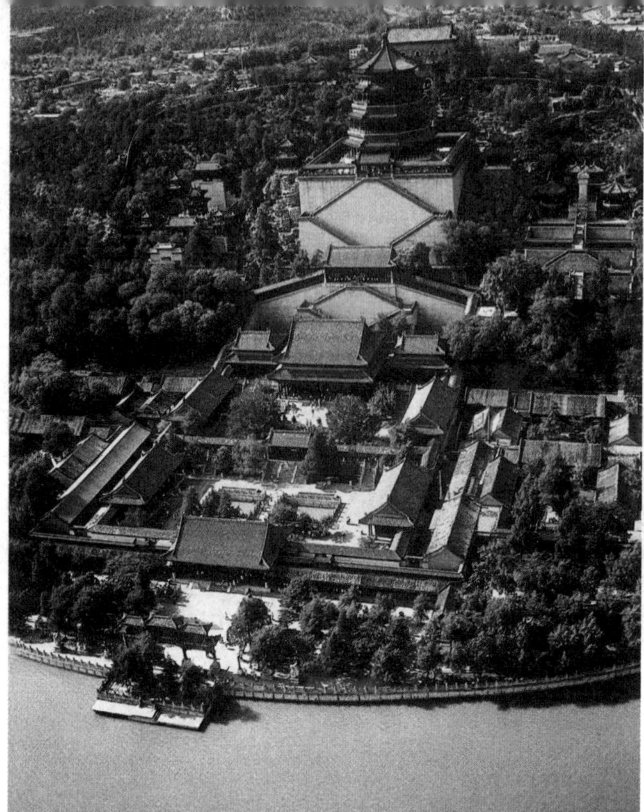

图 7·76 中轴线建筑群的节奏

建筑群就是绝好的例证［图7·76］。它的东侧是转轮藏和慈福楼，西侧是宝云阁和罗汉堂，又分别构成两条次轴线。转轮藏前立巨大的石碑，正面刻乾隆御书“万寿山昆明湖”六字，背面刻御制《万寿山昆明湖记》全文。宝云阁周回廊当中的正殿用铜铸造，即著名的“铜殿”。这三条相邻轴线上的全部佛寺殿宇组成前山中部的一组庞大的中央建筑群［图7·77］，主要殿宇都是大式做法，形象华丽、色彩浓艳。

中央建筑群之于前山景观，犹如浓墨重彩的建筑点染，意在弥补、掩饰前山山形过于呆板、较少起伏的缺陷，同时也起到了作为前山总建筑布局的构图主体和重心的作用。它的东、西两面疏朗地散布着十余处景点，建筑体量较小，形象较朴素而多样，布置较灵活自由。其中，有小园林如西面山坡上的画中游、云松巢，东面山坡上的无尽意轩。有院落建筑群如西面山脚的听鹂馆，东面山脚的养云轩、乐寿堂。乐寿堂临湖的前殿水木自亲两侧的白粉墙垣及墙上的各式漏窗显示一派江南园林的恬淡情调［图7·78］；个体建筑物如西面山脊尽端的湖山真意，俯瞰玉泉山及高水、养水湖的借景，能收摄最佳的风景画面［图7·79］；东面山脊尽端的六方形两层昙花阁，既是前山东半部的一个重要的点景建筑，俯瞰昆明湖以及园外的畅春、圆明诸园的观景条件亦十分优越。此外，还有一些零星的点景亭榭、小品等。它们从前山的东、西两面烘托着中央建筑群，通过对比，后者愈显其端庄典丽的皇家气派。在前山南麓沿

图 7·77 颐和园万寿山前山之中央建筑群

图 7·78 水木自亲、夕佳楼(楼庆西摄)

图 7·79 自湖山真意远眺玉泉山(楼庆西摄)

图 7·80 万寿山侧影

湖岸建置长廊，东起乐寿堂、西到石丈亭，共有200余间，全长约750米，可算是中国园林里面最长的游廊了。长廊既是遮阳避雨的游览路线，也是前山重要的横向点景建筑。它与沿岸的汉白玉石栏杆共同镶嵌前山的岸脚，前山整体仿佛托起于水面的碧玉，益发显示出它的精雕细琢之美 [图 7 · 80]。

中央建筑群的中部是倚山而筑的石砌高台，平面方形，边长45米，地面高程42米。台的南壁高23米，设八字形“朝真蹬”大石台阶。石台之上当初修建的楼阁并非现在这样，而是一座九层佛塔，名叫“延寿塔”。其形象系仿照杭州六和塔和南京大报恩延寿塔的外观，这在乾隆的御制诗文中曾多次提到过。

乾隆很关心清漪园建塔工程的进行情况，曾两次题诗以纪其事。一次在乾隆二十年(1755年)：

“轻烟新润霭清和，霁景名山翠滴螺。
塔影渐高出岭上，林光增密锁岩阿。
……
原注：山前建延寿塔、今至第五层，已高出山顶矣。”

(《雨后万寿山》)

另一次在乾隆二十二年(1757年)：

“松风宛是昨年闻，偃盖新添翠几分。
隔岁山岭忽入夏，阅时塔影渐横云。
……
原注：构塔已至第八层，尚未毕工。”

(《万寿山即景》)

延寿塔之所以受到乾隆的如此关注，显然是清漪园的一项重点工程。但是，到乾隆二十三年(1758年)接近完工的时候，突然奉旨停修，全部拆除。这件事载于第一历史档案馆所藏该年的一份工程奏销档案中。[1]为此，乾隆专门写了《志过》一诗，其中有句云："此非九仞亏，天意明示我；无逸否转泰，自满福召祸。"以示自谴之意。

延寿塔拆除后，在原址上改建为一座木构楼阁，当时的工程文件中称之为"八方阁"，乾隆二十五年(1760年)竣工。八方阁顾名思义即平面为八角形的楼阁，这是完工后未正式命名前的形象称呼，也就是《日下旧闻考》一书中所记载的"佛香阁"。在光绪十七年(1891年)重建佛香阁的工程文件中发现有"依原样重建"的字句，并有样式房的图纸。据此可以断定它的内外檐形式与颐和园时代的佛香阁大体上是差不多的。

作为一项重点工程的延寿塔，占清漪园工程总造价的相当大的一部分。塔一旦拆毁，这笔费用即告虚掷，而且还要影响建园的工程进度。所以拆塔建阁，绝不是无缘无故的。《养吉斋丛录》的一段话很值得注意："寺后初仿杭州之六和塔建窣堵坡，未成而圮。因考《春明梦余录》谓京师西北隅不宜建塔，遂罢更筑之议。"所谓未成而圮，大概指施工中出现事故而言。估计是由于塔身砖砌体的自重过大，在接近完工时发生倾斜而至于坍圮的情况，因而不得不即时拆除。至于拆除之后不再建塔则可能出于风水迷信上的考虑，这在历来封建帝王的营建活动中是屡见不鲜的。但也可能有其他的原因，譬如说，塔的形象对于园林造景不甚恰当而需要重新改造。这或许就是乾隆决心拆塔建阁的主要动机，所谓"京师西北隅不宜建塔"的说法，他自己也并不相信，[2]不过作为一个借口而已。延寿塔既然是园内的重点工程和主要景区的构图中心，乾隆对它的造型和体量所给予的最大关注，也是不言而喻的。如果把延寿塔和佛香阁分别结合中央建筑群整体来加以比较的话，则显而易见，前者的细而高的比例无论与建筑群的其他部分或者前山山形的关系都不甚谐调，而后者稳重的造型则较为妥贴、统一。此外，园外玉泉山借景作为园景的重要组成部分，山顶的玉峰塔与延寿塔的呼应关系也存在重复和雷同的毛病。这些都直接影响着园林造景的艺术效果的佳否。由此看来，乾隆之所以不惜工本，降旨拆塔建阁的原因，也就很显然了。

佛香阁平面八角形，外檐四层、内檐三层，通高36米余，是园内体量最大的建筑物（参见［图7·77］）。它巍然雄踞山半，攒尖宝顶超过山脊，显得器宇轩昂、凌驾一切，成为整个前山前湖景区的构图中心。石台的东、西、北三面顺坡势堆叠山石，叠石的技法虽稍逊于西苑北海琼华岛，但仍不失为北方园林叠山的巨制。

[1] 乾隆二十三年（1758年）八月初九日，内务府大臣傅垣奏折："……万寿山延寿塔工遵旨停修，今详细核查……拆毁塔身八层，用过工料银十五万二百四十九两九钱四厘。未做第九层塔身并九霄头停地面油画等项值银八万九千二百八十七两七钱七分四厘。……"（原件藏中国第一历史档案馆）

[2] 乾隆：《永佑寺舍利塔记》："……越十岁甲申，窣堵波乃成，岿然峙于避暑山庄，较京师尤北。则堪舆风水之论固不足凭。……"见和珅：《热河志》卷十七。

以佛香阁为中心的中央建筑群，倚山濒湖。它是前山前湖景区广大范围内的最主要的观赏对象，也是景区成景的至关重要的环节。因此，它的设计得当否，对于园林的总体规划实起着举足轻重的作用。

中央建筑群的中轴线如前所述乃是十分突出而明确的。在这条中轴线的两侧，分别由五方阁与清华轩、转轮藏与介寿堂的对位而构成两条次要轴线。它们的位置完全对称，建筑形象却略有不同。在次要轴线的外侧，又分别由寄澜亭与云松巢、秋水亭与写秋轩的对位而构成两条辅助轴线。它们虽然对称于中轴线但建筑形象则完全不一样，而且还出现云松巢与写秋轩的位置虚实相错的情况[图7·81]。很显然，这五条轴线的安排具有两个意图：一、中轴线两侧由近及远逐渐减少建筑物的密度和分量，同时运用“正变虚实”的手法逐渐减弱左右均齐的效果。二、以自中心而左右的“退晕式”的渐变过程来烘托中轴线的突出地位，强调建筑群体的严谨中寓变化的意趣。由于五条轴线的如此安排，也控制住了整个前山建筑布局从严整到自由、从浓密到疏朗的过渡、衔接和展开，把散布在前山的所有建筑物统一为一个有机的整体。

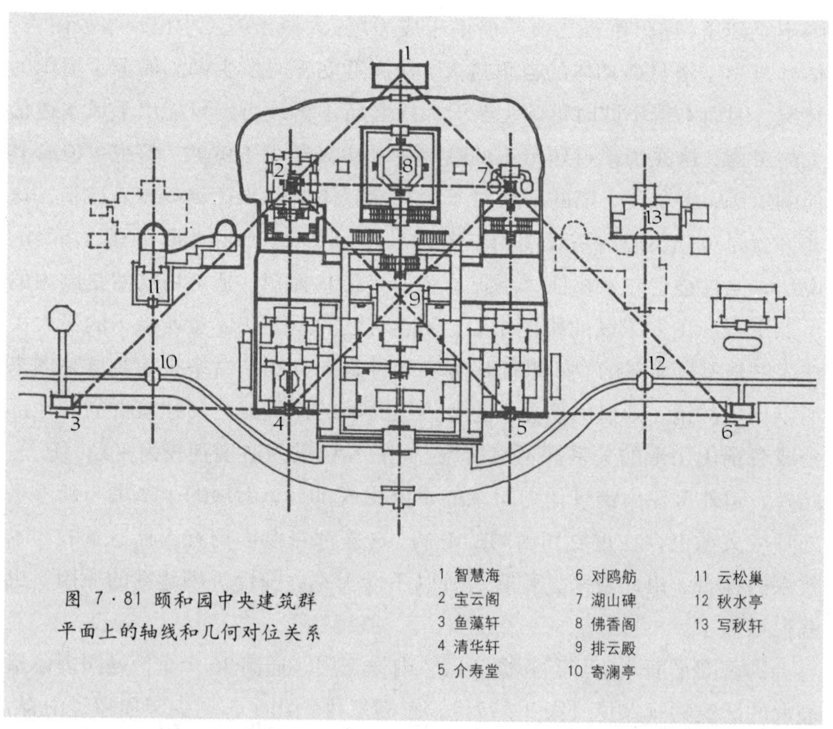

图 7·81 颐和园中央建筑群平面上的轴线和几何对位关系

长廊上临湖的两座水榭——鱼藻轩和对鸥舫，在前山建筑的总体规划中是作为中央建筑群的两个较远的陪衬点而建置的。它们分别通过宝云阁、湖山碑而绾结于“智慧海”，大体上构成了等腰三角形的对位关系，以此作

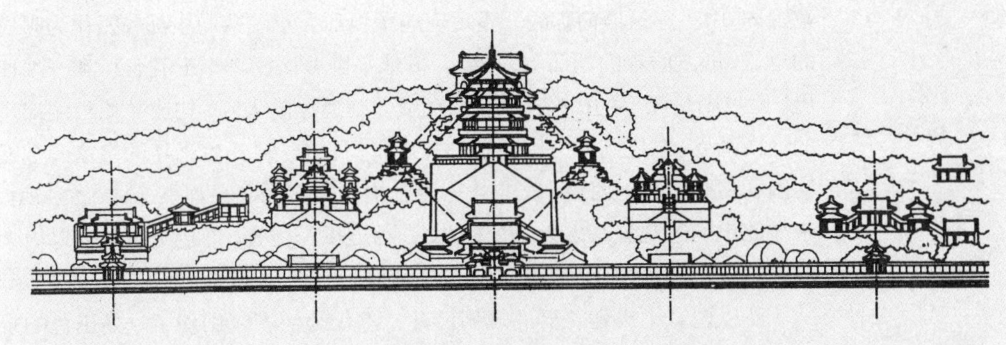

图 7·82 颐和园中央建筑群立面上的轴线和几何对位关系

为建筑群平面布局的外圈控制网络。中轴线与次要轴线之间的距离正好是次要轴线与陪衬点之间距离的一半。因此，宝云阁、湖山碑、清华轩和介寿堂南院墙的垂花门这四个点又构成正方形的对位，作为建筑群的内圈控制网络。这五条轴线、两个网络的几何关系看来并不是偶然的，它在一定程度上保证了建筑群平面布局的条理和脉络，同时也是施工定位的依据。

建筑群的立面也有几何对位关系的经营［图 7·82］。试看佛香阁与两侧的敷华、撷秀二配亭之间，不仅运用体量的对比来突出前者的主体地位、以和谐的造型来密切二者的主从关系，而且由于它们所形成的近乎等腰三角形的轮廓线而显示一种稳定的感觉。建筑群中的其他一些建筑物或建筑局部也大都控制在一系列的等腰三角形的几何关系之中。这些几何关系仿佛是许多无形的脉络和纽带，把整个建筑群的立面串缀为一个类似金字塔那样稳定的整体，从而求得立面形象的庄严性。同时，造园匠师利用前山坡势比较陡峭的特点，把建筑群在平面布局上的五条轴线所形成的由近及远、由强而弱、由严整而自由的退晕式渐变关系，全部反映在立面形象上面。从而又创造了寓变化于严谨的造型效果，以适应于园林造景的需要。

中央建筑群的规划布局不仅最大限度地发挥其点景的作用，也充分利用了它的观景的条件。佛香阁、五方阁、转轮藏、敷华亭、撷秀亭，居高临下，视野开阔，都是观赏湖景和园外借景的绝好场所。

我国的风景名胜区内向来就有建置楼阁的传统，它们倚山濒水，占据着制高点上的开阔景界，既是观景场所又是风景区内最主要的点景建筑。如像黄鹤楼、滕王阁等，都由于历代文人的登临题咏而名重一时。对此，佛香阁的建置也有所取法。沿塔台的那一圈游廊凭槛远眺，所看到的湖山景观，比起黄鹤楼前的“不尽长江滚滚来”和滕王阁的“画栋朝飞南浦云，珠帘暮卷西山雨”的意境，有过之而无不及。自游廊南望，在60°水平视角的视野范围内，中央建筑群南部的一重重琉璃屋顶和大小院落均全部收摄作为眼底的近景。烟波浩淼的湖面上，一纵一横地平卧着南湖岛十七孔长桥和一线西堤。远景则是无尽的田畴平野，一直延伸到遥远的天际，构成一幅壮丽锦绣的江山画卷。东望则园外田畴湖泊村庄星罗棋布，衬托着当年的皇家园林畅春园的鸟瞰全景。西望，玉泉山、西山借景与园内之景浑然一体［图7·83］。诸如此类的景观气魄宏大、构图佳妙、远近烘托得宜，都能给予游人以极大的美的享受。

所以说，中央建筑群的规划设计，不仅为清漪园创建了一处出色的景点，也是中国古典园林建筑设计中的一个杰出的大手笔。

万寿山的东麓，在湖山交汇的部位建置乐寿堂、宜芸馆、玉澜堂三组四合建筑群。东面连宫廷区，西接长廊，北通前山，既是交通枢纽，又可观赏湖山景色。万寿山西麓，昆明湖收束为小水面通往后湖，长岛“小西泠”把这个小水面划分为东、西两个航道。长岛的南端建五圣祠，北端为小园林水周堂。环岛粉垣漏窗、码头船埠。西航道芦苇丛生，一派江南水乡景色。东航道的东岸，临湖为寄澜堂及石舫——清晏舫，往北依次为旷观斋、小有天、延清赏、浮青榭、蕴古室、城关“贝阙”；道路的两侧摹仿江南河街建置各种铺面房，这就是西所买卖街又称苏州街。贝阙的西侧，临水为大船坞，再往北就进入后湖了［图7·84］。

昆明湖广阔的水面，由西堤及其支堤划分为三个水域。东水域最大，它的中心岛屿南湖岛以一座十七孔的石拱桥连接东岸，桥东端偏南建大型八方

图7·83 俯瞰昆明湖之景

图 7·84 后湖(楼庆西摄)

图 7·85 廓如亭、长桥、南湖岛(楼庆西摄)

图 7·86 自南湖岛眺望玉泉山之借景(楼庆西摄)

重檐亭廓如亭；岛、桥、亭相组合成为一个完整构图的画面[图7·85]。岛上靠东为龙王庙“广润祠”，靠西为四合房澹会轩。靠北临水叠石、筑台，上建三层高阁望蟾阁摹拟武昌的黄鹤楼，它与前山的佛香阁隔水遥相呼应成对景。南湖岛的平面略成圆形如满月，再从岛上主要建筑物望蟾阁、月波楼等的命名看来，显然是以表现月宫仙境作为造景主题。登上望蟾阁，可以环眺四面八方之景，尤以北面的万寿山全景和西面的玉泉山西山借景最为佳妙[图7·86]，气魄之大犹如长卷山水画，这在清代皇家诸园中也是罕见的。岛之南另有小岛“凤凰墩”，上建会波楼，则是摹拟无锡大运河中的小岛黄埠墩之景。再南为绣绮桥，过此即进入长河。西堤以西的两个水域较小，亦各有中心岛屿。靠南的一个是昆明湖中最大的岛屿，南岸建藻鉴堂，堂前临水为春风啜茗台，乾隆经常坐船到此赏景、品茗。靠北的另一大岛形象别致，水中两层圆形城堡之上建三层高阁治镜阁。漫长的西堤自北逶迤而南纵贯昆明湖中，堤上建六座桥梁摹拟杭州西湖的“苏堤六桥”。其中五座均为仿自扬州的亭桥[图7·87]，一座为石拱桥即著名的玉带桥。西堤南半段建楼阁景明楼，则是摹拟江南滨湖地带烟水迷离之境。昆明湖如果略去西堤不计，水面三大岛鼎列的布局很明显地表现皇家园林“一池三山”的传统模式。如果说，

图 7·87 亭桥(楼庆西摄)

图 7·88 自夕佳楼前眺望玉泉山之借景(楼庆西摄)

两千多年前西汉的建章宫是中国历史上的第一座具备一池三山的仙苑式皇家园林，那么，颐和园便是最后一座、也是硕果仅存的一座了。

昆明湖东岸，十七孔桥以北为镇水的“铜牛”，它与湖西岸的一组大建筑群“耕织图”成隔水相对之态势。此种规划构思再现了西汉武帝在长安上林苑开凿昆明湖以象江海、雕刻牵牛织女隔湖相望以象天汉的寓意，源出于古老的“天人感应”的思想和牛郎织女的神话。东岸北端，岸边小岛之上建知春亭。它与岸上的城关文昌阁、夕佳楼都是东岸北半段的重要点景建筑，也是观赏湖景、山景以及园外玉泉山、西山借景的最佳场所［图 7·88］。

昆明湖西岸：南端建置南船坞，停泊当年乾隆训练健锐营兵弁习水战的船队。中段临水的小台地之上为畅观堂一组小园林建筑群，从这里可以放眼观赏湖景、山景以及平畴田野之景，四面八方远山近水得景俱佳，诚如乾隆《畅观堂》诗中所描写的：“左俯昆明右玉泉，背屏治镜面溪田；四围应接真无暇，一晌登临属有缘；骋目不遮斯畅矣，栖心惟静总宜焉。”北端的水网地带为另一组大建筑群“耕织图”，其中的延赏斋两庑壁上嵌石刻《耕织图》，蚕神庙供奉蚕神，织染局是内务府养蚕、缫丝、织染锦缎的作坊，水村居是工人的住宅区。附近广种桑树，一则供应养蚕饲料，二则象征帝王之重农桑。这些建筑都隐蔽在水网密布、河道纵横、树木蓊郁的自然环境之中，极富于江南水乡的情调。乾隆非常喜爱此处景观，誉之为：“玉带桥边耕织图，织云耕雨学东吴。”

清漪园之摹拟杭州西湖，不仅表现在园林的山水地形的整治上面，而

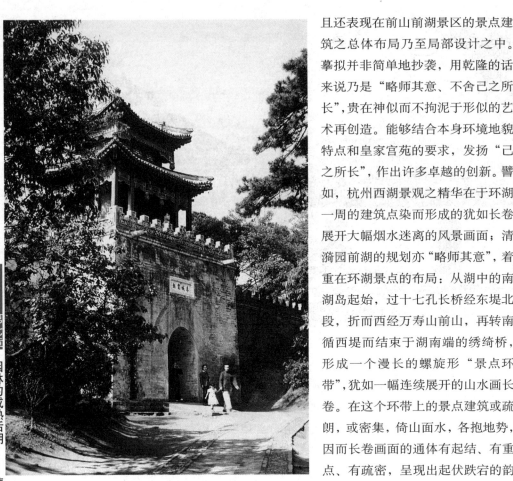

图 7·89 城关“赤城霞起”

且还表现在前山前湖景区的景点建筑之总体布局乃至局部设计之中。摹拟并非简单地抄袭，用乾隆的话来说乃是“略师其意、不舍己之所长”，贵在神似而不拘泥于形似的艺术再创造。能够结合本身环境地貌特点和皇家宫苑的要求，发扬“己之所长”，作出许多卓越的创新。譬如，杭州西湖景观之精华在于环湖一周的建筑点染而形成的犹如长卷展开大幅烟水迷离的风景画面；清漪园前湖的规划亦“略师其意”，着重在环湖景点的布局：从湖中的南湖岛起始，过十七孔长桥经东堤北段，折而西经万寿山前山，再转南循西堤而结束于湖南端的绣绮桥，形成一个漫长的螺旋形“景点环带”，犹如一幅连续展开的山水画长卷。在这个环带上的景点建筑或疏朗，或密集，倚山面水，各抱地势，因而长卷画面的通体有起结、有重点、有疏密，呈现出起伏跌宕的韵律。如果把杭州西湖的环湖景观与前湖的环湖景观作一对比，前者的景点建筑自由随宜地半藏半露于疏柳淡烟之中，显示人工意匠与天成自然之浑为一体；而后者的景点建筑则以其一系列的显露形象和格律秩序，于天成的自然中更突出人工的意匠经营。再如，杭州西湖湖面辽阔，但三面近山环抱，一面是城市屏障，因而总的地貌景观便呈现为以湖面为中心的一定程度的内聚性和较强的封闭度。如果把它当作一座大型天然山水园，它的成景和得景虽然也有居高临下、视野开阔的，但一般都难于超出本身景域之外。也就是说，较少“园”外借景的可能。清漪园的前山前湖景区则不然，万寿山屏列于北，前湖横陈于南，成北实南虚之势。湖以东是一望无际的田畴平野，湖以西则水泊连绵直抵玉泉山麓，衬托着更远处的西山群峰。南面和东面的虚景一直往东，往南延伸而消逝于天际。景观的开阔度很大，外向性亦很强，为园外借景创设了极优越的条件。举凡园外的玉泉山、西山、平畴田野、僧寺村舍，乃至静宜，静明、畅春、圆明诸园都能够收摄作为园景的组成部分。若论借景之广泛，借景内容之多样，在清代的皇家诸园中实为首屈一指。尤其是从不同的角度、不同的位置上远借玉泉山西山之景，都能与园内之景融为一体，嵌合得天衣无缝，可谓园林之运用借景手法的出色范例。

从上述这两方面的情况，就能够看得出来，清漪园的园林造景是如何"略师其意"地汲取杭州西湖风景之精粹，再结合本身的特点而又"不舍己之所长"。它在清代皇家诸园中乃是名景摹拟的最成功的一例，也足以说明中国的山水风景与山水园林之间的密切关系。如果把杭州西湖风景名胜的总体当作一座历经千百年而自发形成的大型天然山水园，那么，清漪园也未始不可以视为一处经过自觉规划而一气呵成的风景名胜区，或者说，一处园林化的风景名胜区。

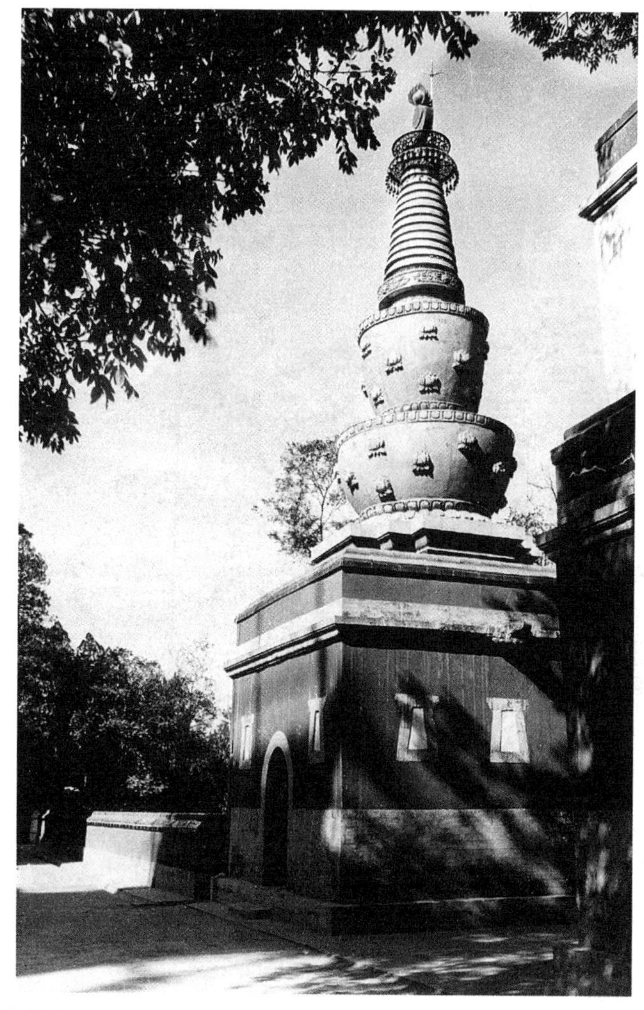

图 7·90 颐和园后山四色塔之一

后山后湖景区仅占全园面积的12%。后山即万寿山的北坡，山势起伏较大；后湖即界于山北麓与北宫墙之间的一条河道。这个景区的自然环境幽闭多于开朗，故景观亦以幽邃为基调。后山的东西两端分别建置两座城关——赤城霞起［图7·89］、贝阙，作为入山的隘口；后山中央部位建置大型佛寺须弥灵境，与跨越后湖中段的三孔石桥、北宫门构成一条纵贯景区南北的中轴线。

须弥灵境建筑群坐南朝北。北半部为汉式建筑共三层台地：寺前广场、配殿、大雄宝殿。南半部为藏汉混合式建筑，倚陡峭山坡叠建在高约10米的大红台上，包括居中的香严宗印之阁以及环列于其周围的四大部洲殿、八小部洲殿、日殿、月殿、四色塔［图7·90］。它与承德普宁寺的北半部同一形制，两者都是摹仿西藏扎囊县的著名古寺桑耶寺、大约在乾隆二十三年(1758年)前后同时建成的一对姊妹作品。[1]有关普宁寺的情况，详见本章第十一节。

后山西半部诸景点，靠近山脊的为云会寺，倚山坡的为赅春园、味闲

[1] 周维权:《承德的普宁寺和北京颐和园的须弥灵境》，载《建筑史论文集》第八辑，北京，清华大学出版社，1987。

图 7·91 花承阁现状

斋，建在小山岗上的为构虚轩，倚山临水的为倚望轩、绘芳堂，临水的为看云起时。东半部诸景点，靠近山脊的为善现寺，倚山坡的为花承阁［图7·91］，临水的为澹宁堂。此外，尚有城关、亭、榭等个体建筑。它们的体量都很小，各抱地势，布置随宜。建筑群均能结合于局部地形而极尽其变化之能事，其中大多数是自成一体的小园林格局。位于后山东麓平坦地段上的惠山园和霁清轩，则是两座典型的园中之园，前者以江南名园寄畅园为蓝本而建成。

乾隆十六年(1751年)，乾隆帝第一次南巡，对无锡寄畅园的“嘉园迹胜”非常欣赏，誉之为：“清泉白石自仙境，玉竹冰梅总化工。”[1]命随行画师将此园景摹绘成图，“携图以归，肖其意于万寿山之东麓，名曰惠山园”[2]。三年后建成，乾隆很满意，亲自题署“惠山园八景”，并多次赋写《惠山园八景诗》。

惠山园之仿寄畅园，首先是“肖其意于万寿山之东麓”选择一处地貌、环境均与寄畅园相似的建园基址。万寿山东麓的地势比较低洼，从后湖引来的一股活水有将近两米的落差，经穿山疏导加工成峡谷与水瀑，汇入园内的水池。借景于西面的万寿山，颇类似于寄畅园之借景锡山。惠山园的环境幽静深邃，富于山林野趣，它与东宫门、宫廷区相距不远，又邻近后湖水道的尽端，水陆交通都比较便捷。从清漪园的总体规划看来，这个小园林既是前山前湖景区向东北方向的一个延伸点，又是后山后湖景区的一个结束点。有了它，清漪园东北隅上这个难以处理的角落就变活了。

其次，园林本身的设计也以寄畅园作为蓝本。据《日下旧闻考》记载：“惠山园规制仿寄畅园，建万寿山之东麓。……惠山园门西向，门内池数亩。池东为载时堂，其北为墨妙轩。园池之西为就云楼，稍南为澹碧斋。池南折而东为水乐亭，为知鱼桥。就云楼之东为寻诗径，径侧为涵光洞。”这就是乾隆时期惠山园的大致情况［图7·92］。

[1] 乾隆：《游寄畅园题记》。

[2] 乾隆：《惠山园八景》诗序，见《日下旧闻考》卷八十四。

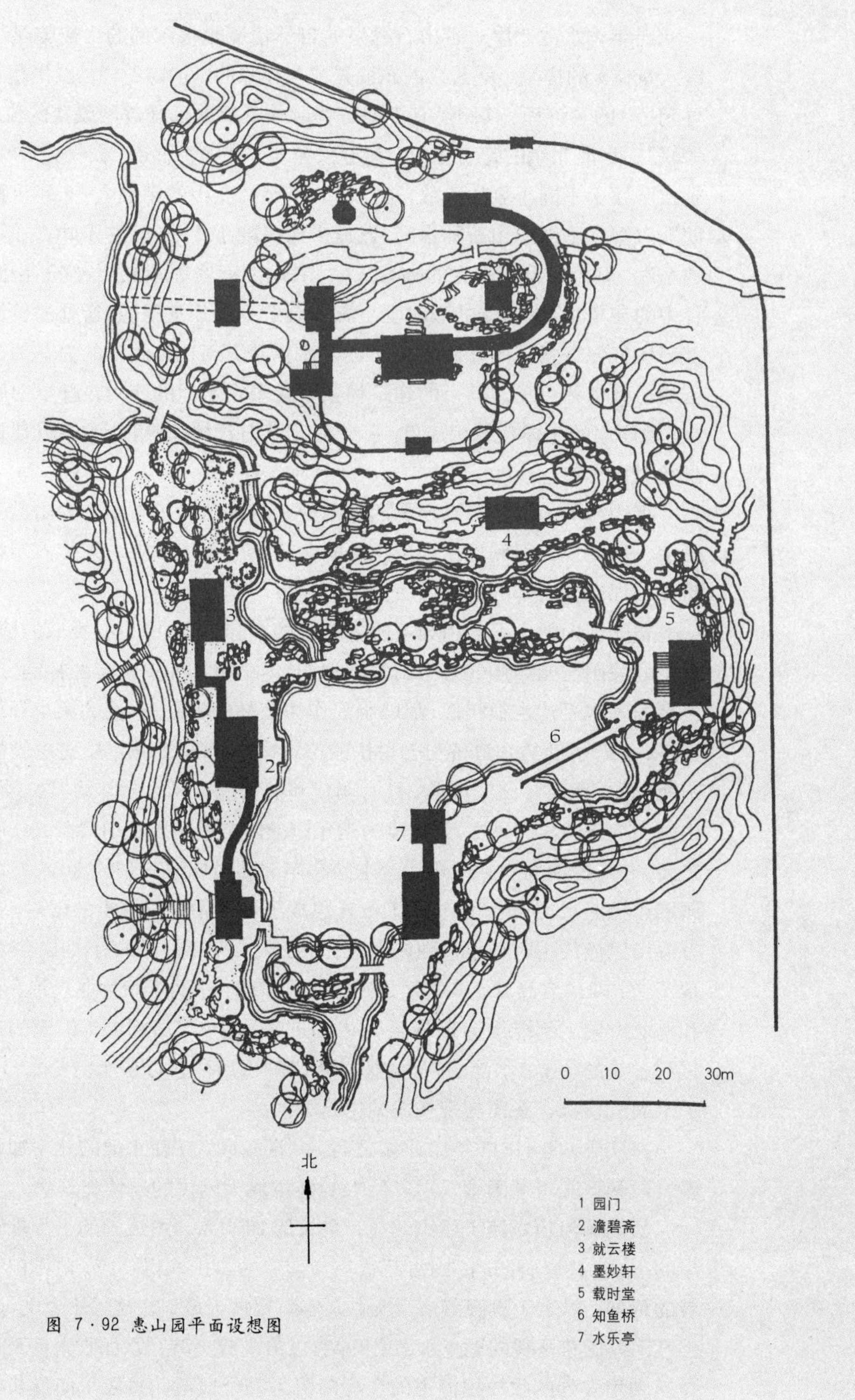

图 7·92 惠山园平面设想图

当年，水池北岸一带山石林泉的自然情调是很浓郁的。按乾隆《惠山园八景诗》的描写，就云楼的东面是“苔径缭曲，护以石栏；点笔题诗，幽寻无尽”的寻诗迳，其侧还有类似寄畅园八音涧的那样逐层跌落的流泉“玉琴峡”。水池北岸的青石叠山，其形象宛若“窈窕神仙府，嵚崎灵鹫峰”，堆叠技法属于平岗小坂的路数，是当年北京园林叠山的精品之一。建筑物极疏朗地点缀在临池的山石林木间，数量少而尺度小。三开间的墨妙轩在寻诗迳的东端，轩内庋藏三希堂的临摹法帖，它的北面紧邻峭立的岩石，南面为曲径中的流泉。水池东岸的载时堂是惠山园的主体建筑物，它所处的位置和局部环境很像寄畅园的嘉树堂；正面隔水借景万寿山，山脊的昙花阁透过浓密的松林依稀可见。其余的建筑物主要集中在水池的南岸，并以曲廊与池东、池西岸的个体建筑相连贯。形成池北以山石林泉取胜，池南以建筑为主景的对比态势。

惠山园的入口选择在园的西南角位，这固然为了与园外的山道、水路衔接，同时也为了利用这个部位的斜角观景的透视效果，来扩大园林的景深，增加园林内部的空间层次。

寄畅园内的土石假山宛若园外真山的余脉，惠山园也有类似的情况。池北岸的假山与园西侧的万寿山气脉相连，因而更增加了前者的神韵。这两座园林的理水手法也很相似，都以水面作为园林的中心。水面的大小和形状差不多，横跨水面的知鱼桥与七星桥的位置、走向亦大致相同。寄畅园的建筑疏朗，以山水林木之美取胜，具有明代和清初江南私家园林的典型风格；惠山园也具备这样的风格，因而成为当年清漪园内最富于江南情调的一座园中之园。利用挖池的土方堆筑为池东南和东北面沿园墙一带的土丘，把高大的园墙遮挡起来。同时，这些人工土丘也成了池北岸叠石假山的陪衬，仿佛是万寿山以连绵不断之势自西向北再兜转到池的东南。主山有次山陪衬，正体现了“主峰最宜高耸，客山须是奔趋”的画理。水面形状为曲尺形，在东西和南北方向上都能保持70米至80米的进深，避免了寄畅园锦汇漪的东西向进深过浅的缺陷。水池的四个角位都以跨水的廊、桥分出水湾与水口，增加了水面的层次，意图与寄畅园的也是相同的。

嘉庆十六年(1811年)，改园之名为“谐趣园”并在水池的北岸加建涵远堂，面阔五间带周围廊，以其巨大的体量成为园内的主体建筑物。

后湖的河道蜿流于后山北麓，全长约1000米。用浚湖的土方堆筑为北岸的土山，其岸脚凹凸、山势起伏均与南岸的真山取得呼应。仿佛前者是后者的延伸，以至于真假莫辨，虽由人作而宛自天成。在这近千米的河道上，但凡两岸山势平缓的地方水面必开阔，山势高耸夹峙则水面收聚甚至形成峡口。利用多处的收放把河道的全程障隔为六个段落，每段水面形状各不相同，但都略近于小湖泊的比例。经过这种分段收束、化河为湖的精心改造之后，漫长的河身遂免于僵直单调的感觉，增加了开合变化的趣味。把自然界山间溪河的景象和各种人工建置，有节奏地交替展示出来。脍炙人口的陆游诗句“山重水复疑无路，柳暗花明又一村”的意境，在这个水程上得到了最充分的表现。

后湖的中段，两岸店铺鳞次栉比。这就是园内另一处模仿江南河街市肆的“后溪河买卖街”，又名“苏州街”，全长270米，成一个完整的水镇格局［图7·93］。沿岸河街的店铺，各行各业俱全，店面采用北京常见的牌楼、牌坊、拍子三种式样。每逢帝后临幸时，以宫监扮作店伙顾客，水上岸边熙来攘往，不难设想当年的热闹景象。

清漪园的绿化和植物配置情况，根据乾隆《御制诗》的描述，在建园之初即保持原西湖的荷花和堤柳之盛；万寿山则依靠从外地移栽树木逐年经营，终于在短时期内把一座光秃的童山改变成为“叠树张青幕，连峰濯翠螺”[1]的树繁叶茂的状态。前山以松柏树的大片成林为主，取其“长寿永固”、“高风亮节”的寓意。后山则以松柏间栽多种落叶树，如桃、杏、枫、栾、栎、槲、槐、柳之属，突出季相之变化，还少量种植名贵的白皮松。沿湖岸和堤上大量种植柳树，形成“松犹苍翠柳垂珠，散漫迷离幻有无”的景象。

[1] 乾隆：《首夏万寿山》，见《清高宗纯皇帝御制诗》卷二十八。

图 7·93 后湖买卖街遗址

杨柳近水易于生长，与水光潋滟相映衬最能表现宛若江南的水乡景观。西堤上除柳树外，更以桃树间植而形成一线桃红柳绿的景色，乾隆有诗句咏之为："千重云树绿才吐，一带霞桃红欲燃。"前湖的三个水域都划出一定范围种植荷花，乾隆在《御制诗》中屡次提到湖上赏荷的情形：

"深红淡白尽开齐，水面风来香满堤；
谁道秋湖泛春色，春光恒在六桥西。"

（乾隆：《昆明湖荷花词》）

"平湖雨霁漾烟波，涨影含堤八寸过；
便迩心纾试沿泛，六桥西畔藕花多。"

（乾隆：《泛舟昆明湖观荷》）

甚至把西堤的练桥一带直接比拟为杭州西湖的"曲院荷风"。西北的水网地带，岸上广种桑树，水面丛植芦苇，水鸟成群出没于天光云影中，更增益一派天然野趣的水乡情调。在平坦地段上的建筑物附近和庭院内，多种竹子和各种花卉，听鹂馆、山色湖光共一楼、惠山园当年都以竹丛作为局部造景的主题。居住庭院内繁花似锦，乐寿堂的玉兰花大片丛植号称"香雪海"，当年曾誉满北京。殿堂庭院则以松柏行植，间以花卉，缀以山石。

清漪园建成后，它的旷奥兼备的湖山之美，再加之建筑物恰如其分的点染，深得乾隆的赞赏，予以"何处燕山最畅情，无双风月属昆明"的极高评价。乾隆住在圆明园期间，经常到此游览，甚至返回北京大内亦往往不走陆路而故意绕道在清漪园水木自亲码头下船，乘御舟穿过昆明湖循长河水路进城。

清漪园的总体规划并不仅局限在园林本身，已如上面所论述的，而且还着眼于西北郊全局、以"三山五园"为主体的大环境来作出通盘的考虑。

首先考虑的是与西邻静明园的关系（参见［图7·71］）。昆明湖往西开凿外湖，稍后又在静明园的东南接拓高水湖于养水湖；前者沿湖不设宫墙，后者亦不再纳入静明园宫墙之内。虽然一反皇家园林的惯例，造成安全保卫上的困难，但这两处彼此接近的水面却得以不被墙垣分隔。再加上田畴的穿插、园林建筑的点缀、村舍的星罗棋布，构成一个完整的风景小区，从而加强了万寿山与玉泉山在景观上的整体感和一定程度的联属关系。清漪园的景域也因此而大为开拓，超越园林的界限，与这个充满生活气息的外围环境浑然一体，表现了浓郁的风景名胜区的意趣，从乾隆时的宗室画家弘旿所绘《畿都水利图》长卷上可以看到这种景象［图7·94］。

其次，把考虑的范围再扩展到"三山五园"的大环境整体［图7·95］。

乾隆初年的西北郊，西面以香山静宜园为中心，形成小西山东麓的风

图 7·94 《畿都水利图》中昆明湖、高水湖、养水湖一带之景象

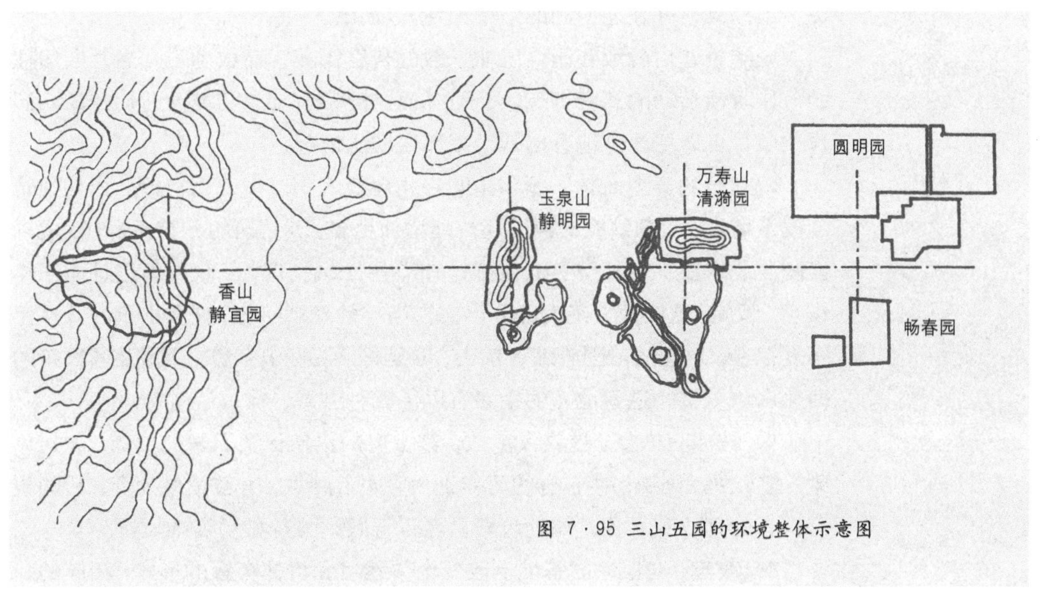

图 7·95 三山五园的环境整体示意图

景小区；东面为万泉庄水系流域内的圆明、畅春以及诸赐园；瓮山、西湖、玉泉山鼎足而三则居于当中的腹心部位。清漪园建成、昆明湖开拓之后，构成了万寿山和两湖的南北中轴线。静宜园的宫廷区、玉泉山主峰、清漪园的宫廷区此三者，又构成一条东西向的中轴线，再往东延伸交汇于圆明园与畅春园之间的南北轴线的中心点。这个轴线系统把三山五园串缀成为整体的园林集群；在这个集群中，清漪园所处的枢纽地位十分明显，万寿山濒临昆明湖而突出水取其近的优势，沿湖不设宫墙则又能以东、南、西三面的平畴、村舍、园林作为景观的延展；西面屏列着玉泉山，它与万寿山、里湖中轴线之间的距离，相当于后者与圆明园、畅春园中轴线之间的距离，再往西大约一倍的距离便是西山的层峦叠翠，山取其远而形成两个层次的景深。这样的布局形势超越于园林的界域，显示了西北郊整体的环境美，同时也为三山五园之间的互相借景、彼此成景，创造了良好的条件：静宜园之俯借静明、清漪、圆明、畅春诸园，静宜、静明之互借，静明、清漪之互借，静明、清漪与圆明、畅春之互借等等。而最晚建成的清漪园，对这个庞大园林集群的有机整体及其环境全局的形成，实起着关键性作用。所以说，这是一园建成，全局皆活。

咸丰十年(1860年)，清漪园被英法联军焚毁，之后就一直处于荒废状态。光绪十四年(1888年)，西太后动用海军建设经费加以修复，改名颐和园。

颐和园沿袭清漪园的规划格局不变，修复的范围由于经费支绌而一再压缩。最后完全放弃后山、后湖和昆明湖西岸，集中经营前山、宫廷区、西堤、南湖岛，并在昆明湖的沿岸加筑宫墙［图7·96］。

光绪重建后的颐和园，已非一般的行宫御苑，而成为帝、后长期居住的兼作政治活动的离宫御苑，关于它的总体规划，如果与乾隆时期的清漪园作比照，可以更清楚地看出其沿袭和变动的情况。

就建筑的类型而言，颐和园的寺庙建筑大为减少，而宫殿、居住建筑的比重增加，后勤供应等辅助建筑则增加更多。就建筑的分布而言，西堤以西的西北水域、外湖、后山、后湖一带，除个别情况外，仅保留遗址而不作恢复。因此，这些地方绝大部分已失去当年的景观特色，许多出色的景点已不复存在。重建的范围收缩在前山、宫廷区、万寿山东麓、西堤及其以东的西北水域一带。这些地方的重建有以下四种方式：

1．按原状恢复。这是大多数。其中有的仍然保留原来的功能，如转轮藏、宝云阁、画中游等；有的另作别用，如玉澜堂、宜芸馆改为帝、后的寝宫；有的则改变名称，如勤政殿易名仁寿殿，桑柠桥易名豳风桥。

2．改建。在原来的基址上改变个体建筑和群体布置的形式，相应的建

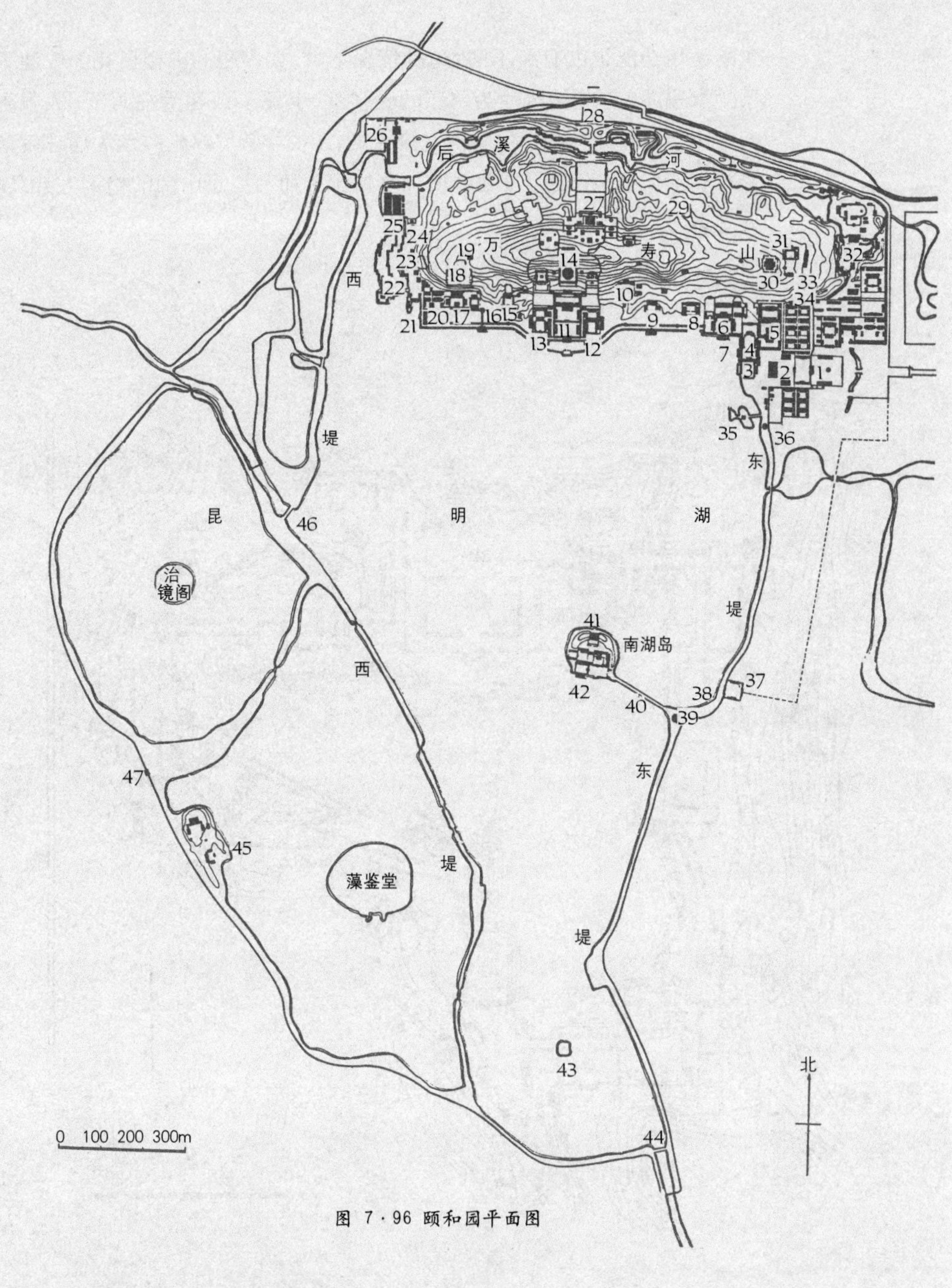

图 7·96 颐和园平面图

1 东宫门
2 仁寿殿
3 玉澜堂
4 宜芸馆
5 德和园
6 乐寿堂
7 水木自亲
8 养云轩
9 无尽意轩
10 写秋轩
11 排云殿
12 介寿堂
13 清华轩
14 佛香阁
15 云松巢
16 山色湖光共一楼
17 听鹂馆
18 画中游
19 湖山真意
20 石丈亭
21 石舫
22 小西泠
23 延清赏
24 贝阙
25 大船坞
26 西北门
27 须弥灵境
28 北宫门
29 花承阁
30 景福阁
31 益寿堂
32 谐趣园
33 赤城霞起
34 东八所
35 知春亭
36 文昌阁
37 新宫门
38 铜牛
39 廓如亭
40 十七孔长桥
41 涵虚堂
42 鉴远堂
43 凤凰礅
44 绣绮桥
45 畅观堂
46 玉带桥
47 西宫门

筑的使用功能也就有所不同，这种情况不少。如多层的佛楼昙花阁改建为单层的景福阁，望蟾阁改建为单层的涵虚堂，餐秀亭改建为福荫轩，大报恩延寿寺南半部改建为朝会用的殿堂排云殿，慈福楼和罗汉堂改建为居住院落介寿堂和清华轩。谐趣园重建时增加亭榭廊庑而与原惠山园的格调大异其趣，亦属改建之列。

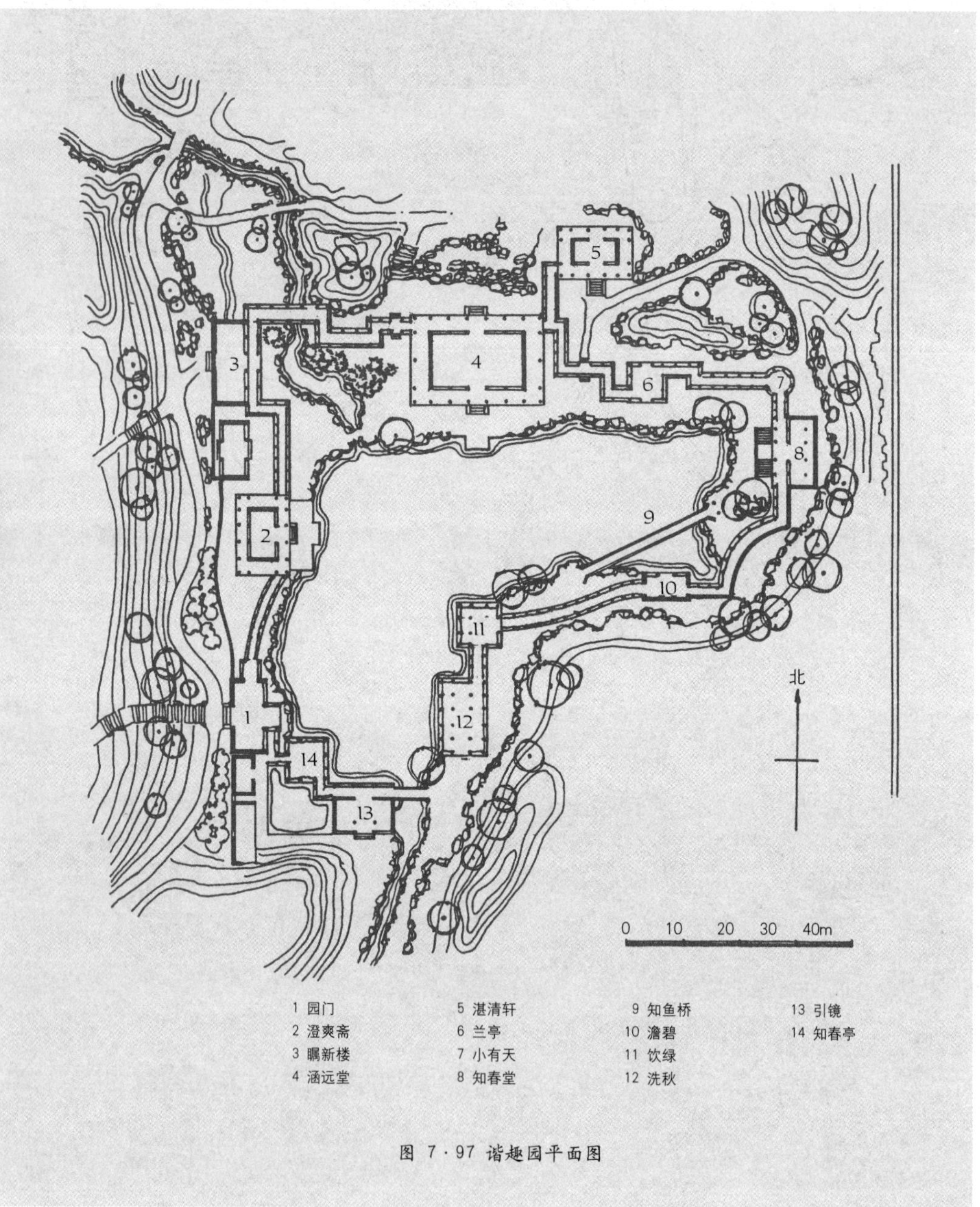

图 7·97 谐趣园平面图

图 7·98 澄爽斋(楼庆西摄)

光绪十八年(1892年)重建后的谐趣园,大体上就是今天的面貌([图7·97]、[图7·98])。

重建后的谐趣园，建筑的比重增大。由于庞大的涵远堂的建成，建筑的重心转移到池的北岸。对比之下，水体和园林空间的尺度感都变小了。另在园的西南角加建方亭“知春亭”和水榭“引镜”，环池一周以弧形和曲尺形的游廊联系围合。池北岸的假山全部被殿堂亭廊遮挡，破坏了惠山园时期山水紧密结合的布局，把原来以山水林泉取胜的“虽由人作，宛自天开”的自然环境，改变成为建筑密度较大、比较封闭的人工气氛过浓的建筑庭院空间，这无疑是园林总体规划上的一个大变化。从这座园林重建前后情况的对比，也足以说明清中叶到清末的造园风格演变的一般趋势。

园林创作脱离不开时代艺术风尚的影响，谐趣园的建筑密度增大亦属势之必然。不过，即便在这种情况下，谐趣园的建筑群体布局，也自有其独到和可取之处：一、建筑群有正、变的秩序感，建筑物数量虽多却不流于散乱。两条对景轴线把它们有秩序地组织在一起，统一为一个有机的整体。一条是纵贯南北、自涵远堂至饮绿亭的主轴线，这条轴线往北延伸到小园林“霁清轩”；另一条是入口宫门与洗秋轩对景的次轴线。有了这两条对景的轴线，其余建筑物都因地制宜灵活安排，再由廊墙等在横向上把它们高低曲折地联系起来，并不感到散漫，而是在规矩中增添了自由活泼的意趣。二、园林建筑的形式及其组合手法丰富多采。例如，亭子就有方亭、长方形亭、圆

图 7·99 临水回廊(楼庆西摄)

形重檐亭、八方重檐亭等；廊子有双面空廊、随墙空廊、水廊、弧形廊、曲尺形折廊等 [图7·99]。亭，作为观景与点景建筑，特别注意位置的选择。饮绿亭和洗秋轩 [图7·100] 正好位于水池的曲尺形拐角处，也是两条轴线的交汇点，俯首池水清澈荡漾，游鱼穿嬉荷藻间，举目则可观北岸、西岸的松林烟霞。若从池的东、北、西岸观赏，它们又都处在突出的中景位置，比例、尺度也很得体。瞩新楼巧妙地利用地形的高差，从园外看是单层的敞轩，从园内看却是二层楼房，并倚天然岩石结合山石堆叠为室外扶梯，等等。

谐趣园的外围山坡上丛植参天的青松翠柏形成绿色屏障，其下衬以碧桃、黄荆及野生花草，有浓郁的山野气氛，与万寿山的绿化基调也很谐调。水池沿岸遍植垂柳，柔枝低拂水上。水面划出一定范围种植荷花，锦鳞万头游嬉其间。玉琴峡附近栽植大片竹丛，风动竹篁其声如碎玉倾洒，配合流水丁冬，更增益这座幽静小园的诗情画意。

3．扩建。就原基址加以扩大，如蕴古室扩建为西四所，怡春堂扩建为德和园。

4．增建。在原来的空地上另建新的房屋，这种情况以宫廷区和万寿山东麓一带最多，往往见缝插针，甚至破坏了原来的地貌。

在收缩以后的重建范围内、沿湖的景点基本上沿袭清漪园时期的建筑布局，保留了前山前湖景区的精华所在；但由于若干主要楼阁改建为单层殿宇如景福阁、涵虚堂等，因而某些景域的景观不免大为减色，譬如廓如亭、十七孔长桥、南湖岛这一风景画面的构图就远不如当年。前山中央建筑群的南半部改建为朝会殿堂，东麓的建筑密度增大，作为景点集群的总体形象因此而失之过分拥塞。不过，改建后的中央建筑群及其两侧，由于增加了南半部的几何对位关系，前山建筑布局的格调显得更严谨一些，中央建筑群的形象也就比原来的更为突出一些。

沿湖三面加筑宫墙之后，园内园外浑然一体的恢宏气度有所削弱。特别是东堤一带，已完全失却当年通透开阔的景象，显得很闭塞。

新宫廷区的范围扩大了，以原宫廷区作为“外朝”，以宜芸馆、玉澜堂、乐寿堂作为“内寝”，连同新建的行政、后勤用房总共占地大约3公顷，为全园总面积的1%。它自成一个具体而微的小朝廷的格局，以适应西太后上朝听政的需要。宫廷区、前山前湖景区、后山后湖景区这三个总体规划的基本单元未变。

植物配置大体上仍保持清漪园的原貌。宫廷区以西的前山松柏林从树龄的情况看来，绝大部分应是被毁后于重建园林时补栽的。另在前山清华轩的东侧和宫廷区内建置“国花台”两处，栽植山东进贡的名种牡丹花。万寿山上的松柏树一部分于咸丰年间被火烧死，经后期补栽过，一部分保留下来。在东宫门的庭院内，至今尚能看到松柏树上当年被烈火烤焦的痕迹。

游览路线仍沿用清漪园的干线支线，仅个别地方如宫廷区通往前山的一段，由于新建大量建筑物而有局部变动。

图 7·100 饮绿、洗秋(楼庆西摄)

名景摹拟的情况一如清漪园时期，尽管有些建筑物已毁，但地貌景观仍可看出当年写仿的原状。一池三山基本保留着，但三大岛屿上的建筑有的未作修复，或经过改建，原来的神仙境界的寓意自然有所削弱。园内佛寺数量大减，经常性的佛事活动停止，已不复存在当年浓郁的宗教气氛。银河天汉、农耕桑织的象征亦随着“耕织图”建筑群的毁灭、遗址划出宫墙之外而完全消失了。

综上所述，对于光绪重建后的颐和园如果仅就园林的总体规划而论，似乎可以作出这样的评价：第一，大体上沿袭清漪园的规划格局，虽然已不完整但精华部分仍然保存，在一定程度上尚能够代表清代皇家园林鼎盛时期的特点和成就。第二，总体规划的某些局部变动、改建后景点的经营和景观的组织，大部分都远逊于乾隆当年的艺术水平，甚至出现不少败笔。这种情况固然由于西太后个人的原因，但也是历史的必然。

重建颐和园的时候，清王朝内忧外患频仍，经济上捉襟见肘，政治上风雨飘摇。主持重建事宜的西太后对造园艺术知之甚少，颐和园对她来说只不过是要迫不及待地恢复的一处“颐养天年”、寻欢作乐的场所，自然不会像当年的乾隆那样作为艺术创造来对待。同、光以后，我国的传统园林艺术趋于没落的倾向日益显著，造园活动中再也看不到康乾时期的那种开创进取的精神，由当年的高峰一落而为低潮。颐和园的重建也正好从侧面反映了这样一个由盛而衰的历史过程。

第六节
皇家园林的主要成就

清代的乾、嘉两朝，皇家园林的建设规模和艺术造诣都达到了后期历史上的高峰境地。精湛的造园技艺结合于宏大的园林规模，使得“皇家气派”得以更充分地凸显出来，因此，乾、嘉时期皇家造园艺术的精华差不多都集中于大型园林，尤其是大型的离宫御苑。它们在继承上代传统和康熙新风的基础上又有所发展和创新，其成就主要表现在以下几方面。

一、独具壮观的总体规划

完全在平地起造的人工山水园与利用天然山水而施以局部加工改造的天然山水园，由于建园基址的不同，相应地采取不同的总体规划方式。

大型人工山水园的横向延展面极广，但人工筑山不可能太高峻；这种纵向起伏很小的尺度与横向延展面极大的尺度之间的不谐调，对于风景式园林来说，将会造成园景过分空疏、散漫、平淡的情况。为了避免出现这样的情况，园林的总体规划乃运用化整为零、集零成整的方式：园内除了创设一个或两个比较开朗的大景区之外，其余的大部分地段则划分为许多小的、景观较幽闭的景区、景点。每个小景区、景点均自成单元，各具不同的景观主题、不同的建筑形象，功能也不尽相同。它们既是大园林的有机组成部分，又相对独立而自成完整小园林的格局。这就形成了大园含小园、园中又有园的“集锦式”的规划方式，圆明园便是典型的一例。

大型的天然山水园，情况又有所不同。

清王朝以满族入主中原，前期的统治者既有很高的汉文化素养，又保持着祖先的驰骋山野的骑射传统。传统的习尚使得他们对大自然山川林木另有一番感情，至少比明代那些长年蛰居宫禁的皇帝要深厚得多。此种感情必然会影响他们对园林的看法，在一定程度上左右皇家造园的实践。而皇家又能够利用政治上和经济上的特权把大片天然山水风景据为己有，这就大可不必像私家园林那样以“一勺代水，一拳代山”，浓缩天然山水于咫尺之地，仅作象征性而无真实感的摹拟了。所以乾隆主持新建、扩建的皇家诸园中，大型天然山水园不仅数量多、规模大，而且更下功夫刻意经营。对建园基址的原始地貌进行精心的加工改造，调整山水的比例、联属、嵌合的关系，突出地貌景观的幽邃、开旷的穿插对比，保持并发扬山水植被所形成的自然生态环境的特征；并且还力求把我国传统的风景名胜区的那种以自然景观之美而兼具人文景观之胜的意趣再现到大型天然山水园林中来。后者在建筑的选址、形象、布局，道路安排，植物配置等方面均取法、借鉴于前者，从而形成类似风景名胜区的大型园林。这就是清代皇家园林所开创的另一种规划方式——园林化的风景名胜区。

避暑山庄的山区、平原区和湖区，分别把北国山岳、塞外草原、江南水乡的风景名胜汇集于一园之内，如果不计周围漫长的宫墙，则整个园林就无异于一处兼具南北特色的风景名胜区了。

香山静宜园是一处具有“幽燕沉雄之气”的典型的北方山岳风景名胜；玉泉山静明园摹拟苏州的灵岩山；清漪园的万寿山、昆明湖则以著名的杭州西湖作为规划的蓝本，为了扩大摹拟的范围，甚至一反皇家园林的惯例，沿湖均不建置宫墙。

二、突出建筑形象的造景作用

从康熙到乾隆，皇帝在郊外园居的时间愈来愈长，园居的活动内容愈来愈广泛，相应地就需要增加园内建筑的数量和类型。因此，乾、嘉时期皇家园林的建筑分量就普遍较前增多。加之当时发达的宫廷艺术，诸如绘画、书法、工艺美术，都逐渐形成了讲究技巧和形式美的风尚，宫廷的艺术风尚势必影响及于皇家园林。匠师们也就因势利导，利用园内建筑分量的加重而更有意识地突出建筑的形式美的因素，作为造景和表现园林的皇家气派的一个手段。园林建筑的审美价值被推到了新的高度，相当多的成果都离不开建筑，建筑往往成为许多局部景域甚至全园的构图中心。

建筑形象的造景作用，主要是通过建筑个体和群体的外观、群体的平面和空间组合而显示出来。因而清代皇家园林建筑也相应地趋于多样化，几乎包罗了中国古典建筑的全部个体、群体的型式，某些形式还适应于特殊的造景需要而创为多种变体。建筑布局很重视选址、相地，讲究隐、显、疏、密的安排，务求其构图美得以谐调、亲和于园林山水风景之美，并充分发挥其“点景”的作用和“观景”的效果。凡属园内重要部位，建筑群的平面和空间组合，一般均显示比较严整的构图甚至运用几何格律，个体建筑则多采取“大式”的做法，以此来强调园林的皇家肃穆气氛。其余的地段，建筑群因就局部地貌作自由随宜的布局，个体一律为“小式”做法，则又不失园林的婀娜多姿。

避暑山庄的山岳区外貌丰富，内涵广博，山虽不高峻但气势浑厚饱满，为了保持这种山林野趣，建筑大多负坳临崖或架岩跨涧，采取隐蔽的布置，正如乾隆《食蔗居》诗所谓“石溪几转遥，岩径百盘里；十步不见屋，见屋到咫尺”，仅在山脊和山头的四个制高点上建置小体量的亭子之类，略加点染。玉泉山平地突起，山形轮廓秀美，故建筑的点染也是惜墨如金。而在它的东面的万寿山，山形轮廓呆板、少起伏之势，建筑的点染则与前者相反，采取浓墨重彩的密集方式，以建筑严整的构图组合来弥补、掩饰山形的先天缺陷。同样是山，建筑布局的手法却大不一样。总之，都能因地制宜，力求建筑美与自然美的彼此谐合、烘托而相得益彰。

建筑本身的风格也在很大程度上代表着皇家园林的风格，但这种风格亦非千篇一律。如果说，避暑山庄的建筑为了谐调于塞外“山庄”的情调而更多地表现其朴素淡雅的外观，也就是康熙所说的“无刻桷丹楹之费，喜林泉抱素之怀”，但作为外围背景衬托的外八庙，却是辉煌宏丽的“大式”建筑，就环境全局而言仍不失雍容华贵的皇家气派。西苑(三海)是大内御苑，它的建筑就比较更为富丽堂皇，具有更浓郁的宫廷色彩。清漪园(颐和园)则介乎两者之间，在显要的部位，如前山和后山的中央建筑群，一律为“大式”做法，其他的地段上则多为皇家建筑中最简朴的“小式”做法，以及与民间风格相融糅的变体；正是这些变体建筑的点缀，使得整个园林于典丽华贵中增添了不少朴素、淡雅的民间乡土气息。

三、全面引进江南园林的技艺

江南的私家园林发展到了明代和清初，以其精湛的造园技巧、浓郁的诗情画意和工细雅致的艺术格调，而成为我国封建社会后期园林史上的另一个高峰。北方园林之摹仿江南，早在明代中叶已见端倪。北京西北郊海淀镇以北的丹棱沜一带，湖泊罗布，泉眼特多，官僚贵戚纷纷在这里占地造园，其中不少即有意识地摹拟江南水乡的园林风貌。清初，江南造园技艺已开始引进皇家的御苑。但对江南园林艺术和技术的更全面、更广泛的吸收则是乾隆时期。

乾隆皇帝于乾隆十六年(1751年)、二十二年(1757年)、二十七年(1762年)、三十年(1765年)、四十五年(1780年)、四十九年(1784年)先后六次到江南巡行，南巡的目的主要是笼络江南士人、督察黄淮河务和浙江海塘工程。

但一向爱好游山玩水的乾隆绝不会放过这“艳羡江南，乘兴南游”，“眺览山川之佳秀，民物之丰美”的大好机会，足迹遍及扬州、无锡、苏州、杭州、海宁等私家园林精华荟萃的地方。以他的文化素养和对园林艺术的喜爱，身处园林之乡自然会流连赞赏不已。赞赏之余，也必然要产生占有的欲望。一般的艺术品如字画古玩之类，可以携归内府，但园林里面的东西却只能弄回几块太湖石，如像杭州南宋德寿宫遗址内的芙蓉石、扬州九峰园内的峰石，其余的不好搬迁，更不可能把整座园林带回北京。于是乃退而求其次，凡他所中意的园林，均命随行画师摹绘成粉本，“携图以归”，作为皇家建园的参考。由于乾隆对江南园林的倾羡之情和占有欲望，在客观上促成了康熙以来皇家造园之摹拟江南、效法江南的高潮。把北方和南方、皇家与民间的造园艺术来一个大融会，达到了前所未见的广度和深度，因此而大为丰富了北方园林的内容，提高了宫廷造园的技艺水平。当时，皇家园林之引进江南造园技艺，大体上是通过三种方式：

其一，引进江南园林的造园手法。——在保持北方建筑传统风格的基础上大量使用游廊、水廊、爬山廊、拱桥、亭桥、平桥、舫、榭、粉墙、漏窗、洞门、花街铺地等江南常见的园林建筑形式，以及某些小品、细部、装修，大量运用江南各流派的堆叠假山的技法，但叠山材料则以北方盛产的青石和北太湖石为主。临水的码头、石矶、驳岸的处理，水体的开合变化，以平桥划分水面空间等，也都借鉴于江南园林。此外，还引种驯化南方的许多花木。但所有这些，都并非简单的抄袭，而是结合北方的自然条件，使用北方的材料，适应北方的鉴赏习惯的一种艺术再创造。其结果，宫廷园林得到民间养分的滋润而大为开拓了艺术创作的领域，在讲究工整格律、精致典丽的宫廷色彩中融入了江南文人园林的自然朴质、清新素雅的诗情画意。

其二，再现江南园林的主题。——清代皇家园林里面的许多“景”，其实就是把江南园林的主题在北方再现出来，也可以说是某些江南名园在皇家御苑内的变体。例如：圆明园内的“坐石临流”一景，通过三面人工筑山、引水成瀑潴而为小溪的布局，来浓缩、移植和摹写著名的浙江绍兴兰亭的崇山峻岭、茂林修竹、曲水流觞的构思。狮子林是苏州的名园，元代画家倪云林曾绘《狮子林图》。乾隆南巡时三次游览此园，并且展图对照观赏。倪图中所表现的狮子林重点在突出叠石假山和参天古树的配合成景，而乾隆咏该园诗则谓：“一树一峰入画意，几弯几曲远尘心。”实际上也是对倪图意境的赞赏。因而先后在北京的长春园、承德的避暑山庄和盘山的静寄山庄内，分别建置小园林亦名“狮子林”，它们并不完全一样，也都不同于苏州的狮子林，但在以假山叠石结合高树茂林作为造景主题这一点上却是一致的。所以说，长春园、避暑山庄、静寄山庄的狮子林乃是再现苏州狮子林的造景主题的两个变体。此外，如像圆明园内的“坦坦荡荡”一景，援用杭州西湖“玉泉观鱼”的鱼泉相戏、悠游自得的主题。避暑山庄湖区的金山亭和西苑琼华岛北岸的漪澜堂，都是分别再现镇江金山和北固山的江天一览的胜概。此外，清漪园的长岛“小西泠”一带，则是模拟扬州瘦西湖“四桥烟雨”的构思。凡此等等，不胜枚举。这种以一个主题而创作成为多样变体的方法，对于扩大、丰富皇家园林的造景内容起到了很重要的作用。

其三，具体仿建名园。——以某些江南著名的园林作为蓝本，大致按其规划布局而仿建于御苑之内，例如圆明园内的安澜园之仿海宁陈氏园，长春园内的茹园之仿江宁瞻园，避暑山庄内的文津阁之仿宁波天一阁，而最出色的一例则是清漪园内的惠山园之仿无锡寄畅园。但即使仿建亦非单纯模仿，用乾隆的话来说乃是“略师其意，就其自然之势，不舍己之所长”，重在求其神似而不拘泥于形似，是运用北方刚健之笔抒写江南柔媚之情的一种更为难能可贵的艺术再创造。

四、复杂多样的象征寓意

古代，凡是与皇帝有直接关系的营建，如像宫殿、坛庙、陵寝、园林乃至都城，莫不利用它们的形象和布局作为一种象征性的艺术手段，通过人们审美活动中的联想意识来表现天人感应和皇权至尊的观念，从而达到巩固帝王统治地位的目的。这种情况随着封建制度的发展而日益成熟、严谨；清王朝以少数民族入主中原，对此尤其重视。雍、乾时期，皇权的扩大达到了中国封建社会前所未有的程度。御苑既然是皇家建设的重点项目，则园林借助于造景而表现天人感应、皇权至尊、纲常伦纪等的象征寓意，就比以往的范围更广泛、内容更驳杂，传统的象征性的造景手法在清乾、嘉时的皇家诸园中又得到了进一步的发展。园林里面的许多“景”都是以建筑形象结合局部景域而构成五花八门的摹拟：蓬莱三岛、仙山琼阁、梵天乐土、文武辅弼、龙凤配列、男耕女织、银河天汉等等，是寓意于历史典故、宗教和神话传说；此外，还有多得不胜枚举的借助于景题命名等文字手段而直接表达出对帝王德行、哲人君子、太平盛世的歌颂赞扬。象征寓意甚至扩大到整个园林或者主要景区的规划布局；例如，圆明园后湖景区的九岛环列象征“禹贡九州”，圆明园整体象征古代所理解的世界范围，从而间接地表达了“溥天之下，莫非王土”的寓意；而避暑山庄连同其外围的环园建筑布局，则作为多民族封建大帝国——天朝的象征。

在皇家园林内还大量建置寺、观，尤以佛寺为多。几乎每一座大型的园林内都有不止一所的佛寺，其规模之大、规格之高，并不亚于当时的第一流敕建佛寺，有的佛寺成为一个景域或主要景区内的主景，甚至全园的重点和构图中心。这也是一种象征性的造景手法，它寓意于清王朝的满族统治者以标榜崇弘佛法来巩固自己的统治地位，与当时朝廷为团结、笼络信奉藏传佛教的蒙藏民族的上层人士，以确保边疆防务和多民族国家的统一的政治目的也有直接的关系。因此，乾、嘉时期的皇家园林中佛寺建筑之盛远远超过上代，其中一些甚至可以视为寺观园林与皇家园林的复合体了。

诸如此类的象征寓意，大抵都伴随着一定的政治目的而构成了皇家园林的意境的核心，也是儒、道、释作为封建统治的精神支柱之在造园艺术上的反映。正如私家园林的意境的核心乃是文人士大夫的不满现状、隐逸遁世的情绪之在造园艺术上的曲折反映一样。

正由于上述诸方面的情况，乾隆朝得以最终完成肇始于康熙的皇家园林建设高潮，把宫廷造园艺术推向高峰的境地。当然，如果与康熙朝相比较，则某些御苑的建筑物分量过大、内容过于驳杂，全面吸收江南园林养分的同时也难免掺杂了巨商富贾的市井趣味，个别御苑内佛寺过多而弥漫着不甚协调的宗教气氛等等。这些都多少有悖于风景式园林的主旨，但毕竟瑕不掩瑜，总的说来，成就是主要的。然而随着封建社会的由盛而衰，经过外国侵略军的焚掠之后，皇室再没有这样的气魄来营建苑囿，宫廷造园艺术相应地一蹶不振，从高峰跌落为低谷。皇帝作为国家的最高统治者，他所私有的皇家园林这个类型，亦必然会敏感地反映了中国近代历史中盛衰消长的急剧变化过程。

第七节
江南的私家园林

概　说

江南自宋、元、明以来，一直都是经济繁荣，人文荟萃的地区，私家园林建设继承上代势头，普遍兴旺发达，除极少数的明代遗构被保存下来之外，绝大多数都是在明代的旧园基础上改建或者完全新建的。其数量之多、质量之高均为全国之冠，一直保持着在中国后期古典园林发展史上与北方皇家园林并峙的高峰地位。它们分布在长江下游的广大地域，但造园活动的主流仍然像明代和清初一样，集中于扬州和苏州两地。大体说来，乾、嘉年间的中心在扬州，稍后的同、光年间则逐渐转移到苏州。因而此两地的园林，可视为江南园林的代表作品。

扬州园林在明末清初已十分兴旺的基础上，到清乾隆年间更进一步臻于鼎盛的局面，获得了“扬州园林甲天下”的隆誉。园林建筑之独具风格，内外檐装修之精致，花木品类之丰富，均一如上代。而叠石筑山则更臻新的造诣，所以《扬州画舫录》卷二有“扬州以名园胜，名园以叠石胜”的评价。早在明代和清初，许多江南的叠山巨匠都在扬州留下了他们的作品。到嘉庆年间，江南的最后一位叠山巨匠戈裕良，也在扬州为秦氏意园堆筑“小盘谷”假山。戈裕良，常州人氏，他的叠山艺术在吸取前辈如计成、张南垣等人的成就的基础上，又有新的创意，作品气势恢宏而且精雕细琢，创造了叠造石洞用大小石钩带联络之法(类似发券)，实为一代宗师。据钱泳《履园丛话》载：戈裕良尝论狮子林石洞“皆界以条石，不算名手。……只将大小石钩带联络，如造环桥法，可以千年不坏，要如真山洞壑一般，然后方称能事”。无疑是园林工程的一项创新。江南的叠山艺术经过几代人的创造、师承，积累了大量的艺术作品，也达到了更高的水平。

图 7·101 片石山房之假山

早在康熙年间，扬州园林已经从城内逐渐发展到城外西北郊保障河一带的河湖风景地。在这一带陆续有许多别墅园建成。著名的如保障河南岸莲性寺东的“东园”，保障河北小金山后的“卞氏园”和“员氏园”，保障河大虹桥西岸的“冶春园”，旧城北门外保障河尾闾问月桥西的“王洗马园”，保障河转北折向平山堂一段水道西岸的“筱园”等等。这些园林依托于狭长形湖面两岸的水景，使得沿湖地带“芜者芳，缺者殖，凹凸者因之而高深”。再加之“堂以宴，亭以憩，阁以眺”等的建筑，从而收到了延纳借景、映带湖山、“隔江诸胜皆为我有矣”[1]的造景效果。

乾隆时期，是扬州园林的黄金时代。城区的园林遍布街巷，绝大多数在新城的商业区。乾隆以后，迭经多次毁坏、重建、新建，至今尚完整保存着的约有三十余座，其中比较有代表性的当推片石山房、个园、寄啸山庄、小盘谷、余园、怡庐、蔚圃等。

片石山房 又名双槐园，在新城花园巷。如今尚存假山一丘，被誉为石涛叠山的人间孤本 [图 7·101]。这个湖石假山倚墙叠筑，西首为主峰，俯临水池，奇峭动人。从飞梁经过石磴，迎面腊梅一株，枝叶扶疏。沿着曲折的石壁可登临峰顶，峰下筑方形石室两间，所谓“山房”即指此而言。向东，山石蜿蜒，下筑幽深的石洞。假山通体主次分明，于小中能见大山的气势。布局疏密恰当，用小块石料拼镶，很注意显示石料的纵横纹理，这与石涛在《苦瓜和尚论画录》中所说的“峰与皴合，皴自峰生”的画理也是吻合的。

[1] 屈复：《扬州东园记》。

扬州名园的另一处集中地在城外西南古渡桥附近，九峰园便是其中之一。据阮亨干《广陵名胜图记》：

> “九峰园，在城南，旧称‘砚池染翰’。前临砚池，旁距古渡桥。老树千章，四面围绕。世为汪氏别业，即用主事加捐道汪长馨屡加修葺。得太湖石九于江南，殊形异状，各有名肖。有‘雨花庵’，内奉大士像，皇上屡经临幸，赐藏香以供。又有‘海桐书屋’、‘深柳读书堂’、‘谷雨轩’、‘玉玲珑馆’。近池水为亭，曰‘临池’。其右数折，新建一堂，恭备起坐。再右为‘风漪阁’，阁前为水厅。开窗四望，据一园之胜。乾隆二十七年，蒙赐御书‘九峰园’额，并‘雨后兰芽犹带润；风前梅朵始敷荣’一联，又‘名园倚绿水；野竹上青霄’一联。(乾隆)三十年，蒙赐‘纵目轩窗饶野趣；遣怀梅柳入诗情’一联。四十五年，又赐御书墨刻及大士前藏香搭袱。四十八年，增建邃室数重。又于雨花庵西，临水置半阁。”

园中的九峰太湖石被乾隆皇帝看中，命园主人选择二峰送至北京，置于御苑圆明园内。

乾隆时期的扬州，西北郊保障湖一带，别墅园林尤为兴盛，鳞次栉比，罗列两岸。从城东北约三里许的“竹西芳径”起始，沿着漕河向西经保障河折而北，再经新开凿通的莲花埂新河一直延伸到蜀岗大明寺的“西园”；另由大虹桥南向，延伸到城南古渡桥附近的“九峰园”；大大小小共有园林六十余座。特别是从北城门外的“城闉清梵”起直到蜀岗脚下平山堂坞这一段尤为密集，沿保障湖“两岸花柳全依水，一路楼台直到山”。园林一座紧邻着一座，它们之间几无尺寸隙地。这就是历史上著名的、长达十余公里的“瘦西湖”带状园林集群［图7·102］。

瘦西湖园林集群至迟在乾隆三十年(1765年)，也就是乾隆帝第四次南巡的这一年，已全部建成，分别命名为24景：卷石洞天、西园曲水、虹桥揽胜、冶春诗社、长堤春柳、荷浦熏风、碧玉交流、四桥烟雨、春台明月、白塔晴云、三过留踪、蜀冈晚照、万松叠翠、花屿双泉、双峰云栈、山亭野眺、临水红霞、绿稻香来、竹楼小市、平冈艳雪、绿杨城郭、香海慈云、梅岭春深、水云胜概。这24景中的大部分为一园一景，景名就是园名，也有一园多景的。此外尚有以园主人的姓氏命名的园林若干处，如徐园、洪园、贺园、黄园等。这些各具特色的园林沿湖的两岸连续展开，构成一个犹如长卷的整体画面，并利用河道的转折和岛、桥的布置而创为长卷画面上的起、承、开、合的韵律。正如《水窗春呓》所说：“计自北门直抵平山，两岸数十里楼台相接，无一处重复。其尤妙者，在虹桥迤西一转，小金山矗其南，

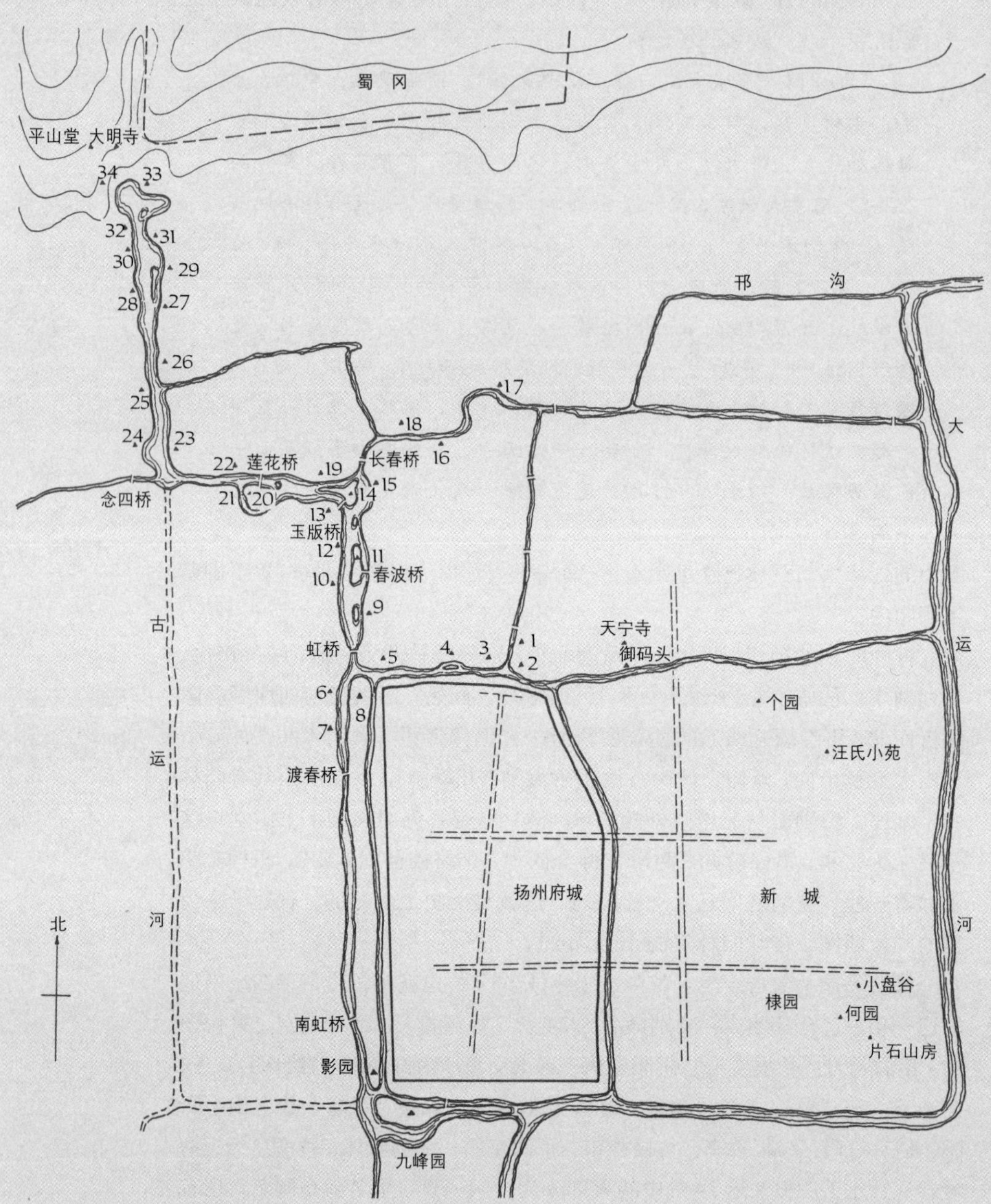

图 7·102 扬州城及西北郊总图

1 毕园
2 冶春园
3 城闽清梵
4 卷石洞天
5 西园曲水
6 虹桥修禊
7 柳湖春泛
8 倚虹园
9 荷浦熏风
10 长堤春柳
11 香海慈云
12 桃花坞
13 徐园
14 梅岭春深
15 四桥烟雨
16 平冈艳雪
17 邗上农桑
18 杏花村舍
19 水云胜概
20 莲性寺
21 东园
22 白塔晴云
23 望春楼
24 熙春台
25 筱园花瑞
26 花堂竹屿
27 石壁流淙
28 高咏楼
29 曲碧山房
30 蜀冈朝旭
31 水竹居
32 春流画舫
33 锦泉花坞
34 万松叠翠

图 7·103 五亭桥

五顶桥[1]锁其中［图7·103］，而白塔一区，雄伟古朴。往往夕阳返照，箫鼓灯船，如入汉宫图画。”乾隆二十八年(1763年)到过扬州的沈复，在他写的《浮生六记》中对瘦西湖园林集群作出如下的评价：

> “虽全是人工，而奇思幻想，点缀天然。即阆苑瑶池，琼楼玉宇，谅不过此。其妙处在十余家之园亭合而为一，联络至山，气氛俱贯。”

瘦西湖　不仅是私家园林荟萃之地，也是一处具有公共园林性质的水上游览区，湖中笙歌画舫昼夜不绝，游船款式有十几种之多。包括瘦西湖在内的保障河，乃是乾隆帝南巡时由大运河经天宁寺行宫到平山堂的必由之水路，盐商们为了取悦皇帝而在两岸作了足够的园亭装点。瘦西湖一段的园林之间即多有这类零星的临时性装点，其余地段上甚至专门由当地官绅出面集资修建整座临时性的“装点园林”。例如“华祝迎恩”东起城北之高桥、西至迎恩桥长达二里许，“官令淮南、北三十总商，分工派段。恭设香亭，奏乐演戏，迎銮于此”。这类装点园亭均采用“挡子法”，围墙用竹树藩篱及蒲包临时堆砌，以假乱真，犹如舞台布景。因此，皇帝停止南巡之后，很快就坍废了。

嘉庆时，郊外的湖上园林已逐渐趋于衰落；道光年间终于一蹶不振，无复旧观。道光十九年(1839年)，阮元仪在《扬州画舫录》后跋中哀叹其为“楼台荒废难留客，花木飘零不禁樵”。但城内宅园之盛，仍不减当年，如著名的“个园”、“棣园”等均建成于此时。道光中叶，朝廷改革纲盐之制，贩运食盐已不能谋大利，故“造园旧商家多歇业贫散”，扬州的造园活动大不如前。鸦片战争后，开放五口通商。海上轮船运输日益发达，大运河日渐萧条。扬州在经济、交通上失去了原有的地位，继之以太平天国革命战争的影响，前一段时期之园林兴旺局面，到此时遂一落千丈。同治年间，清廷镇压了太平天国革命，江南地区结束战乱，经济有所复苏，扬州园林又相应呈现一度兴旺。官僚、富商纷纷利用扬州优越的地理、文化条件，又兴造了许多

[1] 今名五亭桥。

园林，不少也具备一定的艺术水平，但毕竟已处于回光返照的状态，远非乾隆前后可比了。

扬州是当时经营外贸的商业城市之一，不少外国商人聚集于此，当地商人中也有出海经商的。通过商业上的交往，西方园林和建筑的某些细部做法，也被吸收到私家园林之中。李斗《扬州画舫录》成书于乾隆年间，书中对此多有记述。例如，卷十二载绿杨湾的怡性堂"左靠山仿西洋人制法，前设栏楯"，即摹仿意大利山地别墅园的逐层平台及大台阶的做法，又有"构深屋，望之如数什百千层，一旋一折，目炫足惧，惟闻钟声，令人依声而转。盖室之中设自鸣钟，屋一折则钟一鸣，关捩与折相应。外画山河海屿，海洋道路。对面设影灯，用玻璃镜取屋内所画影。上开天窗盈尺，令天光云影相摩荡，兼以日月之光射之，晶耀绝伦"，则是摹仿当时盛行于欧洲的巴洛克式建筑的所谓"连列厅"以及使用大镜子以扩大室内空间的做法。卷十四载"石壁流淙"的一幢建筑物的室内墙上绘西洋壁画，运用透视法因而景物逼真，人仿佛可以走进去。此外，还有摹仿广州十三行欧式建筑立面的三层楼房"澄碧堂"等。[1]

[1] 窦武：《清初扬州园林中的欧洲影响》，载《建筑师》，1996。

同治以后，江南地区的私家造园活动的中心逐渐转移到太湖附近的苏州。

乾、嘉时期的苏州园林，大体上仍然保持着清初的发展势头。东园屡易其主，到乾隆时归刘恕所有，扩充而建成"寒碧山庄"，也称"刘园"。刘恕是一位学养有素的文人官僚，性嗜石，不惜重金到处购求石峰置之园内。得佳美者12峰，并根据石峰的形状命名为印月峰、青芝峰、鸡冠峰、奎宿峰、一云峰、拂袖峰、玉女峰、猕猴峰、仙掌峰、累黍峰、箬帽峰、干霄峰等。连同原东园的瑞云峰等著名石峰，寒碧山庄便成为以石景取胜的一座名园。咸、同年间，苏州曾经是太平天国在江南的重要根据地，忠王李秀成建苏福省，将拙政园改为忠王府。清军攻占之后大肆焚烧劫掠，城市遭到严重破坏，阊门外繁华的山塘街几乎全部夷为平地。昔日经营的园林大部分被毁，少数幸存者亦残破不堪。同、光年间苏州再度恢复往昔的繁荣，加之地近半殖民地经济中心的上海，交通往返十分方便。各地致仕告老的官僚、军阀，到此置田宅、设巨肆以娱晚年，大地主、资本家也纷纷涌聚苏州定居。他们于享受城市的物质和精神生活之余，还要坐延山林之乐趣，以园、宅作为争奇斗富的手段，再加上苏州所具有的优越文化传统，于是私家园林的建设便兴旺一时。许多过去的名园，如宋代的沧浪亭，元代的狮子林，明代的拙政园、留园、艺圃等等，都加以修复，但经过改建、扩建之后原来的面貌所存无几，有的甚至全然改观。另外还新建了大量的宅园，宅园占苏州园林总数的十分之九以上。这些宅园绝大部分集中在城内，尤以城西北部的观前与阊门之间为最多，观前与东北街之间次之，城东南部又次之。究其原因，乃在于园主人贪图城市生活之享受，经营宅园自然是以靠近繁华区和水陆交通方便为宜。它们之中的大部分都保留至今，20世纪50年代城内完整的宅园尚有188处之多。[1]足见苏州园林之胜，冠于江南地区。

[1] 据南京工学院建筑系的调查材料。

寒碧山庄(刘园) 于战乱中幸得保存，同治十二年(1873年)，常州人盛康购得此园，又加以扩充重建，并仿效大名士袁枚(子才)将自己的私园隋氏园改名随园的故事，改刘园之名为“留园”。俞樾《留园记》详述改名之缘由：

> “……方伯(盛康)求余文为之记，余曰：‘仍其旧名乎?抑肇锡以嘉名乎?’方伯曰：‘否，否，寒碧之名至今未熟于人口，然则名之易而称之难也。吾不如从其所称而称之，人曰刘园，吾则曰留园，不易其音而易其字，即以其故名而为吾之新名。昔袁子才得隋氏之园而名之曰随，今吾得刘氏之园而名之曰留，斯二者将毋同。’余叹曰，美哉斯名乎，称其实矣。夫大乱之后，兵燹之余，高台倾而曲尺平，不知凡几，此园乃幸而无恙，岂非造物者留此名园以待贤者乎。是故，泉石之胜，留以待君之登临也；华木之美，留以待君之攀玩也；亭台之幽深，留以待君之游息也。……”

拙政园 改作江苏巡抚行辕，之后又改为八旗奉直会馆。建国后进行了全面修整、扩建，全园包括中部的“拙政园”、西部的“补园”和东部的原“归田园居”。留园、拙政园连同网师园、狮子林，号称苏州四大名园。它们的名声远播国内外，成为中国古典园中晚期宅园的代表作品。此外，城内的耦园、怡园、环秀山庄、半园、残粒园、畅园、鹤园等，均各有特色。环秀山庄内的大假山，堪称园林叠山之精品。大假山用太湖石堆筑，池东为主山，池北为次山，池水萦回环绕于两山之间，主次分明。假山占地仅半亩，却把大自然界的高峰、洞穴、幽谷、大壑、危崖、绝壁、飞梁等景观缩移摹拟在一个极小的范围内。自山外观赏，有尺幅千里的磅礴气势。循磴道进入山内，则曲折幽邃，仰望峭壁对峙如一线天，俯视宛若深渊不可测，山虽小却显示其重重叠叠的层次韵律。最为难能可贵的是全山均用小块石料，并无价值昂贵的峰石，足见叠山技艺之高超。据《履园丛话》，此山为叠山巨匠戈裕良之手笔。

苏州近郊还散布着不少别墅园，如天平山的高义园、虎丘的拥翠山庄，均为山地园。此外，沿太湖一带比较富裕的镇集内，也有不少设计精致的宅园，如渔隐小圃、依绿园、羡园、退思园等。羡园在木渎镇王家桥侧，始建于清道光八年(1828年)，园主人为文人官僚钱端溪，初名“端园”。光绪年间，归严氏所有，重加扩建修葺，改名“羡园”，又称严家花园，今已不存。

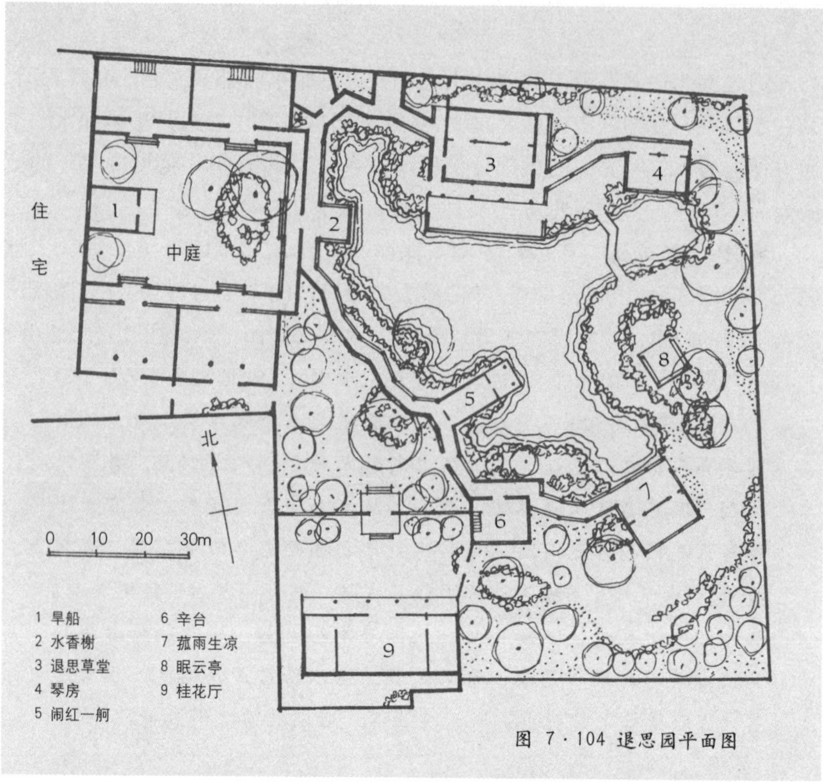

图 7·104 退思园平面图

退思园（[图7·104]、[图7·105]）在吴江市东北部的同里镇，距苏州城约18公里。同里是江南著名的水乡古镇，家家临水，户户通舟，水陆交通十分方便，历来经济繁荣、文化发达，代有名门望族。因而大小宅园多达三十余处，退思园便是其中的佼佼者。该园为光绪年间安徽兵备道任兰生致仕回乡后所建的宅园，园名即寓有"退则思过"之意。在园与宅之间介以庭院一

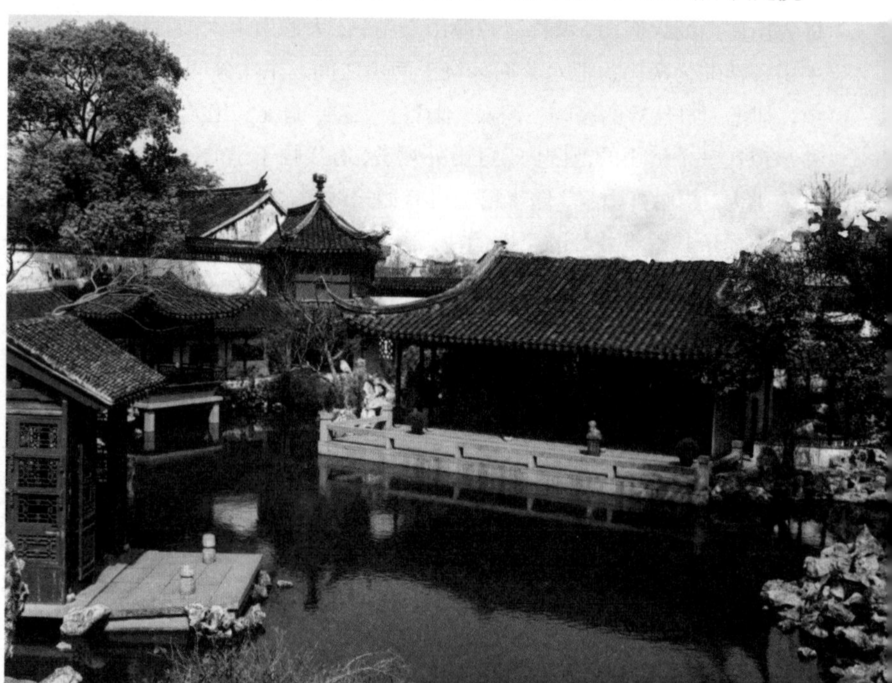
图 7·105 退思园

区作为过渡，总体上呈左宅、中庭、右园之格局。从住宅进入中庭，庭院内樟树如冠盖，玉兰飘幽香，十分安谧宁静。中庭之正厅为一幢船厅(旱船)，作为宾客小憩之处；侧旁的“岁寒居”透过窗牖可以观赏园林之“框景”。由中庭过月洞门进入退思园，曲尺形的游廊将游人导向园内。主体建筑物“退思草堂”前临水池，月台贴近于水面。水池西侧的“水芗榭”与对岸的“眠云亭”隔水相望，亭翼然假山之巅，登亭可俯瞰全园。船厅“闹红一舸”自岸边突出水面，水中金鱼成群。池南之“菰雨生凉”轩亦贴水而筑，轩内安装大镜反映湖面之景，仿佛置身于池水环抱之中。循叠石假山的山洞、石径可登临“天桥”，此桥连接“辛台”与“菰雨生凉”轩，为园林中少见的类似立交桥的做法。退思园布局比较疏朗，中央水池面积不大但曲岸参差，山石花木穿插得宜。环池的建筑物均贴近水面，尺度显得很亲切，被誉为“贴水园林”。

杭州也是江南私家园林集中地之一，但旧园多废，现在保存完好或经过重建的有西湖西岸的几座别墅园，如刘庄(水竹居)、高庄(红栎山庄)、郭庄(汾阳别墅)等。园内池水贯通西湖，多以收摄西湖的借景取胜。孤山上的西泠印社，则是别具一格的山地小园林。

郭庄 位于西湖西岸之卧龙桥畔，东临湖滨，西界西山路。住宅在西南，自成一个幽静的小区，四合院的正门面向西山路，正厅名“香雪分春”。宅园在住宅的北、东，全部濒临于西湖。北面是宅园的主体部分，当中为略呈方形的水池，自东北角上引来西湖之水。水池的四面建置堂榭、游廊等，结合山石堆叠而呈环抱之势，池岸曲折有致，花木扶疏，总体布局很像苏州的网师园，见 [图 7 · 106]。园林的东墙既能围合园林空间，又能通过墙上一系列漏窗借入西湖之景。“景苏阁”二层楼，是园林的主体建筑和构图中心，登楼东望，西湖烟波迷离的浩淼水景历历在目。东北角上的水口处叠石为假山，山顶建小亭“伫云

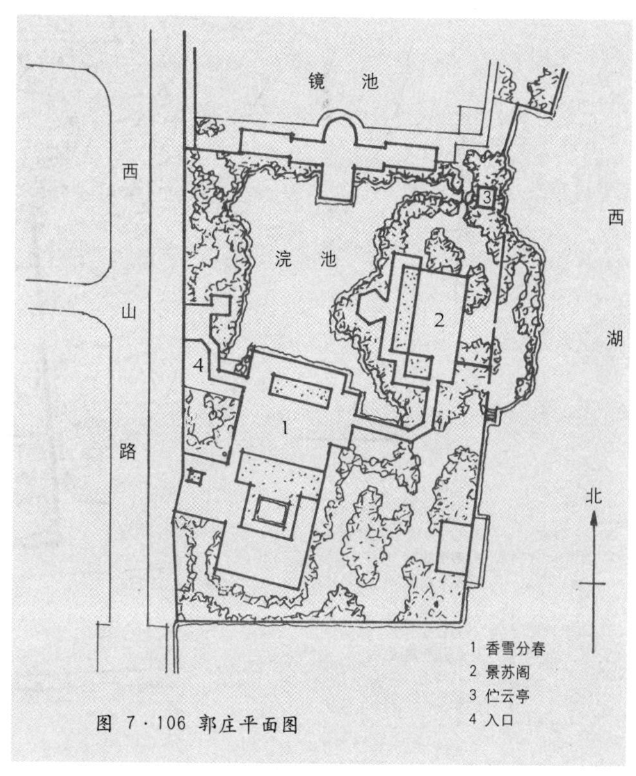

图 7 · 106 郭庄平面图

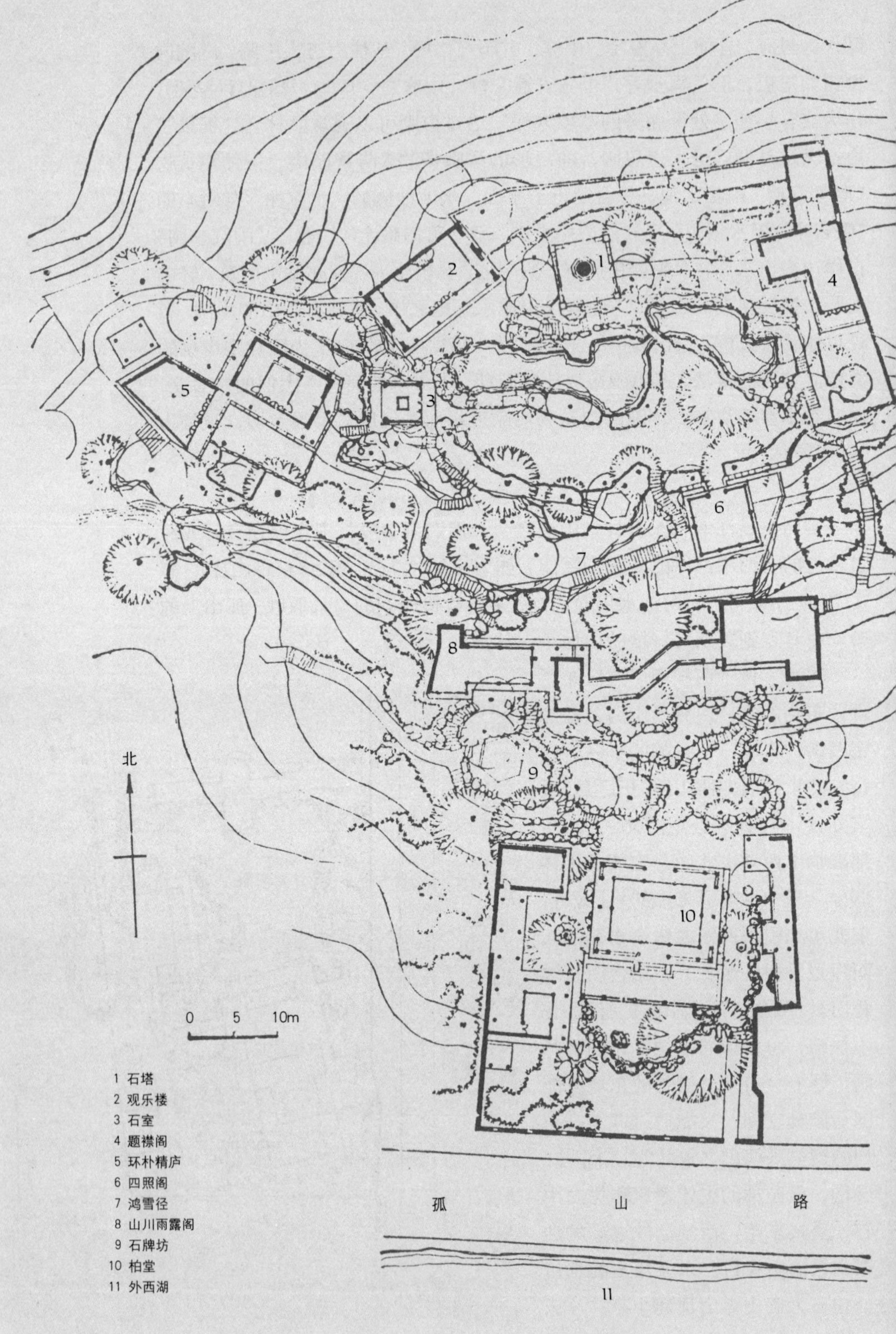

图 7·107 西泠印社平面图

亭”，也是一处观景的好去处，无论近处的园景、湖光，远处的苏堤、双峰以及更远的群山，尽收眼底。郭庄的宅园充分利用所在地段的优势，保持着小园林本身的幽静，同时又尽量开拓园外之景，其设计之精到，在江南园林中又自别具一格。1991年，郭庄重建完工，在它的北面新开辟了“镜池”，另成一个景区。

西泠印社 原为清代孤山行宫的一部分，后来改作篆刻家聚会之所，位于孤山顶之西端。建筑物倚山就势，围绕着一泓清池作灵活随宜之布局，见[图7·107]。清池利用崖下的两股泉眼，凿池贮水，形成难得的山顶泉池。池北的方台上耸立着八角形十一级小巧玲珑的石塔，成为全园的构图中心，也是孤山景观的重要点缀。石塔之东侧有石埂相连，埂中凿石洞，洞口的东面临石壁上刻吴昌硕与邓石如的石像。“四照阁”位于南端，临崖而建，在这里凭栏俯瞰西湖，得景最为开阔。水池东面以岩石为基建“题襟阁”，阁之北为小楼“鹤庐”，居高临下承接北坡的登山道路。水池的西北面为“观乐楼”和“石室”，均错落建置在天然岩基之上。循四照阁西的“鸿雪径”南下，可达半山腰处的“山川雨露阁”，再循山道往下即为山麓的石牌坊，也就是园林的主要出入口。整座园林呈开敞的庭园形式，利用基岩进行水池、道路、山石之加工，仿佛石印章之雕刻制作，景观别具一格。建筑亦仿佛自然山岭的重点加工，以山岩、竹丛、树木交错穿插分隔空间，植物配置以松、竹、梅为主调，突出了文人园林的高雅意境。为了与周围的自然环境融为一体，南半部全不用围墙和游廊，因而空间开敞，具有优越的、多方位的观景条件。

杭、嘉、湖地区自南宋到明清，造园事业一直繁荣，吴兴在南宋时私家园林已极为兴盛，《吴兴园林记》中有详细记载。清末以来该地区的园林逐渐衰微，现存的“绮园”、“小莲庄”等几处是比较有代表性的。

绮园 在浙江海盐县城内，建成于清同治十年（1871年），为富商冯缵斋之宅园，俗称冯家花园。此处原是明代旧园废址，尚保留着部分山水骨架和一些古树名木。建园过程中，又移用当地拙宜园和砚园的大量假山石，并从苏州购得一废园之山石。民国初年，园林内陆续添建了轩、榭、亭等建筑物，遂成为现状的格局[图7·108]。绮园位于住宅“三乐堂”之东北，面积大约0.1公顷。此园山、池约占总面积之70%，建筑物数量少而且位置比较隐蔽。南面的“潭影轩”是全园的主要厅堂，前临碧池，背依假山，隔池之南面亦为假山，三者构成园林之南区。池水绕厅北流，穿洞至山后之大池，池面以堤、桥划分为大小不同的三个水域。池东岸建“醉吟亭”，西北角上建水榭“卧虹水阁”。大池的南、东、北三面均为大假山环抱，形成园林之北区[图7·109]。大假山奇峰叠嶂，岩壑幽深，其为自然界大山的缩影，

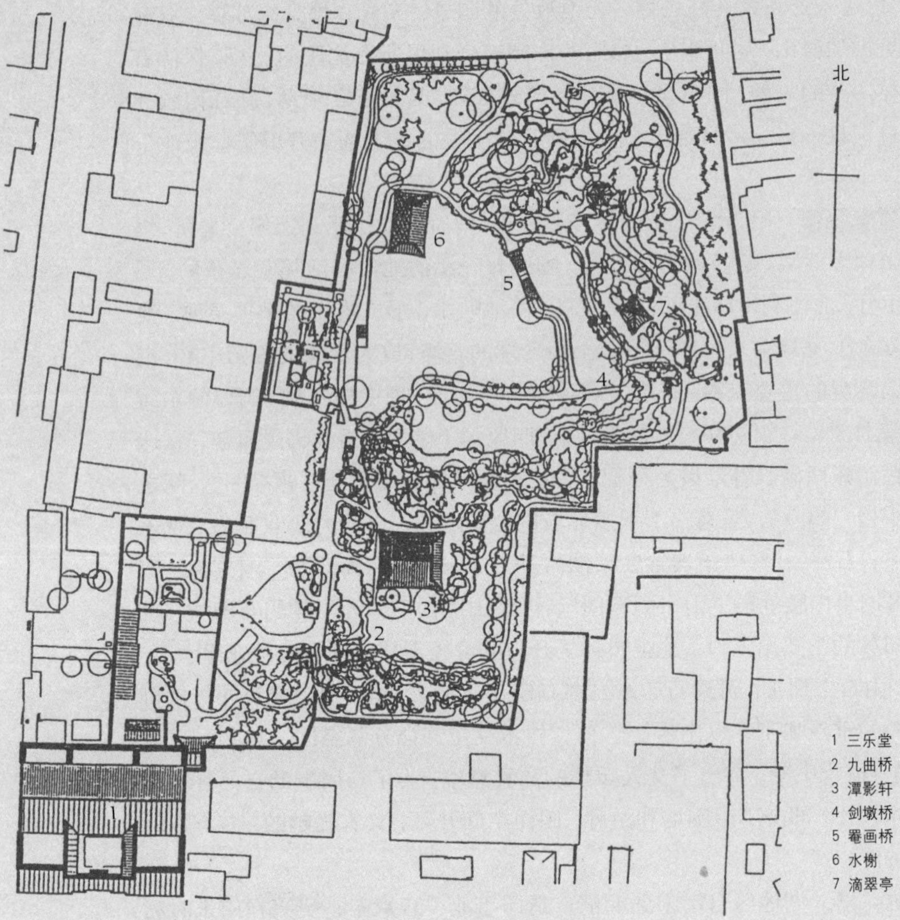

图 7·108 绮园总平面图

显示出浓郁的“咫尺山林”的意味。北山之巅为全园制高点，建“依云亭”可俯瞰全园之景。园内之假山互相连接而成一整体的山系。山系与水系又嵌合形成山环水抱的态势，建筑与桥梁疏朗地散布其间，充分发挥其“点景”的作用［图 7·110］。更值得一提的是园林植物之丰富、树木之多，据调查，计有 58 科、115 种，常见的为江南传统树种如榆、朴、榉、柳、樟、梧桐、槐、银杏、杨、黄杨、紫藤等，不少古树都是明代遗留之物。游人一入园内，但见古木参天，仿佛置身深山老林之中。这一点与同时代江南宅园之建筑密集、人工意味过重的情况大不一样，也是此园最为突出的一个特点。

海宁的安澜园，原系南宋安化郡王王沆之旧园。明万历年间，太常寺少卿陈与郊就其废址建新园“隅园”，俗称“陈园”。清初逐渐荒废，雍正十一年(1733 年)，陈与郊的曾孙、大学士陈元龙告老归里，就隅园故址扩建，面

图 7·109 北区之景

积增加一倍，改名“遂初园”。据陈元龙《遂初园诗序》：“园无雕绘，无粉饰，无名花奇石，而池水竹石……幽雅古朴”，则尚保持着明代园林的特色。陈元龙死后，他的儿子、曾任翰林院编修的陈邦一直园居将近三十年。在此期间，乾隆帝南巡江南时曾四次驻跸陈园。园主人为了迎接圣驾，一再扩充添建，踵事增华，占地达百亩。楼台亭榭增至三十余所。乾隆赐名“安澜园”，遂成为当时的江南名园。沈复《浮生六记》卷四描写该园极盛时期的情况：

> “游陈氏安澜园，地占百亩。重楼复阁，夹道回廊。池甚广，桥作六曲形。石满藤萝，凿痕全掩。古木千章，皆有参天之势。鸟啼花落，如入深山。此人工而归于天然者。余所历平地之假石园亭，此为第一。曾于桂花楼中张宴，诸味尽为花气所夺。”

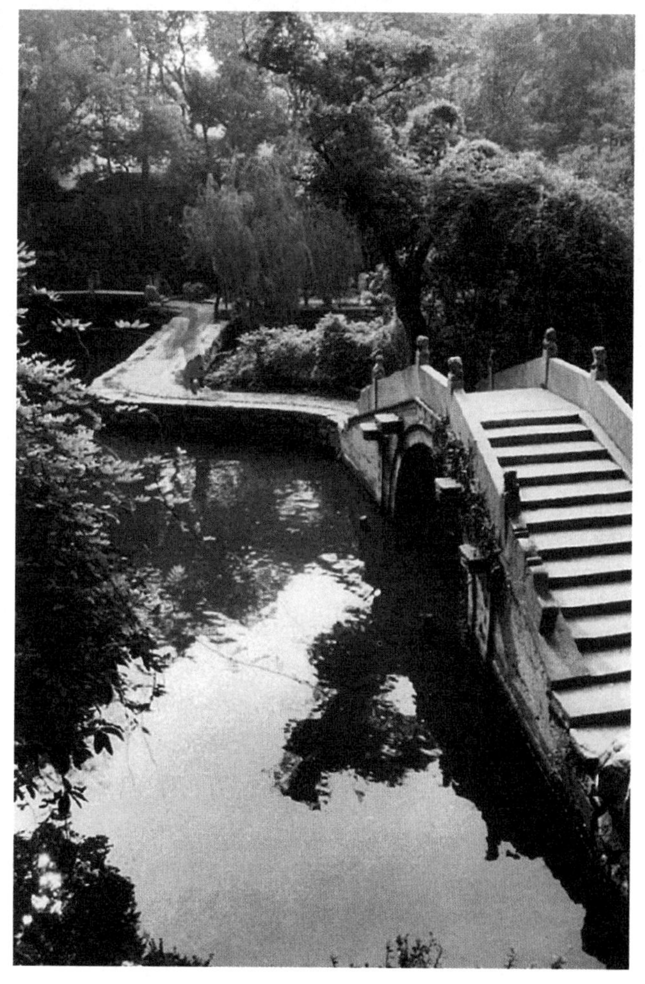

图 7·110 罨画桥与堤

图 7·111 陈园图(陈从周:《园林丛谈》)

沈复于园林有很高的鉴赏水平，对陈园推崇备至，足见此园在造园艺术方面的匠心独运。《南巡盛典》中的《安澜园图》所绘为陈园早期的情况，还保留着遂初园的原韵。陈氏后裔所藏的《陈园图》中的描绘已十分豪华考究，则为安澜园全盛期的写本 [图7·111]。乾隆二十七年(1762年)第三次南巡后，在北京圆明园内摹仿安澜园建成“四宜书屋”。道光年间，安澜园逐渐倾圮，到同治时已经是“尺木不存，梅亦根株俱尽。蔓草荒烟，一望无际，有黍离之感”了。

上海的豫园位于上海老城的城隍庙附近，始建于明代。清乾隆年间由当地士绅集资购得该园的一部分，重新整治。鸦片战争时，英军入侵上海，园林遭到很大破坏。清末，园西一带又辟为商店，豫园范围益形缩小。现状仅是当年豫园东北隅的一部分 [图7·112]，以大假山为主体，此山系明代旧物，也是江南园林中最大的一座黄石假山，出自明末上海叠山巨匠张南阳之手。山间磴道、石洞纡曲萦回，引人入胜。山顶设平台，坐此四望则一园之景尽在眼前。台旁有小亭可俯瞰黄浦江，故名望江亭。山之南麓为水池，池之南建二层楼阁“仰山堂”，其前接“三穗堂”，呈厅堂、水池、假山之序列布局。池水分流为两股，一股自西北入假山间，破山腹而萦流；另一股成小溪向东过水榭绕“万花楼”下，其间穿过花墙上的月洞水门，望去颇觉深远不知其终 [图7·113]。两岸古树秀石，浓阴蔽日。这里意境幽邃，与水池之开朗恰成对比。小溪再向东流入东跨院，至点春堂前又拓广成池。点春堂曾为咸丰年间小刀会义军领袖刘丽川的指挥所，堂南的“凤舞莺鸣”三面环水，前为和熙堂。东院墙构筑壁山，山巅建“快阁”，登阁可西眺黄石大

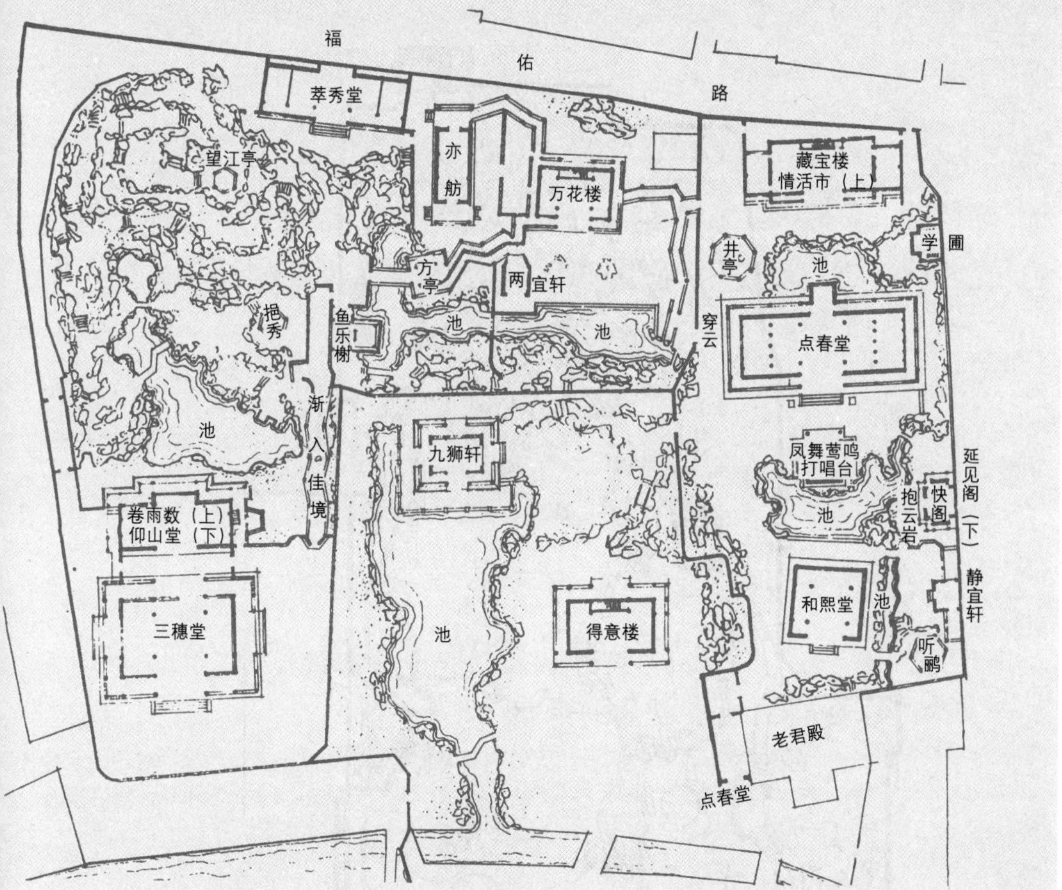

图 7·112 豫园平面图（冯钟平：《中国园林建筑》，北京，清华大学出版社，1988）

假山之景。山下绕以花墙，沿墙筑“静宜轩”，坐轩中透过漏窗则园外借景隐约可见。全园通体山环水绕，水体有聚有散，主次分明。建筑物穿插于山水之间，循地形而安排，均各得其所。其造园的艺术水平，堪称江南一流。

上海近郊尚有完整保存或经修复的私园多处，如南翔的“古猗园”、嘉定的“秋霞圃”、青浦的“曲水园”、松江的“醉白池”等，均各具特色。

图 7·113 花墙上的月洞水门

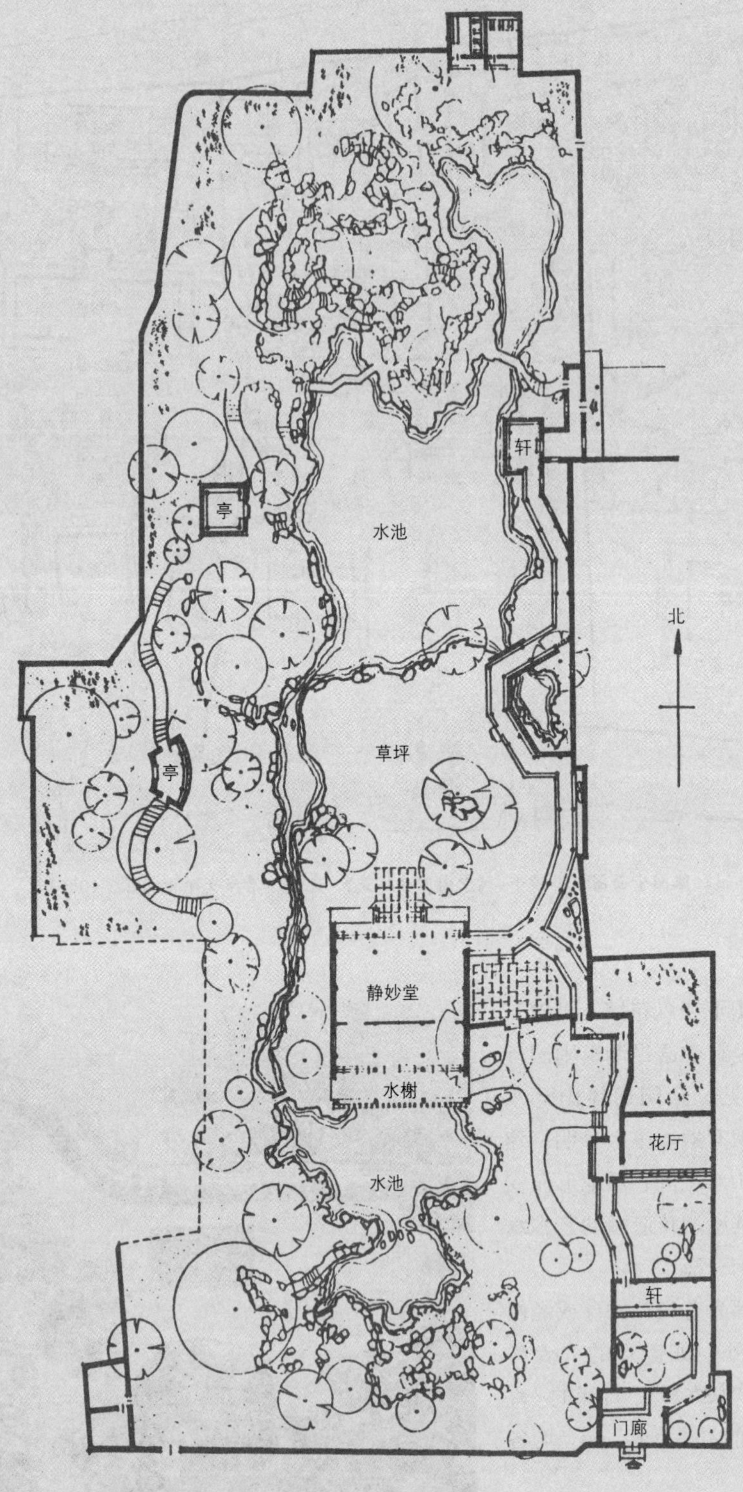

图 7·114 瞻园平面图(冯钟平:《中国园林建筑》, 北京, 清华大学出版社, 1988)

常熟邻近苏州，亦为江南园林较为集中的城市，现存的有燕园、赵园、虚郭园、壶隐园、顾氏小园、澄碧山庄、瞿园、之园等多处。常熟城背倚虞山，城之西部圈进虞山的东段，故城内园林差不多均以虞山作为借景对象，这是常熟诸园的一大特色。燕园内的黄石大假山题名“燕谷”，山下石洞有溪水流入，水上置汀步石。山虽用黄石砌筑，但并非都用整齐的横向积叠，而更强调凹凸之变化，通体浑然天成。此山为戈裕良之作品，掇山技法与苏州环秀山庄的太湖石大假山颇有异曲同工之妙。

南京的私园所存不多。煦园原为明黔宁王沐英宅园，道光年间修复，后为太平天国天王府花园。瞻园有同名的两处：一处在武定桥东，早废；另一处在今夫子庙西瞻园路，明初中山王徐达始建为王府之西花园。清乾隆帝南巡时曾驻跸此处，赐名瞻园，并在北京之长春园内摹仿建成“如园”。瞻园的面积仅8亩，用地呈长条状，太平天国时期为东王府的花园。清军攻入南京后遭到很大破坏，同治、光绪年间两次重修，民国时又逐渐荒废。主要建筑物静妙堂将园林划分为南北两个景区。北区较大，假山约占三分之一。山前为水池，池东岸沿墙建游廊。西岸为土山花木自然之景。1960年再度修复并局部改建为今日之现状，见[图7·114]。

南京已废的旧园中，有两处值得一提，这就是袁枚的“随园”和江宁织造署的花园“商园”。

袁枚字子才，钱塘人，乾隆四年(1739年)进士。平生著述甚丰，是当时知名于海内的大才子、大文人。他在江宁知县任内，购得江宁织造隋赫德之“隋园”加以改建，并改名“随园”。园在南京北城清凉山东脉之小仓山，山分南北两支，中间低洼处即园之故址。袁枚辞官后定居于此，并参与了园林改建的规划设计。他曾写了一首诗，叙述此园的来历和特色。

“买得青山号小仓，一丘一壑自平章。
梅花绕屋香成海，修竹排云绿过墙。
嵌壁玻璃添世界，张灯星斗落池塘。
上公误听园林好，来画卢鸿旧草堂。”

后两句直把此园比拟为唐代文人隐士卢鸿一经营的嵩山草堂。关于随园之景观，《水窗春呓》这样描写：

“金陵城北，冈岭蜿蜒，林木滃翳，至为幽秀。……随园乃深谷中依山麓而建，坡陀上下，悉出天然。谷有流水，为湖、为桥、为亭、为舫。正屋数十楹在最高处，如嵰山红雪、琉璃世界。小眠斋、金石斋、群玉山头、小苍山房，玲珑宛转，极水明木瑟之致，一榻一几，皆具逸趣，余曾于春时下榻其中旬日，莺声掠窗，鹤影在岫，万花竞放，众绿环生，觉当日此老清福，同时文人真不及也。下有牡丹厅，甚宏敞。园门之外无垣墙，惟修竹万竿，一碧如海，过客杳不知中有如许台榭也。”

园之布局颇能顺随形势，因地制宜，正如园主人在《随园记》一文中所说的：

“随其高为置江楼，随其下为置溪亭，随其夹涧为之桥，随其湍流为之舟，随其地之隆中而欹测也、为缀峰岫，随其蓊郁而旷也、为设宦窔，或扶而起之，或挤而止之，皆随其丰杀繁瘠，就势取景，而莫之夭阏者，故仍名曰：‘随园’，同其音，异其义。”

在南、北两山之间的低洼处，将小溪潴而开拓为池，池上筑堤。北山集中了园内全部主要建筑物，南山只有亭、阁两座。袁枚就园中的24景，分别系以诗，成《随园二十四韵》。园四面无墙垣，“每至春秋佳日，仕女如云，主人亦听其往来”。不设园墙的用意在于最大限度地收摄园外借景，“(园外)诸景隆然上浮，凡江湖之大，云烟之变，非山之所有者，皆山之所有也”。随园占地达百亩左右，规模比一般宅园大，而且园、宅合一，还有蔬圃、水田、鱼池等，实际上也相当于一座庄园的性质。

袁枚的园居生活是多方面的，不仅有悠游林下的恬适，还有诗酒风流之享乐，这在当时的文人士大夫中是很有代表性的。诚如他自己所说：“不作公卿，非无福命只缘懒；难成仙佛，又爱文章又恋花。”作为诗坛泰斗，最为引起时人议论的除了《小仓山房集》、《随园诗话》等著作之外，还有他那众多的门人、姬妾以及跟他学诗的女弟子们，所谓“素女三千人，乱笑含春风”。正因为这样的园居生活，随园的规模较大，建筑较多，就不难理解了。而整个园林的格调于浓郁的文人书卷气之中，透露出一些绮靡的珠光宝气，也是可想而知的。

由于随园所独具的特色和较大的规模，也由于园主人的文名和声望，来园造访者络绎不绝，一时成为江南名园。咸丰年间，毁于清军攻陷南京之时。同治年间，袁枚族孙、画家袁起重新摹绘《随园图》，此画并非一般的写意山水，景物形象都很具体，与《随园记》等诗文的描写基本吻合。[图7·115] 是童隽教授根据《随园图》和有关的诗文作出的复原平面图。另有道光年间刊行的《鸿雪因缘图记》中的《随园访胜》一幅插图（[图7·116]），大致与袁起所绘者差不多。两图繁简不同，但大体上都是真实可信的。

江宁织造署园始建于康熙二年(1663年)曹玺任江宁织造监督官之时。织造署虽然规格很高，但织造官并不审理民事案件，属官也不多，与一般的衙门有所不同。因此，毋宁说它是织造官全家人居住的府邸更为确切。其附属的园林也就相当于府邸的私家园林了。康熙帝六次南巡，五次以织造署

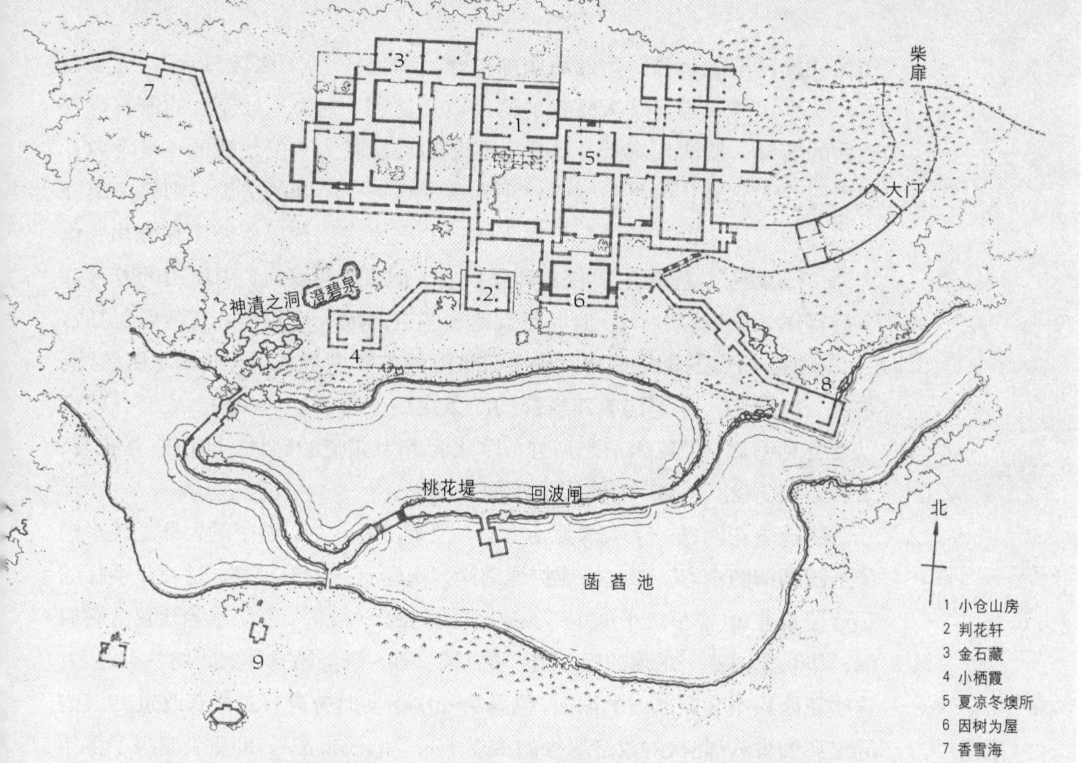

1 小仓山房
2 判花轩
3 金石藏
4 小栖霞
5 夏凉冬燠所
6 因树为屋
7 香雪海
8 柳谷
9 山半亭

图 7·115 随园平面复原图(童寯:《江南园林志》)

图 7·116 随园访胜(麟庆:《鸿雪因缘图记》)

作为驻跸江宁的行宫，为此而屡加扩建。到乾隆十六年(1751年)，乾隆帝第一次南巡时又进行了大规模的修缮改造工程，成为一处庞大的兼具行宫性质的府邸。按清代定制，皇帝出巡时的行宫若为专门建造的，皇帝离开后仍有专人管理；如果是暂时使用寺庙、官署、府邸的房屋，则皇帝离开后仍然恢复原来的功能，仅把皇帝住过的房屋院落加以保留不作他用，称之为“行宫院”。乾隆江宁行宫即属后者。据《南巡盛典》中所附的乾隆江宁行宫图，见 [图7·117]：府邸呈五跨、多进的庞大建筑群；宫廷区包括宫门、前朝、后寝的七进院落，构成建筑群的主要中轴线；其西侧三路跨院、东侧一路跨院，分别构成建筑群的四条次要中轴线，为便殿、寝宫、朝房以及各种附属、供应用房之所在；西北面辟为完整的园林，即织造署花园，又名商园。[图7·118] 为此园的平面复原图。

织造署花园以一个大水池为中心，池上二岛并列。当中的大岛上建水榭为全园的构图中心，架虹桥连接池南岸。南岸有一方形小亭，这就是继任的织造监督曹寅(曹玺之子)的诗文中经常提到的“楝亭”。围绕水池建置游廊周圈，其间穿插着一系列的厅、堂、楼、馆、亭、轩等园林建筑，均各有题名。这座花园原本为康熙时的旧园，乾隆第一次南巡时曾进行过修葺改造。据《南巡盛典图说》，此次的改造工程的重点一是“旧池重浚”，即重新整理了多年

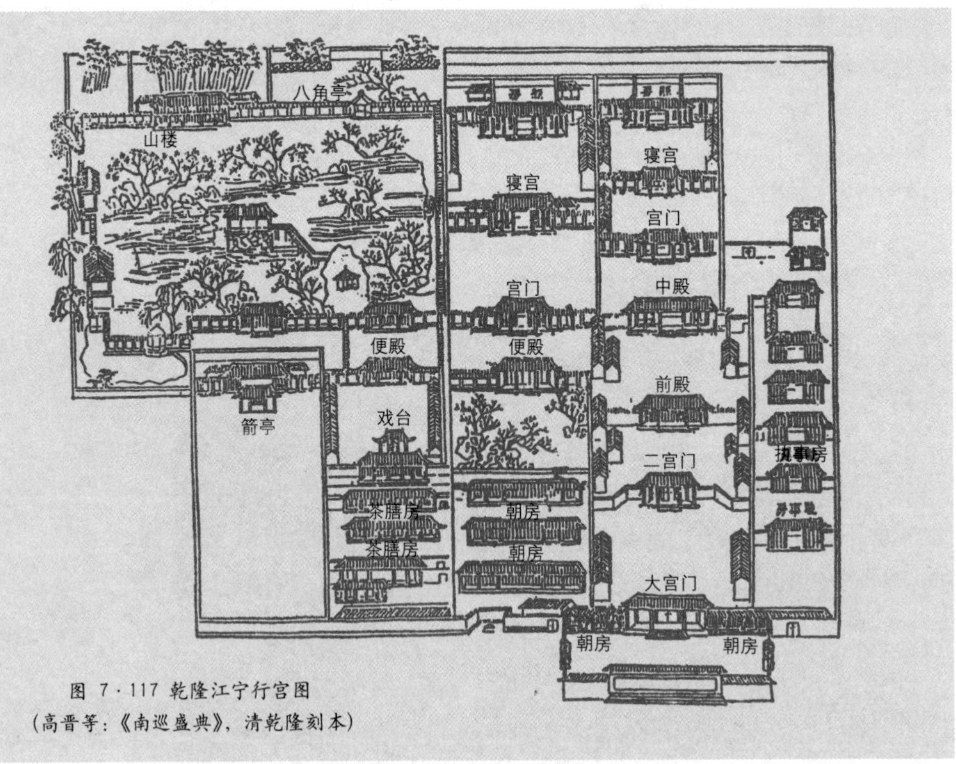

图 7·117 乾隆江宁行宫图
(高晋等：《南巡盛典》，清乾隆刻本)

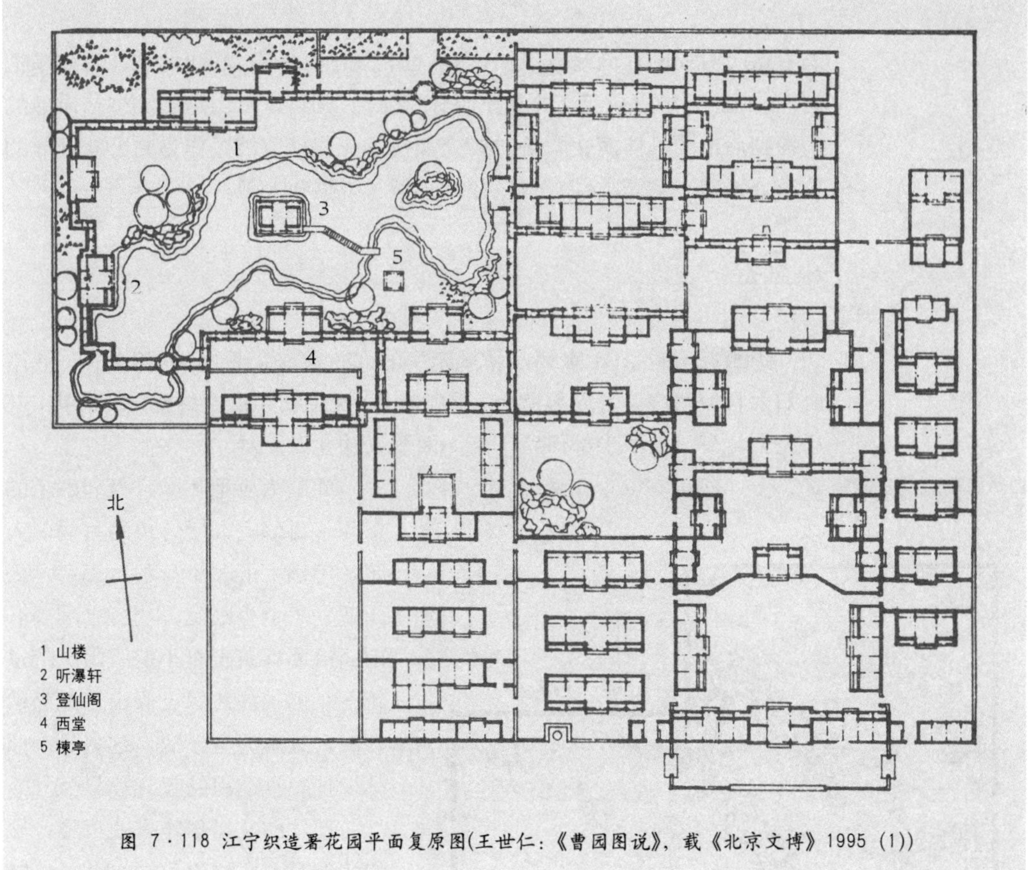

图 7·118 江宁织造署花园平面复原图(王世仁:《曹园图说》,载《北京文博》1995 (1))

荒芜的水池驳岸;二是"周以长廊,通以略彴",即把原来未"周"的游廊加以增添连接,使其周环完整。[1]这种"周以长廊"的做法在前此的园林中并不多见,也从一个侧面说明乾隆时期的园林建筑已开始增加其比重的倾向。

[1] 王世仁:《曹园图说》,载《北京文博》,1995(1)。

安徽南部也是私家造园比较发达的地区。皖商到苏、扬一带经商致富,往往在家乡起造豪华邸宅,并延聘苏扬的造园工匠为之经营园林。分布在歙县、黟县、屯溪、绩溪等地颇具规模的私家园林为数不少,造园艺术上也达到了较高的水平。

园 林 实 例

在江南各地保留下来的这个时期的私家园林,数量上比之以往当然要大得多,但经过调查测绘的仅仅是其中的一部分,相当多的尚鲜为人知。而园林的质量也是高下悬殊,良莠不齐。这里拟列举比较优秀的、也是比较有代表性的7个实例,加以详细介绍。它们在造园艺术上都有一定的成就,代表着这个时期的江南地方风格，当然也表现出某些衰颓的时代烙印。如果把它们与宋、明和清初江南的私家园林相比照，则可以看出这一类型从成熟的前期到后期的具体演变轨迹。这7个实例均完整保留至今作为向公众开放的旅游点，属于宅园类别，规模包括小型、中型和大型。

小盘谷

小盘谷 [图7·119] 在扬州新城东南的大树巷，始建于清乾隆年间。光绪时归大官僚两广总督周馥所有，重加修葺。民国初年再度修整，如今东半部已完全圮废，仅西半部保留下来。面积大约0.3公顷。

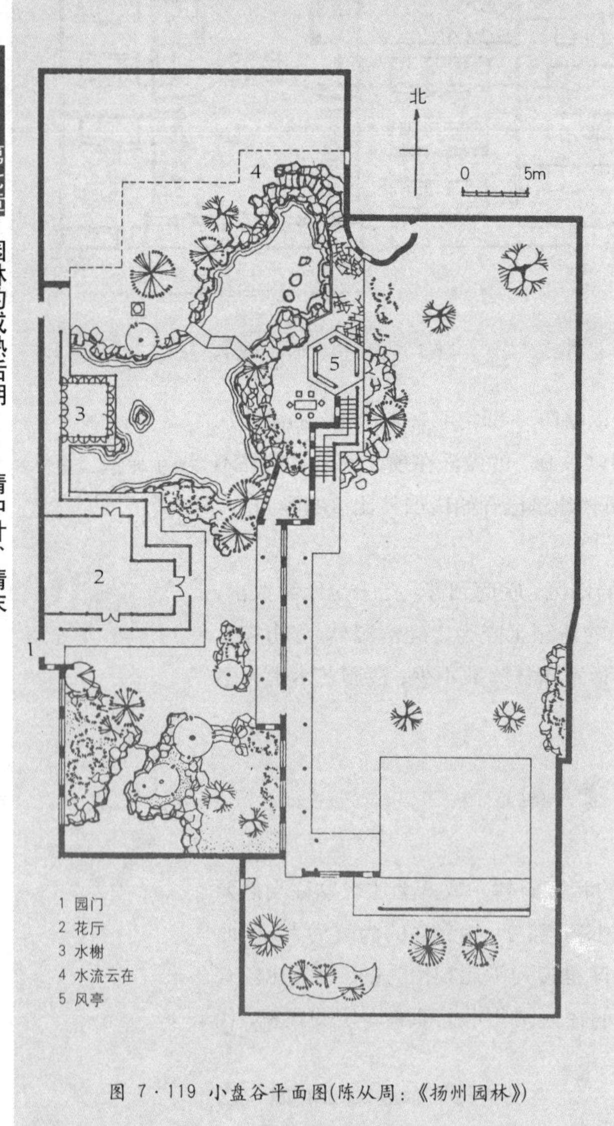

图 7·119 小盘谷平面图(陈从周:《扬州园林》)

此园为小型宅园，紧邻邸宅的东侧，自邸宅大厅旁边的月洞门入园，门额上书“小盘谷”三字。入园便是一个小庭院，坐北花厅三间，南面沿墙堆筑土石小型假山。绕过花厅东侧，往北忽见假山水池豁然开朗，景观为之一变，这就是小园林设计经常运用的收、放对比手法。

花厅的北半部作成曲尺形，厅的北侧有水榭枕流 [图7·120]，以随墙游廊连接。水榭与隔岸的太湖石大假山遥遥相对，这又是小型园林中常见的建筑物与山石隔水池相对互为观赏的格局。水池虽小，但亦用曲桥划分为两个水域以增加水面的层次并形成水尾。过曲桥即抵达对岸大假山的山洞口，山洞极幽曲深广，洞内设置棋桌供弈棋、闲坐、纳凉，利用窦穴采光。山洞的出口临水，游人至此可循石阶下至水面，再经水上的“步石”、岩道导至园北端的花厅。厅前大假山尽头处有蹬道可登山，这里形成一个谷口，题名“水流云在”。假山占地并不大，山内空其腹类似薄壳结构，既节省石料，又能够创为曲折多变化、具有天然采光的洞景，无论艺术处理或者工程技术都是难能可贵的［图7·121］。山顶建八方单檐小亭“风亭”，坐亭中可以俯瞰园林东、西两半部的全景，也可以远眺园外的借景。亭之东南有曲尺形的跌落廊循山而下，延伸到平地上的一段又做成“里外廊”的形式。廊一侧的墙上开大面积的漏窗，把园的东、西两半部通过“透景”而沟通起来。

大假山全部用太湖石堆叠，亭侧一峰峥嵘突起，高出水面9米余，通体宛若行云舒卷，很有动态的气势。此山当地称之为“九狮图山”，是江南叠山的上品之作。水池的岸线曲折有致，全部为太湖石驳岸，多半架空成小孔穴仿佛常年经水流冲刷侵蚀而成者。这是扬州园林中普

图 7·120 小盘谷水榭

图 7·121 小盘谷假山

遍使用的驳岸处理手法，颇能以小见大、幻化江湖万顷之势。

此园虽小而用地却十分紧凑，空间有障隔通透的变化，主次分明。山石、建筑分别相对集中在水池的两岸，隔水相映成趣。水面的大小、假山的高度、建筑物的体量此三者比较协调，因而园林具有一种亲切的尺度感。此外，前院与后院恰成庭院空间与山水空间的对比，建筑与山石、山石与粉墙、山石与水池之间的局部对比，效果也很强烈，这又增益园林的活泼气氛。东、西两半部之间建置游廊漏窗，既有分隔又能通透，形成空间之流动。山峰、石壁、谷口、步石辅以花木的配置，创造了一个苍岩临流、水口交融的自然生态环境的缩写，与朴素淡雅、幽曲多姿的建筑物浑然一体，显示了江南小型宅园的精致而幽深含蓄的典型性格。

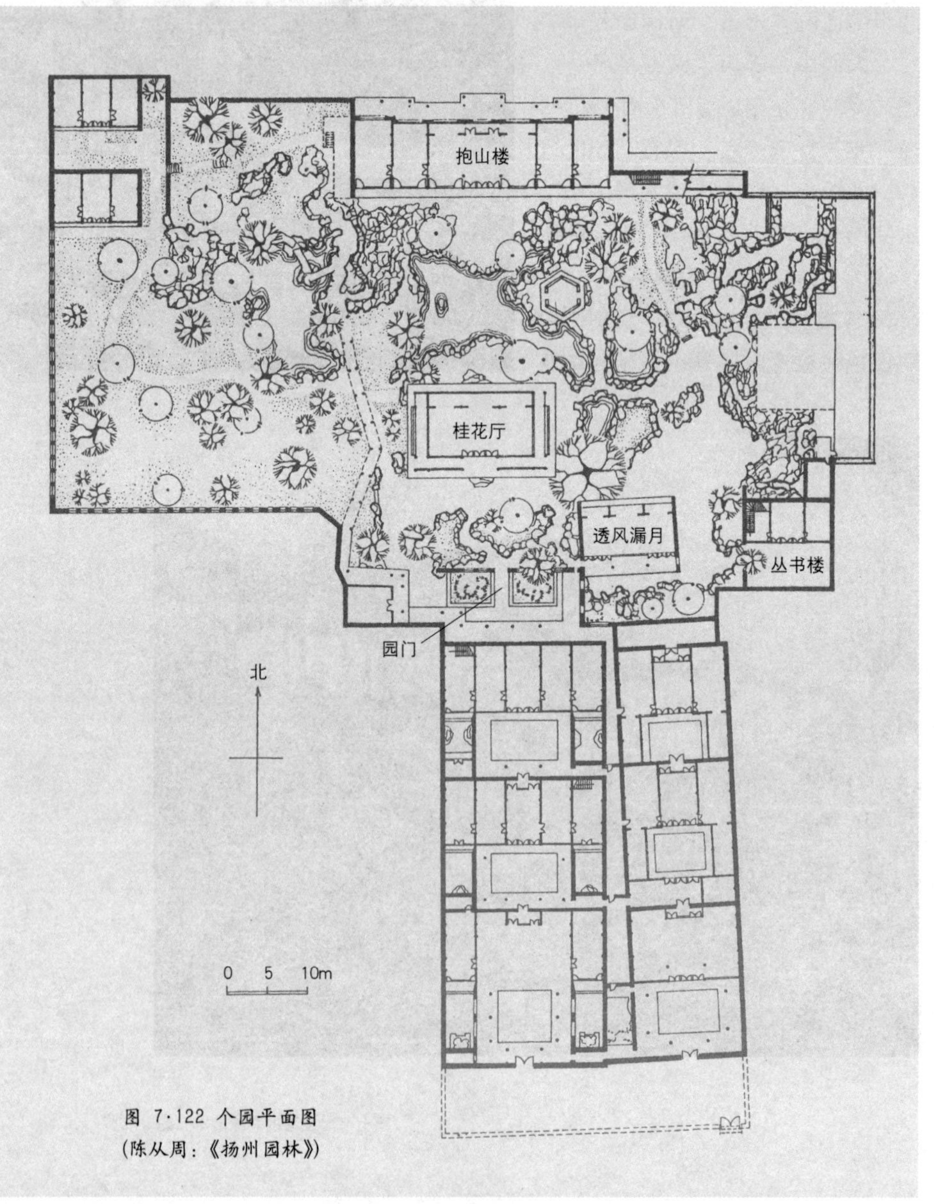

图 7·122 个园平面图
(陈从周:《扬州园林》)

图 7·123 个园之园门及“春山”

个园

个园在扬州新城的东关街，清嘉庆二十三年(1818年)大盐商黄应泰利用废园“寿芝圃”的旧址建成。另有一种说法，个园最早的前身是“藤花庵”，后为“寿芝圃”，再后为马氏“街南书屋”、陈氏“小玲珑山馆”，最后归黄氏所有。黄应泰本人别号个园，园内多种竹子，故取竹字的一半而命园之名为“个园”[图7·122]。

这座宅园占地大约0.6公顷，紧接于邸宅的后面。从宅旁的“火巷”进入，迎面一株老紫藤树，夏日浓荫匝地，备觉清心。往前向左转经两层复廊便是园门。门前左右两旁的花坛满种修竹，竹间散置参差的石笋，象征着“雨后春笋”的意思[图7·123]。进门绕过小型假山叠石的屏障，即达园的正厅“宜雨轩”，俗称“桂花厅”。厅之南丛植桂花，厅之北为水池，水池驳岸为湖石孔穴的做法。水池的北面，沿着园的北墙建楼房一幢共七开间，名“抱山楼”。两端各以游廊连接于楼两侧的大假山，登楼可俯瞰全园之景[图7·124]。

图 7·124 个园之抱山楼

抱山楼之西侧为太湖石大假山，它的支脉往楼前延伸少许，把楼房的庞大体量适当加以障隔。大假山全部用太湖石堆叠，高约6米。山上秀木繁阴，有松如盖，山下池水蜿蜒流入洞屋。渡过石板曲桥进入洞屋，宽敞而曲折幽邃。洞口上部的山石外挑，桥面石板之下为清澈的流水，夏日更觉凉爽。假山的正面向阳，皴皱繁密、呈灰白色的太湖石表层在日光照射下所起的阴影变化特多，有如夏天的行云，又仿佛人们常见的夏天的山岳多姿景象，这便是“夏山”的缩影［图7·125］。山南的空地上原来种植大片的竹林，如今竹林不存，显得有些空旷。循假山的蹬道可登山顶，再经游廊转至抱山楼的上层。

楼东侧为黄石堆叠的大假山，高约7米，主峰居中，两侧峰拱列成朝揖之势。通体有峰、岭、峦、悬岩、岫、涧、峪、洞府等的形象，宾主分明。其掩映烘托的构图经营完全按照画理的章法，据说是仿石涛画黄山的技法为之。山的正面朝西，黄石纹理刚健，色泽微黄。每当夕阳西下，一抹霞光映照在发黄而峻峭的山体上，呈现醒目的金秋色彩。山间古柏出石隙中，它的挺拔姿态与山形的峻峭刚健十分协调，无异于一幅秋山画卷，也是秋日登高的理想地方［图7·126］。山顶建四方小亭，周以石栏板，人坐亭中近可俯观脚下群峰，往北远眺则瘦西湖、平山堂、绿杨城郭均作为借景而收摄入园。在亭的西北沿、一峰耸然穿越楼檐几欲与云霄接。亭南则山势起伏、怪石嶙峋，又有松柏穿插其间，玉兰花树荫盖于前。

图 7·125 个园之“夏山”

黄石大假山的顶部，有三条蹬道盘旋而下，全长约15米，所经过的山口、山峪、削壁、山涧、深潭均气势逼真。山腹有洞穴盘曲，与蹬道构成立体交叉，山中还穿插着幽静的小院、石桥、石室等。石室在山腹之内，傍岩而筑，设窗洞、户穴、石凳、石桌，可容十数人立坐。石室之外为洞天一方，四周皆山，谷地中央又有小石兀立，其旁植桃树一株，赋予幽奥洞天以一派生机。这座大假山为扬州叠山中的优秀作品，如此精心别致的设计构思在其他园林中是很少见到的。

个园的东南隅建置三开间的“透风漏月”厅，厅侧有高大的广玉兰一株，东偏为芍药台。厅前为半封闭的小庭院，院内沿南墙堆叠雪石假山［图7·127］。透风漏月厅是冬天围炉赏雪的地方，为了象征雪景而把庭前假山叠筑在南墙背阴的地方，雪石上的白色晶粒看上去仿佛积雪未消，这便是“冬山”的立意。南墙上开一系列的小圆孔，每当微风掠过发出声音，又让人联想到冬季北风呼啸，更其渲染出隆冬的意境。另在庭院西墙上开大圆洞，隐约窥见园门外的修竹石笋的春景。

“丛书楼”在透风漏月厅之东少许。楼前一小院，种一二株树，十分幽静，是园内的藏书之所。

图 7·126 个园之“秋山”

图 7·127 个园之“冬山”

园中的水池并不大，但形状颇多曲折变化。石矶、小岛、驳岸、曲桥穿插罗布，益显水面层次之丰富，尤其是引水成小溪导入夏山腹内，水景与洞景结合起来，设计多有巧妙独到之处。水池的驳岸多用小块太湖石架空叠筑为小孔穴，则是与小盘谷相类似的扬州园林理水常用之手法。

个园以假山堆叠之精巧而名重一时，《扬州画舫录》所谓"扬州以园亭胜，园亭以叠石胜"，个园的假山即是例证。个园叠山的立意颇为不凡，它采取分峰用石的办法，创造了象征四季景色的"四季假山"，这在中国古典园林中实为独一无二的例子。分峰用石又结合于不同的植物配置：春景为石笋与竹子，夏景为太湖石山与松树，秋景为黄石山与柏树，冬景的雪石山不用植物以象征荒漠疏寒，则四季的景观特色更为突出。它们以三度空间的形象表现了山水《画论》中所概括的"春山淡冶而如笑，夏天苍翠而如滴，秋山明净而如妆，冬山惨淡而如睡"，以及"春山宜游，夏山宜看，秋山宜登，冬山宜居"的画理。这四组假山环绕于园林的四周，从冬山透过墙垣上的圆孔又可以看到春日之景，寓意于一年四季、周而复始，隆冬虽届，春天在即，从而为园林创造了一种别开生面的、耐人玩味的意境。不过，四季假山的说法并无文献可征。当时人刘风浩所写的《个园记》中并未提到此种情况，也许是后人的附会之谈。但从园林的布局以及分峰用石的手法来加以考查，又确实存在此种立意。如果能在当时的其他文献中找到出处更好，否则因客观存在通过人们鉴赏中的联想活动而赋予园林以这种特殊的意境，也未始不是聊备一格的艺术再创造。

就个园的总体看来，建筑物的体量有过大之嫌，尤其是北面的七开间楼房"抱山楼"庞然大物，似乎压过了园林的山水环境。造成这种情况的原因，主要在于作为大商人的园主人需要在园林里面进行广泛的社交活动，同时也要利用大体量的建筑物来显示排场，满足其争奇斗富的心理。虽然园内颇有竹树山池之美，但附庸风雅的"书卷气"终于脱不开"市井气"。这是后期的扬州园林普遍存在的现象，个园便是一例。

瘦西湖

瘦西湖原名保障河，也就是扬州旧城北门外的冶春园直到蜀冈平山堂的一段河道。因河道曲折开合、清瘦秀丽有如长湖，清代诗人汪沆曾把它与杭州的西湖相比较，并赋诗云："垂杨不断接残芜，雁齿虹桥俨画图，也是销金一锅子，故应唤作瘦西湖。"于是，瘦西湖之名便代替保障河而通行于世。

乾隆年间是瘦西湖园林集群的全盛时期，两岸鳞次栉比的园林大部分

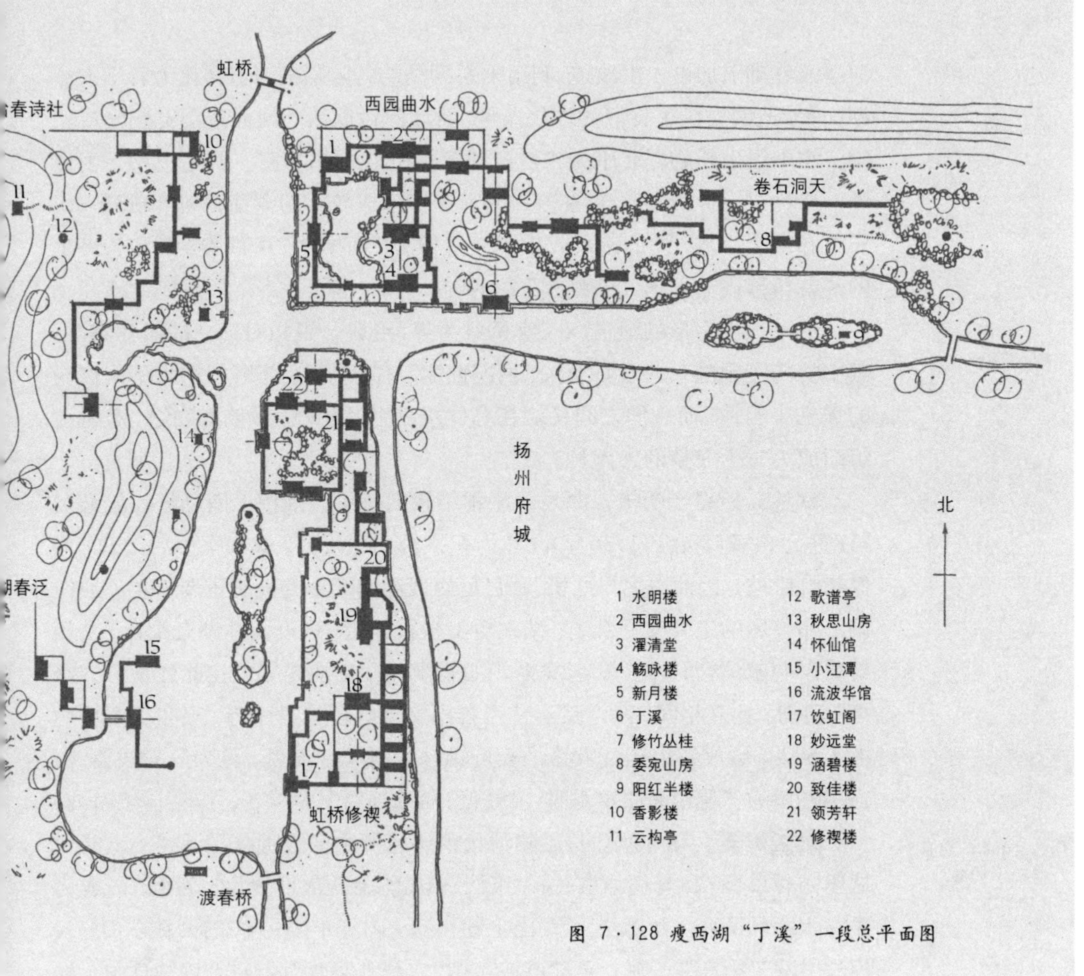

图 7·128 瘦西湖“丁溪”一段总平面图

是私家别墅园，也有一些寺庙园林、公共游览地、茶楼、诗社，以及为迎接皇帝南巡而临时用“挡子法”建成的“装点园林”。当时的瘦西湖一共有二十四景，少数园林尚不包括在二十四景之内。

嘉庆以后，瘦西湖逐渐萧条。如今，沿湖的这数十座园林绝大部分已湮灭无存，少数仅剩遗址依稀堪寻。所幸当年文人名士涉足扬州，留下许多纪游文字刊行于世，地方文献的载述亦不少，其中尤以李斗所著《扬州画舫录》记述瘦西湖的湖上园林最为翔实。李斗是乾隆时人，《扬州画舫录》亦成书于乾隆年间，他所亲历目睹的当是瘦西湖园林极盛时期的情况。根据此书再参佐其他文献材料，结合遗址现状之考查，不难获得有关瘦西湖园林集群的总体布局和规划设计的概貌。这里仅选择比较有代表性的一段加以介绍，俾能举一反三，略窥全局［图 7 · 128］。

这一段位于瘦西湖的南端转折处的丁溪，即绕城北墙来自小秦淮之水在城西北角外与来自瘦西湖和南湖之水相汇，形如丁字而得名。丁溪在原来河道的基础上加以人工改造，利用一系列岛屿的障隔把河道转化为若干大小湖面，为造园提供了良好的地貌条件。新北门桥以西的河面逐渐宽阔略成小湖，水中浮出长屿，北岸为“卷石洞天”和“西园曲水”。虹桥以南，河道的西岸为“冶春诗社”。再往南，河道渐宽形成较大的湖面，湖中布列一个长岛和两个小屿，湖的南端收束于渡春桥。湖西岸的“柳湖春泛”和长岛上的“虹桥修禊”即为“倚虹园”之所在。

这一段丁字形的河道以三座桥梁为界，形成一组相对独立的园林集群。其中的四座园林——卷石洞天、西园曲水、冶春诗社、倚虹园均为不同格局的独立小园林，而它们之间又能在总体规划上互相呼应，彼此联络，有机地组织成为一个完整的大园林。

虹桥 始建于明末，原是一座木结构的桥梁，因桥上围以红栏故又名“红桥”。清乾隆元年(1736年)改建为石拱桥，桥上建亭成为亭桥的形式，好像长虹卧波，因而改名“虹桥”。它是瘦西湖南半部的一座重要桥梁，通向湖上园林区的主要交通孔道。站在桥上极目四望，远近园林湖光山色，交相辉映。明末清初，不少知名文人，如孔尚任、王渔洋等曾在此处举行“修禊”活动。乾隆年间，两淮盐运使卢雅雨又于虹桥修禊赋诗，唱和者先后达七千余人，编成诗集三百余卷，并绘《虹桥览胜图》纪胜，传为一时之美谈。当年虹桥的“雕栏曲曲生香雾，嫩柳纷纷拂画船”的美名，遂远播于海内。

卷石洞天[1] 即古郧园，后归清代奉宸苑卿洪征治所有，俗称“小洪园”。这座园林以怪石、老树取胜，水中两个小岛屿上全部堆叠太湖石假山，成为浮在水面的两座“九狮图山”，山上建小亭“阳红半楼”。园门设在东面，入门过“辟玉山房”长廊，至“薜萝水榭”。循水榭西面山路入竹柏林中，林中嵌黄石壁高十余丈，置屋数十间，东为“契秋阁”，西为“委宛山房”。沿湖岸设置小栏，点缀几组太湖石，石隙间老杏一株横卧水上，姿态曲屈苍古。其西为“修竹丛桂堂”，堂后红楼、曲廊抱山，气极苍莽。其下建水榭三楹名“丁溪”，榭旁设水码头。其后为“射圃”，土山逶迤，林木蓊郁，颇具山野之趣。射圃之后即另一处园门。

西园曲水 在卷石洞天之西邻，位于河道之转折处，西、南两面临水。原为张氏故园，后数易其主，经多次修葺，清乾隆年间归大盐商徽州人鲍成一所有。此园略近方形，东半部堆山叠石，西半部以水池为主体，池中植荷蕖［图7·129］。建筑物相对集中在东半部，南面临水为“觞咏楼”，其前设水码头，其后为“濯清堂”。东北角上叠山的较高处建楼房“西园曲水”为全园之正厅。水池之北岸建“水明楼”，其后即为园门，东岸建“新月楼”。园内所有的厅堂楼榭均以游廊和爬山廊联系为一个整体，临湖的长廊两面通透以借湖景，沿湖岸设置小栏，其间点缀几组太湖石。园内遍植松树及柳树，

[1] 卷读quán。卷石，谓石小如拳。见《辞源》。

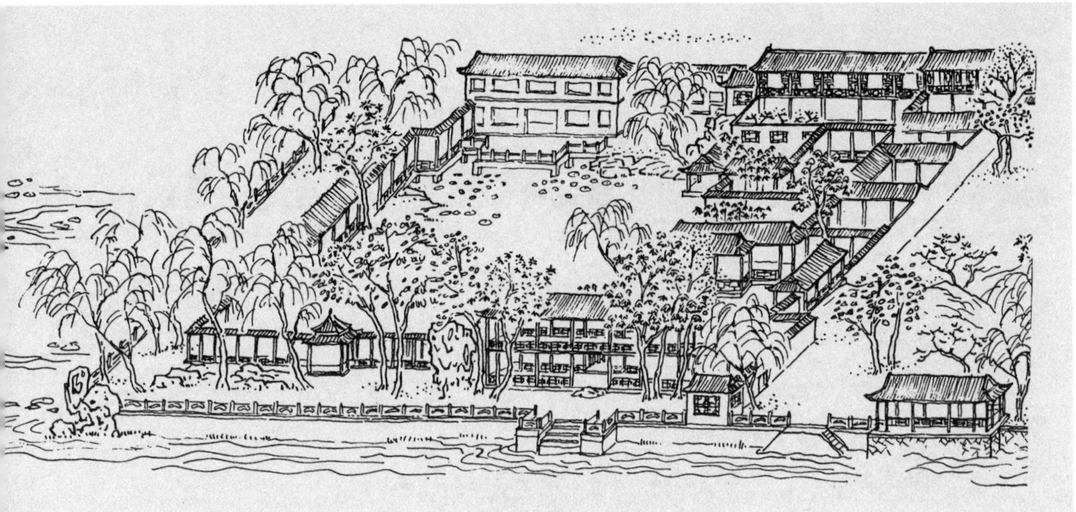
图 7·129 西园曲水(摹自赵之壁:《平山堂图志》,清光绪九年刻本)

图 7·130 冶春诗社(摹自赵之壁:《平山堂图志》,清光绪九年刻本)

建在假山上之西园曲水居高临下,可远眺平山蜀冈诸胜。

冶春诗社 在湖西岸、虹桥之南,为昔日文人名士悠游湖上时聚会的场所。双层游廊及单层曲廊把若干厅堂联系起来,临水建“秋思山房”、“怀仙馆”,后面的土山上建方亭“云构亭”和八方亭“歌谱亭”。南半部引入河水形成一湾小池,西、北两面环以游廊,南面障隔一带土山,池上跨九曲石板桥。见 [图 7·130]。

倚虹园 在河道的南半段,是一园而包括两景:长岛上的“虹桥修禊”、河西岸的“**柳湖春泛**”,它们之间以渡春桥跨水联系。此园原为元代崔伯亨花园故址,清代奉宸苑卿洪征治修筑为他的另一处别墅园,俗称“大洪园”。乾隆南巡时曾驻跸此园,赐名“倚虹园”。它的主体部分是长岛上的“虹桥修禊”,园门设在渡春桥东,入门两进院落,正厅为“妙远堂”,堂西侧为

图 7·131 柳湖春泛(摹自赵之壁:《平山堂图志》,清乾隆九年刻本)

"饯春堂",临水建"饮虹阁"。两进院落之后,景界豁然开朗,正厅"涵碧楼"西向,前面是一片竹林开阔地,临水设小栏、码头,水中布列岛屿,湿翠浮岚有若方壶胜境。楼后为层屋,乾隆赐名"致佳楼"。由此往北,进入长岛北端的庭院建筑群,庭院的西侧建水厅西向,与隔湖的"怀仙馆"成对景呼应。庭院内一片石壁假山,用水穿透,其深杳不可测,周围种植牡丹最胜。正厅"修褉楼",东侧为"领芳轩"。轩后筑高台十余开间,台旁种松、柏、杉、槠,郁然阴浓。靠东近水筑延楼二十余开间,抱湾而转。北为临水大门三开间,额曰"虹桥修禊",旁建御碑亭。"柳湖春泛"在渡春桥西岸,土阜蓊郁,利于栽柳,在土阜的南侧建草阁"辋川图画",山径蜿蜒渡板桥入于水中之草亭"流波华馆",见[图7·131]。草亭两侧架游廊于水上,数折入舫厅"小江潭",这部分水上建筑物皆用挡子法,是临时性的点景建筑。

倚虹园之胜在于水,水之胜在于水厅。文人名士于虹桥修禊[图7·132]、冶春赋诗,大多在这里举行,为湖上诸园中之较有名气者。嘉庆以后,逐渐废为丘墟。

这一组以丁字形河道为脉络的园林集群,在瘦西湖带状展开的湖上园林大集群中是比较有代表性的一组,它的四座园林各具特色,而在总体布局上则又互为对比:卷石洞天之怪石古木之胜与其西邻的西园曲水的较密集的建筑恰成对比;

湖西的冶春诗社、柳湖春泛建筑疏朗，富于山林野趣，湖岸亦为曲折有致的自然岸，而湖东长岛上的虹桥修禊则建筑分量较重，湖岸亦为人工砌筑的条石驳岸，前者的自然天成与后者的人工经营又成对比。河道有开有合，利用大小岛屿的布列而“化河为湖”形成若干大小湖面，作为诸园依水造景、因水成趣的中心。此外，诸园的某些建筑物之间，还着重考虑“对景”的关系，如冶春诗社的怀仙馆与隔岸的水厅形成对景线，秋思山房作为东西航道的对景线等，使得这个园林集群的整体性更为强化。整个瘦西湖的湖上园林也正是运用诸如此类的规划手法，把“十余家之园亭合而为一，联络至山，气势俱贯”[1]。

[1] 沈复：《浮生六记》，北京，作家出版社，1996。

网师园

网师园在苏州城东南阔家头巷，始建于南宋淳熙年间，当时的园主人为吏部侍郎史正志，园名“渔隐”。后来几经兴废，到清代乾隆年间归宋宗元所有，改名“网师园”。网师即渔翁，仍含渔隐的本意，都是标榜隐逸清高的。乾隆末年，园归瞿远村，增建亭宇轩馆八处，俗称瞿园。同治年间，园主人李鸿裔又增建撷秀楼。今日之网师园，大体上就是当年瞿园的规模和格局，见［图7·133］。

网师园占地0.4公顷，是一座紧邻于邸宅西侧的中型宅园。邸宅共有四进院落，第一进轿厅和第二进大客厅为外宅，第三进“撷秀楼”和第四进“五峰书屋”为内宅。园门设在第一进的轿厅之后，门额上砖刻“网师小筑”四字，外客由此门入园。另一园门设在内宅西侧，供园主人和内眷出入。

园林的平面略成丁字形，它的主体部分(也就是主景区)居中，以一个水池为中心，建筑物和游览路线沿着水池四周安排。从外宅的园门入园，循一小段游廊直通“小山丛桂轩”，这是园林南半部的主要厅堂，取庾信《枯树

图 7·132 虹桥修禊（摹自赵之壁：《平山堂图志》，清乾隆九年刻本）

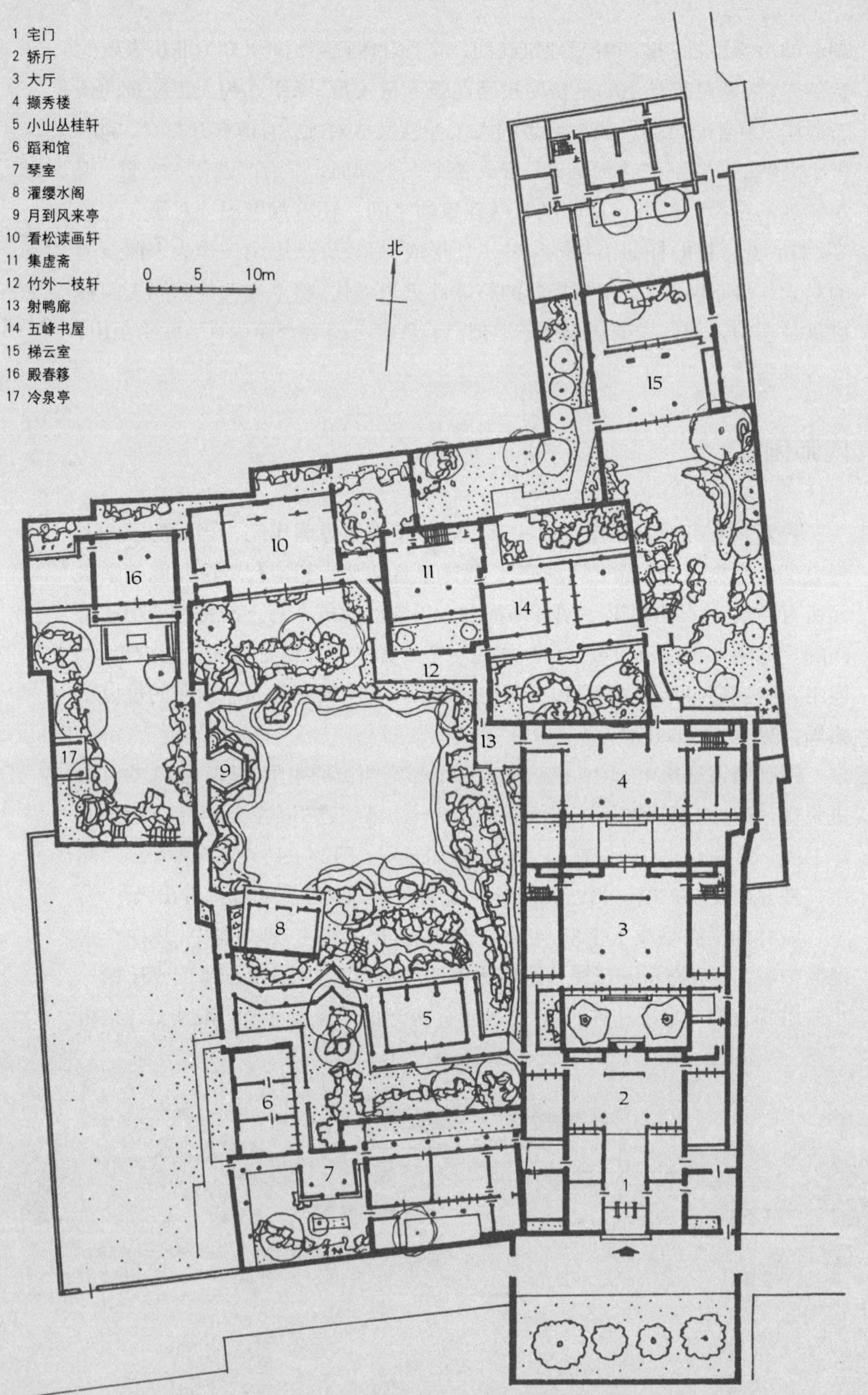

图 7·133 网师园平面图(刘敦桢:《苏州古典园林》)

赋》中“小山则丛桂留人”的诗句而题名，以喻迎接、款留宾客之意。轩之南是一个狭长形的小院落，沿南墙堆叠低平的太湖石若干组、种植桂树几株，环境清幽静阒有若置身岩壑间。透过南墙上的漏窗可隐约看到隔院之景，因而院落虽狭小但并不显封闭。轩之北，临水堆叠体量较大的黄石假山“云岗”，有蹬道洞穴，颇具雄险气势。它形成主景区与小山丛桂轩之间的一道屏障，把后者部分地隐蔽起来［图7·134］。

图 7·134 网师园的假山“云岗”

轩之西为园主人宴居的“蹈和馆”和“琴室”，西北为临水的“濯缨水阁”，取屈原《渔父》：“沧浪之水清兮，可以濯吾缨”之意，这是主景区的水池南岸风景画面上的构图中心。自水阁之西折而北行，曲折的随墙游廊顺着水池西岸山石堆叠之高下而起伏，当中建六方亭“月到风来亭”突出于池水之上［图7·135］。此亭作为游人驻足稍事休息之处，可以凭栏隔水观赏环池三面之景，同时也是池西的风景画面上的构图中心。亭之北，往东跨过池西北角水口上的三折平桥达池之北岸，往西经洞门则通向另一个庭院“殿春簃”。

水池北岸是主景区内建筑物集中的地方，“看松读画轩”与南岸的“濯缨水阁”遥相呼应构成对景。轩的位置稍往后退，留出轩前的空间类似三合

图 7·135 月到风来亭

小庭院。庭院内叠筑太湖石树坛，树坛内栽植姿态苍古、枝干遒劲的罗汉松、白皮松、圆柏三株，增加了池北岸的层次和景深，同时也构成了自轩内南望的一幅以古树为主景的天然图画，故以“看松读画”命轩之名。轩之东为临水的廊屋“竹外一枝轩”，它在后面的楼房“集虚斋”的衬托下益发显得体态低平、尺度近人。倚坐在这个廊屋临池一面的美人靠坐凳上，南望可观赏环池之景有如长卷之舒展，北望则透过月洞门看到“集虚斋”前庭的修竹山石，楚楚动人宛似册页小品。

竹外一枝轩的东南为小水榭“射鸭廊”，它既是水池东岸的点景建筑，又是凭栏观赏园景的场所，同时还是通往内宅的园门［图7·136］。三者合而为一，故甫入园即可一览全园之胜，设计手法全然不同于外宅的园门。射鸭廊之南，以黄石堆叠为一座玲珑剔透的小型假山，它与前者恰成人工与天然之对比，两者衬托于白粉墙垣之背景则又构成一幅完整的画面。假山沿岸边堆叠，形成水池与高大的白粉墙垣之间的一道屏障，在视觉上仿佛拉开了两者的距离从而加大了景深，避免了大片墙垣直接临水的偪促感［图7·137］。这座假山与池南岸的“云岗”虽非一体，但在气脉上是彼此连贯的。水池在两山之间往东南延伸成为溪谷形状的水尾，上建小石拱桥一座作为两岸之间的通道。此桥的尺度极小，颇能协调于局部的山水环境。

水池的面积并不大，仅400平方米左右。池岸略近方形但曲折有致，驳岸用黄石挑砌或叠为石矶，其上间植灌木和攀缘植物，斜出松枝若干，表现了天然水景的一派野趣。在西北角和东南角分别做出水口和水尾，并架桥跨越，把一泓死水幻化为“源流脉脉，疏水若为无尽”之意。水池的宽度约

图7·136 竹外一枝轩、射鸭廊

20米，这个视距正好在人的正常水平视角和垂直视角的范围内得以收纳对岸画面构图之全景。水池四周之景无异于四幅完整的画面，内容各不相同却都有主题和陪衬，与池中摇曳的倒影上下辉映成趣，益增园林的活泼气氛。在每一个画面上都有一处点景的建筑物同时也是驻足观景的场所：濯缨水阁、月到风来亭、竹外一枝轩、射鸭廊。沿水池一周的回游路线又是绝好的游动观赏线，把全部风景画面串缀为连续展开的长卷。网师园的这个主景区确乎是定观与动观相结合的组景设计的佳例，尽管范围不大，却仿佛观之不尽，十分引人流连。

图 7·137 射鸭廊南侧之临水小假山

整个园林的空间安排采取主、辅对比的手法，主景区也就是全园的主体空间，在它的周围安排若干较小的辅助空间，形成众星拱月的格局。西面的“殿春簃”与主景区之间仅一墙之隔，是辅助空间中之最大者。正厅为书斋“殿春簃”，位于长方形庭院之北，院南有清泉“涵碧”及半亭“冷泉”。院内当年辟作药栏、遍植芍药，每逢暮春时节，惟有这里“尚留芍药殿春风”，因此而命名景题。园南部的小山丛桂轩和琴室均为幽奥的小庭院。“小山丛桂轩”之南是曲折状的太湖石山坡，其南倚较高的园墙而成阴坡，山坡上丛植桂树，更杂以腊梅、海棠、梅、天竺、慈孝竹等。“琴室”的入口从主景区几经曲折方能到达，一厅一亭几乎占去小院的一半，余下的空间但见白粉墙垣及其前的少许山石和花木点缀，其幽邃安闲的气氛与操琴的功能十分协调。园林北角上的“集虚斋”前庭是另一处幽奥小院，院内修竹数竿，透过月洞门和竹外一枝轩可窥见主景区水池的一角之景，是运用透景的手法而求得奥中有旷，设计处理上与琴室又有所不同。此外，尚有小院、天井多处。正由于这一系列大大小小的幽奥的或者半幽奥的空间，在一定程度上烘托出主景区之开朗。因此，网师园虽“地只数亩，而有纡回不尽之致。……旷如奥如，殆兼得之矣”[1]。

网师园的规划设计在尺度处理上也颇有独到之处。如水池东南水尾上的小拱桥，故意缩小尺寸以反衬两旁假山的气势；水池东岸堆叠小巧玲珑的黄石假山，意在适当减弱其后过于高大的白粉墙垣所造成的尺度失调。类

[1] 钱大昕：《网师园记》，见陈植主编：《中国历代造园文选》，合肥，黄山书社，1992。

似情况也存在于园的东北角，这里耸立着邸宅的后楼和集虚斋、五峰书屋等体量高大的楼房，与园中水池相比，尺度不尽完美，而又非堆叠假山所能掩饰。匠师们乃采取另外的办法，在这些楼房前面建置一组单层小体量、玲珑通透的廊、榭，使之与楼房相结合而构成一组高低参差、错落有致的建筑群。前面的单层建筑不但造型轻快活泼、尺度亲切近人，而且形成中景，增加了景物的层次，让人感到仿佛楼房后退了许多，从而解决了尺度失调的问题。不过，池西岸的月到风来亭体量似嫌过大，屋顶超出池面过高，多少造成与池面相比较的尺度不够协调的现象，虽然美中不足，毕竟瑕不掩瑜。

建筑过多是清乾隆以后尤其是同、光年间的园林中普遍存在的现象，网师园的建筑密度高达30%。人工的建筑过多势必影响园林的自然天成之趣，但网师园却能够把这一影响减小到最低限度。置身主景区内，并无囿于建筑空间之感，反之，却能体会到一派大自然水景的盎然生机。足见此园在规划设计方面确乎是匠心独运，具有很高的水平，无愧为现存苏州古典园林中的上品之作。

1 园门
2 腰门
3 远香堂
4 倚玉轩
5 小飞虹
6 松风亭
7 小沧浪
8 得真亭
9 香洲
10 玉兰堂
11 别有洞天
12 柳荫曲路
13 见山楼
14 荷风四面亭
15 雪香云蔚亭
16 北山亭
17 绿漪亭
18 梧竹幽居
19 绣绮亭
20 海棠春坞
21 玲珑馆
22 嘉宝亭
23 听雨轩
24 倒影楼
25 浮翠阁
26 留听阁
27 三十六鸳鸯馆
28 与谁同坐轩
29 宜两亭
30 塔影亭

拙政园

拙政园在苏州娄门内之东北街，始建于明初。正德年间，御史王献臣因官场失意，致仕回乡，占用城东北原大弘寺所在的一块多沼泽的空地营建此园，历时五载落成。王死后，园林屡易其主。后来分为西、中、东三部分，或兴或废又迭经改建。太平天国占据苏州期间，西部和中部作为忠王李秀成府邸的后花园，东部的"归田园居"则已荒废。光绪年间，西部归张履泰为"补园"，中部的拙政园归官署所有。

现在，全园仍包括三部分：西部的补园、中部的拙政园紧邻于各自邸宅之后，呈前宅后园的格局，东部重加修建为新园。全园总面积为4.1公顷，是一座大型宅园 [图7·138]。

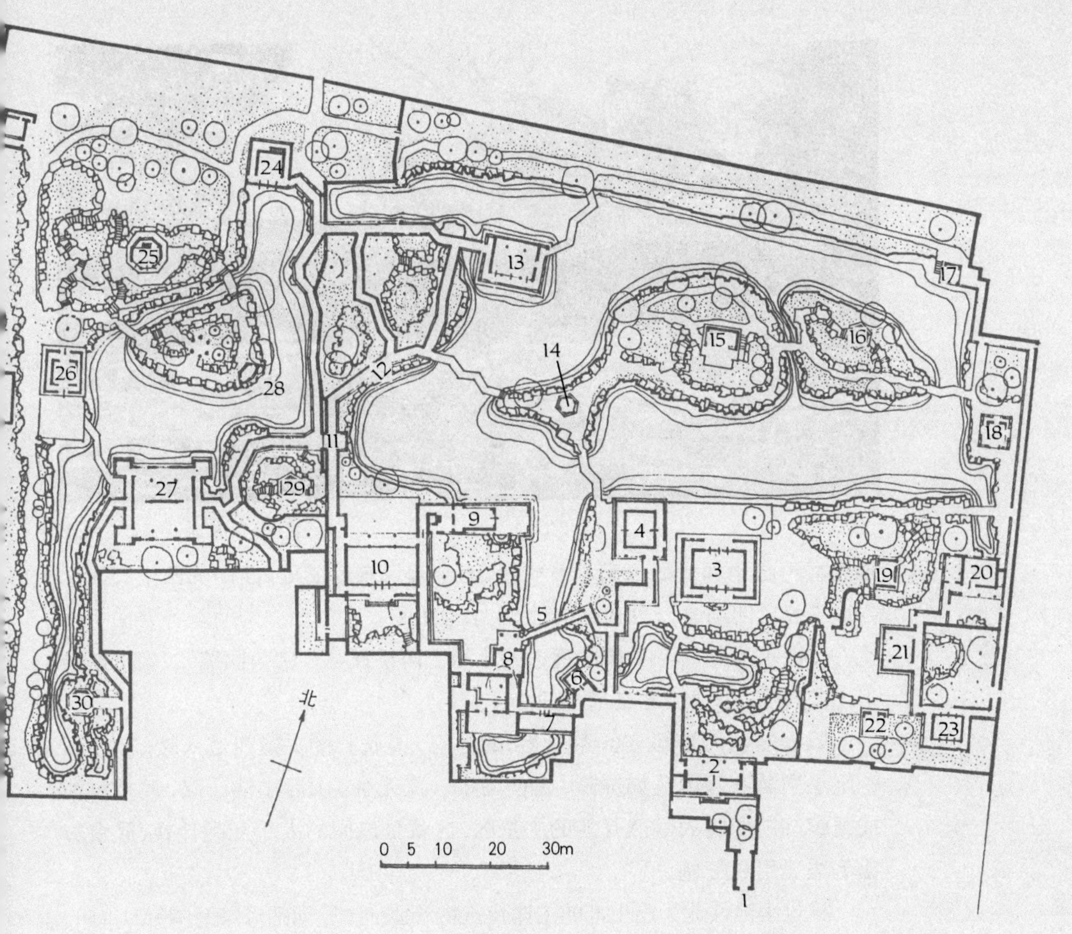

图 7·138 拙政园中部及西部平面图（刘敦桢：《苏州古典园林》）

中部的拙政园是全园的主体和精华所在，它的主景区以大水池为中心。水面有聚有散，聚处以辽阔见长。散处则以曲折取胜。池的东西两端留有水口、伸出水尾，显示疏水若为无尽之意。池中垒土石构筑成东、西两个岛山，把水池分划为南北两个空间。西山较大，山顶建长方形的“雪香云蔚亭”；东山较小，山后建六方形的“待霜亭”藏而不露，与前者成对比之烘托。岛山以土为主、石为辅，向阳的一面黄石参差错落，背阴面则土坡苇丛，景色较多野趣。两山之间有溪谷，架小桥，山上遍植落叶树间以常绿树，岸边散植灌木藤蔓，此外还栽植柑橘、梅花。植物配置非常丰富，可谓花果树木俱全。太湖中的诸岛多有种植柑橘的，每当秋季一片澄黄翠绿之景十分引人注目，拙政园中部岛山之柑橘山花、丛林灌木，显然意在摹拟太湖诸岛之缩微，也与“待霜亭”之景题暗合。而大片梅花林则取意于苏州郊外的著名赏梅景点“香雪海”，并以“雪香云蔚”为亭之名。因此，这岛山一

图 7·139 拙政园之远香堂

带极富于苏州郊外的江南水乡气氛，为全园风景最胜处。西山的西南脚建六方形“荷风四面亭”，它的位置恰在水池中央。亭的西、南两侧各架曲桥一座，又把水池分为三个彼此通透的水域。西桥通往“柳荫曲路”、南桥衔接于“南轩”，为全园之交通枢纽。

原来的园门是邸宅备弄(火巷)的巷门，经长长的夹道而进入腰门，迎面一座小型黄石假山犹如屏障，免使园景一览无余。山后小池一泓，渡桥过池或循廊绕池便转入豁然开朗的主景区，这就是造园的大小空间转换、开合对比手法运用之一例。

越过小池往北为园中部的主体建筑物“远香堂”，周围环境开阔［图7·139］。堂面阔三间，安装落地长窗，在堂内可观赏四面之景犹如长幅画卷［图7·140］。堂北临水为月台，闲立平台隔水眺望东西两山，小亭屹立，磊石玲珑，林木苍翠，最足赏心悦目。夏天荷蕖满池，清香远溢，故取宋代著名理学家周敦颐《爱莲说》中“香远益清，亭亭净植”句之意，题名为“远香堂”。它与西山上的雪香云蔚亭隔水互成对景，构成园林中部的南北中轴线。

自平台西侧的“南轩”循曲廊往南折而西便是一湾水尾，此即水池在南轩处分出的一支，向南延伸

图 7·140 自远香堂内北望雪香云蔚亭

至园墙边。廊桥“小飞虹”横跨水上［图7·141］，过桥往南经方亭“得真亭”，又有水阁三间横架水面，名“小沧浪”。它与小飞虹南北呼应，配以周围的亭、廊构成一个空间内聚的独立幽静的水院。自小沧浪凭栏北眺，在这段纵深约七八十米的水尾上，透过亭、廊、桥三个层次可以看到最北端的见山楼，益显景观之深远、层次之丰富。得真亭面北，前有隙地栽植圆柏四株，成为亭前之主景。柏树经霜不凋，比拟人的坚强性格，故取左思《招隐》诗句“峭蒨青葱间，竹柏得其真”之意而命亭之名。

由得真亭折北，有黄石假山一座。其西是清静的小庭院“玉兰堂”，院内主植玉兰花，配以修竹湖石。假山北面临水的为仿舟船形象的舫厅“香洲”［图7·142］，它的后舱二楼名“澄观楼”。香洲与南轩一纵一横隔水对

图 7·141 小飞虹

图 7·142 舫厅“香洲”

图 7·143 梧竹幽居之框景

望，此处池面较窄，故于舫厅内安装大玻璃镜一面，反映对岸景物，以便利用镜中虚景而获致深远效果。过玉兰堂往北即为位于水池最西端的半亭“别有洞天”，它与水池最东端的小亭“梧竹幽居”遥相呼应成对景，形成了主景区的东西向的次轴线。梧竹幽居亭的四面均为月洞门，在亭内透过这些洞门可以收纳不同的“框景”[图 7·143]。

见山楼位于水池之西北岸，三面临水。由西侧的爬山廊直达楼上，可遥望对岸的雪香云蔚亭、南轩、香洲一带依稀如画之景。爬山廊的另一端连接于曲折的游廊，通往略有起伏的平地上，形成两个彼此通透的、不规则的廊院空间，廊院中遍植垂柳故名“柳荫曲路”。往西穿过半亭，便是西部的“补园”。

在园的东南角上，有一处园中之园“枇杷园”，用云墙和假山障隔为相对独立的一区。苏州洞庭东、西山盛产枇杷，果实能入诗入画，园内栽植枇杷树，建“玲珑馆”和“春秋佳日亭”。北面的云墙上开月洞门作为园门，自月洞门南望，以春秋佳日亭为主题构成一景；回望，又以雪香云蔚亭为主题构成一幅绝妙的、宛若小品册页的“框景”。

中部的拙政园，水体约占园面积的五分之三。水面广，故建筑物大多临水，藉水赏景，因水成景。水多则桥多，桥皆平桥，取其横线条能协调于平静的水面。靠北的主景区即是以大水面为中心而形成的一个开阔的山水环境，再利用山池、树木及少量的建筑物划分为若干互相穿插、处处沟通的空间层次，因而游人所领略到的景域范围仿佛比实际的要大一些。主景区的建筑比较疏朗，意在稍事点缀、烘托山水花木的自然景观。整个环境虽由人作，自然生态的野趣却十分突出，尚保留着一些宋、明以来的平淡简远的遗风。靠南的若干次景区则多是建筑围合的内聚和较内聚的空间，建筑的密度比较大，提供园主人生活和园居活动的需要。它们都邻近邸宅，实际上是邸宅的延伸。很明显，园中部的建筑布局是采取“疏处可走马，密处不透风”的办法，以次景区的“密”来反衬主景区的“疏”；既保证了后者的宛若天成的大自然情调，又解决了因园林建筑过多而带来的矛盾。

中部的拙政园是典型的多景区、多空间复合的大型宅园，园林空间丰富多变、大小各异。有山水为主的开敞空间，有山水与建筑相间的半开敞空间，也有建筑围合的封闭空间。这些空间之间既有分隔又有联系，能够形成一定的序列组合，为游人选择不同的游览路线创造了条件。这些游览路线大抵都具备前奏、承转、高潮、过渡、收束等环节，表现大园之以“动观”为主、“定观”为辅的诗一般的组景韵律感，最大限度地发挥其空间组织上的开合变幻的趣味和小中见大的特色。

西部的补园亦以水池为中心，水面呈曲尺形，以散为主、聚为辅，理水的处理与中部截然不同。池中小岛的东南角正当景界比较开阔的转折部位，临水建扇面形小亭“与谁同坐轩”，取宋代文人苏轼“与谁同坐?明月清风我”的词意。此亭形象别致，具有很好的点景效果，同时也是园内最佳的观景场所。凭栏可环眺三面之景，并与其西北面岛山顶上的“浮翠阁”遥相呼应构成对景［图 7 · 144］。

池东北的一段为狭长形的水面，西岸延绵一派自然景色的山石林木，东岸沿界墙构筑水上游廊——水廊，随势曲折起伏，体态轻盈仿佛飘然凌波。水廊北端连接于“倒影楼”(又名“拜文揖沈楼”)，作为狭长形水面的收束。它的前面的左侧以轻盈的水廊、右侧以自然景色作为烘托配衬，倒影辉映于澄澈的水面，构成极为生动活泼的一景［图 7 · 145］。水廊的南端为小亭“宜

图 7 · 144 与谁同坐轩

图 7·145 倒影楼及水廊

两亭”，此亭建在假山之顶，与倒影楼隔池相峙、互成对景；既可俯瞰西部园景，又能邻借中部之景，故名“宜两”。

宜两亭的西侧，便是西部的主体建筑物“鸳鸯厅”。此厅方形平面，四角各附耳室一间为昔日园主人于厅内举行演唱活动时仆人侍候之用。厅的中间用隔扇分隔为南、北两半。南半厅名“十八曼陀罗馆”，馆前的庭院内种植山茶花(曼陀罗花)，庭院之南即为邸宅；北半厅名“三十六鸳鸯馆”，挑出于水池之上。由于此馆体形过于庞大，因而池面显得逼仄，难免造成尺度失调之弊。

馆之西，渡曲桥为临水的“留听阁”，当年此处水面遍植荷花，借唐代诗人李商隐“留得残荷听雨声”诗意而得名。由此北行登上岛山蹬道，可达山顶的“浮翠阁”。这是全园的最高点，但阁的体量亦嫌过大，多少影响了西部的园林尺度。自留听阁以南，水面狭长如盲肠，西岸又紧邻园墙，这是造园理水的难题，一般应予避免。匠师们在水面的南端建置小型的点景建筑“塔影楼”，与留听阁构成南北呼应的对景线，适当地弥补了水体本身的僵直呆板的缺陷，可谓绝处逢生之笔。

东部原为“归田园居”的废址，1959 年重建。根据城市居民休息、游览和文化活动的需要，开辟了大片草地，布置茶室、亭榭等建筑物。园林具有明快开朗的特色，但已非原来的面貌了。

留园

留园在苏州阊门外，原为明代的“东园”废址。清乾隆五十九年（1794年），归吴县人刘恕。刘恕曾任柳州、庆远知府，告病还乡之后，对东园重新修整扩建，改名“寒碧庄”。他中年退隐，平生无声色之好，惟性嗜花石。将自己撰写的小品文章和收集到的古人法帖，勒石嵌砌在园内的廊壁上，谓之“书条石”。后代园主多袭此风，遂形成今日留园多书条石的特色。刘恕爱石，同治年间，收集太湖石12峰置于园内。同治十二年（1873年）为大官僚盛康购得，又加以改建、扩大，更名“留园”，面积大约2公顷，见［图7 · 146］。

园林紧邻于邸宅之后，分为西、中、东三区。三区各具特色：西区以山景为主，中区以山、水兼长，东区以建筑取胜。如今，西区已较荒疏，中区和东区则为全园之精华所在。当年园主人和内眷可从内宅入园，而宾客和

图 7 · 146 留园平面图（刘敦桢：《苏州古典园林》）

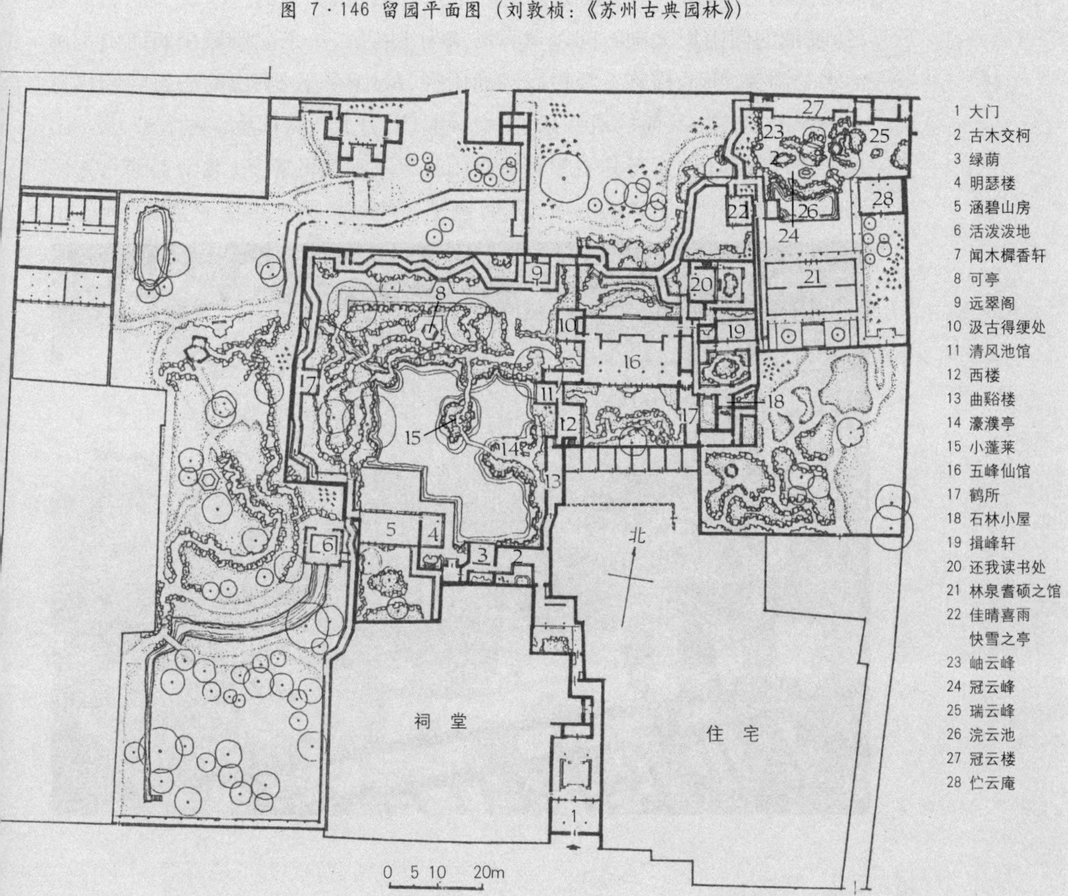

图 7·147 留园入口过道中之小天井

一般游客不能穿越内宅，故此另设园门于当街，从两个跨院之间的备弄入园。备弄的巷道长达 50 余米，夹于高墙之间，如何处理？确是难题。匠师们采取了收、放相间的序列渐进变换的手法，运用建筑空间的大小、方向、明暗的对比，圆满地解决了这个难题：甫入园门便是一个比较宽敞的前厅，从厅的东侧进入狭长的曲尺形走道，再进一个面向天井的敞厅，最后以一个半开敞的小空间作为结束 [图 7·147]。过此转至“古木交柯”，它的北墙上开漏窗一排，隐约窥见中区的山池楼阁。折而西至“绿荫”，北望中区之景豁然开朗，则已置身园中了 [图 7·148]。

中区的东南大部分开凿水池、西北堆筑假山，形成以水池为中心，西、北两面为山体，东、南两面为建筑的布局，这是留园中的一个较大的山水景区。临池的假山用太湖石间以黄石堆筑为土石山，一条溪涧破山腹而出仿佛活水的源头。涧上横跨石板桥以沟通山径，从山后透过涧岸的山石隐约窥见池东岸的建筑物从而构成一景 [图 7·149]。假山上桂树丛生、古木参天，山径随势蜿蜒起伏，人行其中颇有置身山野目不暇接的感受。北山上建六方形小亭“可亭”作为山景的点缀，同时也是一处居高临下的驻足观景场所。水

图 7·148 绿荫

池的东、南面均为高低错落、连续不断的建筑群所环绕，池南岸建筑群的主体是“明瑟楼”和“涵碧山房”成船厅的形象。它与北岸山顶的可亭隔水呼应成为对景，这在江南宅园中为最常见的“南厅北山、隔水相望”的模式。涵碧山房之前临池为宽敞的月台，后为小庭院，植牡丹、绣球等花木。西侧循爬山游廊随西墙北上，折而东沿北墙连接于中区东北角上的“远翠阁”，再与东区的游廊连接，构成贯穿于全园的一条迂回曲折而漫长的外围廊道游览路线。

池东岸的建筑群平面略成曲尺形转折而南，立面组合的构图形象极为精美：“清风池馆”西墙全部开敞，凭栏可观赏中区山水之全景［图7·150］。“西楼”与“曲溪楼”皆重楼叠出，它们的较为敦实的墙面与清风池馆恰成虚实之对比。楼的南侧有廊屋连接古木交柯，廊墙上开连续的漏窗。自室内观之，透出室外山池之景有若连续的小品画幅；自室外观之，则漏窗的空透图案又成为墙面上连续而有节奏的装饰。这一组高低错落有致、虚实相间的建筑群形象，造型优美、比例匀称、色彩素雅明快，再配以欹奇斜出的古树枝柯和驳

图 7·149 自山洞东望之景

图 7·150 清风池馆及西楼

图 7·151 曲溪楼、廊屋、绿荫

岸的嵯峨山石，构成一幅十分生动的画面，与池中倒影上下辉映。在后期园林建筑较为密集的情况下，它的精致的艺术处理无愧为一大手笔［图7·151］。

西楼、清风池馆以东为留园的东区。东区又分为西、东两部分，“五峰仙馆”和“林泉耆硕之馆”分别为这两部分的主体建筑物。

东区的西部，五峰仙馆的梁柱构件全用楠木，又称“楠木厅”，室内宏敞，装修极为精致。它的前后都有庭院，前庭的大假山是利用当年“寒碧山馆”主人刘蓉峰所搜集的12个峰石为主体叠筑而成，摹拟庐山的五老峰。馆前的踏跺，亦用天然石块叠置如山之余脉，饶有野趣。人在馆中，仿佛面对庐山岩壑，故名“五峰仙馆”。馆的两侧有小天井，由室内透过侧窗收摄天井内的竹石小品而构成绝好的“框景”。五峰仙馆之东为“揖峰轩”，轩的西面和后面均留出小天井点缀少许花木石峰，既便于通风采光，又能创为精致的室内小品框景［图7·152］。轩前的庭院，一带曲廊回旋。院中叠置小型品石若干组有若人工石林［图7·153］，院南设小轩足资观赏，故名“石林小屋”。屋之南，天井、曲廊、粉垣、洞门穿插，构成一个室内外彼此融糅、相互流通的空间复合体。揖峰轩之北，则

图 7·152 揖峰轩室内小品框景

是封闭的小庭院“还我读书处”，尤为安谧宁静独具书斋的私密性。

东区的西部仅占全园面积的二十分之一左右，却是园内建筑物集中、建筑密度最高的地方。这部分的规划，利用灵活多变的一系列院落空间创造出一个安静恬适、仿佛深邃无穷的园林建筑环境，满足了园主人以文会友和多样性园居生活的功能要求。建筑物一共五幢，其余均为各式游廊。正厅“五峰仙馆”是接待宾客的地方，“还我读书处”和“揖峰轩”属书斋性质，“鹤所”和“石林小屋”则是一般的游赏建筑。这五幢建筑物又分别结合游廊、墙垣再分划为三个小区：五峰仙馆、鹤所一区与还我读书处一区采取有中轴线但非对称均齐的布局，揖峰轩、石林小屋一区采取既无中轴线又非对称均齐的自由布局。曲折回环的游廊占着建筑的极大比重，对于多变空间的形成起着决定性的作用。从一幢建筑物到另一幢建筑物都很近便但却要经过多次转折的曲廊盘桓，在有限的地段范围内能够予人以无限深远之感。由建筑实体围合而成的院落有12个之多，其中的4个为庭院，8个为小天井。庭院的大小、形式、山石花木配置、封闭或通透程度，均视各自建筑物的性质而有所不同：五峰仙馆的前庭翠竹潇洒，峰石挺拔，点出“五峰”的主题，后庭较为开敞，透过游廊借入隔院之景；还我读书处的小院静谧清雅，仿佛与世隔绝；揖峰轩前庭怪石罗列，花木满院，以石峰为造景之主题，故命轩之名为“揖峰”。小天井依附于建筑物的一侧，便于室内的通风和采光，但更重要的作用在于为室内提供精致的框景，即李渔所谓的“尺幅窗”、“无心画”。天井中点缀的芭蕉竹石、悬萝垂蔓以白粉墙为画底，以窗洞或廊间为画框，构成一幅幅的立体小品册页，实墙的封闭感亦因之而消失。游廊与庭院、天井相结合，彼此渗透沟通，又创造了众多的出入孔道和

图 7·153 揖峰轩庭院石景

复杂的循环游览路线。“处处虚邻”，“方方胜境”，收到了行止扑朔迷离、景观变化无穷的效果。空间创作的巧思，确乎是十分出色的。

东区的东部，正厅“林泉耆硕之馆”为鸳鸯厅的做法 [图7·154]。厅北是一个较大而开敞的庭院，院当中特置巨型太湖石“冠云峰”[图7·155]，高5米余，左右翼以“瑞云”、“岫云”二峰，皆明代旧物。三峰鼎峙构成庭院的主景，故庭院中的水池名“浣云池”，庭北的五间楼房名“冠云楼”，均因峰石而得名。这是留园中的另一个较大的、呈庭园形式的景区，自冠云楼东侧的假山登楼，可北望虎丘景色，乃是留园借景的最佳处。

留园的景观，有两个最突出的特点：一是丰富的石景，二是多样变化的空间之景。

石景除了常见的叠石假山、屏障之外，还有大量的石峰特置和石峰丛置的石林。冠云峰本是明代疏浚大运河时打捞上来的巨型峰石，相传为北宋“花石纲”之遗物。峰高6.5米，姿态奇伟，嵌空瘦挺，纹理纵横，透孔较少。其状“如翔如舞，如伏如跧，秀逾灵璧，巧夺平泉”，是苏州最大的特置峰石。因其高居群峰之冠，而峰石又称作“云根”，故名曰“冠云”。它的两侧分别屏立“瑞云”、“岫云”二配峰，益发烘托出主峰之神秀。三峰之下，山石围筑成花台、小径，罗列小峰、石笋，点缀花、草、松、竹。每当夕阳西下，在一抹红霞中冠云峰的倒影映入浣云沼，更显其如画之意趣。此

图 7·154 林泉耆硕之馆室内

三峰的特置，以及石林小院中的大小峰石之丛置，堪称江南园林中罕见的石景精品。诸如此类的石景不仅丰富了园林景观，而且提高了园林的文化品位。原主人刘恕在《石林小院说》一文中写道："余于石深有取，……虽然石能侈我之观，亦能惕我之心。"即把园林石景之审美与个人内省之修养综合起来。又说："嶙峋者取其棱历，矶磾者取其雄伟，崭巖者取其卓特，透漏者取其空明，瘦削者取其坚劲。……棱历可以药靡，雄伟而卓特可以药懦，空明而坚劲可以药伪。"这也堪称有关石文化的一段精彩议论。

图 7·155 冠云峰及其后之冠云楼

园内既有以山池花木为主的自然山水空间，也有各式各样以建筑为主或者建筑、山水相间的大小空间——庭园、庭院、天井等。园林空间之丰富，为江南诸园之冠，在同一时期全国范围内的私家园林中也是不多见的。它称得起是多样空间的复合体，集园林空间之大成者。留园的建筑布局，看来也是采取类似拙政园的办法，把建筑物尽可能地相对集中，以"密"托"疏"，一方面保证自然生态的山水环境在园内所占的一定比重，另一方面则运用高超的技艺把密集的建筑群体创为一系列的空间的复合—— 一曲空间的交响乐。规划设计的水平不可谓不高，但就园林的总体而言，毕竟不能根本解决因建筑过多而造成的人工雕琢气氛太重，多少丧失风景式园林主旨的矛盾。足见个别园林的艺术创作固然有高下优劣之分，却毕竟不能脱开时代风尚的影响。

小莲庄

小莲庄在浙江省湖州市南浔镇。园主人刘镛（字贯经）购得万古桥西的一片荷池及其周围土地，光绪十一年（1885年）开始营造台榭亭阁、栽植花木、启建家庙义塾，前后历时四十载，于1924年完成。因仰慕著名书

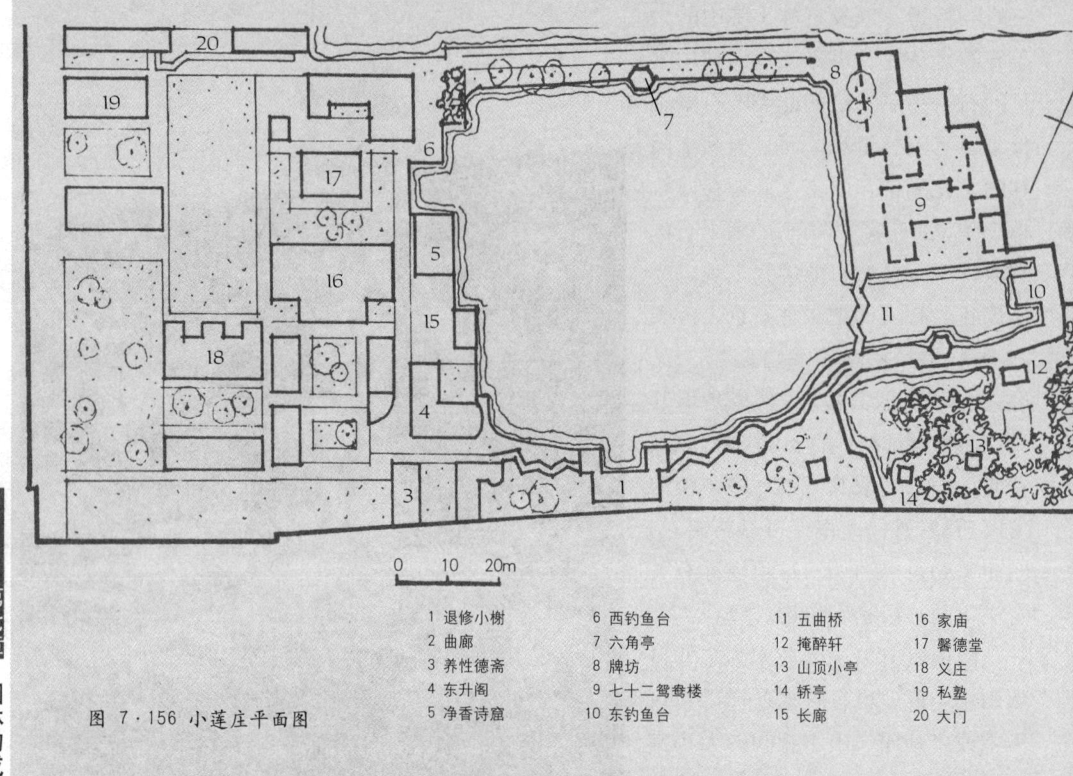

图 7·156 小莲庄平面图

画家赵孟頫在湖州的莲花庄宅园，而命名为“小莲庄”。

南浔镇地处富饶的杭嘉湖平原腹地，水陆交通便捷，工商业繁荣。刘镛以经营丝绸业起家，成为富甲一方的大商人。他的四个儿子均中举业而出仕为高官，他本人亦因儿子们的科场及第，恩封为二品通政大夫。刘镛既善于处世敛财，又登上仕宦门第，成为社会名流，便开始行善积德，热心公益事业，同时兴建豪华的宅邸、园林。小莲庄遂成为当时南浔诸园之首，也是江南的名园之一。

小莲庄两面环水，北临鹧鸪溪，西与嘉业堂藏书楼隔河相望。面积约1.7公顷，包括园林、家庙、义庄、家塾四部分［图7·156］。

园林按基址地段及水体情况，又规划为“外园”和“内园”两部分。

外园占地大，略成方形的大荷池居中。“退修小榭”是池南岸的主体建筑，也是外园的构图中心［图7·157］。它的正厅与两厢呈品字形临水布局，夏天赏荷品茗，最为相宜。榭的两翼为曲折的游廊，西曲廊连接书斋“养性德斋”，东曲廊连接“五曲桥”，隔水与“东钓鱼台”［图7·158］相望。曲廊的南侧遍植桃树，花开时透出一片春意。

荷池与其北的“鹧鸪溪”之间形成一道堤，堤北侧种植竹丛，南侧一

图 7·157 退修小榭

图 7·158 东钓鱼台

图 7·159 五曲桥

图 7·160 碑刻长廊

小亭凸出荷池水面，两旁种植柳树，也是赏荷的好去处。堤西端临水石山一组及西钓鱼台，供垂钓之用，东端建西洋式的砖牌坊，为当年小莲庄的入口。池东岸的“七十二鸳鸯楼”已毁，楼的南侧有百年紫藤一株，枝干卷曲如卧龙，一直延伸到五曲桥顶 [图 7·159]。池的西岸是建筑物较为密集的地方，其中的“东升阁”为西洋式的两层楼房，室内有西洋柱头和壁炉之装饰。其后为笔直的长廊，廊西墙的壁间嵌有“紫藤花馆藏帖”和“梅花仙馆藏真”刻石四十五方，故名“碑刻长廊”[图 7·160]。

外园的荷池水面开阔，遍植荷花，沿岸的建筑高低错落、疏密相间，尺度亲切近人，具有旷朗之景观。加之花树繁茂，郁郁葱葱，又显示一派大自然生态之美。

内园位于园林之东南角，是一座占地较小的园中之园［图7·161］。太湖石堆叠的大假山占去一多半的地段，峰峦沟壑起伏、山路曲折萦回，颇具小中见大的气势，不失为叠山的上品之作。山顶、山半、山脚各建亭轩以供坐憩。山的西侧一泓清池作为前者的配衬。四围粉墙障隔，颇具幽邃之景观，与外园恰成对比。如果说，外园以大片荷池之水景取胜，那么，内园则以山景之恢宏见长，而两者之间的隔墙上有漏窗相通，则又为彼此的"借景"创设了条件。

园林的长廊西侧为刘氏家庙，这是一组坐北朝南、五进院落的大建筑群，依次为照壁、石碑坊、门厅、过厅、正厅和后厅"馨德堂"。馨德堂之后院古树参天，间以叠石为山、花街铺地之穿插，很有一点祠堂园林的味道。

小莲庄的西邻，为江南著名私人藏书楼"嘉业堂"之所在。

嘉业堂由刘镛的长孙刘承干出资购地营建，1924年竣工。中西合璧的两层砖木结构楼房，平面呈口字形。其藏书不仅典籍宏富，还有大量的宋椠元刻、手稿抄本以及地方志等，均闻名海内外。楼的南侧为花园，绿草如茵，藤萝漫布。园内有荷池，周环叠石假山。池中垒石为岛，岛上建小亭，亭边一峰石特置。此园之整体风格与小莲庄十分谐调，而周围以一衣带水代替围墙，园内之景与园外村落田野浑然一体，只在东侧有桥临水可以通行。其大环境的天然野趣，则更甚于小莲庄。

图 7·161 内园

第八节 北方的私家园林

概 说

北京是北方造园活动的中心，私家园林精华荟萃之地。其数量之多，质量之高，均足以作为北方私园的典型。

这时期北京私家营园之兴盛，比之明代和清初有过之而无不及。究其原因：一是在明代和清初汲取江南造园技艺的基础上，结合北方的自然条件和人文条件，所形成的地方风格已臻于成熟和定型的境地。二是继康、乾盛世之后，大量官僚、王公贵戚集聚北京，世居本地者子孙繁衍分宅而居，外省的大员、蒙古王公也都要在北京兴造邸宅，而有宅必有园。三是自康熙以来皇家园林建设频繁，至乾隆时达到高潮，从而形成设计、施工、管理的一套严密体系和熟练的技术队伍，承包皇家工程的营造厂商也从皇家建园中取得经验，这对民间的园林建设创造了有利的条件，产生一定的促进作用。

北京的王府很多，因而王府花园是北京私家园林的一个特殊类别，王府有满、蒙亲王府、贝子府、贝勒府，按照不同的品级建置相应的附园。它们的规模比一般宅园大，规制也稍有不同。北京为五方杂处之地，全国各地、各行业的会馆达五六百处之多，其中以园林而知名者大约三十余处。会馆园林的性质和内容与私家园林并无差别，可归属于后者的范畴。

北京城内的私家园林，绝大多数为宅园，分布在内城各居民区内。外城的北半部繁荣，南半部较荒僻，当时汉人作京官的多建邸宅于宣武门外，崇文门外则多为商人聚居之地，故俗有"东富西贵"之谚。外城私家园林虽不如内城之多，但会馆园林则几乎全部集中在外城。

分布在内外城的私家园林，一部分是承袭明代和清初之旧，再经新主人修葺改建的，大部分则为新建。其中具备一定规模并有文献记载的估计约有一百五十六十处，保存到20世纪50年代尚有五六十处。[1]以后，迭经历年的城市建设、危房改造，几乎拆毁殆尽。得以保存至今的，已属凤毛麟

[1] 据前建工部建筑科学研究院历史与理论研究室的调查。

角了。

《天咫偶闻》一书中有若干条关于城内私园的记载，该书的作者震钧生于清咸丰七年(1857年)，卒于民国9年(1920年)。从他所记述的几处园林，可以略窥晚清北京私园情况之一斑：

“且园，在帅府园胡同，宜伯敦茂才所构。有小楼二楹，可望西山。花畦竹径，别饶逸趣。伯敦名垕，满洲人。生有俊才，寄怀山水。性复好事，风雅丛中，时出奇致。”

“完颜氏半亩园，在弓弦胡同内牛排子胡同。国初为李笠翁所创，贾胶侯中丞居之。后改为会馆，又改为戏园。道光初，麟见亭河帅得之，大为改葺，其名遂著。纯以结构曲折，铺陈古雅见长。富丽而有书卷气，故不易得。每处专陈一物……正室为云荫堂，中设流云槎，为康对山物，乃木根天然，卧榻宽长皆及丈，俨然一朵紫云垂地。……云荫堂南，大池盈亩，池中水亭，双桥通之，是名流波华馆。又有近光楼、曝画廊、先月榭、知止轩、水木清华之馆、伽兰瓶室诸名。先生故，已近六十年。完颜氏门庭日盛，此园亦堂构日新。”

“恭忠亲王邸，在银定桥，旧为和珅第。从李公桥引水环之，故其邸西墙外，小溪清驶，水声雪然。其邸中山池，亦引溪水，都城诸邸，惟此独矣。珅败，以赐庆亲王。相传乾隆之末，诸王相聚，语及和珅，争欲致之法。王独无言，仁宗及诸王诘之。王曰：我自顾无此大志，但欲异日分封时，得居其第足矣。一笑而罢。珅败，上竟如其言。恭邸分府，乃复得之。邸北有鉴园，则恭邸所自筑。”

“阮文达公蝶梦园在上冈。公有记云：辛未、壬申间，余在京师赁屋于西城阜城门内之上冈。有通沟自北而南，至冈折而东。冈临沟上，门多古槐。屋后小园，不足十亩。而亭馆花木之胜，在城中为佳境矣。松、柏、桑、榆、槐、柳、棠、梨、桃、杏、枣、柰、丁香、荼蘼、藤萝之属，交柯接荫。玲峰石井，嵚崎其间。有一轩二亭一台，花晨月夕，不知门外有缁尘也。”

“恩楚湘(龄)先生宅阜城门内巡捕厅胡同。先生于嘉庆间，曾官江苏常镇道。慕随园景物，归而绕屋筑园。有可青轩、绿澄堂、澄碧山庄、晚翠楼、玉华境、杏雨轩、红兰舫、云霞市、湘亭、罨画窗十景，总名述园。吟笺歌管，送日忘年。……元夕放灯于园，自撰《玉华观灯词》，命家姬习歌之。”

天春园 亦名增旧园，在安定门大街东铁狮子胡同。据《燕都丛考》引《增旧园记》的记载：

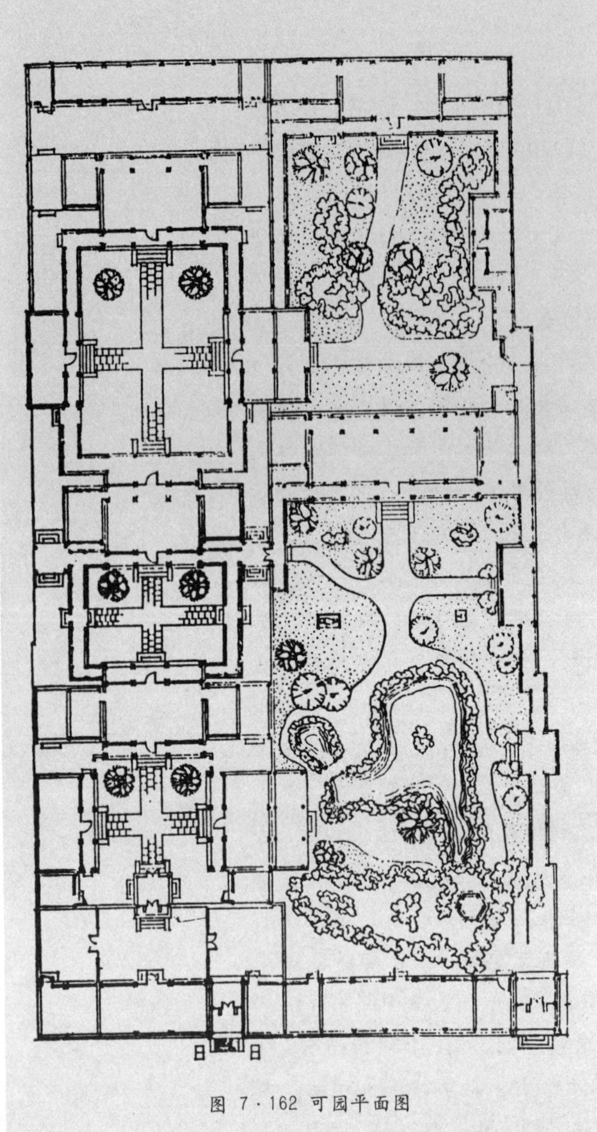
图 7·162 可园平面图

“(天春园)乃康熙间靖逆侯张勇之故宅也。当明季之世，宅为田贵妃母家，名姬陈圆圆者曾歌舞于此。道光末年，先考竹溪公由鸭儿胡同析居后，购以万金，因其基而修葺之，故更名“增旧园”云。园有八景，其正厅东向者曰停琴馆，取“停琴伫月”之意。对面有亭曰山色四围亭，亭之北有台，曰舒啸台，盖尝登东皋以舒啸焉。台之西有厅，南向者曰松岫庐。庐之南有修垣焉，长三十余丈，苍苔掩映，薜荔缠之，曰古莓堞。垣之曲折处有石洞，上镌有‘凌云志’，可以暗通前宅者曰凌云洞。停琴馆之西，有曲房曰井梧秋月轩，轩之北由长廊而斜度者曰妙香阁，乃昔年拜佛处也。此增旧园之八景也。呜呼，客岁庚子之变，联兵入京，如西苑中之万佛楼、春耦斋等，悉被焚毁。其余前朝后市富丽繁华之地，尽变为荒凉瓦砾之场，闲尝观之，直莫得其仿佛，是亦大可悲矣。斯园也，以弹丸之地，居兵燹之中，虽获瓦全，又安能长久哉！”

此外，20世纪六七十年代尚未拆毁的诸园中，亦不乏颇有名气者：

余园 在王府大街东厂胡同，为咸丰年间文华殿大学士两广总督瑞麟的宅园。园内的山石池沼、亭榭花木幽雅宜人，故又名“漪园”。1900年曾被八国联军侵占，1904年对市民开放，取劫后余生之意，改名“余园”，这是北京最早开放的一处宅园。

崇礼花园 在东四大街六条胡同西口内，为光绪年间大学士、兵部尚书崇礼的宅园。花园位于住宅中部，东部住宅所属的一个跨院内置有假山、凉亭，与中部的花园相通连而组成一体。花园内有叠石假山、亭台、游廊。

山前一道月牙河环绕，山上建戏台，山北侧与戏台相对应者为面阔五间的大厅“定静堂”，是为园林的主要厅堂。

索家花园　在南锣鼓巷秦老明同，又名绮园。园中有假山、水池、亭榭、桥梁和仿自江南园林的船厅，颇富江南韵味。

那桐花园　在王府大街金鱼胡同。花园紧邻住宅的西面，园内的东、南、北三面均有游廊环绕。主体建筑物建在西北的高台上，是园主人休憩和观赏园景的场所。园内种植榆、槐、合欢、圆柏等乔木和各种名花，一年四季均有花可赏。20世纪50年代，此园连同住宅的一部分作为和平宾馆的高等客房，80年代扩建宾馆时全部拆毁。

可园　在鼓楼大街南帽儿胡同，为大学士文煜的宅园。全园分为南北两部分，紧邻住宅的西侧。园林建筑的密度较高，游廊穿插，亭榭围绕，成庭院的格局，见［图7·162］，这是晚清宅园的普遍做法。建筑物的内檐装修很有特色，廊子的挂落均采用松、竹、梅等花木图案。

王府花园除《天咫偶闻》中所记述的恭王府园和鉴园之外，尚有几处亦值得一提：

醇亲王府园　在什刹后海北岸，是光绪皇帝生父醇亲王奕譞的新府花园。该府占地甚广，包括东府和西府两部分。两府的西邻即花园［图7·163］，后经改建作为国家名誉主席宋庆龄的住所，现为“宋庆龄故居”，对外开放。

郑亲王府园　在西单大木仓胡同。郑亲王是清初世袭冈替的八大铁帽子王之一，因而府邸建筑宏大，分为中、东、西三路。花园位于府邸的西侧，乾隆年间大加扩建，踵事增华，成为北京诸王府园林之冠。郑王府现在是教育部所在地，经过一再改建，花园已废毁殆尽。

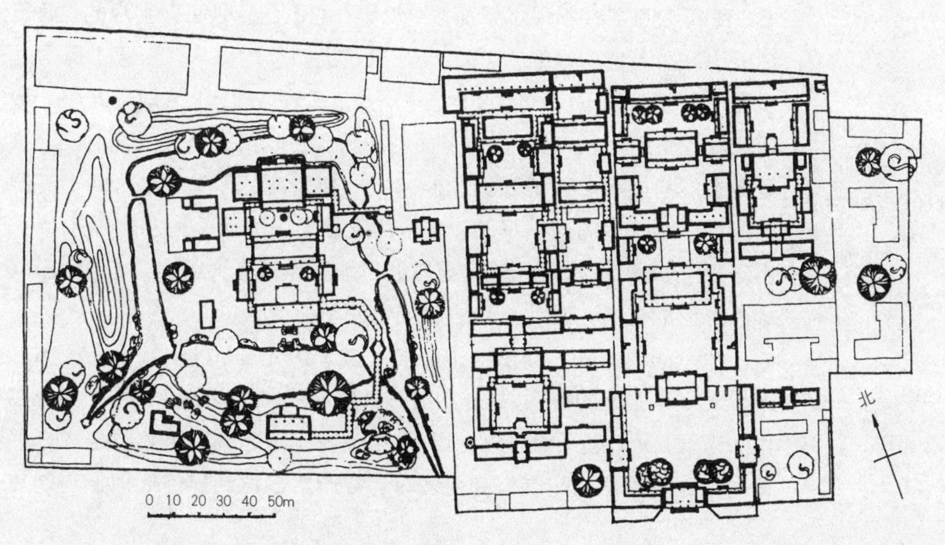

图 7·163 醇亲王府西府平面图(于振生：《北京王府建筑》，见《建筑历史研究》1992)

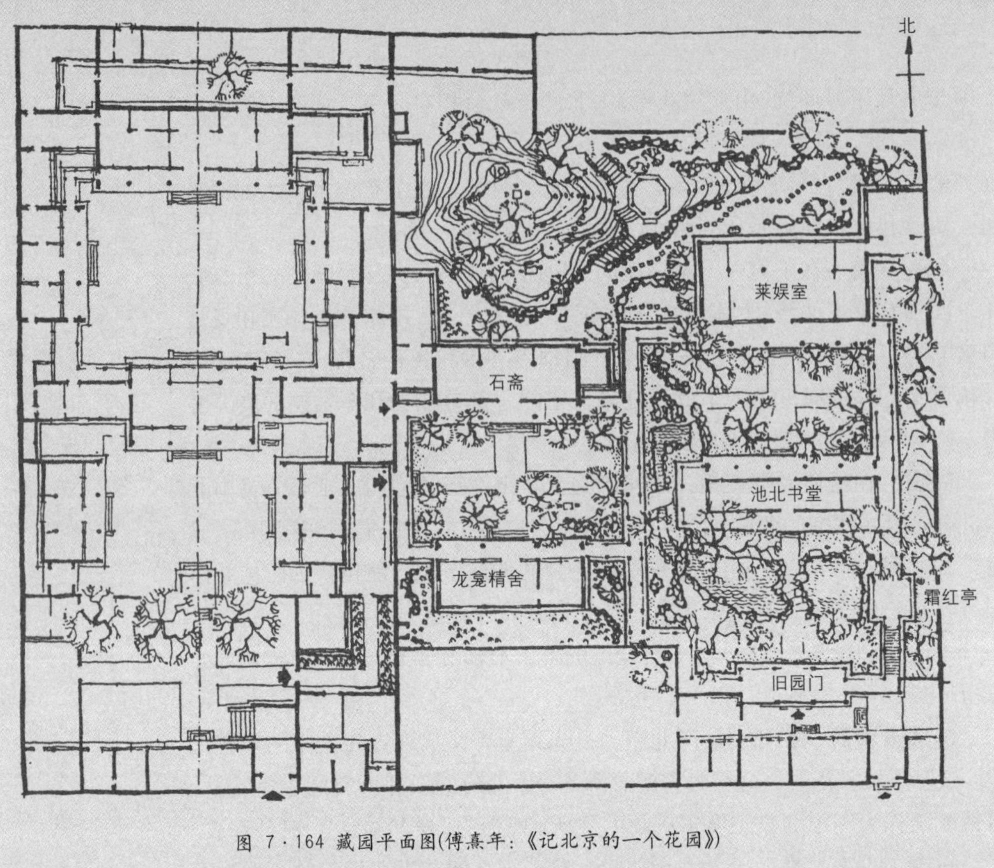

图 7·164 藏园平面图(傅熹年:《记北京的一个花园》)

礼亲王府 在西皇城根西北、大酱坊胡同东口，涛贝勒府在柳荫街。两府一直保存至20世纪60年代，花园内亭台、轩榭、游廊以及花木、山池均甚可观。

北京城内，地下水位低而水源较缺，御河之水则非奉旨不得引用。因此，民间宅园多有不用水景而采“旱园”的做法。即便有水池的，面积一般都很小，如上文列举的“可园”。凡属这类园林的供水，一般采用由远处运水灌注甚至蓄积雨水檐霤的办法来解决。藏园是清末民初著名学者、藏书家傅增湘先生的宅园，利用住宅东面的两跨四合院落的基址改建而成。[1]该园也是典型的旱园和小水池园林［图7·164］，以游廊、厅堂分隔为四个庭园。北面的庭园最大，为假山旱园；东南面紧接园门的两个庭园则以小型水池之点缀为主。假山与水池分开，前者的占地要比后者大得多。这是由于取水困难而形成的格局，在北京城内相当普遍。

北京的西北郊，湖泊罗布，泉水丰沛，供水条件很好。自康熙以来逐渐形成皇家园林的特区，并开发出万泉庄水系和玉泉山水系作为皇家园林的供水来源。由于皇帝园居成为惯例，因而在皇家园林附近陆续建成许多皇室成员和元老重臣的赐园。到乾隆时，赐园之多达到空前规模，它们几经兴

[1] 详见傅熹年:《记北京的一个花园》，载《文物参考资料》，1957(6)。

废，一直存在到清末。其中有的是清初旧园的重修或改建，大量的则是乾隆及以后新建的新园。除乐善园之外，都集中在海淀一带，主要是利用万泉庄水系和当地的泉眼供给园林用水。由于供水丰富，这些园林几乎都是以一个大水面为中心，或者以几个水面为主体，洲、岛、桥、堤把水面划分为若干水域，从而形成水景园。它们的园林景观，与城内一般宅园因缺水而较乏水景的情况就大不相同了。

由万泉庄水系连缀的一系列赐园之中，淑春园、蔚秀园、鸣鹤园、朗润园、镜春园、集贤院于20年代由前燕京大学购得，建成为校园的主体。建国后燕京大学与北京大学合并，成为北大校园的一部分。熙春园与近春园则是早期清华大学校园的主体部分，至今仍然是该校校园的核心。可以这样说，北大、清华这两所著名高等学府的校园，乃是在许多古典园林的基础上开发、拓展而建成的。这种情况造成两个校园的独特风格，也反映了当年海淀一带赐园的密集程度［图 7 · 165］。

乐善园 在西直门外长河南岸，始建于顺治年间，原为康亲王赐园。乾隆年间重加修葺，改建为长河行宫。园门北向，园内有“意外味”、“于此赏心”、“又一村”、“冲情峻赏”、“赏仁胜地”、“红半楼”、“诗画间”等建筑和景点。光绪年间，乐善园与可园（俗称三贝子花园）合并改建为农事试验

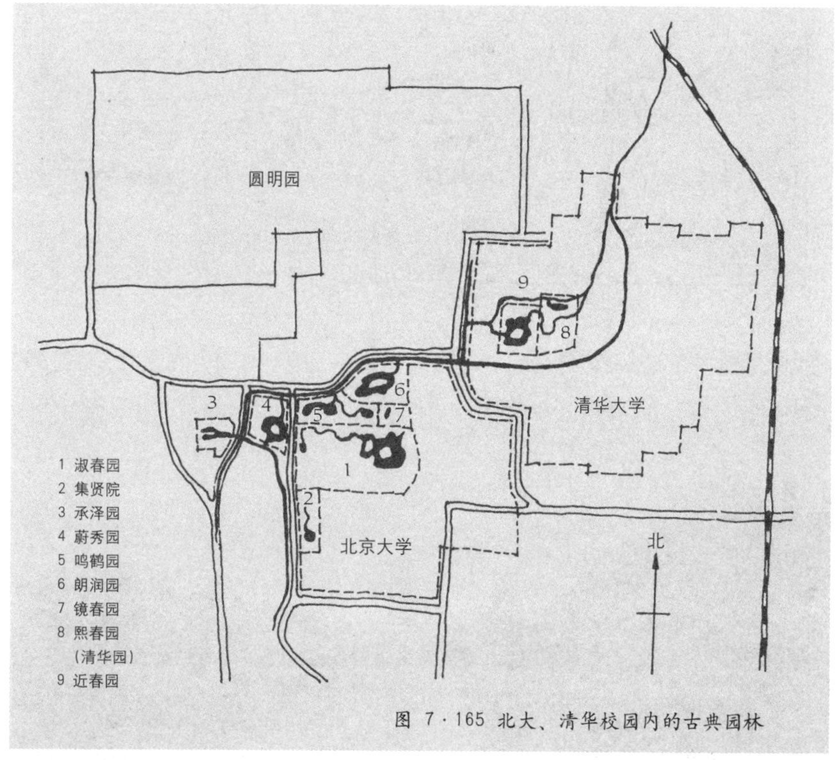

图 7 · 165 北大、清华校园内的古典园林

场，其后又改为万牲园对外开放，建国后拓展为北京动物园。

淑春园 在畅春园的东面，与畅春园只隔着一条大路，万泉河之水经畅春园流入园内［图7·166］。园初名春熙院，是圆明园的附园之一。乾隆年间为大学士和珅的赐园，嘉庆四年(1799年)和珅获罪，淑春园被内务府籍没。之后，划出东北面的一部分赐给庄静公主居住，名镜春园；再划出西北面的一部分赐给皇五子绵愉，名鸣鹤园。道光年间，淑春园归睿亲王仁寿所有，又称“睿王花园”或“墨尔根园”。园林的中部有一个宽阔的大湖，即今北京大学的未名湖［图7·167］，湖中大岛的东端尚保留着当年和珅建置的石舫。和珅获罪，这个石舫也成了他的罪状之一。大湖的湖岸曲折有致，周围溪流萦回，穿插着若干小湖泊，再以堆叠的假山丘阜连绵障隔。几组建筑群疏朗地分布在山水之间，形成了多层次、以水景取胜的幽邃曲折的园林境界。

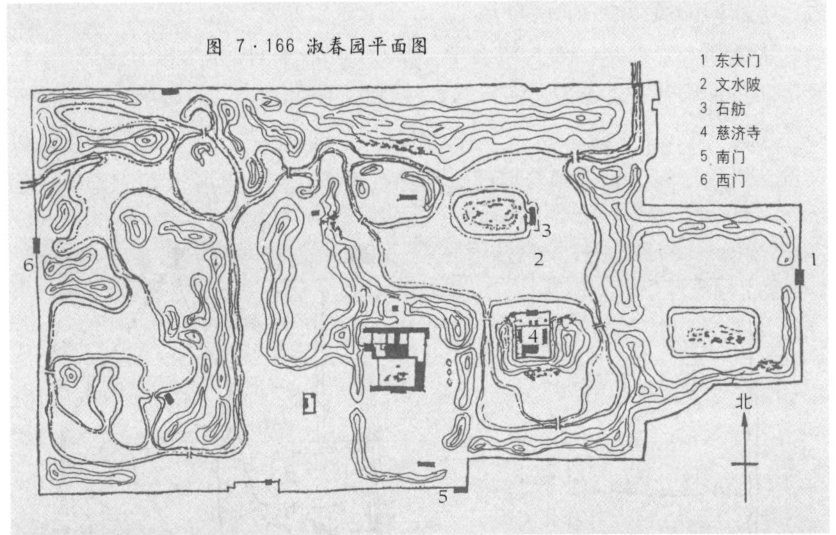

图 7·166 淑春园平面图

图 7·167 北京大学未名湖

蔚秀园 在畅春园之北，园林用水亦从万泉河引入。该园的前身为康熙时的含芳园，道光年间赐定郡王载铨，改名蔚秀园。咸丰年间赐醇亲王奕譞，后遭英法联军焚掠，破坏严重。光绪时奕譞重加修葺，以水景为主。园中开拓大小湖泊十个，主要建筑物分布在正中的两个大岛上，呈灵活的院落布局；此外还有“玉壶冰”、“招鹤磴”、“紫琳浸月”等景点［图7·168］。如今，园北部和西部湖面已被填平，东北角的出水口亦不复见。剩下的三个湖面，因多年淤塞几成死水潭，园景已远非当年面貌了。

鸣鹤园 在淑春园之北，紧邻万泉河南岸而引入河水。原为淑春园的一部分，赐给绵愉，以后仍归绵愉后人所有。园呈狭长形平面［图7·169］，主要的起居、会客的建筑物集中在东部，相当于住宅部分。西半部有一组庞大的园林建筑群，它的东、西两侧濒临大湖，湖中点缀大小岛屿，湖岸环绕着起伏的丘阜。山水面貌富于变化之趣，风格与东部迥然不同。园林建筑群以一个方形的金鱼池为中心，由厅堂、游廊、城关、假山组成封闭的庭院空间。庭院东面为连绵的土山，有叠落廊可登临山上的小亭“翼然亭”，俯瞰湖面之景。此园清末由徐世昌租用，将园内建筑悉数拆除，木料运走另作他用，但山水格局至今仍存。

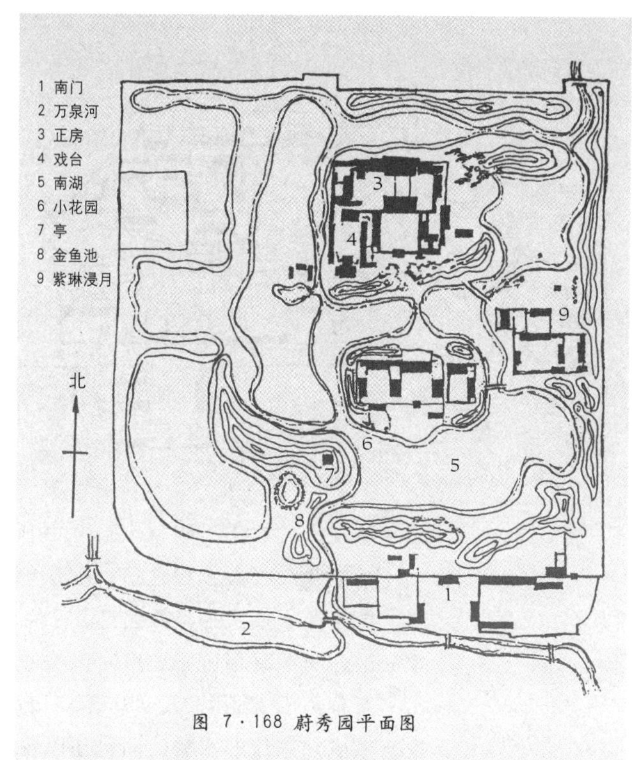

图 7·168 蔚秀园平面图

朗润园 在鸣鹤园之东北、万泉河南岸。初名春和园，嘉庆年间为庆亲王永璘的赐园。咸丰年间，转赐恭亲王奕䜣，更名“朗润园”。光

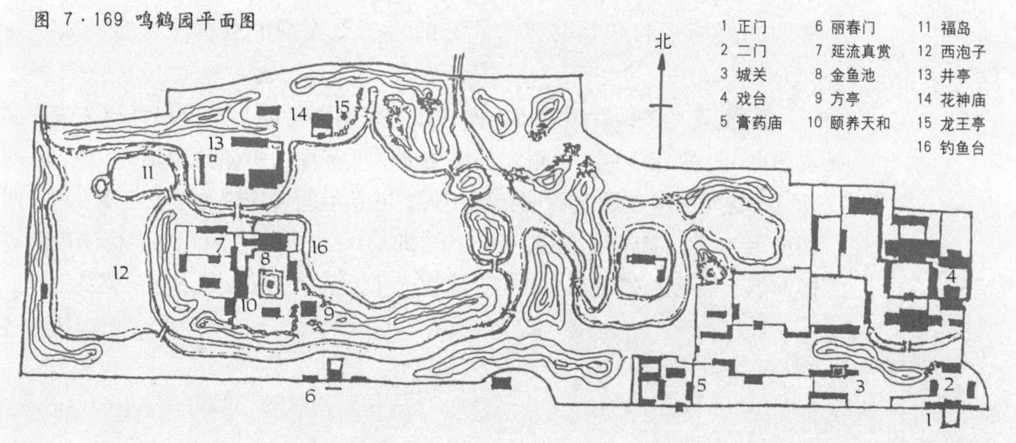

图 7·169 鸣鹤园平面图

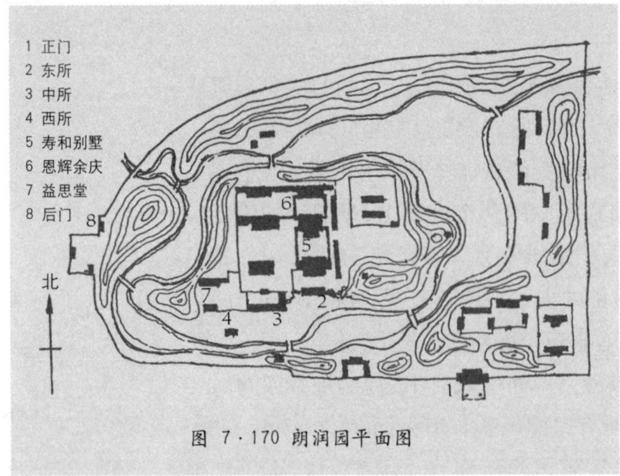

图 7·170 朗润园平面图

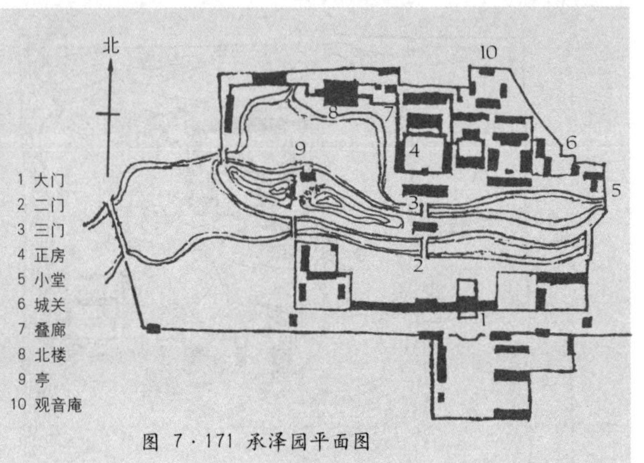

图 7·171 承泽园平面图

绪年间，奕䜣病故，此园缴内务府。宣统年间又赐予贝勒载涛。全园以一个大岛为中心，岛四周的水面，大小收放不一。园门位于东南隅，入门后穿过山间小道，渡平桥，迎面耸立一峰湖石，湖石后面为紧逼湖面的陡峭土山。大岛上的建筑群呈前后两个院落，东面由游廊围合。廊子的外侧为白粉墙垣，点缀各式洞窗。这是园主人当年居住的地方，至今大体上保存完好［图 7·170］。

承泽园 在蔚秀园之西。雍正年间始建，赐果亲王允礼。道光年间赐寿恩公主，公主殁后收归内务府，光绪年间赐庆亲王奕劻，建国后归北京大学所有。它的位置正好在昆明湖二龙闸出水口与万泉河的汇合处，水源充足。形成两条河道由西向东纵贯全园的有利条件，因而园林的水景十分丰富［图 7·171］。主要建筑物位居东北部，与园西部的山水景观恰成对比。如今，园中的山石池沼及建筑大体尚保存完好。

集贤院 在淑春园之南，即明代勺园之旧址。康熙时为郑亲王的赐园，名“洪雅园”。嘉庆初年改名“集贤院”，用作大臣入值圆明园的休息处和皇家宾馆。英法联军进犯北京时，英方谈判代表巴夏礼曾被囚禁于此。

万泉河沿着蔚秀园、鸣鹤园、朗润园的园墙之外流过，这些园林不仅没有减少它东流的水势，而且还以各园的泉水不断涌出补充它的水量。万泉河至此，有部分水量流入御苑绮春园中，主流则紧贴着绮春园和长春园的园墙，向东转北流去。它的另一支流则继续东流入熙春园，(见前［图 7·165］)。

熙春园 在长春园的东南面，始建于康熙年间，主要建筑物集中在园之西南部。嘉庆年间，在东北部增建了以工字厅为主体的建筑群。乾、嘉两朝，熙春园为皇家园林圆明园的附园。道光年间将该园分为东、西二园。西园命名为“近春园”，赐皇四子奕詝(即后来的咸丰皇帝)。东园仍沿用熙春园旧名，赐皇四弟端亲王绵恺，绵恺无子，由皇五子奕誴承袭，俗称“小五爷园”，咸丰年间改名为“清华园”。清华园的旧址包括现在的清华大学礼堂至“水木清华”一带的大片地区，园林建筑至今尚大半完整保存。除工字厅外，还有大宫门、二宫门、东西朝房、怡春院、古月堂，以及群房等，现为清华大学校部所在地［图7·172］。工字厅的平面呈工字形，是园内的主要殿堂，其后濒临一个狭长形的水池，康熙题名曰“水木清华”，盖出自晋人谢琨诗：“惠风荡繁囿，白云屯曾阿；景昃鸣禽集，水木湛清华。”这里池水清澈，对岸土山上林木蓊郁，环境十分幽静［图7·173］。咸、同、光年间礼部侍郎殷兆镛所书的一副对联描写其景观之美：

“槛外山光，历春夏秋冬，万千变化，都非凡境；

窗中云影，任东西南北，去来澹荡，洵是仙居。”

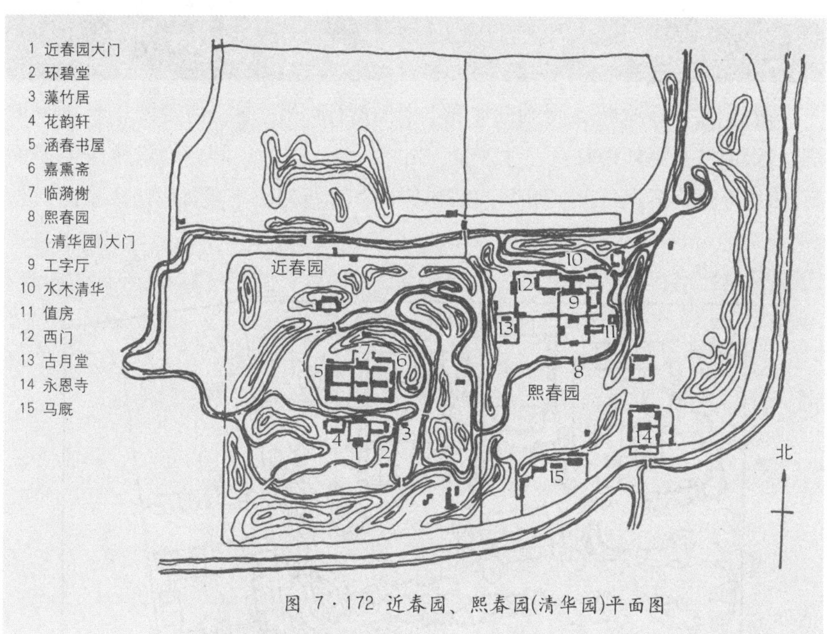

图 7·172 近春园、熙春园(清华园)平面图

图 7·173 水木清华

图 7·174 荷塘月色

近春园 即原熙春园的西半部。园内大部分为湖、河萦回，以水景取胜。建筑物主要分布在两个大岛上 [图 7·172]。同治年间，为重修圆明园而将这里的建筑拆运一空。如今，仅剩下一个荷塘和一个荒岛，其余水面改建

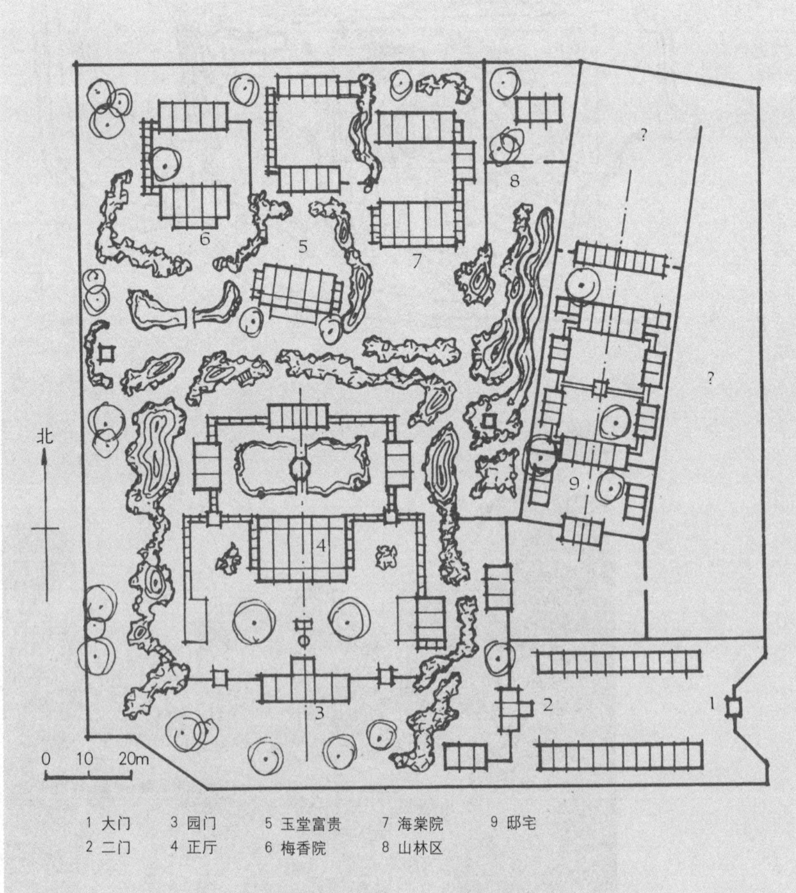

图 7·175 礼王园平面图

为游泳池或被填平。但荷塘荒岛的景色仍然十分宜人，朱自清先生的著名散文《荷塘月色》所描写的就是此地之景［图7·174］。

礼王园 在海淀镇苏州街西侧，为礼亲王代善后裔的宅园，建置年代已不可考。海淀一带的园林一般都选择易在得水的地方，以水景为主调。惟独礼王园地势较高，取水不易，这就说明建园时已找不到理想的基址。据此推断，礼王园的兴建时间较晚，当在乾隆以后。园、宅的规模宏大，由东、中、西三部分组成，大门设在东南角上［图7·175］，面临苏州街。东部为邸宅区，现仅存四进院落的建筑群。中部为山林区，以一组大假山为主体，由青石堆叠的石山与土石山相结合，堑道蜿蜒曲折破山腹而出，显示山体的脉络分明。西部为园林，即宅园。园林的主体部分靠南，园门以北为游廊围合的两进院落， 呈对称的布局，第一进正厅，第二进水池。这是清代王府花园的典型做法，与下文将要介绍的恭王府花园颇有类似之处。靠北为四个大小不同、形式各异的院落，西北的"梅香院"当年遍植腊梅花，当中的"玉堂富贵"种植玉兰树至今犹花繁叶茂，东北的"海棠馆"前后庭院中种植西府海棠数十本，每届花期粉蕊满园。园内仅有两处小水池，其余的绝大部分地段均为假山、花木和建筑构成的旱园。假山在园林的造景和空间分隔上发挥了很大的作用，它们或与道路相结合，或穿插于建筑之间，形成一个仿佛是发源于山林区的完整的山系，分布于全园之内，再加上密茂的树木，颇有几分天然野趣［图7·176］。然而，毕竟由于建筑密度较大，终于脱不开园林后成熟期的人工意味过重的缺陷。辛亥革命后，为同仁堂乐家购得，故又称"乐家花园"。现为北京八一中学校园。

图7·176 礼王园之青石假山

自得园 在颐和园的东北面，原为雍正年间的一座赐园，取名于“心旷神怡，悠然自得”之意。园内凿湖筑岛，岛上建楼阁，假山奇石、台榭轩馆，布列有序。光绪年间改作宫廷戏班居住的“升平署”，现为中央党校南院。园内建筑已不存，山水布局仍保持着原来的风貌。

以上列举的，大体上就是北京西北郊私园的较为著名者。它们绝大多数都是别墅园林，宅与园合而为一，而且都是以水取胜，因水成趣的水景园。清末同、光年间，许多官僚、文人陆续在六郎庄、香山、寿安山一带兴建别墅园。因此，除皇室的赐园之外，西北郊民间私园的建设又呈现活跃局面。

北京住宅院落的庭院比江南住宅的天井大而且开朗，夏日通风良好，冬天受纳足够的阳光照射。因此，庭院往往作为宅内居民日常交往的开敞空间，相应地进行适当的园林化的点缀。一般情况，庭院地面铺设十字形甬路，其余则种植树木，或者摆设盆花，花木的品种多取其吉祥的寓意和谐音，如石榴、枣树、玉兰、海棠、牡丹等。比较讲究一些的，还在院中砌筑花台、花坛之类，摆设鱼缸养金鱼或栽植盆莲等水生植物。个别的也有配以叠石为小型假山或者单块的“置石”，或者摆设一些石制或金属制的小品；在正对垂花门里侧的屏门处，往往设置木制小影壁，作为内外宅院之间的障隔。诸如此类，可以随宜搭配变化，不拘一格，视宅主人的经济条件、身份地位而定，但都是尺度亲切近人，具有浓郁的居住气氛。

除北京之外，华北各省如山西、山东、陕西、河北、河南等地，经济文化比较发达，也有私家园林的建置，但保存下来的已是寥寥无几。山西省中部的榆次、太谷、祁县、灵石、平遥一带，清乾隆以后为晋商的集中地。晋商经营商业、外贸和金融业，大多富甲一方。由于儒、商合一，当地文风亦较盛，士子通过科举而入仕的也不少。他们在外经商、为官，回乡后修建豪宅，聚族而居。这类住宅往往连宇成片，形成多进、多跨院落的庞大建筑群，建筑质量很高，装修、装饰非常考究。它们分布在晋中一带的城乡，为数甚多，乃是山西现存古民居中的精粹和代表作品。它们一般都有附属的园林建置，包括庭院、宅园以及别墅园等。

太谷城内尚保存着几处庭院和宅园。庭院多为四合院落稍加绿化和园林化，在正厅前砌筑高1米左右的花栏墙，形式一字形或凹字形。墙头放置盆栽花木，若应时观赏便放置时令花卉，个别大户人家还培植一些名贵的品种。在花栏墙之前置鱼缸一二个，缸内养金鱼或栽植盆莲。庭院中心建花台或花坛，周围栽树几株，个别的也有沿墙堆叠小型壁山的。**孔祥熙宅园**是太谷城内现存最大、保持较完整的一处大宅院，原为太谷没落士绅孟广誉家的老宅，始建于清乾隆年间，咸丰年间完工。孔祥熙购得后，局部加以修葺，依然保持着当年的格局。此宅有宅园两处：东花园和西花园。东花园的北半部以一座假山为主景，采用当地所产的黄石和砂积石堆叠为土石山，山上建小亭；南半部沿墙建轩、舫、小戏台；全园以游廊贯通，呈开朗的格局。西花园较小些，正中水池略近方形，池中石基上架小亭“小陶然”，南北各为小石拱桥接岸。园中花木扶疏，总体大致呈规整式布局[1]。

晋中一带的乡间，聚族而居的深宅大院周围几乎都是堡墙高筑、四门俱全，远看仿佛城堡。这主要出于安全防卫上的必需，而其形象亦足以夸耀主人的财势。榆次车辋乡的“常家大院”便是典型的一例。常氏家族世代经商，乾隆年间经营茶业外贸事业如日中天，第宅建筑亦随之进入鼎盛。堡墙之内有两条街道，街道两侧分布着宅院百余处，房屋多达四千余间。居住院落中点缀着庭院，而庭园多作绿化和园林化。此外，在“大院”的北半部还建置一处规模甚大的宅园。宅园已毁，如今新建的亭台楼榭、山池花木大体上依据文献的记载，但毕竟不是原貌了。“**皇城相府宅院**”又名“午亭山村”，位于阳城县北留镇境内的皇城村，这是一座集官宦府第、名人故居与地方民居为一体的庞大的城堡式居住建筑群。它的主人为陈姓的官宦世家，康熙年间，陈廷敬官居文渊阁大学士，担任帝师、《康熙字典》总阅官，辅佐康熙帝达半个世纪之久。陈廷敬学识渊博，不仅是相当于宰辅的大官僚，而且是理学家、文学家、诗人，故当地老百姓称他的故居为“相府”。皇城相府背倚樊山，前临樊溪，包括内城和外城两部分。建筑基址地势高爽、视野开阔。城内除庭院的园林化点缀之外，尚有宅园两处：西花园又名“慕园”，有假山、鱼池、花圃、回廊，面积虽小，但布局紧凑、尺度宜人。“芷园”又名“芷园书堂”，与樊山东城相接，利用山岩成“石壁飞鱼”一景，园内有书堂建筑、水池、曲桥、回廊等，现仅剩遗址。相府建筑群的所在地为低山丘陵地带，周围的山水风景优美且有特色。人工的建筑美与天成的自然美得以融糅交辉，益发增益其环境美之魅力，颇有唐、宋山地别墅的古风。

[1] 赵景逵、陈尔鹤等：《太谷园林志》，太谷县县志办公室，1988。

园 林 实 例

下面详细介绍北京的两个实例，一个是普通宅园，一个是王府花园。

半亩园

半亩园 在北京内城弓弦胡同(今黄米胡同)，始建于清康熙年间，为贾膠侯的宅园，相传著名的文人造园家李渔曾参与规划，[2]所叠假山誉为京城之

[2] 关于李渔为贾膠侯规划半亩园的事，见于麟庆《鸿雪因缘图记》的记载。但也有人对此提出异议，认为纯属子虚乌有的讹传，详见唐家树《由半亩园说开去》（载《北京晚报》，1996年12月29日）。

冠。其后屡易主人，逐渐荒废。道光二十一年(1841年)，由金代皇室后裔、大官僚麟庆购得，他购得此园时正在两江总督任内，乃命长子崇实延聘良工重建，一切绘图烫样均寄往江南由他亲自审定，两年后完工。

麟庆字见亭，其自撰的《鸿雪因缘图记》一书中有七节文字描写园景甚详，并随文附插图七幅。其中的《半亩营园》一节文字记载园内建筑物"正堂名曰云荫，其旁轩曰拜石，廊曰曝画，阁曰近光，斋曰退思，亭曰赏春，室曰凝香。此外有嫏嬛妙境、海棠吟社、玲珑池馆、潇湘小影、云容石态、罨秀山房诸额，均倩师友书之。"

麟庆时期的半亩园，"垒石成山，引水作沼，平台曲室，奥如旷如"，一时成为北京的名园。其后直到民国年间，又屡易其主，不断地进行改建、扩建。1948年以后归北京市公安局所有，20世纪80年代初尚能见到大部分建筑物以及假山的山洞、台垛等，1984年全部拆毁。

[图7·177] 是后期(清末、民国时期)的半亩园平面图。

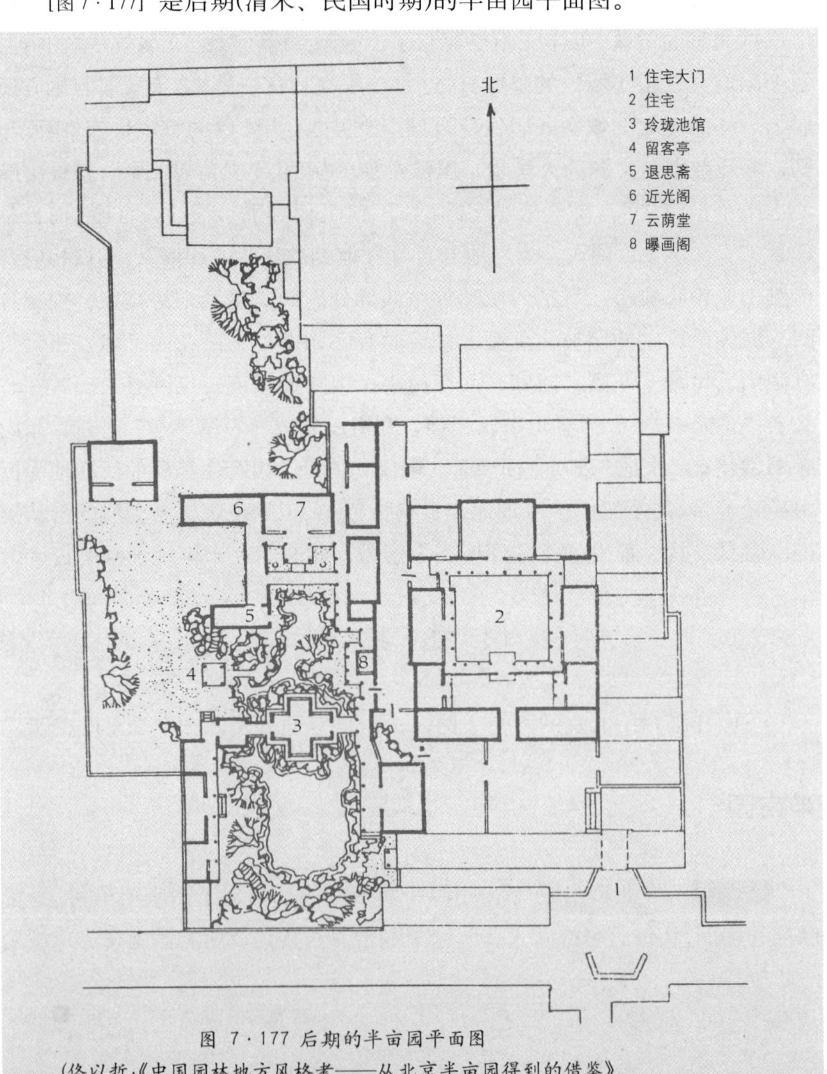

图 7·177 后期的半亩园平面图

(佟以哲:《中国园林地方风格考——从北京半亩园得到的借鉴》，载《建筑学报》1981 (10))

图 7·178 云荫堂（佟以哲:《中国园林地方风格考——从北京半亩园得到的借鉴》）

园林紧邻于邸宅的西侧，夹道间隔，夹道的南端设园门。园的南半部以一个狭长形的水池为中心，叠石驳岸曲折有致，池中央叠石为岛屿，岛上建十字形的“玲珑池馆”，东、西两侧平桥接岸，把水池划分为两个水域，池北的庭院正厅名“云荫堂”[图7·178]。这与清末文人震钧《天咫偶闻》所载“(半亩园)云荫堂南，大池盈亩，池中水亭，双桥通之”的描写是吻合的，但却与《鸿雪因缘图记》中《半亩营园》一节图、文对云荫堂前庭的描绘迥然不同[图7·179]。

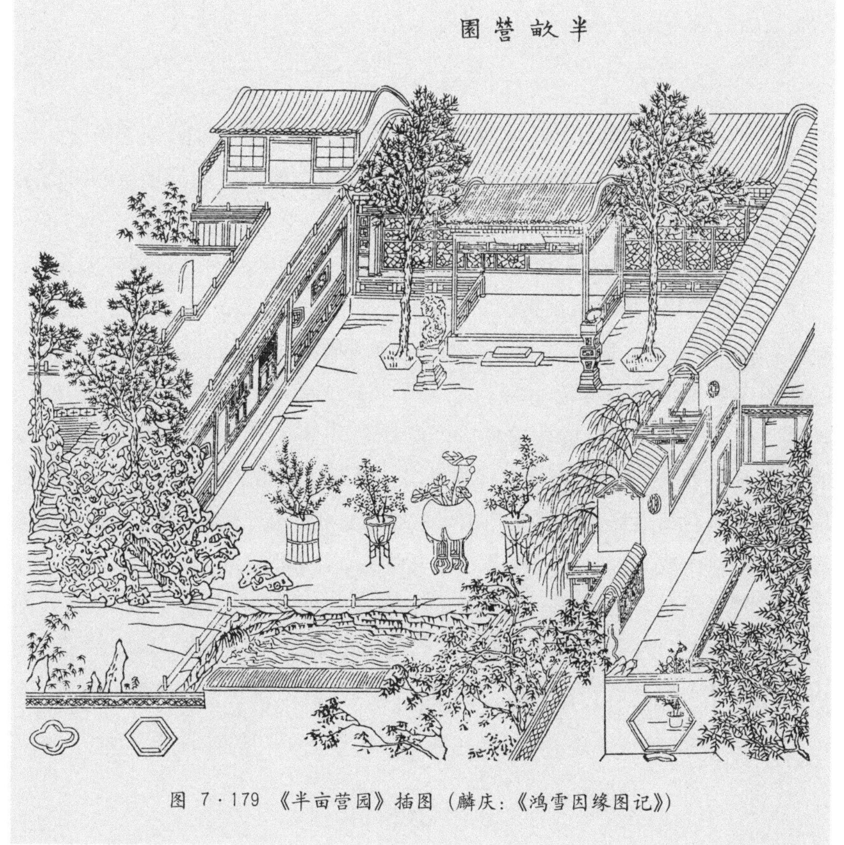

图 7·179 《半亩营园》插图（麟庆:《鸿雪因缘图记》）

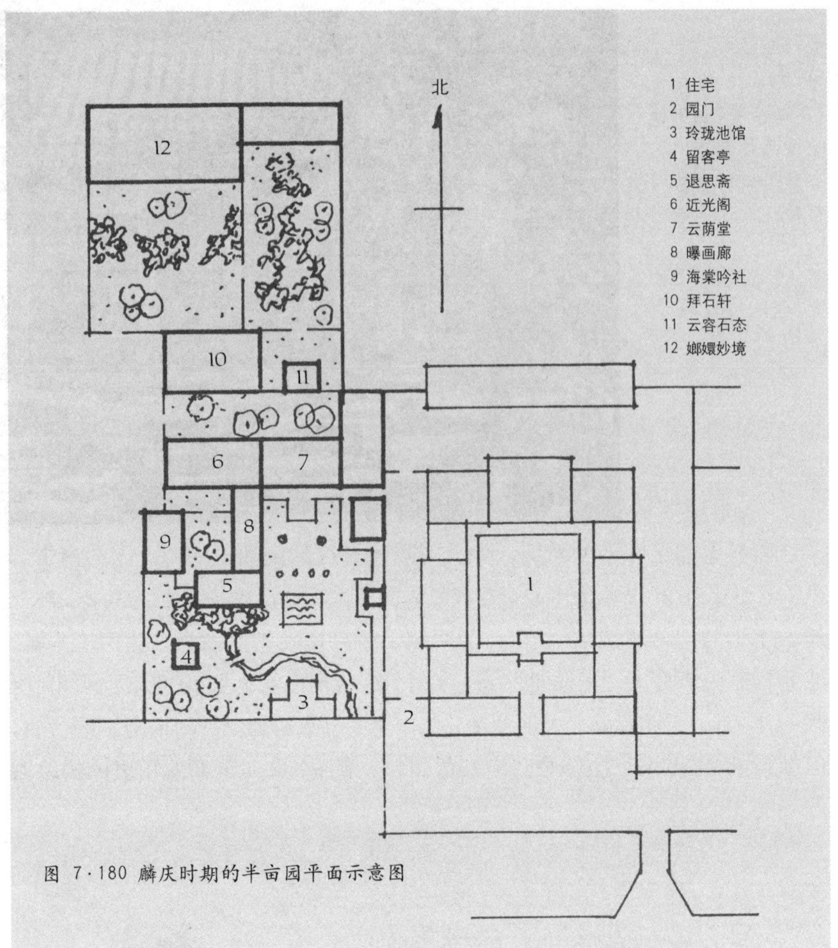

图 7·180 麟庆时期的半亩园平面示意图

根据《鸿雪因缘图记》中的七节文字以及所附插图对园景的描绘，结合于后期平面图上部分建筑的标定，大致可以作出麟庆时期的半亩园平面示意图［图 7 · 180］。

园林的面积比后期的略小一些，包括南、北两区。南区是园林的主体，正厅“云荫堂”三开间前出抱厦，与两厢三面围合成庭院。庭院内陈设日晷、石笋、盆栽等小品，其南为长方形的小水池种植荷花。这些，在《半亩营园》的插图中都表现得很清楚［图 7 · 179］。东厢做成随墙的曲折游廊，设门通往夹道。西厢“曝画廊”的南端连接书斋“退思斋”，后者的南墙和西墙均与大假山合而为一，“后倚石山，有洞可出，前三楹面北，内一楹独拓东牖，夏借石气而凉，冬得晨光则暖”。循假山之蹬道可登临平屋顶，退思斋、曝画廊的平屋顶作成“台”的形式名“蓬莱台”。台的北端为“近光阁”，两者均可观赏园外借景，也是赏月、消夏的地方，据《近光伫月》一节文字：“近光阁在平台上，为半亩园最高处，以其可望紫禁城大内门楼、琼岛白塔、景山皇寿殿并中峰顶万春、观妙、辑芳、周赏、富览等五亭，故名。”所附插图不仅表现了这个景观的形象，还能够隐约看出平台西面的四合院建筑布局的情况［图7·181］。利用房屋的平屋顶结合假山叠石作“台”的处理是北方园林中常见的手法，显然源出于北方民居建筑之多有上人的平屋顶结构。

图 7·181 《近光伫月》插图（麟庆：《鸿雪因缘图记》）

大假山之南一亭翼然，名“留客亭”，亭前一弯溪水衔接于假山。这一带是园中花木种植最多的地方，据《园居成趣》一节文字：“有海棠、蘋婆、石榴、核桃、枣、梨、柿、杏并葡萄二架，一巨者在西南隅，旁倚方亭(留客亭)，前临流水小桥……”溪水往东绕过“玲珑池馆”，池馆三开间前出厦随南面园墙而建，与正厅云荫堂构成南北对景，其具体布局见于《焕文写像》之插图［图7·182］。

图 7·182 《焕文写像》插图（麟庆：《鸿雪因缘图记》）

北区由两个较大的院落组成。"拜石轩"坐南朝北，是园主人的日常读书、赏石的地方。轩内陈列着麟庆收集的各种奇石，据《拜石拜石》一节的文字描写：

> "余命崇实添觅佳石，购得一虎双笋，颇具形似，终鲜绉、瘦、透之品。乃集旧存灵壁、英德、太湖、锦州诸盆玩，并滇黔朱砂、水银、铜、铅各矿石，罗列一轩，而嵌窗几。以文石架叠石经石刻，壁悬石笛石箫。轩前后凡六楹，后三楹一贮砚，一贮图章，一镌米元章《洞天一品石论》于版壁。前三楹一木假石高九尺，质系泡素，洞窍玲珑；一星石，围四尺，上勒晋卞忠贞公壶诗，成哲亲王诒晋斋跋，色黑而黝，古光可鉴；一大理石屏，高七尺，九峰嶙峋，旁镌阮云台先生点苍山作，屏即先生所赠也。又插牌一，天然云山，云中一月，影圆而白，山头有亭，四柱分明。……因名曰'见亭石'。照袍笏拜之，遂颜轩曰'拜石'。"

"嫏嬛妙境"轩坐北朝南，因其前的庭院内的假山堆叠宛若嫏嬛山势而得名。轩面阔三间，为园内的藏书室。麟庆毕生搜集了宋元珍本及近世典籍八万五千余卷，大部分庋藏在此轩，故轩内有楹联云："万卷藏书宜子弟；一家终日在楼台。"

麟庆时期的半亩园，南区以山水空间与建筑院落空间相结合，北区则为若干庭院空间的组织而寓变化于严整之中，体现了浓郁的北方宅园性格。利用屋顶平台拓展视野，也充分发挥了这个小环境的借景条件。园林的总体布局自有其独特的章法，但在规划上忽视了建筑的疏密安排，若与类似格局的苏州网师园相比，则不免有所逊色了。

萃锦园

萃锦园 即恭王府后花园。

北京内城的什刹海一带，风景优美，颇有江南水乡的情调，是内城的一处公共游览地。明清两代，这里会聚了许多私家园林和寺庙园林。其中有不少皇亲、贵戚、官僚的府邸园林，恭王府花园便是其中之一。

恭王府是清代道光皇帝第六子恭忠亲王奕䜣的府邸，它的前身为乾隆年间大学士和珅的邸宅。萃锦园紧邻于王府的后面，究竟始建于何时，其说不一。从园中保留的参天古树以及假山叠石的技法来推测，至晚在乾隆年间即已建成，很有可能是利用明代旧园的基址。同治年间曾经重修过一次，光绪年间再度重修，当时的园主人为奕䜣之子载滢。载滢于光绪二十九年(1903年)写成《补题邸园二十景》诗20首，收入《云林书屋诗集》中。这20首诗分别描写萃锦园的20景：曲径通幽，垂青樾，沁秋亭，吟香醉月，蓺蔬圃，樵香径，渡鹤桥，滴翠岩，秘云洞，绿天小隐，倚松屏，延清籁，诗画舫，花月玲珑，吟青霭，浣云居，枫风水月，凌倒景，养云精舍，雨香岑。1929年萃锦园由辅仁大学收购，作为大学校舍的一部分。如今已修整开放，大体上仍保持着光绪时的规模和格局。见［图7·183］。

萃锦园占地大约2.7公顷，分为中、东、西三路。中路呈对称严整的布局，它的南北中轴线与府邸的中轴线对位重合。东路和西路的布局比较自由灵活，前者以建筑为主体，后者以水池为中心。

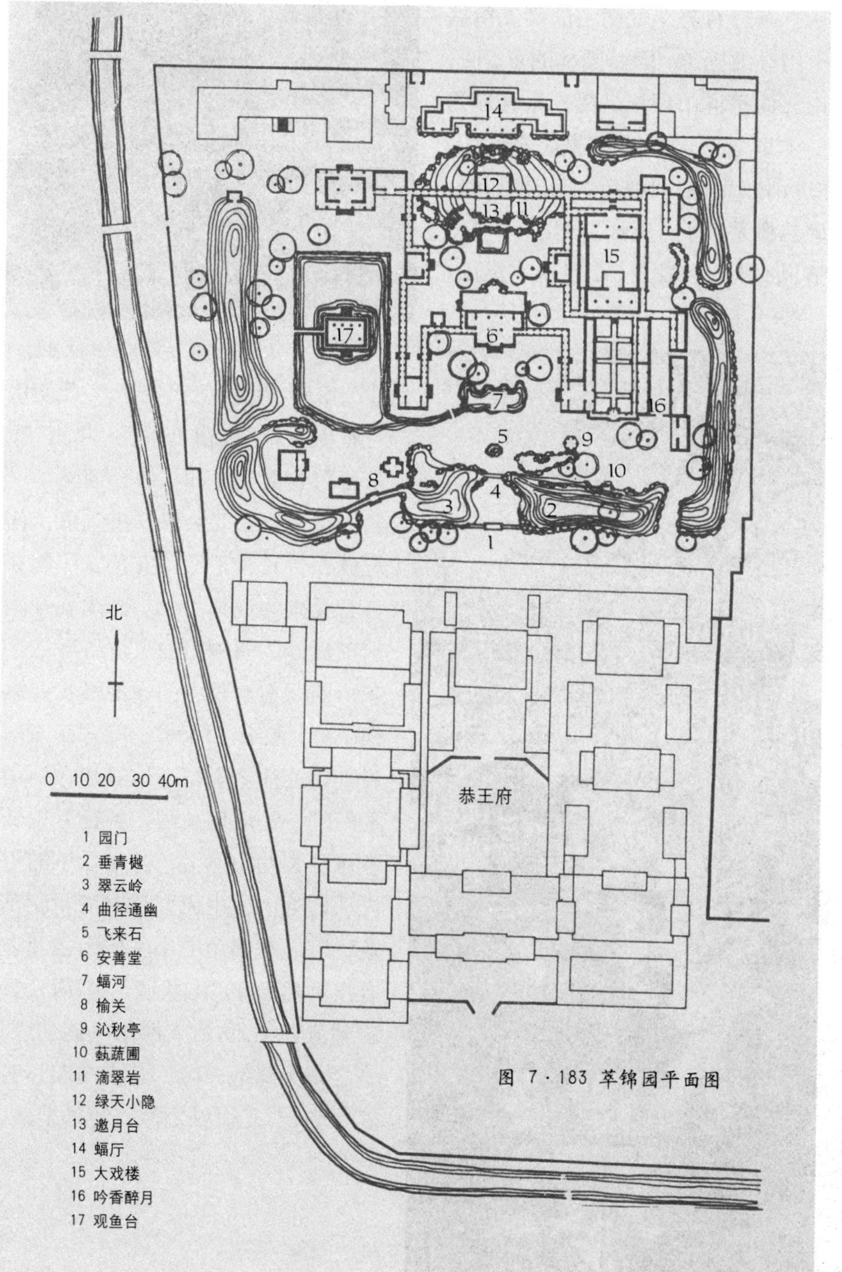

图 7·183 萃锦园平面图

图 7·184 萃锦园园门

中路包括园门及其后的三进院落。园门在南墙正中，为西洋拱券门的形式 [图7·184]。这是晚清时北京常见的运用某些西洋建筑细部的时髦做法。民间称之为“圆明园”式，因其类似圆明园的西洋楼。入园门，东西两侧分列“垂青樾”、“翠云岭”两座青石假山，虽不高峻但峰峦起伏、奔趋有势。此两山的侧翼衔接土山往北延绵，因而园林的东、西、南三面呈群山环抱之势。垂青樾为二十景之一，载滢诗序描写其为：“进山数武，植架槐数本，枝柯纠缦，俨然棚幕。每当夏日，憩坐其下，觉清风时至，炎夏全忘，且杂卉满山，绿云窣地，尤能动我吟怀。”此两山左右围合，当中留出小径，迎面“飞来石”耸立，此即“曲径通幽”一景。飞来石之北为第一进院落，建筑成三合式，正厅“安善堂”建在青石叠砌的台基之上，面阔五开间出前后厦，两侧用曲尺形游廊连接东、西厢房。院中的水池形状如蝙蝠翩翩，故名“蝠河”。院之西南角有小径通往“榆关”，这是建在两山之间的一处城墙关隘，象征万里长城东尽端的山海关，隐喻恭王的祖先从此处入主中原、建立清王朝基业。院之东南角上小型假山之北麓有亭翼然，名“沁秋亭”。亭内设置石刻流杯渠，仿古人曲水流觞之意。亭之东为隙地一区，背山向阳，势甚平旷，“爰树以短篱，种以杂蔬，

图 7·185 大假山“滴翠岩”

验天地之生机，谐庄田之野趣”，这就是富于田园风光的“蓺蔬圃”一景。安善堂的后面为第二进院落，呈四合式。靠北叠筑北太湖石大假山“滴翠岩”[图7·185]，姿态奇突，据载滢诗序的描写：“岩以太湖石为之，叠壁谺谺，不可具状，复凿池其下，每风幽山静，暮雨初来，则藓迹云根，空翠欲滴，吟啸徘徊，觉世俗尘气为之一息。”山腹有洞穴潜藏，引入水池。石洞名叫“秘云”，内嵌康熙手书的“福”字石刻。山上建盝顶敞厅“绿天小隐”，其前为月台“邀月台”。厅的两侧有爬山廊及游廊连接东、西厢房，各有一门分别通往东路之大戏楼及西路之水池。山后为第三进院落，庭院比较窄狭，靠北建置庞大的后厅，后厅当中面阔五间，前后各出抱厦三间，两侧连接耳房三间[图7·186]，平面形状很像蝙蝠，故名“蝠厅”，取“福”字的谐音。

东路的建筑比较密集，大体上由三个不同形式的院落组成。南面靠西为狭长形的院落，入口垂花门之两侧衔接游廊，垂花门的比例匀称，造型极为精致。院内当年种植翠竹千竿。正厅即大戏楼的后部，西厢房即明道堂之后卷，东厢房一排八间。院之西为另一个狭长形的院落，入口之月洞门额曰“吟香醉月”。北面的院落以大戏楼为主体，戏楼包括前厅、观众厅、舞台及扮戏房，内部装饰极华丽，可作大型的演出。

西路的主景为大水池及其西侧的土山。水池略近长方形，叠石驳岸，池中小岛上建敞厅“观鱼台”。水池之东为一带游廊间隔，北面散置若干建筑物，西、南环以土山，自成相对独立的一个水景区。载滢所题20景之中“诗画舫”：“绿堤长堤，虚明朗鉴，而縠纹梭影，荡漾楣牖间，活泼泼地。”根据这段文字描写看来，它的位置当在水池的小岛上，也就是观鱼台的前身。

图 7·186 蝠厅（何重义摄）

萃锦园作为王府的附园，虽属私家园林的类型，但由于园主人具皇亲国戚之尊贵，在园林规划上也有不同于一般宅园的地方。这主要表现在园林三路的划分，中路严整均齐，由明确而突出的中轴线所构成的空间序列颇有几分皇家气派。因而园林就其总体而言，不如一般私家园林的活泼、自由。但即使在这种制约情况下，亦力求在景观的组织方面显示风景式图林的气氛：把水石之景相对集中在园林的南半部，包括垂青樾和翠云岭两座大假山、若干组散置的叠石、蝠河、参天古树间以少许小建筑之点缀。人们甫入园即置身于一个富于山林野趣的自然环境里面，适当地"软化"了园林中路的严整性。西路以长方形大水池为中心，则无异于一处观赏水景的"园中之园"。从萃锦园的总体格局看来，大抵西、南部为自然山水景区，东、北部为建筑庭院景区，形成自然环境与建筑环境之对比。既突出风景式园林的主旨，又不失王府气派的严肃规整。

园林的建筑物比起一般的北方私园在色彩和装饰方面要更浓艳华丽，均具有北方建筑的浑厚之共性。叠山用片云青石和北太湖石，技法偏于刚健，亦是北方的典型风格。建筑的某些装修和装饰，道路的花街铺地等，则适当地吸收江南园林的因素。植物配置方面，以北方乡土树种松树为基调，间以多种乔木。据载滢《补题邸园二十景》诗的描述：当年园内老松乔木，野花杂卉，修竹垂杨，蔓络蒙密；水体的面积比现在大，水体之间都有渠道联络，形成水系。有一些桥梁如蝠池上的渡鹤桥已不存在，它的"长虹卧波，四顾浩如"之景当然也就随之而消失了。足见早期的萃锦园，尽管建筑的分量较重，但山景、水景、花木之景也是它一大特色。园林虽然采取较为规整的布局，却仍不失风景式园林的意趣。

除了北京的两个园林实例之外，这里还要介绍另一个实例——山东潍坊的十笏园。

山东处在我国北方地区的南缘，再往南即进入江南地区。因此，十笏园的园林风格虽属北方的范畴，但难免在这个基调上羼入一些江南的因素，表现为南、北兼具的"亚风格"特征。

十笏园

在山东潍坊。潍坊旧名潍县，位于鲁中平原的腹地，气候温和，自古以来即"通工商之业，便渔盐之利"。从明代到清末，经济十分繁荣，为山东地区的烟叶、土布、豆油的主要产销地。居民多从事商业和经营染坊、油坊、色纸、绣货等手工业作坊。封建文化也颇为发达，出过不少文士。清代

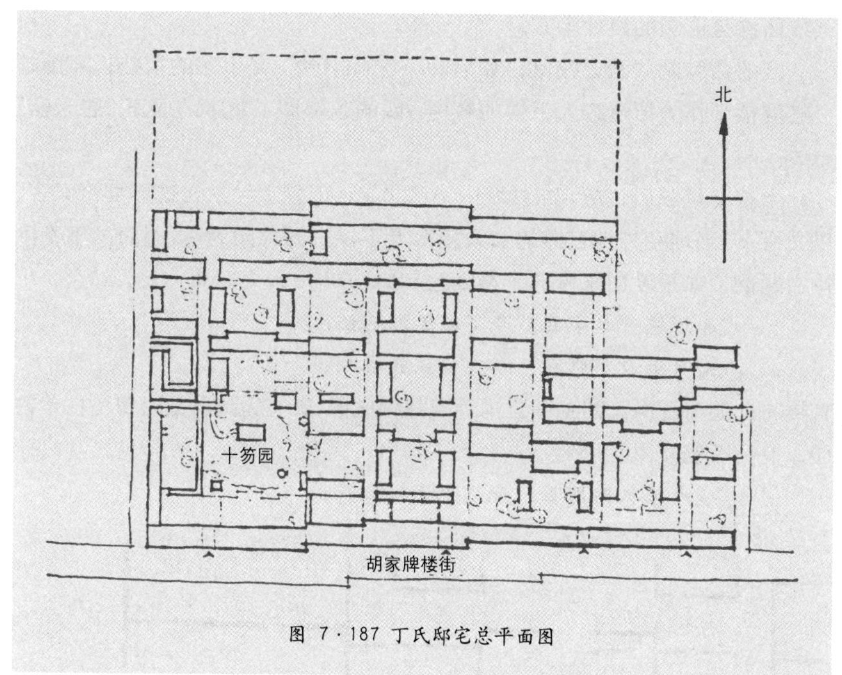

图 7·187 丁氏邸宅总平面图

著名的金石学家陈介祺就是潍县人，他的“万印楼”至今尚在。乾隆年间，名画家郑燮(板桥)曾做过潍县县令，留下许多诗文题咏。在繁荣承平时期内，潍县也像江南的苏、扬等地一样，富商、地主、官僚们经营园林成了一时的风尚。据《潍县志》的记载，城内有著名的宅园7座，城郊有9座。这些小型的私家园林均擅山池花木亭馆之胜，成为当地文人名士诗文唱和的对象。其中最负盛名，也是目前硕果仅存的一座就是**十笏园**。

十笏园现在是潍坊市博物馆，原为丁善宝的宅园。丁氏是当年潍县城内的四大豪绅之一。善宝字黻臣、号六斋，清咸丰时输巨款捐得举人和内阁中书衔，能诗文，著有《耕云囊霞》等文集刊行于世。丁家的邸宅规模很大，北面靠近旧城的北城墙，南临胡家牌楼街，东为梁家巷，西界郭家巷。共有二十余个院落，近三百余间房舍 [图7·187]。从建筑平面布局的参差不齐看来，显然并非一次建成而是逐渐拓展扩充起来的。邸宅内共有两座宅园，北面的后花园现已完全夷为平地，西南面的即十笏园。据丁善宝自撰的《十笏园记》，这里原来是明代潍县显宦胡邦佐的故宅，清初归陈姓，又归郭姓，后为丁善宝购得。当时的房舍已大半倾圮，故仅保留了北面较完整的一座三开间的楼房。其余均“汰其废厅为池”，改造成一座小型园林。因其小，故署名曰“十笏”。该园于光绪十五年(1889年)建成，前后只用了8个月时间。由善宝的友人蒯菊畦、刘子秀、于敬斋代为筹划布置。蒯、刘、于三人都是潍县的名士，可能到过江南和北京观摩了一些名园胜苑，故尔为善宝所延致而参与造园的设计事宜。

园的西跨院共两进院落，靠后的“深柳书堂”是丁宅的家塾，靠前的一进院落则作为招待客人下榻的客房。园的东邻即丁善宝的居室“碧云斋”[图7·188]。

十笏园建成后，成了潍县城内诸园之冠。丁善宝经常在这里宴请宾客，以文会友。当地和外地过潍的文人墨客无不以一游此园为幸，因而留下不少诗文题韵。如平度白永修《十笏园题句》：

“赤栏桥畔水亭西，亭下微风飏钓丝；

荷叶染衣花照眼，令人错认铁公祠。”

直接将此园与济南大明湖铁公祠的园林相比拟。康有为到潍县时曾留住十笏园，有《十笏草堂留题》：

“峻岭寒松荫薜萝，芳池水石立红荷；

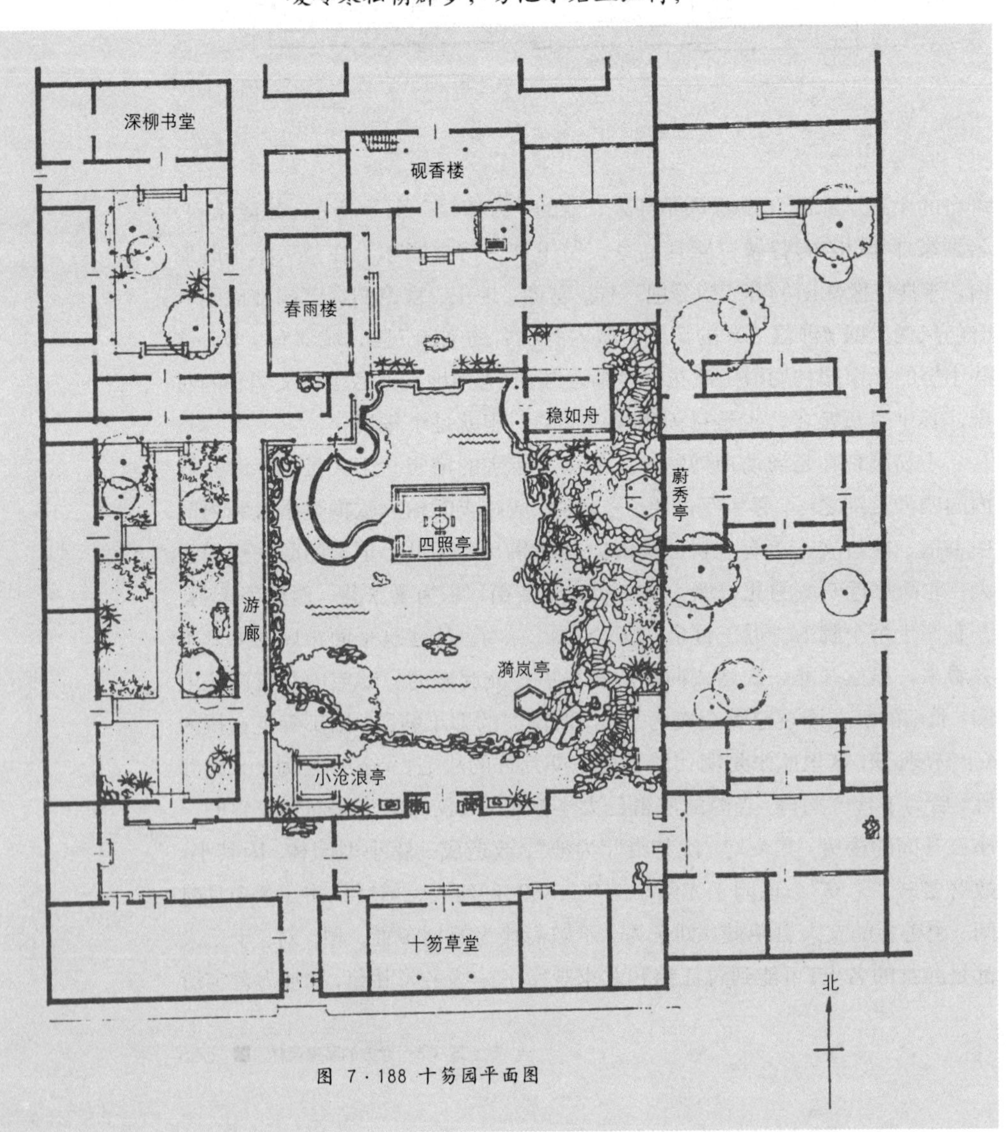

图7·188 十笏园平面图

图 7·189 四照亭

我来山下凡三宿，毕至群贤主客多。”

可见此园也算得上当时鲁中的一座名园了。

图 7·190 蔚秀亭

十笏园是在旧住宅的基址上改建而成，园林的总体布局就不能不受到较多的限制。为了突破原住宅比较小的庭院空间而将园的南半部加以扩大成为南区，宽约26米、进深约29米。在此区内，水池占去大约一半的面积。池中建三开间的水榭一座名“四照亭”[图 7·189]，可能即利用原胡宅厅堂的基址。临水的四面均设美人靠坐凳可以环览园林景色，是为全园的构图中心。水池的东岸屏列着湖石假山，为了节省石材、让出较多的园林空间，假山倚院墙而堆叠，近似“壁山”的做法。山的主峰高约5米，上建六角形小亭“蔚秀亭”[图 7·190] 从这里能远眺城外程符山和孤山的借景，也是园内的一处主要的点景建筑物。山形北高南低，脉络沿池的东岸逶迤而下，设蹬道洞壑盘曲于山中。山的峰峦构形经后来修补已非原貌，

图 7·191 十笏园中的水池

但以谿谷形成若干层次，却也能显出山势的浑厚。山顶置水缸，悬瀑布流泻池中。总的说来，此山的堆叠技巧并无甚出色之处。但临水部分的处理，石矶参错，曲岸回环，颇有几分韵致。近池的东南岸由山脉延伸出一个小岛，上建六角单檐小亭“漪岚亭”。这座亭子小巧玲珑，柱间距仅75厘米，高约2米左右，利用了建筑物的小尺度来衬托出假山的千岩万壑的气势。此种手法与苏州怡园的“螺髻亭”的处理很有类似之处。建国后，在假山南端的顶部建三开间小亭一座，亭壁嵌郑燮手迹的“书条石”。这座小亭与北面主峰上的蔚秀亭、水中的漪岚亭三者互成犄角之势，烘托着中心建筑“四照亭”而形成对比的效果，建筑的布局是很得体的。

四照亭的西面有曲桥连接于池的北岸［图7·191］。这座曲桥为三孔的拱桥而非园林中所常见的石板平桥，可能经过后来的改建。桥的另一端直通北岸的游廊，以洞门外面的特置太湖石作为对景。从池的南岸看去，颇有空间层次变幻之趣。四照亭的东北角上，估计原来亦设曲桥通达对岸的船厅“稳如舟”，从而形成游览的环路。

游廊呈曲尺形的单面廊，往北连接于园北面的另一区，往南沿着池的西岸直通西跨院垂花门。游廊的临水一面设坐凳栏杆，岸脚为山石堆叠成的自然驳岸。西墙设洞门，分别与四照亭和漪岚亭构成对景。墙上镶嵌郑燮书画的刻石。

游廊的南端有方亭名“小沧浪”，在这里可以坐观山池景色，是为园内一处较好的观景点。

水池的南面为隙地一方，杂莳花竹，隙地之南即为倒座厅“十笏草堂”。

它与隙地之间原来界以竹篱一边，现改筑为云墙。虽有洞门通达，但毕竟隔断了园林山池与十笏草堂在景观上的连贯性，似觉画蛇添足。

在十笏草堂的东边还有一个月洞门通至东跨院的居住区，洞门两旁堆叠假山石，可能是当年园主人进入园内的主要通道。

水池东北隅的岸边建船厅“稳如舟”，西面临水，北面设门通假山蹬道。但其位置离四照亭太近，前后遮挡显得局促，因而不能充分发挥船厅作为园林水景点缀的作用。

水池的北岸横置漏墙一道，当中设门洞及临水的月台。这道漏墙以北即为园的北区，是一个小型的院落。正房即明代胡宅留下来的那座两层楼房，作为丁宅的藏书楼“砚香楼”，面阔三开间，上层的南面出外廊，可在此俯瞰全园之景。砚香楼往南通过漏墙的洞门，与四照亭、十笏草堂构成一条贯穿全园的中轴线，在这条中轴线上布置了园内的主要建筑物 [图7·192]。这种做法在一般小型宅园中很少见到，估计是为了将就原住宅建筑基址的结果。从现状看来，却也收到了丰富园林纵深空间层次的效果。砚香楼的西厢房“春雨楼”也是一座两层的楼房。首层绕以回廊，连接于南区的游廊。第二层的东、南两面开窗，凭栏俯瞰，全园山池亭榭尽收眼底，是一处观景的好场所，而不显得壅塞。南北两区的特点也很突出，北区以两座楼房为主体形成幽闭安静的院落，南区以水池为主体形成开朗的园林空间。两者成强烈

图 7·192 十笏园中建筑物构成的中轴线

对比但又由于漏墙的设置而得以彼此通透。水池的东面以叠山的摹拟自然景观为主，建筑为辅；西面以游廊的建筑实景为主，自然驳岸的叠石为辅；南面则为平地一弓，莳花种竹树。面面景色各异，创造了较丰富的园林景观。此园的叠山、理水和建筑安排的手法类似于江南园林，但建筑物的形象却接近于北方，如屋顶翼角的处理用北方的起翘，装修和装饰也比较浑厚朴实。四照亭这样的小建筑物的外檐梁枋上施用"一斗三升"的做法，无论在江南或北方都很少见到。

总的说来，十笏园的风格于北方的浑厚中又透出江南的柔媚，这也可以说是山东地区园林的一般特点吧。安邱王端麟曾有《沁园春》一阕描写该园景物：

> "三弓隙地拓开尽，子久云林费剪裁。有方塘半亩、镜湖潋滟，奇峰十笏、灵壁崔嵬，曲榭留云、清泉戛至，野草闲花手自栽。萧闲甚，是看山已足，五岳归来。"

虽多有溢美之词。但亦足以说明这座园林在当时的山东是颇有点名气的。

第九节
岭南的私家园林

概　说

岭南泛指我国南方的五岭以南的地区，古称南越。据文献记载，秦末的龙川县令赵陀建南越国，自立为帝，曾在国都番禺(今广州)大兴土木修建宫苑。汉代，岭南地区已出现民间的私家园林，广东出土的西汉明器陶屋即能看到庭园的形象。到唐末五代时，刘陟乘中原战乱之机，建南汉国。称帝以后“广聚南海珠玑，西通黔蜀，岭北行商或至其国”，经济有一定程度的发展。于是在南越旧宫的基础上又经营规模甚大的宫苑建筑，其御花园“仙湖”中的一组水石景“药洲”遗迹尚保留至今。广州市南方戏院旁的九曜园，其水石景就是原仙湖中的药洲的一部分。水中的石头名“九曜石”，宋代米芾题刻的药洲二字尚清晰可辨。此后的岭南园林发展情况，缺乏文献记载，实物更无迹可考，看来远不如中原之盛。清初，岭南的珠江三角洲地区，经济比较发达，文化亦相应繁荣，私家造园活动开始兴盛，逐渐影响及于潮汕、福建和台湾等地。到清中叶以后而日趋兴旺，在园林的布局、空间组织、水石运用和花木配置方面逐渐形成自己的特点，终于异军突起而成为与江南、北方鼎峙的三大地方风格之一。顺德的清晖园、东莞的可园、番禺的余荫山房、佛山的梁园，号称粤中四大名园，它们都比较完整地保存下来，可视为岭南园林的代表作品。

梁园　在佛山先锋古道，包括“十二石斋”、“寒香馆”、“群星草堂”、“汾江草庐”四部分，分别由嘉、道年间岭南著名书画家梁蔼如及其侄梁九华、梁九章、梁九图四人精心营建。咸丰初年是梁园的极盛时期，达到了“一门以内二百余人，祠宇室庐、池亭圃囿五十余所”的规模。以后，随着岁月流逝，园址日渐缩小，建筑日渐废毁。到20世纪50年代初，仅剩下群星草堂及汾江草庐的部分残址，其余均已湮没无存。1982年，政府出资对群星草堂进行大修，1994年又开始大规模的全面修复，两年后竣工，重现

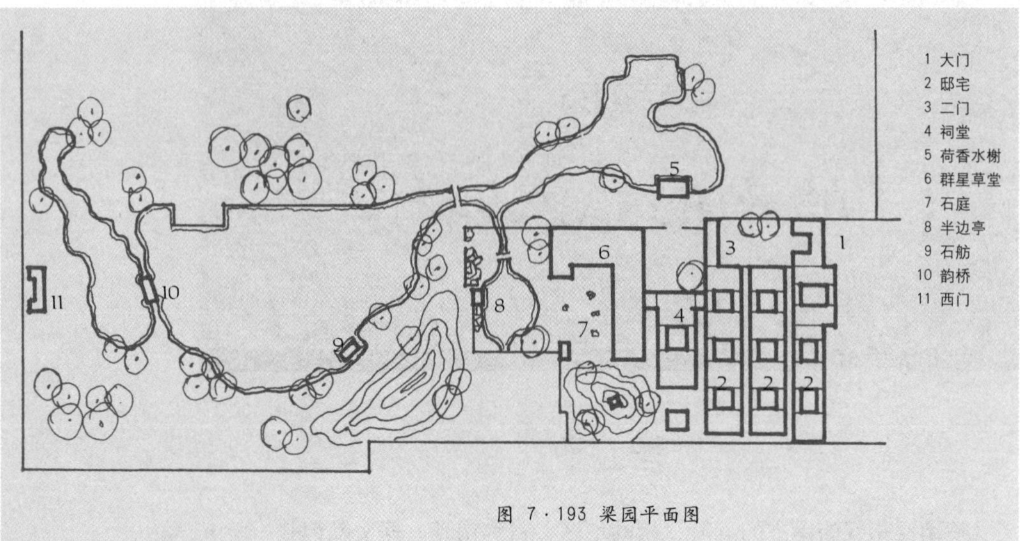

图 7·193 梁园平面图

图 7·194 群星草堂前之石庭

了梁园旧时的盛况［图 7·193］、［图 7·194］、［图 7·195］。

梁园总体规划的特色在于住宅、祠堂、园林三者的巧妙合理的组合，不落一般宅园的俗套。园林设计以置石石景和水景见长，收罗英德、太湖等奇石，有的如危峰险峻，有的似怪兽踞蹲，其中“苏武牧羊”、“如意吉祥”、

"雄狮昂首"等更属石中之珍品。群星草堂为梁氏家族庆会的场所，其南之庭园分别为石庭、水庭、山庭鼎列，最能体现岭南园林的神韵，也是很有个性的一处园中之园。

可园 在东莞城郊博厦村。始建于雍正年间，园主人张敬修曾浏览各地园林，邀请居巢、居廉等岭南画家参与造园筹划，并留下《可园遗稿》、《可楼记》等文字材料。该园东临可湖，平面呈不规则的三角形状 [图7·196]。该园的布局纯为建筑物围合而成的庭园格式，一共有三个互相联系着的大小庭院，院内凿池筑山，种植花木。前庭包括门厅、轿厅、客厅等，庭院内堆叠珊瑚石假山一组名"狮子上楼台"，高约3米。后庭以花廊为过渡，过花廊，渡曲池小桥，即是园林的主体建筑"亚字楼"及"可楼"。可楼高约13

图 7·195 梁园之半边亭

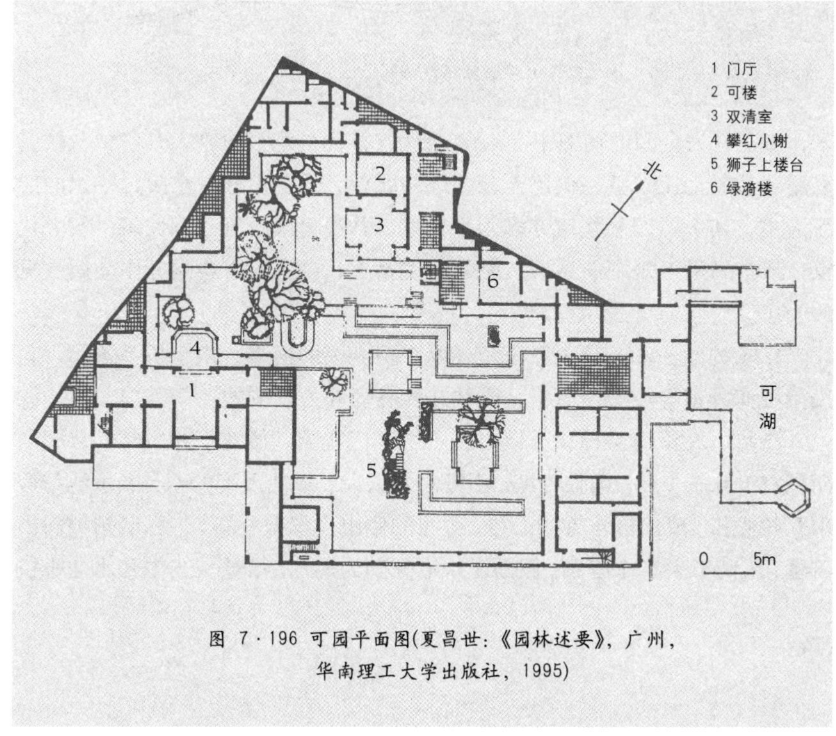

图 7·196 可园平面图(夏昌世:《园林述要》，广州，华南理工大学出版社，1995)

图 7·197 可楼

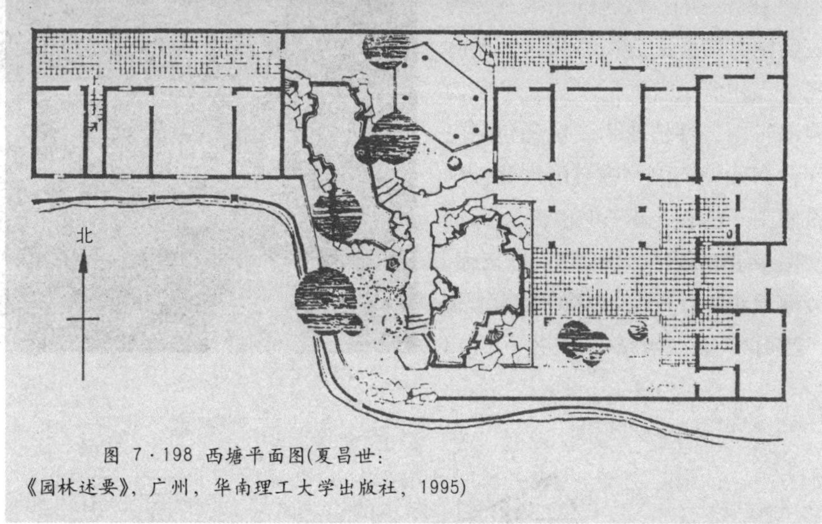

图 7·198 西塘平面图(夏昌世:《园林述要》, 广州, 华南理工大学出版社, 1995)

米，四层，为全园的构图中心［图7·197］。楼内外均设阶梯，外阶梯从楼旁之露台旋转而上，凭栏俯瞰全园，远眺城郭，景色俱佳。东院以临水的船厅为主，其余的园林建筑亦多因水得景。总观可园的规划，建筑占较大比重，其布局呈不规则的连房广厦的庭院格式，在中国古典园林中尚属少见的例子。

广东的潮、汕一带，私家园林以小型规模的居多。由于侨乡遍布，人民接触海外事物较粤中更早，园林亦多有受西方影响的。

西塘 在澄海县樟树林镇，又名洪源记花园。始建于嘉庆年间。园的面积仅1亩多一点，前临外塘，引塘之水入园，成曲尺形的水池。水池与假山互相咬接，成山嵌水抱的态势。叠石的假山多峭壁危岩，一株老榕树斜出石壁，蔽荫了大半个庭园。假山以水池分割为南北两部分，当中跨水建平桥相连接。南北两山之巅各建一亭，大小呼应成对景。此园虽小，但山水嵌合得宜，叠山有气势，颇能体现咫尺山林的意境［图7·198］。

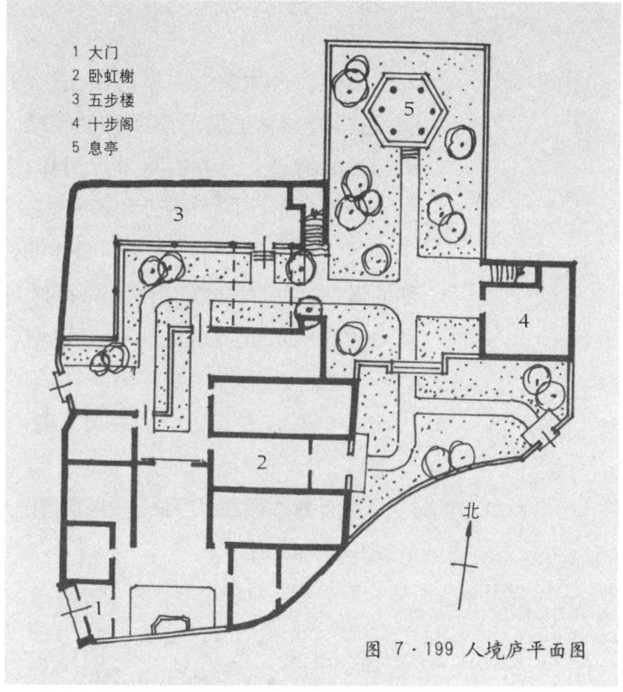

图 7·199 人境庐平面图

人境庐 在梅州市梅江区东山小溪唇，始建于光绪十年(1884年)。园主人黄遵宪是清末著名的诗人、杰出的政治家和外交家，曾先后出使日本、英国、美国。后因参与维新变法，被革职返乡，于其旧居“在勤堂”之后加建书斋园林“人境庐”，作为读书治学之所。这是一处书斋与庭园相结合的园林建筑群，取陶渊明诗句“结庐在人境，而无车马喧”之寓意。建筑采取当地客家民居的传统木构形式，但厅、堂、楼、廊互相穿插，高低错落，布局随宜，不拘一格，则又有西方建筑意趣。西北面的曲尺形楼房“五步楼”为园主人藏书的地方；东南面的“卧虹榭”为读书和写作的地方；东面则是以“息亭”为中心的小园林区。庭院内点缀假山、鱼池、花圃等，黄遵宪当年曾亲植梅、兰、竹、菊，以示淡泊明志，至今仍然竹木葱茏、花香扑鼻［图7·199］、［图7·200］。

图 7·200 人境庐之卧虹榭

闽南、台湾深受中原移民文化的影响，明清以来又受到岭南文化的浸润。这里的园林虽属岭南园林的范畴，但在某些局部和细部上又可以看到江南园林的痕迹。台湾的林本源园林，便是其代表作品之一。

岭南地近澳门，海外华侨众多，广州又是粤海关之所在，接触西洋文明可谓得风气之先，园林受到西洋的影响也就更多一些。不仅某些细部和局部的做法，如西洋式的石栏杆、西洋进口的套色玻璃和雕花玻璃等，甚至个别园林的规划布局亦能看到欧洲规整式园林的摹仿迹象。

园林实例

下面列举两个实例——小型宅园“余荫山房”、大型宅园“林本源园林”，分别作详细介绍。

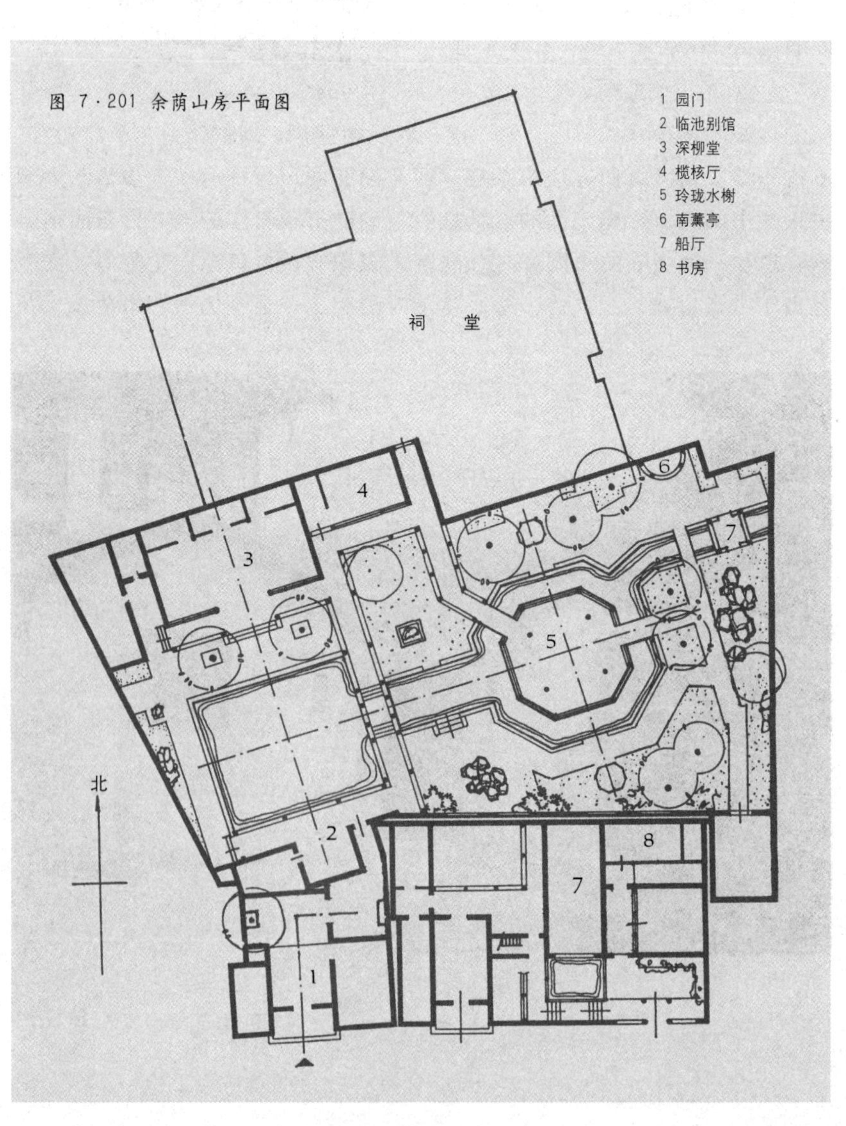

图 7·201 余荫山房平面图

余荫山房

图 7·202 入口小天井内之壁塑

余荫山房 在广州市郊番禺县南村，园主人为邬姓大商人。此园始建于清同治年间，完整保留至今，是粤中的四大名园之一 [图 7·201]。

园门设在东南角，入门经过一个小天井，左面植腊梅花一株，右面穿过月洞门以一幅壁塑作为对景 [图 7·202]。折而北为二门，门上对联：“余地三弓红雨足；荫天一角绿云深。”点出“余荫”之意。进入二门，便是园林的西半部。

西半部以一个方形水池为中心，池北的正厅“深柳堂”面阔三间。堂前的月台左右各植炮仗花树一株，古藤缠绕，花开时宛如红雨一片。深柳堂隔水与池南的“临池别馆”相对应，构成西半部这个庭院的南北中轴线。水池的东面为一带游廊，当中跨拱形亭桥一座 [图 7·203]。此桥与园林东半部的主体建筑“玲

图 7·203 亭桥及游廊

图 7·204 玲珑水榭及八方形水池

珑水榭”相对应，构成东西向的中轴线。

东半部面积较大，中央开凿八方形水池，有水渠穿过亭桥，与西半部的方形水池沟通。八方形水池的正中建置八方形的“玲珑水榭”，八面开敞，可以环眺八方之景［图7·204］。沿着园的南墙和东墙堆叠小型的英石假山，周围种植竹丛，犹如雅致的竹石画卷。园东北角跨水渠建方形小亭“孔雀亭”，贴墙建半亭“来薰亭”。水榭的西北面有平桥连接于游廊，迂曲蜿蜒通达西半部。

余荫山房的总体布局很有特色，两个规整形状的水池并列组成水庭，水池的规整几何形状受到西方园林的影响。余荫山房的某些园林小品，如像栏杆、雕饰以及建筑装修，运用西洋的做法也是明显的事实。广州地处亚热带，植物繁茂，因而园林中经年常绿、花开似锦。园林建筑内外敞透，雕饰丰富，尤以木雕、砖雕、灰塑最为精致。主要厅堂的露明梁架上均饰以通花木雕，如百兽图、百子图、百鸟朝凤等题材多样。总的看来，建筑体量稍嫌庞大，东半部“玲珑水榭”的大尺度与小巧的山水环境不甚协调，相形之下，后者不免失之拘板。

园林的南部为相对独立的一区“愉园”，是园主人日常起居、读书的地方。愉园为一系列小庭院的复合体，以一座船厅为中心，厅左右的小天井内散置花木水池，成小巧精致的水局。登上船厅的二楼可以俯瞰余荫山房的全景以及园外的借景，多少抵消了因建筑密度过大而予人的闭塞之感。

林本源园林[1]

林本源园林 又名林家花园，在台湾省台北市郊之板桥镇。林家为台湾望族，其先祖林平侯于乾隆年间自福建漳州移居台北，经商起家，富甲一方。嘉庆年间，林国华以监生捐纳布政使经历职衔，募佃开垦而益富。光绪年间，林维源辅佐当时的台湾巡抚刘铭传推行新政。林家遂身列缙绅，成为社会上的领袖人物，乃扩建其在板桥镇的邸宅。宅园始建于同、光之际，光绪十四年(1888年)又经林维源之弟林本源改筑增建，迄光绪十九年(1893年)完成，占地1.3公顷，属中型宅园，也是台湾省的名园之一。日本帝国主义占据台湾时期，此园逐渐荒废，部分析为民居，1978年由台北市政府出资全面进行修复。

[1] 根据台湾大学土木工程学研究所都市计划研究室:《板桥林本源园林研究与修复》一书写成。

宅园用地略成不规则的三角形，西邻老宅(旧大厝)，南邻新宅(新大厝)，北面和东面临街［图7·205］。园林的总体布局采取化整为零的一系列庭园组合方式，这固然是由于具体地形条件限制和多次扩建的结果，但也保持了岭南园林之着重于庭园和庭院的传统格局。

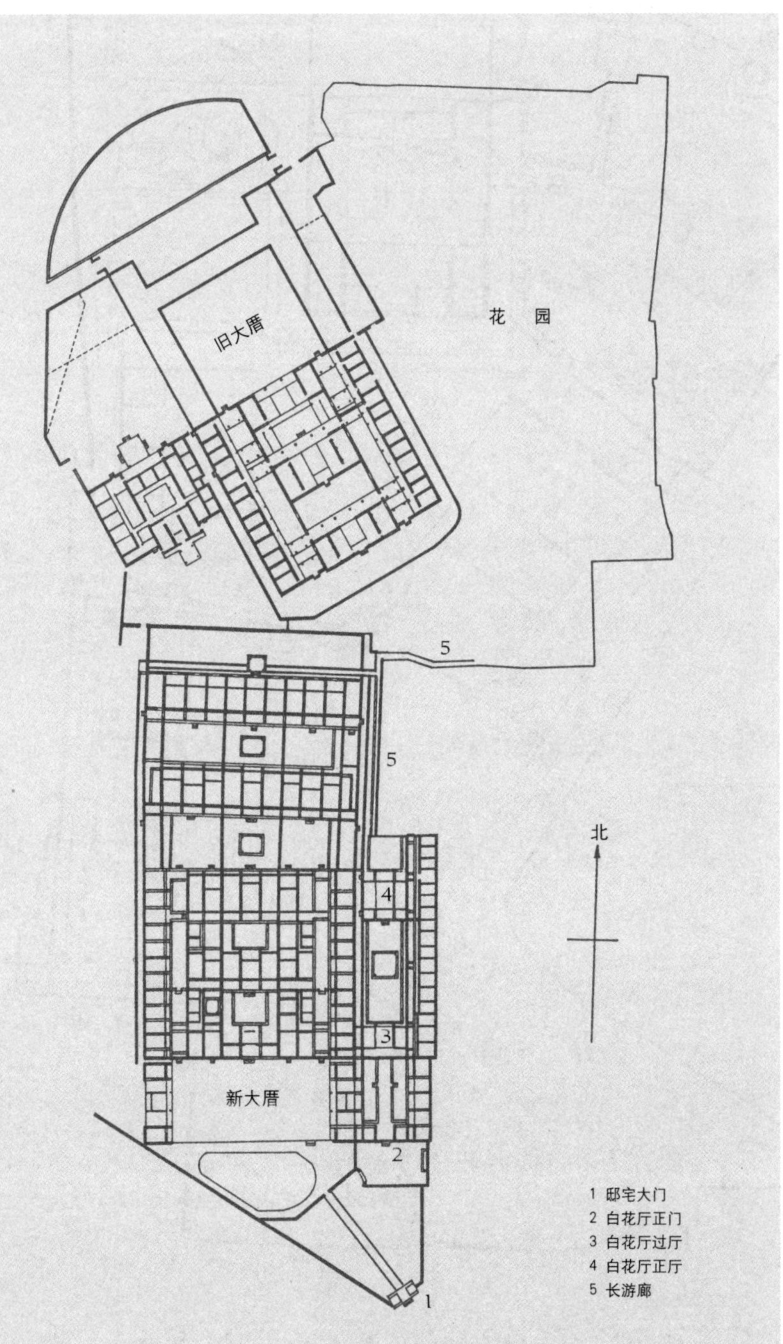

图 7·205 林本源园林位置图

(台湾大学土木工程研究所都市计划研究室:《板桥林本源园林研究与修复》)

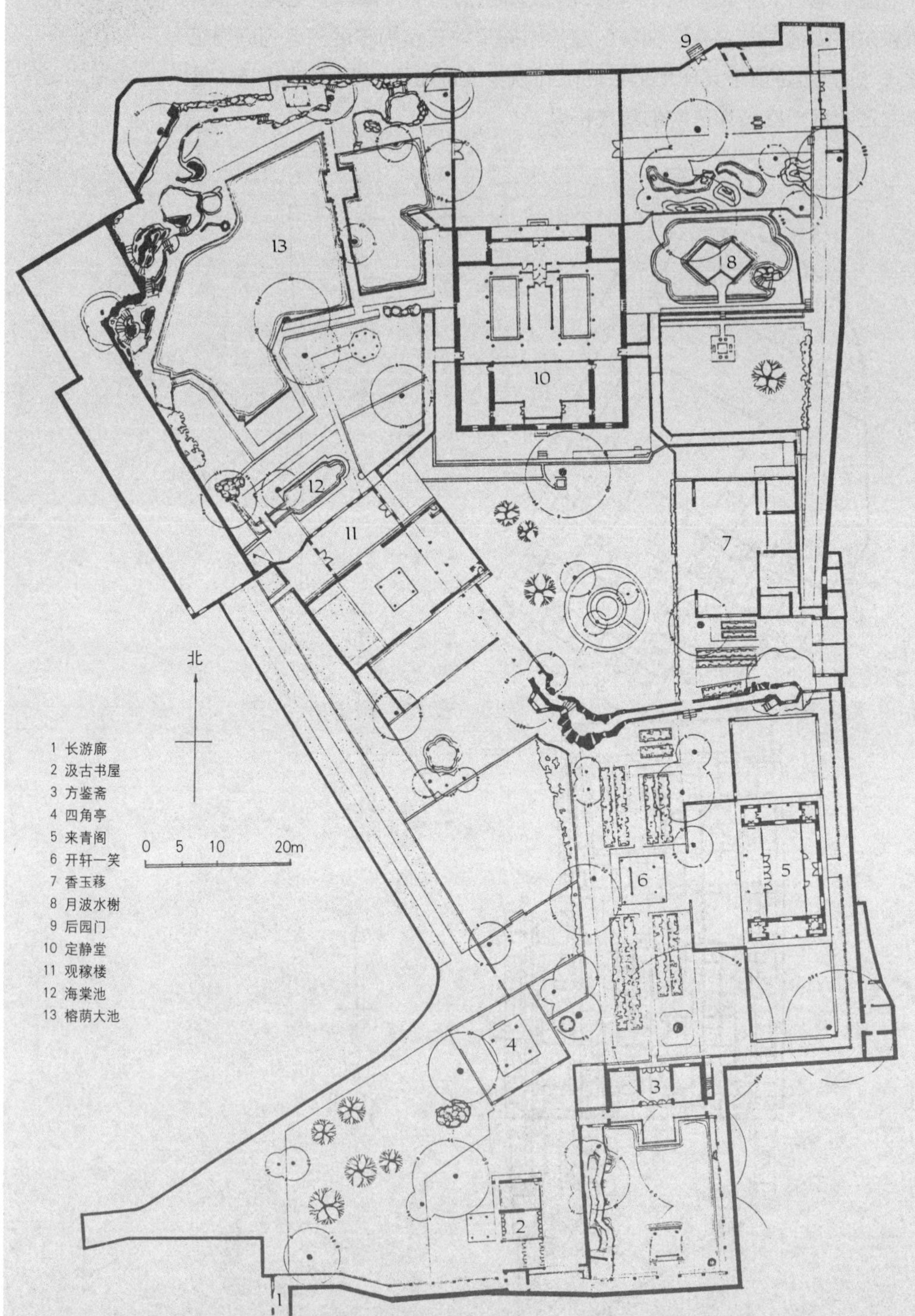

图 7·206 林本源园林平面图(台湾大学土木工程研究所都市计划研究室:《板桥林本源园林研究与修复》)

全园利用建筑划分为五个区域，各区独具不同的功能和特色，而又互相连通为一个有机的整体：第一区是园主人的书斋“汲古书屋”与“方鉴斋”；第二区是接待宾客的“来青阁”、观赏花卉的“香玉簃”；第三区是作为宴集场所的“定静堂”；第四区是登高远眺的“观稼楼”；第五区是山池游赏的“榕荫大池”。园门两座，一座设在第一区的南端，另一座设在第三区定静堂之东侧临街［图 7 · 206］。

主人和内眷由内宅入园，宾客入园则必须经过老宅(旧大厝)东邻的窄而长的“白花厅”方能通往园之正门，情况类似于苏州留园的备弄。所不同的是白花厅还兼作林家接待外客的客厅，前后共两进院落，自第二进之后经过修长的游廊再折而东，方能进入园内的汲古书屋小庭院。

汲古书屋 之正厅坐东朝西［图 7 · 207］，庭院十分雅静，满植树木，设花台、鱼缸、盆景。正厅后的南端以两层游廊连通于另一个小庭院方鉴斋。方鉴斋之轴线转折，正厅坐南朝北，为林维源兄弟读书、以文会友之处，取

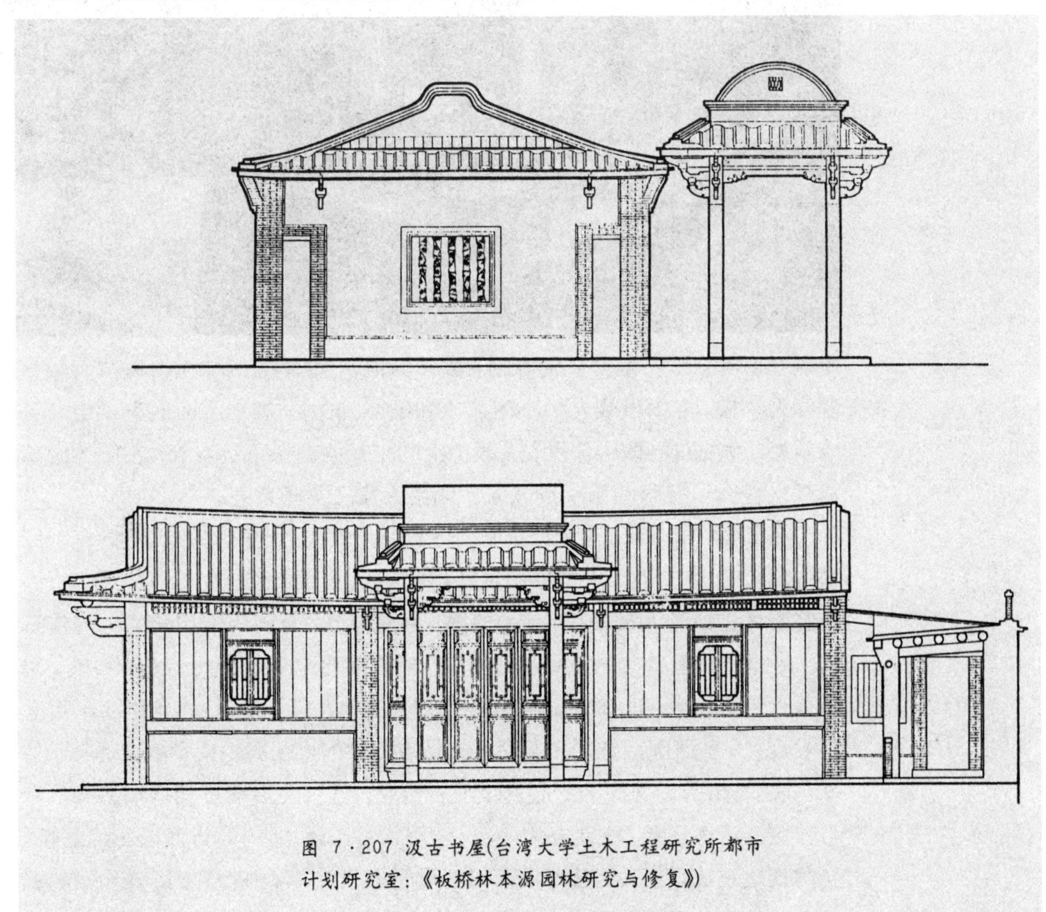

图 7 · 207 汲古书屋(台湾大学土木工程研究所都市计划研究室：《板桥林本源园林研究与修复》)

图 7·208 来青阁（罗哲文摄）

朱熹"半亩方堂一鉴开"之诗意。庭深为池， 池岸的两株大榕树浓荫蔽日犹如大伞盖。池中设戏台供小型演出和纳凉、拍曲，利用水面回声以增加音响效果。庭院右侧假山倚壁，沿假山上的小径渡曲桥可达戏台；左侧的游廊通往来青阁，游廊的墙上镶嵌宋、明诸大家之书画条石。

来青阁 是园内最大的一个三合庭院，轴线到此又作一次转折。正厅"来青阁"坐东朝西，重檐歇山顶两层楼，全部用樟木建造［图7·208］。室内安装西洋进口的大玻璃镜，光彩炫耀，益见豪华，是园内最精美的一幢建筑物。此园乃林家贵宾的住处，李鸿章、刘传铭均曾下榻于此。登楼四望，园外远近青山绿野尽收眼底。庭院当中建方亭"开轩一笑"，亦兼作演出用之小戏台。方亭周围散置若干园林小品，诸如摹仿当地高山族草寮之茅亭、鸟亭、砛砧石台等，西面为开阔的哄哩岩石坪。庭院之沿墙三面均设游廊，南与方鉴斋游廊连接，往北分为两路，一路通香玉簃，另一路折西循廊经虹桥、岩洞直达观稼楼。香玉簃为来青阁之附属小庭院，院内有菊圃、花台，间置石桌。每到秋天，满院菊黄似锦，乃是园内专门观赏花卉的地方。

观稼楼 其西山墙紧邻老宅，登楼远眺，可借得观音山下一片田园之景，阡陌相连，眼底尽是农家稼穑风情。楼之前、后，用云墙围合为小空间，透过云墙上的连续漏窗，可窥见前庭院中的假山、梅花亭和后面的海棠形装饰水池，以及榕荫大池一区的山池花木之景，形成一系列精彩的“框景”小品画面。这一区比较封闭的建筑空间与其后的榕荫大池区的开朗山水景观恰成对比，也是进入后者的一个前奏空间。

定静堂 是园内最大的建筑物，也是园主人招待宾客、举行宴会的地方。坐南朝北，北临二小院，院墙设漏窗，它的右侧当街的另一座园门，额曰“板桥小筑”。入门正对规整式的小园，以海棠形的水池为中心。池中建六方套环亭，前为草坪，后为小型山池一组。自定静堂之左侧经月洞门，即进入榕荫大池。

榕荫大池 不同于其他各区，是惟一创造山林景色、以山池花木的开朗景观取胜的一区。就全园的游览路线而言， 它会合观稼楼、定静堂而形成一个高潮。此区以大水池“云锦淙”为中心，顺应于不规则的地段亦成不规则的池面，驳岸用料石砌筑。池之西端跨水建半月桥和方亭，把池面划分为大小两个水域以增加景深的层次。沿水池北岸仿照林家故乡漳州的山水而堆筑假山，这座带状假山或起或伏，或聚或散，沿墙布列，其间穿插隧道、山洞，种植花树，颇有气势 [图7·209]。游人自定静堂左侧月洞门入于池旁小径，盘旋曲折，步移景异。沿路有半月桥、石门、隧洞、形似佛像和熊虎形之叠石，配以佳木异卉，俨若置身山林幽谷、百花深处。绕池之凉亭台榭，有方形、圆形、菱形、三角形、六方形、八方形，形态变

图 7·209 榕荫大池之假山
(台湾大学土木工程研究所都市计划研究室：《板桥林本源园林研究与修复》)

化无一雷同 [图7 · 210]。池中可泛舟，供家人及宾客作水上游。几株大榕树的杈桠美姿，更增益园林的生气，巨大的遮荫效果则造成清凉世界，虽在炎夏，暑气全消。不仅提供了一派赏心悦目的自然景色，也作为园内消夏纳凉的理想场所。

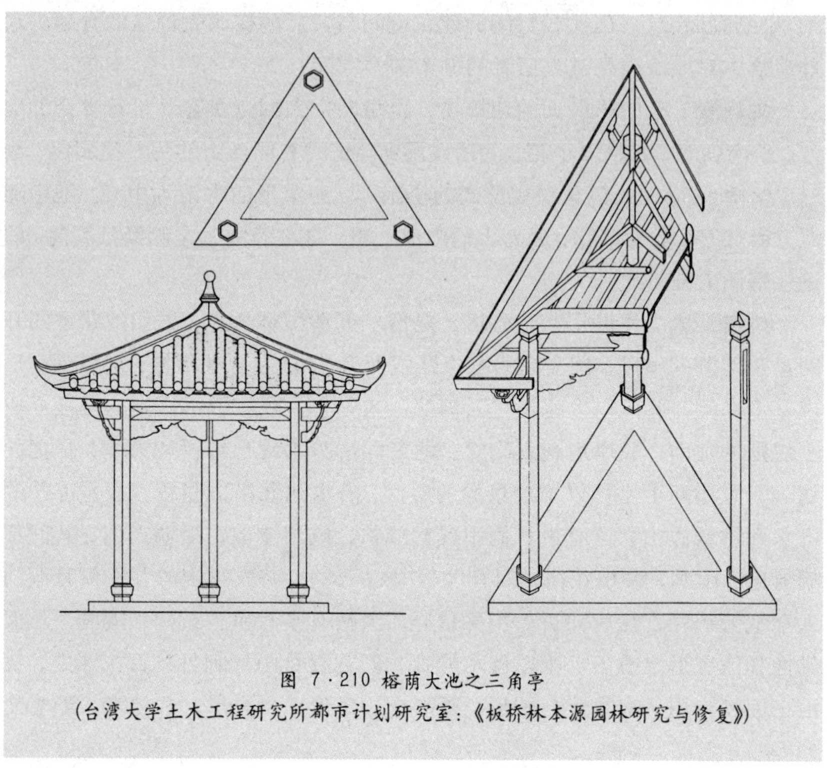

图 7 · 210 榕荫大池之三角亭
（台湾大学土木工程研究所都市计划研究室：《板桥林本源园林研究与修复》）

第十节

私家园林综述

后成熟期的私家园林，就全国范围的宏观而言，形成了江南、北方、岭南三大风格鼎峙的局面。其他地区的园林或多或少受到它们的影响也出现许多亚风格，或者说，三大风格的变体。

地方风格在寺观园林和其他的园林类型上也有所显示，但不如私家园林那样明确、深刻。

江南园林、北方园林、岭南园林这三大地方风格主要表现在各自造园要素的用材、形象和技法上，园林的总体规划也多少有所体现。

江南园林叠山石料的品种很多，以太湖石和黄石两大类为主。石的用量很大，大型假山石多于土，小型假山几乎全部叠石而成。能够仿真山之脉络气势，作出峰峦丘壑、洞府峭壁、曲岸石矶，或仿真山之一角创为平岗小坂，或作为空间之屏障，或峰石散置、特置，或倚墙而筑为壁山等等，手法多样，技艺高超。江南气候温和润湿，花木生长良好，种类繁多。园林植物以落叶树为主，配合若干常绿树，再辅以藤萝、竹、芭蕉、草花等构成植物配置的基调，并能够充分利用花木生长的季节性构成四季不同的景色。花木也往往是某些景点的观赏主题，园林建筑常以周围花木命名。讲究树木孤植和丛植的画意经营及其色、香、形的象征寓意，尤其注重古树名木的保护利用。园林建筑则以高度成熟的江南民间乡土建筑作为创作源泉，从中汲取精华。苏州的园林建筑为苏南地区民间建筑的提炼；扬州则利用优越的水陆交通条件，兼收并蓄当地、皖南乃至北方而加以融糅，因而建筑的形式极其多样丰富。江南园林建筑的个体形象玲珑轻盈，具有一种柔媚的气质。室内外空间通透，露明木构件一般髹饰为赭黑色，灰砖青瓦、白粉墙垣配以水石花木组成的园林景观，能显示出恬淡雅致有若水墨渲染画的艺术格调。木装修、家具、各种砖雕、木雕、石雕、漏窗、洞门、匾联、花街铺地，均表现极精致的工艺水平。园内有各式各样的园林空间：山水空间，山石与建筑围合的空间，庭院空间，天井［图 7 · 211］。甚至院角、廊侧、墙边亦做成极

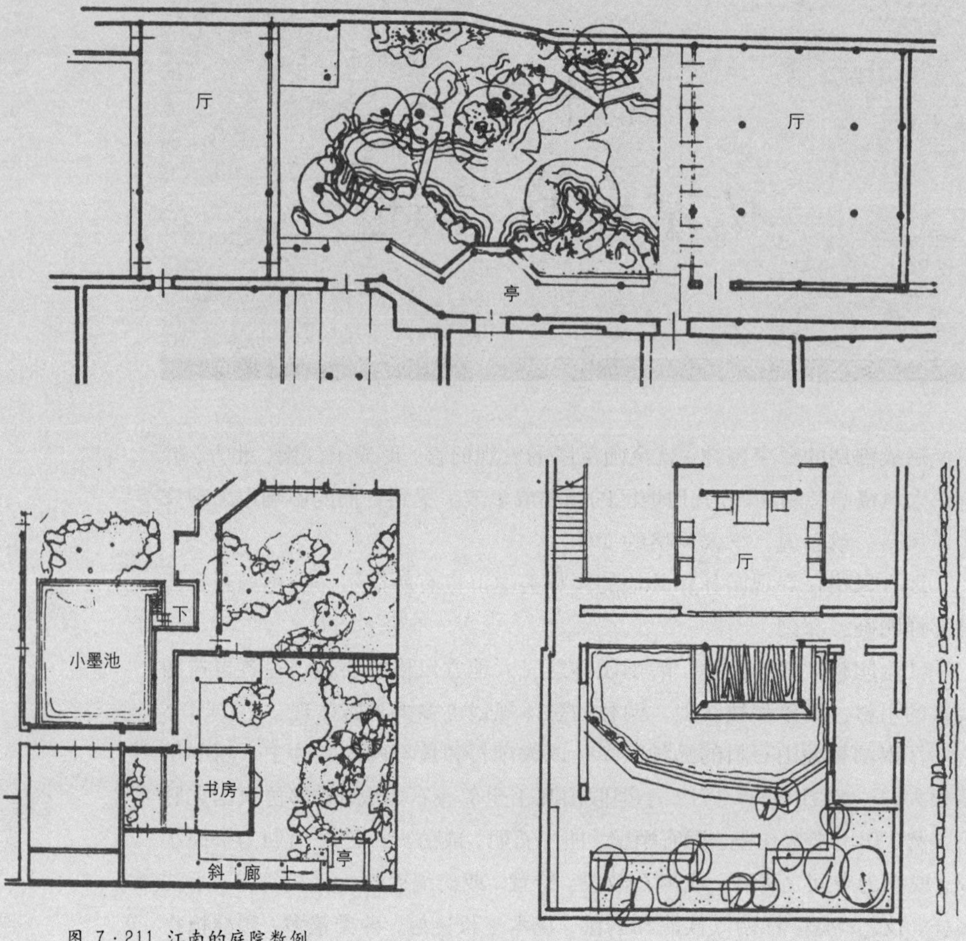

图 7·211 江南的庭院数例

小的空间，散置花木，配以峰石，构成楚楚动人的小景。由于园林空间多样而又富于变化，为定观组景、动观组景以及对景、框景、透景创造了更多的条件。总的说来，江南园林的深厚的文化积淀、高雅的艺术格调和精湛的造园技巧，均居于三大地方风格之首席，足以代表这个时期民间造园艺术的最高水平。

北方园林，建筑的形象稳重、敦实，再加之冬季寒冷和夏季多风沙而形成的封闭感，别具一种不同于江南的刚健之美。北方相对于南方而言，水资源匮乏，园林供水困难较多。以北京为例，除西北郊之外，几乎都缺少充足的水源。城内的王府花园可以奉旨引用御河之水，一般的私家园林只能凿井取水、积蓄雨水或者由他处运水补给，因而水池的面积都比较小，甚至采用“旱园”的做法。这不仅使得水景的建置受到限制，也由于缺少挖池的土方致使筑土为山不能太多、太高。北方不像江南那样盛产叠山的石材，叠石为假山的规模就比较地要小一些。北京园林叠山多为就地取材，运用当地出产的北太湖石和青石。青石纹理挺直，类似江南的黄石，北太湖石的洞孔小而密，不如太湖石之玲珑剔透。这两种石材的形象均偏于浑厚凝重，与北方建筑的风格十分谐调。北方叠山技法深受江南的影响，既有完整大自然山形的摹拟，也有截取大山一角的平岗小坂，或者作为屏障、驳岸、石矶，或作峰石的特置处理。但总的看来，其风格却又迥不同于江南，颇能表现幽燕沉雄气度。植物配置方面，观赏树种比江南少，尤缺阔叶常绿树和冬季花木。但松、柏、杨、柳、榆、槐和春夏秋三季更迭不断的花灌木如丁香、海棠、牡丹、芍药、荷花等，却也构成北方私园植物造景的主题。每届隆冬，树叶零落，水面结冰，又颇有萧索寒林的画意。园林的规划布局，中轴线、对景线的运用较多，更赋予园林以凝重、严谨格调。王府花园，尤其如此。园内的空间划分比较少，因而整体性较强，当然也就不如江南私园之曲折多变化了。

岭南园林的规模比较小，且多数是宅园，一般为庭院和庭园的组合，建筑的比重较大。庭院和庭园的形式多样，它们的组合较之江南园林更为密集、紧凑，往往连宇成片。这是为了适应炎热气候而取得遮荫的效果，外墙减少了，室外曝晒的热辐射会相应有所消减，同时也便于雨季的内部联系和防御台风袭击。建筑物的平屋顶多有作成“天台花园”的，既能降低室内温度，又可美化园林环境。为了室内降温而需要良好的自然通风，故建筑物的通透开敞更胜于江南，其外观形象当然也就更富于轻快活泼的意趣。建筑的局部、细部很精致，尤以装修、壁塑、细木雕工见长，而且多有运用西方样式的，如栏杆、柱式、套色玻璃等细部；甚至整座的西洋古典建筑配以传统的叠山理水，亦别饶风趣。叠山常用姿态嶙峋、皴折繁密的英石包镶，即所谓“塑石”的技法，因而山体的可塑性强、姿态丰富，具有水云流畅的形象。在沿海一带也有用石蛋和珊瑚礁石叠山的，则又别具一格。叠山而成的石景分为“壁型”与“峰型”两大类：前者的主要特征是透迤平阔，由几组峰石连绵相接组成，没有显著突出的主峰；后者的主要特征是顶峰突出，山径盘旋，造型险峻而富于动势。此外，还有由若干形象各异的单块石头的特置而构成石庭，著名的如佛山梁园的群星草堂石庭。小型叠山或石峰特置与小型水体相结合而成的水石庭、水局，尺度亲切而婀娜多姿，乃是岭南园林之一绝。理水的手法多样丰富，不拘一格，少数水池为方整几何形式，则是受到西方园林的影响。岭南地处亚热带，观赏植物品种繁多，园内一年四季都是花团锦簇、绿荫葱翠。除了亚热带的花木之外，还大量引进外来的植物，而乡土树种如红棉、乌榄、仁面、白兰、黄兰、鸡蛋花、水蓊、水松、榕树等，乡土花卉如炮仗花、夜香、鹰爪、勒杜鹃、麒麟尾等，更是江南和北方所无。老榕树大面积覆盖遮蔽的阴凉效果尤为宜人，亦堪称岭南园林之一绝。就园林的总体而言，建筑的意味较浓，建筑形象在园林造景上起着重要的甚至决定性的作用。但不少园林由于建筑体量偏大、楼房较多而略显壅塞，深邃有余而开朗不足。

地方风格的普遍化、园林风格的乡土化，在某种程度上也意味着造园技巧长足发展的结果。三大地方风格的特征，主要就表现在各自的造园技巧的不同上面；各地方园林的优劣高下，往往取决于各自造园技巧的优劣高下。

如前所述，技巧性更胜于思想性是成熟后期的私家造园活动的总趋向。而另一个趋向则是宅园的突出发展，各地的名园绝大多数都属于宅园的范畴。宅园的造园技艺之精湛、手法之丰富，达到了宋明以来的最高水平。相对而言，别墅、山居却远没有古代那样兴盛，也远没有古人那样追求天人谐和的野居环境的热情。士人们似乎都龟缩到宅园里面，运用高水准的造园技巧去营造"壶中天地"了。这个时期的私家园林，留下大量优秀的、技巧娴熟的作品，但也脱不开时代艺术思潮和社会风尚的影响，暴露其过分拘泥于形式和技巧、流于人工味过于浓重的"人造自然"的负面倾向。这种矛盾的情况，主要表现在以下六个方面。

一、园居活动频繁，园林已由赏心悦目、陶冶性情的游憩场所，转化为多功能的活动中心，"娱于园"的概念上升为造园的主导，因而园内建筑物的类型、数量势必随之而增多。匠师们因势利导，创造了一系列丰富多采的个体建筑形象和群体组合方式，为园林造景开拓了更广阔的领域。高明的匠师可以运用这些形象和组合，与其他的造园三要素相构配而求得园景婉约多姿的艺术效果。《园冶》云："凡园圃立基，定厅堂为主。先取乎景，妙在朝南，倘有乔木数株，仅就中庭一二。"这已成为私家园林规划遵守的定则了。为适应园林的多功能分区，造园就必然会借助于园内的建筑物，或者以建筑结合山池、花木而围合的空间。它们互相穿插、彼此联系，创为一个整体的空间序列，使得在园林的有限地段内获致仿佛无限深远的艺术效果和曲折幽致的动观意趣，把中国建筑群体的空间艺术经营推向更多样、更高超的水平。建筑构图的技巧、建筑与山石、花木的组织技巧，乃至游廊、墙垣、漏窗、洞门等大量运用的技巧均发挥到了极致。这种情况在大型的私园表现得尤其明显，苏州的留园便是以空间的丰富多变取胜的典型例子。然而，空间划分过多，在一定程度上不免会影响园林的整体感，建筑的分量过重、密度过大，毕竟要或多或少削弱园林的自然天成的气氛，也有悖于风景式园林的创作原则。

二、宅园的性质有了一些变化，园林与邸宅的关系比之宋、明更为密切。一方面是邸宅向园林延伸，而赋予后者以可游可居的多功能活动中心的职能；另一方面，邸宅也在一定程度上园林化，普遍出现用山石花木点缀的庭院。这种庭院反映了当时居住生活与园林享受更进一步相结合的倾向，也标志着“小中见大”、“咫尺山林”的园林审美意识的进一步升华。乾隆时的著名画家郑板桥在题画词《竹石》中对这种庭院空间作了精彩的描述：

“十笏茆斋，一方天井，修竹数竿，石笋数尺，其地无多，其费亦无多也。而风中雨中有声，日中月中有影，诗中酒中有情，闲中闷中有伴。非唯我爱竹石，即竹石亦爱我也。彼千金万金造园亭，或游宦四方，终其身不能归享。而吾辈欲游名山大川，又一时不得即往，何如一室小景，有情有味，历久弥新乎！对此画，构此境，何难敛之则退藏于密，亦复放之可弥六合也。”

庭院的普遍运用，为私家园林的创作开拓了新的领域，不失其造园艺术的新意；同时也意味着另一种倾向：造园从早先的在自然环境里面布置建筑物，演变为在建筑环境里面再现大自然。如果作为辅助手段，尚可丰富园林空间的变化，满足园居生活的某些特殊要求。但若过多过滥，则难免削弱园林总体的自然天成的趣味，失之过分的人工造作了。

三、园内用石筑山较之以往更为普遍，固然由于园地小、空间划分多，不宜于放坡垒筑土山，但与社会上流行的以造园来争奇斗富的风气也有一定的关系。园主人往往用重金罗致奇石，堆置园内以竞相夸耀的情况不在少数。对此，当时的文人也颇有非议。假山之摹拟真山，毕竟要依赖于特定场合下的意境联想，方能得到本于自然而高于自然的感受。叠石为山，确非易事。明代和清初是叠山艺术发展的黄金时代，素养和技艺高超的匠师辈出。乾、嘉以后，秉承上代余绪，也有一些叠山匠师活跃于江南，知名的如戈裕良（立山），善于创新，尤擅长使用大小石块接拼，使所叠假山浑然如天成。他堆叠山洞不用石过梁而采用类似“发券”之法，“如造环桥法，可以千年不坏”。南北各地出现一些石山和土石山的优秀作品，但徒具矫揉造作的躯壳，而不能激发人们对真山的意境联想的，却不在少数；这类叠山的存在，也正好反映了园林的形式主义、程式化和缺乏创造性的倾向。

四、园林的植物，比较更注重其配置的艺术效果，不太重视栽培技术。宋、明、清初以来观赏植物栽培技术的科学化发展，到此时已停滞不前。乾隆至清末也刊行过几种关于园林植物的著作，例如道光年间刊刻的《植物名实图考》，吴其睿著，包括《图考长编》和《图考》两部分。前者收集经史子集中记载的植物838种，后者收集的1714种大多是作者探访考察所得，并有附图。然而在论述栽培、观赏之道方面，其水平并未超过明、清初人的同类著作。中国本来是世界上花木种属最多的国家，被西方学者誉为“园林之母”，就在这个时期的乾、嘉之际，英国和荷兰的东印度公司已开始派人到中国沿海一带收集花木运往欧洲。同、光年间，西方的植物学者接踵而来，深入内地有计划地大量采集野生花木，然后在欧洲大陆、英国和美国各地的植物园中加以培育驯化，繁衍至今，成为欧、美常见的观赏花木，而其中有不少品种在中国反而绝迹。相比之下，中国缺乏系统的园艺科学，在一定程度上阻碍了园林之利用丰富的植物资源和广泛地发挥植物的造景作用；宋、明以来逐渐形成的文人园林中植物配置重诗情画意的优良传统，亦未能够在坚实的科学基础上得以进一步地升华、提高。

五、宋代开始运用景题，赋予园林以标题的性质，仿佛绘画的题款，它直接通过文学形式来抒发园主人的情怀，传达创作者的审美信息，加深鉴赏者对园景的理解和感受，从而使得园林的意境更为深化。它把文学艺术与造园艺术完美地结合起来，这是文人园林的主要成就之一。成熟后期，文人园林风格涵盖私家园林，沿袭并发展了这个传统，涌现出许多优秀的景题都能给予游人以艺术的享受。但也有不少空洞浮泛，或言过其实，或曲高和寡，与此情此景并不十分切贴的。个别的甚至故作无病呻吟，充斥着文人的酸腐气，都无非是为景题而景题，缺乏思想内蕴。园林的意境创造方面出现的这种矫揉造作的倾向，说明了文人风格的涵盖已逐渐消融于流俗之中，也可以说是造园艺术趋向形式主义的表现之一端。

六、造园活动虽然十分广泛，实践经验却未能总结、提高到理论的概括。造园理论趋于萎缩，再没有出现过明末清初那样的理论著述的力作，当然更无由在此基础上加以进一步地科学化发展。许多精湛的造园技艺始终停留在匠师们口授心传的原始水平上，往往固步自封。就私家园林最兴盛的江南地区而言，除了活跃于乾、嘉之际的戈裕良之外，再没有出现领一代风骚的大师巨匠，当然也就再没有过像明末清初时那样的工匠出身与文人出身的造园家大量涌现的局面了。这时的文人涉足园林，大多徒托空谈，相对说来比较缺少结合实践，诗文中论及园林艺术的虽不乏精辟的见解，例如沈复《浮生六记》提出园林的设计原则："园亭楼阁，套室回廊，叠石成山，栽花取势，又在大中见小，小中见大，虚中有实，实中有虚，或藏或露，或浅或深，不仅在周回曲折，又不在地广石多，徒烦工费。"以及钱泳《履园丛话》中某些对造园的片段议论等，但多数则是一鳞半爪，偏于描述性的心领神会，因而难免浮泛空洞，失却过去文人造园的积极进取、富于开创性的精神。

第十一节

寺观园林

概　说

清王朝前期，在意识形态上尊崇儒家的理学作为封建统治者最主要的精神支柱，但出于政治上的目的，对佛、道两教也积极保护、扶持。清初的顺治、康熙、雍正三帝都崇信佛教，雍正尤重禅悦，亲自编纂了一部《御选语录》共十九卷，为这些语录写了二十几篇序文。乾隆也崇弘佛法，刊刻了中国封建时代的最后一部官刻《大藏经》，还将佛经翻译成满文和蒙文。这个时期，佛教和道教在中国的发展处于式微阶段。佛教以禅宗和净土宗为首的各宗，在民间的流传已经失却宋、明时期的势头，但由于政府的倡导，新建、扩建寺院的数量仍然十分可观，其中不少是由皇家敕建的。乾隆帝为了团结、笼络蒙族和藏族的上层人士而特别扶持喇嘛教，又在内地的五台山、北京、承德等地兴建了许多规模巨大的喇嘛教佛寺。道教承元、明之余绪，南方流行天师道，北方流行全真道，全国范围内道观新建和扩建的也很多，皇家宫苑内也有建置道观的。

寺观园林继承宋以来的世俗化、文人化的传统，除极个别的特例寓有明显的宗教象征性或者某些景题含有宗教内容之外，一般与私家园林并没有多大区别，只是更朴实一些，更简练一些。在园林比较兴盛的地区，大多数寺观都建置附属园林，有的甚至成为当地的名园。以扬州为例，天宁寺的西园、静慧寺的静慧园、大明寺的西园［图7·212］，都是扬州颇有名气的园林，高旻寺的附园早在康熙时即作为皇帝南巡驻跸的行宫，赐匾曰“邗江胜地”。

城市及近郊的寺观，无论是否建置独立的园林，都十分重视本身的庭院绿化。一般说来，在主要殿堂的庭院，多栽植松、柏、银杏、桫椤、榕树、七叶树等姿态挺拔、虬枝古干、叶茂荫浓的树种，以适当地烘托宗教的肃穆气氛；而在次要殿堂、生活用房和接待用房的庭院内，则多栽植花卉以

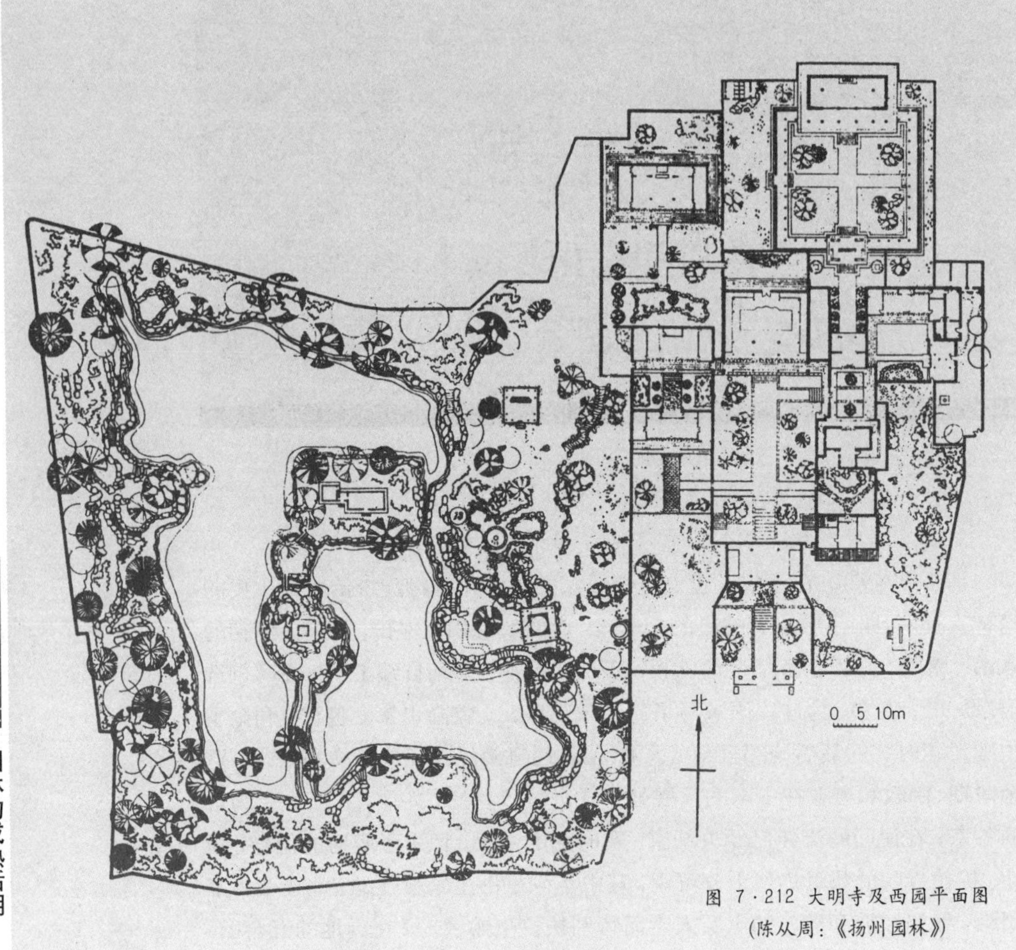

图 7·212 大明寺及西园平面图
（陈从周：《扬州园林》）

及富于画意的观赏树木，有的还点缀山石水局，体现所谓“禅房花木深”的雅致怡人的情趣。所以，城市及其近郊的寺观，往往成为文人吟咏聚会的场所、群众游览的地方。不少寺观均以古树名木、花卉栽培而名重一时，个别的甚至无异于一座大花园，堪称“园林寺观”。

震钧《天咫偶闻》记述了北京城内的几所寺观的园林情况：

“法华寺，在豹房胡同。……寺之西偏有海棠院。海棠高大逾常，再入则竹影萧骚，一庭净绿。桐风松籁，畅人襟怀，地最幽静。己丑庚寅间，与同仁为社，会于此。以读书及诗古文词为日课，余名其室曰丁嘤馆。乙未复会，则同人益增，才俊咸集，一时称极盛焉。同治初，昌平孙丹五曾寓是寺，著《余墨偶谈》，记当时名人甚盛，今惟续耻庵及静澜上人仍在座中耳。”

“京师园亭，自国初至今未废者，其万柳堂乎，然正藉拈花寺而存耳。此园冯益都相国临去赠与石都统天柱，石后改为拈花寺。

当时诗人颇有讥之者，而不知石之见甚远。盖自古园亭，最难久立。子孙不肖，尺木不存。《帝京景物略》所载，今何如乎？石湖之治乎寺，古人已有行之者矣。今寺中尚存御书楼，阮文达榜曰：元万柳堂。以神谶体书之，朱野云为之补柳作图。……然园地多碱，实不宜柳。野云所补，既无存。潘文勤又种百株，亦成枯枿。惟池水清泠，苇花萧瑟。土山上有松六株，尚是旧物。”

“太平宫，在东便门内，庙极小。岁上巳三日，庙市最盛。盖合修禊、踏青为一事也。地近河渼，了无市聒。春波泻绿，堧土铺红。百戏竞陈，大堤入曲。衣香人影，摇飏春风，凡三里余。余与绕耻庵游此，辄叹曰：一幅活《清明上河图》也。”

“崇效寺，俗名枣花寺，花事最盛。昔，国初以枣花名。乾隆中以丁香名，今则以牡丹名。”

“法源寺，即古悯忠寺。悯忠台尚存，高阁及双浮屠已不可考。西廊嵌唐《宝塔颂》石刻。僧院中牡丹殊盛，高三尺余。青桐二株，过屋檐。”

麟庆《鸿雪因缘图记》记述扬州万寿重宁寺东园[图7·213]，以及作者游览该园之所见：

“万寿重宁寺，在扬州北门外。……东有园曰‘东园’，歙人江春建，以供宸游。蒙赐堂额曰‘熙春’，室曰‘俯鉴’，厅曰‘琅玕丛’。遂擅诸园之胜。园门外即梅花岭。已亥二月，麟庆奉命，会

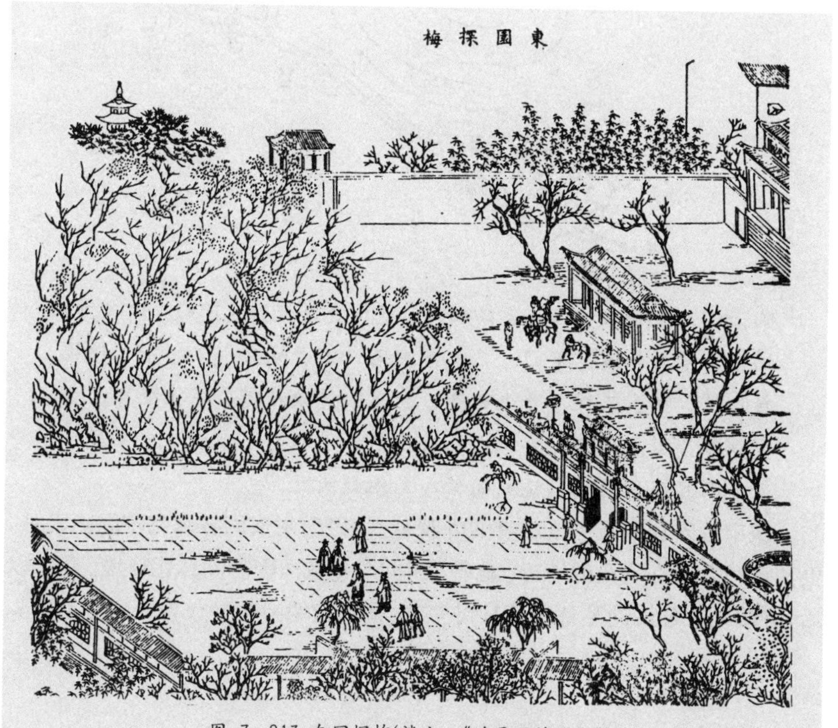

图 7·213 东园探梅(麟庆：《鸿雪因缘图记》)

图 7·214 灵隐、韬光、天竺诸寺所形成的园林化的寺院集群
(冯钟平:《中国园林建筑》,北京,清华大学出版社,1988)

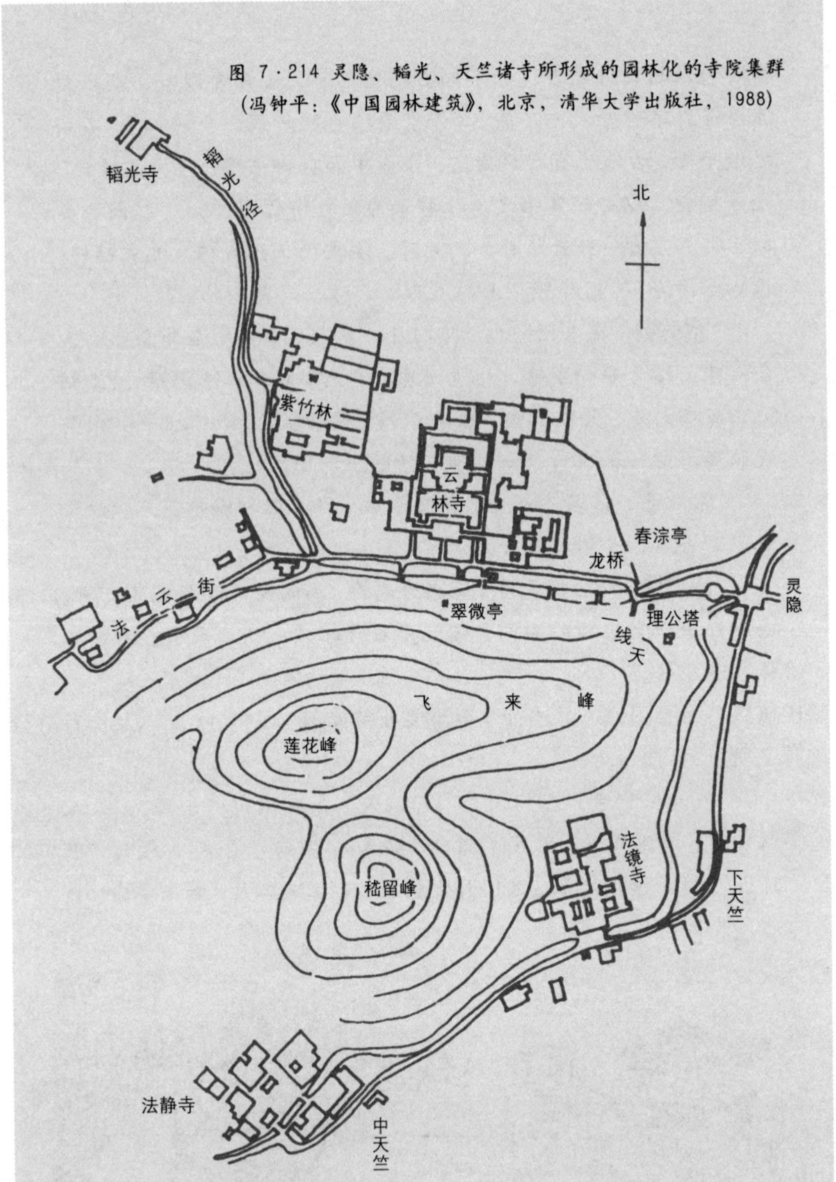

陶云汀先生勘人字河,至扬相候。适梅花盛开,沈莲叔、伊芳圃、温东川治具相邀。至门,见土阜夹石,石骨峭露,沿岭上下植梅数百株,种多玉蝶。岭上有亭,六角,掩映花梢。寻径登亭,绿萼红英,繁香四绕,真所谓众香国也。入园则水木清华,堂厦轩敞。而且磁山清丽,镜室晶莹,尤他处所无。"

城市远郊和山野风景地带的寺观,除了经营附属园林和庭院绿化之外,更注意结合所在地段的地形、地貌,而创造寺观周围的园林化环境。唐宋以后,寺院地主经济的丛林制度日益完善,僧侣植树造林乃成为一项必不可少

的公益劳动；道教视大自然为“自然而然”的最高境界，尤其尊重自然界的一草一木。这个传统一直承传下来，对风景地带自然生态的保护，起到了积极作用。寺观周围往往古树参天，郁郁葱葱。为了吸引香客和游人前来朝拜、投宿，还在寺观的外围适当地运用园林造景的手法来诱发人们的鉴赏情趣，尤其在入口道路的导引安排方面，更是独出心裁，别具一格。因此，寺观往往又成为风景名胜区内绝佳的风景点和游览地。如果说，早期的寺观建置对风景名胜区的开发起到了筚路蓝缕的先行作用；那么，后期的寺观建置以其有意识的园林化经营，而把宗教建设和风景建设完全糅合为一体，对风景名胜区的发展和内容的充实具有更为积极的意义。这种情况，在那些以山岳为主体的众多名山风景区尤为突出。可以这样说，如果没有寺观结合于山地环境的园林化经营，名山风景区的景观将会大为减色，甚至失却其作为一个风景区类型的独特性格。

杭州西湖是闻名海内外的风景名胜区，也是寺观园林集中荟萃之地[图7·214]。麟庆《鸿雪因缘图记》中的“韬光踏翠”一节，描写灵隐寺附近的韬光庵的园林化环境甚详：

“韬光庵在北高峰之麓，悬崖结屋，势若凌空。庵后有洞，洞侧建楼，正对钱塘江，江尽即海。以唐人宋之问有‘楼观沧海日，门对浙江潮’句，遂以观海得名。其实竹径不亚云栖(云栖为西湖之一处景点，以竹林之茂盛著称)。余曾随洁士舅氏及子尚外兄、仲文季素两弟游飞来峰，小憩冷泉亭后，穿灵隐寺罗汉堂而西。径路屈曲，筠篁蒙密，人行翠影中，仰不见日色。转入转高，不辨所出。山僧刳竹引泉，随蹬道盘折，琤瑽作琴筑声，倾耳可听。延缘三四里，始达庵中。山窗涧户，明净无滓。每一忆及，令人有出尘之想。按韬光本蜀僧，唐长庆间结茅于此，与鸟窠和尚、布毛侍者为友。时白香山官刺史，尝具馔招之以诗曰：‘白屋炊香饭，荤膻不入家；滤泉澄葛粉，洗手摘藤花；青芥除黄叶，红姜带紫芽；邀师相伴食，斋罢一瓯茶。’师答曰：‘山僧性野好林泉，每向岩阿枕石眠；不解栽松陪玉勒，唯能引水种金莲；白云乍可来青嶂，明月难教下碧天；城市不堪飞锡去，恐妨莺啭翠楼前。’其高致可想。至今庵以师名。”

寺观园林尽管不以其宗教色彩取胜，却美化了寺观本身，并且通过园林经营美化了环境，从而把寺观与群众生活联系起来。寺观不仅是宗教活动的中心，也是城市居民公共游赏的场所和风景名胜区内原始型旅游的主要对象。寺观园林的创作虽然与私家园林并无根本上的差异，但较之后者更具有群众性和开放性。其特点主要表现在两个方面：一、作为独立的小园林，功能比较单纯，园内的建筑物比起一般私家园林要少一些，山水花木的分量更重一些，因而也就较多地保持着宋、明文人园林的疏朗、天然特色的承传。二、城镇的寺观，小园林与庭院绿化相结合而赋予寺观以世俗的美和浓郁的生活气氛，使得寺观作为宗教活动的中心而又在一定程度上具备公共园林的职能。郊野和风景地带的寺观，小园林、庭院绿化、外围环境的绿化或园林化，此三者互相融糅而浑然一体，则不仅赋予寺观以风景建筑的世俗美和浓郁生活气氛，还能够让人们于领略佛国仙界的宗教意趣之余，更多地感受大自然与人文之交织，仿佛置身于一处理想的、超凡脱俗的人居环境。这就是历来的文人墨客都喜欢借住寺观修身养性、攻读诗书，甚至帝王也经常以寺观作为驻跸行宫的主要原因，也就是汉地的寺、观之所以不同于世界上其他宗教(包括藏传佛教)建筑的一个主要标志。

园 林 实 例

这个时期，南北各地完整保留下来的寺观园林为数众多。这里拟选择比较有代表性的十一个实例，分别加以详细介绍。其中，大觉寺、白云观、普宁寺着重于独立建置的附园；法源寺着重于它的庭院绿化情况；乌尤寺、清音阁、太素宫着重于其周围园林化的环境处理；古常道观、潭柘寺、黄龙洞、国清寺则着重在园林、庭院绿化和园林化环境此三者的兼而有之。若就园林的地方风格而言，大觉寺、白云观、普宁寺、潭柘寺为北方风格，黄龙洞、太素宫为江南风格，古常道观、乌尤寺、清音阁为西南的地方风格。

大觉寺

大觉寺在北京西北郊小西山山系的旸台山。寺后层峦叠嶂，林莽苍郁，前临沃野，景界开阔。寺始建于辽代，名清水院，为金章宗时著名的“西山八院”之一。明宣德三年(1428年)重修扩建，改今名。清康熙五十九年(1720年)，当时的皇四子、后来的雍正帝对该寺进行了一次大规模的修建。乾隆十二年(1747年)又进行了重修。以后又陆续有几度增改、修葺，遂成今日之规模［图7·215］。

寺观建筑群坐西朝东，包括中、北、南三路。中路山门之后依次为天王殿、大雄宝殿、无量寿佛殿、大悲坛等四进院落。北路为方丈(北玉兰院)、僧房和香积厨等生活用房。南路为戒坛和清代皇帝行宫，后者即南玉兰院、憩云轩等几进院落，引流泉绕阶下，花木扶疏，缀以竹石。雍正、乾隆御题的一些对联，如：“清泉浇砌琴三叠；翠筱含风管六鸣”，“暗窦明亭相掩映；

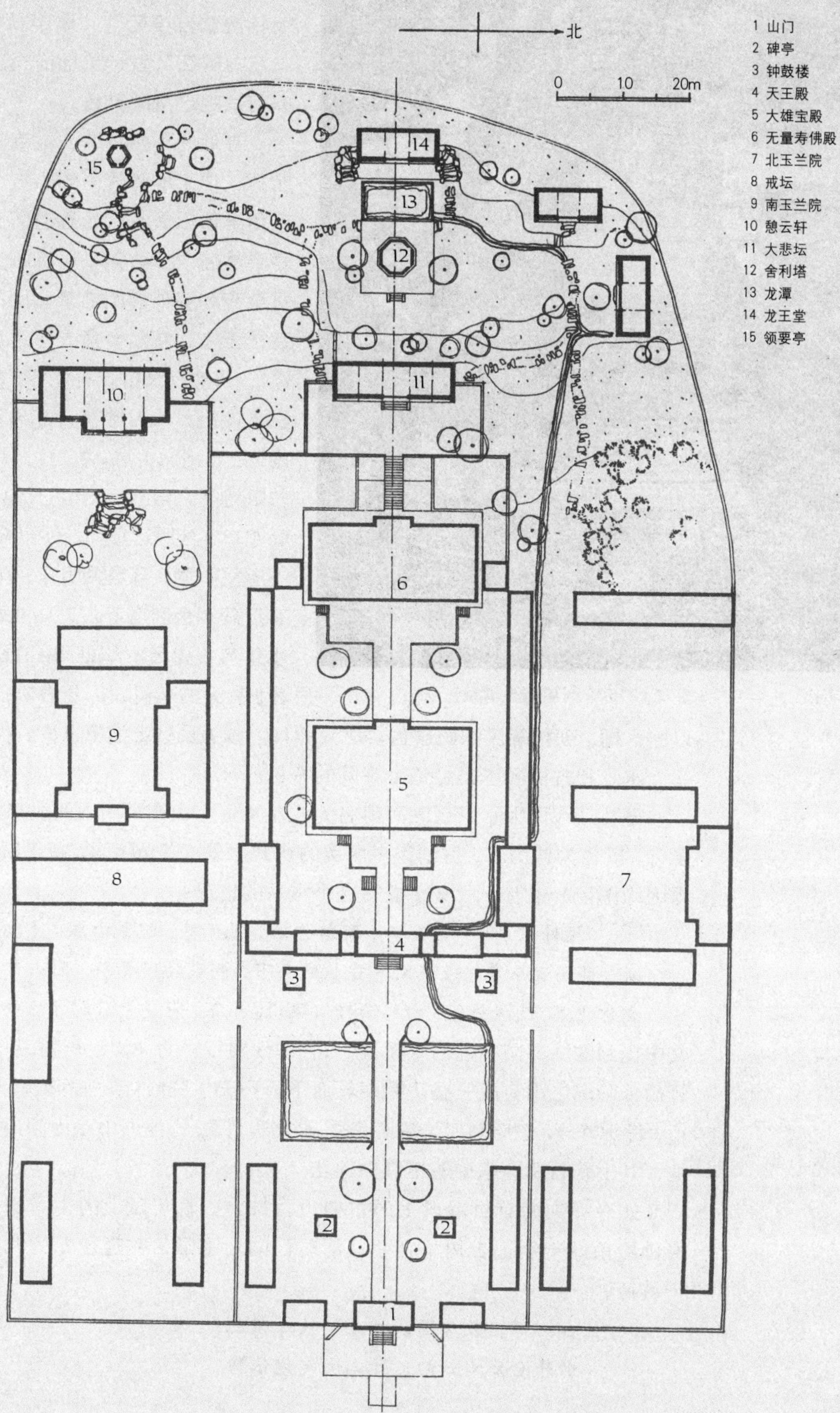

图 7·215 大觉寺平面图

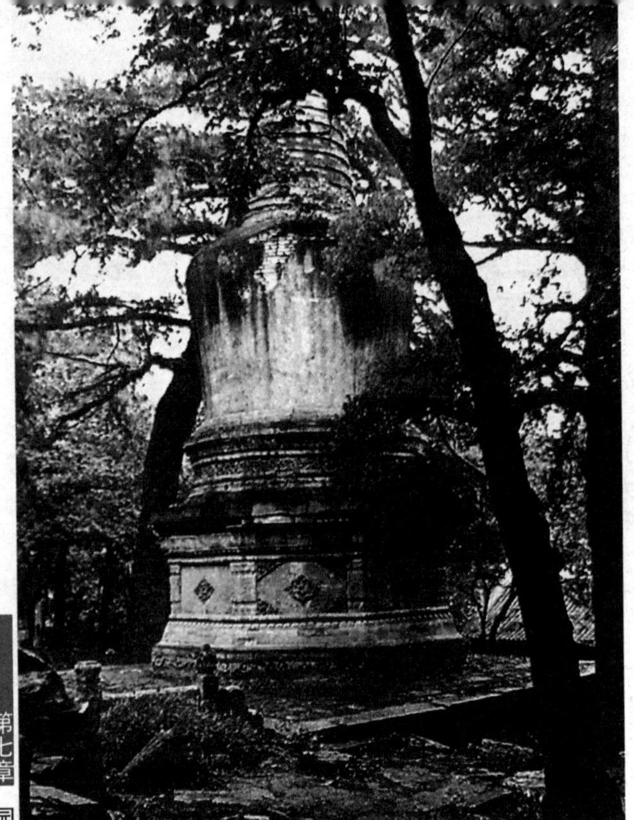

图 7·216 舍利塔(赖德霖摄)

天花涧水自婆娑”，“泉声秋雨细；山色古屏高”，皆形象地描绘出这些庭院景观之清幽雅致。

寺后的小园林即大觉寺的附属园林，位于地势较高的山坡上。西南角上依山叠石，循磴道而上，有亭翼然名“领要亭”，居高临下可一览全寺和寺外群山之景。园的中部建龙王堂，堂前开凿方形水池“龙潭”。环池有汉白玉石栏杆，由寺外引入山泉，从石雕龙首吐出注入潭内。池水清澈见底，游鱼可数。乾隆曾赋诗咏之曰：“天半涌天池，淙泉吐龙口；其源远莫知，郁葱叠冈薮。不溢复不涸，自是灵明守。”园内还有辽碑和舍利塔等古迹[图7·216]，但水景与古树名木却是此园的主要特色。参天的高树大部分为松、柏，间以槲、栎、栾树等。浓荫覆盖，遮天蔽日，诚为夏日之清凉世界。

水景和古树名木也是整个寺院的特色。

早在辽代即因水景之胜而得名为“清水院”。由寺外引入两股泉水贯穿全寺，既作为饮用水，也创为多层次的各式水景。道光年间，麟庆所著《鸿雪因缘图记》中有一段文字描写这个水系的情况：

“垣外双泉，穴墙址入，环楼左右，汇于塘，沉碧泠然，于牣鱼跃。其高者东泉，经蔬圃入香积厨而下。西泉经领要亭，因山势三叠作飞瀑，随风锵堕。由憩云轩双渠浇霤而下，同会寺门前方池中。”

文中提到的塘即园林内的龙潭，憩云轩即南路行宫的一幢建筑物。泉水流至轩后依陡峭之山势成三叠飞瀑绕轩而下。于轩内“拂竹床，设藤枕，卧听泉声，淙淙琤琤，愈喧愈寂，梦游华胥，翛然世外”。方池即中路山门内之功德池，其上跨石桥，水中遍植红白莲花。

如今寺内尚有百龄以上的古树近百株，三百年以上的十余株。无量寿佛殿前的千年银杏树早在明、清时已闻名京师，乾隆曾专为此树写了一首诗：

“古柯不记数人围，叶茂孙枝绿荫肥；
世外沧桑阅如幻，开山大定记依稀。”

以松柏银杏为主的古树遍布寺内，尤以中路为多。四季常青，把整个寺院覆盖在万绿丛中。南、北两路的庭院内还兼植花卉，如太平花、海棠、玉兰、丁香、玉簪、牡丹、芍药等，更有多处修竹成丛。因此，大觉寺于古木参天的郁郁葱葱之中又透出万紫千红、如锦似绣的景象。

白云观

白云观在北京阜成门内，为道教全真派的著名道观之一。始建于唐开元年间，原名“天长观”。金代重建，改名“太极宫”。元代作为著名道士长春真人丘处机的居所，改名“长春宫”。明洪武年间改今名，又经晚清时重修为现在的规模［图 7 · 217］。

白云观建筑群坐北朝南，呈中、东、西三路之多进院落布局。其后的园林是光绪年间增建的。此园的总体布局略近于对称均齐，以游廊和墙垣划分为中、东、西三个类似庭院的景区。

中区的庭院正当中为建于石砌高台上的“云集山房”，这是全园的主体建筑物和构图中心。它的前面正对着中路的“戒台”，后面为土石假山。假山的周围古树参天，登山顶则近处的天宁寺塔在望，远处可眺览西山群峰，明人有诗句描写此山为：“一丘长枕白云边，孤塔高悬紫陌前。”[1]中区两侧有游廊分别与东、西两区连接。西区建角楼“退居楼”，院中的太湖石假山为

[1]《帝京景物略》引赵贞吉诗。

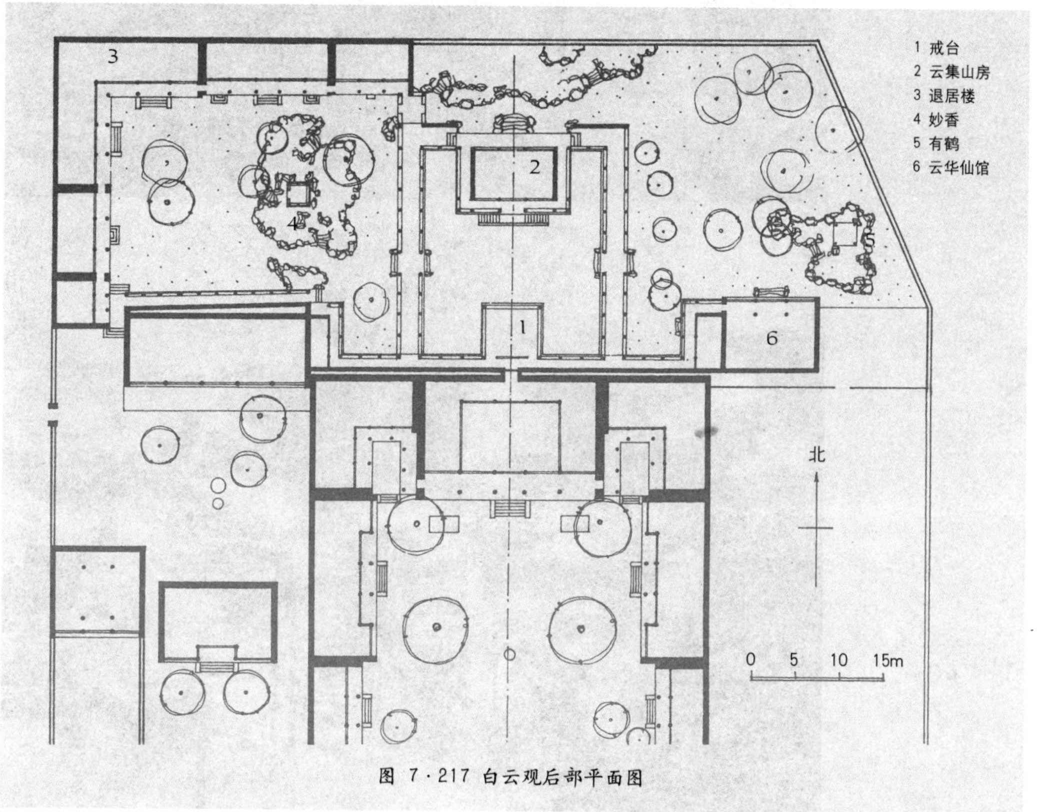

图 7 · 217 白云观后部平面图

图 7·218 西区庭院(赖德霖摄)

图 7·219 “妙香”亭(赖德霖摄)

图 7·220 白云观之青石假山

此区的主景，山下石洞额曰“小有洞天”，寓意于道教的洞天福地。自石洞侧拾级登山，有碣，上书“峰回路转”。山顶建小亭“妙香”作为点缀，兼供游人小憩。东区的院中亦以叠石假山为主景，山上建亭名“有鹤”。亭旁特置巨型峰石，上镌“岳云文秀”四字，诱发人们对五岳名山的联想从而创造道家仙界洞府之意境。假山之南建置三开间、坐南朝北之“云华仙馆”，有窝角游廊连接于中区之回廊。

普宁寺

普宁寺在河北省承德市，位于避暑山庄东北约两公里半之山脚下，该寺于乾隆二十三年(1758年)建成，为著名的“外八庙”之一。

清廷修建普宁寺，有其特殊的政治背景。

康熙年间，沙俄殖民势力向东扩张。游牧于伊犁附近的厄鲁特蒙古准噶尔部领主噶尔丹发动公开叛乱。清廷平息叛乱之后，深知噶尔丹居心叵测，尤其是与沙俄勾结实为我国北部边疆的隐患。康熙帝便一改单纯的军事防御，强调民族团结的措施，采取以安抚为主的策略，来加强对蒙古各部的管理。在平叛后，立即举行了具有重要意义的“多伦会盟”。这些措施对有清一代多民族国家的巩固产生了深远影响，此后的雍正、乾隆两期均积极执行康熙所制定的这一民族政策，收到了很大成效。

多伦会盟后，蒙古各部在相当长的一段时期内处于安定局面。但由于沙俄的不断挑唆，准噶尔部上层领主对清廷仍怀二心，乾隆年间，达瓦齐继承汗位后再次发动叛乱。乾隆帝派兵分两路直捣伊犁，达瓦齐带领残部逃至伊犁西北的格登山。清军收复伊犁后继续追击，著名的格登山一战，达瓦齐全军覆没，其本人也被生擒。

乾隆认为此次平叛意义重大，便在大内午门举行受献俘之礼，并立纪功碑于格登山。同时在承德避暑山庄召见厄鲁特蒙古四部的大小领袖，对他们赐宴、赏赉、加封爵位，还选定避暑山庄的东北面兴建普宁寺，作为永久纪念。蒙族人民信奉藏传佛教即喇嘛教(黄教)，乾隆十分重视利用宗教来团结蒙藏两兄弟民族，也很懂得建筑艺术在意识形态方面的作用。为此，普宁寺采取了汉地佛寺的“伽蓝七堂”与藏传佛教的古刹桑耶寺共同作为蓝本。

“桑耶”即梵文Samaya，又译作三摩耶、三昧耶。据佛教密宗《大日经》的解释，三昧耶有四义：平等之义，本誓之义，除障之义，警觉之义。这正符合当时清廷平定准噶尔叛乱、安定全国的政治形势。桑耶寺又是吐蕃赞普赤松德赞于唐代敕建的寺院，乾隆誉之为：“斗赞转轮王，功德甚宏大；造寺于西域，其名三昧耶。逮今千馀岁，愿海庄严就。”正好藉此隐喻他自

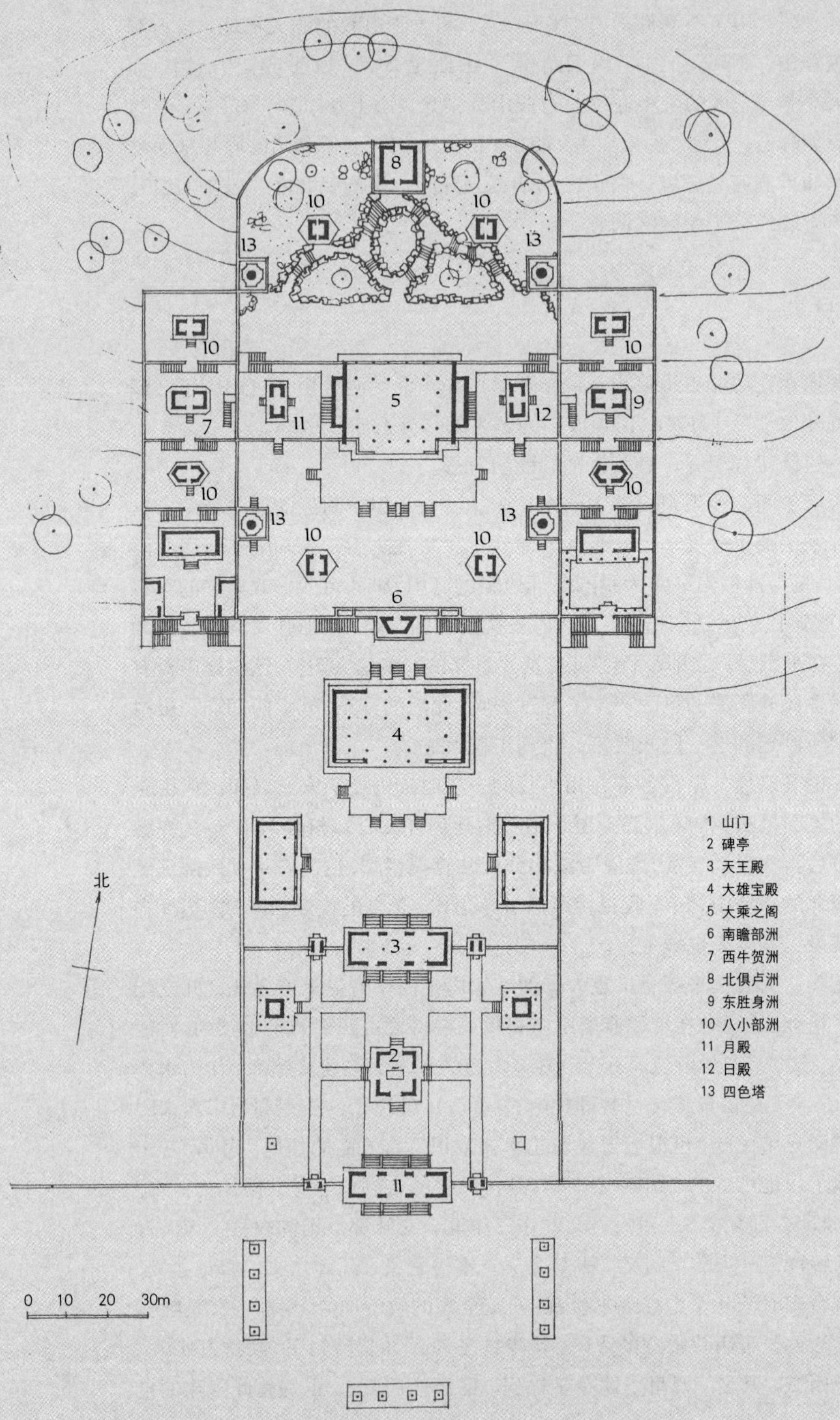

图 7·221 普宁寺平面图

图 7·222 普宁寺全景

己兴建普宁寺之目的。“故寺之式即依西藏三摩耶之式为之，名之曰普宁者，盖自是而雪山葱岭以逮西海，恒河沙数，臣庶咸愿安其居，乐其业，永永普宁云尔。”[1]

普宁寺建筑群沿南北中轴线纵深布置，全长230米，分为南、北两部分[图7·221]。

南半部为“汉式”部分，建筑布局按照我国内地佛寺“七堂伽蓝”的汉族传统格式：由山门、钟楼、鼓楼、天王殿、大雄宝殿及其两配殿组成三进院落。

北半部为“藏式”部分，建在高出于南半部地平约9米的金刚墙之上。建筑物沿山坡布置，均为藏、汉混合的形式。这北半部模仿桑耶寺的做法，通过建筑物的总体布局和个体造型来反映特定的宗教概念，即把密宗和显教佛经中所描述的“须弥山”、“曼荼罗”、“世界”等佛国天堂的理想境界表现为具体的建筑形象[图7·222]。

大乘之阁为这所佛寺的藏式建筑群的构图中心，同时也象征着“世界”的中心——众神居住的须弥山(Sumeru)，意译为妙高山。据显教经典《阿毗达磨俱舍论》的描写：日月环绕须弥山出没，三界诸天(神)也依之而层层建立。此山位于大海的中央，以中央主峰为中心，由里及外依次为七重金山，犹如七个同心圆，其高度亦依次递减。主峰极顶的四角各有一个小峰，中央的平坦地段上建金城，“是天帝释所都大城，于其城中有殊胜殿，种种妙宝俱足庄严。……城外四面四苑庄严，是彼诸天共游戏处：一众车苑，二鹿恶

[1] 乾隆：《普宁寺碑文》，见和珅：《热河志》卷七十九。

图 7·223 北俱卢洲殿

苑，三杂林苑，四喜林苑”。大乘之阁顶部五个屋顶相峙的形象，显然就是须弥山的金城及四峰或四苑的象征了。

曼荼罗(Mandala)即密宗的“坛城”，状如城堡，为诸佛集会的圣坛。坛城按井字形分为九宫格，中央一格为主佛的分位，其余八格为配神环列。我国内地有把曼荼罗的概念表现为佛塔形式即“金刚宝座塔”的；也有表现为建筑群的，如北京北海的小西天、万寿山的五方阁。大乘之阁的五顶相峙则是以个体建筑物表现曼荼罗的典型例子，也就是乾隆《普宁寺碑》文中“肖彼三摩耶，为奉天人师，作此曼拿罗(注：即曼荼罗)，严结身口意”之所指。

又据《阿毗达磨俱舍论》记载，环绕着须弥山的是茫茫“咸海”，海的外围又有一重山，名叫“铁围山”。咸海之中布列着四个大洲即“四大部洲”，和八个小洲即“八小部洲”，这便是人类居住的地方。具体表现在普宁寺中，即环列于大乘之阁四周各层台地上的那些藏式碉房建筑物。

位于南海中的大洲“南瞻部洲”是一个形状像佛肩胛骨的梯形大洲，其在普宁寺的具体位置相当于大乘之阁南面的碉房平台及台上的梯形平面小殿——三角殿。

位于北海中的大洲“北俱卢洲”形如方座，这就是大乘之阁北面、居于佛寺建筑群中轴线末端的正方形碉房平台及台上的小殿 [图 7·223]。

位于西海中的大洲“西牛贺洲”形如满月，这就是大乘之阁西面的略近椭圆形平面的碉房平台及台上的小殿。

位于东海中的大洲“东胜身洲”形如新月，这就是大乘之阁东面的类似月牙形平面的碉房平台及台上的小殿。

咸海之中除四大洲之外，“复有八中洲是大洲眷属，谓四大洲侧各有二中洲”，此即所谓八小部洲。具体在普宁寺，就是位于四大部洲殿左右或前后的八个体量较小的双层碉房建筑物。

大乘之阁正东侧和正西侧，分别建置长方形碉房平台及台上小殿。这就是日光殿和月光殿，象征出没回旋于须弥山两侧或佛两肩的太阳和月亮。

上述内容组成了佛经中所谓的“世界”的缩影，铁围山即是这个世界的终极。藏式建筑部分的半圆形围墙，便是铁围山的象征。佛经中所谓的“大千世界”，即是由上千个这样的“世界”组成的。

在大乘之阁的四角分位上，还分别建置白、黑、绿、红四种颜色的喇嘛塔，即“四色塔”。乾隆《普宁寺碑》文中有“复为四色塔，义出陀罗尼，四智标功用”的说法，这样的布局显然具有密宗“五智”的寓意：大乘之阁为“法界体性智”，白色塔为“大圆镜智”，黑色塔为“平等性智”，绿色塔为“妙观察智”，红色塔为“成所作智”[图 7 · 224]。

这所佛寺的藏式建筑群依山势而建，台地逐层叠起，台地的挡土墙上镶嵌有成排成列的藏式“盲窗”，即所谓“大红台”的形式。最下层的金刚墙高达10米左右，整个建筑群都得以承托展露，颇具有西藏山地寺院的气度。作为主体建筑物的大乘之阁，形象华丽璀璨，体量敦实高大，巍然凌驾于一切之上。因此，整组建筑群的立体轮廓和层次变化十分突出，这与单纯

图 7 · 224 四色塔及八小部洲殿

讲究平面布局的汉地佛寺建筑的空间序列是不一样的。

大乘之阁为汉式楼阁，仅东、西山墙采用藏式盲窗装饰。四大部洲殿及日光殿、月光殿的下部平台为藏式，上部小殿为汉式，八小部洲及四色塔通体纯为藏式。这在个体设计上展示了多种不同建筑风格，在总体布局上则互相穿插，并以中轴线和左右辅助轴线为纲领，于繁复中见严谨、变化中寓规律，吸收了汉地佛寺建筑的特点，与藏区的藏传佛教寺院有所不同。

普宁寺建成后，在相当长一段时期内，是内地与蒙古诸部在宗教方面直接联络的主要寺院，曾多次在这里接待蒙古地区的喇嘛教领袖，蒙古王公、台吉也定期前来朝拜，一般僧众和牧民则不顾长途跋涉，以能到此瞻仰为荣。可见当时的普宁寺已成为内地与蒙族人民感情联系的纽带，和清廷在政治上笼络蒙族各部的象征了。

这所为了特殊政治目的而修建的具有特殊形制的寺院建筑，它的藏式部分还兼有寺庙园林的功能，成为一个特殊的小园林。

大乘之阁以北，象征铁围山的半圆形围墙以内的这部分，利用山坡叠石为起伏的假山，山间磴道蜿蜒，遍植苍松翠柏，形成小园林的格局，相当于普宁寺的附属园林。

园林内的五幢建筑物呈对称均齐的布置。中轴线上靠后居高的为北俱卢洲殿，它的前面，左右分列两小部洲殿和白色、黑色塔建在不同标高的台地上。这座略近于规整式的小园林因山就势堆叠山石，真山与假山相结合。在假山叠石与各层台地之间，蹬道盘曲，树木穿插，殿宇塔台布列于嶙峋山石之间，色彩斑斓的琉璃映衬在浓郁的苍松翠柏里，构成别具风味的山地小园林的景观。它把宗教的内容与园林的形式完美地结合起来，寓佛教的庄严气氛于园林的赏心悦目之中，运用园林化的手法来渲染佛国天堂的理想境界。这在我国历来的寺观园林中尚不多见，而其完全对称的规整布局，在中国古典园林中也是少有的。

普宁寺与北京颐和园内后山的“须弥灵境”(见本章第三节)，都是为了同样的政治目的而分别在两地同时兴建的、具有同样形制和规模的寺院建筑群，在中国建筑艺术遗产宝库里面堪称珍贵的双璧。它们的附属园林，也应该是中国古典园中一对特殊的同样珍贵的姊妹作品。

法源寺

*法源寺*在北京外城，前身为唐代的悯忠寺。以后屡毁屡建，较大规模的重建是在明正统二年(1437年)，改名崇福寺。此后，明万历年间及清初均

进行过多次修整和增建，雍正十二年(1734年)改名法源寺。目前保留的现状规模为清中叶以后的情况，它的庭院绿化在当时的北京颇负盛名，素有“花之寺”的美称［图7·225］。

法源寺前后一共六进院落：山门之内第一进为天王殿，第二进为大雄宝殿［图7·226］，第三进为戒坛（悯忠台），第四进为毗卢殿，第五进为大悲殿，第六进为藏经楼［图7·227］。每进的庭院均有花木栽植，既予人以曲院幽深和城市山林之感，又富于花团锦簇的生活气氛。其中不乏古树名木，如唐代的松树、宋代的柏树，更为难得的是数百年树龄的银杏和高大的文官果，枝干婆娑，荫覆半院，清末著名文人罗聘有诗句咏赞后者为：“朵朵红丝贯，茎茎碎玉攒。”当然，其他品种的树木也不少，而最为时人所称道的则是满院的花卉佳品，如海棠、牡丹、丁香、菊花等，所谓“岁岁年年花不同”。清人咏赞法源寺花卉的诗文不计其数，北京居民到此赏花游玩、文人到此作诗文聚会的终年不绝。

法源寺花事之盛大约始于乾隆年间。海棠为该寺名花之一，主要栽植在第六进的藏经楼前。乾隆时的诗人洪亮吉有咏此处海棠之句云：“海棠双树忽绝奇，花背得红面复白；岂唯花色殊红白，日午晓霞花犹澈。”直到清末，法源寺之海棠仍十分繁茂，不断吸引游人，所谓“悯忠寺前花千树，只有游人看海棠”[1]，清末著名诗人龚定庵写过一首《悯忠寺海棠花下感春而作》的绝句：

“词流百辈花间近，此是宣南掌故花；
大隐金门不归去，又来萧寺问年华。”

[1]《北京风俗杂咏》，引张保安《京华杂诗》。

牡丹亦为法源寺之名花，主要栽植在第五进大悲殿之后院，据清末震钧《天咫偶闻》载：“僧院中牡丹殊盛，高三尺余，青桐二株，过屋檐。”丁香花主要栽植在第一院的钟楼和鼓楼附近与第三进的戒坛前，以及别院的斋堂僧舍庭院中，有白丁香、紫丁香等品种。盛开之时香闻寺外，文人们几乎每年都要在寺内举行“丁香会”。菊花亦颇有名气，早在乾隆年间寺内已设“菊圃”专门培植菊花。嘉庆、道光年间流行的《北京竹枝词》中多有咏法源寺菊花的，例如：

“悯忠寺里菊花开，招惹游人得得来；
闻说菊仙花更好，不知陶令有何才？”

（杨静亭：《都门杂咏》）

“高楼曲榭望峻嶒，赏菊西园秋兴增。
佛号罢闻刚午后，又来东院看斋僧。”

（杨静亭：《都门杂咏》）

法源寺莳养的花卉还出售供应市场之需要，为此而专设花圃，雇用专

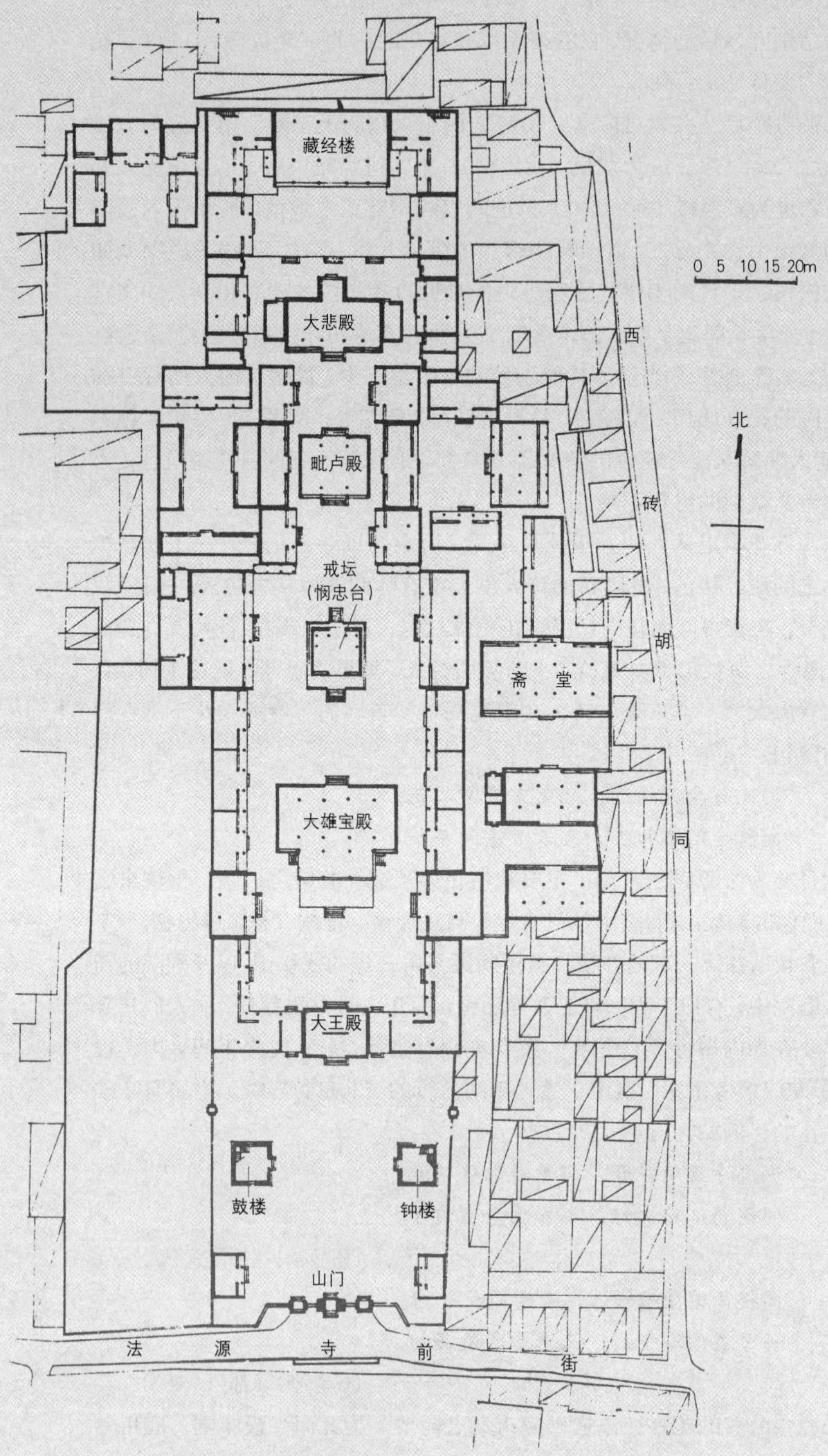

图 7·225 法源寺总平面图（王世仁:《宣南鸿雪图志》，北京，中国建筑工程出版社，1997）

图 7·226 法源寺大雄宝殿庭院

图 7·227 法源寺藏经楼庭院

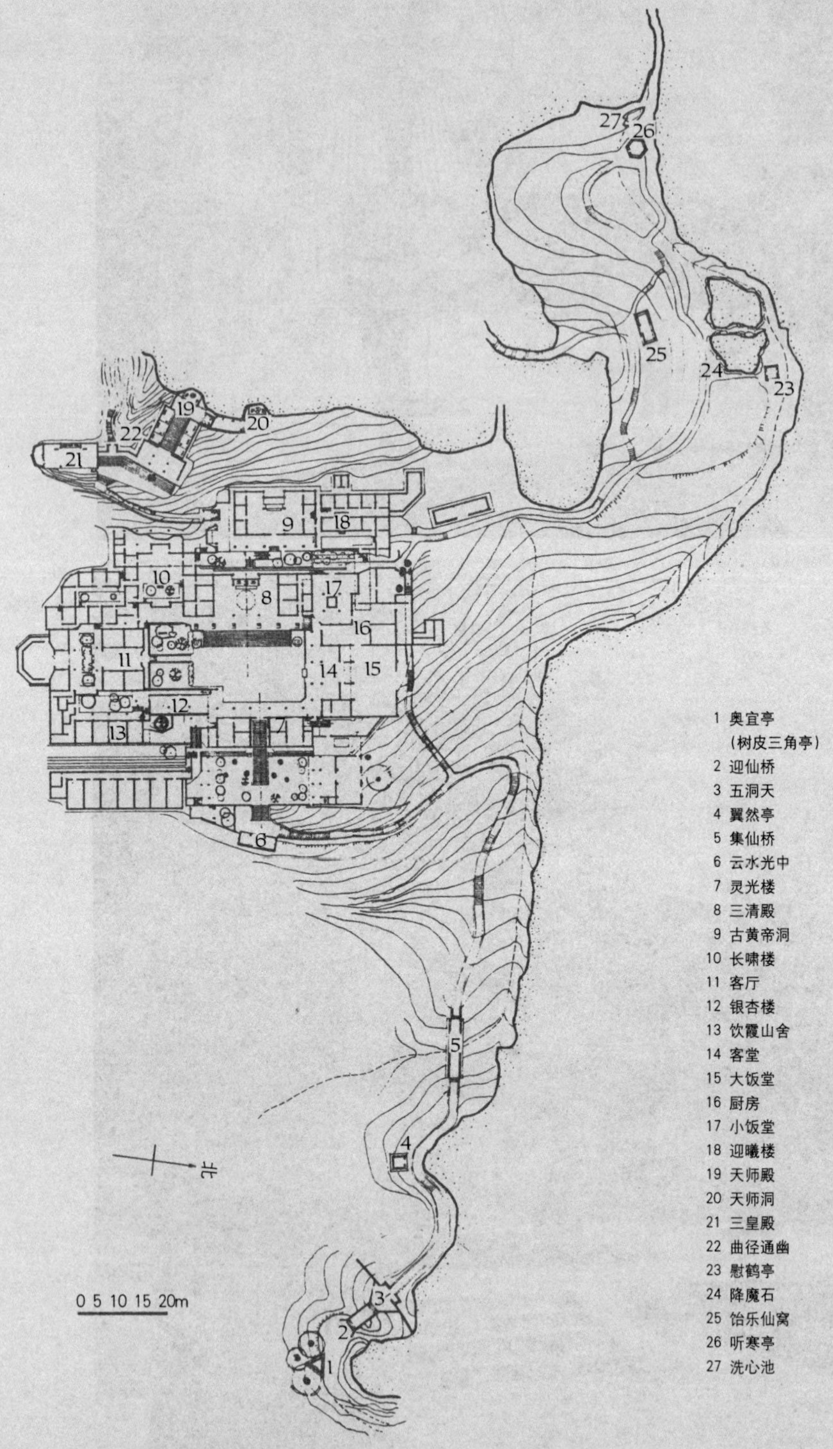

图 7·228 古常道观平面图(李维信:《四川灌县青城山风景寺庙建筑》,见清华大学建筑系《建筑史论文集》第五辑,北京,清华大学出版社,1983)

业的花匠。为了补偿寺内井水灌溉之不足而远道“取水于阜成门外，三车番递，往往不给”[1]，足见花圃的规模是很大的。乾隆时的诗人黄景仁曾访问过法源寺的花匠，并赋诗以纪其事：

“佛地逢人意较亲，灌畦老叟面全皴；
如今花价如奴价，可惜种花人苦辛。”

[1]《京都古悯忠今法源大王菩萨灵井记》碑文。

古常道观

古常道观在四川青城山。青城山是我国道教的名山，正一派天师道的活动中心之一。青城山风景幽美，林木繁茂。六所规模巨大的道观以及若干小型道观散布在山间各处，隐藏在密林之中，故素有“青城天下幽”之美誉。

古常道观即六大道观之一，整组建筑群坐西朝东，位于山间的一个台地上。台地南临大壑、北倚冲沟和山岩峭壁，故道观之选址既深藏而又非完全闭塞，乃是奥中有旷。全观共有主要殿堂15幢，连同配殿及附属用房组成一个庞大的院落建筑群。后部倚山岩而筑成的天师洞及天师殿一区始建于光绪年间，其前的主体部分为民国初年扩建的［图7·228］。

道观建筑群大致呈中、南、北三路多进院落的组合，顺应台地西高东低的坡势而随宜错落布局，并不严格遵循前后一贯的中轴线。中路为宗教活动区，建筑物的体量较大，一共三进院落：灵官楼(正门)、三清殿、黄帝祠。三清殿是全观的正殿，庭院宏敞开阔，以大尺度来显示宗教的肃穆气氛［图7·229］。南路为接待香客宾客的客房和道长的住房，建筑体量和庭院都较小。院内莳花或作水石点景成小庭园，具有亲切的尺度感和浓郁的生活气氛。最南端建五方形的敞厅，可以观赏南面大壑的开朗景色。北路的

图7·229 古常道观之三清殿庭院

图 7·230 古常道观之五洞天

环境比较幽闭，多为一般道士的寝膳和杂务用房。

从道观的主体部分的西北角上，一条幽谷曲折地延伸入山坳。在这里引山泉汇潴为小池，建置一榭二亭鼎足布列，用极简单的点缀手法创造了一处幽邃含蓄的小园林——道观的附属园林。主体部分之后的天师殿一区的小建筑群顺陡坡逐层叠起建置，道观的后门就设在这里，过此即为登山的小径。

古常道观的位置隐蔽，为了吸引香客和游人而把入口部分往前延伸200余米，连接于通往上清宫和建福宫的干道。这就把道观的入口由一个点的处理变成为一条线的延伸空间。沿线巧妙地利用局部的地形地物布设山道，其间随宜穿插着若干亭、廊、桥等小品点缀，构成一个渐进的空间序列：从东

图 7·231 集仙桥

端的树皮三角亭起始，过迎仙桥上题为“五洞天”的牌坊门洞，这是序列的起点，也是山门的最前沿［图 7 · 230］。入门后沿山壁逶迤弯曲，途经“翼然亭”和跨涧的廊桥“集仙桥”［图 7 · 231］，循磴道转折而南，迎面仰望三开间的小殿“云水光中”作为正门的前奏。过此转折而东即到达正门前的庭院，院中古树参天。巍峨舒展、器宇轩昂的正门“灵官楼”耸立眼前，形成序列上的高潮。一条笔直的大石阶梯磴道穿楼而过［图 7 · 232］直达三清殿的前庭，是为序列的结束。在这段200余米的行程内，道路几经转折，利用若干小品建筑物结合地形之变化而创为起、承、转、合之韵律。游人行进在这个有前奏、过渡、高潮、收束的空间序列之中，随着景观不断变幻，情绪亦起伏波动。就其园林造景的意义而言，它是一段诱导人们渐入佳境的游动观赏线；就其宗教意境的联想而言，则又象征着由凡间进入仙界的过渡历程。

图 7 · 232 灵官楼大台阶

古常道观不仅在选址和山地建筑布置方面表现了卓越的技巧，它的内部庭院、园林以及外围的园林化环境的规划设计，均能做到因势利导、恰如其分。把宗教活动、生活服务、风景建设、道路安排等通过园林化的处理而完美地统一、结合起来，堪称寺观园林中的上乘作品。

图 7·234 止息亭

乌尤寺

乌尤寺在四川乐山，位于岷江与青衣江的交汇处。始建于唐天宝年间，现状规模则为清末所修建。寺院的建筑布局充分利用地形特点，把建筑群适当地拆散、拉开，沿着临江一面延展为三组 [图7·233]。当中的一组为寺院的主体部分，坐北朝南，包括弥勒殿、大雄宝殿、藏经楼三进院落及东西两侧若干小跨院。东侧的一组，是由天王殿直到江岸山门码头之间的漫长迂曲山道的渐进序列；西侧的一组即罗汉堂。罗汉堂以西循台阶登上山顶台地，台地上建置小园林即乌尤寺的附属园林。这样沿江展开的布局可以一举而四得：一、能够最大限度地收摄江面的风景，获致最佳的观景效果；二、能够最大限度地发挥寺院建筑群的点景作用，成为泛舟江上的主要观赏对象；三、有利于结合岛屿地形地貌作外围园林化处理；四、把码头与山门合而为一，满足了交通组织的合理功能要求。

香客和游人乘渡船登上码头，迎面即为山门。过山门循石级磴道北上以“止息亭”作为对景 [图7·234]，到此可稍事休息。再转折而东南继续前进，山道两旁竹林密茂，环境幽邃。过“普门殿”，高台之上的“天王殿”翼然在望 [图7·235]。循高台一侧的石级而登，经天王殿正对山岩构成小

图 7·235 乌尤寺之天王殿

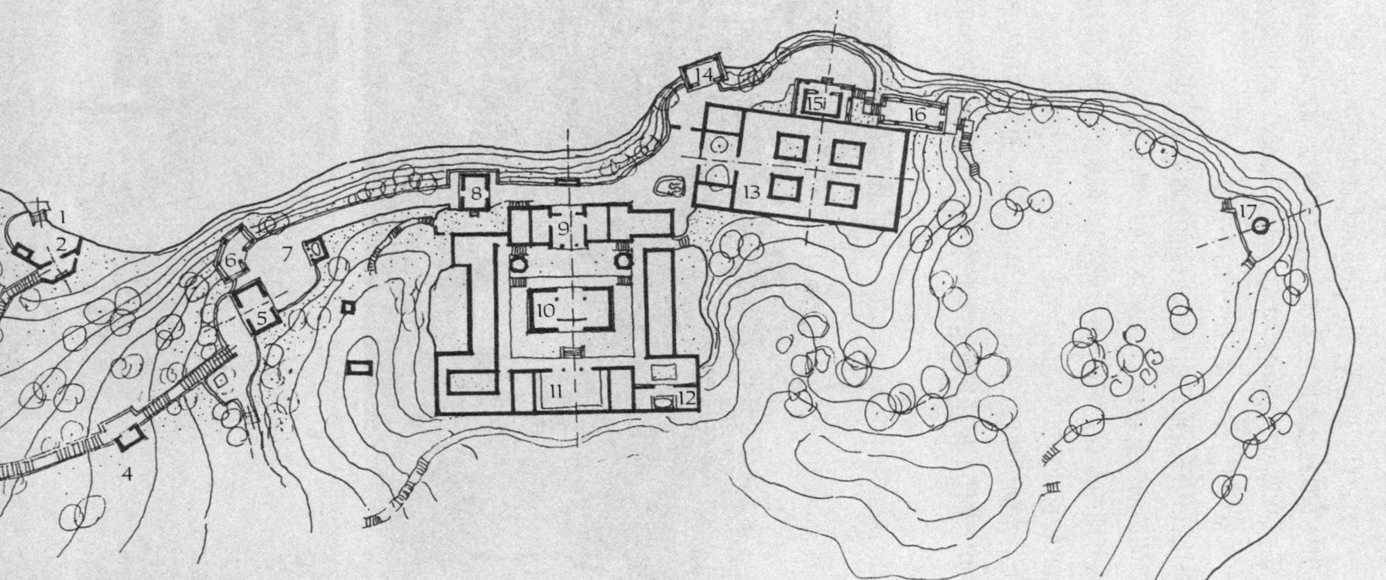

1 码头
2 山门
3 止息亭
4 普门殿
5 天王殿
6 扇面亭
7 弥勒佛
8 过街楼
9 弥勒殿
10 大雄宝殿
11 藏经楼
12 观音阁
13 罗汉堂
14 旷怡亭
15 尔雅台
16 听涛轩
17 山亭

图 7·233 乌尤寺总平面图

广场，岩壁上刻弥勒佛像作为对景。小广场的南侧建扇面形敞亭，凭栏观赏江上风景如画［图7·236］。自扇面亭以西，道路的北侧为陡峭的山岩，南侧濒临大江。经“过街楼”即到达寺院主体部分的弥勒殿前，殿以西的道路继续沿江迂曲［图7·237］，临江的“旷怡亭”又可稍事休息，凭栏观赏江景［图7·238］。绕过罗汉堂，则上达山顶台地上的小花园。

乌尤寺的这条由江边码头直到山顶小园林的交通道路，也就是经过园林化的序列所构成的游动观赏路线。天王殿以东的一段以幽邃曲折取胜，以西的一段则全部为开朗的景观。一开一合形成对比，颇能激发游人情绪上的共鸣。在沿线适当的转折处和过渡部位，建置不同形式的小品建筑物，以加强这个漫长序列上的空间韵律感，同时也提供游人以驻足小憩和观景的场所。因此，它不仅充分发挥了步移景异的观赏效果，而且还具有浓郁的诗情画意。

图 7·236 扇面亭

图 7·237 临江之曲径

图 7·238 旷怡亭

清音阁

清音阁在四川峨眉山。峨眉山属邛崃山余脉，包括大峨山、二峨山和三峨山。山势从大峨开始渐次降低，逶迤延伸状如少女的一弯秀眉，故名峨眉山。主要的风景区在大峨山，也就是一般通称的峨眉山。山体因多次的强烈地壳运动而形成急剧抬升、沟谷切割很大的断块山，又经过漫长时期的风雨侵蚀和岩层运动，造成了山势的层峦叠嶂、幽谷深邃的奇异景象。山上水源丰富，大小溪流顺沟谷下泻形成各种水景。其中，黑河和白河两条溪流自洗象池附近至清音阁大约7公里之间，落差竟分别高达900米和1500米，跌水之景非常丰富。奇峰挺秀、高耸入云，溪流清泉、潺潺湲湲，树木密茂，郁郁苍苍。再加上云雾缭绕、烟雨迷蒙，峨眉山的自然景观处处引人入胜，故有“天下峨眉秀”之美誉。

峨眉山作为宗教胜地的历史非常悠久，东汉时已有寺、观之建置。唐宋时山上佛教日益兴盛，遂成为佛教的四大名山之一，也是普贤菩萨的道场。明清时佛寺多达一百五十余所，至今仍有二十余所完整保存下来。

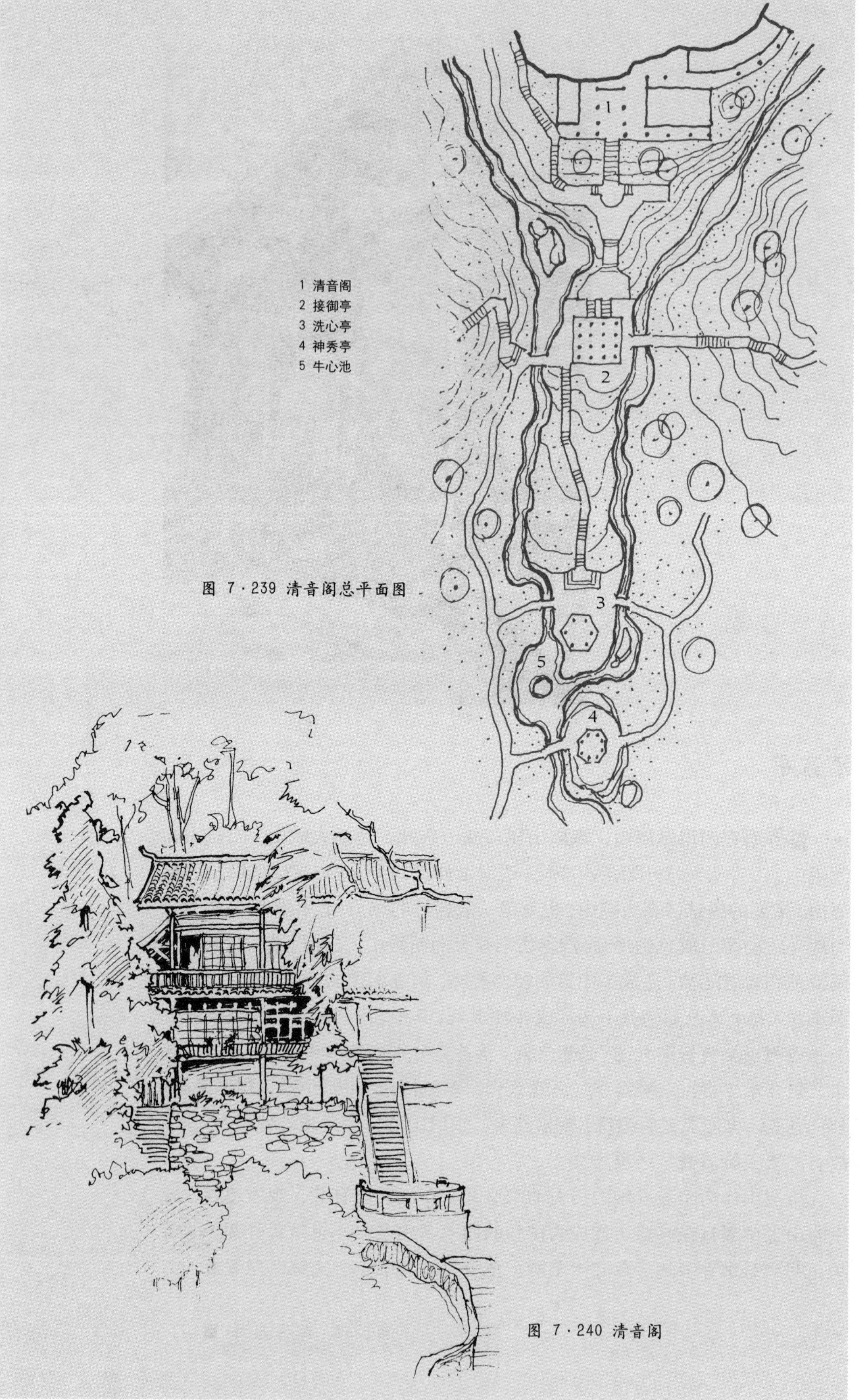

图 7·239 清音阁总平面图

图 7·240 清音阁

清音阁位于牛心岭下，始建于唐乾符年间，殿宇一排坐北朝南，供奉释迦及普贤、文殊二胁侍。周围的大环境：群山环抱，林木蓊郁，这是一个比较幽奥的大景域空间。寺院的建筑基址选择在这个大环境内隆起而略有起伏的斜坡台地上，东有白龙江，西有黑龙江，两江水夹岭而注，如双龙咆哮奔腾，交汇于台地之南端［图7·239］。正殿清音阁位于台地北端较高的部位［图7·240］，正殿之前随斜坡的下降依次建置接御亭［图7·241］、洗心亭。建筑的体量由小而大，位置由高而低的序列，与台地、两江相结合而形成一处开旷态势的小园林，同时点染了大景域空间的幽奥环境之中所包含着的局部旷朗的景观。台地前端的两江交汇处潴为小池——牛心池，池中一褐色巨石若中流砥柱，经长年水拍浪激而光洁如镜，这就是牛心石。水拍牛心，浪花四溅，随后跌入深谷，发出清越的声音，故以“清音”为阁之名。洗心亭东南各有拱桥一座分跨两江之上，与亭、池、石相结合，构成台地南端的一处绝妙景观，也是“峨眉十景”之一——双桥清音［图7·242］。

图 7·241 自清音阁俯视接御亭

清音阁以其巧妙的选址和精彩的园林化环境，成为峨眉山的一处“园林寺院”和独具一格的游览景点。

图 7·242 牛心池

黄龙洞

黄龙洞一名无门洞，在杭州西湖北山栖霞岭的西北麓。始建于南宋淳祐年间，原为佛寺，清末改为道观，它的特点是园林的分量比宗教建筑的分量要大得多。全观一共只有三幢殿堂：山门、前殿、三清殿，却穿插着大量的庭院、庭园和园林。这是一所典型的“园林寺观”，园林气氛远远超过宗教气氛［图 7 · 243］。

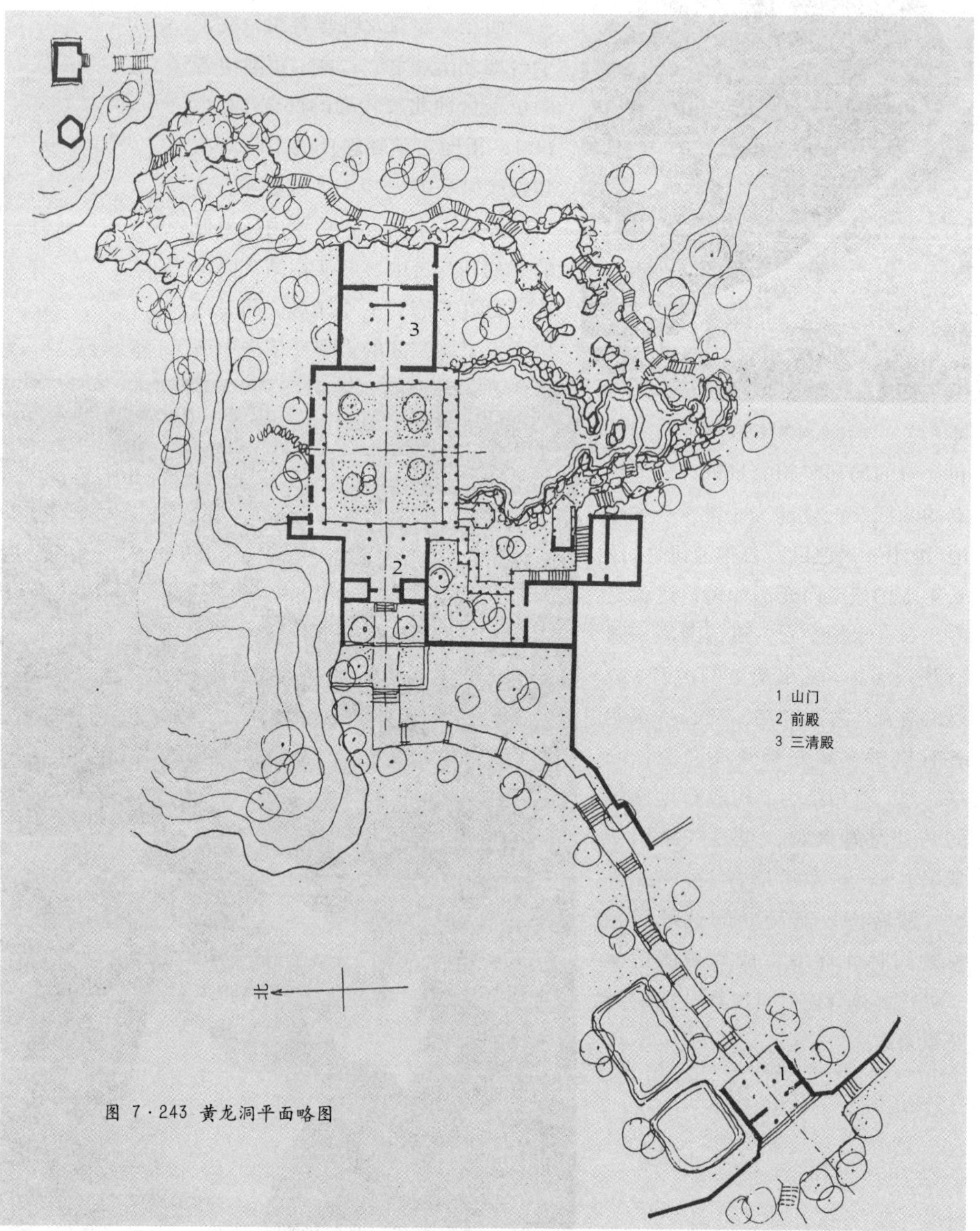

图 7 · 243 黄龙洞平面略图

黄龙洞的地段三面山丘环绕，西面的平坡地带敞向大路，基址选择能做到闹中取静。

三清殿与前殿之间的庭院十分宽敞，两厢翼以游廊，把庭院空间与两侧的园林空间沟通起来，益显前者的开朗。北侧的庭园以竹林之美取胜，其中有名贵的品种“方竹”。南侧为寺内的主要园林，以一个水池为中心。水池北临游廊，山石驳岸曲折有致，利用石矶划分为大小两个水域，小水域上跨九曲平桥沟通东西两岸交通。池的东面和南面利用山势以太湖石堆叠为假山，山后密林烘托，虽不高却颇具峰谷起伏的气度，为杭州园林叠山中之精品［图7·244］。从栖霞岭上引来泉水，由石刻龙首中吐出形成多叠的瀑布水景，再流入池中。池的西面集中布置各式园林建筑，二厅、一舫、一亭随地势之高下而错落，再以三折的曲廊连接于主庭院，把西岸划分为两个层次的空间。东面的假山一直往北延伸，绕过三清殿之后在寺之东北角上倚山就势堆叠，上建亭榭稍加点缀，又形成一处山地小园林。假山腹内洞穴蜿蜒，山上有盘曲的磴道把这两处园林联系起来。

前殿以东是一片开阔的略有起伏的缓坡地，西高东低。在这片坡地上遍植竹林和高大的乔木，形成一个以林景为主的园林环境。连接山门与前殿

图 7·244 黄龙洞之太湖石大假山

图 7·245 黄龙洞之山门

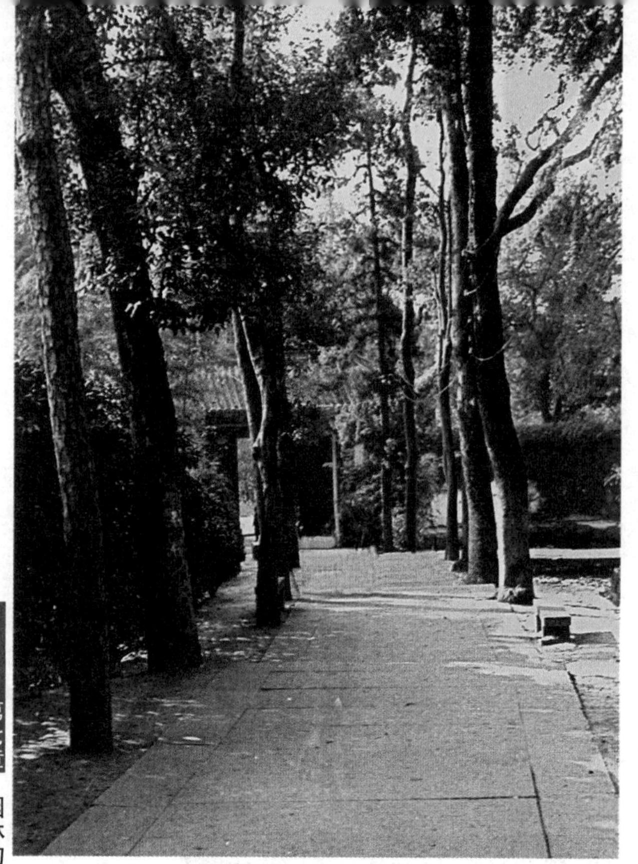

图 7·246 山门后之道路

之间的石板道路沿着园林的边缘布设。三开间的门楼式山门［图7·245］面临大道［图7·246］，入门后的道路微弯，随坡势缓缓升起，夹道高树参天，显示一派刚健之美。往北经陡坡之转折，一侧是粉墙漏窗，另一侧是凤尾婀娜，景色一变而为柔媚之美［图7·247］。道路穿过竹林再经转折，便是前殿的入口小院了。这条不长的石板道路，采取“一波三折”的方式，结合地形的坡势起伏，利用树木竹林的掩映，创造了渐进过程中极为多样化的景色变换，在设计上是颇具匠心的。

太素宫

太素宫在安徽休宁县境内的齐云山。齐云山群岭毓秀，奇峰挺拔，为典型的丹霞地貌景观，也是江南的道教名山之一。山上有正一派的道观十余所，太素宫是其中规模较大的一所，始建于宋代宝庆年间。后经历代多次重修，最后一次重修是在光绪年间。“文革”期间建筑全部被毁，现仅剩遗址［图7·248］。

太素宫建筑群前后共三进院落，两侧有跨院。正殿“真武殿”内供奉

图 7·247 沿墙之道路转折

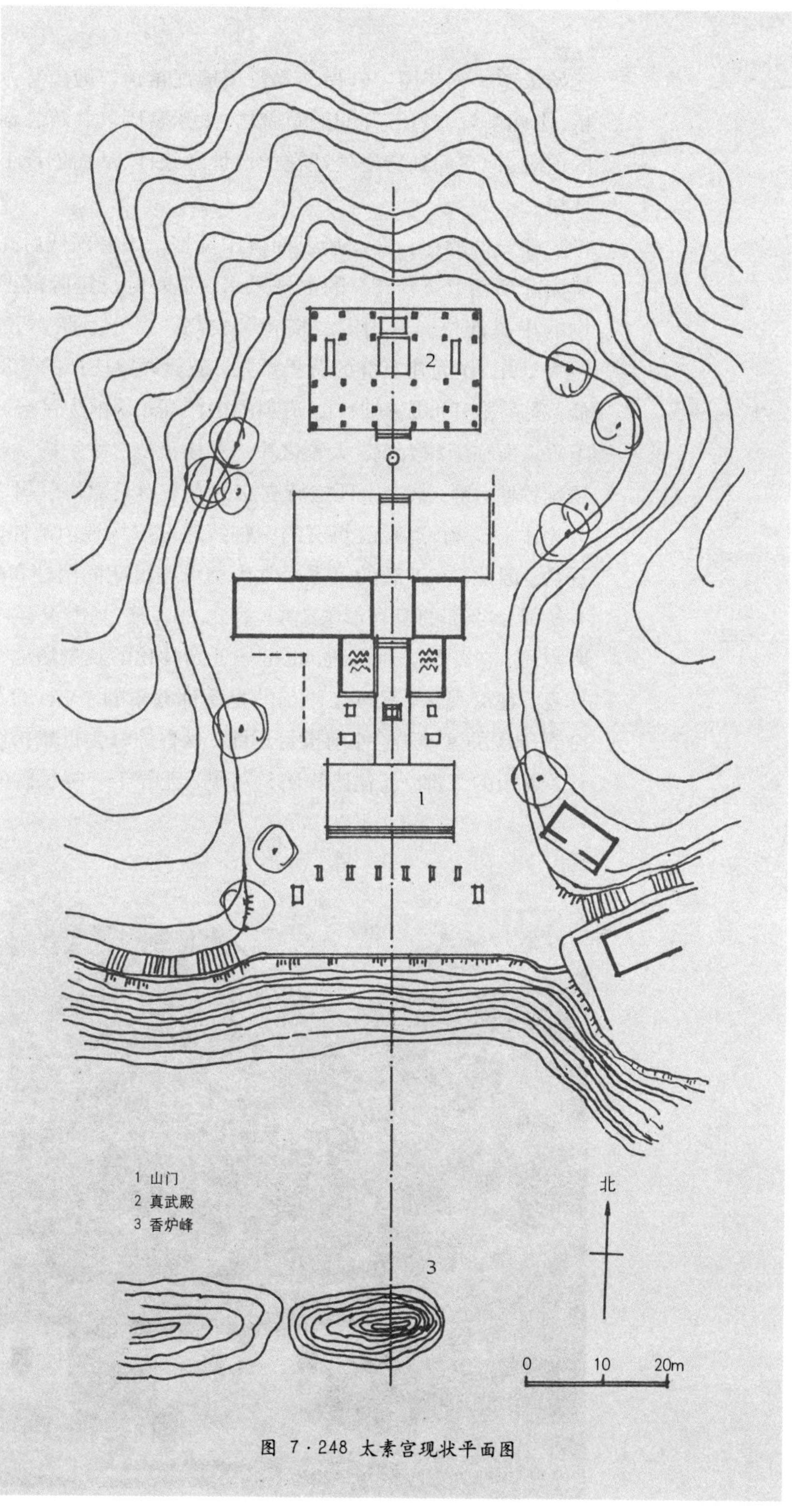

图 7·248 太素宫现状平面图

元始天尊，当年屋宇轩昂，绿色琉璃瓦布顶，殿前有方形水池，池上跨石桥，山门前耸立着五开间的石牌坊。太素宫因其建筑之钜丽而成为江南著名的道观，但它的独特之处还在于选址之绝佳，从而创设了不同一般的园林化环境。

建筑群的左、右、后三面群山环抱，山势前低后高、前缓后陡。这是堪舆家所谓"交椅背"的上好风水，道观的三进院落正好位于这个袋形山坳的中央部位。后山即"椅背"较高，呈半月状，五峰峙列，九溪分流[图7·249]，作为建筑群的背景烘托，益显浑厚庄严的气度。山的左右两翼较低，向前张开形成喇叭口。道观的山门居中，前为月台。月台之前地势陡然下降，面临深渊大壑。大壑之中，一座孤峰"香炉峰"自谷底拔地耸立。峰顶建铁亭，狮、象二山环抱峙立它的左右有若君臣朝揖之势。月台与山道交会为山门广场，道观建筑群的中轴线通过广场往前延伸，正好与香炉峰对位重合。因此，在道观的三重殿堂内均可透过明间两柱和枋、槛的框景，看到香炉峰上半部的挺秀形象[图7·250]。山门广场上设置栏杆、坐凳，种植花卉点缀，它既是交通枢纽，也是一处园林化的观景场地，游人到此稍事驻足休息。往后观赏，呈现在眼前的是蓊郁苍翠的"交椅背"山峦环拱，衬托着金碧璀璨的建筑群；往前极目远眺，以香炉峰为近景构图中心，远近群山起伏，黄山的天都、莲花诸峰隐约可见，无异于一幅壮阔的江山画卷。每当晨

图7·249 真武殿后之三峰

图 7·250 自太素宫前殿远望香炉峰

昏，大壑之中白云翻滚缭绕，冉冉升起，香炉峰浮现于云海之上宛若蓬莱仙岛。这周围环境真可谓气象万千，经园林化的处理而创设的种种景观又让人目不暇接，把太素宫烘托得犹如仙山琼阁一般。诸如此类的立意与太素宫作为道观的性质均十分贴切，乃是名山风景区的宗教建设与风景建设完美结合的一例。

潭柘寺

潭柘寺位于北京西面小西山山系的潭柘山，它的基址选择在群峰回环的山半坡上。周围共有九座连绵峰峦构成所谓“九龙戏珠”的地貌形胜，充分体现了我国的“深山藏古刹”的传统。此寺是北京最古老的佛寺之一，北京俗谚云：“先有潭柘寺，后有北京城。”相传此寺始建于晋代，原名嘉福寺，唐代改名龙泉寺。以后历经宋、金、元、明多次重修。到清康熙年间进行了一次大规模的扩建，改名岫云寺，后经同、光年间

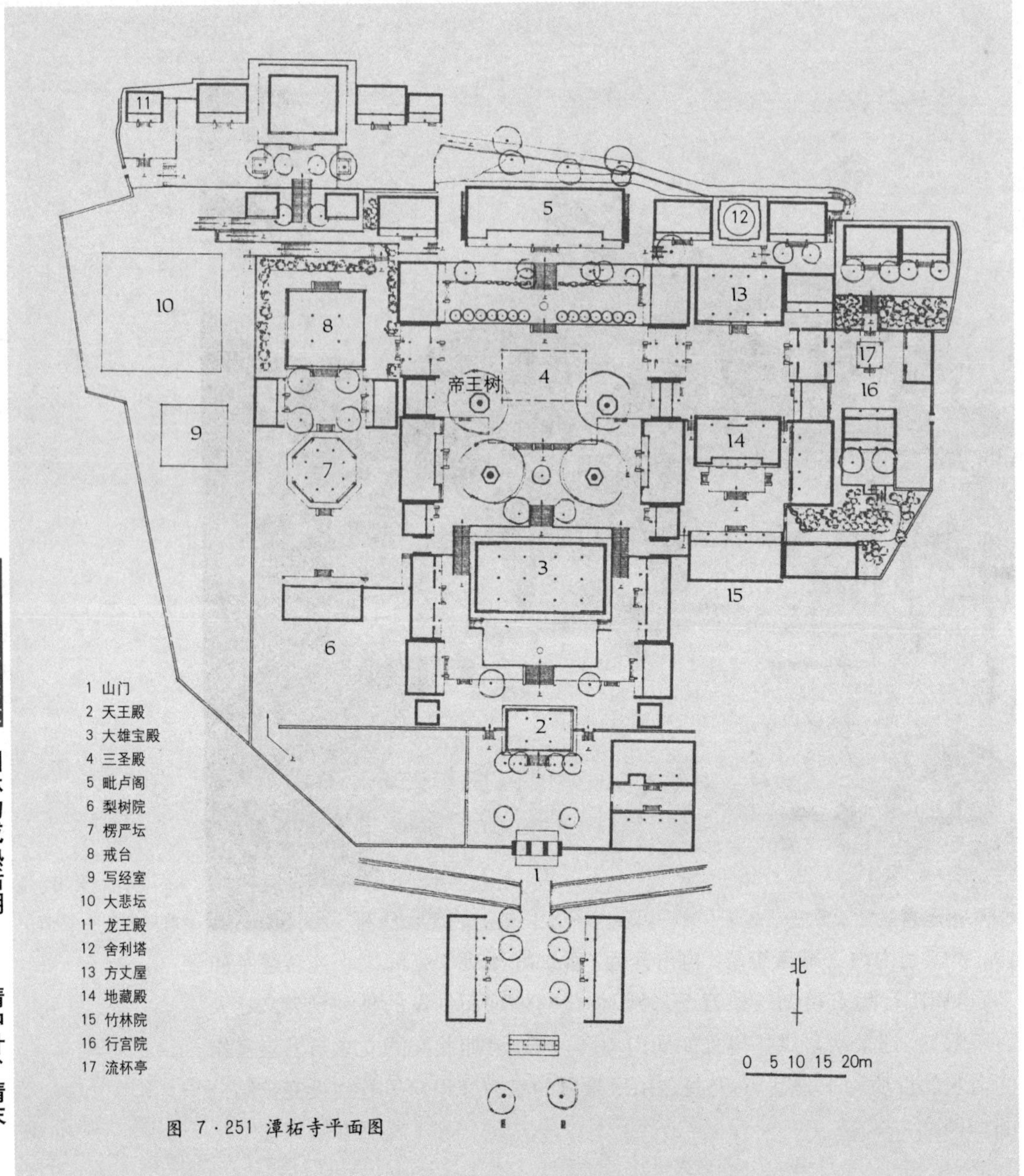

图 7·251 潭柘寺平面图

的多次修葺，大体上就是今日之格局。因附近山上有潭和柘树，故俗称“潭柘寺”[图 7·251]。

寺院坐北朝南，背倚宝珠峰。周围九峰环列，构成“九龙戏珠”之景。九峰犹如玉屏翠障，山间清泉潺潺，翠柏苍松繁茂。

寺院的庞大建筑群的布局按中、东、西三路：中路为主要的殿堂区，自山门起依次为天王殿、大雄宝殿、三圣殿、毗卢阁五进院落。殿堂崔巍华丽，衬以宏敞庭院内的苍松翠柏荫蔽半庭，还有高大的银杏、柘树，益显肃穆清幽的气氛[图 7·252]。西路为次要殿堂区，包括戒台、观音殿、龙王殿、弥陀殿、大悲殿、写经室、楞严坛等。庭院较小，广植古松、修竹，引入溪流潺潺。故康熙题弥陀殿之额曰“松竹幽清”，题观音殿之联曰“树匝丹岩空外合；泉鸣碧涧静中闻”，恰如其分地点出西路景观之特色。

东路以园林为主，包括方丈院、延清阁、舍利塔、石泉斋、地藏殿[图 7 · 253]、圆通殿、竹林院等庭园式的院落，以及康熙、乾隆驻跸的行宫。

图 7 · 252 毗卢阁庭院(赖德霖摄)

图 7 · 253 潭柘寺地藏院(赖德霖摄)

图 7·254 潭柘寺流杯亭

这一区茂林修竹，名花异卉，潺湲泉水萦流其间，配以叠石假山，悬为水瀑平濑，还有流杯亭的建置[图7·254，图7·255]。一派花团锦簇、赏心悦目的园林气氛，与中路恰成对比。

寺院建筑群的外围，分布着僧众养老的“安乐延寿堂”以及烟霞庵、明王殿、歇心亭、龙潭、海蟾石、观音洞、上下塔院等较小的景点，犹如众星拱月。由于寺院选址比较隐蔽，山门之前亦延伸为线性

图 7·255 流杯渠

图 7·256 潭柘寺全景

的序列导引，沿线建置若干小品建筑，峰回路转，饶富兴味。所谓“屈折千回溪，微露一线天；榛莽嵌绝壁，登陟劳攀援”[1]。其园林化的处理又自别具一格。

[1] 乾隆：《二月朔日初游潭柘岫云寺作》，见《日下旧闻考》卷一百五。

此寺位于独具特色的山岳风景的环绕之中［图7·256］，寺内的园林、庭园、庭院绿化以及外围的园林化环境的规划处理也十分出色，故历来就是北京的游览名胜地，文人亦多有诗文咏赞。例如：

“庙在万山中，九峰环抱，中有流泉，蜿蜒门外而没。有银杏树者，俗曰帝王树，高十余丈，阔数十围，实千百年物也。其余玉兰修竹、松柏菩提等，亦皆数百年物，诚胜境也。”

（富察敦崇：《燕京岁时记》）

“乳窦淙淙注，天窗小小悬。
千松排嶂外，一水到斋前。
远映云中岫，平临谷口烟。
瞿昙无说说，钵里茁青莲。”

（乾隆：《游潭柘岫云寺即事杂咏》）

清人曾把寺外围之自然风景及寺内之园景选出十处，定为“潭柘十景”：九龙戏珠，锦屏雪浪，雄峰捧日，层峦架月，千峰拱翠，万壑堆云，飞泉夜雨，殿阁南熏，平原红叶，玉亭流杯。

国清寺

国清寺在浙江天台山，是佛教名山天台山上规模最大的佛寺，始建于隋开皇十八年（公元598年）。隋炀帝迎请高僧智𫖮为其授菩萨戒并请住持此寺，智𫖮根据《法华经》要义创立法华宗，又称天台宗，国清寺遂成为该宗派的祖庭。经唐代二百余年的不断经营，到中唐时规模已十分宏大。天台山一时成为佛教天台宗的本山，甚至日本、朝鲜等地的僧侣也千里迢迢前来参谒，寻求天台法华教义。现状的寺院建筑是清雍正十一年（公元1733年）由朝廷敕建的，有殿宇三十余幢，六百余间，为多进五跨的庞大院落建筑群［图7·257］。中路三进院落，山门之后依次为弥勒殿、雨花殿、大雄宝殿，是寺院宗教活动的主要场所。庭院比较开阔，空间序列感很强，蓊郁的古树烘托出佛国的庄严气氛。西路也是宗教活动的场所，由安养堂、观音殿、罗汉堂、妙法堂组成四进院落。安养堂前临小园林——鱼乐园，环境幽静，是寺内年事较高的僧人诵经养生的地方。东路包括两组跨院，大部分为僧众起居、聚会、用膳、接待和后勤用房；庭院花木扶疏，很有亲切近人的居住气氛。

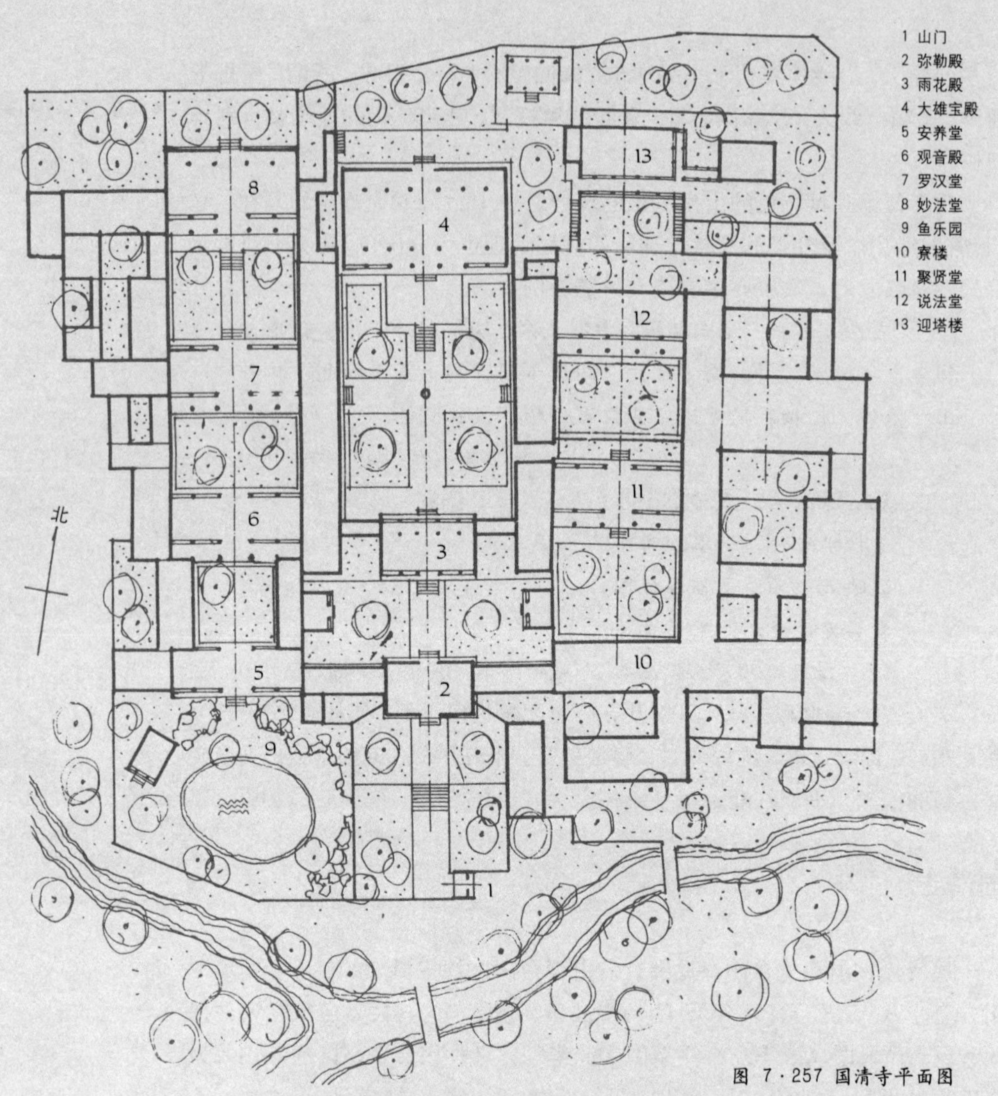

图 7·257 国清寺平面图

该寺的选址极好，因而其外围的园林化环境也很出色。建筑群坐北朝南，位于天台山余脉八桂峰延伸的山麓缓坡地［图7·258］，东西宽280米，南北长170米。寺北的八桂峰、东北灵禽峰、西北映霞峰，三峰构成国清寺的北方屏障；祥云峰、灵芝峰又从东南方和西北方围合过来，形成“五峰环抱”的态势，呈现为幽奥、隐蔽的自然环境。祥云、灵芝两峰之间的谷地豁口，则于幽奥中透出局部的旷朗，即奥中有旷。既是对外的出入孔道，相当于“水口”，也能引来东南季风的吹拂以改善局部的小气候条件。寺院的东、西两侧各有一条溪水萦流至寺前汇合，两溪之水一清一浊，合流后几十米仍然清浊分明，此即“双涧回澜”之景。按堪舆家的说法，这样的山水空间既能藏风聚气，豁口的外延又可使“气”得以通畅而不窒滞，乃是上好的风水

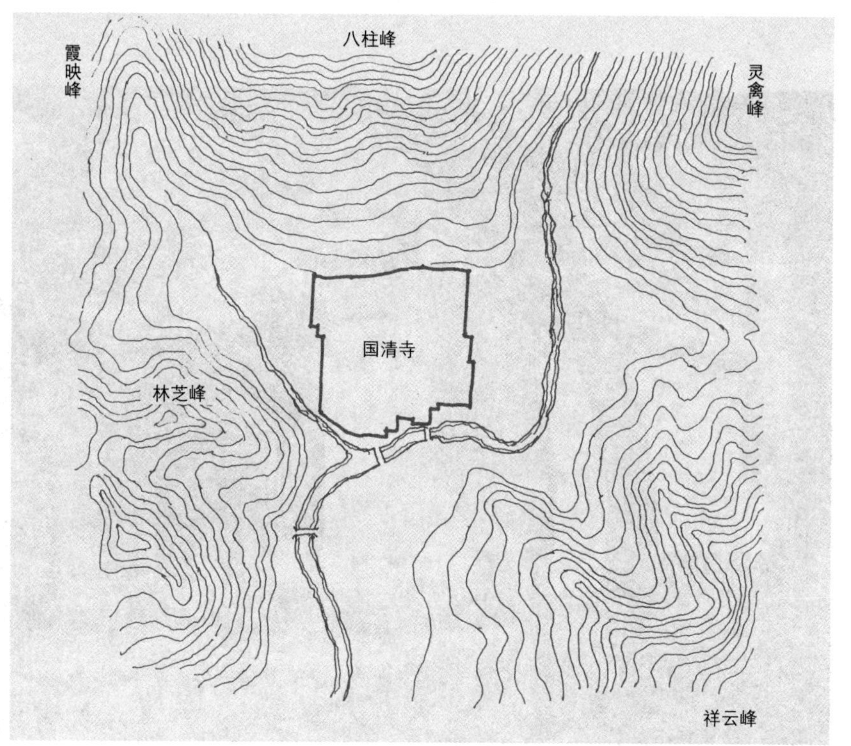

图 7·258 国清寺基址外围平面图

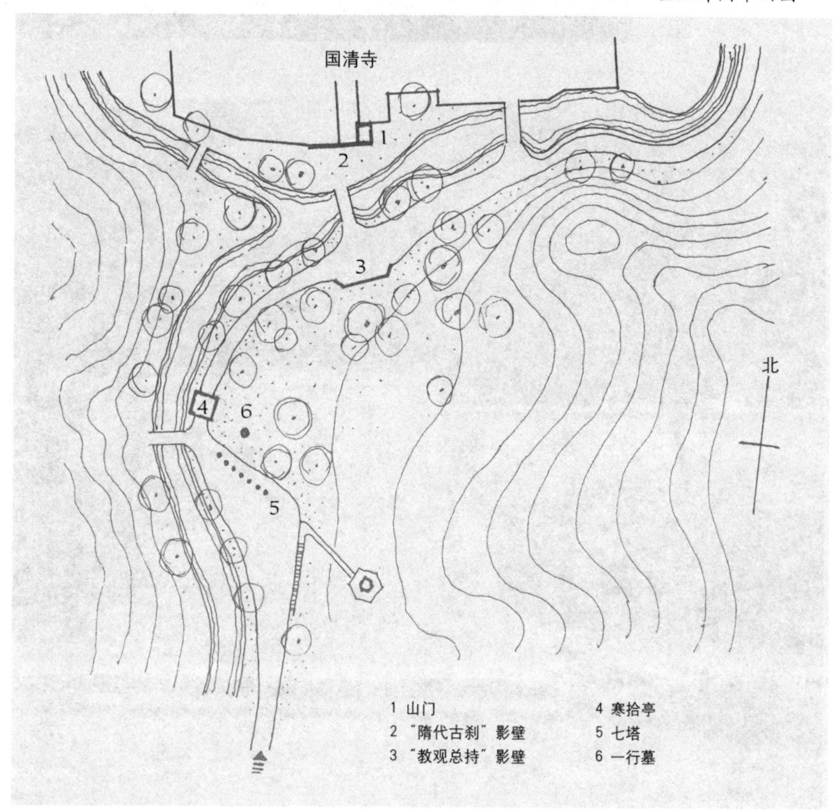

图 7·259 国清寺山门附近平面图

图 7·260 山门

图 7·261 “隋代古刹”影壁

模式，也是创设寺院外围园林化环境的绝佳地貌基础。

山门设在寺之南墙，位于两山夹峙的豁口，前临双溪汇流处［图7·259］。这里也是进入天台山干道的咽喉，建过街亭“寒拾亭”纪念唐代国清寺的高僧寒山、拾得，同时也作为“水口”之标志。穿过寒拾亭，往北沿途尽是枝叶蔽日的古樟树。碧溪之上跨石拱桥，过桥即为寺之南墙。若在这里正对石桥建置山门，则其前面的地段势必过于局促，因而匠师们巧妙地把山门建在桥之西北面，轴线亦转折90°，使之坐西朝东［图7·260］。既避开了面对干道之喧嚣，又增益了入口的含蓄气氛。桥之北，正对石桥的墙垣上建影壁“隋代古刹”作为对景［图7·261］。桥之南，干道的南侧为另一座影壁“教观总持”［图7·262］。这南北两座影壁与石桥构成一条轴线，强化了古刹入口的分量。北面的影壁又有导引的作用，把人们引向东行，一经转折，山门蓦然间呈现眼前。这种因地制宜的处理，山门藏而不露，却能以“露”引“藏”，颇类似诗文的“悬念”手法，构思极巧。古人有诗赞曰：

“弯弯曲曲深几许，隐隐绰绰藏何地？
步至佛寺不见寺，伫立门前门何处？”

山门前的地段上双涧回澜、古树参天、小桥流水，映衬着千年古刹的黄墙灰瓦，又显示一派浓郁而古朴的园林情调。寒拾亭以南有唐代高僧、著名数学家一行之墓，七座小型佛塔一字儿排开，以“七塔”的佛教标志来强调干道入口序列的起始点。

国清寺建筑本身所具有的优秀的庭园绿化和附属小园林，配以外围因地制宜的出色的园林化环境的经营，乃是寺观园林中的佼佼者——宛如佛国净土中的一座典型的“园林寺院”。

图7·262 “教观总持”影壁

第十二节 其他园林

清中叶以后，公共园林沿袭着元、明和清初的路数，在新的社会背景下又有长足发展。此外，衙署园林、书院园林也有一些完整的实例保存下来。

公共园林

明代以来，随着城市市民阶层的勃兴而繁荣起来的市民文化，已经逐渐发展成为足以和皇家、士流的雅文化相匹的俗文化。到清中叶和清末，这种俗文化更其臻于成熟。它在小说、戏剧、演唱、绘画等艺术门类均占有一席之地，在消闲、娱乐的领域更是异军突起。园林方面，城镇公共园林除了提供文人墨客和居民交往、游憩场所的传统功能之外，也与消闲、娱乐相结合，作为俗文化的载体而兴盛起来了。此外，农村聚落的公共园林也更多地见于经济、文化比较发达的地区。

公共园林的形成，大体上可以归纳为三种情况。

第一种情况，依托于城市的水系，或者利用河流、湖沼、水泡以及水利设施而因水成景。城市及其近郊公共园林中的绝大多数均属此种情况，一般作为文人墨客诗酒聚会的地方和市民阶层消闲、交往的场所，其中的一些还与商业和服务行业相结合，成为多功能的开放性的绿化空间。这样的公共园林，北京就有若干处。

清中叶以后的什刹海 [图6·34]，仍然继续着清初的繁荣局面。它的三个水面，靠西的叫做“积水潭”，中部叫做“后海”，东南部叫做“前海”，三者全称“前三海”。前海因其邻近鼓楼大街的闹市，故京城游人多集于此地：“长夏夕阴，火伞初敛。柳阴水曲，团扇风前。几席纵横，茶瓜狼藉。玻璃十顷，卷浪溶溶。菡萏一枝，飘香冉冉。想唐代曲江，不过如是。昔有好事(者)于北岸开望苏楼酒肆，肴馔皆仿南烹，点心尤精。小楼二楹，面对湖水。新荷当户，高柳摇窗。二三知已，命酒呼茶，大有西湖楼外楼风致。”[1] 中部

[1] 震钧：《天咫偶闻》，北京，北京出版社，1982。

的后海则较前海为幽僻，游人较少，湖面很宽。两岸树木丛杂，曲径蜿蜒，多古寺、名园，亦多骚人墨客的遗迹，著名的“银锭观山”之景也在这里，一派城市山林之野趣。西部的积水潭，“明代诸名园咸萃此地，今无一存。然野水瀰漫，一碧十顷。白莲红蓼，掩映秋光。两岸多古树，多招提。北面雉堞环周，如映如带。西北土山忽起，杂树成帏。石磴高盘，寺门半露，汇通祠也。南岸危楼蹇㠊，有如高士枕流，美人临镜，高庙之日下第一楼也。从祠上望湖，正见其缥渺；从楼上望湖，又觉其幽秀。神光离合，乍阴乍阳，妙无定态。士夫雅集，多在于此。北岸有净业寺、太平寺，皆名刹。”[1]

[1] 震钧：《天咫偶闻》，北京，北京出版社，1982。

什刹海作为内城最大的一处公共园林，倚托于三个水面——“前三海”，吸引着各阶层的居民前来消闲、游赏、聚会、饮宴、娱乐、购物。它与大内

图 7·263 前海

西苑的“后三海”相连接，形成所谓“六海”，占去内城相当大的一部分面积。六海的广阔水域，结合于周围的大片绿化种植，对于城市环境质量的改善起到了巨大的积极作用，直到今天仍然发挥着环境效益。

内城西南角上的太平湖，也是一处依托于水面的公共园林，但规模较小。太平湖之水自城墙角楼北的水关流入护城河，湖上架桥两座，附近有醇亲王府邸。据《天咫偶闻》记载：

“太平湖在内城西南隅角楼下，太平街之极西也。平流十顷，

地疑兴庆之宫；高柳数章，人误曲江之苑。当夕阳衔堞，水影涵楼，上下都作胭脂色，尤令过者流连不能去。其北为醇邸故府，已改为祠，园亭尚无恙。”

把它比拟为唐长安的公共园林曲江，足见其景物之绮丽。

北京的外城，南部为空旷荒地，多有天然河湖、沼泽，因而亦多依托开辟为略具公共园林性质的小型游览地，陶然亭便是其中之一。

陶然亭 在外城城西南隅，这里原是一片荒地、水泡，因“陶然亭”而得名。该亭为康熙三十四年(1695年)工部郎中江藻出资修建的，取白居易诗句“更待菊黄家酿熟，共君一醉一陶然”之意。初名江亭，江亭“自来题咏众矣。宣南士夫宴游屡集，宇内无不知有此亭者。其荒率之致，外城不及万柳堂；渺瀰之势，内城不及积水潭，徒以地近宣南，举趾可及，故吟啸遂多尔”[1]。所谓“宣南”即外城西部、宣武门以南的地区，这里自清初起一直是文人学者聚居的地方，也是北京的一条古老而著名的文化街——“琉璃厂”的所在地。文人学者们经常以文会友，到琉璃厂逛古书店、鉴赏古玩字画，逐渐形成一个文化社区。从这里衍生出来的“宣南文化”，也就成为北京士流文化的一个组成部分。陶然亭一直是宣南文士聚会吟咏的地方，清末至民国年间，北京乃至外地的名流雅士也多有到此游览聚会的。陶然亭的名气遂越来越大，成为京城的一处著名的公共园林。建国后改建为陶然亭公园。

[1] 震钧：《天咫偶闻》，北京，北京出版社，1982。

“二牐” 是通惠河上的五个水闸之一 [图7·264]，都人利用这个水利设施形成的附廓河道开辟为公共水上游览地，《天咫偶闻》对此记述甚详：

“都城昆明湖、长河，例禁泛舟。十刹海仅有踏藕船，小不堪泛，二牐遂为游人荟萃之所。自五月朔至七月望，青帘画舫，酒肆歌台，令人疑在秦淮河上。内城例自齐化门外登舟，至东便门易舟，至通惠牐。外城则自东便门外登舟。其舟或买之竟日，到处流连。或旦往夕还，一随人意。午饭必于牐上酒肆。小饮既酣，或征歌板，或阅水嬉，豪者不难挥霍万钱。夕阳既下，箫鼓中流，连骑归来，争门竞入，此亦一小销金锅也。”

麟庆《鸿雪因缘图记》也有记载：

“……其二牐一带，清流萦碧，杂树连青，间以公主山林，颇饶逸致。以故，春秋佳日，都人士每往游焉。庚辰上巳，……凡十有六人，掣胶榼载吟笔，修河干。于是或泛小舟，或循曲岸，或流觞而列坐水次，或踏青而径入山林。日永风和，川晴野媚，觉高情爽气，各任其天。”

图 7·264 二牐修禊(麟庆:《鸿雪因缘图记》)

除北京之外，各地一些大城市也多有利用城区内或附廓的较大水面，开辟为城市公共园林，著名者如济南的大明湖、南京的玄武湖、昆明的翠湖、扬州的瘦西湖等。

大明湖 在著名的“泉城”济南旧城之北部。湖的面积大约46公顷，由多处地下泉水汇聚而成，湖水再出小清河流入渤海。早在北魏时，郦道元《水经注》已有大明湖的记载。清乾隆年间加以整治而成为济南城内一处大型公共园林，它的一湖烟水、绿柳荷花的佳丽景色十分引人入胜，清人刘凤浩有诗句咏之为“四面荷花三面柳，一城山色半城湖”。沿湖岸建置若干小园林，点缀亭台楼榭错落有致。南岸的遐园花木扶疏。北岸的北极阁雄踞高台之上，登阁可尽揽湖光山色之美。小沧浪位于湖的西北岸，是一座精致的小园林，湖水穿渠引入园庭中。小沧浪亭建在园内的临湖突出部位，呈三面荷花的环水境界。登亭环眺，湖景历历在目，如果天朗气清， 甚至可以望见十里之外的千佛山及其倒影。此亭是文人墨客游览大明湖时的聚会场所，四壁镶嵌着历代名家诗文墨迹的石刻多处。著名的“历下亭”建在湖中的小岛上，八角重檐。亭前为回廊临水的临湖阁，大门楹联是清代书法家何绍基书写的集杜句：“海内此亭古；济南名士多。”亭后为名士轩，正厅五楹，有郭沫若于20世纪60年代撰写的一副楹联：“杨柳春风万方极乐；芙蕖秋月一片大明。”亭周碧波荡漾，岛上绿柳丝丝，是济南居民泛舟湖上的必游之处 [图7·265][图7·266]。

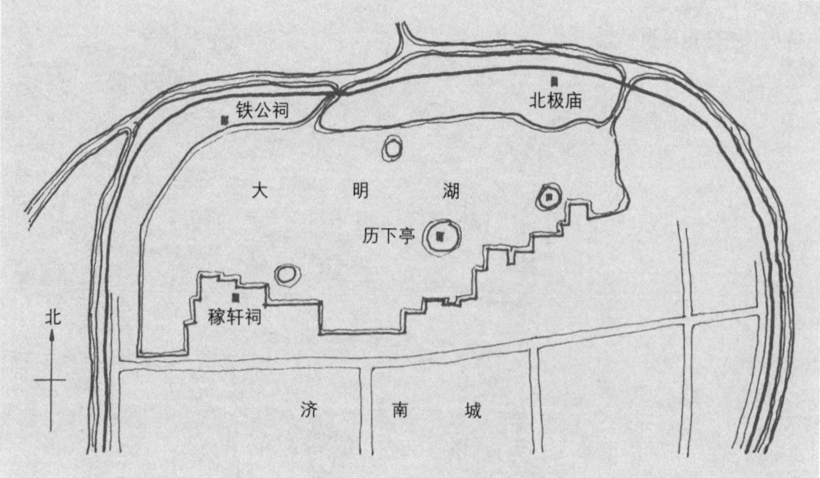

图 7·265 大明湖平面图

图 7·266 大明湖

翠湖 在昆明旧城内，邻近圆通山和五华山的西麓，古称九龙池、菜海子，原是滇池的一个湖湾。滇池之水步步退落之后，这里便成为一个内湖，但仍然有河道与滇池联系着。明初，昆明修筑砖城墙，把翠湖圈入城内，与滇池脱离。当时的云南驻军统帅、黔宁王沐英看中翠湖一带的湖光山色，仿效汉代名将周亚夫屯兵细柳营的故事，兴建“柳营”作为军事指挥机构，并广种柳树，放牧马匹。沐英的后代又在湖滨修建别墅，翠湖的风景有了亭台楼阁的点缀，遂得以进一步开发。明末清初，张献忠部大西军将领刘文秀进入昆明，以翠湖作为他的蜀王府。继而吴三桂入滇，扩建五华山原永

❶ 李孝友：《昆明风物志》，昆明，云南民族出版社，1983。

历帝的旧皇宫为藩王府，把翠湖的原蜀王府拓展成“花木扶疏，回廊垒石”的新府。吴三桂反清败死，其孙吴世璠称帝，改元“洪化”，新府改称洪化府，另把翠湖西部开辟为御花园。康熙三十一年(1692年)，云南巡抚王继文在湖中央小岛上建碧漪亭，在湖北岸建来爽楼。翠湖遂初具公共园林的格局，成为城内的一处游览胜地。以后又在岛上建成莲华禅院和放生池，更增益了游览地的宗教气氛。道光年间，云贵总督阮元，仿效苏东坡在杭州西湖筑苏堤的善举，筑成一条纵贯翠湖南北的长堤，俗称“阮堤”，堤上建桥三座。1919年，云南督军唐继尧命人经湖心岛筑成另一条东西向的长堤，堤上架桥二座，俗称“唐堤”。这两道长堤把湖面分为四个水域，堤畔植杨柳，湖中种荷花。人们无论漫步岛堤岸边，或者泛舟湖上，不仅能领略湖上水景之胜概，而且可以观赏圆通山、五华山之借景。在繁华的城市里面，开发并维护了这样一处“杨柳荫中鱼静跃，菰浦深处鸟争鸣”的充满了自然生态美的公共园林，实在是难能可贵。[1]

[图7·267][图7·268][图7·269]

瘦西湖 在扬州府城的西北郊，本章第六节中已作过介绍。沈复《浮生六记》卷四《浪游记快》中记述了他于乾隆年间瘦西湖最繁荣时期来此泛舟游览所见的情形：

“城尽以虹园为首。折而向北，有石梁，曰‘虹

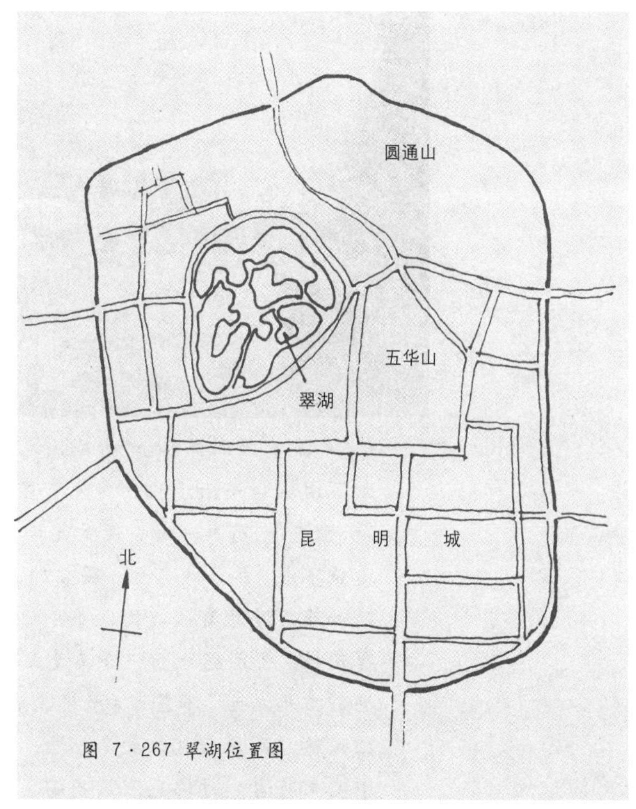

图 7·267 翠湖位置图

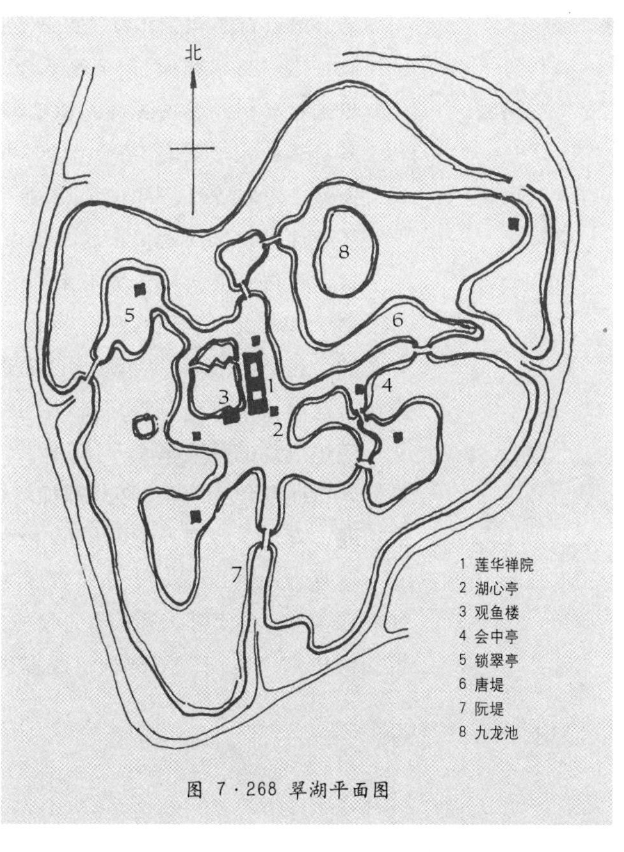

图 7·268 翠湖平面图

图 7·269 翠湖

桥’。不知园以桥名乎？桥以园名乎？荡舟过，曰‘长堤春柳’。此景不缀城脚而缀于此，更见布置之妙。再折而西，垒土立庙，曰‘小金山’。有此一挡，便觉气势紧凑，亦非俗笔。闻此地本沙土，屡筑不成，用木排若干，层叠加土，费数万金乃成。若非商家，乌能如是。过此有胜概楼，年年观竞渡于此，河面较宽。南北跨一莲花桥。桥门通八面，桥面设五亭，扬人呼为‘四盘一暖锅’。此思穷力竭之为，不甚可取。桥南有莲心寺。寺中突起喇嘛白塔，金顶缨络，高矗云霄，殿角红墙，松柏掩映，钟磬时闻，此天下园亭所未有者。过桥见三层高阁，画栋飞檐，五彩绚烂，叠以太湖石，围以白石栏，名曰‘五云多处’，如作文中间之大结构也。过此，名‘蜀冈朝旭’，平坦无奇，且属附会。将及山，河面渐束，堆土植竹树，作四五曲；似已山穷水尽，而忽豁然开朗，平山之万松林已列于前矣。‘平山堂’为欧阳文忠公所书。……此皆言其大概。其工巧处，精美处，不能尽述。大约宜以艳妆美人目之，不可作浣纱溪上观也。余适恭逢南巡盛典，各工告竣，敬演接驾点缀，因得畅其大观，亦人生难遇者也。”

第二种情况，利用寺观、祠堂、纪念性建筑的旧址，或者与历史人物有关的名迹，在此基础上，就一定范围内稍加园林化的处理而开辟成为公共园林。这里仅举杜甫草堂、桂湖、百泉三处为例。

四川成都的**杜甫草堂**是唐代大诗人杜甫流寓成都时的住所，后世为了景仰先贤而改建为祠堂，历代都加以维护培修。清嘉庆十六年(1811年)的一次扩建，奠定了今日草堂的规模［图7·270］。

草堂占地约20公顷，东半部原为佛寺梵安寺，又称草堂寺，现改作陈列室和茶社、小卖部。西半部为园林，一组纪念性建筑群居中，由正门、大廨、诗史堂、柴门、工部祠组成多进院落的中轴线，见［图7·271］。溪流

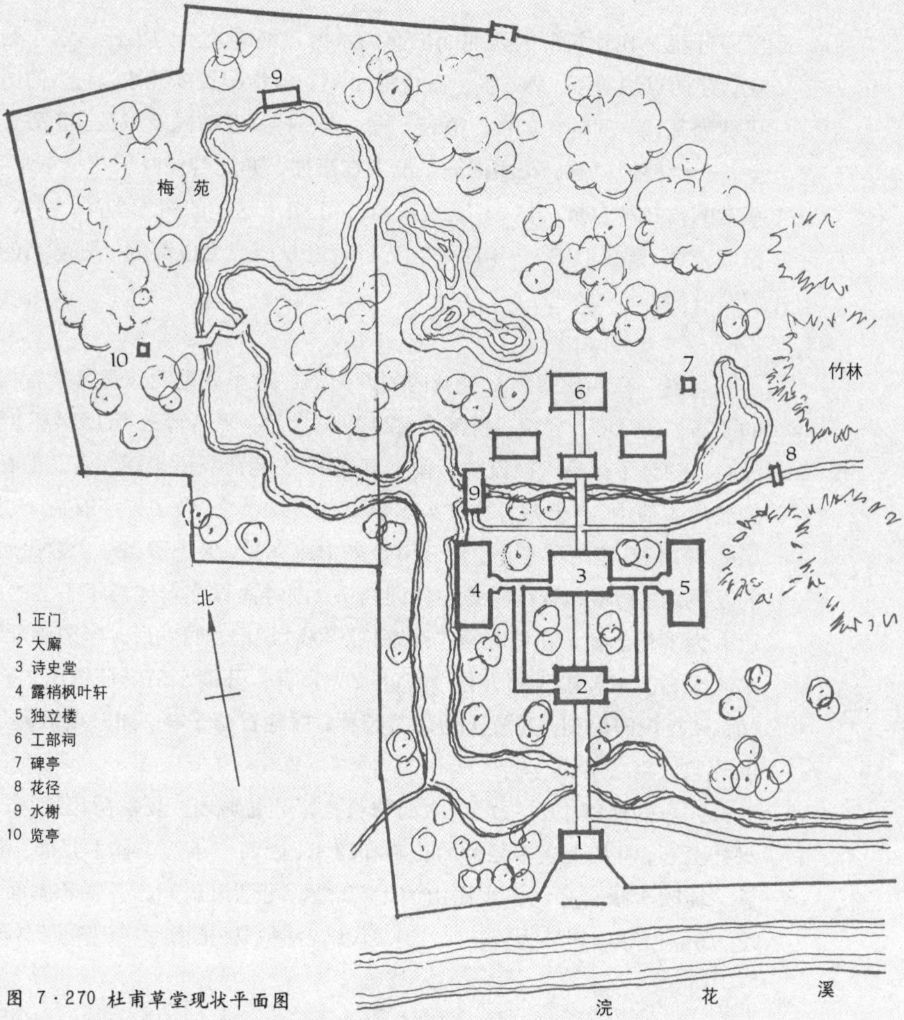

梅苑

竹林

浣 花 溪

北

1 正门
2 大廨
3 诗史堂
4 露梢枫叶轩
5 独立楼
6 工部祠
7 碑亭
8 花径
9 水榭
10 览亭

图 7·270 杜甫草堂现状平面图

图 7·271 杜甫草堂之大廨

三面环绕，在建筑群的西北面潴而为水池，池畔筑土为小丘。水中遍植荷花，穿插点缀着亭、榭、阁、石桥等小品。植物配置以楠木、竹、梅的大片成林为基调，间种松、杉、银杏、桃、李、桂、石榴以及玉兰、丁香、海棠等，一派郁郁葱葱、花团锦簇，虽人在亭榭，亦宛若置身于花丛草木之中。草堂的梅花林自成一区，谓之“梅苑”。正由于这里的树木幽深，溪水萦纡，粉墙青瓦，繁花似锦，一年四季均有可观之景而成为成都的一处著名的公共游览胜地。

桂湖　在四川省新都县城内的西南隅，这里原是明代著名学者杨升庵的故居。杨升庵，名慎，新都人，24岁中状元。明嘉靖三年(1524年)因“议大礼”触怒了皇帝，被流放云南，直到72岁老死戍所未能回乡。他在长期的流放生活中，与云南各族文人名流交往过从甚密，做了许多有益于当地人民的事。杨升庵著述甚丰，为云南带来中原文化，促进了当地少数民族文化的发展。他幼年和青年时曾在桂湖读书，湖畔尚保存着他当年手植的桂树。后人为了纪念他，在湖畔建“升庵祠”岁时祭祀。明以后，桂湖逐渐淤塞，水涸泥封。清乾隆年间，县令将湖收为官有，开辟水田以征租税。嘉庆年间，又复浚田为湖，开放作为公共园林，并建置若干亭、阁以点缀风景，兼供游憩饮宴之用。

如今的桂湖［图7·272］，水面修长，紧邻着城墙。夏季荷花盛开，秋天丹桂飘香，再加上众多品种的花卉和树木，因而一年四季林木葱郁、花团锦簇，掩映着楼台亭阁、水榭山馆近20处，可谓风景如画。狭长湖面之中，堤、岛纵横穿插划分为若干大小水面，结合树木种植而形成一系列不同景深

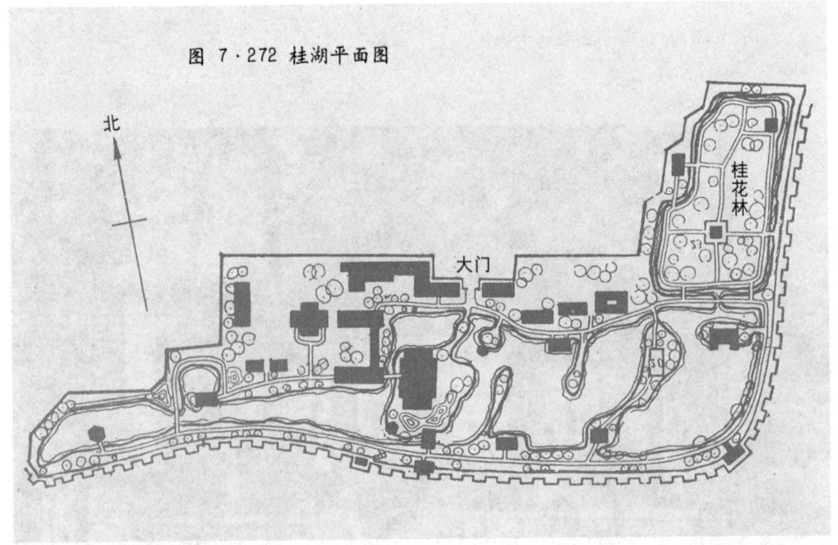

图 7·272 桂湖平面图

图 7·273 桂湖

层次的空间。登上城墙，则又是另一番景象：近处阡陌纵横的田野，远处群山明灭，以及俯瞰湖景之全貌，均历历在目［图 7·273］。

百泉　在河南省辉县城西北约 2.5 公里的苏门山之南麓。

苏门山是太行山余脉的一个小山岗，海拔184米。山虽不高，却荟萃着甚多的历代名迹。西周时，共伯和好行仁义，诸侯共同推举他代替荒淫无道的周厉王执政达14年。厉王的太子静长大后，共伯让位，退隐苏门山中。晋代的大名士孙登也曾在此隐居，孙登好读周易，善操琴，也善于行吟长啸。他和阮籍抗啸(比赛长啸)的故事，成为“一啸千古”的名典，至今山上仍保留着孙登的“啸台”。北宋时，大学者邵雍(号康节)幼年随父自范阳原籍迁居苏门山之南坳，他的住宅遗址“安乐窝”至今犹存。邵雍在这里刻苦攻读，修身养性，以至于“冬不炉，夏不扇，夜不就席枕”，终于成为一代理学宗师。此后，苏门山开办的书院、学堂代代相继，弦诵之声不绝。元、明的著名学者姚枢、许衡、耶律楚材、王恽、孙夏峰等人都曾在这些书院担任教席。山上的名迹还有三清观、放鹤亭、饿夫墓、吕祖阁、孔庙等处，启贤祠、卫源庙［图 7·276］位于山之南麓。满山郁郁葱葱，植被覆盖率很高。

山南麓平地上即为“百泉”之所在，因地下泉水涌出上百道，汇聚成湖，蔚然壮观而得名。百泉为卫水之源，早在西周时即已知名于世了。《诗经·邶风·泉水》：“毖彼泉水，亦流于淇。”即指百泉而言。北魏郦道元《水经注》则称百泉为百门陂。隋炀帝开永济渠，导入百泉之水以接济航运。明嘉靖年间，在百泉以下建置五道闸门，又把泉水作灌溉之用。清乾隆年间，对百泉湖进行了一次大规模的整治，扩大湖面、开发风景。据道光《辉县志》："乾隆十五年大加修筑，绕岸砌石，南卧长桥，以作屏障，山水亭阁，金碧参差，倍增胜概。"从此以后，"百泉"——包括北泉湖和苏门山——遂具备天然山水园的格局，成为一处远近闻名的大型公共园林［图7·274］。

"百泉"呈北山南湖的态势，北山即苏门山，南湖即百泉湖。两者彼此依托，互为资借，掩映成趣。百泉湖呈狭长形的不规则几何形状，面积6.3公顷。湖中泉眼多达百余个，大部分集中在北半部。一串串，一缕缕，浮涌直出水面，形成独特的壮丽水景。元人王磐对此有如下的诗句咏赞：

"济南七十二名泉，散出坡陀百里川；
未似共城祠下水，千窝并出画楼前。"

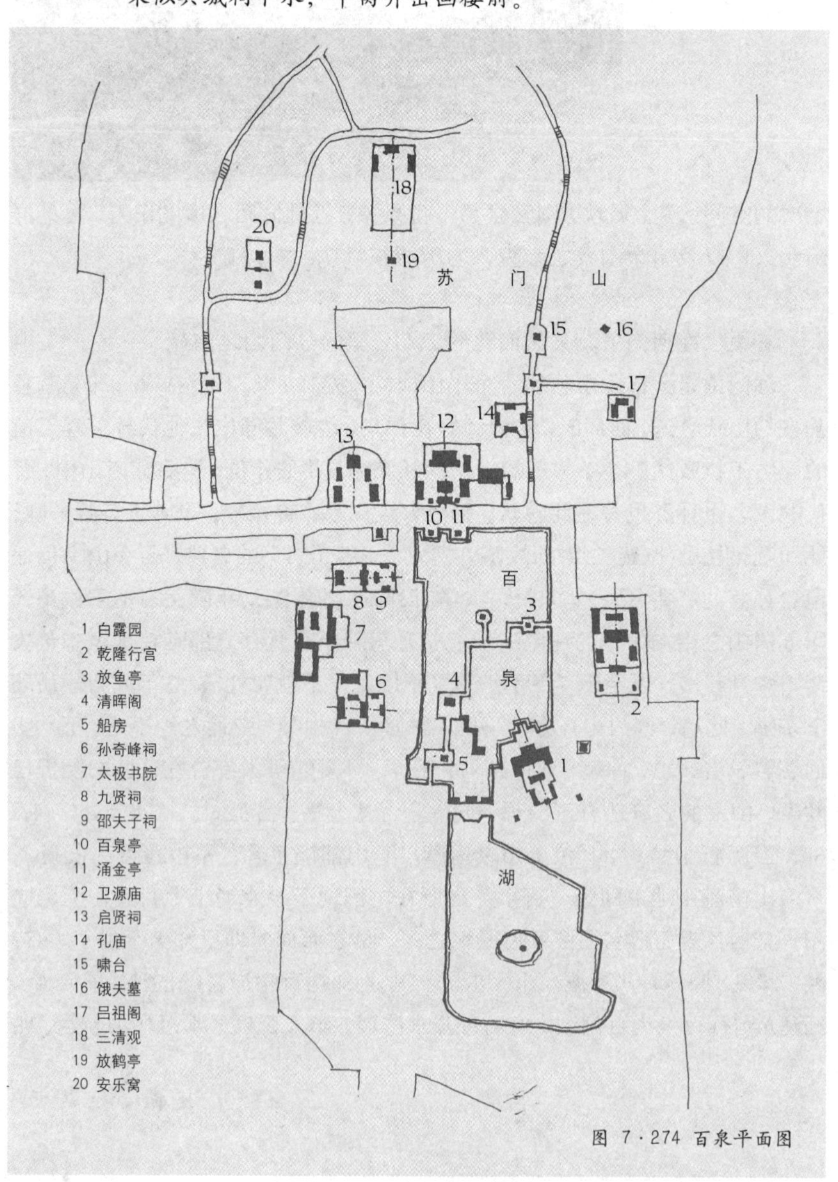

图 7·274 百泉平面图

图 7·275 烟雨中的百泉湖

图 7·276 卫源庙

在湖中岛堤上，散建亭阁若干处 [图 7 · 275] [图 7 · 276]。湖西岸的太极书院又名百泉书院，是当年邵雍讲学的地方，也是明清以来各地文人名流聚会的场所。书院之北为邵夫子祠和九贤祠，其南为孙奇逢祠。孙奇逢，明代著名学者，为避魏忠贤陷害而举家自原籍河北容城迁居辉县。他经常住在太极书院著书立说，百泉庋藏着的三千多块木刻板就是他的部分著作。湖东岸有乾隆驻跸行宫遗址，以及皇太后住过的白露园等处建筑群。

百泉山清水秀，有独特的水景和深厚的文化积淀，因而声名远播，历代慕名来游者甚众。乾隆南巡时曾到过此地，深慕其湖光山色之美，也很景仰邵雍的道德文章，故尔在北京的皇家园林清漪园内的万寿山南坡，摹拟苏门山安乐窝的形胜而建置一处景点，名曰“邵窝”。

第三种情况，即农村聚落的公共园林。

在经济繁荣、文化发达的江南地区，农村公共园林的建置尤为普遍。皖南徽州是徽商最多的地方，他们在外经商致富，回到家乡后不仅修造自己的宅、园，还出资赞助公益事业，其中即包括修造公共园林。因此，徽州下属各县农村，凡是比较富裕的一般都有建置在村内的公共园林，一如上文提到的楠溪江的模式。此外，也有建置在村落入口处的，即所谓水口园林。

“水口”是堪舆风水术的用词。徽州村落大多数为聚族而居，选择聚落基址非常讲究遵循风水“阳基”的理想模式，要求枕山、环水、面屏的堂局。水口相当于堂局通往外界的隘口，一般在两山夹峙、河流左环右绕之处，也是村落的主要出入口。因其地位重要，需要加以扼制，通常在这里种植一片树林，叫做“水口林”。如果村落的文风昌盛，则建置文昌阁、魁星楼、文峰塔等建筑物。也有建成为小园林的格局——水口园。唐模村的檀干园便是现存较完整的一例。

檀干园　俗称小西湖［图7·277］［图7·278］，位于歙县城东北十余里的唐模村口，依山傍水，远处是黄山余脉宛若屏障，清乾隆年间由当地许姓富商出资建成。此园为水景园，水面呈三塘相连兼作灌溉用的蓄水库，面积十亩许。园不设围墙，相当于入口的部位是一座八角重檐石亭，亭侧清溪蜿流。

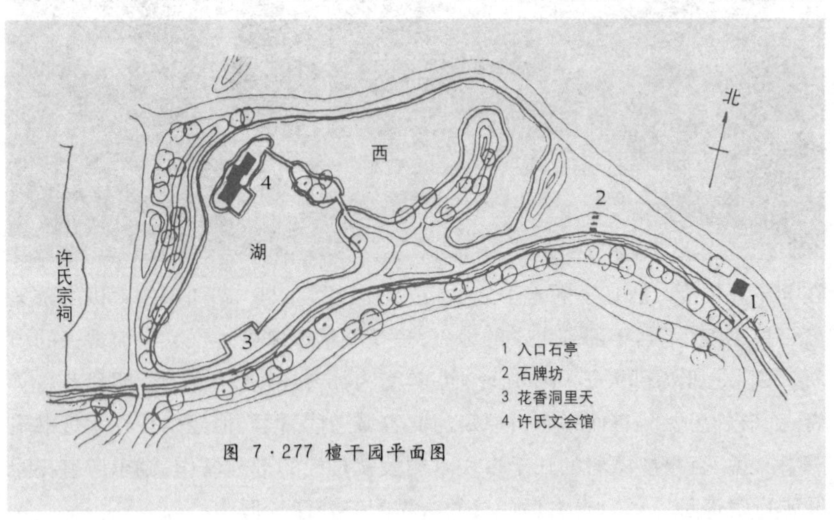

图 7·277 檀干园平面图

沿着溪畔的石板路前行，穿过石牌坊便进入园内。园内有镜亭、双连环亭、许氏文会馆，以及临荷塘的水榭“花香洞里天”，建筑布局疏朗有致。左面溪水潺潺，隔岸是随溪曲折起伏的土阜“平顶山”。山上林木苍郁，多为高大的樟树和枫香。转过土阜，眼前豁然开朗，如镜的湖面横陈。湖心亭“镜亭”与湖岸之间有玉带桥相联系，亭内庋藏名家法书石刻。自亭外平台观赏湖景以及远近的平畴田野，黄山亦隐约可见。檀干园与村落之间尚有一段距离，缘小溪及溪畔的石板路进村。路随溪转，溪上每隔十数步架设小石板桥联系两岸，以利交通。进村处沿溪建街屋一段，屋前为跨街的敞廊，设坐凳栏杆供行人小憩。清溪、石路把园林与村落贯串为一个整体，又融糅于周围的大自然环境之中，显示出一派天人谐合的意境。

图 7·278 檀干园

衙 署 园 林

政府衙署的园林绿化情况，早在唐代已见于文献记载。

清代的府、道、县各级地方政府的衙署内，一般都单独辟出一部分建筑物作为官员及其随任眷属的住所，相当于邸宅的性质。因此，衙署园林也具有宅园的功能，即使偏僻的地区，衙署内均少不了园林的建置。沈复曾多次作为地方官员的幕宾到过全国许多地方，嘉庆年间应陕西潼关道观察石琢堂之邀入幕，他在《浮生六记》卷四《浪游记快》中记述潼关道署花园甚详：

“城中观察之下，仅一别驾。道署紧靠北城，后有园圃，横长约三亩。东西凿两池，水从西南墙外而入，东流至两池间，支分三道：一向南，至大厨房，以供日用；一向东，入东池；一向北折西，由石螭口中喷入西池，绕至西北，设闸泄泻，由城脚转北，穿窦而出，直下黄河。日夜环流，殊清人耳。竹树荫浓，仰不见天。西池中有亭，藕花绕左右。东有面南书室三间，庭有葡萄架，下设方石，可弈可饮。以外皆菊畦。西有面东轩屋三间，坐其中可听流水声。轩南有小门可通内室，轩北窗下另凿小池。池之北有小庙，祀花神。园正中筑三层楼一座，紧靠北城，高与城齐，俯

[1] 郭启顺:《话说天下第一衙》,载《文史知识》,1996(12)。

视城外即黄河也。河之北,山如屏列,已属山西界,真洋洋大观也。余居园南,屋如舟式。庭有土山,上有小亭,登之可览园中之概。绿荫四合,夏无暑气。”

如今,衙署建筑完整保留下来的已很少了,因而衙署园林的实例亦属凤毛麟角。现举河南内乡县衙为例,这座衙署建筑群经修整后对公众开放,乃是现存最完整的一座县衙, 被誉为“天下第一县衙”。

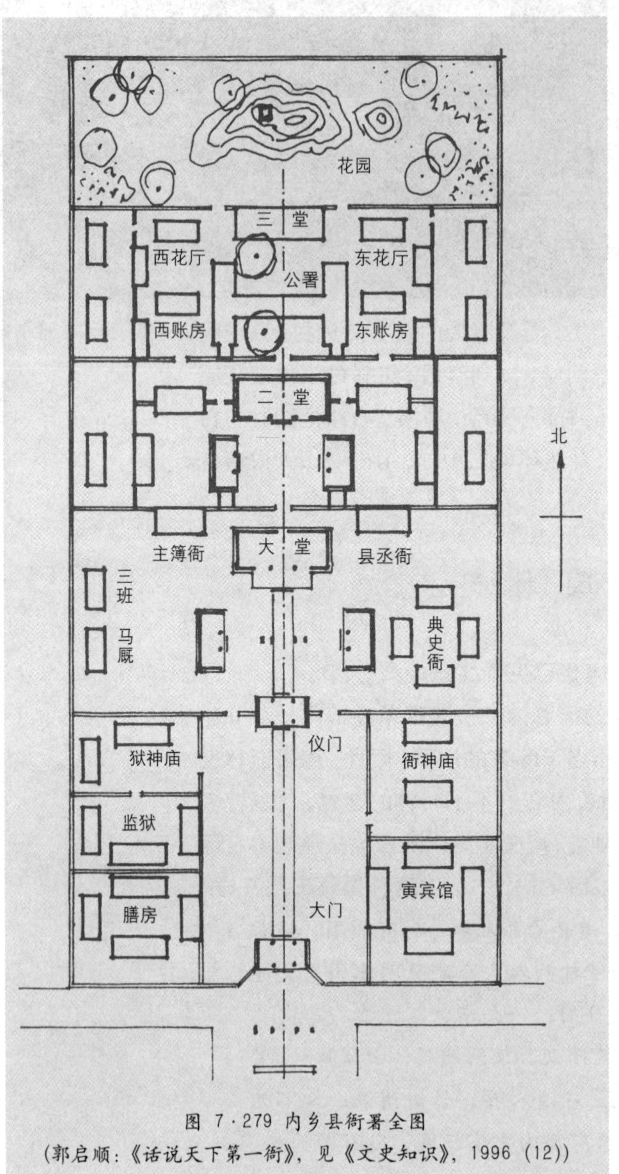

图 7·279 内乡县衙署全图
(郭启顺:《话说天下第一衙》,见《文史知识》,1996 (12))

内乡县衙花园 始建于元代,清咸丰年间被毁,光绪十八年(1892年)重建,历时三年竣工,占地2.4公顷。建筑群为多进三路的跨院,有房舍280余间[图7·279]。中路的大门、仪门之后的大堂是知县发布政令、举行重大庆典活动及公开审理案件的场所,大堂之后为宅门。其后的两进院落——二堂、三堂为知县退班议事、会客的地方,相当于邸宅。庭院种植树木,显示较多的居住气氛,两侧的东、西花厅分别是眷属和客人的居室。三堂后面的小花园即衙署园林,园中方亭一座名“兼隐亭”,四时花木扶疏,环境十分幽静。知县及其家属、幕客于闲暇时优游其中,亦足解困忘忧、赏心悦目[1],实际上也相当于邸宅的宅园。

[图7·280]是《揭阳县志》中的一幅广东揭阳县署的附图。该图所示的揭阳县署的建筑布局大体上类似于上述内乡县衙署,但其后部的衙署园林的刻画则要详细得多。

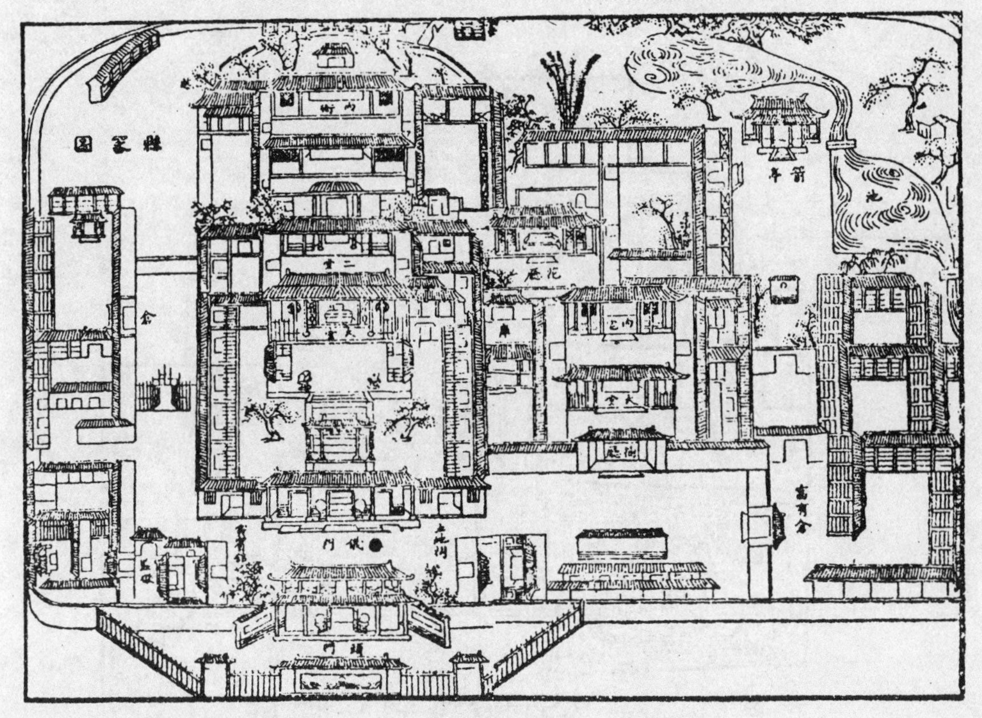

图 7 · 280 揭阳县衙署全图

书 院 园 林

书院是中国古代的一种特殊的教育组织和学术研究机构，始见于唐代。早期的书院既不同于政府兴办的“官学”，也不同于民间兴办的“私学”，多由著名学者创建并主持教务，经费来源有政府拨给的，也有私人筹措捐献的。其教学体制颇多借鉴于佛教禅宗的丛林清规，建置地点亦仿效禅宗佛寺多选择在远离城市的风景秀丽之地，以利生徒潜心研习。到清代，书院名称的使用已经比较广泛，但凡民间兴办的私学具有一定规模的都可以叫做书院。

清代的书院建筑保存下来的不少，其中也包括书院园林。

西云书院 在云南省大理县城内，原址为中法战争时的抗法名将、云南提督杨玉科的爵府。光绪三年(1877年)，杨玉科奉调广东任陆路提督，乃将其府邸全部捐赠地方办学，取名“西云书院”，为云南迤西道五府、三厅所共有[1]。大理历来重视教育，文风较盛，素有“文献名邦”之称。这座书院的成立对滇西地区的文化发展有深远影响，民国年间改作大理中学的校舍[图 7 · 281]。

[1] 云南工学院建筑系、大理白族自治州城乡建设环境保护局:《云南大理白族建筑》，昆明，云南大学出版社，1994。

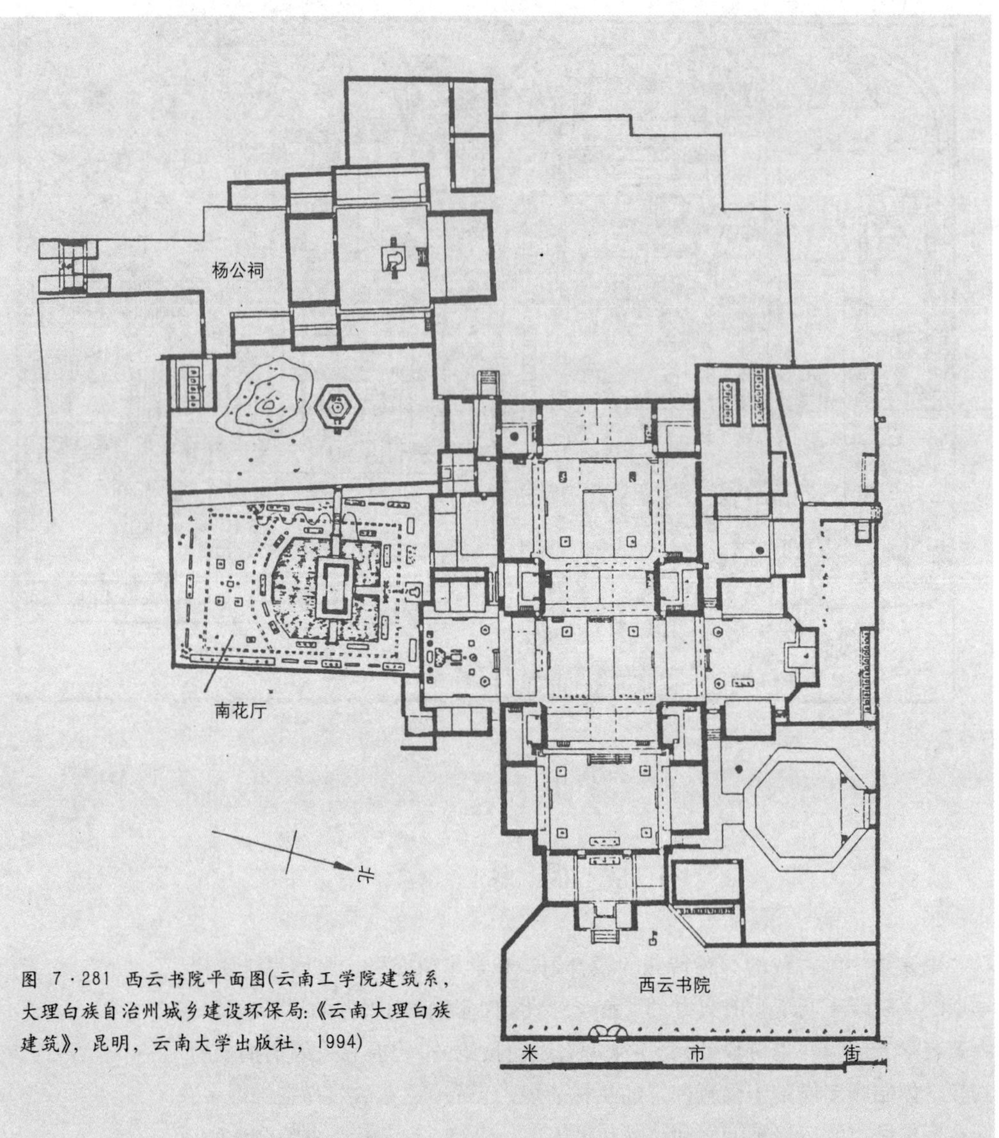

图 7·281 西云书院平面图(云南工学院建筑系，大理白族自治州城乡建设环保局:《云南大理白族建筑》，昆明，云南大学出版社，1994)

西云书院的建筑为四进三跨的院落建筑群，坐西朝东。园林“南花厅”位于书院的南面，一个略近方形的水池——月牙塘居中靠北，水池中央建水阁成为全园的构图中心，跨水架石桥三座。园林的总体呈较规整的布局。园门设在北墙靠东。园门外紧接一个四合院的前导空间，也就是书院的第三进院落，这里有小水池和石凳石桌等小品点缀。进入园门，正对着的是条形花台犹如屏障，转而西为石碑一通，即著名的“种松碑”。碑文记述点苍山植树造林的情形，其中有句云：“何日再买三千担，遍种云中十九峰。”月牙塘之南筑土为假山，山上以及环池周围地段均种植松、竹、梅、玉兰等花木，间有石桌石凳之点缀。南花厅的西邻为杨玉科祠堂“杨公祠”的附园，二者有门相通，因而后者也可以视为书院园林的北半部分。一条小溪出自月牙塘，弯弯曲曲地流入北半部，这里以土石堆叠的大假山为主景，小溪萦回、林木蓊郁，朴实无华，有若自然的景象，与南花厅大异其趣，两者毗邻又恰成对比。

竹山书院　在安徽歙县的雄村，书院的附属园林规模虽小，但以其设计之精到而成为现存皖南名园之一。雄村的曹氏是当地望族，清乾隆年间曾连续四代均有族人点为翰林，官居一品大员，村中建有石坊“四世一品”以纪其事。曹氏邸宅的规模极其宏大，于邸宅之旁建“竹山书院”作为教育本族和乡里子弟的学馆。桂花厅即附建于书院东侧的附园，风景优美的新安江流经它的东面。园的面积大约0.2公顷，相当于小型游憩园，见［图7·282］。

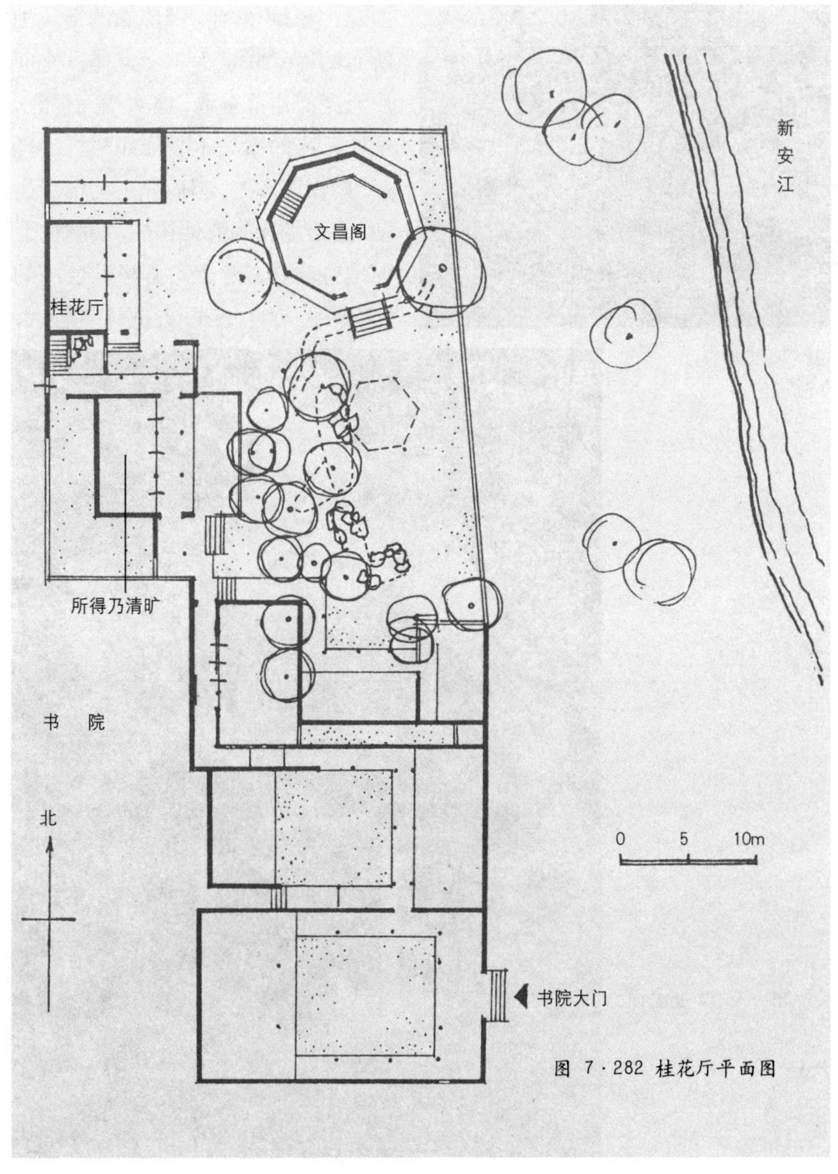

图 7·282 桂花厅平面图

图 7·283 黄石小壁山

园林的西、南两面由建筑围合，西面的两座厅堂呈曲尺形布列。它们之间以游廊联系并留出小天井朝西开月洞门，小天井内用黄石堆叠的壁山颇为精致 [图7·283]。靠南的为正厅三开间，额曰“所得乃清旷”，前临月台，石栏雕镂极精致。靠北的为侧厅，额曰“桂花厅”。正厅以南为小庭院，院内点缀山石花木，再往南即达园门。这一组建筑群延绵于园的西、南面，平面凸凹进退，用曲廊、空廊、檐廊、随墙廊的衔接把所有的厅堂联系为一个整体，立面形象高低错落有致、虚实相间得宜，辅以精巧的徽派木装修如栏杆、挂落、门窗隔扇等，因而显示为活泼生动、富于变化的群体构图。园林的北面地势略高，建置八方形两层高的“文昌阁”[图7·284]。此阁体量较大，

图 7·284 文昌阁

作为全园景观的主题以隐喻其书院附园的性质，又可登高远眺园外之借景，新安江及其东岸起伏苍翠的群山尽收眼底。

园林的东面完全敞开，仅以胸墙分隔内外，因而广阔的新安江的自然风景得以延纳入于园的主庭院中 [图7·285]，园内园外之景浑然一体。园林主庭院的山水布置比较简约，一泓带状水池流经文昌阁前，如今尚留有石板桥的遗迹；池南为小型黄石叠山一组，破山腹而为园路，周围散置若干石组和单块石的特置构成对主山的呼应朝揖之势；其余大部分为平坦空地，当年花木繁茂而尤以桂花最胜，故以桂花命园之名。如今尚保留着古树六七株。

此园的选址极好，园林的规划亦能顺应基址的天然地势和周围环境，让出朝向新安江的一面而因势利导。园林本身的山池仅稍事点缀，重点则放在收摄园外的山水借景作为主要的观赏对象，即所谓"延山引水"的做法。以一幢楼阁作为园林的主体建筑物，这种布局也是比较少见的。

图 7·285 自庭院内俯瞰新安江之景

第十三节 少数民族园林

概　说

中国是多民族的国家，一共有56个民族生活在这个大家庭里。过去，由于历史条件和地理条件的限制，他们的经济、文化的发达程度存在着极大的差异。汉族占有全国人口的百分之九十以上，经济、文化的发展一直居于领先地位，园林作为汉文化的一个组成部分早已独树一帜，成为世界范围内的主要园林体系之一，通常所谓“中国古典园林”实际上即指汉族园林而言。其他的少数民族，大部分由于本民族的经济、文化的发展一直处于低级阶段，尚不具备产生园林的条件。即便在房前屋后种植树木花果，也只是为了生产的目的，或者仅仅作为单纯的花木观赏，尚未能结合其他的造园要素而进行有意识的艺术创作。而一些汉化程度较深的少数民族所经营的住宅和园林，大多属于汉族的某种地方风格的范畴，但即便如此，也往往在某些局部上表现出本民族的特色。例如，云南大理的白族民居大体上采取汉族的合院建筑群形制，常见的有“四合五天井”和“三坊一照壁”两个主要类型。后一个类型是由正房、两厢房和影壁围合的院落，影壁(照壁)正对着正房而成为庭院的主景［图7·286］。白族人喜欢莳花，在影壁前砌筑花坛，栽植花木或放置盆花。缤纷的花卉在白色影壁墙面的衬托下，益发妍丽动人，配合院内种植的山茶树、桂树等，既显示一派花团锦簇、绿树成荫的景象，也突出了白族民居庭园意匠的特色，见［图7·287］。另外，居住在边疆的一些少数民族受到外来文化的影响较多，处在亚洲其他文化圈的边缘。例如云南的傣族，较多地受到泰缅文化的影响，上层统治者有豪华的府邸如景洪的“宣慰府”，其中的园林多少会包含泰缅园林的因素，但这类府邸如今已全毁，园林的具体情况也就不得而知了。再如，新疆的维吾尔族受到伊斯兰文化的影响较深，他们的民居亦表现明显的伊斯兰建筑风格，与汉族民居大异其趣。在园林方面，除了常见的住宅和清真寺的庭院内一般的花树种植之外，迄今尚未发现具有本民族风格的、完整的园林艺术作品，它们究竟包含多少伊斯兰园林的因素，尚有待于深入调查和发掘。

只有居住在西藏地区的藏族，至晚到清中叶就已初步形成具备独特民族风格的园林，其中的一些有代表性的园林作品尚完整地保存至今。

西藏位于我国西南边疆，与印度、尼泊尔、不丹、锡金诸国接壤。境内高原多山，山脉延绵，大河奔流，平均海拔在4000米左右。居民绝大多数是藏族，此外尚有极少数的回、汉、蒙、门巴等族。大约在公元9世纪也就是西藏吐蕃王朝的后期，藏族文化的发展已逐渐进入成熟的阶段，举凡宗教、哲学、天文、历算、医学、文学、绘画、舞蹈以及各种造型艺术，均达到一定高度的水平。到15世纪以后的明、清时期，又向着更高的水平上跃进而形成完整的体系。根据中外藏学家的研究，都认为在我国各民族文化中藏族文化就其总体的系统性和全面性而言仅次于汉族文化，而个别的范畴如像宗教甚至可与汉族并驾齐驱。

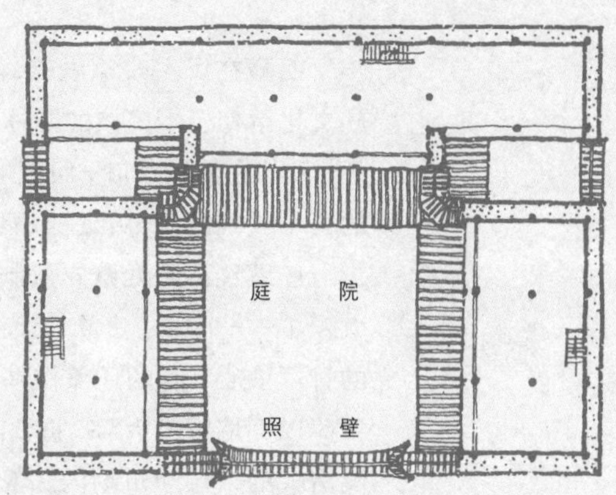

楼层平面

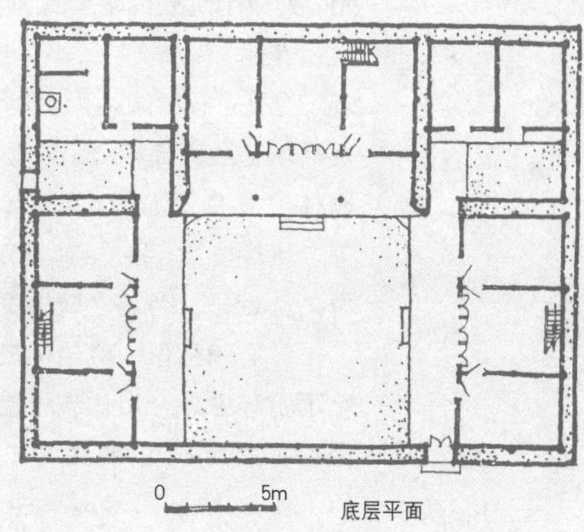

底层平面

图 7·286 “三坊一照壁”住宅平面图
（摹自云南工学院建筑系、大理白族自治州城乡建设环保局：《云南大理白族建筑》，昆明，云南大学出版社，1994）

图 7·287 庭院的照壁

西藏在民主改革以前，长期维持着政教合一的农奴制社会。发达的藏族文化孕育了本民族的园林艺术，农奴庄园经济的发展为造园活动提供了条件。大约在清代中叶，西藏地区已经形成了为极少数僧、俗统治阶级所私有的三个类别的园林：庄园园林、寺庙园林、行宫园林。

庄园经济是西藏农奴制度的基础，庄园的主人即农奴主也就是所谓三大领主——官家、贵族、寺庙。庄园既是领主及其代理人的住所，又是领地的管理中心，有的还兼作基层的行政机构——谿卡。为了安全保卫的需要，一律以高墙围成大院，重要的房舍如主人居室、经堂、仓库等都集中在一幢碉房式的多层建筑物内。环境非常封闭，当然也很局促。因此，比较大的庄园一般都要选择邻近的开阔地段修建园林作为领主夏天避暑居住的游憩之用，类似于汉族的宅园或别墅园，这就是庄园园林。庄园园林以栽植大量的观赏花木、果树为主，小体量的建筑物疏朗地散布、点缀在林木蓊郁的自然环境之中。有的园林内引进流水，开凿水池，有的还建置户外活动的场地如赛马场、射箭场等。山南地区是西藏的主要农业区，庄园经济最发达，庄园园林也很多。园内有着丰富的观赏植物，除乡土树种柏、松、青杨、旱柳之外，还栽植竹、桃、梨、苹果、石榴、核桃等，甚至从外地引种名贵花卉如海棠、牡丹、芍药之属。

寺庙园林作为藏传佛教(喇嘛教)寺庙建筑群的一个组成部分，它的功能除了游憩之外也用作喇嘛集会辩经的户外场地，叫做“辩经场”。所谓“辩经”即对佛经中的奥义展开辩论，通过辩论而提高认识。这是喇嘛学习佛经的主要方式之一，也是喇嘛晋级、取得学位的考试手段，尚保留着古印度佛教的遗风。辩经活动之所以在户外进行，大概因为喇嘛们常年在香烟缭绕、光线幽暗、通风不良的“措金”(经堂)里面诵经礼佛，非常需要见见阳光、呼吸一些新鲜空气。但宗教上的用意则更为明显：仿效佛祖释迦牟尼在旷野地方的菩提树下说法、成道的故事，摹拟佛经中所描写的西方净土“七重罗网、七重行树、花雨纷飞”的景象。所以，寺庙园林的植物配置一般都是成行成列地栽植柏树、榆树，辅以红、白花色的桃树、山丁子等，于大片荫绿中显现缤纷的色彩。在场地的一端，坐北朝南建置开敞式的建筑物“辩经台”，既作为举行重要辩经会时高级喇嘛起坐的主席台，同时也是园林里的惟一的建筑点缀。

行宫园林是达赖和班禅的避暑行宫，分别建在前藏的首府拉萨和后藏的首府日喀则的郊外。在三类园林中，它们的规模最大，内容最丰富，也具有更多的西藏园林的特色。

日喀则的行宫园林共有两处：东南郊的“功德林园林”和南郊的“德谦园林”。每到夏天，班禅即从平常居住的札什仑布寺移驻到这两处园林之内。前者位于年楚河畔，面积30余公顷，设宫墙和宫门，园内古树成荫，大片地段栽植西藏特有的“左旋柳”。1954年，年楚河泛滥成灾，这座园林的全部宫殿建筑均被大水冲毁，现在已开放作为日喀则市的人民公园。德谦园林用地略呈方形，周围平畴原野广阔，农田阡陌纵横，园内林木繁茂，但原有的宫殿大部分均已坍毁。1984年新建一幢三层的新宫作为班禅额尔德尼·却吉坚赞副委员长到日喀则视察工作时下榻的地方，另外还修复围墙和宫门，大体上已恢复这座园林的原有面貌。拉萨的行宫园林只有一座，这就是位于西郊著名的“罗布林卡”，距离达赖居住的布达拉宫约1公里。

庞大的建筑群“布达拉宫”包括许多佛殿、经堂、喇嘛的僧舍、历代达赖的灵塔殿，以及达赖居住的宫廷、藏政府的“噶厦”。为了军事防卫上的需要，这组大建筑群也像藏政府设在各地的行政机构一样，密密层层地叠筑在小山岗之上。达赖宫廷内的起居室、卧室、经堂以及工作用房虽然装修、陈设均极其豪华富丽，但地处危崖之颠、囿于城堡式的封闭的建筑环境里，长年居住毕竟不甚适宜。所以，自从七世达赖建成罗布林卡之后，一年中包括夏季在内的大部分时间，历代达赖移居园林遂成定例，这情形与清代皇帝不愿住在北京大内宫殿而乐于长期驻跸西北郊的行宫御苑颇有相似之处。

藏族园林实例

行宫园林是藏族园林艺术粗具雏形的标志，“罗布林卡”则是藏族园林最完整的代表作品。

罗布林卡

藏语称园林为“林卡”，甚至把城市郊外的那些树木繁茂的空旷地段也叫做“林卡”。西藏高原阳光灿烂，空气清新，居住在城市里的藏族人民非常喜爱户外活动。每逢节假日，全家人在林卡支起帐篷，休闲、野餐，不时轻歌曼舞，度过愉快的一天。

“罗布林卡”是藏语的译音，意思是“有如珍珠宝贝一般的园林”。它位于西藏拉萨市的西郊，占地约36公顷。园内建筑相对集中为东、西两大群组，当地人习惯上把东半部叫做“罗布林卡”，西半部叫做“金色林卡”。在西藏民主改革以前，这里是达赖喇嘛个人居住的园林，相当于别墅兼行宫的性质。历代达赖驻园期间，作为藏政府的首脑他需要在这里处理日常政务、接见噶厦官员，作为宗教领袖他需要在这里举行各种法会、接受僧俗人等的

图 7·288 罗布林卡的大宫门

朝拜。因此，罗布林卡不仅是供达赖避暑消夏、游憩居住的行宫，还兼有政治活动和宗教活动中心的功能［图 7 · 288］［图 7 · 289］。

这座大型的别墅园林并非一次建成，乃是从小到大经过近二百年时间、三次扩建而成为现在的规模。

最早始建于乾隆年间，当时的七世达赖格桑嘉措体弱多病，夏天常到此处用泉水沐浴治病。清廷驻藏大臣看到这种情况，便奏请乾隆皇帝批准特为达赖修建了一座供浴后休息用的简易建筑物“乌尧颇章”(“颇章”是藏语“殿”的音译)。稍后，七世达赖又在其旁修建一座正式宫殿“格桑颇章”，高三层，内有佛殿、经堂、起居室、卧室、图书馆、办公室、噶厦官员的值房以及各种辅助用房。建成后，经皇帝恩准每年藏历三月中旬到九月底达赖可以移住这里处理行政和宗教方面

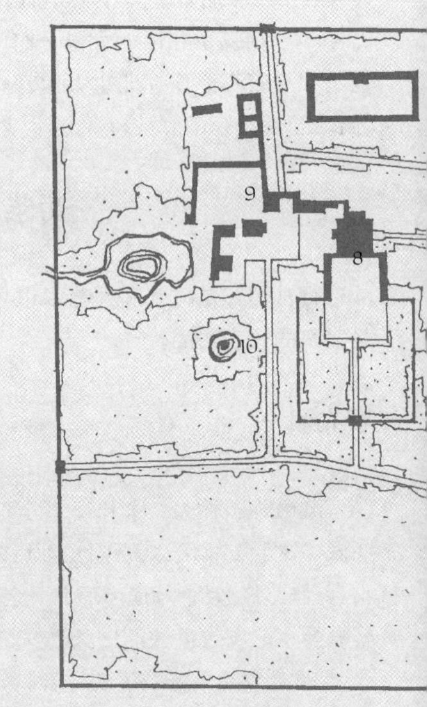

的事务，十月初再返回布达拉宫。这里遂成为名副其实的夏宫，罗布林卡亦以此为胚胎逐渐地充实、扩大。

第一次扩建是在八世达赖强巴嘉措(1758—1804年)当政时期，扩建范围为格桑颇章西侧以长方形大水池为中心的一区。

第二次扩建是在十三世达赖土登嘉措(1876—1933年)当政时期，范围包括西半部的金色林卡一区，同时还修筑了外围宫墙作宫门。

1954年，十四世达赖丹增嘉措又进行第三次扩建，这就是东半部以新宫为主体的一区［图7·290］。

罗布林卡的外围宫墙上共设六座宫门。大宫门位于东墙靠南，正对着远处的布达拉宫。园林的布局由于逐次扩建而形成园中有园的格局：三处相对独立的小园林建置在古树参天、郁郁葱葱的广阔自然环境里，每一处小园林均有一幢宫殿作为主体建筑物，相当于达赖的小型朝廷。

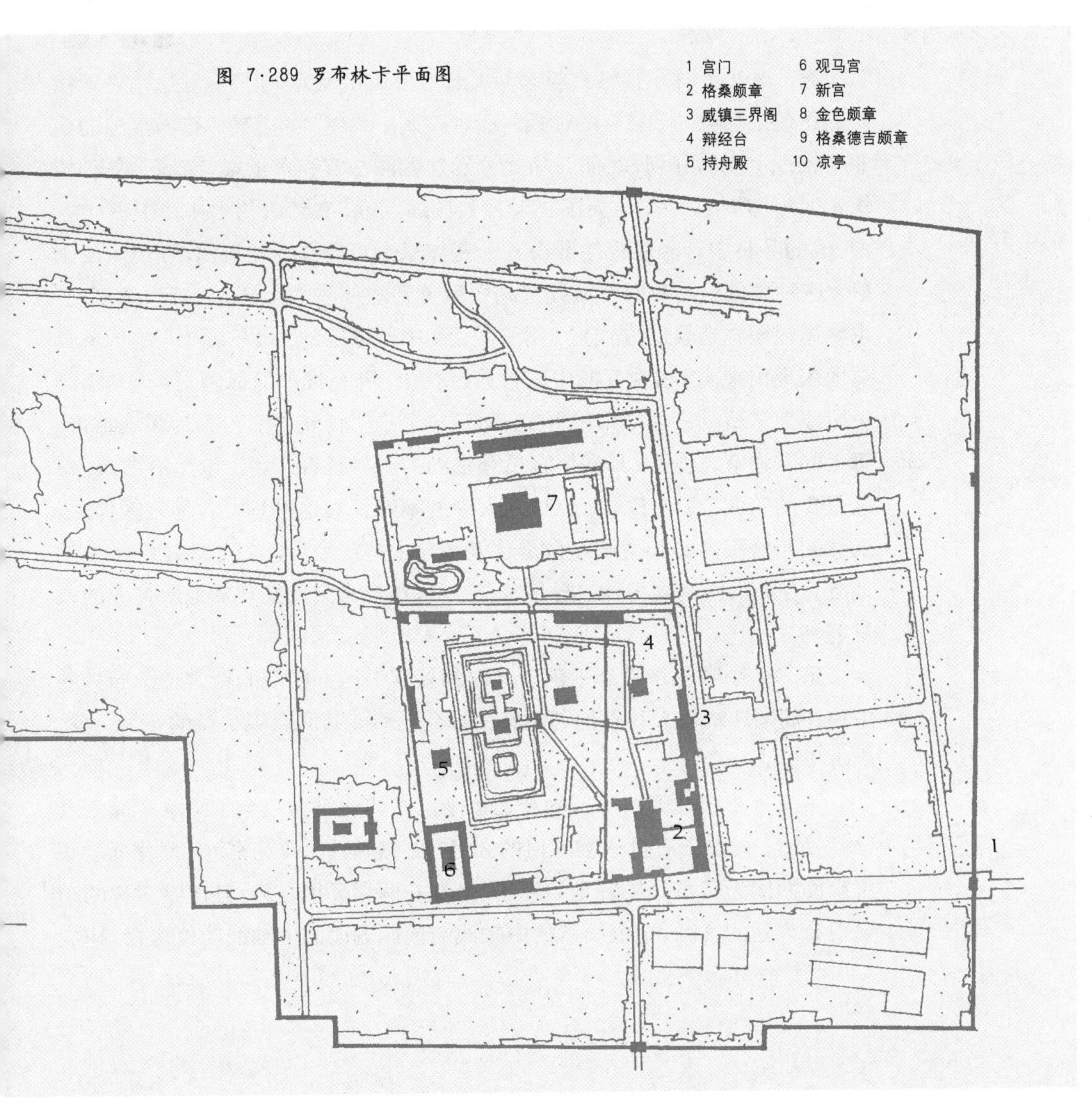

图 7·289 罗布林卡平面图

图 7·290 新宫

第一处小园林包括格桑颇章和以长方形大水池为中心的一区。前者紧接园的正门之后具有"宫"的性质，后者则属于"苑"的范畴。苑内水池的南北中轴线上三岛并列，北面二岛上分别建置湖心宫和龙王殿，南面小岛种植树木。池中遍植荷花，池周围是大片如茵的草地，在红白花木掩映于松、柏、柳、榆的丛林中若隐若现地散布着一些体量小巧精致的建筑物，环境十分幽静。这种景象正是我们在敦煌壁画中所见到的那些"西方净土变"的复现，也是通过园林造景的方式把《阿弥陀经》中所描绘的"极乐国土"的形象具体地表现出来。这在现存的中国古典园林中，乃是惟一的孤例。园林东墙的中段建置"威镇三界阁"，阁的东面是一个小广场和外围一大片绿地林带。每年的雪顿节，达赖及其僧俗官员登临阁的二楼观看广场上演出的藏戏。每逢重要的宗教节日，哲蚌、色拉两大寺的喇嘛云集这里举行各种宗教仪式。园林的东跨院内的小型辩经台是达赖亲自主持辩经会、考试"格西"学位的地方。在苑的西南隅另建"观马宫"，八世达赖常到此处观赏他所畜养的大量名马。

第二处小园林是紧邻于前者北面的新宫一区。两层的新宫位于园林的中央，周围环绕着大片草地与树林的绿化地带，其间点缀少量的花架、亭、廊等小品。

第三处小园林即西半部的金色林卡。主体建筑物"金色颇章"高三层[图7·291]，内设十三世达赖专用的大经堂、接待厅、阅览室、休息室等。底层南面两侧为官员等候觐见的廊子，呈左右两翼环抱之势，其严整对称的布局很有宫廷的气派。金色颇章的中轴线与南面庭园的中轴线对位重合，构成规整式园林的格局。从南墙的园门起始，一条笔直的园路沿着中轴线往北直达金色颇章的入口。庭园本身略成方形，大片的草地和丛植的树木，除了园路两侧的花台、石华表等小品之外，别无其他建置。庭园以北，由两翼的廊子围合的空间稍加收缩，作为庭园与主体建筑物之间的过渡。因而这个规整式园林的总体布局形成了由庭园的开朗自然环境渐变到宫殿的封闭建筑环境的完整的空间序列。

金色林卡的西北部分是一组体量小巧、造型活泼的建筑物，高低错落地呈曲尺形随宜展开，这就是十三世达赖居住和习经的别墅［图7·292］。它的西面开凿一泓清池，池中一岛象征须弥山。从此处引出水渠绕至西南汇入另一圆形水池，池中建圆形凉亭。整组建筑群结合风景式园林布局而显示出亲切近人的尺度和浓郁的生活气氛，与金色颇章的严整恰成强烈对比。

图 7·291 金色颇章

图 7·292 金色林卡内之别墅

罗布林卡以大面积的绿化和植物成景所构成的粗犷的原野风光为主调，也包含着自由式的和规整式的布局。园路多为笔直，较少蜿蜒曲折。园内引水凿池，但没有人工堆筑的假山，也不作人为的地形起伏，故尔景观均一览无余。藏族的“碉房式”石造建筑不可能像汉族的木构建筑那样具有空间处理上的随宜性和群体组合上的灵活性。因此，园内不存在运用建筑手段来围合成景域、划分为景区的情况。一般都是以绿地环绕着建筑物，或者若干建筑物散置于绿化环境之中。园中之园的格局主要由于历史上的逐次扩建而自发形成，三处小园林之间缺乏有机的联系，亦无明确的脉络和纽带，形不成完整的规划章法和构图经营。园林“意境”的表现均以佛教为主题，没有儒、道的思想哲理，更谈不上文人的诗情画意。园林建筑一律为典型的藏族风格：平屋顶上装饰着金光闪烁的黄铜镏金法轮宝幢乃是藏族建筑中最高品级的象征；女儿墙和围墙顶部一律为“卞白”的做法，即用柽柳枝条捆扎成束、垛砌封顶，再染成紫红色，并缀以镏金的佛教“八徽”和“七宝”的装饰，与白色的墙面成鲜明对比，衬托在绿树丛中益显其色彩效果之强烈。“卞白”做法只能用于三宝佛寺和达赖、班禅、大活佛的宫殿、府邸，一般贵族和百姓都不准使用。建筑上的这一派富丽色彩既表现出行宫园林的最高等级，也加强了园林的宫廷气氛。某些局部的装饰、装修和小建筑如亭、廊等则受到汉族的影响，某些小品还能看到明显的西方影响的痕迹。

总的说来，罗布林卡是现存的少数几座藏族园林中规模最大、内容最充实的一座，目前已成为西藏地区的重要旅游点之一。它显示了典型的藏族园林风格，虽然这个风格尚处于初级阶段的生成期，远没有达到成熟的境地。但在我国多民族的大家庭里，罗布林卡作为藏族园林的代表作品，毕竟不失为园林艺术的百花园中的一株独具特色的奇葩。

第十四节 小　结

从乾隆到清末的不到二百年的时间，是中国历史由古代转入近、现代的一个急剧变化的时期，也是中国古典园林全部发展历史的一个终结时期。这个时期的园林继承了上代的传统，取得了辉煌的成就，同时也暴露出封建文化的末世衰颓的迹象。这个时期的园林实物大量完整地保留下来，大多数都是经过修整开放作为公众观光游览的场所。因此，一般人们所了解的"中国古典园林"，其实就是后成熟期的中国园林。根据以上各节的论述，我们不妨把这个短暂的终结时期的造园活动情况，大致概括为六个方面。

一、皇家园林经历了大起大落的波折，从一个侧面反映了中国封建王朝末世的盛衰消长。乾、嘉两朝，无论园林建设的规模或者艺术造诣，都达到了后期历史上的高峰境地。大型园林的总体规划、设计有许多创新，全面地引进江南民间的造园技艺，形成南北园林艺术的大融糅，为宫廷造园注入了新鲜血液。离宫御苑这个类别的成就尤为突出而引人注目，出现了一些具有里程碑性质的、优秀的大型园林作品，如堪称三大杰作的避暑山庄、圆明园、清漪园。然而，随着封建社会的由盛而衰，经过外国侵略军的焚掠之后，皇室就再也没有乾隆时期那样的气魄和财力来营建宫苑，宫廷造园艺术亦相应趋于萎缩，终至一蹶不振，从高峰跌落为低潮。

二、民间私家园林一直承袭上代的发展水平，形成江南、北方、岭南三大地方风格鼎峙的局面，其他地区的园林受到三大风格的影响，又出现各种亚风格。少数民族中的藏族园林风格，亦已粗具雏形。这许许多多地方风格，都能够结合于各地的人文条件和自然条件，具有浓厚的乡土气息，蔚为百花争艳的大观。私家园林的乡土化意味着造园活动的普及化，也反映了造园艺术向广阔领域的大开拓。在三大地方风格之中，江南园林以其精湛的造园技艺和保存下来的为数甚多的优秀作品，而居于首席地位。这个时期，私家造园技艺的精华差不多都荟萃于宅园，宅园这个类别无论在数量或质量上均足以成为私家园林的代表；相对而言，别墅园林却失去了上代那样兴旺发达的势头。这种情况表明了市民文化的勃兴影响及于士人，把目光更多地投向城市中的壶中天地、咫尺山林，同时也反映出私家造园由早先的“自然化”为主逐渐演变为“人工化”为主的倾向。在汉民族和受汉文化影响的地区，文人园林风格虽然更广泛地涵盖私家造园活动，但它的特点却逐渐消融于流俗之中。私家园林作为艺术创造，尽管具有高超的技巧，大多数却已不再呈现宋、明时期那样的生命活力了。

三、宫廷和民间的园居活动频繁，“娱于园”的倾向显著。园林已由赏心悦目、陶冶性情为主的游憩场所，转化为多功能的活动中心，同时又受到封建末世的过分追求形式美和技巧性的艺术思想的影响。园林里面的建筑密度较大，山石用量较多，大量运用建筑物来围合、分隔园林空间，或者在建筑围合的空间内经营山池花木。这种情况，一方面固然得以充分发挥建筑的造景作用，促进了叠山技法的多样化，有助于各式园林空间的创设；另一方面则难免或多或少地削弱园林的自然天成的气氛，增加了人工的意味，助长了园林创作的形式主义倾向，有悖于风景式园林的主旨。

四、公共园林在上代的基础上，又有长足的发展。它不同于其他园林类型的独特性格也比较突出，譬如，完全开放性的布局，依托于天然水面而略加点染，利用古迹、名胜以及桥梁、水闸等工程设施，而略加艺术化的处理，造景不作叠石堆山、小桥流水而重在平面上的简洁、明快的铺陈等等。这都是沿袭并发展了唐宋以来的传统。又由于这时期市民文化的勃兴，适应于市民阶层的实际需要和生活习俗，把商业、服务业与公共园林在一定程度上结合起来，形成城市里面的开放性的公共绿化空间，已经有几分接近现代的城市园林了。然而，封建社会里面的封建文化毕竟尚居于主导地位。公共园林虽然已有较普遍的开发，但多半还是出于自发的状态，其规划设计也没有得到社会上的关注，始终处在较低级的层面上，远未达到成熟的境地。

五、造园的理论探索停滞不前，再没有出现像明末清初那样的有关园林和园艺的略具雏形的理论著作，当然更谈不到进一步科学化的发展。许多精湛的造园技艺始终停留在匠师们口授心传的原始水平上，未能得到系统地总结、提高而升华为科学理论。明末清初涌现出来的一大批造园家所呈现的群星灿烂的局面，也仿佛仅仅昙花一现；而唐床以来的文人造园热情，似乎已消失殆尽，文人涉足园林亦不像早先那样比较结合于实践。诗文中论及园林艺术的多数只是一鳞半爪，偏于描述性的心领神会，因而难免浮泛空洞、无补于实，失却了早先文人参与造园的进取、积极的富于开创性的精神。

六、随着国际、国内形势变化，西方的园林文化开始进入中国。乾隆年间任命供职内廷如意馆的欧洲籍传教士主持修造圆明园内的西洋楼，西方的造园艺术首次引进中国宫苑。但修造西洋楼仅仅出于乾隆皇帝的猎奇心理，从建筑和园林的角度看来也不是一件成功的作品。乾隆本人对它的兴趣似乎并不太大，它对圆明园总体的造园艺术亦未产生多大影响。沿海的一些对外贸易比较发达的商业城市，华洋杂处，私家园林出于园主人的赶时髦和猎奇心理，而多有摹拟西方的。东南沿海地区，大量华侨到海外谋生，致富后在家乡修造邸宅、园林，其中便掺杂不少西洋的因素。但这些多半限于局部和细部，并未引起园林总体上的变化，也远未形成中、西两个园林体系的复合、变异。所以说，中国古典园林即使处在末世衰落的情况下，在技艺方面仍然有所成就，仍然保持着其完整的体系。

第八章

结　语

中国古典园林是中国的封建农业经济、封建集权政治的产物，农业经济和集权政治成为决定园林性质的根本基因。中国古典园林又是封建文化的一个组成部分，作为文化形态之一，必然要受到其他众多封建文化形态的不同程度的影响和浸润。因此，在地主小农经济普遍发达、皇帝集权政治机制完善、封建文化臻于造极境地的宋代，园林及其造园艺术也相应地发展到了完全成熟的状态。若从宏观的、总体的高度来加以审视，宋代实为中国古典园林全部历史进程的分水岭。宋代以前的一段——生成期、转折期、全盛期，造园思想与造园技术均展示其十分活跃的态势，两者同步发展、相辅相成。园林的演进充满了向上的活力和旺盛的生机，有时甚至呈现为波澜壮阔的局面。宋代以后的一段——成熟期、成熟后期，园林的演进则显示更多的平和、稳重，仿佛江河之缓缓流淌，积淀了辉煌灿烂的成就，同时也缓慢地暴露其由平稳而趋于衰减的势头。造园技术得以长足发展，造园思想却相对地日益萎缩。到成熟后期，技术失去了思想的支撑，园林终于脱不开其衰微的命运。

中国古典园林的众多类型之中，皇家园林与私家园林乃是最为成熟因而也是最具个性的两个类型。可以这样说，这两个类型作为园林的精华荟萃，无论在造园思想和造园技术方面，均足以代表中国古典园林的辉煌成就。到了后期，北方的皇家园林和江南的私家园林分别发展成为南、北并峙的两个高峰。其中，北方的离宫御苑和江南的宅园尤为出类拔萃，相继出现许多为世人所瞩目的杰出作品，把它们置于世界名园之列亦当之无愧。如今，皇家园林中的颐和园，私家园林中的苏州园林，经联合国教科文组织批准列入“世界文化遗产”，也绝非偶然。

寺观园林虽说也是一个重要类型，但其宗教色彩并不显著；除个别情况外，一般都接近于世俗的私家园林。在这一点上，与同属汉文化圈内的日本古典园林中的寺院园林是有所不同的。汉地佛教传入日本之后，形成强大的思想力量和社会力量，它的影响也直接波及到园林艺术的创作实践。净土宗的佛寺把殿堂建筑与园林结合起来以表现“净土”的形象，利用造园艺术的手段把西方极乐世界具体地复现于人间，从而形成一种具有宗教意境的园林——净土园林。此后，禅宗传入日本，则甚至以禅宗的哲理作为造园思想的主导、赋予造园手法以宗教寓意，相继出现各种式样的“禅宗园林”。宗教色彩浓郁的净土园林和禅宗园林还影响及于世俗园林，促成世俗园林一定程度的宗教化。禅宗僧侣中涌现许多杰出的造园家和造园匠师，对日本古典园林的发展曾作出过积极的贡献。所以说，日本的禅僧造园犹如中国的文人造园；日本的寺院园林突出其浓郁的宗教色彩，而中国的寺观园林则具有明显的文人风格和世俗情调；日本世俗园林的宗教化犹如中国寺观园林的世俗化。[1]

至于其他非主流的园林类型，如像衙署园林、祠堂园林、书院园林、会馆园林等，与私家园林几无二致。公共园林虽然已显示其开放性的特点，但大多数是自发而形成，谈不上多少规划设计，尚处在比较原始的状态。

所以说，皇家园林和私家园林乃是中国古典园林中最具代表性的两个类型，它们本身的发展也最为集中地反映了中国古典园林演进的历程。

[1] 周维权：《日本古典园林》，见《建筑史论文集》第十辑，北京，清华大学出版社，1988。

经济、政治是制约园林发展的根本因素；经济结构、政治体制的运作相应地也就成为园林演进的主要推动力量。

上古的奴隶社会，孕育了中国古典园林的雏形。在它的三个源头之中，“台”具有神秘的色彩和宗教的性质，“囿”与“园圃”属于生产运作的范畴。因此，园林雏形的原初功能大约有三分之一是宗教性的，三分之二是生产性的。东周后期，随着奴隶社会发展为封建社会，即使园林的游赏功能逐渐上升，宗教和生产的功能也一直保留于园林的整个生成期。

秦代废除宗法分封制，建立以地主小农经济为基础的中央集权的大帝国，确立皇权的至尊至高地位，相应地出现了皇家园林这个类型，成为当时造园活动的主流。西汉皇家园林规模之大令人瞠目，固然是泱泱大国气度的体现，也与园林的多功能性质尤其是皇室的经济、生产方面的运作有着直接关系。因而园林大则大矣，但总体布局尚处于粗放状态，谈不上多少规划设计的艺术。

魏晋南北朝，封建大帝国呈分裂的局面，庄园经济兴起，门阀士族主政。相应地，民间的私家园林异军突起，与皇家园林形成分庭抗礼之势。发达的庄园经济促成了庄园、别墅的大量出现，在南朝时的江南尤为普遍。士族文人经营的庄园、别墅被赋予一定程度的园林化，以经济实体而兼有园林的功能，成为后世别墅园林的先型。它的天然清纯的风格，比起偏于华靡的城市私园更多地得到社会的赞赏和文人名流的青睐。皇家园林的游赏功能上升到主要地位，宗教和生产的功能已退居次要甚至仅具象征性的意义；规划设计开始受到重视，开始有意识地引进民间的造园技艺以丰富、充实宫廷的园林内容。

唐代，地主小农经济发达，国势强盛，统一的封建大帝国的空前繁荣景象必然在宫廷造园活动中有所反映，皇家园林表现了较为精致的规划设计和足够的皇家气派。为适应皇帝园居生活的多样化，已形成大内御苑、行宫御苑、离宫御苑三个类别的基本格局。唐代的政治不再为门阀士族所垄断，广大的庶族地主知识分子通过科举考试有了进身之阶。文人与官僚合流，影响及于民间造园活动遂促成了士流园林的兴起，从中更孕育了文人园林风格的雏形。唐代土地私有化的进程加速，文人官僚通过兼并土地而成为庄园主，则又导致别墅园林大兴盛的局面。别墅依托于庄园，或单独建置，终于由原来的经济实体演变、发展成为私家园林的一个重要类别。

宋代，城乡经济十分繁荣，国人滋长了追求享受之习尚，营造园林的风气较之上代更为炽盛。同时，造园艺术也达到了前所未有的水平，臻于完全成熟的境地。文人与官僚进一步合流构成文人主政的政治体制，促进了士流园林向着文人园林风格的转化。兴起于唐代的文人园林到这时终于瓜熟蒂落，成为私家造园活动的主流。宋代国势羸弱，皇家园林除了大内御苑之外，仅在都城近郊建置规模较小的行宫御苑。政治上一定程度的开明性也有所反映于宫廷之营园：较少皇家气派，更多地接近于民间的私家园林，呈现为历史上“文人化”最为深刻的皇家园林——艮岳，便是典型的一例。

明代废除宰相制，清代再加强化了政治上的绝对君权统治，因而明、清皇家园林的规模又转向宏大，规划设计更讲究皇家气派，乾隆时期表现得尤为突出。在南方和北方的某些地区，封建制度下的资本主义生产方式和流通方式成长起来，工、商业者的社会地位有所提高从而出现市民阶层。两宋时开始从士流园林中游离出来的市民园林到此时得以长足发展，市民园林的发展又对各地园林地方风格的形成起到了一定的促进作用。

清乾嘉之际是中国封建社会的最后一个繁荣时期，北方的皇家园林与江南的私家园林继续维持其并峙高峰的局面，它们展现了古典园林艺术的辉煌成就，同时也受到国内、国际的政治、经济形势急剧变化的影响而孕育着衰落的因子。道光以后，皇家园林一蹶不振，由高峰跌落到低谷；私家园林则继续撑持着一段时间，直到清末。但总的看来，此时的中国园林毕竟由盛趋衰，随着封建社会的解体而结束了它的灿烂的古典时代。

中国古典园林作为封建文化的一个组成部分，就其内容的深度而言，涉及文化的所有层面——物态层的文化、制度层的文化、心态层的文化；就其内容的广度而言，它包含着中国古代文化的三个主要领域——宫廷文化、士流文化、市民文化。

文化，具体地呈现为多种多样的形态，它们并非孤立的，而是互相影响着。

中国古典园林作为封建文化形态之一，必然要接受其他的封建文化形态的影响，从而形成后者对前者的制约作用和推进力量。就历史发展的情况看来，在众多的文化形态之中，哲学、科技、诗文、绘画对园林的影响最为深刻，因而所发挥的推进和制约作用也最大。

哲学是一切自然知识和社会知识的终极概括，也是文化的核心。它影响、浸润于园林，成为园林创作的主导思想、造园实践的理论基础。

“天人谐合”思想早在先秦时就引导中国园林向着风景式的方向上发展，在以后的各个历史时期都一直贯穿着它的主导作用。可以说，天人谐和乃是中国古典园林美学的核心，也是衍生这个园林体系的特点的深层基因之一。

由于天人谐合思想影响人们的自然观，汉民族对待大自然山水始终持着亲和的态度，力图从自然山水风景构成规律中探索人生哲理的体现。同样地，在风景式园林的造园实践中，则自觉地追求阴阳之对立统一而回归和谐的辩证关系，如像建筑与自然诸要素之间的关系、筑山与理水的关系等等，并通过这些关系来表现一种哲理的境界。就此意义而言，中国古典园林也可以称之为“哲理园”，其所创造的和谐之美、统一之美才是真正妙造自然的园林美。再者，汉民族往往借助于社会生活所形成的空间观念来理解大自然山水风景，空间意识也深刻地渗入风景式园林的造园实践。汉、唐离宫别苑的宏大规模及其登高远眺开阔视野的追求，南北朝、隋唐的别墅、山居与大自然环境的完美契合，它们的营园主旨均着眼于仿佛与宇宙齐一的大空间，从而进行以大观小的细节审视。正如王羲之《兰亭集序》中的一段话：“仰观宇宙之大，俯察品类之盛，所以游目骋怀，足以极视听之娱，信可乐也。”到两宋时，人们心目中的宇宙世界缩小了，对园林的空间意识更偏重于壶中之天地、容须弥于芥子。营园的主旨亦相应地转化为以小观大，如宅园的小而精的趋向和咫尺山林的表现，以及景区的过多划分、空间变化趣味的着力追求等。

中唐到北宋，佛教的禅宗逐渐兴起，禅宗讲究顿悟和内心自省的思维方式渗入艺术领域，逐渐促成了艺术创作和鉴赏向着“以意求意”的转化。相应地，在园林艺术创作中也开始自觉追求意境的表现。禅宗的兴起意味着佛教进一步中国化和文人化，道教中分化出来的士大夫道教则意味着扬弃斋醮符箓而向文人士大夫靠拢。这些情况又促成了寺观园林更多地接受文人园林的浸润，也逐步地文人化了。

宋代兴起的新儒学——理学，到明代经统治阶级的提倡而确立其为哲学的主流地位。理学讲究纲常伦纪，“灭人欲，存天理”，这种对人性的抑压在知识阶层中激发了与之对立的追求个性解放的逆反心理，使得文人士大夫转向园林中去寻求一定程度的个性自由的满足。适应于这种心态的文人园林风格遂得以涵盖私家造园活动，而且还渗入寺观园林甚至皇家园林。元、明直到清初，乃成为中国园林史上的文人园林极盛时期。

明代理学强调家族本位的伦理道德观念，家族具有更大的凝聚力，聚族而居形成庞大的住宅建筑群，住宅的附属园林——宅园的兴建也十分普遍。邸宅与宅园的关系较之宋代更密切，表现为邸宅向园林延伸而致使园林成为可游可居的多功能活动的场所，同时园林也向邸宅延伸而逐渐形成邸宅庭院的园林化。

明代，在某些发达地区随着资本主义因素的成长而导致市民文化的勃兴，相应地出现了追求享乐、尊重人欲的人本主义思潮。这种思潮浸润于园林，促成了私家园林中的“娱于园”的倾向，以及私家造园活动中的市民园林的兴盛。市民文化的勃兴必然引起社会价值观的改变，使得一向不齿于士大夫的造园技艺受到社会上的尊重，造园工匠的社会地位有所提高。一般的文人也乐于掌握造园技艺，个别的甚至以造园为业。因此，明末清初的百余年间，在一些发达地区涌现出相当数量的造园家。他们或为工匠出身、或为文人出身，都以精湛的技艺而知名于世。文人广泛参与具体的造园实践，著书立说，陆续刊行了一批比较系统的理论著作。但这种情况在中国古典园林发展的历史长河中只不过是昙花一现，到清中叶以后朝廷对理学的再度强调和人本主义思潮受到抑制，也就随之而归于消失了。

隐逸思想对私家园林的影响不容忽视。

宋代以前，“仕”与“隐”的矛盾一直是知识分子的一个“剪不断、理还乱”的情结，由此而衍生的隐逸思想也影响及于造园活动。两晋南北朝，通过“归田园居”的实践行为，使得隐逸与园林得以联系起来，促进了此后的别墅园林的大发展。唐代，“中隐”的倡导把隐逸由实践行为转化为精神享受，它与园林的关系就更密切了。当时，在文人士大夫圈子里盛行“稳于园”的观念，则是促成私家园林大发展和文人园林兴起的主要因素之一。

宋代以后，隐逸思想在园林里面逐渐淡化，到园林成熟后期已完全消融于精湛的造园技巧之中，成为单纯的情调、意境，也就难免于形式化的倾向，失却思想的内蕴了。

科技之与园林有关者，主要表现在建筑、植物、筑山、理水这四个造园要素上面。早在秦汉时就已经能够自觉地运用这四个要素作为造园的基本手段，并在以后的历史进程中不断获得各自的长足发展。

宋代，正值科学技术的成就达到了封建时代中的高峰境地。园林植物栽培技术在上代的基础上又有所发展、提高，经过比较系统的总结而刊行若干种有关园艺的著作。民间传世的《木经》和官方刊行的《营造法式》，可视为建筑技术特别是木构技术臻于规范化、系统化和成熟的标志。筑山方面，不仅有土山、土石山，还有石山、置石等。造园工匠已经能够驾御复杂的叠山技术，尤其是大型石山和土石山的堆叠构造，如像北宋的艮岳和南宋的德寿宫假山，开始形成世界上独树一帜的园林叠山技艺，文人描写园林“假山”的诗文、绘画亦屡见不鲜。理水方面，从洛阳西苑和东京艮岳的河湖水系的经营情况看来，园林理水的规划设计已达到相当精密的程度，城市私家园林的水景之丰富多姿亦说明理水在园林中所占的重要地位。宋以后，科技发展的蓬勃势头虽有减弱，仍一直持续到明末清初，促成了造园技术的持续发展，尤其为江南私家园林和北方皇家园林之臻于高峰境地创设了必要的技术条件。清乾隆以后，逐渐失却这个势头，造园技术固步自封，也必然成为园林在其成熟后期趋于衰落的原因之一。

唐宋以来直到清中叶，造园匠师们积累了极其丰富的实践经验，但却未见任何文字的记录传世。在这千余年漫长的岁月中，记述传统造园技法的专书几乎是一片空白。即便明末清初刊行的几部由文人撰写的造园理论著作，其设计技术的含量也并不多。而受中国古典园林的影响至深，同属汉文化圈内的日本，情况则有所不同。

日本的平安时期，全面吸收盛唐文化，古典园林亦在唐宋的影响下而趋于成熟。也就在相当于中国北宋时期的平安后期，日本出现了一部专著《作庭记》，全面而系统地记录了盛行于当时的“寝殿造园林”的各项设计技术。全书分上下两卷，上卷六段：作庭总论、风景各论、岛的样式、泷的构筑法、泷的样式、遣水；下卷五段：石组各论、作庭心得、树木、井泉、杂部。凭藉这些记录，我们可以大致推想出唐代长安、洛阳的那些宅园“山池院”的形象，也可以看到中国文献中未曾提及的园林理水、种植、置石与堪舆学说的关联。[1]到江户时代，幕府采取锁国政策，造园活动摆脱了中国的影响，突破宫廷、贵族、寺院的垄断而广泛普及于民间。江户中期以后，匠师们的造园实践经验积累丰富，又总结为许多技术专门著作刊行于世，例如：《筑山庭造传前篇》、《筑山染指录》、《石组园生八重垣传》、《筑山庭造传后篇》、《嵯峨流庭古法秘传之书》等。这些专著对当时的日本造园实践起到了指导性的作用，其中的一个重要方面即园林“模式化”的阐发，也就是把某些园林形象归结为若干程式，把某些造园手法归纳为若干套路，虽说多少有碍于园林艺术的创作，但却极有利于园林的普及推广，适应群众性造园活动的需要。[2]对照日本的情况，唐宋以来直到明末均未见任何园林设计技术专著传世。究其原因，可能是匠师的秘籍因年深日久、埋没民间而致失传，那么今后俟诸时日尚可望发现一二珍贵的技术史料。但也有另一种可能性：向来轻视工匠技术的文人士大夫不屑于把它们系统整理而见诸文字、成为著述，因此，千百年来的极其丰富的园林设计技术积累仅在工匠的圈子里口授心传，随着时间的推移而逐渐湮灭无存了。

诗文、绘画对园林的影响可谓至广、至深，它把中国古典园林推向更高的艺术境界，赋予中国古典园林以鲜明的民族特色——诗情画意。

中国传统文化重在实践感知，传统思维方式重在综合观照和往复推衍，

[1] 例如：《作庭记》的上卷第六段《遣水》：“应先确定进水之方位。经云，水由东向南再往西流者为顺流，由西向东流者为逆流。故以东水西流为常用之法。又，东面进来之水穿过房屋之下，泄出于未申方者，最吉。因其以青龙水泄诸种恶气于白虎之道故也。其家主不致染疫气恶疮，身心安乐，寿命长远。”“选择四神相应之地时，以左面有流水者为青龙之地。故遣水也应出自寝殿之东，再往南而流向西方。即便水来自殿北，也应东回而流向西南。”等等。下卷第二段《作庭心得》：“高四五尺之石，不可立于丑寅方位。犯之，或成灵石、或便于魔缘入来，以至其处人家难于久居。但若在未申方位迎立三尊佛石向之，则可去祟消灾，魔缘不入。”等等。第三段《树木》：“人之居所的四方须植以树，以为四神具足之地。……除青龙、白虎、朱雀、玄武之外，无论何树植于何方，皆随人意。”等等。

[2] 周维权：《日本古典园林》，见《建筑史论文集》第十辑，北京，清华大学出版社，1988。

因而各种艺术门类之间往往可以打破界域、触类旁通。唐宋以来，园林、文学、绘画作为三个艺术门类，它们同步发展、互相影响、广泛参悟的迹象十分明显，三者之间的关系极为密切。就此意义而言，中国古典园林，不仅是“哲理园”，也是“诗园”、“画园”。

唐代的山水诗文已达到了艺术上纯熟和完美的境地。其创作既重视高远宏大的总体气概、也不忽略身边小景的细腻状写，成功地把握山水的典型性格，将山水的个性与作者的个性结合起来表现，创造出人与大自然高度契合、情景交融的意境。唐代文人参与园林的规划，又把诗文的这种意境引进园林艺术，从而产生“诗园”的滥觞。唐代是诗歌最繁荣的时代，文人经营的庄园、别墅兴旺发达，悠游恬适又充满田园情调的郊居生活刺激了文人们的创作欲望，因而“田园诗”便大量涌现于文坛。

田园诗成为唐诗的一大类别而普及于民间的情况，也在一定程度上促进了别墅园林的兴盛局面。田园诗与别墅园林在唐代的同步发展，说明了二者之间的互相影响，也从一个侧面反映出当时的文学艺术与园林艺术的密切关系。

宋代，诗词的风骨已经在一定程度上含蕴于文人园林的风格之中了。宋以后，园林景题的“诗化”和匾联的广泛运用，直接把文学艺术和造园艺术结合起来，丰富了园林意境的表现手法，开拓了意境创造的领域，把造园艺术推向一个更高的境界。正由于园林与文学之间的密切关系，园林亦广泛地成为诗文吟咏描写的对象，往往藉园景而抒发作者的情愫，甚至以园林作为一部作品的典型环境来烘托作品中的典型人物的性格。

山水画对园林的影响则更为深刻、直接。

唐代的山水画已独立成画科，初步出现山水园林借鉴于山水画、山水画渗透于山水园林的情况。宋代是最以绘画为重的朝代，山水画的成就达到了历史上的最高水平。北宋的山水名家之作大多为全景式的描绘，表达了文人士大夫心目中所向往的田园牧歌式的理想境界。在大自然山水之间点缀竹篱茅舍、通幽曲径，这种富于生活情趣的山水风景不仅“可望、可行”，而且“可游、可居”，与我们从《艮岳记》等的诗文中所得到的园林的印象也是大致吻合的。南宋马远、夏珪一派的画面上截取山水一角而表现空灵迷蒙的空间层次感，不仅引为园林意境塑造的借鉴，而且在一定程度上影响园林的创作方法从写实、写意相结合到以写意为主的过渡。同时，宋代艺术产生的诸如“壶中天地”、“须弥芥子”等审美观念也影响及于园林，导致园林规模的“小而精”的趋向。

诱导园林创作，尤其是文人园林创作，完全转化为写意方法的主要因素则是文人画的影响。

文人画兴起于宋代，大盛于元、明。文人画的纯写意的画风被借鉴于园林的规划设计，便成为元、明写意山水园确立的契机。明末清初以张南垣、计成为代表的两大叠山流派都是此种园林的写意的意匠典型。

壶中天地等的审美观念与文人画的创作方法直接引进园林的规划设计，虽然缩小了园林的空间，却再次开拓意境创造的领域，奠定了晚期的小中见大、咫尺山林的写意山水园林大发展的基础。

从公元前17世纪直到公元19世纪末叶，由于上述经济、政治、文化的变化情况的制约影响，中国古典园林历时约三千五百余年的演进脉络，如果提纲挈领地加以表述，大体上可以概括为以下五个主要的方面：

一、园林的规模，由大而小。尽管历朝历代因国势的盛衰、经济力量的高下，园林规模特别是皇家园林亦相应地呈现为或大或小的变化，但总的说来，由大而小的趋向是明显的。先秦两汉，皇家和私家造园的规模均极其宏大，上林苑之大在中国历史上实为空前绝后。两晋南北朝开始，园林的规模逐渐趋于缩小，是由大到小的第一个明显的转折。明代到清初，园林再趋于缩小，则是第二个明显的转折。即使像避暑山庄、圆明园那样的大型园林，其规模亦远不能与汉唐的上林苑、西苑相比拟。

二、园林的景观，由单纯的粗放宏观逐渐发展成为以精致的微观为主。秦汉园苑，无论人工山水园或天然山水园，率皆显示大自然粗犷气势，筑台登高，高瞻远眺而求得“远观以取其势”的效果。两晋南北朝以后，城市园林兴盛，园林空间日益缩小，景观亦相应地转化为对大自然山水风景的提炼、概括和典型化的缩移摹拟，重视借景则是“高瞻远眺”的传统的余绪。明末清初，多以建筑分隔园林空间而形成庭园和庭院，“平冈小坂”、“陵阜陂陀”的叠山流派崛起，园景更趋于精致的“近观以取其质”的效果，即所谓小中见大的咫尺山林。

三、园林的创作方法由单纯的写实，逐渐过渡到写实与写意相结合，最终转化为以写意为主。大体说来，先秦两汉是对大自然风景的写实摹仿，两晋南北朝到宋代是写实与写意相结合的阶段，元以后则是写意山水园林为主流的阶段。

四、园林的范山摹水，早期为单纯地“再现”大自然山水风景，两晋南北朝至宋代则是通过直观的方式而“表现”大自然山水风景。元明以后，除了通过直观的方式，还借助于意境的联想来表现大自然山水风景。如果更概括地加以表述，可以这样说，早期的园林是以“自然化”为主，随着时间的推移而逐渐为“人工化”——“诗化”、“画化”——所取代，到晚期则演变为以“人工化”为主了。

五、园林的人工要素与自然诸要素的关系，早期园林的建筑物是简单地散置在山水环境之中，两晋南北朝到清初则自觉地把建筑布局与山水环境的经营联系起来，以求得两者融糅谐调的造景效果，但建筑物仍然是处在一个完整的山水环境之中，造园的自然诸要素始终占着主导的地位。清中叶以后，普遍出现以建筑物来围合、划分山水环境，或者在建筑环境中经营山水风景的情况，人工要素的比重较前大为增加，妙造自然的主旨多少有所削弱。

19世纪末，中国封建文化随着封建社会的解体而日趋没落，古典园林亦更加暴露其衰微的倾向。进入20世纪，尤其是第二次世界大战以后，现代园林作为世界性的文化潮流不断地冲击着古老民族的传统。处在这样的新旧文化激烈碰撞、社会急剧变革的时候，中国新园林的发展也相应地经历着一个严峻的由现代化启蒙而导致变革的过程——由封闭的、古典的体系向着开放的、非古典体系的转化过程。这是一个艰苦的过程，也是一个需要正确对待“传统”的过程。

人类社会的发展历史表明，在新旧文化碰撞的急剧变革的社会转型期，如果不打破旧文化的统治地位，“传统”会成为包袱，适足以强化自身的封闭性和排他性。一旦旧文化的束缚被打破、新文化体系确立之时，则传统才能够在这个体系中获得全新的意义，成为可资借鉴甚至部分继承的财富。就中国当前园林建设的情况而言，接受现代园林的洗礼乃是必由之路，在某种意义上意味着除旧布新，而这“新”不仅是技术和材料的新、形式的新，重要的还在于园林观、造园思想的全面更新。

展望前景，可以这样说：园林的现代化启蒙完成之时，也就是新的、非古典的中国园林体系确立之日。博大精深的中国园林传统亦必然会发挥其财富的作用，真正做到从中取其精华、弃其糟粕，而融会于新的园林体系之中，发扬光大，并对今后多极化世界的多元园林文化的发展作出新的贡献。

参 考 文 献

（汉）司马迁.史记.北京：中华书局，1962

（汉）班固.汉书.北京：中华书局，1962

（汉）荀悦.前汉纪.四部丛刊.史部

（晋）陈寿.三国志.北京：中华书局，1962

（晋）葛洪.西京杂记，无名氏.燕丹子.北京：中华书局，1985

（晋）郭璞.穆天子传注疏.见：碧琳瑯馆丛书乙部

（南朝）范晔.后汉书.北京：中华书局，1965

（南朝）沈约.宋书.北京：中华书局，1965

（南朝）萧子颙.南齐书.北京：中华书局，1965

（南朝）刘义庆.世说新语.上海：上海古籍出版社，1982

（南朝）佚名撰，陈直校证.三辅黄图校证.西安：陕西人民出版社，1980

（南朝）任昉.述异记.见：说郛（商务印书馆本）卷四

（北魏）郦道元撰，王国维校.水经注校.上海：上海人民出版社，1984

（北魏）杨衒之撰，范雍祥校注.洛阳伽兰记校注.上海：上海古籍出版社，1982

（北齐）魏思廉.陈书.北京：中华书局，1965

（唐）房玄龄等.晋书.北京：中华书局，1974

（唐）李延寿.南史.北京：中华书局，1975

（唐）魏徵.隋书.北京：中华书局，1975

（唐）段成式.酉阳杂俎.北京：中华书局，1981

（唐）康骈.剧谈录.见：唐人说荟（民国石印本）二集

（唐）李德裕.平泉庄草木记.见：说郛（宛委山堂本）卷六十八

（唐）李德裕.平泉山居记.见：说郛（商务印书馆本）卷六十七

（唐）张洎.贾氏谈录.见：守山阁丛书（道光本）子部

（唐）佚名.海山记.见：说郛（宛委山堂本）卷一百十

（唐）杜宝.大业杂记.见：说郛（宛委山堂本）卷一百十

（唐）刘肃.大唐新语.见：说郛（宛委山堂本）卷四十八

（唐）王维撰，赵殿成笺注.王右丞集笺注.上海：中华书局上海编辑所，1961

（后晋）刘昫.旧唐书.北京：中华书局，1975

（宋）欧阳修.新唐书.北京：中华书局，1975

（宋）张舜民.画墁录.见：说郛（委宛山堂本）弓十八

（宋）程大昌.雍录.见：关中丛书第三集

（宋）李昉等.太平御览.见：四部丛刊三编.子部

（宋）徐天麟.东汉会要.上海：上海古籍出版社，1978

（宋）徐天麟.西汉会要.上海：上海人民出版社，1977

（宋）张敦颐.六朝事迹编类.见：丛书集成初编.

史地类
（宋）孟元老等.东京梦华录(外四种：都城纪胜、西湖老人繁胜录、梦粱录、武林旧事).上海：古典文学出版社，1956
（宋）王明清.挥麈录.北京：中华书局，1961
（宋）赵严卫.云麓漫钞.见：说郛(委宛山堂本)弓十九
（宋）沈括撰，胡道静校注.新校正梦溪笔谈.北京：中华书局，1957
（宋）叶梦得.石林燕语.见：说郛(委宛山堂本)弓二十
（宋）宋敏求.长安志(附图).见：经训堂丛书(乾隆本)
（宋）袁褧.枫窗小牍.见：说郛(委宛山堂本)弓三十
（宋）范成大.骖鸾录.见：说郛(商务印书馆本)卷四十一
（宋）李心传.建炎以来系年要录.北京：中华书局，1988
（宋）周淙，施谔.南宋临安两志.杭州：浙江人民出版社，1983
（宋）周密.癸辛杂识.北京：中华书局，1988
（宋）杜绾.云林石谱.明刻本
（元）脱脱.宋史.北京：中华书局，1975
（元）陶宗仪.南村辍耕录.北京：中华书局，1959
（元）熊梦祥.析津志辑佚.北京：北京古籍出版社，1983
（明）董说原著，缪文远订补.七国考订补.上海：上海古籍出版社，1987
（明）田汝诚.西湖游览志.见：四库全书.史部地理类
（明）田汝诚.西湖游览志余.上海：中华书局上海编辑所，1958
（明）计成著，陈植注释.园冶注释.北京：中国建筑工业出版社，1981
（明）刘侗，于奕正.帝京景物略.北京：北京出版社，1963
（明）蒋一葵.长安客话.北京：北京出版社，1962
（明）孙承泽.春明梦余录.见：四库全书.子部杂家类
（明）孙承泽.天府广记.北京：北京古籍出版社，1983
（明）沈榜.宛署杂记.北京：北京古籍出版社，1980
（明）刘若愚.明宫史，(清)高士奇.金鳌退食笔记.北京：北京古籍出版社，1982
（明）李濂.汴京遗迹志.见：四库全书.史部地理类
（明）文震亨撰.陈植校注.长物志校注.南京：江苏科学技术出版社，1984
（明）屠隆.考槃余事.见：丛书集成初编.艺术类
（明）萧洵.故宫遗录.见：丛书集成初编.史地类
（明）李贤.赐游西苑记.见：说郛续(宛委山堂本)弓八
（明）林有麟.素园石谱.明刻本
（清）陈淏子辑，伊钦恒校注.花镜.北京：农业出版社，1962
（清）段玉裁.说文解字注.上海：上海古籍出版社，1981
（清）张澍辑.三辅旧事.见：丛书集成初编.史地类
（清）嘉庆二十五年敕撰.大清一统志.见：四部丛刊续编.史部
（清）梁诗正.西湖志纂.见：四库全书.史部地理类
（清）翟灏.湖山便览.见：小方壶斋舆地丛钞第四帙
（清）钦定大清会典则例.见：四库全书.史部政书类
（清）毕沅.关中胜迹图志.见：关中丛书第八集
（清）王士祯.池北偶谈.见：笔记小说大观第三辑，南京：江苏广陵古籍出版社，1983
（清）曹寅等编.全唐诗.上海：上海古籍出版社，

1986
（清）王士祯．居易录．见：丛书集成初编．文学类
（清）徐松．唐两京城坊考．北京：中华书局，1985
（清）陈梦雷等辑．古今图书集成．光绪甲申年上海图书集成公司铅印本
（清）顾炎武．历代宅京记．北京：中华书局，1984
（清）于敏中等．钦定日下旧闻考．北京：北京古籍出版社，1981
（清）和珅等．热河志．见：四库全书．史部地理类
（清）吴长元．宸垣识略．北京：北京出版社，1964
（清）沈复．浮生六记．北京：作家出版社，1996
（清）李渔．闲情偶记．杭州：浙江古籍出版社，1985
（清）钱泳．履园丛话．北京：中华书局，1979
（清）李斗．扬州画舫录．北京：中华书局，1960
（清）昭梿．啸亭杂录．北京：中华书局，1980
（清）麟庆．鸿雪因缘图记．北京：北京古籍出版社，1984
（清）震钧．天咫偶闻．北京：北京古籍出版社，1982
（清）清高宗．高宗纯皇帝御制诗
（清）戴璐．藤荫杂记．北京：北京古籍出版社，1982
（清）王灏．广群芳谱．上海：上海书店，1985．周礼今注今译．北京：书目文献出版社，1982
程俊英，蒋阮．诗经注析．北京：中华书局，1991
贵振刚等辑校．全汉赋．北京：北京大学出版社，1993
于省吾．甲首文字释林．北京：中华书局，1979
郭宝钧．中国青铜时代．北京：三联书店，1963
张岱年．文化与哲学．北京：北京教育科学出版社，1988
云南工学院建筑系，大理白族自治州城乡建设环境保护局．云南大理白族建筑．昆明：云南大学出版社，1994
周维权．中国名山风景区．北京：清华大学出版社，1996
吴功正．六朝园林．南京：南京出版社，1992
萧默．敦煌建筑研究．北京：文物出版社，1989
林继中．唐诗与庄园文化．桂林：漓江出版社，1996
清华大学建筑学院．楠溪江中游乡土建筑．台北：汉声杂志社，1994
童寯．江南园林志．北京：中国工业出版社，1963
俞剑华．中国画论类编．北京：北京人民美术出版社，1956
范文澜．中国通史简编．北京：人民出版社，1965
张家骥．中国造园史．哈尔滨：黑龙江人民出版社，1986
王毅．园林与中国文化．上海：上海人民出版社，1990
于杰，于光度．金中都．北京：北京出版社，1989
汤用彬等．旧都文物略．北京：书目文献出版社，1986
陈植，张公弛．历代名园记选注．合肥：安徽科学技术出版社，1983
刘敦桢．苏州古典园林．北京：中国建筑工业出版社，1979
刘敦桢等．中国古代建筑史．北京：中国建筑工业出版社，1984
陈从周．园林谈丛．上海：上海文化出版社，1980
陈从周．扬州园林．上海：上海科学技术出版社，1983
朱江．扬州园林品赏录．上海：上海文化出版社，1984
宗白华等．中国园林艺术概观．南京：江苏人民出版社，1987
赵俊玠等编注．唐代诗人咏长安．西安：陕西人民出版社，1982
王逊．中国美术史．北京：人民美术出版社，1985

故宫博物院编辑委员会.园林名画特展图录.台北：故宫博物院，1987
贺业钜.中国古代城市规划史.北京：中国建筑工业出版社，1986
顾颉刚.秦汉方士与儒生.上海：上海古籍出版社，1986
李健人.洛阳古今谈.洛阳：史学研究社，1936
洪业.勺园图录考.北京：燕京大学图书馆引得特刊之五，1933
蒋星煜.中国隐士与中国文化.上海：三联书店上海分店，1988
陈宗蕃.燕都丛考.北京：北京古籍出版社，1994
何重义，曾昭奋.一代名园圆明园.北京：北京出版社，1990
孟兆祯.避暑山庄园林艺术.北京：紫禁城出版社，1985
王家扬主编.茶的历史与文化.杭州：浙江摄影出版社，1991
冷成金.隐士与解脱.北京：作家出版社，1997
天津大学建筑系.清代内廷宫苑.天津：天津大学出版社，1986
天津大学建筑系，承德文物局.承德古建筑.北京：中国建筑工业出版社，1982
清华大学建筑系.建筑史论文集(第二辑、第六辑、第七辑、第八集、第十集).北京：清华大学出版社，1979，1984，1985，1987，1988
中国古都学会.中国古都研究.杭州：浙江人民出版社，1985
中国第一历史档案馆.圆明园.上海：上海古籍出版社，1991
徐卫民.秦代的苑囿.文博，1990(5)
高介华.章华台.华中建筑，1989(2)
胡谦盈.汉昆明池及有关遗存踏查记.考古与文物，1991(6)
吴世昌.魏晋风流与私家园林.学文月刊，1934(1、2)
郭湖生.六朝建康.建筑师，1993(54)
杨鸿勋.隋朝建筑巨匠宇文恺的杰作——仁寿宫(唐九成宫).见吴焕加、吕舟编.建筑史研究论文集.北京：中国建筑工业出版社，1996
窦武.清初扬州园林中的欧洲影响.建筑师.1987(28)
张恩荫.圆明园盛期植物造景初探.古建园林技术，1989(24)
王世仁.曹园图说.北京文博，1995(11)
傅熹年.记北京的一个花园.文物参考资料，1957(6)
郭启顺.话说天下第一衙.文史知识，1996(12)
王绍增.西蜀名园——新繁东湖.中国园林，1985(3)
罗桂环.唐代长安城绿化初探.人文杂志，1985(2)
周宝珠.北宋东京的园林与绿化.河南师范大学学报，1983(1)
曹汛.自怡园.见：圆明园学会主编.圆明园，第四集.北京：中国建筑工业出版社，1986
曹汛.明末清初的苏州叠山名家.苏州园林，1995(4)
陈尔鹤.绛守居园池考.中国园林，1986(1)
李健超.唐翠微宫遗址考古调查报告.考古与文物，1991(6)
秦国经，王树卿.圆明园的焚毁.故宫博物院院刊，1979(1)
刘管平.岭南古典园林.建筑师，1987(27)
茹竞华，郑连章.慈宁宫花园.故宫博物院院刊，1981(1)
焦雄.京西礼亲王花园.古建园林技术.1981(25)

第一版后记

多年来，笔者对中国古典园林的历史曾经零星片断地有所涉猎，也写过几篇文章发表在国内刊物上，但仅出于一时兴趣的支配，毕竟谈不上系统的研究。20世纪70年代末，受清华大学建筑系的委托，主持“颐和园”课题的研究、编著《颐和园》一书，便深感对于这座著名的皇家园林要作出较全面的、科学的论述，不能就事论事，应该把它置于中国古典园林发展的历史长河中来加以考察。于是，乃由表及里，由近及远，从颐和园本身而涉及皇家园林，从皇家园林而涉及中国古典园林的全部历史，陆续收集这方面的材料，发表了一些文章。日积月累，又经过断断续续的深入思考而形成比较系统的看法，并先后为清华大学建筑系、天津大学建筑系、北京林学院园林系的研究生、本科生讲授“中国园林史”课程。其间，多次参加园林界的各种学术活动，接触到许多前辈学者和同辈的、年青一代的学人，从中获得不少教益。随着时间的推移，材料积累较多，观点逐渐明确，遂萌生写成专书的念头。然而笔者的工作一直是建筑设计的教学，没有充裕的时间从事专项写作，因而一再拖延到去年初才开始动笔。

本书在体例上不采用断代通史的写法，而是把园林的全部演进过程划分为五个时期：生长期、转折期、全盛期、成熟期、成熟后期。好处在于“源”与“流”的脉络较为清晰，前因后果较为明确，读者易于把握到中国古典园林即使在“超稳定”的封建社会的漫长而缓慢的演进岁月中亦非一成不变的情况。再者，浩若烟海的史书、诗文集、地方志、笔记里面，有关历代园林文字材料的辑录、勾稽工作亦非个人力量所能完成，园林遗址的考古发掘尚属空白，现存实物中得以测绘介绍的亦仅一部分。因此编写一部详尽的断代通史目前尚不具备成熟的条件。如果采用分期的写法，则可以有详有略，根据目前能掌握到的材料分别突出各个时期的某些重点，而不必要求历朝历代都面面俱到。

本书中所划分的五个时期，既分别作总的论述，也着重列举有代表性的作品加以分析评介，俾便于读者能够借助于具体的、个别的形象来加深对中国古典园林的宏观的、整体的理解。一些著名的皇家园林和私家园林，往往历经百年乃至数百年的一再改建、踵事增华，它们本身的变化即可以折射出中国古典园林在历史的某一阶段上的演进情况。前四个时期由于缺乏实物，只能依据文献和极少数遗址情况而或详或略。最后一个时期有大量实物保留下来，因而选择了三十一个例子按园林的三大类型分别集中为三个专节加以介绍。选择的标准，一是优秀的或比较优秀的，二是具有一定代表性和知名度的，包括三大地方风格和少数民族园林的代表作。这三十一个例子，除台湾省的林本源园林外均经笔者实地考察过，评介分析也就不免带有主观成分、见仁见智了。

本书插图凡引用他人著作的均一一注明出处。墨线图为笔者历年教学中绘制的，其中的一部分由研究生赖德霖、黄平和绘图员廖慧农描绘。清华大学图书馆善本室、建筑学院资料室惠予查检文献资料的方便，建筑视觉艺术实验室协助翻印照片；清华大学出版社为本书提供出版的机会。对此，谨致以衷心地感谢。

1988 年 9 月 2 日完稿

1989 年 7 月 21 日修改毕

第二版后记

本书第一版的写作过程中，考虑到篇幅的限制而一再压缩字数，精简内容，以至于许多地方有骨少肉，甚至一笔带过，论说不够透彻之处显而易见，实有增订之必要。

此次再版大体上弥补了这个缺陷，恢复被精简的内容，同时还补充了一些新的内容，改正了文字和插图的某些错讹。全书的体例、章节仍沿袭初版基本未变，字数则增加了大约三分之一强。

限于笔者的学力和工作条件，再版仍然存在许多不尽如人意的地方，但与初版比较，毕竟内容有所充实，也显得丰满一些。

感谢清华大学出版社为本书提供了再版的机会。

感谢责任编辑段传极先生，他为本书的初版和再版都付出了大量的精力和时间。

1998 年 3 月 13 日完稿

8 月 23 日修改毕

第三版后记

中国进入21世纪以来，随着经济快速发展、社会急剧转型，城市化的进展呈现为前所未见的速度和规模。所产生的日愈严重的环境问题困扰着国人，同时也激发国人愈来愈强烈的环境意识和对环境质量要求的普遍提高。相应地，园林事业受到政府和民间的极大关注，已经进入了近代以来的最繁荣的时期，也就是现代化的、新的中国园林的兴旺发达的起始。园林的内容更形充实、范围大为扩展，正向着人们所接触到一切自然环境和所创造的各种人文环境全面延伸，同时又广泛渗透到个人和社会活动的各个空间领域。园林学比之以往，其涵盖面更广、综合性更强，已经发展成为一门与人民群众的切身利益、国家社会的福祉息息相关的环境科学。

这个繁荣时期的到来有赖于国家改革开放的深化、国际地位的提高，也必然伴随着在更广的范围、更深的层面上向发达国家和地区学习，引进国外先进的造园技艺，借鉴西方先进的造园理念。因此，无论园林的实践运作或者理论研究，都不能回避诸多问题的思考。譬如：在传统园林遗产如此博大精深的中国国情背景之下，从长远来看，“现代化”、“与国际接轨”是否就等同于全盘西化；如何把中国古典园林体系推向现代世界，在更深一些的层面上进行园林文化的国际交流，让长期囿于“欧洲中心论”的西方人真正了解中国的过去，也有助于中国的新园林作为未来世界的多元的园林文化中的一“元”而发扬光大起来，等等。面临重大的责任、严峻的挑战，广大园林工作者更应该认真反思我们的过去，以史为鉴而烛照未来。

这本《中国古典园林史》完稿于1988年9月，1989年底刊行初版。10年后的1999年10月刊行第二版，迄今共印刷12次。为了不负读者厚爱，征得出版社同意再增订为第三版。全书的体例、框架、章节仍沿袭第一、二版未变，内容有如下的增补、调整：(1)收入某些重要的考古方面的材料，如广州市中心区发掘的西汉南越国宫苑遗址的一部分以及蜿蜒贯穿遗址的一条石渠完整出土等等，为古典园林生成期的研究提供了珍贵的实物资料，根据诸如此类的材料推断，汉唐及其以前的宫廷园林已能显现比较具体的形象，与文献记载相印证从而适当地补充了后者的语焉不详。(2)增加了一些后期园林实例，包括过去保留下来的以及从近年来民居、乡土建筑的调查材料中抽摘的，无论其代表性或类型特点都比较鲜明。(3)适当突出自然背景和人文背景对园林发展的影响、制约情况，除了在有关章节分别涉及，还另在"绪论"中单独列为一节作系统之阐述。此外，也改正了某些错讹和不恰当的地方，删除了一些多余的文字。看来，全书总体的品质方面，可能会多少有所提升的。

回忆当年，初到北京(北平)上大学之时首次游览颐和园和圆明园。前者的湖光山色之美丽如画、园林总体的恢宏气概，给予笔者极大的心灵震撼；后者一望无际的颓垣残壁掩映着夕阳余辉，联想李白"西风残照，汉家陵阙"的诗境，一种凄婉的历史沉重感不禁油然而生。这些朴素的但却十分强烈的感悟，至今想起来仍然鲜活如初。也许正是以此为契机，激发了笔者对中国古典园林的探索、理解的兴趣和热情，历此后的数十年而不减。如果说，感悟是推动探索、理解的主要力量之一，那么，本书漫长时日的写作便足以从一个侧面反映了笔者这种感悟的由浅入深、由表及里的心路历程。

感谢清华大学出版社提供了刊行第三版的机会，感谢责任编辑段传极先生、徐晓飞先生和北京市园林设计研究院金柏苓先生为之付出的大量精力和时间。

2004年春

附录一　中国古典园林史年表

社会	时期	年代	朝代	园林
奴隶社会	生成期	公元前1500年		
		公元前1400年	商（约公元前1600—约公元前1046）	·沙丘苑台
		公元前1300年		
		公元前1200年		
		公元前1100年		
		公元前1000年	西周（约公元前1046—约公元前771）	·灵台、灵囿、灵沼
		公元前900年		
		公元前800年		
		公元前700年		
封建社会		公元前600年	春秋（公元前722—公元前481）	·章华台
		公元前500年	东周（公元前770—公元前256）	·姑苏台
		公元前400年	战国（公元前475—公元前221）	
		公元前300年		
	转折期	公元前200年	秦（公元前221—公元前206）	·上林苑
		公元前100年	西汉（公元前206—公元前25）	·上林苑
		公元元年		
		公元100年	东汉（公元25—220）	·濯龙园
		公元200年	魏（公元220—265）	·铜雀台、华林园
		公元300年	晋（公元265—420）	
		公元400年		
		公元500年	南朝（公元420—589）　北朝（公元386—581）	·华林园
	全盛期	公元600年	隋（公元581—618）	·西苑
		公元700年	唐（公元618—907）	·华清宫 ·九成宫
		公元800年		
		公元900年	五代（公元907—960）	
	成熟期	公元1000年		
		公元1100年	宋（公元960—1279）	·艮岳
		公元1200年		
		公元1300年	元（公元1206—1368）	·太液池
		公元1400年		
		公元1500年	明（公元1368—1644）	·西苑
		公元1600年		
		公元1700年		
	成熟后期	公元1800年	清（公元1616—1911）	·畅春园 ·圆明三园 ·清漪园 ·颐和园
		公元1900年		

附录二　本书主要园名索引

A

安澜园(清，海宁) 598

B

白石庄园(明，北京) 419
白云观(清，北京) 699
百泉(清，辉县) 743
半亩园(清，北京) 421,643,655
宝光寺(北魏，洛阳) 160
北苑(金，中都) 344
碧云寺(明，北京) 441
避暑山庄(清，承德) 379,386,529
罼圭灵昆园(东汉，洛阳) 100

C

沧浪亭(北宋，平江) 311
苍坡村(南宋，永嘉) 333
长春园(清，北京) 525
畅春园(清，北京) 377,381
承泽园(清，北京) 650
澄怀园(清，北京) 422
冲觉寺(北魏，洛阳) 142,160
崇礼花园(清，北京) 644
醇亲王府园(清，北京) 645
慈宁宫花园(明，北京) 372
慈宁宫花园(清，北京) 484
丛春园(唐，洛阳) 301
萃锦园(清，北京) 660
翠湖(清，昆明) 738
翠微宫(唐，长安) 199

D

大爱敬寺(南梁，建康) 162
大承天护圣寺(元，大都) 437
大觉寺(清，北京) 696
大明宫(唐，长安) 182
大明湖(清，济南) 737
大宁宫(金，中都) 344
大字寺园(北宋，洛阳) 299
德寿宫(南宋，临安) 292
钓鱼台行宫(金，中都) 346
钓鱼台行宫(清，北京) 464
蝶梦园(清，北京) 643
丁氏园(南宋，吴兴) 310
定国公园(明，北京) 411
东都苑(唐，洛阳) 195
东湖(唐，成都) 248
东林寺(东晋，庐山) 163
东内苑(唐，长安) 188
东园(北宋，洛阳) 302
东园(明，南京) 408
东苑(金，中都) 343
东苑(明，北京) 370
董氏西园、东园(北宋，洛阳) 299
独乐园(北宋，洛阳) 300
杜甫草堂(清，成都) 740

E

二牐(清，北京) 736

F

法华寺(清，北京) 692

法源寺(清，北京) …… 693,706
芳乐苑(南齐，建康) …… 136
芳林园(曹魏，洛阳) …… 127
芳林园(北宋，东京) …… 289
芳林苑(南齐，建康) …… 137,289
芙蓉苑(唐，长安) …… 252
富郑公园(北宋，洛阳) …… 296

G

甘泉宫(西汉，云阳) …… 81
个园(清，扬州) …… 611
艮岳(北宋，东京) …… 279
姑苏台(东周，吴) …… 60
古常道观(清，青城山) …… 711
光风园(东汉，洛阳) …… 100
归仁园(北宋，洛阳) …… 303
归田园居(明，苏州) …… 400
桂湖(清，新都) …… 742
郭庄(清，杭州) …… 595
国清寺(隋，天台山) …… 729

H

含芳园(北宋，东京) …… 289
寒碧山庄(清，苏州) …… 593
鸿池(东汉，洛阳) …… 100
后乐园(南宋，临安) …… 306
后苑(北宋，东京) …… 277
后苑(南宋，临安) …… 290
湖曲园(南宋，临安) …… 307
湖园(北宋，洛阳) …… 298
华林园(后赵，邺) …… 125
华林园(曹魏，洛阳) …… 130
华林园(北魏，洛阳) …… 132
华林园(南朝，建康) …… 135
华清宫(唐，临潼) …… 200
环溪(北宋，洛阳) …… 298
环秀山庄(清，苏州) …… 593
浣花溪草堂(唐，成都) …… 225
皇城相府宅园(清，阳城) …… 655
黄龙洞(清，杭州) …… 720

J

积水潭(元，大都) …… 446
集芳园(南宋，临安) …… 293
寄畅园(明，无锡) …… 402
建福宫花园(清，北京) …… 487
建章宫(西汉，长安) …… 85
江宁织造署园(清，南京) …… 604
绛州衙署园(唐，绛州) …… 248
金谷园(西晋，洛阳) …… 147
金明池(北宋，东京) …… 286
近春园(清，北京) …… 652
晋祠(北宋，太原) …… 335,336
禁苑(唐，长安) …… 177,186
景林寺(北魏，洛阳) …… 160
景明寺(北魏，洛阳) …… 160
景山(清，北京) …… 460
静寄山庄(清，北京) …… 464
静明园(清，北京) …… 500
静宜园(清，北京) …… 492
九成宫(唐，麟游) …… 205
九峰园(清，扬州) …… 589
聚景园(南宋，临安) …… 293

K

可园(清，北京) …… 645
可园(清，东莞) …… 673
孔祥熙宅园(清，太谷) …… 654
昆明池(唐，长安) …… 71,255

L

兰池宫(秦，咸阳) 68
兰亭(东晋，会稽) 167
兰亭(清，绍兴) 443
琅琊台(秦，诸城) 68
朗润园(清，北京) 649
乐圃(北宋，平江) 270,313
乐善园(清，北京) 647
乐游原(唐，长安) 250
乐游苑(刘宋，建康) 136
骊山宫(秦，临潼) 67
礼亲王府(清，北京) 646
礼王园(清，北京) 653
李氏仁丰园(北宋，洛阳) 303
莲花庄(南宋，吴兴) 310
梁山宫(秦，好畤) 67
梁园(明，北京) 413
梁园(清，佛山) 671
林本源园林(清，台北) 678
林光宫(秦，云阳) 67
灵昆苑(东汉，洛阳) 99
灵台、灵沼、灵囿(西周，丰) 54
灵隐寺(唐，杭州) 243
灵隐寺(南宋，临安) 328
刘百世别业(明，北京) 412
刘茂才园(明，北京) 412
刘氏园(北宋，洛阳) 301
留园(清，苏州) 631
柳湖春泛(清，扬州) 617
龙腾苑(前燕，邺) 126
庐山草堂(唐，庐山) 226
吕文穆园(北宋，洛阳) 303
履道坊宅园(唐，洛阳) 219
罗布林卡(清，拉萨) 757

M

梦溪园(北宋，润州) 315
苗帅园(北宋，东京) 299
鸣鹤园(清，北京) 649

N

内乡县衙花园(清，内乡) 748
那桐花园(清，北京) 645
南、北沈尚书园(南宋，吴兴) 308
南园(南宋，临安) 295,305
南苑(金，中都) 343
南苑(明，北京) 373
南苑(清，北京) 508
南越王御苑(西汉，番禺) 89
宁寿宫花园(清，北京) 489

P

潘岳庄园(西晋，洛阳) 149
盘州园(南宋，波阳) 316
匏瓜亭(元，大都) 411
裴园(南宋，临安) 307
片石山房(清，扬州) 588
平泉庄(唐，洛阳) 224
普宁寺(清，承德) 701

Q

绮春园(清，北京) 513,528
绮园(清，海盐) 597
且园(清，北京) 643
清华园(明，北京) 414
清华园(清，北京) 651
清漪园(清，北京) 545
清音阁(清，峨眉) 717
琼林苑(北宋，东京) 285
曲江(唐，长安) 251

卷石洞天(清，扬州) 616

R

人境庐(清，梅州) 675
茹法亮园(南齐，建康) 143

S

三天竺寺(南宋，临安) 328
沙丘苑台(商，殷) 54
上林苑(秦，咸阳) 66
上林苑(西汉，长安) 70
上林苑(东汉，洛阳) 100
上林苑(明，北京) 373
上阳宫(唐，洛阳) 196
勺园(明，北京) 416
沈园(南宋，绍兴) 317
十笏园(清，潍坊) 664
什刹海(明，北京) 446
什刹海(清，北京) 734
瘦西湖(清，扬州) 589,614,739
淑春园(清，北京) 648
水北胡氏园(北宋，洛阳) 302
水乐洞园(南宋，临安) 306
水竹院落(南宋，临安) 306
松岛(北宋，洛阳) 302
嵩山别业(唐，嵩山) 232
随园(清，南京) 603

T

太平宫(清，北京) 693
太平湖(清，北京) 735
太素宫(清，祁云山) 722
太液池(元，大都) 362
潭柘寺(清，北京) 725
檀干园(清，歙县) 746
韬光庵(南宋，临安) 328
韬光庵(清，杭州) 695
陶光园(唐，洛阳) 185
陶然亭(清，北京) 736
天春园(清，北京) 643
天王院花园子(北宋，洛阳) 329
同泰寺(南梁，建康) 160
铜雀园(曹魏，邺) 123
潼关道署花园(清，潼关) 747
兔园(西汉，睢阳) 88
兔园(明，北京) 371
菟园(东汉，洛阳) 105
退谷(清，北京) 422
退思园(清，苏州) 594

W

万柳堂(元，大都) 410
万柳堂(清，北京) 421
万寿重宁寺东园(清，扬州) 693
万岁山(明，北京) 371
王根园(西汉，长安) 103
王商园(西汉，长安) 103
网师园(清，苏州) 619
辋川别业(唐，蓝田) 229
未央宫(西汉，长安) 83
蔚秀园(清，北京) 649
乌尤寺(清，乐山) 715
午桥别墅(唐，洛阳) 222

X

西湖(南宋，临安) 276
西花园(清，北京) 386
西泠印社(清，杭州) 597
西内苑(唐，长安) 188
西塘(清，澄海) 674

西游园（北魏，洛阳）........ 132
西园（东汉，洛阳）........ 99
西园曲水（清，扬州）........ 616
西苑（隋，洛阳）........ 193
西苑（金，中都）........ 343
西苑（明，北京）........ 364
西苑（清，北京）........ 374，469
西云书院（清，大理）........ 749
熙春园（清，北京）........ 650
仙都苑（北齐，邺）........ 126
仙游宫（隋，长安）........ 198
香山寺（明，北京）........ 440
湘东苑（南梁，江陵）........ 144
小莲庄（清，南浔）........ 637
小盘谷（清，扬州）........ 608
兴庆宫（唐，长安）........ 189
杏园（唐，长安）........ 253
休园（明，扬州）........ 393
谢氏庄园（东晋，会稽）........ 151
徐堪之园（刘宋，广陵）........ 143
玄圃（南齐，建康）........ 144

Y

弇山园（明，太仓）........ 409
延福宫（北宋，东京）........ 278
延祥园（南宋，临安）........ 294
岩头村（明，永嘉）........ 449
研山园（北宋，润州）........ 314
冶春诗社（清，扬州）........ 617
叶氏石林（南宋，吴兴）........ 309
宜春苑（秦，咸阳）........ 67
宜春苑（北宋，东京）........ 289
怡园（清，北京）........ 420
颐和园（清，北京）........ 574
倚虹园（清，扬州）........ 617
英国公新园（明，北京）........ 412
影园（明，扬州）........ 393
永安宫（东汉，洛阳）........ 99
余荫山房（清，番禺）........ 677
余园（清，北京）........ 644
俞氏园（南宋，吴兴）........ 309
玉华宫（唐，长安）........ 197
玉津园（北宋，东京）........ 288
玉津园（南宋，临安）........ 294
玉泉山行宫（金，中都）........ 345
寓园（明，绍兴）........ 407
御花园（明，北京）........ 367
御史台中书院（唐，长安）........ 247
豫园（清，上海）........ 600
元都观（唐，长安）........ 242
圆静寺（明，北京）........ 441
圆明园（清，北京）........ 388，513
袁广汉园（西汉，长安）........ 103
月河梵苑（明，北京）........ 439
云洞园（南宋，临安）........ 307

Z

瞻园（清，南京）........ 603
湛园（明，北京）........ 412
张伦宅园（北魏，洛阳）........ 142
章华台（东周，郢）........ 59
赵韩王园（北宋，洛阳）........ 299
赵氏菊坡园（南宋，吴兴）........ 309
竹山书院（清，歙县）........ 751
拙政园（明，苏州）........ 398
拙政园（清，苏州）........ 624
濯龙园（东汉，洛阳）........ 99
自怡园（清，北京）........ 421